LIÇÕES EM MECÂNICA DAS ESTRUTURAS: ANÁLISE ELASTOPLÁSTICA

LIÇÕES EM MECÂNICA DAS ESTRUTURAS: ANÁLISE ELASTOPLÁSTICA

João Cyro André

Carlos Eduardo Nigro Mazzilli

Miguel Luiz Bucalem

Sergio Cifú

Lições em Mecânica das Estruturas: Análise Elastoplástica

Editora Edgard Blücher Ltda.

Publisher Edgard Blücher
Editor Eduardo Blücher
Coordenação editorial Jonatas Eliakim
Produção editorial Kedma Marques
Preparação de texto Andréa Stahel
Diagramação Negrito Produção Editorial
Revisão de texto Samira Panini
Capa Leandro Cunha
Imagem da capa Unsplash

Blucher

Rua Pedroso Alvarenga, 1245, 4º andar
04531-934 - São Paulo - SP - Brasil
Tel.: 55 11 3078-5366
contato@blucher.com.br
www.blucher.com.br

Segundo o Novo Acordo Ortográfico, conforme 5. ed.
do *Vocabulário Ortográfico da Língua Portuguesa*,
Academia Brasileira de Letras, março de 2009.

Dados Internacionais de Catalogação na Publicação (CIP)
Angélica Ilacqua CRB-8/7057

Lições em mecânica das estruturas : análise elastoplástica / Carlos Eduardo Nigro Mazzilli... [et al]. -- São Paulo : Blucher, 2022.
636 p. : il.

Bibliografia
ISBN 978-65-5506-489-6 (impresso)
ISBN 978-65-5506-490-2 (eletrônico)

1. Análise estrutural (Engenharia) 2. Engenharia de estruturas 3. Engenharia mecânica I. Mazzilli, Carlos Eduardo Nigro

22-2782 CDD 624.171

Índices para catálogo sistemático:
1. Engenharia de estruturas

APRESENTAÇÃO

Lições em Mecânica das Estruturas: Análise Elastoplástica, de autoria de João Cyro André, Carlos Eduardo Nigro Mazzilli, Miguel Luiz Bucalem e Sergio Cifú, é o terceiro livro da coleção *Lições em Mecânica das Estruturas,* que vem publicada por esse grupo de professores da Escola Politécnica da Universidade de São Paulo.

Os dois primeiros volumes da coleção, *Lições em Mecânica das Estruturas: Trabalhos Virtuais e Energia*, de autoria de João Cyro André, Carlos Eduardo Nigro Mazzilli, Miguel Luiz Bucalem e Sergio Cifú, e *Lições em Mecânica das Estruturas: Dinâmica*, de autoria de Carlos Eduardo Nigro Mazzilli, João Cyro André, Miguel Luiz Bucalem e Sergio Cifú, foram respectivamente publicados em 2011 e 2016.

A coleção *Lições em Mecânica das Estruturas* é fruto do notável trabalho desenvolvido por esses professores no Departamento de Engenharia de Estruturas e Geotécnica da Escola Politécnica ao ministrarem por décadas as disciplinas de Mecânica das Estruturas do curso de graduação em engenharia civil, que se seguem às de Resistência dos Materiais e Estática das Construções.

A leitura de *Lições em Mecânica das Estruturas: Análise Elastoplástica,* que está sendo agora lançado, logo revela no *Prefácio* e na *Dedicatória* um traço que se manifesta em vários momentos da obra: o respeito, o reconhecimento e a gratidão dos autores por seus professores no curso de engenharia civil da Escola Politécnica. Destacam-se as homenagens prestadas aos Professores Decio Leal de Zagottis e Telemaco van Langendonck.

Os autores manifestam também seu reconhecimento a todos os que contribuíram para o desenvolvimento do objeto de *Lições em Mecânica das Estruturas: Análise Elastoplástica*: a teoria da plasticidade. O livro inicia-se com o *Capítulo 1 Fragmentos históricos da teoria da plasticidade* e as referências históricas são revisitadas ao longo da obra, sobretudo no preâmbulo de vários capítulos.

Lições em Mecânica das Estruturas: Análise Elastoplástica é dividido em três partes, as duas primeiras voltadas às estruturas reticuladas planas com carregamento coplanar e a terceira, aos sólidos deformáveis.

Dois traços marcantes que permeiam toda a obra são a preocupação com uma apresentação muito clara dos conceitos básicos dos temas abordados e com seu desenvolvimento de forma bem didática.

Na primeira parte, intitulada *Análise elastoplástica de estruturas reticuladas planas – Métodos plásticos*, ao capítulo de fragmentos históricos segue-se um capítulo voltado aos conceitos básicos de reologia, da teoria elementar de barra e de segurança estrutural.

Os capítulos seguintes são voltados à análise elastoplástica de estruturas reticuladas planas com carregamento coplanar, tendo como denominador comum a determinação da segurança das estruturas quanto ao seu colapso plástico.

Nos vários capítulos, após uma exposição teórica do tema em pauta, seguem-se numerosos exemplos simples, mas com complexidade crescente, para ilustrarem o que está sendo apresentado. Esse recurso é de enorme poder didático: nada melhor do que uma sequência de exemplos simples para se transmitir um conceito, um procedimento, uma técnica.

O leitor logo notará que em vários capítulos uma mesma estrutura simples é utilizada para apresentar diferentes conceitos e procedimentos, recurso que torna ainda mais didática a exposição, pela familiaridade que se acaba tendo com as estruturas que se repetem.

Os exemplos são resolvidos de forma completa e todos os passos da solução são apresentados. É mais um recurso de inestimável valor, por dar total transparência ao que está sendo apresentado, permitindo que o leitor acompanhe todo o raciocínio dos autores. Esse procedimento, muito rico e hoje pouco encontrado, leva à recordação do Professor Telemaco van Langendonck e do Prof. Odone Belluzzi, da Universidade de Bolonha, autor da série *Scienza delle Costruzioni*, que o utilizaram em suas magníficas coleções de livros.

Precedendo os Capítulos 6 a 9, em que se faz uma apresentação formal da análise limite, no *Capítulo 5 "Análise limite intuitiva"* o conceito de análise limite é introduzido por meio do comportamento físico de estruturas simples, outro recurso didático muito eficiente.

A análise limite pela aplicação do teorema estático leva a um problema de maximização e pela aplicação do teorema cinemático, a um problema de minimização, ambos problemas de otimização típicos de programação linear. No Anexo A apresenta-se a programação linear pelo simplex, utilizada no *Capítulo 8 Análise limite por programação linear pela aplicação do teorema estático* e no *Capítulo 9 Análise limite por programação linear pela aplicação do teorema cinemático.* Novamente, nesses capítulos, os exemplos são apresentados de forma completa, com a explicitação de todos os passos seguidos.

Após a apresentação dos fundamentos da análise limite e das aplicações mais correntes feitas na primeira parte do livro, na segunda parte, intitulada *Análise elastoplástica de estruturas reticuladas planas – Tópicos especiais,* abordam-se temas mais abrangentes, dois deles diretamente voltados à aplicação da elastoplasticidade à resolução de problemas concretos da engenharia de estruturas.

No *Capítulo 12 Elastoplasticidade perfeita em vigas de concreto armado,* aplica-se a análise limite ao dimensionamento de vigas de concreto armado, sendo um dos exemplos apresentados o de uma viga contínua típica de uma construção usual de concreto armado.

O *Capítulo 13 Estudo de caso: Galeria sob aterro de rodovia* é voltado à apresentação de uma situação real de uma galeria que se encontrava na iminência de colapso plástico. O diagnóstico do problema e a discussão do reforço da galeria feito para garantir sua segurança são um engenhoso e valioso exemplo da aplicação do teorema estático à resolução de um problema real de engenharia.

Esses dois capítulos são notáveis, por mostrarem o papel da análise elastoplástica na prática da engenharia.

Na terceira parte do livro, *Análise elastoplástica de sólidos deformáveis*, estendem-se os conceitos vistos anteriormente aos sólidos deformáveis.

O *Capítulo 14 Fundamentos* e o *Capítulo 15 Teoremas da análise limite em estado multiaxial de tensão* são de apresentação dos fundamentos da análise limite voltada aos sólidos deformáveis.

No *Capítulo 16 Análise limite em estado plano de tensão* e no *Capítulo 17 Análise limite em estado plano de deformação* aplica-se a análise limite a situações de estado plano de tensão e de estado plano de deformação. Apresentam-se nesses capítulos exemplos diretamente ligados à prática da engenharia: as análises de uma viga em balanço e de uma viga biengastada, no Capítulo 16, e de uma fundação direta em sapata corrida sobre meio elastoplástico perfeito com o critério de plastificação de Tresca ou de von Mises e de uma fundação direta em sapata corrida sobre meio elastoplástico perfeito com o critério de plastificação de Mohr-Coulomb, no Capítulo 17. Como no restante da obra, esses exemplos são apresentados de maneira muito completa e minuciosa.

Lições em Mecânica das Estruturas: Análise Elastoplástica constitui-se em um importantíssimo texto sobre análise elastoplástica, uma publicação extremamente relevante para alunos de graduação e de pós-graduação, pesquisadores e profissionais de várias modalidades de engenharia – engenharia civil, engenharia mecânica, engenharia naval, engenharia aeronáutica, engenharia aeroespacial, engenharia mecatrônica, engenharia de minas, entre outras –, graças ao rigor e ao grande didatismo com que todos os assuntos são apresentados.

Como já comentado, o livro reflete décadas do amadurecimento e da experiência dos autores ao ministrarem as disciplinas de Mecânica das Estruturas do curso de engenharia civil da Escola Politécnica da Universidade de São Paulo. O texto a seguir, extraído do Capítulo 16, revela muito bem esse amadurecimento:

"Mesmo para problemas simples como o apresentado, há vários aspectos na preparação e na análise de resultados que são desafiadores. É importante destacar que as inúmeras possibilidades de resolução de problemas por sistemas computacionais, cada vez mais poderosos, oferecem uma forma implícita de análise que exige uma sólida formação conceitual e experiência no uso dessas ferramentas. A resolução analítica de problemas simples de estruturas em regime elastoplástico perfeito é uma estratégia adotada para desenvolver, de forma explícita, a referida sólida base conceitual no assunto e, igualmente, propiciar a análise direta de certas classes de problemas, e por comparação de resultados, uma melhor compreensão no uso dessas ferramentas computacionais.

Esses aspectos realçam a importância da realização de análises com diferentes níveis de hierarquia – a importância de análises com modelos mais simples precederem análises mais complexas."

A importância de uma sólida base conceitual, adquirida por meio de modelos simples, como se faz neste livro, e de se empregar modelagem hierárquica, filosofia marcante do curso de Mecânica das Estruturas ministrado pelos autores, reflete o amadurecimento dos mesmos.

Como já mencionado, os autores mostram seu reconhecimento e agradecimento aos professores que tiveram no curso de engenharia civil da Escola Politécnica. Ao longo de sua atividade na Escola Politécnica, esses professores estabeleceram as linhas mestras do curso de engenharia de estruturas do Departamento de Engenharia de Estruturas e Geotécnica, obra continuada pelos autores de *Lições em Mecânica das Estruturas: Análise Elastoplástica.*

Lições em Mecânica das Estruturas: Análise Elastoplástica tem um caráter muito politécnico, ao refletir o espírito e a filosofia do Departamento de Engenharia de Estruturas e Geotécnica, e ao ter em seu corpo várias contribuições de notáveis professores do Departamento.

Um dos exemplos simples do Capítulo 7 foi extraído de um livro do Prof. Telemaco van Langendonck, escolhido inclusive como forma de homenageá-lo; na resolução desse exemplo, emprega-se o processo do Prof. Victor Manoel de Souza Lima para o cálculo das rotações virtuais em malhas poligonais fechadas; no capítulo voltado ao estado plano de tensão, utiliza-se um procedimento desenvolvido pelo Prof. Carlos Alberto Soares.

O *Capítulo 12 Elastoplasticidade perfeita em vigas de concreto armado* foi escrito com a colaboração do Prof. Januário Pellegrino Netto; o *Capítulo 13 Estudo de caso: Galeria sob aterro de rodovia* é baseado em um relato do Prof. Fernando Rebouças Stucchi sobre um projeto realizado por ele e pelos Professores Kalil José Skaf e Marcelo Waimberg, da EGT Engenharia.

Henrique Lindenberg Neto

PREFÁCIO

As *Lições em Mecânica das Estruturas* são o resultado de muitos anos de atuação dos autores nas disciplinas de Mecânica das Estruturas, oferecidas em sequência às disciplinas de Resistência dos Materiais e Estática das Construções aos alunos do curso de Engenharia Civil da Escola Politécnica da Universidade de São Paulo.

A motivação dos autores transcende o natural desejo de organizar a farta documentação gerada nessas disciplinas ao longo dos anos, compreendendo notas de aula, listas de exercícios resolvidos, trabalhos práticos e provas propostas. Muito mais do que isso, é o compromisso que sentem de compartilhar com a comunidade acadêmica suas experiências de ensino na Escola Politécnica da Universidade de São Paulo, esperando que elas possam ser úteis a alunos e professores, dessa ou de outras universidades.

Estas *Lições* se preocupam, ao mesmo tempo, em valorizar conteúdos tradicionais – solidamente organizados por gerações de grandes mestres, entre os quais justa homenagem se faz a Décio Leal de Zagottis e Telêmaco van Langendonck –, e em agregar conteúdos contemporâneos, devidamente adaptados ao curso de graduação, mas que muitas vezes são tratados apenas na pós-graduação.

Em acréscimo ao aprofundamento conceitual tradicionalmente perseguido na Escola Politécnica, estas *Lições* se propõem a ilustrar extensivamente as possibilidades de aplicação das ferramentas desenvolvidas na solução de problemas fundamentais de Mecânica das Estruturas, entendida de forma ampla e, portanto, não restrita à Engenharia Civil. Efetivamente, as *Lições em Mecânica das Estruturas* poderão ser igualmente úteis nos cursos de Engenharia Mecânica, Mecatrônica, Naval, Química, Minas, Aeronáutica e Aeroespacial, e em tantos outros em que a análise de sistemas estruturais seja requerida.

Com o objetivo de oferecer maior flexibilidade a seus leitores – tanto alunos quanto professores de disciplinas de Mecânica das Estruturas de faculdades lusófonas de Engenharia, independentemente do modo como os diversos conteúdos estão articulados em seus respectivos programas –, os autores destas *Lições* optaram por segmentá-las tematicamente em diferentes volumes, porém escritos de forma tão autocontida quanto possível. Os volumes destas *Lições* podem ser lidos, em princípio, em qualquer ordem. Mais ainda, dentro de cada tema segmentado, conteúdos de aprofundamento podem ser ignorados, se o propósito for o de um primeiro contato apenas. Por outro lado, esses mesmos conteúdos certamente se mostrarão bastante úteis a alunos de pós-graduação. Exatamente por essa característica, trata-se de obra bastante versátil, atendendo simultaneamente aos públicos da graduação e, em nível introdutório, da pós-graduação.

O primeiro volume da coleção (André et al., 2011) dedica-se aos Teoremas dos Trabalhos Virtuais e de Energia na Mecânica das Estruturas. O segundo volume (Mazzilli et al., 2016) dedica-se ao estudo dos sistemas estruturais de comportamento linear submetidos a ações determinísticas de natureza dinâmica. Este terceiro volume – *Lições em Mecânica das Estruturas: Análise Elastoplástica* – dedica-se ao estudo de sistemas estruturais em regime elastoplástico perfeito.

Na Primeira Parte, estabelecem-se os fundamentos da análise elastoplástica de estruturas reticuladas planas com carregamento coplanar acompanhados de uma coleção de exemplos que destacam vários aspectos conceituais. Em seu primeiro Capítulo, selecionam-se trechos de alguns documentos que estabelecem fragmentos históricos da teoria da plasticidade. Os Capítulos 2 e 3 são dedicados à apresentação de conceitos básicos de elasticidade e plasticidade e a noções introdutórias de segurança das estruturas. A análise incremental é tratada no Capítulo 4. Os Capítulos 5 a 7 tratam dos métodos clássicos de análise limite, que se inicia com seu tratamento intuitivo, seguido pela apresentação e demonstração dos teoremas de análise limite e pela apresentação de alguns métodos clássicos. Uma forma mais conveniente para o cálculo automático de análise limite é o lastreado em programação linear pela aplicação do teorema estático ou do teorema cinemático, que se apresentam nos Capítulos 8 e 9.

Na Segunda Parte, apresentam-se alguns tópicos especiais de análise elastoplástica de estruturas reticuladas planas com carregamento coplanar. No Capítulo

10, expõe-se o cálculo de deslocamentos na iminência do colapso plástico pela aplicação do teorema dos esforços virtuais. A análise de um pórtico plano, em que se aplicam os vários procedimentos de análise incremental e limite e em que se trata de algumas situações que merecem especial atenção, é desenvolvida no Capítulo 11. À luz dos conceitos de elastoplasticidade perfeita, do teorema estático e considerando as recomendações da norma brasileira NBR 6118, o Capítulo 12 trata do dimensionamento de vigas de concreto armado. No Capítulo 13, apresenta-se o estudo de caso de reforço de galeria em que se destaca a utilização do teorema estático para gerar uma solução segura de recuperação dessa obra.

A Terceira Parte expõe uma introdução à análise elastoplástica de sólidos deformáveis. No Capítulo 14, apresentam-se fundamentos dessa análise em que se trata de conceitos preliminares, critérios de plastificação, relações tensões-deformações para a teoria de fluxo da plasticidade, e formulação incremental do método dos elementos finitos para a modelagem em deslocamentos de problemas elastoplásticos. Os teoremas de análise limite para sólidos, no Capítulo 15, e dois estudos de casos – barras em estado plano de tensão, no Capítulo 16, e fundação direta em sapata rasa, em estado plano de deformação, no Capítulo 17 – completam este livro.

Empregam-se extensivamente o teorema dos deslocamentos virtuais, nas demonstrações dos teoremas de análise limite e no estabelecimento de equações de equilíbrio, e o teorema dos esforços virtuais, para o cálculo de deslocamentos. Nos Capítulos 15 a 17, utilizam-se os deslocamentos virtuais, matematicamente equivalentes às taxas de deslocamentos plásticos em análise quase-estática.

As inúmeras possibilidades de resolução dos mais diversos e complexos problemas em mecânica das estruturas por ferramentas computacionais, cada vez mais poderosas e simples de serem utilizadas, oferecem uma forma implícita de análise que exige uma sólida formação conceitual e estrito controle dos resultados obtidos. A resolução analítica dos exemplos e estudos de caso apresentados ao longo deste livro constitui clara estratégia para desenvolver explicitamente a referida sólida base conceitual no assunto e, igualmente, para propiciar a análise direta de certas classes de problemas e, por comparação de resultados, o domínio das referidas ferramentas computacionais.

Os autores agradecem ao Professor Henrique Lindenberg Neto, pela leitura e pelas sugestões feitas ao texto, à Professora Débora Pretti Ronconi, pelos ensinamentos em Programação Linear, e ao Engenheiro Alexandre Ng, pela revisão dos capítulos envolvendo análise limite. Igualmente, agradecem à Paola Mazzilli pela sua colaboração no projeto de identidade visual do livro.

Nossos reconhecimentos se estendem ao Eduardo Blucher e aos colaboradores da Editora Blucher: Jonatas Eliakim, na coordenação e Kedma Marques na produção editorial e preparo do livro, à Roberta Pereira, na cuidadosa elaboração dos desenhos, e à equipe da Negrito Produção Editorial, na diagramação do texto.

São Paulo, junho 2022

João Cyro André

Carlos Eduardo Nigro Mazzilli

Miguel Luiz Bucalem

Sergio Cifú

SUMÁRIO

PRIMEIRA PARTE

Análise elastoplástica de estruturas reticuladas planas – Métodos plásticos

SEGUNDA PARTE

Análise elastoplástica de estruturas reticuladas planas – Tópicos especiais

TERCEIRA PARTE

Análise elastoplástica de sólidos deformáveis

DEDICATÓRIA

Para nossas esposas e companheiras,
Elizabeth, Barbara, Tamara e Virgínia

Aos professores, cujos ensinamentos e exemplos têm sido fonte permanente de inspiração, nossa homenagem com admiração e respeito.

Carlos Alberto Soares, Decio Leal de Zagottis, John Ulic Burke Junior

José Carlos de Figueiredo Ferraz, Lauro Modesto dos Santos

Maurício Gertsentchtein, Péricles Brasiliense Fusco

Telemaco Hyppolito de Macedo van Langendonck, Victor Manoel de Souza Lima

PRIMEIRA PARTE

1 FRAGMENTOS HISTÓRICOS DA TEORIA DA PLASTICIDADE

No segundo dia dos diálogos relativos a duas novas ciências, Galileu Galilei (1638) apresenta várias proposições sobre resistência à fratura, como se ilustra com sua primeira proposição:

Um prisma ou um cilindro sólido de vidro, aço, madeira ou outro material quebrável que seja capaz de sustentar um peso muito pesado quando aplicado longitudinalmente é, como observado anteriormente, facilmente rompido pela aplicação transversal de um peso que pode ser muito menor na proporção que o comprimento do cilindro exceda sua espessura.

Essa proposição é debatida na condição de ruptura, conforme mostra a Figura 1.1, e é caracterizada por $F\ell = \frac{\sigma_0 bh^2}{2} = \frac{Rh}{2}$, que, apesar da equivocada uniformidade das tensões no engastamento, traz à luz a discussão sobre a distribuição das tensões na seção transversal e sobre a resistência à fratura de um elemento estrutural. Está lançada a semente para o desenvolvimento de teorias estruturais e, em particular, da teoria da plasticidade. O problema da resistência à fratura (materiais frágeis) de certa forma contrapõe-se ao da resistência de materiais dúcteis (teoria da plasticidade). O que há de comum é a preocupação com a determinação da capacidade de carga e, portanto, da caracterização do Estado Limite Último.

Figura 1.1
Análise de flexão de Galileu.

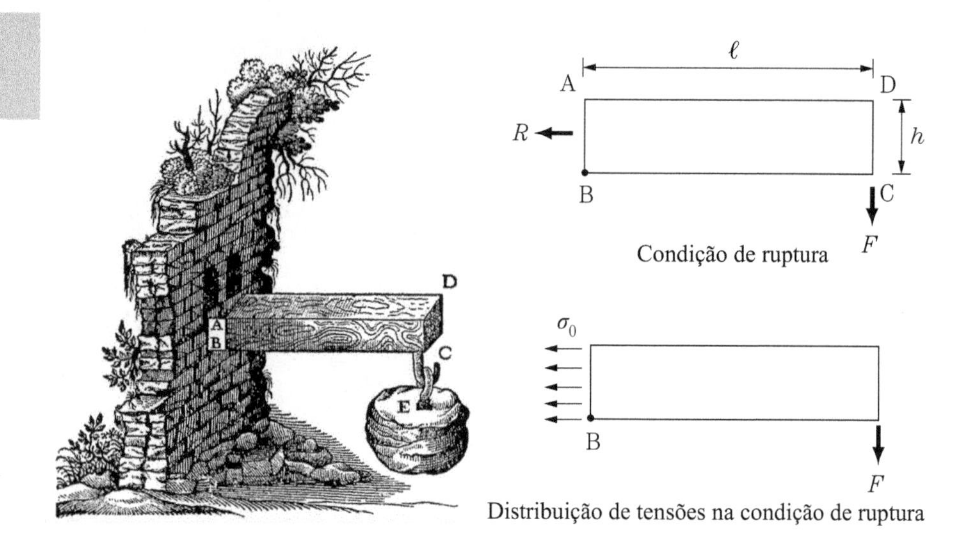

Em 1547, o papa Paulo III confiou a direção das obras da catedral de São Pedro, no Vaticano, a Michelangelo Buonarotti (1475-1564), pintor, escultor e arquiteto italiano, cuja contribuição mais notável foi a construção da cúpula da catedral. Essa cúpula foi concluída 24 anos após a morte de Michelangelo, com o trabalho de seus discípulos Domenico Fontana e Giacomo della Porta.

Em 1742, Jacquier, Le Seur e Boscovich, três prestigiosos matemáticos, apresentaram relatório com a indicação da possibilidade de colapso da cúpula da catedral de São Pedro e com a indicação de intervenções para evitá-la (LÓPEZ, 1998). Outros relatórios com outros autores e mesmas preocupações foram igualmente submetidos à apreciação papal.

Um ano depois, o papa Bento XIV convidou Giovanni Poleni para apresentar seu parecer sobre a situação estrutural da cúpula. Com a colaboração de Luigi Vanvitelli, principal arquiteto da catedral, realizou uma cuidadosa inspeção da estrutura, descrita por Vanvitelli em um conjunto de desenhos que mostram detalhadamente a posição das fissuras. O resultado desse trabalho foi a recuperação da cúpula, concluída em 1743, com a instalação de seis anéis de aço. A Figura 1.2 mostra cópias de desenhos originais com as posições das fissuras e dos anéis de aço.

Figura 1.2
Fissuras na cúpula e posição dos anéis de aço.

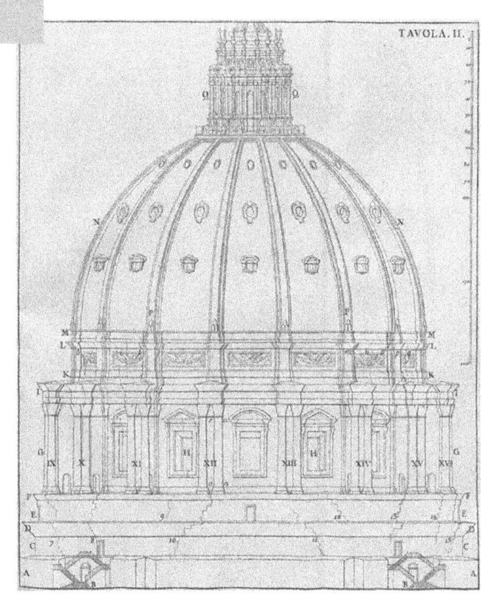

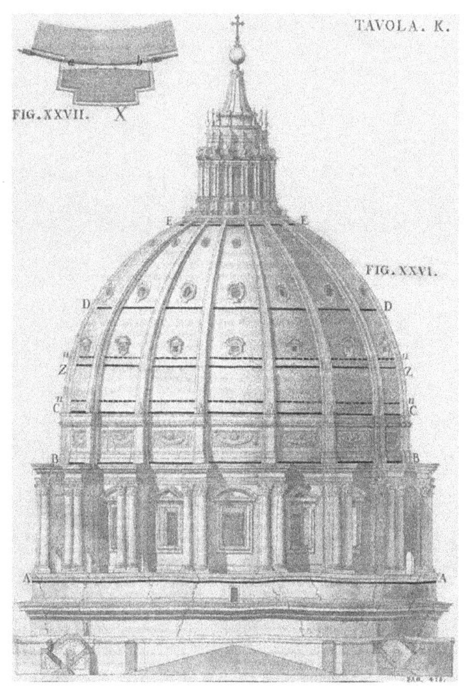

O trabalho integral de recuperação da cúpula da catedral de São Pedro foi relatado na obra *Memorie Istoriche del Templo Vaticano* (POLENI, 1748), nele se encontra, provavelmente, a primeira utilização intuitiva do teorema estático da análise limite para a obtenção de uma solução segura de recuperação.

Desses dois marcos históricos, transporta-se para 1914, ano de início da Primeira Guerra Mundial, quando Kazinczy apresenta os resultados dos ensaios de duas vigas biengastadas de aço envoltas em concreto, com 5,6 m e 6,0 m de vão, e carregadas com tijolos, como mostra a Figura 1.3, cujas imagens foram apresentadas em artigo dedicado ao legado de Kazinczy (KALISZKY et al., 2015).

Figura 1.3
Ensaios de Kazinczy.

Fonte: Kaliszky et al., 2015.

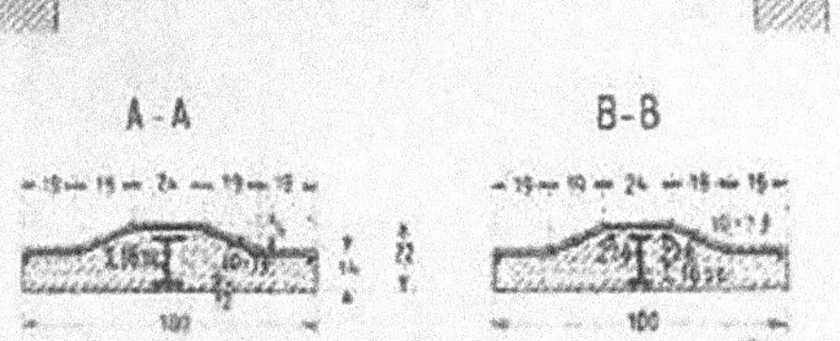

Nesses ensaios (*apud* HEYMAN, 1998), Kazinczy observou que as fissuras no concreto serviram para revelar o comportamento das vigas de aço; apareceram duas rótulas plásticas nas extremidades das vigas; e, com o aumento da carga, formou-se uma terceira rótula no meio do vão, seguida de grandes deslocamentos. Na descarga total, observou que ocorreram deformações permanentes nas extremidades e no meio do vão da viga. Com base nessas observações, concluiu que uma viga biengastada se comporta como uma viga biapoiada após a formação das duas rótulas e que ela não sofre colapso antes que se formem três rótulas plásticas. Adicionalmente, destacou que a viga biengastada pode ser dimensionada para o diagrama de momentos fletores da Figura 1.4(c), na condição de colapso e com momentos no engastamento e no meio do vão iguais a $\frac{q\ell^2}{16}$, e não para o diagrama resultante da análise elástica linear mostrado na Figura 1.4(b), com momentos no engastamento e no meio do vão iguais a $\frac{q\ell^2}{12}$ e $\frac{q\ell^2}{24}$, respectivamente. Os dois diagramas de momentos fletores correspondem a soluções equilibradas, pois as somas dos momentos fletores no engastamento e no meio do vão resultam no mesmo valor $\frac{q\ell^2}{8}$. A capacidade resistente da viga é 33% maior do que a indicada pela análise elástica linear.

Figura 1.4
Distribuição de momentos fletores no colapso e da análise elástica linear.

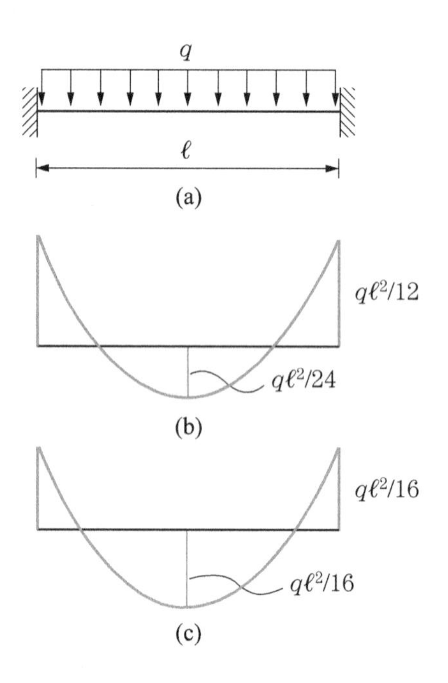

Três anos antes de se instalar a Segunda Guerra Mundial, em 1939, realizou-se em Berlim o Segundo Congresso IABSE – International Association for Bridge and Structural Engineering –, que contou com uma sessão onde foram apresentados oito trabalhos no tema Plasticidade, entre os quais comentam-se os de Maier-Leibnitz (1936) e Bleich (1936).

Maier-Leibnitz apresentou uma série de ensaios experimentais, cujos resultados esclarecem o comportamento das estruturas após o limite elástico. Seleciona-se o caso da viga contínua com dois tramos solicitados nos terços dos vãos com cargas concentradas, como mostra a Figura 1.5. Essa viga contínua é composta de dois perfis duplo T com 16 cm de altura com as seguintes características geométricas e físicas: $A = 43\ \text{cm}^2$, $I = 1727\ \text{cm}^4$, $W = 211\ \text{cm}^3$ e $\sigma_e = 2{,}512\ \frac{\text{tf}}{\text{cm}^2}$. O momento fletor que limita o comportamento elástico é dado por $M_e = \sigma_e\ W = 530$ tfcm.

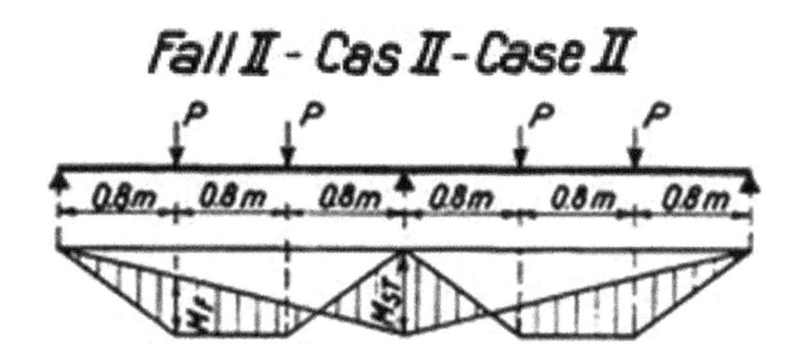

Figura 1.5
Figura original da viga contínua ensaiada por Maier-Leibnitz.

Um dos resultados obtidos por Maier-Leibnitz é o diagrama $P \times U$ da Figura 1.6, onde U é o deslocamento vertical no meio do tramo. Destacam-se nesse diagrama os pontos A, B, C, D.

A ≡ (8,25 tf; 4,62 mm) B ≡ (10 tf; 6,98 mm)

C ≡ (11,00 tf; 8,34 mm) D ≡ (13,10 tf; 35,00 mm)

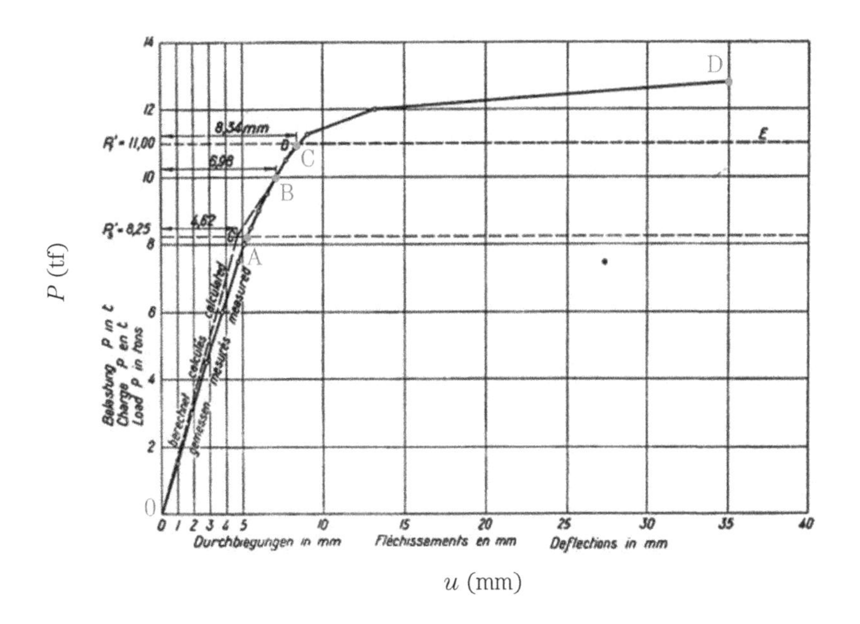

Figura 1.6
Figura original do diagrama $P(tf) \times U(mm)$.

A Figura 1.7 apresenta resultados para a carga P = 8,25 tf: os obtidos por Maier-Leibnitz e os de uma análise elástica linear. Pode-se observar que o diagrama de momentos fletores é exatamente o mesmo e que ocorre uma diferença de aproximadamente 2% no deslocamento no meio do tramo, praticamente desprezável em face de eventuais variações nas características geométricas e físicas. Maier-Leibniz concluiu que o comportamento até P = 8,25 tf foi praticamente linear, mesmo com um momento fletor no apoio central, com valor 660 tfcm, superior ao momento elástico limite, $M_e = \sigma_e W = 530$ tfcm. Aspecto importante a ser destacado, por favorecer a interpretação do comportamento da viga contínua após o limite elástico, é a representação do diagrama de momentos fletores como resultado da superposição dos diagramas devidos ao momento no apoio central com os devidos às cargas P.

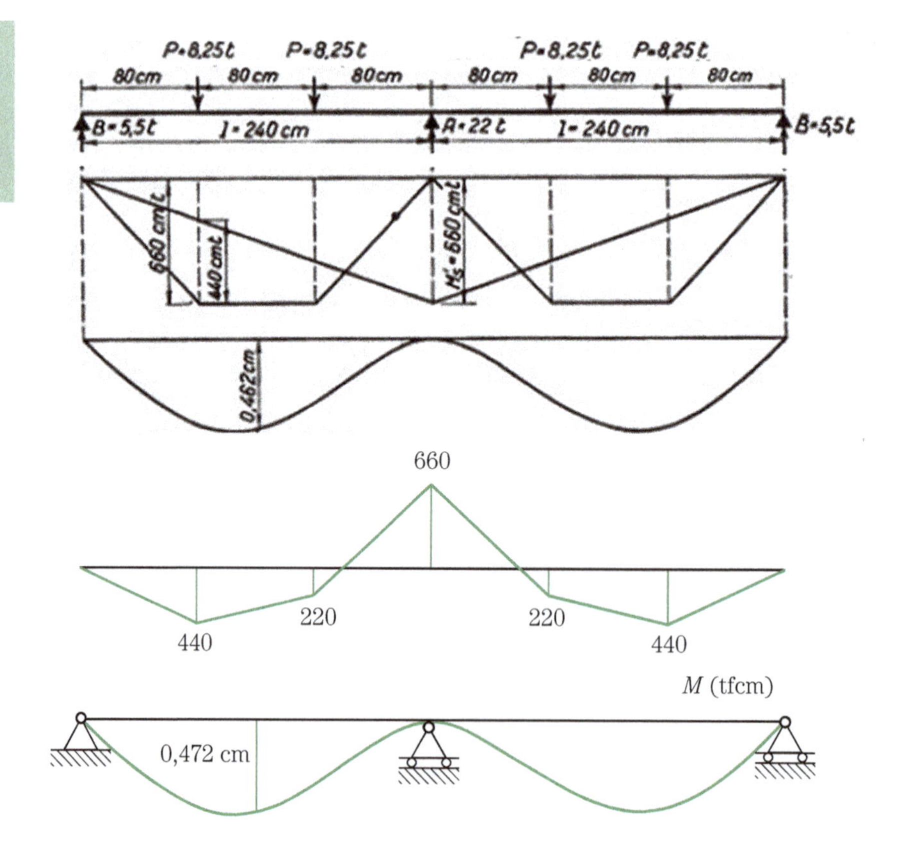

Figura 1.7
Resultados em momentos fletores e deslocamento no meio do vão com P = 8,25 tf.

A Figura 1.8 apresenta os resultados obtidos por Maier-Leibnitz com P = 10 tf e P = 11,00 tf e indica o comportamento de mecanismo para P > 11,00 tf. Ele observou que o momento no apoio central permaneceu igual a 660 tfcm enquanto os momentos nos pontos de aplicação das cargas cresceram, o que mostra com clareza a capacidade de redistribuição de resistência pela viga contínua. Notou ainda, que ocorreu a rotação relativa no apoio central, como se instalasse uma rótula nessa posição, e a viga contínua passou a se comportar como duas vigas biapoiadas para acréscimos de carga a partir de P = 8,25 tf. Note-se que a maneira de apresentar o diagrama de momentos por Maier-Leibnitz favorece essa interpretação. Observou ainda que, para carga superior a 11,00 tf, ficou comprometido o efetivo uso da viga contínua, pois os deslocamentos cresceram intensamente até atingirem o valor de 35 mm, quando ocorreu o seu colapso com $P = 13{,}10$ tf.

Figura 1.8
Resultados em momentos fletores e deslocamento no meio do vão com $P = 10$ tf e 11,00 tf e a indicação do comportamento de mecanismo para $P > 11{,}00$ tf.

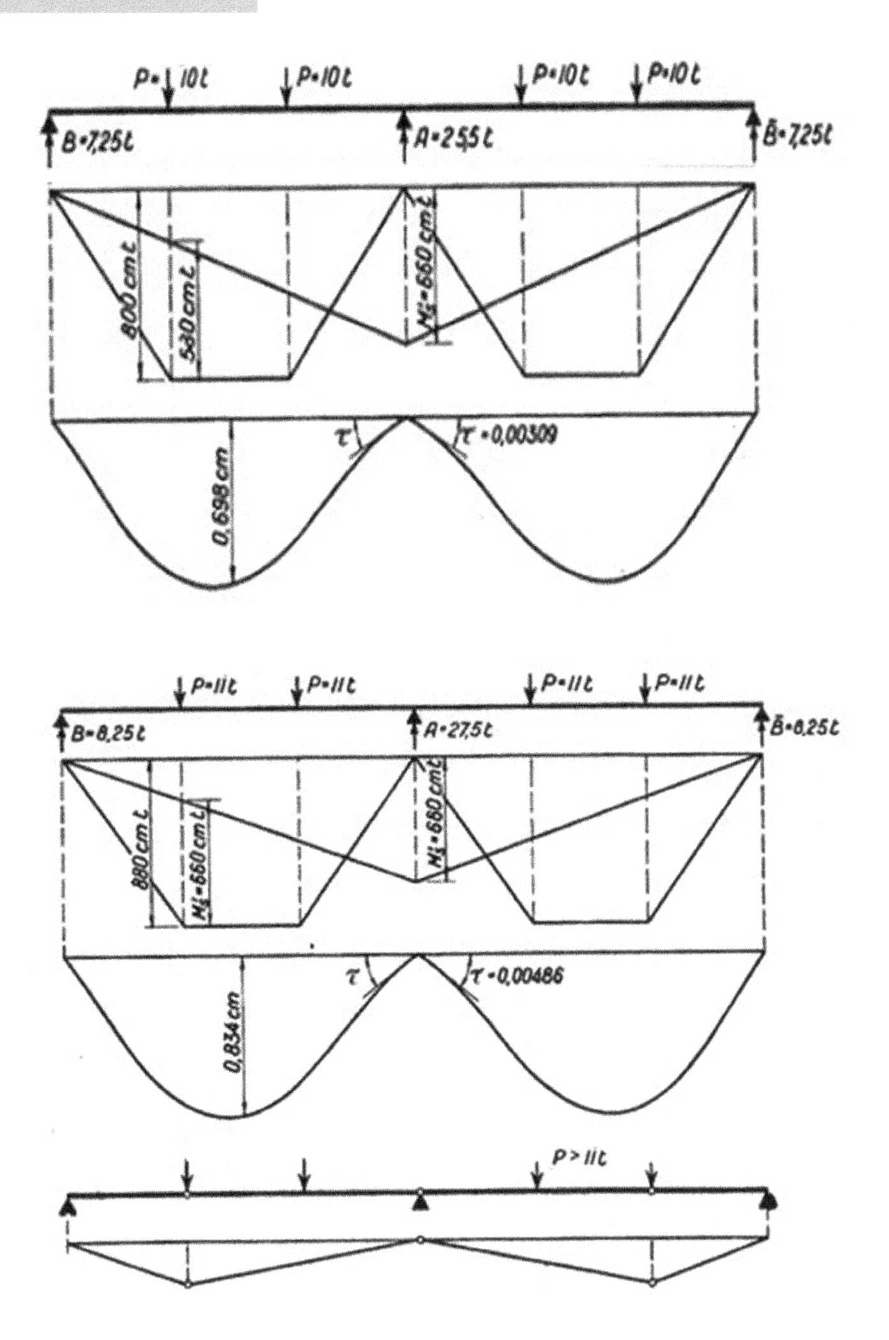

Com base nesses resultados, Maier-Leibnitz apresentou um resumo de suas principais conclusões, que fornecem uma base sólida para a análise da capacidade resistente da viga contínua, com as seguintes hipóteses simplificadoras:

- $P = P_1 = 8{,}25$ tf representa o maior valor de P para o qual o comportamento da viga contínua pode ser considerado como elástico linear. Cargas e descargas ocorrem sem que surjam deformações permanentes;
- para acréscimos de carga ΔP, tais que $P_1 < P < P_{II} = 11{,}00$ tf, a viga contínua se comporta como duas vigas biapoiadas, com uma rótula no apoio central, de comportamento elástico linear;
- quando $P = P_{II} = 11{,}00$ tf, forma-se um mecanismo com grandes deslocamentos, de modo que essa carga é a carga limite da viga contínua.

Dos resultados do ensaio ainda se pode constatar que:

- o momento máximo resistente na seção transversal é $M_p = 660$ tf cm e será adiante referido como momento de plastificação da seção transversal;
- ao se atingir o valor M_p em uma seção, esse valor permanece constante para acréscimos de P. Essa condição será referida como de rótula plástica;
- o mecanismo para $P = P_{II} = 11{,}00$ tf será referido como mecanismo de colapso.

Bleich (1936) apresenta o conceito de um novo fator de segurança e vários exemplos de dimensionamento de estruturas com carregamentos que flutuam entre valores máximo e mínimo, ao qual se referiu como a teoria do equilíbrio plástico. Selecionam-se para destaque desse trabalho os aspectos ligados ao novo conceito, à época, de fator de segurança e as hipóteses da teoria do equilíbrio plástico.

O autor menciona que o método usual, à época, de projeto de estruturas de aço considera como limite o seu comportamento linear, ou seja, aplica o método das tensões admissíveis. Ele introduz o conceito de coeficiente de segurança externo, definido como a relação entre a carga limite de utilização da estrutura e a carga de serviço, e o faz com as explicações que se apresentam nos seguintes parágrafos:

O conhecimento de que em estruturas estaticamente indeterminadas os limites elásticos podem ser ultrapassados localmente sem necessariamente reduzir a capacidade de carga e, consequentemente, o fator de segurança da estrutura, visto que as seções sobrecarregadas podem ser aliviadas por aquelas menos solicitadas, deu origem a uma outra concepção de segurança no projeto de tais estruturas [...]

A nova definição do fator de segurança deve permitir o aproveitamento das propriedades de ductilidade do aço no projeto mais econômico de estruturas estaticamente indeterminadas. [...]

O fator de segurança é a relação entre a carga final e a carga útil. Por carga final entende-se aquele limite de carga até o qual a carga pode ser aumentada sem causar na estrutura deformações inadmissíveis [...]

Destaca-se que Bleich adota como hipóteses básicas em sua teoria do equilíbrio plástico que o aço possa sofrer deformações de acordo com o gráfico da Figura 1.9, ou seja, com comportamento elastoplástico perfeito em que a máxima deformação total exceda significativamente a deformação correspondente ao limite elástico, e que não ocorra fadiga do material.

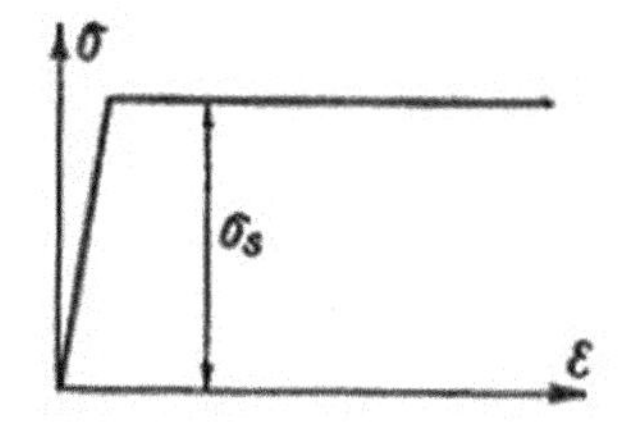

Figura 1.9
Gráfico tensão-deformação original.

Fonte: Bleich, 1936.

Em dezembro de 1936, foi realizada, na então União Soviética, a *Conference on Plastic Deformation*, cujos resultados foram publicados pela Academia de Ciências da União Soviética em 1938, com a editoria geral de B. G. Galerkin. Entre os trabalhos estava o de A. A. Gvozdev, que ficou durante muito tempo desconhecido e que acabou sendo amplamente divulgado pela feliz e generosa ideia do Professor R. M. Haythornthwaite ao apresentar a tradução desse artigo (GVOZDEV, 1960).

Esse artigo tem papel muito importante na Teoria da Plasticidade pois provavelmente é a primeira prova dos teoremas da análise limite. São apresentados os conceitos de soluções estaticamente e cinematicamente admissíveis e as demonstrações do teorema fundamental da análise limite, do teorema do limite inferior (ou estático) e do teorema do limite superior (ou cinemático).

Adicionalmente, introduz diversos conceitos da teoria de fluxo da plasticidade: deformações e deslocamentos generalizados, princípio da máxima dissipação plástica, condição de normalidade e lei de fluxo.

A eclosão da Segunda Guerra Mundial em 1939, que se estendeu até 1945, reduziu em muito o desenvolvimento de trabalhos que não estivessem diretamente relacionados aos esforços de guerra, os quais, de forma enviesada, foram responsáveis por avanços técnicos e científicos. Um exemplo singelo, mas importante na proteção dos ingleses, foi o desenvolvimento do abrigo Morrison por John Baker – que foi instalado em mais de 1 milhão de pequenas casas na Inglaterra. A Figura 1.10 mostra fotos do abrigo Morrison e dois fotogramas de filme sobre a demonstração em modelo reduzido, por John Baker, da eficácia do abrigo quando uma casa é submetida a uma carga dinâmica que simula o efeito de uma bomba.

Figura 1.10
O abrigo Morrison e demonstração em modelo reduzido de sua eficiência.

Após a Segunda Guerra Mundial publicou-se uma série de artigos e livros sobre Teoria da Plasticidade, muitos deles sobre métodos plásticos e outros tantos sobre a teorização da plasticidade. Uma extensa bibliografia desse período e anterior a ele pode ser encontrada em Baker, Heyman e Horne (1956), Neal (1977) e Jirásek e Bazant (2002).

Como menciona Heyman (1998), a aplicação da Teoria da Plasticidade na Inglaterra, com repercussão global, está associada ao nome de John Baker, que desenvolveu extenso trabalho em parceria com acadêmicos e com a indústria de aço britânica, atuando em posição de destaque no *Steel Structures Research Committee*. O livro *The Steel Skeleton*, publicado em 1956 em coautoria com M. R. Horne e J. Heyman, reúne ensaios experimentais para diversos tipos de estruturas de aço, reapresenta os teoremas de análise limite em que utiliza o conceito de deslocamentos virtuais, faz uma resenha dos diversos métodos plásticos, sempre ilustrada com exemplos significativos. Trata-se de um clássico da Teoria da

Plasticidade, que foi e continua sendo importante referência nos livros e nos cursos que tratam de estruturas em regime elastoplástico perfeito em engenharia de estruturas.

Ainda em 1956, é publicada a primeira edição de *The Plastic Methods of Structural Analysis* de Bernard G. Neal. Esse livro é dedicado especialmente aos procedimentos analíticos e numéricos dos métodos plásticos em vigas e pórticos planos e trata de alguns tópicos especiais do tema. Foi reeditado uma terceira vez em 1977 e é igualmente texto de grande utilização nos cursos de engenharia de estruturas.

Milan Jirásek e Zdenek P. Bazant apresentam, em 2002, o livro *Inelastic Analysis of Structures*, que trata, nas duas primeiras partes, da análise plástica de estruturas em solicitação uniaxial; da análise de estruturas em solicitação multiaxial (terceira parte); e, nas duas últimas partes, apresenta tópicos avançados de Teoria da Plasticidade e comportamento inelástico dependente do tempo em metais e concreto.

A história contada é sempre uma coleção menor ou maior de fragmentos mais ou menos detalhados. A história apresentada aqui é de poucos e sucintamente detalhados fragmentos, mas que, junto com o aprendizado adquirido com nossos professores e nossa longa experiência didática na Escola Politécnica, constituem as bases deste livro. Uma coleção maior e mais detalhada desses fragmentos pode ser encontrada em Timoshenko (1983) e em Heyman (1998).

2 CONCEITOS BÁSICOS

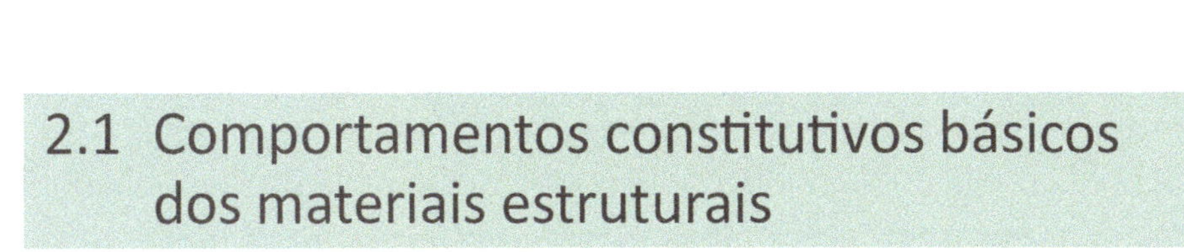

2.1 Comportamentos constitutivos básicos dos materiais estruturais

Estas são as propriedades básicas da deformação de um sólido sob a ação de uma dada solicitação, como apresentadas pela Associação Brasileira de Cimento Portland (ABCP, 1967), documento preparado pelo Professor Telemaco van Langendonck com vocabulário preciso de teoria das estruturas:

Elasticidade é a propriedade de um corpo recuperar sua forma primitiva quando deixa de atuar a solicitação que provocou a deformação. As deformações são imediatas e reversíveis, independentes do tempo.

Plasticidade é a propriedade de um corpo não recuperar a sua forma primitiva, embora conservando o seu volume, quando deixa de atuar a solicitação que provocou a deformação. As deformações são imediatas e não reversíveis, independentes do tempo.

Viscosidade é a propriedade de um corpo apresentar deformações variáveis no tempo sob a ação de uma solicitação.

O comportamento constitutivo real do sólido pode envolver complexas combinações dessas propriedades básicas e pode ser interpretado e caracterizado por ensaios físicos. Em geral, ensaios uniaxiais de tração e de compressão fornecem as informações básicas para estabelecer esse comportamento, e permitem formular leis empíricas referidas como equações constitutivas, que relacionam tensões e deformações. No que se segue, são considerados apenas os materiais elastoplásticos.

Ensaios uniaxiais de tração e compressão

Os ensaios uniaxiais em barras são convenientemente representados por diagramas ($\sigma \times \varepsilon$), onde, para pequenas deformações, σ é a tensão normal definida pela relação entre a força aplicada e a área da seção transversal, $\sigma = \frac{F}{A}$, e ε é a deformação linear definida por $\epsilon = \frac{\Delta\ell}{\ell} = \frac{\ell_f - \ell}{\ell}$, onde ℓ_f e ℓ são os comprimentos final e inicial da barra. No que se segue, admite-se a condição de pequena deformação quando as deformações são inferiores a 0,002.

Figura 2.1
Diagramas tensão-deformação Popov (1968).

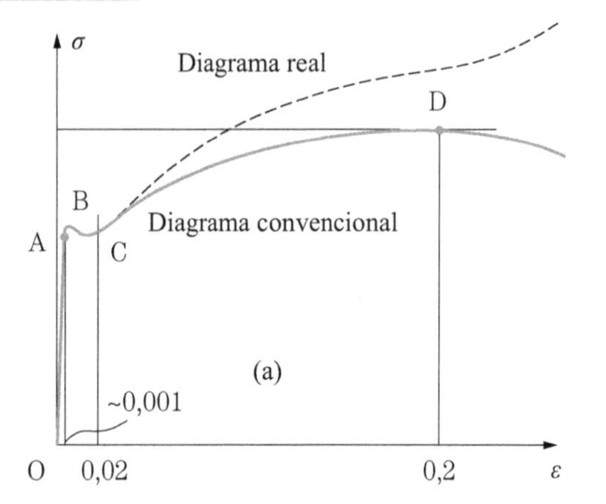

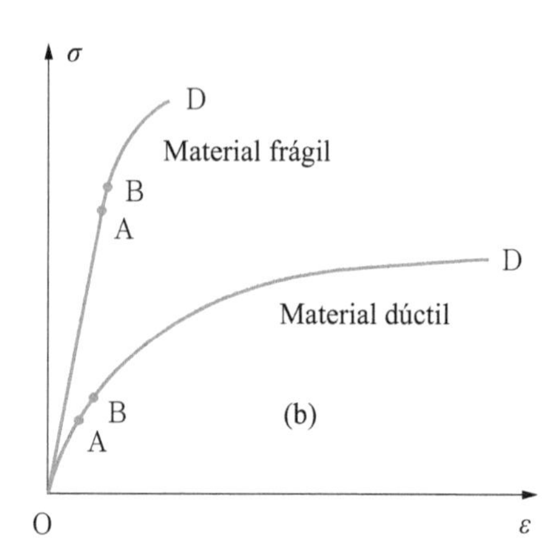

A Figura 2.1 apresenta dois diagramas típicos de ensaios de tração e compressão que são encontrados na maioria dos materiais elastoplásticos. O da esquerda, Figura 2.1(a), é típico de aço laminado a quente e outros poucos materiais, e apresenta as seguintes características principais:

- o ponto A é o limite de elasticidade linear, e a tensão nesse ponto é referida como tensão de proporcionalidade, σ_p;
- o ponto B é o limite de elasticidade, e a tensão nesse ponto é referida como tensão de escoamento σ_e;
- no trecho BC, referido como patamar de escoamento, ocorre acréscimo de deformação praticamente sem acréscimo de tensão;
- a partir de C, ocorre pequena variação das dimensões da seção transversal, sendo importante destacar que em D ocorre diminuição mais brusca da seção transversal, fenômeno referido como estricção, e é considerado como ponto limite de resistência;
- o trecho OAB define o domínio elástico, e o trecho BCD, o domínio plástico.

Os diagramas da Figura 2.1(b) são típicos de aço laminado a frio, do concreto e de outros materiais, que são classificados como frágeis quando apresentam deformações pequenas na ruptura ou, em caso contrário, como dúcteis. Nesse diagrama não ocorre o patamar de escoamento, o trecho OAB define o domínio elástico, e o trecho BD, o regime plástico. Diz-se que esses materiais apresentam endurecimento (o termo encruamento também é utilizado), caracterizado pela inexistência de patamar de escoamento. Além do limite elástico, o aumento das deformações requer o contínuo aumento das tensões.

Como os pontos A e B são próximos, é usual admitir que as tensões de proporcionalidade e de escoamento sejam iguais, $\sigma_p = \sigma_e$. Assim, para pequenas deformações, os diagramas tensão-deformação podem ser representados como mostram a Figura 2.2(a), característica da elastoplasticidade perfeita, e a Figura 2.2(b), característica da elastoplasticidade com endurecimento. A inclinação da linha AO define o módulo de elasticidade do material, que relaciona tensão e deformação de acordo com a lei de Hooke, $\sigma = E\varepsilon$, no domínio elástico. A curva $\phi(\sigma, k) = 0$ no trecho AH representa a condição de plastificação; e a tangente a essa curva, o módulo de elasticidade tangente E_t. Note-se que $k = \sigma_e$ para o material elastoplástico perfeito e que k é uma função da deformação permanente do material elastoplástico com endurecimento. A deformação ε_p é a deformação permanente ou plástica quando se efetua o descarregamento total no ensaio uniaxial a partir de um ponto qualquer F da curva AH. Os ensaios experimentais mostram que o descarregamento ocorre segundo uma linha paralela a AO, com comportamento essencialmente elástico linear com módulo de elasticidade E.

Figura 2.2
Diagramas tensão-deformação com pequenas deformações.

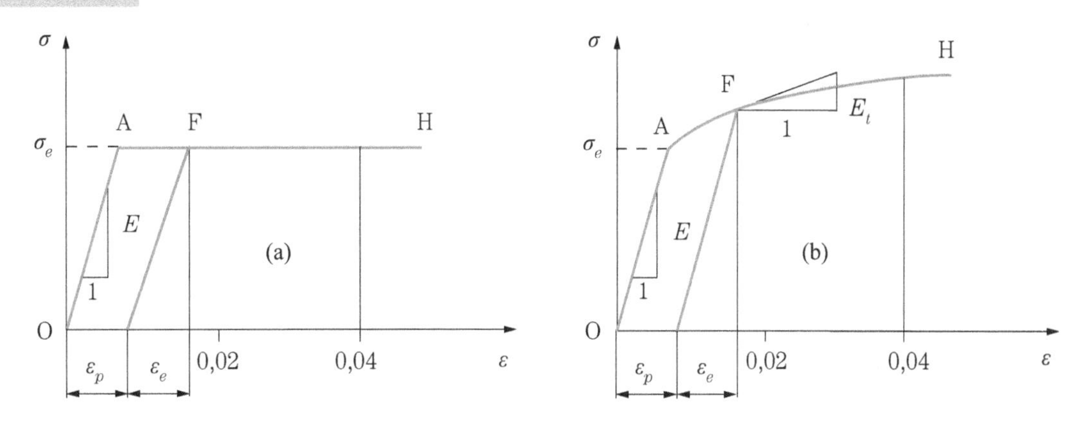

Ensaios experimentais uniaxiais com ciclos de carga e descarga apresentam informações importantes para análises com cargas cíclicas. Em um ensaio de tração, a carga até o ponto H adentra o regime plástico, e a descarga a partir desse ponto ocorre com comportamento elástico linear e dissipação de energia indicada pela área OHMO da Figura 2.3, que ilustra o caso de material elastoplástico com endurecimento e comportamento não simétrico a tração e compressão. A recarga a partir de M ocorre com o mesmo comportamento elástico linear até o ponto H e segue com comportamento plástico até o ponto R. Uma nova descarga ocorre com comportamento elástico linear em tração até S e em compressão de S a T; quando atinge o limite elástico de compressão e segue com plastificação por compressão com $|\sigma_T| < \sigma_R$ tem-se o endurecimento cinemático. Esse fenômeno é conhecido como efeito Bauschinger e é igualmente verificado no caso de ensaio uniaxial de compressão. Quando se admite $|\sigma_T| = |\sigma_R|$ tem-se o endurecimento isotrópico.

Figura 2.3
Ensaio tensão-deformação cíclico Popov (1968).

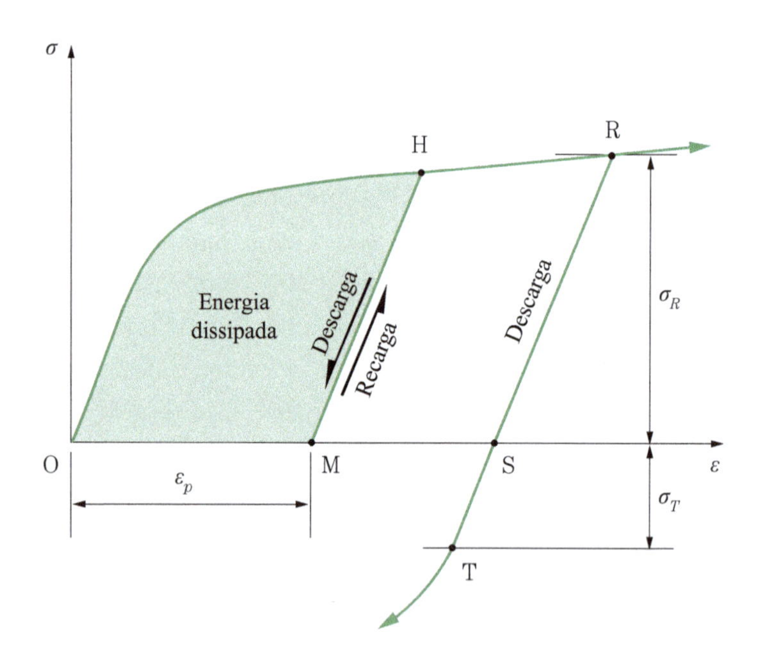

Modelos idealizados de ensaios uniaxiais de tração e compressão

A análise de ensaios uniaxiais de tração permite estabelecer relações constitutivas analíticas $\sigma = \sigma(\varepsilon)$ que bem representem o comportamento do material ensaiado dentro de limites observados nesses ensaios e convenientes para análises matemáticas. Apresentam-se alguns modelos idealizados para materiais não viscosos, representados por diagramas $(\sigma \times \varepsilon)$ e identificados por símbolos analógicos.

Para pequenas deformações e tensões abaixo do escoamento, o material tem um comportamento elástico que pode ser bem representado pelas expressões analíticas: $\sigma = E\varepsilon$ ou, por exemplo, $\sigma = E\varepsilon^2$, para os casos linear e não linear, como mostra a Figura 2.4.

Figura 2.4
Modelos elásticos.

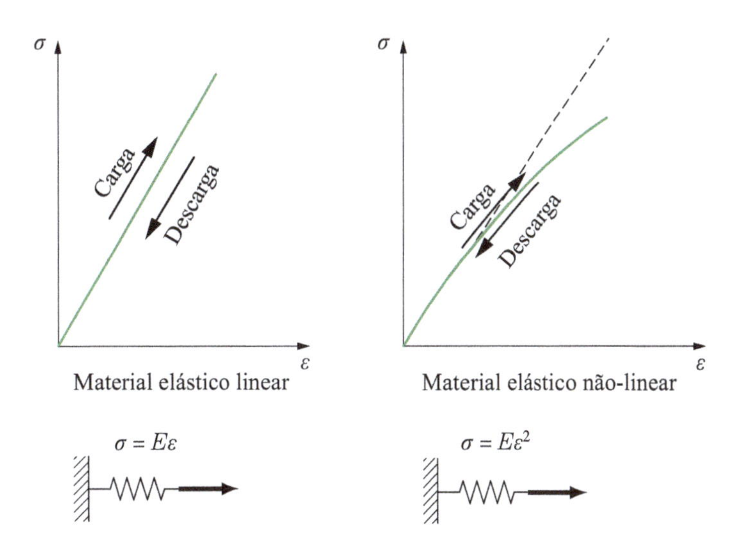

Para pequenas deformações, mas fora do regime elástico, apresentam-se, na Figura 2.5, os modelos plásticos junto com suas representações analógicas: o rigidoplástico perfeito em que somente ocorre deformação ilimitada quando a tensão atinge o valor de escoamento; o elastoplástico perfeito, caracterizado pela equação $\sigma = E\varepsilon$ para $\varepsilon \leq \varepsilon_e$ e pela função de plastificação $\phi(\sigma, \sigma_e) = \sigma - \sigma_e = 0$ para $\varepsilon \geq \varepsilon_e$; o rigidoplástico com endurecimento linear, caracterizado pela equação $\varepsilon = 0$ para $\sigma \leq \sigma_e$ e pela função de plastificação $\phi(\sigma, k) = (\sigma - \sigma_e) - E_T\varepsilon = 0$, e o elastoplástico com endurecimento linear, caracterizado pela equação $\sigma = E\varepsilon$ para $\varepsilon \leq \varepsilon_e$ e pela função de plastificação $\phi(\sigma, k) = \sigma - [\sigma_e + E_T(\varepsilon - \varepsilon_e)] = 0$.

Figura 2.5
Modelos plásticos com suas representações analógicas.

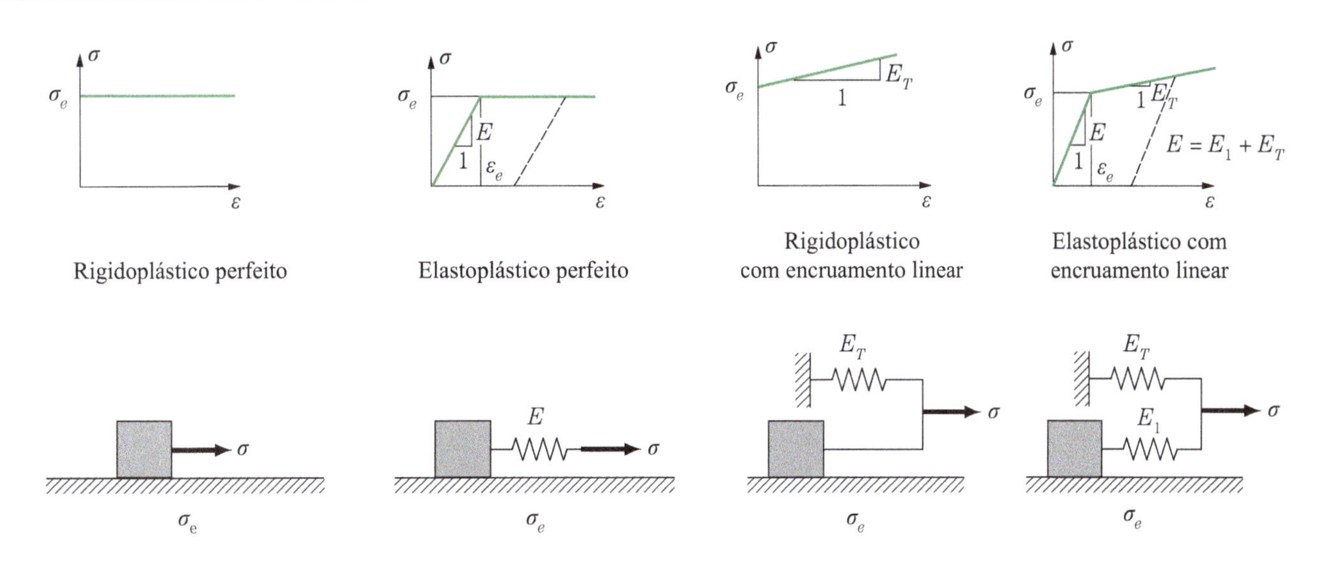

Diversos outros modelos podem ser estabelecidos, por exemplo os derivados da equação de Ramberg-Osgood (*apud* POPOV, 1968), que estabelecem os diagramas ($\sigma \times \varepsilon$) da Figura 2.6 pela expressão

$$\frac{\varepsilon}{\varepsilon_e} = \frac{\sigma}{\sigma_e} + k\left(\frac{\sigma}{\sigma_e}\right)^n,$$

com a identificação de quatro parâmetros (ε_e, σ_e, κ, n), a partir dos diagramas obtidos com o ensaio experimental.

Figura 2.6
Diagramas de Ramberg-Osgood.

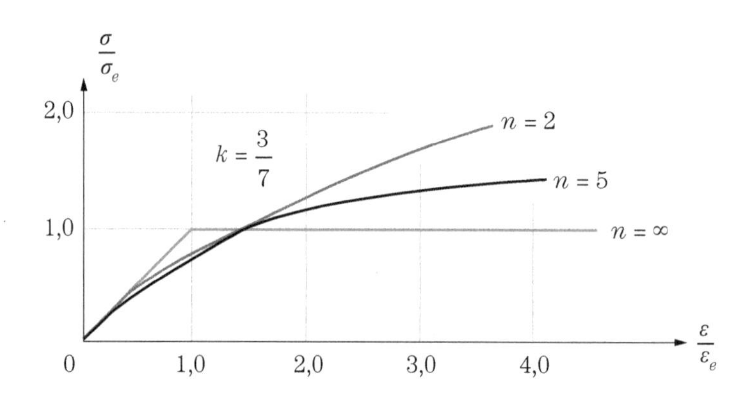

2.2 Formulação do problema de estruturas planas de barras em regime elastoplástico perfeito

Hipóteses da teoria elementar de barra em regime elastoplástico perfeito.

A Primeira e a Segunda Parte deste livro tratam da análise de vigas, treliças e pórticos planos pela teoria elementar de barras em que a equação constitutiva da lei de Hooke é substituída pela equação de material elastoplástico perfeito, observando as seguintes hipóteses:

H1 as seções transversais permanecem planas e perpendiculares ao eixo da barra após a deformação;

H2 não ocorre deformação no plano da seção transversal;

H3 consideram-se pequenas deformações e pequenos deslocamentos;

H4 a seção transversal tem um plano de simetria;

H5 o carregamento externo atua no plano de simetria;

H6 o material é elastoplástico perfeito.

Essas hipóteses fundamentam a formulação de uma teoria unidimensional para a análise de estruturas planas formadas por barras retas ou de pequena curvatura, o que permite a inclusão de arcos abatidos, solicitadas por ações coplanares que provoquem deformações exclusivas no seu plano. O domínio V se reduz ao intervalo $0 < x < \ell$, sendo ℓ o comprimento da barra, e o contorno às suas extremidades A e B, conforme ilustra, entre outras possibilidades, a Figura 2.7. Apresentam-se, a seguir, as relações cinemáticas, as equações de equilíbrio e as equações constitutivas que regem a teoria unidimensional de barra em regime elastoplástico perfeito e permitem formular o problema estrutural correspondente.

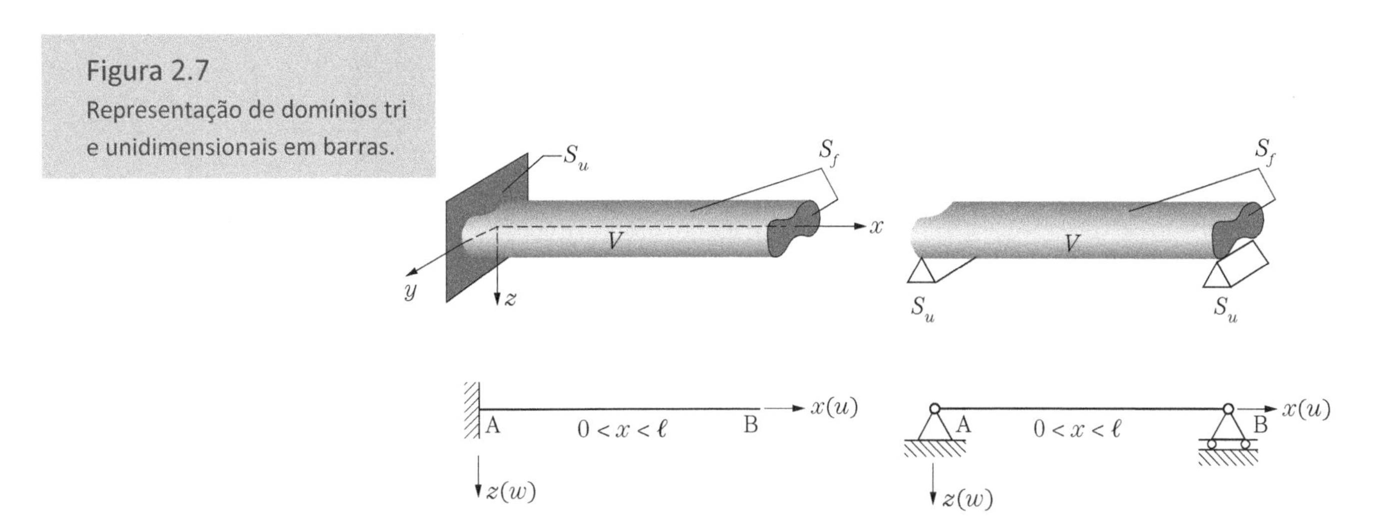

Figura 2.7
Representação de domínios tri e unidimensionais em barras.

Relações cinemáticas

A linha deformada do eixo da barra é definida pelas funções diferenciáveis $u(x)$, $w(x)$ e $w'(x)$ que satisfazem as condições de contorno em deslocamentos. Considerando as hipóteses H1 a H4, pode-se estabelecer o campo de deslocamentos pelas expressões:

$$u^P(x, z) \cong u(x) - z\, w'(x) \quad w^P(x, z) \cong w(x) \tag{2.1}$$

e, assim, derivar o campo de deformações pelas seguintes relações deformações-deslocamentos:

$$\begin{gathered} \varepsilon_{xx} = u'(x) - z\, w''(x) \\ \varepsilon_{yy} = \varepsilon_{zz} = \gamma_{xy} = \gamma_{yz} = \gamma_{zx} = 0 \end{gathered} \tag{2.2}$$

Equações de equilíbrio

A estrutura está em equilíbrio quando os esforços externos ativos e reativos satisfazem as equações de equilíbrio da estática e quando os esforços solicitantes satisfazem as seguintes equações diferenciais de equilíbrio:

$$\frac{dN^e}{dx} + q_x(x) = 0 \qquad \frac{dV_z^e}{dx} + q_z(x) = 0 \qquad \frac{dM_y^e}{dx} = V_z^e \tag{2.3}$$

que têm seus parâmetros definidos na Figura 2.8.

Figura 2.8
Esforços solicitantes e externos em elemento de barra.

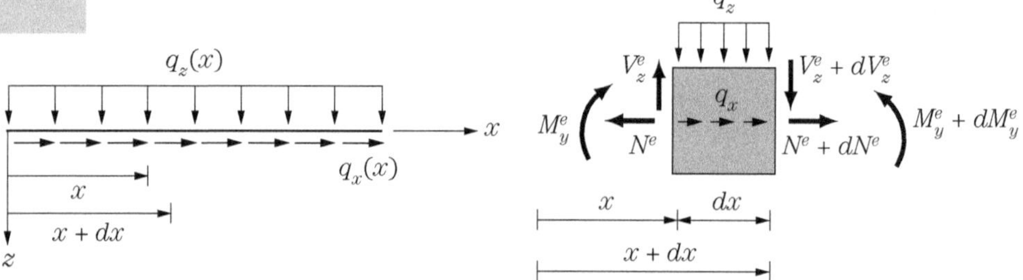

Equações constitutivas

Admite-se que o material elastoplástico perfeito tenha mesmas tensões de escoamento na tração e na compressão e que ele seja isotrópico de modo que em processo de carga e descarga esses limites não se alterem. Nas Equações (2.4) se apresentam a relação tensão-deformação no domínio elástico e a função de plastificação, coerentes com a representação gráfica da Figura 2.9. Note-se que σ e ε representam, respectivamente, no mesmo ponto, a tensão normal na seção transversal e a deformação linear na direção do eixo da barra. Para outras classes de problemas, torna-se necessário estabelecer critérios de plastificação que se apliquem a modelos bi e tridimensionais, o que se fará na Terceira Parte do livro.

$$|\sigma| = E\,|\varepsilon| \text{ para } |\varepsilon| \leq |\varepsilon_e| \qquad \phi(\sigma, \sigma_e) = \sigma - \sigma_e = 0 \tag{2.4}$$

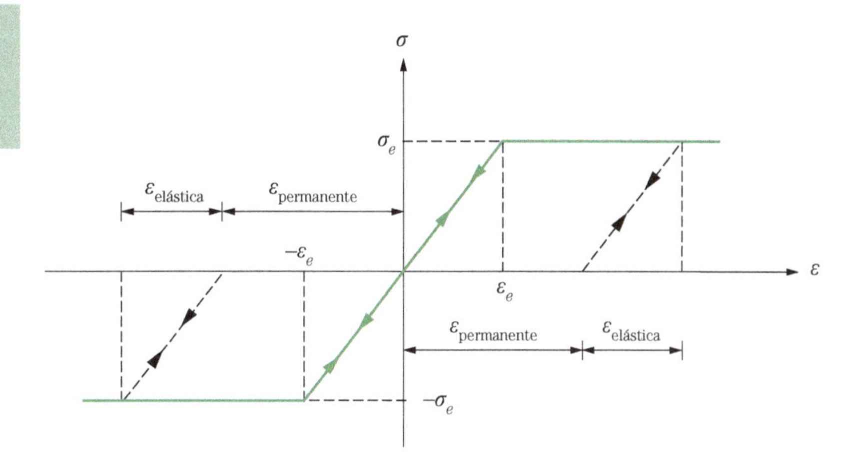

Figura 2.9
Diagrama tensão-deformação de material elastoplástico perfeito.

Com as relações cinemáticas, as equações de equilíbrio e as equações constitutivas, é possível agora apresentar a formulação do problema de estruturas planas de barras em regime elastoplástico perfeito:

Para certo histórico de carregamento aplicado estaticamente trata-se de obter uma resposta específica ou respostas diversas em esforços solicitantes, deslocamentos e modificações do comportamento estrutural, que satisfaçam as relações cinemáticas (2.1) e (2.2), as equações de equilíbrio entre os esforços externos ativos e reativos e entre os esforços externos e internos, (2.3), e as equações constitutivas (2.4).

2.3 Medidas de segurança das estruturas na elastoplasticidade perfeita

Segurança de uma estrutura é a capacidade que ela apresenta de suportar, durante toda a sua vida útil, as diversas ações para as quais foi projetada, mantendo as condições funcionais a que se destina.

Esse conceito qualitativo necessita de ser consolidado por métodos quantitativos que, utilizando as extensas possibilidades de ensaios matemáticos e físicos desenvolvidos ou em desenvolvimento, ofereçam uma medida da segurança de uma estrutura, como é o caso do método dos estados limites.

Os estados limites podem ser classificados em:

- estados limites últimos, relacionados ao esgotamento da capacidade portante da estrutura, como: colapso plástico, perda da estabilidade do equilíbrio, ruptura de seções críticas, deterioração por fadiga etc.;

- estados limites de utilização, relacionados às exigências funcionais e de durabilidade das estruturas, como: fissuração excessiva, deslocamentos excessivos, vibrações excessivas etc.

Assim, com a conceituação de estados limites, pode-se estabelecer que:

Segurança de uma estrutura é a capacidade que ela apresenta de suportar, durante toda a sua vida útil, as diversas ações para as quais foi projetada, sem atingir nenhum estado limite.

É com esse conjunto de ideias, discutidas em Zagottis (1978), que se apresentam fatores de segurança na análise determinística de estruturas reticuladas planas em regime elastoplástico perfeito.

Quando se consideram carregamentos proporcionais monotonicamente crescentes, é de interesse para a análise da segurança de uma estrutura introduzir os conceitos de primeiro e segundo limites de plastificação. O primeiro limite de plastificação é caracterizado pelo multiplicador do carregamento, γ_I, que leva à ocorrência do primeiro ponto plastificado na estrutura. O segundo limite de plastificação é caracterizado pelo multiplicador do carregamento, γ_{II}, que leva ao colapso plástico da estrutura, quando ela perde sua capacidade portante, pela formação de um mecanismo decorrente da plastificação ocorrida em diversos pontos da estrutura.

Um primeiro indicador de segurança é o fornecido pelo **método das tensões admissíveis** – a máxima tensão na estrutura deve ser menor ou igual a uma tensão efetiva, caracterizada por um critério de plastificação, dividida por γ_i, denominado coeficiente de segurança interno. No caso de análises unidimensionais, é expresso por:

$$\sigma_{max} \leq \frac{\sigma_e}{\gamma_i} .$$

Como em regime elástico linear há proporcionalidade entre esforços internos, esforços externos, deslocamentos e deformações, pode-se estabelecer uma expressão equivalente em termos do carregamento externo:

$$P_{max} \leq \frac{P_I}{\gamma_i} ,$$

onde P_I é o carregamento correspondente ao primeiro limite de plastificação.

A maioria das estruturas tem capacidade portante que vai além do regime elástico linear, o que aponta para o estabelecimento de outros indicadores de segurança.

O segundo limite de plastificação propicia um indicador de segurança quando se estabelece que o máximo carregamento externo deve ser menor ou igual ao carregamento correspondente ao colapso plástico da estrutura dividido por γ_e, denominado coeficiente de segurança externo, o que pode ser representado por:

$$P_{max} \leq \frac{P_{II}}{\gamma_e},$$

onde P_{II} é o carregamento correspondente ao segundo limite de plastificação. Identifica-se esse procedimento como **método do fator de carga**.

Em análise incremental de estruturas hiperestáticas, valores intermediários γ_ℓ, tais que $\gamma_I < \gamma_\ell < \gamma_{II}$, que definem mudanças do comportamento estrutural, pela plastificação de barras ou formação de rótulas plásticas, ainda podem ser propostos. São esses coeficientes que permitem estabelecer outros fatores de segurança definidos por:

$$P_{max} \leq \frac{P_\ell}{\gamma_\ell},$$

onde P_ℓ é o carregamento correspondente à mudança de comportamento associado ao coeficiente γ_ℓ. Note-se que γ_ℓ é um coeficiente de segurança externo.

A crítica comum a todos esses indicadores é que não levam em conta a variabilidade das ações e a variabilidade das resistências. O coeficiente de segurança externo leva em conta o comportamento da estrutura até um estado limite último, o de colapso ou de ruptura, o que representa a vantagem de considerar toda a capacidade resistente da estrutura. Uma análise bem completa desses aspectos pode ser encontrada em Zagottis (1978).

A forma contemporânea mais usual de estabelecer uma medida de segurança é a proposta pelo **método semiprobabilístico**, em que se admitem as ações, os esforços solicitantes, as resistências e os esforços resistentes como variáveis aleatórias. Os valores característicos das ações e dos esforços solicitantes são definidos a partir de seus valores médios e coeficientes de variação que tenham probabilidade baixa, por exemplo 5%, de serem ultrapassados. Por outro lado, os valores característicos das resistências e dos esforços resistentes são definidos a partir de seus valores médios e coeficientes de variação que tenham probabilidade baixa, por exemplo 5%, de não serem alcançados.

Os valores de cálculo são obtidos por vários coeficientes de majoração nas ações e esforços solicitantes e por vários coeficientes de redução nas resistências e esforços resistentes, que levam em conta diversos fatores, definidos em normas e códigos estruturais. A condição de segurança é dada então pela relação

$$\textit{Esforço solicitante de cálculo} \leq \textit{Esforço resistente de cálculo.}$$

e a condição econômica corresponde à igualdade nessa inequação.

Essas medidas de segurança serão ilustradas para estado limite último devido ao colapso plástico nos exemplos do Capítulo 4, quando se considera carregamento proporcional em duas situações:

- cálculo de coeficientes de segurança em relação às cargas de serviço;
- determinação de cargas máximas de serviço para dados coeficientes de segurança ou de ponderação.

O método semiprobabilístico será aplicado de forma simplificada, considerando o valor da ação de cálculo, P_d, calculado pelo produto do valor da ação característica, $P_k = P$, por coeficiente de majoração γ_f, ou seja:

$$P_d = \gamma_f P_k = \gamma_f P.$$

Por outro lado, considera-se o valor da resistência de cálculo, P_{IId}, calculado pela relação entre o valor característico da resistência, $P_{IIk} = P_{II}$, e o coeficiente de redução, γ_a, ou seja:

$$P_{IId} = \frac{P_{IIk}}{\gamma_a} = \frac{P_{II}}{\gamma_a}.$$

Assim, a condição de segurança será definida por:

$$\gamma_f P \leq \frac{P_{II}}{\gamma_a},$$

onde P e P_{II} representam, respectivamente, o carregamento característico e o segundo limite de plastificação característico.

O aprofundamento do método semiprobabilístico e até mesmo a apresentação de elementos básicos de métodos probabilísticos fogem aos objetivos deste livro e podem ser encontrados em Fusco (1976), Zagottis (1978), Melchers e Beck (2018) e Nowak e Collins (2013).

3 ELASTOPLASTICIDADE PERFEITA EM BARRAS

A análise de estruturas reticuladas é normalmente formulada em termos dos esforços externos, esforços solicitantes, deslocamentos e deformações generalizadas, todos definidos nos eixos de suas barras. A equação constitutiva de material elastoplástico perfeito foi apresentada em um ponto material e é necessário que seja posta em termos dos esforços solicitantes e deformações generalizadas energeticamente conjugadas para as diversas situações de solicitação em estruturas reticuladas analisadas pela teoria elementar de barra apresentada no capítulo anterior. Trata-se, agora, de sua aplicação ao cálculo do primeiro e do segundo limites de plastificação de estruturas simples.

3.1 Solicitação axial

No caso de uma barra solicitada à tração ou à compressão, a tensão normal é constante na seção transversal e definida pela relação $\sigma = \dfrac{N}{A}$ e a deformação é definida pela relação $\varepsilon = \dfrac{\Delta\ell}{\ell}$. Assim, é natural que se utilizem as variáveis N e $\Delta\ell$ para estabelecer a equação constitutiva que toma a forma:

$$|N| = \frac{EA}{\ell}|\Delta\ell| \quad \text{para} \quad |\Delta\ell| \leq |\Delta\ell_p| \quad \text{e} \quad |N| = |N_p| \quad \text{para} \quad |\Delta\ell| \geq |\Delta\ell_p|, \tag{3.1}$$

onde $N_p = \sigma_e A$ é a força normal de plastificação e $\Delta\ell_p = \varepsilon_e \ell$ é o alongamento correspondente. Note-se que se adotou material com mesma força de plastificação de tração e de compressão; a extensão de tratamento para essas forças com valores distintos é imediata. A Figura 3.1 representa graficamente essa equação constitutiva. Apresentam-se, a seguir, exemplos ilustrativos.

Figura 3.1
Diagrama força normal – alongamento.

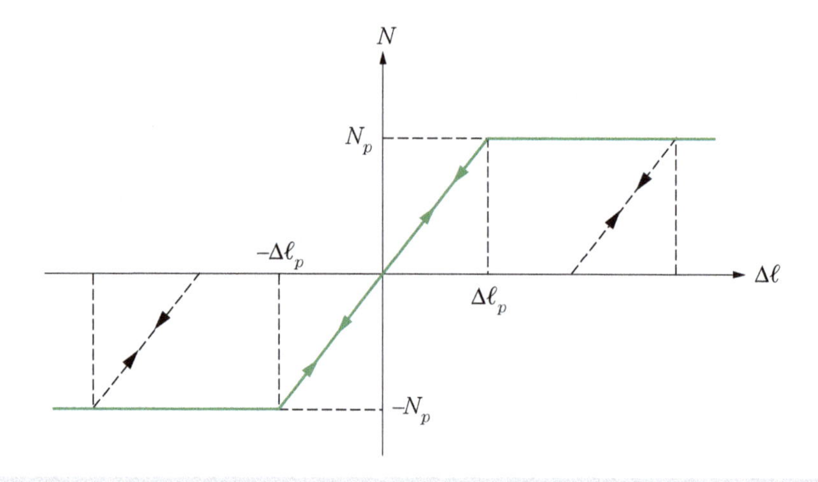

EXEMPLO 3.1 Barra simples e treliça isostática

Para um carregamento monotonicamente crescente, calculam-se os coeficientes multiplicadores correspondentes ao primeiro e ao segundo limites de plastificação para a barra prismática e para a treliça isostática com barras prismáticas, ambas de material elastoplástico perfeito.

Figura 3.2
Barra e treliça isostática.

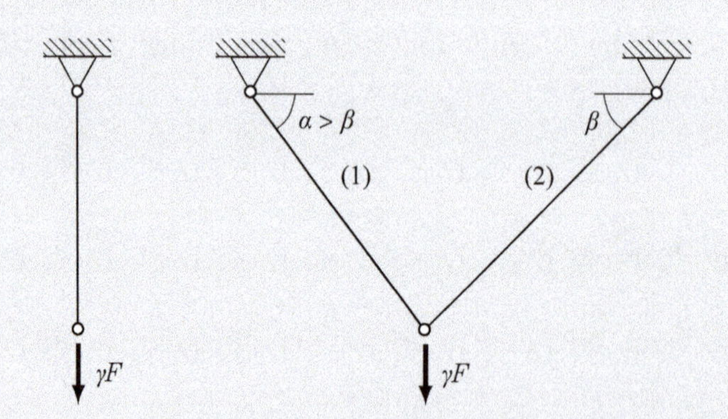

Solução

A força normal na barra será igual a $N = F$ e as tensões normais se distribuem uniformemente na seção transversal. Enquanto $N \leq N_p$ o comportamento da barra é elástico linear; quando $N = N_p$, a barra se plastifica e já não tem capacidade portante, ocorrendo o colapso plástico. Nessas condições, representando F a carga de serviço, o primeiro e o segundo limites são iguais e dados por $\gamma_I = \gamma_{II} = \dfrac{N_p}{F}$.

No caso da treliça isostática, as forças normais nas barras são de tração e iguais a

$$N_1 = \frac{\cos\beta}{\operatorname{sen}\alpha\,\cos\beta + \operatorname{sen}\beta\,\cos\alpha}\,\gamma F \qquad N_2 = \frac{\cos\alpha}{\operatorname{sen}\alpha\,\cos\beta + \operatorname{sen}\beta\,\cos\alpha}\,\gamma F,$$

com $N_1 > N_2$. Quando a força γF for tal que $N_1 = N_p$, a barra 1 se plastifica, a treliça se transforma num mecanismo e, novamente, observa-se que o primeiro e o segundo limites são iguais, agora valendo

$$\gamma_I = \gamma_{II} = \frac{\operatorname{sen}\alpha\,\cos\beta + \operatorname{sen}\beta\,\cos\alpha}{\cos\beta}\frac{N_p}{F}\,.$$

De modo geral, as treliças isostáticas terão sempre o primeiro e o segundo limites coincidentes, pois basta que uma barra plastifique para que ela se transforme em um mecanismo. Assim, nesses casos, medir a segurança em relação a γ_I ou γ_{II} é indiferente. Note-se que nos dois casos, a descarga total a partir da iminência do colapso plástico não resultará em deformações permanentes.

EXEMPLO 3.2 Duas barras biarticuladas

Considere-se uma estrutura composta de duas barras biarticuladas com extremidades comuns, sendo fixas em A e vinculadas em B de modo que tenham o mesmo deslocamento vertical, e solicitada por força P, conforme se indica na Figura 3.3. As barras são de materiais elastoplásticos perfeitos diferentes. Calculam-se os valores de P, do deslocamento U e das forças normais correspondentes ao primeiro e ao segundo limites de plastificação, e para um ciclo histerético completo de carga e descarga até a iminência do colapso por tração ou compressão.

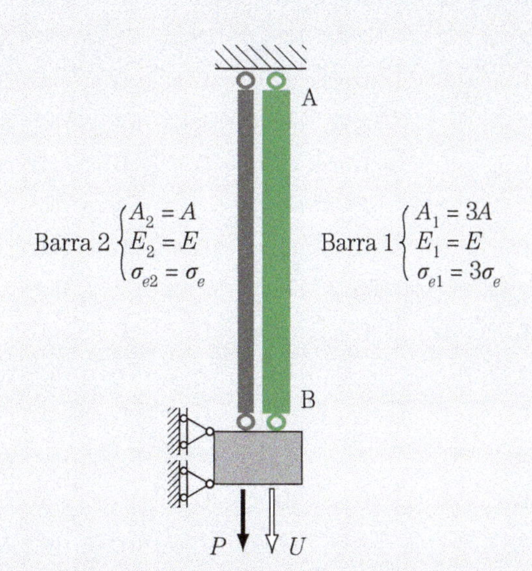

Figura 3.3
Estrutura de duas barras biarticuladas.

Solução

Dos dados do problema, decorrem as forças de plastificação das barras $N_{p1} = 9\sigma_e A$ e $N_{p2} = \sigma_e A$. Considera-se a configuração indeformada, com $P = 0$, como a inicial de referência, e, portanto, as forças normais nas barras e os deslocamentos nodais, nessa situação, são todos nulos.

PASSO 1

Para um incremento de carga ΔP a partir de $P = 0$, as duas barras estão inicialmente em regime elástico linear e a análise da estrutura apresenta os seguintes resultados:

$$\Delta N_1 = \frac{3}{4}\Delta P \qquad \Delta N_2 = \frac{1}{4}\Delta P \qquad \Delta U = \frac{1}{4}\frac{\Delta P\ell}{EA} \qquad \Delta\sigma_1 = \frac{1}{4}\frac{\Delta P}{A} \qquad \Delta\sigma_2 = \frac{1}{4}\frac{\Delta P}{A}$$

Esse comportamento se manterá enquanto as condições de plastificação das barras forem simultaneamente observadas, ou seja:

$$\begin{aligned} N_1 &= 0 + \frac{3}{4}\,\Delta P \le 9\sigma_e A \quad \Longrightarrow \quad \Delta P' \le 12\sigma_e A \\ N_2 &= 0 + \frac{1}{4}\,\Delta P \le \sigma_e A \quad \Longrightarrow \quad \Delta P'' \le 4\sigma_e A \end{aligned} \tag{3.2}$$

Assim, o valor de ΔP que conduz à plastificação da primeira barra é o que satisfaz às duas inequações em (3.2), ou seja, a barra 2 se plastifica para $\Delta P_0 = 4\sigma_e A$ – portanto, com $P_1 = 0 + \Delta P_0 = 4\sigma_e A$ – e, nessa configuração, identificada pelo ponto a nos gráficos da Figura 3.4, têm-se:

$$P_1 = 4\sigma_e A \qquad\qquad U_1 = \frac{\sigma_e\ell}{E}$$

$$N_{11} = 3\sigma_e A \qquad N_{21} = \sigma_e A \qquad \sigma_{11} = \sigma_e < \sigma_{e1} \qquad \sigma_{21} = \sigma_e = \sigma_{e2}$$

Note-se que a plastificação da primeira barra coincide com a plastificação do primeiro ponto, e, consequentemente, o primeiro limite de plastificação é dado por $P_{\mathrm{I}} = P_1 = 4\sigma_e A$.

PASSO 2

Com a barra 2 plastificada e um incremento de carga ΔP em relação a P_1, apenas a barra 1 da estrutura suportará, em regime elástico linear, esse acréscimo, com os seguintes resultados:

$$\Delta N_1 = \Delta P \qquad \Delta N_2 = 0 \qquad \Delta U = \frac{1}{3}\frac{\Delta P\ell}{EA} \qquad \Delta\sigma_1 = \frac{1}{3}\frac{\Delta P}{A} \qquad \Delta\sigma_2 = 0$$

enquanto a condição de plastificação da barra 1, $N_1 = N_{11} + \Delta N_1 \leq N_{p1}$, for satisfeita, ou seja:

$$N_1 = 3\sigma_e A + \Delta P \leq 9\sigma_e A \quad \Longrightarrow \quad \Delta P \leq 6\sigma_e A\,. \tag{3.3}$$

Assim, o valor de ΔP que conduz à plastificação da segunda barra é o seu máximo valor que satisfaz à Inequação (3.3), ou seja a barra 1 também se plastifica para $\Delta P_1 = 6\sigma_e A$ – portanto, com $P_2 = P_1 + \Delta P_1 = 10\sigma_e A$ – e nessa configuração, identificada pelo ponto b nos gráficos da Figura 3.4, têm-se:

$$P_2 = 10\sigma_e A \qquad U_2 = 3\frac{\sigma_e \ell}{E}$$

$$N_{11} = 9\sigma_e A \qquad N_{21} = \sigma_e A \qquad \sigma_{12} = 3\sigma_e = \sigma_{e1} \qquad \sigma_{22} = \sigma_e = \sigma_{e2}$$

Note-se que a plastificação da segunda barra coincide com a formação de um mecanismo de colapso, e, consequentemente, o segundo limite de plastificação é dado por $P_{II} = P_2 = 10\sigma_e A$. Nesse caso, a distância entre o primeiro e o segundo limites de plastificação é muito significativa, o que mostra quão distinta pode ser a medida de segurança conforme o critério utilizado.

PASSO 3

Considere-se agora que, na iminência do colapso, a estrutura seja descarregada. Assim, para um decréscimo de carga ΔP, a partir de P_2, as duas barras serão aliviadas e a estrutura se comportará com as duas barras respondendo elasticamente, com os seguintes resultados:

$$\Delta N_1 = \frac{3}{4}\Delta P \qquad \Delta N_2 = \frac{1}{4}\Delta P \qquad \Delta U = \frac{1}{4}\frac{\Delta P \ell}{EA} \qquad \Delta\sigma_1 = \frac{1}{4}\frac{\Delta P}{A} \qquad \Delta\sigma_2 = \frac{1}{4}\frac{\Delta P}{A}$$

Esse comportamento se manterá enquanto as condições de plastificação das barras, $N_i = N_{i2} + \Delta N_i \geq -N_{pi}$, forem simultaneamente observadas, ou seja:

$$\begin{aligned} 9\sigma_e A + \frac{3}{4}\,\Delta P \geq -9\sigma_e A \quad &\Longrightarrow \quad \Delta P' \geq -24\sigma_e A \\ \sigma_e A + \frac{1}{4}\,\Delta P \geq -\sigma_e A \quad &\Longrightarrow \quad \Delta P'' \geq -8\sigma_e A \end{aligned} \tag{3.4}$$

Assim, o valor de ΔP que conduz à plastificação, agora por compressão, da primeira barra nessa descarga é o que satisfaz às duas inequações em (3.4), ou seja, a barra 2 se plastifica para $\Delta P_2 = -8\sigma_e A$ – portanto, com $P_3 = P_2 + \Delta P_2 = 2\sigma_e A$. Nessa configuração, identificada pelo ponto c nos gráficos da Figura 3.4, têm-se:

$$P_3 = 2\sigma_e A \qquad U_3 = \frac{\sigma_e \ell}{E}$$

$$N_{13} = 3\sigma_e A \qquad N_{23} = -\sigma_e A \qquad \sigma_{13} = \sigma_e \qquad \sigma_{23} = -\sigma_e = -\sigma_{e2}$$

PASSO 4

Com a barra 2 plastificada por compressão e um decréscimo de carga ΔP em relação a P_3, apenas a barra 1 da estrutura suportará em regime elástico linear esse decréscimo, com os seguintes resultados:

$$\Delta N_1 = \Delta P \qquad \Delta N_2 = 0 \qquad \Delta U = \frac{1}{3}\frac{\Delta P\ell}{EA} \qquad \Delta\sigma_1 = \frac{1}{3}\frac{\Delta P}{A} \qquad \Delta\sigma_2 = 0$$

enquanto a condição de plastificação por compressão da barra 1, $N_1 = N_{13} + \Delta N_1 \geq -N_{p1}$ for satisfeita, ou seja:

$$N_1 = 3\sigma_e A + \Delta P \geq -9\sigma_e A \quad \Longrightarrow \quad \Delta P \geq -12\sigma_e A\,. \tag{3.5}$$

Assim, o valor de ΔP que conduz à plastificação por compressão da segunda barra é o que satisfaz à Inequação (3.5), ou seja, a barra 1 também se plastifica por compressão para $\Delta P_3 = -12\sigma_e A$ – portanto, com $P_4 = P_3 + \Delta P_3 = -10\sigma_e A$. Nessa configuração, identificada pelo ponto e nos gráficos da Figura 3.4, têm-se:

$$P_4 = -10\sigma_e A \qquad\qquad U_4 = -3\frac{\sigma_e\ell}{E}$$

$$N_{14} = -9\sigma_e A \qquad N_{24} = -\sigma_e A \qquad \sigma_{14} = -3\sigma_e = -\sigma_{e1} \qquad \sigma_{24} = -\sigma_e = -\sigma_{e2}$$

Note-se que se fosse considerado apenas um ciclo de carga até a iminência do colapso e descarga total, ele ocorreria considerando decréscimo $\Delta P = -2\sigma_e A$ a partir de P_3, que levaria aos seguintes resultados:

$$P_d = 0 \qquad\qquad U_d = \frac{1}{3}\frac{\sigma_e\ell}{E}$$

$$N_{1d} = \sigma_e A \qquad N_{2d} = -\sigma_e A \qquad \sigma_{1d} = \frac{1}{3}\sigma_e \leq \sigma_{e1} \qquad \sigma_{2d} = -\sigma_e = -\sigma_{e2}$$

identificados pelo ponto d nos gráficos da Figura 3.4. Notem-se ainda, o deslocamento residual, U_d, os esforços solicitantes residuais, N_{1d} e N_{2d}, autoequilibrados, e as tensões residuais, σ_{1d} e σ_{2d}, após um ciclo de carga até a iminência do colapso plástico e descarga total.

PASSO 5

Considere-se agora que, na iminência do colapso por compressão das barras, a estrutura seja novamente carregada. Assim, para um acréscimo de carga ΔP, a partir de P_4, a estrutura se comportará com as duas barras respondendo elasticamente, com os seguintes resultados:

$$\Delta N_1 = \frac{3}{4}\Delta P \qquad \Delta N_2 = \frac{1}{4}\Delta P \qquad \Delta U = \frac{1}{4}\frac{\Delta P\ell}{EA} \qquad \Delta\sigma_1 = \frac{1}{4}\frac{\Delta P}{A} \qquad \Delta\sigma_2 = \frac{1}{4}\frac{\Delta P}{A}$$

Esse comportamento se manterá enquanto as condições de plastificação das barras, $N_i = N_{i4} + \Delta N_i \leq N_{pi}$, forem simultaneamente observadas, ou seja:

$$\begin{aligned} -9\sigma_e A + \frac{3}{4}\Delta P \leq 9\sigma_e A \quad &\Longrightarrow \quad \Delta P' \leq 24\sigma_e A \\ -\sigma_e A + \frac{1}{4}\Delta P \leq \sigma_e A \quad &\Longrightarrow \quad \Delta P'' \leq 8\sigma_e A \end{aligned} \tag{3.6}$$

Assim, o valor de ΔP que conduz à plastificação, por tração, da primeira barra nessa recarga é o que satisfaz às duas inequações em (3.6), ou seja, a barra 2 se plastifica por tração para $\Delta P_4 = 8\sigma_e A$ – portanto, com $P_5 = P_4 + \Delta P_4 = -2\sigma_e A$. Nessa configuração, identificada pelo ponto f nos gráficos da Figura 3.4, têm-se:

$$P_5 = -2\sigma_e A \qquad U_5 = -\frac{\sigma_e \ell}{E}$$
$$N_{15} = -3\sigma_e A \quad N_{25} = \sigma_e A \quad \sigma_{15} = -\sigma_e \quad \sigma_{25} = \sigma_e = \sigma_{e2}$$

PASSO 6

Com a barra 2 plastificada por tração e novo acréscimo de carga ΔP em relação a P_5, apenas a barra 1 da estrutura suportará esse acréscimo, em regime elástico linear, com os seguintes resultados:

$$\Delta N_1 = \Delta P \quad \Delta N_2 = 0 \quad \Delta U = \frac{1}{3}\frac{\Delta P \ell}{EA} \quad \Delta\sigma_1 = \frac{1}{3}\frac{\Delta P}{A} \quad \Delta\sigma_2 = 0$$

enquanto a condição de plastificação por tração da barra 1, $N_1 = N_{15} + \Delta N_1 \leq N_{p1}$, for satisfeita, ou seja:

$$N_1 = -3\sigma_e A + \Delta P \leq 9\sigma_e A \quad \Longrightarrow \quad \Delta P \geq 12\sigma_e A\,. \tag{3.7}$$

Assim, o valor de ΔP que conduz à plastificação por tração da segunda barra é o que satisfaz à Inequação (3.7), ou seja, a barra 1 também se plastifica por tração para $\Delta P_5 = 12\sigma_e A$ – portanto, com $P_6 = P_5 + \Delta P_5 = 10\sigma_e A$. Nessa configuração, identificada pelo ponto g nos gráficos da Figura 3.4, têm-se:

$$P_6 = 10\sigma_e A \qquad U_6 = 3\frac{\sigma_e \ell}{E}$$
$$N_{16} = 9\sigma_e A \quad N_{26} = \sigma_e A \quad \sigma_{16} = 3\sigma_e = \sigma_{e1} \quad \sigma_{26} = \sigma_e = \sigma_{e2}$$

Desse modo, percorre-se um ciclo completo de carga até a iminência do colapso por tração, descarga até a iminência do colapso por compressão e recarga até a iminência do colapso por tração. A área contida pelo polígono bcefg do gráfico força-deslocamento é a energia de deformação dissipada, responsável pelas deformações permanentes na estrutura. Note-se ainda, que se fosse dado um acréscimo de carga $\Delta P = 6\sigma_e A$ a partir de P_5, seriam obtidos os resultados indicados pelo ponto a nos gráficos da Figura 3.4.

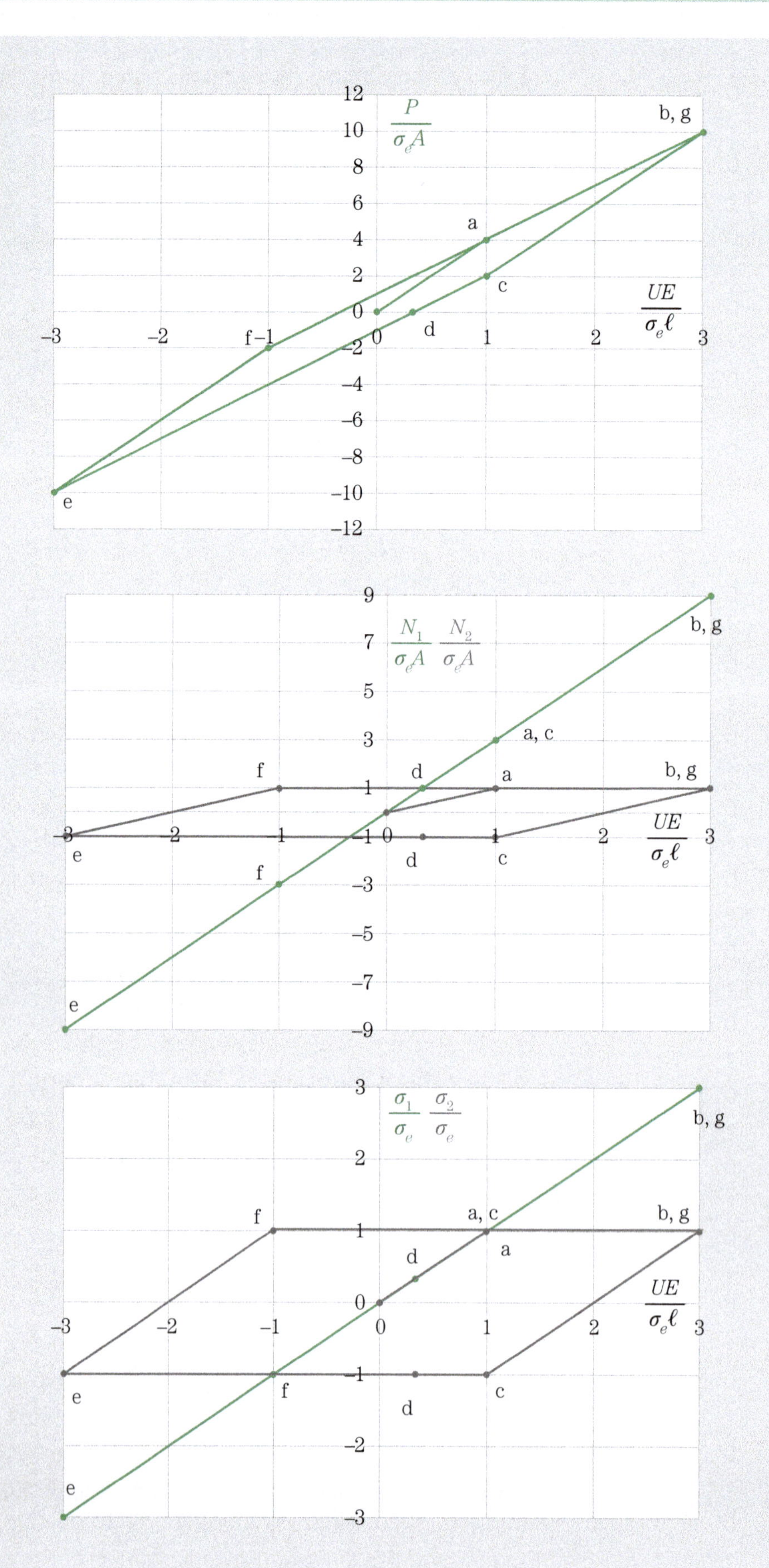

Figura 3.4
Esforços, tensões e deslocamentos em ciclo histerético completo de carga e descarga da treliça.

3.2 Solicitação por flexão normal pura

Considere-se uma seção transversal com duplo eixo de simetria submetida à flexão pura no seu plano vertical, conforme mostra a Figura 3.5.

Figura 3.5
Evolução das tensões e deformações em flexão pura.

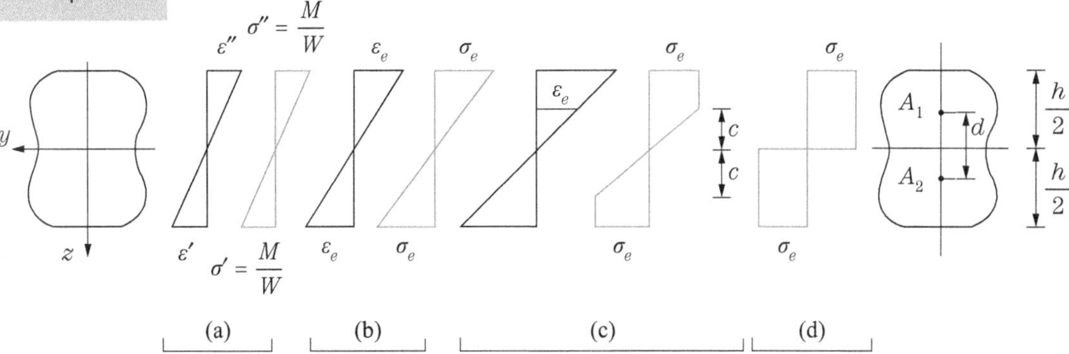

Para valores baixos do momento fletor M, o comportamento é elástico linear, as deformações e as tensões variam linearmente ao longo do eixo z, como mostra a Figura 3.5(a), e são definidas por:

$$\sigma = \frac{M}{I_y} z \quad \varepsilon = \frac{\sigma}{E} = \frac{M}{EI_y} z$$

com tensões extremas $\sigma' = -\sigma'' = \frac{M}{W}$, onde $W = \frac{I_y}{\frac{h}{2}}$ é o módulo de resistência elástico.

À medida que aumenta a intensidade de M, esse comportamento se mantém até que as tensões extremas atinjam o valor da tensão de escoamento σ_e e as deformações nas fibras externas atinjam o valor ε_e, como mostra a Figura 3.5(b). Os pontos extremos simultaneamente se plastificam e o momento resultante define o primeiro limite de plastificação na flexão, que é referido como momento elástico limite e é dado por:

$$M_e = \sigma_e W.$$

Para novo aumento de M a partir de M_e, aumenta a plastificação da seção transversal com as deformações variando linearmente, pela hipótese de seção plana, e as tensões com uma parte variando linearmente enquanto $|\varepsilon| \leq \varepsilon_e$, no domínio $|z| \leq c$, e com valores iguais a σ_e para $|\varepsilon| \geq \varepsilon_e$, no domínio $c \leq |z| \leq \frac{h}{2}$, conforme mostra a Figura 3.5(c). Esse aumento pode ocorrer até o limite para c tendendo a zero, quando a seção fica integralmente plastificada, situação que se caracteriza por rotações ilimitadas – diz-se que se formou uma rótula plástica – e pelo momento que define o segundo limite de plastificação na flexão, referido como momento de plastificação e definido por:

$$M_p = \sigma_e \frac{A}{2} d = \sigma_e Z, \tag{3.8}$$

onde $Z = \frac{A}{2} d$ é o módulo de resistência plástico. Observe-se que $A_1 = A_2 = \frac{A}{2}$ e d é a distância entre os centros de gravidade das seções com áreas A_1 e A_2. Note-se também, que a linha neutra que divide as regiões plastificadas por tração e compressão coincide com o eixo central de inércia y.

No caso de seção com simetria apenas em relação ao eixo z, continua válida a Expressão (3.8), visto que as forças resultantes de tração e de compressão devem ser iguais, e, como resultado dessa condição, a linha divisória entre as zonas plastificadas deixa de coincidir com o eixo central de inércia y, linha neutra da Resistência dos Materiais, conforme mostra a Figura 3.6.

Figura 3.6
Situação de plastificação total em seção com simetria em relação ao eixo z.

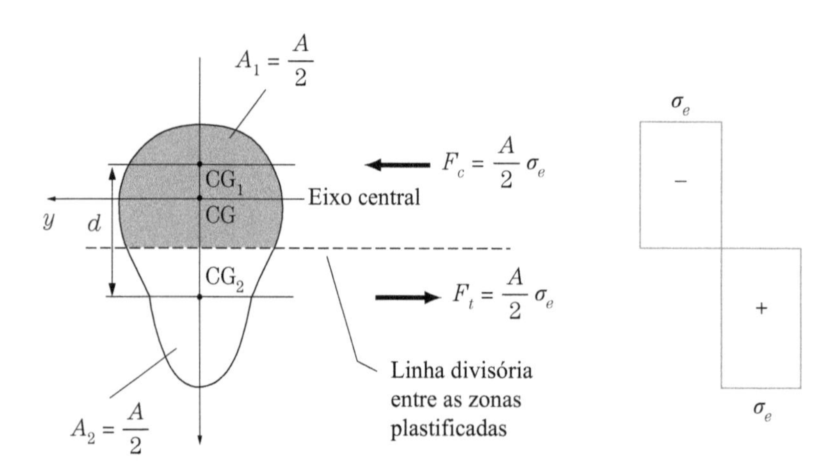

EXEMPLO 3.3

Seção retangular. Primeiro e segundo limites de flexão. Diagrama momento-curvatura

Considere-se uma seção retangular submetida à flexão pura. Estabelecem-se o primeiro e o segundo limites de plastificação e a relação momento-curvatura.

Solução

Considerando que $W = \frac{bh^2}{6}$, $A = bh$ e $d = \frac{h}{2}$, o primeiro e o segundo limites de plastificação na seção transversal retangular são dados por:

$$M_e = \frac{bh^2}{6}\sigma_e \qquad M_p = \frac{bh^2}{4}\sigma_e \tag{3.9}$$

O módulo de resistência elástico $W = \frac{bh^2}{6}$ e o módulo de resistência plástico $Z = \frac{bh^2}{4}$ são, usualmente, referidos como módulo elástico e módulo plástico e também representados por W_e e W_p. A relação $\nu = \frac{M_p}{M_e} = \frac{Z}{W}$ fornece uma medida da distância entre esses momentos e é denominada fator de forma, e, para a seção retangular, $\nu = 1{,}5$.

No domínio elastoplástico, o momento fletor é dado por:

$$M = \sigma_e \frac{b(2c)^2}{6} + \sigma_e b\left(\frac{h}{2} - c\right)\left(\frac{h}{2} + c\right) = M_p\left[1 - \frac{1}{3}\left(\frac{2c}{h}\right)^2\right]. \tag{3.10}$$

Note-se que para $c = \frac{h}{2}$ e $c = 0$, têm-se $M = M_e$ e $M = M_p$, respectivamente. A Figura 3.7 mostra a evolução das tensões e deformações entre o primeiro e o segundo limites de plastificação.

Figura 3.7
Evolução das tensões e deformações em flexão pura na seção retangular.

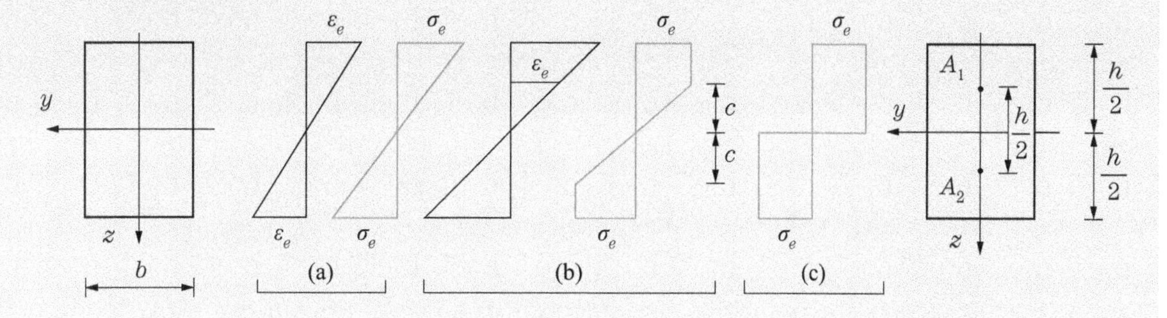

Trata-se agora de estabelecer o diagrama momento-curvatura até a plastificação integral da seção retangular. A análise da configuração deformada por flexão pura de um elemento de barra da Figura 3.8 permite estabelecer:

$$\rho\Delta\varphi = \Delta x \quad z\Delta\varphi = \Delta u \quad \Longrightarrow \quad \lim_{\Delta x \to 0}\left(\frac{\Delta u}{\Delta x}\right) = \frac{1}{\rho}z \quad \Longrightarrow \quad \varepsilon = \kappa z,$$

onde $\kappa = \frac{1}{\rho}$ é a curvatura, inverso do raio de curvatura ρ.

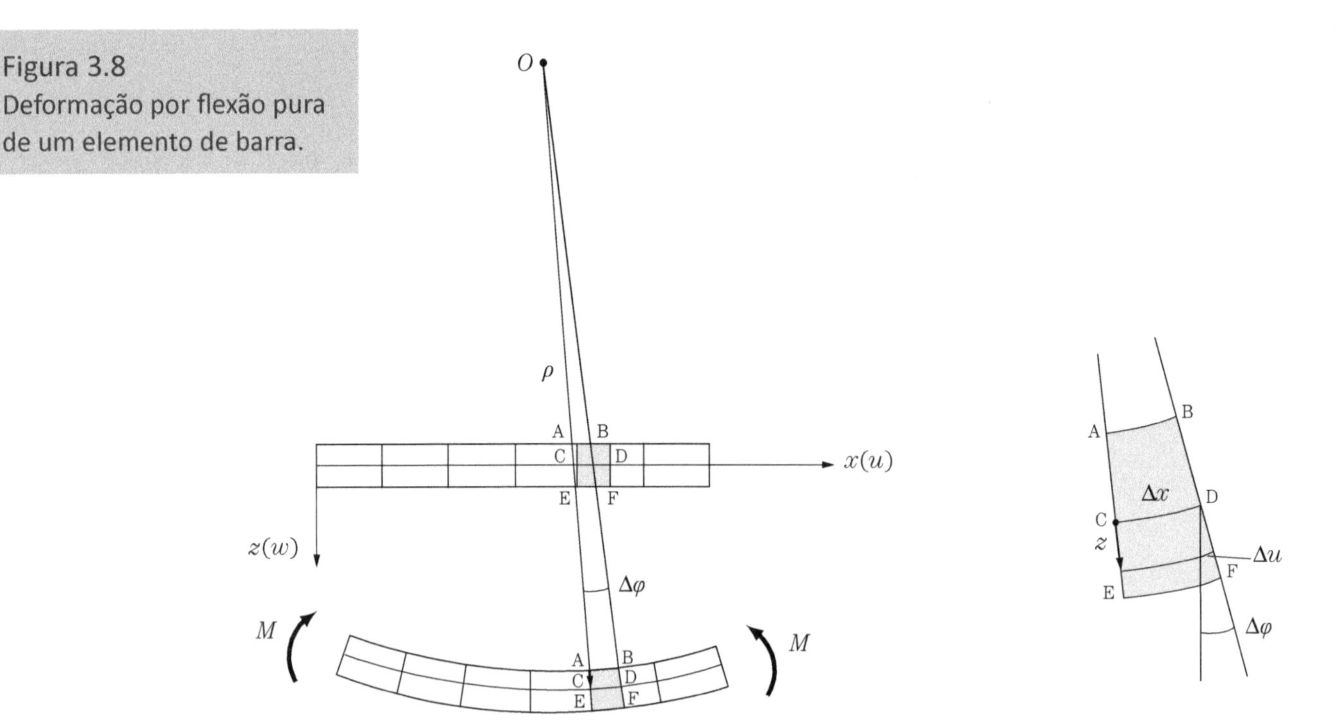

Figura 3.8
Deformação por flexão pura de um elemento de barra.

Considerando-se as tensões normais σ e as deformações lineares ε na seção transversal, no domínio elástico linear, pode-se escrever:

$$\varepsilon = \kappa z \quad \sigma = E\varepsilon \quad M = \int_{-0,5h}^{0,5h} \sigma\, z\, b\, dz = \int_{-0,5h}^{0,5h} E\kappa z\, z\, b\, dz = EI_y \kappa \qquad (3.11)$$

e a relação momento-curvatura é linear até o limite $\kappa_1 = 2\dfrac{\sigma_e}{Eh}$ quando ocorre a plastificação do primeiro ponto na seção transversal, visto que

$$M = M_e \quad \Longrightarrow \quad \frac{bh^2}{6}\sigma_e = E\frac{bh^3}{12}\kappa_1 \quad \Longrightarrow \quad \kappa_1 = 2\frac{\sigma_e}{Eh}\,. \qquad (3.12)$$

Assim, considerando (3.11) e (3.12), obtém-se, após algumas transformações, a seguinte relação momento-curvatura no domínio elástico:

$$M = M_e\frac{\kappa}{\kappa_1} = \frac{2}{3}M_p\frac{\kappa}{\kappa_1} \quad \text{com} \quad \frac{\kappa}{\kappa_1} \leq 1\,. \qquad (3.13)$$

Para pequenas deformações, recorde-se que $\kappa \cong -w''$ de onde resulta a clássica expressão $M = -EI_y w''$.

No domínio elastoplástico, pode-se escrever:

$$\varepsilon_e = \frac{\sigma_e}{E} = c\kappa \quad \Longrightarrow \quad c = \frac{\sigma_e}{E\kappa} \tag{3.14}$$

e, introduzindo (3.14) em (3.10) e considerando (3.12), obtém-se, após algumas transformações, a seguinte relação momento-curvatura nesse domínio:

$$M = M_p \left[1 - \frac{1}{3} \left(\frac{\kappa_1}{\kappa} \right)^2 \right] \quad \text{com} \quad \frac{\kappa}{\kappa_1} \geq 1 \tag{3.15}$$

A Figura 3.9 apresenta o diagrama momento-curvatura para seção retangular de material elastoplástico perfeito, que é definido pelas Expressões (3.13) e (3.15). Note-se que o ponto A é o limite de elasticidade, as curvas têm a mesma tangente em A e o limite de M para $\kappa \to \infty$ é M_p.

Figura 3.9
Diagrama momento-curvatura para seção retangular.

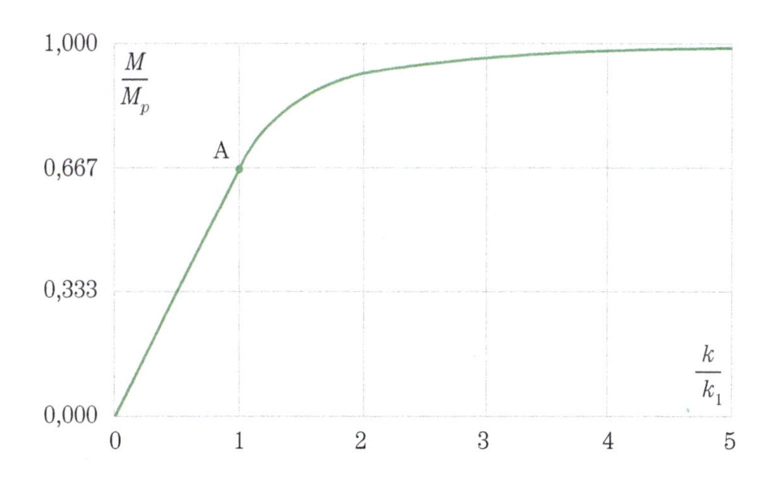

EXEMPLO 3.4

Seção duplo T. Primeiro e segundo limites de flexão. Diagrama momento-curvatura

Considere-se uma seção duplo T submetida à flexão pura. Estabelecem-se o primeiro e o segundo limites de plastificação e a relação momento-curvatura.

Solução

Considerando os dados da seção duplo T apresentados na Figura 3.10, podem ser calculados a área A e, em relação ao eixo y de maior inércia, o momento de inércia I_y, o módulo elástico W e o módulo plástico Z:

$$A = 2be_1 + (h - 2e_1)e_2 \qquad I_y = \frac{bh^3}{12} - \frac{(b - e_2)(h - 2e_1)^3}{12}$$
$$W = \frac{bh^2}{6} - \frac{(b - e_2)(h - 2e_1)^3}{6h} \qquad Z = e_1 b(h - e_1) + e_2\left(\frac{h}{2} - e_1\right)^2 \tag{3.16}$$

o que permite obter o primeiro e o segundo limites de plastificação na seção duplo T:

$$M_e = W\sigma_e \qquad M_p = Z\sigma_e \tag{3.17}$$

Com o auxílio dos dados da Figura 3.10, apresentam-se as expressões do momento fletor no domínio elastoplástico, em função da variável c:

$$M = \sigma_e \left\{ b\left(\frac{h^2}{4} - c^2\right) + \frac{2}{3} bc^2 - (b - e_2)\frac{(h - 2e_1)^3}{12c} \right\} \quad \text{para} \quad \frac{h}{2} - e_1 \le |c| \le \frac{h}{2}$$
$$M = \sigma_e \left\{ be_1(h - e_1) + e_2\left[\left(\frac{h}{2} - e_1\right)^2 - c^2\right] + \frac{2}{3} e_2 c^2 \right\} \quad \text{para} \quad 0 \le |c| \le \frac{h}{2} - e_1 \tag{3.18}$$

Figura 3.10
Evolução das tensões e deformações em flexão pura na seção duplo T.

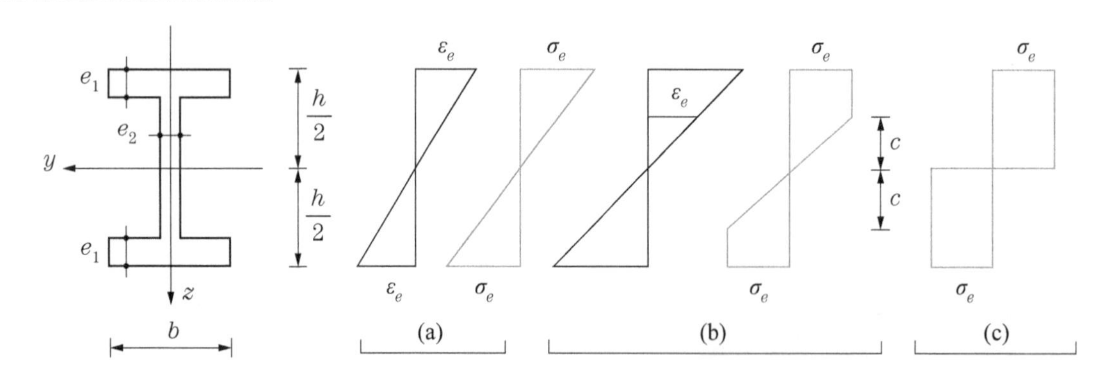

Para estabelecer a evolução das curvaturas, utiliza-se a expressão $\varepsilon = \kappa z$. No domínio elástico, o momento varia linearmente com a curvatura, $M = EI_y\kappa$ até o limite elástico quando $M_e = EI_y\kappa_1$, o que permite escrever:

$$\frac{M}{M_e} = \frac{\kappa}{\kappa_1} \quad \Longrightarrow \quad \frac{M}{M_p}\nu = \frac{\kappa}{\kappa_1},$$

onde $\nu = \dfrac{M_p}{M_e}$ é o fator de forma da seção duplo T. No domínio elastoplástico tem-se $\varepsilon_e = \kappa c$, e, portanto, pode-se estabelecer que $\varepsilon_e = \kappa_1 \dfrac{h}{2}$ e $\dfrac{\kappa}{\kappa_1} = \dfrac{h}{2c}$, o que permite construir o gráfico $\dfrac{M}{M_p} = f\left(\dfrac{\kappa}{\kappa_1}\right)$, pois a cada valor de corresponde um valor das relações $\dfrac{\kappa}{\kappa_1}$ e $\dfrac{M}{M_p}$, esta última, definida por (3.18).

Considerem-se agora as seguintes dimensões de um perfil soldado CVS, que será utilizado no primeiro estudo de caso:

$$b = 200 \text{ mm} \quad h = 300 \text{ mm} \quad e_1 = 19 \text{ mm} \quad e_2 = 12{,}5 \text{ mm},$$

que, introduzidos em (3.16), permitem obter:

$$A = 109 \text{ cm}^2 \quad I_y = 16900 \text{ cm}^4 \quad W = 1127 \text{ cm}^3 \quad Z = 1282 \text{ cm}^3;$$

e, como $\sigma_e = 25 \dfrac{\text{kN}}{\text{cm}^2}$, obtêm-se com o auxílio de (3.17) os momentos correspondentes ao primeiro e ao segundo limites de plastificação e o fator de forma:

$$M_e = 281{,}6 \text{ kNm} \quad M_p = 320{,}6 \text{ kNm} \quad \nu = 1{,}14.$$

Conforme exposto anteriormente, pode-se obter o gráfico momento-curvatura que se apresenta na Figura 3.11, com $\dfrac{M_e}{M_p} = 0{,}879$ representado pelo ponto A.

Figura 3.11
Diagrama momento-curvatura para seção duplo T.

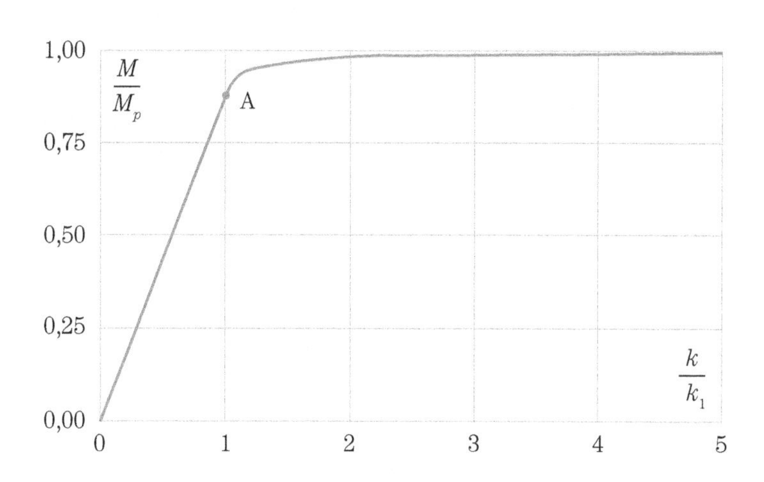

3.3 Diagramas momento-curvatura idealizados

É clássica e conveniente para a análise com modelos unidimensionais a utilização de diagramas momento-curvatura idealizados, bilineares, em que o comportamento linear é admitido até que seja atingido o momento de plastificação. A Figura 3.12 apresenta os diagramas reais e idealizados para as seções retangular e duplo T dos Exemplos 3.3 e 3.4.

Figura 3.12
Diagramas momento-curvatura reais e idealizados.

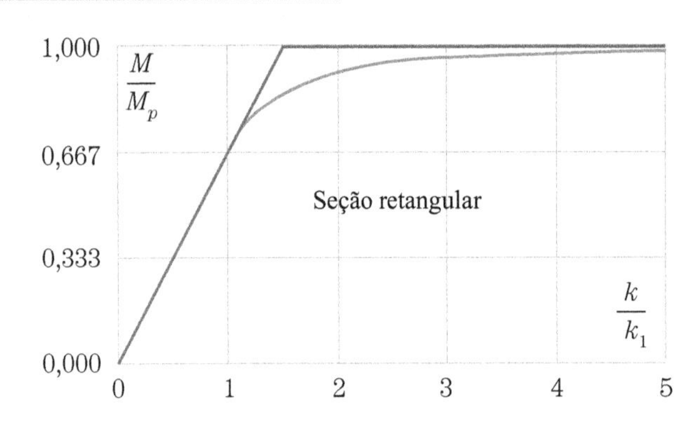

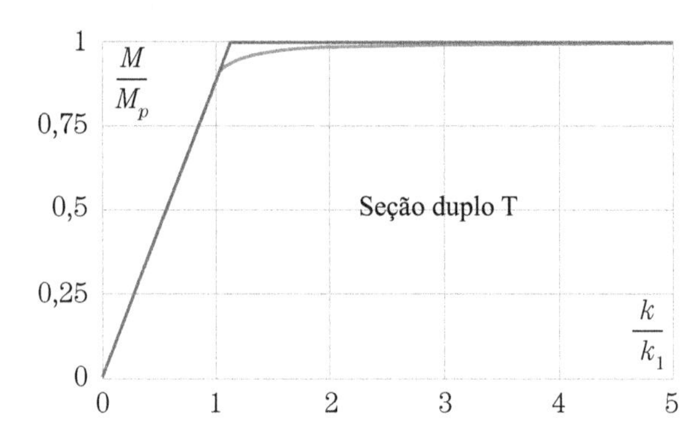

É interessante observar que essa simplificação tem efeitos menores quanto maiores forem as relações $\frac{\kappa}{\kappa_1}$ e mais próximos da unidade forem os fatores de forma.

No que se segue, adota-se o modelo idealizado bilinear na análise de problemas em flexão simples; admitindo-se o material igualmente resistente à tração e à compressão, a equação constitutiva é, então, definida por:

$$|M| = EI|\kappa| \text{ para } |\kappa| \leq \kappa_1 \text{ e } |M| = |M_p| \text{ para } |\kappa| \geq \kappa_1 \quad (3.19)$$

EXEMPLO 3.5 Seção T invertido. Primeiro e segundo limites de flexão

Para uma seção T invertido submetida à flexão simples estabelecem-se o primeiro e o segundo limites de plastificação.

Figura 3.13
Evolução das tensões em flexão pura na seção T invertido.

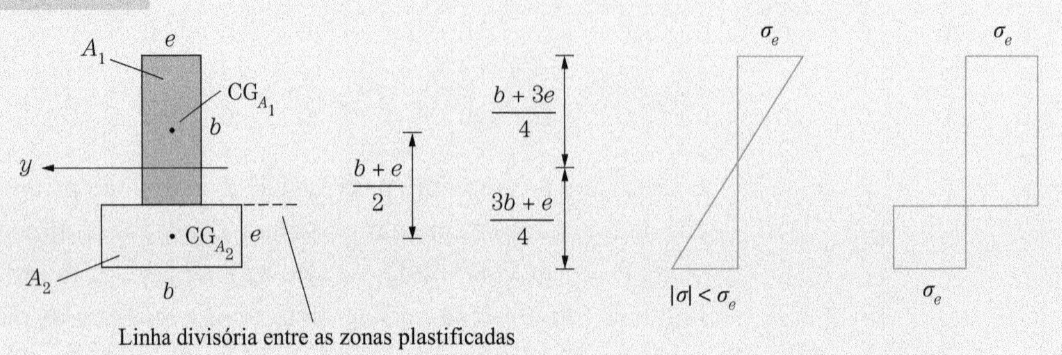

Solução

Considerando os dados da seção T invertido apresentados na Figura 3.13, podem ser calculados a área A e, em relação ao eixo y de maior inércia, o momento de inércia I_y, o módulo elástico W e o módulo plástico Z:

$$A = 2be \quad I_y = \frac{e(b+3e)^3 + b(3b+e)^3 - (b-e)(3b-e)^3}{192}$$
$$W = \frac{4I_y}{3b+e} \qquad Z = be(b+e) \tag{3.20}$$

o que permite obter o primeiro e o segundo limites de plastificação na seção T invertido, dados por

$$M_e = W\sigma_e \quad M_p = Z\sigma_e$$

Considerem-se agora as seguintes dimensões para esse perfil:

$$b = 20 \text{ cm} \quad e = 2 \text{ cm},$$

que, introduzidas em (3.20), permitem obter:

$$A = 80 \text{ cm}^2 \quad I_y = 6717 \text{ cm}^4 \quad W = 433 \text{ cm}^3 \quad Z = 880 \text{ cm}^3$$

e, com $\sigma_e = 25$ kN/cm^2, obtêm-se com o auxílio de (3.20) os momentos correspondentes ao primeiro e ao segundo limites de plastificação e o fator de forma:

$$M_e = 108{,}3 \text{ kNm} \quad M_p = 220{,}0 \text{ kNm} \quad \nu = 2{,}03$$

este último com valor muito alto, o que pode comprometer a utilização do diagrama momento-curvatura bilinear. Esse resultado também sugere que, para peças submetidas à flexão, os perfis simétricos são os mais indicados.

3.4 Solicitação por flexão normal simples

Na flexão normal simples, o momento fletor M é acompanhado da força cortante, V, que é responsável pela redução do momento de plastificação. Essa redução tem sido apresentada nas formas:

$$M_{pV} = M_p - \Delta M \qquad \frac{M_{pV}}{M_p} = f\left(\frac{V}{V_p}\right),$$

onde M_{pV} é o momento de plastificação na presença da força cortante, M_p é o momento de plastificação na flexão pura e $V_p = \sigma_e \frac{A}{\sqrt{n}}$ é a força de plastificação por cisalhamento puro, com $n = 4$ ou $n = 3$, conforme se considere o critério de plastificação de Tresca ou de von Mises.

Esse efeito redutor foi estudado por diversos autores, com análises em estado duplo de tensão e considerando os critérios de plastificação de Tresca ou de von Mises, que envolvem alguns temas que serão tratados no Capítulo 14. A significância desses resultados justifica a imediata apresentação de dois deles, válidos para seção retangular, que estabelecem limite inferior (SOARES, 1970) e limite superior (HODGE, 1957) para M_{pV} em função de V. A Figura 3.14 apresenta esses resultados, na forma $\frac{M_{pV}}{M_p} = f\left(\frac{V}{V_p}\right)$, para o domínio $0 \le \frac{V}{V_p} \le 0{,}25$ e revela com clareza a pouca influência da força cortante no momento de plastificação, inferior a 3%, para esse domínio.

Figura 3.14
Limites superior e inferior M_{pv} em função de V para seção retangular.

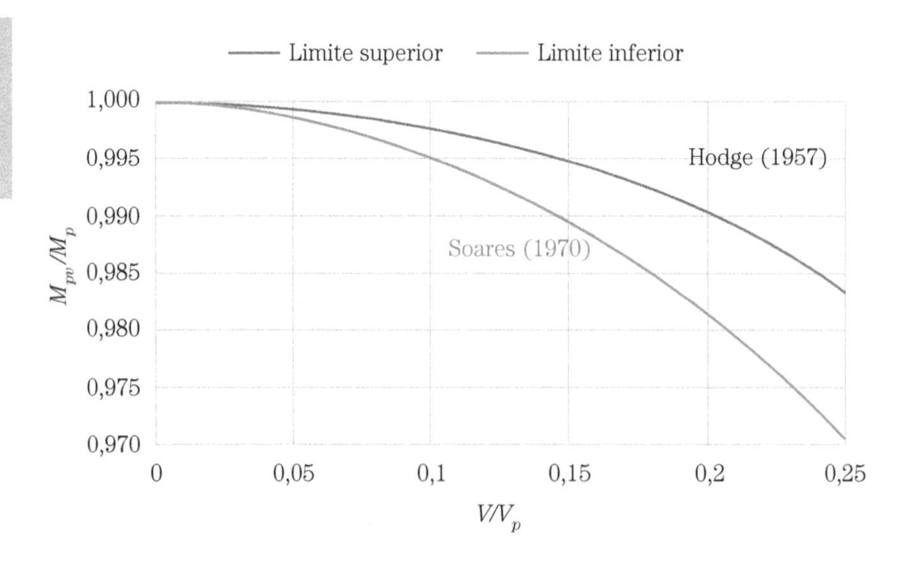

Resultados matemáticos e experimentais, obtidos por diversos autores, sobre o efeito da força cortante no momento de plastificação em flexão simples de seções duplo T, são apresentados e discutidos em Neal (1977). Eles indicam que o referido efeito é igualmente muito pequeno para baixos valores de $\frac{V}{V_p}$, como no caso da seção retangular.

Assim, para vigas e pórticos planos, onde normalmente se observa $\frac{V}{V_p} < 0{,}2$, despreza-se o efeito redutor da força cortante no momento de plastificação e admite-se que o momento de plastificação na flexão simples seja igual ao da flexão pura.

EXEMPLO 3.6 Viga biapoiada com carga uniformemente distribuída

Considere-se a viga biapoiada com seção retangular de material elastoplástico perfeito solicitada por carga uniformemente distribuída, conforme mostra a Figura 3.15. Analisa-se essa viga com carregamento monotonicamente crescente até a iminência do colapso, seguido de sua descarga. Admite-se que o efeito da força cortante no momento de plastificação seja desprezável.

Solução

A distribuição de momentos fletores é determinada exclusivamente pelas equações de equilíbrio. O momento máximo ocorre no meio do vão e é dado por $M_{max} = \dfrac{p\ell^2}{8}$. Assim,

Figura 3.15
Momentos fletores em viga biapoiada com carga uniforme.

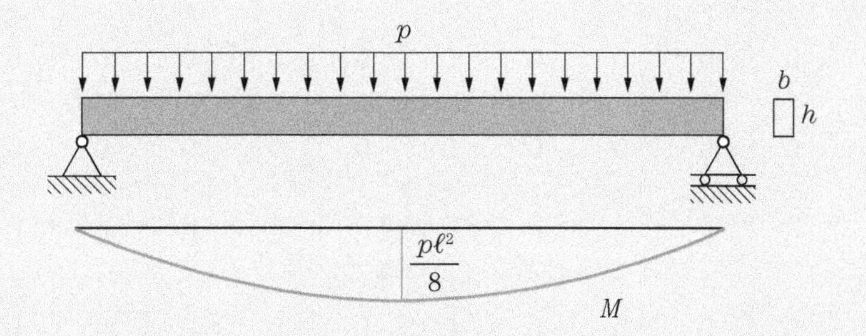

considerando (3.9), estabelecem-se o primeiro e o segundo limites de plastificação, dados por:

$$\begin{aligned} M_e &= \frac{p_I \ell^2}{8} = \frac{bh^2}{6}\sigma_e \\ M_p &= \frac{p_{II} \ell^2}{8} = \frac{bh^2}{4}\sigma_e \end{aligned} \quad \Longrightarrow \quad \begin{aligned} p_I &= \frac{4}{3}\frac{bh^2}{\ell^2}\sigma_e \\ p_{II} &= 2\frac{bh^2}{\ell^2}\sigma_e \end{aligned} \tag{3.21}$$

com as distribuições de tensões na seção do meio do vão apresentadas na Figura 3.7(a) e (c).

Para uma carga $p_I < p < p_{II}$, a seção do meio do vão está parcialmente plastificada e há um espraiamento da região plastificada, como mostra qualitativamente a Figura 3.16.

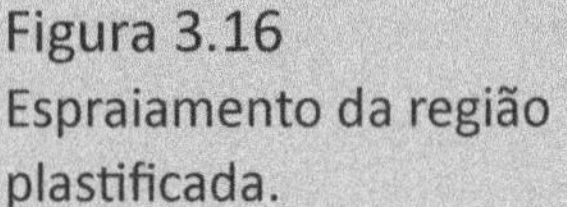
Figura 3.16
Espraiamento da região plastificada.

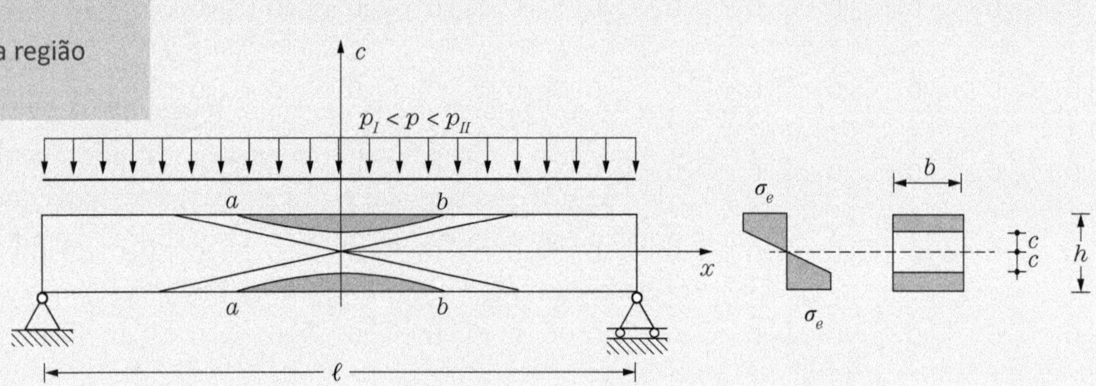

Para o trecho em que as seções estão plastificadas, em vista de (3.10) e considerando a expressão do momento obtida por condição de equilíbrio com os esforços externos, tem-se:

$$M(x) = M_p\left(1 - \frac{1}{3}\left(\frac{2c}{h}\right)^2\right) = p\frac{\ell^2}{8} - p\frac{x^2}{2},$$

o que permite estabelecer, considerando (3.21) e efetuando algumas transformações, a expressão da curva $c(x)$ que define a fronteira entre a região plastificada e a região elástica da viga:

$$\frac{2c(x)}{h} = \pm\sqrt{3}\sqrt{1 - \frac{p}{p_{II}}\left(1 - 4\frac{x^2}{\ell^2}\right)} \quad \text{com} \quad x \leq x_1, \tag{3.22}$$

onde x_1 define a seção em que a plastificação ocorre somente nos pontos extremos dessa seção, ou seja:

$$M(x_1) = M_e \quad \Longrightarrow \quad p\frac{\ell^2}{8} - p\frac{x_1^2}{2} = p_I\frac{\ell^2}{8} \quad \Longrightarrow \quad \frac{x_1}{\ell} = \frac{1}{2}\sqrt{1 - \frac{p_I}{p}}$$

A Figura 3.17 apresenta as curvas $c(x)$ para os seguintes valores de p: $p = p_I = \frac{2}{3}p_{II}$, $p = \frac{5}{6}p_{II}$ e $p = p_{II}$. Nota-se que:

- para $p = p_I$, $x_1 = 0$ e a curva $c(x)$ se reduz aos pontos extremos da seção central com $\frac{2c(0)}{h} = \pm 1$;
- para $p = \frac{5}{6}p_{II}$, obtém-se $x_1 = \pm\, 0{,}224\ell$ e a curva $c(x)$ é constituída dos dois ramos da hipérbole (3.22) e $\frac{2c(0)}{h} = \pm\, 0{,}707$;
- para $p = p_{II}$ obtém-se $x_1 = \pm\, 0{,}288\ell$ e a curva $c(x)$ é constituída pelas assíntotas da hipérbole (3.22) e $\frac{2c(0)}{h} = 0$.

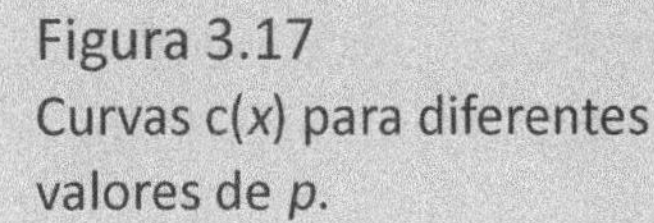

Figura 3.17
Curvas c(*x*) para diferentes valores de *p*.

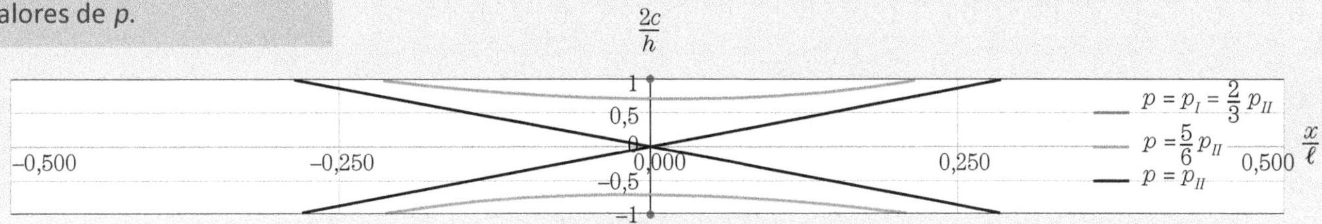

Trata-se, agora, de analisar a descarga dessa viga, a partir da iminência do colapso, que ocorrerá em regime elástico linear. Assim, para qualquer decréscimo Δp a partir de p_{II}, o diagrama de momentos fletores é o da Figura 3.15, porém tracionando o lado oposto, e a distribuição da variação das tensões nas várias seções será dada por $\Delta\sigma = \frac{12M(x)}{bh^3}z$. Assim, para um processo de carga até a iminência do colapso e descarga total, ter-se-á $M(x) \equiv 0$, as tensões serão nulas para $x \leq -0{,}288\ell$ e $x \geq 0{,}288\ell$ e no intervalo $-0{,}288\ell \leq x \leq 0{,}288\ell$ haverá tensões residuais. A Figura 3.18 apresenta as distribuições de tensões na iminência do colapso – as devidas à descarga elástica e as tensões residuais – na seção do meio do vão e na seção $x = 0{,}144\ell$.

Figura 3.18
Tensões residuais.

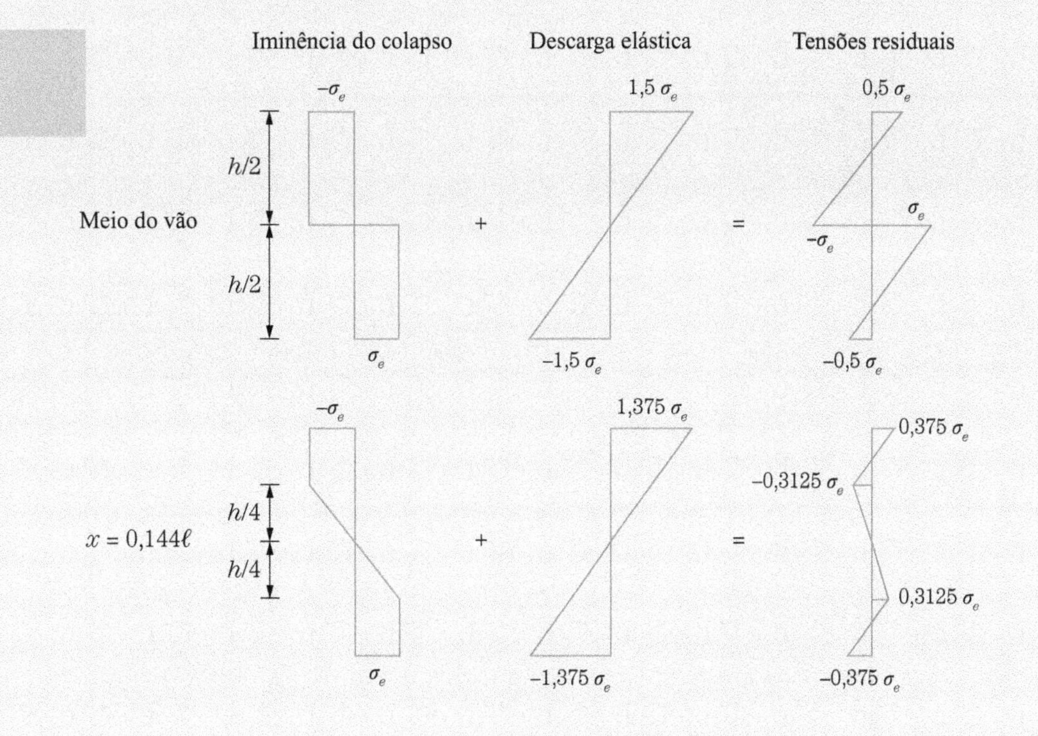

EXEMPLO 3.7 Viga biengastada com carga uniformemente distribuída

Considere-se a viga biengastada de seção retangular e material elastoplástico perfeito solicitada por carga uniformemente distribuída, conforme mostra a Figura 3.19. Analisa-se essa viga com carregamento monotonicamente crescente até a iminência do colapso, seguido de sua descarga. Admite-se que o efeito da força cortante no momento de plastificação seja desprezável.

Solução

Considera-se que o valor da carga cresça a partir da configuração indeformada. Inicialmente, a viga biengastada responde linearmente com a distribuição de momentos fletores

$$M(x) = -\frac{p\ell^2}{12}\left[1 - 6\frac{x}{\ell} + 6\left(\frac{x}{\ell}\right)^2\right], \tag{3.23}$$

que se apresenta na Figura 3.19. Como a seção é retangular, sabe-se que o momento elástico limite e o momento de plastificação são dados por:

$$M_e = \frac{bh^2}{6}\sigma_e \qquad M_p = \frac{bh^2}{4}\sigma_e$$

Figura 3.19
Momentos fletores em viga biengastada com carga uniforme.

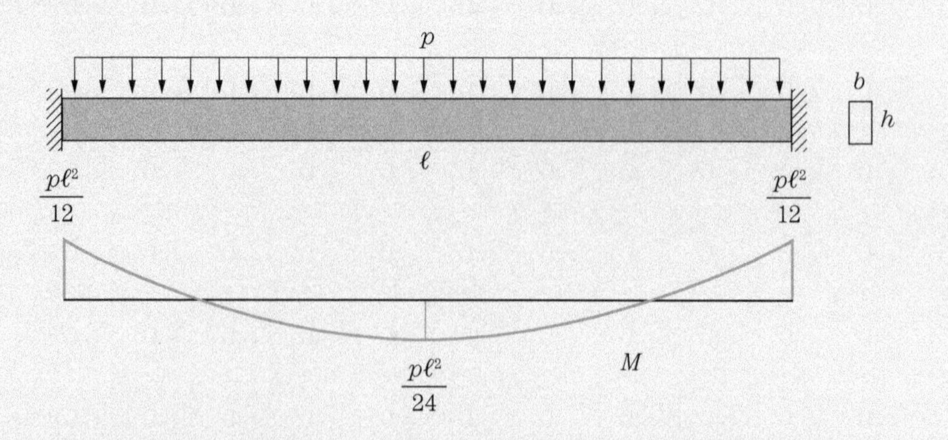

Assim, o primeiro limite de plastificação ocorre quando $|M|_{max} = M_e$, ou seja:

$$\frac{p_I\ell^2}{12} = \frac{bh^2}{6}\sigma_e \quad \Longrightarrow \quad p_I = 2\frac{bh^2}{\ell^2}\sigma_e = 8\frac{M_p}{\ell^2},$$

e as tensões nas seções dos engastamentos e do meio vão são apresentadas na Figura 3.20.

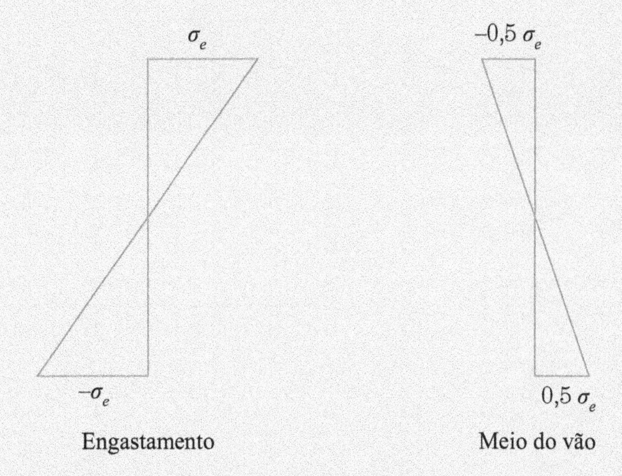

Figura 3.20
Tensões normais para $p = p_1 = 8\dfrac{M_p}{\ell^2}$.

Com a carga p crescendo acima de p_1, mais pontos vão se plastificar nas regiões próximas aos engastamentos. Desprezando o efeito do espraiamento da região plastificada, a viga continua se comportando como biengastada com a seção transversal original, e, nessas condições, a primeira rótula plástica se formará quando $|M|_{max} = M_p$, o que ocorrerá no engastamento com:

$$\frac{p_1\ell^2}{12} = \frac{bh^2}{4}\sigma_e \qquad \Longrightarrow \qquad p_1 = 3\frac{bh^2}{\ell^2}\sigma_e = 12\frac{M_p}{\ell^2}.$$

As tensões nas seções dos engastamentos e do meio vão apresentadas na Figura 3.21

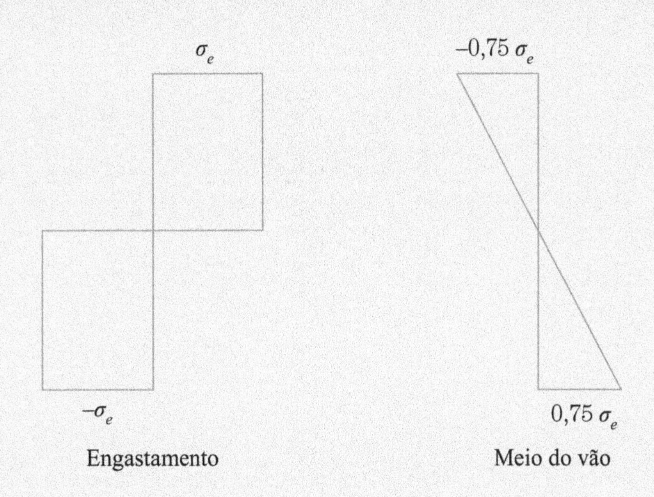

Figura 3.21
Tensões normais para $p = p_1 = 12\dfrac{M_p}{\ell^2}$.

Para carregamento adicional Δp a partir da situação em que se formam as duas rótulas nos engastamentos, a estrutura passa a se comportar com uma viga biapoiada, com a distribuição de momentos fletores

$$\Delta M(x) = \frac{\Delta p\ell^2}{2}\left[\frac{x}{\ell} - \left(\frac{x}{\ell}\right)^2\right],$$

como mostra a Figura 3.22.

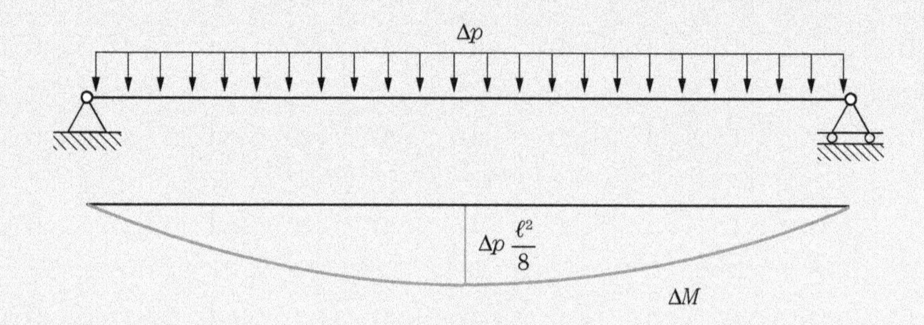

Figura 3.22
Viga biapoiada com carga uniforme Δp.

A distribuição de momentos fletores devida à $p_1 + \Delta p$ é dada então por:

$$M(x) = -M_p\left[1 - 6\frac{x}{\ell} + 6\left(\frac{x}{\ell}\right)^2\right] + \frac{\Delta p\ell^2}{2}\left[\frac{x}{\ell} - \left(\frac{x}{\ell}\right)^2\right] \quad (3.24)$$

enquanto for verificada a condição de plastificação $|M|_{max} \leq M_p$, ou seja,

$$\frac{M_p}{2} + \frac{\Delta p\ell^2}{2} \leq M_p \quad \Longrightarrow \quad \Delta p \leq 4\frac{M_p}{\ell^2}.$$

Assim, a terceira rótula ocorrerá no meio do vão e se formará quando

$$\Delta p_1 = 4\frac{M_p}{\ell^2} \quad \Longrightarrow \quad p_2 = 16\frac{M_p}{\ell^2}, \quad (3.25)$$

e a viga biengastada se transforma em um mecanismo, chamado de colapso plástico, ou simplesmente colapso, conforme mostra a Figura 3.23, em conjunto com o diagrama de momentos fletores, que se define na iminência do colapso com a seguinte expressão:

$$M(x) = -M_p\left[1 - 8\frac{x}{\ell} + 8\left(\frac{x}{\ell}\right)^2\right].$$

O segundo limite de plastificação é dado, então, por $p_{II} = p_2$. Observe-se que se utilizam os algarismos romanos I e II para indicar o primeiro e o segundo limites de plastificação na estrutura e os algarismos arábicos para indicar a formação de uma rótula plástica ou a plastificação de uma barra sob ação de força normal com mudança do sistema estático da estrutura.

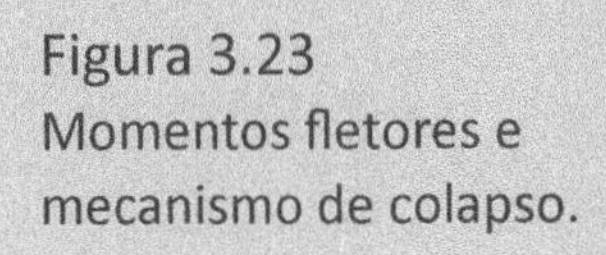

Figura 3.23
Momentos fletores e mecanismo de colapso.

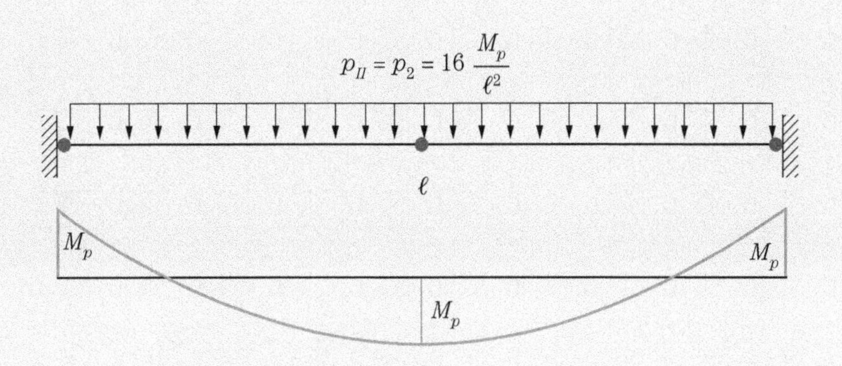

A Figura 3.24 mostra a distribuição das tensões normais na condição de colapso

Figura 3.24
Tensões normais para $p = p_{II} = 16\frac{M_p}{\ell^2}$.

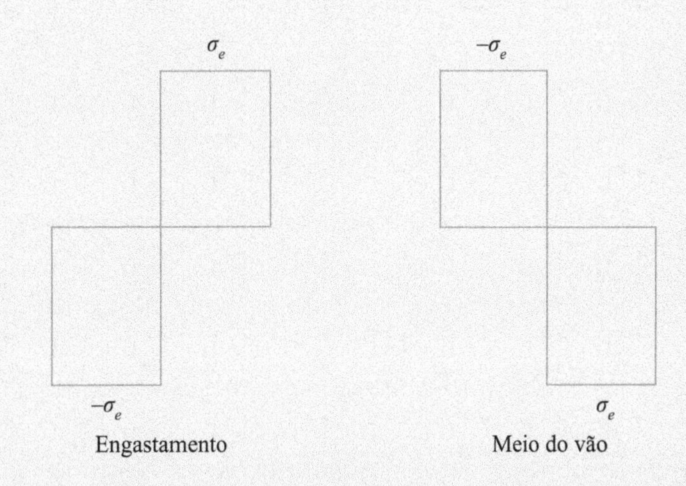

Considere-se agora a descarga, $\Delta p < 0$, da estrutura a partir da iminência de colapso, que se admite que seja em regime elástico linear. O diagrama de momentos fletores será dado pela superposição daquele referente à iminência do colapso ao obtido para $\Delta p < 0$ aplicado na viga biengastada, ou seja:

$$M(x) = -M_p\left[1 - 8\frac{x}{\ell} + 8\left(\frac{x}{\ell}\right)^2\right] - \frac{\Delta p \ell^2}{12}\left[1 - 6\frac{x}{\ell} + 6\left(\frac{x}{\ell}\right)^2\right]. \quad (3.26)$$

No caso de descarga total, $\Delta p_2 = -16\frac{M_p}{\ell^2}$, do que resulta carga $p_3 = 0$, com os diagramas de momentos fletores residuais e de tensões residuais da Figura 3.25. As tensões residuais nas seções dos engastamentos e do meio do vão são obtidas com a superposição daquelas na iminência do colapso – apresentadas na Figura 3.24 – às tensões elásticas obtidas com a aplicação de Δp_2 na viga biengastada. Note-se que a hipótese de descarga elástica linear se verifica para descarga total em vista da observação da condição de plastificação $|M| \leq M_p$ ou $|\sigma| \leq \sigma_e$.

Figura 3.25
Momentos fletores e tensões residuais.

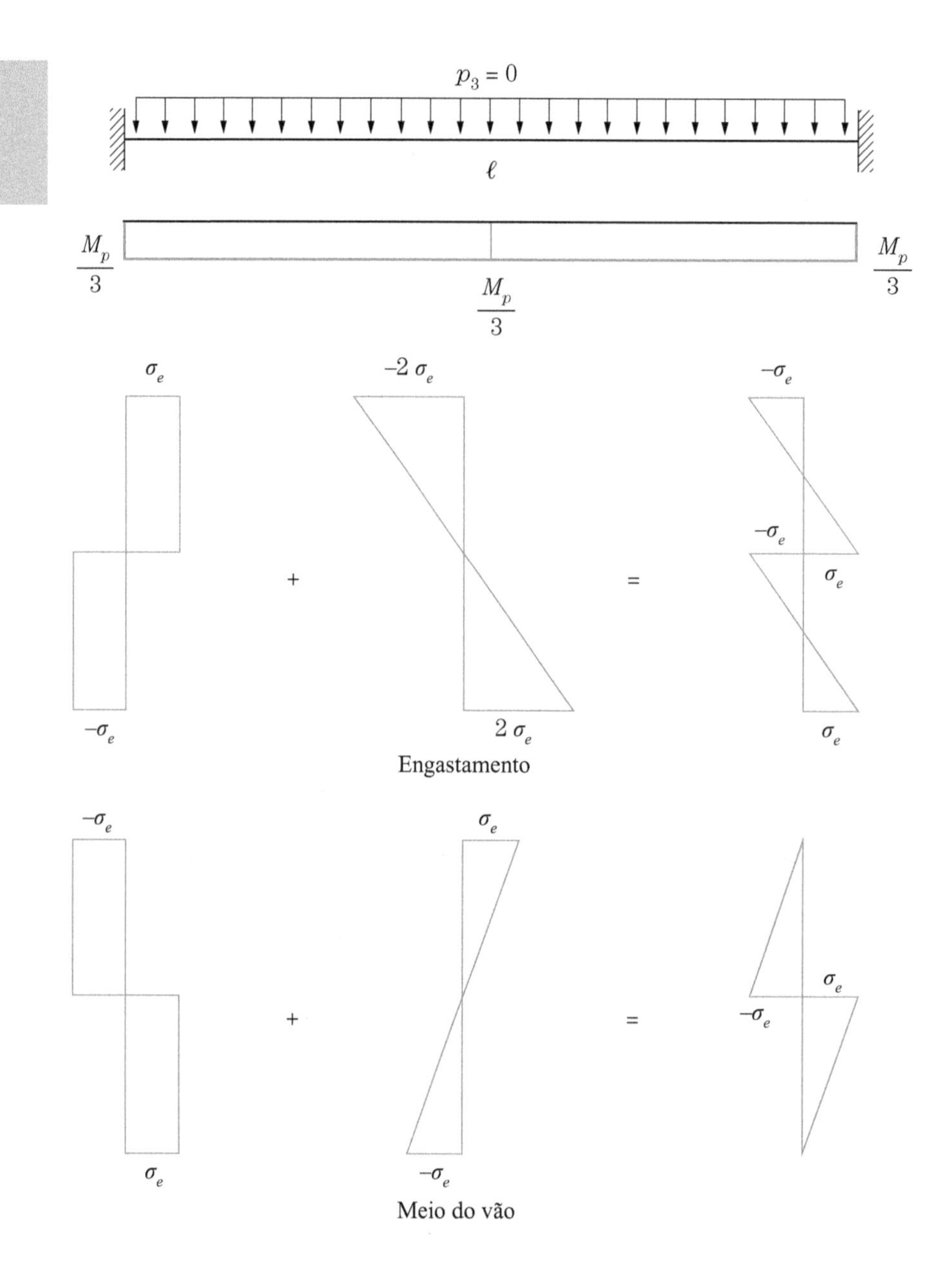

As Figuras 3.26 e 3.27 apresentam os diagramas de momentos fletores para várias relações $\frac{p}{p_{II}}$, cujas expressões, por conveniência, são reapresentadas a seguir:

na carga

$$M(x) = -\frac{p}{p_{II}} M_p \left[1 - 6\frac{x}{\ell} + 6\left(\frac{x}{\ell}\right)^2\right] \quad \text{para} \quad 0 \leq p \leq p_1$$

$$M(x) = -M_p \left[1 - 6\frac{x}{\ell} + 6\left(\frac{x}{\ell}\right)^2\right] + \frac{\Delta p \ell^2}{2}\left[\frac{x}{\ell} - \left(\frac{x}{\ell}\right)^2\right] \quad \text{para} \quad p_1 \leq p \leq p_{II} = p_2$$

(3.27)

e na descarga

$$M(x) = -M_p\left[1 - 8\frac{x}{\ell} + 8\left(\frac{x}{\ell}\right)^2\right] - \frac{\Delta p\ell^2}{12}\left[1 - 6\frac{x}{\ell} + 6\left(\frac{x}{\ell}\right)^2\right] \quad (3.28)$$

para $0 \geq \Delta p \geq -2p_1$ até mudança do sistema estático com formação de rótulas plásticas no engaste com momentos positivos.

A Figura 3.27 apresenta, também, as regiões plastificadas para várias relações $\frac{p}{p_{II}}$ durante a carga. Essas regiões são identificadas pelas curvas $c(x)$ que estabelecem suas fronteiras com as regiões em regime elástico. Essas curvas são obtidas em duas etapas:

- pela igualdade $M(x_1) = M_e = \pm\frac{2}{3}M_p$ determinam-se os valores de x_1 que definem os domínios em que elas ocorrem;
- pela igualdade $M(x) = M_p\left[1 - \frac{1}{3}\left(\frac{2c}{h}\right)^2\right]$, nesses domínios, determinam-se as curvas $c(x)$.

Assim, por exemplo, obtém-se: para $\frac{p}{p_{II}} = \frac{12}{16}$,

$$\left[1 - 6\frac{x}{\ell} + 6\left(\frac{x}{\ell}\right)^2\right] = \pm\frac{2}{3} \implies 0 \leq \frac{x_1}{\ell} \leq 0{,}059 \text{ e } 0{,}941 \leq \frac{x_1}{\ell} \leq 1$$

$$\implies \frac{2c}{h} = \pm\sqrt{18\frac{x_1}{\ell} - 18\left(\frac{x_1}{\ell}\right)^2},$$

sendo $2c/h$ os ramos de uma hipérbole junto aos engastamentos, e, para $\frac{p}{p_{II}} = \frac{16}{16} = 1$,

$$\left[1 - 8\frac{x}{\ell} + 8\left(\frac{x}{\ell}\right)^2\right] = \pm\frac{2}{3} \implies \begin{array}{c} 0 \leq \frac{x_1}{\ell} \leq 0{,}044 \quad \text{e} \quad 0{,}956 \leq \frac{x_1}{\ell} \leq 1 \\ 0{,}296 \leq \frac{x_1}{\ell} \leq 0{,}704 \end{array}$$

$$\implies \begin{array}{c} \frac{2c}{h} = \pm\sqrt{24\frac{x_1}{\ell} - 24\left(\frac{x_1}{\ell}\right)^2} \\ \frac{2c}{h} = \pm\sqrt{6}\left(1 - 2\frac{x_1}{\ell}\right) \end{array}$$

Note-se que nesse caso, são duas as regiões plastificadas: junto aos engastamentos com a curva $\frac{2c}{h}$ definida pelos ramos de uma hipérbole e no meio do vão pelas assíntotas de outra hipérbole. É importante destacar a redução da região plastificada junto aos engastamentos na iminência do colapso – é uma clara mostra da propriedade de redistribuição dos esforços internos na viga no domínio plástico – e que pode ser utilizada de vários modos no projeto estrutural.

Figura 3.26
Diagramas de momentos fletores e regiões plastificadas para relações $\frac{p}{p_{II}}$ na carga.

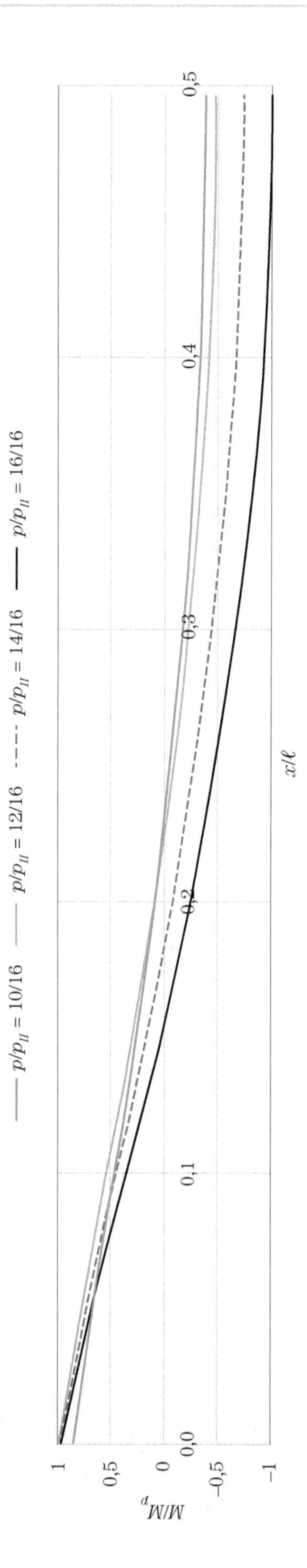

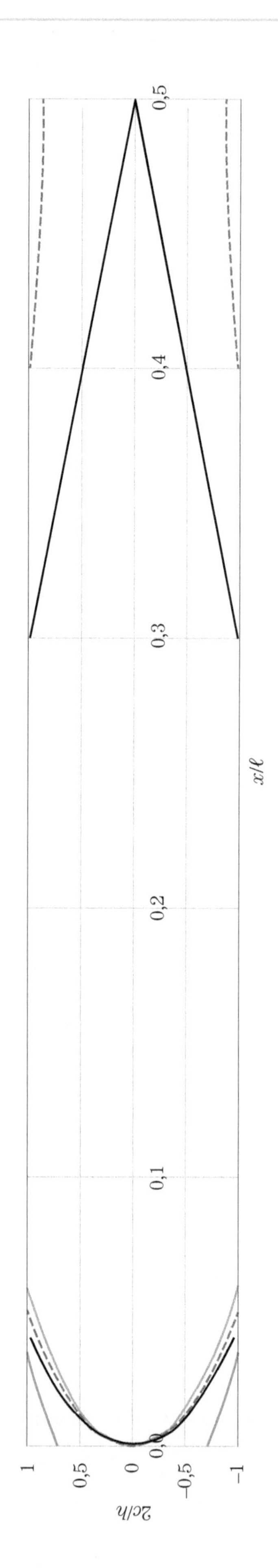

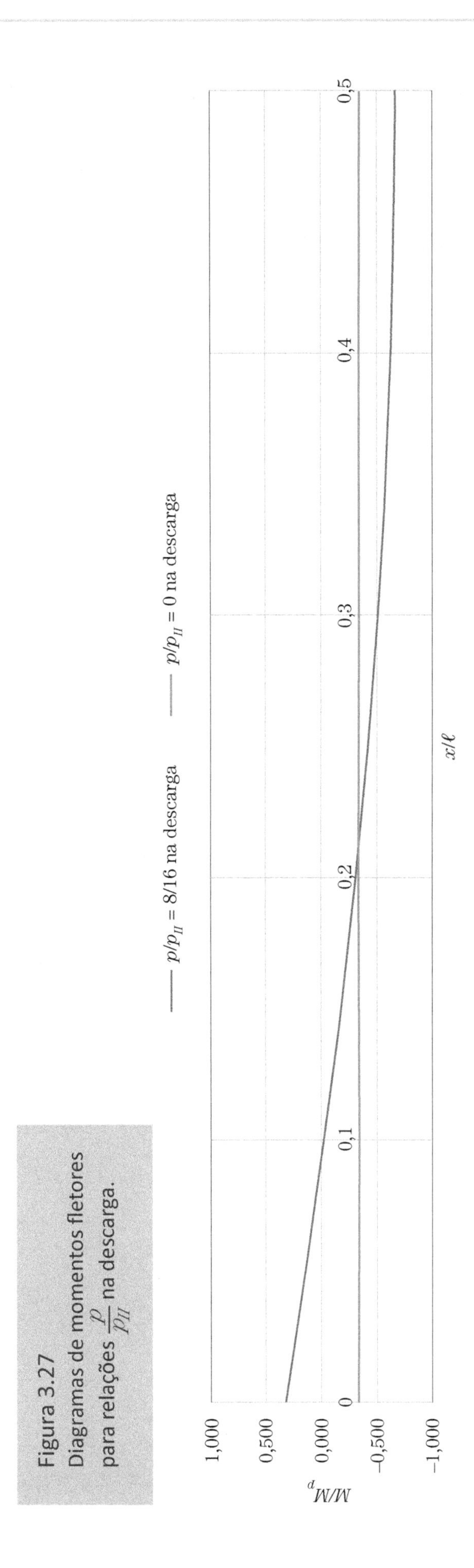

Figura 3.27
Diagramas de momentos fletores para relações $\frac{p}{p_{II}}$ na descarga.

Para completar a análise desse problema, determinam-se os deslocamentos verticais no meio do vão, que podem ser calculados com a aplicação do teorema dos esforços virtuais, pela expressão:

$$w\left(\frac{\ell}{2}\right) = \int_0^{\ell} \delta M \frac{M}{EI} dx,$$

onde δM é a distribuição de momentos fletores virtuais na viga biapoiada solicitada por carga vertical unitária aplicada no meio do vão, e M é a distribuição de momentos fletores devida ao carregamento p, conforme se mostra na Figura 3.28. No Capítulo 10, discutem-se o cálculo de deslocamentos na análise limite e os cuidados que devem ser tomados na escolha da isostática em que se define o esforço virtual.

Figura 3.28
Momentos fletores e momentos fletores virtuais.

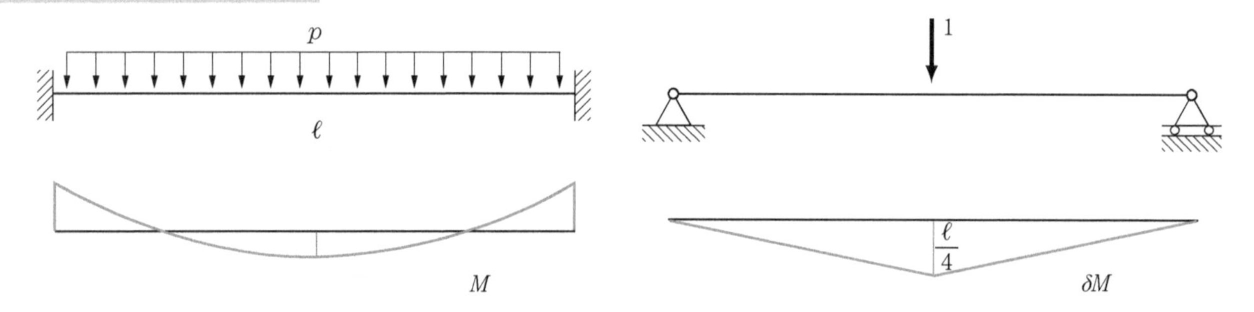

Assim, com as funções de $M(x)$ definidas nas Expressões (3.27) e (3.28) para as várias relações $\frac{p\ell^2}{M_p}$ e a função bilinear de $\delta M(x)$, calculam-se os deslocamentos $w\left(\frac{\ell}{2}\right)$, que se apresentam na Figura 3.29.

Figura 3.29
Diagrama força x deslocamento no meio do vão.

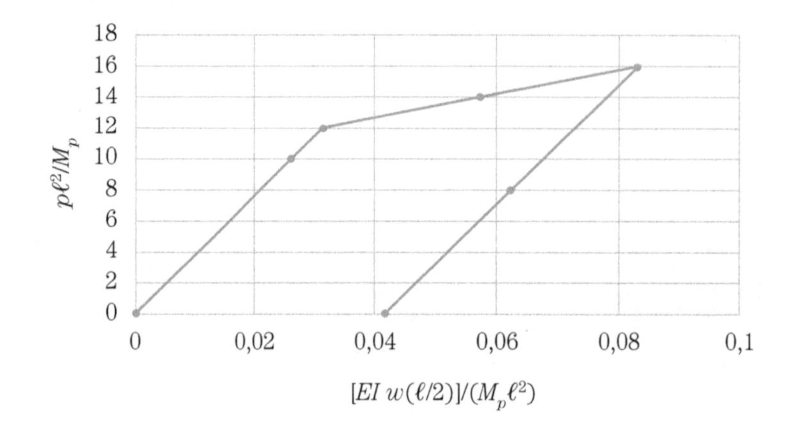

p/p_{II}	$[EI\, w(\ell/2)]/(M_p\ell^2)$
0	0
10	2,604E-02
12	3,125E-02
14	5,729E-02
16	8,333E-02
8	6,250E-02
0	4,167E-02

3.5 Solicitação por flexão normal composta

No caso de flexão normal composta, o momento fletor é acompanhado de força normal, e haverá, também, uma redução do momento de plastificação.

Para cada par (M, N), o primeiro limite de plastificação será então definido pelo máximo valor entre $|\sigma'|$ e $|\sigma''|$ igualado a σ_e, com

$$\sigma' = \frac{N}{A} + \frac{M}{W'} \qquad \sigma'' = \frac{N}{A} - \frac{M}{W''}$$

Quanto à condição de formação da rótula plástica, ela poderá ser obtida considerando a decomposição das tensões normais que atuam na seção transversal na condição de plastificação, conforme indica a Figura 3.30, e o momento M será definido por:

$$M_{pN} = M_p - \Delta M, \tag{3.29}$$

onde: M_{pN} é o momento de plastificação na presença de força normal, M_p é o momento de plastificação de flexão pura e ΔM é o momento de flexão pura correspondente à parte da seção com altura $2c_0$, admitida menor que a altura da seção. Essa hipótese consiste em considerar que a excentricidade $e = \dfrac{M}{N}$ seja tal, que a distribuição das tensões normais na seção transversal inclua tensões de tração e de compressão, ou, de outra forma, que a linha neutra esteja na seção transversal. Nessas condições, a análise da Expressão (3.29) com a condição de $N = \sigma_e \int_{-c_0}^{c_0} b\,dz$ permite estabelecer a relação entre o par M_{pN}, N na plastificação da seção submetida à flexão normal composta, o que se faz na sequência para as seções retangular e duplo T.

Figura 3.30
Decomposição das tensões normais na flexão normal composta em seção com dois eixos de simetria.

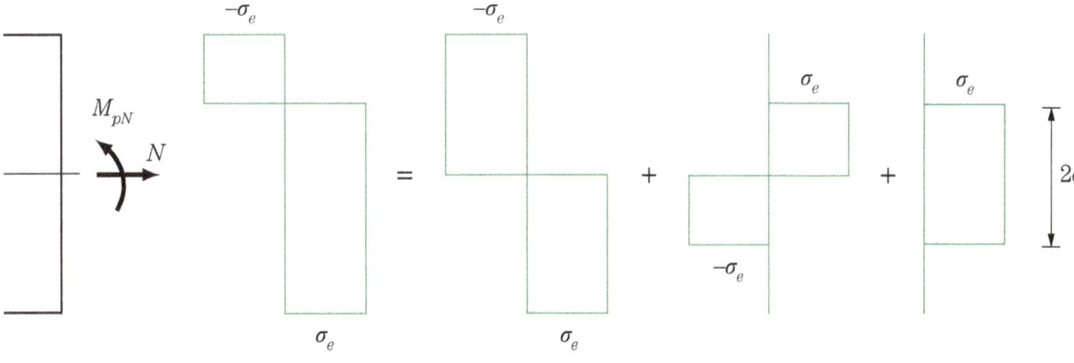

EXEMPLO 3.8

Para uma seção retangular ($b \times h$) submetida à flexão normal composta, estabelece-se a relação entre os pares (M, N) para o primeiro e o segundo limites de plastificação.

Solução

Na seção retangular

$$\sigma' = \frac{N}{bh} + \frac{6M}{bh^2} \qquad \sigma'' = \frac{N}{bh} - \frac{6M}{bh^2}$$

e, assim, o primeiro limite de plastificação será definido pelas expressões:

$$\begin{aligned} \frac{N}{bh} + \frac{6M}{bh^2} &= \sigma_e \quad \text{para} \quad N > 0 \\ \frac{N}{bh} - \frac{6M}{bh^2} &= -\sigma_e \quad \text{para} \quad N < 0 \end{aligned}$$

ou, considerando que $N_p = \sigma_e bh$ e que $M_p = \sigma_e \dfrac{bh^2}{4}$, por:

$$\frac{|N|}{N_p} + \frac{3}{2}\frac{M_{eN}}{M_p} = 1. \tag{3.30}$$

Levando em conta a decomposição das tensões normais da Figura 3.30, com a hipótese de a linha neutra estar contida na seção, pode-se escrever que, na condição de plastificação da seção,

$$M_{pN} = M_p - \sigma_e \frac{b(2c_0)^2}{4} \qquad N = b(2c_0)\sigma_e \tag{3.31}$$

Assim, eliminando-se c_0 das expressões em (3.31), obtém-se, após algumas transformações,

$$\frac{M_{pN}}{M_p} + \left(\frac{N}{N_p}\right)^2 = 1, \tag{3.32}$$

que fornece a relação entre os pares (M_{pN}, N) correspondentes ao segundo limite de plastificação na flexão normal composta. A Figura 3.31 mostra as curvas (M, N) correspondentes ao primeiro e ao segundo limites de plastificação; mostra também que um ponto (M, N) contido na região definida pelo triângulo ABC está em regime elástico linear; se contido na região ACBD estará em regime elastoplástico; e se estiver sobre a curva ADB indicará uma seção plastificada.

Figura 3.31
Curvas do primeiro e do segundo limites de plastificação para seção retangular.

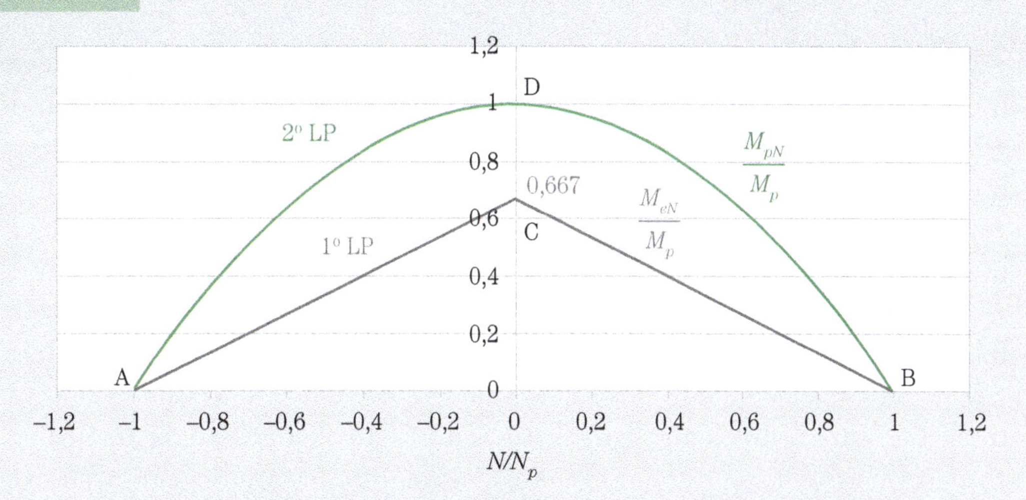

É importante notar que, para relações $\frac{|N|}{Np} \leq 0{,}1$ e $\frac{|N|}{Np} \leq 0{,}2$, verifica-se que $1 \geq \frac{M_{pN}}{M_p} \geq 0{,}99$ e $1 \geq \frac{M_{pN}}{M_p} \geq 0{,}96$, respectivamente. Nessas condições, é razoável admitir que o momento de plastificação na flexão normal composta seja considerado igual ao da flexão pura, hipótese que se admite na classe de problemas que se analisa neste livro.

EXEMPLO 3.9

Para a seção duplo T do Exemplo 3.4 submetida à flexão normal composta, estabelece-se a relação entre os pares (M, N) para o primeiro e o segundo limites de plastificação.

Figura 3.32
Seção duplo T.

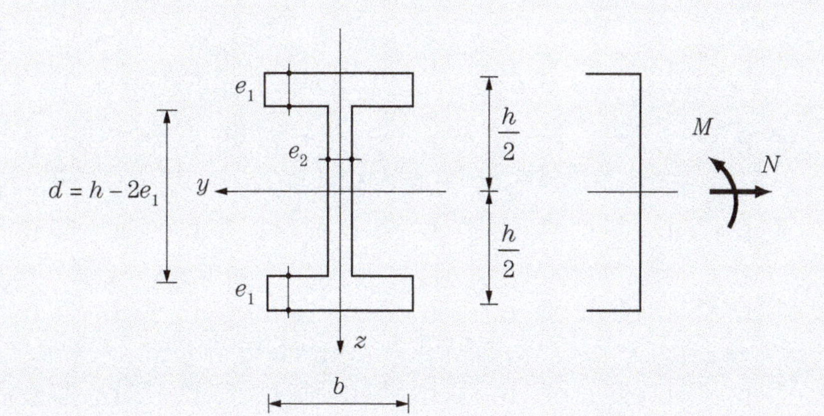

Solução

Na seção duplo T, as tensões extremas em regime elástico linear são dadas por:

$$\sigma' = \frac{N}{A} + \frac{M}{W} \qquad \sigma'' = \frac{N}{A} - \frac{M}{W}$$

onde a área A e o módulo elástico W, bem como as demais características geométricas, são definidos em (3.16), e, assim, o primeiro limite de plastificação será obtido das expressões:

$$\begin{aligned} \frac{N}{A} + \frac{M}{W} &= \sigma_e \quad \text{para} \quad N > 0 \\ \frac{N}{A} - \frac{M}{W} &= -\sigma_e \quad \text{para} \quad N < 0 \end{aligned} \quad \Longrightarrow \quad \frac{|N|}{A} + \frac{M}{W} = \sigma_e$$

ou, considerando que $N_p = \sigma_e A$, $M_e = \sigma_e W$ e que $M_p = \sigma_e Z = \nu M_e$ por:

$$\frac{|N|}{N_p} + \nu \frac{M_{eN}}{M_p} = 1 \tag{3.33}$$

Novamente, levando em conta a decomposição das tensões normais da Figura 3.30, com a hipótese de a linha neutra estar contida na seção, pode-se escrever que, na condição de plastificação da seção,

$$M = M_p - \frac{e_2(2c_0)^2}{4}\sigma_e \qquad N = e_2(2c_0)\sigma_e \qquad \text{para} \qquad c_0 \le \frac{d}{2} \tag{3.34}$$

e

$$\begin{aligned} M &= M_p - \frac{e_2 d^2}{4}\sigma_e - b\left(c_0^2 - \frac{d^2}{4}\right)\sigma_e \\ N &= e_2 d\sigma_e + 2b\left(c_0 - \frac{d}{2}\right)\sigma_e \end{aligned} \qquad \text{para} \qquad \frac{d}{2} \le c_0 \le \frac{h}{2} \tag{3.35}$$

Assim, considerando (3.34) e (3.35), pode-se calcular os valores dos pares $\left(\frac{M_{pN}}{M_p}, \frac{N}{N_p}\right)$ para os diversos valores de c_0 no intervalo $0 \le \frac{2c_0}{h} \le \frac{1}{2}$, correspondentes ao segundo limite de plastificação na flexão normal composta.

A Figura 3.33 apresenta as curvas do primeiro e do segundo limites de plastificação para a seção duplo T do Exemplo 3.4. A região elastoplástica ACBD ficou bem reduzida em relação àquela da seção retangular, visto que o fator de forma dessa seção duplo T é igual a 1,14 – portanto, bem menor do que o valor 1,5 da seção retangular.

É importante notar que, para relações $\frac{|N|}{Np} \le 0{,}15$, verifica-se que o efeito da força normal no momento de plastificação é inferior a 4% na seção duplo T.

Assim, é razoável admitir que o momento de plastificação na flexão composta normal seja considerado igual ao da flexão pura na classe de problemas que se analisa neste livro. No Exemplo 4.4 do Capítulo 4, a distribuição de esforços solicitantes na iminência do colapso do pórtico biengastado estudado com barras prismáticas de seção transversal duplo T, pode-se observar que:

$$\begin{matrix} N_{max} = 180\,kN \\ N_p = 3050\,kN \end{matrix} \implies \frac{N_{max}}{N_p} = 0{,}059 \ll 0{,}15$$

verificando a hipótese assumida.

Figura 3.33
Curvas do primeiro e do segundo limites de plastificação para seção duplo T.

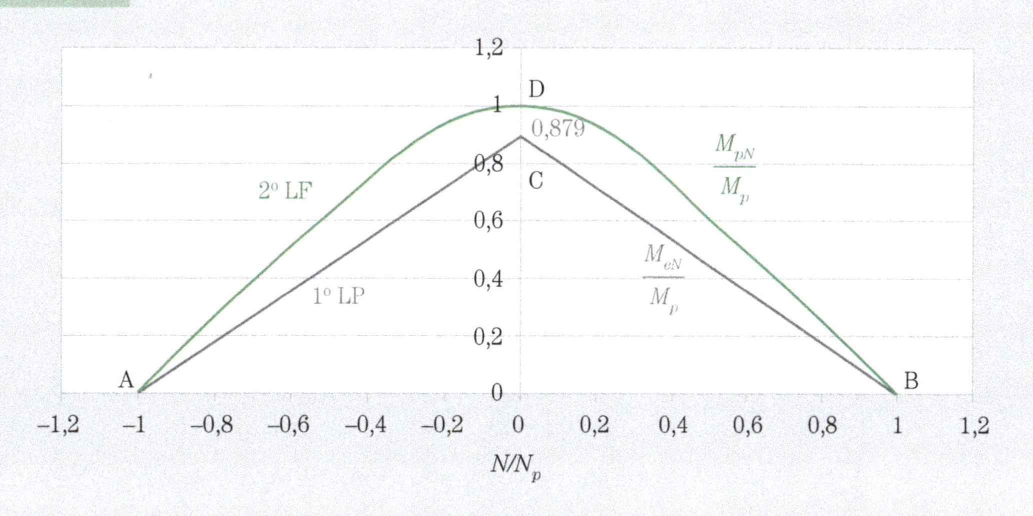

3.6 Solicitação por flexão normal com a presença de força cortante e força normal

O caso de flexão normal com a presença de força cortante e força normal é igualmente um problema que necessita da análise de estado duplo de tensão e de critério de plastificação. Embora esses efeitos sejam de redução do momento de plastificação e de redução da força normal de plastificação, a consideração de coeficientes de minoração das resistências devem ser propostos de forma a compensá-los, não sendo conveniente adotar modelos mais exatos, mas muito mais complexos!

3.7 Formulação do problema de estruturas planas de barras em regime elastoplástico perfeito

Com os resultados obtidos neste capítulo, é conveniente retomar a formulação do problema de estruturas planas de barras em regime elastoplástico perfeito, agora com as equações constitutivas definidas em termos dos esforços solicitantes. Admite-se, sem perda de generalidade, que o material seja igualmente resistente à tração e à compressão.

Para certo histórico de carregamento aplicado estaticamente, deseja-se obter uma resposta específica ou respostas diversas em esforços solicitantes, deslocamentos e modificações do comportamento estrutural, que satisfaçam as relações cinemáticas (2.1) e (2.2), as equações de equilíbrio entre os esforços externos ativos e reativos e entre os esforços externos e solicitantes em (2.3) e as equações constitutivas, agora definidas em função dos esforços solicitantes:

$$|N| = \frac{EA}{\ell}|\Delta\ell| \quad \text{para} \quad |\Delta\ell| \leq |\Delta\ell_p| \quad \text{e} \quad |N| = |N_p| \quad \text{para} \quad |\Delta\ell| \geq |\Delta\ell_p| \tag{3.36}$$

$$|M| = EI|\kappa| \quad \text{para} \quad |\kappa| \leq \kappa_1 \quad \text{e} \quad |M| = |M_p| \quad \text{para} \quad |\kappa| \geq \kappa_1,$$

se adotado o modelo idealizado para o diagrama momento-curvatura, ou

$$|M| = EI\,|\kappa| \quad \text{para} \quad |\kappa| \leq \kappa_1 \quad \text{e} \quad |M| = |M_p(\kappa)| \quad \text{para} \quad |\kappa| \geq \kappa_1, \tag{3.37}$$

se adotado o diagrama momento-curvatura real. Nas análises que se seguem, adotam-se as equações constitutivas dadas por (3.36) e (3.37).

É importante destacar que se despreza o efeito do espraiamento da plastificação, de modo que as seções nessa região têm suas dimensões originais mantidas, ou seja, quando se forma uma rótula plástica em uma certa seção, a estrutura hiperestática simplesmente passa a ter o seu grau de hiperestaticidade reduzido de uma unidade e não há mudanças das características geométricas de suas seções.

3.8 Estado duplo de tensão

Na flexão normal, simples ou composta, a presença de força cortante, resultante das tensões de cisalhamento na seção transversal, tem como consequência que o estado de tensão deixa de ser simples e se tem um estado duplo de tensão. Nessas condições, a análise elastoplástica perfeita exige o estabelecimento das equações de equilíbrio e de critério de plastificação próprios para uma análise bidimensional – que, por completidade e conveniência didática, são sucintamente apresentados a seguir. O desenvolvimento mais aprofundado desse tema será tratado no Capítulo 16.

Figura 3.34
Estados planos de tensão.

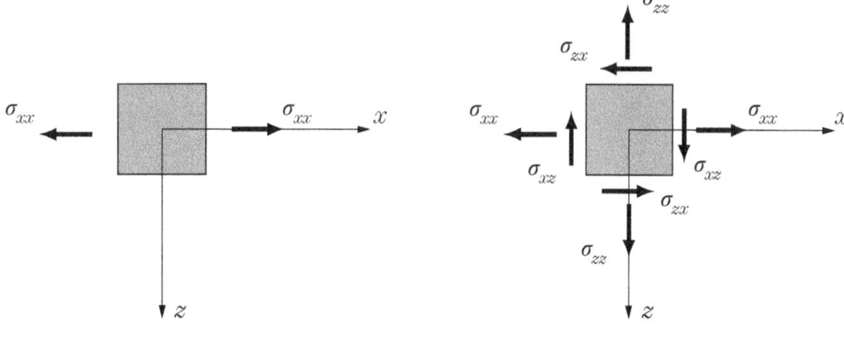

As equações de equilíbrio, em estado plano, se apresentam na Figura 3.35, onde S é o domínio da barra em que são especificadas as forças de volume f^B, e L_σ é a parte da fronteira onde são especificados os esforços de superfície f^S.

Figura 3.35
Equações de equilíbrio em estado plano.

$$\left.\begin{aligned} \frac{\partial \sigma_{xx}}{\partial x} + \frac{\partial \sigma_{xz}}{\partial z} + f_x^B = 0 \\ \frac{\partial \sigma_{zx}}{\partial x} + \frac{\partial \sigma_{zz}}{\partial z} + f_z^B = 0 \end{aligned}\right\} \text{ em } S$$

$$\left.\begin{aligned} \sigma_{xx} n_x + \sigma_{xz} n_z = f_x^S \\ \sigma_{zx} n_x + \sigma_{zz} n_z = f_z^S \end{aligned}\right\} \text{ em } L_\sigma$$

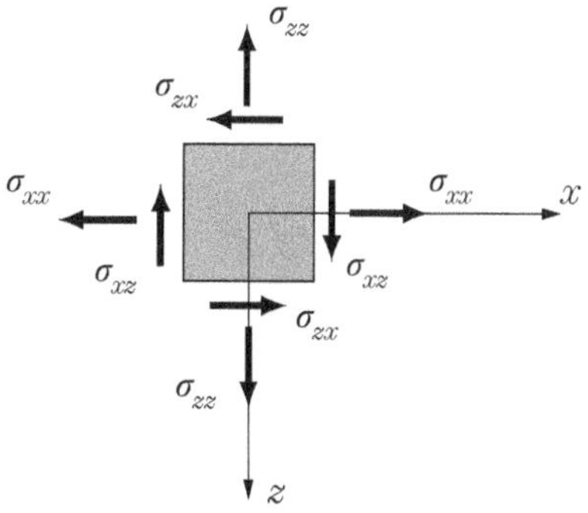

Para estados multiaxiais de tensão, a observação de diferentes padrões de colapso exibidos em ensaios para corpos de prova de distintos materiais permite estabelecer critérios de plastificação a eles associados.

Um critério de plastificação é uma relação matemática entre as componentes do estado de tensão em um ponto.

A função de plastificação $\phi = \phi\ (\sigma_{ij}, k)$ permite definir o critério de plastificação, próprio de cada material, que indica, em cada ponto, se o estado de tensão está em regime elástico ou plástico, da seguinte forma:

- $\phi\ (\sigma_{ij}, k) < 0$: o estado de tensão está em regime elástico;
- $\phi\ (\sigma_{ij}, k) = 0$: o estado de tensão está em regime plástico;
- $\phi\ (\sigma_{ij}, k) > 0$: o estado de tensão é impossível.

Na expressão da função de plastificação, $\phi = \phi\ (\sigma_{ij}, k)$, σ_{ij} são as componentes do tensor das tensões, e k é um parâmetro de endurecimento.

Critério de Rankine

Entre os critérios de plastificação, o mais simples, que se aplica a materiais frágeis, é o critério de Rankine:

> *"A plastificação ocorre quando a máxima tensão normal ou a mínima tensão normal, independentemente, atingem um valor limite"*,

ou seja, considerando que as tensões principais observem $\sigma_1 \geq \sigma_2 \geq \sigma_3$,

$$\sigma_1 = \sigma_{et} \quad \sigma_3 = \sigma_{ec}$$

e a função de plastificação é expressa por:

$$\phi = \sigma_1 - \sigma_{et} \qquad \text{e} \qquad \phi = \sigma_{ec} - \sigma_3$$

onde σ_{et} e σ_{ec} são usualmente obtidos em ensaios simples de tração e compressão.

A Figura 3.36 apresenta a região dos possíveis estados de tensão elástico e plástico, $\sigma_1 - \sigma_{et} \leq 0$ e $\sigma_{ec} - \sigma_3 \leq 0$, e diversos estados de tensão no plano (σ, τ) com os respectivos sinais da função de plastificação.

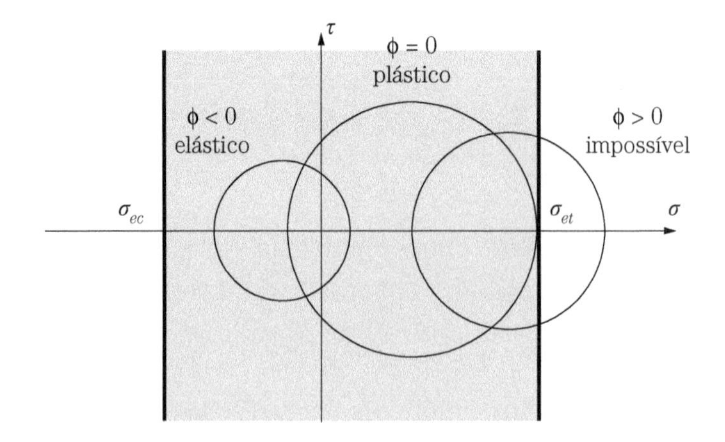

Figura 3.36
Representação da região admissível no plano de Mohr pelo critério de Rankine.

Critério de Tresca

Para materiais dúcteis, um dos critérios mais utilizados é o critério de Tresca, que estabelece:

> *"A plastificação ocorre quando a máxima tensão de cisalhamento atinge um valor limite"*,

ou seja, considerando que as tensões principais observem $\sigma_1 \geq \sigma_2 \geq \sigma_3$,

$$\tau_{max} = \frac{\sigma_1 - \sigma_3}{2} = \tau_e .$$

No caso de ensaio simples de tração, tem-se $\tau_e = \frac{\sigma_e}{2}$, e a função de plastificação pode ser expressa por:

$$\phi = (\sigma_1 - \sigma_3) - \sigma_e .$$

Em estado duplo de tensão, com $\sigma_2 = 0$, resulta:

$$\phi = (\sigma_1 - \sigma_3) - \sigma_e ,$$

e, como:

$$\sigma_1 = \frac{\sigma_{xx} + \sigma_{zz}}{2} + \sqrt{\left(\frac{\sigma_{xx} - \sigma_{zz}}{2}\right)^2 + \sigma_{xz}{}^2} \qquad \sigma_3 = \frac{\sigma_{xx} + \sigma_{zz}}{2} - \sqrt{\left(\frac{\sigma_{xx} - \sigma_{zz}}{2}\right)^2 + \sigma_{xz}{}^2} ,$$

a função de plastificação correspondente ao critério de Tresca pode ser expressa em termos das tensões nas seções transversais:

$$\phi = \sqrt{\sigma_{xx}{}^2 + \sigma_{zz}{}^2 - 2\sigma_{xx}\sigma_{zz} + 4\sigma_{xz}{}^2} - \sigma_e .$$

A Figura 3.37 apresenta a região dos possíveis estados de tensão elástico e plástico, $(\sigma_1 - \sigma_3) - \sigma_e \leq 0$, e diversos estados de tensão no plano (σ, τ) com os respectivos sinais da função de plastificação.

Figura 3.37
Representação da região admissível no plano de Mohr pelo critério de Tresca.

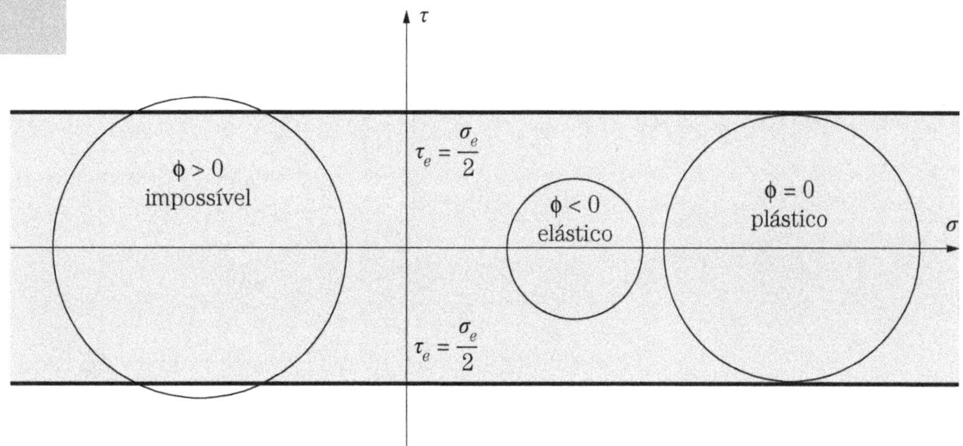

Critério de von Mises ou da máxima energia de distorção

O critério de von Mises, baseado em conceito de energia de distorção, é extensamente aplicado a materiais dúcteis e estabelece que:

"A plastificação ocorre quando *a máxima energia de distorção atinge um valor limite*".

A função de plastificação é expressa por:

$$\phi = (\sigma_1 - \sigma_2)^2 + (\sigma_2 - \sigma_3)^2 + (\sigma_3 - \sigma_1)^2 - 2\sigma_e^2 .$$

Em estado plano de tensões, com $\sigma_2 = 0$, resulta:

$$\phi = \sigma_1{}^2 + \sigma_3{}^2 - \sigma_1\sigma_3 - \sigma_e^2 ,$$

e, como:

$$\sigma_1 = \frac{\sigma_{xx} + \sigma_{zz}}{2} + \sqrt{\left(\frac{\sigma_{xx} - \sigma_{zz}}{2}\right)^2 + \sigma_{xz}{}^2} \qquad \sigma_3 = \frac{\sigma_{xx} + \sigma_{zz}}{2} - \sqrt{\left(\frac{\sigma_{xx} - \sigma_{zz}}{2}\right)^2 + \sigma_{xz}{}^2} ,$$

a função de plastificação correspondente ao critério de von Mises pode ser expressa em termos das tensões nas seções transversais:

$$\phi = \sigma_{xx}{}^2 + \sigma_{zz}{}^2 - \sigma_{xx}\sigma_{zz} + 3\sigma_{xz}{}^2 - \sigma_e{}^2$$

ou, redefinindo:

$$\phi = \sqrt{\sigma_{xx}{}^2 + \sigma_{zz}{}^2 - \sigma_{xx}\sigma_{zz} + 3\sigma_{xz}{}^2} - \sigma_e .$$

No caso da teoria de barras, admite-se $\sigma_{zz} = 0$, e os critérios de von Mises e de Tresca podem ser identificados pela função de plastificação

$$\phi = \sqrt{\sigma_{xx}{}^2 + n\sigma_{xz}{}^2} - \sigma_e ,$$

com $n = 3$ e $n = 4$, respectivamente.

Note-se que no caso de ausência de tensões de cisalhamento, ou seja, em estados simples de tensão, em que somente uma das tensões principais não é nula, a função de plastificação referente aos critérios de von Mises, de Tresca e de Rankine, no caso de material igualmente resistente à tração e à compressão, se apresenta com a mesma forma:

$$\phi = |\sigma| - \sigma_e = |\sigma_{xx}| - \sigma_e\,,$$

e foi a adotada na determinação da força normal de plastificação e dos momentos de plastificação em flexão pura e flexão normal composta.

Critério de Mohr-Coulomb

Um critério utilizado para solos que possam ser idealizados como elastoplásticos perfeitos é o de Mohr-Coulomb, que estabelece:

> *"A plastificação ocorre quando a tensão de cisalhamento atinge o valor $|\tau| = c - \sigma \tan\varphi$, onde c é a coesão e φ é o ângulo de atrito interno do material".*

A função de plastificação é, então, expressa por:

$$\phi = |\tau| - (c - \sigma \tan\varphi).$$

A Figura 3.38 apresenta no plano (σ, τ) a região dos possíveis estados de tensão elástico e plástico e diversos estados de tensão, com os sinais da função de plastificação.

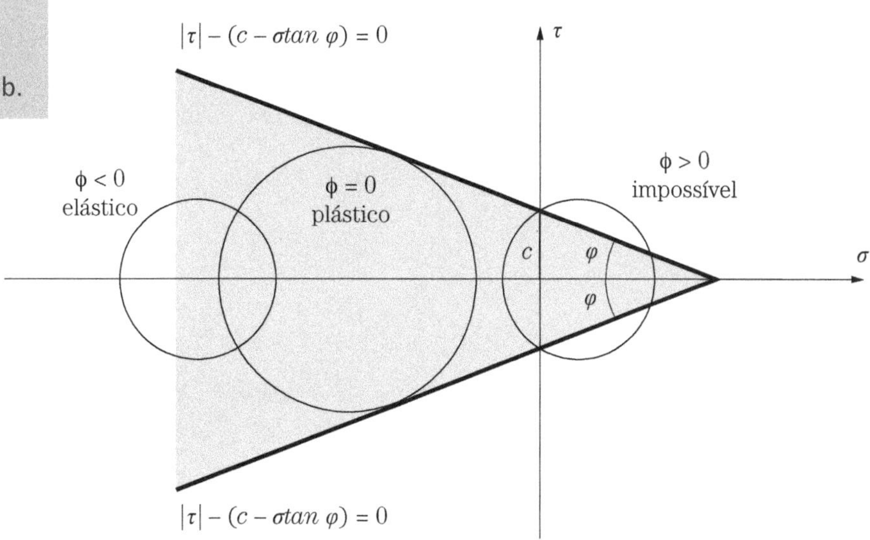

Figura 3.38
Representação da região admissível no plano de Mohr pelo critério de Mohr-Coulomb.

4 ANÁLISE INCREMENTAL

4.1 Introdução

Para uma história de carregamento definida, a resposta de uma dada estrutura em regime elastoplástico perfeito pode ser encontrada por análise incremental.

No início do carregamento, a estrutura tem comportamento elástico linear (sua análise pode ser feita pelos métodos clássicos dos esforços ou dos deslocamentos) até que uma seção da estrutura se plastifique. No caso de estrutura isostática, ela se transforma em um mecanismo e sofre o que se chama de colapso plástico. No caso de estrutura hiperestática, com grau de hiperestaticidade $gh = n$, ela modifica seu comportamento e passa a resistir como uma estrutura hiperestática de grau $n - 1$. Para acréscimo de carregamento, continua a apresentar comportamento linear, porém, agora, com o novo sistema estático que tem um grau de hiperestaticidade a menos, e assim por diante, até que atinja o colapso plástico. Pode ocorrer que r seções se plastifiquem simultaneamente, e, nesse caso, pode acontecer que a estrutura seja levada ao colapso plástico ou que passe a se comportar como uma estrutura hiperestática com grau de hiperestaticidade $n - r$ – ou mesmo isostática, caso $n = r$. Há que considerar ainda a possibilidade de formação de um mecanismo parcial da estrutura, que também caracteriza o colapso plástico.

A análise descrita, denominada incremental, pode ser realizada por algoritmo que leve em conta o particular histórico de um carregamento. Apresenta especial interesse o caso em que o carregamento externo é proporcional, ou seja, em que a relação entre os vários esforços externos de um carregamento se mantém constante, e é para essa condição que se apresenta o algoritmo da Seção 4.2.

4.2 Algoritmo incremental para carregamento proporcional

Parte-se de determinada configuração de referência j, caracterizada por um coeficiente adimensional de carregamento γ_j que define os esforços externos $P_j = \gamma_j P$, sendo P o carregamento de referência ou de serviço, e para os quais já são conhecidos os esforços solicitantes e os deslocamentos resultantes.

Processo incremental

1. Analisa-se a resposta linear da estrutura solicitada pelo carregamento de referência P a partir da configuração j.
2. Determina-se o incremento $\Delta\gamma_j$ que leva à mudança do comportamento da estrutura pela plastificação de uma seção por solicitação axial ou por flexão.
   a. Pode ocorrer que $\Delta\gamma_j$ seja definido por outra condição relacionada ao histórico de carregamento ou a uma condição de utilização sem que uma nova seção seja plastificada.
3. Analisa-se a resposta da estrutura para $P_{j+1} = P_j + \Delta\gamma_j \times P$. O sistema estático obtido no item 2 passa a ser a nova configuração de referência.
4. Retorna-se ao item 2 ou se interrompe o processo no caso de colapso plástico (ou no caso indicado em 2a).

Seguindo esse procedimento incremental, pode-se estabelecer a resposta da estrutura para qualquer história de carregamento proporcional. Ligeiras adaptações desse algoritmo permitem analisar a resposta da estrutura para determinado histórico de carregamento não necessariamente proporcional. Por suas características, esse processo incremental também é usualmente referido como método passo a passo.

Esse procedimento é caracterizado simbolicamente pela expressão

$$\mathrm{E}_{j+1} = E_j + \Delta\gamma_j \times \Delta E_j \, ,$$

onde:

- E_j representa os esforços externos, os esforços solicitantes e os deslocamentos na configuração j;
- $\Delta\gamma_j$ é o incremento do coeficiente de carregamento que leva à mudança do comportamento da estrutura da configuração j para a configuração $j + 1$;
- ΔE_j representa os esforços externos, os esforços solicitantes e os deslocamentos obtidos no sistema estático a partir da configuração j devido ao carregamento de referência P;
- E_{j+1} representa os esforços externos, os esforços solicitantes e os deslocamentos na configuração $j+1$.

Os índices com números arábicos nos carregamentos, P_1, P_2, P_3 etc., são utilizados para indicar as cargas em que ocorrem mudança de comportamento da estrutura, e aqueles com índices romanos, P_I e P_{II}, são utilizados para indicar o primeiro e o segundo limites de plastificação.

As análises elásticas lineares nos exemplos que se seguem foram realizadas pela aplicação do programa Ftool (MARTHA, 2018).

EXEMPLO 4.1 Treliça hiperestática

Considere-se a treliça hiperestática formada por barras prismáticas de mesmo material elastoplástico perfeito, com as características físicas e geométricas informadas e solicitada pelos esforços externos ativos indicados na Figura 4.1. Analisa-se a resposta da treliça para um histórico de carregamento proporcional crescente até a iminência do colapso, seguido de descarregamento total. Após essa análise, calculam-se os valores máximos da força de serviço F com vários métodos de verificação da segurança para carregamento crescente até a iminência do colapso, com os coeficientes de ponderação $\gamma_e = \gamma_i = 1{,}67$, $\gamma_f = 1{,}4$ e $\gamma_a = 1{,}1$.

As características físicas e geométricas das barras anelares de aço são:

$$E = 205 \text{ GPa} \qquad \sigma_e = f_y = 25\ \frac{\text{kN}}{\text{cm}^2}$$

$$A_2 = 2{,}84 \text{ cm}^2 \qquad N_{p2} = 71 \text{ kN}$$

$$A_1 = A_3 = 5{,}68 \text{ cm}^2 \qquad N_{p1} = N_{p3} = 142 \text{ kN}$$

Figura 4.1
Treliça hiperestática com carregamento de referência.

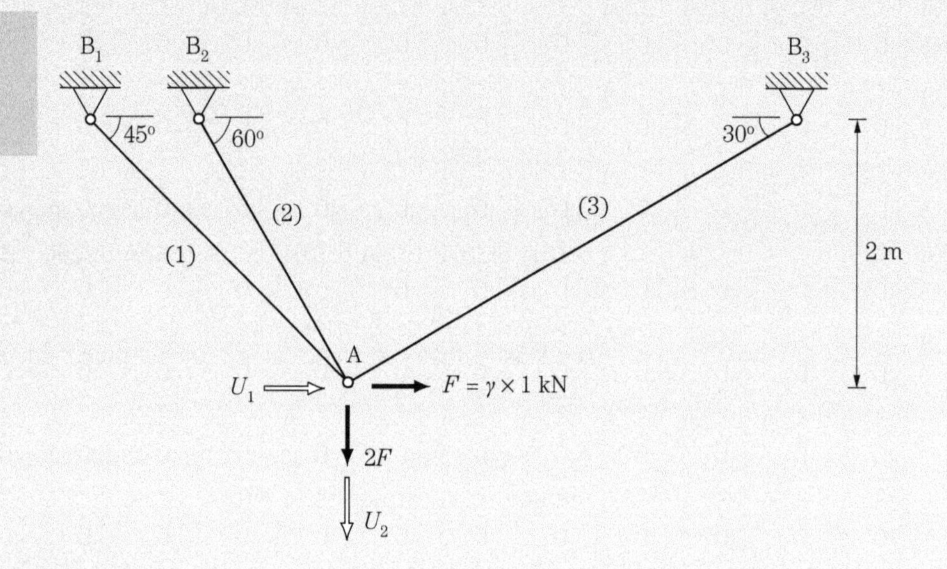

Solução

Considera-se a configuração indeformada como a inicial de referência – portanto, os esforços externos, as forças normais nas barras e os deslocamentos nodais são todos nulos.

A treliça é hiperestática com grau de hiperestaticidade $gh = 1$ e a ocorrência de duas barras plastificadas é condição necessária e suficiente para a formação de um mecanismo.

PASSO 1

a) Análise da resposta linear a partir da configuração inicial com o carregamento de referência.

A análise elástica linear da treliça da Figura 4.2 pode ser realizada pelos métodos dos esforços ou dos deslocamentos e conduz aos seguintes resultados para as forças normais e deslocamentos do nó A:

$$\begin{matrix} \Delta N_1 = 1{,}325 \text{ kN} \\ \Delta N_2 = 0{,}952 \text{ kN} \\ \Delta N_3 = 0{,}475 \text{ kN} \end{matrix} \qquad \begin{matrix} \Delta U_1 = 4{,}735 \times 10^{-6} \text{ m} \\ \Delta U_2 = 4{,}079 \times 10^{-5} \text{ m} \end{matrix} \tag{4.1}$$

Para deixar o texto mais leve, adotam-se sempre as mesmas unidades para as várias grandezas ao longo do exemplo, que são apresentadas somente quando referidas às configurações de mudança de comportamento da treliça. Esse critério será utilizado nos vários exemplos deste capítulo.

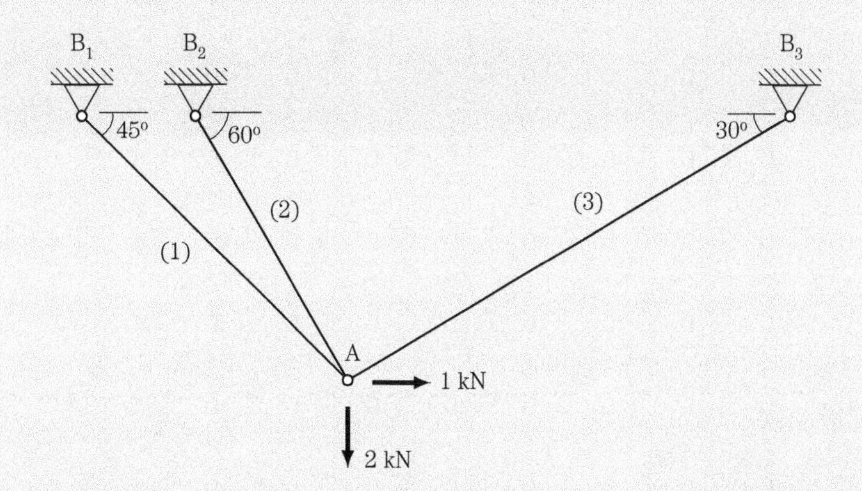

Figura 4.2
Treliça para o passo 1.

b) Determinação do incremento $\Delta\gamma_0$ que leva à plastificação da primeira barra.

As forças normais nas barras devem satisfazer às condições de plastificação:

$$\begin{aligned} N_1 &= 0 + 1{,}325\,\Delta\gamma \leq 142 & & \Delta\gamma \leq 107{,}170 \\ N_2 &= 0 + 0{,}952\,\Delta\gamma \leq 71 & \Longrightarrow\quad & \Delta\gamma \leq 74{,}580 \\ N_3 &= 0 + 0{,}475\,\Delta\gamma \leq 142 & & \Delta\gamma \leq 298{,}947 \end{aligned} \tag{4.2}$$

Assim, o valor de $\Delta\gamma$ que conduz à plastificação da primeira barra é o maior valor de $\Delta\gamma$ que satisfaz simultaneamente às inequações em (4.2), ou seja, a barra 2 se plastifica com $\Delta\gamma_0 = 74{,}580$.

c) Análise da resposta na configuração 1.

Considerando que no intervalo $0 \leq \gamma \leq 74{,}580$ o comportamento da estrutura é linear com as três barras em regime elástico linear, obtêm-se os valores dos esforços e dos deslocamentos na configuração 1 pela superposição $E_1 = E_0 + \Delta\gamma_0 \times \Delta E_0$. Como na configuração de referência as variáveis representadas por E_0 são nulas, tem-se $E_1 = \Delta\gamma_0 \times \Delta E_0$ e assim, obtêm-se:

$$F_1 = F_I = 74{,}580\text{ kN} \qquad \begin{aligned} N_1 &= 98{,}818\text{ kN} \\ N_2 &= 71{,}000\text{ kN} \\ N_3 &= 35{,}425\text{ kN} \end{aligned} \qquad \begin{aligned} U_1 &= 3{,}531 \times 10^{-4}\text{ m} \\ U_2 &= 3{,}042 \times 10^{-3}\text{ m} \end{aligned} \tag{4.3}$$

que caracterizam a configuração 1 e na qual ocorre a plastificação da primeira barra da treliça, a de número dois. Note-se que essa configuração corresponde ao primeiro limite de plastificação, $\gamma_I = \gamma_1$. Os diversos resultados obtidos estão representados na Tabela 4.1, onde o valor de $\Delta\gamma_0 = 74{,}580$ está em destaque na coluna de $\Delta\gamma$, e na Figura 4.3.

Tabela 4.1 – Passo 1 da análise incremental da treliça.

	Passo 1			
Variáveis	E_0	ΔE_0	$\Delta\gamma$	E_1
N_1 (kN)	0	1,325	107,170	98,818
N_2 (kN)	0	0,952	74,580	71,000
N_3 (kN)	0	0,475	298,947	35,425
U_1 (m)	0	4,735E-06		3,531E-04
U_2 (m)	0	4,079E-05		3,042E-03
F	0	1,000		74,580

Figura 4.3
Situação da treliça na configuração 1.

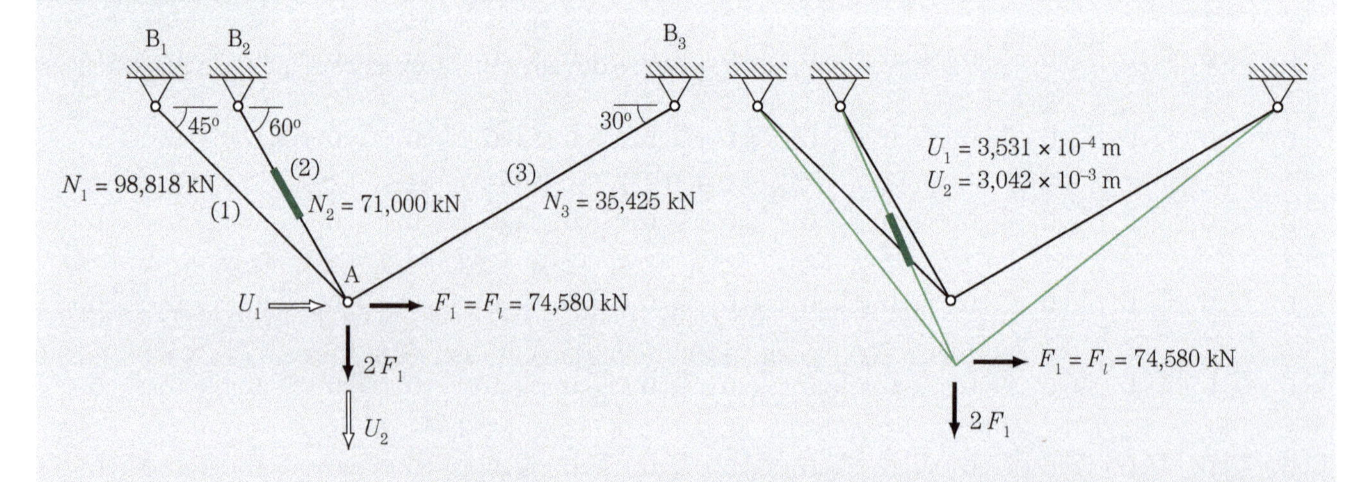

PASSO 2

a) Análise da resposta linear a partir da configuração 1 com o carregamento de referência.

Com a barra 2 plastificada e o aumento do carregamento, apenas as barras 1 e 3 da treliça suportarão esse acréscimo, visto que a barra 2 está plastificada. A análise elástica linear da treliça da Figura 4.4 conduz aos seguintes resultados em esforços e deslocamentos:

$$\begin{array}{ll} \Delta N_1 = 2{,}310 & \\ \Delta N_2 = 0 & \Delta U_1 = 1{,}068 \times 10^{-5} \\ & \Delta U_2 = 6{,}869 \times 10^{-6} \\ \Delta N_3 = 0{,}732 & \end{array} \tag{4.4}$$

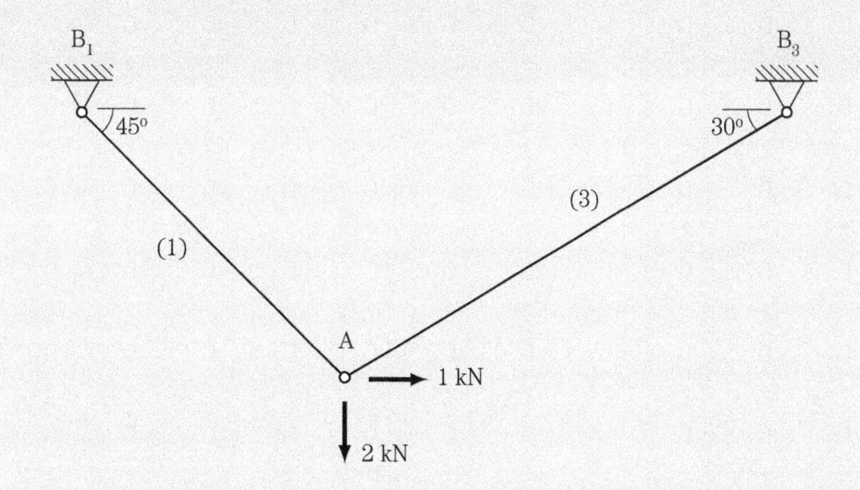

Figura 4.4
Treliça para o passo 2.

b) Determinação do incremento $\Delta\gamma_1$ que leva à plastificação da segunda barra.

As forças normais nas barras devem satisfazer às condições de plastificação:

$$\begin{array}{l} N_1 = 98{,}818 + 2{,}310\ \Delta\gamma \leq 142 \\ N_3 = 35{,}425 + 0{,}732\ \Delta\gamma \leq 142 \end{array} \implies \begin{array}{l} \Delta\gamma \leq 18{,}693 \\ \Delta\gamma \leq 145{,}594 \end{array} \tag{4.5}$$

Assim, o valor de $\Delta\gamma$ que conduz à plastificação da segunda barra é o maior valor de $\Delta\gamma$ que satisfaz simultaneamente às inequações em (4.5), ou seja, a barra 1 se plastifica com $\Delta\gamma_1 = 18{,}693$.

c) Análise da resposta na configuração 2.

Considerando que no intervalo $74{,}580 \leq \gamma \leq 93{,}273$ o comportamento da estrutura é linear com duas barras em regime elástico linear e a barra 2 plastificada, obtêm-se os valores dos esforços e dos deslocamentos na configuração 2 pela superposição $E_2 = E_1 + \Delta\gamma_1 \times \Delta E_1$, ou seja:

$$F_2 = 93{,}273\ \text{kN} \quad \begin{array}{l} N_1 = 142{,}000\ \text{kN} \\ N_2 = 71{,}000\ \text{kN} \\ N_3 = 49{,}109\ \text{kN} \end{array} \quad \begin{array}{l} U_1 = 5{,}528 \times 10^{-4}\ \text{m} \\ U_2 = 4{,}326 \times 10^{-3}\ \text{m} \end{array} \tag{4.6}$$

que caracteriza a configuração 2 na qual ocorre a plastificação das barras 1 e 2 e a treliça atinge a condição de colapso plástico. Assim, essa configuração corresponde ao segundo limite de plastificação, $\gamma_{II} = \gamma_2 = 93{,}273$ kN, com os resultados em esforços e deslocamentos apresentados na Tabela 4.2 e na Figura 4.5. Note-se $\Delta\gamma_1 = 18{,}693$ em destaque na coluna de $\Delta\gamma$.

Tabela 4.2 – Passo 2 da análise incremental da treliça

	Passo 2			
Variáveis	E_1	ΔE_1	$\Delta\gamma$	E_2
N_1 (kN)	98,818	2,310	18,693	142,000
N_2 (kN)	71,000	0,000		71,000
N_3 (kN)	35,425	0,732	145,594	49,109
U_1 (m)	3,531E-04	1,068E-05		5,528E-04
U_2 (m)	3,042E-03	6,868E-05		4,326E-03
F	74,580	1,000		93,273

Figura 4.5
Situação da treliça na configuração 2.

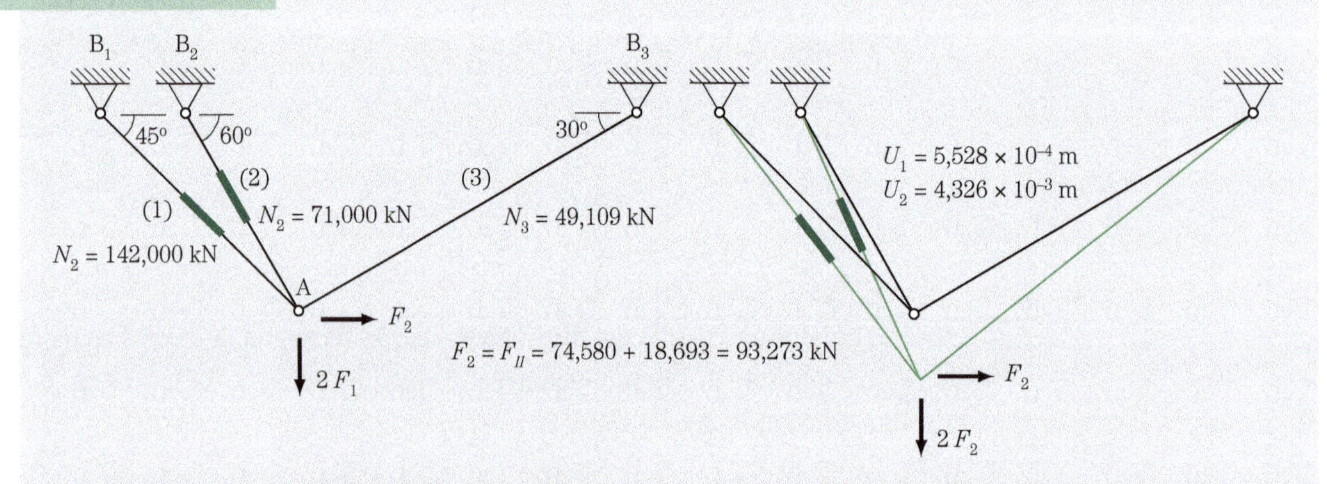

PASSO 3

Considera-se agora que, na iminência do colapso, se efetua o descarregamento da treliça.

a) Análise da resposta linear a partir da configuração 2.

Na iminência do colapso, a descarga se fará com a treliça se comportando como a da Figura 4.2 até que uma das barras se plastifique, agora por compressão. Nessas condições, a análise elástica linear da treliça conduz aos resultados em esforços e deslocamentos apresentados em (4.1).

b) Determinação do incremento $\Delta\gamma_2$ que leva ao descarregamento da treliça.

Nesse caso, o critério de determinação $\Delta\gamma$ está associado à condição:

$$\gamma_3 = \gamma_2 + \Delta\gamma_2 = 0 \quad \Longrightarrow \quad \Delta\gamma_2 = -93{,}273, \tag{4.7}$$

desde que os valores das forças normais resultantes sejam superiores aos das forças de plastificação por compressão, $N_i \geq -N_{pi}$, condições que deverão ser verificadas. Note-se que a condição de descarregamento está caracterizada pelo valor negativo de $\Delta\gamma_2$.

c) Análise da resposta na configuração 3.

Assim, assumindo que no intervalo $93{,}273 \geq \gamma \geq 0$ o comportamento da estrutura é linear com as barras em regime elástico linear, obtêm-se os valores dos esforços e dos deslocamentos na configuração 3 pela superposição $E_3 = E_2 + \Delta\gamma_2 \times \Delta E_2$, ou seja:

$$F_3 = 0\,\text{kN} \quad \begin{matrix} N_1 = 18{,}4\,\text{kN} \\ N_2 = -17{,}8\,\text{kN} \\ N_3 = 4{,}8\,\text{kN} \end{matrix} \quad \begin{matrix} U_1 = 1{,}1 \times 10^{-4}\,\text{m} \\ U_2 = 5{,}2 \times 10^{-4}\,\text{m} \end{matrix} \tag{4.8}$$

Como a condição de plastificação $|N_j| \leq N_{pj}$ está verificada para a descarga com $\Delta\gamma_2 = -93{,}273$, a solução (4.8) é a resultante de um histórico de carga até a iminência do colapso plástico seguida de descarga total. Note-se que as forças normais residuais são autoequilibradas e os deslocamentos residuais obtidos resultam das deformações plásticas ocorridas. A Tabela 4.3 apresenta um resumo de todas as passagens relativas ao passo 3. A Figura 4.6 apresenta a situação da treliça na configuração 3, ou seja, após um ciclo de carga até a iminência do colapso plástico e descarga total.

Tabela 4.3 – Treliça para o passo 3

	Passo 3			
Variáveis	E_2	ΔE_3	$\Delta\gamma$	E_3
N_1 (kN)	142,000	1,325		18,413
N_2 (kN)	71,000	0,952		-17,796
N_3 (kN)	49,109	0,475		4,804
U_1 (m)	5,528E-04	4,735E-06		1,111E-04
U_2 (m)	4,326E-03	4,079E-05		5,214E-04
F	93,273	1,000	-93,273	0,000

Figura 4.6
Situação da treliça na configuração 3.

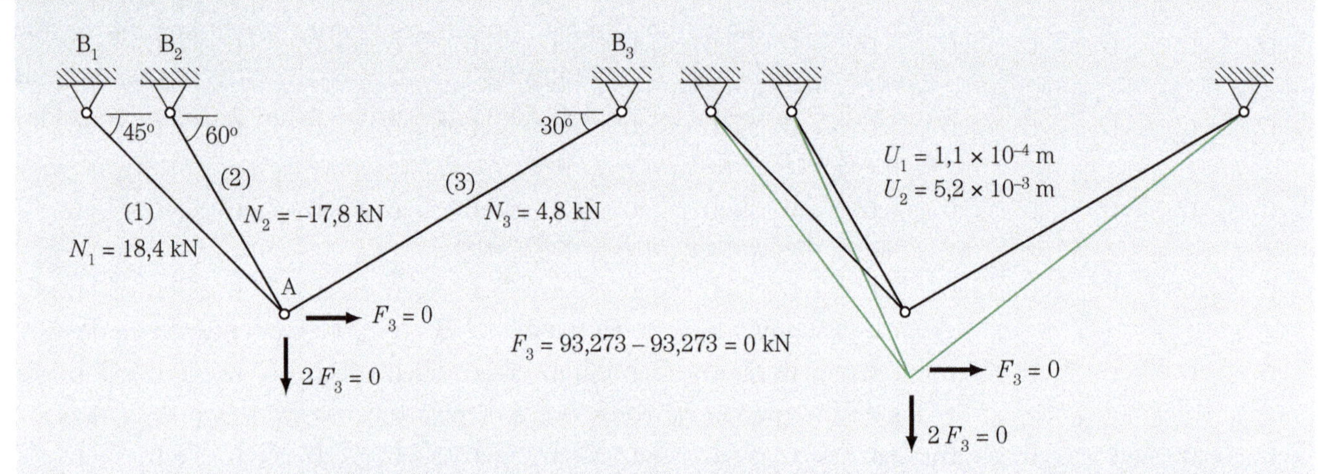

A Figura 4.7 apresenta a evolução da força F e das forças normais em função do deslocamento U_1 e a Figura 4.8 apresenta a evolução dos deslocamentos U_1 e U_2 para os vários valores da força F, com a indicação das barras em regime elástico linear em cada trecho do diagrama. Observam-se as forças normais e os deslocamentos residuais correspondentes à configuração 3.

Figura 4.7
Evolução dos esforços na treliça.

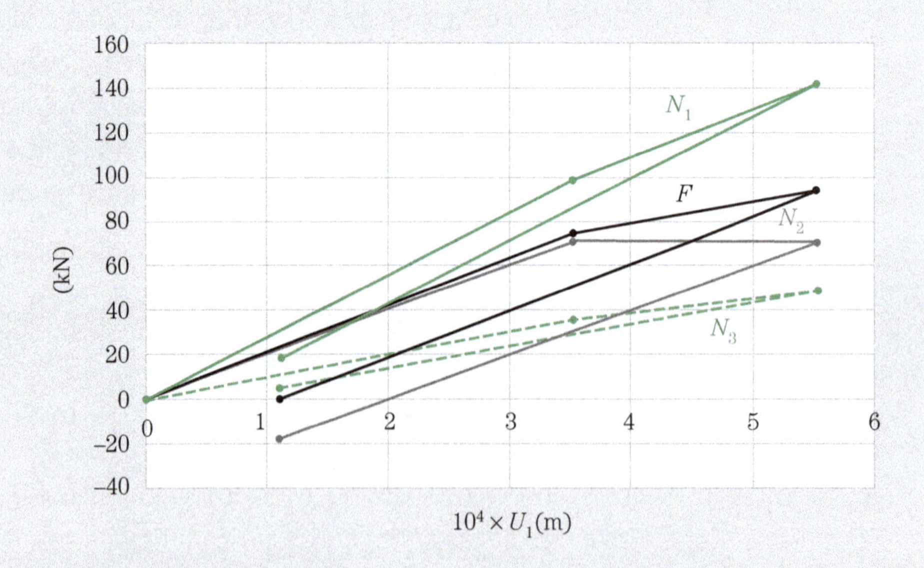

Figura 4.8
Evolução dos deslocamentos na treliça.

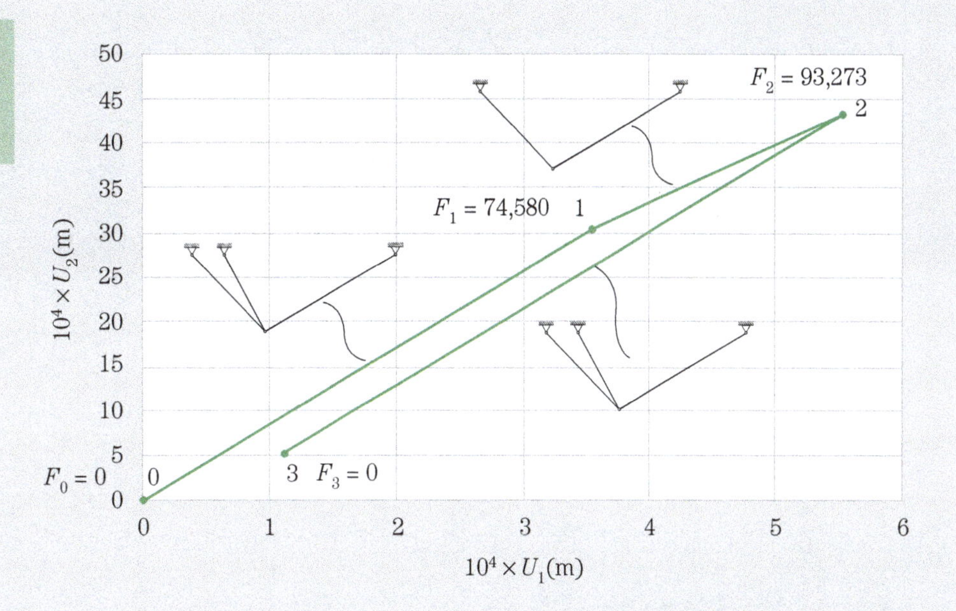

Tendo sido obtidos:

$$F_I = \gamma_I \times 1 = 74{,}580 \text{ kN} \qquad F_{II} = \gamma_{II} \times 1 = 93{,}273 \text{ kN}$$

trata-se agora do cálculo dos valores máximos da força de serviço F para os vários métodos de verificação de segurança.

Pelo método das tensões admissíveis:

$$F \leq \frac{F_I}{\gamma_i} = \frac{74{,}580}{1{,}67} \quad \Longrightarrow \quad F_{max,ta} = 44{,}7 \text{ kN}.$$

Como o primeiro limite de plastificação implica a plastificação da barra 2 e a estrutura muda seu comportamento, tem-se que a força máxima de serviço correspondente à primeira mudança de comportamento da estrutura será igual à obtida pelo método das tensões admissíveis, ou seja:

$$F_{max,plast1} = F_{max,ta} = 44{,}7 \text{ kN}.$$

Pelo método do fator de carga:

$$F \leq \frac{F_{II}}{\gamma_e} = \frac{93{,}273}{1{,}67} \quad \Longrightarrow \quad F_{max,fse} = 55{,}9 \text{ kN},$$

que é 25% maior do que o obtido pelo método das tensões admissíveis e que identifica a capacidade de carga superior da treliça além do limite elástico.

Pelo método semiprobabilístico,

$$\gamma_f F \leq \frac{F_{II}}{\gamma_a} \quad \Longrightarrow \quad F \leq \frac{F_{II}}{\gamma_a\, \gamma_f} \quad \Longrightarrow \quad F_{max,sp} = 60{,}57\,\text{kN}\,,$$

que é 36% maior do que o obtido pelo método das tensões admissíveis e 8,4% maior do que o método do fator de carga, para os valores aqui utilizados para os coeficientes de ponderação das resistências e ações.

A Figura 4.9 apresenta os resultados obtidos, que revelam as reservas de carga em relação ao limite elástico.

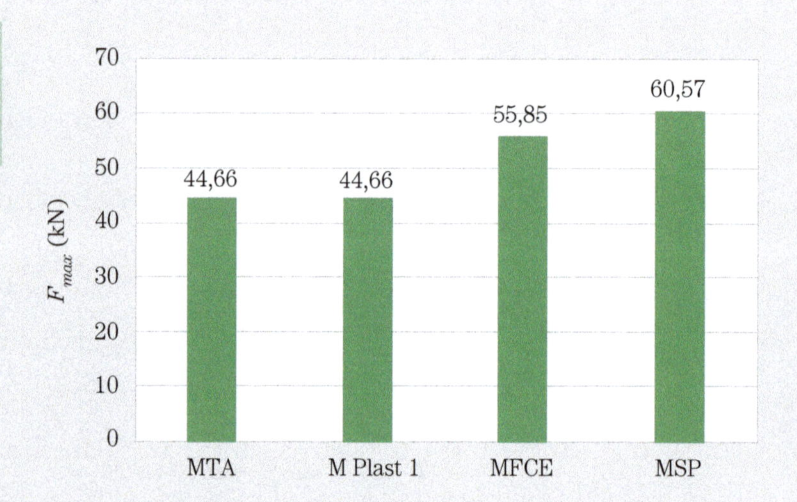

Figura 4.9
Forças máximas de serviço para diferentes medidas de segurança.

EXEMPLO 4.2 Viga engastada-apoiada com carga no meio do vão

Considere-se a viga engastada-apoiada de seção transversal constante com carga no meio do vão, conforme se indica na Figura 4.10. Analisa-se o comportamento da estrutura, com carregamento monotonicamente crescente, e calculam-se as cargas correspondentes ao primeiro e ao segundo limite de plastificação, P_I e P_{II}, o deslocamento energeticamente conjugado a P e as rotações nas seções A e C. Após essa análise, calculam-se os valores máximos da força P com os vários métodos de verificação da segurança, com os coeficientes de ponderação $\gamma_e = \gamma_i = 1{,}67$, $\gamma_f = 1{,}4$ e $\gamma_a = 1{,}1$. Admitem-se conhecidos o momento elástico limite M_e e o momento de plastificação M_p na flexão pura.

Figura 4.10
Viga engastada-apoiada.

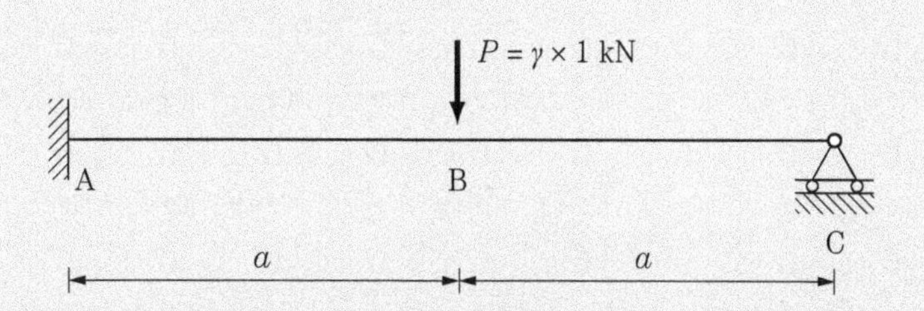

Solução

Considera-se a configuração indeformada como a inicial de referência na qual os momentos fletores e os deslocamentos são nulos.

A viga engastada-apoiada é hiperestática com $gh = 1$ e a ocorrência de duas rótulas plásticas é condição necessária e suficiente para a formação de um mecanismo.

PASSO 1

a) Análise da resposta linear a partir da configuração inicial com o carregamento de referência.

A análise elástica linear da viga da Figura 4.10 conduz aos deslocamentos e ao diagrama de momentos fletores da Figura 4.11.

Figura 4.11
Resultados da análise da viga para o passo 1.

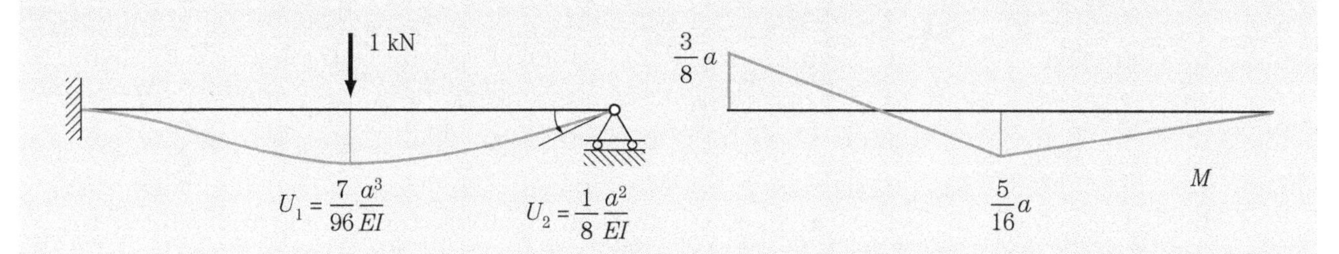

Assim, o primeiro limite de plastificação ocorre quando o máximo momento fletor, que acontece no engastamento, atinge o valor M_e, ou seja:

$$M_{max} = \frac{3}{8}\gamma a = M_e \implies \gamma_I = \frac{8}{3}\frac{M_e}{a} \implies P_I = \frac{8}{3}\frac{M_e}{a}.$$

Note-se que γ_I é adimensional, visto que $\frac{8M_e}{3a}$ está divido por uma força de 1 kN, o que ocorrerá sempre que a carga de referência for igual a uma unidade de força.

b) Determinação do incremento $\Delta\gamma_0$ que leva à formação da primeira rótula plástica.

Os momentos fletores no engastamento e no meio do vão devem satisfazer às condições de plastificação:

$$\begin{aligned} |M_A| &= \left|0 - \frac{3}{8}a\,\Delta\gamma\right| \leq M_p \\ |M_B| &= \left|0 + \frac{5}{16}a\,\Delta\gamma\right| \leq M_p \end{aligned} \quad \Longrightarrow \quad \begin{aligned} \Delta\gamma &\leq \frac{8}{3}\frac{M_p}{a} \\ \Delta\gamma &\leq \frac{16}{5}\frac{M_p}{a} \end{aligned} \tag{4.9}$$

com a convenção de momento fletor positivo quando traciona a parte inferior da barra.

Observa-se que às duas condições de plastificação em (4.9) correspondem quatro inequações:

$$\underline{-M_p \leq 0 - \frac{3}{8}a\,\Delta\gamma} \qquad 0 - \frac{3}{8}a\,\Delta\gamma \leq M_p \tag{4.10}$$

e

$$-M_p \leq 0 + \frac{5}{16}a\,\Delta\gamma \qquad \underline{0 + \frac{5}{16}a\,\Delta\gamma \leq M_p} \tag{4.11}$$

A condição $\Delta\gamma \leq \frac{8M_p}{3a}$ resulta da inequação sublinhada em (4.10), pois a plastificação somente pode ocorrer com $M_A = -M_p$, visto que sua parcela variável é uma função linear de $\Delta\gamma > 0$ e somente pode decrescer, o que é indicado pelo sinal negativo de $-\frac{3}{8}a\,\Delta\gamma$. Já a condição $\Delta\gamma \leq \frac{16M_p}{5a}$ resulta da inequação sublinhada em (4.11), pois a plastificação somente pode ocorrer com $M_B = +M_p$, porque sua parcela variável é uma função linear de $\Delta\gamma > 0$ e somente pode crescer, o que é indicado pelo sinal positivo de $+\frac{5}{16}a\,\Delta\gamma$. Assim, em um processo de aumento de carregamento, o sinal do termo variável permite identificar qual das duas inequações em (4.10) ou (4.11) será selecionada para determinar o domínio de $\Delta\gamma > 0$. Nos próximos exemplos, admitem-se implícitas as discussões efetuadas e apresentam-se as condições de plastificação e seus resultados na forma de (4.9). Raciocínio semelhante pode ser feito para diminuição de carregamento, levando em conta que $\Delta\gamma < 0$.

Nessas condições, o valor de $\Delta\gamma$ que conduz à formação da primeira rótula é o maior valor que satisfaz simultaneamente às inequações em (4.9), ou seja, em primeiro lugar, forma-se a rótula na seção do engastamento com $\Delta\gamma_0 = \dfrac{8M_p}{3a}$ e, portanto, $\gamma_1 = \dfrac{8M_p}{3a}$ e $P_1 = \dfrac{8M_p}{3a}$.

c) Análise da resposta na configuração 1.

Considerando que no intervalo $0 \leq \gamma \leq \dfrac{8M_p}{3a}$ o comportamento da estrutura é linear, obtêm-se os valores dos esforços e dos deslocamentos na configuração 1 pela superposição $E_1 = E_0 + \Delta\gamma_0 \times \Delta E_0$, que se apresentam na Figura 4.12.

Figura 4.12
Situação da viga na formação da primeira rótula.

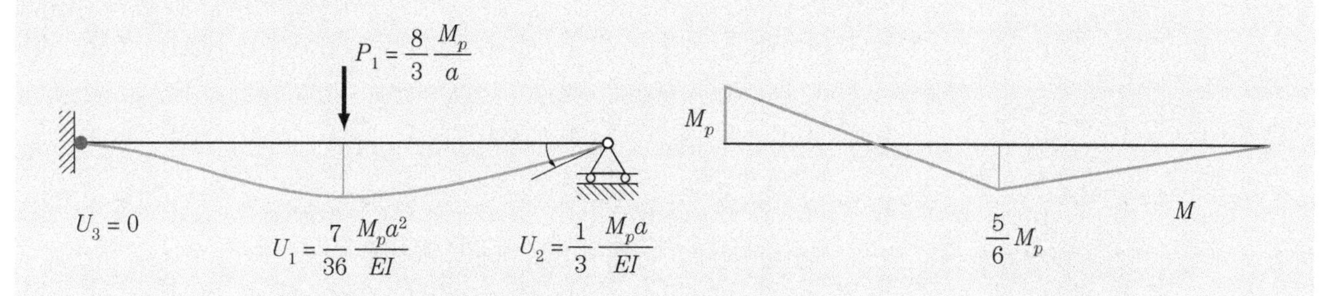

PASSO 2

a) Análise da resposta linear a partir da configuração 1 com o carregamento de referência.

Para acréscimos de carga a partir de P_1, a viga se comporta como biarticulada, e sua análise elástica linear com o carregamento de referência conduz aos deslocamentos e ao diagrama de momentos fletores da Figura 4.13.

Figura 4.13
Resultados da análise da viga para o passo 2.

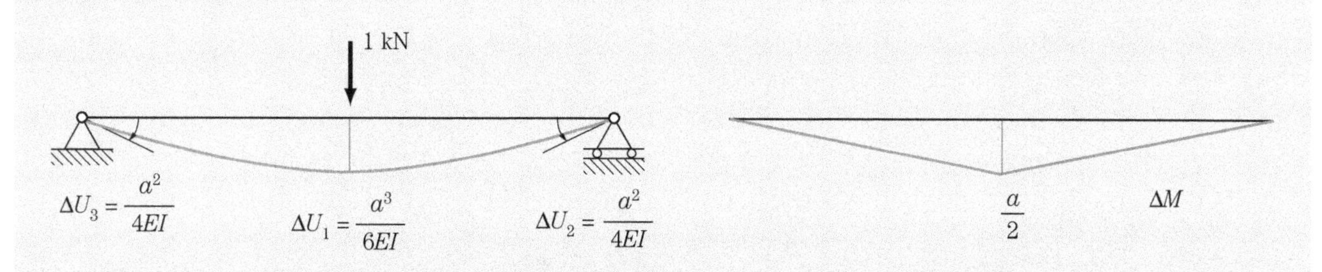

b) Determinação do incremento $\Delta\gamma_1$ que leva à plastificação da segunda rótula.

O momento fletor na seção do meio do vão deve satisfazer à condição de plastificação:

$$\left|M_B\right| = \left|\frac{5}{6}M_p + \frac{1}{2}a\,\Delta\gamma\right| \leq M_p \quad \Longrightarrow \quad \Delta\gamma \leq \frac{1}{3}\frac{M_p}{a}. \tag{4.12}$$

Assim, o valor de $\Delta\gamma$ que conduz à formação da segunda rótula é o maior valor que satisfaz à inequação em (4.12), ou seja, forma-se a segunda rótula na seção do meio do vão com $\Delta\gamma_1 = \dfrac{M_p}{3a}$ e, portanto, $\gamma_2 = \gamma_1 + \Delta\gamma_1 = \dfrac{3M_p}{a}$ e $P_2 = \dfrac{3M_p}{a}$.

c) Análise da resposta na configuração 2.

Considerando que a partir da configuração 1 o comportamento da estrutura é linear para o intervalo $\dfrac{8}{3}\dfrac{M_p}{a} \leq \gamma \leq 3\dfrac{M_p}{a}$, obtêm-se os valores dos esforços e dos deslocamentos na configuração 2 pela superposição $E_2 = E_1 + \Delta\gamma_1 \times \Delta E_1$. Com a formação da segunda rótula, a viga engastada-apoiada se transforma em um mecanismo e atinge o colapso plástico com $P_{II} = P_2 = \dfrac{3M_p}{a}$. A Figura 4.14 apresenta o valor do carregamento, P_{II}, e dos deslocamentos U_1 a U_3, o diagrama de momentos fletores e o mecanismo na condição de colapso.

Figura 4.14
Situação da viga na condição de colapso.

$$P_2 = \frac{8}{3}\frac{M_p}{a} + \frac{1}{3}\frac{M_p}{a} = 3\frac{M_p}{a}$$

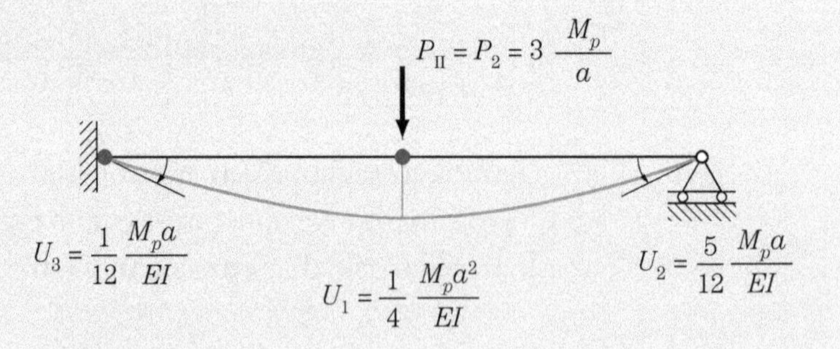

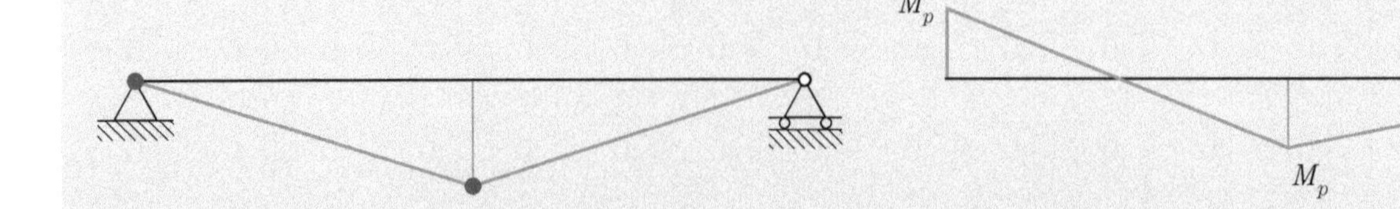

Admitindo que se tenha uma seção duplo T com $M_p = 1{,}15\,M_e$, obtêm-se:

$$P_I = \frac{8}{3}\frac{M_e}{a} = 2{,}319\frac{M_p}{a} \qquad P_1 = \frac{8}{3}\frac{M_p}{a} = 2{,}667\frac{M_p}{a} \qquad P_{II} = 3\frac{M_p}{a}$$

e trata-se agora do cálculo dos valores máximos da força de serviço P para os vários métodos de verificação da segurança.

Pelo método das tensões admissíveis:

$$P \leq \frac{P_I}{\gamma_i} = \frac{2{,}319}{1{,}67}\frac{M_p}{a} \quad \Longrightarrow \quad P_{max,ta} = 1{,}39\frac{M_p}{a},$$

e em relação à formação da primeira rótula pode-se estabelecer:

$$P \leq \frac{P_1}{\gamma_{e1}} = \frac{2{,}667}{1{,}67}\frac{M_p}{a} \quad \Longrightarrow \quad P_{max,plast1} = 1{,}60\,\frac{M_p}{a},$$

que é 15% maior do que o obtido pelo método das tensões admissíveis.

Pelo método do fator de carga:

$$P \leq \frac{P_{II}}{\gamma_e} = \frac{3}{1{,}67}\frac{M_p}{a} \quad \Longrightarrow \quad P_{max,fse} = 1{,}80\,\frac{M_p}{a},$$

que é 29% maior do que o obtido pelo método das tensões admissíveis.

Pelo método semiprobabilístico:

$$\gamma_f P \leq \frac{P_{II}}{\gamma_a} \quad \Longrightarrow \quad P \leq \frac{P_{II}}{\gamma_a\,\gamma_f} \quad \Longrightarrow \quad P_{max,sp} = 1{,}95\,\frac{M_p}{a},$$

que é 40% maior do que o obtido pelo método das tensões admissíveis.

A Figura 4.15 apresenta os resultados obtidos, que mostram as reservas de carga em relação ao limite elástico.

Figura 4.15
Forças de serviço máximas para diferentes medidas de segurança.

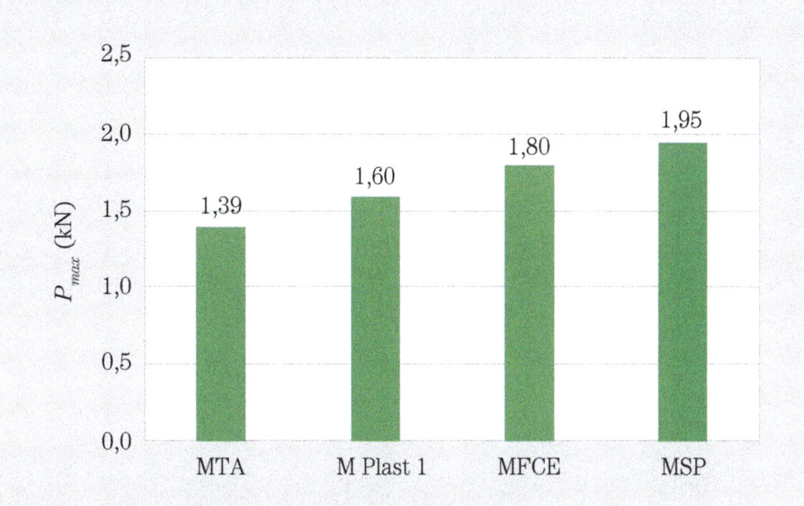

EXEMPLO 4.3 Viga contínua com cargas concentradas

Considere-se a viga prismática contínua da Figura 4.16 formada por barras de mesmo material elastoplástico com momento elástico limite M_e e momento de plastificação M_p na flexão pura. Analisa-se o comportamento da viga contínua, com carregamento proporcional monotonicamente crescente, e calculam-se as cargas correspondentes ao primeiro e ao segundo limites de plastificação, P_I e P_{II}, e os deslocamentos energeticamente conjugados às cargas aplicadas, U_1, em B, e U_2, em D. Após essa análise, calculam-se os valores máximos da força de serviço P com os vários métodos de verificação da segurança, com os coeficientes de ponderação $\gamma_e = \gamma_i = 1{,}67$, $\gamma_f = 1{,}4$ e $\gamma_a = 1{,}1$.

Figura 4.16
Viga contínua.

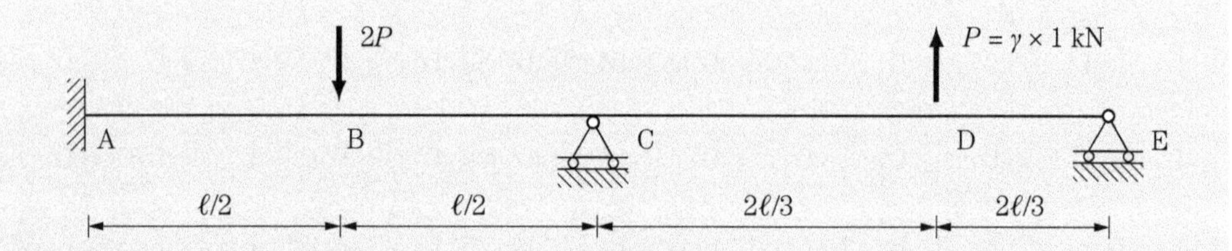

Solução

Considera-se a configuração indeformada como a inicial de referência na qual os momentos fletores e os deslocamentos são nulos.

A viga contínua é hiperestática com $gh = 2$ e a ocorrência de três rótulas plásticas é condição suficiente para a formação de um mecanismo. Note-se que a ocorrência de duas rótulas na barra CDE igualmente leva ao colapso plástico por um mecanismo local de viga.

PASSO 1

a) Análise da resposta linear a partir da configuração inicial com o carregamento de referência.

A análise elástica linear da viga contínua da Figura 4.17 conduz aos deslocamentos e ao diagrama de momentos fletores nela apresentados.

Figura 4.17
Resultados da análise da viga contínua para o passo 1.

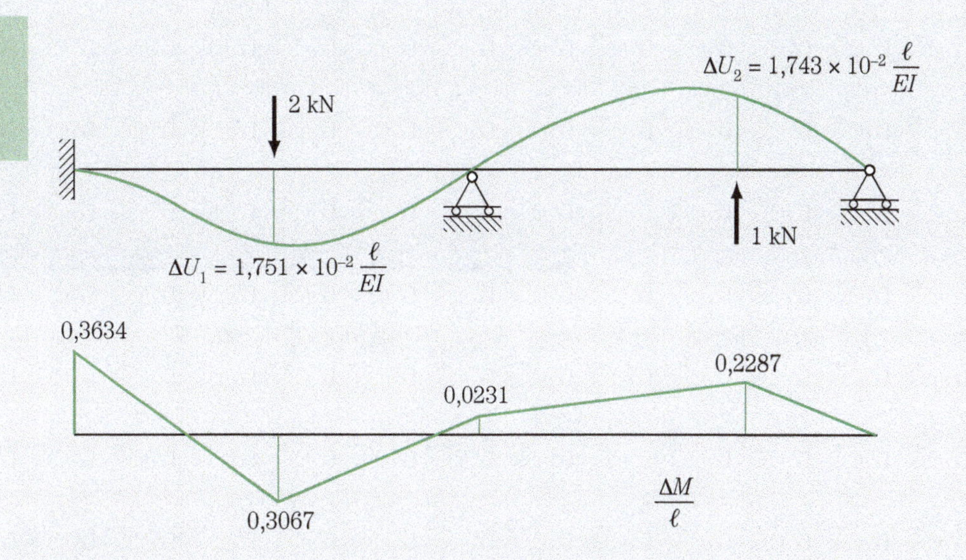

Assim, o primeiro limite de plastificação ocorre quando o máximo momento fletor, que acontece no engastamento, atinge o valor do momento limite elástico M_e, ou seja:

$$M_{max} = 0{,}3634 P\ell = M_e \quad \Longrightarrow \quad P_I = 2{,}7518\frac{M_e}{\ell}.$$

b) Determinação do incremento $\Delta\gamma_0$ que leva à formação da primeira rótula.

Os momentos fletores extremos, que ocorrem nas seções A, B, C e D, devem satisfazer às condições de plastificação:

$$\begin{aligned} |M_A| &= |0 - 0{,}3634\,\Delta\gamma\ell| \le M_p \\ |M_B| &= |0 - 0{,}3067\,\Delta\gamma\ell| \le M_p \\ |M_C| &= |0 - 0{,}0231\,\Delta\gamma\ell| \le M_p \\ |M_D| &= |0 - 0{,}2287\,\Delta\gamma\ell| \le M_p \end{aligned} \quad \Longrightarrow \quad \begin{aligned} \Delta\gamma &\le 2{,}7518\frac{M_p}{\ell} \\ \Delta\gamma &\le 3{,}2605\frac{M_p}{\ell} \\ \Delta\gamma &\le 43{,}2900\frac{M_p}{\ell} \\ \Delta\gamma &\le 4{,}3725\frac{M_p}{\ell} \end{aligned} \tag{4.13}$$

Assim, o valor de $\Delta\gamma$ que conduz à plastificação da primeira rótula é o maior valor que satisfaz simultaneamente às inequações em (4.13), ou seja, forma-se a rótula na seção A com $\Delta\gamma_0 = 2{,}7518\frac{M_p}{\ell}$. Note-se que esse resultado poderia ser obtido diretamente ao se impor a condição $M_{max} = 0{,}3634 P_1\ell = M_p$.

c) Análise da resposta na configuração 1.

Como no intervalo $0 \le \gamma \le 2{,}7518\frac{M_p}{\ell}$ o comportamento da estrutura é linear, obtêm-se os valores dos esforços e dos deslocamentos na configuração 1 pela superposição $E_1 = E_0 + \Delta\gamma_0 \times \Delta E_0$, que se apresentam na Figura 4.18.

Figura 4.18
Situação da viga contínua na formação da primeira rótula.

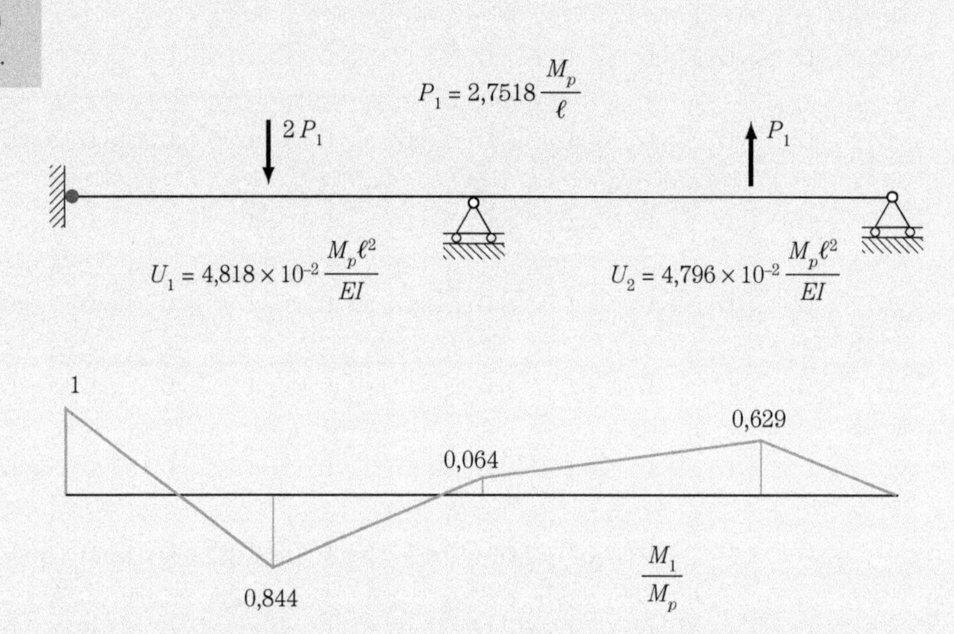

PASSO 2

a) Análise da resposta linear a partir da configuração 1 com o carregamento de referência.

Para acréscimo de carga $\Delta\gamma = 1$, a partir de P_1, a viga contínua se comporta como indicado na Figura 4.19, cuja análise elástica linear conduz aos deslocamentos e ao diagrama de momentos fletores nela assinalados.

Figura 4.19
Resultados da análise da viga contínua para o passo 2.

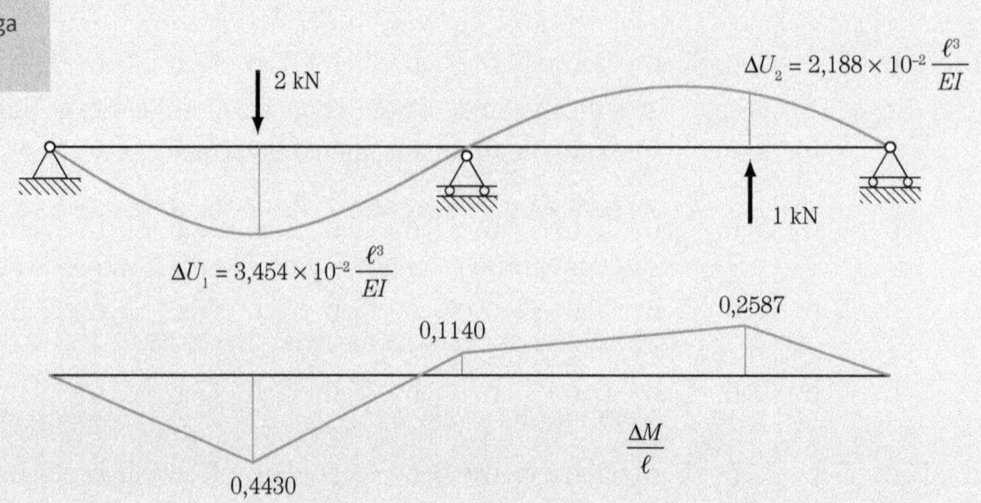

b) Determinação do incremento $\Delta\gamma_1$ que leva à formação da segunda rótula.

Os momentos fletores nas seções B, C e D devem satisfazer às condições de plastificação:

$$\begin{aligned} |M_B| &= |0{,}844M_p + 0{,}4430\,\Delta\gamma\ell| \leq M_p & & \Delta\gamma \leq 0{,}3522\frac{M_p}{\ell} \\ |M_C| &= |0{,}064M_p + 0{,}1140\,\Delta\gamma\ell| \leq M_p & \Longrightarrow \quad & \Delta\gamma \leq 8{,}2143\frac{M_p}{\ell} \\ |M_D| &= |0{,}629M_p + 0{,}2587\,\Delta\gamma\ell| \leq M_p & & \Delta\gamma \leq 1{,}4328\frac{M_p}{\ell} \end{aligned} \tag{4.14}$$

Assim, o valor de $\Delta\gamma$ que conduz à formação da segunda rótula é o maior valor que satisfaz simultaneamente às inequações em (4.14), ou seja, forma-se a segunda rótula na seção B com $\Delta\gamma_1 = 0{,}3522\frac{M_p}{\ell}$, e, portanto, $\gamma_2 = \gamma_1 + \Delta\gamma_1 = 3{,}1040\frac{M_p}{\ell}$.

c) Análise da resposta na configuração 2.

Como a partir da configuração 1 o comportamento da estrutura é linear para o intervalo $2{,}7518\frac{M_p}{\ell} \leq \gamma \leq 3{,}1040\frac{M_p}{\ell}$, obtêm-se os valores dos esforços e dos deslocamentos na configuração 2 pela superposição $E_2 = E_1 + \Delta\gamma_1 \times \Delta E_1$, que se apresentam na Figura 4.20.

$$P_2 = (2{,}7518 + 0{,}3522)\,\frac{M_p}{\ell} = 3{,}1040\,\frac{M_p}{\ell}$$

Figura 4.20
Situação da viga contínua na formação da segunda rótula.

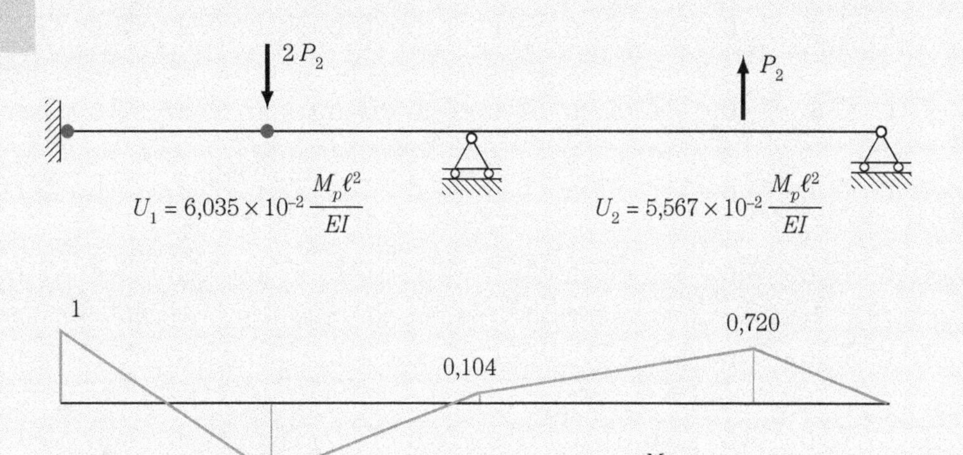

PASSO 3

a) Análise da resposta linear a partir da configuração 2 com o carregamento de referência.

Para acréscimos de carga $\Delta\gamma = 1$, a partir de γ_2, a viga se comporta como isostática, como indicado na Figura 4.21, e a sua análise elástica linear conduz aos deslocamentos e ao diagrama de momentos fletores nela assinalados.

Figura 4.21
Resultados da análise do pórtico para o passo 3.

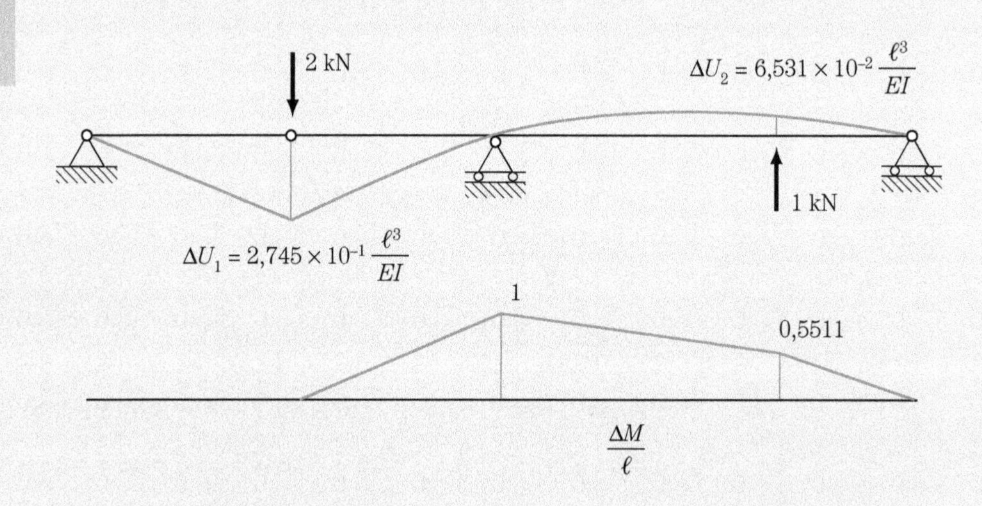

b) Determinação do incremento $\Delta\gamma_2$ que leva à formação da terceira rótula.

Os momentos fletores nas seções do apoio central e do ponto de aplicação da carga vertical em D devem satisfazer às condições de plastificação:

$$\begin{aligned} |M_C| &= |0{,}104 M_p + \Delta\gamma\ell| \le M_p & & \Delta\gamma \le 0{,}8963 \frac{M_p}{\ell} \\ & & \Longrightarrow & \\ |M_D| &= |0{,}720 M_p + 0{,}5511\, \Delta\gamma\ell| \le M_p & & \Delta\gamma \le 0{,}5073 \frac{M_p}{\ell} \end{aligned} \tag{4.15}$$

Assim, o valor de $\Delta\gamma$ que conduz à formação da terceira rótula é o maior valor que satisfaz simultaneamente às inequações em (4.15), ou seja, com $\Delta\gamma_2 = 0{,}5073 \frac{M_p}{\ell}$, o que ocorre na seção D, e, portanto, $\gamma_3 = \gamma_2 + \Delta\gamma_2 = 3{,}6113 \frac{M_p}{\ell}$.

Como a partir da configuração 2 o comportamento da estrutura é linear para o intervalo $3{,}1040 \frac{M_p}{\ell} \le \gamma \le 3{,}6113 \frac{M_p}{\ell}$, obtêm-se os valores dos esforços e dos deslocamentos na configuração 3 pela superposição $E_3 = E_2 + \Delta\gamma_2 \times \Delta E_2$. Com a formação da terceira rótula a estrutura se transforma em um mecanismo e atinge o colapso plástico com $P_{II} = P_3 = 3{,}6113 \frac{M_p}{\ell}$. A Figura 4.22 apresenta os valores do carregamento e dos deslocamentos U_1 e U_2, o diagrama de momentos fletores e o mecanismo na condição de colapso.

Figura 4.22
Situação da viga contínua na condição de colapso.

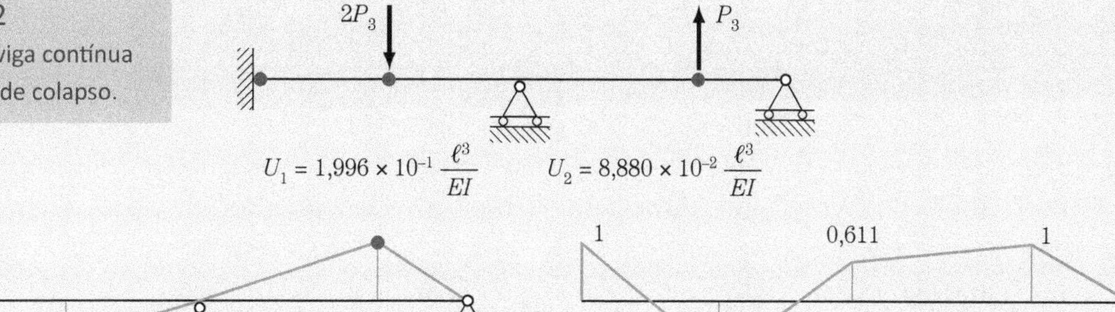

Essa mesma viga contínua é analisada no Exemplo 7.7, e obtém-se o valor exato $P_{II} = 18\dfrac{M_p}{5\ell} = 3{,}6\dfrac{M_p}{\ell}$. Essa diferença resulta de aproximações numéricas devido à posição da seção D ter sido definida por $0{,}667\ell$ e não por $\dfrac{2}{3}\ell$.

Admitindo que se tenha seção retangular, e, portanto, com $M_p = 1{,}5M_e$, obtêm-se:

$$P_I = 2{,}752\frac{M_e}{\ell} = 1{,}810\frac{M_p}{\ell} \qquad P_1 = 2{,}752\frac{M_p}{\ell} \qquad P_{II} = 3{,}611\frac{M_p}{\ell}$$

e trata-se agora do cálculo dos valores máximos da força de serviço P para os vários métodos de verificação da segurança.

Pelo método das tensões admissíveis:

$$P \leq \frac{P_I}{\gamma_i} = \frac{1{,}810}{1{,}67}\frac{M_p}{\ell} \quad \Longrightarrow \quad P_{max,ta} = 1{,}10\frac{M_p}{\ell},$$

e em relação à formação da primeira rótula pode-se estabelecer:

$$P \leq \frac{P_1}{\gamma_{e1}} = \frac{2{,}752}{1{,}67}\frac{M_p}{\ell} \quad \Longrightarrow \quad P_{max,plast1} = 1{,}65\frac{M_p}{\ell},$$

que é 50% maior do que o obtido pelo método das tensões admissíveis.

Pelo método do fator de carga:

$$P \leq \frac{3{,}611}{1{,}67}\frac{M_p}{\ell} \quad \Longrightarrow \quad P_{max,fse} = 2{,}16\frac{M_p}{\ell},$$

que é 96% maior do que o obtido pelo método das tensões admissíveis.

Pelo método semiprobabilístico,

$$\gamma_f P \leq \frac{P_{II}}{\gamma_a} \quad \Longrightarrow \quad P \leq \frac{P_{II}}{\gamma_a \gamma_f} \quad \Longrightarrow \quad P_{max,sp} = 2{,}34 \frac{M_p}{a},$$

que é 113% maior do que o obtido pelo método das tensões admissíveis.

A Figura 4.23 apresenta os resultados obtidos, que mostram as reservas resistentes em relação ao limite elástico. Observa-se que, como a relação $\dfrac{M_p}{M_e} = 1{,}5$ é muito maior na seção retangular em relação à seção duplo T, as reservas de carga em relação ao limite elástico crescem significativamente.

Figura 4.23
Forças de serviço máximas para diferentes medidas de segurança.

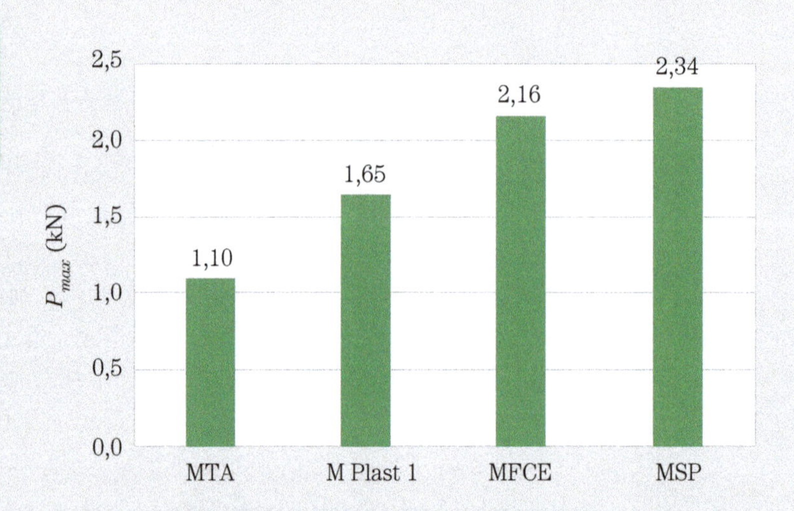

EXEMPLO 4.4 Pórtico biengastado

Considere-se o pórtico plano biengastado formado por barras prismáticas de seção transversal duplo T com perfis soldados de aço e solicitado pelas cargas de serviço, conforme se mostra na Figura 4.24. Desprezam-se os efeitos de força normal e de força cortante no momento de plastificação e analisa-se o comportamento da estrutura, com carregamento proporcional, até a iminência do colapso, seguido de descarregamento total. Após essa análise, calculam-se os coeficientes de segurança correspondentes aos métodos de verificação.

As características físicas e geométricas das barras são:

$$E = 205 \text{ GPa} \quad \sigma_e = f_y = 25 \text{ kN/cm}^2$$
$$A = 122 \text{ cm}^2 \quad I = 18900 \text{ cm}^4 \quad W = 1260 \text{ cm}^3 \quad Z = 1440 \text{ cm}^3$$
$$M_e = 315 \text{ kNm} \quad M_p = 360 \text{ kNm}$$

Figura 4.24
Pórtico biengastado.

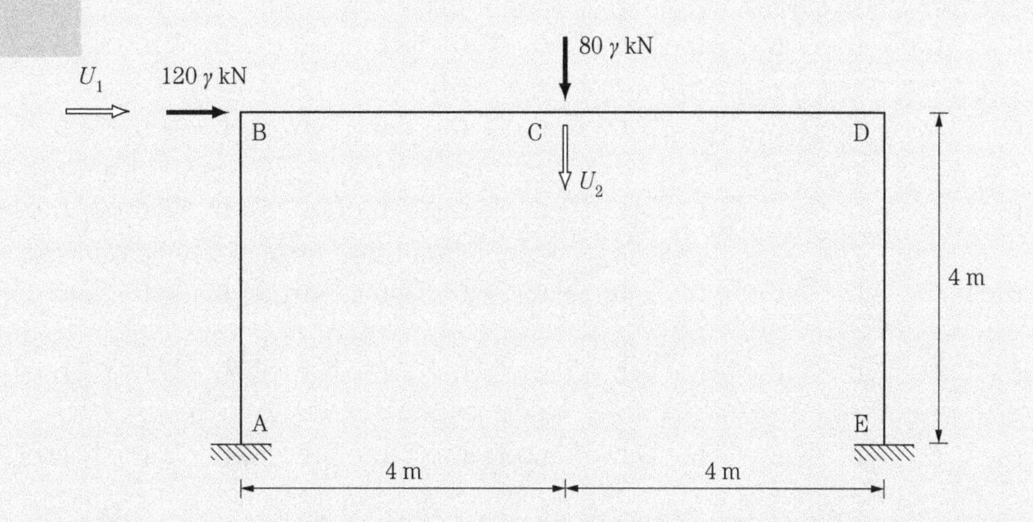

Solução

Seja inicialmente a análise da situação em que se efetua o carregamento do pórtico até o colapso plástico.

Considera-se a configuração indeformada como a inicial de referência na qual os momentos fletores e os deslocamentos são nulos.

O pórtico plano biengastado é hiperestático com $gh = 3$ e a ocorrência de quatro rótulas plásticas é condição suficiente para a formação de um mecanismo. Note-se que a ocorrência de três rótulas em BCD igualmente leva ao colapso plástico por um mecanismo local de viga.

PASSO 1

a) Análise da resposta linear a partir da configuração inicial com o carregamento de serviço.

A análise elástica linear do pórtico da Figura 4.25, com $\Delta\gamma = 1$, conduz aos deslocamentos e ao diagrama de momentos fletores nela apresentados.

Figura 4.25
Resultados da análise do pórtico para o passo 1.

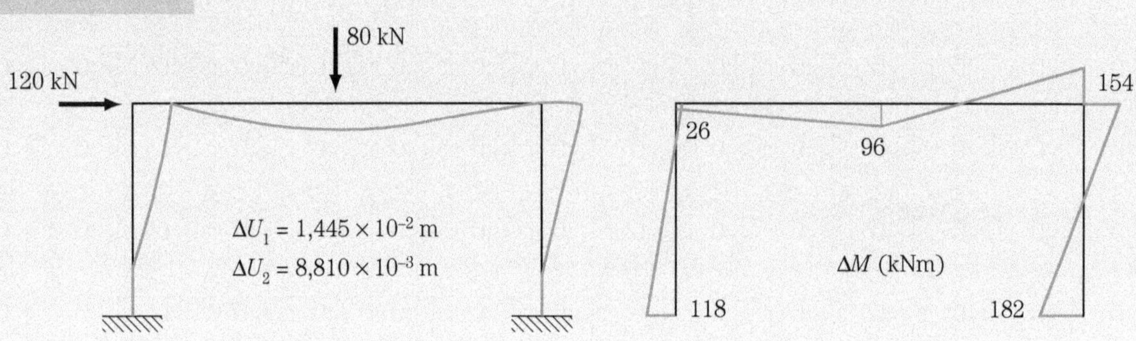

Assim, o primeiro limite de plastificação ocorre quando o máximo momento fletor, que acontece no engastamento direito (seção E), atinge o valor M_e, ou seja:

$$M_{max} = 182\gamma_I = M_e \quad \Longrightarrow \quad \gamma_I = 1{,}731.$$

b) Determinação do incremento $\Delta\gamma_0$ que leva à formação da primeira rótula.

Os momentos fletores nas seções de extremidades das barras e na seção do ponto de aplicação da carga vertical devem satisfazer às condições de plastificação:

$$\begin{aligned} |M_A| &= |0 - 118\,\Delta\gamma| \leq 360 \\ |M_B| &= |0 + 26\,\Delta\gamma| \leq 360 \\ |M_C| &= |0 + 96\,\Delta\gamma| \leq 360 \\ |M_D| &= |0 - 154\,\Delta\gamma| \leq 360 \\ |M_E| &= |0 + 182\,\Delta\gamma| \leq 360 \end{aligned} \quad \Longrightarrow \quad \begin{aligned} \Delta\gamma &\leq 3{,}051 \\ \Delta\gamma &\leq 13{,}846 \\ \Delta\gamma &\leq 3{,}750 \\ \Delta\gamma &\leq 2{,}338 \\ \Delta\gamma &\leq 1{,}978 \end{aligned} \tag{4.16}$$

Assim, o valor de $\Delta\gamma$ que conduz à formação da primeira rótula é o maior valor que satisfaz simultaneamente às inequações em (4.16), ou seja, forma-se a rótula na seção E com $\Delta\gamma_0 = 1{,}978$ e, portanto, $\gamma_1 = \Delta\gamma_0 = 1{,}978$. Observa-se que se adotou a convenção de momento fletor positivo quando traciona a parte interna do pórtico e negativo quando traciona sua parte externa.

c) Análise da resposta na configuração 1.

Como no intervalo $0 \leq \gamma \leq 1{,}978$ o comportamento da estrutura é linear, obtêm-se os valores dos esforços e dos deslocamentos na configuração 1 pela superposição $E_1 = E_0 + \Delta\gamma_0 \times \Delta E_0$, que se apresentam na Figura 4.26. Os resultados, finais e intermediários, relativos ao passo 1 estão resumidos na Tabela 4.4, destacados o valor de $\Delta\gamma_0 = 1{,}978$ e o momento na seção E plastificada.

Figura 4.26
Situação do pórtico na formação da primeira rótula.

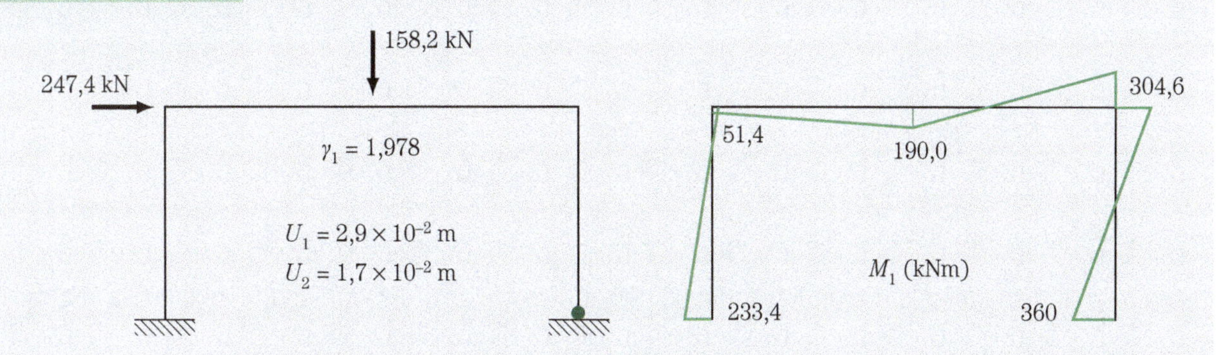

Tabela 4.4 – Passo 1 da análise incremental do pórtico

	Passo 1				
Variáveis	E_0	ΔE_0	$\Delta\gamma$	E_1	M_1/M_p
M_A	0	–118,000	3,051	–233,41	–0,648
M_B	0	26,000	13,846	51,43	0,143
M_C	0	96,000	3,750	189,89	0,527
M_D	0	–154,000	2,338	–304,62	–0,846
M_E	0	182,000	1,978	360,00	1,000
U_1	0	1,445E-02		2,858E-02	
U_2	0	8,810E-03		1,743E-02	
γ	0	1,000		1,978	
F		80		158,242	

PASSO 2

a) Análise da resposta linear a partir da configuração 1 com o carregamento de serviço.

Para acréscimo de carga $\Delta\gamma = 1$, a partir de γ_1, o pórtico plano se comporta como indicado na Figura 4.27, com uma articulação em E, cuja análise elástica linear conduz aos deslocamentos e ao diagrama de momentos fletores nela assinalados.

Figura 4.27
Resultados da análise do pórtico para o passo 2.

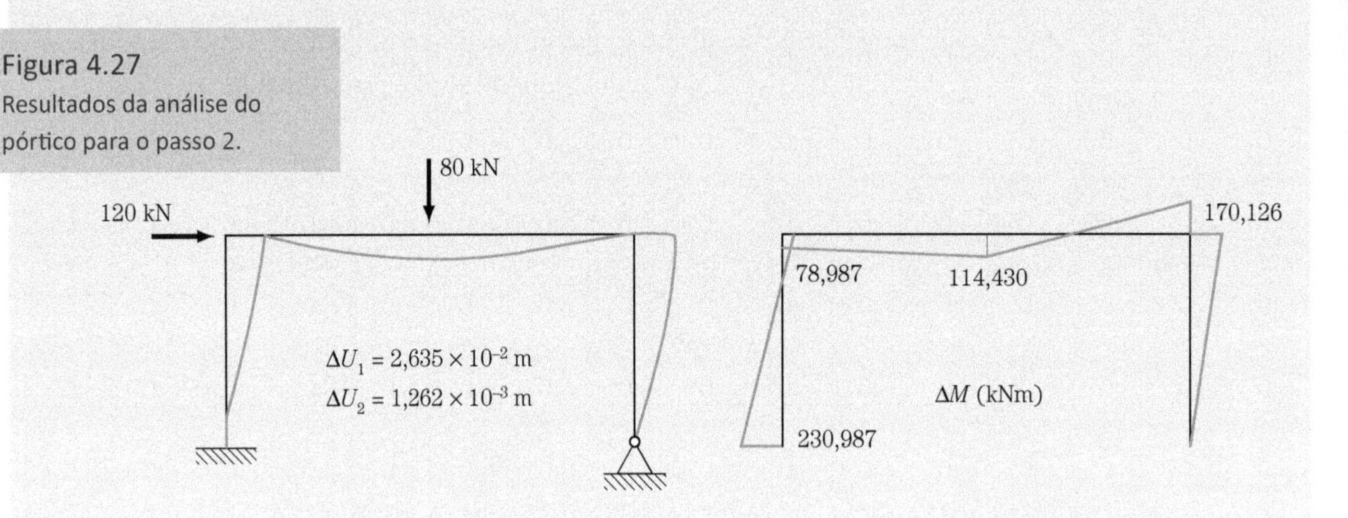

b) Determinação do incremento $\Delta\gamma_1$ que leva à formação da segunda rótula.

Os momentos fletores nas seções A, B, C e D devem satisfazer às condições de plastificação:

$$\begin{aligned} |M_A| &= |-233{,}41 - 2230{,}987\Delta\gamma| \leq 360 \\ |M_B| &= |51{,}43 + 78{,}987\,\Delta\gamma| \leq 360 \\ |M_C| &= |189{,}89 + 114{,}430\,\Delta\gamma| \leq 360 \\ |M_D| &= |-304{,}620 - 170{,}126\,\Delta\gamma| \leq 360 \end{aligned} \quad \Longrightarrow \quad \begin{aligned} \Delta\gamma &\leq 0{,}548 \\ \Delta\gamma &\leq 3{,}907 \\ \Delta\gamma &\leq 1{,}487 \\ \Delta\gamma &\leq 0{,}326 \end{aligned} \qquad (4.17)$$

Assim, o valor de $\Delta\gamma$ que conduz à formação da segunda rótula é o maior valor que satisfaz simultaneamente às inequações em (4.17), ou seja, forma-se a segunda rótula na seção D com $\Delta\gamma_1 = 0{,}326$, e, portanto, $\gamma_2 = \gamma_1 + 0{,}326 = 2{,}304$.

c) Análise da resposta na configuração 2.

Considerando que a partir da configuração 1 o comportamento da estrutura é linear para o intervalo $1{,}978 \leq \gamma \leq 2{,}304$, obtêm-se os valores dos esforços e dos deslocamentos na configuração 2 pela superposição $E_2 = E_1 + \Delta\gamma_1 \times \Delta E_1$, que se apresentam na Figura 4.28. Os resultados, finais e intermediários, relativos ao passo 2 estão resumidos na Tabela 4.5, destacados o valor de $\Delta\gamma_1 = 0{,}326$ e o momento na nova seção plastificada D.

Figura 4.28
Situação do pórtico na formação da segunda rótula.

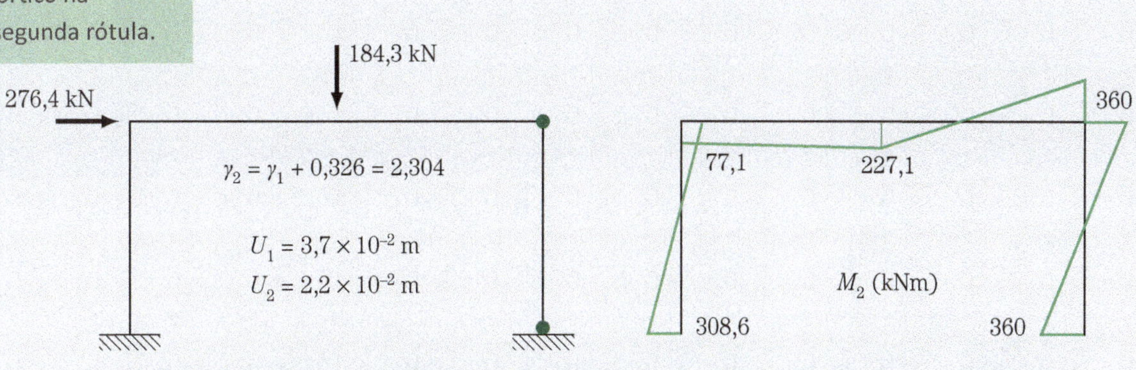

Tabela 4.5 – Passo 2 da análise incremental do pórtico

	Passo 2				
Variáveis	E_1	ΔE_1	$\Delta\gamma$	E_2	M_2/M_p
M_A	–233,41	–230,885	0,548	–308,57	–0,857
M_B	51,43	78,987	3,907	77,14	0,214
M_C	189,89	114,430	1,487	227,14	0,631
M_D	–304,62	–170,126	0,326	–360,00	–1,000
M_E	360,00	0,000		360,00	1,000
U_1	2,858E-02	2,635E-02		3,716E-02	
U_2	1,743E-02	1,262E-02		2,153E-02	
γ	1,978	1,000		2,304	
F	158,242	80,000	0,000	184,286	

PASSO 3

a) Análise da resposta linear a partir da configuração 2 com o carregamento de serviço.

Para acréscimo de carga $\Delta\gamma = 1$, a partir de γ_2, o pórtico plano se comporta como o pórtico da Figura 4.29, com articulações em D e em E, cuja análise elástica linear conduz aos deslocamentos e ao diagrama de momentos fletores nela indicados.

Figura 4.29
Resultados da análise do pórtico para o passo 3.

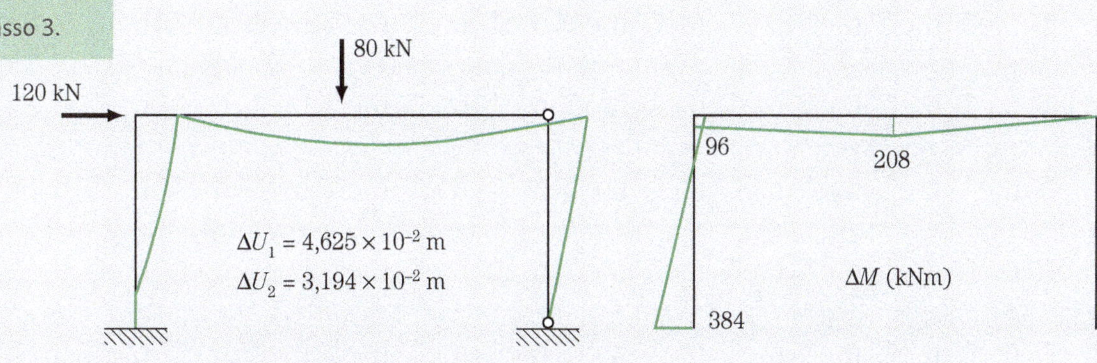

b) Determinação do incremento $\Delta\gamma_2$ que leva à formação da terceira rótula.

Os momentos fletores nas seções A, B e C devem satisfazer às condições de plastificação:

$$\begin{aligned} |M_A| &= |-308{,}57 - 383{,}999\,\Delta\gamma| \leq 360 \\ |M_B| &= |77{,}14 + 96{,}000\,\Delta\gamma| \leq 360 \\ |M_C| &= |227{,}14 + 208{,}000\,\Delta\gamma| \leq 360 \end{aligned} \quad \Longrightarrow \quad \begin{aligned} \Delta\gamma &\leq 0{,}134 \\ \Delta\gamma &\leq 2{,}946 \\ \Delta\gamma &\leq 0{,}639 \end{aligned} \qquad (4.18)$$

Assim, o valor de $\Delta\gamma$ que conduz à plastificação da terceira rótula é o maior valor que satisfaz às inequações em (4.18), ou seja, forma-se a terceira rótula na seção A com $\Delta\gamma_2 = 0{,}134$, e, portanto, $\gamma_3 = \gamma_2 + 0{,}134 = 2{,}438$.

c) Análise da resposta na configuração 3.

Como a partir da configuração 2 o comportamento da estrutura é linear para o intervalo $2{,}304 \leq \gamma \leq 2{,}438$, obtêm-se os valores dos esforços e dos deslocamentos na configuração 3 pela superposição $E_3 = E_2 + \Delta\gamma_2 \times \Delta E_2$, que se apresentam na Figura 4.30. Os resultados, finais e intermediários, relativos ao passo 3 são mostrados na Tabela 4.6, destacados o valor de $\Delta\gamma_2 = 0{,}134$ e o momento na nova seção plastificada A.

Figura 4.30
Situação do pórtico na formação da terceira rótula.

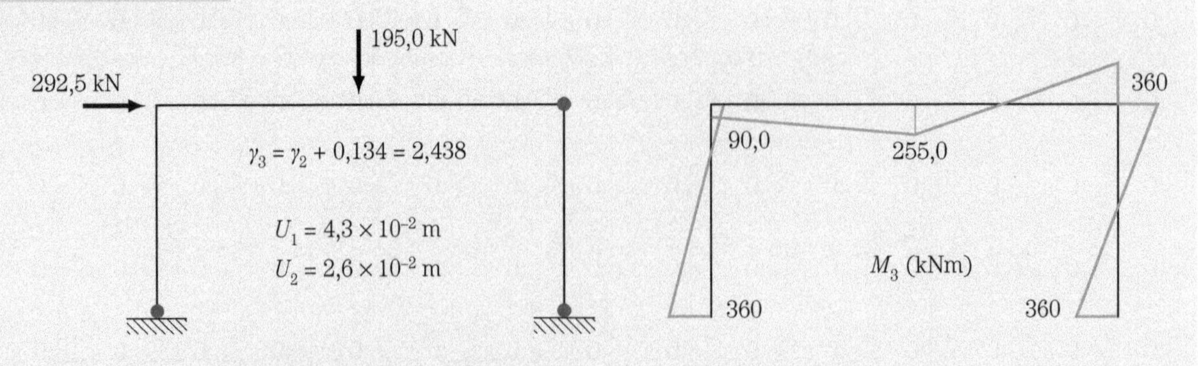

Tabela 4.6 – Passo 3 da análise incremental do pórtico

	Passo 3				
Variáveis	E_2	ΔE_2	$\Delta\gamma$	E_3	M_3/M_p
M_A	–308,57	–383,999	0,134	–360,00	–1,000
M_B	77,14	96,000	2,946	90,00	0,250
M_C	227,14	208,000	0,639	255,00	0,708
M_D	–360,00	0,000		–360,00	–1,000
M_E	360,00	0,000		360,00	1,000
U_1	3,716E-02	4,625E-02		4,335E-02	
U_2	2,153E-02	3,194E-02		2,581E-02	
γ	2,304	1,000		2,438	
F	184,286	80,000		195,000	

PASSO 4

a) Análise da resposta linear a partir da configuração 3 com o carregamento de referência.

Para acréscimo de carga $\Delta\gamma = 1$, a partir de γ_3, o pórtico plano se comporta como o pórtico triarticulado, em A, D e E, da Figura 4.31, cuja análise elástica linear conduz aos deslocamentos e ao diagrama de momentos fletores nela indicados.

Figura 4.31
Resultados da análise do pórtico para o passo 4.

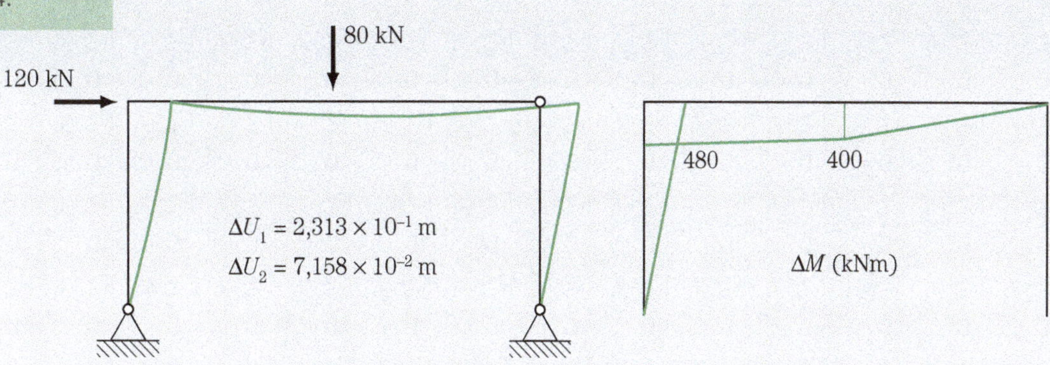

b) Determinação do incremento $\Delta\gamma_3$ que leva à formação da quarta rótula.

Os momentos fletores nas seções B e C devem satisfazer às condições de plastificação:

$$\begin{aligned} |M_B| &= |\,90{,}000 - 480{,}000\,\Delta\gamma\,| \le 360 \\ |M_C| &= |\,255{,}000 + 400{,}000\,\Delta\gamma\,| \le 360 \end{aligned} \quad \Longrightarrow \quad \begin{aligned} \Delta\gamma &\le 0{,}562 \\ \Delta\gamma &\le 0{,}262 \end{aligned} \tag{4.19}$$

Assim, o valor de $\Delta\gamma$ que conduz à formação da quarta rótula é o maior valor que satisfaz simultaneamente às inequações em (4.19), ou seja, forma-se a quarta rótula na seção C com $\Delta\gamma_3 = 0{,}262$ e, portanto, $\gamma_4 = \gamma_3 + 0{,}262 = 2{,}700$.

c) Análise da resposta na configuração 4.

Como a partir da configuração 3 o comportamento da estrutura é linear para o intervalo $2{,}438 \le \gamma \le 2{,}700$, obtêm-se os valores dos esforços e dos deslocamentos na configuração 4 pela superposição $E_4 = E_3 + \Delta\gamma_3 \times \Delta E_3$. Nota-se que com a formação da quarta rótula a estrutura se transforma em um mecanismo e atinge o colapso plástico com $\gamma_{II} = \gamma_4 = 2{,}700$. A Figura 4.32 apresenta os valores do carregamento, dos deslocamentos U_1 e U_2, o diagrama de momentos fletores e o mecanismo na condição de colapso. Os resultados, finais e intermediários, relativos ao passo 4 estão resumidos na Tabela 4.7, destacados o valor de $\Delta\gamma_3 = 0{,}262$ e o momento na nova seção plastificada, em C.

Figura 4.32
Situação do pórtico na condição de colapso.

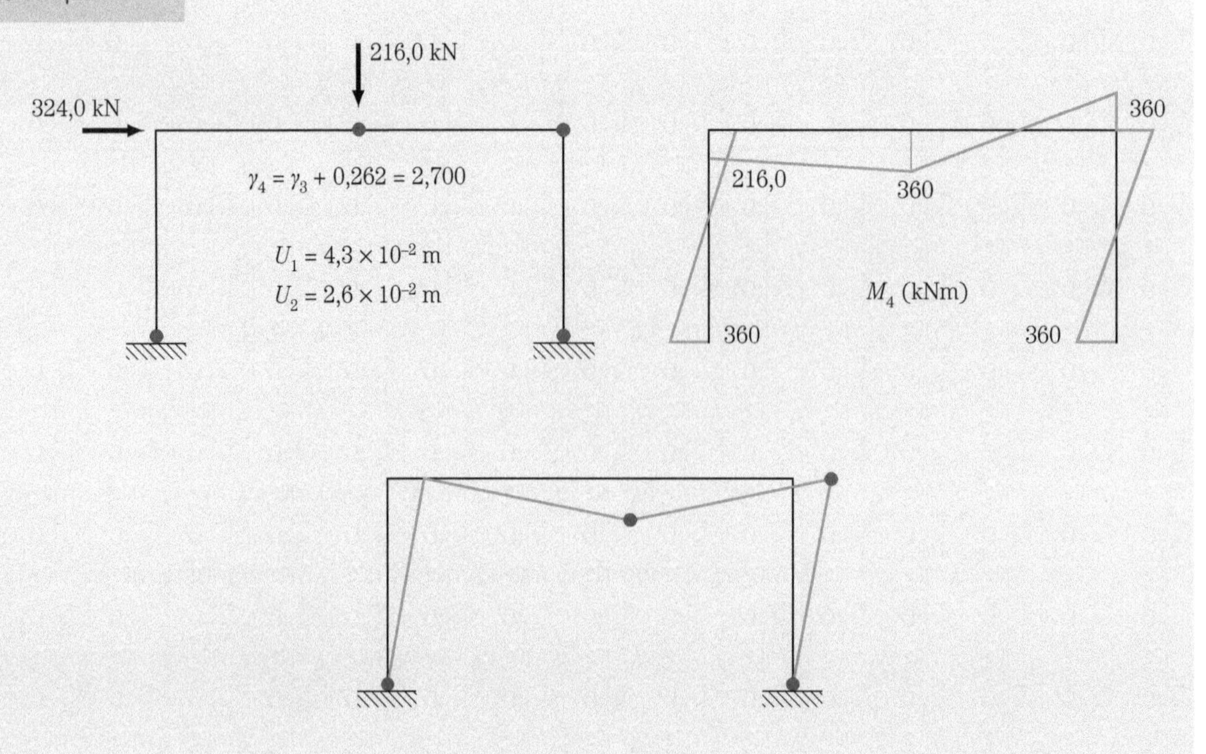

Tabela 4.7 – Passo 4 da análise incremental do pórtico

	Passo 4				
Variáveis	E_3	ΔE_3	$\Delta\gamma$	E_4	M_4/M_p
M_A	–360,00	0,000		–360	–1,000
M_B	90,00	480,000	0,562	216,000	0,600
M_C	255,00	400,000	0,262	360	1,000
M_D	–360,00	0,000		–360	–1,000
M_E	360,00	0,000		360	1,000
U_1	4,335E-02	2,313E-01		1,041E-01	
U_2	2,581E-02	7,158E-02		4,460E-02	
γ	2,438	1,000		2,700	
F	195,000	80,000	0	216,000	0

Admitindo que se interrompa o carregamento do pórtico na iminência do colapso plástico, considera-se agora o descarregamento total da estrutura. Nota-se que ao se efetuar esse descarregamento, o pórtico se comportará como o pórtico original biengastado, conforme prevê o comportamento em regime elastoplástico perfeito, com o alívio dos momentos nas seções plastificadas até o descarregamento total ou até a formação de uma primeira rótula plástica com alternância do lado tracionado. Para fazer essa análise, admite-se que o descarregamento total ocorra em regime elástico linear e, com os resultados obtidos, verifica-se essa hipótese; em caso negativo, o descarregamento total ocorrerá em etapas.

PASSO 5:

Descarregamento total com $\Delta\gamma_4 = -2{,}700$

a) Análise da resposta linear a partir da configuração 4 com $\Delta\gamma = 1$.

O comportamento do pórtico no descarregamento é o do pórtico biengastado, o mesmo do carregamento inicial. Os resultados de sua análise linear estão apresentados na Figura 4.25 e são aqui reapresentados na Figura 4.33.

Figura 4.33
Resultados da análise do pórtico para o passo 5.

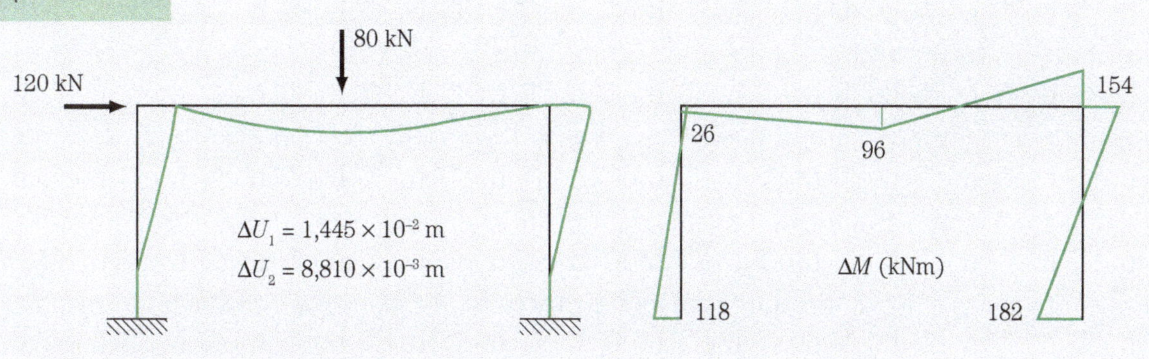

b) Análise da resposta para descarregamento total com $\Delta\gamma_4 = -2{,}7$.

Admitindo que no descarregamento total a partir da iminência do colapso plástico o comportamento da estrutura seja linear para o intervalo $2{,}700 \geq \gamma \geq 0$, obtêm-se os valores dos esforços e dos deslocamentos na configuração 5 pela superposição $E_5 = E_4 + \Delta\gamma_4 \times \Delta E_4$, que se apresentam na Figura 4.34.

Figura 4.34
Situação do pórtico após o descarregamento total.

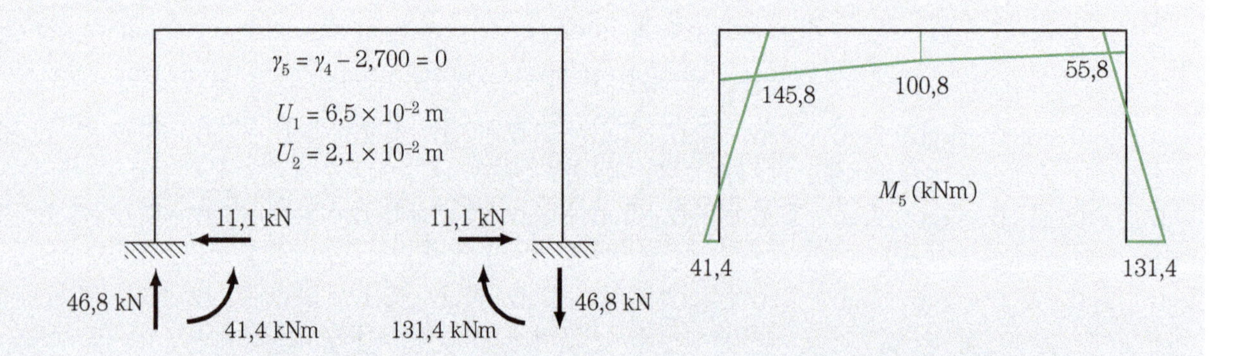

Como a distribuição de momentos fletores satisfaz à condição de plastificação $|M| \leq M_p$, verifica-se a hipótese de descarregamento total em regime elástico linear com os esforços reativos autoequilibrados, os deslocamentos e os momentos fletores residuais da Figura 4.34. Os resultados, finais e parciais, relativos ao passo 5 estão resumidos na Tabela 4.8.

Tabela 4.8 – Passo 5 da análise incremental do pórtico

	Passo 5 – Descarga até F = 0				
Variáveis	E_4	ΔE_4	$\Delta\gamma$	E_5	M_5/M_p
M_A	–360	–118,000		–41,40	–0,115
M_B	216,000	26,000		145,80	0,405
M_C	360	96,000		100,80	0,280
M_D	–360	–154,000		55,80	0,155
M_E	360	182,000		–131,40	–0,365
U_1	1,041E-01	1,445E-02		6,506E-02	
U_2	4,460E-02	8,810E-03		2,082E-02	
γ	2,700	1,000	–2,700	0,000	
F	216,000	80,000		0,000	

A Figura 4.35 apresenta a evolução dos deslocamentos U_1 e U_2 com o multiplicador γ em todo o processo de carga até a iminência do colapso e descarga total.

Figura 4.35
Evolução de U_1 e U_2 com γ.

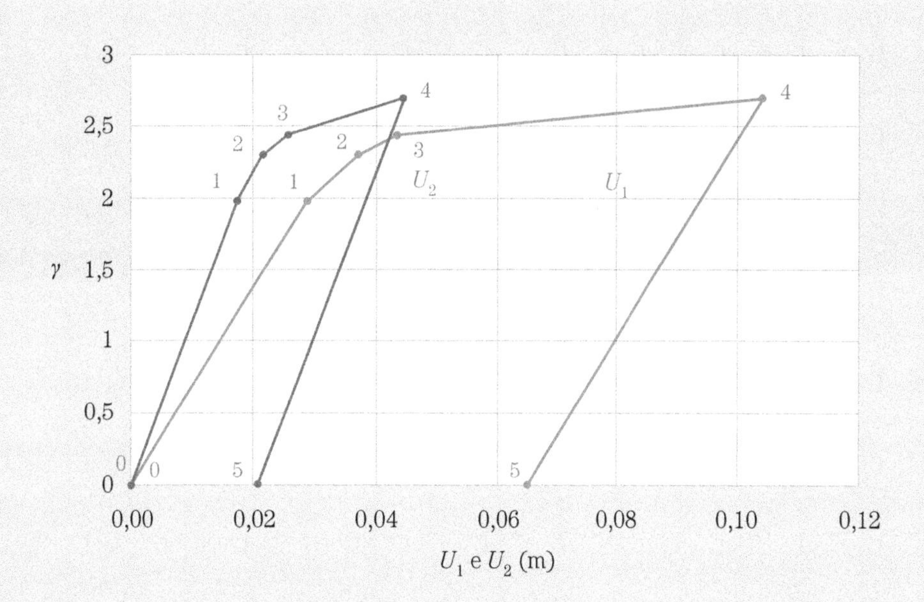

Quando se trabalha com a carga de serviço como carga de referência, os diversos coeficientes de majoração das cargas obtidos podem ser imediatamente reconhecidos como os coeficientes de segurança correspondentes aos métodos das tensões admissíveis, da primeira mudança de comportamento da estrutura e do fator de carga, ou seja:

$$\gamma_i = \gamma_I = 1{,}731 \qquad \gamma_{e1} = \gamma_1 = 1{,}978 \qquad \gamma_e = \gamma_{II} = 2{,}700$$

EXEMPLO 4.5 Pórtico atirantado

Considere-se o pórtico plano atirantado formado por barras prismáticas de aço e por tirante de aço com 1″ de diâmetro. Analisa-se seu comportamento quando submetido a carregamento proporcional monotonicamente crescente como indicado na Figura 4.36 e calculam-se os valores de F correspondentes ao primeiro e ao segundo limites de plastificação, F_I e F_{II}, e os deslocamentos energeticamente conjugados aos esforços externos ativos. Após essa análise, calculam-se os valores máximos de F com os vários métodos de verificação da segurança, com os coeficientes de ponderação $\gamma_e = \gamma_i = 1{,}67$, $\gamma_f = 1{,}4$ e $\gamma_a = 1{,}1$.

As características físicas e geométricas das barras são:

$$E = 205 \text{ GPa} \qquad I = 19030 \text{ cm}^4 \qquad \sigma_e = f_y = 25\,\frac{\text{kN}}{\text{cm}^2}$$

$$W_e = W = 1260 \text{ cm}^3 \qquad W_p = Z = 1440 \text{ cm}^3 \qquad \ell = 5\text{m}$$

Figura 4.36
Pórtico plano atirantado.

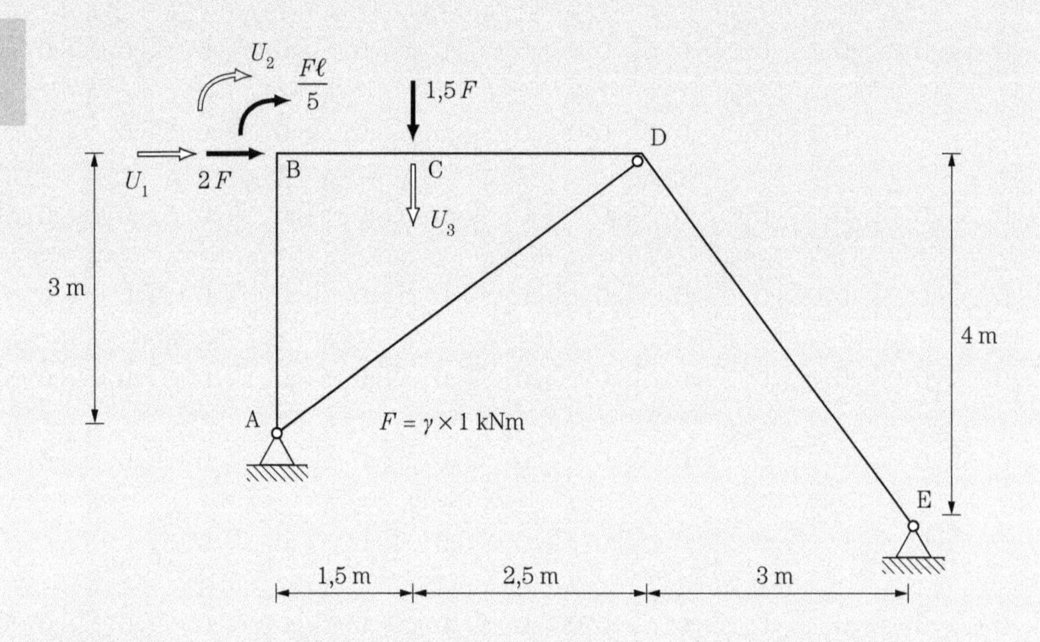

Solução

Considera-se a configuração indeformada como a inicial de referência na qual os momentos fletores e os deslocamentos são nulos. Os momentos são assumidos positivos quando tracionam a parte interna do pórtico.

O momento elástico máximo e o momento de plastificação em flexão pura das barras fletidas são dados por:

$$M_e = \sigma_e W_e = 315 \text{ kNm} \qquad M_p = \sigma_e Z = 360 \text{ kNm}$$

A máxima força normal elástica e a força de plastificação no tirante são coincidentes e dadas por:

$$N_e = N_p = \frac{\pi \phi^2}{4} \sigma_e = 126{,}68 \text{ kN}.$$

O pórtico plano atirantado é hiperestático com $gh = 2$ e a ocorrência de três rótulas plásticas ou de duas rótulas plásticas e da plastificação do tirante é condição necessária e suficiente para a formação de um mecanismo.

Aplica-se a seguir o algoritmo incremental para carregamento proporcional.

PASSO 1

a) Análise da resposta linear a partir da configuração inicial com o carregamento de referência.

Inicialmente, o pórtico se comporta em regime elástico linear, e sua análise com $\Delta\gamma = 1$ conduz aos deslocamentos, à força normal e ao diagrama de momentos fletores apresentados na Figura 4.37.

Figura 4.37
Resultados da análise do pórtico para o passo 1.

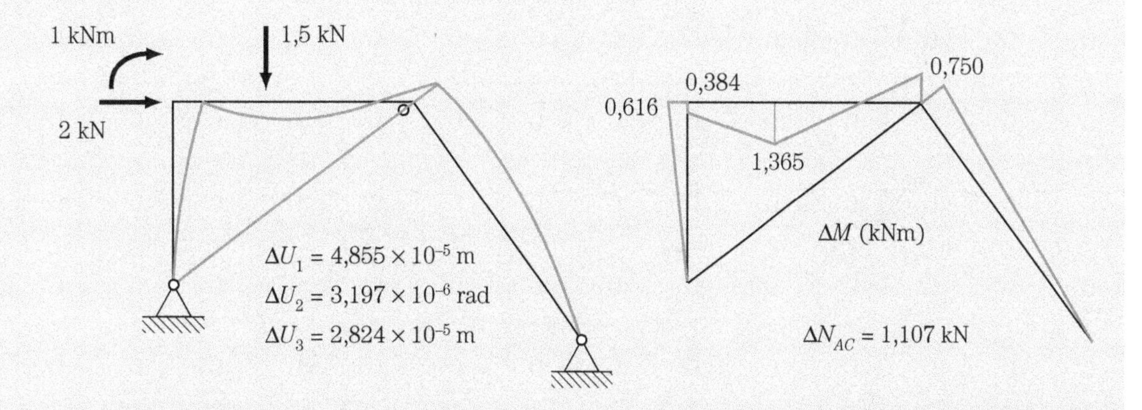

O primeiro limite de plastificação ocorre para o menor entre os dois valores de γ obtidos igualando N_{AC} a N_e e igualando $M_{max} = M_C$ a M_e, o que conduz a F_I = 114,456 kN, conforme mostra (4.20).

$$\begin{array}{lcl} M_{max} = M_C = 1{,}3651\gamma = M_e & \Longrightarrow & \gamma = 230{,}752 \\ N_{AC} = 1{,}1068\gamma = N_e & & \gamma = 114{,}456 \\ \Longrightarrow \quad F_I = 114{,}456 \text{ kN} & & \end{array} \tag{4.20}$$

b) Determinação do incremento $\Delta\gamma_0$ que leva à plastificação da barra AC.

Ao atingir o primeiro limite de plastificação, a barra AC se plastifica antes que qualquer seção atinja o valor M_e. O pórtico muda seu comportamento pois a barra AC sofrerá deformações plásticas para acréscimos do carregamento a partir de γ_I e, portanto, $\Delta\gamma_0 = \gamma_I = 114{,}456$.

c) Análise da resposta na configuração 1.

Como no intervalo $0 \leq \gamma \leq 114{,}456$ o comportamento da estrutura é linear, obtêm-se os valores dos esforços e dos deslocamentos na configuração 1 pela superposição $E_1 = E_0 + \Delta\gamma_0 \times \Delta E_0$, que se apresentam na Figura 4.38. Os resultados, finais e parciais, relativos ao passo 1 estão mostrados na Tabela 4.9, destacados $\Delta\gamma_0 = 114{,}456$ e a força de plastificação no tirante. Adota-se a convenção de momento fletor positivo quando traciona a parte interna do pórtico, e de negativo quando traciona a sua parte externa.

Figura 4.38
Situação do pórtico na configuração 1.

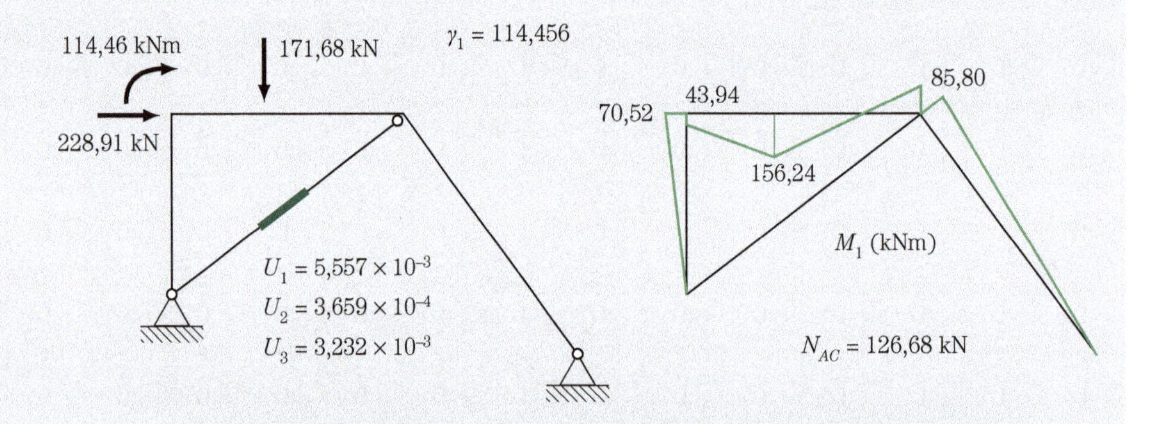

Tabela 4.9 – Passo 1 da análise incremental do pórtico

	Passo 1			
Variáveis	E_0	ΔE_0	$\Delta\gamma$	E_1
M_B^-	0	–0,616	584,321	–70,516
M_B^+	0	0,384	937,744	43,940
M_C	0	1,365	263,717	156,244
M_D	0	–0,750	480,256	–85,796
N_{AC}	0	1,107	114,456	126,680
U_1	0	4,855E-05		5,557E-03
U_2	0	3,197E-06		3,659E-04
U_3	0	2,824E-05		3,232E-03
F	0	1,000		114,456

PASSO 2

a) Análise da resposta linear a partir da configuração 1 com o carregamento de referência.

Para acréscimos de carga a partir de γ_1, a estrutura se comporta como um pórtico biarticulado com grau de hiperestaticidade igual a 1, cuja análise elástica linear conduz aos deslocamentos e ao diagrama de momentos fletores apresentados na Figura 4.39.

Figura 4.39
Resultados da análise do pórtico para o passo 2.

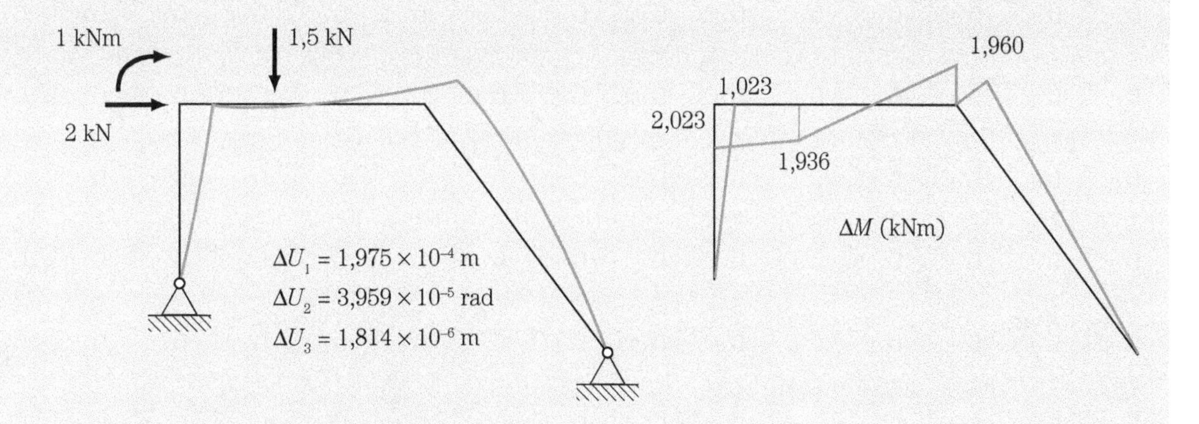

b) Determinação do incremento $\Delta\gamma_1$ que leva à formação da primeira rótula.

Os momentos fletores nas seções BA, BC, C e D devem satisfazer simultaneamente às condições de plastificação:

$$\begin{aligned} \left|M_{BA}\right| &= \left|-70{,}516 + 1{,}0232\,\Delta\gamma\right| \leq 360 \\ \left|M_{BC}\right| &= \left|43{,}940 + 2{,}0232\,\Delta\gamma\right| \leq 360 \\ \left|M_{C}\right| &= \left|156{,}244 + 1{,}9356\,\Delta\gamma\right| \leq 360 \\ \left|M_{D}\right| &= \left|-85{,}796 - 1{,}9604\,\Delta\gamma\right| \leq 360 \end{aligned} \quad \Longrightarrow \quad \begin{aligned} \Delta\gamma &\leq 282{,}920 \\ \Delta\gamma &\leq 156{,}218 \\ \Delta\gamma &\leq 105{,}268 \\ \Delta\gamma &\leq 139{,}871 \end{aligned} \qquad (4.21)$$

Assim, o valor de $\Delta\gamma$ que conduz à formação da primeira rótula é o maior valor que satisfaz simultaneamente às inequações em (4.21), ou seja, forma-se a rótula na seção C com $\Delta\gamma_1 = 105{,}268$ e, portanto, $\gamma_2 = \gamma_1 + 105{,}268 = 219{,}724$.

c) Análise da resposta na configuração 2.

Considerando que a partir da configuração 1 o comportamento da estrutura é linear para o intervalo $114{,}456 \leq \gamma \leq 219{,}724$, obtêm-se os valores dos esforços e dos deslocamentos na configuração 2 pela superposição $E_2 = E_1 + \Delta\gamma_1 \times \Delta E_1$, que se apresentam na Figura 4.40. Os resultados, finais e parciais, relativos ao passo 2 estão mostrados na Tabela 4.10, destacados $\Delta\gamma_1 = 105{,}268$ e o momento de plastificação em C.

Figura 4.40
Situação do pórtico na configuração 2.

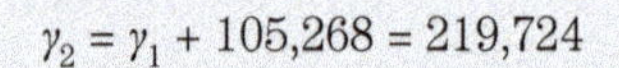

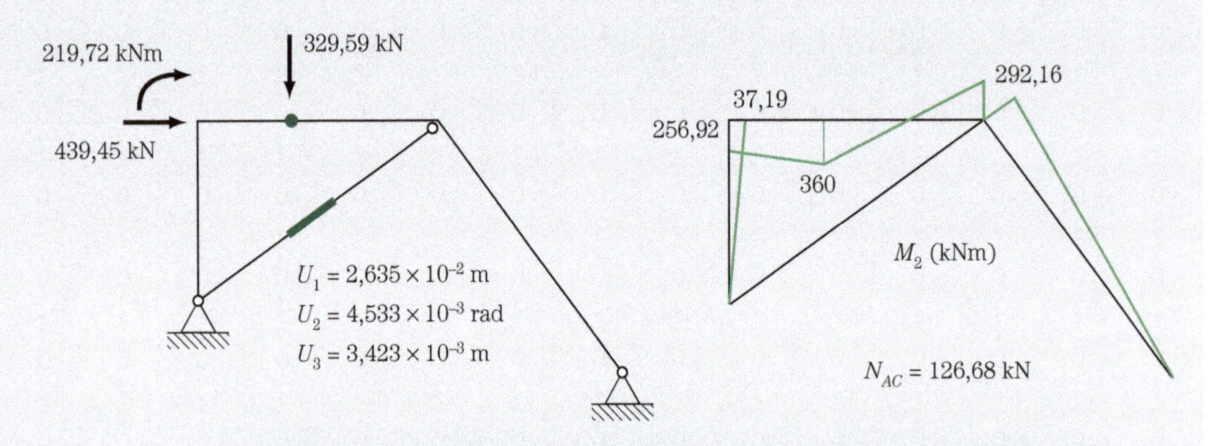

Tabela 4.10 – Passo 2 da análise incremental do pórtico

	Passo 2			
Variáveis	E_1	ΔE_1	$\Delta\gamma$	E_2
M_B^-	–70,516	1,023	282,920	37,193
M_B^+	43,940	2,023	156,218	256,917
M_C	156,244	1,936	105,268	360,000
M_D	–85,796	–1,960	139,871	–292,163
N_{AC}	126,680	0,000		126,680
U_1	5,557E-03	1,975E-04		2,635E-02
U_2	3,659E-04	3,959E-05		4,533E-03
U_3	3,232E-03	1,814E-06		3,423E-03
F	114,456	1,000		219,724

PASSO 3

a) Análise da resposta linear a partir da configuração 2 com $\Delta\gamma = 1$.

Para acréscimo de carga $\Delta\gamma = 1$ a partir de γ_2, a estrutura se comporta como um pórtico triarticulado, que é isostático, cuja análise elástica linear conduz aos deslocamentos e ao diagrama de momentos fletores apresentados na Figura 4.41.

Figura 4.41
Resultados da análise do pórtico para o passo 3.

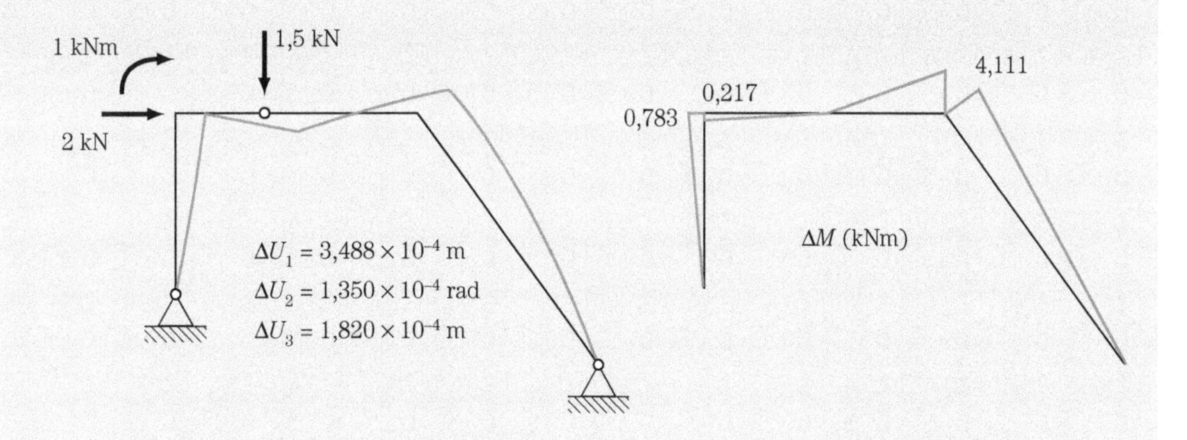

b) Determinação do incremento $\Delta\gamma_2$ que leva à formação da segunda rótula.

Os momentos fletores nas seções BA, BC e D devem satisfazer às condições de plastificação:

$$\begin{aligned} |M_{BA}| &= |37{,}19 - 0{,}783\,\Delta\gamma| \leq 360 \\ |M_{BC}| &= |256{,}92 + 0{,}217\,\Delta\gamma| \leq 360 \\ |M_D| &= |-292{,}16 - 4{,}111\,\Delta\gamma| \leq 360 \end{aligned} \implies \begin{aligned} \Delta\gamma &\leq 412{,}111 \\ \Delta\gamma &\leq 475{,}694 \\ \Delta\gamma &\leq 16{,}501 \end{aligned} \qquad (4.22)$$

Assim, o valor de $\Delta\gamma$ que conduz à formação da segunda rótula plástica é o maior valor que satisfaz simultaneamente às inequações em (4.22), ou seja, forma-se a rótula na seção D com $\Delta\gamma_2 = 16{,}501$ e, portanto $\gamma_3 = \gamma_2 + 16{,}501 = 236{,}225$.

c) Análise da resposta na configuração 3.

Como a partir da configuração 2 o comportamento da estrutura é linear para o intervalo $219{,}724 \leq \gamma \leq 236{,}225$, obtêm-se os valores dos esforços e dos deslocamentos na configuração 3 pela superposição $E_3 = E_2 + \Delta\gamma_2 \times \Delta E_2$.

Com a plastificação da barra AC e com a formação de duas rótulas plásticas, o pórtico biarticulado atirantado se transforma em um mecanismo, e atinge-se o colapso plástico com $F_{II} = F_3 = 236{,}225$. A Figura 4.42 apresenta os valores do carregamento, dos deslocamentos U_1 a U_3, o diagrama de momentos fletores, a força normal na barra e o mecanismo na condição de colapso. Os resultados, finais e parciais, relativos ao passo 3 são mostrados na Tabela 4.11, destacados $\Delta\gamma_2 = 16{,}501$ e momento de plastificação em D.

Figura 4.42
Situação do pórtico na configuração 3.

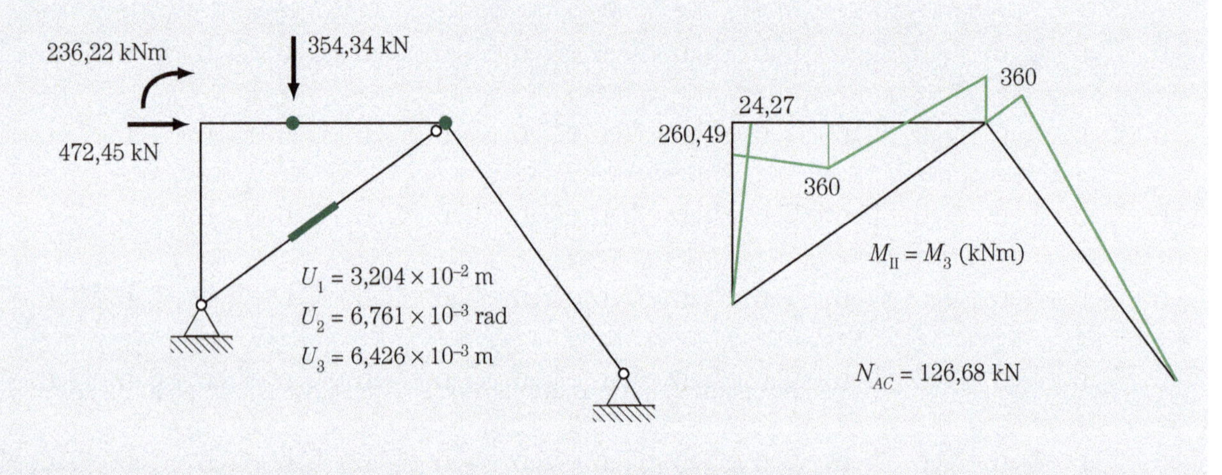

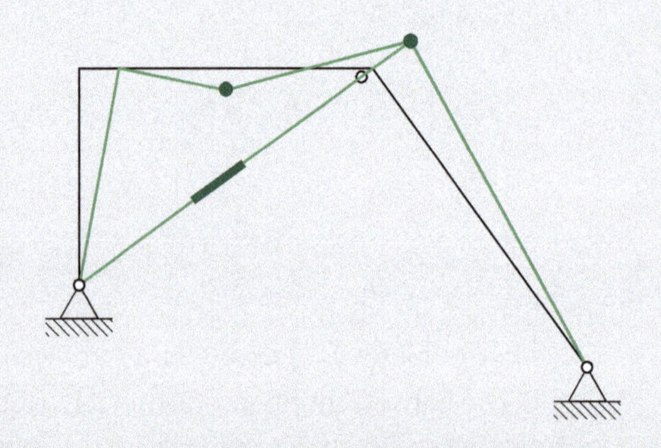

Tabela 4.11 – Passo 3 da análise incremental do pórtico

	Passo 3			
Variáveis	E_2	ΔE_2	$\Delta\gamma$	E_3
M_B^-	37,193	–0,783	412,111	24,268
M_B^+	256,917	0,217	475,694	260,493
M_C	360,000	0,000		360,000
M_D	–292,163	–4,111	16,501	–360,000
N_{AC}	126,680	0,000		126,680
U_1	2,635E-02	3,448E-04		3,204E-02
U_2	4,533E-03	1,350E-04		6,761E-03
U_3	3,423E-03	1,820E-04		6,426E-03
F	219,724	1,000		236,225

A Figura 4.43 apresenta a evolução dos deslocamentos U_1, U_2 e U_3, energeticamente conjugados aos esforços externos ativos até a iminência do colapso.

Figura 4.43
Evolução dos deslocamentos até a iminência do colapso.

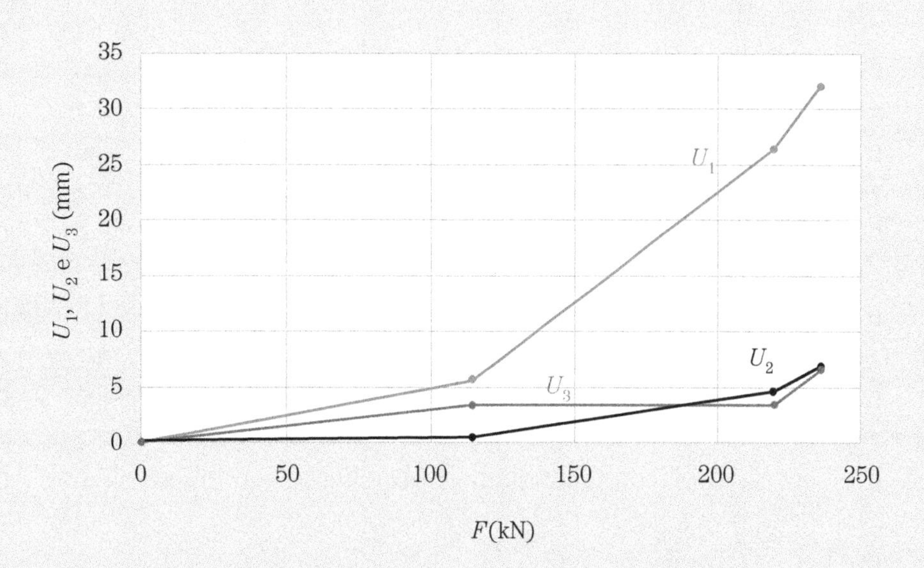

Tendo sido obtidos:

$$F_I = F_1 = 114{,}456 \text{ kN} \qquad F_{II} = 236{,}225 \text{ kN}$$

trata-se agora do cálculo dos valores máximos de F para os vários métodos de verificação da segurança.

Pelo método das tensões admissíveis:

$$F \leq \frac{F_I}{\gamma_i} = \frac{114{,}456}{1{,}67} \quad \Longrightarrow \quad F_{max,ta} = 68{,}54 \text{ kN}.$$

O primeiro limite de plastificação coincide com a plastificação da barra AC, logo a força de serviço máxima correspondente à primeira mudança de comportamento da estrutura será igual à obtida pelo método das tensões admissíveis, ou seja:

$$F_{max,plast1} = F_{max,ta} = 68{,}54 \text{ kN}.$$

Pelo método do fator de carga,

$$F \leq \frac{F_{II}}{\gamma_e} = \frac{236{,}225}{1{,}67} \quad \Longrightarrow \quad F_{max,fse} = 141{,}45 \text{ kN},$$

que é 106% maior do que o obtido pelo método das tensões admissíveis e identifica a capacidade de carga da treliça além do limite elástico.

Pelo método semiprobabilístico:

$$\gamma_f F \leq \frac{F_{II}}{\gamma_a} \quad \Longrightarrow \quad F \leq \frac{F_{II}}{\gamma_a \gamma_f} \quad \Longrightarrow \quad F_{max,sp} = 153{,}39 \text{ kN},$$

que é 124% maior do que o obtido pelo método das tensões admissíveis e 8,4% maior do que o fornecido pelo método do fator de carga.

A Figura 4.44 mostra as significativas reservas de carga do pórtico atirantado em relação a seu limite elástico, o que se explica, nesse caso, pelo baixo valor da força normal de plastificação do tirante.

Figura 4.44
Forças máximas para diferentes medidas de segurança.

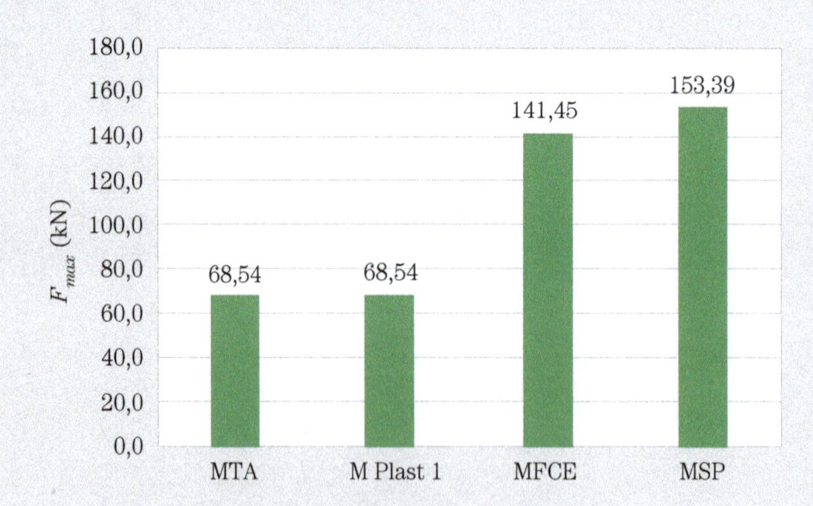

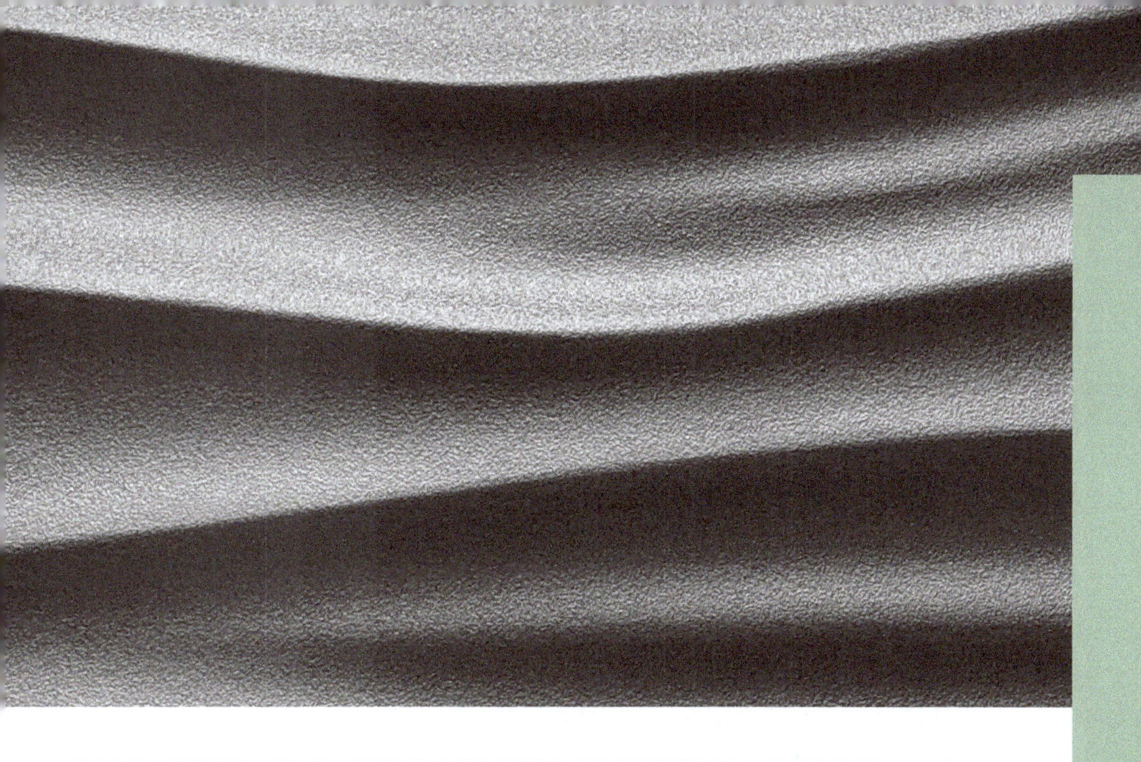

5 ANÁLISE LIMITE INTUITIVA

5.1 Introdução

A análise incremental apresentada no capítulo anterior permitiu o estudo do comportamento de estruturas reticuladas planas, acompanhando a história de carregamento, contido no seu plano, proporcional e monotonicamente crescente até o colapso plástico. Pôde-se, então, observar:

- os diagramas de esforços solicitantes na iminência do colapso são obtidos pela superposição de diagramas de esforços solicitantes que satisfazem às equações de equilíbrio, e, portanto, os esforços solicitantes no colapso satisfazem às equações de equilíbrio – essa é a condição de equilíbrio;
- os esforços solicitantes no colapso não ultrapassam os esforços de plastificação, ou seja, em qualquer seção devem ser satisfeitas as inequações $|N| \leq N_p$ e $|M| \leq M_p$ – essa é a condição de plastificação[1];
- no colapso plástico, ocorrem barras plastificadas ou rótulas plásticas em número suficiente para formar um mecanismo, a partir do qual os deslocamentos resultam exclusivamente das deformações por alongamentos nas barras plastificadas e por rotações nas rótulas plásticas – essa é a condição de mecanismo.

Quando se está especificamente interessado na condição limite de colapso plástico, é possível determinar diretamente o valor da capacidade de carga da estrutura por análise limite baseada nos teoremas estático e cinemático que se apresentam no Capítulo 6.

---

1. Com liberdade de linguagem, as inequações correspondentes à condição de plastificação também serão referidas como condições de plastificação.

Diversas aplicações de análise limite podem ser feitas sem a apresentação formal desses teoremas, pela simples interpretação física das condições que se verificam no colapso plástico e que constituem base conceitual motivadora para o tratamento formal e procedural apresentado nos Capítulos 6 a 9. Convencionou-se chamar esse tratamento de análise limite intuitiva, que se ilustra com a apresentação de exemplos simples, apoiados em duas classes de formulação: a *estática*, baseada nas condições de equilíbrio e de plastificação e a *cinemática*, baseada nas condições de equilíbrio e de mecanismo.

EXEMPLO 5.1 Treliça simples hiperestática

Desenvolve-se a análise limite com a determinação da carga de colapso da treliça hiperestática da Figura 5.1, formada por barras de mesmo material elastoplástico com as seguintes propriedades:

$$A_1 = A_3 = 4A; \quad A_2 = A; \quad N_{p1} = N_{p3} = 4\sigma_e A; \quad N_{p2} = \sigma_e A.$$

Figura 5.1
Treliça hiperestática simétrica.

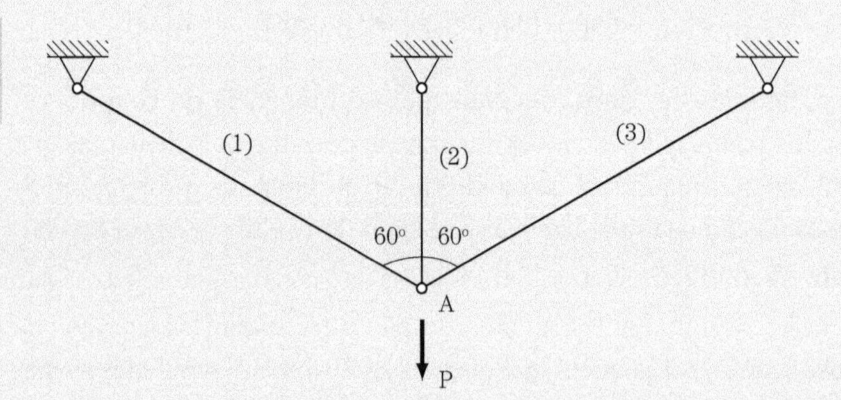

Solução

Formulação estática

A treliça da Figura 5.1 é simétrica com carregamento simétrico, do que resulta $N_1 = N_3$ e, portanto, ela apresenta apenas duas variáveis independentes, N_1 e N_2. Como essa estrutura é hiperestática com $gh = 1$, resulta apenas uma equação de equilíbrio independente, $N_1 + N_2 = P$, que pode ser interpretada pelo fechamento do polígono de forças no nó A, apresentado na Figura 5.2, e ao qual correspondem infinitas soluções equilibradas. A condição de colapso plástico ocorrerá quando, em virtude da simetria da estrutura e do carregamento, as três barras se plastificarem por tração, $N_1 = N_3 = 4\sigma_e A$ e $N_2 = \sigma_e A$, satisfazendo às condições de plastificação, $0 \leq N_i \leq N_{pi}$, e à equação de equilíbrio, $N_1 + N_2 = P$, e assim, os lados $\overline{AB}$, $\overline{BC}$, $\overline{CD}$ e $\overline{DA}$ do quadrilátero deverão estar na relação 4:1:4:5, o que conduz a $P_{II} = 5\sigma_e A$.

Figura 5.2
Polígono de forças no nó A.

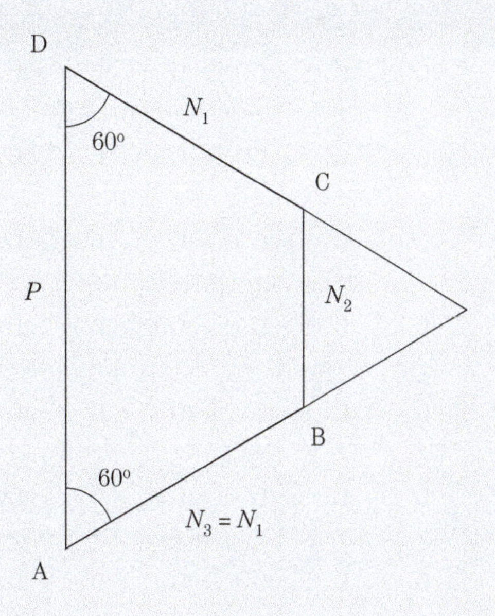

A simplicidade do problema permite uma segunda interpretação geométrica. A Figura 5.3 mostra a região ABCD admissível de todas as soluções equilibradas e que satisfazem às condições de plastificação, que é a intersecção entre o prisma retangular de base MNOC, lugar geométrico das soluções que satisfazem às condições de plastificação $0 \leq n_1 \leq 4$ e $0 \leq n_2 \leq 1$, e o plano $n_1 + n_2 = p$, lugar geométrico das soluções equilibradas. Pode-se então constatar que, dentre todas as soluções pertencentes à região ABCD, a que leva ao colapso da treliça é aquela com $p_{max} = p_{II} = 5$, com as barras plastificadas por tração, $n_1 = 4$ e $n_2 = 1$.

Figura 5.3
Domínio de soluções equilibradas que satisfazem às condições de plastificação.

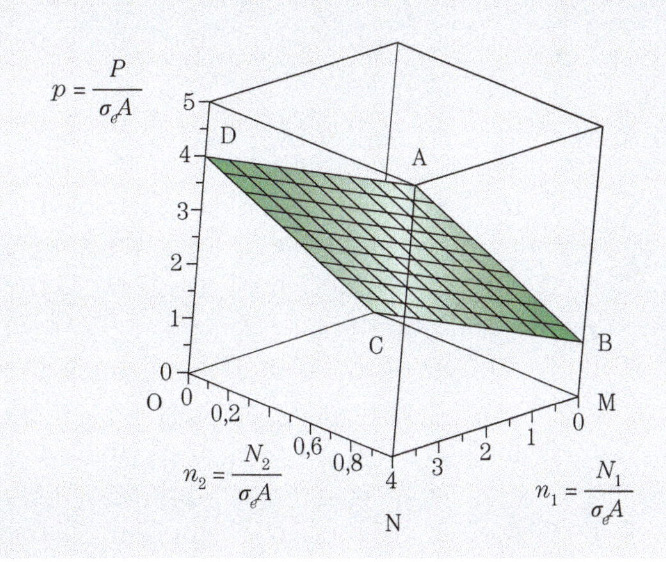

Formulação cinemática

Como se viu, em virtude da condição de simetria da treliça e do carregamento, forma-se um mecanismo com a plastificação por tração das 3 barras, que é o único possível, e, portanto, será o mecanismo de colapso; o valor de F correspondente será a carga de colapso. Os alongamentos das barras 1 e 3 são iguais, $\Delta\ell_1 = \Delta\ell_3$ e essa treliça apresenta apenas duas variáveis independentes, $\Delta\ell_1$ e $\Delta\ell_2$. Nesse caso, como a estrutura é hiperestática com $gh = 1$, resulta apenas um único mecanismo independente, que corresponderá ao mecanismo de colapso.

O colapso plástico ocorrerá para o mecanismo independente que observa a condição de compatibilidade $\delta U = \delta\Delta\ell_2 = 2\delta\Delta\ell_1$ e com a plastificação das três barras. Assim, considerando os esforços na iminência do colapso e os deslocamentos virtuais associados ao mecanismo da Figura 5.4, e aplicando o teorema dos deslocamentos virtuais, obtém-se a equação de equilíbrio:

$$\underbrace{P_{II}\delta U}_{\delta T_e} = \underbrace{N_{p1}\left|\delta\Delta\ell_1\right| + N_{p2}\left|\delta\Delta\ell_2\right| + N_{p3}\left|\delta\Delta\ell_3\right|}_{\delta T_i}, \tag{5.1}$$

que conduz a $P_{II} = 5\sigma_e A$.

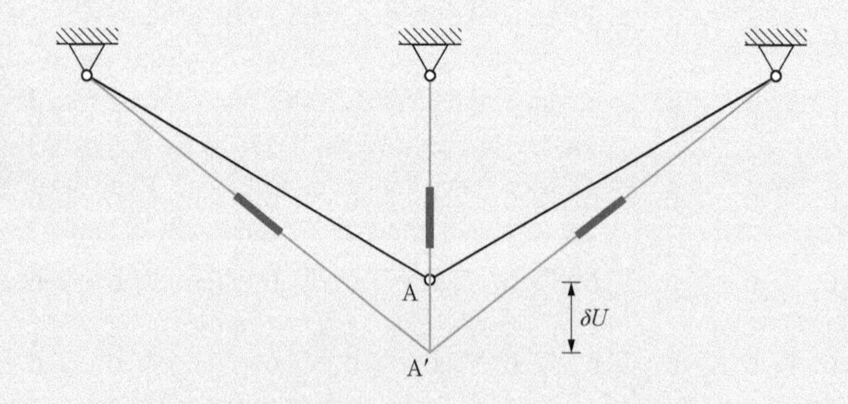

Figura 5.4
Deslocamentos virtuais associados ao mecanismo de colapso.

EXEMPLO 5.2 Treliça hiperestática

Considere-se a treliça hiperestática formada por barras prismáticas de mesmo material elastoplástico perfeito e solicitada pelos esforços externos ativos indicados na Figura 5.5. Considerando carregamento proporcional monotonicamente crescente, calcula-se o parâmetro de carregamento F_{II} de colapso plástico.

As características físicas e geométricas das barras anelares de aço são:

$$E = 205 \text{ GPa} \qquad \sigma_e = f_y = 25\,\frac{\text{kN}}{\text{cm}^2}$$

$$A_1 = A_3 = 5{,}68 \text{ cm}^2 \quad N_{p1} = N_{p3} = 142 \text{ kN}$$

$$A_2 = 2{,}84 \text{ cm}^2 \qquad N_{p2} = 71 \text{ kN}$$

Figura 5.5
Treliça plana.

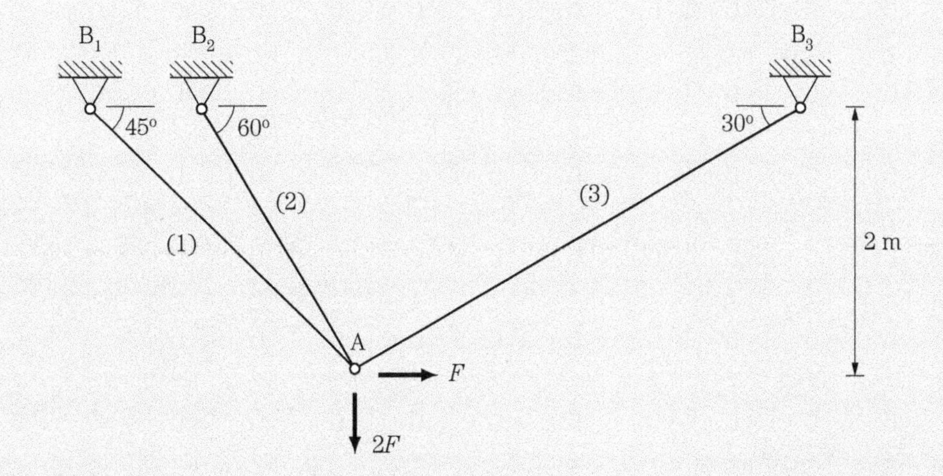

Solução

Formulação estática

Os esforços solicitantes na treliça da Figura 5.5 são as forças normais nas três barras. Trata-se de uma estrutura com grau de hiperestaticidade $g_h = 1$ e com $r = 3$ barras passíveis de plastificação. Essas forças normais devem satisfazer à $r - g_h = 2$, equações de equilíbrio independentes, que podem ser estabelecidas diretamente pelo equilíbrio do nó A, ou seja:

$$\begin{cases} -F + 0{,}707N_1 + 0{,}5N_2 - 0{,}866N_3 = 0 \\ -2F + 0{,}707N_1 + 0{,}866N_2 + 0{,}5N_3 = 0 \end{cases} \tag{5.2}$$

e às condições de plastificação:

$$\begin{cases} -N_{p1} \leq N_1 \leq N_{p1} \\ -N_{p2} \leq N_2 \leq N_{p2} \\ -N_{p3} \leq N_3 \leq N_{p3} \end{cases} \tag{5.3}$$

O colapso plástico irá ocorrer, com $F = F_{II}$, quando as forças normais satisfizerem às equações de equilíbrio (5.2) e às condições de plastificação (5.3), levando à formação de um mecanismo pela plastificação de 2 barras.

Uma primeira forma de determinar o valor de F_{II} é por tentativas. Admite-se que duas barras se plastifiquem por tração ou compressão, calculam-se os valores de F e da força normal na terceira barra e analisam-se os resultados para determinar a carga de colapso F_{II}.

A solução elástica linear, em termos de forças normais, que é dada por:

$$N_1 = 1{,}324F; \quad N_2 = 0{,}953F; \quad N_3 = 0{,}457F\,, \tag{5.4}$$

fornece boa orientação para a primeira tentativa. Ela permite constatar que a primeira barra a se plastificar é a barra 2; e se, adicionalmente, forem comparados os valores de N_1 e N_2, percebe-se uma forte razão para iniciar esse processo, admitindo que as barras 1 e 2 plastifiquem por tração. Assim, resolve-se (5.2) com as incógnitas F e N_3 determinadas em função de N_1 e N_2:

$$\begin{aligned} F &= 0{,}433N_1 + 0{,}448N_2 \\ N_3 &= 0{,}317N_1 + 0{,}060N_2 \end{aligned} \tag{5.5}$$

e, com $N_1 = N_{p1} = 142$ kN e $N_2 = N_{p2} = 71$ kN, resulta:

$$\begin{aligned} F_{e1} &= 93{,}3 \text{ kN} \\ N_3 &= 49{,}2 \text{ kN} \leq N_{p1} = 142 \text{ kN} \end{aligned} \tag{5.6}$$

que satisfaz às equações de equilíbrio e às condições de plastificação com duas barras plastificadas, e, portanto, é a solução do problema com $F_{II} = F_{e1} = 93{,}3$ kN.

Caso se admita a plastificação por tração das barras 2 e 3, resolve-se (5.2) com as incógnitas F e N_1 determinadas em função de N_2 e N_3:

$$\begin{aligned} F &= 0{,}366N_2 + 1{,}366N_3 \\ N_1 &= -\,0{,}190N_2 + 3{,}157N_3 \end{aligned} \tag{5.7}$$

e, com $N_2 = N_{p2} = 71$ kN e $N_3 = N_{p3} = 142$ kN, resulta:

$$\begin{aligned} F &= 220{,}0 \text{ kN} \\ N_1 &= 434{,}8 \text{ kN} >> N_{p1} = 142 \text{ kN} \end{aligned} \tag{5.8}$$

que viola a condição de plastificação, e, portanto, não é solução na iminência do colapso plástico. Para não violar a condição de plastificação, reduzem-se os valores encontrados na proporção $\frac{142}{434{,}8}$, o que conduz a

$$F_{e2} = 71{,}83 \text{ kN} < F_{II} \quad N_1 = 142 \text{ kN} \quad N_2 = 23{,}19 \text{ kN} \quad N_3 = 46{,}37 \text{ kN}$$

que é uma solução equilibrada e satisfaz às condições de plastificação, mas não leva à formação de um mecanismo – não constituindo, portanto, a solução na iminência do colapso.

Uma terceira tentativa pode ser feita admitindo a plastificação por compressão da barra 1 e por tração da barra 3. Resolve-se (5.2) com as incógnitas F e N_2 determinadas em função de N_1 e N_3:

$$\begin{aligned} F &= -\ 1{,}931N_1 + 7{,}462N_3 \\ N_2 &= -\ 5{,}276N_1 + 16{,}657N_3 \end{aligned} \tag{5.9}$$

e, com $N_1 = N_3 = N_{p1} = 142$ kN, resulta:

$$\begin{aligned} F &= 1334 \text{ kN} \\ N_2 &= 3115 \text{ kN} >> N_{p2} = 71 \text{ kN} \end{aligned} \tag{5.10}$$

que viola a condição de plastificação, e, portanto, não é solução na iminência do colapso plástico. Para não violar a condição de plastificação, reduzem-se os valores encontrados na proporção $\frac{71}{3115}$, o que conduz a

$$F_{e3} = 30{,}41 \text{ kN} < F_{II} \qquad N_1 = -\ 3{,}24 \text{ kN} \qquad N_2 = 71 \text{ kN} \qquad N_3 = 3{,}24 \text{ kN}$$

que é uma solução equilibrada e satisfaz às condições de plastificação, mas não leva à formação de um mecanismo.

Os dois últimos casos analisados ilustram bem a violação da condição de plastificação e a geração de soluções equilibradas satisfazendo à condição de plastificação, e observa-se que $F_{e3} < F_{e2} < F_{e1} = F_{II}$, ou seja, as forças F_e correspondentes a soluções equilibradas que satisfazem às condições de plastificação são inferiores ou, no máximo, iguais à força de colapso plástico F_{II}.

A solução desse problema permite intuir o teorema estático:

> "*Dentre todas as soluções equilibradas que satisfazem às condições de plastificação, aquela com parâmetro de carregamento F_e máximo corresponde ao colapso plástico*".

Com o teorema estático, outra forma de determinar o valor de F_{II} é pela análise direta do sistema de equações e inequações, como se mostra a seguir.

Considerando as equações de equilíbrio, seleciona-se, arbitrariamente, definir N_2 e N_3 em função de N_1 e F, ou seja:

$$\begin{aligned} N_2 &= 2{,}232F - 0{,}966N_1 \\ N_3 &= 0{,}134F + 0{,}259N_1 \end{aligned} \tag{5.11}$$

que, inseridas em (5.3), conduzem a:

$$\begin{cases} -N_{p1} \leq N_1 \leq N_{p1} \\ -N_{p2} \leq 2{,}232F - 0{,}966N_1 \leq N_{p2} \\ -N_{p3} \leq 0{,}134F + 0{,}259N_1 \leq N_{p3} \end{cases} \tag{5.12}$$

Nessas condições, a determinação de F_{II} consiste em buscar o máximo valor de F que satisfaz às condições de plastificação (5.12).

Introduzindo os valores das forças de plastificação das barras em (5.12), essas inequações se reapresentam na forma:

$$\begin{cases} N_1 + 142 \geq 0 & \text{(a)} \\ 2{,}232F - 0{,}966N_1 + 71 \geq 0 & \text{(b)} \\ 0{,}134F + 0{,}259N_1 + 142 \geq 0 & \text{(c)} \end{cases} \quad \text{e}$$

$$\begin{cases} -N_1 + 142 \geq 0 & \text{(d)} \\ -2{,}232F + 0{,}966N_1 + 71 \geq 0 & \text{(e)} \\ -0{,}134F - 0{,}259N_1 + 142 \geq 0 & \text{(f)} \end{cases} \tag{5.13}$$

e, matematicamente, o problema expressa-se por determinar o maior valor F que satisfaz às seis inequações de (5.13).

Considere-se inicialmente a solução simples e clara deste problema por interpretação geométrica das inequações (5.13). A Figura 5.6 mostra a região admissível de todas as soluções equilibradas que satisfazem às condições de plastificação, região definida pelas inequações (5.13(b)), (5.13(d)) e (5.13(e)) e $F > 0$. As condições de plastificação (5.13(a)), (5.13(c)) e (5.13(f)) não modificam essa região, sendo que as duas últimas têm seus limites $0{,}134F + 0{,}259N_1 + 142 = 0$ e $-0{,}134F - 0{,}259N_1 + 142 = 0$ fora do domínio do gráfico da Figura 5.6. Pode-se observar que duas barras se plastificam nos pontos B e C: no ponto B, intersecção das retas $-N_1 + 142 = 0$ e $2{,}232F - 0{,}966N_1 + 71 = 0$ resultam $F = 29{,}7$ kN e $N_1 = 142$ kN e, com o auxílio das equações de equilíbrio (5.11), $N_2 = -71$ kN e $N_3 = 40{,}8$ kN, com a plastificação da barra 1 por tração e da barra 2 por compressão, o que é fisicamente impossível (não respeita a condição de compatibilidade entre deslocamentos e deformações nas barras); no ponto C, que é definido pela intersecção das retas $-N_1 + 142 = 0$ e $-2{,}232F + 0{,}966N_1 + 71 = 0$, resultam $F = 93{,}3$ kN e $N_1 = 142$ kN e, com o auxílio das equações de equilíbrio (5.11), $N_2 = 71$ kN e $N_3 = 49{,}3$ kN, com a plastificação por tração das barras 1 e 2, situação fisicamente admissível que corresponde ao colapso da treliça com a carga de colapso $F_{II} = 93{,}3$ kN e as forças normais na iminência do colapso.

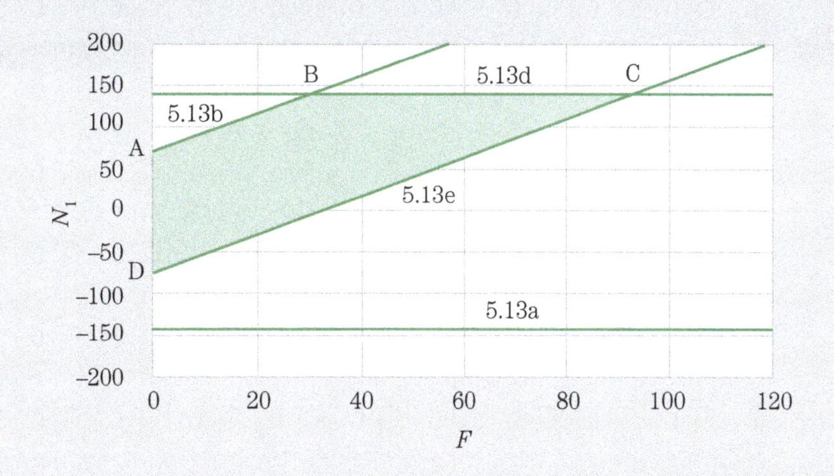

Figura 5.6
Região admissível de soluções equilibradas e que satisfazem às condições de plastificação.

Assim, entre todas as soluções equilibradas que satisfazem às condições de plastificação, aquela com F_{max} corresponde ao colapso plástico. De forma matemática, obteve-se a carga de colapso pela resolução de um sistema de seis inequações com duas variáveis, (5.13), e a condição de F máximo.

A resolução do sistema de inequações com duas variáveis, agora, com a condição de máximo F pode ser feita algebricamente. Inicialmente, elimina-se N_1 pela combinação dessas inequações, de modo que fiquem como função exclusiva de F. As combinações entre (5.13(a)) e (5.13(d)), entre (5.13(b)) e (5.13(e)), e entre (5.13(c)) e (5.13(f)) são naturalmente satisfeitas e não são apresentadas; as demais combinações possíveis, normalizadas de modo que o coeficiente de F seja igual a ± 1, são:

$$\begin{matrix} F + 219{,}864 \geq 0 & \text{(a)} & & -F + 93{,}267 \geq 0 & \text{(d)} \\ -F + 219{,}864 \geq 0 & \text{(b)} & \text{e} & -F + 1334{,}164 \geq 0 & \text{(e)} \\ F + 93{,}267 \geq 0 & \text{(c)} & & F + 1334{,}164 \geq 0 & \text{(f)} \end{matrix} \tag{5.14}$$

Como $F > 0$, as inequações (5.14(a)), (5.14(c)) e (5.14(f)) são sempre verificadas, e as inequações (5.14(b)), (5.14(d)) e (5.14(e)) conduzem, respectivamente, a:

$$F \leq 219{,}864; \quad F \leq 93{,}267; \quad F \leq 1334{,}164, \tag{5.15}$$

do que resulta $F_{II} = 93{,}3$ kN.

Uma vez obtido o valor de F_{II}, obtêm-se os valores das forças normais por um caminho inverso. Assim, introduzindo $F = 93{,}267$ kN nas inequações (5.13), obtêm-se, respectivamente:

$$\begin{array}{ll} N_1 \geq -142 & N_1 \leq 142 \\ N_1 \leq 288{,}998 & N_1 \geq 142 \\ N_1 \geq -596{,}517 & N_1 \leq 500{,}009 \end{array} \tag{5.16}$$

de onde se conclui que $N_1 = 142$ kN. Os valores de N_2 e N_3 são obtidos com a introdução dos valores obtidos para F e N_1 nas equações de equilíbrio (5.11), o que leva a:

$$N_2 = 71 \text{ kN} \quad e \quad N_3 = 49{,}275 \text{ kN} \tag{5.17}$$

Assim, o colapso plástico ocorre para $F_{II} = 93{,}3$ kN, que conduz à distribuição de forças normais

$$N_1 = 142 \text{ kN}; \quad N_2 = 71 \text{ kN} \quad e \quad N_3 = 49{,}3 \text{ kN} \tag{5.18}$$

e à formação de um mecanismo com a plastificação das barras 1 e 2.

Formulação cinemática

No colapso plástico da treliça da Figura 5.5, forma-se um mecanismo pela plastificação de duas barras. Assim, uma forma de tratar o problema posto é calcular para todos os possíveis mecanismos os valores F_c associados. Mais do que intuitivo, é fisicamente claro que, dentre todos os mecanismos possíveis, o mecanismo de colapso será aquele para o qual F_c seja mínimo, conforme se pode constatar na análise que se segue.

Qualquer que seja o mecanismo considerado, os alongamentos virtuais $\delta\Delta\ell_i$ das barras são definidos univocamente pelos deslocamentos virtuais do nó A, δU_1 e δU_2 conforme mostra a Figura 5.7, pela relação:

$$\delta\Delta\ell_i = \delta U_1 \cos\alpha_i + \delta U_2 \text{sen}\alpha_i \,. \tag{5.19}$$

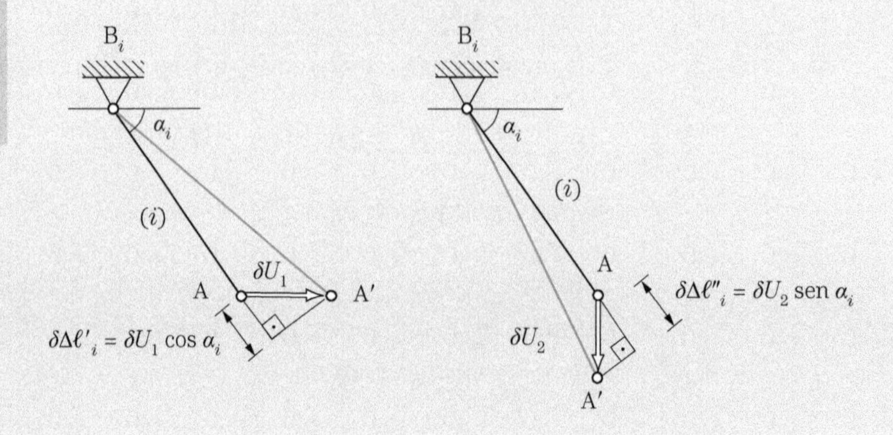

Figura 5.7
Alongamento na barra genérica i devido a δU_1 e δU_2.

Considere-se inicialmente o mecanismo 1 em que ocorre plastificação das barras 2 e 3. Assim, a partir dessa condição, a barra 1 não se deforma, simplesmente gira em torno de B_1, e os deslocamentos do ponto A e os alongamentos das barras 2 e 3 ficam condicionados por essa restrição. Admite-se que os deslocamentos do ponto A sejam positivos nos sentidos dos esforços externos

Estabelecem-se equações de equilíbrio para o mecanismo selecionado pela aplicação do teorema dos deslocamentos virtuais, considerando os trabalhos realizados pelos esforços externos e internos, nessa condição de mecanismo, em decorrência dos deslocamentos e alongamentos virtuais que caracterizam o movimento desse mesmo mecanismo. Evidentemente, somente haverá deformações nas barras plastificadas.

Os deslocamentos virtuais do ponto A deverão observar a restrição:

$$\delta\Delta\ell_1 = \delta U_1 \cos\alpha_1 + \delta U_2 \mathrm{sen}\alpha_1 = 0 \quad \Longrightarrow \quad \delta U_1 + \delta U_2 = 0 \tag{5.20}$$

e o trabalho externo virtual será dado por:

$$\delta T_e = F_{c1}\delta U_1 + 2F_{c1}\delta U_2 = F_{c1}\,(\delta U_1 + 2\delta U_2), \tag{5.21}$$

que, considerando (5.20), será positivo se $\delta U_2 > 0$ (ou, de forma equivalente, se $\delta U_1 < 0$) e negativo se $\delta U_1 > 0$ (ou, de forma equivalente, se $\delta U_2 < 0$). Como $\delta\Delta\ell_1 = 0$ e o trabalho virtual interno é necessariamente positivo em cada barra plastificada, ele é dado por:

$$\delta T_i = N_{p2}\,|\,\delta\Delta\ell_2\,| + N_{p3}\,|\,\delta\Delta\ell_3\,|, \tag{5.22}$$

e δT_e deverá ser positivo para que $F_{c1} > 0$. Assim, assumindo

$$\delta U_1 = -\,0{,}707 \qquad \delta U_2 = 0{,}707 \tag{5.23}$$

que satisfazem (5.20), obtêm-se os alongamentos virtuais:

$$\begin{aligned}
\delta\Delta\ell_1 &= \delta U_1\cos 45° + \delta U_2 \mathrm{sen} 45° = 0\\
\delta\Delta\ell_2 &= \delta U_1\cos 60° + \delta U_2 \mathrm{sen} 60° = 0{,}259\\
\delta\Delta\ell_3 &= \delta U_1\cos 150° + \delta U_2 \mathrm{sen} 150° = 0{,}966
\end{aligned} \tag{5.24}$$

que são representados na Figura 5.8.

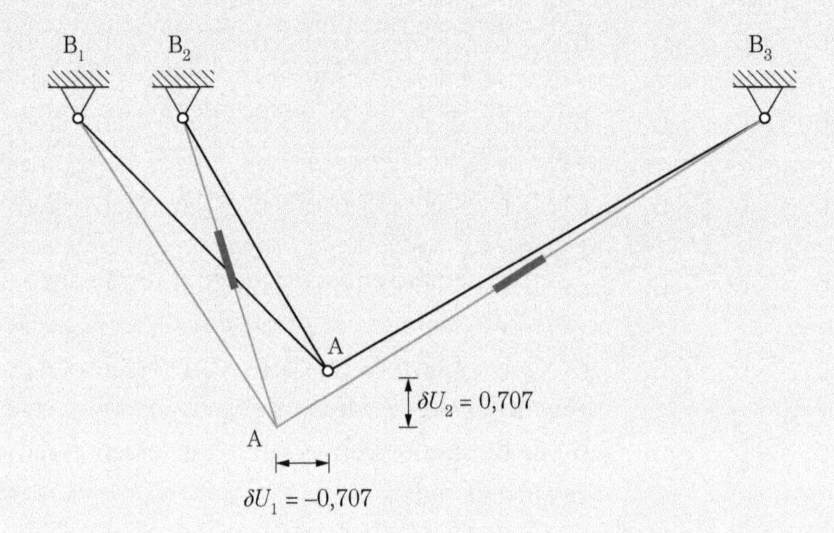

Figura 5.8
Deslocamentos e alongamentos virtuais: mecanismo 1.

A determinação de F_{c1} para o mecanismo 1 é dada pela equação de equilíbrio, convenientemente obtida, pelo teorema dos deslocamentos virtuais, para os deslocamentos e alongamentos virtuais da Figura 5.8, ou seja:

$$\underbrace{F_{c1}\times(-0{,}707)+2F_{c1}\times 0{,}707}_{\delta T_e}=\underbrace{71\times 0{,}259+142\times 0{,}966}_{\delta T_i}, \tag{5.25}$$

que conduz ao valor de $F_{c1} = 220{,}0$ kN. As forças normais nas barras são dadas, então, por:

$$N_1 = 434{,}9 \text{ kN}; \qquad N_2 = 71 \text{ kN} \quad \text{e} \quad N_3 = 142 \text{ kN},$$

que satisfazem às equações de equilíbrio, mas ocorre a violação da condição de plastificação na barra 1, pois $N_1 = 434{,}9 \text{ kN} > N_{p1} = 142$ kN.

Observe-se que, na formulação cinemática, a determinação da carga F_c associada a um mecanismo segue basicamente os seguintes passos:

- definição do mecanismo k;
- definição dos deslocamentos e alongamentos virtuais correspondentes ao mecanismo, que verifiquem a condição $\delta T_e > 0$;
- imposição do equilíbrio pelo teorema dos deslocamentos virtuais;
- cálculo de F_{ck} correspondente ao mecanismo k.

Considere-se agora o mecanismo 2 em que ocorre a plastificação das barras 1 e 3. Assim, a partir dessa condição, a barra 2 não se deforma, simplesmente gira em torno de B_2, e os deslocamentos do ponto A e os alongamentos das barras 1 e 3 ficam condicionados por essa restrição. Os deslocamentos virtuais do ponto A deverão observar:

$$\delta\Delta\ell_2 = \delta U_1 \cos\alpha_2 + \delta U_2 \text{sen}\alpha_2 = 0 \quad \Longrightarrow \quad 0{,}5\delta U_1 + 0{,}866\delta U_2 = 0 \tag{5.26}$$

Assim, adotando os deslocamentos virtuais e $\delta U_1 = -\ 0{,}866$ e $\delta U_2 = 0{,}500$, que satisfazem à (5.26) e são indicados na Figura 5.9, obtém-se:

$$\delta T_e = F_{c2}\delta U_1 + 2F_{c2}\delta U_2 = 0{,}134F_{c2} > 0, \tag{5.27}$$

que observam a condição $\delta T_e > 0$ e conduzem aos seguintes alongamentos virtuais:

$$\begin{aligned} \delta\Delta\ell_1 &= \delta U_1 \cos 45° + \delta U_2 \text{sen} 45° = -\ 0{,}259 \\ \delta\Delta\ell_2 &= \delta U_1 \cos 60° + \delta U_2 \text{sen} 60° = 0 \\ \delta\Delta\ell_3 &= \delta U_1 \cos 150° + \delta U_2 \text{sen} 150° = 1{,}000 \end{aligned} \tag{5.28}$$

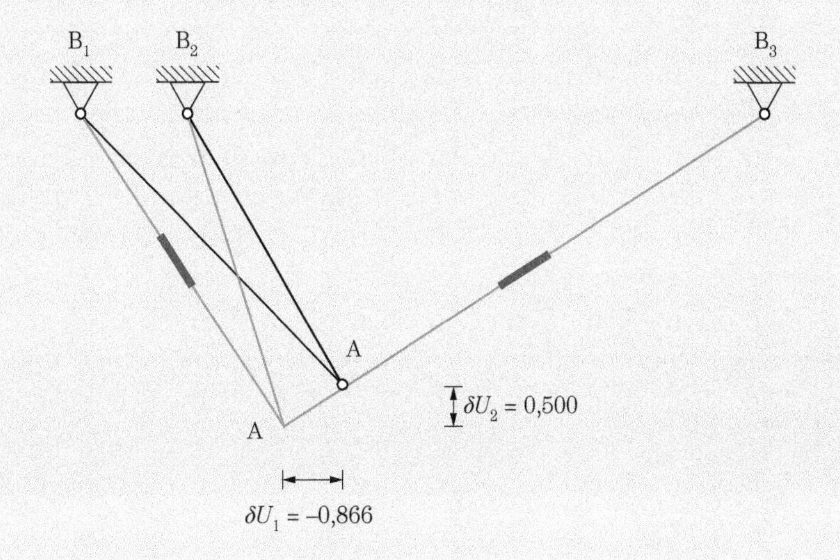

Figura 5.9
Deslocamentos e alongamentos virtuais: mecanismo 2.

e ao trabalho virtual interno:

$$\delta T_i = N_{p1}\,|\,\delta\Delta\ell_1\,|\, + N_{p3}\,|\,\delta\Delta\ell_3\,|\, = 142 \times 0{,}259 + 142 \times 1{,}000 = 178{,}752. \tag{5.29}$$

Assim, considerando o teorema dos deslocamentos virtuais, obtém-se:

$$\delta T_e = \delta T_i \quad \Longrightarrow \quad 0{,}134F_{c2} = 178{,}752, \tag{5.30}$$

que conduz ao valor de $F_{c2} = 1334{,}2$ kN. As forças normais nas barras são dadas, então, por:

$$N_1 = -\ 142 \text{ kN}; \qquad N_2 = 3113{,}1 \text{ kN} \qquad e \qquad N_3 = 142 \text{ kN},$$

que satisfazem às equações de equilíbrio, mas ocorre a violação da condição de plastificação na barra 2, pois $N_2 = 3113{,}1$ kN > > $N_{p2} = 71$ kN.

Considere-se agora o mecanismo 3 em que ocorre plastificação das barras 1 e 2. Assim, a partir dessa condição, a barra 3 não se deforma, simplesmente gira em torno de B_3, e os deslocamentos do ponto A e os alongamentos das barras 1 e 2 ficam condicionados por essa restrição. Os deslocamentos virtuais do ponto A deverão observar:

$$\delta\Delta\ell_3 = \delta U_1 \cos\alpha_3 + \delta U_2 \text{sen}\alpha_3 = 0 \quad \Longrightarrow \quad -0{,}866\delta U_1 + 0{,}5\delta U_2 = 0. \quad (5.31)$$

Assim, adotando os deslocamentos virtuais $\delta U_1 = 0{,}5$ e $\delta U_2 = 0{,}866$, que satisfazem à (5.31) e são representados na Figura 5.10, obtém-se:

$$\delta T_e = F_{c3}\delta U_1 + 2F_{c3}\delta U_2 = 2{,}232F_{c3} > 0, \quad (5.32)$$

que observa a condição $\delta T_e > 0$, e conduzem aos seguintes alongamentos virtuais:

$$\begin{aligned} \delta\Delta\ell_1 &= \delta U_1 \cos 45° + \delta U_2 \text{sen} 45° = 0{,}966 \\ \delta\Delta\ell_2 &= \delta U_1 \cos 60° + \delta U_2 \text{sen} 60° = 1{,}000 \\ \delta\Delta\ell_3 &= \delta U_1 \cos 150° + \delta U_2 \text{sen} 150° = 0 \end{aligned} \quad (5.33)$$

Figura 5.10
Deslocamentos e alongamentos virtuais: mecanismo 3.

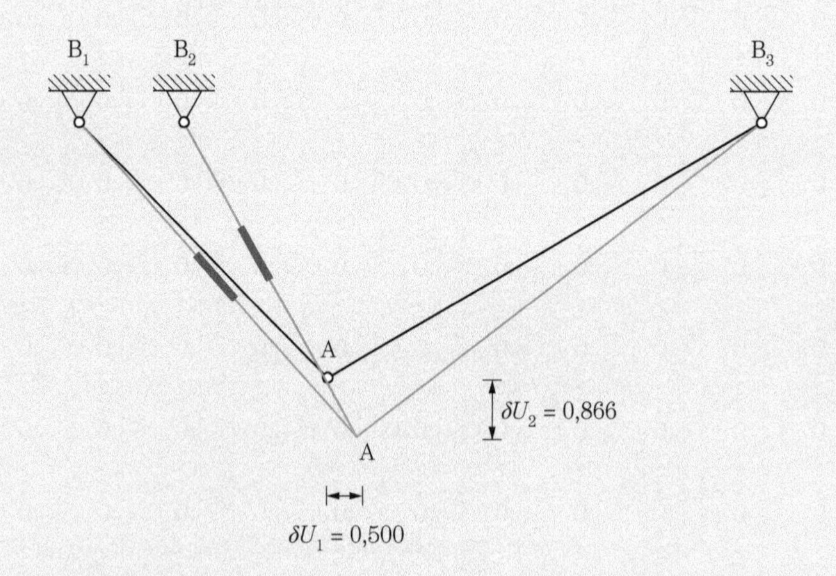

e ao trabalho virtual interno:

$$\delta T_i = N_{p1} \mid \delta\Delta\ell_1 \mid + N_{p2} \mid \delta\Delta\ell_2 \mid = 142 \times 0{,}966 + 71 \times 1{,}000 = 208{,}161. \quad (5.34)$$

Assim, considerando o teorema dos deslocamentos virtuais, obtém-se:

$$\delta T_e = \delta T_i \quad \Longrightarrow \quad 2{,}232 F_{c3} = 208{,}161, \qquad (5.35)$$

que conduz ao valor de $F_{c3} = 93{,}3$ kN. As forças normais nas barras são dadas, então, por:

$$N_1 = 142 \text{ kN}; \quad N_2 = 71 \text{ kN} \quad \text{e} \quad N_3 = 49{,}3 \text{ kN},$$

que satisfazem às equações de equilíbrio e, também, ao critério de plastificação, $|N_i| \leq N_{pi}$.

Considerando que a treliça tem três barras e que duas apenas se plastificam, o número de mecanismos possíveis com $\delta T_e > 0$ é igual à combinação duas a duas dessas barras, ou seja, $\frac{3!}{2!1!} = 3$. Todos eles foram analisados, o que permite concluir que a carga de colapso é dada por $F_{II} = F_{c3}$.

Todas as soluções apresentadas satisfazem à condição de equilíbrio e à condição de mecanismo, e foi possível constatar que $F_{II} = F_{c3} < F_{c1} < F_{c2}$, o que permite intuir o teorema cinemático:

"Dentre todas as soluções equilibradas que satisfazem à condição de mecanismo, aquela com parâmetro de carregamento F_c mínimo corresponde ao colapso plástico".

Note-se que é possível garantir que o parâmetro de colapso seja único, mas não que o mecanismo seja único. Esse mecanismo será único sempre que puder ser definido por somente um grau de liberdade. Quando o mecanismo for definido por mais de um grau de liberdade, serão vários os mecanismos para a mesma carga de colapso, o que na análise incremental se revelará quando o acréscimo de carga que leva a estrutura ao colapso conduzir à formação de dois ou mais elementos plastificados simultaneamente, condição rara, mas que pode ocorrer.

Resulta, imediatamente, dos teoremas estático e cinemático que

$$F_e\,|_{\,máximo} = F_{II} = F_c\,|_{\,mínimo}\,,$$

o que permite enunciar o teorema da unicidade:

"O parâmetro de carregamento que resulta de uma solução equilibrada que satisfaz às condições de plastificação e de mecanismo é o parâmetro de colapso".

Esse teorema abre uma nova perspectiva de análise. Evita a necessidade de analisar todas as soluções equilibradas que satisfazem à condição de plastificação; basta que se verifique em uma delas a condição de mecanismo, e F_{II} estará determinado. Alternativamente, evita a necessidade de analisar todas as soluções equilibradas que satisfazem à condição de mecanismo; basta que se verifique em uma delas a condição de plastificação, e F_{II} estará determinado.

EXEMPLO 5.3 Pórtico biarticulado

Considere-se o pórtico plano biarticulado formado por barras prismáticas de mesma seção transversal e mesmo material elastoplástico perfeito, com momento de plastificação $M_p = 360$ kNm e solicitado pelos esforços externos ativos indicados na Figura 5.11. Desprezam-se os efeitos de força normal e força cortante no momento de plastificação e, considerando carregamento proporcional monotonicamente crescente, calcula-se o coeficiente γ_{II} de colapso plástico.

Figura 5.11
Pórtico plano biarticulado.

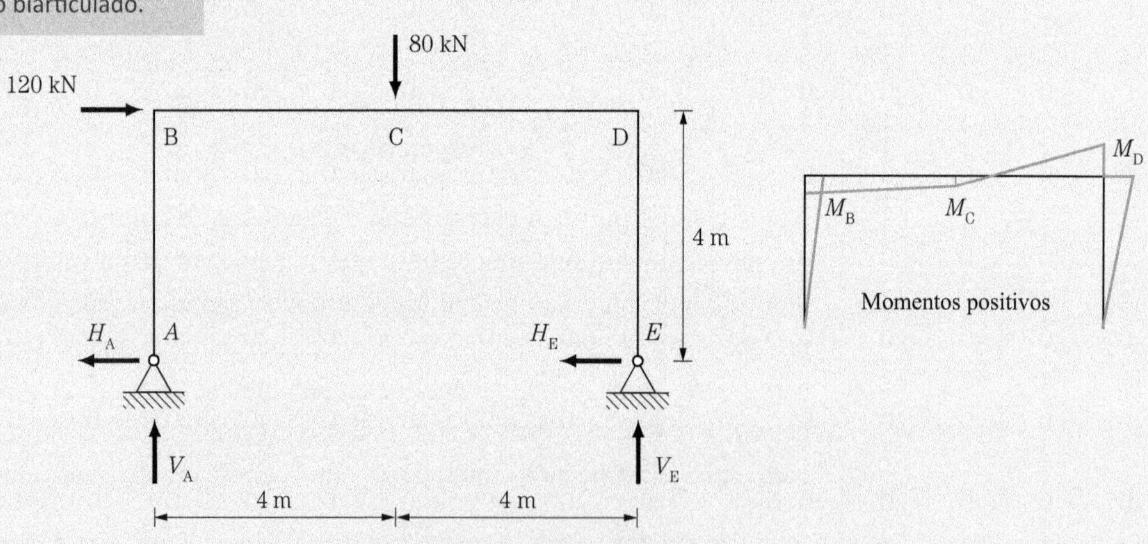

Solução

Formulação estática

As cargas são concentradas, e, por isso, os momentos extremos irão ocorrer nas extremidades das barras e nas seções de aplicação de esforços externos. Como não há momentos externos aplicados, as rótulas plásticas poderão ocorrer em $s=3$ seções (B, C e D), e, considerando que esse pórtico tem grau de hiperestaticidade $g_h = 1$, resulta que esses momentos devem satisfazer a $s - g_h = 2$, equações de equilíbrio independentes, que podem ser estabelecidas diretamente pela aplicação das equações de equilíbrio da estática ou pela aplicação do teorema dos deslocamentos virtuais. Selecionam-se as equações $V_A + V_E = 80\gamma$ e $H_A + H_E = 120\gamma$, expressas em termos dos momentos nas seções críticas:

$$\begin{cases} -M_B + 2M_C + M_D = 320\gamma \\ M_B + M_D = 480\gamma \end{cases} \tag{5.36}$$

estabelecidas com a convenção de sinais dos momentos indicada na Figura 5.11.

Adicionalmente, esses momentos devem satisfazer às condições de plastificação:

$$\begin{aligned} -360 \leq M_B \leq 360 \\ -360 \leq M_C \leq 360 \\ -360 \leq M_D \leq 360 \end{aligned} \tag{5.37}$$

O colapso plástico irá ocorrer quando esses momentos satisfizerem às equações de equilíbrio (5.36) e às condições de plastificação (5.37), levando à formação de um mecanismo pela ocorrência de duas rótulas plásticas.

Considere-se inicialmente a reescrita das equações de equilíbrio (5.36) na forma:

$$\begin{cases} 2M_C + 2M_D = 800\gamma \\ M_B + M_D = 480\gamma \end{cases} \tag{5.38}$$

onde a primeira equação de (5.38) foi obtida pela soma das duas equações de (5.36). Admitindo que os momentos M_B, M_C e M_D sejam positivos e considerando que o carregamento é monotonicamente crescente, pode-se concluir imediatamente que as condições de plastificação se reduzem a:

$$\begin{aligned} 0 \leq M_B \leq 360 \\ 0 \leq M_C \leq 360 \\ 0 \leq M_D \leq 360 \end{aligned} \tag{5.39}$$

e, portanto:

$$\begin{aligned} 2M_C + 2M_D = 800\gamma \leq 4M_p = 1440 \\ M_B + M_D = 480\gamma \leq 2M_p = 720 \end{aligned} \tag{5.40}$$

o que resulta em $\gamma \leq 1{,}8$ e $\gamma \leq 1{,}5$, respectivamente.

Para a condição de $\gamma = 1{,}8$, as seções C e D se plastificam, com $M_C = M_D = 360\text{kNm}$, e, da segunda equação de equilíbrio de (5.38), obtém-se $M_B = 504\text{kNm} > 360\text{kNm}$, que viola a condição de plastificação. Para satisfazer à condição de plastificação, reduzem-se os valores encontrados na proporção $\frac{360}{504}$, o que conduz a

$$\gamma_{e1} = 1{,}29 \qquad M_B = 360\text{ kNm} \qquad M_C = 237\text{ kNm} \qquad M_D = 237\text{ kNm}$$

que é uma solução equilibrada e satisfaz às condições de plastificação, mas não leva à formação de um mecanismo.

Para a condição de $\gamma = 1{,}5$, as seções B e D se plastificam, com $M_B = M_D = 360\text{ kNm}$, e, da primeira equação de equilíbrio de (5.38), obtém-se $M_C = 240\text{ kNm}$. Nessas condições, a hipótese de momentos positivos e as condições de plastificação estão verificadas com a formação de mecanismo, e, portanto, esses momentos definem a distribuição de momentos fletores na iminência do colapso plástico, conforme mostra a Figura 5.13, com multiplicador de colapso $\gamma_{II} = \gamma_{e2} = 1{,}5$. Note-se que $\gamma_{e1} < \gamma_{e2} = \gamma_{II}$ e que esse tipo de análise foi possível pelo acerto na escolha do sentido positivo dos momentos e pelas condições particulares desse problema. A propósito, de (5.38), temos

$$\begin{aligned} M_C + M_D &= 400\gamma \\ M_B + M_D &= 480\gamma \end{aligned}$$

Por diferença, $M_B - M_C = 80\gamma$, o que mostra que $M_B > M_C$ e, assim, as rótulas devem se formar em B e D.

Outra forma de determinar o valor de γ_{II} é a busca do máximo de γ_e que satisfaz a um sistema de equações e inequações, como se mostra a seguir.

Considerando as equações de equilíbrio (5.38), pode-se definir M_B e M_C em função de M_D e γ, ou seja:

$$\begin{aligned} M_B &= -M_D + 480\gamma \\ M_C &= -M_D + 400\gamma \end{aligned} \tag{5.41}$$

que, introduzidas em (5.39), levam às seguintes inequações:

$$\begin{cases} -M_D + 480\gamma + 360 \geq 0 & \text{(a)} \\ -M_D + 400\gamma + 360 \geq 0 & \text{(b)} \\ M_D + 360 \geq 0 & \text{(c)} \end{cases} \quad \text{e} \quad \begin{cases} M_D - 480\gamma + 360 \geq 0 & \text{(d)} \\ M_D - 400\gamma + 360 \geq 0 & \text{(e)} \\ -M_D + 360 \geq 0 & \text{(f)} \end{cases} \tag{5.42}$$

e, matematicamente, o problema consiste em buscar o máximo valor de γ_e, função de duas variáveis M_D e γ, que satisfaz às seis inequações (5.42).

Apresenta-se, inicialmente, a solução simples e clara desse problema, propiciada pela interpretação geométrica das inequações (5.42). A Figura 5.12 mostra a região admissível de todas as soluções que satisfazem às equações de equilíbrio e à condição de plastificação, que é determinada pelas inequações (5.42(d)), (5.42(f)) e $\gamma_e > 0$. A simples inspeção visual dessa região permite constatar que duas rótulas plásticas ocorrem somente no ponto B, definido pela intersecção das retas $-M_D + 360 = 0$ e $M_D - 480\gamma + 360 = 0$, o que conduz a $\gamma_{II} = \gamma_e = 1{,}5$ e $M_D = 360\,\text{kNm}$ e, com o auxílio de (5.41), a $M_B = 360\,\text{kNm}$ e $M_C = 240\,\text{kNm}$, que definem a carga de colapso e a distribuição de momentos fletores na iminência do colapso. Assim, dentre todas as soluções equilibradas que satisfazem as condições de plastificação, aquela com $\gamma_{e,max}$ corresponde ao colapso plástico, ou seja, $\gamma_{II} = max(\gamma_e)$.

Figura 5.12
Região admissível de soluções na formulação estática.

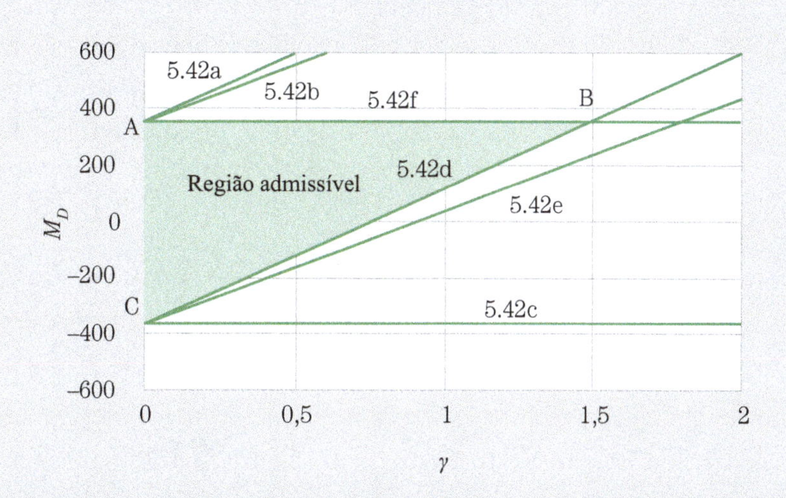

Apresenta-se a seguir, um procedimento algébrico de aplicação mais geral para resolver o problema da busca do máximo valor de γ_e, função de duas variáveis M_D e γ, que satisfaz às seis inequações (5.42).

Inicialmente, estabelecem-se as combinações entre as inequações (5.42) de modo que se elimine M_D dessas inequações. Não há a necessidade de analisar as nove possíveis combinações, pois as combinações entre (5.42(a)) e (5.42(d)), entre (5.42(b)) e (5.42(e)), e entre (5.42(c)) e (5.42(f)) são naturalmente verificadas. Assim, considerando as combinações

(5.42(a)) + (5.42(c)); (5.42(a)) + (5.42(f)); (5.42(b)) + (5.42(c));
(5.42(b)) + (5.42(d)); (5.42(d)) + (5.42(f)); (5.42(e)) + (5.42(f)),

obtêm-se, respectivamente:

$$\begin{matrix} 480\gamma + 720 \geq 0 \;\text{(a)} & & -80\gamma + 720 \geq 0 \;\text{(d)} \\ 80\gamma + 720 \geq 0 \;\text{(b)} & \text{e} & -480\gamma + 720 \geq 0 \;\text{(e)} \\ 400\gamma + 720 \geq 0 \;\text{(c)} & & -400\gamma + 720 \geq 0 \;\text{(f)} \end{matrix} \tag{5.43}$$

As desigualdades que apresentam coeficiente positivo de γ são atendidas, pois $\gamma > 0$. Resta verificar as condições impostas pelas inequações (5.43(d)), (5.43(e)) e (5.43(f)), que levam respectivamente a:

$$\gamma_{e1} \leq 9; \quad \gamma_{e2} \leq 1{,}5; \quad \gamma_{e3} \leq 1{,}8, \tag{5.44}$$

do que resulta $\gamma_{II} = \gamma_{e2} = 1{,}5$, que é o maior valor de γ_e que verifica as equações de equilíbrio e as condições de plastificação.

Uma vez obtido o valor de γ_{II}, obtêm-se os valores dos momentos fletores por um caminho inverso. Assim, introduzindo $\gamma_{II} = 1{,}5$ nas inequações (5.42), obtêm-se, respectivamente:

$$\begin{cases} M_D \leq 1080 \\ M_D \leq 960 \\ M_D \geq -360 \end{cases} \quad \text{e} \quad \begin{cases} M_D \geq 360 \\ M_D \geq 240 \\ M_D \leq 360 \end{cases} \tag{5.45}$$

de onde se conclui que $M_D = 360$ kNm. Os valores de M_B e M_C são obtidos com a introdução dos valores de M_D e γ_{II} nas equações de equilíbrio (5.41), o que conduz a

$$M_B = 360 \text{ kNm} \qquad e \qquad M_C = 240 \text{ kNm} \tag{5.46}$$

e a um mecanismo com a formação de rótulas plásticas em B e D. A Figura 5.13 apresenta o diagrama de momentos fletores na iminência do colapso e o mecanismo de colapso.

Figura 5.13
Diagrama de momentos fletores e mecanismo no colapso.

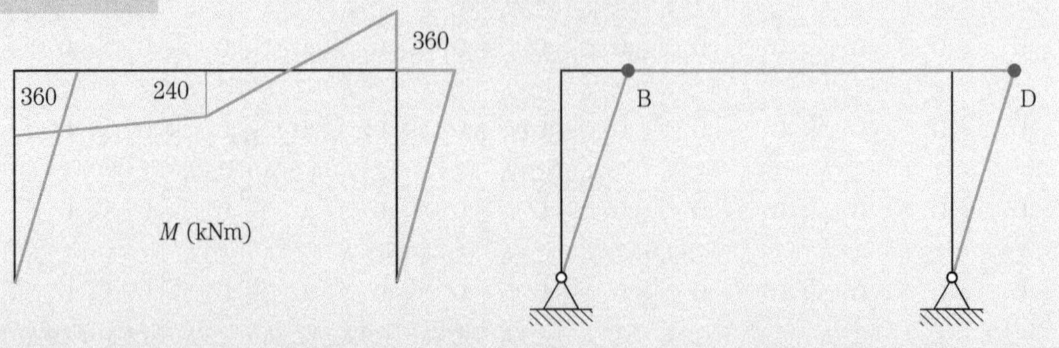

Formulação cinemática

No colapso plástico do pórtico da Figura 5.11, forma-se um mecanismo pela ocorrência de duas rótulas plásticas que, em virtude de não haver momentos externos, poderão se localizar nas seções contíguas aos nós B, C e D. Uma forma de tratar o problema posto é calcular para todos os possíveis mecanismos os respectivos valores de γ_c e, fisicamente, perceber que o mecanismo de colapso será aquele para o qual γ_c seja mínimo. É importante notar que apenas dois desses mecanismos são independentes e correspondem em igual número ao de equações de equilíbrio independentes da formulação estática. Assim, o número de mecanismos independentes é dado pela expressão $s - g_h = 2$, ou seja, pela diferença entre o número de rótulas plásticas que podem ocorrer e o grau de hiperestaticidade.

Calcula-se o valor de γ_c para certo mecanismo, pela aplicação do teorema dos deslocamentos virtuais, considerando os trabalhos realizados pelos esforços externos e internos na condição de possível colapso em decorrência de deslocamentos e rotações virtuais, arbitrariamente pequenos, que caracterizam o movimento do mecanismo selecionado com deformações exclusivamente nas rótulas plásticas. Essa aplicação contempla as equações de equilíbrio e a condição de mecanismo e se apresenta na forma:

$$\underbrace{F_1\delta U_1 + F_2\delta U_2}_{\delta T_e} = \underbrace{\sum_k M_{pk}\left|\delta\theta_k\right|}_{\delta T_i} \tag{5.47}$$

onde F_i representa um esforço externo ativo, δU_i o deslocamento virtual conjugado a F_i, M_{pk} o momento de plastificação numa seção, e $\delta\theta_k$ a rotação virtual conjugada a M_{pk}.

Considere-se inicialmente o mecanismo 1, em que ocorrem rótulas plásticas nas seções B e D. A rótula poderá ocorrer na seção B da barra BA ou na seção B da barra BC, ou quando os momentos de plastificação nestas seções não são diferentes entre si, indica-se, por simplicidade, a formação da rótula no nó B; esse procedimento aplica-se também a outros nós na mesma situação. A Figura 5.14 apresenta os deslocamentos e as rotações virtuais correspondentes ao mecanismo 1.

Figura 5.14
Mecanismo 1: deslocamentos e rotações virtuais.

Assim, com os esforços externos da Figura 5.11 ponderados pelo coeficiente γ_{c1} e os deslocamentos e rotações virtuais da Figura 5.14, obtém-se

$$\underbrace{120\gamma_{c1} \times 4\delta\theta}_{\delta T_e} = \underbrace{360 \times \delta\theta + 360 \times \delta\theta,}_{\delta T_i} \tag{5.48}$$

que conduz ao valor do coeficiente $\gamma_{c1} = 1{,}5$, associado ao mecanismo 1.

Considere-se agora o mecanismo 2, em que ocorrem rótulas plásticas nas seções C e D. A Figura 5.15 apresenta os deslocamentos e as rotações virtuais correspondentes ao mecanismo 2.

Figura 5.15
Mecanismo 2: deslocamentos e rotações virtuais.

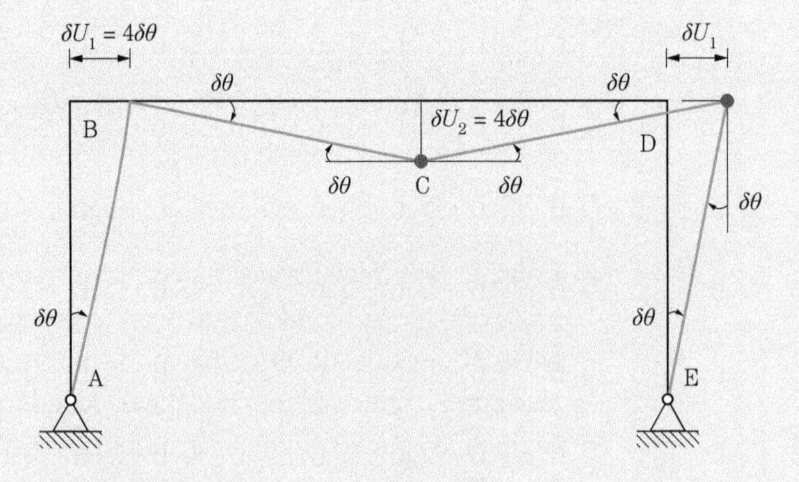

Assim, com os esforços externos da Figura 5.11 ponderados do coeficiente γ_{c2} e os deslocamentos e rotações virtuais da Figura 5.15, obtém-se

$$\underbrace{120\gamma_{c2} \times 4\delta\theta + 80\gamma_{c2} \times 4\delta\theta}_{\delta T_e} = \underbrace{360 \times 2\delta\theta + 360 \times 2\delta\theta,}_{\delta T_i} \tag{5.49}$$

que conduz ao valor do coeficiente $\gamma_{c2} = 1{,}8$ associado ao mecanismo 2.

Observa-se que um terceiro mecanismo, combinação dos apresentados, somente poderia ocorrer com $\gamma_{c1} = \gamma_{c2}$ – o que não é o caso neste exemplo –, o que implicaria a formação de três rótulas plásticas em B, C e D, sendo as duas últimas de forma simultânea.

Portanto, considerando que esse pórtico somente tem esses dois mecanismos com $\delta T_e > 0$, o mecanismo de colapso é aquele com o valor mínimo de γ_c, ou seja, é o mecanismo 1 e $\gamma_{II} = \gamma_{c1} = 1{,}5 < \gamma_{c2} = 1{,}8$. O momento em B pode ser obtido por equilíbrio, e o diagrama de momentos fletores com o correspondente mecanismo na condição de colapso são apresentados na Figura 5.13.

EXEMPLO 5.4 Pórtico biengastado

Considere-se o pórtico plano do Exemplo 5.3, agora biengastado, como mostra a Figura 5.16. Calcula-se o coeficiente γ_{II} de colapso plástico.

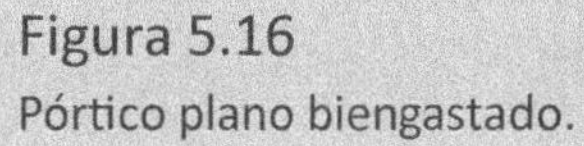
Figura 5.16
Pórtico plano biengastado.

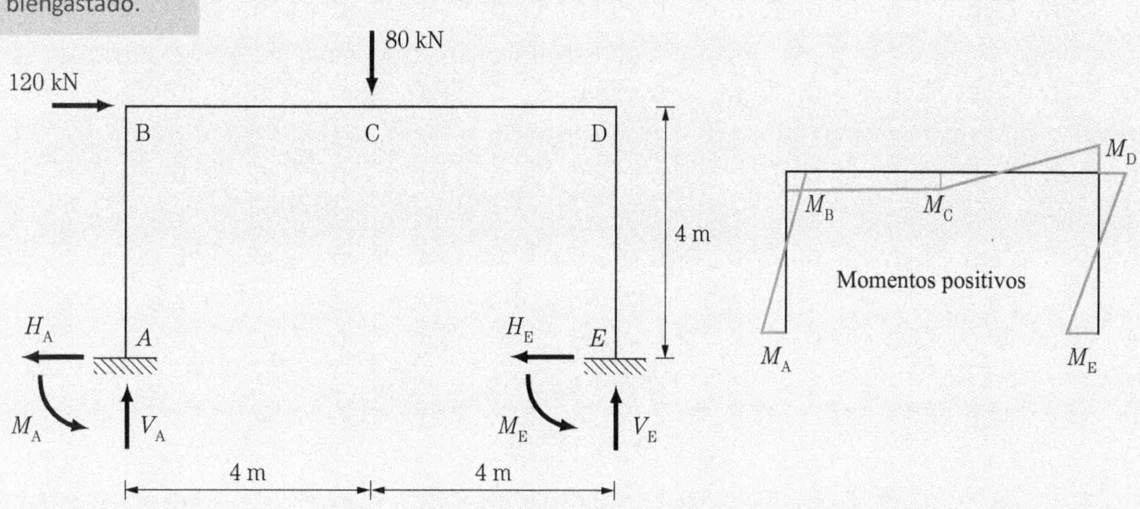

Solução

Formulação estática

As rótulas plásticas poderão ocorrer em $s = 5$ seções, e, considerando que esse pórtico tem grau de hiperestaticidade $g_h = 3$, resulta que esses momentos devem satisfazer a $s - g_h = 2$ equações de equilíbrio independentes. Selecionam-se as equações $V_A + V_E = 80\gamma$ e $H_A + H_E = 120\gamma$, expressas em termos dos momentos nas seções críticas selecionadas:

$$\begin{cases} -M_B + 2M_C + M_D = 320\gamma & (a) \\ M_A + M_B + M_D + M_E = 480\gamma & (b) \end{cases} \tag{5.50}$$

com os momentos positivos indicados na Figura 5.16. Adicionalmente, esses momentos devem satisfazer às dez condições de plastificação, dadas por:

$$\begin{aligned} -360 \leq M_A \leq 360 \\ -360 \leq M_B \leq 360 \\ -360 \leq M_C \leq 360 \\ -360 \leq M_D \leq 360 \\ -360 \leq M_E \leq 360 \end{aligned} \tag{5.51}$$

O colapso plástico irá ocorrer quando esses momentos satisfizerem às equações de equilíbrio (5.50) e às condições de plastificação (5.51), levando à formação de um mecanismo.

Uma forma simples de obter o coeficiente de colapso plástico consiste em perceber que poderá ocorrer com a formação de três ou quatro rótulas plásticas, e aplicar um procedimento de tentativas com os seguintes passos:

1. atribuem-se os valores dos momentos de plastificação nas rótulas selecionadas, indicando o lado tracionado;
2. calculam-se o coeficiente do carregamento e os valores dos momentos fletores nas seções não plastificadas correspondentes, com a utilização das equações de equilíbrio;
3. verifica-se se esses momentos obtidos satisfazem às condições de plastificação;
4. em caso positivo, encerra-se o processo, e o coeficiente de carregamento obtido é o coeficiente de colapso plástico e a distribuição de momentos é a da iminência do colapso;
5. em caso negativo, obtém-se a solução equilibrada que satisfaz à condição de plastificação e retorna-se ao passo 1.

Apresentam-se, a seguir, várias análises com o procedimento descrito.

Caso 1 – considere-se que ocorram rótulas plásticas nas seções B, C e D com os momentos aplicados nos sentidos positivos indicados na Figura 5.16, ou seja: $M_B = M_C = M_D = 360$ kNm, com a distribuição de momentos fletores da Figura 5.17.

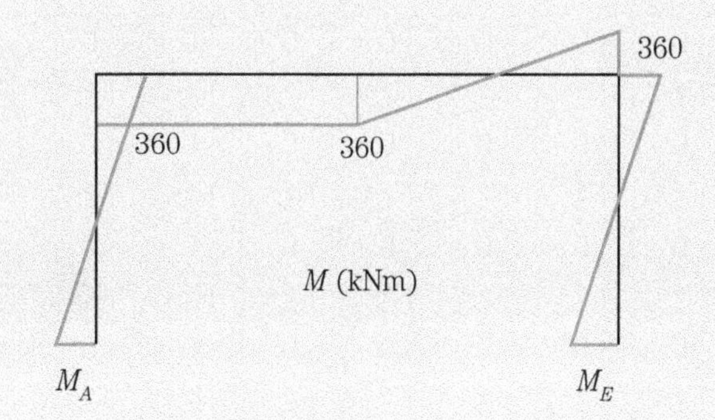

Figura 5.17
Distribuição de momentos fletores: caso 1.

As Equações (5.50) permitem estabelecer:

$$\begin{aligned} 2 \times 360 = 320\gamma \quad &\Longrightarrow \quad \gamma = 2{,}25 \\ M_A + M_E &= 360 \end{aligned} \tag{5.52}$$

sem que seja possível identificar os valores para M_A e M_E e com todas as seções entre B e C com rótulas plásticas. Trata-se, pois, de problema indeterminado para o qual não se pode garantir a condição de plastificação nem associar um mecanismo de colapso. É uma distribuição mal selecionada.

Caso 2 – considere-se novamente que ocorram rótulas plásticas nas seções B, C e D, agora com $M_B = -\,360$ kNm e $M_C = M_D = 360$ kNm, com a distribuição de momentos fletores da Figura 5.18.

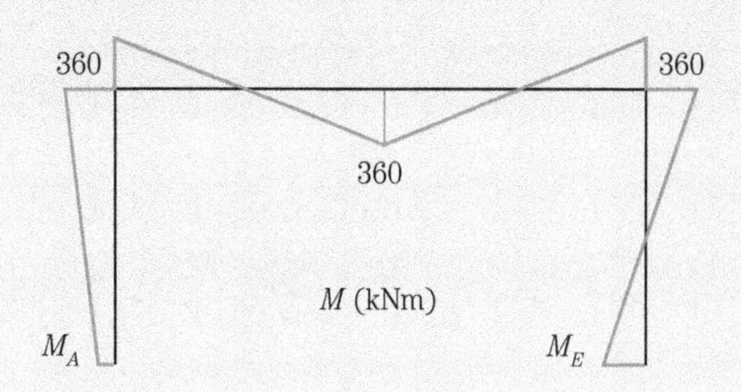

Figura 5.18
Distribuição de momentos fletores: caso 2.

As Equações (5.50) permitem estabelecer:

$$\begin{aligned} 4 \times 360 = 320\gamma \quad &\Longrightarrow \quad \gamma = 4{,}5 \\ M_A + M_E &= 1440 \end{aligned} \tag{5.53}$$

sem que seja possível identificar os valores de M_A e M_B, mas podendo-se constatar imediatamente que pelo menos um dos dois momentos viola a condição de plastificação. Logo, essa solução também não corresponde ao colapso plástico.

Caso 3 – considere-se que ocorram rótulas plásticas nas seções A, B, D e E com $M_A = M_B = M_D = M_E = 360$ kNm, com a distribuição de momentos fletores da Figura 5.19.

Figura 5.19
Distribuição de momentos fletores: caso 3.

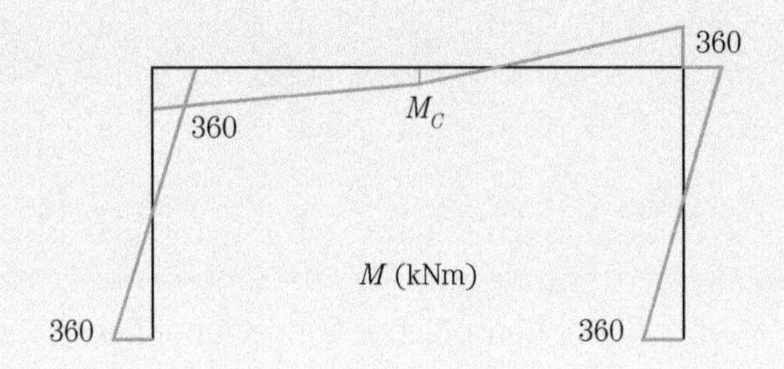

As Equações (5.50) permitem estabelecer:

$$\begin{aligned} 4 \times 360 = 480\gamma \quad &\Longrightarrow \quad \gamma = 3 \\ M_C = 480 \text{ kNm} &> M_p = 360 \text{ kNm} \end{aligned} \tag{5.54}$$

que viola a condição de plastificação; logo, essa solução também não corresponde ao colapso plástico. Neste caso, para satisfazer à condição de plastificação, é possível reduzir os valores encontrados na proporção $\frac{360}{480}$, o que conduz a:

$$\gamma_{e3} = 2{,}25 \qquad M_A = M_B = M_D = M_E = 270 \text{ kNm} \qquad M_C = 360 \text{ kNm}$$

que é uma solução equilibrada e satisfaz às condições de plastificação, mas não leva à formação de um mecanismo.

Caso 4 – considere-se que ocorram rótulas plásticas nas seções A, B, C e E, ou seja, $M_A = M_B = M_E = 360$ kNm e $M_C = -360$ kNm, com a distribuição de momentos fletores da Figura 5.20.

Figura 5.20
Distribuição de momentos fletores: caso 4.

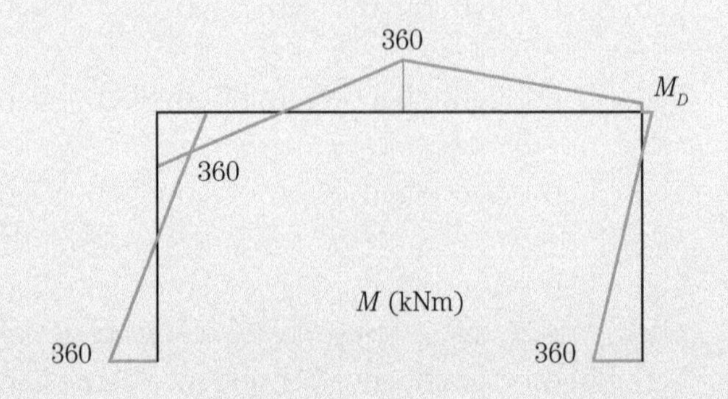

A combinação linear das Equações (5.50) visando à eliminação de M_D permite estabelecer:

$$M_A + 2M_B - 2M_C + M_E = 160\gamma \tag{5.55}$$

o que permite obter:

$$6 \times 360 = 160\gamma \implies \gamma = 13{,}5 \tag{5.56}$$

e, considerando esse resultado em (5.50),

$$M_D = 5400 \text{ kNm} >> M_p = 360 \text{ kNm} \tag{5.57}$$

que viola a condição de plastificação e não corresponde ao colapso plástico. Para satisfazer à condição de plastificação, é possível reduzir os valores encontrados na proporção $\frac{360}{5400}$, o que conduz a

$$\gamma_{e4} = 1{,}5 \qquad M_A = M_B = M_E = 24 \text{ kNm} \qquad M_C = -24 \text{ kNm} \qquad M_D = 360 \text{ kNm}$$

que é uma solução equilibrada e satisfaz às condições de plastificação, mas não leva à formação de um mecanismo.

Caso 5 – considere-se que ocorram rótulas plásticas nas seções A, C, D e E, ou seja, $M_A = M_C = M_D = M_E = 360$ kNm, com a distribuição de momentos fletores da Figura 5.21.

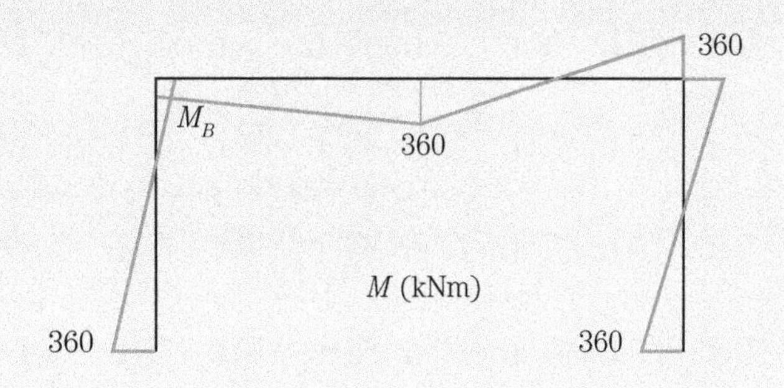

Figura 5.21
Distribuição de momentos fletores: caso 5.

A combinação linear das equações de equilíbrio (5.50) visando à eliminação de M_B permite estabelecer:

$$M_A + 2M_C + 2M_D + M_E = 800\gamma \tag{5.58}$$

e

$$6 \times 360 = 800\gamma \implies \gamma = 2{,}7\ , \tag{5.59}$$

e, considerando esse resultado em (5.50),

$$M_B = 216 \text{ kNm} < M_p = 360 \text{ kNm}, \tag{5.60}$$

que satisfaz à condição de plastificação com a formação de mecanismo, e, portanto, o coeficiente de colapso plástico é $\gamma_{II} = \gamma_{e5} = 2{,}7 > \gamma_{e3} = 2{,}25 > \gamma_{e4} = 1{,}5$ sendo a distribuição de momentos fletores na iminência do colapso apresentada na Figura 5.21, com $M_B = 216$ kNm.

Assim, dentre todas as soluções equilibradas que satisfazem às condições de plastificação, aquela com $\gamma_{e,max}$ corresponde ao colapso plástico, ou seja, $\gamma_{II} = max\,(\gamma_e)$.

Bem como nos outros exemplos estudados neste capítulo, admitiu-se que o valor do coeficiente de colapso plástico γ_{II} seja único, e, portanto, encontrado o máximo γ_e que satisfaça as equações de equilíbrio e as condições de plastificação, ele será igual a γ_{II}, o que é demonstrado no Capítulo 6. Neste exemplo, a distribuição de momentos fletores na iminência do colapso também é única pelo fato de se ter $M_B < M_p$.

O número de casos estudados poderia ser reduzido se ele fosse precedido de um olhar atento à estrutura; eles poderiam ser reduzidos aos casos 2, 3 e 5.

Um procedimento mais sistemático consistiria em resolver o sistema de equações de equilíbrio (5.50) e de inequações (5.51) com a condição de máximo coeficiente estático, o que se fará pelo método das inequações e pelo método simplex, como problema de programação linear, nos Capítulos 7 e 8, respectivamente.

Formulação cinemática

No colapso plástico do pórtico da Figura 5.16, forma-se um mecanismo pela ocorrência de três ou quatro rótulas plásticas que poderão se localizar em cinco seções críticas A, B, C, D ou E. Como já se mencionou anteriormente, uma forma de tratar esse problema é calcular para todos os possíveis mecanismos os respectivos valores de γ_c e, fisicamente, perceber que o mecanismo de colapso será aquele para o qual γ_c seja mínimo. Apenas dois desses mecanismos são independentes e correspondem, em igual número, ao de equações de equilíbrio independentes da formulação estática; o número de mecanismos independentes é dado pela expressão $s - g_h = 2$, ou seja, pela diferença entre o número de rótulas plásticas que podem ocorrer e o grau de hiperestaticidade.

Calcula-se o valor de γ_c para certo mecanismo, pela aplicação do teorema dos deslocamentos virtuais, considerando os trabalhos realizados pelos esforços externos e internos na condição de possível colapso em decorrência de deslocamentos e rotações virtuais, arbitrariamente pequenos, que caracterizam o movimento do mecanismo associado com deformações exclusivamente nas rótulas plásticas. Nessas condições, a aplicação do teorema dos deslocamentos virtuais contempla as equações de equilíbrio e a condição de mecanismo e se apresenta na forma:

$$\underbrace{F_1\delta U_1 + F_2\delta U_2}_{\delta T_e} = \underbrace{\sum_k M_{pk}\left|\delta\theta_k\right|}_{\delta T_i} \tag{5.61}$$

onde F_i representa um esforço externo ativo, δU_i o deslocamento virtual conjugado a F_i, M_{pk} o momento de plastificação numa seção, e $\delta\theta_k$ a rotação virtual conjugada a M_{pk}.

Considere-se inicialmente como mecanismo independente 1 aquele em que ocorrem rótulas plásticas nas seções contíguas a B, C e D. A Figura 5.22 apresenta os deslocamentos e as rotações virtuais correspondentes a esse mecanismo.

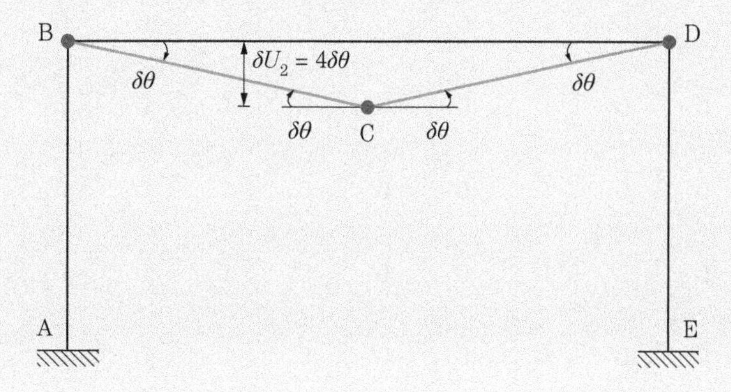

Figura 5.22
Mecanismo 1: deslocamentos e rotações virtuais.

Assim, com os esforços externos da Figura 5.16 ponderados pelo coeficiente γ_{c1} e os deslocamentos e rotações virtuais da Figura 5.22, resulta da aplicação de (5.61)

$$\underbrace{80\gamma_{c1} \times 4\delta\theta}_{\delta T_e} = \underbrace{360 \times \delta\theta + 360 \times 2\delta\theta + 360 \times \delta\theta,}_{\delta T_i} \tag{5.62}$$

que conduz ao valor do coeficiente cinemático do mecanismo 1, $\gamma_{c1} = 4{,}5$. Note-se que a distribuição de momentos fletores do caso 2 da formulação estática corresponde ao mecanismo 1, e já se sabe que ela viola a condição de plastificação.

Considere-se como mecanismo independente 2 aquele em que se formam rótulas plásticas nas seções contíguas a A, B, D e E. A Figura 5.23 apresenta os deslocamentos e as rotações virtuais correspondentes a esse mecanismo.

Figura 5.23
Mecanismo 2: deslocamentos e rotações virtuais.

Assim, com os esforços externos ativos da Figura 5.16 ponderados pelo coeficiente γ_{c2} e os deslocamentos e rotações virtuais da Figura 5.23, resulta da aplicação de (5.61)

$$\underbrace{120\gamma_{c2} \times 4\delta\theta}_{\delta T_e} = \underbrace{360 \times \delta\theta + 360 \times \delta\theta + 360 \times \delta\theta + 360 \times \delta\theta}_{\delta T_i}, \tag{5.63}$$

que conduz ao valor do coeficiente cinemático do mecanismo 2, $\gamma_{c2} = 3$. Note-se que a distribuição de momentos fletores do caso 3 da formulação estática corresponde ao mecanismo 2, e também viola a condição de plastificação.

Um terceiro mecanismo pode ser obtido com a combinação dos mecanismos independentes, que se caracteriza pela formação de rótulas plásticas nas seções contíguas a A, B, C e E. A Figura 5.24 apresenta os deslocamentos e as rotações virtuais correspondentes a esse mecanismo.

Figura 5.24
Mecanismo 3: deslocamentos e rotações virtuais.

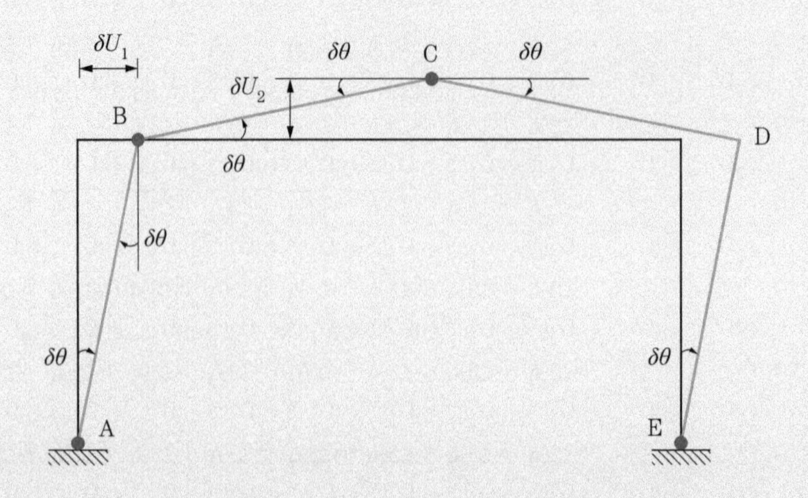

Assim, com os esforços externos da Figura 5.16 ponderados pelo coeficiente γ_{c3} e os deslocamentos e rotações virtuais da Figura 5.24, resulta da aplicação de (5.61)

$$\underbrace{120\gamma_{c3} \times 4\delta\theta - 80\gamma_{c3} \times 4\delta\theta}_{\delta T_e} = \underbrace{360 \times \delta\theta + 360 \times 2\delta\theta + 360 \times 2\delta\theta + 360 \times \delta\theta}_{\delta T_i}, \tag{5.64}$$

que conduz ao valor do coeficiente cinemático do mecanismo 3, $\gamma_{c3} = 13{,}5$. Note-se que a distribuição de momentos fletores do caso 4 da formulação estática corresponde ao mecanismo 3. Destaca-se que a parcela de δT_e negativa é a responsável pelo elevado valor de γ_{c3}. Apesar de ser um mecanismo possível, ele está distante de ser um bom candidato a mecanismo de colapso. Pode-se perceber que uma condição de mecanismo deve observar a condição $\delta T_e > 0$ e, para ser um bom candidato, com parcelas positivas.

Um quarto mecanismo pode ser obtido com a combinação dos mecanismos independentes, que se caracteriza pela rotação de nó rígido em B e rótulas plásticas nas seções contíguas a A, C, D e E. A Figura 5.25 apresenta os deslocamentos e as rotações virtuais correspondentes a esse mecanismo.

Figura 5.25
Mecanismo 4: deslocamentos e rotações virtuais.

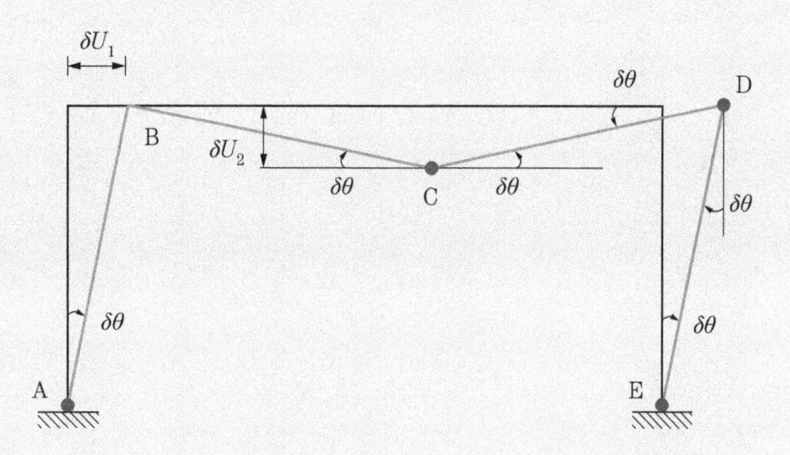

Assim, com os esforços externos da Figura 5.16 ponderados pelo coeficiente γ_{c4} e os deslocamentos e rotações virtuais da Figura 5.25, resulta da aplicação de (5.61)

$$\underbrace{120\gamma_{c4} \times 4\delta\theta + 80\gamma_{c4} \times 4\delta\theta}_{\delta T_e} = \underbrace{360 \times \delta\theta + 360 \times 2\delta\theta + 360 \times 2\delta\theta + 360 \times \delta\theta}_{\delta T_i}, \tag{5.65}$$

que conduz ao valor do coeficiente cinemático do mecanismo 4, $\gamma_{c4} = 2{,}7$. Note-se que a distribuição de momentos fletores do caso 4 corresponde ao mecanismo 5 da formulação estática.

Outros mecanismos poderiam ser considerados, mas teriam $\delta T_e < 0$, o que indica que não são fisicamente admissíveis. Assim, os mecanismos apresentados são todos os que observam $\delta T_e > 0$ e, portanto, o mecanismo de colapso é o mecanismo 4 e $\gamma_{II} = \gamma_{c4} = 2{,}7$, ou seja, dentre todas as soluções equilibradas que satisfazem à condição de mecanismo, aquela com $\gamma_{c,min}$ corresponde ao colapso plástico.

6 TEOREMAS DA ANÁLISE LIMITE

Os teoremas e suas demonstrações, que constituem a base da análise limite para carregamentos proporcionais, foram, provavelmente pela primeira vez, apresentados por A. A. Gvozdev na *Conference on plastic deformations*, realizada em dezembro de 1936 e cujos anais foram publicados pela Academia de Ciências da União Soviética em 1938, tendo como editor B. G. Galerkin. Esse trabalho permaneceu de conhecimento muito restrito até 1960, quando R. M. Haythornthwaite teve a feliz iniciativa de traduzir e publicar o trabalho original (GVOZDEV, 1960). Em 1949, Greenberg e Prager (1951) apresentaram demonstrações de teoremas de limite superior e inferior do coeficiente de proporcionalidade, e, em 1950, Horne (1949) apresentou prova do teorema da unicidade.

As demonstrações que se apresentam a seguir apoiam-se nos trabalhos de Gvozdev (1960) e Baker, Heyman e Horne (1956) e utilizam extensivamente os conceitos de trabalhos virtuais.

6.1 Conceitos básicos

Considere-se uma estrutura reticulada plana submetida a carregamento proporcional monotonicamente crescente $\gamma\overline{P}_\ell$ no plano da estrutura, onde $\overline{P}_\ell$ são esforços externos ativos concentrados de referência ponderados por multiplicador (ou coeficiente de proporcionalidade ou coeficiente de carregamento) γ e as resultantes distribuições de esforços solicitantes, de deslocamentos e de deformações na estrutura.

A identificação das características das distribuições dos esforços solicitantes, dos deslocamentos e deformações virtuais e de suas relações entre si e com os esforços externos é a base para o estabelecimento dos teoremas da análise limite. Essa identificação é estabelecida por três condições: a condição de equilíbrio, a condição de plastificação e a condição de mecanismo.

A **condição de equilíbrio** exige que os esforços externos, ativos e reativos, e os esforços solicitantes satisfaçam às equações de equilíbrio. O estabelecimento das equações de equilíbrio é obtido, convenientemente, pela aplicação do teorema dos deslocamentos virtuais ou, alternativamente, pela aplicação direta das equações de equilíbrio, na sua forma clássica. Alguns autores preferem obter essas equações pelo Teorema das Potências Virtuais, que é conceitualmente equivalente ao Teorema dos Deslocamentos Virtuais para análise quase-estática.

A **condição de plastificação** é satisfeita para uma distribuição de esforços solicitantes que verifique as restrições:

$$-N_p \leq N \leq N_p \quad \text{e} \quad -M_p \leq M \leq M_p\,, \tag{6.1}$$

onde N e M são a força normal e o momento fletor em uma seção transversal da estrutura, e $N_p = \sigma_e A$ e $M_p = \sigma_e W_p$ são a força normal de plastificação e o momento de plastificação em flexão pura dessa seção, A é a área da seção transversal e W_p é o módulo de resistência plástico. Admite-se que os efeitos da força normal e da força cortante possam ser desprezados no momento de plastificação em flexão simples ou composta e, por simplicidade, que as tensões de escoamento à tração e à compressão sejam iguais em módulo.

A **condição de mecanismo** é satisfeita quando se formam rótulas plásticas e barras plastificadas na estrutura em número suficiente para tornar a estrutura em um mecanismo, e atende à restrição:

$$\delta T_e = \gamma \sum_{\ell} \overline{P}_{\ell} \delta U_{\ell} > 0, \tag{6.2}$$

onde δT_e é o trabalho virtual externo realizado pelos esforços externos $\gamma \overline{P}_{\ell}$ que atuam na estrutura e são submetidos aos deslocamentos virtuais δU_{ℓ} que lhe são energeticamente conjugados. Note-se que esses deslocamentos virtuais podem ser igualmente interpretados como os deslocamentos, U_{ℓ}, ou como as taxas de deslocamentos, $\frac{dU_{\ell}}{dt}$, que ocorrem a partir da condição de mecanismo. Assim, o trabalho virtual interno δT_i será o somatório dos trabalhos nas rótulas plásticas, $\sum_k M_{ck} \delta\theta_k$, e nas barras plastificadas, $\sum_j N_{cj} \delta\Delta\ell_j$, visto que, nas demais partes da estrutura o movimento será de corpo rígido, ou seja:

$$\delta T_i = \sum_k M_{ck}\delta\theta_k + \sum_j N_{cj}\delta\Delta\ell_j = \sum_k M_{pk}\left|\delta\theta_k\right| + \sum_j N_{pj}\left|\delta\Delta\ell_j\right|. \qquad (6.3)$$

Uma solução estaticamente admissível é aquela que satisfaz às condições de plastificação e de equilíbrio para esforços externos $\gamma_e \overline{P}_\ell$ e o multiplicador γ_e é referido como multiplicador estático.

Uma solução cinematicamente admissível é aquela que satisfaz às condições de mecanismo e de equilíbrio para esforços externos $\gamma_c \overline{P}_\ell$ e o multiplicador γ_c é referido como multiplicador cinemático. Nessas condições, pode-se estabelecer:

$$\gamma_c \sum_\ell \overline{P}_\ell \delta U_\ell = \sum_k M_{pk}\left|\delta\theta_k\right| + \sum_j N_{pj}\left|\delta\Delta\ell_j\right| > 0, \qquad (6.4)$$

na qual a condição de mecanismo se revela pelo segundo membro das igualdades em (6.3) e (6.4) e o equilíbrio, pela igualdade $\delta T_e = \delta T_i$ imposta em (6.4), conforme garante o teorema recíproco do teorema dos deslocamentos virtuais.

Portanto, as soluções estaticamente admissíveis e as soluções cinematicamente admissíveis são soluções equilibradas, e esse aspecto é importante no estabelecimento do multiplicador γ pelo teorema dos deslocamentos virtuais.

A solução plástica limite ou de **colapso plástico** é estaticamente e cinematicamente admissível. Ela ocorre para esforços externos $\gamma_{II}\overline{P}_\ell$, chamados carregamento de colapso, a partir dos quais podem ocorrer deslocamentos adicionais sem o correspondente acréscimo de carga – a estrutura se transforma em um mecanismo; o multiplicador γ_{II} é denominado multiplicador de colapso.

Quando o carregamento de referência é o de serviço, é relevante notar que o coeficiente de proporcionalidade γ_{II} é o próprio coeficiente de segurança externo. Caso o carregamento de referência identifique apenas a relação entre os diversos esforços externos, então o coeficiente de proporcionalidade γ poderá ser associado a um esforço e o seu valor máximo poderá ser obtido por um método de cálculo de segurança selecionado. Exemplos ilustrativos são apresentados no Capítulo 4.

Na análise limite, o carregamento pode ser constituído de uma parcela fixa, cujo resultado de ação esteja em regime elástico linear, e outra variável que seja proporcional e monotonicamente crescente. Por simplicidade, os teoremas seguintes se apresentam com a consideração exclusiva da parcela variável.

6.2 Teoremas da análise limite

Com as definições e conceitos estabelecidos, apresentam-se a seguir os principais teoremas da análise limite.

Teorema fundamental da análise limite

Para uma estrutura em regime elastoplástico perfeito submetida a um carregamento proporcional monotonicamente crescente, o multiplicador γ_e correspondente a uma solução estaticamente admissível será sempre menor ou igual ao multiplicador γ_c correspondente a uma solução cinematicamente admissível, ou seja, $\gamma_e \leq \gamma_c$.

Demonstração

Considere-se uma solução estaticamente admissível com esforços solicitantes, M_e e N_e, correspondentes a esforços externos $\gamma_e \overline{P}_\ell$ e uma solução cinematicamente admissível com esforços solicitantes, M_c e N_c, correspondentes a esforços externos $\gamma_c \overline{P}_\ell$, ambas submetidas a deslocamentos virtuais do mecanismo associado à solução cinematicamente admissível, δU_ℓ, $\delta\theta_k$ e $\delta\Delta\ell_j$, energeticamente conjugados a $\gamma\overline{P}_\ell$, M_k e N_j, momentos fletores e forças normais nas seções plastificadas do mecanismo associado à solução cinematicamente admissível, respectivamente.

Como as duas soluções são equilibradas, o teorema dos deslocamentos virtuais permite escrever as igualdades:

$$\underbrace{\gamma_e \sum_\ell \overline{P}_\ell \delta U_\ell}_{\delta T_e} = \underbrace{\sum_k M_{ek} \delta\theta_k + \sum_j N_{ej} \delta\Delta\ell_j}_{\delta T_i} \tag{6.5}$$

e

$$\underbrace{\gamma_c \sum_\ell \overline{P}_\ell \delta U_\ell}_{\delta T_e} = \underbrace{\sum_k M_{ck} \delta\theta_k + \sum_j N_{cj} \delta\Delta\ell_j}_{\delta T_i} \tag{6.6}$$

Como cada parcela $M_{ck}\delta\theta_k$ e $N_{cj}\delta\Delta\ell_j$ deve ser positiva com $M_{ck} = M_{pk}$ e $N_{cj} = N_{pj}$, pela condição de ocorrência de rótula ou de plastificação da barra, pode-se escrever:

$$M_{ck}\delta\theta_k = M_{pk} \mid \delta\theta_k \mid > 0 \quad \text{e} \quad N_{cj}\delta\Delta\ell_j = N_{pj} \mid \delta\Delta\ell_j \mid > 0 \,, \tag{6.7}$$

e, portanto,

$$\underbrace{\gamma_c \sum_{\ell} \bar{P}_\ell \delta U_\ell}_{\delta T_e} = \underbrace{\sum_k M_{pk} \left| \delta\theta_k \right| + \sum_j N_{pj} \left| \delta\Delta\ell_j \right|}_{\delta T_i} \tag{6.8}$$

A condição de plastificação garante que $| M_{ek} | \leq M_{pk}$ e $| N_{ej} | \leq N_{pj}$, o que permite estabelecer:

$$\sum_k M_{ek}\delta\theta_k + \sum_j N_{ej}\delta\Delta\ell_j \leq \sum_k M_{pk}\left|\delta\theta_k\right| + \sum_j N_{pj}\left|\delta\Delta\ell_j\right|, \tag{6.9}$$

e, assim:

$$\sum_k M_{ek}\delta\theta_k + \sum_j N_{ej}\delta\Delta\ell_j \leq \sum_k M_{ck}\delta\theta_k + \sum_j N_{cj}\delta\Delta\ell_j, \tag{6.10}$$

e, em vista de (6.5) e (6.6), concluir que:

$$\gamma_e \leq \gamma_c; \tag{6.11}$$

ou seja, o multiplicador estático correspondente a uma solução estaticamente admissível é menor ou igual ao multiplicador cinemático correspondente a uma solução cinematicamente admissível.

Do teorema fundamental decorrem os seguintes teoremas, que serão a base para o estabelecimento dos métodos de cálculo da análise limite apresentados nos Capítulos 7 a 9.

Teorema Estático

Para uma estrutura em regime elastoplástico perfeito submetida a um carregamento proporcional monotonicamente crescente, o multiplicador γ_e correspondente a uma solução estaticamente admissível será sempre menor ou igual ao multiplicador γ_{II} correspondente ao colapso plástico dessa estrutura, ou seja, $\gamma_e \leq \gamma_{II}$.

A demonstração desse teorema decorre imediatamente do teorema fundamental, visto que no colapso a solução é cinematicamente admissível.

Do teorema estático pode ainda ser enunciado o seguinte corolário:

Teorema do Limite Inferior do Multiplicador de Colapso

O multiplicador γ_e correspondente a uma solução estaticamente admissível é um limite inferior do multiplicador γ_{II}.

Posto de outra forma, pode-se estabelecer que o máximo valor do multiplicador γ_e é igual ao multiplicador de colapso γ_{II}, ou seja, $max(\gamma_e) = \gamma_{II}$.

Teorema Cinemático

Para uma estrutura em regime elastoplástico perfeito submetida a um carregamento proporcional monotonicamente crescente, o multiplicador γ_c correspondente a uma solução cinematicamente admissível será sempre maior ou igual ao multiplicador γ_{II} correspondente ao colapso plástico dessa estrutura, ou seja, $\gamma_{II} \leq \gamma_c$.

A demonstração desse teorema decorre imediatamente do teorema fundamental, visto que no colapso plástico a solução é estaticamente admissível.

Do teorema cinemático pode ainda ser enunciado o seguinte corolário:

Teorema do Limite Superior do Multiplicador de Colapso

O multiplicador γ_c correspondente a uma solução cinematicamente admissível é um limite superior do multiplicador γ_{II}.

Posto de outra forma, pode-se estabelecer que o mínimo valor do multiplicador γ_c é igual ao multiplicador de colapso γ_{II}, ou seja, $min(\gamma_c) = \gamma_{II}$.

Decorre dos teoremas estático e cinemático que:

$$\gamma_e \leq \gamma_{II} \leq \gamma_c \, . \tag{6.12}$$

Teorema da Unicidade do Multiplicador de Colapso

Para uma estrutura em regime elastoplástico perfeito submetida a um carregamento proporcional monotonicamente crescente, o multiplicador γ correspondente a uma solução que seja simultaneamente estaticamente e cinematicamente admissível é único e é o próprio multiplicador de colapso γ_{II}.

A demonstração decorre imediatamente dos teoremas dos limites inferior e superior do multiplicador de colapso, ou seja, para que sejam satisfeitas simultaneamente as condições $\gamma \leq \gamma_{II}$ e $\gamma \geq \gamma_{II}$ deve-se ter $\gamma = \gamma_{II}$.

Note-se que a unicidade se refere exclusivamente ao multiplicador e não ao mecanismo. No caso de mecanismo com apenas um grau de liberdade, ou seja, se ele for definido em termos de um único deslocamento generalizado, o mecanismo será único. No caso de o mecanismo ter mais de um grau de liberdade haverá várias combinações de mecanismos possíveis correspondentes ao colapso, e, portanto, não será único. Essas condições se apresentarão de forma muito clara quando se tratar dos métodos de cálculo para a determinação do estado limite plástico. Em particular, no método pela aplicação de programação linear, a condição de unicidade de mecanismo único ficará caracterizada pela solução ótima única, e, quando não houver essa unicidade, por soluções ótimas múltiplas. Ambas podem ser facilmente identificadas pela análise matemática e por interpretação física.

EXEMPLO 6.1 Pórtico biengastado

Considere-se o pórtico plano biengastado do Exemplo 5.4, representado na Figura 6.1. Considerando carregamento proporcional monotonicamente crescente, apresentam-se soluções estaticamente e cinematicamente admissíveis e comparam-se os resultados obtidos para os respectivos multiplicadores à luz dos teoremas apresentados.

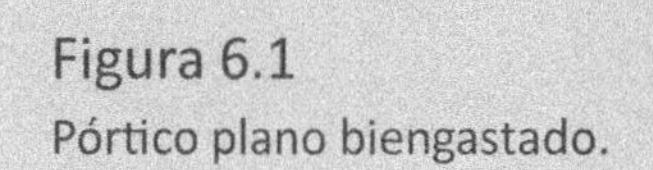
Figura 6.1
Pórtico plano biengastado.

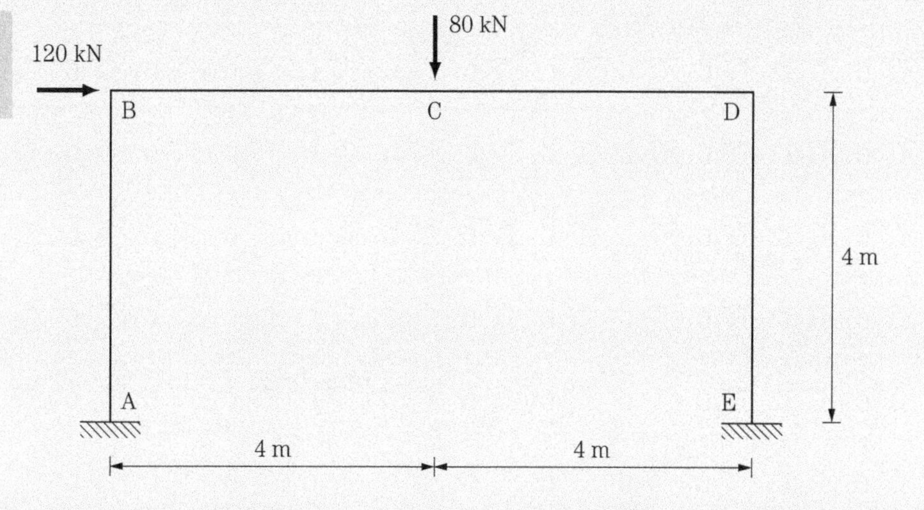

Solução

Observa-se, inicialmente, que o colapso nessa estrutura ocorrerá neste caso, pela formação de rótulas plásticas em número suficiente para transformá-la em mecanismo.

A Figura 6.2 apresenta o mecanismo e a distribuição de momentos fletores no colapso e os deslocamentos virtuais associados a esse mecanismo, conforme se sabe do Exemplo 5.4.

Figura 6.2
Mecanismo, deslocamentos virtuais e momentos fletores no colapso.

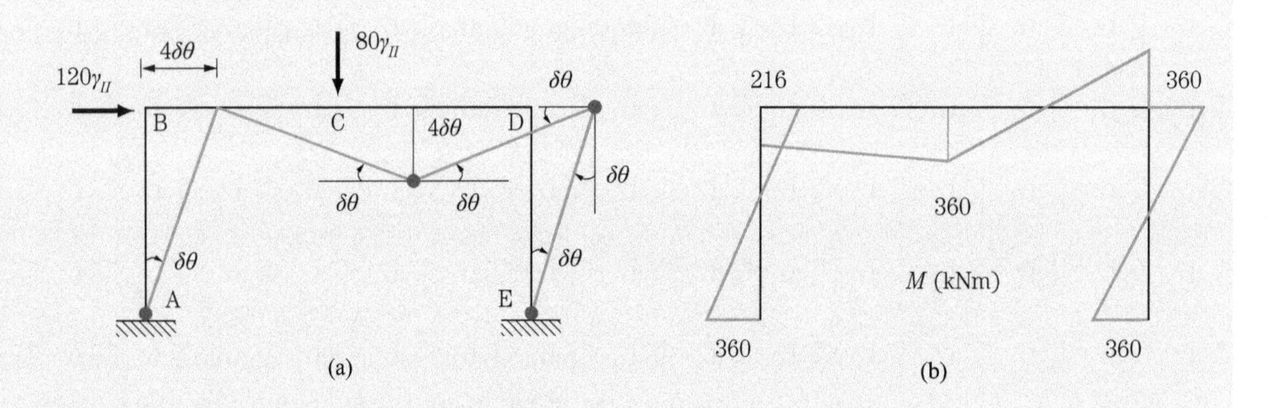

A determinação do multiplicador γ_{II} sobre o carregamento de referência se faz pela aplicação do teorema dos deslocamentos virtuais, considerando como solução equilibrada a do colapso plástico e como deslocamentos virtuais aqueles associados ao mecanismo de colapso, o que conduz a:

$$\underbrace{120\gamma_{II} \times 4\delta\theta + 80\gamma_{II} \times 4\delta\theta}_{\delta T_e} = \underbrace{360 \times \delta\theta + 360 \times 2\delta\theta + 360 \times 2\delta\theta + 360 \times \delta\theta}_{\delta T_i},$$

do que resulta:

$$\gamma_{II} = 2{,}700.$$

Considere-se agora uma primeira solução estaticamente admissível, que se obtém pela análise elástica linear de uma isostática obtida pela introdução de articulações em A, B e D, com o multiplicador γ_{e1} que leva à formação da primeira rótula plástica em E, conforme se apresenta na Figura 6.3.

Figura 6.3
Primeira solução estaticamente admissível.

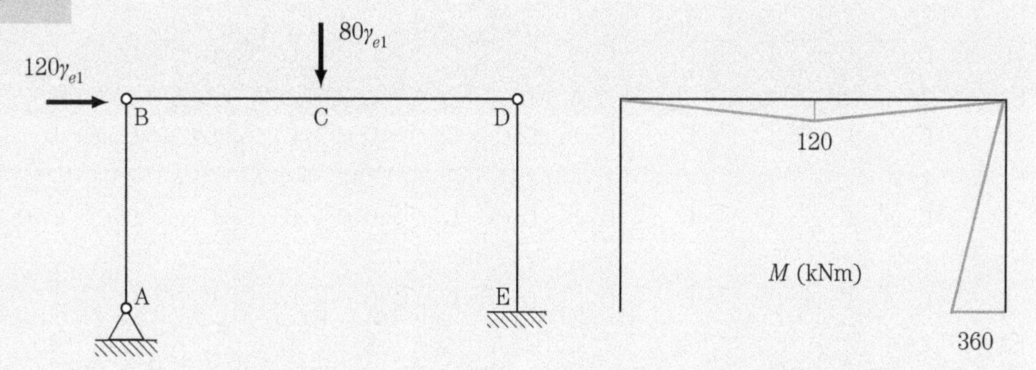

A determinação de γ_{e1} é feita pela aplicação do teorema dos deslocamentos virtuais, considerando a solução equilibrada da Figura 6.3 e os deslocamentos virtuais da Figura 6.2(a), que conduz a:

$$\underbrace{120\gamma_{e1} \times 4\delta\theta + 80\gamma_{e1} \times 4\delta\theta}_{\delta T_e} = \underbrace{120 \times 2\delta\theta + 360 \times \delta\theta}_{\delta T_i},$$

do que resulta $\gamma_{e1} = 0{,}750 \leq \gamma_{II}$. Note-se que os valores obtidos para a distribuição de momentos fletores e para γ_{e1} satisfazem às equações de equilíbrio (5.50).

Considere-se agora uma segunda solução estaticamente admissível, que se obtém pela análise elástica linear da estrutura hiperestática e com o multiplicador γ_{e2} que leva à formação da primeira rótula plástica na estrutura, conforme se apresenta na Figura 6.4.

Figura 6.4
Segunda solução estaticamente admissível.

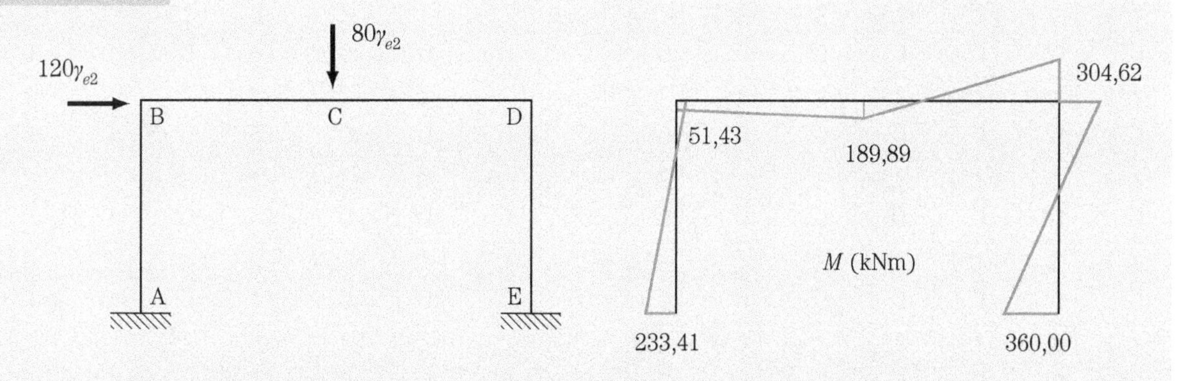

A determinação de γ_{e2} é feita pela aplicação do teorema dos deslocamentos virtuais, considerando a solução equilibrada da Figura 6.4 e os deslocamentos virtuais da Figura 6.2(a), que conduz a:

$$\underbrace{120\gamma_{e2} \times 4\delta\theta + 80\gamma_{e2} \times 4\delta\theta}_{\delta T_e}$$
$$= \underbrace{233{,}41 \times \delta\theta + 189{,}89 \times 2\delta\theta + 304{,}62 \times 2\delta\theta + 360{,}00 \times \delta\theta}_{\delta T_i},$$

do que resulta $\gamma_{e2} = 1{,}978 \leq \gamma_{II}$. Note-se, novamente, que os valores obtidos para a distribuição de momentos fletores e para γ_{e2} satisfazem às equações de equilíbrio (5.50).

As duas soluções estaticamente admissíveis não satisfazem à condição de mecanismo, e, por esse motivo, pode-se afirmar que $\gamma_{e1} = 0{,}750 < \gamma_{e2} = 1{,}978 < \gamma_{II}$. Ressalte-se que, devido à particular escolha dos deslocamentos virtuais, o trabalho virtual externo é sempre o mesmo e os termos do trabalho virtual interno são, cada um deles, menores ou iguais aos dos momentos de plastificação, que foi o raciocínio utilizado na demonstração do teorema estático.

Considere-se agora uma primeira solução cinematicamente admissível, que corresponde à formação de um mecanismo local na barra BCD. A Figura 6.5 apresenta esse mecanismo e os correspondentes deslocamentos virtuais e distribuição de momentos fletores.

Figura 6.5
Solução cinematicamente admissível 1.

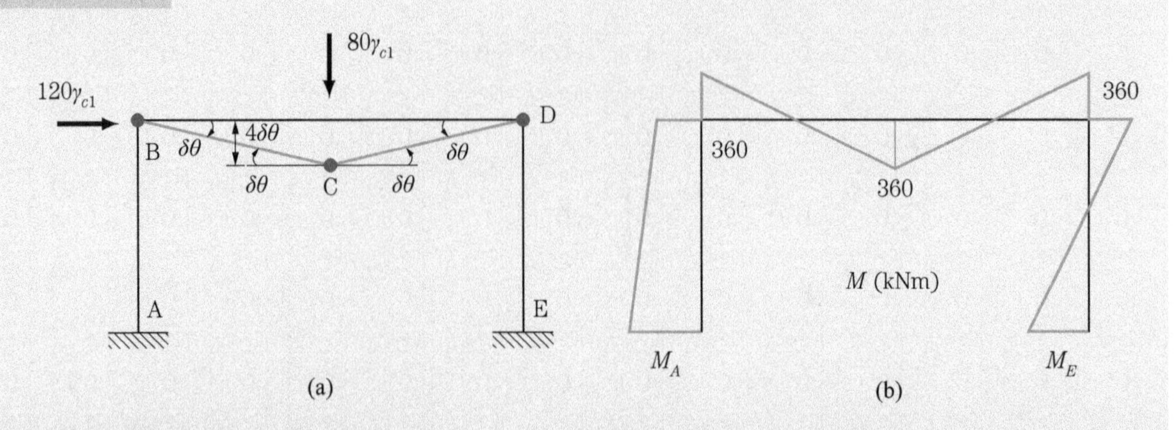

A determinação de γ_{c1} é feita pela aplicação do teorema dos deslocamentos virtuais, considerando a solução cinematicamente admissível da Figura 6.5(b), que deve ser equilibrada, e os deslocamentos virtuais associados a esse mecanismo, representado na Figura 6.5(a), o que conduz a:

$$\underbrace{80\gamma_{cI} \times 4\delta\theta}_{\delta T_e} = \underbrace{360 \times \delta\theta + 360 \times 2\delta\theta + 360 \times \delta\theta}_{\delta T_i},$$

do que resulta $\gamma_{\text{II}} \leq \gamma_{c1} = 4{,}5$.

Esse mesmo resultado poderia ser obtido considerando a solução cinematicamente admissível da Figura 6.5 e os deslocamentos virtuais da Figura 6.2(a), o que conduz a:

$$\underbrace{120\gamma_{c1} \times 4\delta\theta + 80\gamma_{c1} \times 4\delta\theta}_{\delta T_e} = \underbrace{M_A \times \delta\theta + 360 \times 2\delta\theta + 360 \times 2\delta\theta + M_E \times \delta\theta}_{\delta T_i}.$$

Por aplicação da equação de equilíbrio (5.50), obtém-se $M_A + M_E = 480\gamma_{c1}$, do que resulta $\gamma_{c1} = 4{,}5 \geq \gamma_{II}$. Essas duas aplicações do teorema dos deslocamentos virtuais para a determinação de γ_{c1} mostram que é conveniente escolher como deslocamentos virtuais aqueles associados à solução cinematicamente admissível em análise, que permite obter diretamente o valor de γ_c. Com $\gamma_{c1} = 4{,}5$, resulta $M_A + M_E = 2160 > 2M_p = 720$, e a condição de plastificação não é satisfeita, o que permite afirmar que $\gamma_{c1} = 4{,}5 > \gamma_{II}$.

Considere-se agora uma segunda solução cinematicamente admissível, que corresponde à formação de um mecanismo de tombamento. A Figura 6.6 apresenta esse mecanismo e os correspondentes deslocamentos virtuais e distribuição de momentos fletores.

Figura 6.6
Solução cinematicamente admissível 2.

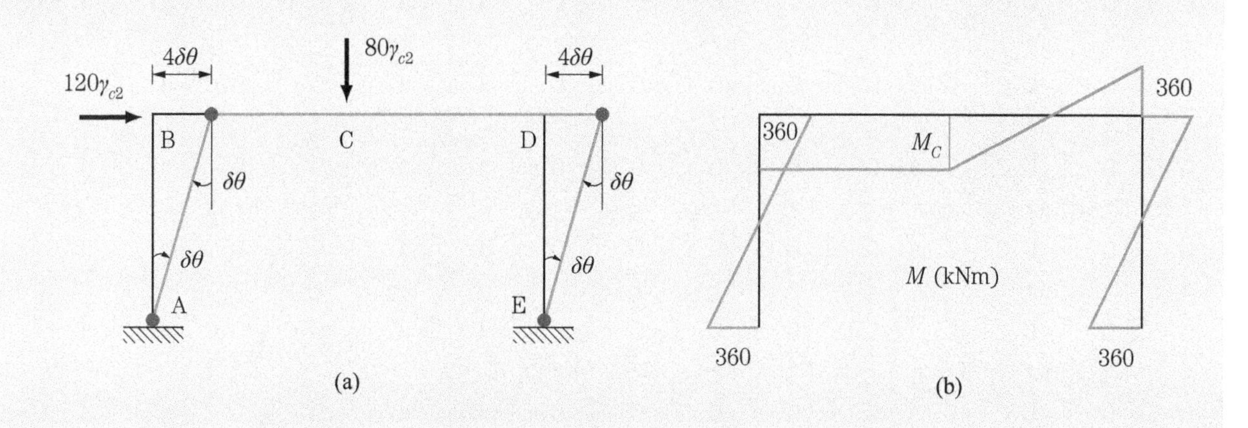

A determinação de γ_{c2} é feita pela aplicação do teorema dos deslocamentos virtuais, considerando a solução cinematicamente admissível da Figura 6.6(b), que deve ser equilibrada, e os deslocamentos virtuais da Figura 6.6(a), o que conduz a:

$$\underbrace{120\gamma_{c2} \times 4\delta\theta}_{\delta T_e} = \underbrace{360 \times \delta\theta + 360 \times \delta\theta + 360 \times \delta\theta + 360 \times \delta\theta}_{\delta T_i},$$

do que resulta $\gamma_{c2} = 3{,}0 \geq \gamma_{II}$. Como do equilíbrio da barra BCD obtém-se $M_C = 480$, a condição de plastificação não é satisfeita e pode-se afirmar que $\gamma_{c2} = 3{,}0 > \gamma_{II}$.

As duas soluções estaticamente admissíveis não satisfazem à condição de mecanismo, e as duas soluções cinematicamente admissíveis não satisfazem à condição de plastificação. No colapso são satisfeitas as condições de mecanismo, de plastificação e de equilíbrio, e a solução é estática e cinematicamente admissível. Assim, com base nos teoremas estático e cinemático, pode-se estabelecer:

$$\gamma_{e1} = 0{,}750 < \gamma_{e2} = 1{,}978 < \gamma_{II} = 2.700 < \gamma_{c2} = 3{,}0 < \gamma_{c1} = 4{,}5,$$

que verifica e ilustra esses teoremas.

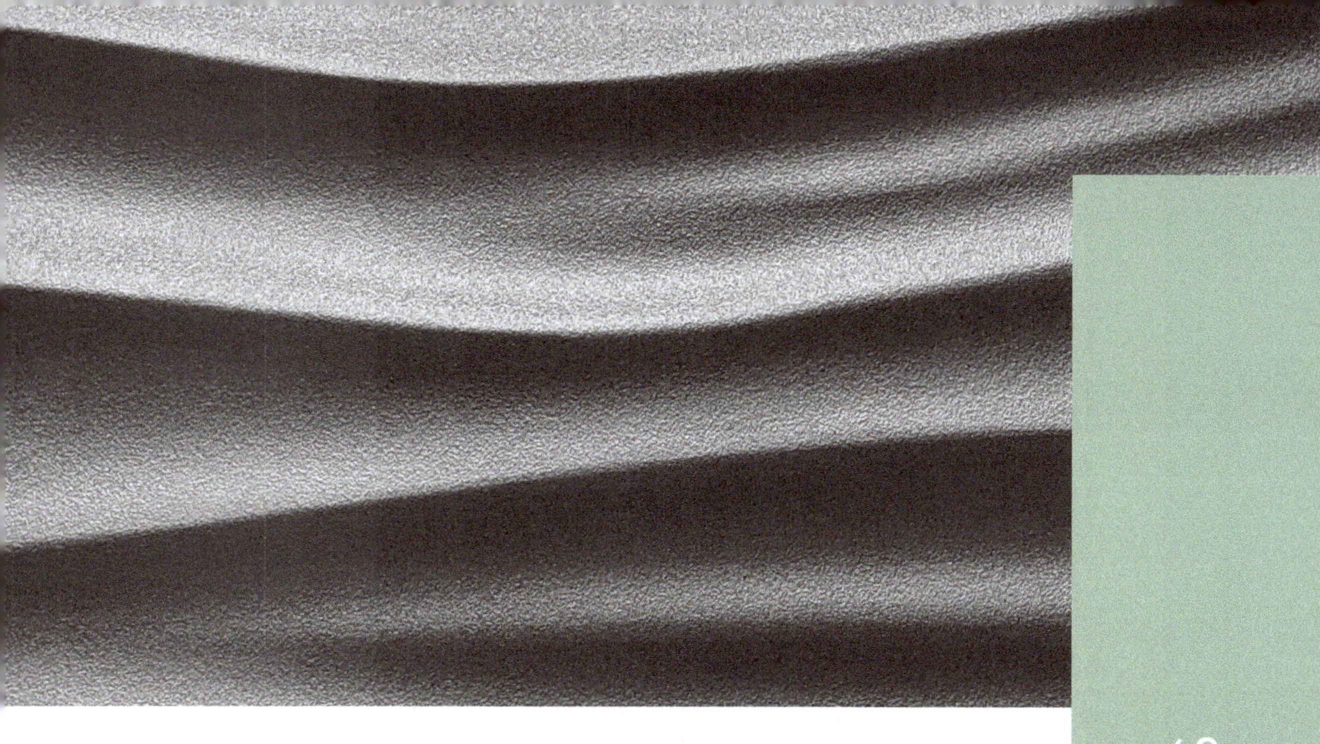

7 MÉTODOS CLÁSSICOS DE ANÁLISE LIMITE

Os enunciados, as demonstrações e a difusão dos teoremas de análise limite constituíram uma base conceitual sólida para o estabelecimento de diversos métodos clássicos de análise limite, que podem ser encontrados em Baker, Heyman e Horne (1956) e Neal (1977), dois dos quais são apresentados neste capítulo por conterem elementos relevantes para a interpretação física e matemática de seus resultados, e para a abertura de novos caminhos da análise limite.

Em todos os exemplos que se apresentam neste capítulo, desprezam-se os efeitos de força normal e força cortante no momento de plastificação.

7.1 Método da combinação de mecanismos

O método da combinação de mecanismos foi desenvolvido por Neal e Symonds (1951, 1952), que consideram que todos os mecanismos possíveis de colapso podem ser obtidos por combinação linear de mecanismos elementares, arbitrariamente selecionados, que sejam independentes entre si. Inicialmente, obtêm-se os multiplicadores para os mecanismos elementares e, em seguida, calculam-se novos multiplicadores correspondentes a outros mecanismos que resultam da combinação linear dos mecanismos elementares. A inspeção dos resultados parciais obtidos norteia a escolha de novos mecanismos combinados que satisfaçam à condição $\delta T_e > 0$, e, pelo teorema cinemático, o mecanismo com o menor valor de multiplicador entre os analisados indicará um limite superior para o multiplicador de colapso – ou, quando atendida a condição de plastificação, ele será, pelo teorema da unicidade, o próprio multiplicador de colapso. No caso em que todos os mecanismos com $\delta T_e > 0$ tenham sido analisados, o teorema cinemático garante que o mecanismo com o mínimo multiplicador será o de colapso.

Considerando, a título de ilustração, um pórtico plano submetido a esforços externos ativos concentrados, todos os possíveis diagramas de momentos fletores serão constituídos por trechos lineares, por exigência da equação de equilíbrio ($\frac{d^2M}{dx^2} = 0$). Tais diagramas ficam caracterizados por n momentos fletores M_1, M_2, M_3, ..., M_n, que são os valores nas seções que correspondem às extremidades desses trechos lineares. Esses são, também, os maiores momentos fletores, em valor absoluto, em todo o pórtico, e, portanto, os candidatos naturais para localização das rótulas plásticas. Se g_h for o grau de hiperestaticidade dessa estrutura, haverá g_h equações de compatibilidade a relacionar os momentos M_1, M_2, M_3, ..., M_n. Consequentemente, resultam $n - g_h$ desses momentos independentes entre si. Sabe-se, pelo teorema dos deslocamentos virtuais, que a cada mecanismo possível de colapso plástico corresponde uma equação de equilíbrio que relaciona os n momentos fletores M_1, M_2, M_3, ..., M_n. Portanto, se considerarmos $n - g_h$ mecanismos que forneçam $n - g_h$ equações de equilíbrio linearmente independentes, a combinação destas últimas fornecerá todas as possíveis soluções equilibradas, correspondentes a todos os possíveis mecanismos. Em outras palavras, a dimensão do espaço que define M_1, M_2, M_3, ..., M_n, inicialmente n, será reduzida a $n - g_h$. Pode-se concluir que os mecanismos associados às equações de equilíbrio linearmente independentes, chamados mecanismos elementares, constituem uma base do espaço de mecanismos, e, a partir deles, pode-se gerar qualquer outro mecanismo de colapso plástico. Ilustração análoga pode ser feita para treliças, considerando como variáveis as forças normais nas suas barras.

Para a análise limite de vigas, pórticos planos e treliças, o número de equações de equilíbrio independentes é igual ao número de mecanismos elementares, que é dado pela diferença $n - g_h$, onde n é a soma do número de seções com possível formação de rótulas e o de barras que possam ser plastificadas por ação da força normal, e g_h é o grau de hiperestaticidade da estrutura. Essa informação é central para nortear a formulação dos diversos métodos de análise limite, em particular o método da combinação de mecanismos. Note-se que nos possíveis mecanismos de colapso, somente ocorre deformação nas rótulas plásticas e nas barras plastificadas por força normal.

EXEMPLO 7.1 Pórtico biengastado

Considere-se o pórtico plano biengastado formado por barras prismáticas de mesma seção transversal e mesmo material elastoplástico perfeito, com momento de plastificação $M_p = 360$ kNm e solicitado pelos esforços externos ativos indicados na Figura 7.1. Considerando que o carregamento é proporcional e monotonicamente crescente, trata-se do cálculo do coeficiente γ_{II} de colapso plástico pelo método da combinação de mecanismos.

Figura 7.1
Pórtico plano.

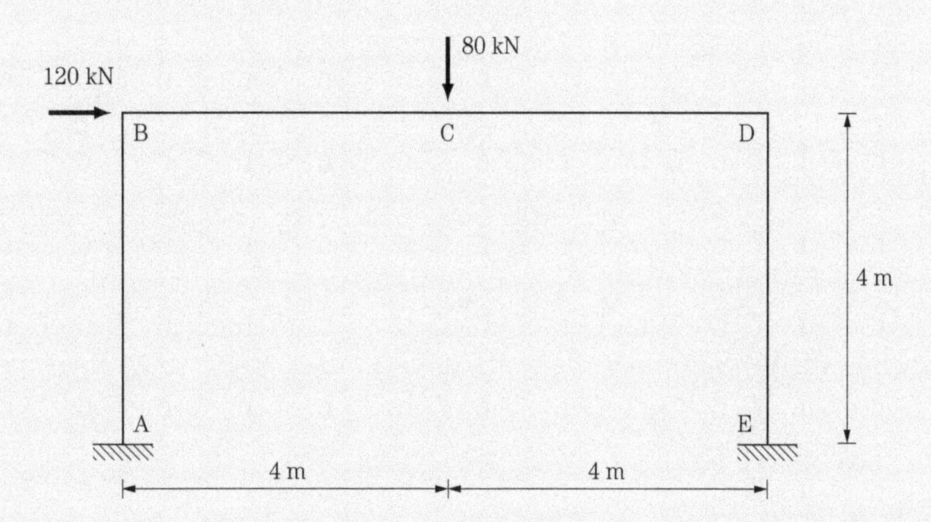

Solução

No colapso plástico do pórtico hiperestático com $g_h = 3$ da Figura 7.1, é condição suficiente para a formação de um mecanismo global a ocorrência de quatro rótulas plásticas nas extremidades das barras ou nas seções de aplicação de carga externa, onde os momentos fletores são extremos.

Assim, essas rótulas plásticas poderão se formar em oito seções, nas extremidades das barras AB, BC, CD e DE, e o número de mecanismos possíveis é dado pela combinação simples de oito, quatro a quatro, ou seja, $\binom{8}{4} = \frac{8!}{(8-4)!4!} = 70$ mecanismos. Entretanto, como não há momento externo aplicado em B, a rótula ocorrerá na seção B da barra BA ou na seção B da barra BC, aquela que tiver o menor momento de plastificação. Como os momentos de plastificação são iguais em todas as seções, possíveis rótulas junto a B deveriam ocorrer simultaneamente na seção B da barra BA e na seção B da barra BC. É mais provável que uma das duas seções apresente alguma imperfeição, que conduza à redução do momento de plastificação, onde, então, se formaria a rótula plástica. Nesse caso, por simplicidade, a rótula será representada no nó B; raciocínio equivalente vale para C e D. Assim, o número de seções em que se pode formar rótulas plásticas se reduz de oito para cinco e o número de mecanismos possíveis é dado pela combinação simples de cinco, quatro a quatro, ou seja, $\binom{5}{4} = \frac{5!}{(5-4)!4!} = 5$ mecanismos, que se apresentam na Figura 7.2.

Figura 7.2
Mecanismos possíveis.

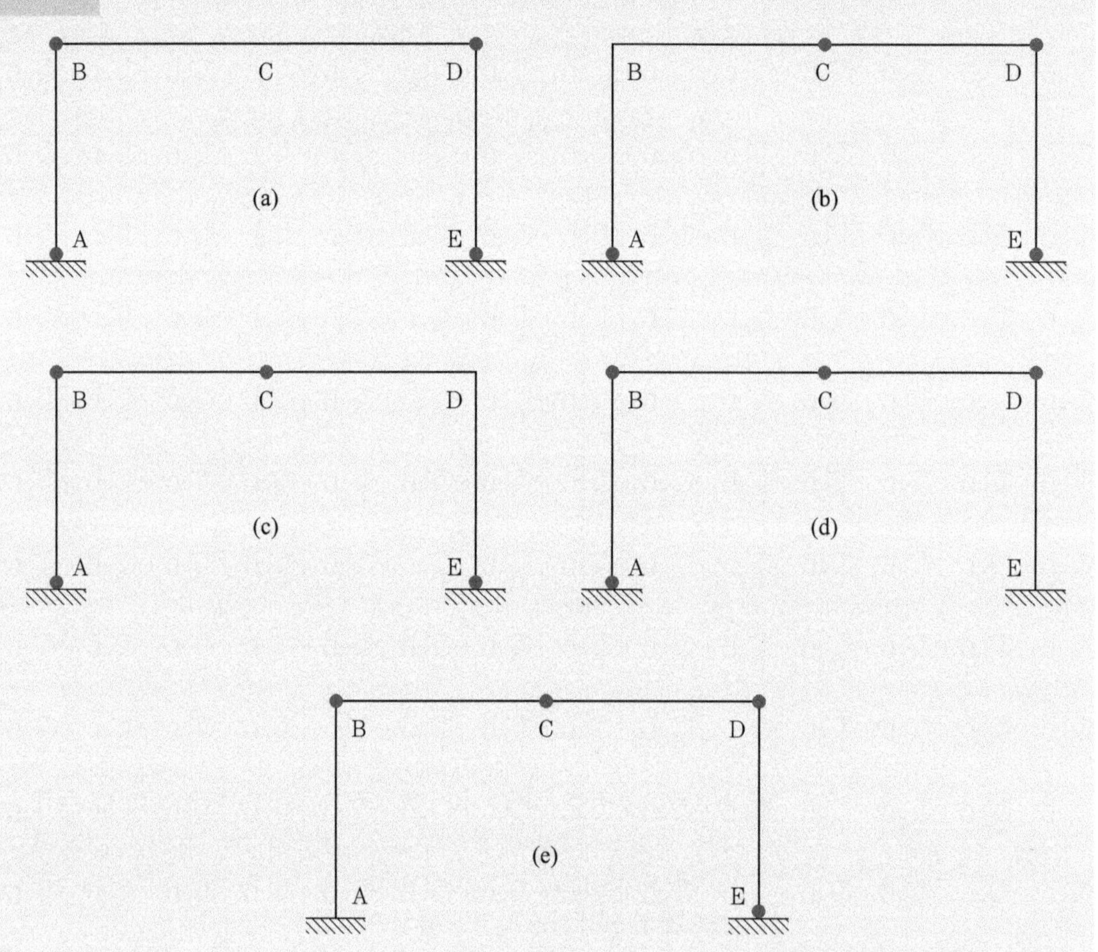

Os mecanismos (d) e (e) da Figura 7.2 não apresentam deslocamento horizontal no ponto B e têm a formação de três rótulas alinhadas, o que caracteriza um mecanismo local, independentemente da existência ou não de rótulas em A ou E. Assim, esses dois mecanismos podem ser substituídos pelo mecanismo da Figura 7.3. Nessas condições, o número de mecanismos a serem examinados será igual a quatro, os indicados em (a), (b) e (c) da Figura 7.2 e o da Figura 7.3. Assim, não é necessário examinar todos os $\binom{5}{4} = 5$ mecanismos resultantes da condição suficiente para a formação de mecanismos, mas sim um número menor que contempla o mecanismo local, ou de viga; de ocorrência com menor número de rótulas plásticas. Essa análise ainda pode ser restrita a um subconjunto desses mecanismos prováveis, visto que sempre será possível verificar, pela condição de plastificação, se um particular mecanismo provável é o de colapso.

Figura 7.3
Mecanismo local ou de viga.

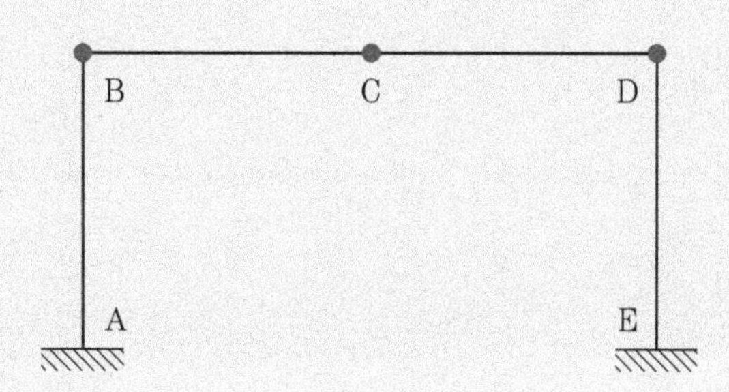

O número de mecanismos elementares é dado pela expressão $n - g_h = 5 - 3 = 2$, ou seja, pela diferença entre o número de rótulas plásticas que podem ocorrer e o grau de hiperestaticidade; adotam-se os mecanismos das Figuras 7.3 e 7.2(a) como os mecanismos elementares. Trata-se a seguir, da determinação dos multiplicadores cinemáticos associados a cada um dos mecanismos, iniciando com os elementares.

Os valores dos multiplicadores são calculados a partir das equações de equilíbrio, estabelecidas, convenientemente, pela aplicação do teorema dos deslocamentos virtuais considerando a solução cinematicamente admissível correspondente a cada um dos mecanismos e os deslocamentos virtuais a eles associados, expressas por:

$$\underbrace{\gamma_c \sum_{\ell} \bar{P}_\ell \delta U_\ell}_{\delta T_e} = \underbrace{\sum_k M_{pk} \left| \delta\theta_k \right|}_{\delta T_i} \tag{7.1}$$

A Figura 7.4 apresenta os mecanismos elementares, local ou de viga e de tombamento, e os deslocamentos virtuais associados.

Figura 7.4
Mecanismos elementares e deslocamentos virtuais.

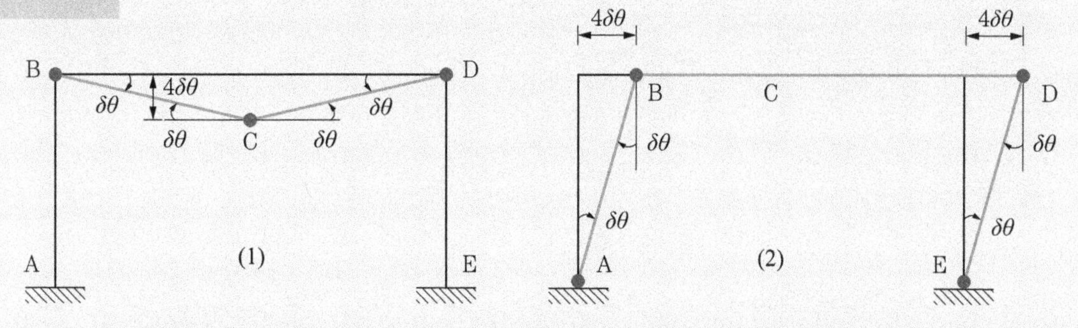

Para o mecanismo 1, obtém-se $\gamma_{c1} = 4{,}5$, visto que:

$$\underbrace{80\gamma_{cl} \times 4\delta\theta}_{\delta T_e} = \underbrace{360 \times \delta\theta + 360 \times 2\delta\theta + 360 \times \delta\theta}_{\delta T_i}.$$

Para o mecanismo 2, obtém-se $\gamma_{c2} = 3{,}0$, considerando que:

$$\underbrace{120\gamma_{c2} \times 4\delta\theta}_{\delta T_e} = \underbrace{360 \times \delta\theta + 360 \times \delta\theta + 360 \times \delta\theta + 360 \times \delta\theta}_{\delta T_i}.$$

A Figura 7.5 apresenta a combinação dos mecanismos local e de tombamento, que transfere a rótula do mecanismo 2 da Figura 7.4 de B para C. A aplicação do teorema dos deslocamentos virtuais conduz a $\gamma_{c3} = 2{,}7$, visto que:

$$\underbrace{120\gamma_{c3} \times 4\delta\theta + 80\gamma_{c3} \times 4\delta\theta}_{\delta T_e} = \underbrace{360 \times \delta\theta + 360 \times 2\delta\theta + 360 \times 2\delta\theta + 360 \times \delta\theta}_{\delta T_i}.$$

Figura 7.5
Mecanismo 3.

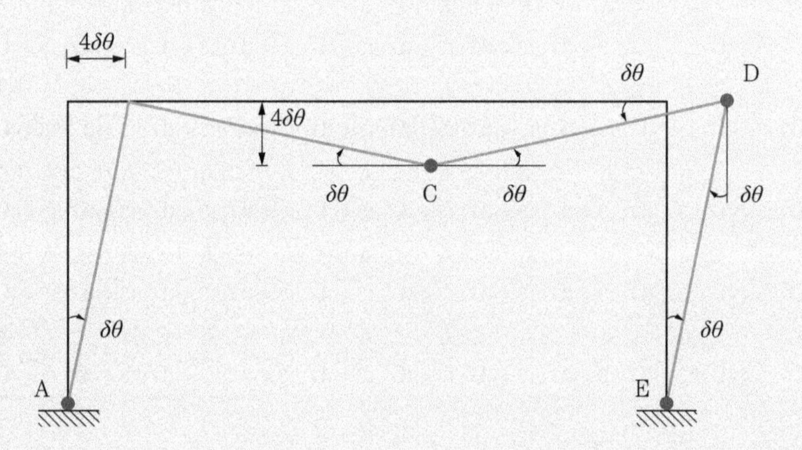

A Figura 7.6 apresenta a combinação dos mecanismos local e de tombamento, que transfere a rótula do mecanismo 2 da Figura 7.4 de D para C. A aplicação do teorema dos deslocamentos virtuais conduz a $\gamma_{c1} = 13{,}5$, visto que:

$$\underbrace{120\gamma_{c4} \times 4\delta\theta - 80\gamma_{c4} \times 4\delta\theta}_{\delta T_e} = \underbrace{360 \times \delta\theta + 360 \times 2\delta\theta + 360 \times 2\delta\theta + 360 \times \delta\theta}_{\delta T_i}$$

Figura 7.6
Mecanismo 4.

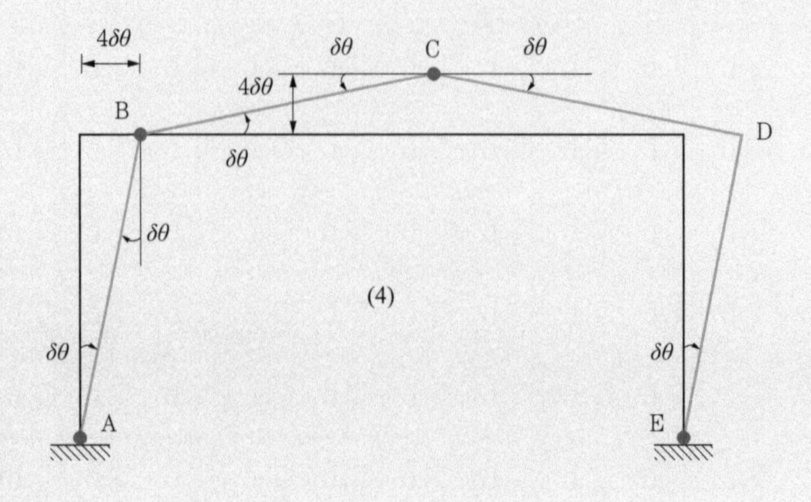

Foram analisados todos os mecanismos possíveis, e todos eles observaram a condição $\delta T_e > 0$. Portanto, é possível concluir que o mecanismo 3, com multiplicador de colapso mínimo, é o de colapso. Note-se ainda, que o mecanismo 4 apresenta $\delta T_e = 120\gamma_{c4} \times 4\delta\theta - 80\gamma_{c4} \times 4\delta\theta > 0$, mas com uma das duas parcelas negativa; essa condição indica que o mecanismo é possível, mas fisicamente improvável, e pode ter sua análise dispensada.

É ilustrativo e conveniente explicitar matematicamente essa combinação, como mostra a Tabela 7.1, que resume todos os cálculos realizados e na qual se destacam os nós em que não ocorre a formação de rótula plástica. Convenciona-se que os sinais das rotações nos nós são positivos ou negativos conforme ocorra, respectivamente, o aumento ou a diminuição dos ângulos internos decorrentes das rotações virtuais na poligonal fechada ABCDEA; o acompanhamento dos sinais dessas rotações na Tabela 7.1 ilustra bem essa convenção de sinais.

Tabela 7.1 – Cálculo dos multiplicadores cinemáticos γ_c com $\delta\vartheta = 1$

	Mec 1	Mec 2	Mec 3	Mec 4
	independente	independente	Mec 2 + Mec 1	Mec 2 – Mec 1
$\delta\theta_A$	0,000	–1,000	–1,000	–1,000
$\delta\theta_B$	–1,000	1,000	0,000	2,000
$\delta\theta_C$	2,000	0,000	2,000	–2,000
$\delta\theta_D$	–1,000	–1,000	–2,000	0,000
$\delta\theta_E$	0,000	1,000	1,000	1,000
δU_1	0,000	4,000	4,000	4,000
δU_2	4,000	0,000	4,000	–4,000
δT_i	1440,000	1440,000	2160,000	2160,000
δT_e	320,000	480,000	800,000	160,000
γ_c	4,500	3,000	2,700	13,500

EXEMPLO 7.2 Pórtico biengastado com barras oblíquas

Considere-se o pórtico plano com barras oblíquas, prismáticas, de mesmo material e mesma seção transversal, apresentado em Langendonck (1959), com $P = \frac{M_p}{\ell}$, $\ell = 5$ m e os demais dados indicados na Figura 7.7. Calcula-se, pelo método da combinação de mecanismos, o multiplicador de colapso γ_{II}.

Figura 7.7
Pórtico plano com barras oblíquas.

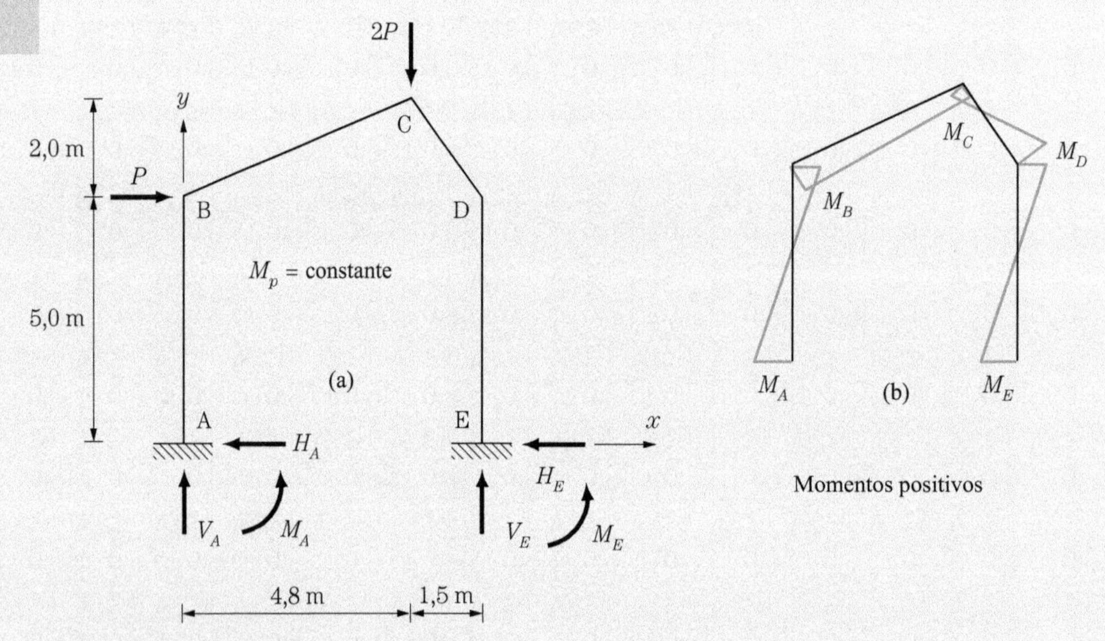

Solução

A determinação dos deslocamentos e rotações virtuais é simples de realizar quando as barras são dispostas ortogonalmente entre si, conforme se mostrou no exemplo 7.1, simplicidade que não ocorre quando as barras são oblíquas. Para o cálculo das rotações virtuais em malhas poligonais fechadas, adota-se o processo sugerido por V. M. Souza Lima (*apud* LANGENDONCK, 1959), cuja demonstração se apresenta no Apêndice 7A.

Considere-se a mudança de posição dos vértices de um polígono fechado ABCDEA, como se mostra na Figura 7.8. Com as hipóteses de pequenos deslocamentos e pequenas rotações dos vértices e manutenção dos comprimentos dos seus lados, verificam-se as relações:

$$\begin{aligned}\theta_A + \theta_B + \theta_C + \theta_D + \theta_E &= 0 \\ x_A\theta_A + x_B\theta_B + x_C\theta_C + x_D\theta_D + x_E\theta_E &= 0 \\ y_A\theta_A + y_B\theta_B + y_C\theta_C + y_D\theta_D + y_E\theta_E &= 0\end{aligned} \tag{7.2}$$

onde θ_L é a variação do ângulo interno do polígono de vértice L e (x_L, y_L) as suas coordenadas cartesianas. Note-se que a variação angular é positiva quando ocorre aumento do ângulo original e negativa em caso contrário. Para um polígono fechado de n lados, pode-se escrever:

$$\sum_{i=1,n} \theta_i = 0; \quad \sum_{i=1,n} x_i\theta_i = 0; \quad \sum_{i=1,n} y_i\theta_i = 0. \tag{7.3}$$

Figura 7.8
Rotações em polígono fechado.

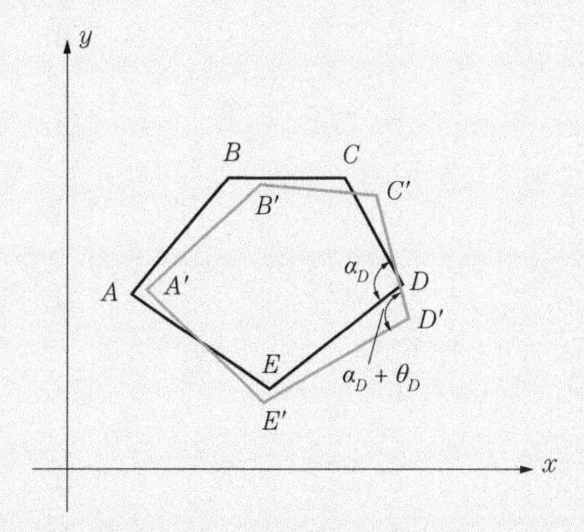

No colapso plástico do pórtico hiperestático com $g_h = 3$ da Figura 7.7, forma-se um mecanismo pela ocorrência de quatro rótulas plásticas. Como o número de seções em que se pode formar rótulas plásticas é igual a cinco, o número de mecanismos possíveis é dado por $\binom{5}{4} = \frac{5!}{(5-4)!4!} = 5$. O número de mecanismos elementares desse pórtico é dado pela diferença entre o número de rótulas plásticas que podem ocorrer e o grau de hiperestaticidade, ou seja, pela expressão $n - g_h = 5 - 3 = 2$. A esses dois mecanismos elementares correspondem duas equações de equilíbrio independentes que relacionam os momentos nas extremidades das barras.

Qualquer que seja o mecanismo considerado, as relações entre as rotações virtuais dos nós do pórtico ABCDE podem ser estabelecidas pela aplicação de (7.2), ou seja:

$$\begin{aligned}\delta\theta_A + \delta\theta_B + \delta\theta_C + \delta\theta_D + \delta\theta_E &= 0 \\ 4{,}8\delta\theta_C + 6{,}3\delta\theta_D + 6{,}3\delta\theta_E &= 0 \\ 5\delta\theta_B + 7\delta\theta_C + 5\delta\theta_D &= 0\end{aligned} \tag{7.4}$$

A Figura 7.9 apresenta os mecanismos elementares adotados e os deslocamentos virtuais associados.

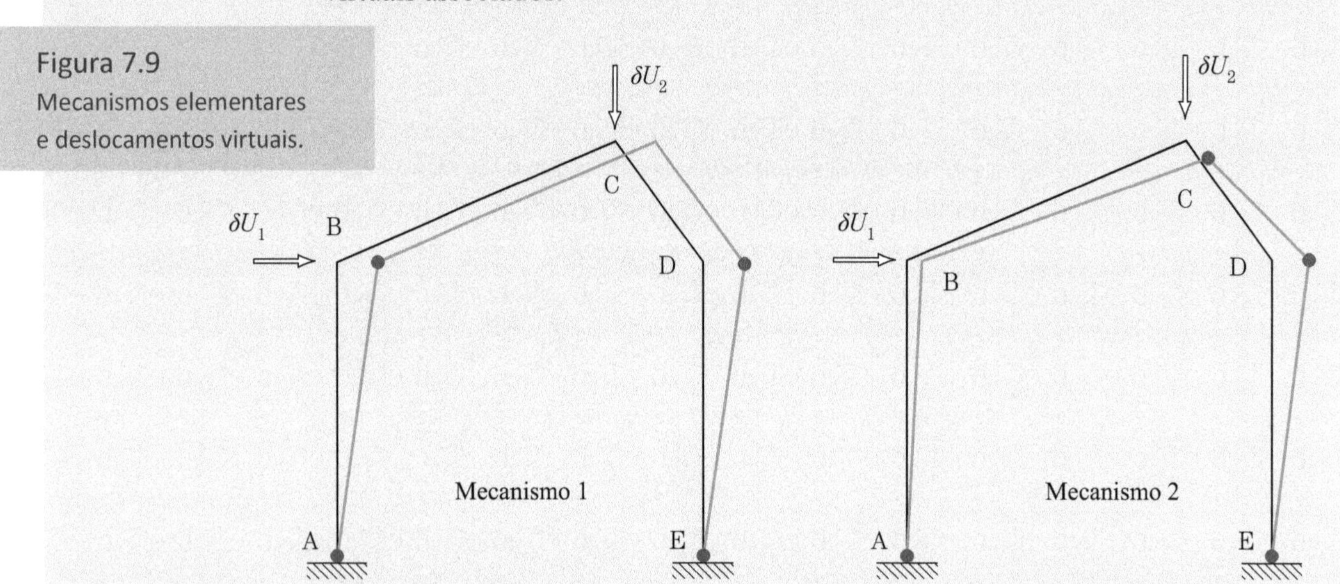

Figura 7.9
Mecanismos elementares e deslocamentos virtuais.

Para o mecanismo 1, as rótulas se formam nas seções A, B, D e E; os deslocamentos virtuais associados a esse mecanismo observam $\delta\theta_C = 0$. Arbitrando-se $\delta\theta_A = -\,\delta\theta$, com a aplicação de (7.4), e observando a figura representativa desse mecanismo, obtêm-se:

$$\begin{gathered}\delta\theta_A = -\,\delta\theta \quad \delta\theta_B = \delta\theta \quad \delta\theta_D = -\,\delta\theta \quad \delta\theta_E = \delta\theta \\ \delta U_1 = 5\delta\theta \quad \delta U_2 = 0\end{gathered} \tag{7.5}$$

Assim, considerando os esforços externos ativos e internos solicitantes e os deslocamentos virtuais associados ao mecanismo 1, o teorema dos deslocamentos virtuais permite escrever:

$$\underbrace{P\gamma_{cl} \times 5\delta\theta}_{\delta T_e} = \underbrace{M_p \times 4\delta\theta}_{\delta T_i},$$

que conduz a $\gamma_{cl} = 4$.

A equação de equilíbrio independente associada a esse mecanismo, expressa em termos dos momentos nas extremidades das barras, pode ser obtida pela aplicação do teorema dos deslocamentos virtuais considerando a distribuição de momentos fletores no pórtico, com os sentidos positivos indicados na Figura 7.7(b), e os deslocamentos virtuais do mecanismo 1, o que conduz a:

$$M_A + M_B + M_D + M_E = \gamma M_p\,. \tag{7.6}$$

Para o mecanismo 2, as rótulas se formam nas seções A, C, D e E e os deslocamentos virtuais associados a esse mecanismo observam $\delta\theta_B = 0$. Arbitrando-se $\delta\theta_A = -\,\delta\theta$, com a aplicação de (7.4) obtêm-se:

$$\delta\theta_A = -\,\delta\theta \qquad \delta\theta_C = 4{,}20\delta\theta \qquad \delta\theta_D = -\,5{,}88\delta\theta \qquad \delta\theta_E = 2{,}68\delta\theta \qquad (7.7)$$

Por interpretação geométrica, a obtenção de δU_1 é imediata e a de δU_2 é um pouco mais trabalhosa. Visando ao estabelecimento de procedimento simples para o cálculo desses deslocamentos virtuais, é interessante apresentar a determinação de δU_2 pelo teorema dos esforços virtuais, considerando como solução compatível a correspondente ao mecanismo 2 e como esforços virtuais aqueles que se indicam na Figura 7.10, o que conduz a:

$$\underbrace{1 \times \delta U_2}_{\delta T_e^*} = \underbrace{1{,}143 \times 4{,}200\delta\theta}_{\delta T_i^*} \implies \delta U_2 = 4{,}800\delta\theta\,.$$

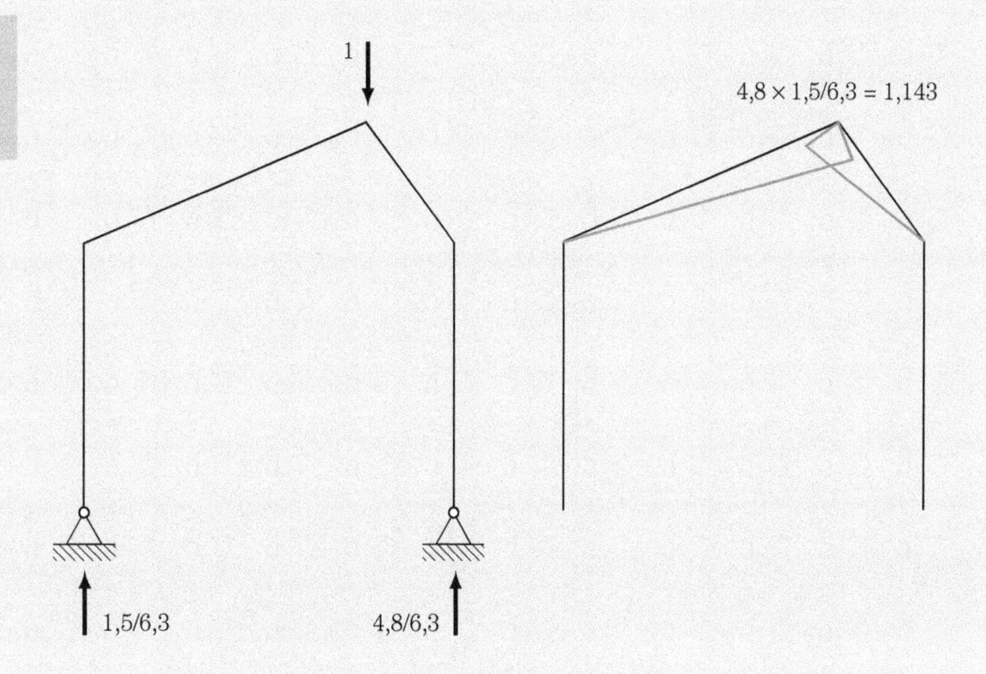

Figura 7.10
Solução equilibrada para obtenção de δU_2.

Assim, considerando os esforços ativos externos e internos solicitantes, e os deslocamentos virtuais associados ao mecanismo 2, o teorema dos deslocamentos virtuais permite escrever:

$$\underbrace{P\gamma_{c2} \times 5\delta\theta + 2P\gamma_{c2} \times 4{,}8\delta\theta}_{\delta T_e} = \underbrace{M_p \times 13{,}76\delta\theta}_{\delta T_i},$$

e resulta $\gamma_{c2} = 4{,}712$.

A equação de equilíbrio independente associada a esse mecanismo, expressa em termos dos momentos nas extremidades das barras, pode ser obtida pela aplicação do teorema dos deslocamentos virtuais considerando a distribuição de momentos fletores no pórtico, com os sentidos positivos indicados na Figura 7.7(b), e os deslocamentos virtuais do mecanismo 2, o que conduz a:

$$M_A + 4{,}2M_C + 5{,}88M_D + 2{,}68M_E = 2{,}92\gamma M_p. \tag{7.8}$$

As Equações (7.6) e (7.8) são as duas equações de equilíbrio independentes correspondentes aos mecanismos elementares. Elas são úteis na obtenção da distribuição de momentos fletores para as diversas combinações de mecanismos.

Considerem-se agora, os demais mecanismos resultantes da combinação linear dos mecanismos elementares, que podem ser obtidos com as condições só $\delta\theta_A = 0$, só $\delta\theta_D = 0$ e só $\delta\theta_E = 0$ e que tenham $\delta T_e > 0$. A Figura 7.11 mostra esses três mecanismos e a Tabela 7.2 apresenta os respectivos valores das rotações e deslocamentos virtuais, destacando os valores nulos das rotações, dos trabalhos externos e internos virtuais e dos multiplicadores, calculados pela aplicação de (7.1).

Figura 7.11
Mecanismos combinados.

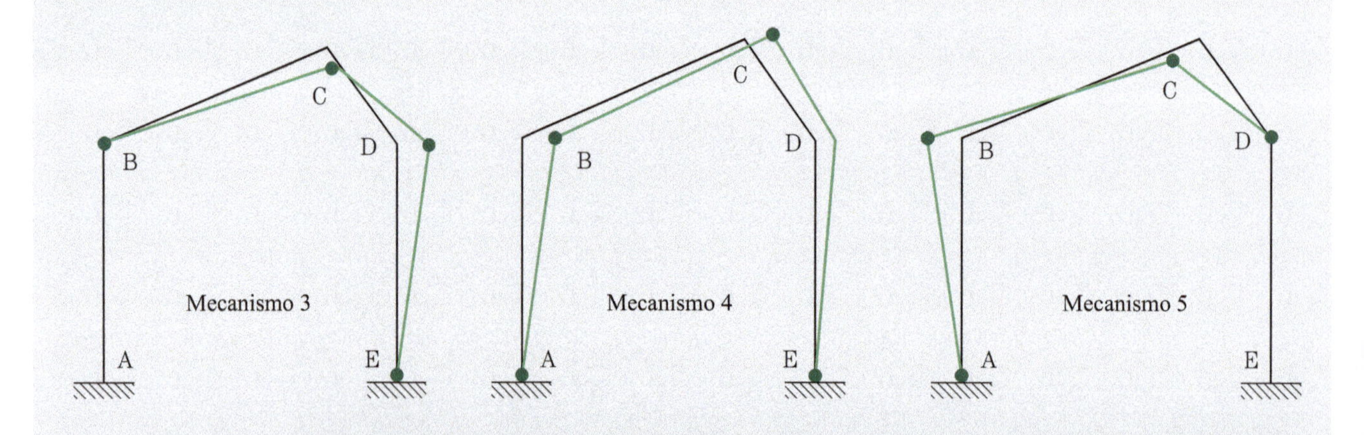

Tabela 7.2 – Rotações e deslocamentos virtuais e multiplicadores dos mecanismos com $\delta\vartheta = 1$

	Mec 1	Mec 2	Mec 3	Mec 4	Mec 5
	independente	independente	Mec 2 – Mec 1	Mec 1 – 0,170Mec 2	Mec 2 – 0,373Mec 1
$\delta\theta_A$	–1,000	–1,000	0	–0,830	0,627
$\delta\theta_B$	1,000	0	–1,000	1,000	–1,000
$\delta\theta_C$	0	4,200	4,200	–0,714	1,567
$\delta\theta_D$	–1,000	5,880	–4,880	0	–1,194
$\delta\theta_E$	1,000	2,680	1,680	0,544	0
δU_1	5,000	5,000	0,000	4,150	–3,134
δU_2	0,000	4,800	4,800	–0,816	1,791
δT_i	4,000	13,760	11,760	3,088	4,388
δT_2	1,000	2,920	1,920	0,503	0,090
γ_c	4,000	4,712	6,125	6,135	49,000

Note-se que os mecanismos 4 e 5, apesar de observarem a condição $\delta T_e > 0$, têm uma das duas parcelas negativa, o que indica que eles são possíveis, mas fisicamente improváveis, o que se comprova pelos valores dos coeficientes γ_c obtidos. Pelo teorema cinemático, o mecanismo de colapso é o mecanismo 1, que observa a condição $\gamma_{II} = \gamma_{c,min} = 4{,}000$.

A resolução das equações de equilíbrio (7.6) e (7.8) com $M_A = M_B = M_D = M_E = M_p$ conduz a $M_B = 0{,}505M_p$ e $\gamma = 4{,}00$, o que permite estabelecer a distribuição de momentos fletores correspondente a esse mecanismo, que se mostra na Figura 7.12, e confirmar o valor de $\gamma_{II} = 4{,}000$. Vista de forma complementar, a distribuição de momentos fletores correspondente a esse mecanismo satisfaz à condição de plastificação $| M | \leq M_p$ e, pelo teorema da unicidade, confirma que esse é o mecanismo de colapso.

Figura 7.12
Distribuição de momentos fletores no colapso.

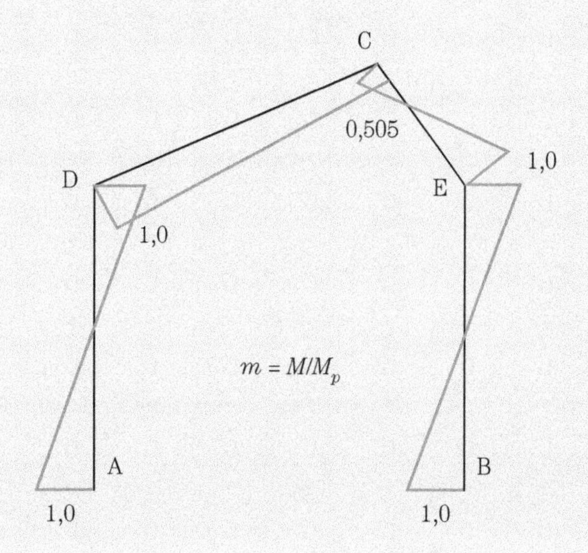

É importante notar que a análise de todos os mecanismos possíveis para a determinação daquele de colapso é usualmente desnecessária. Neste caso, com a análise dos mecanismos 1 a 3, já se poderia perceber que o mecanismo 1 seria um bom candidato a mecanismo de colapso, o que poderia ser verificado com a obtenção do diagrama de momentos fletores, que atende à condição de plastificação, e, consequentemente, pelo teorema da unicidade se constataria que esse é o mecanismo de colapso. Como o mecanismo tem um grau de liberdade, não apenas o coeficiente γ_{II} é unico, mas também é único o mecanismo de colapso. No caso geral, a análise de todos os mecanismos pode ser extremamente laboriosa para cálculo manual, em vista do grande número de combinações simples possíveis; essa dificuldade não se aplica para o cálculo automático.

Assim, um procedimento que se mostra prático e conceitualmente conveniente na análise limite pelo método da combinação de mecanismos é o que se mostra no Quadro 7.1.

Quadro 7.1
Procedimento para a análise limite pelo método da combinação de mecanismos

1. Estabelece-se o número de mecanismos possíveis.
   a. Determina-se o número de seções em que se pode formar rótulas plásticas ou de barras que podem se plastificar por força normal, n, que é o número de variáveis de decisão do problema.
   b. Determina-se o grau de hiperestaticidade, g_h, da estrutura.
   c. Determina-se o número de rótulas plásticas ou barras plastificadas por força normal, $p = g_h + 1$, que define uma condição suficiente para o colapso plástico.
   d. Calcula-se o número de mecanismos possíveis pela expressão $\binom{n}{p} = \frac{n!}{p!(n-p)!}$.
2. Estabelece-se o número de mecanismos elementares.
   a. Calcula-se o número de mecanismos elementares pela expressão $m = n - g_h$.
3. Analisam-se os mecanismos elementares.
   a. Selecionam-se os mecanismos elementares.
   b. Para cada mecanismo elementar, calcula-se o multiplicador cinemático pelo teorema dos deslocamentos virtuais.
   c. Para cada mecanismo elementar, estabelece-se a equação de equilíbrio correspondente pelo teorema dos deslocamentos virtuais.
4. Analisam-se combinações de mecanismos.
   a. Seleciona-se, com base nos resultados obtidos em 3, um conjunto de mecanismos possíveis.
   b. Para cada mecanismo selecionado, calcula-se o multiplicador cinemático pelo teorema dos deslocamentos virtuais.
   c. Seleciona-se aquele com menor multiplicador cinemático.
5. Verifica-se, pelo teorema estático, se a solução com menor γ_c corresponde ao mecanismo de colapso. Os esforços solicitantes nas seções críticas podem ser obtidos pela utilização das equações de equilíbrio obtidas em 3c.
   a. Em caso negativo, seleciona-se novo conjunto de mecanismos possíveis, com base nos resultados em 3 e 4, e retorna-se a 4b.
   b. Em caso positivo, tem-se o multiplicador de colapso.

EXEMPLO 7.3 Pórtico duplo

Considere-se o pórtico plano duplo formado por barras prismáticas com os momentos de plastificação e carregamento externo de referência indicados na Figura 7.13, que apresenta ainda os deslocamentos nodais energeticamente conjugados aos esforços externos ativos. Calcula-se, a seguir, o multiplicador de colapso γ_{II} e apresenta-se a distribuição de momentos fletores na iminência do colapso. Adota-se $M_p = 100$ kNm.

Figura 7.13
Pórtico plano duplo.

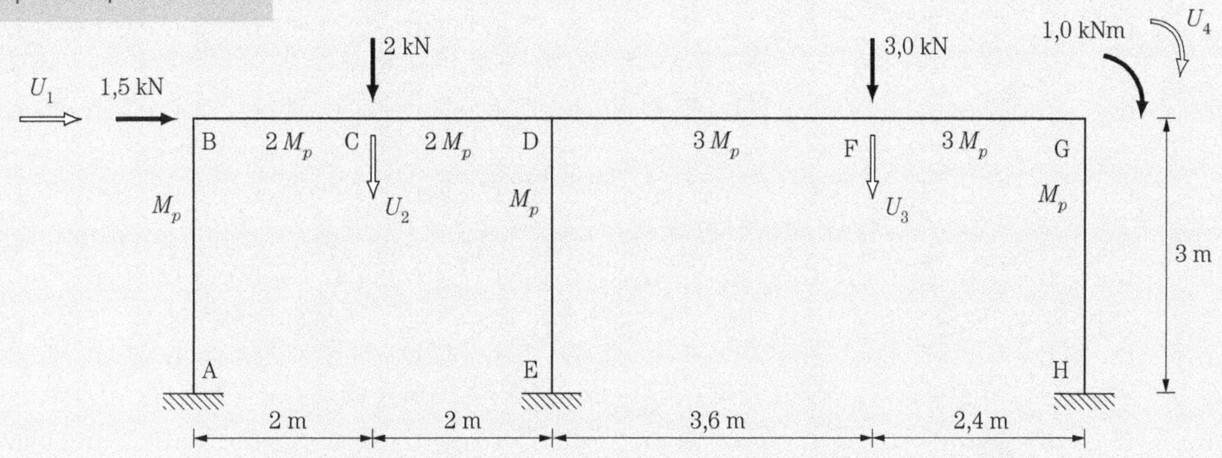

Solução

No colapso plástico do pórtico plano duplo hiperestático com $g_h = 6$ da Figura 7.13, é condição suficiente para a formação de um mecanismo a ocorrência de sete rótulas plásticas nas extremidades das barras ou nas seções de aplicação de cargas externas, onde os momentos fletores são extremos. As rótulas plásticas poderão se formar em doze seções críticas, que se reduzem a onze se for considerado que junto ao nó B não há momento externo aplicado e uma possível rótula ocorrerá na seção B da barra BA. Assim, o número de mecanismos possíveis é dado pela combinação simples de onze, sete a sete, ou seja, $\binom{11}{7} = \frac{11!}{(11-7)!7!} = 330$ mecanismos, o que mostra, pelo elevado número, mais do que a conveniência, a necessidade de adotar o procedimento indicado ao final do exemplo 7.2 para cálculos manuais. Os possíveis mecanismos locais estão contemplados entre essas combinações, conforme visto no Exemplo 7.2.

O número de mecanismos independentes, m, é igual à diferença entre o número de seções críticas, $n = 11$, e o grau de hiperestaticidade, $g_h = 6$, ou seja, $m =$

$n - g_h = 5$. Adotam-se como mecanismos elementares os mecanismos de viga, o mecanismo de tombamento e os mecanismos de nó, apresentados respectivamente nas Figuras 7.14, 7.15 e 7.16.

Figura 7.14
Mecanismos de viga e deslocamentos virtuais associados.

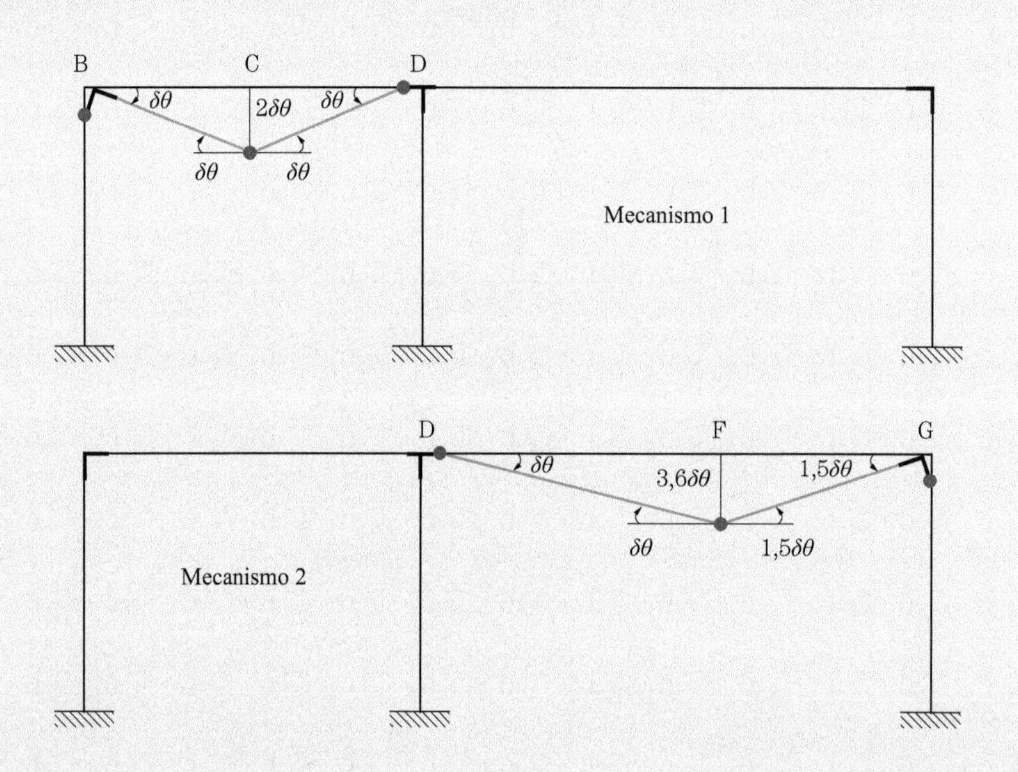

Figura 7.15
Mecanismo de tombamento e deslocamentos virtuais associados.

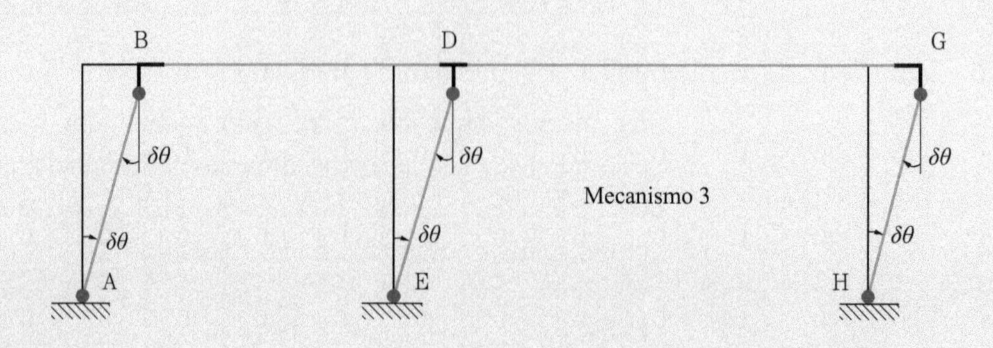

Figura 7.16
Mecanismos de nó e deslocamentos virtuais associados.

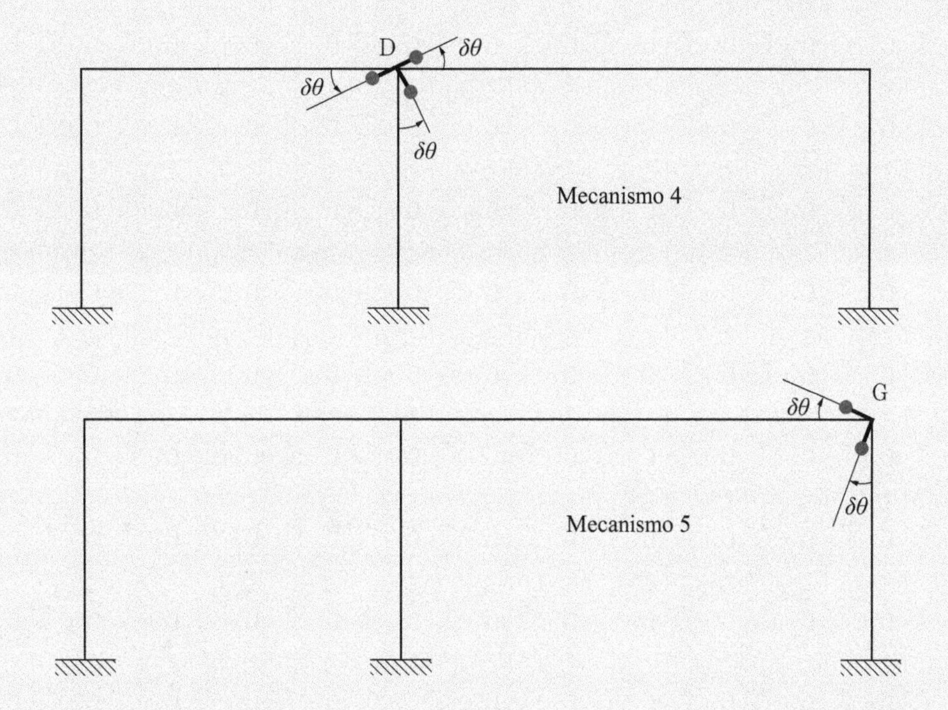

Os valores dos multiplicadores são calculados a partir das equações de equilíbrio, estabelecidas pela aplicação do teorema dos deslocamentos virtuais considerando a solução cinematicamente admissível correspondente a cada um dos mecanismos e os deslocamentos virtuais associados a esse mecanismo, expressas por:

$$\underbrace{\gamma_c \sum_{\ell} \bar{P}_{\ell}\, \delta U_{\ell}}_{\delta T_e} = \underbrace{\sum_k M_{pk} \left| \delta\theta_k \right|}_{\delta T_i}. \tag{7.9}$$

Para o mecanismo 1, obtém-se $\gamma_{c1} = 175{,}00$, visto que:

$$\underbrace{2\gamma_{c1} \times 2\delta\theta}_{\delta T_e} = \underbrace{100 \times \delta\theta + 200 \times 2\delta\theta + 200 \times \delta\theta}_{\delta T_i}.$$

Para o mecanismo 2, obtém-se $\gamma_{c2} = 129{,}03$, visto que:

$$\underbrace{3\gamma_{c2} \times 3{,}6\delta\theta - \gamma_{c2} \times 1{,}5\delta\theta}_{\delta T_e} = \underbrace{300 \times \delta\theta + 300 \times 2{,}5\delta\theta + 100 \times 1{,}5\delta\theta}_{\delta T_i}.$$

Para o mecanismo 3, obtém-se $\gamma_{c3} = 133{,}33$, visto que:

$$\underbrace{1{,}5\gamma_{c3} \times 3\delta\theta}_{\delta T_e} = \underbrace{100 \times 6\delta\theta}_{\delta T_i}.$$

Para o mecanismo 4, a condição $\delta T_e > 0$ não é satisfeita, pois $\delta T_e = 0$.

Para o mecanismo 5, obtém-se $\gamma_{c5} = 400$, visto que:

$$\underbrace{1\gamma_{c5} \times \delta\theta}_{\delta T_e} = \underbrace{300 \times \delta\theta + 100 \times \delta\theta}_{\delta T_i}.$$

Trata-se agora, de analisar possíveis combinações de mecanismos, orientadas pelos resultados obtidos para os multiplicadores dos mecanismos elementares, observando que os mecanismos de nós desempenham papel importante nas combinações entre os mecanismos de viga e o de tombamento.

Inicialmente, considere-se a combinação dos mecanismos 1 e 3, conforme mostra a Figura 7.17, para a qual se obtêm:

$$\underbrace{1{,}5\gamma_{c6} \times 3\delta\theta + 2\gamma_{c6} \times 2\delta\theta}_{\delta T_e} = \underbrace{100 \times 5\delta\theta + 200 \times 3\delta\theta}_{\delta T_i}$$

$$\gamma_{c6} = 129{,}41$$

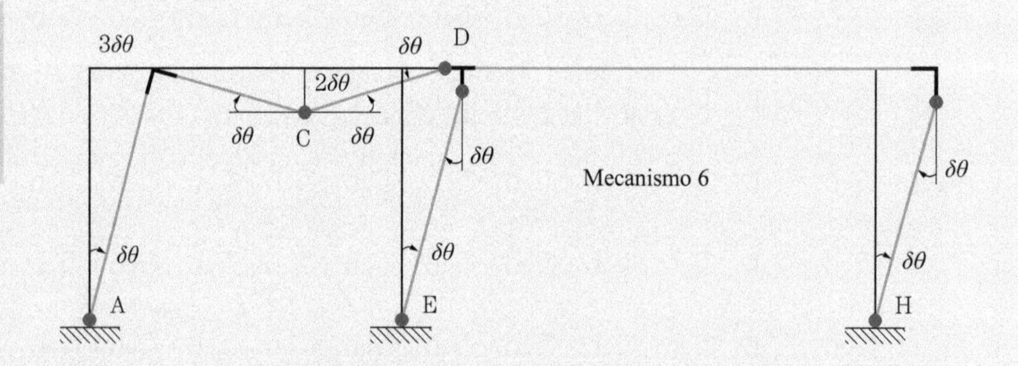

Figura 7.17
Mecanismo 6 (M1+M3) e deslocamentos virtuais associados.

Outra combinação a ser considerada é aquela entre os mecanismos 2, 3 e 4; esta última para propiciar a rotação do nó D. A Figura 7.18 mostra o mecanismo 7 e os deslocamentos virtuais associados para o qual se obtêm:

$$\underbrace{1{,}5\gamma_{c7} \times 3\delta\theta + 3\gamma_{c7} \times 3{,}6\delta\theta + \gamma_{c7} \times (-1{,}5\delta\theta)}_{\delta T_e} = \underbrace{100 \times 6{,}5\delta\theta + 200 \times \delta\theta + 300 \times 2{,}5\delta\theta}_{\delta T_i}$$

$$\gamma_{c7} = 115{,}94$$

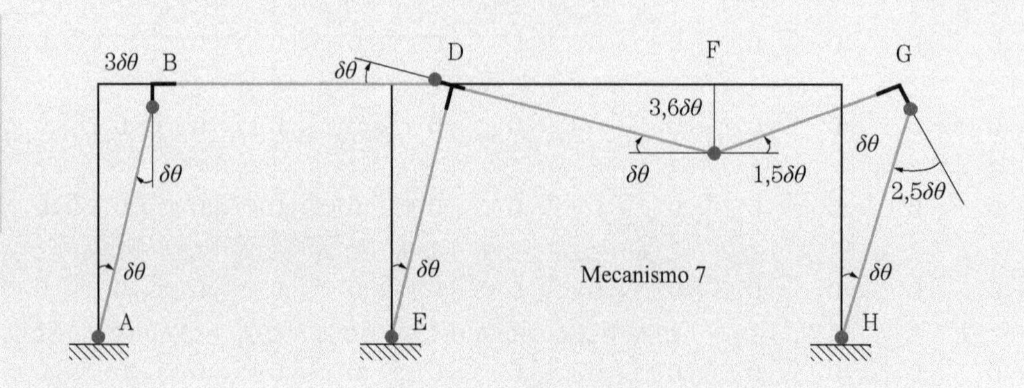

Figura 7.18
Mecanismo 7 (M2 + M3 - M4) e deslocamentos virtuais associados.

Em vista dos resultados obtidos, outra combinação de mecanismo que merece ser analisada é aquela que considera os dois mecanismos elementares de viga, o mecanismo de tombamento e o mecanismo de nó 4, ou, de forma equivalente, a combinação do mecanismo 7 com o mecanismo 1.

A Figura 7.19 mostra esse mecanismo 8 e os deslocamentos virtuais associados para o qual se obtêm:

$$\underbrace{1{,}5\gamma_{c8} \times 3\delta\theta + 2\gamma_{c8} \times 2\delta\theta + 3\gamma_{c8} \times 3{,}6\delta\theta + \gamma_{c8} \times (-1{,}5\delta\theta)}_{\delta T_e}$$

$$= \underbrace{100 \times 5{,}5\delta\theta + 200 \times 4\delta\theta + 300 \times 2{,}5\delta\theta}_{\delta T_i}$$

$$\gamma_{c8} = 117{,}98$$

Figura 7.19
Mecanismo 8 e deslocamentos virtuais associados.

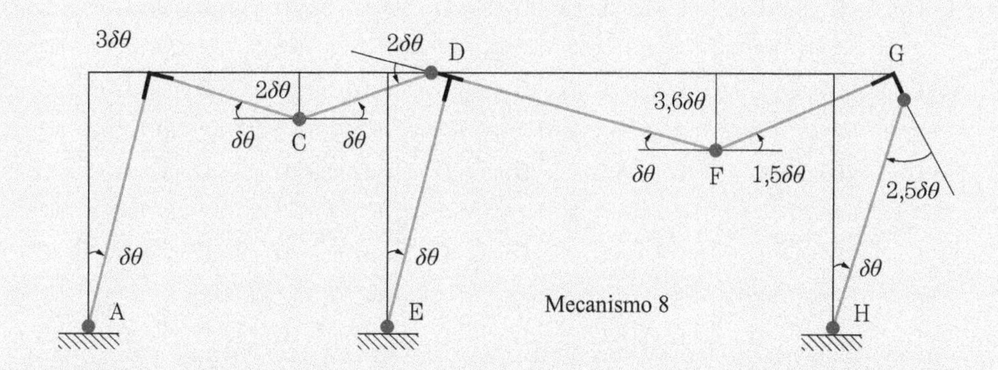

A Tabela 7.3 resume todos os cálculos realizados para a obtenção dos valores de $\delta\theta_k$, δU_ℓ, δT_i, δT_e e γ_c dos mecanismos elementares e dos três mecanismos selecionados que resultam de combinações lineares dos mecanismos elementares. Note-se que as combinações lineares valem para os deslocamentos e rotações virtuais, δU_ℓ e $\delta\theta_k$, para o trabalho virtual externo, δT_e, mas não para o δT_i, pois $\delta T_i = \sum_k M_{pk} \left| \delta\theta_k \right|$. Os sinais das rotações nos nós são positivos ou negativos conforme ocorra, respectivamente, o aumento ou a diminuição dos ângulos de referência, indicados na Figura 7.20.

Figura 7.20
Ângulos de referência nos nós do pórtico.

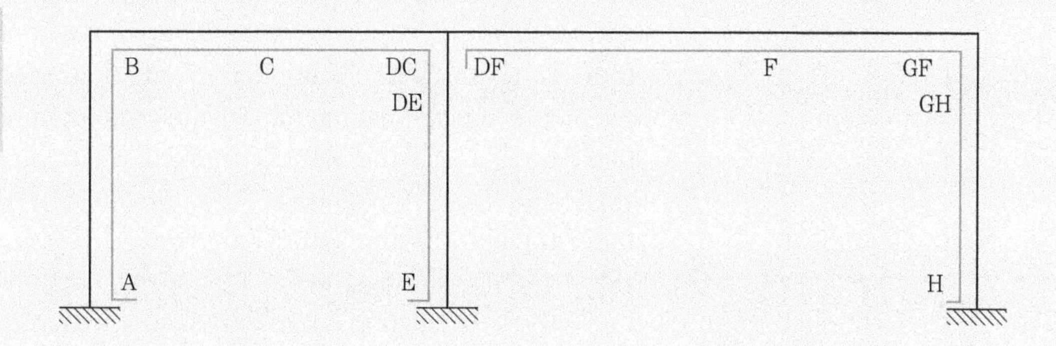

Tabela 7.3 – Resumo dos cálculos de γ_c para os mecanismos elementares e combinados com $\delta\vartheta = 1$.

	Mec 1	Mec 2	Mec 3	Mec 4	Mec 5	Mec 6	Mec 7	Mec 8
	independente	independente	independente	independente	independente	Mec 1 + 3	Mec 2 + 3 – 4	Mec 7 + 1
$\delta\theta_A$	0,000	0,000	–1,000	0,000	0,000	–1,000	–1,000	–1,000
$\delta\theta_B$	–1,000	0,000	1,000	0,000	0,000	0,000	1,000	0,000
$\delta\theta_C$	2,000	0,000	0,000	0,000	0,000	2,000	0,000	2,000
$\delta\theta_{DC}$	–1,000	0,000	0,000	1,000	0,000	–1,000	–1,000	–2,000
$\delta\theta_{DE}$	0,000	0,000	–1,000	–1,000	0,000	–1,000	0,000	0,000
$\delta\theta_E$	0,000	0,000	1,000	0,000	0,000	1,000	1,000	1,000
$\delta\theta_{DF}$	0,000	–1,000	0,000	–1,000	0,000	0,000	0,000	0,000
$\delta\theta_F$	0,000	2,500	0,000	0,000	0,000	0,000	2,500	2,500
$\delta\theta_{GF}$	0,000	0,000	0,000	0,000	–1,000	0,000	0,000	0,000
$\delta\theta_{GH}$	0,000	–1,500	–1,000	0,000	1,000	–1,000	–2,500	–2,500
$\delta\theta_H$	0,000	0,000	1,000	0,000	0,000	1,000	1,000	1,000
δU_1	0,000	0,000	3,000	0,000	0,000	3,000	3,000	3,000
δU_2	2,000	0,000	0,000	0,000	0,000	2,000	0,000	2,000
δU_3	0,000	3,600	0,000	0,000	0,000	0,000	3,600	3,600
δU_4	0,000	–1,500	0,000	0,000	1,000	0,000	–1,500	–1,500
δT_i	700,000	1200,000	600,000	600,000	400,000	1100,000	1600,000	2100,000
δT_e	4,000	9,300	4,500	0,000	1,000	8,500	13,800	17,800
γ_c	175,000	129,032	133,333	–	400,000	129,412	115,942	117,978

Foram analisadas várias combinações de mecanismos consideradas as mais prováveis de colapso, o que permite presumir que o mecanismo 7 seja o mecanismo de colapso, ou, pelo menos, estabelecer que $\gamma_{II} \leq \gamma_{c7} = 115{,}94$, mas muito próximo de γ_{II}. Esses dois aspectos são contemplados pela obtenção e análise da distribuição dos momentos fletores correspondente aos mecanismos 7 e 8, conforme se apresenta a seguir.

A distribuição dos momentos fletores pode ser obtida utilizando as cinco equações de equilíbrio independentes, que envolvem os momentos fletores nas onze seções críticas passíveis de plastificação e considerando os valores dos momentos nas seções plastificadas.

Inicialmente, trata-se de estabelecer as equações de equilíbrio que relacionam os momentos fletores nas seções críticas e o multiplicador γ do carregamento externo. É muito conveniente que essas equações sejam associadas aos mecanismos elementares, e elas são obtidas pela aplicação do teorema dos deslocamentos virtuais considerando a distribuição de momentos fletores no pórtico, com os sentidos positivos indicados na Figura 7.21, e os deslocamentos virtuais dos mecanismos 1 a 5, nessa ordem:

$$\underbrace{2\gamma \times 2\delta\theta}_{\delta T_e} = \underbrace{-M_B\delta\theta + M_C 2\delta\theta + M_{DC}\delta\theta}_{\delta T_i} \implies -M_B + 2M_C + M_{DC} = 4\gamma$$

$$\underbrace{3\gamma \times 3{,}6\delta\theta - 1\gamma \times 1{,}5\delta\theta}_{\delta T_e} = \underbrace{M_{DF}\delta\theta + M_F 2{,}5\delta\theta + M_{GF}1{,}5\delta\theta}_{\delta T_i} \implies M_{DF} + 2{,}5M_F + 1{,}5M_{GH} = 9{,}3\gamma$$

$$\underbrace{1{,}5\gamma \times 3\delta\theta}_{\delta T_e} = \underbrace{M_A\delta\theta + M_B\delta\theta + M_E\delta\theta + M_{DE}\delta\theta + M_H\delta\theta + M_{GH}\delta\theta}_{\delta T_i}$$

$$\implies M_A + M_B + M_E + M_{DE} + M_H + M_{GH} = 4{,}5\gamma$$

$$\underbrace{0}_{\delta T_e} = \underbrace{M_{DC}\delta\theta - M_{DE}\delta\theta - M_{DF}\delta\theta}_{\delta T_i} \implies M_{DC} - M_{DE} - M_{DF} = 0$$

$$\underbrace{1\gamma \times \delta\theta}_{\delta T_e} = \underbrace{M_{GF}\delta\theta - M_{GH}\delta\theta}_{\delta T_i} \implies M_{GF} - M_{GH} = \gamma \tag{7.10}$$

Note-se que as duas últimas equações poderiam ser facilmente obtidas pelo equilíbrio dos nós D e G.

Figura 7.21
Momentos fletores positivos no pórtico duplo.

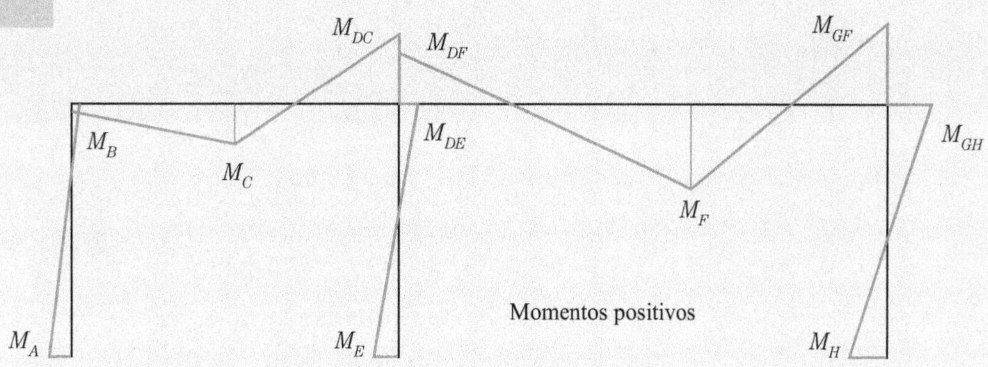

Pode-se agora obter a distribuição de momentos fletores associada ao mecanismo 7 pela introdução dos valores dos momentos nas seções plastificadas

$$M_A = 100\ \text{kNm} \quad M_B = 100\ \text{kNm} \quad M_{DC} = 200\ \text{kNm} \quad M_E = 100\ \text{kNm}$$
$$M_F = 300\ \text{kNm} \quad M_{GH} = 100\ \text{kNm} \quad M_H = 100\ \text{kNm}$$

nas equações de equilíbrio (7.10), que ficam definidas em função dos momentos M_C, M_{DE}, M_{DF}, M_{GH} e do multiplicador γ, ou seja:

$$2M_C - 4\gamma = -100$$
$$M_{DF} - 9{,}3\gamma = -900$$
$$M_{DE} - 4{,}5\gamma = -500$$
$$M_{DE} + M_{DF} = 200$$
$$M_{GF} - \gamma = 100$$

e cuja solução é dada por:

$$M_C = 181{,}88 \text{ kNm} \quad M_{DE} = 21{,}74 \text{ kNm} \quad M_{DF} = 178{,}26 \text{ kNm}$$
$$M_{GH} = 215{,}94 \text{ kNm} \quad \gamma = 115{,}94$$

O resultado obtido confirma o valor do multiplicador γ_{c7} e permite constatar que os momentos fletores observam a condição de plastificação, $|M_k| \leq M_{pk}$. Assim, a solução correspondente ao mecanismo 7 é também estaticamente admissível, e, pelo atendimento simultâneo dos teoremas estático e cinemático, ele é o mecanismo de colapso, com multiplicador $\gamma_{II} = \gamma_{c7} = 115{,}94$ e com a distribuição de momentos fletores da Figura 7.22.

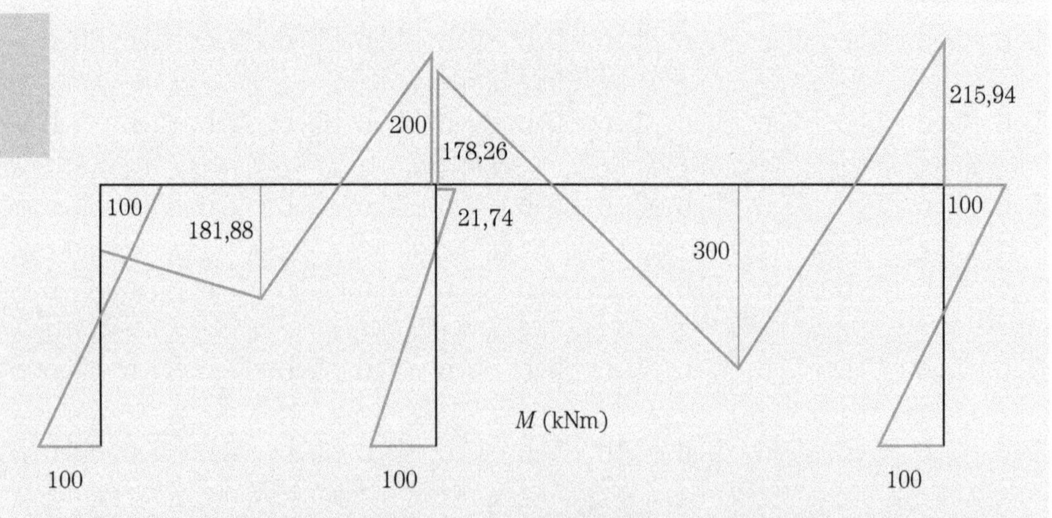

Fig. 7.22
Diagrama de momentos fletores no colapso.

Considere-se agora, a análise da distribuição de momentos fletores associada ao mecanismo 8 com multiplicador $\gamma_{c8} = 117{,}98$, muito próximo de $\gamma_{II} = 115{,}94$. Com o mesmo procedimento anterior, pode-se obter a distribuição de momentos fletores associada ao mecanismo 8 pela introdução dos valores dos momentos nas seções plastificadas

$$M_A = 100 \text{ kNm} \quad M_C = 200 \text{ kNm} \quad M_{DC} = 200 \text{ kNm} \quad M_E = 100 \text{ kNm}$$
$$M_F = 300 \text{ kNm} \quad M_{GH} = 100 \text{ kNm} \quad M_H = 100 \text{ kNm}$$

nas equações de equilíbrio (7.10), que ficam definidas em função dos momentos M_B, M_{DE}, M_{DF}, M_{GH} e do multiplicador γ, ou seja:

$$-M_B - 4\gamma = -600$$
$$M_{DF} - 9{,}3\gamma = -900$$
$$M_B + M_{DE} - 4{,}5\gamma = -400$$
$$M_{DE} + M_{DF} = 200$$
$$M_{GF} - \gamma = 100$$

cuja solução é:

$$M_B = 128{,}09 \text{ kNm} \qquad M_{DE} = 2{,}81 \text{ kNm} \qquad M_{DF} = 197{,}19 \text{ kNm}$$
$$M_{GF} = 217{,}98 \text{ kNm} \qquad \gamma = 117{,}98$$

O resultado obtido confirma o valor do multiplicador γ_{c8} e permite constatar que $M_B = 128{,}09$ kNm $> M_p = 100$ kNm, violando a condição de plastificação, $| M_k | \leq M_{pk}$. Assim, a solução correspondente ao mecanismo 8 não é a de colapso, como já se sabia. Entretanto, é possível obter uma solução estaticamente admissível ao reduzir o valor de γ na proporção $\frac{100}{128{,}09} = 0{,}7807$, do que resulta a distribuição de momentos fletores da Figura 7.23 e $\gamma_e = 92{,}11$. Essa solução é estaticamente admissível pois satisfaz às condições de equilíbrio e de plastificação, do que resulta:

$$92{,}11 \leq \gamma_{II} \leq 117{,}98.$$

Essa análise realizada com o mecanismo 8 permite, a partir de uma solução cinematicamente admissível, gerar uma solução estaticamente admissível e, assim, definir limites inferior e superior para γ_{II}. Esse procedimento foi utilizado no Exemplo 6.1 e é útil para nortear a busca de γ_{II} ou até mesmo para adotar um valor do multiplicador de carga que já satisfaça a um critério de segurança.

Figura 7.23
Distribuição de M correspondente ao mecanismo 8 reduzida de 0,7807.

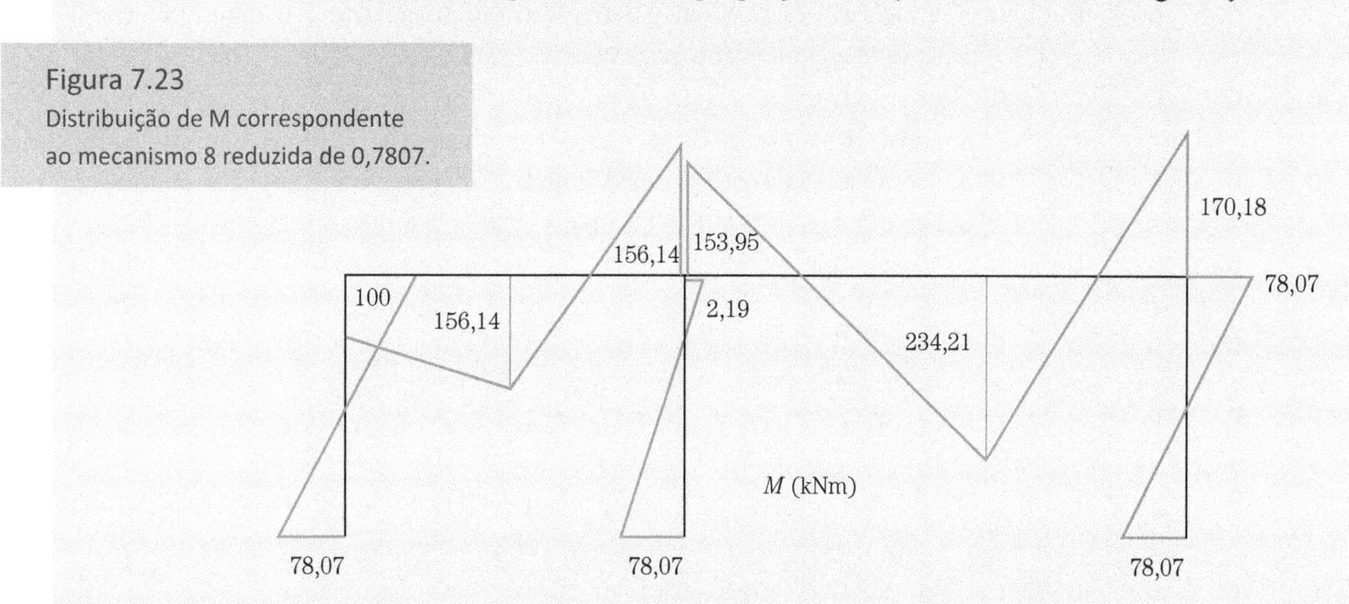

7.2 Método das inequações

Introdução

O método das inequações é devido a Neal e Symonds (1950, 1951) e consiste, basicamente, em estabelecer as equações de equilíbrio e as inequações correspondentes às condições de plastificação e determinar o valor máximo do multiplicador γ que satisfaça a essas equações e inequações; o teorema estático garante que $\gamma_{II} = \gamma_{max}$.

Conforme discutido na seção anterior, o número de equações de equilíbrio independentes é dado pela diferença $n - g_h$, onde n é a soma do número de seções com possível formação de rótulas com o de barras que possam ser plastificadas por ação da força normal e g_h é o grau de hiperestaticidade da estrutura. O valor de n pode ser reduzido, como se mostra nos Exemplos 7.1 e 7.3.

Assim, uma primeira forma de colocar o problema de encontrar γ_{max} consiste em determinar o máximo valor de γ em que as $n + 1$ variáveis de decisão satisfaçam às $n - g_h$ equações de equilíbrio independentes e as $2n$ inequações exigidas pela condição de plastificação.

O número de variáveis de decisão é usualmente diminuído ao eliminar g_h variáveis de decisão, arbitrariamente selecionadas; as demais $n - g_h$ variáveis de decisão são determinadas em função das g_h selecionadas por meio das equações de equilíbrio e, a seguir, substituídas nas inequações. Assim, uma segunda forma de colocar o problema de encontrar γ_{max} consiste em determinar o máximo valor de γ em que as $g_h + 1$ variáveis de decisão (as independentes e γ) satisfaçam apenas às $2n$ inequações exigidas pela condição de plastificação, visto que as equações de equilíbrio estarão intrinsecamente satisfeitas.

Para ilustrar o método das inequações, apresentam-se dois exemplos, sendo que o segundo é o mesmo pórtico do Exemplo 7.2 apresentado em Langendonck (1959) – além do propósito didático, presta-se uma homenagem ao Professor Telemaco van Langendonck.

EXEMPLO 7.4 Treliça hiperestática com seis barras

Considere-se a treliça hiperestática da Figura 7.24 com seis barras prismáticas, de mesmo material e mesma seção transversal, com força normal de plastificação de tração e compressão iguais em módulo a N_p, submetida a carregamento proporcional monotonicamente crescente e com os dados indicados nessa figura. Calcula-se, pelo método das inequações, o parâmetro de carga de colapso F_{II}.

Figura 7.24
Treliça hiperestática.

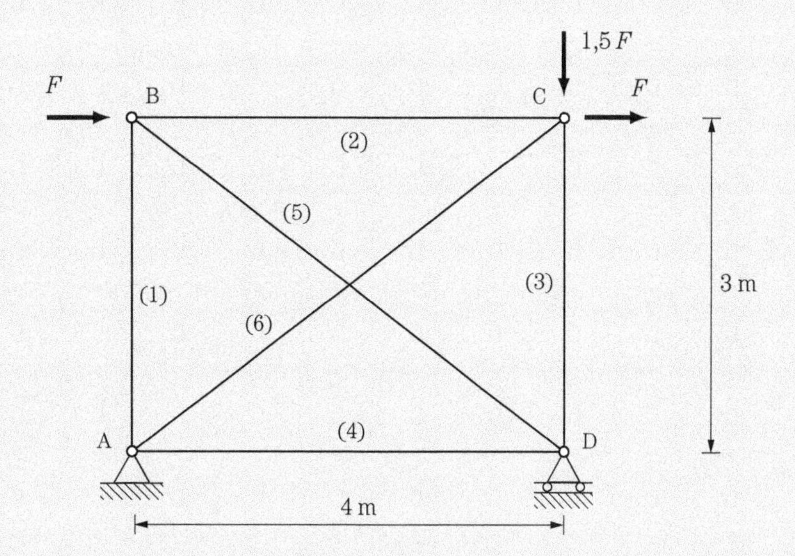

Solução

Os esforços solicitantes na treliça da Figura 7.24 resumem-se às forças normais nas barras. Ela é uma estrutura com grau de hiperestaticidade $g_h = 1$ e com $n = 6$ barras passíveis de plastificação. Essas forças normais devem satisfazer a $n - g_h = 5$ equações de equilíbrio independentes.

Selecionam-se como equações de equilíbrio independentes as de forças na horizontal do nó B, de forças na vertical do nó C, de forças na horizontal e na vertical do nó A e de forças na horizontal do nó D, dadas por:

$$
\begin{aligned}
n_2 + 0{,}8n_5 + f &= 0 \\
n_3 + 0{,}6n_6 + 1{,}5f &= 0 \\
n_4 + 0{,}8n_6 - 2f &= 0 \\
n_1 + 0{,}6n_6 - 1{,}5f &= 0 \\
n_4 + 0{,}8n_5 &= 0
\end{aligned}
\qquad (7.11)
$$

onde foram introduzidos os adimensionais $n_j = \dfrac{N_j}{N_p}$ e $f = \dfrac{F}{N_p}$.

As condições de plastificação são dadas pelas doze inequações:

$$\begin{matrix} -1 \le n_1 \le 1 & -1 \le n_4 \le 1 \\ -1 \le n_2 \le 1 & -1 \le n_5 \le 1 \\ -1 \le n_3 \le 1 & -1 \le n_6 \le 1 \end{matrix} \tag{7.12}$$

Conforme estabelece o teorema estático, o colapso plástico irá ocorrer para o máximo valor de f que observe as cinco equações de equilíbrio (7.11) e as doze condições de plastificação (7.12) com sete variáveis, n_1 a n_6 e f.

É possível fazer a redução do número de variáveis desse problema de máximo, conforme se mostra a seguir. Considerando as cinco equações de equilíbrio, elege-se arbitrariamente n_6 como variável independente e estabelecem-se as expressões de n_1, n_2, n_3, n_4 e n_5 em função de n_6 e f, ou seja:

$$\begin{matrix} n_1 = -\,0{,}6n_6 + 1{,}5f \quad n_2 = -\,0{,}8n_6 + f \quad n_3 = -\,0{,}6n_6 - 1{,}5f \\ n_4 = -\,0{,}8n_6 + 2f \quad n_5 = n_6 - 2{,}5f \end{matrix} \tag{7.13}$$

que, introduzidas em (7.12), levam às seguintes inequações:

$$\begin{cases} -0{,}6n_6 + 1{,}5f + 1 \ge 0 \\ -0{,}8n_6 + f + 1 \ge 0 \\ -0{,}6n_6 - 1{,}5f + 1 \ge 0 \\ -0{,}8n_6 + 2f + 1 \ge 0 \\ n_6 - 2{,}5f + 1 \ge 0 \\ n_6 + 1 \ge 0 \end{cases}$$

e

$$\begin{cases} 0{,}6n_6 - 1{,}5f + 1 \ge 0 \\ 0{,}8n_6 - f + 1 \ge 0 \\ 0{,}6n_6 + 1{,}5f + 1 \ge 0 \\ 0{,}8n_6 - 2f + 1 \ge 0 \\ -n_6 + 2{,}5f + 1 \ge 0 \\ -n_6 + 1 \ge 0 \end{cases}$$

ou, dividindo todos os termos pelo módulo dos coeficientes de n_6, obtêm-se:

$$\begin{cases} -n_6 + 2{,}5f + 1{,}667 \ge 0 & \text{(a)} \\ -n_6 + 1{,}25f + 1{,}250 \ge 0 & \text{(b)} \\ -n_6 - 2{,}5f + 1{,}667 \ge 0 & \text{(c)} \\ -n_6 + 2{,}5f + 1{,}25 \ge 0 & \text{(d)} \\ n_6 - 2{,}5f + 1 \ge 0 & \text{(e)} \\ n_6 + 1 \ge 0 & \text{(f)} \end{cases} \tag{7.14}$$

e

$$\begin{cases} n_6 - 2{,}5f + 1{,}667 \geq 0 & \text{(a)} \\ n_6 - 1{,}25f + 1{,}25 \geq 0 & \text{(b)} \\ n_6 + 2{,}5f + 1{,}667 \geq 0 & \text{(c)} \\ n_6 - 2{,}5f + 1{,}25 \geq 0 & \text{(d)} \\ -n_6 + 2{,}5f + 1 \geq 0 & \text{(e)} \\ -n_6 + 1 \geq 0 & \text{(f)} \end{cases} \tag{7.15}$$

Em virtude da eliminação das cinco equações de equilíbrio e do mesmo número de variáveis, e de acordo com o teorema estático, o colapso plástico irá ocorrer para o máximo valor de f que observe as doze condições de plastificação (7.14) e (7.15) com apenas duas variáveis, n_6 e f. Observa-se ainda, que as inequações foram escritas de forma conveniente para a resolução do sistema de inequações.

Nessas condições, o cálculo de f_{II} pode ser feito ao resolver o sistema reduzido a doze inequações e duas variáveis que levem ao máximo valor f, o que se faz combinando-se as diversas inequações de modo que elimine a variável n_6. Assim, resultam inequações envolvendo apenas a variável $f > 0$, o que permite determinar o valor máximo de f que satisfaça a essas inequações.

Inicialmente, estabelecem-se as combinações lineares duas a duas das Inequações (7.14) e (7.15) de modo que elimine n_6 dessas inequações. Considerando todas as combinações, exceto as inequações repetidas e as redundantes, naturalmente satisfeitas, por exemplo $2{,}5 > 0$ e $1{,}25f + 2{,}917 > 0$, obtêm-se:

$$\begin{array}{rcl} -1{,}250f + 2{,}250 \geq 0 & & f \leq 1{,}800 \\ -1{,}250f + 2{,}917 \geq 0 & & f \leq 2{,}333 \\ -3{,}750f + 2{,}917 \geq 0 & & f \leq 0{,}788 \\ -5{,}000f + 2{,}917 \geq 0 & & f \leq 0{,}583 \\ -5{,}000f + 2{,}667 \geq 0 & \Longrightarrow & f \leq 0{,}533 \\ -2{,}500f + 2{,}667 \geq 0 & & f \leq 1{,}067 \\ -5{,}000f + 3{,}333 \geq 0 & & f \leq 0{,}667 \\ -3{,}750f + 2{,}917 \geq 0 & & f \leq 0{,}778 \\ -2{,}500f + 2{,}000 \geq 0 & & f \leq 0{,}800 \\ -2{,}500f + 2{,}250 \geq 0 & & f \leq 0{,}900 \end{array} \tag{7.16}$$

O valor máximo de f que satisfaz às Inequações (7.16) é $f_{II} = 0{,}533$, que, substituído em (7.14) e (7.15), conduz às inequações:

$$\begin{array}{ll} n_6 \leq 3{,}000 & n_6 \geq 0{,}333 \\ n_6 \leq 2{,}583 & n_6 \geq 0{,}083 \\ n_6 \leq 2{,}333 & n_6 \geq -0{,}333 \\ n_6 \leq 1{,}917 & n_6 \geq -0{,}583 \\ n_6 \leq 1{,}000 & n_6 \geq -1{,}000 \\ n_6 \leq 0{,}333 & n_6 \geq -3{,}000 \end{array} \tag{7.17}$$

e, portanto, $n_6 = 0{,}333$. Os demais valores das forças normais normalizadas são obtidos pela substituição de $f_{II} = 0{,}533$ e $n_6 = 0{,}333$ nas equações de equilíbrio (7.11), o que conduz a:

$$n_1 = 0{,}600; \quad n_2 = 0{,}267; \quad n_3 = -1{,}000; \quad n_4 = 0{,}800; \quad n_5 = -1{,}000.$$

A Figura 7.25 apresenta o diagrama de forças normais $n_j = \dfrac{N_j}{N_p}$, os esforços externos ativos em função de $f = \dfrac{F}{N_p}$ e o mecanismo na condição de colapso.

Figura 7.25
Diagrama de forças normais, esforços externos e mecanismo no colapso.

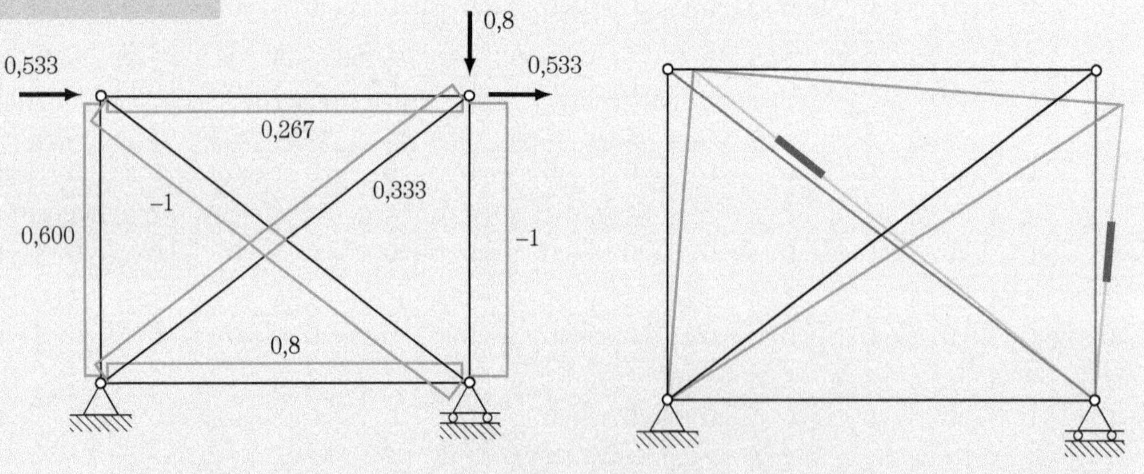

A Tabela 7.4 apresenta todas as operações em uma ordem expandida e distinta daquela que conduziu aos resultados apresentados. O primeiro bloco mostra as equações de equilíbrio; o segundo bloco, lido de cima para baixo, apresenta os diversos sistemas de inequações, sendo que as linhas identificadas com a letra R indicam inequações redundantes; o terceiro bloco, lido de baixo para cima, mostra as diversas inequações que conduzem, nessa ordem, à determinação de $f_{II} = 0{,}533$ e de $n_6 = 0{,}333$. Introduzindo esses valores nas equações de equilíbrio obtêm-se:

$$n_1 = 0{,}600, \quad n_2 = 0{,}267, \quad n_3 = -1{,}000, \quad n_4 = 0{,}800 \quad \text{e} \quad n_5 = -1{,}000.$$

Tabela 7.4 – Resolução do sistema de Inequações (7.11) e (7.12)

Fase 1	Equações de equilíbrio						
n_1	n_2	n_3	n_4	n_5		n_6	f
1	0	0	0	0		–0,6	1,5
0	1	0	0	0		–0,8	1
0	0	1	0	0		–0,6	–1,5
0	0	0	1	0		–0,8	2
0	0	0	0	1		1	–2,5
Fase 2	Sistema de inequações com a eliminação de n_1, n_2, n_3, n_4 e n_5						
	n_6	f	constante				
	–1,000	2,500	1,667			n_6<=	3,000
	–1,000	1,250	1,250			n_6<=	1,917
	–1,000	–2,500	1,667			n_6<=	0,333
	–1,000	2,500	1,250			n_6<=	2,583
	1,000	-2,500	1,000			n_6>=	0,333
	1,000	0,000	1,000		>=0	n_6>=	–1,000
	1,000	–2,500	1,667			n_6>=	–0,333
	1,000	–1,250	1,250			n_6>=	–0,583
	1,000	2,500	1,667			n_6>=	–3,000
	1,000	–2,500	1,250			n_6>=	0,083
	–1,000	2,500	1,000			n_6<=	2,333
	–1,000	0,000	1,000			n_6<=	1,000
Fase 3	Sistema de inequações com a eliminação de n_6						
	n_6	f	constante				
R	0,000	0,000	2,667				
R	0,000	2,500	2,667				
R	0,000	0,000	3,333				
R	0,000	1,250	2,917				
R	0,000	5,000	3,333				
R	0,000	0,000	2,917				
	0,000	–1,250	2,250			f<=	1,800
R	0,000	1,250	2,250				
	0,000	–1,250	2,917			f<=	2,333
	0,000	–3,750	2,917			f<=	0,778
R	0,000	0,000	3,333				
	0,000	–5,000	2,917			f<=	0,583
	0,000	–5,000	2,667			f<=	0,533
	0,000	–2,500	2,667			f<=	1,067
	0,000	–5,000	3,333			f<=	0,667
	0,000	–3,750	2,917			f<=	0,778
R	0,000	0,000	3,333				
	0,000	–5,000	2,917			f<=	0,583
R	0,000	0,000	2,250				
R	0,000	2,500	2,250				
R	0,000	0,000	2,917				
R	0,000	1,250	2,500				

R	0,000	5,000	2,917				
R	0,000	0,000	2,500				
R	0,000	0,000	2,000				
	0,000	–2,500	2,000			f<=	0,800
R	0,000	2,500	2,000				
R	0,000	0,000	2,000				
R	0,000	0,000	2,667				
	0,000	–2,500	2,667			f<=	1,067
R	0,000	1,250	2,250				
	0,000	–1,250	2,250			f<=	1,800
R	0,000	5,000	2,667				
R	0,000	2,500	2,667				
R	0,000	0,000	2,250				
	0,000	–2,500	2,250			f<=	0,900

EXEMPLO 7.5 Pórtico biengastado com barras oblíquas

Considere-se o pórtico plano com barras oblíquas, prismáticas, de mesmo material e mesma seção transversal, com $P = \frac{M_p}{\ell}$, $\ell = 5$ m e os demais dados indicados na Figura 7.26. Calcular, pelo método das inequações, o multiplicador de colapso γ_{II}.

Figura 7.26
Pórtico plano com barras oblíquas.

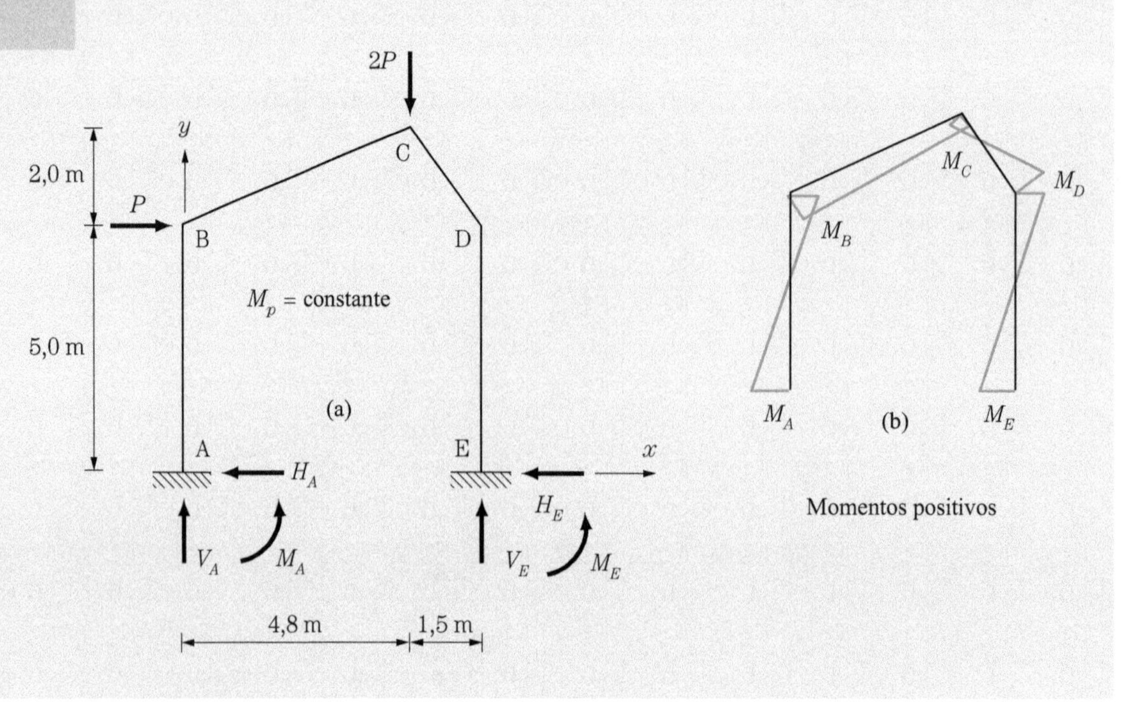

Solução

Como as cargas estão aplicadas apenas nos nós do pórtico, o colapso ocorrerá com a formação de rótulas nas extremidades das barras. Como não há momentos externos aplicados, as rótulas plásticas poderão ocorrer em $n = 5$ seções, e, considerando que esse pórtico tem grau de hiperestaticidade $g_h = 3$, resulta que esses momentos devem satisfazer a $n - g_h = 2$ equações de equilíbrio independentes. A Figura 7.26(b) indica os sinais positivos desses momentos.

Selecionam-se para equações de equilíbrio independentes:

$$\begin{aligned} H_A + H_E &= P\gamma \\ V_A + V_E &= 2P\gamma \end{aligned} \tag{7.18}$$

Considerando que:

$$\begin{aligned} 5H_A &= M_A + M_B & \quad 4{,}8V_A + 7H_A - 2P\gamma &= M_C \\ 5H_E &= M_E + M_D & \quad 1{,}5V_E - 7H_E + M_E &= M_C \end{aligned} \tag{7.19}$$

pode-se obter as expressões das reações de apoio H_A, H_E, V_A e V_E em função dos momentos nas seções onde podem ocorrer as rótulas plásticas que, introduzidas em (7.18) juntamente com a condição $P = \frac{M_p}{5}$ e considerando os adimensionais $m_i = \frac{M_i}{M_p}$, permitem estabelecer as equações de equilíbrio independentes em termos das variáveis de decisão, m_A, m_B, m_C, m_D, m_E e γ, ou seja:

$$\begin{cases} \gamma = m_A + m_B + m_D + m_E \\ 7{,}6\gamma = -2m_A - 7m_B + 21m_C + 22{,}4m_D + 6{,}4m_E \end{cases} \tag{7.20}$$

As condições de plastificação são dadas pelas dez inequações:

$$\begin{aligned} -1 \le m_A = \frac{M_A}{M_p} \le 1 \\ -1 \le m_B = \frac{M_B}{M_p} \le 1 \\ -1 \le m_C = \frac{M_C}{M_p} \le 1 \\ -1 \le m_D = \frac{M_D}{M_p} \le 1 \\ -1 \le m_E = \frac{M_E}{M_p} \le 1 \end{aligned} \tag{7.21}$$

Conforme estabelece o teorema estático, o colapso plástico irá ocorrer para o máximo coeficiente γ que observa as equações de equilíbrio (7.20) e as condições de plastificação (7.21).

Considerando as equações de equilíbrio, pode-se definir m_A *e* m_C em função de m_E, m_B, m_D e γ, ou seja:

$$\begin{aligned} m_A &= -m_B - m_D - m_E + \gamma \\ m_C &= 0{,}238m_B - 1{,}162m_D - 0{,}400m_E + 0{,}457\gamma \end{aligned} \tag{7.22}$$

que, introduzidas em (7.21), levam às seguintes inequações:

$$\begin{cases} -m_E - m_B - m_D + \gamma + 1 \geq 0 & \text{(a)} \\ m_E + 1 \geq 0 & \text{(b)} \\ -0{,}400m_E + 0{,}238m_B - 1{,}162m_D + 0{,}457\gamma + 1 \geq 0 & \text{(c)} \\ m_B + 1 \geq 0 & \text{(d)} \\ m_D + 1 \geq 0 & \text{(e)} \end{cases} \tag{7.23}$$

e

$$\begin{cases} m_E + m_B + m_D - \gamma + 1 \geq 0 & \text{(a)} \\ -m_E + 1 \geq 0 & \text{(b)} \\ 0{,}400m_E - 0{,}238m_B + 1{,}162m_D - 0{,}457\gamma + 1 \geq 0 & \text{(c)} \\ -m_B + 1 \geq 0 & \text{(d)} \\ -m_D + 1 \geq 0 & \text{(e)} \end{cases} \tag{7.24}$$

Nessas condições, o cálculo do coeficiente γ_{II} pode ser feito ao resolver o sistema reduzido a dez inequações e quatro variáveis que levem ao máximo valor γ, o que se faz combinando as diversas inequações de modo que elimine sucessivamente as variáveis m_E, m_B e m_D, escolhidas nessa ordem de forma arbitrária, e resultem inequações envolvendo apenas o multiplicador γ. Assim determina-se seu valor máximo satisfazendo a essas inequações. Nota-se que várias dessas combinações resultam em inequações naturalmente satisfeitas e podem ser desconsideradas no desenvolvimento do processo, como é o caso das combinações entre (7.23(a)) e (7.24(a)) a entre (7.23(e)) e (7.24(e)), que resultam na inequação $2 \geq 0$, naturalmente satisfeitas. Outras combinações poderão ser identificadas como naturalmente satisfeitas e identificadas como redundantes (R), sendo desconsideradas na sequência do processo.

Inicialmente, estabelecem-se as combinações lineares duas a duas das Inequações (7.23) e (7.24), de modo que elimine m_E dessas inequações. Para possibilitar o acompanhamento das diversas passagens, os diversos termos de cada inequação foram divididos pelo módulo do coeficiente de m_E. Considerando todas as combinações, exceto as que resultem em *constante positiva* ≥ 0, obtêm-se:

$$\begin{array}{c} -m_B - m_D + \gamma + 2 \geq 0 \quad R \\ -1{,}595m_B + 1{,}905m_D - 0{,}143\gamma + 3{,}500 \geq 0 \\ 0{,}595m_B - 2{,}905m_D + 1{,}143\gamma + 3{,}500 \geq 0 \quad R \\ 1{,}595m_B - 1{,}905m_D + 0{,}143\gamma + 3{,}500 \geq 0 \quad R \\ m_B + m_D - \gamma + 2 \geq 0 \\ -0{,}595m_B + 2{,}905m_D - 1{,}143\gamma + 3{,}500 \geq 0 \end{array} \tag{7.25}$$

Note-se que as inequações marcadas com R são redundantes, visto que o coeficiente de γ é positivo e que o resultado da soma entre as parcelas que envolvem as variáveis m_B e m_D e a constante é não negativo.

Trata-se, agora, de combinar as Inequações (7.23), (7.24) e as inequações não redundantes de (7.25) visando à eliminação de m_B. Com as mesmas considerações adotadas para a eliminação de m_E, obtêm-se:

$$\begin{cases} 1{,}194m_D - 0{,}090\gamma + 3{,}194 \geq 0 \\ 4{,}880m_D - 1{,}920\gamma + 6{,}880 \geq 0 \\ m_D - \gamma + 3{,}000 \geq 0 \\ 3{,}686m_D - 1{,}830\gamma + 8{,}074 \geq 0 \\ 5{,}880m_D - 2{,}920\gamma + 7{,}880 \geq 0 \end{cases} \tag{7.26}$$

Trata-se, agora, de combinar as Inequações (7.23), (7.24) e as Inequações de (7.26) visando à eliminação de m_D. Com as mesmas considerações adotadas para a eliminação de m_E e m_B, obtêm-se:

$$\begin{cases} -0{,}075\gamma + 3{,}675 \geq 0 \\ -0{,}393\gamma + 2{,}410 \geq 0 \\ -\gamma + 4{,}000 \geq 0 \\ -0{,}497\gamma + 3{,}190 \geq 0 \\ -0{,}497\gamma + 2{,}340 \geq 0 \end{cases} \Longrightarrow \begin{array}{l} \gamma \leq 49{,}000 \\ \gamma \leq 6{,}125 \\ \gamma \leq 4{,}000 \\ \gamma \leq 6{,}425 \\ \gamma \leq 4{,}712 \end{array} \tag{7.27}$$

O maior valor de γ que satisfaz às Inequações (7.27) é igual a 4, e, portanto, γ_{II} = 4,000, e os momentos no colapso podem ser obtidos retornando às inequações anteriores a fim de obter m_D, m_B e m_E nessa sequência.

Considerando $\gamma_{II} = 4{,}000$ e as Inequações (7.26), (7.23(e)) e (7.24(e)), obtém-se $m_D = 1$.

Com $\gamma_{II} = 4{,}000$, $m_D = 1$ e as Inequações (7.25), (7.23(d)) e (7.24(d)), obtém-se $m_B = 1$.

Com $\gamma_{II} = 4{,}000$, $m_D = 1$, $m_B = 1$ e as Inequações (7.23(a)), (7.23(b)), (7.23(c)), (7.24(a)), (7.24(b)) e (7.24(c)), obtém-se $m_E = 1$.

Introduzindo $\gamma_{II} = 4{,}000$, $m_D = 1$, $m_B = 1$ e $m_E = 1$ nas equações de equilíbrio (7.22), resultam $m_A = 1$ e $m_C = 0{,}505$.

A Figura 7.27 apresenta o diagrama de momentos fletores e o mecanismo de colapso.

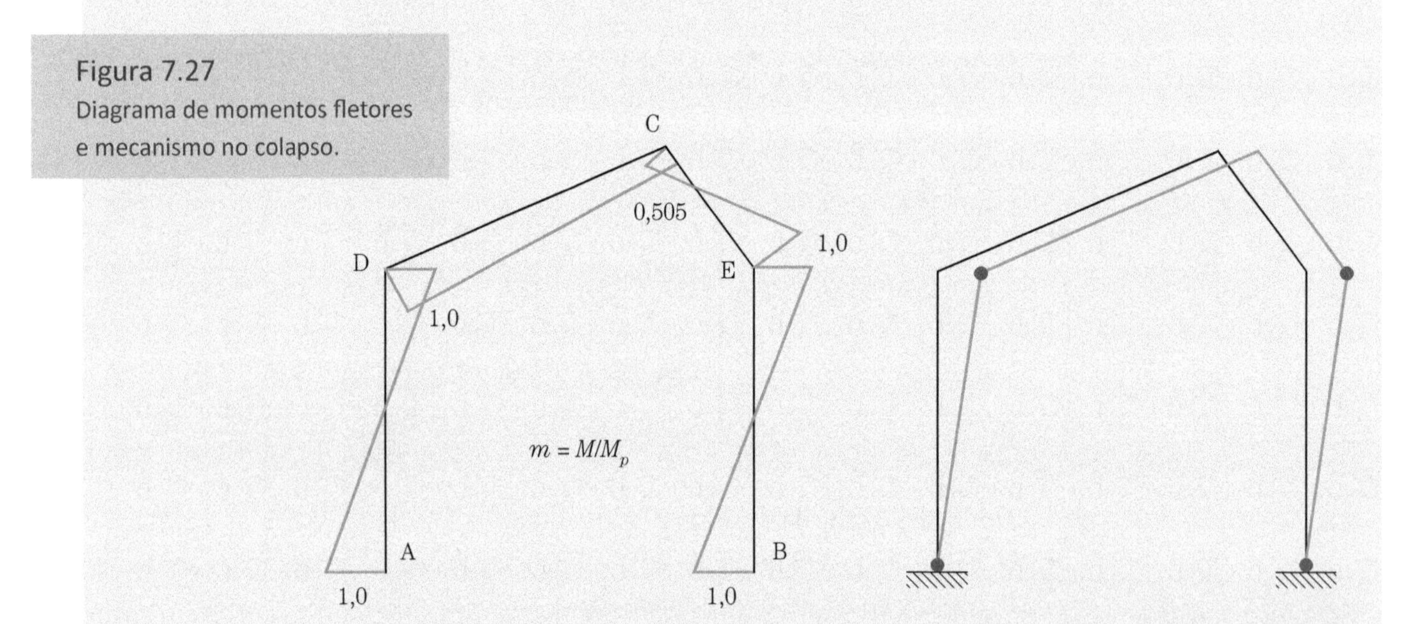

Figura 7.27
Diagrama de momentos fletores e mecanismo no colapso.

A Tabela 7.5 apresenta todas as operações na ordem em que conduziram aos resultados apresentados. O primeiro bloco, lido de cima para baixo, mostra as equações de equilíbrio e os diversos conjuntos de inequações com a eliminação de m_E, m_B e m_D, nessa ordem, que levam à determinação de $\gamma_{II} = 4{,}000$. O segundo bloco, lido de baixo para cima, permite por inspeção dos resultados das inequações obter $m_D = 1$, $m_B = 1$ e $m_E = 1$ e, finalmente, com a introdução desses valores nas equações de equilíbrio, obter $m_A = 1$ e $m_C = 0{,}505$. A resolução de um sistema de equações e inequações lineares com uma condição de máximo será tratada por programação linear no Capítulo 8, que é uma forma mais sistemática e conveniente para programação.

Tabela 7.5 – Resolução do sistema de inequações lineares (7.23) e (7.24)

Fase 1	Equações de equilíbrio							
m_A	m_C		m_E	m_B	m_D	γ		
1,000	0,000	=	–1,000	–1,000	–1,000	1,000	m_A =	1
0,000	1,000		–0,400	0,238	–1,162	0,457	m_C =	0,505
Fase 2	Sistema de inequações com a eliminação de m_a e m_c							
	m_E	m_B	m_D	γ	constante			
	–1,000	–1,000	–1,000	1,000	1		m_E <=	3,000
	1,000	0,000	0,000	0,000	1		m_E >=	–1,000
	-0,400	0,238	–1,162	0,457	1		m_E <=	4,762
	0	1	0	0	1			
	0	0	1	0	1			
	1,000	1,000	1,000	–1,000	1	>= 0	m_E >=	1,000
	–1,000	0,000	0,000	0,000	1		m_E <=	1,000
	0,400	–0,238	1,162	–0,457	1		m_E >=	–0,238
	0	–1	0	0	1			
	0	0	–1	0	1			
							m_E <=	1,000
							m_E >=	–1,000
							m_E =	1
Fase 3	Sistema de inequações com eliminação de m_E							
	m_E	m_B	m_D	γ	term inde			
R	0,000	–1,000	–1,000	1,000	2,000			
	0,000	–1,595	1,905	–0,143	3,500		m_B <=	3,030
R	0,000	0,595	–2,905	1,143	3,500			
R	0,000	1,595	–1,905	0,143	3,500	>=0		
	0,000	1,000	1,000	–1,000	2,000		m_B >=	1,000
	0,000	–0,595	2,905	–1,143	3,500		m_B <=	3,080
							m_B <=	1,000
							m_B >=	–1,000
							m_B =	1
Fase 4	Sistema de inequações com eliminação de m_B							
	m_E	m_B	m_D	γ	term inde			
		0,000	1,194	–0,090	3,194		m_D >=	–2,375
		0,000	4,880	–1,920	6,880		m_D>=	0,164
		0,000	1,000	–1,000	3,000	>=0	m_D >=	1,000
		0,000	3,686	–1,830	8,074		m_D >=	–0,204
		0,000	5,880	–2,920	7,880		m_D >=	0,646
							m_D <=	1,000
							m_D >=	–1,000
							m_D =	1

Fase 5	Sistema de inequações com eliminação de m_D								
			m_D	γ	term inde				
			0,000	–0,075	3,675			γ <=	49,000
			0,000	–0,393	2,410			γ<=	6,125
			0,000	–1,000	4,000	>=0		γ <=	4,000
			0,000	–0,497	3,190			γ <=	6,425
			0,000	–0,497	2,340			γ <=	4,712
								γ =	4

7.3 Análises paramétricas

Os exemplos que se apresentam nesta seção tratam de análises paramétricas com poucas variáveis de decisão e são resolvidos pelo método da combinação de mecanismos, em conformidade com os conceitos estabelecidos no Quadro 7.1; esse tipo de tratamento é apresentado em Baker, Heyman e Horne (1956) como "*load interaction method*". A escolha desse método ocorre por ser considerado mais simples para cálculos manuais, mais rico fisicamente nas suas passagens e por permitir mais clareza em análises paramétricas. Um pórtico atirantado com momento no nó também é apresentado.

EXEMPLO 7.6 — Análise paramétrica de treliça hiperestática

Análise paramétrica da treliça do Exemplo 5.2, considerando o novo carregamento indicado na Figura 7.28, com a variável $\alpha > 0$.

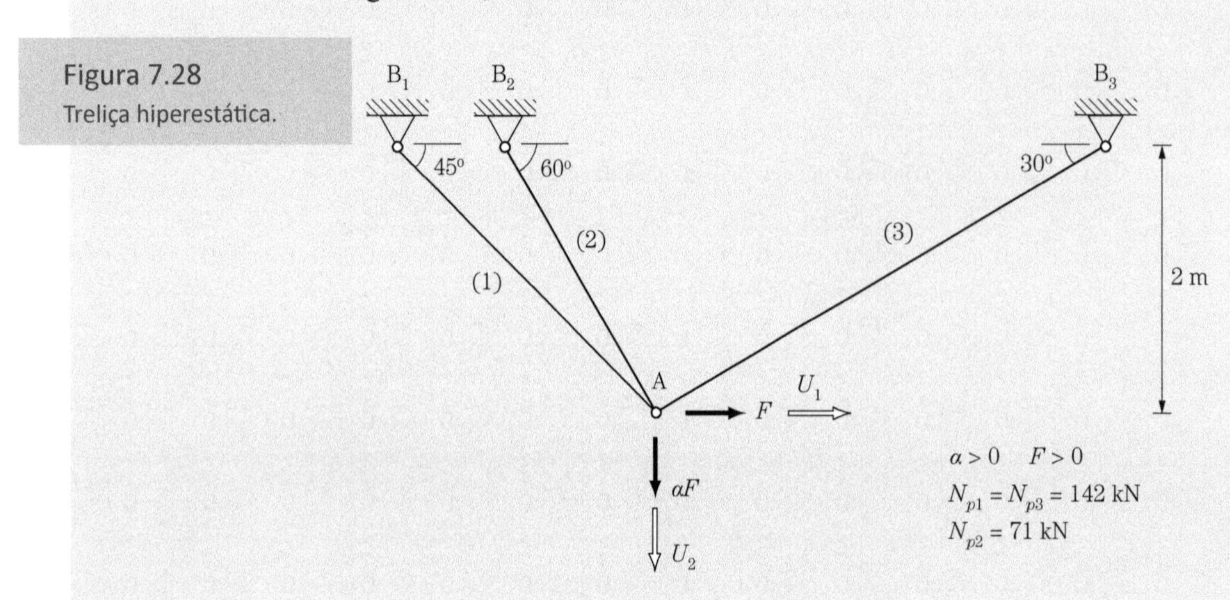

Figura 7.28
Treliça hiperestática.

Solução

O colapso plástico dessa treliça hiperestática ocorrerá com a plastificação de pelo menos duas barras. Considerando que ela é composta de $n = 3$ barras e é hiperestática com $g_h = 1$, resulta que são $n - g_h = 2$ os mecanismos elementares e que o número de mecanismos possíveis é dado pela combinação simples de três, dois a dois, ou seja, $\binom{3}{2} = \frac{3!}{(3-2)!2!} = 3$.

Nessas condições, considere-se a determinação dos coeficientes cinemáticos, para cada um dos mecanismos possíveis, em função da variável α. Observa-se que os mecanismos, as relações dos deslocamentos em A com os alongamentos nas barras e as expressões do teorema dos deslocamentos virtuais para a determinação de F_{ci} são os mesmos do Exemplo 5.2 com o valor da carga $2F$ substituído por αF.

Para o mecanismo 1, ocorre plastificação das barras 2 e 3; a barra 1 não se deforma, simplesmente gira em torno de B_1, e os deslocamentos do ponto A e os alongamentos das barras 2 e 3 ficam condicionados por essa restrição, ou seja:

$$\begin{aligned} \delta\Delta\ell_1 &= \delta U_1 \cos 45° + \delta U_2 \text{sen} 45° = 0{,}707\delta U_1 + 0{,}707\delta U_2 = 0 \\ \delta\Delta\ell_2 &= \delta U_1 \cos 60° + \delta U_2 \text{sen} 60° = 0{,}866\delta U_1 + 0{,}5\delta U_2 \\ \delta\Delta\ell_3 &= \delta U_1 \cos 150° + \delta U_2 \text{sen} 150° = -0{,}866\delta U_1 + 0{,}5\delta U_2 \end{aligned} \tag{7.28}$$

e o valor de F_{c1} é obtido pela expressão do teorema dos deslocamentos virtuais

$$\underbrace{F_{c1}\delta U_1 + \alpha F_{c1}\delta U_2}_{\delta T_e} = \underbrace{N_{p2}\left|\delta\Delta\ell_2\right| + N_{p3}\left|\delta\Delta\ell_3\right|}_{\delta T_i} \tag{7.29}$$

Para $\delta T_e > 0$, duas situações de deslocamentos do ponto A são possíveis: com $\delta U_1 < 0$ ou com $\delta U_1 > 0$. No primeiro caso, assumindo $\delta U_1 = -0{,}707$, resulta $\delta U_2 = 0{,}707$, $\delta\Delta\ell_2 = 0{,}259$ e $\delta\Delta\ell_3 = 0{,}966$, e obtém-se $F_{c1} = \frac{219{,}963}{\alpha - 1}$, com $\alpha > 1$. No segundo caso, assumindo $\delta U_1 = 0{,}707$, resulta $\delta U_2 = -0{,}707$, $\delta\Delta\ell_2 = -0{,}259$ e $\delta\Delta\ell_3 = -0{,}966$ e obtém-se $F_{c1} = \frac{219{,}963}{1 - \alpha}$, com $\alpha < 1$. Esses dois casos podem ser resumidos pela expressão

$$F_{c1} = \frac{219{,}963}{\left|1 - \alpha\right|} \qquad \alpha \neq 1$$

Para o mecanismo 2, ocorre a plastificação das barras 1 e 3; a barra 2 não se deforma, simplesmente gira em torno de B_2, e os deslocamentos do ponto A e os alongamentos das barras 1 e 3 ficam condicionados por essa restrição, ou seja:

$$\begin{aligned} \delta\Delta\ell_1 &= \delta U_1\cos 45° + \delta U_2\text{sen}45° = 0{,}707\delta U_1 + 0{,}707\delta U_2 \\ \delta\Delta\ell_2 &= \delta U_1\cos 60° + \delta U_2\text{sen}60° = 0{,}5\delta U_1 + 0{,}866\delta U_2 = 0 \\ \delta\Delta\ell_3 &= \delta U_1\cos 150° + \delta U_2\text{sen}150° = -\,0{,}866\delta U_1 + 0{,}5\delta U_2 \end{aligned} \tag{7.30}$$

e o valor de F_{c2} é obtido pela expressão do teorema dos deslocamentos virtuais

$$\underbrace{F_{c2}\delta U_1 + \alpha F_{c2}\delta U_2}_{\delta T_e} = \underbrace{N_{p1}\left|\delta\Delta\ell_1\right| + N_{p3}\left|\delta\Delta\ell_3\right|}_{\delta T_i}. \tag{7.31}$$

Para $\delta T_e > 0$, duas situações de deslocamentos do ponto A são possíveis: com $\delta U_1 < 0$ ou com $\delta U_1 > 0$. No primeiro caso, assumindo $\delta U_1 = -\,0{,}866$, resulta $\delta U_2 = 0{,}5$, $\delta\Delta\ell_1 = -\,0{,}259$ e $\delta\Delta\ell_3 = 1{,}000$ e obtém-se $F_{c2} = \dfrac{178{,}752}{0{,}5\alpha - 0{,}866}$, com $\alpha > \dfrac{0{,}866}{0{,}5} = 1{,}732$. No segundo caso, assumindo $\delta U_1 = 0{,}866$, resulta $\delta U_2 = -\,0{,}5$, $\delta\Delta\ell_1 = 0{,}259$ e $\delta\Delta\ell_3 = -\,1{,}000$, e obtém-se $F_{c2} = \dfrac{178{,}752}{-0{,}5\alpha + 0{,}866}$, com $\alpha < \dfrac{0{,}866}{0{,}5} = 1{,}732$. Esses dois casos podem ser resumidos pela expressão

$$F_{c2} = \frac{178{,}752}{\left|0{,}866 - 0{,}5\alpha\right|} \qquad \alpha \neq 1{,}732$$

Para o mecanismo 3, ocorre plastificação das barras 1 e 2; a barra 3 não se deforma, simplesmente gira em torno de B_3, e os deslocamentos do ponto A e os alongamentos das barras 1 e 2 ficam condicionados por essa restrição, ou seja:

$$\begin{aligned} \delta\Delta\ell_1 &= \delta U_1\cos 45° + \delta U_2\text{sen}45° = 0{,}707\delta U_1 + 0{,}707\delta U_2 \\ \delta\Delta\ell_2 &= \delta U_1\cos 60° + \delta U_2\text{sen}60° = 0{,}5\delta U_1 + 0{,}866\delta U_2 \\ \delta\Delta\ell_3 &= \delta U_1\cos 150° + \delta U_2\text{sen}150° = -\,0{,}866\delta U_1 + 0{,}5\delta U_2 = 0 \end{aligned} \tag{7.32}$$

e o valor de F_{c2} é obtido pela expressão do teorema dos deslocamentos virtuais

$$\underbrace{F_{c3}\delta U_1 + \alpha F_{c3}\delta U_2}_{\delta T_e} = \underbrace{N_{p1}\left|\delta\Delta\ell_1\right| + N_{p2}\left|\delta\Delta\ell_2\right|}_{\delta T_i}. \tag{7.33}$$

Para $\delta T_e > 0$, apenas uma situação de deslocamento do ponto A é possível; aquela com δU_1 e δU_2 positivos. Assumindo $\delta U_1 = 0{,}5$, resulta $\delta U_2 = 0{,}866$, $\delta\Delta\ell_1 = 0{,}966$ e $\delta\Delta\ell_2 = 1{,}000$ e obtém-se:

$$F_{c3} = \frac{208{,}161}{0{,}5 + 0{,}866\alpha}.$$

A Figura 7.29 apresenta os valores das cargas F_{ci} correspondentes aos possíveis mecanismos possíveis de colapso em função de α para o domínio $0 \leq \alpha \leq 4$.

Pode-se observar que para $0 \leq \alpha < 0{,}351$ prevalece o mecanismo 2, para $\alpha > 0{,}351$ prevalece o mecanismo 3 e o mecanismo 1 nunca ocorrerá. Em $\alpha = 0{,}351$, o valor da carga de colapso é igual 258,9 kN e as três barras se plastificam simultaneamente. Para $\alpha = 2$, o valor da carga de colapso é igual a 93,3 kN e o mecanismo 3 é o de colapso, em conformidade com os resultados obtidos no Exemplo 5.2. Note-se, da Figura 7.29, que as singularidades do mecanismo 1, em $\alpha = 1$, e do mecanismo 2, em $\alpha = 1{,}732$, não afetam as conclusões extraídas, pois os possíveis valores de F para soluções estaticamente admissíveis estão contidos na região compreendida entre as curvas ABC e os eixos coordenados

Figura 7.29
Carga de colapso em função de α.

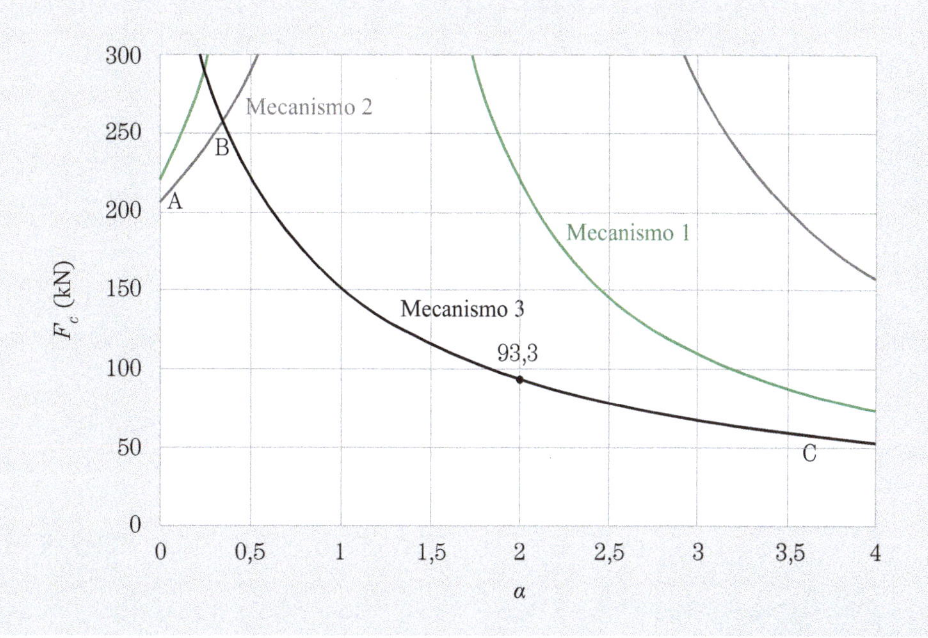

EXEMPLO 7.7 Análise de viga contínua com cargas concentradas

Considere-se a viga contínua formada por barras prismáticas de mesma seção transversal e mesmo material elastoplástico perfeito com momento de plastificação M_p e solicitada por duas cargas concentradas, conforme mostra a Figura 7.30. Analisa-se a condição de colapso dessa viga contínua para os casos em que os esforços externos ativos tenham o mesmo sentido e sentidos opostos.

Figura 7.30
Viga contínua.

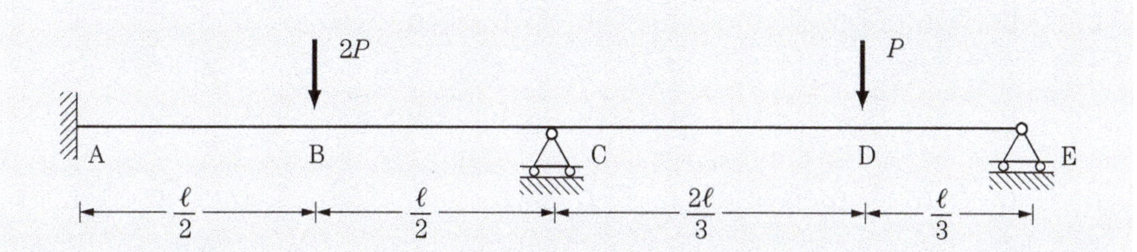

Solução

No colapso plástico dessa viga contínua é condição suficiente para a formação de um mecanismo a ocorrência de três rótulas plásticas, que podem ocorrer nas seções A, B, C ou D, portanto $n = 4$. Como esse pórtico tem grau de hiperestaticidade $g_h = 2$, resulta que são $n - g_h = 2$ os mecanismos elementares, mesmo número de equações de equilíbrio independentes; o número de mecanismos possíveis é igual a $\begin{pmatrix} 4 \\ 3 \end{pmatrix} = 4$.

A Figura 7.31 apresenta os mecanismos elementares adotados,

Figura 7.31
Mecanismos elementares de viga.

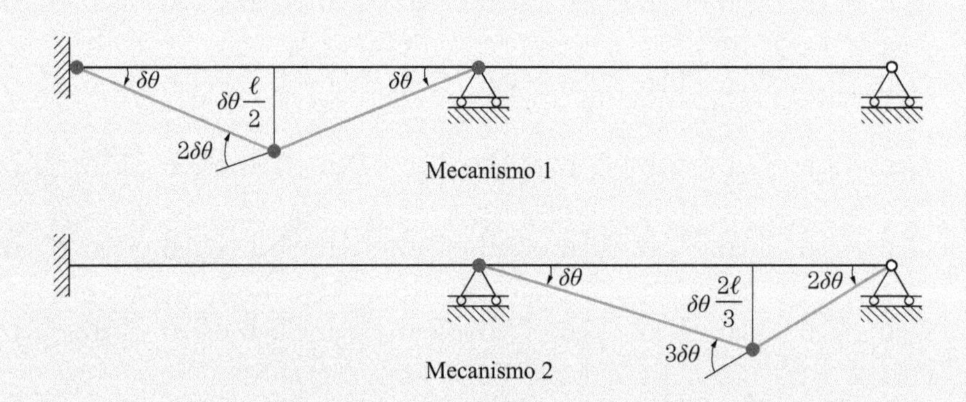

e a Figura 7.32 apresenta os mecanismos combinados.

Figura 7.32
Mecanismos combinados.

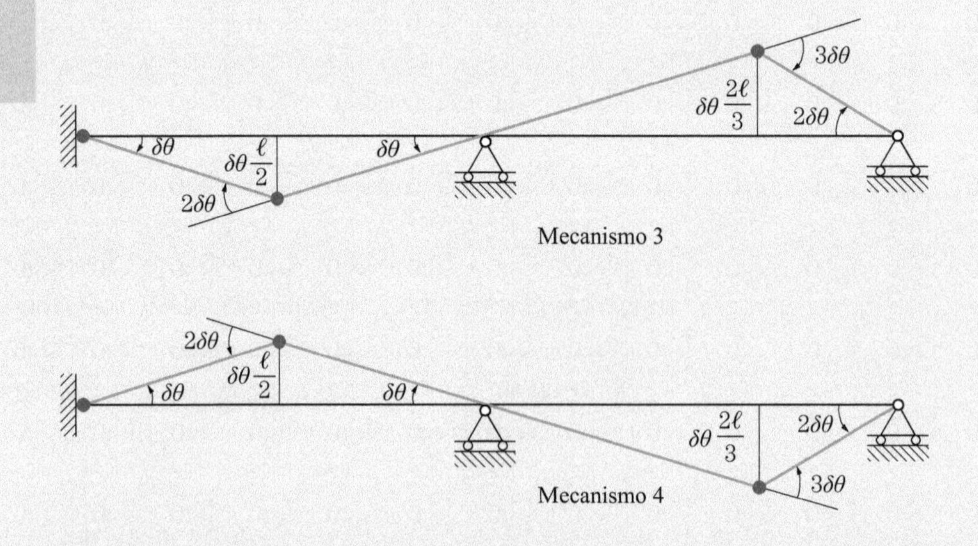

Os valores dos multiplicadores são calculados a partir das equações de equilíbrio, estabelecidas pela aplicação do teorema dos deslocamentos virtuais considerando a solução cinematicamente admissível correspondente a cada um dos mecanismos e os deslocamentos virtuais associados a esse mecanismo, expressas por:

$$\underbrace{\gamma_c \sum_{\ell} \bar{P}_{\ell} \delta U_{\ell}}_{\delta T_e} = \underbrace{\sum_{k} M_{pk} \left| \delta\theta_k \right|}_{\delta T_i}. \tag{7.34}$$

Considere-se, inicialmente, o caso em que as forças externas ativas têm o mesmo sentido, como mostra a Figura 7.30.

Para o mecanismo 1, obtém-se $\gamma_{c1} = 4\frac{M_p}{P\ell}$, visto que:

$$\underbrace{\gamma_{c1} 2P \frac{\ell\delta\theta}{2}}_{\delta T_e} = \underbrace{M_p 4\delta\theta}_{\delta T_i}.$$

Para o mecanismo 2, obtém-se $\gamma_{c2} = 6\frac{M_p}{P\ell}$, visto que:

$$\underbrace{\gamma_{c2} P \frac{2\ell\delta\theta}{3}}_{\delta T_e} = \underbrace{M_p 4\delta\theta}_{\delta T_i}.$$

Para o mecanismo 3, obtém-se $\gamma_{c3} = 18\frac{M_p}{P\ell}$, visto que:

$$\underbrace{\gamma_{c3} 2P \frac{\ell\delta\theta}{2} - \gamma_{c3} P \frac{2\ell\delta\theta}{3}}_{\delta T_e} = \underbrace{M_p 6\delta\theta}_{\delta T_i};$$

como $\delta T_e = -\gamma_{c3} 2P \frac{\ell\delta\theta}{2} + \gamma_{c3} P \frac{2\ell\delta\theta}{3} < 0$ para o mecanismo 4, ele deve ser descartado. Uma simples inspeção dos mecanismos 3 e 4 permitiria descartar suas análises, pois ocorre o aumento do δT_i e a diminuição de δT_e. Assim, o mecanismo de colapso é o mecanismo 1 com $\gamma_{II} = \gamma_{c1} = 4\frac{M_p}{P\ell}$.

A Figura 7.33 apresenta a distribuição de momentos fletores na iminência do colapso – que, como deve ser, verifica a condição de plastificação; ela é obtida com simplicidade pela análise do equilíbrio da barra CDE.

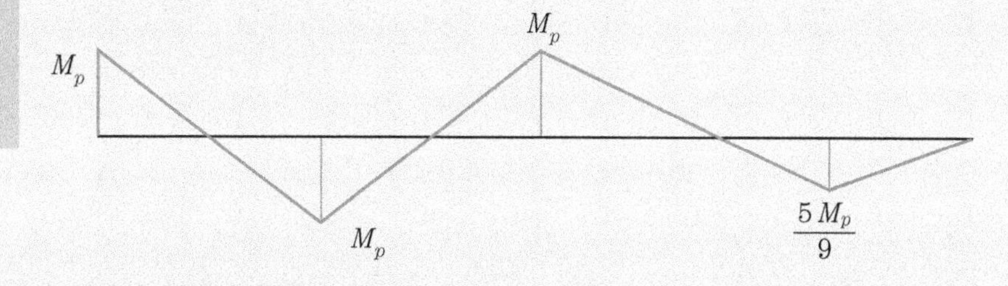

Figura 7.33
Distribuição de momentos fletores na iminência do colapso.

Nota-se que se houvesse outras barras à direita de E ou à esquerda de A, substituindo o engastamento em A, e essas barras não estivessem carregadas, a carga de colapso se manteria a mesma, pois o trabalho externo não se alteraria para os três mecanismos com $\delta T_e > 0$ e o trabalho interno ou aumentaria ou se manteria o mesmo; fisicamente, constata-se essa condição porque a propagação dos momentos à esquerda de A ou à direita de C ocorre com a diminuição nas demais extremidades, como ilustra a Figura 7.34.

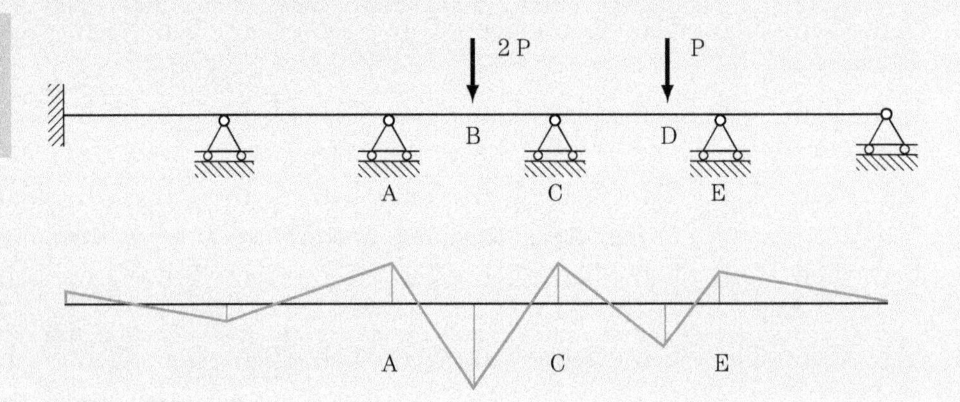

Figura 7.34
Propagação de momentos em viga contínua.

Considere-se agora, o caso em que as forças externas ativas têm sentidos opostos, como mostra a Figura 7.35.

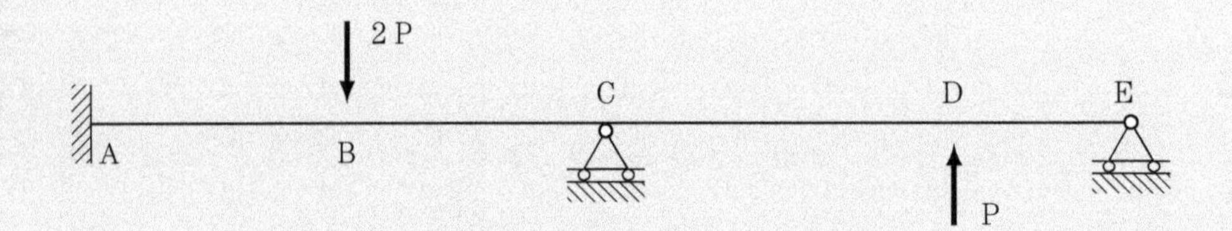

Figura 7.35
Viga contínua com forças em sentidos opostos.

Não há necessidade de analisar novamente os mecanismos elementares, já que o mecanismo 1 é o mesmo e o mecanismo 2 tem apenas invertido os sentidos dos deslocamentos; os valores dos multiplicadores são os mesmos.

Para o mecanismo 3, obtém-se $\gamma_{c3} = 3{,}6\frac{M_p}{P\ell}$, visto que:

$$\underbrace{\gamma_{c3} 2P \frac{\ell \delta\theta}{2} + \gamma_{c3} P \frac{2\ell\delta\theta}{3}}_{\delta T_e} = \underbrace{M_p 6\delta\theta}_{\delta T_i} .$$

O mecanismo 4 não satisfaz à condição $\delta T_e > 0$ e, portanto, deve ser descartado.

Assim, tendo sido analisados todos os mecanismos possíveis, reconhece-se pelo teorema cinemático que o mecanismo de colapso é o mecanismo 3, que apresenta a distribuição de momentos fletores da Figura 7.36.

Figura 7.36
Distribuição de momentos fletores na iminência do colapso. Caso 2.

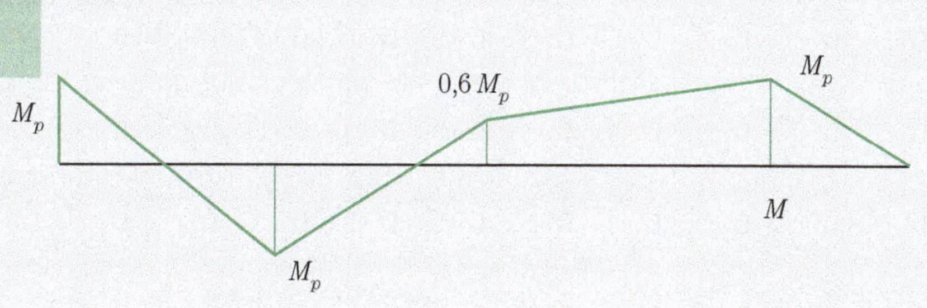

EXEMPLO 7.8 Análise paramétrica de pórtico biengastado

Análise limite paramétrica, com as variáveis $\alpha \geq 0$, $\beta \geq 0$ e $\varepsilon \geq 1$, do pórtico plano formado por barras prismáticas, de mesmo material e solicitado conforme se indica na Figura 7.37, junto com os sentidos convencionados positivos dos momentos fletores.

Figura 7.37
Pórtico plano.

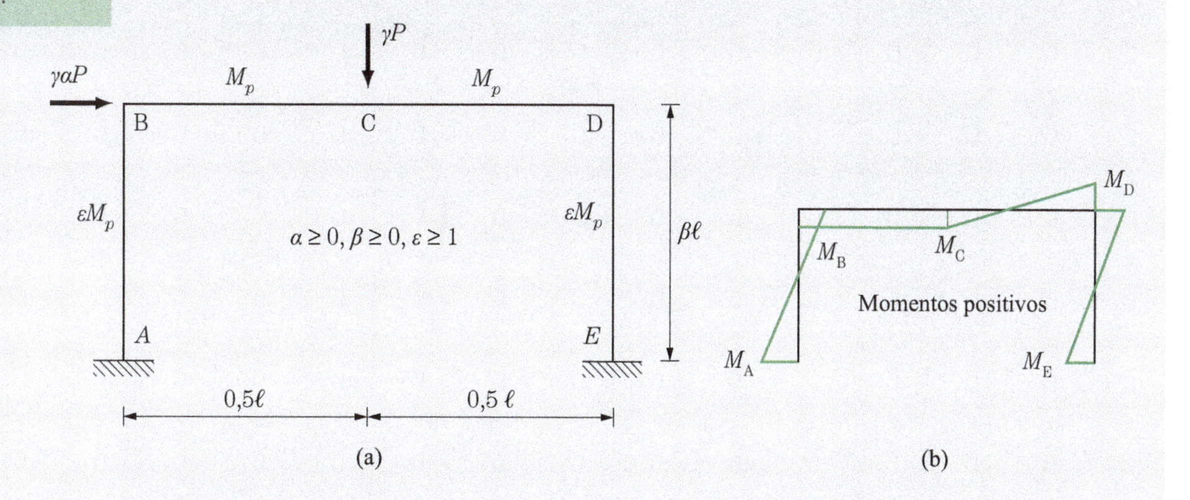

Solução

O pórtico plano da Figura 7.37 é hiperestático com $g_h = 3$ e, nessas condições, é condição suficiente para a formação de um mecanismo a ocorrência de quatro rótulas, nas extremidades das barras ou na seção C de aplicação da força γP. Considerando que as rótulas podem ocorrer em cinco seções, $n = 5$, o número de mecanismos elementares é igual a $n - g_h = 2$ e o número de mecanismos possíveis é igual a $\binom{5}{4} = 5$.

Como se mostrou no Exemplo 7.1 e de acordo com a metodologia adotada para o método da combinação de mecanismos apresentada no Quadro 7.1, somente serão analisados os mecanismos elementares e um mecanismo combinado selecionado como o mais provável, visto que sempre será possível verificar, pela condição de plastificação, se um particular mecanismo é o de colapso.

A Figura 7.38 apresenta os dois mecanismos elementares selecionados, o de viga e o de tombamento,

Figura 7.38
Mecanismos elementares.

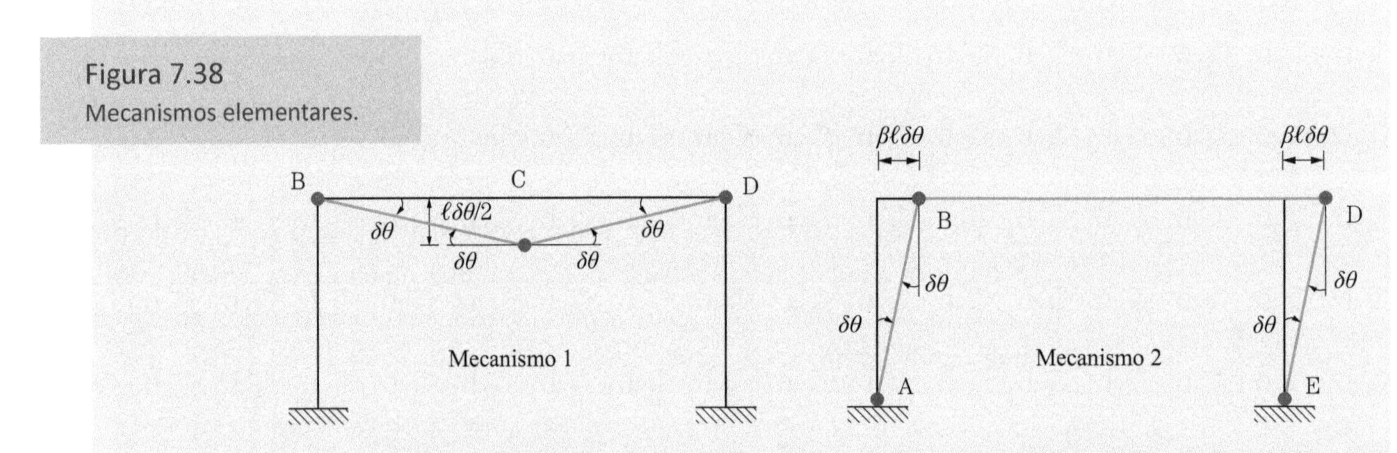

e a Figura 7.39 apresenta o mecanismo combinado que se considera mais provável.

Figura 7.39
Mecanismo combinado.

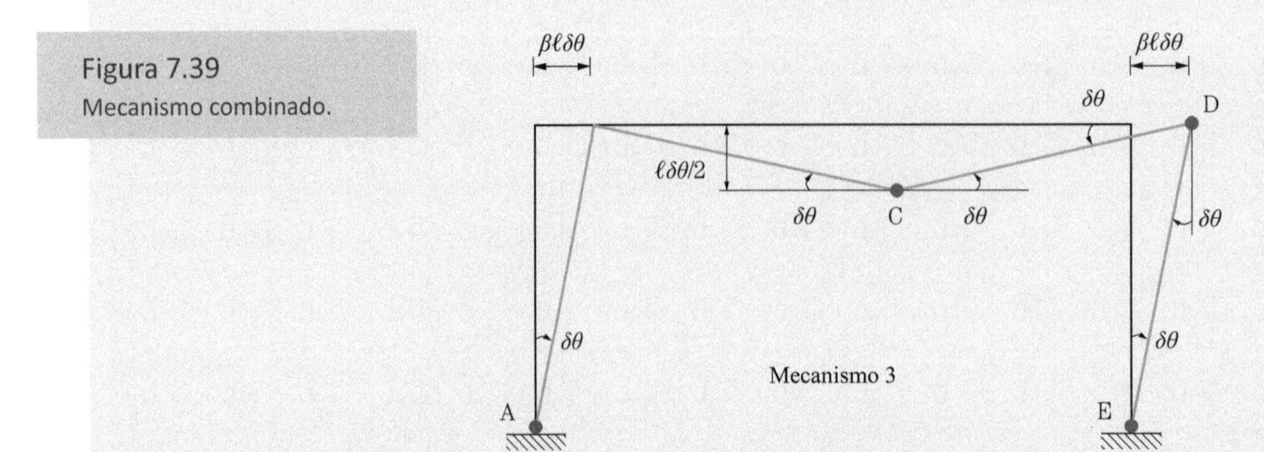

Como se faz usualmente, os valores dos multiplicadores são calculados a partir das equações de equilíbrio, estabelecidas pela aplicação do teorema dos deslocamentos virtuais considerando a solução cinematicamente admissível correspondente a cada um dos mecanismos e os deslocamentos virtuais que lhe são associados, expressas por:

$$\underbrace{\gamma_c \sum_{\ell} \bar{P}_\ell \delta U_\ell}_{\delta T_e} = \underbrace{\sum_k M_{pk} \left| \delta\theta_k \right|}_{\delta T_i} .$$

Para o mecanismo 1, obtém-se $\gamma_{c1} = 8\dfrac{M_p}{P\ell}$, visto que:

$$\underbrace{\gamma_{c1} P \frac{\ell\delta\theta}{2}}_{\delta T_e} = \underbrace{M_p 4\delta\theta}_{\delta T_i}$$

Para o mecanismo 2, obtém-se $\gamma_{c2} = \dfrac{2(\varepsilon + 1)}{\alpha\beta}\dfrac{M_p}{P\ell}$, visto que:

$$\underbrace{\gamma_{c2}\alpha P\beta\ell\delta\theta}_{\delta T_e} = \underbrace{\left(\varepsilon M_p + M_p\right)2\delta\theta}_{\delta T_i}$$

Para o mecanismo 3, obtém-se $\gamma_{c3} = \dfrac{4(\varepsilon + 2)}{1 + 2\alpha\beta}\dfrac{M_p}{P\ell}$, visto que:

$$\underbrace{\gamma_{c3}\left(\alpha P\beta\ell\delta\theta + P\frac{\ell\delta\theta}{2}\right)}_{\delta T_e} = \underbrace{\varepsilon M_p 2\delta\theta + M_p 4\delta\theta}_{\delta T_i}$$

Com os resultados obtidos, desenvolve-se a análise paramétrica para os mecanismos 1, 2 e 3. Para cada mecanismo apresentado, que é uma solução cinematicamente admissível, estabelecem-se as condições de plastificação $|M| \leq M_p$, que definirão o domínio em que esse mecanismo será o de colapso. Para a verificação das condições de plastificação, é necessário recorrer às duas equações de equilíbrio independentes, estabelecidas em função dos momentos nas seções de possível ocorrência de rótulas plásticas, obtidas pela aplicação do teorema dos deslocamentos virtuais, considerando a distribuição de momentos fletores indicados na Figura 7.37(b) e os deslocamentos virtuais associados a cada um dos mecanismos elementares, ou seja:

$$\underbrace{-M_B\delta\theta + 2M_C\delta\theta + M_D\delta\theta}_{\delta T_e} = \underbrace{\gamma P\frac{\ell\delta\theta}{2}}_{\delta T_i}$$

$$\underbrace{M_A\delta\theta + M_B\delta\theta + M_D\delta\theta + M_E\delta\theta}_{\delta T_e} = \underbrace{\gamma\alpha P\beta\ell\delta\theta}_{\delta T_i}$$

que conduzem às duas equações de equilíbrio, que são independentes e associadas aos mecanismos elementares:

$$\begin{cases} -M_B + 2M_C + M_D = 0{,}5\gamma P\ell \\ M_A + M_B + M_D + M_E = \alpha\beta\gamma P\ell \end{cases} \tag{7.35}$$

Para que o mecanismo 1 seja o de colapso, deve-se observar as relações:

$$M_B = -M_p; \qquad M_C = M_p; \qquad M_D = M_p\,,$$

que, introduzidas nas equações de equilíbrio (7.35), confirmam o valor obtido para γ_{c1} e permitem estabelecer:

$$M_A + M_E = \gamma_{c1}\alpha P\beta\ell = 8\alpha\beta M_p \geq 0.$$

As condições de plastificação são dadas, independentemente dos sinais de M_A e M_E, por:

$$-\,2\varepsilon M_p \leq M_A + M_E = 8\alpha\beta M_p \leq 2\varepsilon M_p\,;$$

como $\alpha\beta \geq 0$, o mecanismo 1 será o mecanismo de colapso quando for satisfeita a condição:

$$0 \leq 4\alpha\beta \leq \varepsilon\,.$$

Note-se que, para $\alpha = 0$, $M_A + M_E = 0$, resulta $|M_A| = |M_E| \leq \varepsilon M_p$, e, para $\beta = 0$, o pórtico se reduz à viga biengastada BCD.

Para que o mecanismo 2 seja o de colapso, deve-se observar as relações:

$$M_B = M_p; \qquad M_D = M_p; \qquad M_A = \varepsilon M_p; \qquad M_E = \varepsilon M_p,$$

que, introduzidas nas equações de equilíbrio (7.35), confirmam o valor obtido para γ_{c2} e permitem estabelecer:

$$M_C = \gamma_{c2}\frac{P\ell}{4} = \frac{\varepsilon + 1}{2\alpha\beta}M_p\,.$$

As condições de plastificação são dadas por

$$-M_p \leq M_c \leq M_p \quad \Longrightarrow \quad -\,1 \leq \frac{\varepsilon + 1}{2\alpha\beta} \leq 1.$$

Assim, considerando que α, β e ε são não negativos, o mecanismo 2 será o mecanismo de colapso quando for satisfeita a condição:

$$\varepsilon + 1 \leq 2\alpha\beta$$

Para que o mecanismo 3 seja o de colapso, deve-se observar as relações:

$$M_A = \varepsilon M_p; \quad M_C = M_p; \quad M_D = M_p; \quad M_E = \varepsilon M_p,$$

que, introduzidas nas equações de equilíbrio, confirmam o valor obtido para γ_{c3} e permitem estabelecer:

$$M_B = \frac{-1 + 6\alpha\beta - 2\varepsilon}{1 + 2\alpha\beta} M_p.$$

As condições de plastificação são dadas por

$$-M_p \leq M_B \leq M_p \quad \Longrightarrow \quad \begin{cases} \dfrac{-1 + 6\alpha\beta - 2\varepsilon}{1 + 2\alpha\beta} \leq 1 \\ \dfrac{-1 + 6\alpha\beta - 2\varepsilon}{1 + 2\alpha\beta} \geq -1 \end{cases} \tag{7.36}$$

Assim, considerando que $1 + 2\alpha\beta$ é positivo, as restrições (7.36) podem, após algumas transformações, ser colocadas nas formas:

$$\varepsilon + 1 \geq 2\alpha\beta$$
$$\varepsilon \leq 4\alpha\beta$$

Portanto, o mecanismo 3 será o mecanismo de colapso quando forem satisfeitas simultaneamente as condições:

$$\varepsilon + 1 \geq 2\alpha\beta \quad \text{e} \quad \varepsilon \leq 4\alpha\beta$$

A Figura 7.40 representa os domínios em que ocorrem esses mecanismos para $0 \leq \alpha\beta \leq 2{,}5$ e $1 \leq \varepsilon \leq 4$ e a Figura 7.41 apresenta gráficos com os valores de γ_c em função de $\alpha\beta$, para $\varepsilon = 1, 2, 3$.

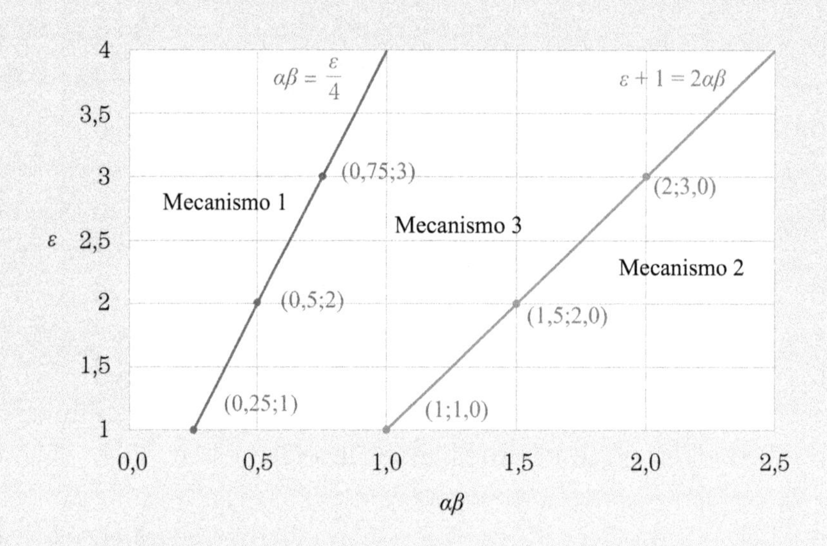

Figura 7.40
Domínios de ocorrência dos mecanismos de colapso.

Figura 7.41
Gráficos de γ_c em função de $\alpha\beta$ e ε.

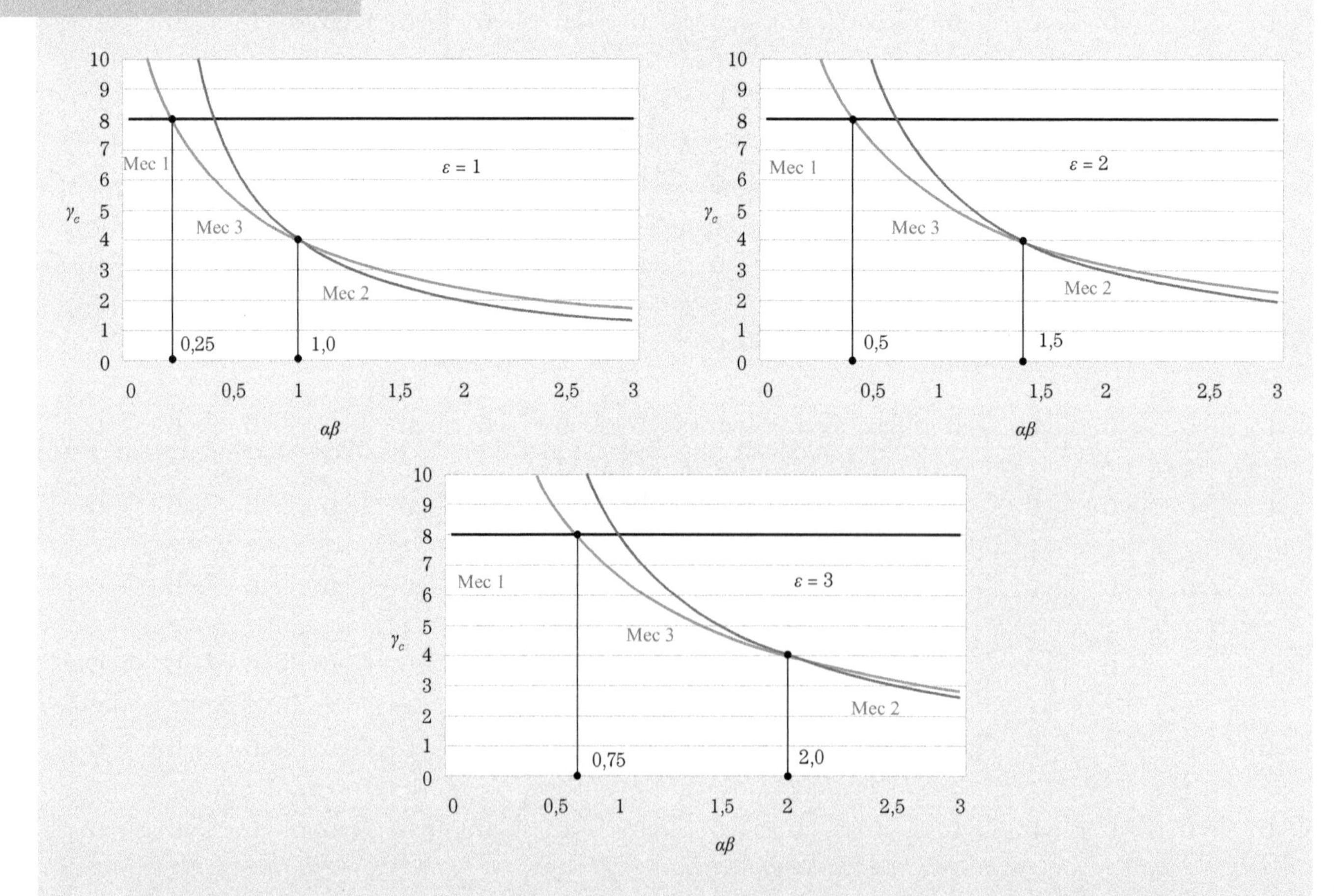

EXEMPLO 7.9 Pórtico biengastado atirantado

Considere-se o pórtico plano atirantado formado por barras prismáticas de aço e por tirante de aço com 1" de diâmetro e solicitado como se indica na Figura 7.42. Calcula-se o máximo valor da carga de serviço F para que se tenha coeficiente de segurança igual a 1,65 em relação ao colapso plástico.

Dados das barras: $I = 19030 \text{ cm}^4$ $\quad W_p = 1440 \text{ cm}^3$ $\quad \sigma_e = 25 \dfrac{\text{kN}}{\text{cm}^2}$ $\quad \ell = 5 \text{ m}$

Figura 7.42
Pórtico plano atirantado.

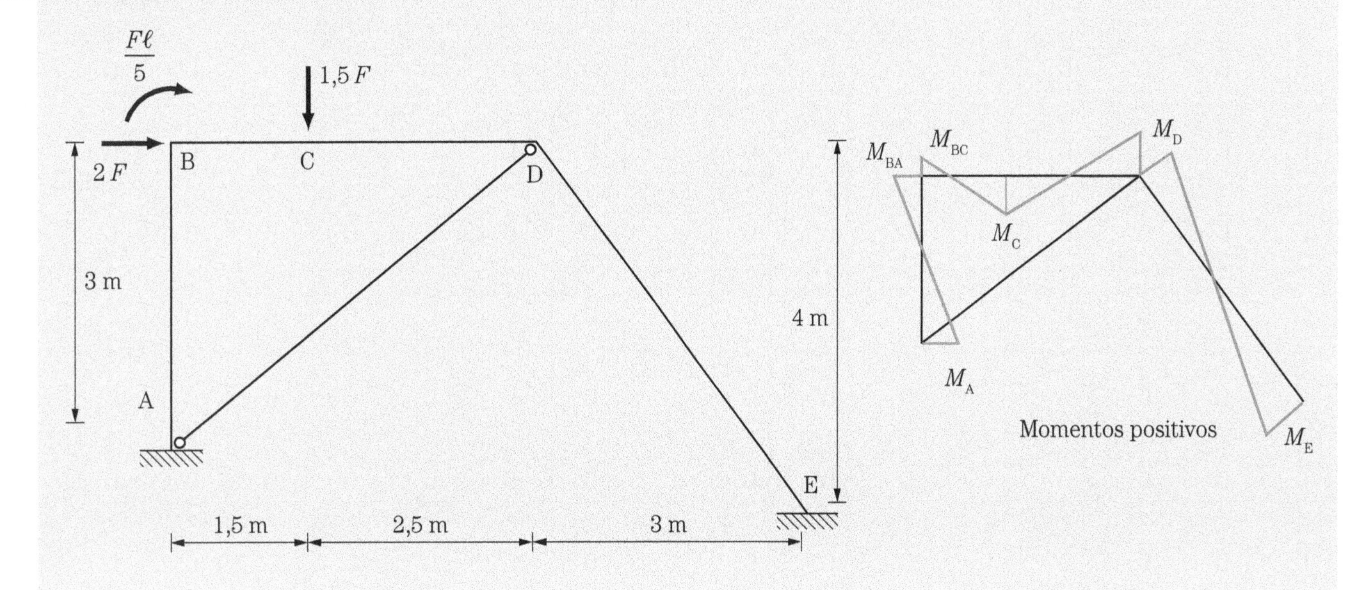

Solução

O pórtico plano da Figura 7.42 é hiperestático com $g_h = 4$ e a formação de rótulas plásticas e plastificação do tirante em número igual a cinco é condição suficiente para a formação de um mecanismo. Considerando que as rótulas podem ocorrer em seis seções e o tirante pode plastificar por solicitação axial, tem-se $n = 7$, de forma que o número de mecanismos elementares é igual a $n - g_h = 3$ e o número de mecanismos possíveis é igual a $\binom{7}{5} = 21$.

O momento de plastificação das barras do pórtico e a força de plastificação do tirante são dados, respectivamente, por:

$$M_p = W_p \sigma_e = 360 \text{ kNm} \quad N_p = \frac{\pi \phi^2}{4} \sigma_e = 126{,}68 \text{ kN}$$

Conforme procedimento adotado para o método da combinação de mecanismo, somente serão analisados os mecanismos elementares e os mecanismos combinados mais prováveis. Aquele que, dentre os mecanismos analisados, apresentar o menor multiplicador γ_c será selecionado e, se satisfizer à condição de plastificação, será o mecanismo de colapso. Caso isso não ocorra, novas combinações serão consideradas, conforme procedimento descrito no Quadro 7.1.

Adotam-se como mecanismos elementares os mecanismos de viga, de tombamento e de nó da Figura 7.43.

Figura 7.43
Mecanismos elementares.

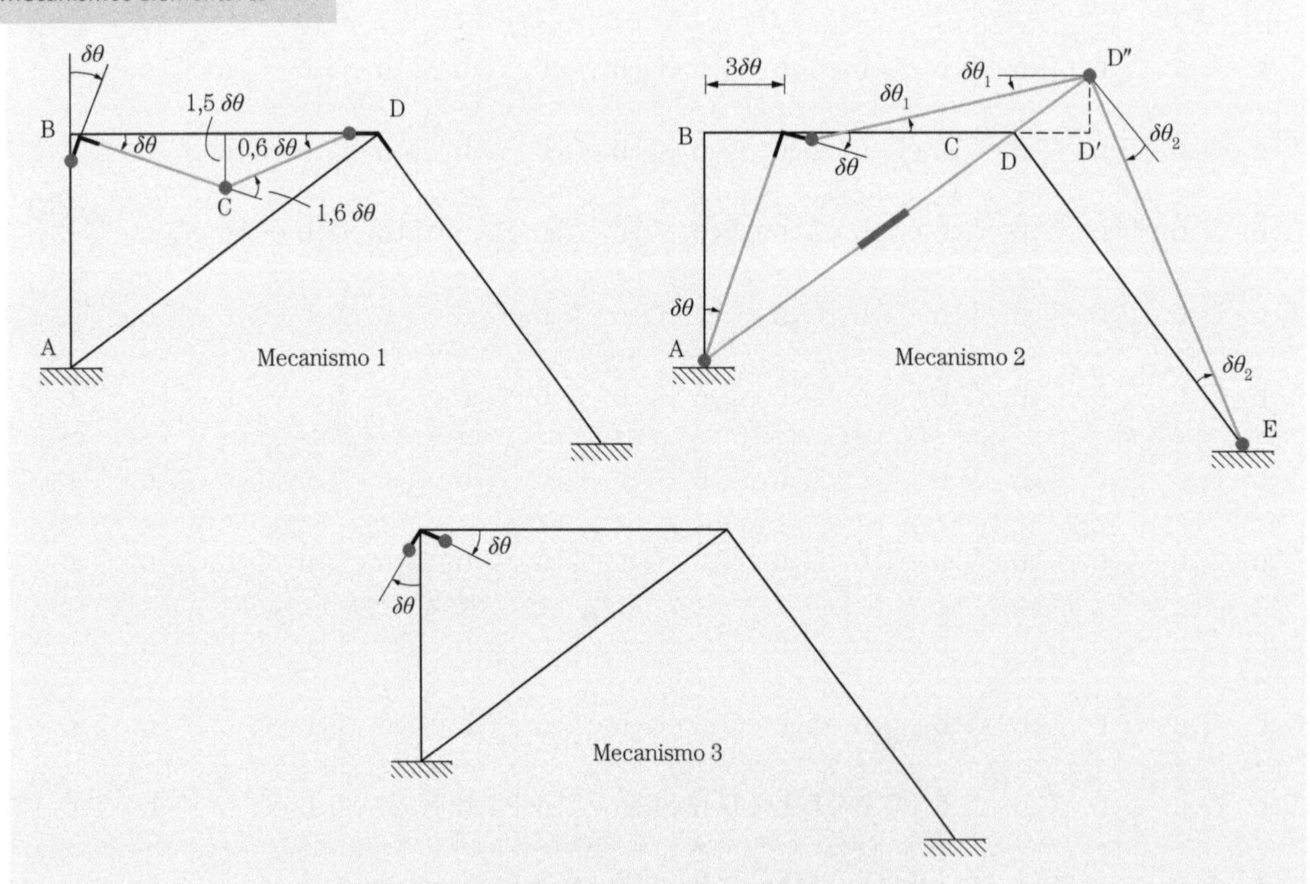

As rotações e os deslocamentos virtuais que caracterizam os mecanismos 1 e 3 são determinados por simples inspeção visual da Figura 7.43. Entretanto, esses valores para o mecanismo 2 exigem um tratamento distinto que pode ser conduzido de duas formas alternativas. No que diz respeito à convenção de sinais das rotações virtuais, adota-se que são positivas quando ocorre aumento do ângulo interno do polígono ABCDEA, e negativas em caso contrário.

A primeira alternativa é por interpretação geométrica dos deslocamentos que caracterizam o mecanismo, ou seja, considerando que o triângulo $DD'D''$ é o triângulo de relações de lados 3:4:5 e que $DD' = 3\delta\theta$, obtém-se: $D'D'' =$

$2{,}25\delta\theta$ e $DD'' = 3{,}75\delta\theta$, o que permite estabelecer $\delta\theta_1 = \dfrac{D'D''}{4} = 0{,}5625\delta\theta$, $\delta\theta_2 = \dfrac{DD''}{5} = 0{,}75\delta\theta$, $\delta\Delta\ell_{AD} = DD'' = 3{,}75\delta\theta$ e, consequentemente:

$$\delta\theta_B = 1{,}5625\delta\theta \qquad \delta\theta_D = -\,1{,}3125\delta\theta \qquad \delta\theta_E = 0{,}75\delta\theta$$

Os deslocamentos virtuais conjugados às forças $2F$, $1{,}5F$ e ao momento externo aplicado em B são dados, respectivamente, por $\delta U_1 = 3\delta\theta$, $\delta U_2 = -\,1{,}5\delta\theta_1 = -0{,}84375\delta\theta$ e $\delta U_3 = \delta\theta$.

A segunda alternativa consiste em determinar inicialmente as rotações virtuais aplicando as Expressões (7.2) e, em seguida, os deslocamentos virtuais pela aplicação do teorema dos esforços virtuais, conforme apresentado no Exemplo 7.2. Assim, considerando o polígono ABCDEA, estabelecem-se:

$$\begin{aligned} \delta\theta_A + \delta\theta_B + \delta\theta_C + \delta\theta_D + \delta\theta_E &= 0 \\ 1{,}5\delta\theta_C + 4\delta\theta_D + 7\delta\theta_E &= 0 \\ 3\delta\theta_B + 3\delta\theta_C + 3\delta\theta_D - \delta\theta_E &= 0 \end{aligned} \tag{7.37}$$

No mecanismo 2 observa-se que $\delta\theta_C = 0$; arbitrando-se $\delta\theta_A = -\,\delta\theta$, obtêm-se, como antes:

$$\delta\theta_B = 1{,}5625\delta\theta \qquad \delta\theta_D = -\,1{,}3125\delta\theta \qquad \delta\theta_E = 0{,}75\delta\theta$$

A aplicação do teorema dos esforços virtuais no cálculo dos deslocamentos virtuais é feita considerando como solução compatível a correspondente ao mecanismo 2 e como esforços virtuais os indicados na Figura 7.44(a), para o cálculo de δU_2, e na Figura 7.44(b), para o cálculo de $\delta\Delta\ell_{AD}$, que foram selecionados para ilustrar esse procedimento, visto que δU_1 e δU_3 são facilmente obtidos por inspeção visual.

Figura 7.44
Esforços virtuais para o cálculo de δU_2 e $\delta\Delta\ell_{AD}$.

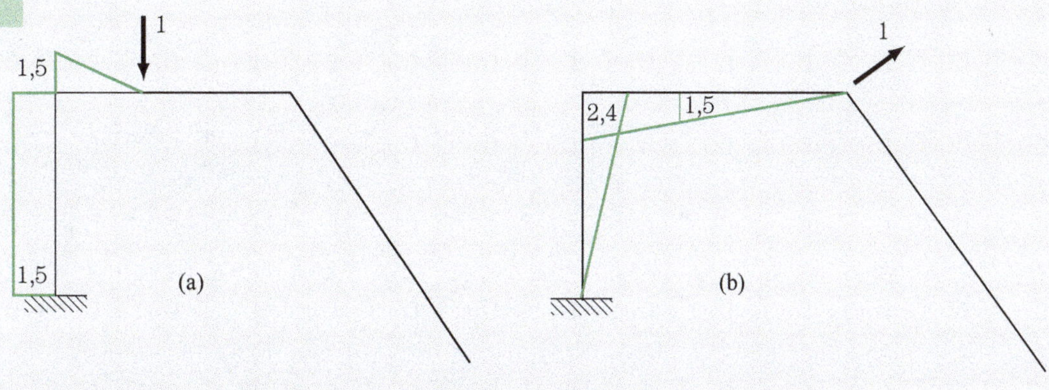

Assim, pode-se estabelecer, para o cálculo de δU_2:

$$\underbrace{1 \times \delta U_2}_{\delta T_e^*} = \underbrace{-1{,}5\delta\theta_B + 1{,}5\delta\theta}_{\delta T_i^*} \quad \Longrightarrow \quad \delta U_2 = -\,0{,}84375\delta\theta,$$

e, para o cálculo de $\delta\Delta\ell_{AD}$:

$$\underbrace{1 \times \delta\Delta\ell_{AD}}_{\delta T_e^*} = \underbrace{2{,}4\delta\theta_B}_{\delta T_i^*} \quad \Longrightarrow \quad \delta\Delta\ell_{AD} = 3{,}75\delta\theta,$$

que recuperam os valores obtidos anteriormente, pelo raciocínio geométrico direto.

Seleciona-se a combinação dos três mecanismos para a definição do mecanismo 4, conforme mostra a Figura 7.45.

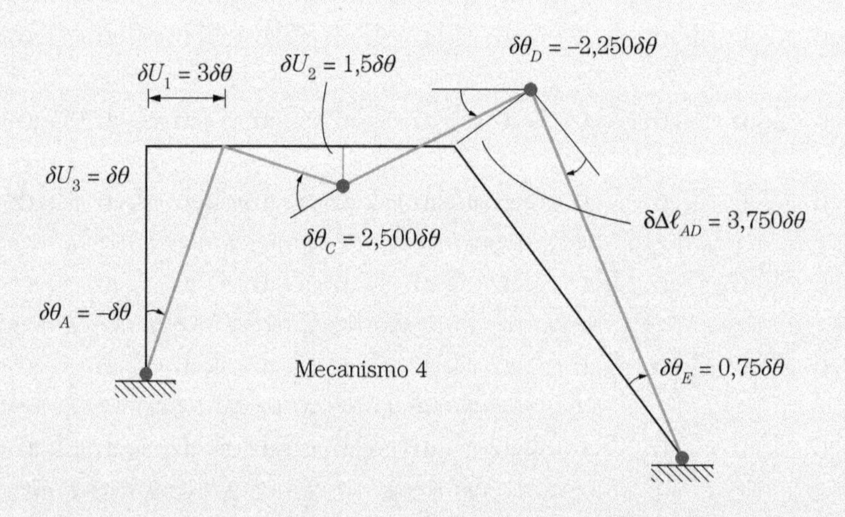

Figura 7.45
Mecanismo combinado.

Para o mecanismo 4, as rotações virtuais são igualmente determinadas pelas Expressões (7.37), e, observando que $\delta\theta_B = 0$ e arbitrando-se $\delta\theta_A = -\,\delta\theta$, obtêm-se:

$$\delta\theta_C = 2{,}500\delta\theta \qquad \delta\theta_D = -\,2{,}250\delta\theta \qquad \delta\theta_E = 0{,}75\delta\theta$$

Os deslocamentos virtuais são obtidos por simples inspeção visual, que conduz a:

$$\delta U_1 = 3\delta\theta \quad \delta U_2 = 1{,}5\delta\theta \quad \delta U_3 = \delta\theta$$

e o alongamento $\delta\Delta\ell_{AD}$ é obtido pela aplicação do teorema dos esforços virtuais considerando como solução compatível a correspondente ao mecanismo 4 e como esforços virtuais os indicados na Figura 7.44(b), o que conduz a:

$$\underbrace{1 \times \delta\Delta\ell_{AD}}_{\delta T_e^*} = \underbrace{1{,}5\delta\theta_C}_{\delta T_i^*} \quad \Longrightarrow \quad \delta\Delta\ell_{AD} = 3{,}750\delta\theta\,.$$

Trata-se, agora, de calcular os valores dos multiplicadores, como se faz usualmente, a partir das equações de equilíbrio, pela aplicação do teorema dos deslocamentos virtuais, considerando a solução cinematicamente admissível correspondente a cada um dos mecanismos e os deslocamentos virtuais a eles associados:

$$\underbrace{\gamma_c \sum_{\ell} \bar{P}_\ell \delta U_\ell}_{\delta T_e} = \underbrace{\sum_k M_{pk} \left| \delta\theta_k \right|}_{\delta T_i}$$

Para o mecanismo 1, obtém-se $\gamma_{c1} F = 354{,}46$ kN, visto que:

$$\underbrace{\gamma_{c1}\left(1{,}5F \times 1{,}5\delta\theta + F \times \delta\theta\right)}_{\delta T_e} = \underbrace{360 \times 3{,}2\delta\theta}_{\delta T_i}$$

Para o mecanismo 2, obtém-se $\gamma_{c2} F = 373{,}20$ kN, visto que:

$$\underbrace{\gamma_{c2}\left(2F \times 3\delta\theta - 1{,}5F \times 0{,}84375\delta\theta + F \times \delta\theta\right)}_{\delta T_e} = \underbrace{360 \times 4{,}625\delta\theta + 126{,}68 \times 3{,}75\delta\theta}_{\delta T_i}$$

Para o mecanismo 3, obtém-se $\gamma_{c3} F = 720{,}00$ kN, visto que:

$$\underbrace{\gamma_{c3}(F \times \delta\theta)}_{\delta T_e} = \underbrace{360 \times 2\delta\theta}_{\delta T_i}$$

Para o mecanismo 4, obtém-se $\gamma_{c4} F = 304{,}33$ kN, visto que:

$$\underbrace{\gamma_{c4}\left(2F \times 3\delta\theta + 1{,}5F \times 1{,}5\delta\theta + F \times \delta\theta\right)}_{\delta T_e} = \underbrace{360 \times 6{,}5\delta\theta + 126{,}68 \times 3{,}75\delta\theta}_{\delta T_i}.$$

Entre as várias combinações de mecanismos analisadas, a mais provável é a do mecanismo 4, sendo possível afirmar que $F_{\mathrm{II}} = \gamma_{II} F \leq \gamma_{c4} F = 304{,}33$ kN. Essa possibilidade pode ser apreciada pela obtenção e análise da distribuição dos momentos fletores, visto que a força no tirante é conhecida.

Inicialmente, trata-se de obter as equações de equilíbrio que relacionam os momentos fletores nas seções críticas, o que pode ser feito considerando o equilíbrio transversal barra a barra e, a seguir, impondo-se o equilíbrio dos nós, procedimento com claro significado físico, ou pela aplicação do teorema dos deslocamentos virtuais, procedimento matemático que se julga mais conveniente. Assim, considerando a distribuição de momentos fletores no pórtico, com os sentidos positivos da Figura 7.42, e os deslocamentos virtuais da Figura 7.43 dos mecanismos elementares, nessa ordem:

$$M_{BA}\delta\theta + M_C \times 1{,}6\delta\theta + M_D \times 0{,}6\delta\theta = 1{,}5F \times 1{,}5\delta\theta + F\delta\theta$$

$$-M_A\delta\theta - M_{BC} \times 1{,}5625\delta\theta + M_D \times 1{,}3125\delta\theta + M_E \times 0{,}75\delta\theta + N_{AC} \times 3{,}75\delta\theta$$
$$= 2F \times 3\delta\theta - 1{,}5F \times 0{,}5625\delta\theta + F\delta\theta$$

$$M_{BA}\delta\theta - M_{BC}\delta\theta = F\delta\theta$$

ou na forma:

$$\begin{aligned} M_{BA} + 1{,}6M_C + 0{,}6M_D &= 3{,}25F \\ -16M_A - 25M_{BC} + 21M_D + 12M_E + 60N_{AD} &= 91{,}75F \\ M_{BA} - M_{BC} &= F \end{aligned} \tag{7.38}$$

Pode-se, agora, obter a distribuição de momentos fletores associada ao mecanismo 4 pela introdução dos valores dos momentos nas seções e da força normal na barra, que atingiram seus valores de plastificação

$$M_A = -\ 360 \text{ kNm} \qquad M_C = 360 \text{ kNm} \qquad M_D = 360 \text{ kNm}$$
$$M_E = 360 \text{ kNm} \qquad N_{AD} = 126{,}68 \text{ kN}$$

nas equações de equilíbrio. Uma vez resolvido o sistema de equações (7.38), são obtidos:

$$M_{BA} = 197{,}07 \text{ kNm} \quad M_{BC} = -\ 107{,}26 \text{ kNm} \quad F_{c4} = 304{,}33 \text{ kN}$$

Esse resultado confirma o valor obtido para F_{c4} e permite constatar que os momentos fletores observam a condição de plastificação $|M| \leq M_p$. A solução correspondente ao mecanismo 4 é também estaticamente admissível e, portanto, corresponde ao mecanismo de colapso com $F_{II} = \gamma_{II}F = 304{,}33$ kN, com o tirante plastificado e com a distribuição de momentos fletores da Figura 7.46.

Figura 7.46
Diagrama de momentos fletores na iminência do colapso.

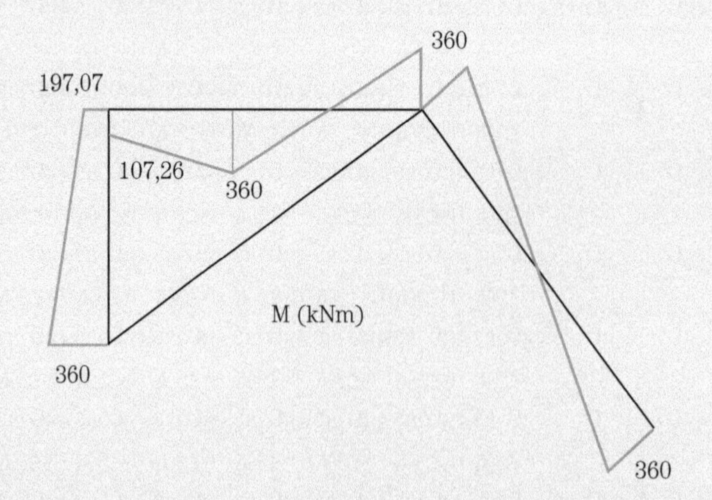

O máximo valor da carga de serviço F para que se tenha coeficiente de segurança igual a 1,65 em relação ao colapso plástico é dado, então, por $F_{max} = \dfrac{F_{II}}{1{,}65} = 184{,}44$ kN.

7.4 Cargas distribuídas

Quando uma barra de uma estrutura reticulada é submetida a cargas externas distribuídas, a localização de possíveis rótulas plásticas não é trivial. No caso dessa carga ter sentido único, as rótulas plásticas poderão ocorrer nas seções das extremidades dessa barra e na seção onde o momento for extremo, cuja posição não é conhecida *a priori*, sendo essa a dificuldade adicional que se apresenta. Os dois exemplos que se seguem ilustram procedimentos para tratar esse tipo de solicitação.

EXEMPLO 7.10 Viga contínua com carga uniforme

Considere-se a viga contínua prismática, de um material elastoplástico perfeito com momento de plastificação M_p, submetida ao carregamento indicado na Figura 7.47. Calcula-se o fator de colapso γ_{II}, obtêm-se o mecanismo de colapso e a correspondente distribuição de momentos fletores.

Figura 7.47
Viga contínua sob carregamento uniforme.

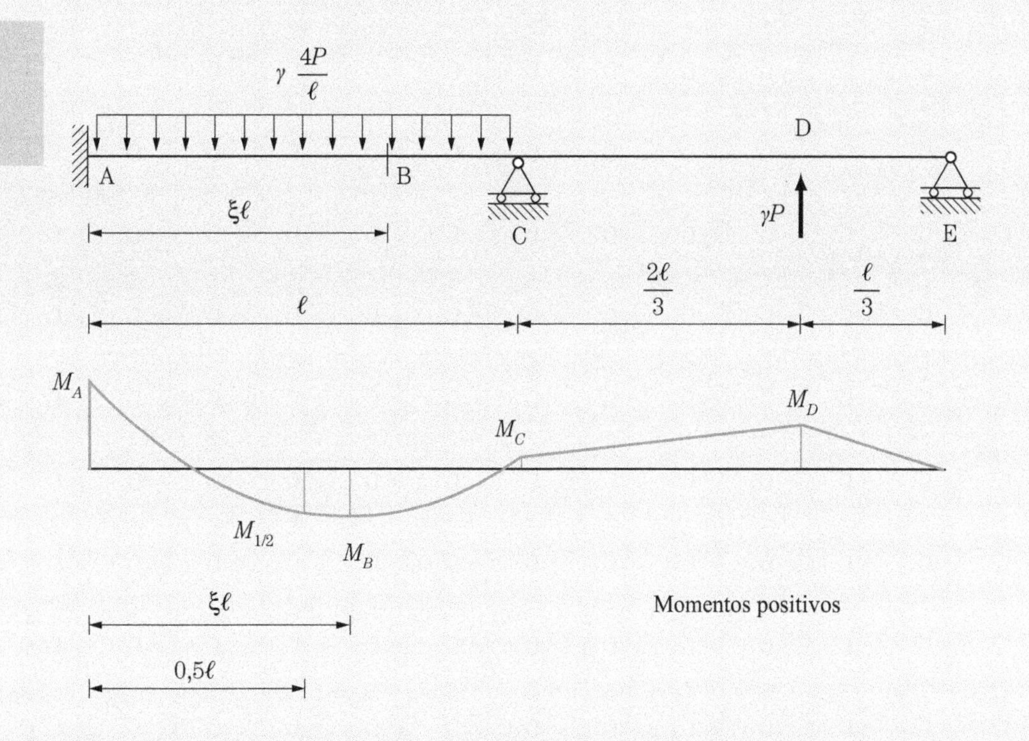

Solução

A viga contínua da Figura 7.47 é hiperestática com $g_h = 2$ e, assim, a formação de rótulas plásticas em número igual a três é condição suficiente para a formação de um mecanismo. Considerando que as rótulas podem ocorrer em quatro seções, o número de mecanismos elementares é igual a $n - g_h = 2$ e o número de mecanismos possíveis é igual a $\binom{4}{3} = 4$.

Solução exata

A posição de uma possível rótula plástica na seção B do tramo AC não está definida *a priori*; ela ocorrerá onde o momento fletor for máximo. Adota-se o método da combinação de mecanismos para a resolução desse problema pela análise dos três mecanismos possíveis com $\delta T_e > 0$, que se apresentam na Figura 7.48, e pela busca da solução com a posição exata da possível rótula em B, determinada pelo parâmetro $0 < \xi < 1$.

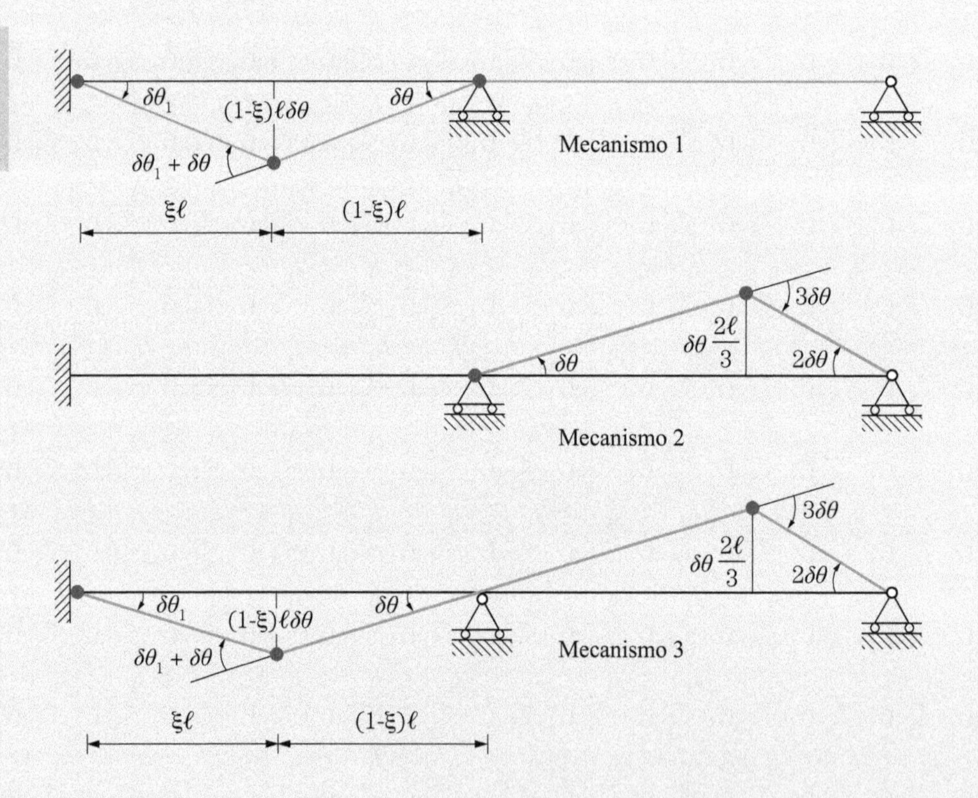

Figura 7.48
Mecanismos elementares e combinado.

Trata-se, agora, de calcular os valores dos multiplicadores a partir das equações de equilíbrio, pela aplicação do teorema dos deslocamentos virtuais, considerando a solução cinematicamente admissível correspondente a cada um dos mecanismos e os deslocamentos virtuais a eles associados:

$$\underbrace{\gamma_c\left(\sum_{\ell}\bar{P}_{\ell}\delta U_{\ell}+\int_0^{\ell}q\delta w dx\right)}_{\delta T_e}=\underbrace{\sum_k M_{pk}\left|\delta\theta_k\right|}_{\delta T_i}$$

Para o mecanismo 1, estabelece-se:

$$\delta T_e=\gamma_{c1}\left(\int_0^{\ell}q\delta w dx\right)=\gamma_{c1}q(1-\xi)\ell\delta\theta\frac{\ell}{2}=\gamma_{c1}2P\ell(1-\xi)\delta\theta$$

$$\delta T_i=M_p(2\delta\theta_1+2\delta\theta)=2M_p\frac{1}{\xi}\delta\theta$$

e, como $\delta T_e=\delta T_i$, resulta:

$$\gamma_{c1}=\frac{M_p}{P\ell}\frac{1}{\xi-\xi^2},$$

cujo valor mínimo ocorre para $\xi=0{,}5$, ou seja, para o mecanismo 1 a rótula da seção B ocorre no meio do vão com

$$\gamma_{c1}=4\frac{M_p}{P\ell}$$

Para o mecanismo 2, não ocorre rótula em B, e, de acordo com o Exemplo 7.7:

$$\gamma_{c2}=6\frac{M_p}{P\ell}.$$

Para o mecanismo 3, estabelece-se:

$$\delta T_e=\gamma_{c3}\left(\int_0^{\ell}q\delta w dx+P\frac{2\ell}{3}\ell\delta\theta\right)=\gamma_{c3}\left(q(1-\xi)\ell\delta\theta\frac{\ell}{2}+P\frac{2\ell}{3}\delta\theta\right)=\gamma_{c3}P\ell\frac{8-6\xi}{3}\delta\theta$$

$$\delta T_i=M_p(2\delta\theta_1+2\delta\theta+\delta\theta_2)=M_p\frac{2+2\xi}{\xi}\delta\theta$$

e, como $\delta T_e=\delta T_i$, resulta:

$$\gamma_{c3}=\frac{M_p}{P\ell}\left(\frac{3+3\xi}{4\xi-3\xi^2}\right),$$

cujo valor mínimo ocorre para $\xi=\sqrt{\frac{7}{3}}-1=0{,}527525$, que define a posição da seção B e permite determinar

$$\gamma_{c3}=3{,}593\frac{M_p}{P\ell}$$

e concluir que mecanismo 3 é o de colapso e $\gamma_{II} = \gamma_{c3}$.

A distribuição dos momentos fletores na iminência do colapso se faz pelas duas equações de equilíbrio independentes, que relacionam os momentos fletores nas seções críticas, obtidas pela aplicação do teorema dos deslocamentos virtuais, considerando a distribuição de momentos fletores na viga contínua, com os sentidos positivos da Figura 7.47, e os deslocamentos virtuais dos mecanismos elementares:

$$M_A\delta\theta_1 + M_B(\delta\theta_1 + \delta\theta) + M_C\delta\theta = \gamma P\ell 2(1-\xi)\delta\theta$$
$$-M_C\delta\theta + 3M_D\delta\theta = \gamma P\frac{2\ell}{3}\delta\theta$$

ou na forma:

$$\begin{aligned} M_A\frac{1-\xi}{\xi} + M_B\frac{1}{\xi} + M_C &= \gamma P\ell 2(1-\xi) \\ -3M_C + 9M_D &= \gamma P 2\ell \end{aligned} \tag{7.39}$$

Pode-se agora, obter a distribuição de momentos fletores associada ao mecanismo 3 pela introdução dos valores dos momentos nas seções plastificadas

$$M_A = M_p \qquad M_B = M_p \qquad M_D = M_p \qquad \xi = 0{,}527525$$

nas equações de equilíbrio (7.39), o que conduz a $M_C = 0{,}604M_p$ e confirma $\gamma_{II} = 3{,}593\frac{M_p}{P\ell}$. A Figura 7.49 apresenta o diagrama de momentos fletores na iminência do colapso.

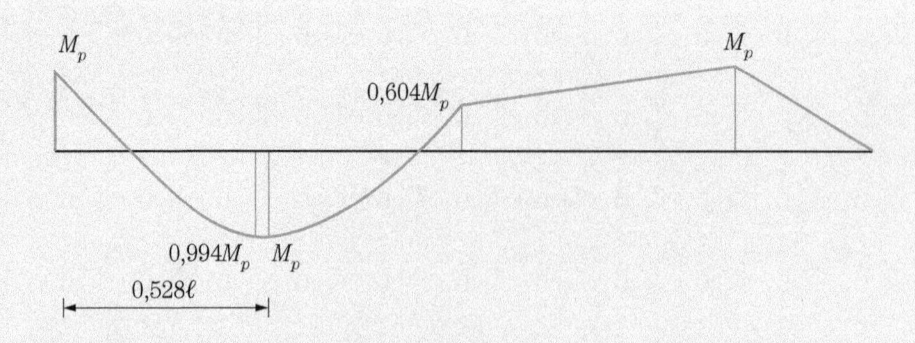

Figura 7.49
Momentos fletores na iminência do colapso.

A Figura 7.50 apresenta relações de interesse entre os momentos fletores nas seções das extremidades, do meio do vão e máximo em uma barra biapoiada solicitada por carga uniforme, justificando o valor apresentado $M_{1/2} = 0{,}994M_p$.

Figura 7.50
Relações entre momentos em viga biapoiada.

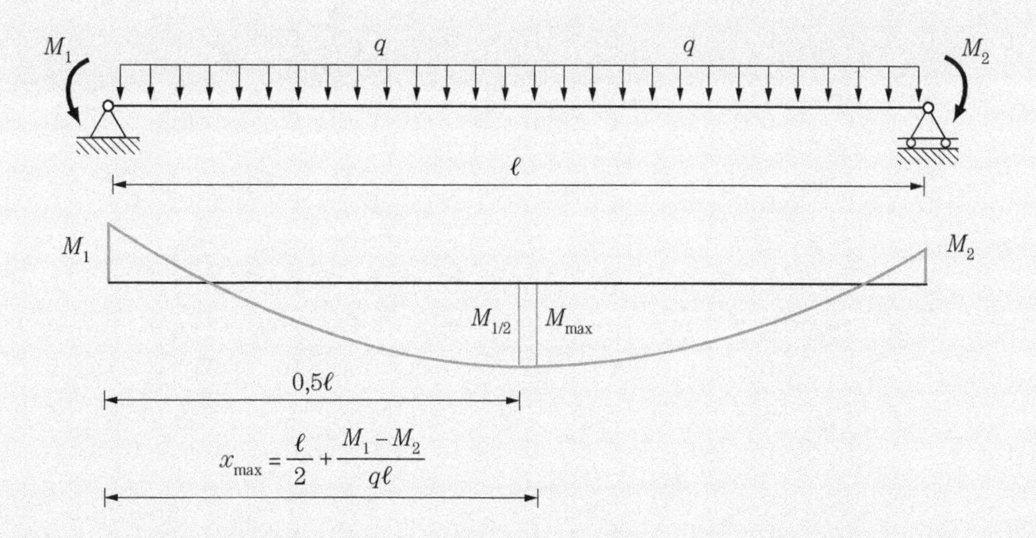

$$M_{1/2} = \frac{q\ell^2}{8} - \left(\frac{M_1 + M_2}{2}\right) \qquad M_{max} = \frac{q(x_{max})^2}{2} - M_1 \qquad M_{max} = \frac{q(\ell - x_{max})^2}{2} - M_2$$

Solução aproximada

Uma forma alternativa e aproximada de realizar a análise limite de vigas e pórticos com cargas distribuídas consiste em substituí-las por forças concentradas estaticamente equivalentes que realizem o mesmo trabalho virtual externo, δT_e. O resultado obtido é, em geral, uma boa aproximação do valor exato e, adicionalmente, propicia a obtenção de soluções estaticamente e cinematicamente admissíveis e, por conseguinte, o estabelecimento de limites superior e inferior do fator de colapso, que permitem avaliar a aproximação obtida.

Considere-se que os mecanismos elementares e combinado da Figura 7.48 ocorram com a seção B no meio do vão, $\xi = 0{,}5$. Nesse caso, a carga estaticamente equivalente à carga uniforme é dada por

$$\delta T_e = q\frac{1}{2}\ell\delta\theta\frac{\ell}{2} = P_{eq}\delta\theta\frac{\ell}{2} \quad \Longrightarrow \quad P_{eq} = \frac{1}{2}q\ell,$$

e essa equivalência é mostrada na Figura 7.51. Note-se que as forças concentradas $\frac{1}{4}q\ell$ estão aplicadas diretamente sobre os apoios A e C, e não interferem na resolução do problema, sendo desconsideradas no que se segue. Procedimento análogo pode ser aplicado para outros tipos de distribuição de carga.

Figura 7.51
Carregamento estaticamente equivalente a carga uniforme.

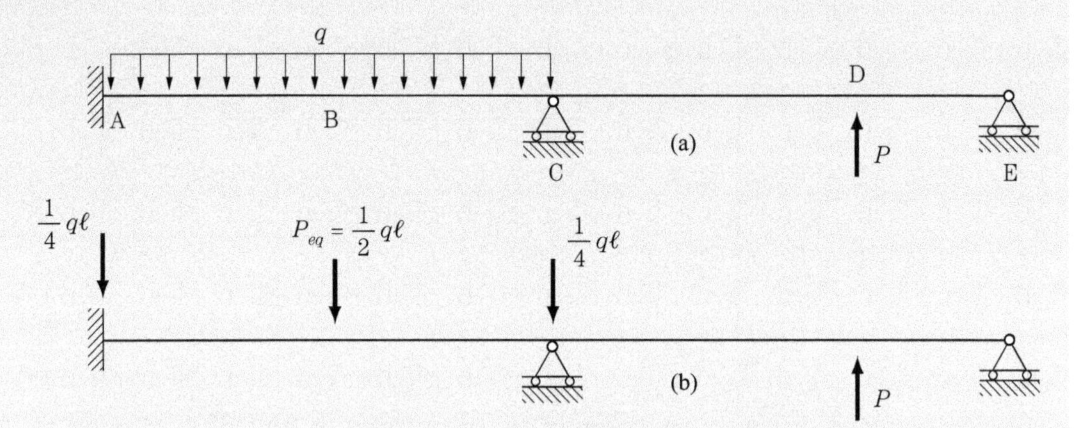

Considerando que $q = 4\frac{P}{\ell}$, obtém-se $P_{eq} = 2P$. Esse problema é exatamente a segunda parte do Exemplo 7.7, em que o mecanismo 3 é o de colapso com $\gamma_{IIap} = 3{,}6\frac{M_p}{P\ell}$, somente 0,20% superior ao valor exato, o que mostra a excelente aproximação obtida.

Limites superior e inferior de γ_{II}

A partir da solução aproximada obtida é possível estabelecer limites superior e inferior para o fator de colapso γ_{II}.

Uma solução cinematicamente admissível é obtida ao considerar o mecanismo 3 de colapso com $\xi = 0{,}5$ e $\gamma_c = 3{,}6\frac{M_p}{P\ell} > \gamma_{II}$. Nessas condições, têm-se $\gamma_c q = 14{,}4\frac{M_p}{\ell^2}$ e $\gamma_c P = 3{,}6\frac{M_p}{\ell}$. Considerando $M_A = M_B = M_D = M_p$ e as expressões da Figura 7.50, obtêm-se $M_{max} = 1{,}0056\ M_p$ na seção $x_{max} = 0{,}5278\ell$ e a distribuição de momentos fletores da Figura 7.52.

Figura 7.52
Momentos fletores para $\gamma_c = 3{,}6\frac{M_p}{P\ell}$.

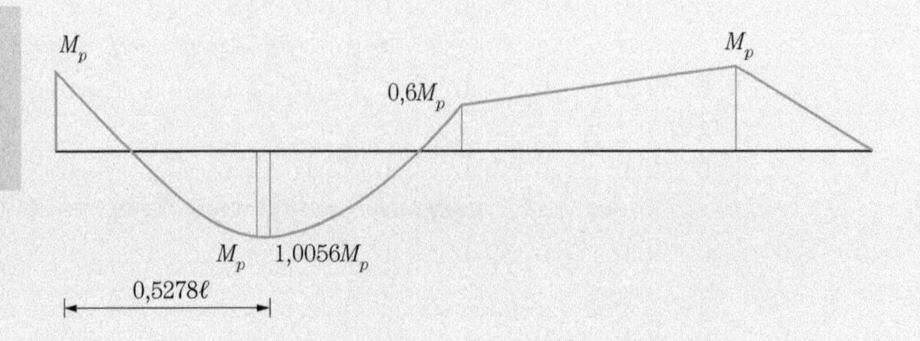

Uma solução estaticamente admissível é facilmente obtida ao multiplicar os resultados obtidos para a solução cinematicamente admissível pela relação $\frac{1}{1{,}0056} = 0{,}9945$, o que conduz a $\gamma_e = 3{,}580\frac{M_p}{P\ell} < \gamma_{II}$ e à distribuição de momentos fletores da Figura 7.53.

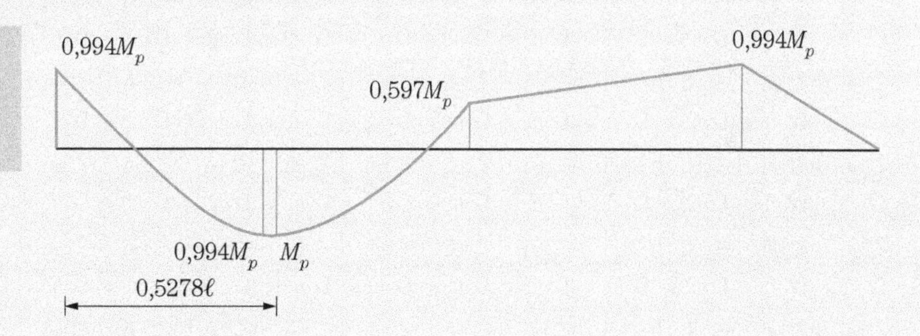

Figura 7.53
Momentos fletores para $\gamma_e = 3{,}580$.

Pode-se, pois, observar que $\gamma_e = 3{,}580\frac{M_p}{P\ell} < \gamma_{II} = 3{,}593\frac{M_p}{P\ell} < \gamma_c = 3{,}600\frac{M_p}{P\ell}$, de sorte que o procedimento adotado fornece uma boa aproximação para γ_{II}. Ainda mais, a condição de colapso permite que, com facilidade, estabeleçam-se limites superior e inferior para γ_{II} e, assim, verifique-se quão boa é a solução aproximada. A obtenção de solução estaticamente admissível permite adotar com boa aproximação essa solução, que estará a favor da segurança. Note-se que, para estruturas com maior número de barras e com mais carregamentos distribuídos, a busca pela solução exata configura um trabalho que não faz sentido para cálculos manuais. O procedimento aproximado, com ou sem o estabelecimento de limites, é recomendável para análise limite de vigas e pórticos com cargas distribuídas. Se for desejável obter a solução exata a partir da solução aproximada, pode-se desenvolver a análise que conduziu à solução exata, mas já partindo do mecanismo mais provável de colapso, que deverá ser verificado. É possível também desenvolver uma análise iterativa considerando a nova posição da rótula em B e, assim, obter as novas forças estaticamente equivalentes e repetir esse processo até que se atinja um erro relativo admissível. Os resultados obtidos neste exemplo indicam claramente que o estabelecimento dos limites superior e inferior são suficientes para gerar uma boa solução para fins de projeto.

EXEMPLO 7.11 Pórtico biengastado com barras inclinadas e carga linear

Considere-se o pórtico plano formado por barras prismáticas de mesma seção transversal e mesmo material elastoplástico perfeito com momento de plastificação $M_p = 100$ kNm e submetido ao carregamento indicado na Figura 7.54. Calcula-se o fator de colapso γ_{II} e obtêm-se a distribuição de momentos fletores e o mecanismo correspondentes.

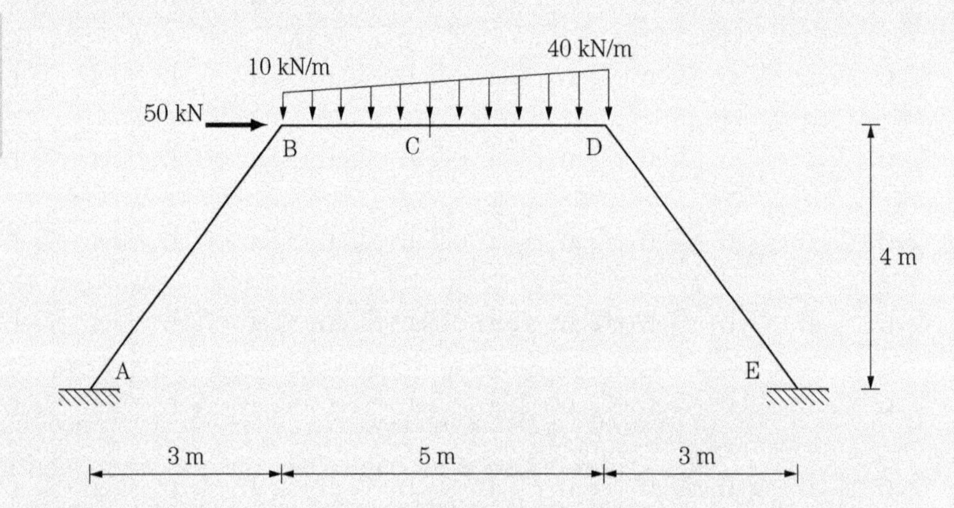

Figura 7.54
Pórtico plano com carga linearmente distribuída.

Solução

O pórtico plano da Figura 7.54 é hiperestático com $g_h = 3$, e, assim, a formação de rótulas plásticas em número igual a quatro, $n = 4$, é condição suficiente para a formação de um mecanismo. Considerando que as rótulas podem ocorrer em cinco seções, o número de mecanismos elementares é igual a $n - g_h = 2$ e o número de mecanismos possíveis é igual a $\binom{5}{4} = 5$.

A seção C não tem posição definida de imediato; ela poderá ocorrer onde o momento fletor for máximo na barra BCD. Em lugar de buscar a solução exata do problema, realiza-se a análise limite buscando uma solução aproximada pela substituição da carga linearmente distribuída por forças estaticamente equivalentes que realizem o mesmo trabalho virtual externo, δT_e. A Figura 7.55 mostra essa equivalência em uma barra, e a Figura 7.56 mostra as forças estaticamente equivalentes obtidas para o pórtico com $a = \dfrac{\ell}{3}\dfrac{p_1 + 2p_2}{p_1 + p_2} = 3$ m, definindo arbitrariamente a posição da possível rótula em C, como o centro de gravidade do trapézio correspondente ao carregamento linear.

Figura 7.55
Carregamento estaticamente equivalente a carga linearmente distribuída.

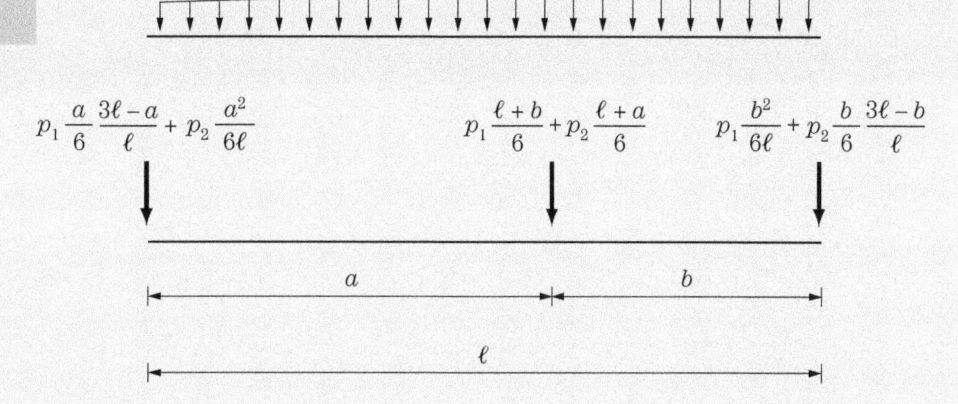

Figura 7.56
Pórtico plano com carregamento estaticamente equivalente com $a = 3$ m.

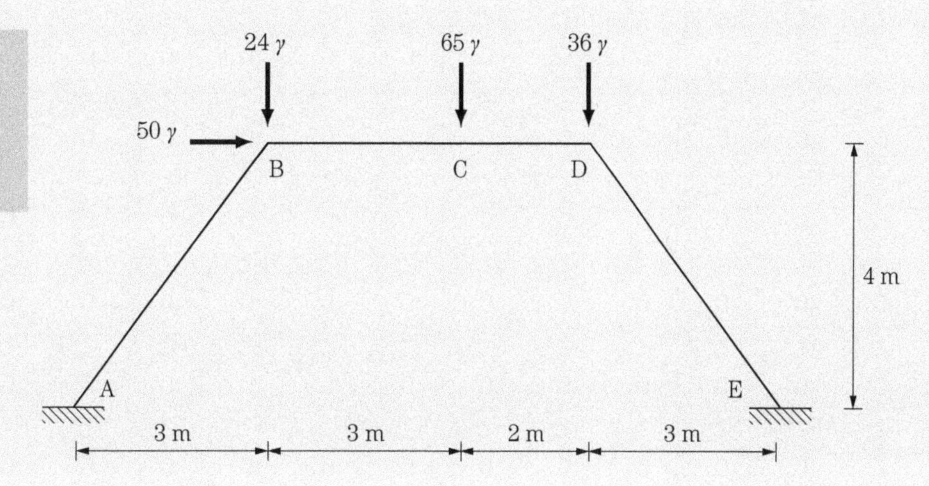

Adota-se o método da combinação de mecanismos para a resolução desse problema pela análise dos três mecanismos possíveis com $\delta T_e > 0$, que se apresentam na Figura 7.57. A avaliação do resultado aproximado é feita por comparação com os limites superior e inferior do fator de colapso, que podem ser estabelecidos conforme mostrado no Exemplo 7.10.

Figura 7.57
Mecanismos elementares e combinado.

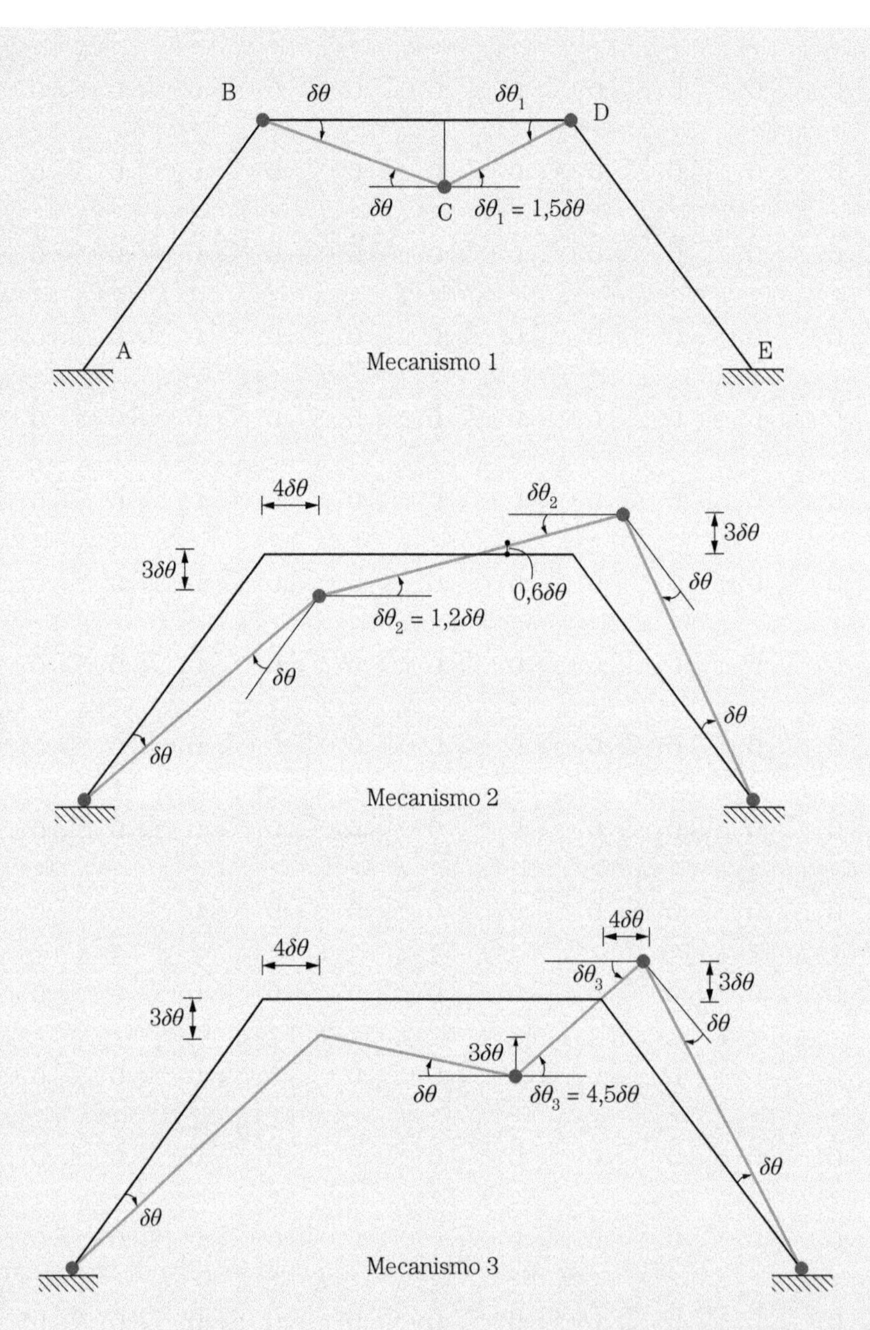

Os valores dos multiplicadores são obtidos a partir das equações de equilíbrio, estabelecidas pela aplicação do teorema dos deslocamentos virtuais considerando a solução cinematicamente admissível correspondente a cada um dos mecanismos e os deslocamentos virtuais associados a esse mecanismo, expressas por:

$$\underbrace{\gamma_c \sum_{\ell} \overline{P}_{\ell} \delta U_{\ell}}_{\delta T_e} = \underbrace{\sum_{k} M_{pk} \left| \delta\theta_k \right|}_{\delta T_i}$$

Para o mecanismo 1, obtém-se $\gamma_{c1} = 2{,}564$, visto que:

$$\underbrace{\gamma_{c1}\left(65\gamma \times 3\delta\theta\right)}_{\delta T_e} = \underbrace{100 \times \left(\delta\theta + 2{,}5\delta\theta + 1{,}5\delta\theta\right)}_{\delta T_i}$$

Para o mecanismo 2, obtém-se $\gamma_{c2} = 5{,}120$, visto que:

$$\underbrace{\gamma_{c2}\left(50\gamma \times 4\delta\theta + 24\gamma \times 3\delta\theta - 65\gamma \times 0{,}6\delta\theta - 36\gamma \times 3\delta\theta\right)}_{\delta T_e} = \underbrace{100\left(\delta\theta + 2{,}2\delta\theta + 2{,}2\delta\theta + \delta\theta\right)}_{\delta T_i}.$$

Para o mecanismo 3, obtém-se $\gamma_{c3} = 2{,}347$, visto que:

$$\underbrace{\gamma_{c3}\left(50\gamma \times 4\delta\theta + 24\gamma \times 3\delta\theta + 65\gamma \times 6\delta\theta - 36\gamma \times 3\delta\theta\right)}_{\delta T_e} = \underbrace{100\left(\delta\theta + 5{,}5\delta\theta + 5{,}5\delta\theta + \delta\theta\right)}_{\delta T_i}$$

Considerando a barra BCD solicitada pela carga linear e por momentos nas extremidades, a distribuição de momentos fletores é dada por:

$$M(x) = -M_B\left(\frac{\ell - x}{\ell}\right) - M_D\left(\frac{x}{\ell}\right) + \frac{\gamma_{c3}p_1}{6\ell}x(2\ell - x)(\ell - x) + \frac{\gamma_{c3}p_2}{6\ell}x(\ell^2 - x^2);$$

com $\gamma_{c3} = 2{,}347$ e $M_c = 100$ kNm, determina-se $M_B = 57{,}581$ kNm, e, pela análise de extremos de $M(x)$, obtêm-se $M_{max} = 104{,}858$ kNm e $x_{max} = 2{,}604$ m. Esses resultados permitem traçar o diagrama de momentos fletores da Figura 7.58, que corresponde a uma solução cinematicamente admissível para o problema original, mas não corresponde à solução de colapso pois viola a condição de plastificação $|M| \leq 100$ kNm, ou seja, $\gamma_{II} \leq \gamma_c = 2{,}347$.

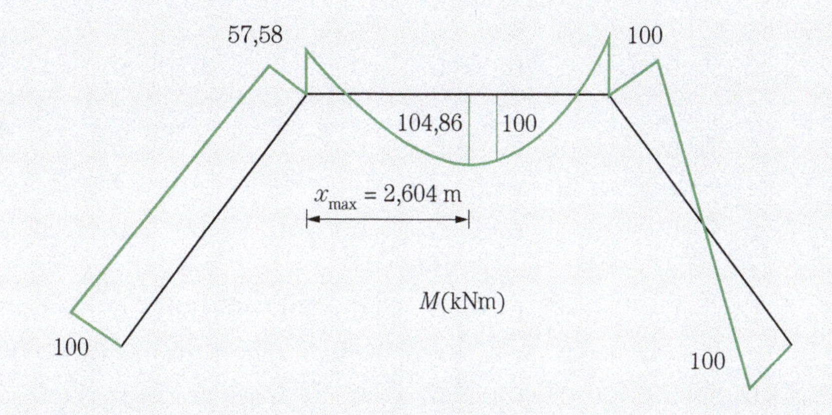

Figura 7.58
Diagrama de momentos fletores de solução cinematicamente admissível.

Uma solução estaticamente admissível é facilmente obtida ao multiplicar os resultados da Figura 7.58 por $\frac{100}{104{,}858} = 0{,}954$, o que conduz a $\gamma_e = 2{,}238 < \gamma_{II}$ e à distribuição de momentos fletores da Figura 7.59.

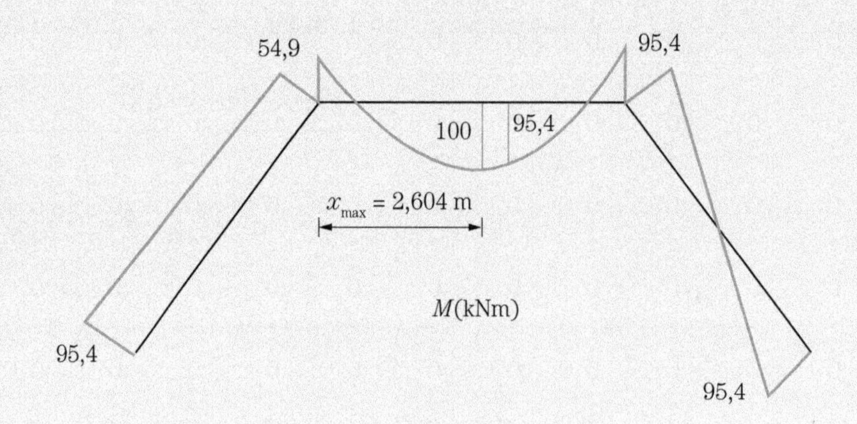

Figura 7.59
Diagrama de momentos fletores de solução estaticamente admissível.

Assim, o coeficiente de colapso estará no intervalo $\gamma_e = 2{,}238 < \gamma_{II} < \gamma_c = 2{,}347$. Esses dois coeficientes representam boas soluções aproximadas, com erro estimado em 1,2% em relação ao valor de γ_{II}, sendo que a opção de adotar $\gamma_e = 2{,}238$ é a favor da segurança.

Uma aproximação melhor pode ser obtida ao adotar novo carregamento estaticamente admissível com a seção C na posição $a = 2{,}6$ m, conforme mostra a Figura 7.60.

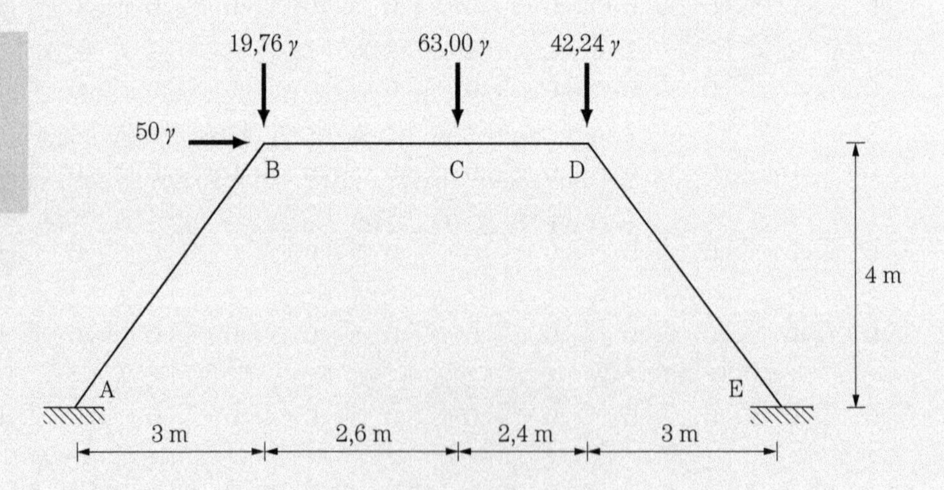

Figura 7.60
Pórtico plano com novo carregamento estaticamente equivalente.

Admitindo, com razoabilidade, que o colapso irá ocorrer com rótulas em A, C, D e E, a nova condição de mecanismo é indicada na Figura 7.61,

Figura 7.61
Mecanismo 3 com seção C na posição x = 2,60 m.

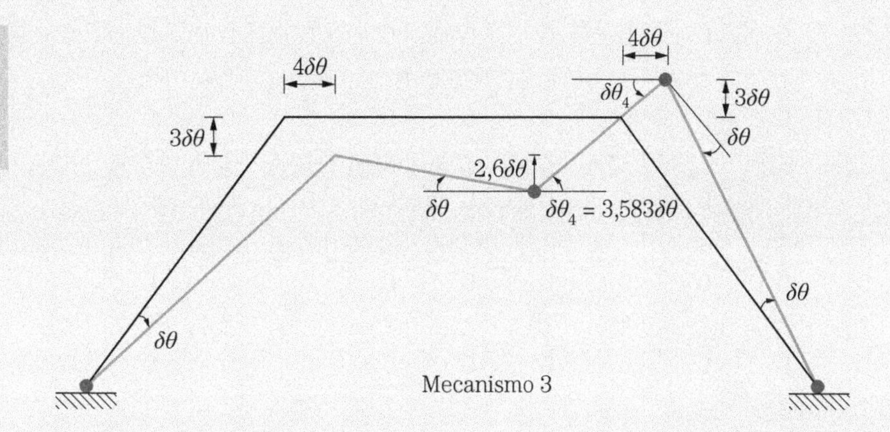

que permite obter $\gamma_{c3} = 2{,}3007$, visto que:

$$\underbrace{\gamma_{c3}(50\gamma \times 4\delta\theta + 19{,}76\gamma \times 3\delta\theta + 63\gamma \times 5{,}6\delta\theta - 42{,}24\gamma \times 3\delta\theta)}_{\delta T_e}$$

$$= \underbrace{100(\delta\theta + 4{,}583\delta\theta + 4{,}583\delta\theta + \delta\theta)}_{\delta T_i}.$$

Da mesma forma como se fez antes neste exemplo, obtêm-se: $M_B = 60{,}237$ kNm, $M_{max} = 100{,}003$ kNm e $x_{max} = 2{,}610$ m, o que representa uma solução cinematicamente admissível. Uma solução estaticamente admissível é estabelecida ao dividir os resultados pela relação $\frac{100}{100{,}003} = 0{,}99997$, o que conduz a $\gamma_e = 2{,}3006$. Assim, $2{,}3006 < \gamma_{II} < 2{,}3007$, ou seja, com uma aproximação de três dígitos se obtém praticamente a solução exata, com a distribuição de momentos fletores da Figura 7.62.

Figura 7.62
Diagrama de momentos fletores na iminência do colapso.

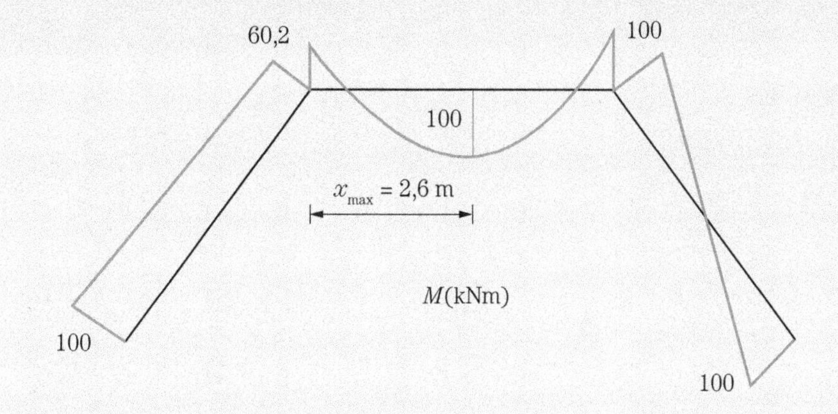

As conclusões do exemplo anterior se repetem e reitera-se que, com o estabelecimento de limites superior e inferior para γ_{II}, é possível concluir sobre a necessidade de buscar uma nova solução aproximada e, sempre a favor da segurança, definir o valor do fator de multiplicação das ações a ser adotado. Nesse caso, o primeiro valor obtido para $\gamma_e = 2{,}24$ já representa uma boa estimativa, e, adicionalmente, é a favor da segurança para a carga de colapso.

Apêndice 7A: Demonstração das "propriedades Souza Lima"

Considere-se a determinação da variação dos ângulos internos de um polígono convexo com arestas de comprimentos fixos, quando ocorrem pequenas distorções nos seus ângulos internos. Seja, a título de exemplo, sem prejuízo de generalização, o caso do pentágono da Figura 7.63.

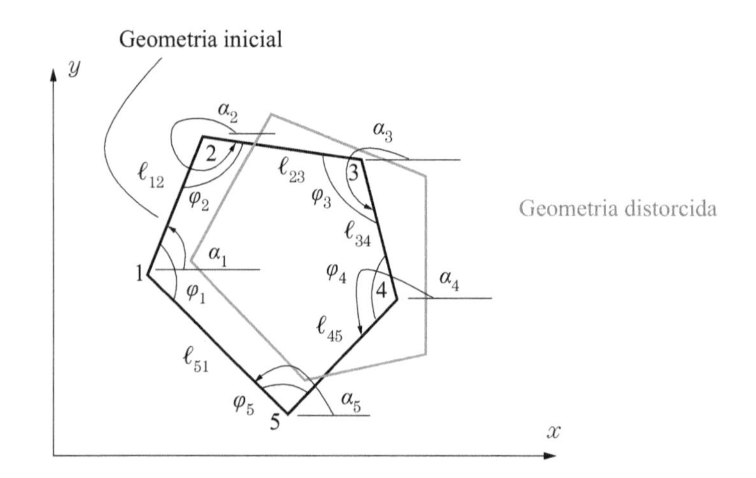

Figura 7.63
Polígono em suas geometrias inicial e distorcida.

Os ângulos α_i – sendo i um vértice do polígono – referentes à geometria inicial da Figura 7.63 são medidos no sentido anti-horário. Os ângulos internos φ_i, também referentes à geometria inicial, podem ser calculados como se indica a seguir:

$$\begin{aligned}
\varphi_2 &= \alpha_2 - \alpha_1 - 180^\circ \\
\varphi_3 &= \alpha_3 - \alpha_2 + 180^\circ \\
\varphi_4 &= \alpha_4 - \alpha_3 + 180^\circ \\
\varphi_5 &= \alpha_5 - \alpha_4 + 180^\circ \\
\varphi_1 &= \alpha_1 - \alpha_5 + 180^\circ
\end{aligned} \tag{7.40}$$

Evidentemente, somando membro a membro as cinco equações de (7.40), constata-se que a soma dos ângulos internos do pentágono dá 540°, como deve ser. Na geometria distorcida da Figura 7.63, os ângulos correspondentes a α_i designam-se, agora, $\alpha_i + \beta_i$, com β_i pequeno, por hipótese, e os ângulos internos passam a ser $\varphi_i + \theta_i$, sendo θ_i a (pequena!) rotação relativa entre as arestas que concorrem no nó i, em decorrência da distorção imposta ao polígono.

Note-se que na configuração distorcida, analogamente a (7.40), vale:

$$\begin{aligned}
\varphi_2 + \theta_2 &= \alpha_2 + \beta_2 - (\alpha_1 + \beta_1) - 180^o \\
\varphi_3 + \theta_3 &= \alpha_3 + \beta_3 - (\alpha_2 + \beta_2) + 180^o \\
\varphi_4 + \theta_4 &= \alpha_4 + \beta_4 - (\alpha_3 + \beta_3) + 180^o \\
\varphi_5 + \theta_5 &= \alpha_5 + \beta_5 - (\alpha_4 + \beta_4) + 180^o \\
\varphi_1 + \theta_1 &= \alpha_1 + \beta_1 - (\alpha_5 + \beta_5) + 180^o
\end{aligned} \tag{7.41}$$

Levando (7.40) em consideração em (7.41), chega-se a:

$$\begin{aligned}
\theta_2 &= \beta_2 - \beta_1 \\
\theta_3 &= \beta_3 - \beta_2 \\
\theta_4 &= \beta_4 - \beta_3 \\
\theta_5 &= \beta_5 - \beta_4 \\
\theta_1 &= \beta_1 - \beta_5
\end{aligned} \tag{7.42}$$

De (7.42), obtém-se imediatamente que:

$$\begin{aligned}
&\beta_2 = \beta_1 + \theta_2 \\
&\beta_3 = \beta_1 + (\theta_2 + \theta_3) \\
&\beta_4 = \beta_1 + (\theta_2 + \theta_3 + \theta_4) \\
&\beta_5 = \beta_1 + (\theta_2 + \theta_3 + \theta_4 + \theta_5) \\
&\theta_1 + \theta_2 + \theta_3 + \theta_4 + \theta_5 = 0
\end{aligned} \tag{7.43}$$

A última expressão de (7.43) é a primeira das "propriedades Souza Lima":

$$\sum_i \theta_i = 0, \tag{7.44}$$

ou seja, a soma das variações dos ângulos internos do polígono convexo é nula, o que, de resto, é uma consequência do fato de ser constante a soma dos ângulos internos.

É, também, de direta constatação, que a soma das projeções das arestas sobre os eixos x e y, na circuitação completa, partindo-se do nó 1 e a ele retornando, seja nula, tanto para a geometria inicial quanto na distorcida.

Na direção x, para a geometria inicial, escreve-se:

$$\ell_{12}\cos\alpha_1 + \ell_{23}\cos\alpha_2 + \ell_{34}\cos\alpha_3 + \ell_{45}\cos\alpha_4 + \ell_{51}\cos\alpha_5 = 0, \tag{7.45}$$

e para a geometria distorcida:

$$\ell_{12}\cos\left(\alpha_1+\beta_1\right)+\ell_{23}\cos\left(\alpha_2+\beta_2\right)+\ell_{34}\cos\left(\alpha_3+\beta_3\right)+$$
$$\ell_{45}\cos\left(\alpha_4+\beta_4\right)+\ell_{51}\cos\left(\alpha_5+\beta_5\right)=0. \tag{7.46}$$

Linearizando (7.46) para pequenos valores de β_i, obtém-se:

$$\ell_{12}\cos\alpha_1+\beta_1\ell_{12}\operatorname{sen}\alpha_1+\ell_{23}\cos\alpha_2+\beta_2\ell_{23}\operatorname{sen}\alpha_2+\ell_{34}\cos\alpha_3+$$
$$\beta_3\ell_{34}\operatorname{sen}\alpha_3+\ell_{45}\cos\alpha_4+\beta_4\ell_{45}\operatorname{sen}\alpha_4+\ell_{51}\cos\alpha_5+\beta_5\ell_{51}\operatorname{sen}\alpha_5=0, \tag{7.47}$$

e, levando em conta (7.45), chega-se a:

$$\beta_1\ell_{12}\operatorname{sen}\alpha_1+\beta_2\ell_{23}\operatorname{sen}\alpha_2+\beta_3\ell_{34}\operatorname{sen}\alpha_3+\beta_4\ell_{45}\operatorname{sen}\alpha_4+\beta_5\ell_{51}\operatorname{sen}\alpha_5=0, \tag{7.48}$$

ou ainda:

$$\beta_1(y_2-y_1)+\beta_2(y_3-y_2)+\beta_3(y_4-y_3)+\beta_4(y_5-y_4)+\beta_5(y_1-y_5)=0; \tag{7.49}$$

e, considerando (7.43) em (7.49), vem:

$$\beta_1(y_2-y_1)+(\beta_1+\theta_2)(y_3-y_2)+\left[\beta_1+(\theta_2+\theta_3)\right](y_4-y_3)+$$
$$\left[\beta_1+(\theta_2+\theta_3+\theta_4)\right](y_5-y_4)+\left[\beta_1+(\theta_2+\theta_3+\theta_4+\theta_5)\right](y_1-y_5)=0, \tag{7.50}$$

que se simplifica, para qualquer β_i (ou seja, descontando eventual movimento de corpo rígido), dando a segunda "propriedade Souza Lima":

$$\sum_i \theta_i y_i = 0. \tag{7.51}$$

A terceira e última "propriedade Souza Lima" é obtida da projeção sobre o eixo y da circuitação completa das arestas do polígono, em procedimento totalmente análogo ao da projeção sobre o eixo x. Resulta, então:

$$\sum_i \theta_i x_i = 0. \tag{7.52}$$

8 ANÁLISE LIMITE POR PROGRAMAÇÃO LINEAR PELA APLICAÇÃO DO TEOREMA ESTÁTICO

8.1 Introdução

O teorema estático e seus corolários propiciam o desenvolvimento de métodos de determinação do fator de colapso, cuja essência está contida na seguinte frase: "*entre todas as soluções estaticamente admissíveis, que satisfazem* às *condições de equilíbrio e* às *condições de plastificação, aquela de maior multiplicador* é a *de colapso, ou seja,* $\gamma_{II} = max(\gamma_e)$".

Esse é um típico problema de programação linear, o de maximização de γ_e, e, como tal, é tratado utilizando métodos e recursos computacionais próprios.

A formulação do problema de programação linear de maximização do coeficiente estático γ_e apresenta-se com várias formas, cuja conveniência decorre do método de resolução adotado. Apresentam-se:

- a forma geral e a forma geral reduzida, ou simplesmente forma reduzida, necessárias para o estabelecimento da forma canônica e conveniente para utilização direta na obtenção de respostas pela aplicação de sistemas computacionais;
- a forma canônica, que desempenha papel central para a obtenção de solução ótima pelo método simplex.

8.2 Forma geral

A forma geral do problema de maximização de γ_e decorre da interpretação direta do teorema estático e seus corolários e pode ser assim formulada:

Maximizar $\gamma_e > 0$

que satisfaça:

às equações de equilíbrio independentes

e

às condições de plastificação $\begin{cases} -N_{pj} \leq N_j \leq N_{pj} & j=1,r \\ -M_{pk} \leq M_k \leq M_{pk} & k=1,s \end{cases}$

As equações de equilíbrio relacionam as r forças normais nas possíveis barras plastificadas, N_j, os s momentos fletores nas seções de possíveis rótulas plásticas, M_k, e o coeficiente de proporcionalidade do carregamento, γ_e. O número de equações de equilíbrio independentes é dado pela diferença $r + s - g_h$, onde g_h é o grau de hiperestaticidade da estrutura.

As condições de plastificação estabelecem que as barras solicitadas apenas por força normal tenham seu valor compreendido entre as forças normais de plastificação à tração N_{pj} e à compressão $-N_{pj}$ de cada barra j, e que os valores dos momentos nas seções estejam compreendidos entre M_{pk} e $-M_{pk}$ de cada seção k. Por simplicidade e sem perda de generalidade, admitem-se valores iguais em módulo para as forças normais de plastificação e momentos de plastificação. Admite-se que o momento de plastificação seja o de flexão pura, desprezando-se os efeitos de sua redução na presença de força normal ou de força cortante.

Assim, a função objetivo se limita à variável $\gamma_e > 0$, o número de variáveis de decisão é igual a $n = r + s + 1$, o número de restrições lineares é igual à soma do número de equações de equilíbrio, $(r + s - g_h)$, com o número das inequações das condições de plastificação, $2(r + s)$. As condições de plastificação, igualmente, definem os domínios das variáveis de decisão associadas aos $(r + s)$ esforços solicitantes.

8.3 Forma reduzida

A forma reduzida é obtida da forma geral pela diminuição do número de variáveis independentes do problema de maximização a $g_h + 1$, que são expressas em função de $r + s - g_h$ variáveis, N_α e M_β, pela utilização das $r + s - g_h$ equações de equilíbrio independentes. Note-se que γ_e mantém-se como uma das variáveis independentes.

Nessas condições, a forma reduzida do problema de maximização de γ_e, apresenta-se como:

Maximizar γ_e

que satisfaça às condições de plastificação

$$\begin{cases} -N_{pj} \leq N_j\left(\gamma_e, N_\alpha, M_\beta\right) \leq N_{pj} & {\scriptstyle j=1,r1} \\ -M_{pk} \leq M_k\left(\gamma_e, N_\alpha, M_\beta\right) \leq M_{pk} & {\scriptstyle k=1,s1} \end{cases} \qquad \text{com } r1 + s1 = g_h + 1$$

8.4 Forma canônica

Para a resolução do problema de maximização pelo método simplex, é necessária a transformação da forma geral em forma canônica, conforme se mostra no Anexo A, e segue as seguintes etapas:

- mudança de variáveis de decisão, de modo que as novas variáveis de decisão sejam não negativas;
- transformação das inequações lineares das condições de plastificação em equações lineares pela introdução de variáveis de folga não negativas; e
- definição das variáveis básicas e não básicas a partir da obtenção de uma solução básica admissível inicial.

Entre várias possibilidades de mudança de variáveis, adotam-se:

$$\begin{aligned} N_j^+ &= \frac{|N_j| + N_j}{2} \geq 0 \qquad & M_k^+ &= \frac{|M_k| + M_k}{2} \geq 0 \\ N_j^- &= \frac{|N_j| - N_j}{2} \geq 0 \qquad & M_k^- &= \frac{|M_k| - M_k}{2} \geq 0 \end{aligned} \tag{8.1}$$

que conduzem a:

$$\begin{aligned} |N_j| &= N_j^+ + N_j^- \qquad & |M_k| &= M_k^+ + M_k^- \\ N_j &= N_j^+ - N_j^- \qquad & M_k &= M_k^+ - M_k^- \end{aligned} \tag{8.2}$$

e às novas condições de plastificação:

$$\left|N_j\right| = N_j^+ + N_j^- \leq N_{pj} \qquad \left|M_k\right| = M_k^+ + M_k^- \leq M_{pk} \tag{8.3}$$

Note-se a correspondência biunívoca entre as variáveis antigas, N_j e M_k, e as novas variáveis, N_j^+, N_j^-, M_k^+ e M_k^-.

A transformação das inequações (8.3) em equações se faz pela introdução de variáveis de folga ΔN_j e ΔM_k, não negativas, que permitem escrever:

$$N_j^+ + N_j^- + \Delta N_j = N_{pj} \qquad M_k^+ + M_k^- + \Delta M_k = M_{pk} \tag{8.4}$$

Note-se que ΔN_j e ΔM_k representam as reservas elásticas de força normal na barra j e do momento fletor na seção k, respectivamente, visto que

$$\begin{aligned} \Delta N_j &= N_{pj} - \left|N_j\right| = N_{pj} - \left(N_j^+ + N_j^-\right) \\ \Delta M_k &= M_{pk} - \left|M_k\right| = M_{pk} - \left(M_k^+ + M_k^-\right) \end{aligned} \tag{8.5}$$

O problema de programação linear proposto a partir do teorema estático pode então ser colocado na forma:

Maximizar γ_e

que satisfaça:

às equações de equilíbrio, com as substituições (8.2)

e

às condições de plastificação $\begin{cases} N_j^+ + N_j^- + \Delta N_j = N_{pj} \\ M_k^+ + M_k^- + \Delta M_k = M_{pk} \end{cases}$

com

$$\gamma_e > 0, \ N_j^+ \geq 0, \ N_j^- \geq 0, \ \Delta N_j \geq 0, \ M_k^+ \geq 0, \ M_k^- \geq 0 \ \text{ e } \ \Delta M_k \geq 0.$$

Nessa nova forma, que ainda não é a canônica, a função objetivo continua a mesma, o número das novas variáveis de decisão passa a ser $n = 3r + 3s + 1$ e o número de restrições lineares, que agora são apenas equações, passa a ser $m = 2r + 2s - g_h < n$, e todas as variáveis de decisão são não negativas. Os termos independentes das equações de equilíbrio e das condições de plastificação, sempre colocados no lado direito das equações, devem ser não negativos, o que ocorre naturalmente para as condições de plastificação; no caso das equações de equilíbrio, caso isso não ocorra, basta multiplicar todos os termos da equação por -1.

Uma base admissível envolve m variáveis básicas, e a escolha da solução básica inicial merece especial atenção na resolução de problemas de programação linear pelo método simplex.

Como se menciona no Anexo A, uma forma direta de escolher uma solução admissível inicial ou até mesmo buscar a solução ótima é testar as $\binom{n}{m} = \frac{n!}{(n-m)!m!}$ combinações possíveis de soluções básicas, o que somente é razoável para poucas variáveis. Como melhores alternativas, outros procedimentos de busca de solução básica admissível foram desenvolvidos, entre eles, os clássicos método simplex das duas fases e método "*Big M*", cujas descrições podem ser encontradas nos livros de programação matemática, como Winston (2004) e Bradley, Hax e Magnanti (1977).

Pelas características da classe de problemas em estudo, é mais conveniente utilizar procedimento simples que considere aspectos físicos no estabelecimento da solução básica admissível inicial – será este o empregado nos diversos exemplos que se seguem. Ele consiste em identificar as variáveis básicas iniciais a partir da análise de uma isostática fundamental da estrutura original, da seguinte forma:

1. escolher isostática fundamental;
2. determinar os valores dos esforços solicitantes na isostática fundamental;
3. determinar o maior valor para γ_e que leve à formação da primeira barra plastificada ou da primeira rótula na isostática fundamental (pelo menos um esforço solicitante satisfaz à condição de plastificação);
4. nessas condições, as variáveis básicas são:
    - o multiplicador γ_e;
    - os termos N_j^+ e M_k^+ correspondentes aos esforços N_j e M_k positivos na isostática fundamental;
    - os termos N_j^- e M_k^- correspondentes aos esforços N_j e M_k negativos na isostática fundamental;
    - todas as variáveis de folga, ΔN_j e ΔM_k, exceto aquela que satisfaz à condição $|N_j| = N_{pj}$ ou $|M_k| = M_{pk}$.

Observa-se que para estruturas isostáticas a aplicação do método simplex é desnecessária, visto que a solução básica admissível inicial já é a solução ótima, correspondente à situação de colapso.

Uma vez definidas as variáveis básicas $\mathbf{x_B}$ e não básicas iniciais $\mathbf{x_N}$, o problema de maximização do multiplicador γ_e, conforme se mostra no Anexo A, pode ser convenientemente representado por:

$$
\begin{aligned}
-f(\mathbf{x_B}, \mathbf{x_N}) + \mathbf{C_B^T x_B} + \mathbf{C_N^T x_N} &= -f_0 \\
\mathbf{0} + \mathbf{B x_B} + \mathbf{N x_N} &= \mathbf{b}
\end{aligned}
\tag{8.6}
$$

e ser colocado na forma canônica, com as transformações matriciais indicadas em:

$$
\begin{aligned}
-f(\mathbf{x_B}, \mathbf{x_N}) + 0^{\mathbf{T}}\mathbf{x_B} + \left(\mathbf{C_N^T} - \mathbf{C_B^T B^{-1} N}\right)\mathbf{x_N} &= -f_0 - \mathbf{C_B^T B^{-1} b} \\
\mathbf{0} + \mathbf{I x_B} + \mathbf{B^{-1} N x_N} &= \mathbf{B^{-1} b}
\end{aligned}
\tag{8.7}
$$

para que se possa iniciar a busca da solução ótima pelo método simplex, ou seja, a busca do fator de colapso γ_{II} e a distribuição de esforços solicitantes, que pode não ser única, na iminência do colapso.

A cada forma canônica corresponde uma solução estaticamente admissível, que pode ser obtida dos dados apresentados nas tabelas simplex. O valor de γ_e é apresentado diretamente e os valores das variáveis N_j e M_k são obtidos pelas expressões:

$$N_j = N_j^+ - N_j^- \qquad M_k = M_k^+ - M_k^-$$

Os valores dos módulos das deformações virtuais, $|\delta\Delta\ell_j|$ e $|\delta\theta_k|$, são obtidos pela

Propriedade: Na função objetivo, os módulos das semissomas dos coeficientes dos pares (N_j^+, N_j^-) e (M_k^+, M_k^-) são iguais aos módulos dos coeficientes de ΔN_j e ΔM_k e iguais a $|\delta\Delta\ell_j|$ e $|\delta\theta_k|$, respectivamente.

$$
\begin{aligned}
\left|\delta\Delta\ell_j\right| &= \frac{\left|coef\left(N_j^+\right) + coef\left(N_j^-\right)\right|}{2} = \left|coef\left(\Delta N_j\right)\right| \\
\left|\delta\Delta\theta_k\right| &= \frac{\left|coef\left(M_k^+\right) + coef\left(M_k^-\right)\right|}{2} = \left|coef\left(\Delta M_k\right)\right|
\end{aligned}
$$

Assim, as posições das rótulas plásticas e das barras plastificadas numa particular solução estaticamente admissível podem ser identificadas pelos valores dos momentos ou das forças normais que sejam iguais aos de plastificação, ou pelos valores dos módulos das deformações virtuais que sejam distintos de zero. Essa propriedade pode ser verificada pelo cálculo do multiplicador γ_e, associado à solução estaticamente admissível, pela expressão:

$$\underbrace{\gamma_e}_{\delta T_e} = \underbrace{\sum_k M_{pk}\left|\delta\theta_k\right| + \sum_j N_{pj}\left|\delta\Delta\ell_j\right|}_{\delta T_i}$$

e, por conveniência, será demonstrada no Capítulo 9. Note-se que as deformações e deslocamentos virtuais são normalizados pela condição de o trabalho externo virtual do carregamento de referência ser igual a 1.

Apresenta particular interesse a obtenção das distribuições de esforços solicitantes e do mecanismo na condição de colapso plástico, que corresponde à solução estaticamente admissível com o máximo γ_e.

8.5 Solução ótima pelo método simplex

A busca da solução ótima se faz pelo procedimento iterativo do método simplex, em conformidade com o algoritmo descrito no Anexo A, e que, a seguir, se descreve:

1. Aplica-se o critério de otimalidade, coeficientes $C_{Nk} \leq 0$, à forma canônica inicial:

$$\begin{aligned} -f(\mathbf{x_B}, \mathbf{x_N}) + \mathbf{0^T x_B} + \mathbf{C_N^T x_N} &= -f_0 \\ \mathbf{0} + \mathbf{I x_B} + \mathbf{N x_N} &= \mathbf{b} \end{aligned} \tag{8.8}$$

   1.1. Se o critério de otimalidade é verificado, então a solução é ótima, única ou múltipla, e encerra-se o processo. O coeficiente de colapso é dado por $\gamma_e = -f_0$ e a solução ótima é definida por ($\mathbf{x_B} = \mathbf{b}$, $\mathbf{x_N} = \mathbf{0}$).

   1.2. Se a solução não é ótima, busca-se uma nova solução básica admissível com a troca de uma única variável básica por uma não básica, sendo que a variável não básica que entra é aquela com maior coeficiente positivo e a variável básica que sai é aquela com menor valor positivo na relação teste. Assim, na nova solução básica admissível, o problema de maximização do multiplicador γ_e terá a forma

$$\begin{aligned} -f(\mathbf{x_B}, \mathbf{x_N}) + \mathbf{C_B^T x_B} + \mathbf{C_N^T x_N} &= -f_0 \\ \mathbf{0} + \mathbf{B x_B} + \mathbf{N x_N} &= \mathbf{b} \end{aligned} \tag{8.9}$$

que deverá ser posta na sua forma canônica:

$$\begin{aligned} -f(\mathbf{x_B}, \mathbf{x_N}) + \mathbf{0^T x_B} + \left(\mathbf{C_N^T} - \mathbf{C_B^T B^{-1} N}\right)\mathbf{x_N} &= -f_0 - \mathbf{C_B^T B^{-1} b} \\ \mathbf{0} + \mathbf{I x_B} + \mathbf{B^{-1} N x_N} &= \mathbf{B^{-1} b} \end{aligned} \tag{8.10}$$

e retorna-se a 1.

8.6 Exemplos

Apresentam-se exemplos de análise limite estruturados, convenientemente, em duas partes. Na primeira parte, desenvolve-se a formulação geral do problema de programação linear de maximização do coeficiente estático γ_e, em que o principal desafio é o de estabelecer as equações de equilíbrio independentes em termos das variáveis de decisão γ_e, N_j e M_k. Na segunda parte, trata-se da resolução propriamente dita do problema de máximo; nos dois primeiros exemplos, a resolução é feita pelo método simplex, o que exige o estabelecimento da forma canônica do problema de programação linear, pelo Solver do Excel e pelo programa Lingo (2020); nos demais exemplos, a resolução é feita exclusivamente com a aplicação do Lingo.

EXEMPLO 8.1 Treliça hiperestática

Considere-se a treliça plana da Figura 8.1, apresentada no Exemplo 5.2, solicitada por carregamento proporcional monotonicamente crescente. Trata-se de calcular o coeficiente F de colapso plástico e obter a distribuição das forças normais na iminência do colapso pela análise limite por programação linear pela aplicação do teorema estático. São dados: $N_{p2} = 71$ kN e $N_{p1} = N_{p3} = 142$ kN.

Figura 8.1
Treliça plana.

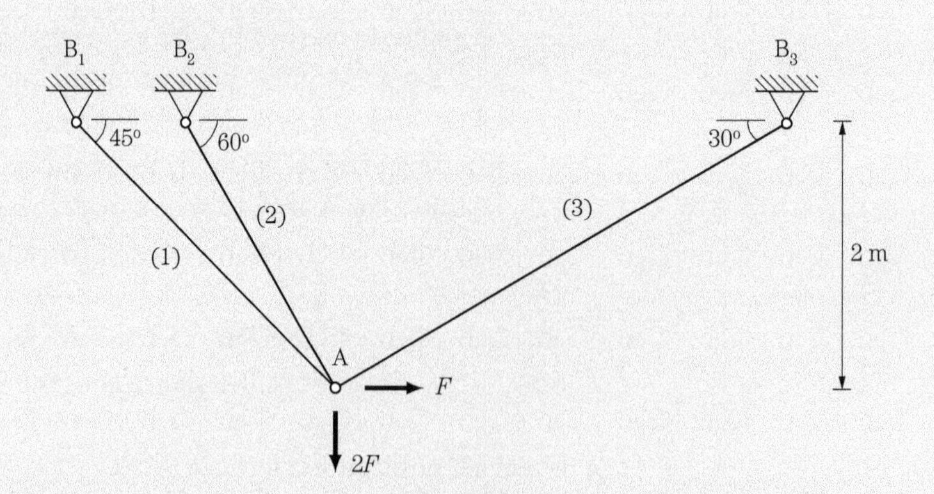

Solução

Formulação do problema de programação linear na forma geral

Esta treliça é uma estrutura com grau de hiperestaticidade igual a 1 e com três barras passíveis de plastificação, portanto, são duas as equações de equilíbrio independentes, que podem ser estabelecidas diretamente pelo equilíbrio do nó A, ou seja:

$$\begin{cases} -F + 0{,}707N_1 + 0{,}5N_2 - 0{,}866N_3 = 0 \\ -2F + 0{,}707N_1 + 0{,}866N_2 + 0{,}5N_3 = 0 \end{cases} \tag{8.11}$$

As variáveis de decisão são: F, N_1, N_2 e N_3 e a formulação do problema de programação linear pode ser apresentada em sua forma geral:

Maximizar $f = F > 0$

que satisfaça:

às equações de equilíbrio

$$\begin{cases} -F + 0{,}707N_1 + 0{,}5N_2 - 0{,}866N_3 = 0 \\ -2F + 0{,}707N_1 + 0{,}866N_2 + 0{,}5N_3 = 0 \end{cases}$$

e

às condições de plastificação $\begin{cases} -N_{p1} \leq N_1 \leq N_{p1} \\ -N_{p2} \leq N_2 \leq N_{p2} \\ -N_{p3} \leq N_3 \leq N_{p3} \end{cases}$

Resolução pelo método simplex

Utilizando as Expressões (8.2) a (8.4), pode-se colocar o problema de programação linear na forma (8.6):

Maximizar $f = F$

que satisfaça:

às equações de equilíbrio

$$\begin{cases} -F + 0{,}707N_1^+ + 0{,}5N_2^+ - 0{,}866N_3^+ - 0{,}707N_1^- - 0{,}5N_2^- + 0{,}866N_3^- = 0 \\ -2F + 0{,}707N_1^+ + 0{,}866N_2^+ + 0{,}5N_3^+ - 0{,}707N_1^- - 0{,}866N_2^- - 0{,}5N_3^- = 0 \end{cases}$$

e

às condições de plastificação $\begin{cases} N_1^+ + N_1^- + \Delta N_1 = 142 \\ N_2^+ + N_2^- + \Delta N_2 = 71 \\ N_3^+ + N_3^- + \Delta N_3 = 142 \end{cases}$

com

$$F \geq 0, \quad N_j^+ \geq 0, \quad N_j^- \geq 0, \quad \Delta N_j \geq 0 \qquad \text{j = 1,3}$$

que é representada, convenientemente, na tabela 0 da Tabela 8.1.

Trata-se agora, de obter uma solução básica admissível inicial pela análise da isostática fundamental da Figura 8.2, que conduz a:

$$N_1 = 2{,}310F \quad N_2 = 0 \quad N_3 = 0{,}732F$$

o que permite definir as cinco variáveis básicas:

$$F, N_1^+, N_3^+, \Delta N_2 \text{ e } \Delta N_3,$$

e, consequentemente, como variáveis não básicas:

$$N_1^-, N_2^+, N_2^-, N_3^- \text{ e } \Delta N_1,$$

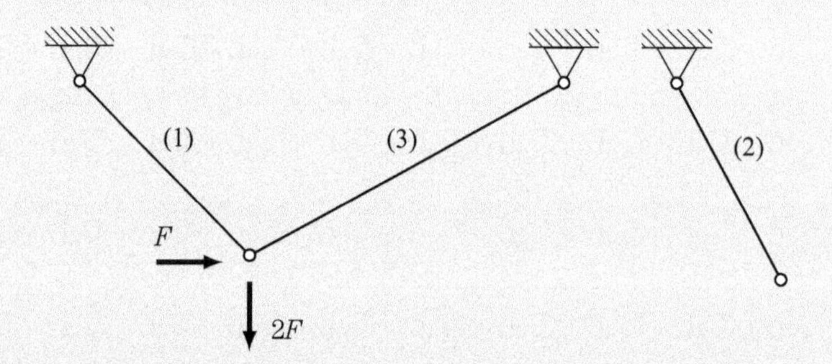

Figura 8.2
Isostática fundamental.

e o problema de programação linear poder ser posto na sua forma canônica, pela transformação (8.7), que é representada na tabela 1 da Tabela 8.1 de onde se tiram os seguintes resultados:

$$\begin{array}{lll} N_1 = 142\text{ kN} & \Delta N_1 = 0 & |\delta\Delta\ell_1| = 0{,}4327 \\ N_2 = 0 & \Delta N_2 = 71\text{ kN} & |\delta\Delta\ell_2| = 0 \\ N_3 = 44{,}98\text{ kN} & \Delta N_3 = 97{,}02\text{ kN} & |\delta\Delta\ell_3| = 0 \end{array}$$

$$F_{e1} = 142 \times 0{,}4327 = 61{,}44\text{ kN}$$

Essa solução não é ótima, pois o critério de otimalidade não é verificado, visto que o coeficiente da variável não básica N_2^+ é positivo. Assim, deve ser feita uma mudança de base: a variável N_2^+ entra na base e sai a variável ΔN_2 de menor valor positivo na relação teste. Com a nova base definida, pode-se obter, pela transformação (8.7), a nova forma canônica da tabela 2 da Tabela 8.1, de onde se tiram os resultados:

$$\begin{array}{lll} N_1 = 142\text{ kN} & \Delta N_1 = 0 & |\delta\Delta\ell_1| = 0{,}4327 \\ N_2 = 71\text{ kN} & \Delta N_2 = 0 & |\delta\Delta\ell_2| = 0{,}4480 \\ N_3 = 49{,}24\text{ kN} & \Delta N_3 = 92{,}76\text{ kN} & |\delta\Delta\ell_3| = 0 \end{array}$$

$$F_{e2} = 142 \times 0{,}4327 + 71 \times 0{,}4480 = 93{,}25\text{ kN}$$

que é a solução ótima pelo critério de otimalidade. Assim, $F_{II} = F_{max} = F_{e2} =$ 93,25 kN é a carga de colapso que ocorre com o mecanismo caracterizado pela plastificação das barras 1 e 2 e pela rotação da barra 3 em torno de B_3, conforme mostra a Figura 8.3.

Figura 8.3
Mecanismo de colapso.

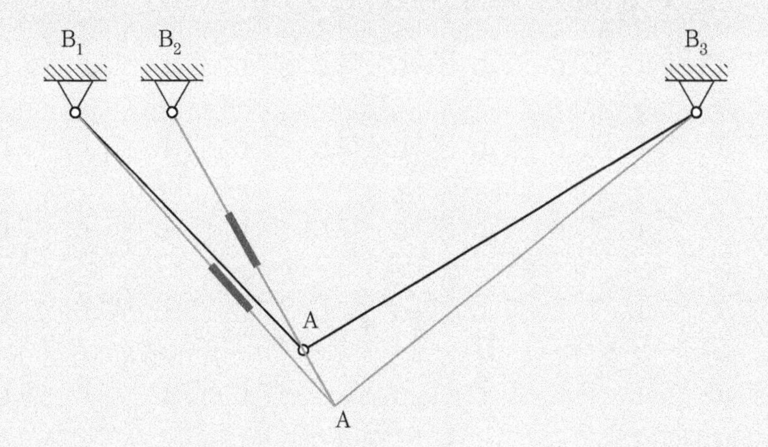

A Figura 8.4 apresenta as distribuições de forças normais correspondentes à solução admissível inicial e à solução ótima correspondente ao colapso, ambas estaticamente admissíveis, como deveriam ser.

Figura 8.4
Forças normais (em kN).

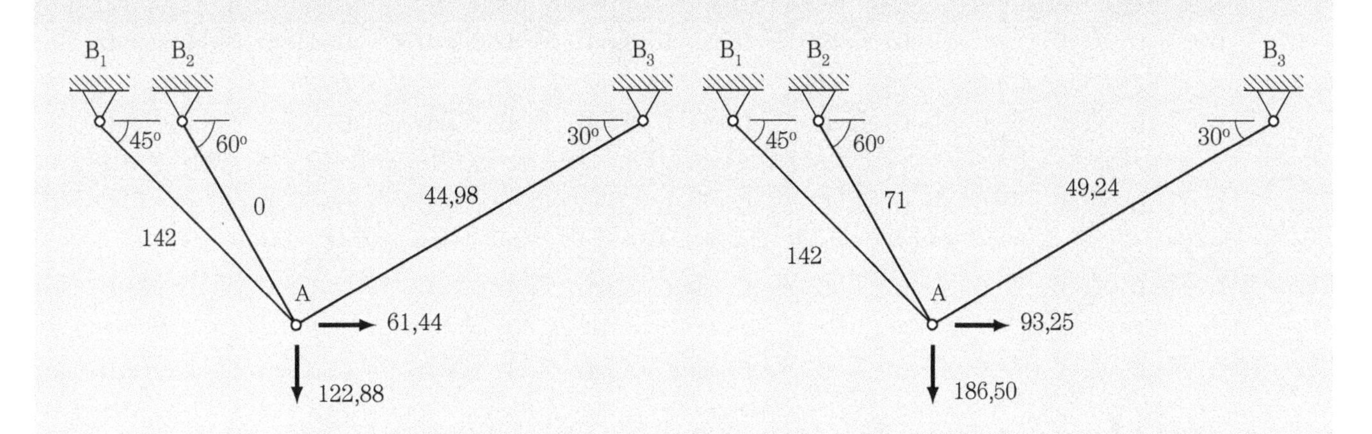

Tabela 8.1 – Tabelas simplex para a treliça

Tabela 0

Variáveis básicas	F	N_1^+	N_2^+	N_3^+	N_1^-	N_2^-	N_3^-	ΔN_1	ΔN_2	ΔN_3	Memb Direita	
	1,0000	0,0000	0,0000	0,0000	0,0000	0,0000	0,0000	0,0000	0,0000	0,0000	0,0000	
F	–1,0000	0,7070	0,5000	–0,8660	–0,7070	–0,5000	0,8660	0,0000	0,0000	0,0000	0,0000	
N_1^+	–2,0000	0,7070	0,8660	0,5000	–0,7070	–0,8660	–0,5000	0,0000	0,0000	0,0000	0,0000	
N_3^+	0,0000	1,0000	0,0000	0,0000	1,0000	0,0000	0,0000	1,0000	0,0000	0,0000	142,0000	
ΔN_2	0,0000	0,0000	1,0000	0,0000	0,0000	1,0000	0,0000	0,0000	1,0000	0,0000	71,0000	
ΔN_3	0,0000	0,0000	0,0000	1,0000	0,0000	0,0000	1,0000	0,0000	0,0000	1,0000	142,0000	

Tabela 1

Variáveis básicas	F	N_1^+	N_2^+	N_3^+	N_1^-	N_2^-	N_3^-	ΔN_1	ΔN_2	ΔN_3	Memb Direita	Relação teste
	0,0000	0,0000	0,4480	0,0000	–0,8654	–0,4480	0,0000	–0,4327	0,0000	0,0000	–61,4418	
F	1,0000	0,0000	–0,4480	0,0000	0,8654	0,4480	0,0000	0,4327	0,0000	0,0000	61,4418	
N_1^+	0,0000	1,0000	0,0000	0,0000	1,0000	0,0000	0,0000	1,0000	0,0000	0,0000	142,0000	
N_3^+	0,0000	0,0000	–0,0600	1,0000	0,6335	0,0600	–1,0000	0,3168	0,0000	0,0000	44,9794	
ΔN_2	0,0000	0,0000	1,0000	0,0000	0,0000	1,0000	0,0000	0,0000	1,0000	0,0000	71,0000	71,0
ΔN_3	0,0000	0,0000	0,0600	0,0000	–0,6335	–0,0600	2,0000	–0,3168	0,0000	1,0000	97,0206	1616,0
Solução é ótima?	Não	Porque o coeficiente da variável não básica N_2^+ é positivo										
Quem entra?	N_2^+	Porque é o maior coeficiente positivo entre as variáveis não básicas										
Quem sai?	ΔN_2	O de menor relação teste										

Tabela 2

Variáveis básicas	F	N_1^+	N_2^+	N_3^+	N_1^-	N_2^-	N_3^-	ΔN_1	ΔN_2	ΔN_3	Memb Direita	
	0,0000	0,0000	0,0000	0,0000	–0,8654	–0,8960	0,0000	–0,4327	–0,4480	0,0000	–93,2505	
F	1,0000	0,0000	0,0000	0,0000	0,8654	0,8960	0,0000	0,4327	0,4480	0,0000	93,2505	
N_1^+	0,0000	1,0000	0,0000	0,0000	1,0000	0,0000	0,0000	1,0000	0,0000	0,0000	142,0000	
N_2^+	0,0000	0,0000	1,0000	0,0000	0,0000	1,0000	0,0000	0,0000	1,0000	0,0000	71,0000	
N_3^+	0,0000	0,0000	0,0000	1,0000	0,6335	0,1201	–1,0000	0,3168	0,0600	0,0000	49,2419	
ΔN_3	0,0000	0,0000	0,0000	0,0000	–0,6335	–0,1201	2,0000	–0,3168	–0,0600	1,0000	92,7581	
Solução é ótima?	Sim	Porque todos os coeficientes das variáveis não básicas são não positivos										

Resolução pelo Solver do Excel

A aplicação do Solver do Excel leva aos resultados apresentados na Tabela 8.2 e já conhecidos pela aplicação do método simplex, visto que a solução ótima é única.

Tabela 8.2 – Resultados pelo Solver do Excel

	Variáveis						
	N_1	N_2	N_3	F			
Coef. Função Objetivo	0	0	0	1			
Valor das variáveis	142,000	71,000	49,242	93,250			
Função objetivo	93,250						
Restrições	N_1	N_2	N_3	F	Esquerda	Operador	Direita
1	0,707	0,5	–0,866	–1	0,000	=	0
2	0,707	0,866	0,5	–2	0,000	=	0
3	1	0	0	0	142,000	<=	142
4	0	1	0	0	71,000	<=	71
5	0	0	1	0	49,242	<=	142
6	1	0	0	0	142,000	>=	–142
7	0	1	0	0	71,000	>=	–71
8	0	0	1	0	49,242	>=	–142

Resolução pelo Lingo

Esses resultados também podem ser igualmente obtidos utilizando-se sistema próprio para programação matemática. Adota-se o Lingo (2020), que é um sistema computacional da *Lindo Systems Inc*. fácil de ser utilizado para a resolução de problemas de programação linear, programação inteira e programação não linear. No caso da classe de problemas objeto de estudo, ele será empregado apenas para a resolução de problemas de programação linear com variáveis assumindo valores no campo dos números reais. Claramente, esse sistema está superdimensionado para os problemas simples que se apresentam no texto. Justifica-se sua utilização para introduzir o leitor em um sistema computacional que oferece uma gama extensa de recursos e possibilidades de aplicações. A utilização do Lingo é praticamente autoexplicativa, conforme se pode observar nas Figuras 8.5 e 8.6.

A Figura 8.5 apresenta os comandos e os dados de entrada para a análise limite da treliça plana pelo Lingo. Note-se que linhas que se iniciam com "!" e terminam com ";" são comentários. As demais linhas definem as operações realizadas pelo Lingo sempre encerradas por ";" e são, praticamente, autoexplicativas. As variáveis em que os domínios não estejam definidos são assumidas reais e não negativas; por esse motivo, não se declarou F e foram declaradas as variáveis N_1, N_2 e N_3 com valores assumidos no campo dos números reais pelo comando "@FREE (N)".

Figura 8.5
Comandos e dados de entrada para o Lingo.

```
Lingo Model - PPL Maximo Treliça 30 45 150

!   Treliça hiperestática;

MAX = F;

! Equações de equilíbrio;

0.707*N1 + 0.5*N2 - 0.866*N3 = F;
0.707*N1 +0.866*N2 + 0.5*N3 =2*F;

! Condições de plastificação;

N1 <= 142;  N1 >= -142;
N2 <= 71;   N2 >= -71;
N3 <= 142;  N3 >= -142;

! Domínio das variáveis;

@FREE(N1);   @FREE(N2);   @FREE(N3);

END
```

A Figura 8.6 apresenta parte dos resultados obtidos pelo Lingo. Na coluna "Value" estão indicados os valores das variáveis F e N_j na condição de colapso. Na coluna "Slack or Surplus" e "Dual Price" estão indicados resultados associados a cada linha executável do programa, e nas linhas 4, 6 e 8 reconhecem-se os valores das reservas elásticas ΔN_j e das deformações virtuais $\delta\Delta\ell_j$.

Figura 8.6
Resultados pelo Lingo.

```
Solution Report - PPL Maximo Treliça 30 45 150
Global optimal solution found.
Objective value:                              93.25048
Infeasibilities:                              0.000000
Total solver iterations:                             2
Elapsed runtime seconds:                          0.08

Model Class:                                        LP

Total variables:                    4

                         Variable           Value
                                F        93.25048
                               N1        142.0000
                               N2        71.00000
                               N3        49.24194

                              Row    Slack or Surplus      Dual Price
                                1        93.25048           1.000000
                                2        0.000000         -0.2240143
                                3        0.000000         -0.3879928
                            •   4        0.000000          0.4326891
                                5        284.0000           0.000000
                            •   6        0.000000          0.4480090
                                7        142.0000           0.000000
                            •   8        92.75806           0.000000
                                9        191.2419           0.000000
```

EXEMPLO 8.2 Pórtico biengastado

Considere-se o pórtico plano da Figura 8.7, apresentado no Exemplo 5.4, solicitado por carregamento proporcional monotonicamente crescente. Calcula-se o coeficiente γ_{II} de colapso plástico e obtém-se a distribuição de momentos fletores na iminência do colapso com procedimentos de programação linear pela aplicação do teorema estático.

Figura 8.7
Pórtico plano.

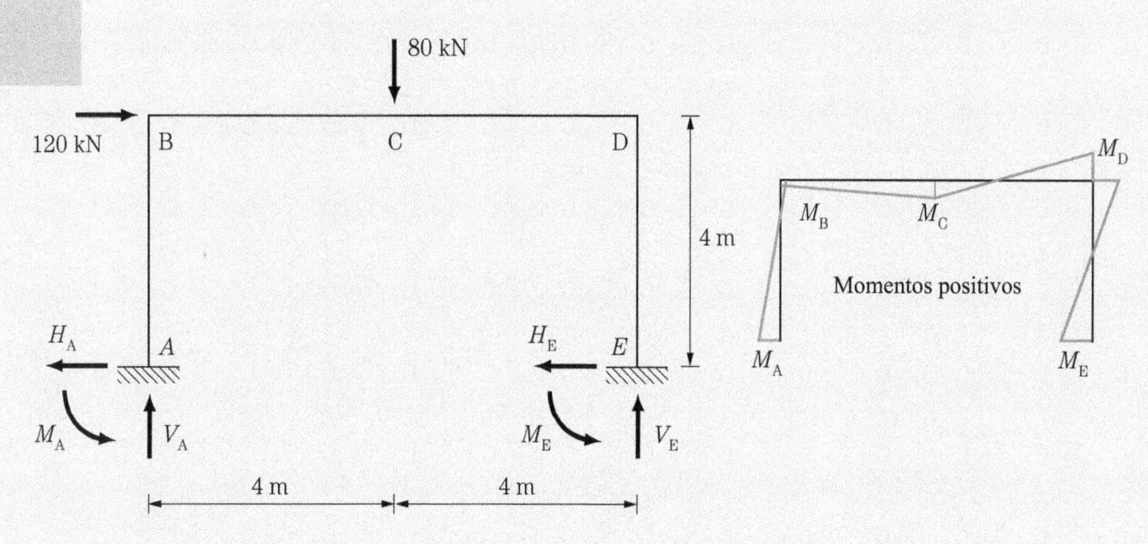

Solução

Formulação do problema de programação linear na forma geral

Este pórtico plano é uma estrutura com grau de hiperestaticidade igual a 3 e com cinco seções passíveis de plastificação e, portanto, são duas as equações de equilíbrio independentes obtidas no Exemplo 5.4, a seguir reproduzidas:

$$\begin{cases} -M_B + 2M_C + M_D = 320\gamma \\ M_A + M_B + M_D + M_E = 480\gamma \end{cases} \tag{8.12}$$

As variáveis de decisão são: γ, M_A, M_B, M_C, M_D e M_E, e a formulação do problema de programação linear pode ser diretamente apresentada em sua forma geral:

Maximizar $\quad f = \gamma > 0$

que satisfaça:

às equações de equilíbrio $\quad \begin{cases} -M_B + 2M_C + M_D = 320\gamma \\ M_A + M_B + M_D + M_E = 480\gamma \end{cases}$

e

às condições de plastificação $\begin{cases} -360 \le M_A \le 360 \\ -360 \le M_B \le 360 \\ -360 \le M_C \le 360 \\ -360 \le M_D \le 360 \\ -360 \le M_E \le 360 \end{cases}$

Resolução pelo método simplex

Utilizando as Expressões (8.2) a (8.4) pode-se colocar o problema de programação linear na forma (8.6), ou seja:

Maximizar $f = \gamma$

que satisfaça:

às equações de equilíbrio

$$\begin{cases} -320\gamma - M_B^+ + 2M_C^+ + M_D^+ + M_B^- - 2M_C^- - M_D^- = 0 \\ -480\gamma + M_A^+ + M_B^+ + M_D^+ + M_E^+ - M_A^- - M_B^- - M_D^- - M_E^- = 0 \end{cases}$$

e

às condições de plastificação $\begin{cases} M_A^+ + M_A^- + \Delta M_A = 360 \\ M_B^+ + M_B^- + \Delta M_B = 360 \\ M_C^+ + M_C^- + \Delta M_C = 360 \\ M_D^+ + M_D^- + \Delta M_D = 360 \\ M_E^+ + M_E^- + \Delta M_E = 360 \end{cases}$

com

$$\gamma \ge 0, \quad M_k^+ \ge 0, \quad M_k^- \ge 0, \quad \Delta M_k \ge 0 \qquad k = \text{A, B, C, D, E}$$

que é representada na tabela 0 da Tabela 8.3. Note-se que o número total de variáveis é igual a $3s + 1 = 16$, sendo sete o número de variáveis básicas e nove o de variáveis não básicas.

Trata-se agora, de obter uma solução básica admissível inicial pela análise da isostática fundamental da Figura 8.8, arbitrariamente escolhida, solicitada pelo carregamento com $\gamma = 1$, que conduz a:

$$M_A = 800 \text{ kNm} \quad M_B = -320 \text{ kNm} \quad M_D = M_E = M_F = 0$$

Figura 8.8
Isostática fundamental e momentos fletores.

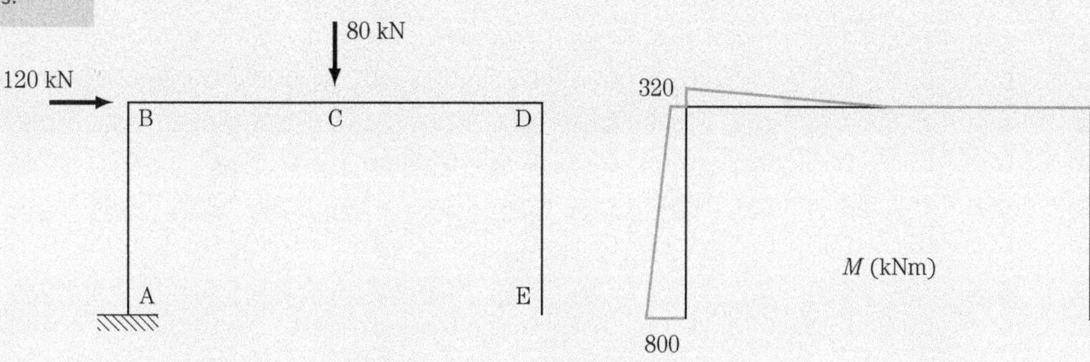

o que permite definir como variáveis básicas:

$$\gamma,\ M_A^+,\ M_B^-,\ \Delta M_B,\ \Delta M_C,\ \Delta M_D \text{ e } \Delta M_E, \tag{8.13}$$

e, consequentemente, como variáveis não básicas:

$$M_B^+,\ M_C^+,\ M_D^+,\ M_E^+,\ M_A^-,\ M_C^-,\ M_D^-,\ M_E^- \text{ e } \Delta M_A\,.$$

Impondo a condição $M_{max} = 800\gamma = 360$, resulta a solução estaticamente admissível 1:

$$\gamma_{e1} = 0{,}45 \quad M_A = 360\ \text{kNm} \quad M_B = -\ 144\ \text{kNm} \quad M_C = M_D = M_E = 0$$

que permite obter a solução básica admissível inicial:

$$\gamma_{e1} = 0{,}45 \quad \begin{array}{lll} M_A^+ = 360 & M_A^- = 0 & \Delta M_A = 0 \\ M_B^+ = 0 & M_B^- = 144 & \Delta M_B = 216 \\ M_C^+ = 0 & M_C^- = 0 & \Delta M_C = 360 \\ M_D^+ = 0 & M_D^- = 0 & \Delta M_D = 360 \\ M_E^+ = 0 & M_E^- = 0 & \Delta M_E = 360 \end{array} \tag{8.14}$$

que é o resultado apresentado pela tabela 1 da Tabela 8.3, obtido pela transformação (8.7), que leva o problema de sua forma geral, com as variáveis básicas identificadas em (8.13), para a sua forma canônica. Da tabela 1, ainda podem ser obtidas as deformações virtuais associadas a essa solução:

$$\left|\delta\theta_A\right| = 1{,}2500 \times 10^{-3}$$

$$\left|\delta\theta_B\right| = \left|\delta\theta_C\right| = \left|\delta\theta_D\right| = \left|\delta\theta_E\right| = 0$$

e verificar:

$$\gamma_{e1} = \sum_{k=A,B,C,D,E} M_{pk} \left| \delta\theta_k \right| = 0{,}45 \,.$$

A solução (8.14) não é ótima, pois o critério de otimalidade não é verificado, visto que o coeficiente das variáveis não básicas M_C^+ e M_D^+ são positivos, com mesmo valor. Assim, deve ser feita uma mudança de base: a variável M_C^+ entra na base e sai a variável M_B^- de menor valor positivo na relação teste. Com a nova base definida,

$$\gamma,\, M_A^+,\, M_C^+,\, \Delta M_B,\, \Delta M_C,\, \Delta M_D, \text{ e } \Delta M_E,$$

pode-se obter, pela transformação (8.7), a forma canônica da tabela 2 da Tabela 8.3, que leva à segunda solução básica admissível:

$$\begin{array}{llll} & M_A^+ = 360 & M_A^- = 0 & \Delta M_A = 0 \\ & M_B^+ = 0 & M_B^- = 0 & \Delta M_B = 360 \\ \gamma_{e2} = 0{,}75 & M_C^+ = 120 & M_C^- = 0 & \Delta M_C = 240 \\ & M_D^+ = 0 & M_D^- = 0 & \Delta M_D = 360 \\ & M_E^+ = 0 & M_E^- = 0 & \Delta M_E = 360 \end{array} \tag{8.15}$$

ou seja, à solução estaticamente admissível 2:

$$\gamma_{e2} = 0{,}75 \quad M_A = 360 \text{ kNm} \quad M_B = 0 \quad M_C = 120 \text{ kNm} \quad M_D = M_E = 0$$

Da tabela 2, ainda podem ser obtidas as deformações virtuais associadas a essa solução:

$$\left| \delta\theta_A \right| = 2{,}0833 \times 10^{-3}$$

$$\left| \delta\theta_B \right| = \left| \delta\theta_C \right| = \left| \delta\theta_D \right| = \left| \delta\theta_E \right| = 0$$

e verificar:

$$\gamma_{e2} = \sum_{k=A,B,C,D,E} M_{pk} \left| \delta\theta_k \right| = 0{,}75 \,.$$

A solução (8.15) não é ótima, pois o critério de otimalidade não é verificado, visto que o coeficiente das variáveis não básicas M_D^+ e M_E^+ são positivos, com mesmo valor. Assim, deve ser feita uma mudança de base: a variável M_E^+ entra na base (a escolha da variável M_D^+ conduziria a uma matriz **B** não inversível) e sai a variável ΔM_E, de menor valor positivo na relação teste. Com a nova base definida,

$$\gamma,\, M_A^+,\, M_C^+,\, M_E^+,\, \Delta M_B,\, \Delta M_C \text{ e } \Delta M_D,$$

pode-se obter, pela transformação (8.7), a forma canônica da tabela 3 da Tabela 8.3, que leva à terceira solução básica admissível:

$$\gamma_{e3} = 1{,}50 \quad \begin{array}{lll} M_A^+ = 360 & M_A^- = 0 & \Delta M_A = 0 \\ M_B^+ = 0 & M_B^- = 0 & \Delta M_B = 360 \\ M_C^+ = 240 & M_C^- = 0 & \Delta M_C = 120 \\ M_D^+ = 0 & M_D^- = 0 & \Delta M_D = 360 \\ M_E^+ = 360 & M_E^- = 0 & \Delta M_E = 0 \end{array} \tag{8.16}$$

ou seja, à solução estaticamente admissível 3:

$$\gamma_{e3} = 1{,}50 \quad M_A = 360\,\text{kNm} \quad M_B = 0 \quad M_C = 240\,\text{kNm} \quad M_D = 0 \quad M_E = 360\,\text{kNm}$$

Da tabela 3, ainda podem ser obtidas as deformações virtuais associadas a essa solução:

$$\left|\delta\theta_A\right| = \left|\delta\theta_E\right| = 2{,}0833 \times 10^{-3}$$

$$\left|\delta\theta_B\right| = \left|\delta\theta_C\right| = \left|\delta\theta_D\right| = 0$$

e verificar:

$$\gamma_{e3} = \sum_{k=A,B,C,D,E} M_{pk}\left|\delta\theta_k\right| = 1{,}50\,.$$

A solução (8.16) não é ótima, pois o critério de otimalidade não é verificado, visto que o coeficiente da variável não básica M_B^+ é positivo. Assim, deve ser feita uma mudança de base: a variável M_B^+ entra na base e sai a variável ΔM_C, de menor valor positivo na relação teste. Com a nova base definida,

$$\gamma,\ M_A^+,\ M_B^+,\ M_C^+,\ M_E^+,\ \Delta M_B \text{ e } \Delta M_D,$$

pode-se obter, pela transformação (8.7), a nova forma canônica da tabela 4 da Tabela 8.3, que leva à quarta solução básica admissível:

$$\gamma_{e4} = 1{,}80 \quad \begin{array}{lll} M_A^+ = 360 & M_A^- = 0 & \Delta M_A = 0 \\ M_B^+ = 144 & M_B^- = 0 & \Delta M_B = 216 \\ M_C^+ = 360 & M_C^- = 0 & \Delta M_C = 0 \\ M_D^+ = 0 & M_D^- = 0 & \Delta M_D = 360 \\ M_E^+ = 360 & M_E^- = 0 & \Delta M_E = 0 \end{array} \tag{8.17}$$

ou seja, à solução estaticamente admissível 4:

$$\gamma_{e4} = 1{,}80 \quad M_A = 360\,\text{kNm} \quad M_B = 144\,\text{kNm} \quad M_C = 360\,\text{kNm} \quad M_D = 0 \quad M_E = 360\,\text{kNm}$$

Da tabela 4, ainda podem ser obtidas as deformações virtuais associadas a essa solução:

$$\left|\delta\theta_A\right| = \left|\delta\theta_E\right| = 1{,}2500 \times 10^{-3}$$
$$\left|\delta\theta_B\right| = \left|\delta\theta_D\right| = 0$$
$$\left|\delta\theta_C\right| = 2{,}5000 \times 10^{-3}$$

e verificar:

$$\gamma_{e4} = \sum_{k=A,B,C,D,E} M_{pk}\left|\delta\theta_k\right| = 1{,}80\,.$$

A solução (8.17) não é ótima, pois o critério de otimalidade não é verificado, visto que o coeficiente da variável não básica M_D^+ é positivo. Assim, deve ser feita uma mudança de base: a variável M_D^+ entra na base e sai a variável ΔM_D, de menor valor positivo na relação teste. Com a nova base definida,

$$\gamma,\ M_A^+,\ M_B^+,\ M_C^+,\ M_D^+ \text{ e } \Delta M_B,$$

pode-se obter, pela transformação (8.7), a forma canônica da tabela 5 da Tabela 8.3, que leva à quinta solução básica admissível:

$$\begin{array}{llll} & M_A^+ = 360 & M_A^- = 0 & \Delta M_A = 0 \\ & M_B^+ = 216 & M_B^- = 0 & \Delta M_B = 144 \\ \gamma_{e5} = 2{,}70 & M_C^+ = 360 & M_C^- = 0 & \Delta M_C = 0 \\ & M_D^+ = 360 & M_D^- = 0 & \Delta M_D = 0 \\ & M_E^+ = 360 & M_E^- = 0 & \Delta M_E = 0 \end{array} \qquad (8.18)$$

ou seja, à solução estaticamente admissível 5:

$$\gamma_{e5} = 2{,}70 \quad M_A = 360 \text{ kNm} \quad M_B = 216 \text{ kNm} \quad M_C = 360 \text{ kNm}$$
$$M_D = 360 \text{ kNm} \quad M_E = 360 \text{ kNm}$$

Da tabela 5 ainda podem ser obtidas as deformações virtuais associadas a essa solução:

$$\left|\delta\theta_A\right| = \left|\delta\theta_E\right| = 1{,}2500 \times 10^{-3}$$
$$\left|\delta\theta_B\right| = 0$$
$$\left|\delta\theta_C\right| = \left|\delta\theta_D\right| = 2{,}5000 \times 10^{-3}$$

e verificar:

$$\gamma_{e5} = \sum_{k=A,B,C,D,E} M_{pk}\left|\delta\theta_k\right| = 2{,}70\,.$$

Essa é a solução ótima, pois todos os coeficientes das variáveis não básicas são não positivos. Assim, após cinco iterações, o método simplex permitiu a obtenção da solução ótima com $\gamma_{max} = \gamma_{e5} = 2{,}70$, que é a solução de colapso, ou seja, $\gamma_{II} = 2{,}70$.

A Figura 8.9 apresenta a evolução dos diagramas de momentos fletores e das posições onde se formam rótulas plásticas nas várias soluções básicas admissíveis, todas estaticamente admissíveis. Em particular, a solução ótima revela o mecanismo de colapso com os valores das deformações virtuais calculados com a condição de normalização $\sum_{\ell} \bar{P}_{\ell} \delta U_{\ell} = 1$.

Figura 8.9
Momentos fletores (em kNm) e posições das rótulas plásticas para as soluções estaticamente admissíveis.

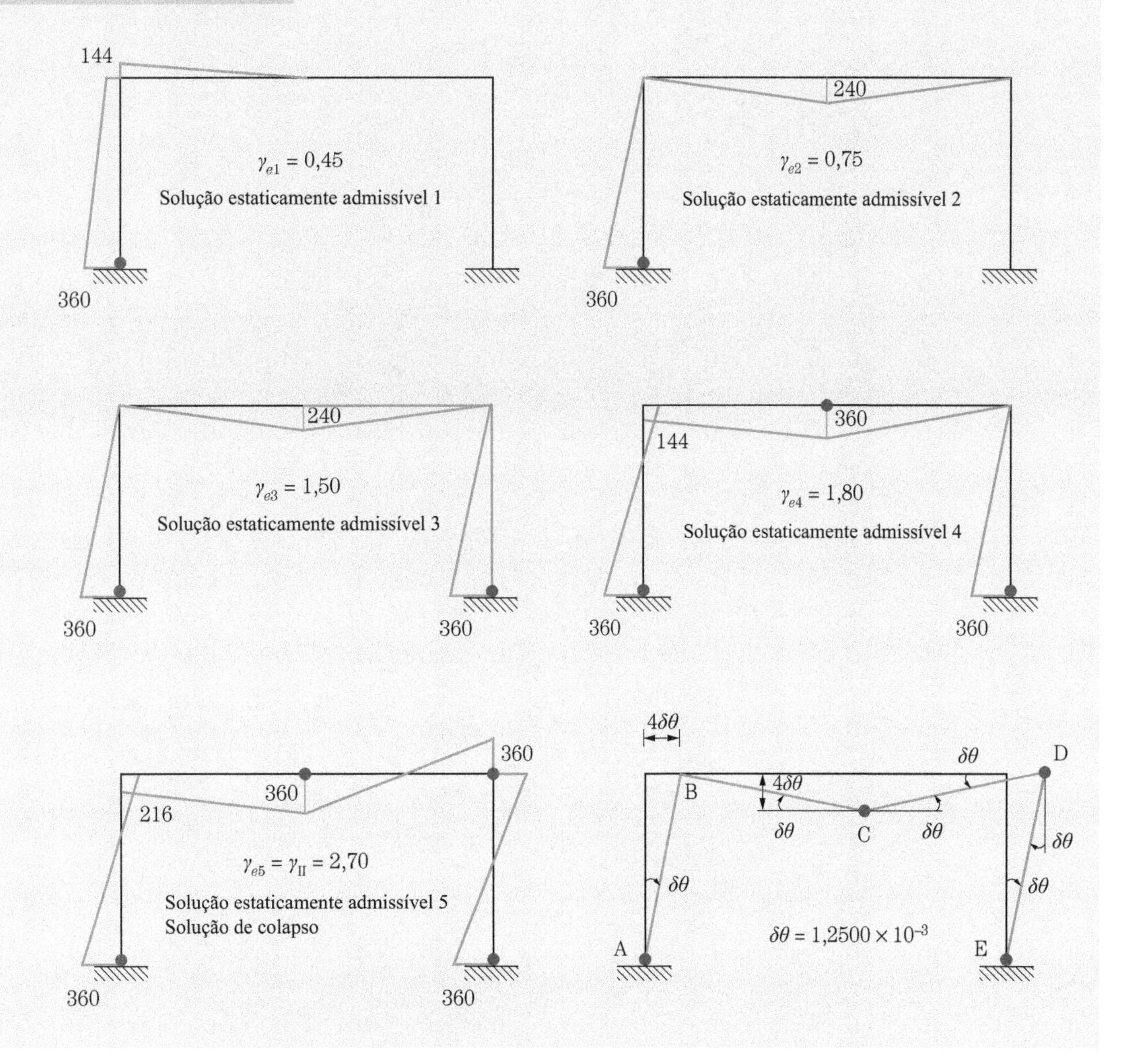

Tabela 8.3 – Tabelas simplex para o pórtico plano

Tabela 0

Variáveis básicas	γ	M_A^+	M_B^+	M_C^+	M_D^+	M_E^+	M_A^-	M_B^-	M_C^-	M_D^-	M_E^-	ΔM_A	ΔM_B	ΔM_C	ΔM_D	ΔM_E	Memb direita	
	1,0000	0,0000	0,0000	0,0000	0,0000	0,0000	0,0000	0,0000	0,0000	0,0000	0,0000	0,0000	0,0000	0,0000	0,0000	0,0000	0,0000	
γ	–320,0000	0,0000	–1,0000	2,0000	1,0000	0,0000	0,0000	1,0000	–2,0000	–1,0000	0,0000	0,000	0,000	0,000	0,000	0,000	0,0000	
M_A^+	–480,0000	1,0000	1,0000	0,0000	1,0000	1,0000	–1,0000	–1,0000	0,0000	–1,0000	–1,0000	0,000	0,000	0,000	0,000	0,000	0,000	
M_B^-	0,0000	1,0000	0,0000	0,0000	0,0000	0,0000	1,0000	0,0000	0,0000	0,0000	0,0000	1,0000	0,0000	0,0000	0,0000	0,0000	360,000	
ΔM_B	0,0000	0,0000	1,0000	0,0000	0,0000	0,0000	0,0000	1,0000	0,0000	0,0000	0,0000	0,0000	1,0000	0,0000	0,0000	0,0000	360,000	
ΔM_C	0,0000	0,0000	0,0000	1,0000	0,0000	0,0000	0,0000	0,0000	1,0000	0,0000	0,0000	0,0000	0,0000	1,0000	0,0000	0,0000	360,000	
ΔM_D	0,0000	0,0000	0,0000	0,0000	1,0000	0,0000	0,0000	0,0000	0,0000	1,0000	0,0000	0,0000	0,0000	0,0000	1,0000	0,0000	360,000	
ΔM_E	0,0000	0,0000	0,0000	0,0000	0,0000	1,0000	0,0000	0,0000	0,0000	0,0000	1,0000	0,0000	0,0000	0,0000	0,0000	1,0000	360,000	

Tabela 1

Variáveis básicas	γ	M_A^+	M_B^+	M_C^+	M_D^+	M_E^+	M_A^-	M_B^-	M_C^-	M_D^-	M_E^-	ΔM_A	ΔM_B	ΔM_C	ΔM_D	ΔM_E	Memb direita	Relação teste
	0,0000	0,0000	0,0000	0,0025	0,0025	0,0013	–0,0025	0,0000	–0,0025	–0,0025	–0,0013	–1,2500E-03	0,0000E+00	0,0000E+00	0,0000E+00	0,0000E+00	–0,4500	
γ	1,0000	0,0000	0,0000	–0,0025	–0,0025	–0,0013	0,0025	0,0000	0,0025	0,0025	0,0013	0,0013	0,0000	0,0000	0,0000	0,0000	0,4500	
M_A^+	0,0000	1,0000	0,0000	0,0000	0,0000	0,0000	1,0000	0,0000	0,0000	0,0000	0,0000	1,0000	0,0000	0,0000	0,0000	0,0000	360,0000	
M_B^-	0,0000	0,0000	–1,0000	1,2000	0,2000	–0,4000	0,8000	1,0000	–1,2000	–0,2000	0,4000	0,4000	0,0000	0,0000	0,0000	0,0000	144,0000	120
ΔM_B	0,0000	0,0000	2,0000	–1,2000	–0,2000	0,4000	–0,8000	0,0000	1,2000	0,2000	–0,4000	–0,4000	1,0000	0,0000	0,0000	0,0000	216,0000	
ΔM_C	0,0000	0,0000	0,0000	1,0000	0,0000	0,0000	0,0000	0,0000	1,0000	0,0000	0,0000	0,0000	0,0000	1,0000	0,0000	0,0000	360,0000	360
ΔM_D	0,0000	0,0000	0,0000	0,0000	1,0000	0,0000	0,0000	0,0000	0,0000	1,0000	0,0000	0,0000	0,0000	0,0000	1,0000	0,0000	360,0000	
ΔM_E	0,0000	0,0000	0,0000	0,0000	0,0000	1,0000	0,0000	0,0000	0,0000	0,0000	1,0000	0,0000	0,0000	0,0000	0,0000	1,0000	360,0000	

Solução é ótima?	Não	Porque há coeficientes das variáveis não básicas positivos
Quem entra?	M_C^+	Os coeficientes das variáveis não básicas M_C^+ e M_D^+ são os maiores; elege-se M_C^+ arbitrariamente
Quem sai?	M_B^-	O de menor relação teste positiva

Tabela 2

Variáveis básicas	γ	M_A^+	M_B^+	M_C^+	M_D^+	M_E^+	M_A^-	M_B^-	M_C^-	M_D^-	M_E^-	ΔM_A	ΔM_B	ΔM_C	ΔM_D	ΔM_E	Memb direita	Relação teste
	0,0000	0,0000	0,0021	0,0000	0,0021	0,0021	–0,0042	–0,0021	0,0000	–0,0021	–0,0021	–2,0833E-03	0,0000E+00	0,0000E+00	0,0000E+00	0,0000E+00	–0,7500	
γ	1,0000	0,0000	–0,0021	0,0000	–0,0021	–0,0021	0,0042	0,0021	0,0000	0,0021	0,0021	0,0021	0,0000	0,0000	0,0000	0,0000	0,7500	
M_A^+	0,0000	1,0000	0,0000	0,0000	0,0000	0,0000	1,0000	0,0000	0,0000	0,0000	0,0000	1,0000	0,0000	0,0000	0,0000	0,0000	360,0000	
M_C^+	0,0000	0,0000	–0,8333	1,0000	0,1667	–0,3333	0,6667	0,8333	–1,0000	–0,1667	0,3333	0,3333	0,0000	0,0000	0,0000	0,0000	120,0000	
ΔM_B	0,0000	0,0000	1,0000	0,0000	0,0000	0,0000	0,0000	1,0000	0,0000	0,0000	0,0000	0,0000	1,0000	0,0000	0,0000	0,0000	360,0000	
ΔM_C	0,0000	0,0000	0,8333	0,0000	–0,1667	0,3333	–0,6667	–0,8333	2,0000	0,1667	–0,3333	–0,3333	0,0000	1,0000	0,0000	0,0000	240,0000	720
ΔM_D	0,0000	0,0000	0,0000	0,0000	1,0000	0,0000	0,0000	0,0000	0,0000	1,0000	0,0000	0,0000	0,0000	0,0000	1,0000	0,0000	360,0000	
ΔM_E	0,0000	0,0000	0,0000	0,0000	0,0000	1,0000	0,0000	0,0000	0,0000	0,0000	1,0000	0,0000	0,0000	0,0000	0,0000	1,0000	360,0000	360
Solução é ótima?	Não	Porque há coeficientes das variáveis não básicas positivos																
Quem entra?	M_E^+	Os coeficientes das variáveis não básicas M_D^+ e M_E^+ são os maiores; elege-se M_E^+ porque com M_D^+ a matriz $\mathbf{B}^{-1}$ fica singular																
Quem sai?	ΔM_E	O de menor relação teste positiva																

Tabela 3

Variáveis básicas	γ	M_A^+	M_B^+	M_C^+	M_D^+	M_E^+	M_A^-	M_B^-	M_C^-	M_D^-	M_E^-	ΔM_A	ΔM_B	ΔM_C	ΔM_D	ΔM_E	Memb direita	Relação teste
	0,0000	0,0000	0,0021	0,0000	0,0021	0,0000	–0,0042	–0,0021	0,0000	–0,0021	–0,0042	–2,0833E-03	0,0000E+00	0,0000E+00	0,0000E+00	–2,0833E-03	–1,5000	
γ	1,0000	0,0000	–0,0021	0,0000	–0,0021	0,0000	0,0042	0,0021	0,0000	0,0021	0,0042	0,0021	0,0000	0,0000	0,0000	0,0021	1,5000	
M_A^+	0,0000	1,0000	0,0000	0,0000	0,0000	0,0000	1,0000	0,0000	0,0000	0,0000	0,0000	1,0000	0,0000	0,0000	0,0000	0,0000	360,0000	
M_C^+	0,0000	0,0000	–0,8333	1,0000	0,1667	0,0000	0,6667	0,8333	–1,0000	–0,1667	0,6667	0,3333	0,0000	0,0000	0,0000	0,3333	240,0000	
M_E^+	0,0000	0,0000	0,0000	0,0000	0,0000	1,0000	0,0000	0,0000	0,0000	0,0000	1,0000	0,0000	0,0000	0,0000	0,0000	1,0000	360,0000	
ΔM_B	0,0000	0,0000	1,0000	0,0000	0,0000	0,0000	0,0000	1,0000	0,0000	0,0000	0,0000	0,0000	1,0000	0,0000	0,0000	0,0000	360,0000	360
ΔM_C	0,0000	0,0000	0,8333	0,0000	–0,1667	0,0000	–0,6667	–0,8333	2,0000	0,1667	–0,6667	–0,3333	0,0000	1,0000	0,0000	–0,3333	120,0000	144
ΔM_D	0,0000	0,0000	0,0000	0,0000	1,0000	0,0000	0,0000	0,0000	0,0000	1,0000	0,0000	0,0000	0,0000	0,0000	1,0000	0,0000	360,0000	
Solução é ótima?	Não	Porque há coeficientes das variáveis não básicas positivos																
Quem entra?	M_B^+	Os coeficientes das variáveis não básicas M_B^+ e MD^+ são os maiores; elege-se M_B^+ porque com M_D^+ a matriz $\mathbf{B}^{-1}$ fica singular																
Quem sai?	ΔM_C	O de menor relação teste positiva																

Tabela 4

Variáveis básicas	γ	M_A^+	M_B^+	M_C^+	M_D^+	M_E^+	M_A^-	M_B^-	M_C^-	M_D^-	M_E^-	ΔM_A	ΔM_B	ΔM_C	ΔM_D	ΔM_E	Memb direita	Relação teste
	0,0000	0,0000	0,0000	0,0000	0,0025	0,0000	–0,0025	0,0000	–0,0050	–0,0025	–0,0025	–1,2500E-03	0,0000E+00	–2,5000E-03	0,0000E+00	–1,2500E-03	–1,8000	
γ	1,0000	0,0000	0,0000	0,0000	–0,0025	0,0000	0,0025	0,0000	0,0050	0,0025	0,0025	0,0013	0,0000	0,0025	0,0000	0,0013	1,8000	
M_A^+	0,0000	1,0000	0,0000	0,0000	0,0000	0,0000	1,0000	0,0000	0,0000	0,0000	0,0000	1,0000	0,0000	0,0000	0,0000	0,0000	360,0000	
M_B^+	0,0000	0,0000	1,0000	0,0000	–0,2000	0,0000	–0,8000	–1,0000	2,4000	0,2000	–0,8000	–0,4000	0,0000	1,2000	0,0000	–0,4000	144,0000	
M_C^+	0,0000	0,0000	0,0000	1,0000	0,0000	0,0000	0,0000	0,0000	1,0000	0,0000	0,0000	0,0000	0,0000	1,0000	0,0000	0,0000	360,0000	
M_E^+	0,0000	0,0000	0,0000	0,0000	0,0000	1,0000	0,0000	0,0000	0,0000	0,0000	1,0000	0,0000	0,0000	0,0000	0,0000	1,0000	360,0000	
ΔM_B	0,0000	0,0000	0,0000	0,0000	0,2000	0,0000	0,8000	2,0000	–2,4000	–0,2000	0,8000	0,4000	1,0000	–1,2000	0,0000	0,4000	216,0000	1080
ΔM_D	0,0000	0,0000	0,0000	0,0000	1,0000	0,0000	0,0000	0,0000	0,0000	1,0000	0,0000	0,0000	0,0000	0,0000	1,0000	0,0000	360,0000	360
Solução é ótima?	Não	Porque o coeficiente da variável não básica M_D^+ é positivo																
Quem entra?	M_D^+	O coeficiente da variável não básica M_D^+ é o maior valor positivo																
Quem sai?	ΔM_D	O de menor relação teste positiva																

Tabela 5

Variáveis básicas	γ	M_A^+	M_B^+	M_C^+	M_D^+	M_E^+	M_A^-	M_B^-	M_C^-	M_D^-	M_E^-	ΔM_A	ΔM_B	ΔM_C	ΔM_D	ΔM_E	Memb direita
	0,0000	0,0000	0,0000	0,0000	0,0000	0,0000	–0,0025	0,0000	–0,0050	–0,0050	–0,0025	–1,2500E-03	0,0000E+00	-2,5000E-03	-2,5000E-03	-1,2500E-03	-2,7000
γ	1,0000	0,0000	0,0000	0,0000	0,0000	0,0000	0,0025	0,0000	0,0050	0,0050	0,0025	0,0013	0,0000	0,0025	0,0025	0,0013	2,7000
M_A^+	0,0000	1,0000	0,0000	0,0000	0,0000	0,0000	1,0000	0,0000	0,0000	0,0000	0,0000	1,0000	0,0000	0,0000	0,0000	0,0000	360,0000
M_B^+	0,0000	0,0000	1,0000	0,0000	0,0000	0,0000	–0,8000	–1,0000	2,4000	0,4000	–0,8000	-0,4000	0,0000	1,2000	0,2000	–0,4000	216,0000
M_C^+	0,0000	0,0000	0,0000	1,0000	0,0000	0,0000	0,0000	0,0000	1,0000	0,0000	0,0000	0,0000	0,0000	1,0000	0,0000	0,0000	360,0000
M_D^+	0,0000	0,0000	0,0000	0,0000	1,0000	0,0000	0,0000	0,0000	0,0000	1,0000	0,0000	0,0000	0,0000	0,0000	1,0000	0,0000	360,0000
M_E^+	0,0000	0,0000	0,0000	0,0000	0,0000	1,0000	0,0000	0,0000	0,0000	0,0000	1,0000	0,0000	0,0000	0,0000	0,0000	1,0000	360,0000
ΔM_B	0,0000	0,0000	0,0000	0,0000	0,0000	0,0000	0,8000	2,0000	–2,4000	–0,4000	0,8000	0,4000	1,0000	–1,2000	–0,2000	0,4000	144,0000
Solução é ótima?	Sim	Porque todos os coeficientes das variáveis não básicas são não positivos															

Resolução pelo Solver do Excel

A Tabela 8.4 apresenta os resultados obtidos com o Solver do Excel.

Tabela 8.4 – Resultados pelos Solver do Excel

	Variáveis								
	γ	M_A	M_B	M_C	M_D	M_E			
Coef. Função Objetivo	1	0	0	0	0	0			
Valor das variáveis	2,700	360,000	216,000	360,000	360,000	360,000			
Função objetivo	2,700								
Restrições	γ	M_A	M_B	M_C	M_D	M_E	Esquerda	Operador	Direita
1	–320	0	–1	2	1	0	0,000	=	0
2	–480	1	1	0	1	1	0,000	=	0
3	0	1	0	0	0	0	360,000	<=	360
4	0	0	1	0	0	0	216,000	<=	360
5	0	0	0	1	0	0	360,000	<=	360
6	0	0	0	0	1	0	360,000	<=	360
7	0	0	0	0	0	1	360,000	<=	360
8	0	1	0	0	0	0	360,000	>=	–360
9	0	0	1	0	0	0	216,000	>=	–360
10	0	0	0	1	0	0	360,000	>=	–360
11	0	0	0	0	1	0	360,000	>=	–360
12	0	0	0	0	0	1	360,000	>=	–360

Resolução pelo Lingo

A Figura 8.10 apresenta os comandos e os dados de entrada para a análise limite do pórtico biengastado pelo Lingo.

Figura 8.10
Comando e dados de entrada para o Lingo.

Lingo Model - Exemplo 12 2 Pórtico plano V1

```
!   Pórtico plano biengastado;

MAX = Gama;

! Equações de equilíbrio;

-MB + 2*MC + MD = 320*Gama;

MA + MB + MD + ME = 480*Gama;

! Condições de plastificação;

MA <= 360;  MA >= -360;
MB <= 360;  MB >= -360;
MC <= 360;  MC >= -360;
MD <= 360;  MD >= -360;
ME <= 360;  ME >= -360;

! Domínio das variáveis;

@FREE(MA);    @FREE(MB);    @FREE(MC);
@FREE(MD);    @FREE(ME);

END
```

A Figura 8.11 apresenta parte dos resultados obtidos pelo Lingo com os dados de entrada definidos na Figura 8.10. Na coluna "Value" estão indicados os valores das variáveis F e M_k na condição de colapso. Na coluna "Slack or Surplus" e "Dual Price" estão indicados os resultados associados a cada linha executável do programa, nas linhas 4, 6, 8, 10 e 12 os valores das reservas elásticas ΔM_k e das deformações virtuais $\delta\theta_k$.

Figura 8.11
Resultados pelo Lingo.

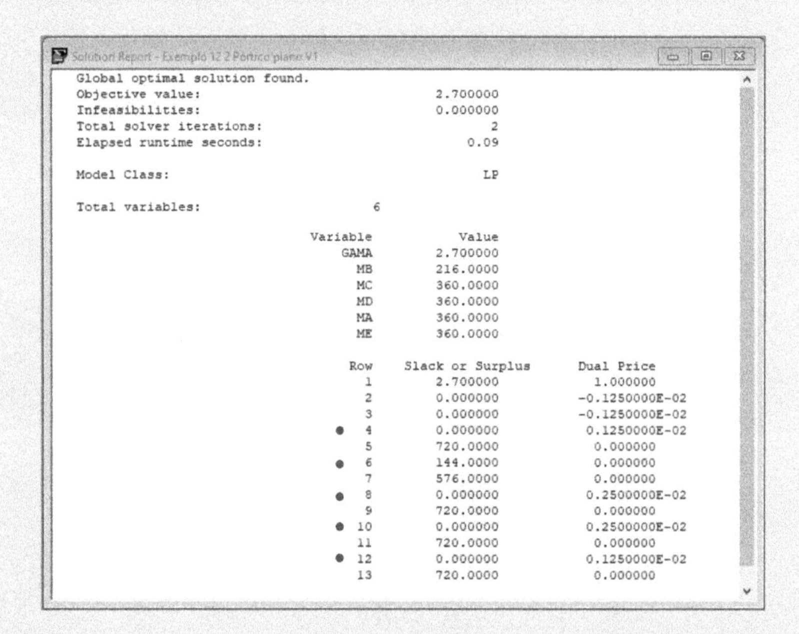

```
Global optimal solution found.
Objective value:                              2.700000
Infeasibilities:                              0.000000
Total solver iterations:                             2
Elapsed runtime seconds:                          0.09

Model Class:                                        LP

Total variables:                   6

                        Variable           Value
                            GAMA        2.700000
                              MB        216.0000
                              MC        360.0000
                              MD        360.0000
                              MA        360.0000
                              ME        360.0000

                             Row    Slack or Surplus      Dual Price
                               1        2.700000           1.000000
                               2        0.000000         -0.1250000E-02
                               3        0.000000         -0.1250000E-02
                         ●     4        0.000000          0.1250000E-02
                               5        720.0000           0.000000
                         ●     6        144.0000           0.000000
                               7        576.0000           0.000000
                         ●     8        0.000000          0.2500000E-02
                               9        720.0000           0.000000
                         ●    10        0.000000          0.2500000E-02
                              11        720.0000           0.000000
                         ●    12        0.000000          0.1250000E-02
                              13        720.0000           0.000000
```

Como alternativa, os dados de entrada poderiam ser apresentados na forma da Figura 8.12, que inclui recursos de programação e torna mais simples a introdução dos dados, principalmente quando sua quantidade aumenta. As três primeiras linhas, que se iniciam em "sets" e terminam em "endsets" introduzem o conjunto "Mfletor", que contém os elementos "$\{M_A \quad M_B \quad M_C \quad M_D \quad M_E\}$", identificados por "$M$". As linhas que se iniciam com "data" e terminam com "enddata" introduzem os dados do problema. Finalmente, as linhas introduzidas pelo operador "@FOR" permitem uma declaração compacta das condições de plastificação, ou seja, para o conjunto Mfletor, devem ser satisfeitas as condições $M_{p\,min} \leq M(j) \leq M_{p\,max}$.

Figura 8.12
Alternativa de entrada de dados para o Lingo.

Lingo Model - PPL Máximo Pórtico plano biengastado V2

```
! Pórtico plano biengastado;

sets:
Mfletor /MA MB MC MD ME/ : M;
endsets

data:
Mpmax=360;
Mpmin=-360;
enddata

MAX = Gama;

! Equações de equilíbrio;

-M(2) + 2*M(3) + M(4) = 320*Gama;

M(1) + M(2) + M(4) + M(5) = 480*Gama;

! Condições de plastificação;

@FOR ( Mfletor(j) | j#le#5 :
                    M(j)>=Mpmin ;
                    M(j)<=Mpmax; );

! Alternativa para declaração das condições de plastificação;
!@FOR ( Mfletor(j) : M(j)>=Mpmin ) ;
!@FOR ( Mfletor(j) : M(j)<=Mpmax );

! Domínio das variáveis;

@FOR ( Mfletor(j) : @FREE(M(j)) );

END
```

EXEMPLO 8.3 Pórtico duplo

Considere-se o pórtico plano duplo do Exemplo 7.3 reapresentado na Figura 8.13; sabe-se que M_p = 100 kNm. Apresenta-se a formulação do problema de máximo para a análise limite por programação linear pela aplicação do teorema estático e a sua resolução pelo Lingo.

Figura 8.13
Pórtico plano duplo.

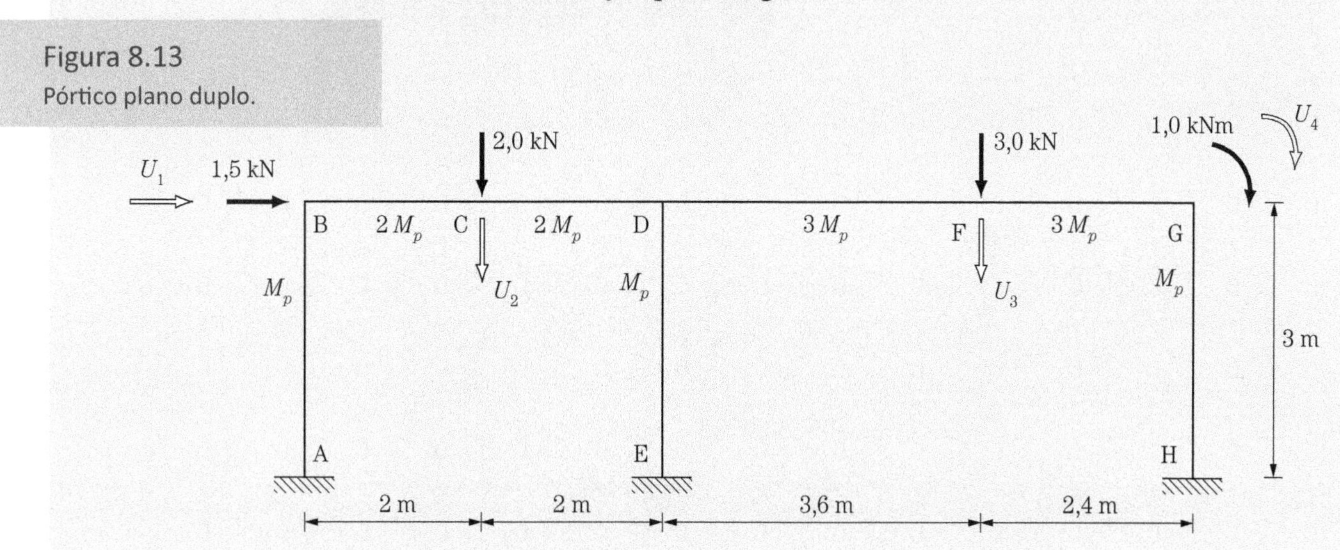

Solução

Formulação do problema de programação linear na forma geral

Este pórtico plano duplo é uma estrutura com grau de hiperestaticidade igual a seis e com doze seções passíveis de plastificação; portanto, são seis as equações de equilíbrio independentes. Por conveniência na resolução do problema, identificam-se numericamente as seções e os respectivos momentos com seus sentidos positivos na Figura 8.14.

Figura 8.14
Momentos fletores positivos no pórtico duplo.

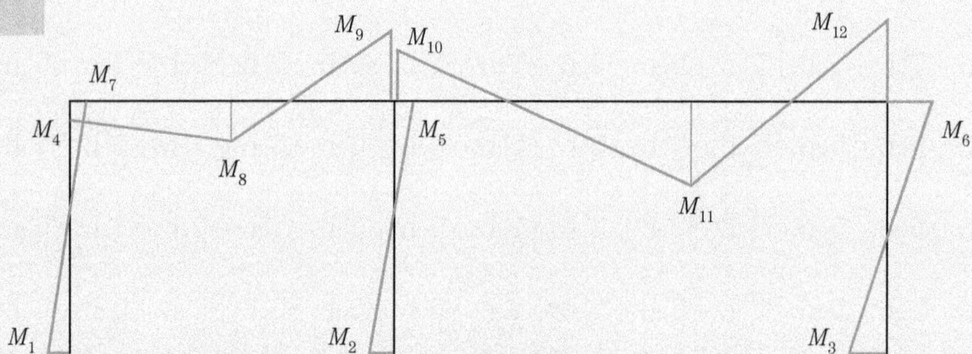

As seis equações de equilíbrio são apresentadas em (8.19), sendo que as cinco primeiras foram estabelecidas pelo teorema dos deslocamentos virtuais no Exemplo 7.3 e a última delas resulta do equilíbrio do nó B, assumida diretamente naquele exemplo.

$$\begin{aligned} -M_4 + 2M_8 + M_9 &= 4\gamma \\ M_{10} + 2{,}5M_{11} + 1{,}5M_6 &= 9{,}3\gamma \\ M_1 + M_4 + M_2 + M_5 + M_3 + M_6 &= 4{,}5\gamma \\ M_9 - M_5 - M_{10} &= 0 \\ M_{12} - M_6 &= \gamma \\ M_4 - M_7 &= 0 \end{aligned} \tag{8.19}$$

Uma forma alternativa de obter essas equações, muito simples quando as barras são ortogonais entre si, é a forma direta ao estabelecer os equilíbrios das barras horizontais que levam a:

$$
\begin{aligned}
-M_4 + 2M_8 + M_9 &= 4\gamma \\
M_{10} + 2{,}5M_{11} + 1{,}5M_{12} &= 10{,}8\gamma
\end{aligned}
\tag{8.20}
$$

e o equilíbrio de momentos dos nós, que leva a:

$$
\begin{aligned}
M_9 - M_5 - M_{10} &= 0 \\
M_{12} - M_6 &= \gamma \\
M_4 - M_7 &= 0
\end{aligned}
\tag{8.21}
$$

Note-se que a segunda equação de (8.19) e a segunda equação de (8.20) são equivalentes, visto que $M_{12} - M_6 = \gamma$. O equilíbrio de forças externas ativas e reativas na horizontal, estas últimas pela análise de equilíbrio das barras verticais, conduz a:

$$
M_1 + M_4 + M_2 + M_5 + M_3 + M_6 = 4{,}5\gamma. \tag{8.22}
$$

As variáveis de decisão são γ e M_1 a M_{12} e a formulação do problema de programação linear pode ser diretamente apresentada em sua forma geral:

Maximizar $f = \gamma > 0$

que satisfaça:

às equações de equilíbrio (8.19)

e

às condições de plastificação

$$
\begin{cases}
-100 \leq M_i \leq 100 & i=1,6 \\
-200 \leq M_j \leq 200 & j=7,9 \\
-300 \leq M_k \leq 300 & k=10,12
\end{cases}
\tag{8.23}
$$

Resolução pelo Lingo

A Figura 8.15 apresenta os dados de entrada para a análise limite, problema de máximo, do pórtico plano duplo pelo Lingo. Note-se que a utilização de índices numéricos para identificar os momentos nas várias seções, $M_i = M(i)$, facilita a programação do problema no Lingo.

Figura 8.15
Dados de entrada para o Lingo.

```
Lingo Model - PPL Máximo Pórtico plano duplo

!   Pórtico plano duplo;

sets:
Mfletor /1 .. 12/ : M;
endsets

data:
Mp1=100;
Mp2=200;
Mp3=300;
enddata

MAX = Gama;

! Equações de equilíbrio;

-M(4) + 2*M(8) + M(9) = 4*Gama;

M(10) + 2.5*M(11) + 1.5*M(6) = 9.3*Gama;

M(1) + M(4) + M(2) + M(5)+ M(3) + M(6) = 4.5*Gama;

M(9) - M(5) - M(10) = 0;

M(12) - M(6) = Gama;

M(4) - M(7) = 0;

! Condições de plastificação;

@FOR (Mfletor(j) |  j#le#6 :                    M(j)>=-Mp1 ;   M(j)<=Mp1;);
@FOR (Mfletor(j) |  j #ge#7  #and# j#le#9 :     M(j)>=-Mp2 ;   M(j)<=Mp2;);
@FOR (Mfletor(j) |  j #ge#10 #and# j#le#12 :    M(j)>=-Mp3 ;   M(j)<=Mp3;);

! Dominio das variáveis;

@FOR ( Mfletor(j) : @FREE(M(j)) );

END
```

A Figura 8.16 apresenta parte dos resultados obtidos com o Lingo com base nos dados de entrada definidos na Figura 8.15. Na coluna “Value” estão indicados os valores dos momentos de plastificação, $\gamma_{II} = \gamma_{max} = 115{,}942$ e os momentos M_k na condição de colapso. Na coluna “Slack or Surplus” e “Dual Price” estão indicados resultados associados a cada linha executável do programa, e nas linhas ímpares de 9 a 31 estão apresentados os valores das reservas elásticas ΔM_k e das deformações virtuais $\delta\theta_k$ na condição de colapso.

Figura 8.16
Resultados do Lingo.

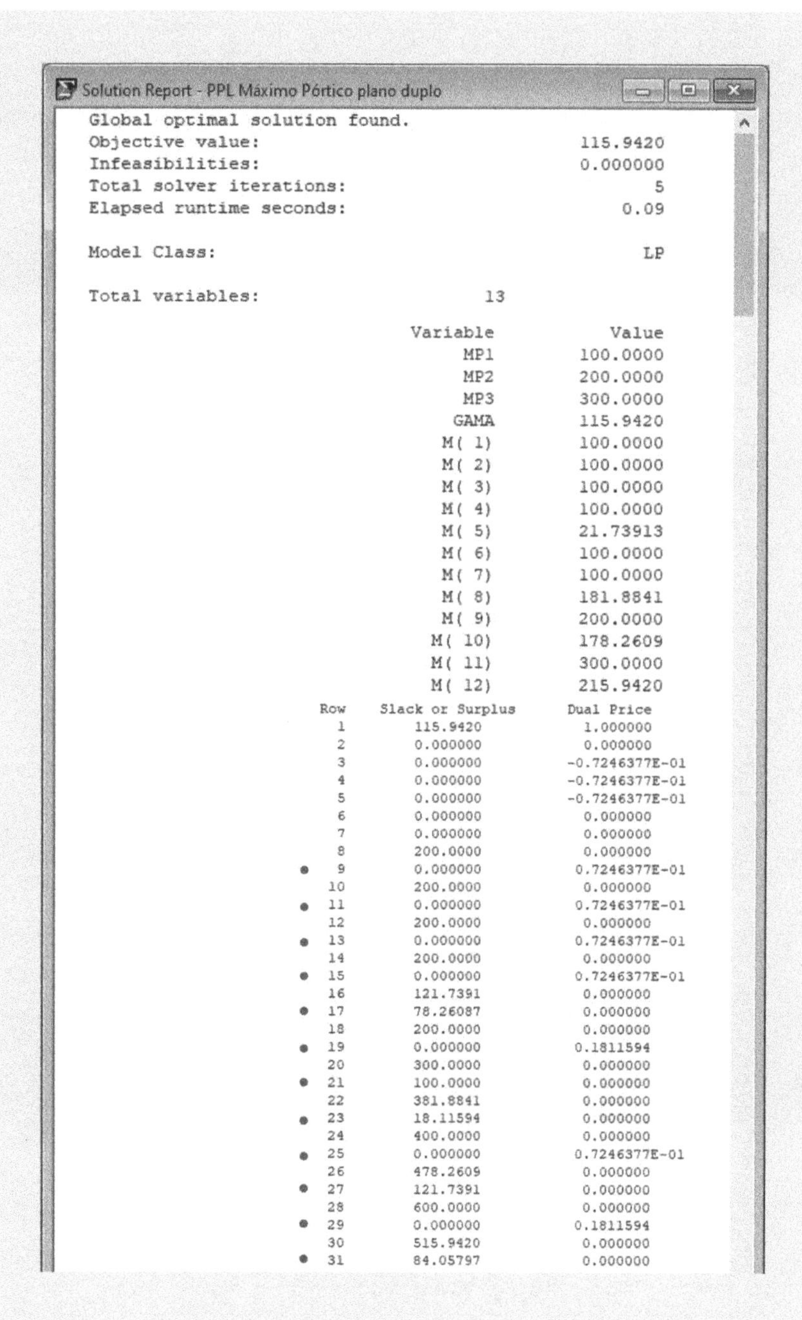

```
Solution Report - PPL Máximo Pórtico plano duplo
Global optimal solution found.
Objective value:                              115.9420
Infeasibilities:                              0.000000
Total solver iterations:                             5
Elapsed runtime seconds:                          0.09

Model Class:                                        LP

Total variables:                    13

                          Variable           Value
                               MP1        100.0000
                               MP2        200.0000
                               MP3        300.0000
                              GAMA        115.9420
                             M( 1)        100.0000
                             M( 2)        100.0000
                             M( 3)        100.0000
                             M( 4)        100.0000
                             M( 5)        21.73913
                             M( 6)        100.0000
                             M( 7)        100.0000
                             M( 8)        181.8841
                             M( 9)        200.0000
                            M( 10)        178.2609
                            M( 11)        300.0000
                            M( 12)        215.9420
     Row    Slack or Surplus      Dual Price
       1          115.9420          1.000000
       2          0.000000          0.000000
       3          0.000000     -0.7246377E-01
       4          0.000000     -0.7246377E-01
       5          0.000000     -0.7246377E-01
       6          0.000000          0.000000
       7          0.000000          0.000000
       8          200.0000          0.000000
  •    9          0.000000      0.7246377E-01
      10          200.0000          0.000000
  •   11          0.000000      0.7246377E-01
      12          200.0000          0.000000
  •   13          0.000000      0.7246377E-01
      14          200.0000          0.000000
  •   15          0.000000      0.7246377E-01
      16          121.7391          0.000000
  •   17          78.26087          0.000000
      18          200.0000          0.000000
  •   19          0.000000         0.1811594
      20          300.0000          0.000000
  •   21          100.0000          0.000000
      22          381.8841          0.000000
  •   23          18.11594          0.000000
      24          400.0000          0.000000
  •   25          0.000000      0.7246377E-01
      26          478.2609          0.000000
  •   27          121.7391          0.000000
      28          600.0000          0.000000
  •   29          0.000000         0.1811594
      30          515.9420          0.000000
  •   31          84.05797          0.000000
```

A Figura 8.17 apresenta o diagrama de momentos fletores e o mecanismo de colapso correspondente à maximização de γ que satisfaz às equações de equilíbrio (8.19) e às inequações das condições de plastificação (8.23), com as deformações virtuais que observam a condição de normalização

$$\sum_{\ell} \bar{P}_{\ell} \delta U_{\ell} = 1{,}5 \times 3\delta\theta + 3 \times 3{,}6\delta\theta - 1 \times \delta\theta = 1 .$$

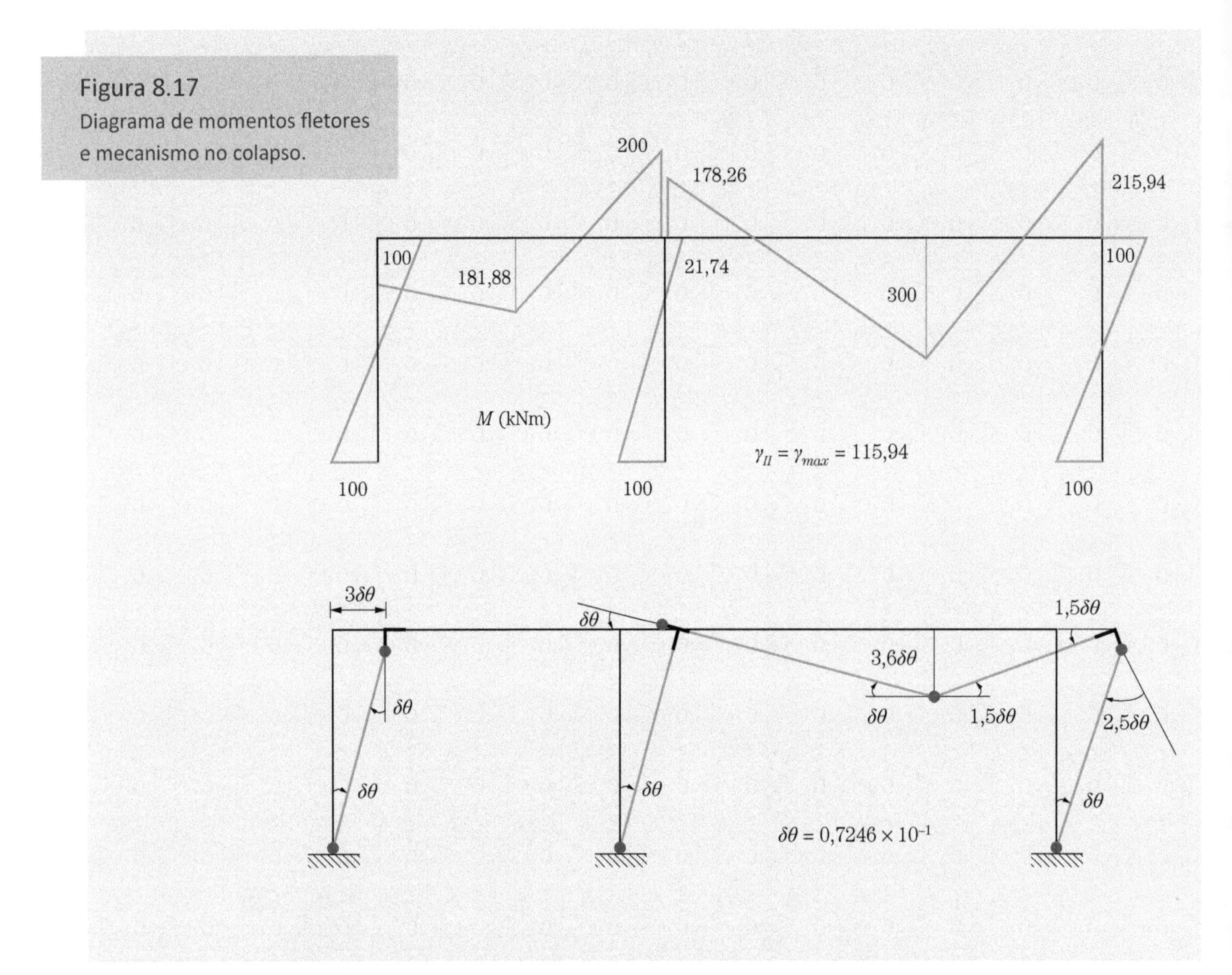

Figura 8.17
Diagrama de momentos fletores e mecanismo no colapso.

EXEMPLO 8.4 Pórtico atirantado

Considere-se o pórtico plano do Exemplo 7.9, reapresentado na Figura 8.18, com M_p = 360 kNm para as barras fletidas e N_p = 126,68 kN para o tirante. Trata-se da formulação do problema de máximo correspondente à análise limite por programação linear pela aplicação do teorema estático e de sua resolução pelo Lingo.

Figura 8.18
Pórtico plano atirantado.

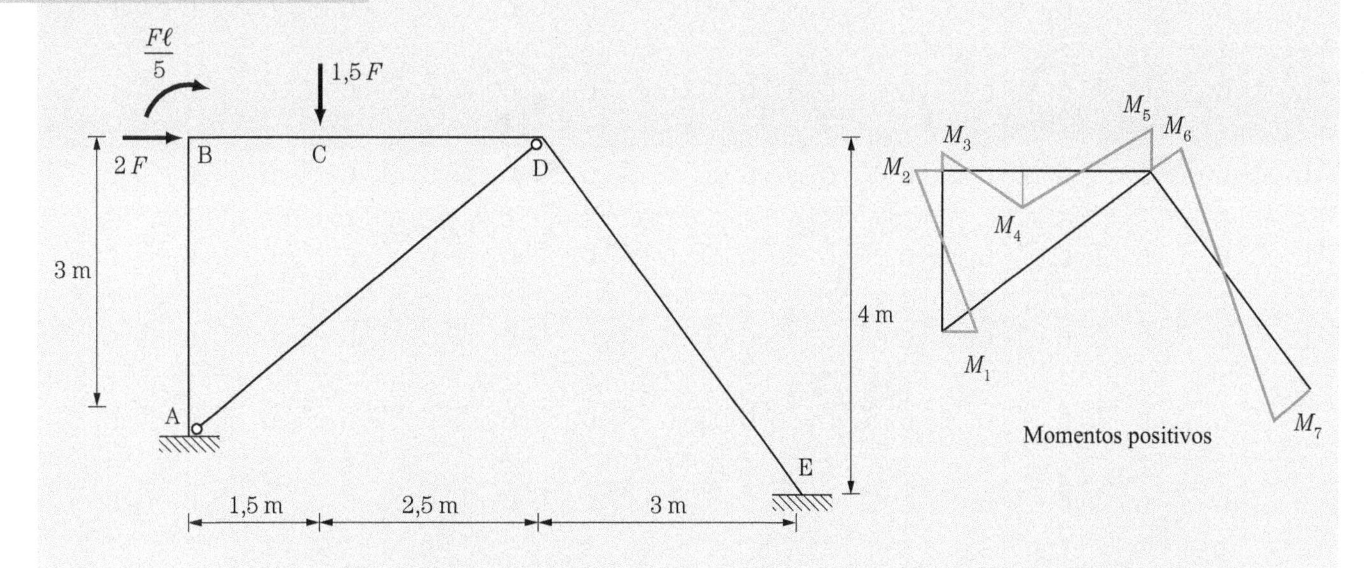

Solução

Formulação do problema de programação linear na forma geral

Este pórtico plano é uma estrutura com grau de hiperestaticidade igual a quatro e com sete seções e uma barra passíveis de plastificação; portanto, são quatro as equações de equilíbrio independentes. O conjunto das variáveis de decisão tem oito elementos e é definido por $\{M_1 \quad M_2 \quad M_3 \quad M_4 \quad M_5 \quad M_6 \quad M_7 \quad N_1\}$, que se poderia reduzir a sete elementos se fosse considerada *a priori* a equação de equilíbrio $M_5 = M_6$, como feito no Exemplo 7.9; nesse caso, o número de equações de equilíbrio se reduziria a três. Por conveniência na resolução do problema, identificam-se numericamente as seções e os respectivos momentos com seus sentidos positivos na Figura 8.18.

O estabelecimento das equações de equilíbrio em função das variáveis de decisão constitui uma etapa fundamental na formulação do problema de análise limite pelo teorema estático. Elas podem ser obtidas diretamente pela análise do equilíbrio das barras isoladas, por equilíbrio de momentos nos nós e, numa sequência selecionada, por equilíbrio de forças dos nós. Alternativamente, elas podem ser estabelecidas pela aplicação do teorema dos deslocamentos virtuais.

Considere-se, inicialmente, o estabelecimento direto das equações de equilíbrio. A Figura 8.19 apresenta os esforços nas extremidades das barras e dos nós.

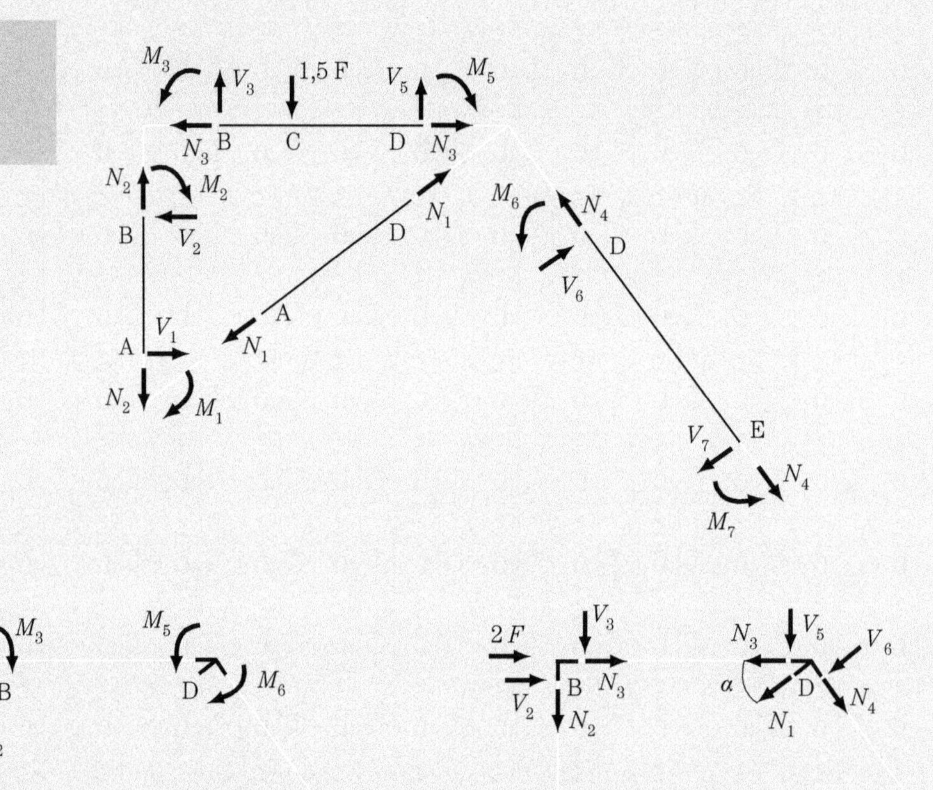

Figura 8.19
Esforços nas extremidades das barras e dos nós B e D.

Considerando o equilíbrio da barra BCD, pode-se escrever:

$$V_3 = \frac{M_3 - M_5}{4} + 1{,}5F\,\frac{2{,}25}{4}$$

$$V_5 = \frac{M_5 - M_3}{4} + 1{,}5F\,\frac{1{,}5}{4} \tag{8.24}$$

$$2{,}5M_3 + 4M_4 + 1{,}5M_5 = 5{,}625F$$

Assim, a primeira equação de equilíbrio independente em função das variáveis de decisão é a terceira equação de (8.24), que pode ser colocada na forma:

$$M_3 + 1{,}6M_4 + 0{,}6M_5 = 2{,}25F. \tag{8.25}$$

As duas próximas equações podem ser obtidas do equilíbrio de momentos nos nós B e D, ou seja:

$$M_2 - M_3 - F = 0 \qquad (8.26)$$
$$M_5 - M_6 = 0$$

O estabelecimento da quarta equação de equilíbrio necessita, na sequência que se indica, da determinação de V_2 pela análise do equilíbrio da barra AB, que fornece:

$$V_2 = \frac{M_2 + M_1}{3};$$

de V_6 pela análise do equilíbrio da barra DE, que fornece:

$$V_6 = \frac{M_6 + M_7}{5};$$

de N_3 pela análise do equilíbrio de forças na horizontal do nó B, que fornece:

$$N_3 = -V_2 - 2F = -\frac{M_2 + M_1}{3} - 2F;$$

e, finalmente, pelo equilíbrio de forças do nó D, na direção de N_1, obtém-se:

$$N_1 = -N_3 cos\,\alpha - V_5 sen\,\alpha - V_6 . \qquad (8.27)$$

Introduzindo as expressões de N_3, V_5 e V_6 em (8.27), obtém-se:

$$-16M_1 - 16M_2 - 9M_3 + 9M_5 + 12M_6 + 12M_7 + 60N_1 = 75{,}75F \qquad (8.28)$$

que é a quarta equação de equilíbrio independente.

Assim, as quatro equações de equilíbrio independentes necessárias para a formulação do problema de programação linear de máximo F, construídas diretamente pelo equilíbrio de barras e nós, são dadas por:

$$\begin{gathered} 2{,}5M_3 + 4M_4 + 1{,}5M_5 = 5{,}625F \\ M_2 - M_3 - F = 0 \\ M_5 - M_6 = 0 \\ -16M_1 - 16M_2 - 9M_3 + 9M_5 + 12M_6 + 12M_7 + 60N_1 = 75{,}75F \end{gathered} \qquad (8.29)$$

Alternativamente, essas equações poderiam ser obtidas pelo teorema dos deslocamentos virtuais, conforme feito no Exemplo 7.9. É conveniente destacar que, nesse exemplo:

- adotou-se $M_5 = M_6$, e, nessas condições, as equações de equilíbrio independentes se reduzem a três;
- a primeira equação de equilíbrio de (8.29) foi obtida considerando como deslocamentos virtuais os correspondentes ao mecanismo local em BCD;
- a segunda equação de equilíbrio de (8.29) foi obtida considerando como deslocamentos virtuais os correspondentes ao mecanismo de nó em B;
- a quarta equação de equilíbrio de (8.29) foi obtida considerando como deslocamentos virtuais os correspondentes ao mecanismo de tombamento e que se apresentou na forma $-16M_1 - 25M_3 + 21M_6 + 12M_7 + 60N_1 = 91{,}75F$ – uma combinação linear das três últimas equações de (8.29);
- essa aplicação do teorema dos deslocamentos virtuais ilustra novamente que o número de equações de equilíbrio independentes é igual ao número de mecanismos independentes.

Considerando que as variáveis de decisão são γ, M_1 a M_7 e N_1 e as equações de equilíbrio independentes são dadas por (8.29), a formulação do problema de programação linear pode ser diretamente apresentada em sua forma geral:

Maximizar $f = F > 0$

que satisfaça:

às equações de equilíbrio (8.29)

e

às condições de plastificação

$$\begin{cases} |M_i| \leq 360 & i=1,7 \\ 0 \leq N_1 \leq 126{,}68 \end{cases} \tag{8.30}$$

A condição $N_1 \geq 0$ corresponde à condição de tirante (não resistente à tração) de AD.

Resolução pelo Lingo

A Figura 8.20 apresenta os dados de entrada para a análise limite de maximização de F do pórtico plano atirantado, pela aplicação do Lingo.

Figura 8.20
Dados de entrada do Lingo.

Lingo Model - PPL Máximo Pórtico plano atirantado

```
!   Pórtico plano atirantado;

sets:
Mfletor /1 .. 7/ : M;
Fnormal / 1 / : N;
endsets

data:
Mp = 360;
Np = 126.68;
enddata

MAX = F;

! Equações de equilíbrio;

2.5*M(3) + 4*M(4) + 1.5*M(5) = 5.625*F;

M(2) =  M(3) + F ;

M(5) = M(6);

-16*M(1) - 16*M(2) - 9*M(3) + 9*M(5) + 12*M(6) + 12*M(7) + 60*N(1) =75.75*F;

! Condições de plastificação;

@FOR (Mfletor(j) |  j#le#7 :  @ABS(M(j)) <= Mp ;  );
                              N(1) <= Np;

!Dominio das variáveis;

@FOR ( Mfletor: @FREE(M) );

END
```

Como o Lingo assume que variáveis não declaradas são valores reais não negativos, nota-se que as variáveis N_1 e F não foram declaradas e que as variáveis M_k o foram para que pudessem assumir valores no campo dos números reais pelo comando "@FOR (Mfletor: @FREE(M))";. Foi também introduzido o comando "@ABS(M(j))", que permitiu estabelecer diretamente a condição $| M_i | \leq 360$.

A Figura 8.21 apresenta parte dos resultados obtidos com o Lingo com base nos dados de entrada definidos na Figura 8.20. Na coluna "Value" estão indicados os valores do momento de plastificação, da força normal de plastificação, de $F_{II} = F_{max} = 304{,}33$ kN, dos momentos M_k e da força normal N_1, na condição de colapso. Na coluna "Slack or Surplus" e "Dual Price" estão indicados os resultados associados a cada linha executável do programa, e nas linhas 6 a 13 estão apresentados os valores das reservas elásticas ΔM_k e das deformações virtuais $\delta\theta_k$ na condição de colapso.

Figura 8.21
Resultados pelo Lingo.

```
Solution Report - PPL Máximo Pórtico plano atirantado
Global optimal solution found.
Objective value:                          304.3297
Objective bound:                          304.3297
Infeasibilities:                          0.000000
Extended solver steps:                           0
Total solver iterations:                        12
Elapsed runtime seconds:                      0.11

Model Class:                                  MILP

Total variables:                    37

                     Variable           Value
                           MP        360.0000
                           NP        126.6800
                            F        304.3297
                        M( 1)       -360.0000
                        M( 2)        197.0716
                        M( 3)       -107.2581
                        M( 4)        360.0000
                        M( 5)        360.0000
                        M( 6)        360.0000
                        M( 7)        360.0000
                        N( 1)        126.6800

                          Row    Slack or Surplus      Dual Price
                            1        304.3297           1.000000
                            2        0.000000          -0.6756757E-01
                            3        0.000000          -0.1081081
                            4        0.000000          -0.8108108E-01
                            5        0.000000          -0.6756757E-02
                          • 6        0.000000           0.1081081
                          • 7        162.9284           0.000000
                          • 8        252.7419           0.000000
                          • 9        0.000000           0.2702703
                         • 10        0.000000           0.2432432
                         • 11        0.000000           0.000000
                         • 12        0.000000           0.8108108E-01
                         • 13        0.000000           0.4054054
```

A Figura 8.22 apresenta o diagrama de momentos fletores e o mecanismo de colapso da solução de máximo de γ que satisfaz às equações de equilíbrio (8.29) e às inequações das condições de plastificação (8.30), que observam a condição de normalização

$$\sum_{\ell} \bar{P}_{\ell}\delta U_{\ell} = 2 \times 3\delta\theta + 1 \times \delta\theta + 1{,}5 \times 1{,}5\delta\theta = 1\,.$$

Figura 8.22
Momentos fletores e mecanismo no colapso.

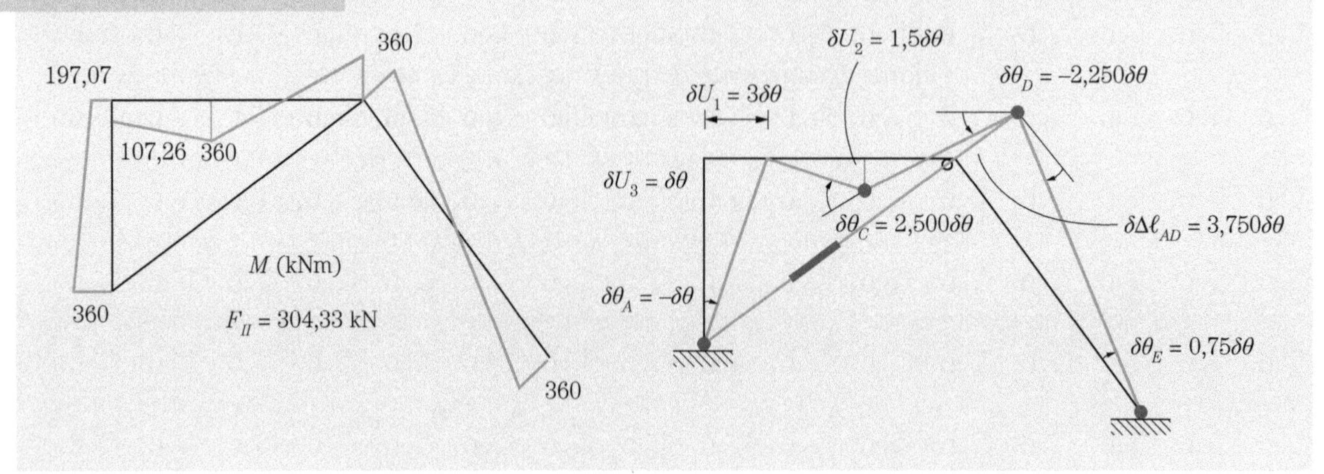

9 ANÁLISE LIMITE POR PROGRAMAÇÃO LINEAR PELA APLICAÇÃO DO TEOREMA CINEMÁTICO

9.1 Introdução

O teorema cinemático e seus corolários propiciam o desenvolvimento de métodos de determinação do fator de colapso, cuja essência está contida na seguinte frase: "entre todas as soluções cinematicamente admissíveis, que satisfazem às condições de equilíbrio e de mecanismo, aquela de menor multiplicador é a de colapso, ou seja, $\gamma_{II} = min\ (\gamma_c)$".

Esse é um típico problema de programação linear, o de minimização de γ_c, e, como tal, é tratado com a utilização de métodos e recursos computacionais próprios.

A formulação do problema de programação linear de minimização do coeficiente cinemático γ_c apresenta-se de várias formas, cuja conveniência decorre do método de resolução adotado. Apresentam-se:

- formas geral e reduzida, necessárias para o estabelecimento da forma canônica e convenientes para a utilização direta na obtenção de respostas pela aplicação de sistemas computacionais;
- a forma canônica, que desempenha papel central para a obtenção de solução ótima pelo método simplex.

9.2 Forma geral

A formulação geral do problema de minimização de γ_c decorre da interpretação direta do teorema cinemático e seus corolários e se apresenta de várias formas, todas elas com a seguinte raiz:

Minimizar γ_c

que satisfaça:

às equações de equilíbrio

e

às condições de mecanismo.

As equações de equilíbrio para soluções cinematicamente admissíveis são convenientemente representadas pelo teorema dos deslocamentos virtuais, conforme (6.6) e (6.8), por:

$$\underbrace{\gamma_c \sum_{\ell} \bar{P}_{\ell} \delta U_{\ell}}_{\delta T_e} = \underbrace{\sum_{k} M_{pk} \left| \delta\theta_k \right| + \sum_{j} N_{pj} \left| \delta\Delta\ell_j \right|}_{\delta T_i} \tag{9.1}$$

visto que as deformações virtuais, $\delta\theta_k$ e $\delta\Delta\ell_j$, ocorrem apenas nas rótulas plásticas e nas barras plastificadas, e as parcelas dos trabalhos realizados são sempre positivas.

As condições de mecanismos ficam caracterizadas pelas relações cinemáticas entre as deformações virtuais $\delta\theta_k$ e $\delta\Delta\ell_j$ e os deslocamentos virtuais δU_{ℓ} a eles correspondentes. Caso esses parâmetros sejam multiplicados por um mesmo escalar, eles continuam definindo o mesmo mecanismo com o mesmo multiplicador γ_c, conforme se pode observar em (9.1). Para eliminar essa possibilidade é necessário introduzir uma condição de normalização que fixa esse escalar.

Assim, de modo mais explícito, uma possível forma geral do problema de minimização de γ_c se apresenta como:

Minimizar $\gamma_c > 0$

que satisfaça:

às equações de equilíbrio

$$\gamma_c \sum_{\ell} \bar{P}_{\ell} \delta U_{\ell} = \sum_{k} M_{pk} \left| \delta\theta_k \right| + \sum_{j} N_{pj} \left| \delta\Delta\ell_j \right|$$

e

às relações cinemáticas entre as deformações virtuais $\delta\theta_k$ e $\delta\Delta\ell_j$ e os deslocamentos virtuais δU_ℓ, na condição de mecanismo que atenda a uma determinada normalização

com $\delta\theta_k$, $\delta\Delta\ell_j$ e $\delta U_\ell \in R$.

As relações cinemáticas podem ser estabelecidas por geometria, pelo teorema dos esforços virtuais e por procedimento adequado para automatização, que se mostra no Anexo B. Adicionalmente, podem se apresentar na forma de relações deformações-deslocamentos virtuais, $\{\delta E\} = [B]\ \{\delta U\}$, ou na forma de relações deslocamentos-deformações virtuais, $\{\delta U\} = [B_1]^{-1}\ \{\delta E_1\}$, e equações de compatibilidade entre as deformações virtuais, $\{\delta E_2\} = [B_2]\ [B_1]^{-1}\ \{\delta E_1\}$, que estão definidas no Anexo B e serão ilustradas nos exemplos adiante apresentados.

A normalização, que é uma restrição adicional, pode ser introduzida pela fixação de um valor arbitrário para uma deformação virtual ou para um deslocamento virtual ou, ainda, para uma combinação linear desses parâmetros na condição de mecanismo. Como $\sum_\ell \bar{P}_\ell \delta U_\ell > 0$ e $\bar{P}_\ell$ corresponde a um carregamento de referência, uma normalização conveniente é aquela em que se adota:

$$\sum_\ell \bar{P}_\ell \delta U_\ell = 1, \qquad (9.2)$$

pois, nesse caso, as equações de equilíbrio tomam a forma:

$$\gamma_c = \sum_k M_{pk} \left| \delta\theta_k \right| + \sum_j N_{pj} \left| \delta\Delta\ell_j \right|, \qquad (9.3)$$

e minimizar γ_c é o mesmo que minimizar:

$$\sum_k M_{pk} \left| \delta\theta_k \right| + \sum_j N_{pj} \left| \delta\Delta\ell_j \right|. \qquad (9.4)$$

Essas considerações permitem estabelecer uma forma mais compacta para o problema de mínimo, ou seja:

Minimizar

$$\sum_k M_{pk} \left| \delta\theta_k \right| + \sum_j N_{pj} \left| \delta\Delta\ell_j \right|$$

que satisfaça:

à condição de normalização

$$\sum_\ell \bar{P}_\ell \delta U_\ell = 1$$

e

às relações cinemáticas na condição de mecanismo

$$\{\delta E\} = [B]\ \{\delta U\}$$

ou

$$\{\delta U\} = [B_1]^{-1}\ \{\delta E_1\} \text{ e } \{\delta E_2\} = [B_2]\ [B_1]^{-1}\ \{\delta E_1\}$$

A função objetivo é dada pela Expressão (9.4) e as variáveis de decisão são os deslocamentos virtuais δU_ℓ, elementos de $\{\delta U\}$, e as deformações virtuais $\delta\theta_k$ e $\delta\Delta\ell_j$, elementos de $\{\delta E\}$, que não são independentes entre si, por estarem relacionadas pela cinemática da condição de mecanismo, caracterizada por deformações apenas nas rótulas plásticas e nas barras plastificadas. O número de variáveis de decisão é igual a $2r + 2s - g_h$, dado pela soma entre o número de seções onde podem ocorrer rótulas plásticas, r, o número de barras que podem sofrer plastificação por solicitação axial, s, e o número de deslocamentos virtuais, $r + s - g_h$. O número de equações de compatibilidade é igual ao grau de hiperestaticidade, g_h. O número de restrições lineares é igual a $r + s + 1$, onde $r + s$ restrições correspondem às relações deformações-deslocamentos virtuais ou, alternativamente, às $r + s - g_h$ relações deslocamentos-deformações virtuais e às g_h equações de compatibilidade; a restrição adicional é a condição de normalização.

9.3 Forma reduzida

A forma geral reduzida, ou simplesmente forma reduzida, é obtida da forma geral pela diminuição, a $r + s$, do número de variáveis independentes do problema de minimização, por substituição dos deslocamentos virtuais pelas deformações virtuais definidos em $\{\delta U\} = [B_1]^{-1}\ \{\delta E_1\}$. O número de restrições lineares passa a ser igual a $g_h + 1$.

Nessas condições, a forma reduzida do problema de minimização de γ_c apresenta-se como:

Minimizar

$$\sum_k M_{pk} \left| \delta\theta_k \right| + \sum_j N_{pj} \left| \delta\Delta\ell_j \right|$$

que satisfaça:

à condição de normalização

$$\sum_\ell \bar{P}_\ell \delta U_\ell \left(\delta\theta_k, \delta\Delta\ell_j \right) = 1$$

e

às equações de compatibilidade

$$\{\delta E_2\} = [B_2]\,[B_1]^{-1}\,\{\delta E_1\}$$

com $\delta\theta_k$, $\delta\Delta\ell_j \in R$.

9.4 Forma canônica

Para a resolução do problema de minimização pelo método simplex, é necessária a transformação da forma geral em forma canônica, conforme se mostra no Anexo A e segue as seguintes etapas:

- mudança de variáveis de decisão, de modo que as novas variáveis de decisão sejam não negativas; e
- definição das variáveis básicas e não básicas a partir da obtenção de uma solução básica admissível inicial.

Entre várias possibilidades de mudança de variáveis, adotam-se:

$$\delta U_\ell^+ = \frac{\left|\delta U_\ell\right| + \delta U_\ell}{2} \geq 0 \qquad \delta U_\ell^- = \frac{\left|\delta U_\ell\right| - \delta U_\ell}{2} \geq 0$$

$$\delta\theta_k^+ = \frac{\left|\delta\theta_k\right| + \delta\theta_k}{2} \geq 0 \qquad \delta\theta_k^- = \frac{\left|\delta\theta_k\right| - \delta\theta_k}{2} \geq 0 \qquad (9.5)$$

$$\delta\Delta\ell_j^+ = \frac{\left|\delta\Delta\ell_j\right| + \delta\Delta\ell_j}{2} \geq 0 \qquad \delta\Delta\ell_j^- = \frac{\left|\delta\Delta\ell_j\right| - \delta\Delta\ell_j}{2} \geq 0$$

que conduzem a:

$$\left|\delta U_\ell\right| = \delta U_\ell^+ + \delta U_\ell^- \qquad \delta U_\ell = \delta U_\ell^+ - \delta U_\ell^-$$

$$\left|\delta\theta_k\right| = \delta\theta_k^+ + \delta\theta_k^- \qquad \delta\theta_k = \delta\theta_k^+ - \delta\theta_k^- \qquad (9.6)$$

$$\left|\delta\Delta\ell_j\right| = \delta\Delta\ell_j^+ + \delta\Delta\ell_j^- \qquad \delta\Delta\ell_j = \delta\Delta\ell_j^+ - \delta\Delta\ell_j^-$$

Note-se a correspondência biunívoca entre as variáveis antigas, δU_ℓ, $\delta\theta_k$ e $\delta\Delta\ell_j$, e as novas variáveis, δU_ℓ^+, δU_ℓ^-, $\delta\theta_k^+$, $\delta\theta_k^-$, $\delta\Delta\ell_j^+$ e $\delta\Delta\ell_j^-$.

O problema de programação linear proposto a partir do teorema cinemático, em função de δU_ℓ, $\delta\theta_k$ e $\delta\Delta\ell_j$, pode então ser colocado na forma:

Minimizar

$$\sum_k M_{pk}\left(\delta\theta_k^+ + \delta\theta_k^-\right) + \sum_j N_{pj}\left(\delta\Delta\ell_j^+ + \delta\Delta\ell_j^-\right)$$

que satisfaça:

à condição de normalização

$$\sum_\ell \bar{P}_\ell\left(\delta U_\ell^+ - \delta U_\ell^-\right) = 1$$

e

às relações cinemáticas na condição de mecanismo, com as substituições

$$\delta U_\ell = \delta U_\ell^+ - \delta U_\ell^-,\ \delta\theta_k = \delta\theta_k^+ - \delta\theta_k^- \text{ e } \delta\Delta\ell_j = \delta\Delta\ell_j^+ - \delta\Delta\ell_j^-$$

em:

$$\{\delta E\} - [B]\{\delta U\} = \{0\}$$

ou em:

$$\{\delta U\} - [B_I]^{-1}\{\delta E_1\} = \{0\} \text{ e } \{\delta E_2\} - [B_2][B_1]^{-1}\{\delta E_1\} = \{0\}$$

com δU_ℓ^+, δU_ℓ^-, $\delta\theta_k^+$, $\delta\theta_k^-$, $\delta\Delta\ell_j^+$ e $\delta\Delta\ell_j^- \geq 0$.

O número de variáveis básicas passa a ser $4r + 4s - 2g_h$ e o número de restrições lineares, todas igualdades, permanece igual a $r + s + 1$, sendo que os termos independentes dessas restrições satisfazem naturalmente à condição de serem não negativos.

No caso de aplicação das transformações (9.5) e (9.6) à forma reduzida, o problema de programação linear proposto a partir do teorema cinemático, agora em função de $\delta\theta_k$ e $\delta\Delta\ell_j$, pode então ser colocado na forma:

Minimizar

$$\sum_k M_{pk}\left(\delta\theta_k^+ + \delta\theta_k^-\right) + \sum_j N_{pj}\left(\delta\Delta\ell_j^+ + \delta\Delta\ell_j^-\right)$$

que satisfaça:

à condição de normalização

$$\sum_{\ell} \bar{P}_\ell \delta U_\ell \left(\delta\theta_k^+, \delta\theta_k^-, \delta\Delta\ell_j^+, \delta\Delta\ell_j^- \right) = 1$$

e

às equações de compatibilidade na condição de mecanismo, com as substituições

$$\delta\theta_k = \delta\theta_k^+ - \delta\theta_k^- \text{ e } \delta\Delta\ell_j = \delta\Delta\ell_j^+ - \delta\Delta\ell_j^-$$

em:

$$\{\delta E_2\} - [B_2]\,[B_1]^{-1}\,\{\delta E_1\} = \{0\}$$

com $\delta\theta_k^+$, $\delta\theta_k^-$, $\delta\Delta\ell_j^+$ e $\delta\Delta\ell_j^- \geq 0$.

O número de variáveis básicas passa a ser $2r + 2s$ e o número de restrições lineares, todas igualdades, permanece igual a $g_h + 1$, com os termos independentes dessas restrições satisfazendo naturalmente à condição de serem não negativos.

Para que sejam obtidas as formas canônicas dos problemas apresentados, ainda falta encontrar uma solução básica admissível inicial. Opta-se por buscá-la por procedimento simples que considere aspectos físicos no seu estabelecimento.

A escolha de uma solução básica admissível inicial pode ser feita a partir da análise de um mecanismo de colapso possível, o que é recomendável para que ocorra uma rápida convergência no processo iterativo do método simplex. Considerando que a forma canônica tem n variáveis de decisão e m restrições lineares, a base será constituída por m variáveis básicas escolhidas a partir do mecanismo de colapso possível selecionado.

Alternativamente, é possível estabelecer essa base pela escolha arbitrária de variáveis que satisfaçam às duas condições: a matriz dos coeficientes dessas variáveis seja inversível e os termos independentes das restrições lineares resultem não negativos.

Esses dois procedimentos serão ilustrados nos exemplos a serem apresentados na sequência.

Uma vez definidas as variáveis básicas e as não básicas iniciais, o problema de minimização do multiplicador γ_c pode ser convenientemente representado por:

$$\begin{aligned} -f\left(\mathbf{x_B}, \mathbf{x_N}\right) + \mathbf{C_B^T x_B} + \mathbf{C_N^T x_N} &= -f_0 \\ \mathbf{0} + \mathbf{B x_B} + \mathbf{N x_N} &= \mathbf{b} \end{aligned} \tag{9.7}$$

e ser colocado na forma canônica, com as transformações matriciais indicadas em:

$$\begin{aligned} -f(\mathbf{x_B}, \mathbf{x_N}) + \mathbf{0}^T\mathbf{x_B} + (\mathbf{C_N^T} - \mathbf{C_B^T}\mathbf{B}^{-1}\mathbf{N})\mathbf{x_N} &= -f_0 - \mathbf{C_B^T}\mathbf{B}^{-1}\mathbf{b} \\ \mathbf{0} + \mathbf{I}\mathbf{x_B} + \mathbf{B}^{-1}\mathbf{N}\mathbf{x_N} &= \mathbf{B}^{-1}\mathbf{b} \end{aligned} \tag{9.8}$$

para que se possa iniciar a busca da solução ótima pelo método simplex, ou, em termos físicos, a busca do fator de colapso γ_{II} e o mecanismo de colapso.

Destacam-se, agora, três propriedades, que permitem acompanhar e interpretar resultados parciais em cada uma das tabelas simplex correspondente a uma forma canônica à qual está associada uma solução cinematicamente admissível.

Propriedade 1: Nas equações de restrições, as somas dos coeficientes dos pares $(\delta\Delta\ell_j^+, \delta\Delta\ell_j^-)$, $(\delta\theta_k^+, \delta\theta_k^-)$ e $(\delta U_k^+, \delta U_k^-)$ são sempre iguais a zero para qualquer forma canônica.

Propriedade 2: Na função objetivo, as somas dos coeficientes dos pares $(\delta\Delta\ell_j^+, \delta\Delta\ell_j^-)$ e $(\delta\theta_k^+, \delta\theta_k^-)$ são sempre iguais a $2N_{pj}$ e a $2M_{pk}$, respectivamente, para qualquer forma canônica.

Propriedade 3: Na função objetivo, as diferenças, nas ordens indicadas, entre os coeficientes dos pares $(\delta\Delta\ell_j^-, \delta\Delta\ell_j^-)$ e entre os pares $(\delta\theta_k^-, \delta\theta_k^+)$ são iguais a $2N_j$ e a $2M_k$, respectivamente, para qualquer forma canônica.

Para demonstrar a propriedade 1 é conveniente observar que as Expressões (9.7) e (9.8) podem ser colocadas, respectivamente, nas formas:

$$\begin{aligned} -f(\mathbf{x}^+, \mathbf{x}^-) + \mathbf{C}\mathbf{x}^+ + \mathbf{C}\mathbf{x}^- &= -f_0 \\ \mathbf{A}\mathbf{x}^+ - \mathbf{A}\mathbf{x}^- &= \mathbf{b} \end{aligned} \tag{9.9}$$

e

$$\begin{aligned} -f(\mathbf{x}^+, \mathbf{x}^-) + (\mathbf{C} - \mathbf{C}\mathbf{B}^{-1}\mathbf{A})\mathbf{x}^+ + (\mathbf{C} + \mathbf{C}\mathbf{B}^{-1}\mathbf{A})\mathbf{x}^- &= -f_0 - \mathbf{C}\mathbf{B}^{-1}\mathbf{b} \\ \mathbf{B}^{-1}\mathbf{A}\mathbf{x}^+ - \mathbf{B}^{-1}\mathbf{A}\mathbf{x}^- &= \mathbf{B}^{-1}\mathbf{b} \end{aligned} \tag{9.10}$$

o que permite concluir imediatamente pela validade da propriedade 1.

Seja, agora, a função objetivo inicial expressa por

$$-f + \sum_k M_{pk}(\delta\theta_k^+ + \delta\theta_k^-) + \sum_j N_{pj}\left(\delta\Delta\ell_j^+ + \delta\Delta\ell_j^-\right) = 0, \tag{9.11}$$

que corresponde a um problema de mínimo ou de máximo de $\gamma = \sum_k M_{pk} \left| \delta\theta_k \right| + \sum_j N_{pj} \left| \delta\Delta\ell_j \right|$, com a condição de normalização

$\sum_{\ell} \bar{P}_\ell \left(\delta U_\ell^+ - \delta U_\ell^-\right) = 1$, conforme se trate de buscar a solução ótima de colapso entre as soluções cinematicamente admissíveis ou entre as soluções estaticamente admissíveis, respectivamente.

Considerem-se as seguintes variáveis positivas:

$$\begin{aligned} \Delta M_k^+ &= M_{pk} - M_k \qquad \Delta M_k^- = M_k - \left(-M_{pk}\right) = M_{pk} + M_k \\ \Delta N_j^+ &= N_{pj} - N_j \qquad \Delta N_j^- = N_j - \left(-N_{pj}\right) = N_{pj} + N_j \end{aligned} \tag{9.12}$$

que podem ser interpretadas como as reservas elásticas em relação aos momentos e às forças de plastificação, como se ilustra na Figura 9.1.

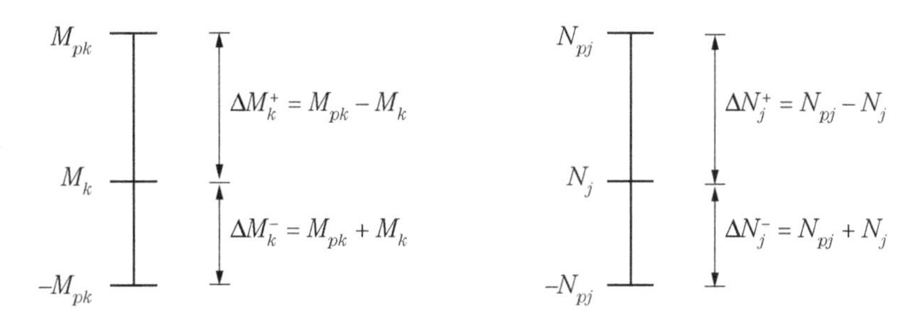

Figura 9.1
Reservas elásticas.

Introduzindo (9.12) em (9.11), obtém-se:

$$\begin{aligned} &-f + \sum_k \left(M_k + \Delta M_k{}^+\right)\delta\theta_k^+ + \sum_k (-M_k + \Delta M_k{}^-)\delta\theta_k^- + \\ &\sum_j \left(N_j + \Delta N_j{}^+\right)\delta\Delta\ell_j^+ + \sum_j \left(-N_j + \Delta N_j{}^-\right)\delta\Delta\ell_j^- = 0, \end{aligned} \tag{9.13}$$

que pode ser reescrita na forma:

$$\begin{aligned} &-f + \sum_k M_k\left(\delta\theta_k^+ - \delta\theta_k^-\right) + \sum_k \Delta M_k{}^+\delta\theta_k^+ + \sum_k \Delta M_k{}^-\delta\theta_k^- + \\ &\sum_j N_j\left(\delta\Delta\ell_j^+ - \delta\Delta\ell_j^-\right) + \sum_j \Delta N_j{}^+\delta\Delta\ell_j^+ + \sum_j \Delta N_j{}^-\,\delta\Delta\ell_j^- = 0, \end{aligned} \tag{9.14}$$

ou, considerando (9.6) e rearranjando os diversos termos de (9.14):

$$\begin{aligned} &-f + \sum_k \Delta M_k{}^+\delta\theta_k^+ + \sum_k \Delta M_k{}^-\delta\theta_k^- + \sum_j \Delta N_j{}^+\,\delta\Delta\ell_j^+ + \\ &\sum_j \Delta N_j{}^-\,\delta\Delta\ell_j^- = -\left(\sum_k M_k\delta\theta_k + \sum_j N_j\delta\Delta\ell_j\right). \end{aligned} \tag{9.15}$$

Como os esforços solicitantes (M_k, N_j) correspondem a uma solução equilibrada e as deformações virtuais ($\delta\theta_k$, $\delta\Delta\ell_j$) a uma solução compatível, o teorema dos deslocamentos virtuais estabelece que:

$$\sum_k M_k \delta\theta_k + \sum_j N_j \delta\Delta\ell_j = \delta T_e = f_0,$$

onde $\delta T_e = f_0$ decorre da condição de normalização. Assim, pode-se estabelecer

$$-f + \sum_k \Delta M_k^+ \, \delta\theta_k^+ + \sum_k \Delta M_k^- \delta\theta_k^- + \sum_j \Delta N_j^+ \, \delta\Delta\ell_j^+ + \sum_j \Delta N_j^- \, \delta\Delta\ell_j^- = -f_0,$$

e, em correspondendo a uma forma canônica (9.10), sabe-se que:

$$\sum_k \Delta M_k^+ \delta\theta_k^+ + \sum_k \Delta M_k^- \, \delta\theta_k^- + \sum_j \Delta N_j^+ \delta\Delta\ell_j^+ + \sum_j \Delta N_j^- \, \delta\Delta\ell_j^- = 0, \tag{9.16}$$

com cada um de seus termos nulos, e f_0 é o valor do multiplicador associado à solução cinematicamente admissível ou estaticamente admissível referente a essa forma canônica.

No caso de solução cinematicamente admissível e considerando (9.12), pode-se estabelecer que:

$$coef(\delta\theta_k^+) + coef(\delta\theta_k^-) = \Delta M_k^+ + \Delta M_k^- = 2M_{pk}$$
$$coef(\delta\Delta\ell_j^+) + coef(\delta\Delta\ell_j^-) = \Delta N_j^+ + \Delta N_j^- = 2N_{pj}$$

e

$$coef(\delta\theta_k^-) - coef(\delta\theta_k^+) = \Delta M_k^- - \Delta M_k^+ = 2M_k$$
$$coef(\delta\Delta\ell_j^-) - coef(\delta\Delta\ell_j^+) = \Delta N_j^- - \Delta N_j^+ = 2N_j$$

e ficam demonstradas as propriedades 2 e 3.

Visando à demonstração da propriedade apresentada no Capítulo 8, trata-se agora de estabelecer a Expressão (9.16) em termos das variáveis M_k^+, M_k^-, δM_k, N_j^+, N_j^- e δN_j, que observam as seguintes relações:

$$\begin{aligned} M_{pk} &= M_k^+ + M_k^- + \Delta M_k & \qquad N_{pj} &= N_j^+ + N_j^- + \Delta N_j \\ M_k &= M_k^+ - M_k^- & N_j &= N_j^+ - N_j^- \\ |M_k| &= M_k^+ + M_k^- & |N_j| &= N_j^+ + N_j^- \end{aligned} \tag{9.17}$$

Assim, introduzindo (9.17) em (9.16), obtém-se após algumas transformações:

$$\begin{aligned}&\sum_k 2\delta\theta_k^- M_k^+ + \sum_k 2\delta\theta_k^+ M_k^- + \sum_k \left(\delta\theta_k^+ + \delta\theta_k^-\right)\Delta M_k + \\ &\sum_j 2\delta\Delta\ell_j^- N_j^+ + \sum_j 2\delta\Delta\ell_j^+ N_j^- + \sum_j \left(\delta\Delta\ell_j^+ + \delta\Delta\ell_j^-\right)\Delta N_j = 0,\end{aligned} \tag{9.18}$$

e, coletando convenientemente coeficientes em (9.18), vem:

$$coef(M_k^+) + coef(M_k^-) = 2(\delta\theta_k^+ + \delta\theta_k^-) \qquad coef(\Delta M_k) = \delta\theta_k^+ + \delta\theta_k^-$$

$$coef(N_j^+) + coef(N_j^-) = 2\,(\delta\Delta\ell_j^+ + \delta\Delta\ell_j^-) \qquad coef(\Delta N_j) = \delta\Delta\ell_j^+ + \delta\Delta\ell_j^-$$

o que permite escrever, em virtude da igualdade a zero em (9.18), que:

$$\left|\delta\theta_k\right| = \frac{\left|coef(M_k^+) + coef(M_k^-)\right|}{2} = \left|coef(\Delta M_k)\right|$$

$$\left|\delta\Delta\ell_j\right| = \frac{\left|coef(N_j^+) + coef(N_j^-)\right|}{2} = \left|coef(\Delta N_j)\right|$$

o que demonstra a propriedade enunciada no Capítulo 8.

9.5 Solução ótima pelo método simplex

A busca da solução ótima se faz pelo procedimento iterativo do método simplex, em conformidade com o algoritmo descrito no Anexo A, e que, a seguir, se descreve:

1. Aplica-se o critério de otimalidade, coeficientes $C_{Nk} \geq 0$, à forma canônica inicial:

$$\begin{aligned}-f\left(\mathbf{x_B}, \mathbf{x_N}\right) + \mathbf{0}^\mathbf{T}\mathbf{x_B} + \mathbf{C_N^T}\mathbf{x_N} &= -f_0 \\ \mathbf{0} + \mathbf{I}\mathbf{x_B} + \mathbf{N}\mathbf{x_N} &= \mathbf{b}\end{aligned} \tag{9.19}$$

   1.1. Se o critério de otimalidade é verificado, então a solução é ótima, única ou múltipla, e encerra-se o processo. O coeficiente de colapso é dado por $\gamma_c = -f_0$ e a solução ótima é definida por $(\mathbf{x_B} = \mathbf{b},\ \mathbf{x_N} = \mathbf{0})$.

   1.2. Se a solução não é ótima, busca-se uma nova solução básica admissível com a troca de uma única variável básica por uma não básica, sendo que a variável não básica que entra é aquela com menor coeficiente negativo e a variável básica que sai é aquela com menor valor positivo na relação teste. Assim, na nova solução básica admissível, o problema de minimização do multiplicador γ_c terá a forma

$$\begin{aligned}-f\left(\mathbf{x_B}, \mathbf{x_N}\right) + \mathbf{C_B^T}\mathbf{x_B} + \mathbf{C_N^T}\mathbf{x_N} &= -f_0 \\ \mathbf{0} + \mathbf{B}\mathbf{x_B} + \mathbf{N}\mathbf{x_N} &= \mathbf{b}\end{aligned} \tag{9.20}$$

que deverá ser posta na sua forma canônica:

$$
\begin{aligned}
-f(\mathbf{x_B}, \mathbf{x_N}) + \mathbf{0}^{\mathrm{T}}\mathbf{x_B} + \left(\mathbf{C}_{\mathbf{N}}^{\mathrm{T}} - \mathbf{C}_{\mathbf{B}}^{\mathrm{T}}\mathbf{B}^{-1}\mathbf{N}\right)\mathbf{x_N} &= -f_0 - \mathbf{C}_{\mathbf{B}}^{\mathrm{T}}\mathbf{B}^{-1}\mathbf{b} \\
\mathbf{0} + \mathbf{I}\mathbf{x_B} + \mathbf{B}^{-1}\mathbf{N}\mathbf{x_N} &= \mathbf{B}^{-1}\mathbf{b}
\end{aligned}
\tag{9.21}
$$

e retorna-se a 1.

9.6 Exemplos

Apresentam-se vários exemplos de análise limite estruturados, convenientemente, em duas partes. Na primeira, desenvolve-se a formulação geral do problema de programação linear de minimização do coeficiente cinemático γ_c em uma de suas várias formas, cujo principal desafio é o de estabelecer as relações cinemáticas. Na segunda, trata-se da resolução propriamente dita do problema de mínimo. Todos os exemplos são resolvidos pelo método simplex, o que exige o estabelecimento da forma canônica do problema de programação linear. Exceto para o primeiro exemplo, também são apresentados resultados obtidos pelo Lingo, e, para um exemplo, pelo Solver do Excel.

EXEMPLO 9.1

Considere-se a treliça plana hiperestática da Figura 9.2, apresentada nos Exemplos 5.2 e 8.1, solicitada por carregamento proporcional monotonicamente crescente. Inicialmente, estabelecem-se as relações cinemáticas e, em seguida, trata-se de obter o coeficiente F de colapso plástico e a distribuição das forças normais na iminência do colapso pela análise limite por programação linear pela aplicação do teorema cinemático. São conhecidos: $N_{p2} = 71$ kN e $N_{p1} = N_{p3} = 142$ kN.

Figura 9.2
Treliça plana hiperestática.

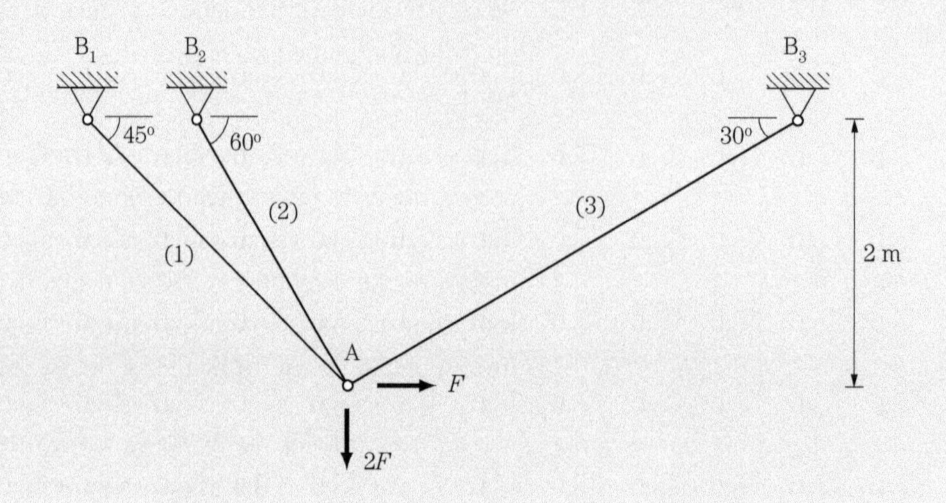

Solução

Relações cinemáticas

As deformações virtuais para essa treliça são os alongamentos das três barras, $\{\delta\Delta\ell_1 \quad \delta\Delta\ell_2 \quad \delta\Delta\ell_3\}$, e os deslocamentos virtuais que as definem são $\{\delta U_1 \quad \delta U_2\}$, que, junto com a orientação das barras, são mostrados na Figura 9.3:

Figura 9.3
Deslocamentos e deformações virtuais.

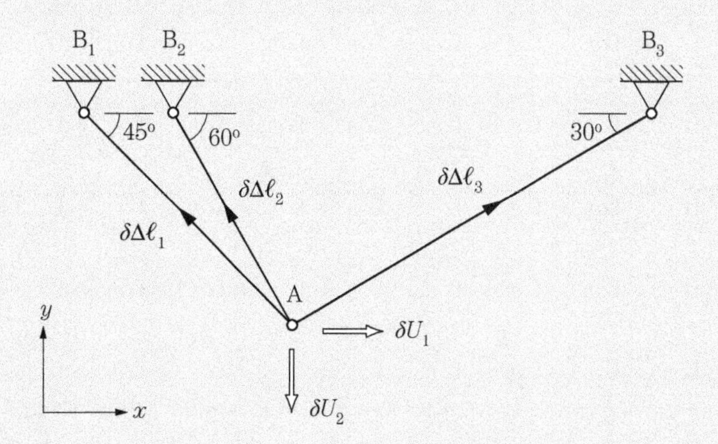

O grau de hiperestaticidade, $g_h = 1$, define o número de equações de compatibilidade. Assim, são três as relações deformações-deslocamentos virtuais e duas as relações deslocamentos-deformações virtuais.

Esse exemplo é muito conveniente para ilustrar o estabelecimento das relações cinemáticas pelos procedimentos anteriormente mencionados: por geometria, pelo teorema dos esforços virtuais e por aquele adequado para automatização, que se mostra no Anexo B. É o que se faz em seguida.

O procedimento geométrico aplicado no Exemplo 5.2 se baseia na Figura 9.4,

Figura 9.4
Relações deformações-deslocamentos.

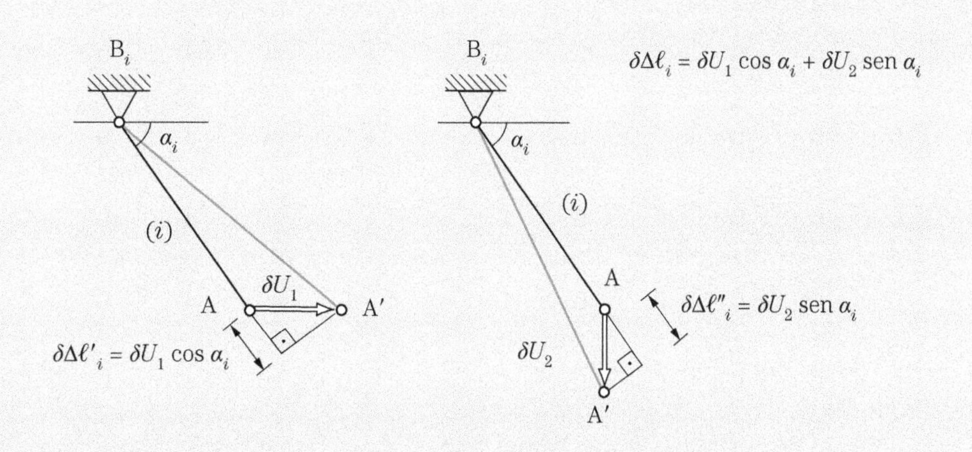

que permite estabelecer as seguintes relações deformações-deslocamentos virtuais:

$$\begin{aligned}\delta\Delta\ell_1 &= 0{,}707\delta U_1 + 0{,}707\delta U_2\\ \delta\Delta\ell_2 &= 0{,}5\delta U_1 + 0{,}866\delta U_2\\ \delta\Delta\ell_3 &= -0{,}866\delta U_1 + 0{,}5\delta U_2\end{aligned} \tag{9.22}$$

O estabelecimento das relações deformações-deslocamentos virtuais e das equações de compatibilidade é feito de acordo com (B.1) e (B.2) do Anexo B. Assim, elegendo, arbitrariamente, que δU_1 e δU_2 sejam expressos em termos de $\delta\Delta\ell_2$ e $\delta\Delta\ell_3$, obtêm-se:

$$\begin{aligned}\delta\Delta\ell_2 &= 0{,}5\delta U_1 + 0{,}866\delta U_2\\ \delta\Delta\ell_3 &= -0{,}866\delta U_1 + 0{,}5\delta U_2\end{aligned} \tag{9.23}$$

o que conduz às relações deslocamentos-deformações virtuais:

$$\begin{aligned}\delta U_1 &= 0{,}5\delta\Delta\ell_2 - 0{,}866\delta\Delta\ell_3\\ \delta U_2 &= 0{,}866\delta\Delta\ell_2 + 0{,}5\delta\Delta\ell_3\end{aligned} \tag{9.24}$$

que, introduzidos na primeira equação de (9.22), levam à equação de compatibilidade:

$$\delta\Delta\ell_1 - 0{,}966\delta\Delta\ell_2 + 0{,}259\delta\Delta\ell_3 = 0 \tag{9.25}$$

Seja agora o procedimento pela aplicação do teorema dos esforços virtuais que permite obter as relações cinemáticas ao adotar a solução cinematicamente admissível indicada na Figura 9.3 e esforços virtuais convenientemente escolhidos.

Para estabelecer as relações deslocamentos-deformações virtuais, considera-se a igualdade $\delta T_e^* = \delta T_i^*$ para os esforços virtuais das Figuras 9.5(a) e 9.5(b), que conduzem às mesmas expressões de (9.24).

Figura 9.5
Esforços virtuais para as relações deslocamentos-deformações virtuais.

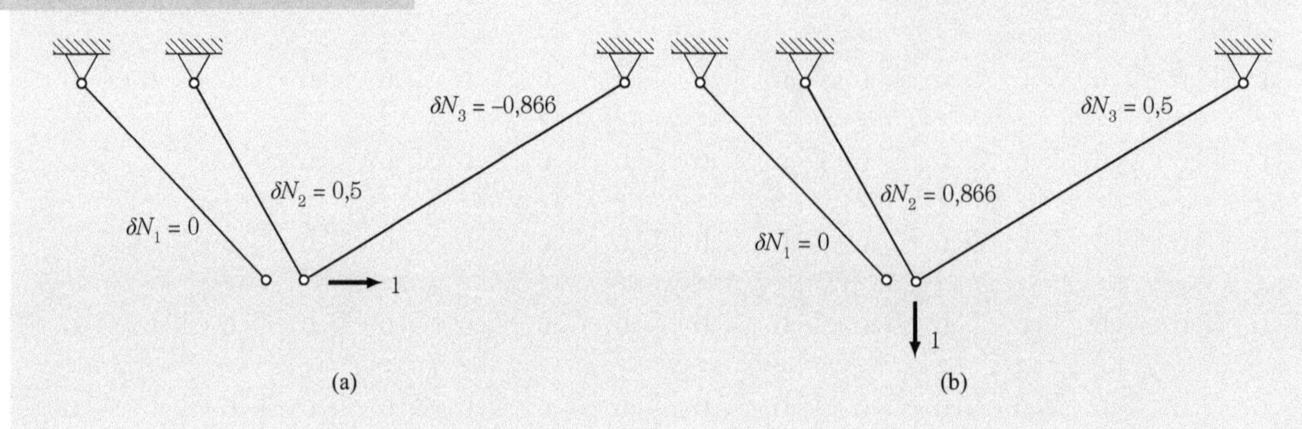

Para estabelecer a equação de compatibilidade, considera-se a igualdade $\delta T_e^* = \delta T_i^*$ para os esforços virtuais da Figura 9.6, que conduz à mesma Expressão (9.25).

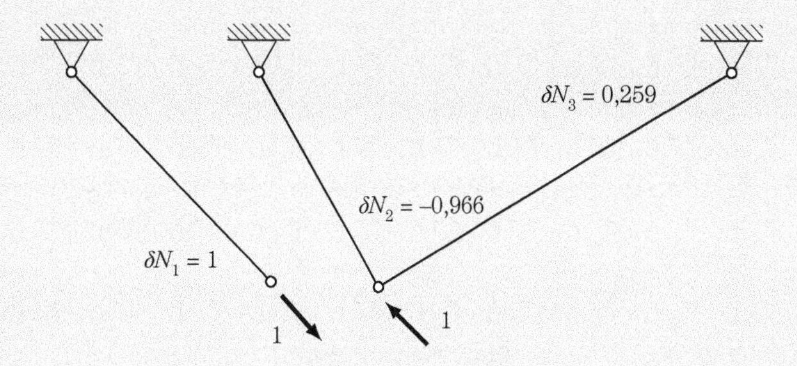

Figura 9.6
Esforços virtuais para a equação de compatibilidade.

Caso se deseje estabelecer as relações deformações-deslocamentos virtuais basta inverter (9.24), obtendo (9.23), e substituir estas em (9.25), o que conduz a (9.22).

O procedimento descrito no Anexo B conduz ao estabelecimento inicial das relações deformações-deslocamentos virtuais com os seguintes passos para cada barra:

- Ler o ângulo α, conforme se indica na Figura B.2 do Anexo B e estabelecer a correspondência entre os deslocamentos na barra e na estrutura:

  Barra 1 $\alpha = 135°$ $\{u_1 \quad u_2 \quad u_3 \quad u_4\} \rightarrow \{U_1 \quad -U_2 \quad 0 \quad 0\}$

  Barra 2 $\alpha = 120°$ $\{u_1 \quad u_2 \quad u_3 \quad u_4\} \rightarrow \{U_1 \quad -U_2 \quad 0 \quad 0\}$

  Barra 3 $\alpha = 30°$ $\{u_1 \quad u_2 \quad u_3 \quad u_4\} \rightarrow \{U_1 \quad -U_2 \quad 0 \quad 0\}$
- Calcular $[b]$:

  $[b_1] = \{0{,}707 \quad -0{,}707 \quad -0{,}707 \quad 0{,}707\}$

  $[b_2] = \{0{,}5 \quad -0{,}866 \quad -0{,}5 \quad 0{,}866\}$

  $[b_3] = \{-0{,}866 \quad -0{,}5 \quad 0{,}866 \quad 0{,}5\}$
- Efetuar a colocação de $[b]$ em $[B]$:

$$[B] = \begin{bmatrix} 0{,}707 & 0{,}707 \\ 0{,}5 & 0{,}866 \\ -0{,}866 & 0{,}5 \end{bmatrix}$$

Assim, as relações deformações-deslocamentos virtuais, $\{\delta E\} = [B]\ \{\delta U\}$, são dadas por (9.22), e, prosseguindo da mesma forma como no procedimento geométrico, estabelecem-se as relações deslocamentos-deformações virtuais (9.24) e (9.25).

Por considerar que este último procedimento é aquele de caráter mais sistemático, ele será preferencialmente aplicado nos próximos exemplos.

Formas gerais e reduzida do problema de minimização do coeficiente cinemático

Uma vez obtidas as relações cinemáticas da treliça, é imediato o estabelecimento das duas formas gerais e da forma reduzida do problema de minimização do coeficiente cinemático, nesse caso caracterizado por F.

As formas gerais, com as cinco variáveis de decisão $\{\delta U_1 \;\; \delta U_2 \;\; \delta\Delta\ell_1 \;\; \delta\Delta\ell_2 \;\; \delta\Delta\ell_3\}$, apresentam-se como:

Minimizar

$$142 \,|\, \delta\Delta\ell_1 \,|\, + 71 \,|\, \delta\Delta\ell_2 \,|\, + 142 \,|\, \delta\Delta\ell_3 \,|$$

que satisfaça:

à condição de normalização

$$\delta U_1 + 2\delta U_2 = 1$$

e

às relações cinemáticas

$$\delta\Delta\ell_1 = 0{,}707\delta U_1 + 0{,}707\delta U_2$$
$$\delta\Delta\ell_2 = 0{,}5\delta U_1 + 0{,}866\delta U_2$$
$$\delta\Delta\ell_3 = -0{,}866\delta U_1 + 0{,}5\delta U_2$$

ou

$$\delta U_1 = 0{,}5\delta\Delta\ell_2 - 0{,}866\delta\Delta\ell_3$$
$$\delta U_2 = 0{,}866\delta\Delta\ell_2 + 0{,}5\delta\Delta\ell_3$$

e

$$\delta\Delta\ell_1 - 0{,}966\delta\Delta\ell_2 + 0{,}259\delta\Delta\ell_3 = 0$$

com $\delta U_1, \delta U_2, \delta\Delta\ell_1, \delta\Delta\ell_2, \delta\Delta\ell_3 \in R$.

A forma reduzida, com as três variáveis de decisão $\{\delta\Delta\ell_1 \ \delta\Delta\ell_2 \ \delta\Delta\ell_3\}$, apresenta-se como:

Minimizar

$$142 \, | \delta\Delta\ell_1 | + 71 \, | \delta\Delta\ell_2 | + 142 \, | \delta\Delta\ell_3 |$$

que satisfaça:

à condição de normalização

$$(0{,}5\delta\Delta\ell_2 - 0{,}867\delta\Delta\ell_3) + 2(0{,}867\delta\Delta\ell_2 + 0{,}5\delta\Delta\ell_3) = 1$$

ou

$$2{,}232\delta\Delta\ell_2 + 0{,}134\delta\Delta\ell_3 = 1$$

e

à equação de compatibilidade

$$\delta\Delta\ell_1 - 0{,}966\delta\Delta\ell_2 + 0{,}259\delta\Delta\ell_3 = 0$$

com $\delta\Delta\ell_1, \delta\Delta\ell_2, \delta\Delta\ell_3 \in R$.

Resolução pelo método simplex

Para a resolução pelo método simplex é necessário o estabelecimento da forma canônica do problema de minimização com as mudanças de variáveis indicadas em (9.5) e (9.6), que aqui tomam a forma:

$$\delta U_\ell^+ = \frac{|\delta U_\ell| + \delta U_\ell}{2} \geq 0 \qquad \delta U_\ell^- = \frac{|\delta U_\ell| - \delta U_\ell}{2} \geq 0 \qquad \ell = 1{,}2$$

$$\delta\Delta\ell_j^+ = \frac{|\delta\Delta\ell_j| + \delta\Delta\ell_j}{2} \geq 0 \qquad \delta\Delta\ell_j^- = \frac{|\delta\Delta\ell_j| - \delta\Delta\ell_j}{2} \geq 0 \qquad j = 1{,}3 \tag{9.26}$$

e

$$\begin{aligned} |\delta U_\ell| &= \delta U_\ell^+ + \delta U_\ell^- \qquad & \delta U_\ell &= \delta U_\ell^+ - \delta U_\ell^- \qquad & \ell = 1{,}2 \\ |\delta\Delta\ell_j| &= \delta\Delta\ell_j^+ + \delta\Delta\ell_j^- \qquad & \delta\Delta\ell_j &= \delta\Delta\ell_j^+ - \delta\Delta\ell_j^- \qquad & j = 1{,}3 \end{aligned} \tag{9.27}$$

Considere-se, inicialmente, o problema com a forma geral em que as relações cinemáticas são definidas pelas relações deformações-deslocamentos virtuais com as transformações (9.26) e (9.27), que se apresenta como:

Minimizar

$$142\,(\delta\Delta\ell_1^+ + \delta\Delta\ell_1^-) + 71\,(\delta\Delta\ell_2^+ + \delta\Delta\ell_2^-) + 142\,(\delta\Delta\ell_3^+ + \delta\Delta\ell_3^-)$$

que satisfaça:

à condição de normalização

$$\delta U_1^+ - \delta U_1^- + 2(\delta U_2^+ - \delta U_2^-) = 1$$

e

às relações cinemáticas na condição de mecanismo

$$(\delta\Delta\ell_1^+ - \delta\Delta\ell_1^-) - 0{,}707(\delta U_1^+ - \delta U_1^-) - 0{,}707(\delta U_2^+ - \delta U_2^-) = 0$$

$$(\delta\Delta\ell_2^+ - \delta\Delta\ell_2^-) - 0{,}5(\delta U_1^+ - \delta U_1^-) - 0{,}866(\delta U_2^+ - \delta U_2^-) = 0$$

$$(\delta\Delta\ell_3^+ - \delta\Delta\ell_3^-) + 0{,}866(\delta U_1^+ - \delta U_1^-) - 0{,}5(\delta U_2^+ - \delta U_2^-) = 0$$

com $\delta U_\ell^+, \delta U_\ell^-, \delta\Delta\ell_j^+, \delta\Delta\ell_j^- \geq 0 \quad \ell = 1{,}2 \quad j = 1{,}3$

que é representada, convenientemente, na tabela 0 da Tabela 9.1. Note-se que são dez as variáveis de decisão e quatro as variáveis básicas.

É necessário agora estabelecer uma base inicial, o que se faz a partir da seleção de um mecanismo possível de colapso, por exemplo, o mecanismo 1 do Exemplo 5.2, reproduzido na Figura 9.7.

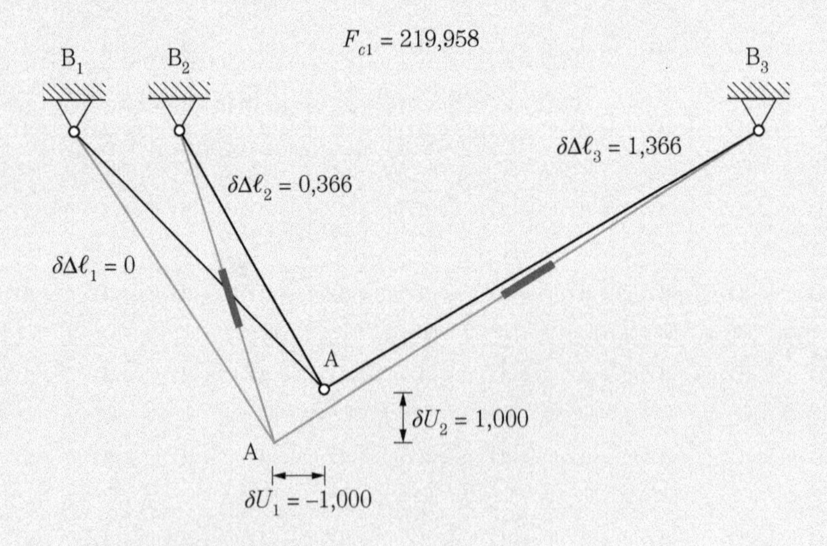

Figura 9.7
Mecanismo correspondente à base admissível inicial.

A análise qualitativa desse mecanismo, mostra que:

$$\delta U_1 < 0, \quad \delta U_2 > 0, \quad \delta\Delta\ell_1 = 0, \quad \delta\Delta\ell_2 > 0, \quad \delta\Delta\ell_3 > 0,$$

o que permite definir como base admissível inicial $\{\delta U_1^- \;\; \delta U_2^+ \;\; \delta\Delta\ell_2^+ \;\; \delta\Delta\ell_3^+\}$, cujos elementos são as variáveis básicas; portanto, $\{\delta U_1^+ \;\; \delta U_2^- \;\; \delta\Delta\ell_1^+ \;\; \delta\Delta\ell_1^- \;\; \delta\Delta\ell_2^- \;\; \delta\Delta\ell_3^-\}$ é o conjunto das variáveis não básicas e o problema de programação linear poder ser posto na forma (9.7), e é representado na tabela 0 da Tabela 9.1; pela transformação (9.8) obtém-se a forma canônica inicial, representada na tabela 1 da Tabela 9.1, de onde se tiram os seguintes resultados:

$$F_{c1} = 219{,}958 \text{ kN} \quad \begin{matrix} \delta U_1 = -1{,}000 \\ \delta U_2 = 1{,}000 \end{matrix} \quad \begin{matrix} \delta\Delta\ell_1 = 0 \\ \delta\Delta\ell_2 = 0{,}366 \\ \delta\Delta\ell_3 = 1{,}366 \end{matrix} \tag{9.28}$$

Os valores dos deslocamentos e deformações virtuais estão indicados na Figura 9.7, e, multiplicados pelo escalar 0,707, são os mesmos valores obtidos para o mecanismo 1 do Exemplo 5.2. A propriedade 3 permite então, obter a distribuição de forças normais:

$$\begin{aligned} N_1 &= \frac{576{,}837 - (-292{,}387)}{2} = 434{,}837 \text{ kN} > N_{p1} \\ N_2 &= \frac{142{,}000 - 0}{2} = 71{,}000 \text{ kN} \\ N_3 &= \frac{284{,}000 - 0}{2} = 142{,}000 \text{ kN} \end{aligned} \tag{9.29}$$

que satisfaz às equações de equilíbrio, como deveria ser; observa-se que ela viola a condição de plastificação, e a solução obtida não é a ótima.

Pelo procedimento do método simplex, a solução (9.28) apresentada na tabela 1 da Tabela 9.1 não é ótima, pois o critério de otimalidade não é verificado, visto que o coeficiente da variável não básica $\delta\Delta\ell_1^+$ é negativo. Assim, deve ser feita uma mudança de base: a variável $\delta\Delta\ell_1^+$ entra na base e sai a variável δU_1^-, de menor valor positivo na relação teste, conforme mostra a tabela 1. Com a nova base definida, pode-se obter, pela transformação (9.21), a nova forma canônica da tabela 2 da Tabela 9.1, de onde se tiram os resultados:

$$F_{c2} = 116{,}440 \text{ kN} \quad \begin{matrix} \delta U_1 = 0 \\ \delta U_2 = 0{,}5 \end{matrix} \quad \begin{matrix} \delta\Delta\ell_1 = 0{,}354 \\ \delta\Delta\ell_2 = 0{,}433 \\ \delta\Delta\ell_3 = 0{,}250 \end{matrix} \tag{9.30}$$

e, pela propriedade 3,

$$\begin{aligned} N_1 &= \frac{284{,}000 - 0}{2} = 142{,}000 \text{ kN} \\ N_2 &= \frac{142{,}000 - 0}{2} = 71{,}000 \text{ kN} \\ N_3 &= \frac{284{,}000 - 0}{2} = 142{,}000 \text{ kN} \end{aligned} \tag{9.31}$$

que merece análise acurada, pois corresponde a um mecanismo com as três barras plastificadas, com a condição de plastificação verificada e com as equações de equilíbrio satisfeitas pela igualdade $\delta T_e = \delta T_i$, e, ainda assim, o método simplex indica que essa solução não é ótima pois o coeficiente de δU_1^+ é negativo. Como se explica esse aparente paradoxo? Ele pode ser superado pela análise do resultado $\delta U_1 = 0$ e pela análise da equação de equilíbrio posta na forma

$$\begin{cases} F_h = 0{,}707N_1 + 0{,}5N_2 - 0{,}866N_3 \\ -2F_v = 0{,}707N_1 + 0{,}866N_2 + 0{,}5N_3 \end{cases} \tag{9.32}$$

Introduzindo (9.31) nas equações de equilíbrio (9.32), obtêm-se $F_h = 12{,}922$ kN e $F_v = 116{,}440$ kN, o que mostra que as condições verificadas são válidas para uma treliça com um vínculo introduzido, matematicamente pelo método simplex, de modo que garanta $\delta U_1 = 0$ e não a que está em análise, que deveria observar $F_h = F_v$. Os valores dos deslocamentos e deformações virtuais estão indicados na Figura 9.8.

Figura 9.8
Mecanismo correspondente a $F_{c2} = 116{,}440$ kN.

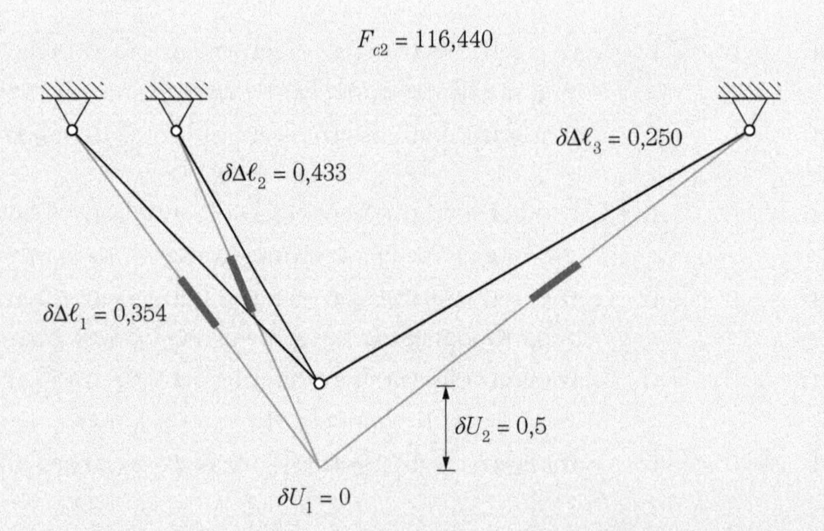

Assim, a solução (9.30) da tabela 2 da Tabela 9.1 não é ótima, pois o critério de otimalidade não é verificado, visto que o coeficiente da variável não básica δU_1^+ é negativo. Logo, deve ser feita uma mudança de base: a variável δU_1^+ entra na base e sai a variável $\delta \Delta \ell_3^+$, de menor valor positivo na relação teste da tabela 2. Com a nova base definida, pode-se obter, pela transformação (9.21), a nova forma canônica da tabela 3 da Tabela 9.1, de onde se tiram os resultados:

$$F_{c3} = 93{,}250 \text{ kN} \quad \begin{matrix} \delta U_1 = 0{,}224 \\ \delta U_2 = 0{,}388 \end{matrix} \quad \begin{matrix} \delta\Delta\ell_1 = 0{,}433 \\ \delta\Delta\ell_2 = 0{,}448 \\ \delta\Delta\ell_3 = 0 \end{matrix} \tag{9.33}$$

e, pela propriedade 3,

$$
\begin{aligned}
N_1 &= \frac{284{,}000 - 0}{2} = 142{,}000 \text{ kN} \\
N_2 &= \frac{142{,}000 - 0}{2} = 71{,}000 \text{ kN} \\
N_3 &= \frac{191{,}242 - 92{,}758}{2} = 49{,}242 \text{ kN} < N_{p3}
\end{aligned}
\tag{9.34}
$$

que é a solução ótima, visto que todos os coeficientes das variáveis não básicas são negativos. Esses valores estão indicados na Figura 9.9; note-se que os alongamentos e deslocamentos virtuais multiplicados pelo escalar 2,232 são iguais aos valores obtidos para o mecanismo 3 do Exemplo 5.2.

Figura 9.9
Esforços (em kN) na iminência do colapso e deslocamentos e deformações virtuais de colapso.

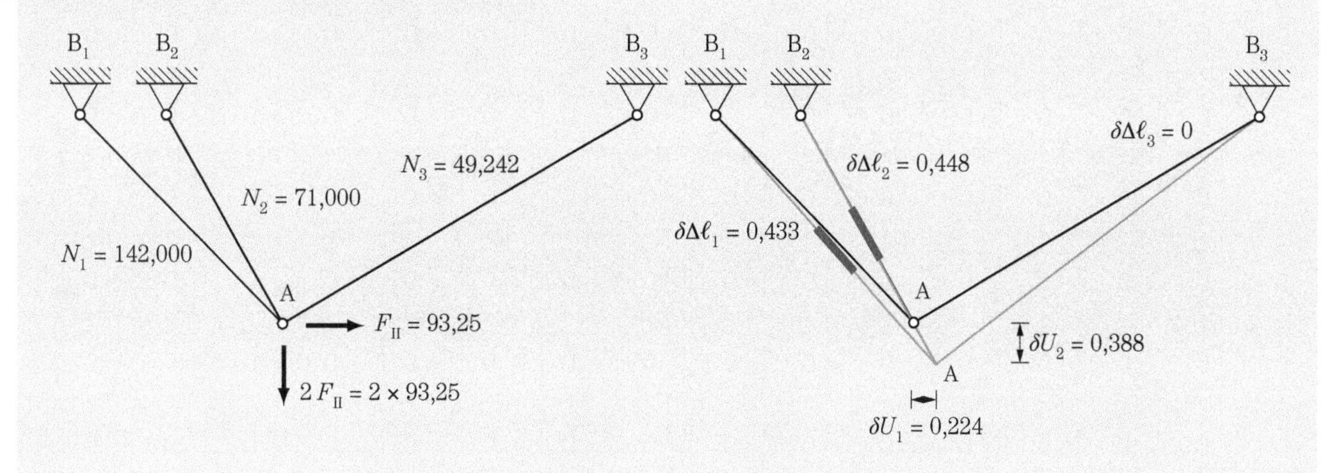

Tabela 9.1 – Tabelas Simplex para a treliça hiperestática – Alongamentos e deslocamentos virtuais

Tabela 0

Variáveis básicas	$\delta\Delta\ell_1^+$	$\delta\Delta\ell_2^+$	$\delta\Delta\ell_3^+$	δU_1^+	δU_2^+	$\delta\Delta\ell_1^-$	$\delta\Delta\ell_2^-$	$\delta\Delta\ell_3^-$	δU_1^-	δU_2^-	Memb Direita	
	142	71	142	0	0	142	71	142	0	0	0,0000	
$\delta\Delta\ell_2^+$	0,000	0,000	0,000	1,000	2,000	0,000	0,000	0,000	–1,000	–2,000	1,000	
$\delta\Delta\ell_3^+$	1,000	0,000	0,000	–0,707	–0,707	–1,000	0,000	0,000	0,707	0,707	0,000	
δU_2^+	0,000	1,000	0,000	–0,500	–0,866	0,000	–1,000	0,000	0,500	0,866	0,000	
δU_1^-	0,000	0,000	1,000	0,866	–0,500	0,000	0,000	–1,000	–0,866	0,500	0,000	

Tabela 1

Variáveis básicas	$\delta\Delta\ell_1^+$	$\delta\Delta\ell_2^+$	$\delta\Delta\ell_3^+$	δU_1^+	δU_2^+	$\delta\Delta\ell_1^-$	$\delta\Delta\ell_2^-$	$\delta\Delta\ell_3^-$	δU_1^-	δU_2^-	Memb Direita	Relação teste
	-292,837	0,000	0,000	0,000	0,000	576,837	142,000	284,000	0,000	0,000	-219,958	
$\delta\Delta\ell_2^+$	–0,190	1,000	0,000	0,000	0,000	0,190	–1,000	0,000	0,000	0,000	0,366	
$\delta\Delta\ell_3^+$	3,157	0,000	1,000	0,000	0,000	–3,157	0,000	–1,000	0,000	0,000	1,366	0,433
δU_2^+	1,414	0,000	0,000	0,000	1,000	–1,414	0,000	0,000	0,000	–1,000	1,000	0,707
δU_1^-	2,829	0,000	0,000	–1,000	0,000	–2,829	0,000	0,000	1,000	0,000	1,000	0,354

Tabela 2

Variáveis básicas	$\delta\Delta\ell_1^+$	$\delta\Delta\ell_2^+$	$\delta\Delta\ell_3^+$	δU_1^+	δU_2^+	$\delta\Delta\ell_1^-$	$\delta\Delta\ell_2^-$	$\delta\Delta\ell_3^-$	δU_1^-	δU_2^-	Memb Direita	Relação teste
	0,000	0,000	0,000	-103,518	0,000	284,000	142,000	284,000	103,518	0,000	-116,440	
$\delta\Delta\ell_1^+$	1,000	0,000	0,000	–0,354	0,000	–1,000	0,000	0,000	0,354	0,000	0,354	
$\delta\Delta\ell_2^+$	0,000	1,000	0,000	–0,067	0,000	0,000	–1,000	0,000	0,067	0,000	0,433	
$\delta\Delta\ell_3^+$	0,000	0,000	1,000	1,116	0,000	0,000	0,000	–1,000	–1,116	0,000	0,250	0,224
δU_2^+	0,000	0,000	0,000	0,500	1,000	0,000	0,000	0,000	–0,500	–1,000	0,500	1,000

Tabela 3

Variáveis básicas	$\delta\Delta\ell_1^+$	$\delta\Delta\ell_2^+$	$\delta\Delta\ell_3^+$	δU_1^+	δU_2^+	$\delta\Delta\ell_1^-$	$\delta\Delta\ell_2^-$	$\delta\Delta\ell_3^-$	δU_1^-	δU_2^-	Memb Direita	
	0,000	0,000	92,758	0,000	0,000	284,000	142,000	191,242	0,000	0,000	-93,250	
$\delta\Delta\ell_1^+$	1,000	0,000	0,317	0,000	0,000	–1,000	0,000	–0,317	0,000	0,000	0,433	
$\delta\Delta\ell_2^+$	0,000	1,000	0,060	0,000	0,000	0,000	–1,000	–0,060	0,000	0,000	0,448	
δU_1^+	0,000	0,000	0,896	1,000	0,000	0,000	0,000	–0,896	–1,000	0,000	0,224	
δU_2^+	0,000	0,000	–0,448	0,000	1,000	0,000	0,000	0,448	0,000	–1,000	0,388	

Considere-se, agora, o problema com a forma reduzida em que as variáveis de decisão se reduzem aos alongamentos virtuais relacionados pela condição de normalização e pela equação de compatibilidade que, com as transformações (9.26) e (9.27), se apresenta como:

Minimizar

$$142\,(\delta\Delta\ell_1^+ + \delta\Delta\ell_1^-) + 71\,(\delta\Delta\ell_2^+ + \delta\Delta\ell_2^-) + 142\,(\delta\Delta\ell_3^+ + \delta\Delta\ell_3^-)$$

que satisfaça:

à condição de normalização

$$2{,}232\,(\delta\Delta\ell_2^+ - \delta\Delta\ell_2^-) + 0{,}134\,(\delta\Delta\ell_3^+ - \delta\Delta\ell_3^-) = 1$$

e

à equação de compatibilidade

$$(\delta\Delta\ell_1^+ - \delta\Delta\ell_1^-) - 0{,}966\,(\delta\Delta\ell_2^+ - \delta\Delta\ell_2^-) + 0{,}259\,(\delta\Delta\ell_3^+ - \delta\Delta\ell_3^-) = 0$$

com $\delta\Delta\ell_j^+, \delta\Delta\ell_j^- \geq 0 \quad j = 1,3$

que é representada, convenientemente, na tabela 0 da Tabela 9.2.

Adota-se o mesmo mecanismo da Figura 9.7, que observa:

$$\delta\Delta\ell_1 = 0, \quad \delta\Delta\ell_2 > 0, \quad \delta\Delta\ell_3 > 0$$

como referência para definir como base admissível inicial $\{\delta\Delta\ell_2^+ \; \delta\Delta\ell_3^+\}$, cujos elementos são as variáveis básicas, e portanto, $\{\delta\Delta\ell_1^+ \; \delta\Delta\ell_1^- \; \delta\Delta\ell_2^- \; \delta\Delta\ell_3^-\}$ é o conjunto das variáveis não básicas e o problema de programação linear poder ser posto na forma (9.7), e é representado na tabela 0 da Tabela 9.2, e, pela transformação (9.8) obtém-se a forma canônica inicial, que é representada na tabela 1 da Tabela 9.2, de onde se tiram os seguintes resultados:

$$F_{c1} = 219{,}963 \text{ kN} \quad \begin{aligned} \delta\Delta\ell_1 &= 0 \\ \delta\Delta\ell_2 &= 0{,}366 \\ \delta\Delta\ell_3 &= 1{,}366 \end{aligned} \tag{9.35}$$

e, pela propriedade 3,

$$\begin{aligned} N_1 &= 434{,}784 \text{ kN} > N_{p1} \\ N_2 &= 71{,}000 \text{ kN} \\ N_3 &= 142{,}000 \text{ kN} \end{aligned} \tag{9.36}$$

que são os mesmos resultados estabelecidos em (9.28) e (9.29), a menos de pequenas variações nos valores de F_{c1} e N_1, decorrentes de erros de truncamento nas operações numéricas.

A solução (9.35) da tabela 1 da Tabela 9.2 não é ótima, pois o critério de otimalidade não é verificado, visto que o coeficiente da variável não básica $\delta\Delta\ell_1^+$ é negativo. Logo, deve ser feita uma mudança de base: a variável $\delta\Delta\ell_1^+$ entra na base e sai a variável $\delta\Delta\ell_3^+$, de menor valor positivo na relação teste da tabela 1. Com a nova base definida, pode-se obter, pela transformação (9.21), a nova forma canônica da tabela 2 da Tabela 9.2, de onde se tiram os resultados:

$$F_{c2} = 93{,}260\ \text{kN} \quad \begin{array}{c} \delta\Delta\ell_1 = 0{,}433 \\ \delta\Delta\ell_2 = 0{,}448 \\ \delta\Delta\ell_3 = 0 \end{array} \tag{9.37}$$

e, pela propriedade 3,

$$\begin{aligned} N_1 &= 142{,}000\ \text{kN} \\ N_2 &= 71{,}000\ \text{kN} \\ N_3 &= 49{,}247\ \text{kN} < N_{p3} \end{aligned} \tag{9.38}$$

que é a solução ótima, visto que todos os coeficientes das variáveis não básicas são negativos.

Note-se que há uma significativa diminuição do número das variáveis de decisão e das variáveis básicas ao adotar a formulação reduzida, em que as variáveis de decisão são apenas os alongamentos virtuais. Observa-se, novamente, que pequenas diferenças numéricas nos valores apresentados decorrem de erros de truncamento nas operações numéricas realizadas.

Neste exemplo simples, exploraram-se as diversas abordagens de tratamento do problema de programação linear de análise limite pelo teorema cinemático para oferecer um amplo leque de opções de análise. Nos próximos exemplos, a solução dessa classe de problemas será feita apenas com a formulação reduzida e com a apresentação de resultados obtidos com o Solver do Excel ou com o Lingo.

Tabela 9.2 – Tabela Simplex para a treliça hiperestática – Alongamentos virtuais

Tabela 0								
Variáveis básicas	$\delta\Delta\ell_1^+$	$\delta\Delta\ell_2^+$	$\delta\Delta\ell_3^+$	$\delta\Delta\ell_1^-$	$\delta\Delta\ell_2^-$	$\delta\Delta\ell_3^-$	Memb Direita	
	142,000	71,000	142,000	142,000	71,000	142,000	0,0000	
$\delta\Delta\ell_2^+$	0,000	2,232	0,134	0,000	–2,232	–0,134	1,0000	
$\delta\Delta\ell_3^+$	1,000	–0,966	0,259	–1,000	0,966	–0,259	0,0000	
Tabela 1								
Variáveis básicas	$\delta\Delta\ell_1^+$	$\delta\Delta\ell_2^+$	$\delta\Delta\ell_3^+$	$\delta\Delta\ell_1^-$	$\delta\Delta\ell_2^-$	$\delta\Delta\ell_3^-$	Memb Direita	Relação teste
	-292,784	0,000	0,000	576,784	142,000	284,000	-219,963	
$\delta\Delta\ell_2^+$	–0,189	1,000	0,000	0,189	–1,000	0,000	0,366	
$\delta\Delta\ell_3^+$	3,157	0,000	1,000	–3,157	0,000	–1,000	1,366	0,433
Solução é ótima?		Não	Porque o coeficiente da variável não básica $\delta\Delta\ell_1{}^+$ é negativo					
Quem entra?		$\delta\Delta\ell_1{}^+$	Os coeficientes da variável não básica $\delta\Delta\ell_1{}^+$ é o menor valor negativo					
Quem sai?		$\delta\Delta\ell_3{}^+$	O de menor relação teste positiva					
Tabela 2								
Variáveis básicas	$\delta\Delta\ell_1^+$	$\delta\Delta\ell_2^+$	$\delta\Delta\ell_3^+$	$\delta\Delta\ell_1^-$	$\delta\Delta\ell_2^-$	$\delta\Delta\ell_3^-$	Memb Direita	Relação teste
	0,000	0,000	92,753	284,000	142,000	191,247	-93,260	
$\delta\Delta\ell_1^+$	1,000	0,000	0,317	–1,000	0,000	–0,317	0,433	
$\delta\Delta\ell_2^+$	0,000	1,000	0,060	0,000	–1,000	–0,060	0,448	
Solução é ótima?		Sim	Porque todos os coeficientes das variáveis não básicas são não negativos					

EXEMPLO 9.2 Treliça hiperestática com seis barras

A treliça plana da Figura 9.10, com barras prismáticas de mesma seção transversal e mesmo material e força normal de plastificação $N_p = 150$ kN, solicitada por carregamento proporcional monotonicamente crescente, foi analisada no Exemplo 7.4 pelo método das inequações. Trata-se, agora, da obtenção do coeficiente F_{II} de colapso plástico e da distribuição das forças normais na iminência do colapso pela análise limite por programação linear pela aplicação do teorema cinemático.

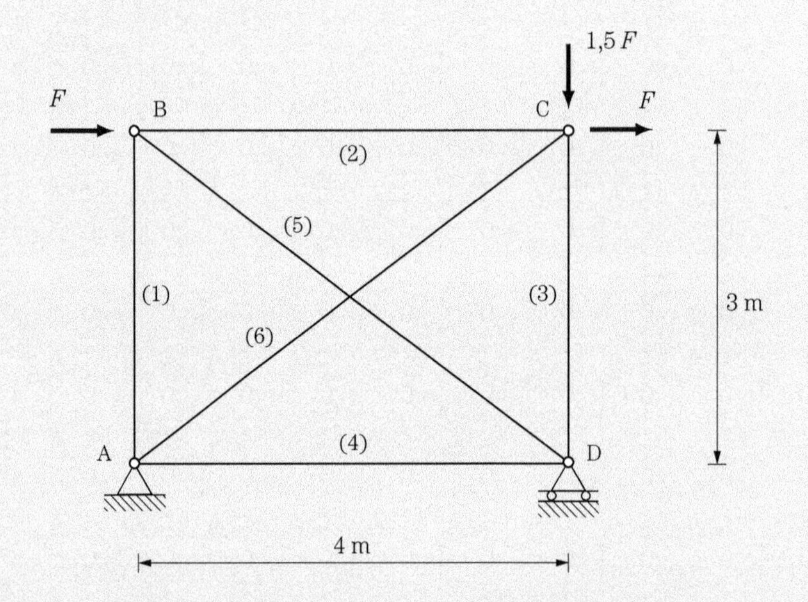

Figura 9.10
Treliça plana hiperestática com seis barras.

Solução

Relações cinemáticas

A treliça em estudo é hiperestática com $g_h = 1$ e, portanto, com uma equação de compatibilidade. Como são cinco os deslocamentos virtuais independentes e seis as deformações virtuais, têm-se seis relações deformações-deslocamentos virtuais e cinco relações deslocamentos-deformações virtuais, que serão estabelecidas pelo procedimento descrito no Anexo B. Adota-se F como multiplicador cinemático.

A Figura 9.11 apresenta os cinco deslocamentos virtuais incógnitos, a orientação das barras e fornece as informações para o estabelecimento das relações cinemáticas, com os seguintes passos para cada barra:

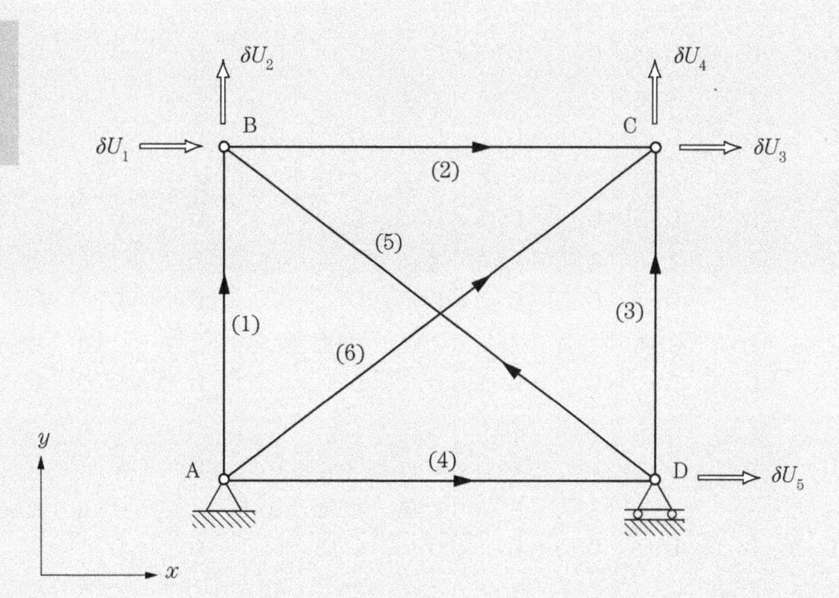

Figura 9.11
Deslocamentos virtuais incógnitos e orientação das barras.

- Ler o ângulo α, conforme se indica na Figura B.2 do Anexo B, e estabelecer a correspondência entre os deslocamentos na barra e na estrutura:

Barra 1	$\alpha = 90°$	$\{u_1\ u_2\ u_3\ u_4\}$	$\rightarrow$	$\{0\ 0\ \delta U_1\ \delta U_2\}$
Barra 2	$\alpha = 0°$	$\{u_1\ u_2\ u_3\ u_4\}$	$\rightarrow$	$\{\delta U_1\ \delta U_2\ \delta U_3\ \delta U_4\}$
Barra 3	$\alpha = 90°$	$\{u_1\ u_2\ u_3\ u_4\}$	$\rightarrow$	$\{\delta U_5\ 0\ \delta U_3\ \delta U_4\}$
Barra 4	$\alpha = 0°$	$\{u_1\ u_2\ u_3\ u_4\}$	$\rightarrow$	$\{0\ 0\ \delta U_5\ 0\}$
Barra 5	$\alpha = 143{,}13°$	$\{u_1\ u_2\ u_3\ u_4\}$	$\rightarrow$	$\{\delta U_5\ 0\ \delta U_1\ \delta U_2\}$
Barra 6	$\alpha = 36{,}87°$	$\{u_1\ u_2\ u_3\ u_4\}$	$\rightarrow$	$\{0\ 0\ \delta U_3\ \delta U_4\}$

- Calcular $[b]$:

$$[b_1] = \{0{,}000 \quad -1{,}000 \quad 0{,}000 \quad 1{,}000\}$$
$$[b_2] = \{-1{,}000 \quad 0{,}000 \quad 1{,}000 \quad 0{,}000\}$$
$$[b_3] = \{0{,}000 \quad -1{,}000 \quad 0{,}000 \quad 1{,}000\}$$
$$[b_4] = \{-1{,}000 \quad 0{,}000 \quad 1{,}000 \quad 0{,}000\}$$
$$[b_5] = \{0{,}800 \quad -0{,}600 \quad -0{,}800 \quad 0{,}600\}$$
$$[b_6] = \{-0{,}800 \quad -0{,}600 \quad 0{,}800 \quad 0{,}600\}$$

- Efetuar a colocação de $[b]$ em $[B]$:

$$[B] = \begin{bmatrix} 0{,}000 & 1{,}000 & 0{,}000 & 0{,}000 & 0{,}000 \\ -1{,}000 & 0{,}000 & 1{,}000 & 0{,}000 & 0{,}000 \\ 0{,}000 & 0{,}000 & 0{,}000 & 1{,}000 & 0{,}000 \\ 0{,}000 & 0{,}000 & 0{,}000 & 0{,}000 & 1{,}000 \\ -0{,}800 & 0{,}600 & 0{,}000 & 0{,}000 & 0{,}800 \\ 0{,}000 & 0{,}000 & 0{,}800 & 0{,}600 & 0{,}000 \end{bmatrix}$$

Assim, as relações deformações-deslocamentos virtuais $\{\delta E\} = [B]\{\delta U\}$ são dadas por:

$$\begin{aligned} \delta\Delta\ell_1 &= \delta U_2 \\ \delta\Delta\ell_2 &= -\delta U_1 + \delta U_3 \\ \delta\Delta\ell_3 &= \delta U_4 \\ \delta\Delta\ell_4 &= \delta U_5 \\ \delta\Delta\ell_5 &= -0{,}800\delta U_1 + 0{,}600\delta U_2 + 0{,}800\delta U_5 \\ \delta\Delta\ell_6 &= 0{,}800\delta U_3 + 0{,}600\delta U_4 \end{aligned} \tag{9.39}$$

e, aplicando-se as transformações $\{\delta U\} = [B_1]^{-1}\{\delta E_1\}$ e $\{\delta E_2\} = [B_2]\,[B_1]^{-1}\{\delta E_1\}$, definidas no Anexo B, obtêm-se as relações deslocamentos-deformações virtuais

$$\begin{aligned} \delta U_1 &= 0{,}75\delta\Delta\ell_1 + \delta\Delta\ell_4 - 1{,}25\delta\Delta\ell_5 \\ \delta U_2 &= \delta\Delta\ell_1 \\ \delta U_3 &= 0{,}75\delta\Delta\ell_1 + \delta\Delta\ell_2 + \delta\Delta\ell_4 - 1{,}25\delta\Delta\ell_5 \\ \delta U_4 &= \delta\Delta\ell_3 \\ \delta U_5 &= \delta\Delta\ell_4 \end{aligned} \tag{9.40}$$

e a equação de compatibilidade:

$$\delta\Delta\ell_6 = 0{,}6\delta\Delta\ell_1 + 0{,}8\delta\Delta\ell_2 + 0{,}6\delta\Delta\ell_3 + 0{,}8\delta\Delta\ell_4 - \delta\Delta\ell_5. \tag{9.41}$$

Adota-se como condição de normalização:

$$\delta U_1 + \delta U_3 - 1{,}5\delta U_4 = 1, \tag{9.42}$$

ou, em termos das deformações virtuais:

$$1{,}5\delta\Delta\ell_1 + \delta\Delta\ell_2 - 1{,}5\delta\Delta\ell_3 + 2\delta\Delta\ell_4 - 2{,}5\delta\Delta\ell_5 = 1. \tag{9.43}$$

Forma reduzida do problema de minimização do coeficiente cinemático

Uma vez obtidas as relações cinemáticas da treliça, é imediato o estabelecimento das formas geral ou reduzida do problema de minimização do coeficiente cinemático F. Neste exemplo, opta-se pela resolução na forma reduzida.

A forma reduzida tem seis variáveis de decisão, $\{\delta\Delta\ell_1\ \delta\Delta\ell_2\ \delta\Delta\ell_3\ \delta\Delta\ell_4\ \delta\Delta\ell_5\ \delta\Delta\ell_6\}$, e se apresenta como:

Minimizar

$$150\,(|\,\delta\Delta\ell_1\,| + |\,\delta\Delta\ell_2\,| + |\,\delta\Delta\ell_3\,| + |\,\delta\Delta\ell_4\,| + |\,\delta\Delta\ell_5\,| + |\,\delta\Delta\ell_6\,|)$$

que satisfaça à condição de normalização (9.43) e à equação de compatibilidade (9.41) com as variáveis $\delta\Delta\ell_j \in R$.

Resolução pelo método simplex

Para a resolução pelo método simplex é necessário o estabelecimento da forma canônica do problema de minimização com as mudanças de variáveis indicadas em (9.5) e (9.6), que aqui tomam a forma:

$$\delta\Delta\ell_j^+ = \frac{\left|\delta\Delta\ell_j\right| + \delta\Delta\ell_j}{2} \geq 0 \qquad \delta\Delta\ell_j^- = \frac{\left|\delta\Delta\ell_j\right| - \delta\Delta\ell_j}{2} \geq 0 \qquad j = 1,6 \tag{9.44}$$

e

$$\left|\delta\Delta\ell_j\right| = \delta\Delta\ell_j^+ + \delta\Delta\ell_j^- \qquad \delta\Delta\ell_j = \delta\Delta\ell_j^+ - \delta\Delta\ell_j^- \qquad j = 1,6 \tag{9.45}$$

e que permitem estabelecer:

Minimizar

$$150\big(\delta\Delta\ell_1^+ + \delta\Delta\ell_1^- + \delta\Delta\ell_2^+ + \delta\Delta\ell_2^- + \delta\Delta\ell_3^+ + \delta\Delta\ell_3^- + \delta\Delta\ell_4^+ + \delta\Delta\ell_4^- + \delta\Delta\ell_5^+ + \delta\Delta\ell_5^- + \delta\Delta\ell_6^+ + \delta\Delta\ell_6^-\big)$$

que satisfaça:

à condição de normalização

$$1{,}5\big(\delta\Delta\ell_1^+ - \delta\Delta\ell_1^-\big) + \big(\delta\Delta\ell_2^+ - \delta\Delta\ell_2^-\big) - 1{,}5\big(\delta\Delta\ell_3^+ - \delta\Delta\ell_3^-\big) + 2\big(\delta\Delta\ell_4^+ - \delta\Delta\ell_4^-\big) - 2{,}5\big(\delta\Delta\ell_5^+ - \delta\Delta\ell_5^-\big) = 1$$

e

à equação de compatibilidade

$$0{,}6\big(\delta\Delta\ell_1^+ - \delta\Delta\ell_1^-\big) + 0{,}8\big(\delta\Delta\ell_2^+ - \delta\Delta\ell_2^-\big) + 0{,}6\big(\delta\Delta\ell_3^+ - \delta\Delta\ell_3^-\big) + 0{,}8\big(\delta\Delta\ell_4^+ - \delta\Delta\ell_4^-\big) - \big(\delta\Delta\ell_5^+ - \delta\Delta\ell_5^-\big) - \big(\delta\Delta\ell_6^+ - \delta\Delta\ell_6^-\big) = 0$$

com $\delta\Delta\ell_j^+, \delta\Delta\ell_j^- \geq 0 \qquad j = 1,6$

que é representada, convenientemente, na tabela 0 da Tabela 9.3. Note-se que são doze as variáveis de decisão e duas as variáveis básicas.

Para estabelecer a base inicial, seleciona-se o mecanismo da Figura 9.12, em que as barras (2) e (5) estão plastificadas. A análise qualitativa desse mecanismo mostra:

$$\delta\Delta\ell_2, \delta\Delta\ell_5 < 0, \ \ \delta\Delta\ell_1 = \delta\Delta\ell_3 = \delta\Delta\ell_4 = \delta\Delta\ell_6 = 0$$

o que permite definir como base admissível inicial $\{\delta\Delta\ell_2^- \ \ \delta\Delta\ell_5^-\}$, cujos elementos são as variáveis básicas; portanto, as demais deformações virtuais são as variáveis não básicas.

Figura 9.12

Mecanismo para definir base inicial.

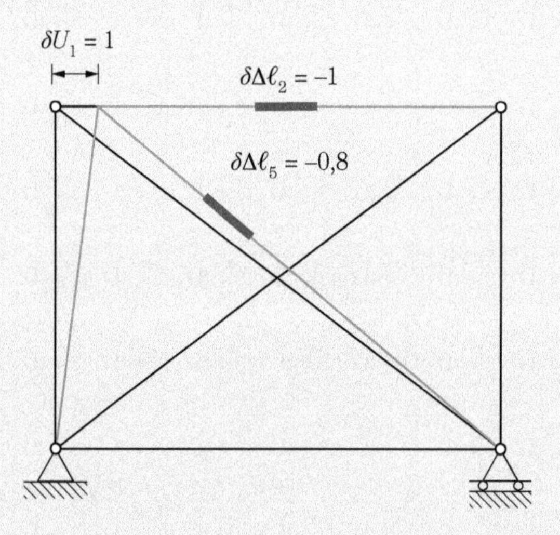

Assim, a transformação (9.8) permite estabelecer a forma canônica inicial, que é representada na tabela 1 da Tabela 9.3, de onde se tiram os seguintes resultados:

$$F_{c1} = 270 \text{ kN} \quad \begin{matrix} \delta\Delta\ell_1 = 0 & N_1 = 90 \text{ kN} \\ \delta\Delta\ell_2 = -1 & N_2 = -150 \text{ kN} \\ \delta\Delta\ell_3 = 0 & N_3 = -720 \text{ kN} \\ \delta\Delta\ell_4 = 0 & N_4 = 120 \text{ kN} \\ \delta\Delta\ell_5 = -0{,}8 & N_5 = -150 \text{ kN} \\ \delta\Delta\ell_6 = 0 & N_6 = 525 \text{ kN} \end{matrix} \tag{9.46}$$

e, considerando as relações (9.40), obtêm-se os deslocamentos virtuais:

$$\delta U_1 = 1 \quad \delta U_2 = 0 \quad \delta U_3 = 0 \quad \delta U_4 = 0 \quad \delta U_5 = 0 \tag{9.47}$$

que, junto com as deformações virtuais, ambas em seus valores não nulos, estão indicados na Figura 9.12.

A solução (9.46) da tabela 1 da Tabela 9.3 não é ótima, pois o critério de otimalidade não é verificado, visto que os coeficientes das variáveis não básicas $\delta\Delta\ell_6^+$ e $\delta\Delta\ell_3^-$ são negativos. Logo, deve ser feita uma mudança de base: a variável $\delta\Delta\ell_3^-$ entra na base e sai a variável $\delta\Delta\ell_2^-$, de menor valor positivo na relação teste da tabela 1. Com a nova base definida, pode-se obter, pela transformação (9.21), a nova forma canônica da tabela 2 da Tabela 9.3, de onde se tiram os resultados:

$$F_{c2} = 80\ \text{kN} \quad \begin{array}{ll} \delta\Delta\ell_1 = 0 & N_1 = 90\ \text{kN} \\ \delta\Delta\ell_2 = 0 & N_2 = 40\ \text{kN} \\ \delta\Delta\ell_3 = -\,0{,}333 & N_3 = -\,150\ \text{kN} \\ \delta\Delta\ell_4 = 0 & N_4 = 120\ \text{kN} \\ \delta\Delta\ell_5 = -\,0{,}2 & N_5 = -\,150\ \text{kN} \\ \delta\Delta\ell_6 = 0 & N_6 = 50\ \text{kN} \end{array} \tag{9.48}$$

que é a solução ótima, visto que todos os coeficientes das variáveis não básicas não são negativos. Observa-se que a distribuição de forças normais satisfaz à condição de plastificação. Considerando (9.40), obtêm-se os deslocamentos virtuais:

$$\delta U_1 = 0{,}25 \quad \delta U_2 = 0 \quad \delta U_3 = 0{,}25 \quad \delta U_4 = -0{,}333 \quad \delta U_5 = 0 \tag{9.49}$$

A Figura 9.13 apresenta a distribuição das forças normais na iminência do colapso e os deslocamentos e deformações virtuais não nulos do mecanismo de colapso.

Figura 9.13
Esforços (em kN) e mecanismo para F_{II} = 80 kN.

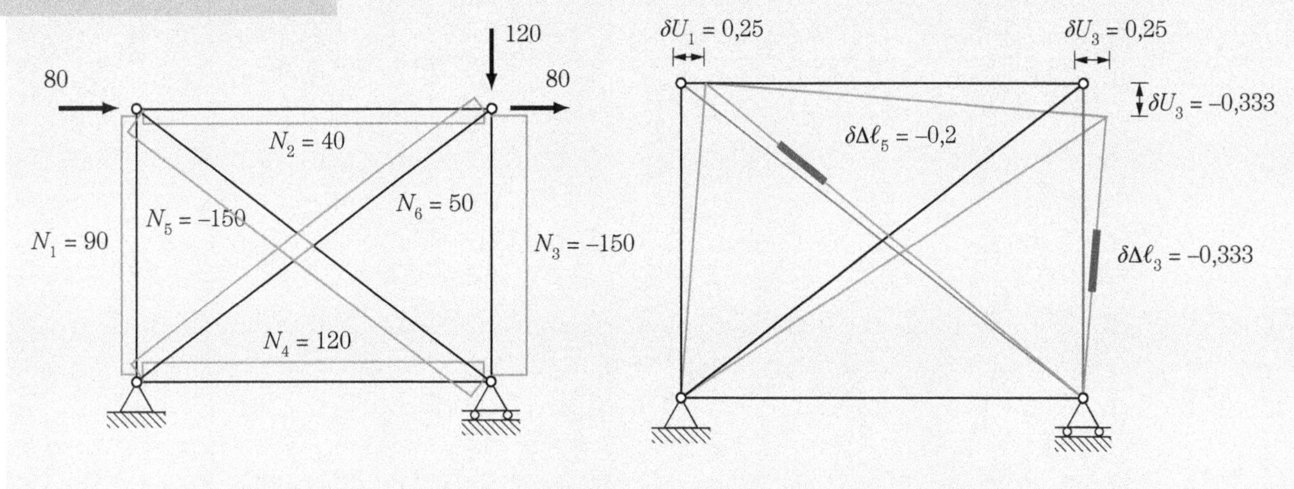

Tabela 9.3 – Tabelas simplex para a treliça hiperestática com seis barras – Resolução somente com alongamentos virtuais

Tabela 0														
Variáveis básicas	$\delta\Delta\ell_1^+$	$\delta\Delta\ell_2^+$	$\delta\Delta\ell_3^+$	$\delta\Delta\ell_4^+$	$\delta\Delta\ell_5^+$	$\delta\Delta\ell_6^+$	$\delta\Delta\ell_1^-$	$\delta\Delta\ell_2^-$	$\delta\Delta\ell_3^-$	$\delta\Delta\ell_4^-$	$\delta\Delta\ell_5^-$	$\delta\Delta\ell_6^-$	Memb Direita	
	150	150	150	150	150	150	150	150	150	150	150	150	0,000	
$\delta\Delta\ell_2^-$	1,5000	1,0000	–1,5000	2,0000	–2,5000	0,0000	–1,5000	–1,0000	1,5000	–2,0000	2,5000	0,0000	1,000	
$\delta\Delta\ell_5^-$	0,6000	0,8000	0,6000	0,8000	–1,0000	–1,0000	–0,6000	–0,8000	–0,6000	–0,8000	1,0000	1,0000	0,000	

Tabela 1														
Variáveis básicas	$\delta\Delta\ell_1^+$	$\delta\Delta\ell_2^+$	$\delta\Delta\ell_3^+$	$\delta\Delta\ell_4^+$	$\delta\Delta\ell_5^+$	$\delta\Delta\ell_6^+$	$\delta\Delta\ell_1^-$	$\delta\Delta\ell_2^-$	$\delta\Delta\ell_3^-$	$\delta\Delta\ell_4^-$	$\delta\Delta\ell_5^-$	$\delta\Delta\ell_6^-$	Memb Direita	Relação teste
	60,000	300,000	870,000	30,000	300,000	-375,000	240,000	0,000	-570,000	270,000	0,000	675,000	-270,000	
$\delta\Delta\ell_2^-$	0,000	–1,000	-3,000	0,000	0,000	2,500	0,000	1,000	3,000	0,000	0,000	–2,500	1,000	0,333
$\delta\Delta\ell_5^-$	0,600	0,000	–1,800	0,800	–1,000	1,000	–0,600	0,000	1,800	–0,800	1,000	–1,000	0,800	0,444
Solução é ótima?	Não	Porque alguns coeficientes das variáveis não básicas são negativos												
Quem entra?	$\delta\Delta\ell_3^-$	Variável não básica com menor coeficiente negativo												
Quem sai?	$\delta\Delta\ell_2^-$	O de menor relação teste positiva												

Tabela 2														
Variáveis básicas	$\delta\Delta\ell_1^+$	$\delta\Delta\ell_2^+$	$\delta\Delta\ell_3^+$	$\delta\Delta\ell_4^+$	$\delta\Delta\ell_5^+$	$\delta\Delta\ell_6^+$	$\delta\Delta\ell_1^-$	$\delta\Delta\ell_2^-$	$\delta\Delta\ell_3^-$	$\delta\Delta\ell_4^-$	$\delta\Delta\ell_5^-$	$\delta\Delta\ell_6^-$	Memb Direita	Relação teste
	60,000	110,000	300,000	30,000	300,000	100,000	240,000	190,000	0,000	270,000	0,000	200,000	-80,000	
$\delta\Delta\ell_3^-$	0,000	–0,333	–1,000	0,000	0,000	0,833	0,000	0,333	1,000	0,000	0,000	–0,833	0,333	
$\delta\Delta\ell_5^-$	0,600	0,600	0,000	0,800	–1,000	–0,500	–0,600	–0,600	0,000	–0,800	1,000	0,500	0,200	
Solução é ótima?	Sim	Porque todos os coeficientes das variáveis não básicas não são negativos												

Resolução pelo Solver do Excel

A Tabela 9.4 apresenta os resultados obtidos com o Solver do Excel: a carga de colapso F_{II} e os valores de $\delta\Delta\ell_j^+$ e $\delta\Delta\ell_j^-$, que permitem calcular as deformações virtuais, $\delta\Delta\ell_j = \delta\Delta\ell_j^+ - \delta\Delta\ell_j^-$, do mecanismo de colapso.

Note-se que, para poder utilizar o Solver, foi necessário introduzir as transformações (9.45), em virtude de a função objetivo conter o termo $|\, \delta\Delta\ell_j \,|$ em sua expressão $\sum_j N_{pj}\left|\delta\Delta\ell_j\right|$.

Resolução pelo Lingo

A Figura 9.14 apresenta os comandos e os dados de entrada para a análise limite de treliça hiperestática com seis barras pelo Lingo.

Figura 9.14
Comandos e dados de entrada para o Lingo.

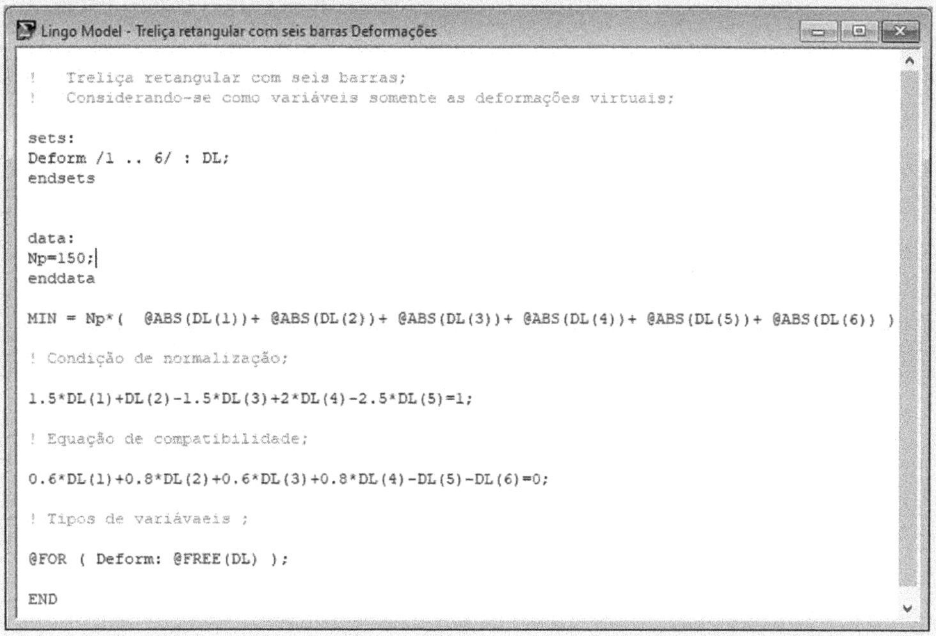

Lingo Model - Treliça retangular com seis barras Deformações

```
!   Treliça retangular com seis barras;
!   Considerando-se como variáveis somente as deformações virtuais;

sets:
Deform /1 .. 6/ : DL;
endsets


data:
Np=150;
enddata

MIN = Np*(  @ABS(DL(1))+ @ABS(DL(2))+ @ABS(DL(3))+ @ABS(DL(4))+ @ABS(DL(5))+ @ABS(DL(6)) )

! Condição de normalização;

1.5*DL(1)+DL(2)-1.5*DL(3)+2*DL(4)-2.5*DL(5)=1;

! Equação de compatibilidade;

0.6*DL(1)+0.8*DL(2)+0.6*DL(3)+0.8*DL(4)-DL(5)-DL(6)=0;

! Tipos de variávaeis ;

@FOR ( Deform: @FREE(DL) );

END
```

Tabela 9.4 – Resultados pelo Solver do Excel

	Variáveis														
	$\delta\Delta\ell_1^+$	$\delta\Delta\ell_2^+$	$\delta\Delta\ell_3^+$	$\delta\Delta\ell_4^+$	$\delta\Delta\ell_5^+$	$\delta\Delta\ell_6^+$	$\delta\Delta\ell_1^-$	$\delta\Delta\ell_2^-$	$\delta\Delta\ell_3^-$	$\delta\Delta\ell_4^-$	$\delta\Delta\ell_5^-$	$\delta\Delta\ell_6^-$			
Coef. Função Objetivo	150	150	150	150	150	150	150	150	150	150	150	150			
Valor das variáveis	0,000	0,000	0,000	0,000	0,000	0,000	0,000	0,000	0,333	0,000	0,200	0,000			
Função objetivo	80,000														
Restrições	$\delta\Delta\ell_1^+$	$\delta\Delta\ell_2^+$	$\delta\Delta\ell_3^+$	$\delta\Delta\ell_4^+$	$\delta\Delta\ell_5^+$	$\delta\Delta\ell_6^+$	$\delta\Delta\ell_1^-$	$\delta\Delta\ell_2^-$	$\delta\Delta\ell_3^-$	$\delta\Delta\ell_4^-$	$\delta\Delta\ell_5^-$	$\delta\Delta\ell_6^-$	Direita	Oper	Esquerda
1	1,5000	1,0000	–1,5000	2,0000	–2,5000	0	–1,5000	–1,0000	1,5000	–2,0000	2,5000	0,0000	1,000	=	1
2	0,6000	0,8000	0,6000	0,8000	–1,0000	–1	–0,6000	–0,8000	–0,6000	–0,8000	1,0000	1,0000	0,000	=	0

A Figura 9.15 apresenta apenas a parte do relatório de solução do Lingo em que constam a carga de colapso F_{II} e deformações virtuais $\delta\Delta\ell_j$ do mecanismo de colapso.

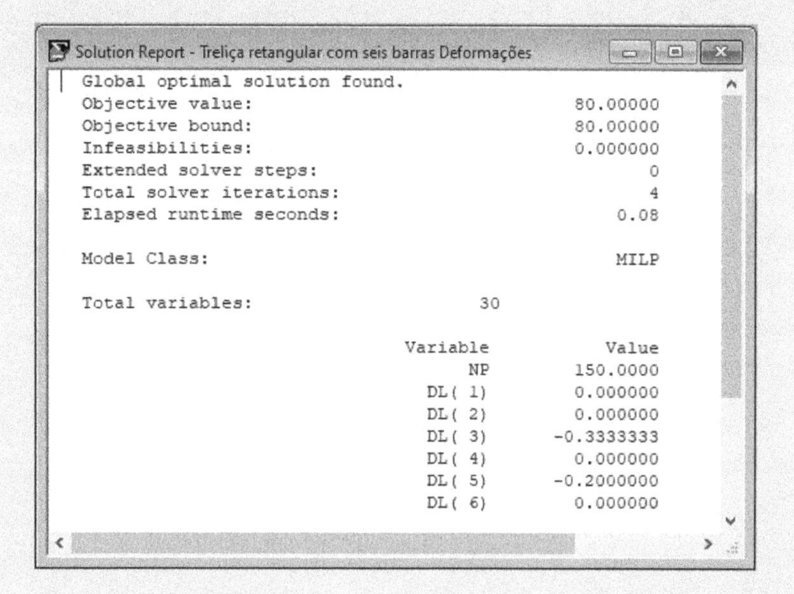

```
Solution Report - Treliça retangular com seis barras Deformações
Global optimal solution found.
Objective value:                              80.00000
Objective bound:                              80.00000
Infeasibilities:                              0.000000
Extended solver steps:                               0
Total solver iterations:                             4
Elapsed runtime seconds:                          0.08

Model Class:                                      MILP

Total variables:                   30

                                   Variable      Value
                                         NP   150.0000
                                     DL( 1)   0.000000
                                     DL( 2)   0.000000
                                     DL( 3) -0.3333333
                                     DL( 4)   0.000000
                                     DL( 5) -0.2000000
                                     DL( 6)   0.000000
```

Figura 9.15
Resultados do Lingo.

Note-se que, apesar de o método simplex ser mais trabalhoso do que o Solver do Excel ou o Lingo, ele propicia uma rica interpretação de suas passagens intermediárias e a obtenção da distribuição das forças normais na iminência do colapso. Por ter sido selecionada a forma reduzida do problema de minimização, os três procedimentos exigem a utilização das relações deslocamentos-deformações virtuais (9.40) para a obtenção dos deslocamentos virtuais.

EXEMPLO 9.3 Pórtico atirantado

Trata-se da análise limite por programação linear pela aplicação do teorema cinemático do pórtico plano do Exemplo 7.9, reapresentado na Figura 9.16.

Figura 9.16
Pórtico plano atirantado.

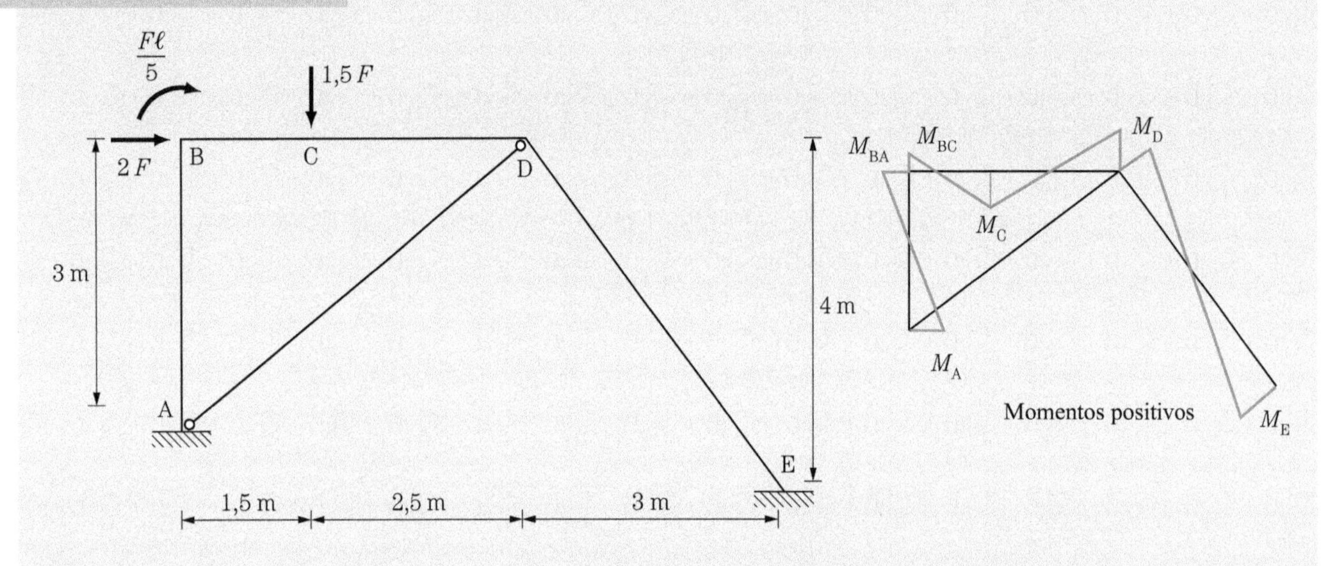

Solução

Relações cinemáticas

O pórtico atirantado é hiperestático com $g_h = 4$ e, portanto, com quatro equações de compatibilidade. As suas relações cinemáticas foram analisadas no exemplo do Anexo B e, na sua forma mais reduzida com $\delta\theta_{21} = 0$ e $\delta\theta_{23} = 0$, tem três deslocamentos virtuais independentes, conforme se mostra na Figura 9.17, e sete deformações virtuais independentes: as seis rotações nas extremidades das barras fletidas, $\{\delta\theta_{41}\ \delta\theta_{14}\ \delta\theta_{12}\ \delta\theta_{23}\ \delta\theta_{32}\ \delta\theta_{53}\}$, e o alongamento, $\delta\Delta\ell_5$, na barra 5.

Figura 9.17
Deslocamentos virtuais independentes.

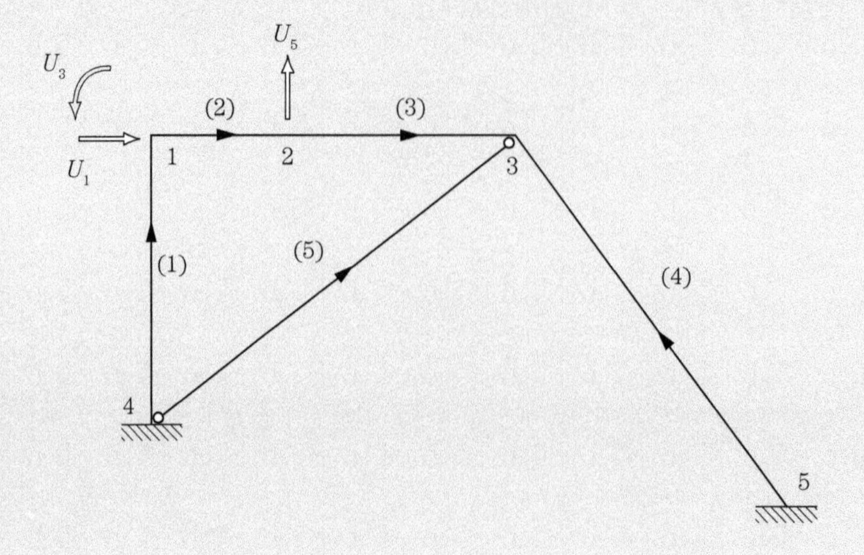

Foram obtidas as relações deformações-deslocamentos virtuais:

$$\begin{Bmatrix} \delta\theta_{41} \\ \delta\theta_{14} \\ \delta\theta_{12} \\ \delta\theta_{23} \\ \delta\theta_{32} \\ \delta\theta_{53} \\ \delta\Delta\ell_5 \end{Bmatrix} = \begin{bmatrix} 0{,}333 & 0 & 0 \\ 0{,}333 & 1 & 0 \\ 0 & 1 & -0{,}667 \\ -0{,}3 & 0 & 1{,}067 \\ 0{,}550 & 0 & 0{,}4 \\ 0{,}25 & 0 & 0 \\ 1{,}25 & 0 & 0 \end{bmatrix} \begin{Bmatrix} \delta U_1 \\ \delta U_3 \\ \delta U_5 \end{Bmatrix} \tag{9.50}$$

as relações deslocamentos-deformações virtuais

$$\begin{Bmatrix} \delta U_1 \\ \delta U_3 \\ \delta U_5 \end{Bmatrix} = \begin{bmatrix} 3 & 0 & 0 \\ -1 & 1 & 0 \\ -1{,}5 & 1{,}5 & -1{,}5 \end{bmatrix} \begin{Bmatrix} \delta\theta_{41} \\ \delta\theta_{14} \\ \delta\theta_{12} \end{Bmatrix} \tag{9.51}$$

e as equações de compatibilidade:

$$\begin{Bmatrix} \delta\theta_{23} \\ \delta\theta_{32} \\ \delta\theta_{53} \\ \delta\Delta\ell_5 \end{Bmatrix} = \begin{bmatrix} -2{,}501 & 1{,}601 & -1{,}601 \\ -2{,}25 & 0{,}6 & -0{,}6 \\ 0{,}75 & 0 & 0 \\ 3{,}75 & 0 & 0 \end{bmatrix} \begin{Bmatrix} \delta\theta_{41} \\ \delta\theta_{14} \\ \delta\theta_{12} \end{Bmatrix} \tag{9.52}$$

Forma reduzida do problema de minimização do coeficiente cinemático

Uma vez obtidas as relações cinemáticas do pórtico atirantado, é imediato o estabelecimento das formas geral ou reduzida do problema de minimização do coeficiente cinemático F.

Sabe-se, do Exemplo 7.9, que o momento de plastificação das barras é $M_p = 360$ kNm e que a força normal de plastificação da barra 5 é $N_p = 126{,}68$ kN. A condição de normalização é dada por $2\delta U_1 - \delta U_3 - 1{,}5\delta U_5 = 1$, que pode ser expressa em termos das deformações virtuais, ou seja,

$$9{,}25\delta\theta_{41} - 3{,}25\delta\theta_{14} + 2{,}25\delta\theta_{12} = 1. \tag{9.53}$$

Assim, a forma reduzida para a análise do problema se apresenta como:

Minimizar

$$360(|\delta\theta_{41}| + |\delta\theta_{14}| + |\delta\theta_{12}| + |\delta\theta_{23}| + |\delta\theta_{32}| + |\delta\theta_{53}|) + 126{,}68\,|\delta\Delta\ell_5|$$

que satisfaça à condição de normalização (9.53) e às equações de compatibilidade (9.52) com as variáveis $\delta\theta$ e $\delta\Delta\ell \in R$.

Resolução pelo método simplex

Para a resolução pelo método simplex é necessário o estabelecimento da forma canônica do problema de minimização com as mudanças de variáveis indicadas em (9.5) e (9.6), que aqui tomam a forma:

Minimizar

$$360(\delta\theta_{41}^+ + \delta\theta_{41}^- + \delta\theta_{14}^+ + \delta\theta_{14}^- + \delta\theta_{12}^+ + \delta\theta_{12}^- + \delta\theta_{23}^+ + \delta\theta_{23}^- + \delta\theta_{32}^+ + \delta\theta_{32}^- + \delta\theta_{53}^+ + \delta\theta_{53}^-) + 126{,}68(\delta\Delta\ell_5^+ + \delta\Delta\ell_5^-)$$

que satisfaça:

à condição de normalização

$$9{,}25\,(\delta\theta_{41}^+ - \delta\theta_{41}^-) - 3{,}25\,(\delta\theta_{14}^+ - \delta\theta_{14}^-) + 2{,}25\,(\delta\theta_{12}^+ - \delta\theta_{12}^-) = 1$$

e

às equações de compatibilidade

$$2{,}501(\delta\theta_{41}^+ - \delta\theta_{41}^-) - 1{,}601(\delta\theta_{14}^+ - \delta\theta_{14}^-) + 1{,}601(\delta\theta_{12}^+ - \delta\theta_{12}^-) + (\delta\theta_{23}^+ - \delta\theta_{23}^-) = 0$$
$$2{,}25(\delta\theta_{41}^+ - \delta\theta_{41}^-) - 0{,}6(\delta\theta_{14}^+ - \delta\theta_{14}^-) + 0{,}6(\delta\theta_{12}^+ - \delta\theta_{12}^-) + (\delta\theta_{32}^+ - \delta\theta_{32}^-) = 0$$
$$-0{,}75(\delta\theta_{41}^+ - \delta\theta_{41}^-) + (\delta\theta_{53}^+ - \delta\theta_{53}^-) = 0$$
$$-3{,}75(\delta\theta_{41}^+ - \delta\theta_{41}^-) + (\delta\Delta\ell_5^+ - \delta\Delta\ell_5^-) = 0$$

com $\delta\theta^+, \delta\theta^-, \delta\Delta\ell^+, \delta\Delta\ell^- \geq 0$.

que é representada, convenientemente, na tabela 0 da Tabela 9.5.

Considerando que a forma canônica tem catorze variáveis de decisão e cinco restrições, $g_h + 1$, a base será constituída por cinco variáveis básicas, $\{\delta\theta_{41}^+\ \delta\theta_{14}^+\ \delta\theta_{32}^-\ \delta\theta_{53}^+\ \delta\Delta\ell_5^+\}$, escolhidas a partir da análise qualitativa do mecanismo de tombamento da Figura 9.18. Note-se que as rotações virtuais são as rotações dos nós; assim, as rotações nas extremidades das barras terão o sentido oposto. Portanto, as rotações serão positivas quando tiverem o sentido horário quando aplicadas aos nós, o que justifica os sinais adotados na escolha das variáveis básicas.

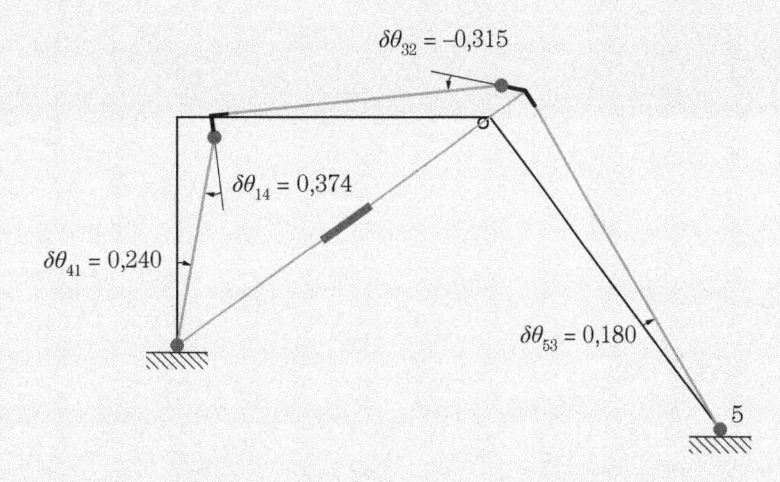

Figura 9.18
Mecanismo de tombamento.

A transformação (9.8) permite estabelecer a forma canônica inicial, que é representada na tabela 1 da Tabela 9.5, de onde se tiram os seguintes resultados:

$$F_{c1} = 512{,}82 \text{ kN} \quad \begin{array}{ll} \delta\theta_{41} = 0{,}240 & M_{14} = 360 \text{ kNm} \\ \delta\theta_{14} = 0{,}374 & M_{41} = 360 \text{ kNm} \\ \delta\theta_{12} = 0 & M_{12} = -\,872{,}8 \text{ kNm} \le -M_p \\ \delta\theta_{23} = 0 & M_{23} = -\,1131{,}0 \text{ kNm} \le -M_p \\ \delta\theta_{32} = -\,0{,}315 & M_{32} = -\,360 \text{ kNm} \\ \delta\theta_{53} = 0{,}180 & M_{53} = 360 \text{ kNm} \\ \delta\Delta\ell_5 = 0{,}899 & N_5 = 126{,}68 \text{ kN} \end{array} \tag{9.54}$$

e, considerando as relações (9.51), obtêm-se os deslocamentos virtuais:

$$\delta U_1 = 0{,}719 \quad \delta U_3 = 0{,}135 \quad \delta U_5 = 0{,}202 \tag{9.55}$$

As deformações virtuais não nulas estão representadas na Figura 9.18. Note-se que, se os valores dos deslocamentos e das deformações virtuais forem divididos por 0,240, serão obtidos os valores correspondentes à normalização com $\delta\theta_{41} = \delta\theta$ do mecanismo do Exemplo 7.9 e, ainda, que a condição de plastificação é violada.

A solução (9.54) da tabela 1 da Tabela 9.5 não é ótima, pois o critério de otimalidade não é verificado, visto que há coeficientes das variáveis não básicas negativos e o coeficiente de $\delta\theta_{23}^{-}$ é o mais negativo. Logo, deve ser feita uma mudança de base: a variável $\delta\theta_{23}^{-}$ entra na base e sai a variável $\delta\theta_{14}^{+}$, de menor valor positivo na relação teste da tabela 1. Com a nova base definida, pode-se obter, pela transformação (9.21), a nova forma canônica da tabela 2 da Tabela 9.5, de onde se tiram os resultados:

$$F_{c2} = 304{,}37\ \text{kN} \quad \begin{array}{ll} \delta\theta_{41} = 0{,}108 & M_{14} = 360\ \text{kNm} \\ \delta\theta_{14} = 0 & M_{41} = -\ 196{,}84\ \text{kNm} \\ \delta\theta_{12} = 0 & M_{12} = -\ 107{,}53\ \text{kNm} \\ \delta\theta_{23} = -\ 0{,}270 & M_{23} = -\ 360\ \text{kNm} \\ \delta\theta_{32} = -\ 0{,}243 & M_{32} = -\ 360\ \text{kNm} \\ \delta\theta_{53} = 0{,}081 & M_{53} = 360\ \text{kNm} \\ \delta\Delta\ell_5 = 0{,}405 & N_5 = 126{,}68\ \text{kN} \end{array} \tag{9.56}$$

que é a solução ótima, visto que todos os coeficientes das variáveis não básicas não são negativos. Observa-se que a distribuição dos esforços solicitantes satisfaz à condição de plastificação. Considerando (9.51), obtêm-se os deslocamentos virtuais:

$$\delta U_1 = 0{,}324 \quad \delta U_3 = -0{,}108 \quad \delta U_5 = -0{,}162 \tag{9.57}$$

A Figura 9.19 apresenta a distribuição dos momentos fletores e a força normal no tirante na iminência do colapso e os deslocamentos e deformações virtuais não nulos do mecanismo de colapso. Esses deslocamentos e deformações virtuais, se divididos por 0,108 e multiplicados por $\delta\theta$, resultam em valores iguais aos obtidos no Exemplo 7.9 para o mecanismo de colapso.

Figura 9.19
Esforços solicitantes na iminência do colapso e mecanismo de colapso.

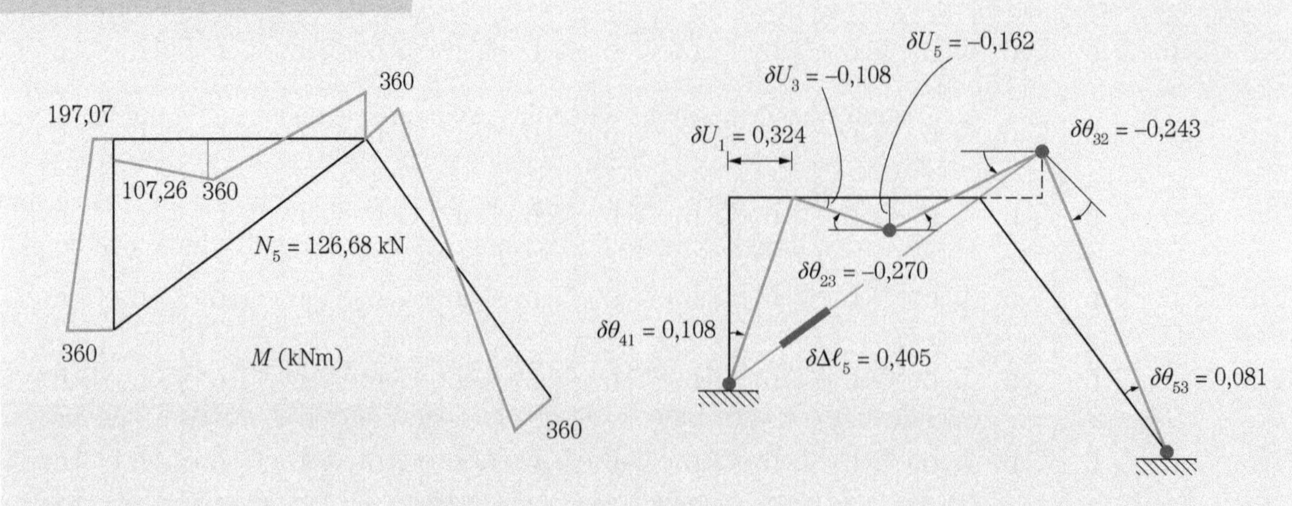

Resolução pelo Lingo

A Figura 9.20 apresenta os comandos e os dados de entrada para a análise limite do pórtico atirantado pelo Lingo.

Figura 9.20
Comandos e dados de entrada para o Lingo.

```
Lingo Model - PPL Minimo Portico plano atirantado Def R1 e R2

!   Pórtico atirantado;
!   Considerando-se como variáveis somente as deformações;
!   Com restrições de inextensibilidade (R1) e rotações nulas (R2);

data:
Mp=360;
Np=126.68;
enddata

MIN = Mp*( @ABS(T41)+ @ABS(T14)+ @ABS(T12)+ @ABS(T23)+ @ABS(T32)+ @ABS(T53)) +Np*@ABS(DL5)

! Equação de normalização;

9.25*T41 - 3.25*T14 + 2.25*T12 =  1 ;

! Equações de compatibilidade;

2.501*T41 -1.601*T14 +1.601*T12 + T23 =0 ;

2.25*T41 - 0.6*T14 + 0.6*T12 + T32 =0 ;

-0.75*T41 + T53 =0 ;

-3.75*T41 +DL5 = 0 ;

! Tipos de variáveis ;

@FREE(T41) ; @FREE(T14) ; @FREE(T12) ; @FREE(T23) ;

@FREE(T32) ; @FREE(T53) ; @FREE(DL5) ;

END
```

A Figura 9.21 apresenta parte do relatório de solução do Lingo em que constam a carga de colapso F_{II} e deformações virtuais $\delta\theta_k$ do mecanismo de colapso.

Figura 9.21
Resultados do Lingo.

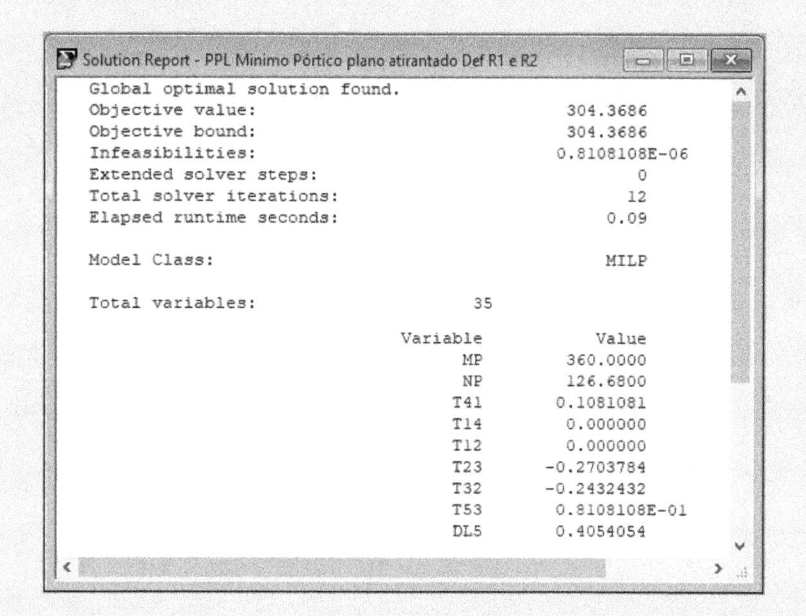

Solution Report - PPL Minimo Pórtico plano atirantado Def R1 e R2

```
Global optimal solution found.
Objective value:                              304.3686
Objective bound:                              304.3686
Infeasibilities:                              0.8108108E-06
Extended solver steps:                               0
Total solver iterations:                            12
Elapsed runtime seconds:                          0.09

Model Class:                                      MILP

Total variables:                    35

                              Variable           Value
                                    MP        360.0000
                                    NP        126.6800
                                   T41       0.1081081
                                   T14        0.000000
                                   T12        0.000000
                                   T23      -0.2703784
                                   T32      -0.2432432
                                   T53       0.8108108E-01
                                   DL5       0.4054054
```

Tabela 9.5 – Tabelas simplex para o pórtico atirantado

Tabela 0

Variáveis básicas	$\delta\theta_{41}^{+}$	$\delta\theta_{14}^{+}$	$\delta\theta_{12}^{+}$	$\delta\theta_{23}^{+}$	$\delta\theta_{32}^{+}$	$\delta\theta_{53}^{+}$	$\delta\Delta\ell_{5}^{+}$	$\delta\theta_{41}^{-}$
	360	360	360	360	360	360	126,68	360
$\delta\theta_{41}^{+}$	9,250	–3,250	2,250	0,000	0,000	0,000	0,000	–9,250
$\delta\theta_{14}^{+}$	2,501	–1,601	1,601	1,000	0,000	0,000	0,000	–2,501
$\delta\theta_{53}^{+}$	2,250	–0,600	0,600	0,000	1,000	0,000	0,000	–2,250
$\delta\Delta\ell_{5}^{+}$	–0,750	0,000	0,000	0,000	0,000	1,000	0,000	0,750
$\delta\theta_{32}^{-}$	–3,750	0,000	0,000	0,000	0,000	0,000	1,000	3,750

Tabela 1

Variáveis básicas	$\delta\theta_{41}^{+}$	$\delta\theta_{14}^{+}$	$\delta\theta_{12}^{+}$	$\delta\theta_{23}^{+}$	$\delta\theta_{32}^{+}$	$\delta\theta_{53}^{+}$	$\delta\Delta\ell_{5}^{+}$	$\delta\theta_{41}^{-}$
	0,00	0,00	1232,82	1490,96	720,00	0,00	0,00	720,00
$\delta\theta_{41}^{+}$	1,000	0,000	–0,240	–0,486	0,000	0,000	0,000	–1,000
$\delta\theta_{14}^{+}$	0,000	1,000	–1,374	–1,385	0,000	0,000	0,000	0,000
$\delta\theta_{53}^{+}$	0,000	0,000	–0,180	–0,365	0,000	1,000	0,000	0,000
$\delta\Delta\ell_{5}^{+}$	0,000	0,000	–0,899	–1,824	0,000	0,000	1,000	0,000
$\delta\theta_{32}^{-}$	0,000	0,000	–0,315	–0,264	–1,000	0,000	0,000	0,000
Solução é ótima?	Não	Porque alguns coeficientes das variáveis não básicas são negativos						
Quem entra?	$\delta\theta_{23}^{-}$	Variável não básica com menor coeficiente negativo						
Quem sai?	$\delta\theta_{14}^{+}$	O de menor relação teste positiva						

Tabela 2

Variáveis básicas	$\delta\theta_{41}^{+}$	$\delta\theta_{14}^{+}$	$\delta\theta_{12}^{+}$	$\delta\theta_{23}^{+}$	$\delta\theta_{32}^{+}$	$\delta\theta_{53}^{+}$	$\delta\Delta\ell_{5}^{+}$	$\delta\theta_{41}^{-}$
	0,000	556,838	467,531	720,000	720,000	0,000	0,000	720,000
$\delta\theta_{41}^{+}$	1,000	–0,351	0,243	0,000	0,000	0,000	0,000	–1,000
$\delta\theta_{53}^{+}$	0,000	–0,264	0,182	0,000	0,000	1,000	0,000	0,000
$\delta\Delta\ell_{5}^{+}$	0,000	–1,318	0,912	0,000	0,000	0,000	1,000	0,000
$\delta\theta_{23}^{-}$	0,000	0,722	–0,993	–1,000	0,000	0,000	0,000	0,000
$\delta\theta_{32}^{-}$	0,000	–0,191	–0,053	0,000	–1,000	0,000	0,000	0,000
Solução é ótima?	Sim	Porque todos os coeficientes das variáveis não básicas não são negativos						

Tabela 0							
$\delta\theta_{14}^-$	$\delta\theta_{12}^-$	$\delta\theta_{23}^-$	$\delta\theta_{32}^-$	$\delta\theta_{53}^-$	$\delta\Delta\ell_5^-$	Memb Direita	
360	360	360	360	360	126,68	0	
3,250	–2,250	0,000	0,000	0,000	0,000	1	
1,601	–1,601	–1,000	0,000	0,000	0,000	0	
0,600	–0,600	0,000	–1,000	0,000	0,000	0	
0,000	0,000	0,000	0,000	–1,000	0,000	0	
0,000	0,000	0,000	0,000	0,000	–1,000	0	

Tabela 1							
$\delta\theta_{14}^-$	$\delta\theta_{12}^-$	$\delta\theta_{23}^-$	$\delta\theta_{32}^-$	$\delta\theta_{53}^-$	$\delta\Delta\ell_5^-$	Memb Direita	Relação teste
720,00	–512,82	–770,96	0,00	720,00	253,36	–512,82	
0,000	0,240	0,486	0,000	0,000	0,000	0,240	0,49
–1,000	1,374	1,385	0,000	0,000	0,000	0,374	0,27
0,000	0,180	0,365	0,000	–1,000	0,000	0,180	0,49
0,000	0,899	1,824	0,000	0,000	–1,000	0,899	0,49
0,000	0,315	0,264	1,000	0,000	0,000	0,315	1,19

Tabela 2							
$\delta\theta_{14}^-$	$\delta\theta_{12}^-$	$\delta\theta_{23}^-$	$\delta\theta_{32}^-$	$\delta\theta_{53}^-$	$\delta\Delta\ell_5^-$	Memb Direita	Relação teste
163,162	252,469	0,000	0,000	720,000	253,360	–304,369	
0,351	–0,243	0,000	0,000	0,000	0,000	0,108	
0,264	–0,182	0,000	0,000	–1,000	0,000	0,081	
1,318	–0,912	0,000	0,000	0,000	–1,000	0,405	
–0,722	0,993	1,000	0,000	0,000	0,000	0,270	
0,191	0,053	0,000	1,000	0,000	0,000	0,243	

EXEMPLO 9.4 Pórtico duplo

Considere-se o pórtico plano duplo do Exemplo 7.3, reproduzido na Figura 9.22. Trata-se da determinação do multiplicador de colapso γ_{II} e da apresentação da distribuição de momentos fletores na iminência do colapso pelo método simplex e pelo Lingo, com particular destaque para o estabelecimento das relações cinemáticas pelo procedimento do Anexo B.

Figura 9.22
Pórtico duplo.

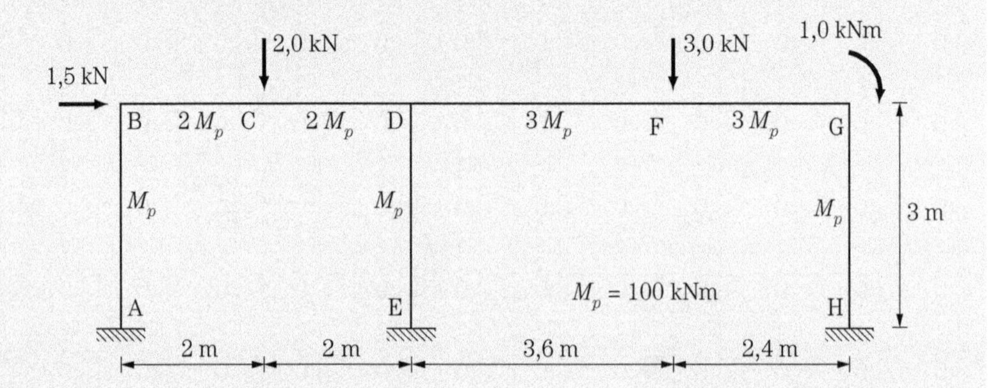

Solução

Relações cinemáticas

O pórtico atirantado é hiperestático com $g_h = 6$ e, portanto, com seis equações de compatibilidade. A Figura 9.23 apresenta os quinze deslocamentos nos nós da estrutura, que definem o seu campo de deslocamentos. O campo de deformações é definido pelo alongamento e pelas rotações nas extremidades, $\{\Delta\ell_{ij} \;\; \theta_{ij} \;\; \theta_{ji}\}$, de cada uma das sete barras, ou seja, por 21 variáveis.

Figura 9.23
Deslocamentos nodais e orientação das barras.

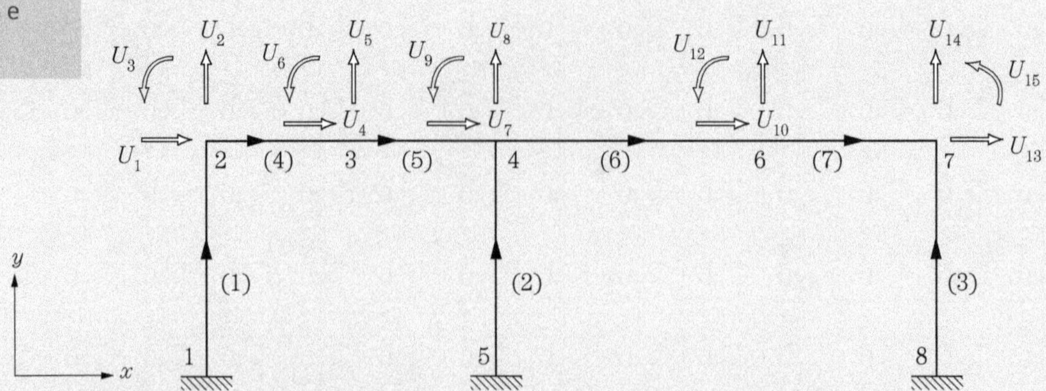

Quando se trata desse campo na condição de mecanismo, ele é definido por deslocamentos virtuais com a condição de inextensibilidade nas barras fletidas, $\delta\Delta\ell_{ij} = 0$, o que reduz a oito os deslocamentos nodais virtuais independentes, que são mostrados na Figura 9.24, e a catorze deformações, apenas rotações, virtuais independentes.

Figura 9.24
Deslocamentos virtuais independentes com a condição de inextensibilidade.

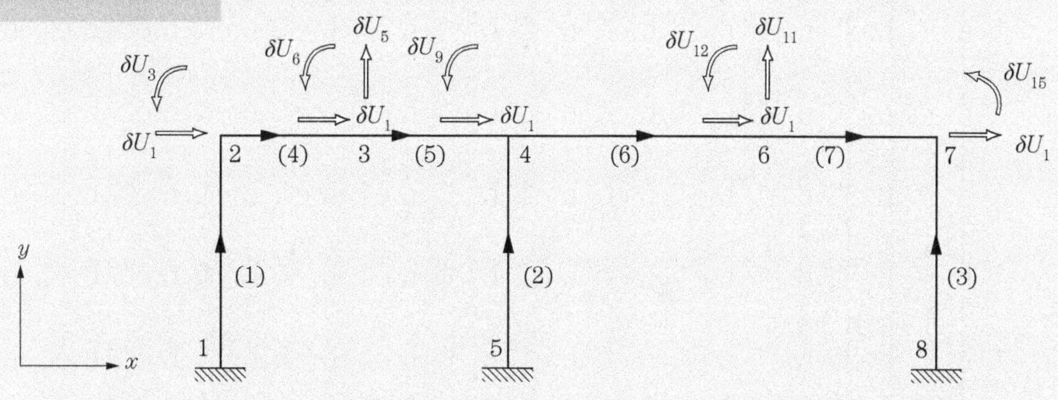

Em nós com apenas duas barras e sem momento externo aplicado, a possível rótula se formará apenas em uma das duas seções adjacentes ao nó, de modo que na outra seção a rotação virtual será nula. Assim, no nó 2, a rótula plástica será possível apenas na seção 21 e $\delta\theta_{23} = 0$; nas seções 3 e 6 ela poderá ocorrer em qualquer das seções adjacentes e arbitra-se $\delta\theta_{32} = 0$ e $\delta\theta_{64} = 0$. Nessas condições, as rotações virtuais independentes se reduzem a onze e os deslocamentos virtuais independentes a cinco, selecionados os indicados na Figura 9.25. Assim, na forma mais reduzida, são onze as relações deformações-deslocamentos virtuais, cinco as relações deslocamentos-deformações virtuais, e seis as equações de compatibilidade que definem a geometria dos mecanismos e que são estabelecidas a seguir.

Figura 9.25
Deslocamentos virtuais selecionados.

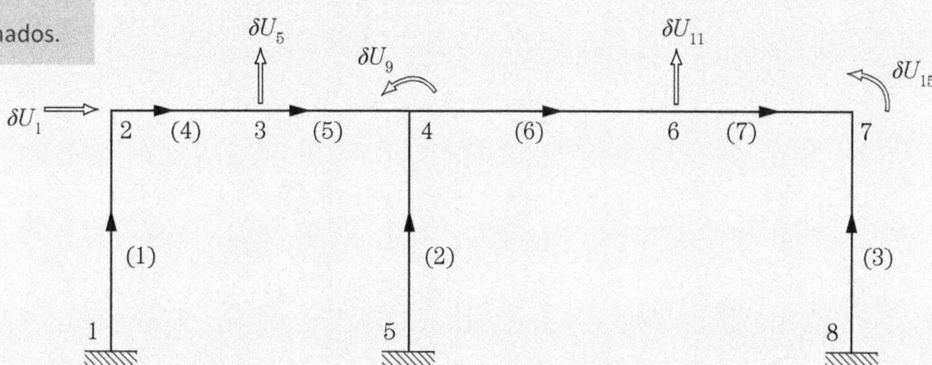

Com o procedimento descrito no Anexo B, estabelecem-se, inicialmente as relações deformações-deslocamentos virtuais, com os alongamentos virtuais listados em primeiro.

$$
\begin{Bmatrix}
\delta\Delta\ell_{12}\\ \delta\Delta\ell_{54}\\ \delta\Delta\ell_{87}\\ \delta\Delta\ell_{23}\\ \delta\Delta\ell_{34}\\ \delta\Delta\ell_{46}\\ \delta\Delta\ell_{67}\\ \delta\theta_{12}\\ \delta\theta_{21}\\ \delta\theta_{54}\\ \delta\theta_{45}\\ \delta\theta_{87}\\ \delta\theta_{78}\\ \delta\theta_{23}\\ \delta\theta_{32}\\ \delta\theta_{34}\\ \delta\theta_{43}\\ \delta\theta_{46}\\ \delta\theta_{64}\\ \delta\theta_{67}\\ \delta\theta_{76}
\end{Bmatrix}
=
\begin{bmatrix}
0{,}000 & 0 & 0 & 0 & 0{,}000 & 1 & 0 & 0 & 0 & 0 & 0 & 0 & 0 & 0 & 0\\
0 & 0 & 0 & 0 & 0 & 0 & 0{,}000 & 0 & 0{,}000 & 0 & 0{,}333 & 0{,}000 & 1 & 0 & 0\\
0 & 0 & 0 & 0 & 0 & 0 & 0 & 0 & 0 & 0 & 0 & 0 & 0{,}000 & 0{,}000 & 0\\
0 & 0 & 0 & 0 & 0 & 0 & 0 & 0 & 0 & 0 & 0 & 0 & 0 & 0 & 0\\
0 & 0 & 0 & 0{,}417 & 1 & 0 & 0 & 0 & 0 & 0 & 0 & 0 & 0 & 0 & 0\\
0 & 0 & 0 & 0 & 0 & 0 & 0 & 0 & 0 & 0 & 0 & 0 & 0 & 0 & 0\\
0 & 0 & 0 & 0 & 0 & 0 & 0 & 0 & 0 & 0 & 0 & 0 & 0 & 0 & 0\\
0 & 0{,}000 & 0 & 0 & 0{,}000 & 0 & 0 & 0 & 0 & 0 & 0{,}000 & 1 & 0 & 0 & 0\\
0 & 1{,}000 & 0 & 0 & 0{,}000 & 0 & 0 & 0 & 0 & 0 & 0 & 0 & 0 & 0 & 0\\
1 & 0 & -0{,}5 & 0 & 0 & 0 & 0 & 0{,}000 & 0 & 0{,}000 & 0 & 0 & 0 & 0 & 0\\
0 & 0 & -0{,}5 & 1 & 0 & 0 & 0 & 0{,}000 & 0 & 0{,}000 & 0 & 0 & 0 & 0 & 0\\
0 & 0 & 0 & 0 & 0 & 0 & 0 & 0 & 0 & 0 & 0 & 0 & 0 & 0{,}000 & 0{,}000\\
0 & 0 & 0 & 0 & 0 & 0 & 0 & 0 & 0 & 0 & 0 & 0 & 0 & 0{,}000 & 0{,}000\\
0 & 0 & 0 & 0 & 0 & 0 & 0 & 0 & 0 & 0 & 0 & 0 & 0 & 0 & 0\\
0 & 0 & 1 & 0 & 0 & 0 & 0 & 0 & 0 & 0 & 0 & 0 & 0 & 0 & 0\\
0 & 0 & 0 & 0{,}417 & 0 & 1 & 0 & 0 & 0 & 0 & 0 & 0 & 0 & 0 & 0\\
0 & 0 & 0 & 0 & 0 & 0 & 0 & 0 & 0 & 0 & 0 & 0 & 0 & 0 & 0\\
0 & 0 & 0 & 0 & 0 & 0 & 0 & 0 & 0 & 0 & 0 & 0 & 0 & 0 & 0\\
0 & 0 & 0 & 0 & 0 & 0 & 0 & 0 & 0 & 0 & 0 & 0 & 0 & 0 & 0\\
0 & 0 & 0 & 0 & 0 & 0 & 0 & 0 & 0 & 0 & 0 & 0 & 0 & 0 & 0\\
0 & 0 & 0 & 0 & 0 & 0 & 0 & 0 & 0 & 0 & 0 & 0 & 0 & 0 & 0
\end{bmatrix}
\begin{Bmatrix}
\delta U_1\\ \delta U_2\\ \delta U_3\\ \delta U_4\\ \delta U_5\\ \delta U_6\\ \delta U_7\\ \delta U_8\\ \delta U_9\\ \delta U_{10}\\ \delta U_{11}\\ \delta U_{12}\\ \delta U_{13}\\ \delta U_{14}\\ \delta U_{15}
\end{Bmatrix}
\tag{9.58}
$$

Considerando que $\delta\Delta\ell_{ij} = 0$, resulta de (9.58):

$$
\begin{gathered}
\delta U_2 = \delta U_8 = \delta U_{14} = 0\\
\delta U_{13} = \delta U_{10} = \delta U_7 = \delta U_4 = \delta U_1
\end{gathered}
\tag{9.59}
$$

e de $\delta\theta_{23} = \delta\theta_{32} = \delta\theta_{64} = 0$:

$$
\delta U_3 = 0{,}5\delta U_5 \qquad \delta U_6 = \delta U_3 = 0{,}5\delta U_5 \qquad \delta U_{12} = \frac{\delta U_{11}}{3{,}6}
\tag{9.60}
$$

Com os deslocamentos virtuais selecionados e introduzindo (9.59) e (9.60) em (9.58), obtêm-se as relações deformações-deslocamentos virtuais:

$$
\begin{Bmatrix}
\delta\theta_{12}\\ \delta\theta_{21}\\ \delta\theta_{54}\\ \delta\theta_{45}\\ \delta\theta_{87}\\ \delta\theta_{78}\\ \delta\theta_{34}\\ \delta\theta_{43}\\ \delta\theta_{46}\\ \delta\theta_{67}\\ \delta\theta_{76}
\end{Bmatrix}
=
\begin{bmatrix}
0{,}333 & 0 & 0 & 0 & 0\\
0{,}333 & 0{,}5 & 0 & 0 & 0\\
0{,}333 & 0 & 0 & 0 & 0\\
0{,}333 & 0 & 1 & 0 & 0\\
0{,}333 & 0 & 0 & 0 & 0\\
0{,}333 & 0 & 0 & 0 & 1\\
0 & 1 & 0 & 0 & 0\\
0 & 0{,}5 & 1 & 0 & 0\\
0 & 0 & 1 & -0{,}278 & 0\\
0 & 0 & 0 & 0{,}694 & 0\\
0 & 0 & 0 & 0{,}417 & 1
\end{bmatrix}
\begin{Bmatrix}
\delta U_1\\ \delta U_5\\ \delta U_9\\ \delta U_{11}\\ \delta U_{15}
\end{Bmatrix}
\tag{9.61}
$$

As relações deslocamentos-deformações virtuais e as equações de compatibilidade são estabelecidas de acordo com (B.1) e (B.2). Selecionando $\{\delta E_1\} = \{\delta\theta_{21}\ \delta\theta_{45}\ \delta\theta_{43}\ \delta\theta_{67}\ \delta\theta_{76}\}$, verifica-se que a matriz $[B_1]$ é inversível, e as relações deslocamentos-deformações virtuais $\{\delta U\} = [B_1]^{-1}\{\delta E_1\}$ são dadas por:

$$\begin{Bmatrix} \delta U_1 \\ \delta U_5 \\ \delta U_9 \\ \delta U_{11} \\ \delta U_{15} \end{Bmatrix} = \begin{bmatrix} 1{,}5 & 1{,}5 & -1{,}5 & 0 & 0 \\ 1 & -1 & 1 & 0 & 0 \\ -0{,}5 & 0{,}5 & 0{,}5 & 0 & 0 \\ 0 & 0 & 0 & 1{,}44 & 0 \\ 0 & 0 & 0 & -0{,}6 & 1 \end{bmatrix} \begin{Bmatrix} \delta\theta_{21} \\ \delta\theta_{45} \\ \delta\theta_{43} \\ \delta\theta_{67} \\ \delta\theta_{76} \end{Bmatrix} \tag{9.62}$$

e as equações de compatibilidade $\{\delta E_2\} = [B_2]\,[B_1]^{-1}\,\{\delta E_1\}$ por:

$$\begin{Bmatrix} \delta\theta_{12} \\ \delta\theta_{54} \\ \delta\theta_{87} \\ \delta\theta_{78} \\ \delta\theta_{34} \\ \delta\theta_{46} \end{Bmatrix} = \begin{bmatrix} 0{,}5 & 0{,}5 & -0{,}5 & 0 & 0 \\ 0{,}5 & 0{,}5 & -0{,}5 & 0 & 0 \\ 0{,}5 & 0{,}5 & -0{,}5 & 0 & 0 \\ 0{,}5 & 0{,}5 & -0{,}5 & -0{,}6 & 1 \\ 1 & -1 & 1 & 0 & 0 \\ -0{,}5 & 0{,}5 & 0{,}5 & -0{,}4 & 0 \end{bmatrix} \begin{Bmatrix} \delta\theta_{21} \\ \delta\theta_{45} \\ \delta\theta_{43} \\ \delta\theta_{67} \\ \delta\theta_{76} \end{Bmatrix} \tag{9.63}$$

Forma reduzida do problema de minimização do coeficiente cinemático

Com as relações cinemáticas do pórtico duplo, é imediato o estabelecimento da forma reduzida do problema de minimização do coeficiente cinemático F.

A condição de normalização é dada por $1{,}5\delta U_1 - 2\delta U_5 - 3\delta U_{11} - \delta U_{15} = 1$, que pode ser expressa em termos das deformações virtuais, ou seja,

$$0{,}25\delta\theta_{21} + 4{,}25\delta\theta_{45} - 4{,}25\delta\theta_{43} - 3{,}72\delta\theta_{67} - \delta\theta_{76} = 1. \tag{9.64}$$

Assim, a forma reduzida para a análise do problema se apresenta como:

Minimizar

$$100\,(|\,\delta\theta_{12}\,| + |\,\delta\theta_{21}\,| + |\,\delta\theta_{54}\,| + |\,\delta\theta_{45}\,| + |\,\delta\theta_{87}\,| + |\,\delta\theta_{78}\,|) + \\ 200\,(|\,\delta\theta_{34}\,| + |\,\delta\theta_{43}\,|) + 300\,(|\,\delta\theta_{46}\,| + |\,\delta\theta_{67}\,| + |\,\delta\theta_{76}\,|)$$

que satisfaça à condição de normalização (9.64) e às equações de compatibilidade (9.63) com as variáveis $\delta\theta \in R$.

Resolução pelo método simplex

Para a resolução pelo método simplex é necessário o estabelecimento da forma canônica do problema de minimização com as mudanças de variáveis indicadas em (9.5) e (9.6), que aqui tomam a forma:

Minimizar

$$
\begin{aligned}
&100(\delta\theta_{12}^{+} + \delta\theta_{12}^{-} + \delta\theta_{21}^{+} + \delta\theta_{21}^{-} + \delta\theta_{54}^{+} + \delta\theta_{54}^{-} \\
&+ \delta\theta_{45}^{+} + \delta\theta_{45}^{-} + \delta\theta_{87}^{+} + \delta\theta_{87}^{-} + \delta\theta_{78}^{+} + \delta\theta_{78}^{-}) \\
&+ 200(\delta\theta_{34}^{+} + \delta\theta_{34}^{-} + \delta\theta_{43}^{+} + \delta\theta_{43}^{-}) \\
&+ 300(\delta\theta_{46}^{+} + \delta\theta_{46}^{-} + \delta\theta_{67}^{+} + \delta\theta_{67}^{-} + \delta\theta_{76}^{+} + \delta\theta_{76}^{-})
\end{aligned}
$$

que satisfaça:

à condição de normalização

$$
\begin{aligned}
&0{,}25(\delta\theta_{21}^{+} - \delta\theta_{21}^{-}) + 4{,}25(\delta\theta_{45}^{+} - \delta\theta_{45}^{-}) - 4{,}25(\delta\theta_{43}^{+} - \delta\theta_{43}^{-}) \\
&- 3{,}72(\delta\theta_{67}^{+} - \delta\theta_{67}^{-}) - (\delta\theta_{76}^{+} - \delta\theta_{76}^{-}) = 1
\end{aligned}
$$

e

às equações de compatibilidade

$$0{,}5(\delta\theta_{21}^{+} - \delta\theta_{21}^{-}) + 0{,}5(\delta\theta_{45}^{+} - \delta\theta_{45}^{-}) - 0{,}5(\delta\theta_{43}^{+} + \delta\theta_{43}^{-}) - (\delta\theta_{12}^{+} - \delta\theta_{12}^{-}) = 0$$

$$0{,}5(\delta\theta_{21}^{+} - \delta\theta_{21}^{-}) + 0{,}5(\delta\theta_{45}^{+} - \delta\theta_{45}^{-}) - 0{,}5(\delta\theta_{43}^{+} + \delta\theta_{43}^{-}) - (\delta\theta_{54}^{+} - \delta\theta_{54}^{-}) = 0$$

$$0{,}5(\delta\theta_{21}^{+} - \delta\theta_{21}^{-}) + 0{,}5(\delta\theta_{45}^{+} - \delta\theta_{45}^{-}) - 0{,}5(\delta\theta_{43}^{+} + \delta\theta_{43}^{-}) - (\delta\theta_{87}^{+} - \delta\theta_{87}^{-}) = 0$$

$$
\begin{aligned}
&0{,}5(\delta\theta_{21}^{+} - \delta\theta_{21}^{-}) + 0{,}5(\delta\theta_{45}^{+} - \delta\theta_{45}^{-}) - 0{,}5(\delta\theta_{43}^{+} + \delta\theta_{43}^{-}) \\
&- 0{,}6(\delta\theta_{67}^{+} - \delta\theta_{67}^{-}) + (\delta\theta_{76}^{+} - \delta\theta_{76}^{-}) - (\delta\theta_{78}^{+} - \delta\theta_{78}^{-}) = 0
\end{aligned}
$$

$$(\delta\theta_{21}^{+} - \delta\theta_{21}^{-}) - (\delta\theta_{45}^{+} - \delta\theta_{45}^{-}) + (\delta\theta_{43}^{+} + \delta\theta_{43}^{-}) - (\delta\theta_{34}^{+} - \delta\theta_{34}^{-}) = 0$$

$$
\begin{aligned}
&-0{,}5(\delta\theta_{21}^{+} - \delta\theta_{21}^{-}) + 0{,}5(\delta\theta_{45}^{+} - \delta\theta_{45}^{-}) + 0{,}5(\delta\theta_{43}^{+} - \delta\theta_{43}^{-}) \\
&- 0{,}4(\delta\theta_{67}^{+} - \delta\theta_{67}^{-}) - (\delta\theta_{46}^{+} - \delta\theta_{46}^{-}) = 0
\end{aligned}
$$

com $\delta\theta^{+}, \delta\theta^{-} \geq 0$,

que é representada, convenientemente, na tabela 0 da Tabela 9.6.

A forma canônica tem 22 variáveis de decisão e sete restrições, $g_h + 1$, que define o número de variáveis básicas. A base inicial é definida pelas variáveis básicas, $\{\delta\theta_{12}^+ \; \delta\theta_{21}^+ \; \delta\theta_{54}^+ \; \delta\theta_{45}^+ \; \delta\theta_{87}^+ \; \delta\theta_{78}^+ \; \delta\theta_{34}^+\}$, escolhidas a partir da análise qualitativa do mecanismo de tombamento da Figura 9.26, mais o elemento $\delta\theta_{34}^+$. Note-se que as rotações serão positivas quando tiverem o sentido horário quando aplicadas aos nós, o que justifica os sinais adotados na escolha das variáveis básicas.

Figura 9.26
Mecanismo de tombamento.

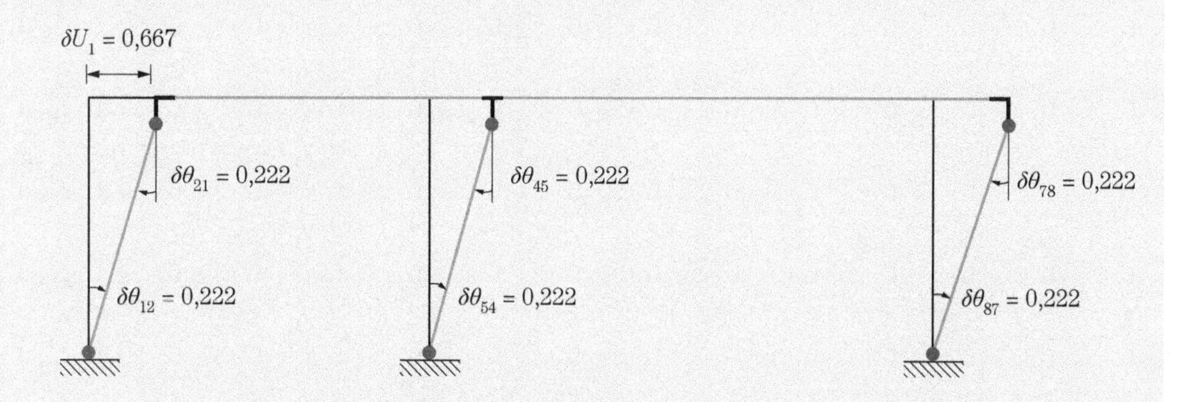

A transformação (9.8) permite estabelecer a forma canônica inicial, que é representada na tabela 1 da Tabela 9.6, de onde se tiram os seguintes resultados:

$$
F_{c1} = 133{,}33\ \text{kN} \quad
\begin{array}{ll}
\delta\theta_{12} = 0{,}222 & M_{12} = 100\ \text{kNm} \\
\delta\theta_{21} = 0{,}222 & M_{21} = 100\ \text{kNm} \\
\delta\theta_{54} = 0{,}222 & M_{54} = 100\ \text{kNm} \\
\delta\theta_{45} = 0{,}222 & M_{45} = 100\ \text{kNm} \\
\delta\theta_{87} = 0{,}222 & M_{87} = 100\ \text{kNm} \\
\delta\theta_{78} = 0{,}222 & M_{78} = 100\ \text{kNm} \\
\delta\theta_{34} = 0 & M_{34} = 200\ \text{kNm} \\
\delta\theta_{43} = 0 & M_{43} = -\ 1033{,}33\ \text{kNm} \\
\delta\theta_{46} = 0 & M_{46} = 933{,}33\ \text{kNm} \\
\delta\theta_{67} = 0 & M_{67} = -\ 62{,}67\ \text{kNm} \\
\delta\theta_{76} = 0 & M_{76} = -\ 233{,}33\ \text{kNm}
\end{array}
\tag{9.65}
$$

e, considerando as relações (9.62), obtêm-se os deslocamentos virtuais:

$$
\delta U_1 = 0{,}667 \quad \delta U_5 = \delta U_9 = \delta U_{11} = \delta U_{15} = 0 \tag{9.66}
$$

As deformações e os deslocamentos virtuais não nulos estão representados na Figura 9.26. Note-se que, se os valores dos deslocamentos e das deformações virtuais forem divididos por 0,222, serão obtidos os valores correspondentes à normalização com $\delta\theta_{41} = \delta\theta$ do mecanismo 3 de tombamento do Exemplo 7.3 e, ainda, que a condição de plastificação é violada.

A solução (9.65) da tabela 1 da Tabela 9.6 não é ótima, pois o critério de otimalidade não é verificado, visto que há coeficientes de variáveis não básicas que são negativos. Logo, deve ser feita uma mudança de base: a variável $\delta\theta_{43}^-$ entra na base e sai a variável $\delta\theta_{21}^+$, de menor valor positivo na relação teste da tabela 1. Com a nova base definida, pode-se obter, pela transformação (9.21), a tabela 2 – que não está na forma canônica pois $\delta\theta_{34}^+ = -0,235$. Para recuperar a forma canônica basta multiplicar a linha correspondente por -1 e substituir na base $\delta\theta_{34}^+$ por $\delta\theta_{34}^-$, o que permite estabelecer a tabela 3 da Tabela 9.6, que fornece os seguintes resultados:

$$F_{c2} = 129,41\ \text{kN} \quad \begin{array}{ll} \delta\theta_{12} = 0,118 & M_{12} = 100\ \text{kNm} \\ \delta\theta_{21} = 0 & M_{21} = 82,35\ \text{kNm} \\ \delta\theta_{54} = 0,118 & M_{54} = 100\ \text{kNm} \\ \delta\theta_{45} = 0,118 & M_{45} = 100\ \text{kNm} \\ \delta\theta_{87} = 0,118 & M_{87} = 100\ \text{kNm} \\ \delta\theta_{78} = 0,118 & M_{78} = 100\ \text{kNm} \\ \delta\theta_{34} = -\,0,235 & M_{34} = -\,200\ \text{kNm} \\ \delta\theta_{43} = -\,0,118 & M_{43} = -\,200\ \text{kNm} \\ \delta\theta_{46} = 0 & M_{46} = 100\ \text{kNm} \\ \delta\theta_{67} = 0 & M_{67} = -\,381,41\ \text{kNm} \\ \delta\theta_{76} = 0 & M_{76} = -\,229,41\ \text{kNm} \end{array} \tag{9.67}$$

e, considerando as relações (9.62), obtêm-se os deslocamentos virtuais:

$$\delta U_1 = 1 \quad \delta U_5 = -0,667 \quad \delta U_9 = \delta U_{11} = \delta U_{15} = 0 \tag{9.68}$$

As deformações e os deslocamentos virtuais não nulos da Tabela 3 estão representados na Figura 9.27. Note-se que, se os valores dos deslocamentos e das deformações virtuais forem divididos por 0,118, serão obtidos os valores correspondentes à normalização com $\delta\theta_{12} = \delta\theta$ do mecanismo 6 do Exemplo 7.3 e, ainda, que a condição de plastificação é violada.

Figura 9.27
Mecanismo da tabela 3.

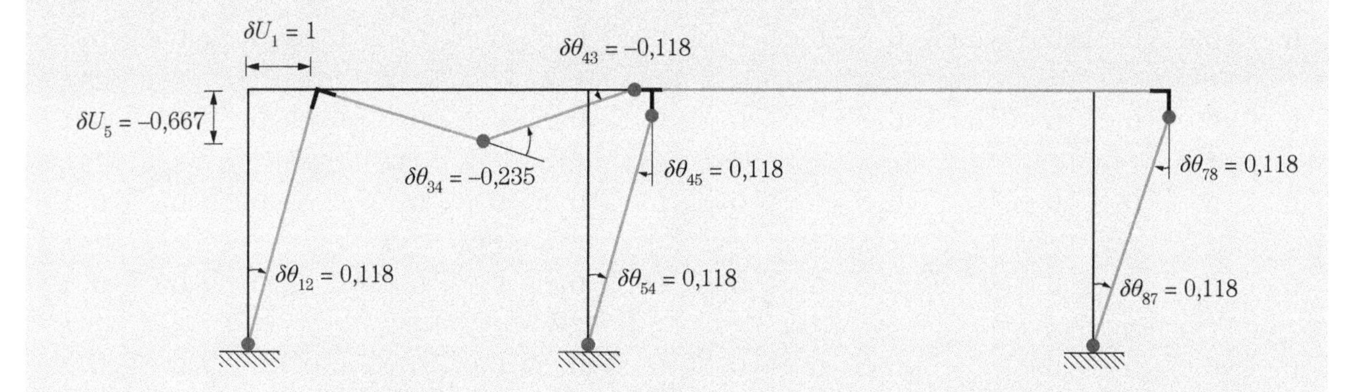

A solução (9.65) da tabela 3 da Tabela 9.6 não é ótima, pois o critério de otimalidade não é verificado, visto que há coeficientes de variáveis não básicas que são negativos. Logo, deve ser feita uma mudança de base: a variável $\delta\theta_{67}^{-}$ entra na base e sai a variável $\delta\theta_{45}^{+}$, de menor valor positivo na relação teste da tabela 3. Com a nova base definida, pode-se obter, pela transformação (9.21), a tabela 4, que fornece os seguintes resultados:

$$F_{c3} = 117{,}98 \text{ kN} \quad \begin{array}{ll} \delta\theta_{12} = 0{,}056 & M_{12} = 100 \text{ kNm} \\ \delta\theta_{21} = 0 & M_{21} = 128{,}09 \text{ kNm} \\ \delta\theta_{54} = 0{,}056 & M_{54} = 100 \text{ kNm} \\ \delta\theta_{45} = 0 & M_{45} = 2{,}81 \text{ kNm} \\ \delta\theta_{87} = 0{,}056 & M_{87} = 100 \text{ kNm} \\ \delta\theta_{78} = 0{,}140 & M_{78} = 100 \text{ kNm} \\ \delta\theta_{34} = -\,0{,}112 & M_{34} = -\,200 \text{ kNm} \\ \delta\theta_{43} = -\,0{,}112 & M_{43} = -\,200 \text{ kNm} \\ \delta\theta_{46} = 0 & M_{46} = 197{,}19 \text{ kNm} \\ \delta\theta_{67} = -\,0{,}140 & M_{67} = -\,300 \text{ kNm} \\ \delta\theta_{76} = 0 & M_{76} = -\,217{,}98 \text{ kNm} \end{array} \tag{9.69}$$

e, considerando as relações (9.62), obtêm-se os deslocamentos virtuais:

$$\begin{array}{c} \delta U_1 = 0{,}169 \quad \delta U_5 = -0{,}112 \quad \delta U_9 = -0{,}056 \\ \delta U_{11} = -0{,}202 \quad \delta U_{15} = 0{,}084 \end{array} \tag{9.70}$$

As deformações e os deslocamentos virtuais não nulos da tabela 4 estão representados na Figura 9.28. Note-se que, se os valores dos deslocamentos e das deformações virtuais forem divididos por 0,056, serão obtidos os valores correspondentes à normalização com $\delta\theta_{12} = \delta\theta$ do mecanismo 8 do Exemplo 7.3 e, ainda, que a condição de plastificação é violada.

Figura 9.28
Mecanismo da tabela 4.

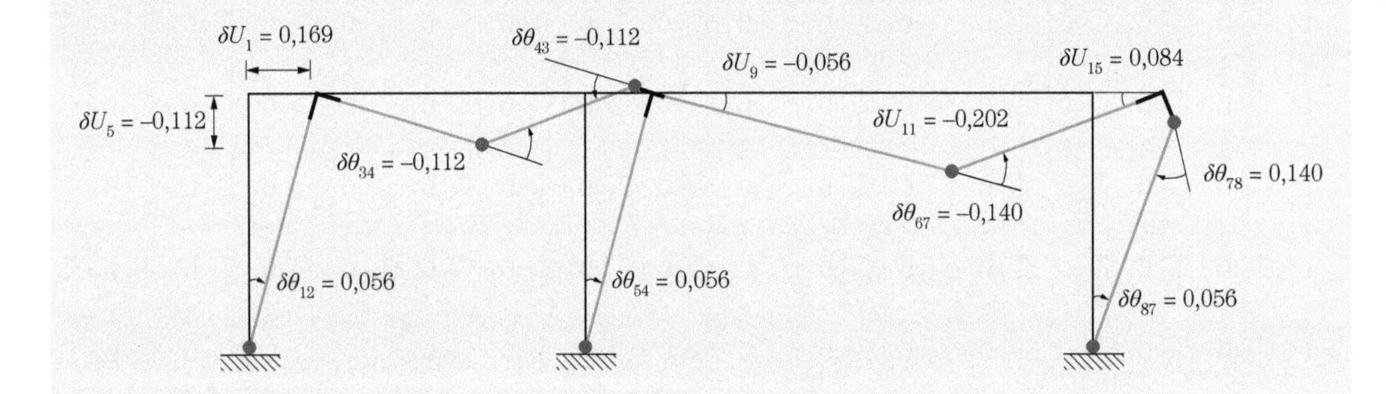

A solução (9.69) da tabela 4 da Tabela 9.6 não é ótima, pois o critério de otimalidade não é verificado, visto que há um coeficiente de variável não básica que é negativo. Logo, deve ser feita uma mudança de base: a variável $\delta\theta_{21}{}^{+}$ entra na base e sai a variável $\delta\theta_{34}{}^{-}$, de menor valor positivo na relação teste da tabela 4. Com a nova base definida, pode-se obter, pela transformação (9.21), a tabela 5, que fornece os seguintes resultados:

$$F_{c4} = 115{,}94\ \text{kN} \quad \begin{array}{cc} \delta\theta_{12} = 0{,}072 & M_{12} = 100\ \text{kNm} \\ \delta\theta_{21} = 0{,}072 & M_{21} = 100\ \text{kNm} \\ \delta\theta_{54} = 0{,}072 & M_{54} = 100\ \text{kNm} \\ \delta\theta_{45} = 0 & M_{45} = 21{,}74\ \text{kNm} \\ \delta\theta_{87} = 0{,}072 & M_{87} = 100\ \text{kNm} \\ \delta\theta_{78} = 0{,}181 & M_{78} = 100\ \text{kNm} \\ \delta\theta_{34} = 0 & M_{34} = -\ 181{,}88\ \text{kNm} \\ \delta\theta_{43} = -\ 0{,}072 & M_{43} = -\ 200\ \text{kNm} \\ \delta\theta_{46} = 0 & M_{46} = 178{,}26\ \text{kNm} \\ \delta\theta_{67} = -\ 0{,}181 & M_{67} = -\ 300\ \text{kNm} \\ \delta\theta_{76} = 0 & M_{76} = -\ 215{,}94\ \text{kNm} \end{array} \tag{9.71}$$

e, considerando as relações (9.62), obtêm-se os deslocamentos virtuais:

$$\delta U_1 = 0{,}217 \quad \delta U_5 = 0 \quad \delta U_9 = -\,0{,}072 \quad \delta U_{11} = -\,0{,}261 \quad \delta U_{15} = 0{,}109 \tag{9.72}$$

A solução (9.71) da tabela 5 da Tabela 9.6 é ótima e única, pois o critério de otimalidade é verificado com todos coeficientes das variáveis não básicas positivos. Assim, o coeficiente de colapso é F_{II} = 115,94 kN e o mecanismo de colapso, com a indicação das deformações e deslocamentos virtuais não nulos, e a distribuição de momentos fletores na iminência do colapso são apresentados na Figura 9.29. Os resultados em deslocamentos e deformações virtuais divididos por 0,072 serão os valores obtidos correspondentes à normalização com $\delta\theta_{12} = \delta\theta$ do mecanismo 7 de colapso obtido no exemplo 7.3.

Figura 9.29
Mecanismo de colapso e momentos fletores na iminência do colapso.

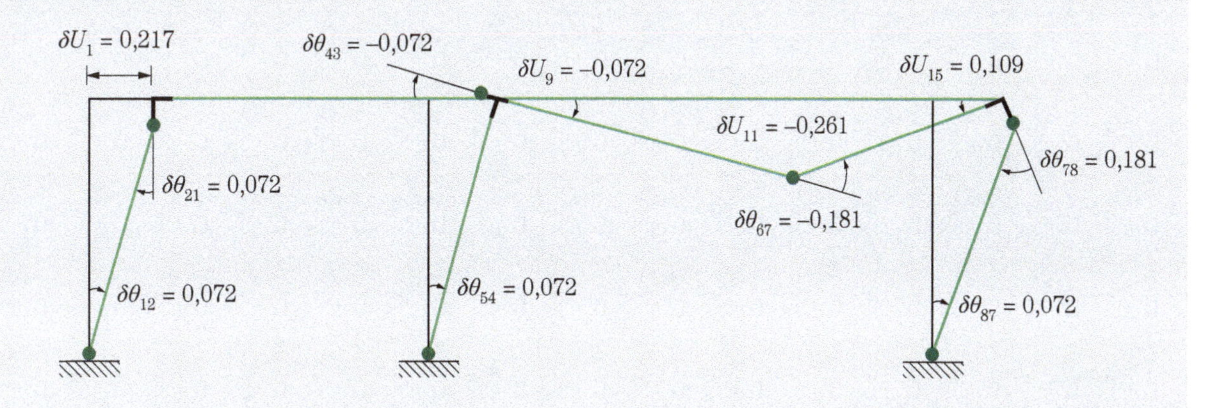

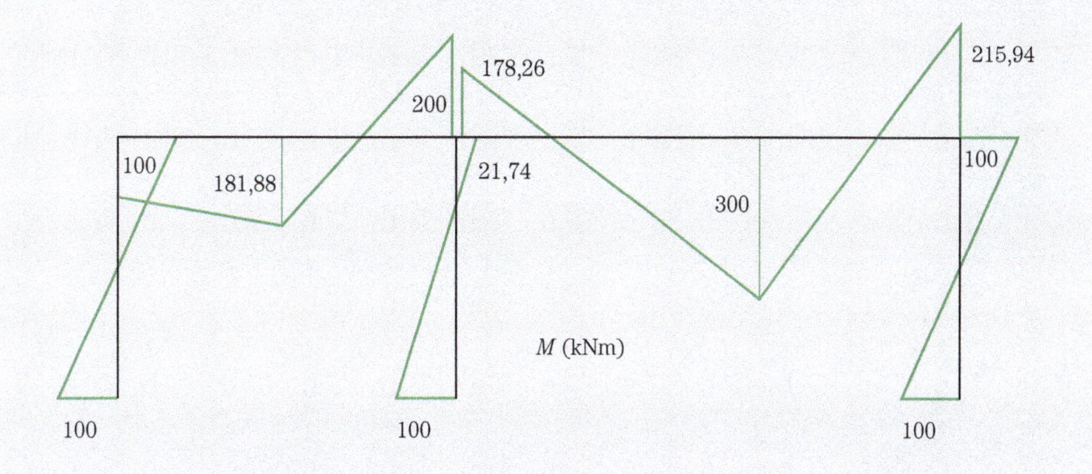

Tabela 9.6 – Tabelas simplex para o pórtico duplo

Tabela 0

Variáveis básicas	$\delta\theta_{12}^{+}$	$\delta\theta_{21}^{+}$	$\delta\theta_{54}^{+}$	$\delta\theta_{45}^{+}$	$\delta\theta_{87}^{+}$	$\delta\theta_{78}^{+}$	$\delta\theta_{34}^{+}$	$\delta\theta_{43}^{+}$	$\delta\theta_{46}^{+}$	$\delta\theta_{67}^{+}$	$\delta\theta_{76}^{+}$
	100	100	100	100	100	100	200	200	300	300	300
$\delta\theta_{12}^{+}$	0,000	0,250	0,000	4,250	0,000	0,000	0,000	–4,250	0,000	–3,720	–1,000
$\delta\theta_{21}^{+}$	–1,000	0,500	0,000	0,500	0,000	0,000	0,000	–0,500	0,000	0,000	0,000
$\delta\theta_{54}^{+}$	0,000	0,500	–1,000	0,500	0,000	0,000	0,000	–0,500	0,000	0,000	0,000
$\delta\theta_{45}^{+}$	0,000	0,500	0,000	0,500	–1,000	0,000	0,000	–0,500	0,000	0,000	0,000
$\delta\theta_{87}^{+}$	0,000	0,500	0,000	0,500	0,000	–1,000	0,000	–0,500	0,000	–0,600	1,000
$\delta\theta_{78}^{+}$	0,000	1,000	0,000	–1,000	0,000	0,000	–1,000	1,000	0,000	0,000	0,000
$\delta\theta_{34}^{+}$	0,000	–0,500	0,000	0,500	0,000	0,000	0,000	0,500	–1,000	–0,400	0,000

Tabela 1

Variáveis básicas	$\delta\theta_{12}^{+}$	$\delta\theta_{21}^{+}$	$\delta\theta_{54}^{+}$	$\delta\theta_{45}^{+}$	$\delta\theta_{87}^{+}$	$\delta\theta_{78}^{+}$	$\delta\theta_{34}^{+}$	$\delta\theta_{43}^{+}$	$\delta\theta_{46}^{+}$	$\delta\theta_{67}^{+}$	$\delta\theta_{76}^{+}$
	0,000	0,000	0,000	0,000	0,000	0,000	0,000	1233,333	-633,333	362,667	533,333
$\delta\theta_{12}^{+}$	1,000	0,000	0,000	0,000	0,000	0,000	0,000	–0,889	0,889	–0,471	–0,222
$\delta\theta_{21}^{+}$	0,000	1,000	0,000	0,000	0,000	0,000	0,000	–1,889	1,889	–0,071	–0,222
$\delta\theta_{54}^{+}$	0,000	0,000	1,000	0,000	0,000	0,000	0,000	–0,889	0,889	–0,471	–0,222
$\delta\theta_{45}^{+}$	0,000	0,000	0,000	1,000	0,000	0,000	0,000	–0,889	–0,111	–0,871	–0,222
$\delta\theta_{87}^{+}$	0,000	0,000	0,000	0,000	1,000	0,000	0,000	–0,889	0,889	–0,471	–0,222
$\delta\theta_{78}^{+}$	0,000	0,000	0,000	0,000	0,000	1,000	0,000	–0,889	0,889	0,129	–1,222
$\delta\theta_{34}^{+}$	0,000	0,000	0,000	0,000	0,000	0,000	1,000	–2,000	2,000	0,800	0,000

Tabela 2

Variáveis básicas	$\delta\theta_{12}^{+}$	$\delta\theta_{21}^{+}$	$\delta\theta_{54}^{+}$	$\delta\theta_{45}^{+}$	$\delta\theta_{87}^{+}$	$\delta\theta_{78}^{+}$	$\delta\theta_{34}^{+}$	$\delta\theta_{43}^{+}$	$\delta\theta_{46}^{+}$	$\delta\theta_{67}^{+}$	$\delta\theta_{76}^{+}$
	0,000	441,176	0,000	0,000	0,000	0,000	0,000	400,000	200,000	331,294	435,294
$\delta\theta_{12}^{+}$	1,000	–0,471	0,000	0,000	0,000	0,000	0,000	0,000	0,000	-0,438	–0,118
$\delta\theta_{54}^{+}$	0,000	–0,471	1,000	0,000	0,000	0,000	0,000	0,000	0,000	–0,438	–0,118
$\delta\theta_{45}^{+}$	0,000	–0,471	0,000	1,000	0,000	0,000	0,000	0,000	–1,000	–0,838	–0,118
$\delta\theta_{87}^{+}$	0,000	–0,471	0,000	0,000	1,000	0,000	0,000	0,000	0,000	–0,438	–0,118
$\delta\theta_{78}^{+}$	0,000	–0,471	0,000	0,000	0,000	1,000	0,000	0,000	0,000	0,162	–1,118
$\delta\theta_{34}^{+}$	0,000	–1,059	0,000	0,000	0,000	0,000	1,000	0,000	0,000	0,875	0,235
$\delta\theta_{43}^{-}$	0,000	0,529	0,000	0,000	0,000	0,000	0,000	–1,000	1,000	–0,038	–0,118

Tabela 0

$\delta\theta_{12}^{-}$	$\delta\theta_{21}^{-}$	$\delta\theta_{54}^{-}$	$\delta\theta_{45}^{-}$	$\delta\theta_{87}^{-}$	$\delta\theta_{78}^{-}$	$\delta\theta_{34}^{-}$	$\delta\theta_{43}^{-}$	$\delta\theta_{46}^{-}$	$\delta\theta_{67}^{-}$	$\delta\theta_{76}^{-}$	Memb direita	
100	100	100	100	100	100	200	200	300	300	300	0	
0,000	–0,250	0,000	–4,250	0,000	0,000	0,000	4,250	0,000	3,720	1,000	1	
1,000	–0,500	0,000	–0,500	0,000	0,000	0,000	0,500	0,000	0,000	0,000	0	
0,000	–0,500	1,000	–0,500	0,000	0,000	0,000	0,500	0,000	0,000	0,000	0	
0,000	–0,500	0,000	–0,500	1,000	0,000	0,000	0,500	0,000	0,000	0,000	0	
0,000	–0,500	0,000	–0,500	0,000	1,000	0,000	0,500	0,000	0,600	–1,000	0	
0,000	–1,000	0,000	1,000	0,000	0,000	1,000	–1,000	0,000	0,000	0,000	0	
0,000	0,500	0,000	-0,500	0,000	0,000	0,000	–0,500	1,000	0,400	0,000	0	

Tabela 1

$\delta\theta_{12}^{-}$	$\delta\theta_{21}^{-}$	$\delta\theta_{54}^{-}$	$\delta\theta_{45}^{-}$	$\delta\theta_{87}^{-}$	$\delta\theta_{78}^{-}$	$\delta\theta_{34}^{-}$	$\delta\theta_{43}^{-}$	$\delta\theta_{46}^{-}$	$\delta\theta_{67}^{-}$	$\delta\theta_{76}^{-}$	Memb direita	Relação Teste
200,000	200,000	200,000	200,000	200,000	200,000	400,000	-833,333	1233,333	237,333	66,667	-133,333	
–1,000	0,000	0,000	0,000	0,000	0,000	0,000	0,889	–0,889	0,471	0,222	0,222	0,250
0,000	–1,000	0,000	0,000	0,000	0,000	0,000	1,889	–1,889	0,071	0,222	0,222	0,118
0,000	0,000	–1,000	0,000	0,000	0,000	0,000	0,889	–0,889	0,471	0,222	0,222	0,250
0,000	0,000	0,000	–1,000	0,000	0,000	0,000	0,889	0,111	0,871	0,222	0,222	0,250
0,000	0,000	0,000	0,000	–1,000	0,000	0,000	0,889	–0,889	0,471	0,222	0,222	0,250
0,000	0,000	0,000	0,000	0,000	–1,000	0,000	0,889	–0,889	–0,129	1,222	0,222	0,250
0,000	0,000	0,000	0,000	0,000	0,000	–1,000	2,000	–2,000	–0,800	0,000	0,000	0,000

Tabela 2

$\delta\theta_{12}^{-}$	$\delta\theta_{21}^{-}$	$\delta\theta_{54}^{-}$	$\delta\theta_{45}^{-}$	$\delta\theta_{87}^{-}$	$\delta\theta_{78}^{-}$	$\delta\theta_{34}^{-}$	$\delta\theta_{43}^{-}$	$\delta\theta_{46}^{-}$	$\delta\theta_{67}^{-}$	$\delta\theta_{76}^{-}$	Memb direita	Relação Teste
200,000	-241,176	200,000	200,000	200,000	200,000	400,000	0,000	400,000	268,706	164,706	-35,294	
–1,000	0,471	0,000	0,000	0,000	0,000	0,000	0,000	0,000	0,438	0,118	0,118	
0,000	0,471	–1,000	0,000	0,000	0,000	0,000	0,000	0,000	0,438	0,118	0,118	
0,000	0,471	0,000	–1,000	0,000	0,000	0,000	0,000	1,000	0,838	0,118	0,118	
0,000	0,471	0,000	0,000	–1,000	0,000	0,000	0,000	0,000	0,438	0,118	0,118	
0,000	0,471	0,000	0,000	0,000	–1,000	0,000	0,000	0,000	–0,162	1,118	0,118	
0,000	1,059	0,000	0,000	0,000	0,000	–1,000	0,000	0,000	–0,875	–0,235	–0,235	0,222
0,000	–0,529	0,000	0,000	0,000	0,000	0,000	1,000	–1,000	0,038	0,118	0,118	0,222

Tabela 3											
Variáveis básicas	$\delta\theta_{12}^{+}$	$\delta\theta_{21}^{+}$	$\delta\theta_{54}^{+}$	$\delta\theta_{45}^{+}$	$\delta\theta_{87}^{+}$	$\delta\theta_{78}^{+}$	$\delta\theta_{34}^{+}$	$\delta\theta_{43}^{+}$	$\delta\theta_{46}^{+}$	$\delta\theta_{67}^{+}$	$\delta\theta_{76}^{+}$
	0,000	17,647	0,000	0,000	0,000	0,000	400,000	400,000	200,000	681,412	529,412
$\delta\theta_{12}^{+}$	1,000	–0,471	0,000	0,000	0,000	0,000	0,000	0,000	0,000	–0,438	–0,118
$\delta\theta_{54}^{+}$	0,000	–0,471	1,000	0,000	0,000	0,000	0,000	0,000	0,000	–0,438	–0,118
$\delta\theta_{45}^{+}$	0,000	–0,471	0,000	1,000	0,000	0,000	0,000	0,000	–1,000	–0,838	–0,118
$\delta\theta_{87}^{+}$	0,000	–0,471	0,000	0,000	1,000	0,000	0,000	0,000	0,000	–0,438	–0,118
$\delta\theta_{78}^{+}$	0,000	–0,471	0,000	0,000	0,000	1,000	0,000	0,000	0,000	0,162	–1,118
$\delta\theta_{34}^{-}$	0,000	1,059	0,000	0,000	0,000	0,000	–1,000	0,000	0,000	–0,875	–0,235
$\delta\theta_{43}^{-}$	0,000	0,529	0,000	0,000	0,000	0,000	0,000	–1,000	1,000	–0,038	–0,118

Tabela 4											
Variáveis básicas	$\delta\theta_{12}^{+}$	$\delta\theta_{21}^{+}$	$\delta\theta_{54}^{+}$	$\delta\theta_{45}^{+}$	$\delta\theta_{87}^{+}$	$\delta\theta_{78}^{+}$	$\delta\theta_{34}^{+}$	$\delta\theta_{43}^{+}$	$\delta\theta_{46}^{+}$	$\delta\theta_{67}^{+}$	$\delta\theta_{76}^{+}$
	0,000	-28,090	0,000	97,191	0,000	0,000	400,000	400,000	102,809	600,000	517,978
$\delta\theta_{12}^{+}$	1,000	–0,225	0,000	–0,522	0,000	0,000	0,000	0,000	0,522	0,000	–0,056
$\delta\theta_{54}^{+}$	0,000	–0,225	1,000	–0,522	0,000	0,000	0,000	0,000	0,522	0,000	–0,056
$\delta\theta_{87}^{+}$	0,000	–0,225	0,000	–0,522	1,000	0,000	0,000	0,000	0,522	0,000	–0,056
$\delta\theta_{78}^{+}$	0,000	–0,562	0,000	0,194	0,000	1,000	0,000	0,000	-0,194	0,000	–1,140
$\delta\theta_{34}^{-}$	0,000	1,551	0,000	–1,045	0,000	0,000	–1,000	0,000	1,045	0,000	–0,112
$\delta\theta_{43}^{-}$	0,000	0,551	0,000	–0,045	0,000	0,000	0,000	–1,000	1,045	0,000	–0,112
$\delta\theta_{67}^{-}$	0,000	–0,562	0,000	1,194	0,000	0,000	0,000	0,000	–1,194	–1,000	–0,140

Tabela 5											
Variáveis básicas	$\delta\theta_{12}^{+}$	$\delta\theta_{21}^{+}$	$\delta\theta_{54}^{+}$	$\delta\theta_{45}^{+}$	$\delta\theta_{87}^{+}$	$\delta\theta_{78}^{+}$	$\delta\theta_{34}^{+}$	$\delta\theta_{43}^{+}$	$\delta\theta_{46}^{+}$	$\delta\theta_{67}^{+}$	$\delta\theta_{76}^{+}$
	0,000	0,000	0,000	78,261	0,000	0,000	381,884	400,000	121,739	600,000	515,942
$\delta\theta_{12}^{+}$	1,000	0,000	0,000	–0,674	0,000	0,000	–0,145	0,000	0,674	0,000	–0,072
$\delta\theta_{21}^{+}$	0,000	1,000	0,000	–0,674	0,000	0,000	–0,645	0,000	0,674	0,000	–0,072
$\delta\theta_{54}^{+}$	0,000	0,000	1,000	–0,674	0,000	0,000	–0,145	0,000	0,674	0,000	–0,072
$\delta\theta_{87}^{+}$	0,000	0,000	0,000	–0,674	1,000	0,000	–0,145	0,000	0,674	0,000	–0,072
$\delta\theta_{78}^{+}$	0,000	0,000	0,000	–0,185	0,000	1,000	–0,362	0,000	0,185	0,000	–1,181
$\delta\theta_{43}^{-}$	0,000	0,000	0,000	0,326	0,000	0,000	0,355	–1,000	0,674	0,000	–0,072
$\delta\theta_{67}^{-}$	0,000	0,000	0,000	0,815	0,000	0,000	–0,362	0,000	–0,815	–1,000	–0,181

Tabela 3

$\delta\theta_{12}^{-}$	$\delta\theta_{21}^{-}$	$\delta\theta_{54}^{-}$	$\delta\theta_{45}^{-}$	$\delta\theta_{87}^{-}$	$\delta\theta_{78}^{-}$	$\delta\theta_{34}^{-}$	$\delta\theta_{43}^{-}$	$\delta\theta_{46}^{-}$	$\delta\theta_{67}^{-}$	$\delta\theta_{76}^{-}$	Memb direita	Relação Teste
200,000	182,353	200,000	200,000	200,000	200,000	0,000	0,000	400,000	–81,412	70,588	–129,412	
–1,000	0,471	0,000	0,000	0,000	0,000	0,000	0,000	0,000	0,438	0,118	0,118	0,269
0,000	0,471	–1,000	0,000	0,000	0,000	0,000	0,000	0,000	0,438	0,118	0,118	0,269
0,000	0,471	0,000	–1,000	0,000	0,000	0,000	0,000	1,000	0,838	0,118	0,118	0,140
0,000	0,471	0,000	0,000	–1,000	0,000	0,000	0,000	0,000	0,438	0,118	0,118	0,269
0,000	0,471	0,000	0,000	0,000	–1,000	0,000	0,000	0,000	–0,162	1,118	0,118	
0,000	–1,059	0,000	0,000	0,000	0,000	1,000	0,000	0,000	0,875	0,235	0,235	0,269
0,000	–0,529	0,000	0,000	0,000	0,000	0,000	1,000	–1,000	0,038	0,118	0,118	3,125

Tabela 4

$\delta\theta_{12}^{-}$	$\delta\theta_{21}^{-}$	$\delta\theta_{54}^{-}$	$\delta\theta_{45}^{-}$	$\delta\theta_{87}^{-}$	$\delta\theta_{78}^{-}$	$\delta\theta_{34}^{-}$	$\delta\theta_{43}^{-}$	$\delta\theta_{46}^{-}$	$\delta\theta_{67}^{-}$	$\delta\theta_{76}^{-}$	Memb direita	Relação Teste
200,000	228,090	200,000	102,809	200,000	200,000	0,000	0,000	497,191	0,000	82,022	-117,978	
–1,000	0,225	0,000	0,522	0,000	0,000	0,000	0,000	–0,522	0,000	0,056	0,056	
0,000	0,225	–1,000	0,522	0,000	0,000	0,000	0,000	–0,522	0,000	0,056	0,056	
0,000	0,225	0,000	0,522	–1,000	0,000	0,000	0,000	–0,522	0,000	0,056	0,056	
0,000	0,562	0,000	–0,194	0,000	–1,000	0,000	0,000	0,194	0,000	1,140	0,140	
0,000	–1,551	0,000	1,045	0,000	0,000	1,000	0,000	–1,045	0,000	0,112	0,112	0,072
0,000	–0,551	0,000	0,045	0,000	0,000	0,000	1,000	–1,045	0,000	0,112	0,112	0,204
0,000	0,562	0,000	–1,194	0,000	0,000	0,000	0,000	1,194	1,000	0,140	0,140	

Tabela 5

$\delta\theta_{12}^{-}$	$\delta\theta_{21}^{-}$	$\delta\theta_{54}^{-}$	$\delta\theta_{45}^{-}$	$\delta\theta_{87}^{-}$	$\delta\theta_{78}^{-}$	$\delta\theta_{34}^{-}$	$\delta\theta_{43}^{-}$	$\delta\theta_{46}^{-}$	$\delta\theta_{67}^{-}$	$\delta\theta_{76}^{-}$	Memb direita	
200,000	200,000	200,000	121,739	200,000	200,000	18,116	0,000	478,261	0,000	84,058	–115,942	
–1,000	0,000	0,000	0,674	0,000	0,000	0,145	0,000	–0,674	0,000	0,072	0,072	
0,000	–1,000	0,000	0,674	0,000	0,000	0,645	0,000	–0,674	0,000	0,072	0,072	
0,000	0,000	–1,000	0,674	0,000	0,000	0,145	0,000	–0,674	0,000	0,072	0,072	
0,000	0,000	0,000	0,674	–1,000	0,000	0,145	0,000	–0,674	0,000	0,072	0,072	
0,000	0,000	0,000	0,185	0,000	–1,000	0,362	0,000	–0,185	0,000	1,181	0,181	
0,000	0,000	0,000	–0,326	0,000	0,000	–0,355	1,000	–0,674	0,000	0,072	0,072	
0,000	0,000	0,000	–0,815	0,000	0,000	0,362	0,000	0,815	1,000	0,181	0,181	

Resolução pelo Lingo

A Figura 9.30 apresenta os comandos e os dados de entrada para a análise limite do pórtico duplo pelo Lingo.

Figura 9.30
Comandos e dados de entrada para o Lingo.

```
Lingo Model - PPL Mínimo Pórtico plano duplo 13 4 Def R1 e R2

!   Pórtico plano duplo;
!   Considerando-se como variáveis somente deformações;
!   Com restrições de inextensibilidade (R1)e de rotações nulas (R2);

data:
Mp=100;
enddata

MIN = Mp*( @ABS(T12) + @ABS(T21)+ @ABS(T54)+ @ABS(T45) + @ABS(T87) + @ABS(T78) ) +

      2*Mp* ( @ABS(T34)+ @ABS(T43) ) +

      3*Mp* ( @ABS(T46)+ @ABS(T67) + @ABS(T76) )  ;

! Equação de normalização;
! Necessária para obter Fmin e,também, para definir o mecanismo;

0.25*T21+4.25*T45-4.25*T43-3.72*T67-T76 = 1 ;

! Equações de compatibilidade;

0.5*T21+0.5*T45-.5*T43-T12=0 ;

0.5*T21+0.5*T45-.5*T43-T54=0 ;

0.5*T21+0.5*T45-.5*T43-T87=0 ;

0.5*T21+0.5*T45-.5*T43-0.6*T67+T76-T78=0 ;

T21-T45+T43-T34=0 ;

-0.5*T21+.5*T45+.5*T43-.4*T67-T46=0 ;

! Tipos de variávaeis ;

@FREE(T12) ; @FREE(T21) ; @FREE(T54) ; @FREE(T45) ;

@FREE(T87) ;  @FREE(T78) ; @FREE(T34) ; @FREE(T43) ;

@FREE(T46) ;  @FREE(T67) ; @FREE(T76) ;

END
```

A Figura 9.31 apresenta apenas a parte do relatório de solução do Lingo em que constam a carga de colapso F_{II} e as deformações virtuais $\delta\theta_k$ do mecanismo de colapso.

Figura 9.31
Resultados do Lingo.

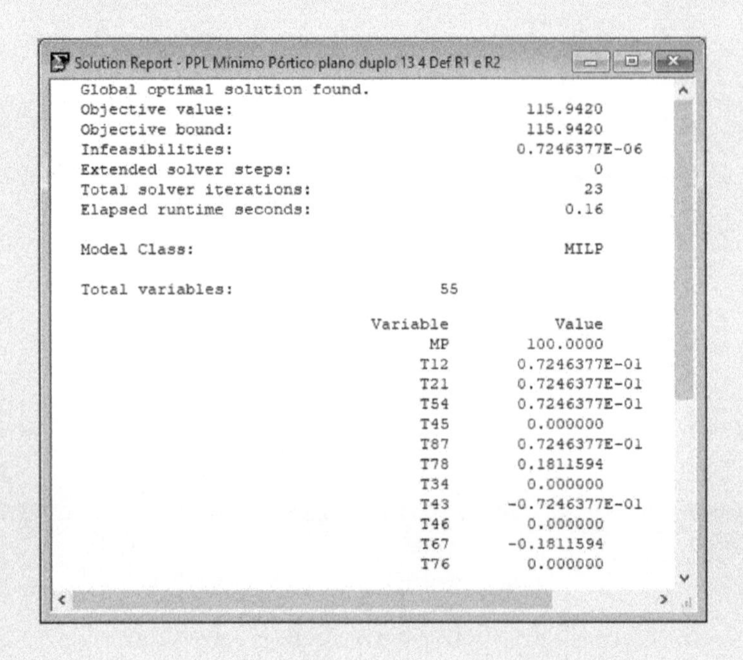

```
Solution Report - PPL Mínimo Pórtico plano duplo 13 4 Def R1 e R2
Global optimal solution found.
Objective value:                          115.9420
Objective bound:                          115.9420
Infeasibilities:                          0.7246377E-06
Extended solver steps:                           0
Total solver iterations:                        23
Elapsed runtime seconds:                      0.16

Model Class:                                  MILP

Total variables:                55

                           Variable           Value
                                 MP        100.0000
                                T12       0.7246377E-01
                                T21       0.7246377E-01
                                T54       0.7246377E-01
                                T45        0.000000
                                T87       0.7246377E-01
                                T78       0.1811594
                                T34        0.000000
                                T43      -0.7246377E-01
                                T46        0.000000
                                T67      -0.1811594
                                T76        0.000000
```

SEGUNDA PARTE

10 CÁLCULO DE DESLOCAMENTOS NA ANÁLISE LIMITE

10.1 Introdução

O cálculo de deslocamentos na análise elastoplástica perfeita de estruturas e, em particular, da classe de problemas aqui tratada, em seu formato mais simples e razoavelmente laborioso é o que se faz pela análise incremental. Pode-se acompanhar a evolução dos deslocamentos ao longo da história de carregamento de uma forma direta, calculando e adicionando, em cada passo, os incrementos de deslocamentos nos intervalos de comportamento linear da estrutura, conforme mostrado no Capítulo 4. Por outro lado, o cálculo de deslocamentos na iminência do colapso com resultados da análise limite apresenta interesse por seus aspectos conceituais, por completude do tema, por sua simplicidade e por atender eventual necessidade de verificação do estado limite em deslocamentos.

O cálculo de deslocamentos na iminência do colapso com os resultados obtidos na análise limite de treliças, vigas e pórticos planos pode ser feito, com algumas exceções, pela aplicação do teorema dos esforços virtuais considerando a solução da análise limite, que é estática e cinematicamente admissível, e os esforços virtuais definidos em uma estrutura isostática especialmente selecionada para viabilizar essa opção.

No caso de estruturas isostáticas, deve-se escolher a própria isostática para definir os esforços virtuais, e o cálculo de qualquer deslocamento na análise limite pode ser feito pela expressão:

$$\underbrace{\delta E\, U}_{\delta T_e} = \underbrace{\int \delta M \frac{M}{EI} ds + \int \delta N \frac{N}{EA} ds}_{\delta T_i} \tag{10.1}$$

onde as diversas variáveis e as parcelas têm a mesma interpretação dadas na sequência para as estruturas hiperestáticas.

No caso de estruturas hiperestáticas, deve-se escolher uma isostática derivada da hiperestática pela supressão de vínculos, e o cálculo de qualquer deslocamento na análise limite pode ser feito pela expressão:

$$\underbrace{\delta E\, U}_{\delta T_e} = \underbrace{\int \delta M \frac{M}{EI} ds + \int \delta N \frac{N}{EA} ds + \sum_k \delta M_k \theta_k^p + \sum_j \delta N_j \Delta \ell_j^p}_{\delta T_i} \tag{10.2}$$

onde $\int \delta M \frac{M}{EI} ds + \int \delta N \frac{N}{EA} ds$ é a parcela elástica de δT_i, devida à deformação elástica das barras, e $\sum_k \delta M_k \theta_k^p + \sum_j \delta N_j \Delta \ell_j^p$ é a parcela plástica de δT_i, devida à deformação plástica das rótulas plásticas e das barras plastificadas, associadas a essa particular isostática. Note-se que na iminência do colapso da estrutura:

- U é o deslocamento que se deseja calcular;
- M e N são as distribuições de momentos fletores e forças normais;
- θ_k^p e $\Delta \ell_j^p$ são, respectivamente, as rotações nas rótulas plásticas e os alongamentos nas barras plastificadas, ambos não conhecidos e que se pode também desejar calcular;

e, definidos na particular isostática:

- δE é o esforço virtual externo energeticamente conjugado ao deslocamento U;
- δM e δN são as distribuições de momentos fletores e forças normais virtuais devidas a δE;
- δM_k e δN_j são, respectivamente, os momentos fletores e as forças normais virtuais energeticamente conjugadas a θ_k^p e $\Delta \ell_j^p$ e devidas a δE.

Destaca-se que as deformações θ_k^p e $\Delta \ell_j^p$ não são obtidas pela análise limite e isso não permite a aplicação direta da Expressão (10.2) no cálculo de deslocamentos em estruturas hiperestáticas. Esse impedimento é superado quando duas condições adicionais são satisfeitas:

- no processo de carregamento, que é monotonicamente crescente, as rotações das rótulas plásticas e os alongamentos das barras plastificadas nunca devem cessar de crescer; em outras palavras, não deve ocorrer descarga em seções ou barras previamente plastificadas, situação que, apesar de rara, pode acontecer, mesmo para carregamento proporcional monotonicamente crescente;
- a estrutura isostática deve ser aquela anterior à formação do mecanismo de colapso.

Nessas condições,

$$\sum_k \delta M_k \theta_k^p + \sum_j \delta N_j \Delta \ell_j^p = 0,$$

pois no último elemento m plastificado a deformação é nula, ou $\theta_m = 0$ ou $\Delta\ell_m = 0$ – e, nessa isostática, $\delta M_k = 0$ e $\delta N_j = 0$ com $k, j \neq m$. Assim, o cálculo desses deslocamentos poderá ser feito por:

$$\underbrace{\delta E\, U}_{\delta T_e^*} = \underbrace{\int \delta M \frac{M}{EI} ds + \int \delta N \frac{N}{EA} ds}_{\delta T_i^*} \tag{10.3}$$

Caso se deseje calcular as deformações plásticas θ_k^p e $\Delta\ell_j^p$, deve-se considerar os esforços virtuais energeticamente conjugados a essas deformações nessa isostática e utilizar a Expressão (10.3).

A identificação da isostática que antecede ao mecanismo de colapso é, consequentemente, indispensável para o cálculo de deslocamentos na iminência do colapso, o que pode ser feito por diversos procedimentos, conforme relacionados ou apresentados em Neal (1977) e em Jirásec e Bazant (2002), válido somente para os casos em que não ocorra descarga em seções ou barras previamente plastificadas. Com algumas modificações, adota-se o procedimento desses dois últimos autores, que está fundamentado no seguinte teorema.

Teorema do máximo $\delta T_i^*|_{elast}$

Na iminência do colapso, considerem-se os valores das parcelas elásticas do trabalho virtual interno, $\delta T_i^*|_{elast}$, realizado pelos esforços virtuais correspondentes ao carregamento de referência e definidos nas várias isostáticas obtidas pela supressão de um grau de liberdade do mecanismo de colapso.

A isostática resultante da eliminação do último elemento plastificado será aquela com máximo valor de $\delta T_i^*|_{elast}$.

Demonstração:

Considerem-se os deslocamentos e as deformações na iminência do colapso, e, como esforços virtuais, os esforços devidos ao carregamento de referência atuando em estrutura isostática obtida pela supressão de um elemento plastificado no mecanismo de colapso. Adicionalmente e sem perda de generalidade, admite-se que o vínculo eliminado do mecanismo de colapso corresponda a uma rótula de uma certa seção *m*. Nessas condições, o teorema dos esforços virtuais permite estabelecer:

$$\underbrace{\sum_{\ell} \bar{P}_{\ell} U_{\ell}}_{\delta T_e^*} = \underbrace{\int \delta M^{ref} \frac{M}{EI} ds + \int \delta N^{ref} \frac{N}{EA} ds + \delta M_m^{ref} \theta_m}_{\delta T_i^*} \tag{10.4}$$

onde:

$$\begin{aligned} \delta T_i^* \Big|_{elast} &= \int \delta M^{ref} \frac{M}{EI} ds + \int \delta N^{ref} \frac{N}{EA} ds \\ \delta T_i^* \Big|_{plast} &= \delta M_m^{ref} \theta_m \geq 0 \end{aligned} \tag{10.5}$$

são, respectivamente, as parcelas elástica e plástica de δT_i^*, trabalho virtual interno complementar. A parcela plástica é necessariamente não negativa pelo fato de terem sido escolhidos como esforços virtuais os correspondentes ao carregamento de referência. Logo,

$$\delta M_m^{ref} \theta_m = \frac{M_{pm}}{\gamma_{II}} \theta_m \geq 0.$$

No caso de o vínculo eliminado corresponder à última rótula plástica, resulta $\delta M_m^{ref} \theta_m = 0$, pois na iminência do colapso $\theta_m = 0$, e pode-se concluir que

$$\underbrace{\sum_{\ell} \bar{P}_{\ell} U_{\ell}}_{\delta T_e^*} = \underbrace{max\left(\int \delta M^{ref} \frac{M}{EI} ds + \int \delta N^{ref} \frac{N}{EA} ds\right)}_{\delta T_i^*} = max\left(\delta T_i^* \Big|_{elast}\right) \tag{10.6}$$

o que demonstra o teorema.

É importante notar que a distribuição dos esforços solicitantes na iminência do colapso nem sempre é obtida pela análise limite, o que ocorre em um pequeno número de casos, principalmente naqueles associados a mecanismos locais de colapso. Nessa condição, não será possível o cálculo de deslocamentos a partir de resultados da análise limite e será necessário recorrer à análise incremental.

No caso de ocorrência de descarga de um elemento plastificado no processo de carregamento proporcional monotonicamente crescente até o colapso, o cálculo dos deslocamentos a partir de resultados da análise limite oferece algumas dificuldades. Dependendo do deslocamento a ser calculado, pode ser necessário o conhecimento da deformação plástica ocorrida no elemento plastificado que sofreu a descarga. Nesse caso, o melhor será recorrer à análise incremental.

Apresentam-se a seguir, exemplos ilustrativos da aplicação do cálculo de deslocamentos na iminência de colapso a partir de resultados obtidos pela análise limite, o que se faz em duas etapas: a identificação da isostática resultante da eliminação do último elemento plastificado no mecanismo de colapso, seguida do cálculo do deslocamento pela aplicação da Expressão (10.3) considerando a isostática identificada. Sabe-se que, nesses exemplos não ocorre a descarga de nenhum elemento plastificado.

No Capítulo 11, apresenta-se a análise de um pórtico engastado-articulado com tirante em que, em um caso, a deformação plástica numa rótula cessa e durante o processo de carregamento até o colapso plástico ela sofre descarregamento elástico e, em outro caso, não se obtém a distribuição de esforços solicitantes na iminência do colapso. Em problemas desse tipo ou com grande número de graus de liberdade, deve-se lançar mão da análise incremental para o cálculo de deslocamentos.

EXEMPLO 10.1 Treliça hiperestática

Considere-se a treliça da Figura 10.1, cuja análise limite no Exemplo 8.1, conduziu aos seguintes resultados:

$$F_{II} = 93{,}25 \text{ kN}; N_1 = 142 \text{ kN}; N_2 = 71 \text{ kN e } N_3 = 49{,}24 \text{ kN}.$$

Calculam-se, na iminência do colapso, o deslocamento horizontal, U_1, e o deslocamento vertical, U_2, do ponto A.

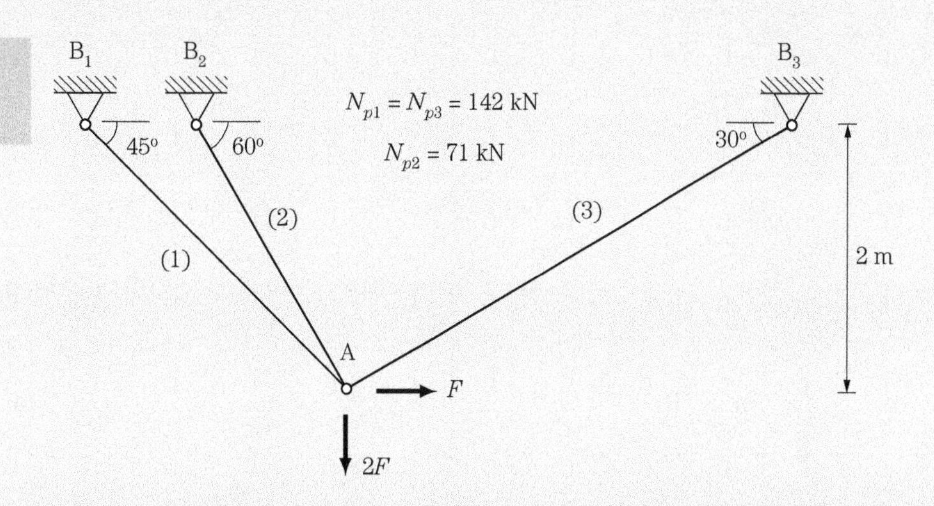

Figura 10.1
Treliça plana hiperestática.

Solução

Inicialmente, é necessária a identificação da isostática definida pela supressão do vínculo da última barra plastificada. Como o mecanismo de colapso ocorre com a plastificação das barras 1 e 2, são duas as isostáticas possíveis: na primeira, admite-se que a última barra plastificada seja a barra 2 e, na segunda, admite-se que a última barra plastificada seja a barra 1. A Figura 10.2 apresenta essas duas isostáticas junto com o carregamento de referência e as correspondentes forças normais virtuais.

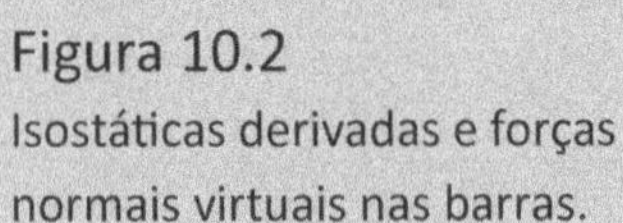

Figura 10.2
Isostáticas derivadas e forças normais virtuais nas barras.

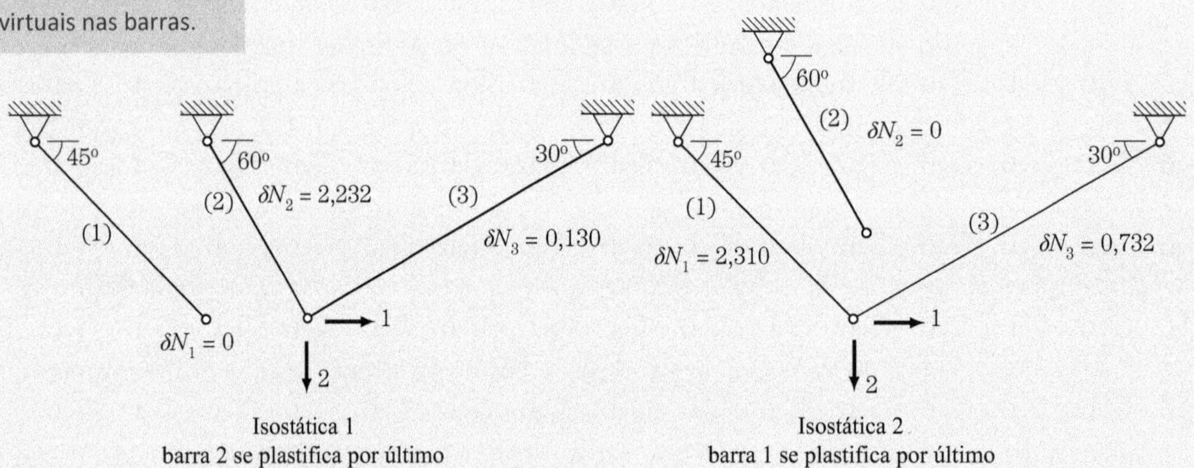

A parcela elástica do trabalho virtual interno complementar associada a cada isostática é calculada pela expressão:

$$\delta T_i^* \Big|_{elast} = \sum_{j=1,3} \delta N_j \frac{N_j}{k_j} \text{ com } k_j = \frac{E_j A_j}{\ell_j}, \tag{10.7}$$

onde N_j são as forças normais na iminência do colapso e δN_j são as forças normais virtuais devidas ao carregamento de referência em cada uma das isostáticas.

Com os dados das características físicas e geométricas do Exemplo 5.2, calculam-se:

$$k_1 = 4{,}117 \times 10^4 \, \frac{\text{kN}}{\text{m}} \qquad k_2 = 2{,}521 \times 10^4 \, \frac{\text{kN}}{\text{m}} \qquad k_3 = 2{,}911 \times 10^4 \, \frac{\text{kN}}{\text{m}}$$

e, com os valores de δN_j e N_j, obtêm-se os valores de $\delta T_i^*|_{elast}$, conforme mostra a Tabela 10.1,

- para a isostática 1 $\delta T_i^*|_{elast} = 6{,}506 \times 10^{-3}$ kNm
- para a isostática 2 $\delta T_i^*|_{elast} = 9{,}206 \times 10^{-3}$ kNm

e, portanto, a barra 1 se plastifica por último e a isostática 2 é aquela a ser utilizada no cálculo de deslocamentos e alongamentos.

Tabela 10.1 – Tabela de cálculo de $\delta T_i^*|_{elast}$ para as várias isostáticas

		isostática 1		isostática 2	
barra	N_j	δN_j	$\delta T_i^*|_{elast}$	δN_j	$\delta T_i^*|_{elast}$
1	142	0,000	0,000E+00	2,310	7,968E-03
2	71	2,232	6,286E-03	0,000	0,000E+00
3	49,24	0,130	2,199E-04	0,732	1,238E-03
			6,506E-03		9,206E-03

Assim, com a isostática que corresponde à última barra plastificada identificada, com as forças normais na iminência do colapso encontradas e com os esforços virtuais da Figura 10.3, obtêm-se:

$$U_1 = 5{,}483 \times 10^{-4} \text{ m} \quad U_2 = 4{,}329 \times 10^{-3} \text{ m}$$

A Tabela 10.2 apresenta os cálculos que levam aos resultados obtidos. Os deslocamentos U_1 e U_2 são, com precisão de uma casa decimal, os mesmos valores encontrados na análise incremental. Considerando as relações deformações-deslocamentos estabelecidas no Exemplo 5.1, obtêm-se:

$$\Delta\ell_1 = 0{,}707\delta U_1 + 0{,}707\delta U_2 = 3{,}449 \times 10^{-3} \text{ m}$$
$$\Delta\ell_2 = 0{,}5\delta U_1 + 0{,}866\delta U_2 = 4{,}023 \times 10^{-3} \text{ m}$$
$$\Delta\ell_3 = 0{,}866\delta U_1 + 0{,}5\delta U_2 = 1{,}689 \times 10^{-3} \text{ m}$$

Como $\Delta\ell_m^e = \dfrac{N_m}{k_m}$, as parcelas elástica e plástica dos alongamentos são dadas por:

$$\Delta\ell_1^e = 3{,}449 \times 10^{-3} m \qquad \Delta\ell_2^e = 2{,}816 \times 10^{-3} m \qquad \Delta\ell_3^e = 1{,}689 \times 10^{-3} m$$
$$\Delta\ell_1^p = 0 \qquad \Delta\ell_2^p = 1{,}207 \times 10^{-3} m \qquad \Delta\ell_3^p = 0$$

Figura 10.3
Esforços virtuais para o cálculo dos deslocamentos.

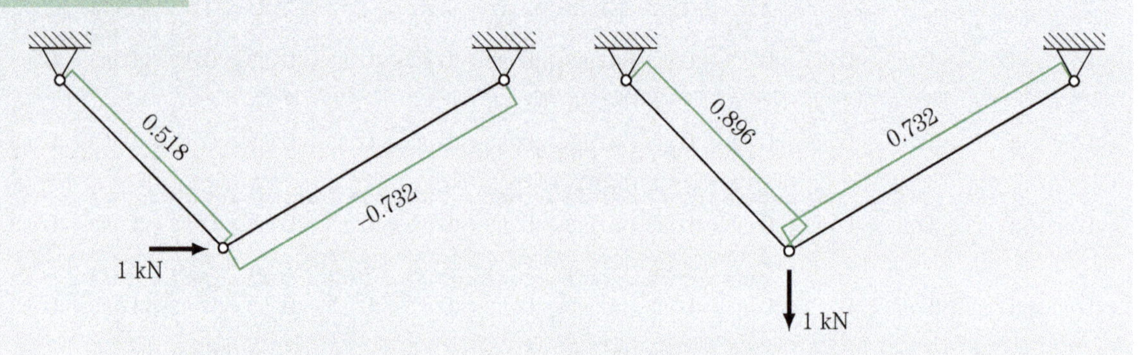

Tabela 10.2 – Tabela de cálculo das integrais para obtenção de U_1 e U_2

barra	N_j	δN_j	U_1	δN_j	U_2
1	142	0,518	1,787E-03	0,896	3,091E-03
2	71	0,000	0,000E+00	0	0,000E+00
3	49,24	–0,732	–1,238E-03	0,732	1,238E-03
			5,485E-04		4,329E-03

EXEMPLO 10.2 Pórtico biengastado

Considere-se o pórtico plano biengastado, cuja análise limite no Exemplo 8.2 conduziu aos resultados que se apresentam na Figura 10.4. Calculam-se, na iminência do colapso, os deslocamentos horizontal no ponto B, U_1, vertical no ponto C, U_2, e as rotações plásticas em A, U_3, em D, U_4, em E, U_5, e em C, U_6.

Figura 10.4
Resultados da análise limite do pórtico plano.

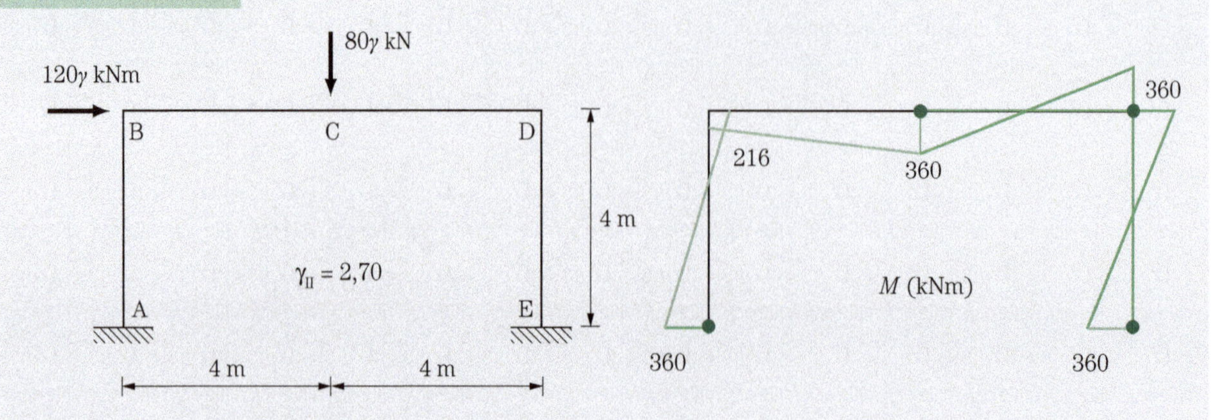

Solução

Inicialmente, trata-se da identificação da isostática definida pela supressão da última rótula plastificada. Há quatro possibilidades, apresentadas na Figura 10.5, junto com o carregamento de referência e os respectivos diagramas de momentos fletores virtuais.

Figura 10.5
Isostáticas derivadas e respectivos diagramas de momentos fletores virtuais.

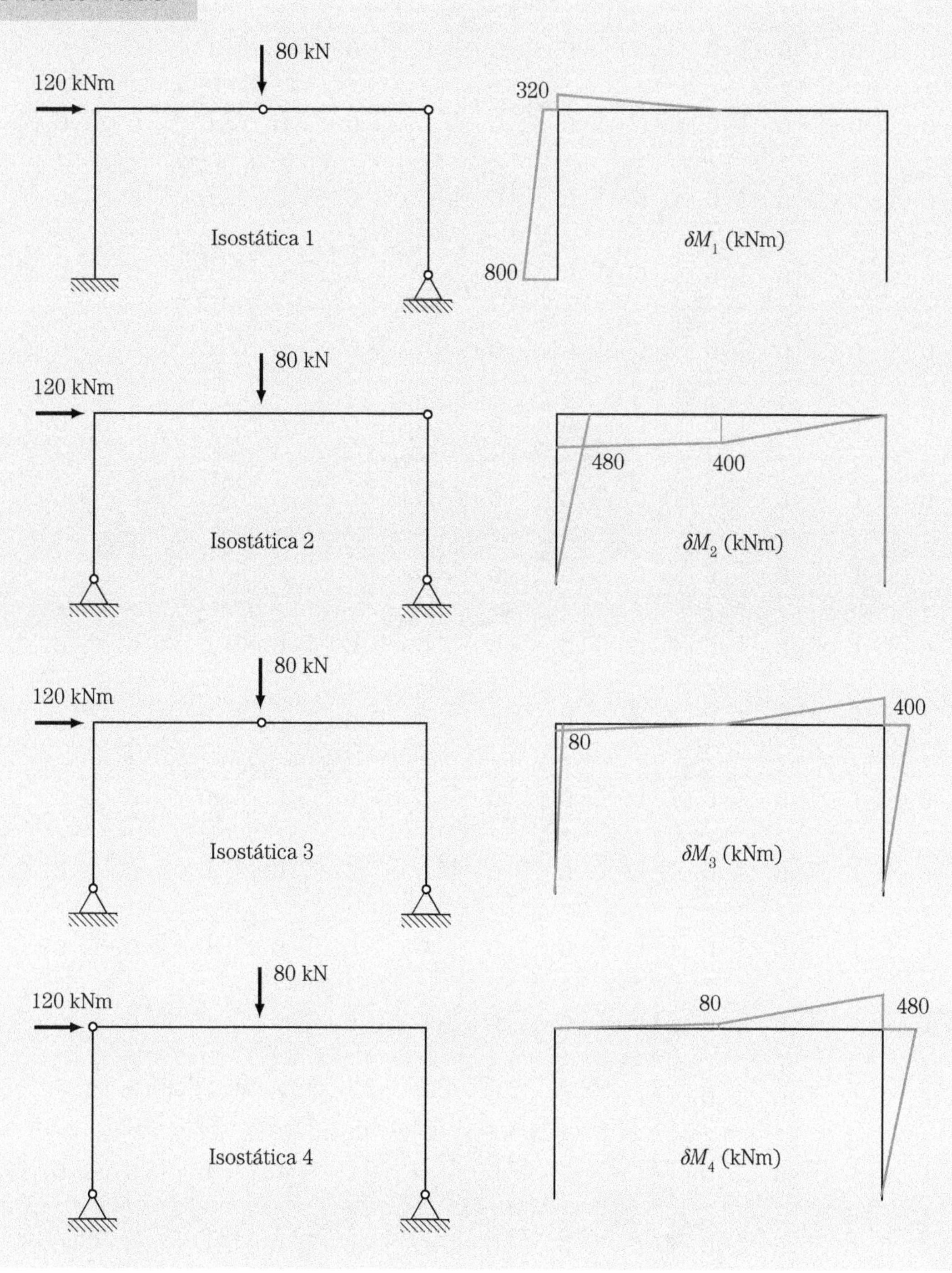

A parcela elástica do trabalho virtual interno complementar associada a cada isostática é calculada pela expressão:

$$\delta T_i^*\Big|_{elast} = \int_{est} \delta M_i \frac{M}{EI} ds = \sum_{barras} \int_0^{\ell} \delta M_i \frac{M}{EI} dx,$$

onde M é a distribuição de momentos fletores na iminência do colapso, apresentada na Figura 10.4, e δM_i é a distribuição de momentos fletores na isostática i devida ao carregamento de referência. Assim, com os diagramas da Figura 10.5, apresentam-se na Tabela 10.3 os cálculos para a obtenção de $\delta T_i^*|_{elast}$, com os seguintes resultados finais:

para a isostática 1 $\quad \delta T_i^*|_{elast} = \dfrac{84480}{EI};$

para a isostática 2 $\quad \delta T_i^*|_{elast} = \dfrac{622080}{EI};$

para a isostática 3 $\quad \delta T_i^*|_{elast} = \dfrac{238080}{EI};$

para a isostática 4 $\quad \delta T_i^*|_{elast} = \dfrac{161280}{EI}.$

Tabela 10.3 – Tabela de cálculo de $\delta T_i^*|_{elast}$ para as várias isostáticas

		pos 1 – última rótula em A		pos 2 – última rótula em C		pos 3 – última rótula em D		pos 4 – última rótula em E	
seção	M	δM_1	$\delta T_i^*|_{elast}$	δM_2	$\delta T_i^*|_{elast}$	δM_3	$\delta T_i^*|_{elast}$	δM_4	$\delta T_i^*|_{elast}$
A	–360	–800		0		0		0	
B	216	–320	253440	480	23040	80	3840	0	0
C	360	0	–168960	400	503040	0	42240	–80	–49920
D	–360	0	0	0	96000	–400	96000	–480	96000
E	360	0	0	0	0	0	96000	0	115200
			84480		622080		238080		161280

Pelo teorema do máximo $\delta T_i^*|_{elast}$, pode-se então concluir que a última rótula plástica se forma na seção C. Logo, $U_6 = 0$ e quaisquer deslocamentos podem ser calculados pela expressão:

$$U_i = \int_{est} \delta M_i \frac{M}{EI} ds = \frac{1}{EI} \sum_{barras} \int_0^{\ell} \delta M_i M dx,$$

onde M é a distribuição de momentos fletores na iminência do colapso e δM_i é a distribuição dos momentos fletores virtuais no pórtico triarticulado em A, D e E devida a $\delta E_i = 1$, esforço energeticamente conjugado ao deslocamento U_i que se deseja calcular.

Assim, com os diagramas de momentos fletores δM_i da Figura 10.6 e o diagrama de momentos fletores na iminência do colapso da Figura 10.4, efetuam-se os cálculos apresentados na Tabela 10.4, que conduzem aos seguintes resultados:

$$EIU_1 = 4032 \quad EIU_2 = 1728 \quad EIU_3 = 672 \quad EIU_4 = 960 \quad EIU_5 = 768$$

e, como $EI = 38745 \text{ kNm}^2$, obtêm-se:

$$U_1 = 1{,}041 \times 10^{-1} \text{ m} \quad U_2 = 4{,}460 \times 10^{-2} \text{ m}$$

$$U_3 = 1{,}734 \times 10^{-2} \text{ rad} \quad U_4 = 2{,}478 \times 10^{-2} \quad U_5 = 1{,}982 \times 10^{-2} \text{ rad}$$

Os deslocamentos U_1 e U_2 apresentam diferenças inferiores a 0,5% em relação aos valores encontrados na análise incremental, por causa de arredondamentos numéricos.

Figura 10.6
Esforços virtuais para o cálculo dos deslocamentos.

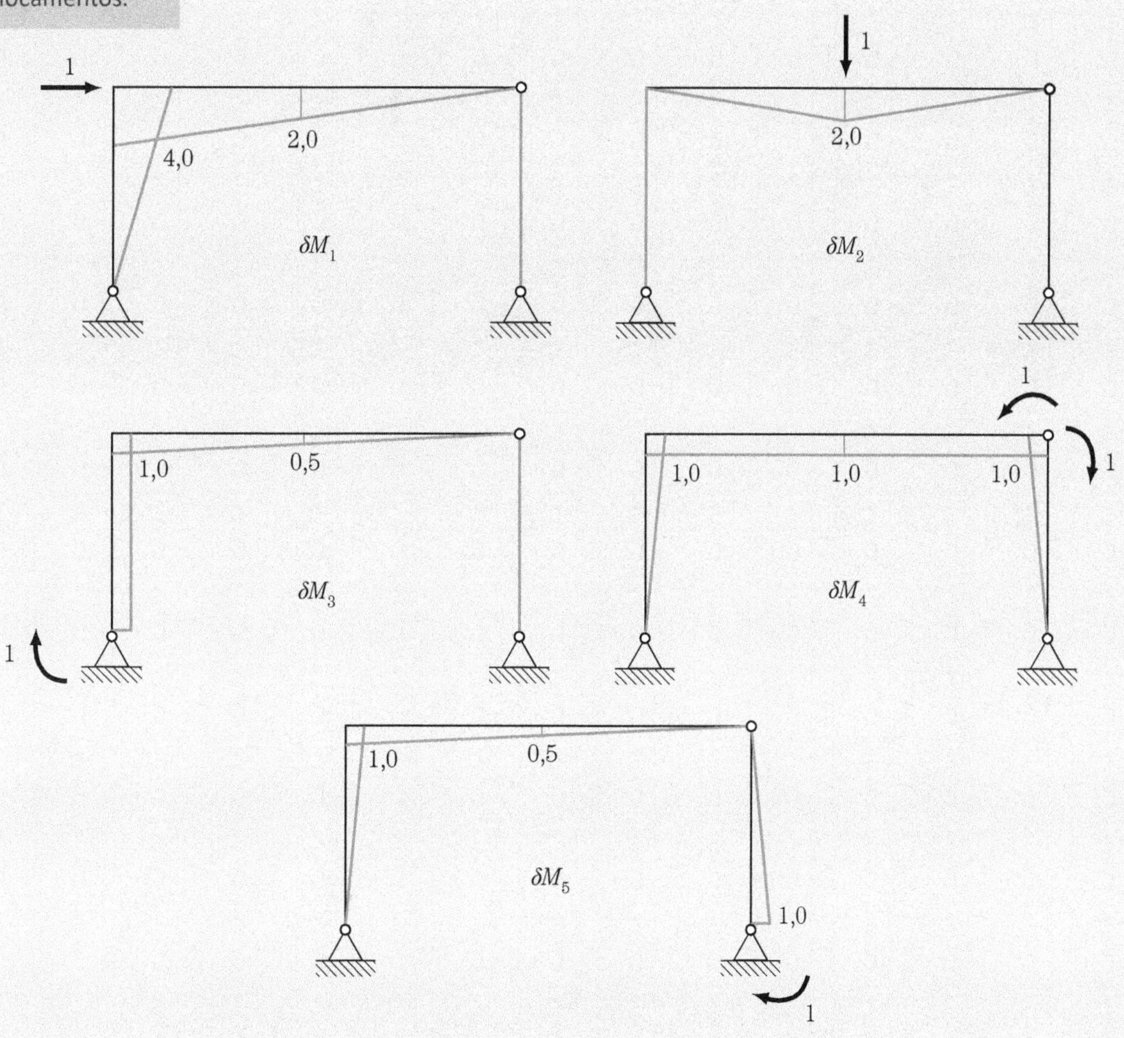

Tabela 10.4 – Tabela de cálculo das integrais para obtenção de U_i

		EIU_1	EIU_2	EIU_3	EIU_2	EIU_5
seção	M	δM_1	δM_2	δM_3	δM_4	δM_5
A	–360	0	0	1	0	0
B	216	4	0	1	1	1
C	360	2	2	0,5	1	0,5
D	–360	0	0	0	1	0
E	360	0	0	0	0	–1
		4032	1728	672	960	768

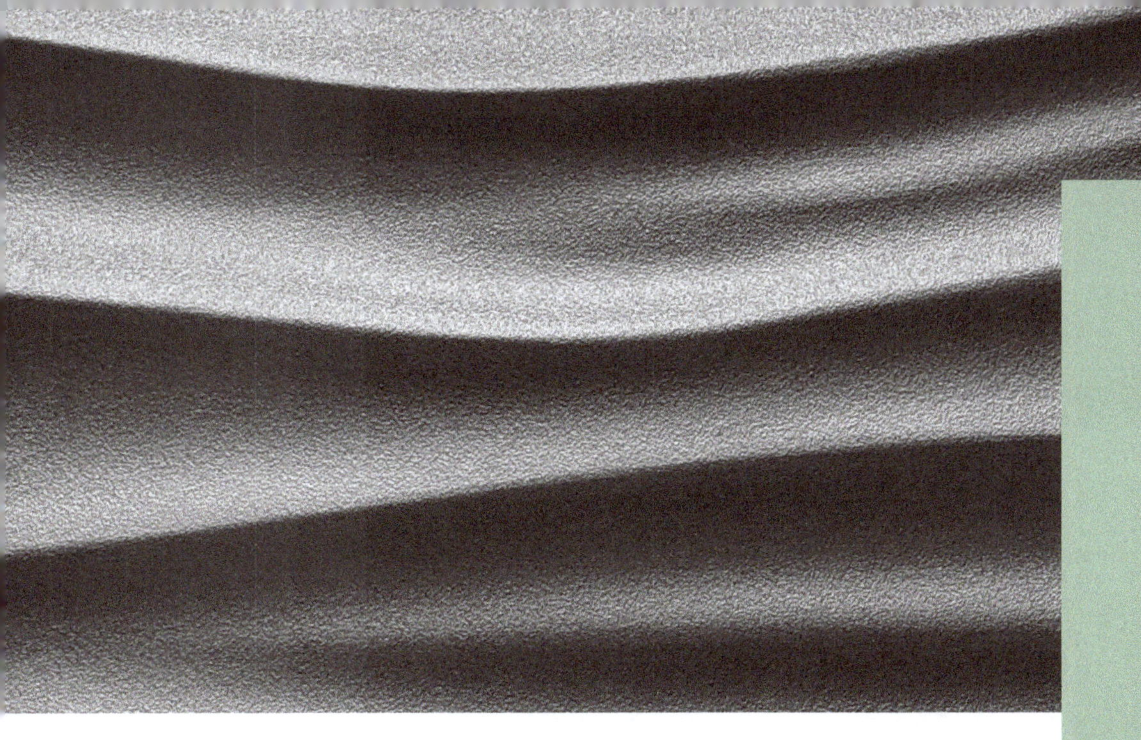

11 PÓRTICO SIMPLES COM RESULTADOS NEM TANTO

11.1 Introdução

Com o objetivo de reunir os principais procedimentos apresentados para a análise de uma estrutura reticulada plana em regime elastoplástico perfeito submetida a carregamento no seu plano, proporcional e monotonicamente crescente até a iminência colapso plástico, e indicar e analisar alguns aspectos da obtenção de resultados, que não são de interpretação simples, seleciona-se o pórtico atirantado da Figura 11.1. Como os procedimentos para a obtenção de resultados, por análise incremental ou por análise limite, foram detalhados em capítulos anteriores, eles serão apresentados de forma sucinta com a exibição de tabelas e figuras que permitam seu acompanhamento, ou até mesmo sua reprodução. Dá-se destaque à análise dos resultados que este particular exemplo propicia, oferecendo uma melhor compreensão das possibilidades e dos cuidados que é preciso ter na aplicação desses métodos.

O pórtico plano atirantado é constituído pelas barras prismáticas AB, BCD e DE e pelo tirante AC, todos de aço com comportamento elastoplástico perfeito e com as seguintes características geométricas e físicas:

$$\textit{barras} \begin{cases} I_x = 16.899 \text{ cm}^4 \quad Z = 1.282 \text{ cm}^3 \quad f_y = \sigma_e = 25 \dfrac{\text{kN}}{\text{cm}^2} \\ M_p = 320{,}6 \text{ kNm} \quad E = 2{,}1 \times 10^8 \dfrac{\text{kN}}{\text{m}^2} \quad EI_x = 35.488 \text{ kNm}^2 \end{cases}$$

$$\textit{tirante} \begin{cases} A = 10 \text{ cm}^2 \quad f_y = 25 \dfrac{\text{kN}}{\text{cm}^2} \quad N_p = 250 \text{ kN} \\ E = 2{,}1 \times 10^8 \dfrac{\text{kN}}{\text{m}^2} \quad EA = 2{,}1 \times 10^5 \text{ kN} \end{cases}$$

Sabe-se que as barras são contidas lateralmente de modo que não ocorre flambagem lateral.

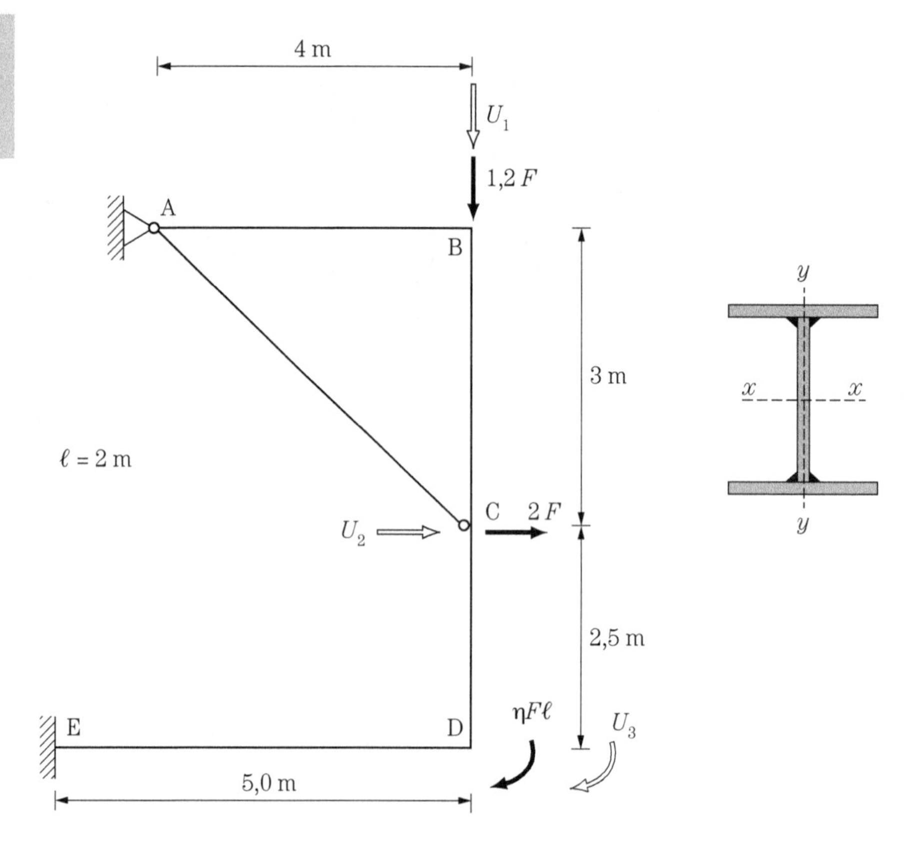

Figura 11.1
Pórtico atirantado.
Seção transversal das barras

Esse pórtico é analisado para dois casos de carregamento, caracterizados por $\eta = \pm 1{,}2$, por análise incremental, conforme mostrado no Capítulo 4, e por análise limite pelo método simplex e pelo Lingo, conforme mostrado nos Capítulos 8 e 9. Apresentam-se e analisam-se os resultados em esforços solicitantes, deslocamentos e deformações plásticas na iminência do colapso e o mecanismo de colapso.

11.2 Análise Incremental

Caso A: Momento externo em D aplicado no sentido horário

Considera-se a configuração indeformada como a inicial de referência na qual os momentos fletores e os deslocamentos são nulos e informa-se que as diversas análises elásticas lineares são realizadas com a utilização do Ftool, Martha (2018).

O primeiro elemento plastificado é a barra AC, que ocorre com $F_1 = 105{,}1$ kN. A Figura 11.2 apresenta a situação da estrutura nessa configuração e o respectivo diagrama de momentos fletores.

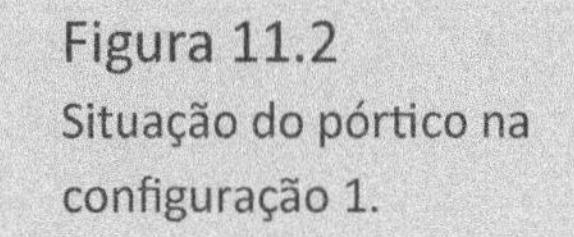

Figura 11.2
Situação do pórtico na configuração 1.

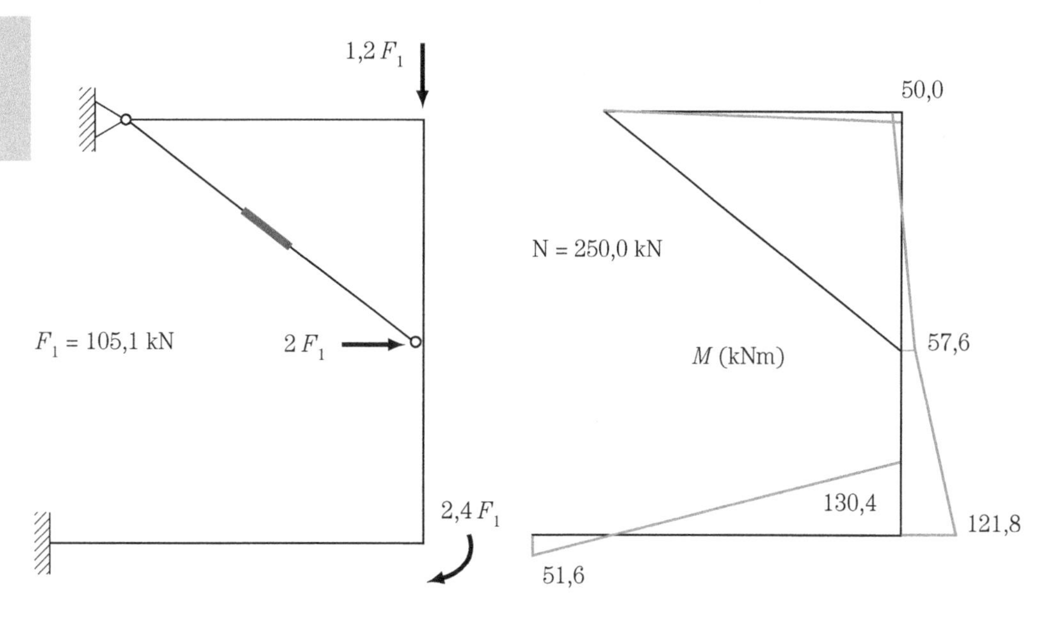

Para acréscimo de carga a partir de F_1 = 105,1 kN, a estrutura deixa de ter a colaboração resistente do tirante e o grau de hiperestaticidade do pórtico se reduz de três para dois. Com F_2 = 189,6 kN forma-se o segundo elemento plastificado, uma rótula plástica na seção DC. Para essas condições, a Figura 11.3 apresenta a situação da estrutura e o respectivo diagrama de momentos fletores.

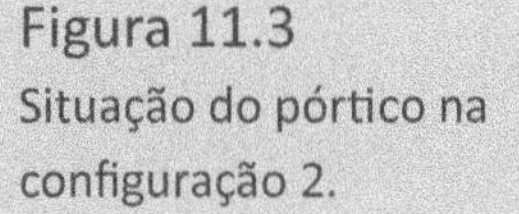

Figura 11.3
Situação do pórtico na configuração 2.

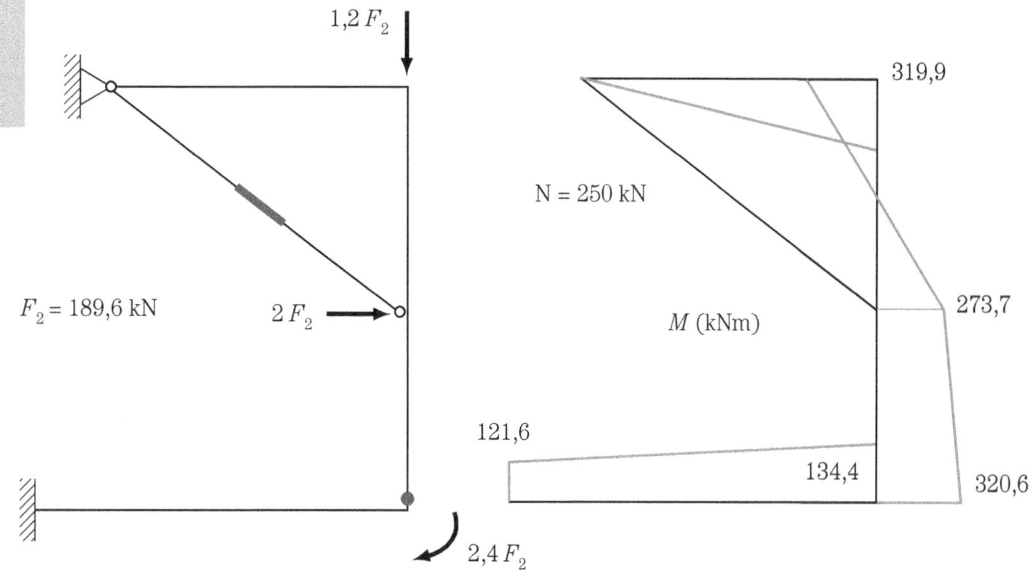

Com a formação da rótula na seção DC, o grau de hiperestaticidade do pórtico se reduz de dois para um. Assim, para acréscimo de carga a partir de F_2 = 189,6 kN, a estrutura deixa de ter a colaboração resistente do tirante e do vínculo interno que impedia a rotação relativa na seção DC. Com F_3 = 189,7 kN forma-se o terceiro elemento plastificado, uma rótula plástica na seção BC. Nessas condições, a Figura 11.4 apresenta a situação da estrutura e o respectivo diagrama de momentos fletores.

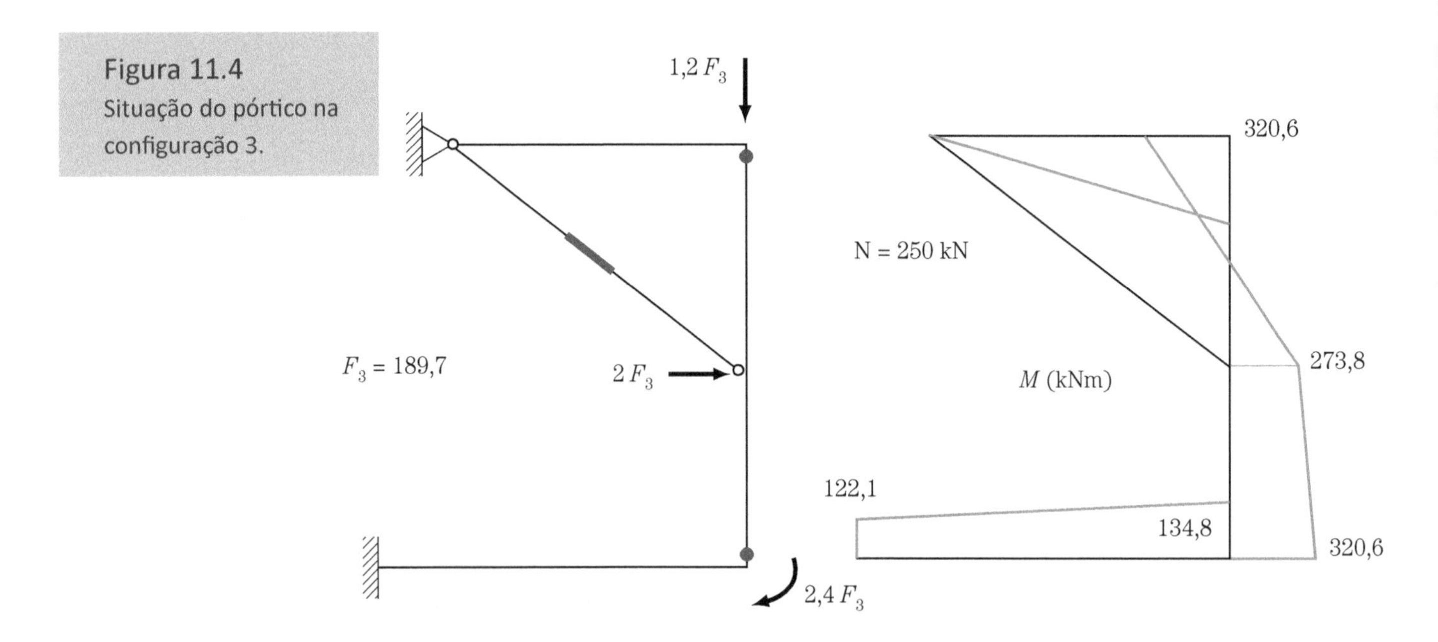

Figura 11.4
Situação do pórtico na configuração 3.

A formação da rótula na seção BC torna a estrutura isostática. Assim, para acréscimo de carga a partir de $F_3 = 189{,}7$ kN, a estrutura se comportará como um pórtico triarticulado e deixa de ter a colaboração resistente do tirante e dos vínculos internos que impediam as rotações relativas nas seções DC e BC. A Figura 11.5 apresenta a situação da estrutura para $F_4 = 206{,}9$ kN com o respectivo diagrama de momentos fletores.

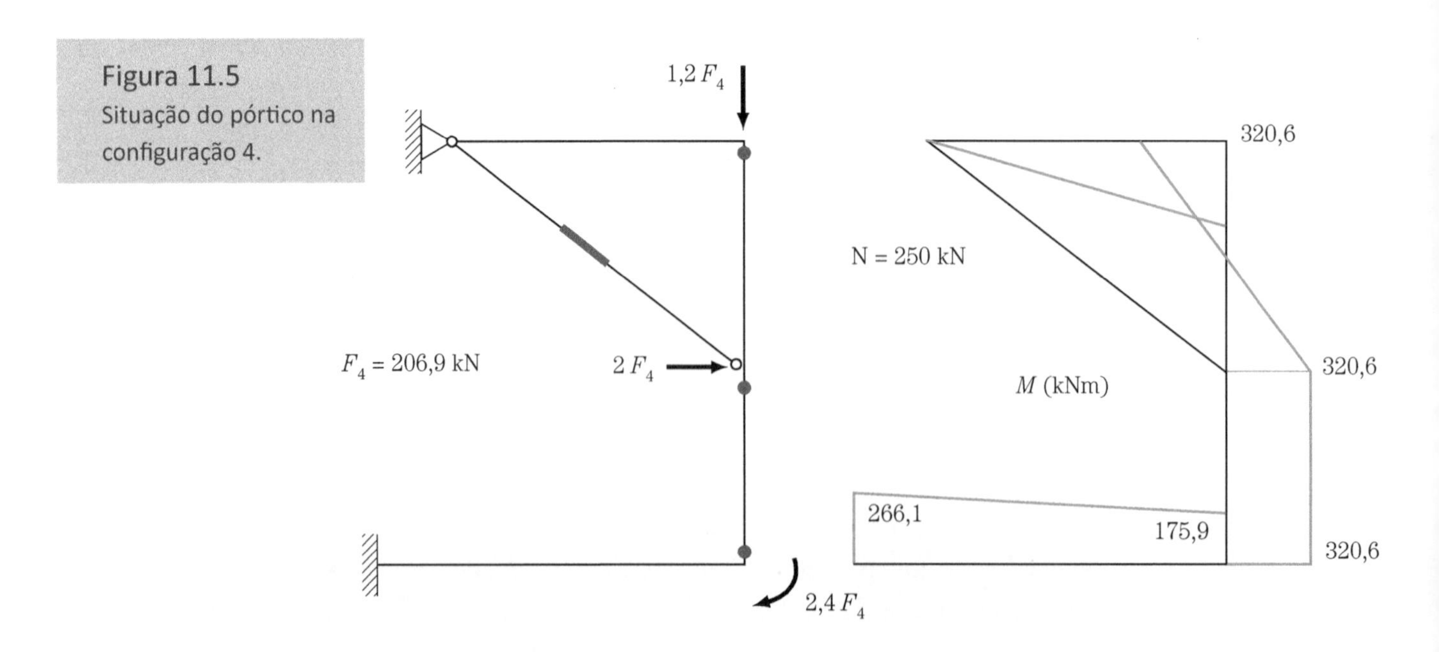

Figura 11.5
Situação do pórtico na configuração 4.

Note-se que se formou uma rótula na seção CD e formou-se um mecanismo local. Como a solução é equilibrada e satisfaz às condições de plastificação e de mecanismo, é tentador entender que não poderá haver acréscimo de carga a partir de $F_4 = 206{,}9$ kN; ficaria então caracterizada a situação de colapso plástico com $F_{II} = F_4 = 206{,}9$ kN. Certo? Não! A resposta é negativa por uma condição cinemática que impede esse mecanismo de se desenvolver, pois nem todas as deformações plásticas continuarão a crescer para qualquer acréscimo de carregamento, por menor que seja. Matematicamente, pode-se constatar essa condição pelo cálculo do δT_i considerando a solução equilibrada da configuração 4 e os deslocamentos virtuais da Figura 11.6 correspondentes ao mecanismo identificado, que é dado por:

$$\delta T_i = 320{,}6 \times \delta\theta + 320{,}6 \times 2{,}2\delta\theta - 320{,}6 \times 1{,}2\delta\theta + 250 \times 2{,}4\delta\theta.$$

Pois bem, o trabalho virtual na seção DC é negativo, e isso significa que para acréscimo de carga a partir de $F_4 = 206{,}9$ kN não ocorrerá acréscimo de rotação em DC, a última a se formar.

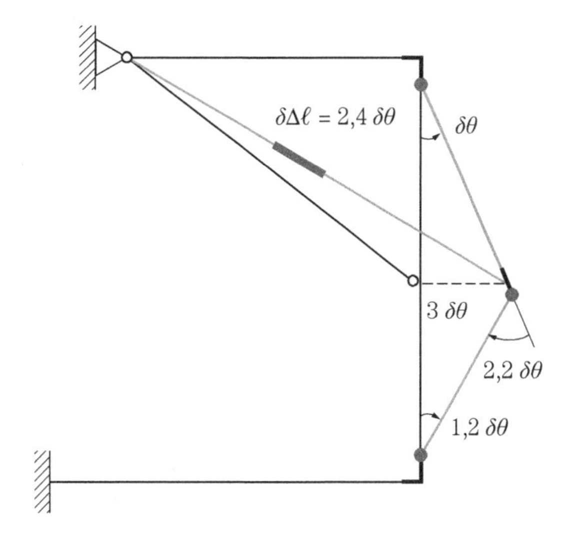

Figura 11.6
Deslocamentos virtuais associados ao mecanismo da configuração 4.

Assim, para acréscimo de carga a partir de $F_4 = 206{,}9$ kN, a estrutura se comportará como um pórtico triarticulado com rótulas em A, B e C e deixa de ter a colaboração resistente do tirante. A Figura 11.7 apresenta a situação da estrutura para $F_5 = 210{,}9$ kN, com o respectivo diagrama de momentos fletores e os deslocamentos virtuais associados ao novo mecanismo formado com normalização $\delta\theta_A = \delta\theta$.

Figura 11.7
Situação do pórtico na configuração 5 e mecanismo de colapso.

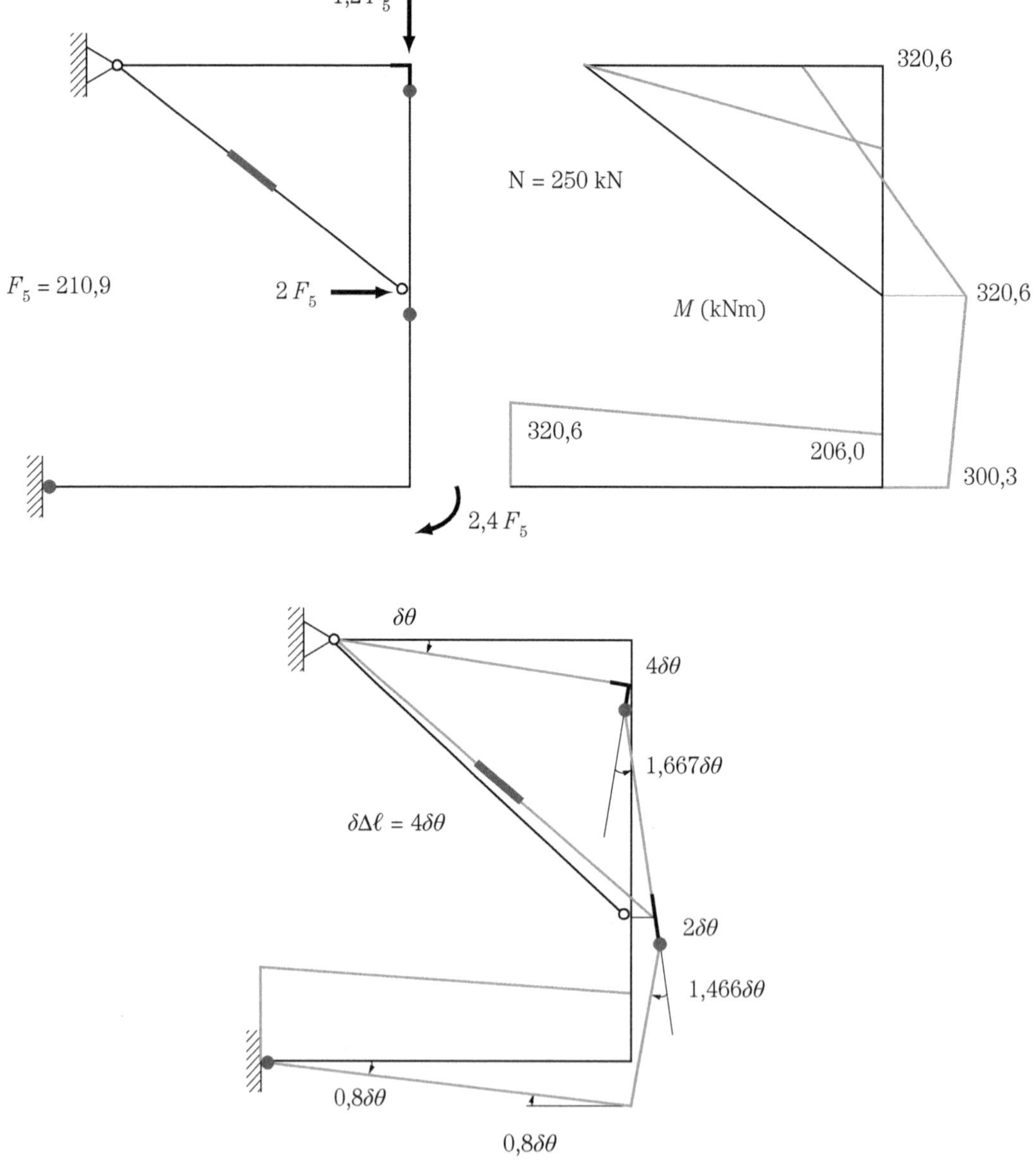

Note-se que a rótula em DE foi substituída por uma rótula em E e a estrutura se tornou efetivamente um mecanismo, o que se observa porque não há restrições ao movimento de corpo rígido e se confirma pelo fato de todos os termos de δT_i em (11.1), em que se consideram a solução equilibrada da configuração 5 e os deslocamentos virtuais do mecanismo a ela associados, serem positivos. Assim, pode-se concluir que a configuração 5 é a de colapso plástico com $F_{II} = F_4 = 210{,}9$ kN.

$$\delta T_i = 320{,}6 \times 0{,}8\delta\theta + 320{,}6 \times 1{,}466\delta\theta + 320{,}6 \times 1{,}667\delta\theta + 250 \times 4\delta\theta\,. \tag{11.1}$$

A Tabela 11.1 apresenta a tabela que é um resumo de todas as operações da análise incremental e contempla todos os resultados parciais e finais em esforços solicitantes, deslocamentos e deformações selecionados. Note-se que da configuração 4 para a configuração 5 ocorrem acréscimos plásticos do alongamento e das rotações plásticas nas seções B e C; cessou a ocorrência de acréscimo de rotação plástica na seção DC; e os deslocamentos e as deformações no tirante e nas rótulas plásticas na iminência do colapso têm os seguintes valores:

$$\begin{gathered} U_1 = 9{,}951 \times 10^{-2}\ \text{m} \quad U_2 = 3{,}764 \times 10^{-2}\ \text{m} \quad U_3 = -\,3{,}711 \times 10^{-2}\ \text{rad} \\ \Delta\ell_{AC}^{e} = 5{,}953 \times 10^{-3}\ \text{m} \quad \Delta\ell_{AC}^{p} = 8{,}387 \times 10^{-2}\ \text{m} \quad \Delta\ell_{AC} = 8{,}982 \times 10^{-2}\ \text{m} \\ \theta_{BC}^{p} = 2{,}086 \times 10^{-2}\ \text{rad} \quad \theta_{CD}^{p} = 1{,}203 \times 10^{-2}\ \text{rad} \\ \theta_{DC}^{p} = -\,1{,}124 \times 10^{-2}\ \text{rad} \quad \theta_{DE}^{p} = 0\ \text{rad} \end{gathered} \tag{11.2}$$

Caso B: Momento externo em D aplicado no sentido anti-horário

A Figura 11.8 apresenta as diversas configurações com a indicação dos elementos plastificados, que caracterizam mudança de comportamento da estrutura, e os correspondentes diagramas de momentos fletores até a de colapso plástico.

Tabela 11.1 – Análise incremental do pórtico atirantado – Caso A

		passo 1				passo 2		
		E_0	ΔE	ΔF	E_1	ΔE	ΔF	E_2
	M_B	0	0,476	673,5	50,0	3,195	84,7	319,9
	M_C	0	–0,548	585,0	–57,6	–2,558	102,8	–273,7
	M_{DC}	0	–1,159	276,6	–121,8	–2,353	84,5	–320,6
	M_{DE}	0	1,241	258,3	130,4	0,047	4.046,1	134,4
	M_E	0	–0,491	652,9	–51,6	2,050	181,5	121,6
	N_{AC}	0	2,379	105,09	250,0	0		250,0
	U_1	0	3,042E-05		3,197E-03	4,875E-04		4,438E-02
	U_2	0	4,799E-05		5,043E-03	1,565E-04		1,826E-02
	U_3	0	–5,284E-05		–5,553E-03	–1,479E-04		–1,805E-02
	F	0,0	1		105,1	1		189,6
		E_0	ΔE		E_1	ΔE		E_2
Alongamento	elástico	0,000E+00	5,664E-05		5,953E-03	0,000E+00		5,953E-03
	plástico	0,000E+00	0,000E+00		0,000E+00	4,177E-04		3,529E-02
	total	0,000E+00			5,953E-03			4,124E-02
Rotações nas extremidades das barras	AB	0,000E+00	–1,655E-05		–1,739E-03	–1,819E-04		–1,711E-02
	BA	0,000E+00	1,029E-05		1,081E-03	–1,822E-06		9,274E-04
	BC	0,000E+00	1,029E-05		1,081E-03	–1,822E-06		9,274E-04
	CB	0,000E+00	7,273E-05		7,643E-04	2,510E-05		2,885E-03
	CD	0,000E+00	7,273E-05		7,643E-04	2,510E-05		2,885E-03
	DC	0,000E+00	–5,284E-05		–5,553E-03	–1,479E-04		–1,805E-02
	DE	0,000E+00	–5,284E-05		–5,553E-03	–1,479E-04		–1,805E-02
Rotações relativas	B	0,000E+00			0,000E+00			0,000E+00
	C	0,000E+00			0,000E+00			0,000E+00
	DC	0,000E+00			0,000E+00			0,000E+00
	DE	0,000E+00			0,000E+00			0,000E+00

passo 3			passo 4			passo 5		
ΔE	ΔF	E_3	ΔE	ΔF	E_4	ΔE	ΔF	E_5
4,096	0,157	320,6	0,000		320,6	0,000		320,6
–0,866	54,144	–273,8	–2,727	17,145	–320,6	0,000		–320,6
0,000		–320,6	0,000		–320,6	5,000	128,231	–300,3
2,400	77,581	134,8	2,400	77,425	175,9	7,400	19,550	206,0
3,280	60,668	122,1	8,400	23,628	266,1	13,399	4,065	320,6
0		250,0	0		250,0	0		250,0
1,052E-03		4,455E-02	2,254E-03		8,319E-02	4,015E-03		9,951E-02
–1,771E-06		1,826E-02	1,921E-04		2,156E-02	3,957E-03		3,764E-02
–4,001E-04		–1,811E-02	-7,608E-04		–3,115E-02	–1,465E-03		–3,711E-02
1		189,7	1		206,9	1		210,9

ΔE		E_3	ΔE		E_4	ΔE		E_5
0,000E+00		5,953E-03	0,000E+00		5,953E-03	0,000E+00		5,953E-03
6,298E-04		5,539E-02	1,506E-03		6,121E-02	5,575E-03		8,387E-02
		4,134E-02			6,716E-02			8,928E-02
–3,399E-04		–1,716E-02	–5,635E-04		–2,682E-02	–1,004E-03		–3,090E-02
–1,091E-04		9,103E-04	–5,635E-04		–8,751E-03	–1,004E-03		–1,283E-02
–1,091E-04		9,103E-04	1,025E-04		2,668E-03	1,319E-03		8,029E-03
2,741E-05		2,889E-03	–1,281E-05		2,669E-03	1,319E-03		8,031E-03
2,741E-05		2,889E-03	–1,281E-05		2,669E-03	–1,641E-03		–4,001E-03
–3,077E-06		–1,805E-02	–1,089E-04		–1,991E-02	–1,465E-03		–2,587E-02
–4,001E-04		–1,811E-02	-7,608E-04		–3,115E-02	–1,465E-03		–3,711E-02
		0,000E+00			1,142E-02			2,086E-02
		0,000E+00			0,000E+00			1,203E-02
		–6,214E-05			–1,124E-02			–1,124E-02
		0,000E+00			0,000E+00			0,000E+00

Figura 11.8
Evolução das configurações até o colapso plástico.

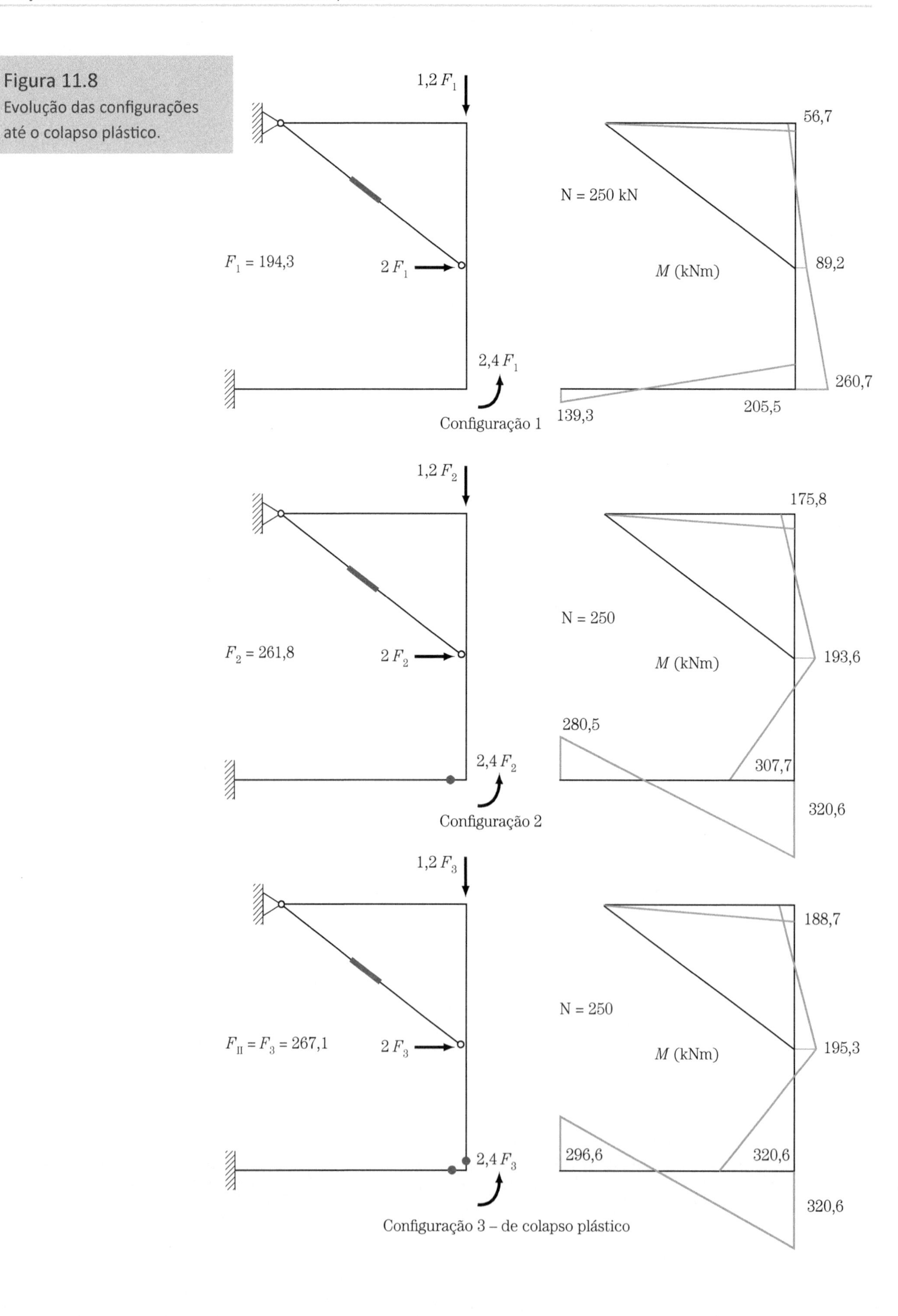

Tabela 11.2 – Análise incremental do pórtico atirantado – Caso B

		passo 1				passo 2			passo 3		
		E_0	ΔE	ΔF	E_1	ΔE	ΔF	E_2	ΔE	ΔF	E_3
	M_B	0	0,292	1.097,9	56,7	1,763	149,7	175,8	2,415	59,963	188,7
	M_C	0	–0,459	698,4	–89,2	–1,546	149,7	–193,6	–0,320	396,952	–195,3
	M_{DC}	0	1,342	238,9	260,7	0,696	86,1	307,7	2,400	5,374	320,6
	M_{DE}	0	–1,058	303,0	–205,5	–1,704	67,5	–320,6	0,000		–320,6
	M_E	0	0,717	447,1	139,3	2,092	86,7	280,5	2,981	13,432	296,6
	N_{AC}	0	1,287	194,3	250,0	0		250,0	0		250,0
	U_1	0	4,409E-05		8,564E-03	2,913E-04		2,823E-02	7,001E-04		3,200E-02
	U_2	0	5,219E-06		1,014E-03	6,391E-05		5,329E-03	–6,224E-05		4,995E-03
	U_3	0	2,404E-05		4,670E-03	–2,737E-05		2,822E-03	7,749E-05		3,238E-03
	F	0	1		194,3	1		261,8	1		267,1484
		E_0	ΔE		E_1	ΔE		E_2	ΔE		E_3
Alongamento	elástico	0,000E+00	3,063E-05		5,950E-03	0,000E+00		5,950E-03	0,000E+00		5,950E-03
	plástico	0,000E+00	0,000E+00		0,000E+00	2,259E-04		1,525E-02	3,703E-04		1,724E-02
	total	0,000E+00			0,000E+00			0,000E+00			0,000E+00
Rotações nas extremidades das barras	AB	0,000E+00	–1,652E-05		–3,209E-03	–1,059E-04		–1,036E-02	–2,204E-04		–1,154E-02
	BA	0,000E+00	–3,623E-08		–7,038E-06	–6,588E-06		–4,519E-04	–8,428E-05		–9,048E-04
	BC	0,000E+00	–3,623E-08		–7,038E-06	–6,588E-06		–4,519E-04	–8,428E-05		–9,048E-04
	CB	0,000E+00	–7,069E-06		–1,373E-03	2,571E-06		–1,200E-03	4,245E-06		–1,177E-03
	CD	0,000E+00	–7,069E-06		–1,373E-03	2,571E-06		–1,200E-03	4,245E-06		–1,177E-03
	DC	0,000E+00	2,404E-05		4,670E-03	–2,737E-05		2,822E-03	7,749E-05		3,238E-03
	DE	0,000E+00	2,404E-05		4,670E-03	–2,737E-05		2,822E-03	–2,100E-04		1,693E-03
Rotações relativas	B	0,000E+00			0,000E+00			0,000E+00			0,000E+00
	C	0,000E+00			0,000E+00			0,000E+00			0,000E+00
	DC	0,000E+00			0,000E+00			0,000E+00			0,000E+00
	DE	0,000E+00			0,000E+00			0,000E+00			1,545E+03

A Tabela 11.2 apresenta os diversos cálculos que justificam os resultados apresentados na Figura 11.8. Os elementos plastificados continuam plastificados ao longo de todo o processo de carregamento. Destaca-se que o mecanismo de colapso é um mecanismo local e essa condição terá impacto na análise limite deste problema, conforme adiante se mostra.

Análise Limite

Um aspecto central da análise limite consiste na formulação dos problemas de programação linear de mínimo e de máximo, que é necessariamente precedida do estabelecimento das relações cinemáticas e das equações de equilíbrio. Com as formulações geral e canônica estabelecidas, efetua-se, para cada caso, a resolução dos problemas de programação linear de máximo e de mínimo pelos métodos simplex e pelo Lingo, nessa ordem, com a obtenção de esforços solicitantes, momentos fletores nas barras fletidas e de forças normais na barra solicitada axialmente, na iminência do colapso, e do mecanismo de colapso, caracterizado pelas deformações plásticas com certa condição de normalização. Em seguida, são calculados alguns deslocamentos na iminência do colapso, aplicando os conceitos apresentados no Capítulo 10.

Relações cinemáticas

As relações cinemáticas são obtidas conforme procedimento indicado no Anexo B. A Figura 11.9(a) apresenta os deslocamentos generalizados independentes que descrevem a cinemática da estrutura. Para obter as relações cinemáticas que descrevem os possíveis mecanismos, introduzem-se as hipóteses de barras inextensíveis, exceto para a barra AC, e elege-se arbitrariamente que $\theta_{BA} = 0$ e $\theta_{CB} = 0$. Os deslocamentos generalizados independentes se reduzem a U_2, U_4 e U_9, e poderá ocorrer a plastificação por solicitação normal na barra AC e por flexão nas seções BC, CD, DC, DE e ED, indicadas na Figura 11.9(b). Por conveniência de procedimento, observa-se que os deslocamentos têm uma numeração distinta daquela utilizada na análise incremental.

Figura 11.9
Deslocamentos nodais.

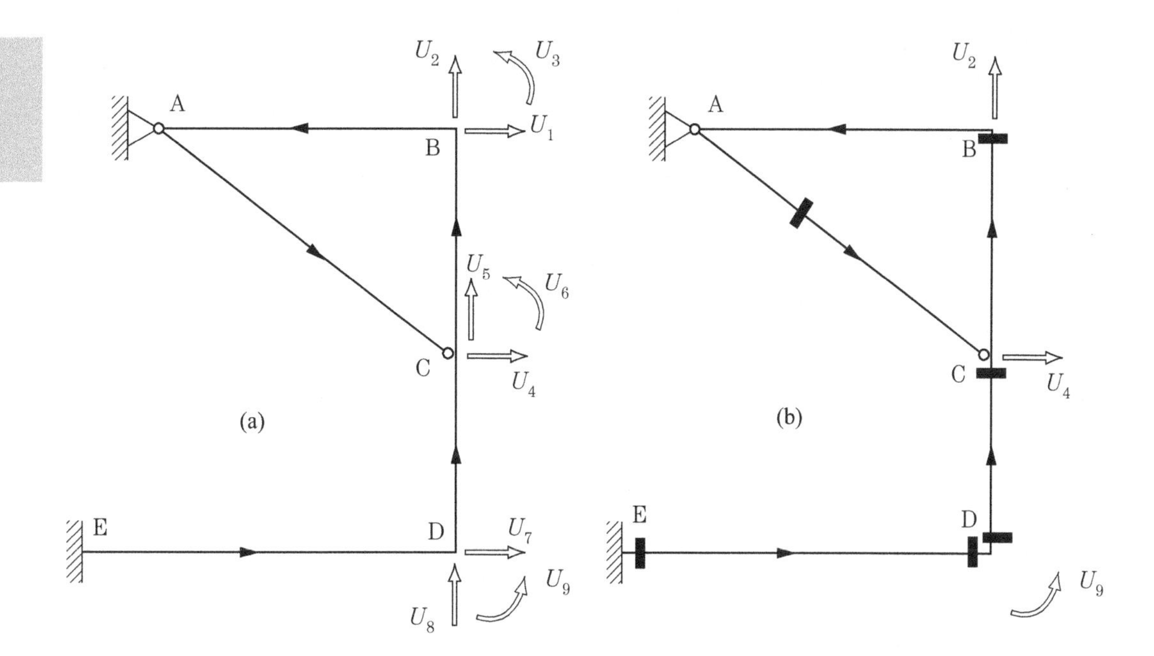

Nessas condições, podem ser estabelecidas as relações cinemáticas:

- as relações deformações-deslocamentos $\{E\} = [B]\{U\}$

$$\begin{Bmatrix} \Delta\ell_{AC} \\ \theta_{AB} \\ \theta_{BC} \\ \theta_{CD} \\ \theta_{DC} \\ \theta_{DE} \\ \theta_{ED} \end{Bmatrix} = \begin{bmatrix} -0,6 & 0,8 & 0 \\ -0,25 & 0 & 0 \\ 0,25 & -0,333 & 0 \\ 0 & 0,733 & 0 \\ 0 & 0,4 & 1 \\ -0,2 & 0 & 1 \\ -0,2 & 0 & 0 \end{bmatrix} \begin{Bmatrix} U_2 \\ U_4 \\ U_9 \end{Bmatrix} \quad (11.3)$$

- as relações deslocamentos-deformações $\{U\} = [B_1]\{E_1\}$

$$\begin{Bmatrix} U_2 \\ U_4 \\ U_9 \end{Bmatrix} = \begin{bmatrix} 0 & -4 & 0 \\ 1,25 & -3 & 0 \\ -0,5 & 1,2 & 1 \end{bmatrix} \begin{Bmatrix} \Delta\ell_{AC} \\ \theta_{AB} \\ \theta_{DC} \end{Bmatrix} \quad (11.4)$$

- as equações de compatibilidade $\{E_2\} = [B_2][B_1]^{-1}\{E_1\}$

$$\begin{Bmatrix} \theta_{BC} \\ \theta_{CD} \\ \theta_{DE} \\ \theta_{ED} \end{Bmatrix} = \begin{bmatrix} -0,417 & 0 & 0 \\ 0,917 & -2,2 & 0 \\ -0,5 & 2 & 1 \\ 0 & 0,8 & 0 \end{bmatrix} \begin{Bmatrix} \Delta\ell_{AC} \\ \theta_{AB} \\ \theta_{DC} \end{Bmatrix} \quad (11.5)$$

Observa-se que a variável θ_{AB} não é independente pois na seção AB tem-se $M_{AB} = 0$.

Mecanismos e equações de equilíbrio independentes

Como a estrutura tem seis variáveis independentes, $n = 6$, e o grau de hiperestaticidade é igual a três, $g_h = 3$, tem-se $n - g_h = 3$ mecanismos independentes e igual número de equações de equilíbrio independentes.

Considera-se conveniente estabelecer as equações de equilíbrio associadas aos mecanismos selecionados pela aplicação do teorema dos deslocamentos virtuais admitindo uma distribuição dos esforços solicitantes, definida em função de suas variáveis, como equilibrada e os deslocamentos virtuais associados a cada um desses mecanismos.

A distribuição de esforços solicitantes admitida equilibrada é definida pelos momentos fletores nas cinco seções das rotações independentes e pela força normal na barra AC. Os momentos são convencionados positivos no sentido positivo das rotações, ou seja, aplicados às seções no sentido horário, conforme se mostra na Figura 11.10; a convenção da força normal é a usual, positiva quando de tração. Os esforços solicitantes nos elementos plastificados são energeticamente conjugados às deformações virtuais dos mecanismos selecionados.

Figura 11.10
Solução equilibrada.
Momentos fletores positivos.

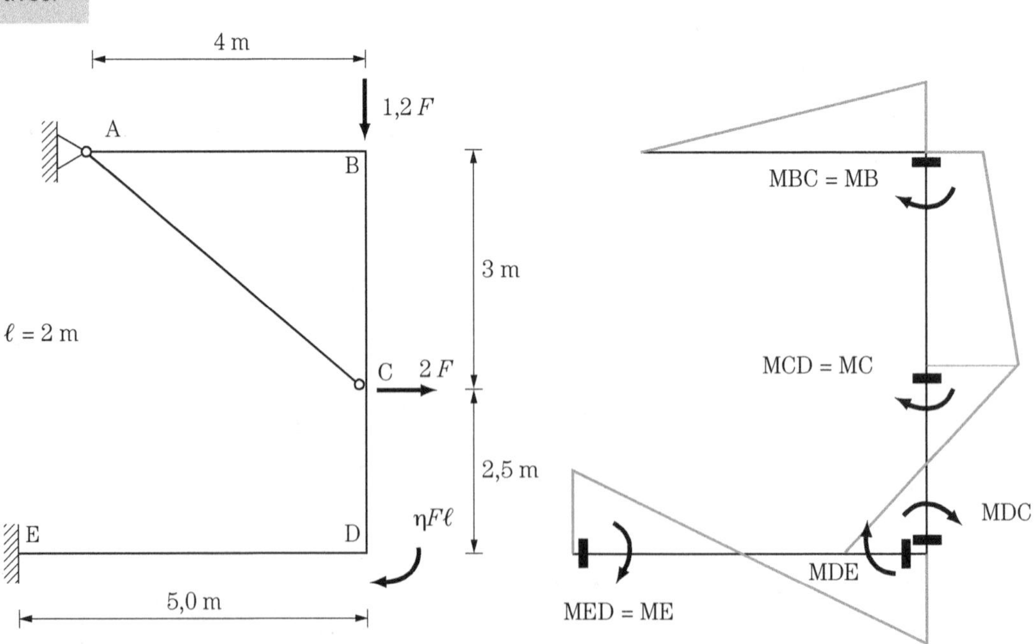

Introduzindo ($U_2 = -4 \quad U_4 = 0 \quad U_9 = 0$), ($U_2 = 0 \quad U_4 = 3 \quad U_9 = 0$) e ($U_2 = 0 \quad U_4 = 0 \quad U_9 = 1$) em (11.3), obtêm-se as rotações e deslocamentos virtuais correspondentes aos mecanismos independentes 1, 2 e 3, representados na Figura 11.11.

Figura 11.11
Mecanismos independentes selecionados.

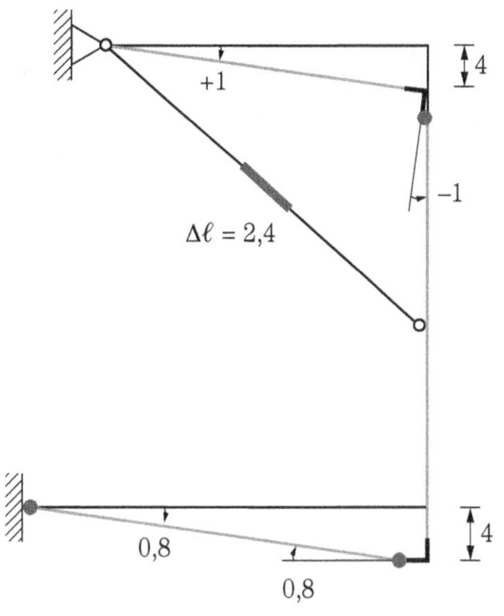

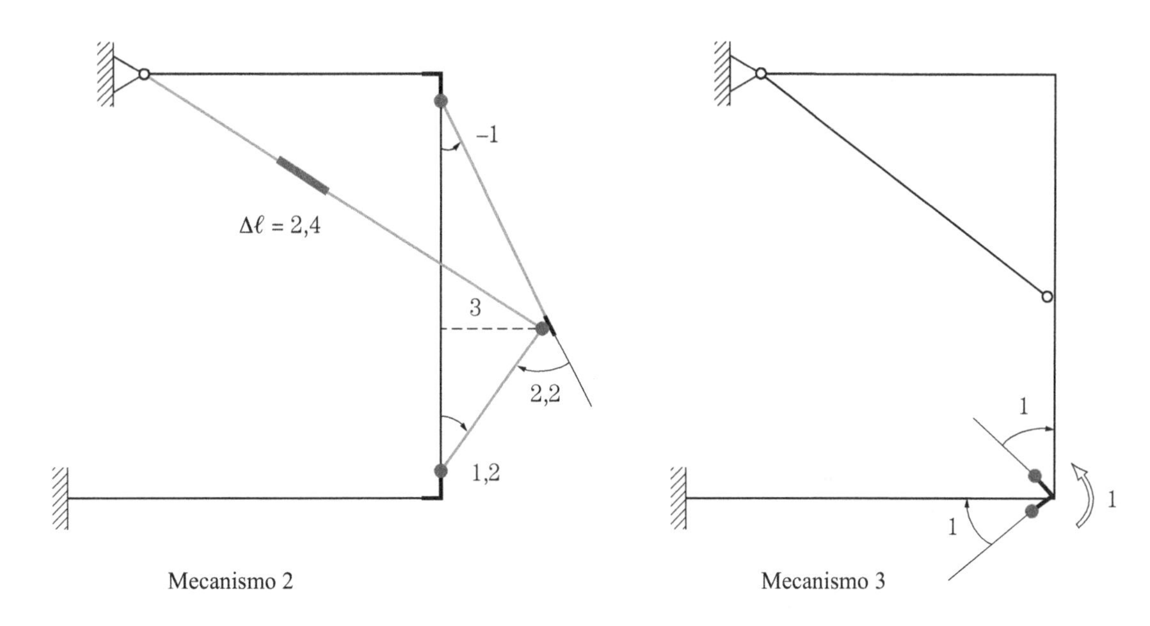

Assim, pela aplicação do teorema dos deslocamentos virtuais, $\delta T_e = \delta T_i$, é possível estabelecer:

$$1{,}2F \times 4 = -M_B \times 1 + M_{DE} \times 0{,}8 + M_{ED} \times 0{,}8 + N_{AC} \times 2{,}4$$
$$2F \times 3 = -M_B \times 1 + M_C \times 2{,}2 + M_{DC} \times 1{,}2 + N_{AC} \times 2{,}4$$
$$-2\eta F \times 1 = M_{DC} \times 1 + M_{DE} \times 1$$

que podem ser colocadas na forma:

$$\begin{aligned} -5M_B + 4M_{DE} + 4M_E + 12N_{AC} &= 24F \\ -5M_B + 11M_C + 6M_{DC} + 12N_{AC} &= 30F \\ M_{DC} + M_{DE} &= -2\eta F \end{aligned} \qquad (11.6)$$

que são as equações de equilíbrio associadas aos mecanismos independentes. Dentre os vários procedimentos possíveis para estabelecer as equações de equilíbrio independentes, considera-se este muito conveniente, até pelo fato de já conter os dados necessários para o estabelecimento da solução básica admissível, seja para o problema de máximo, seja para o problema de mínimo.

Com essas informações, estabelecem-se diretamente as formas gerais dos problemas de máximo e mínimo.

Forma Geral do Problema de Programação Linear de Máximo

Maximizar F

que satisfaça:

às equações de equilíbrio

$$\begin{aligned} -5M_B + 4M_{DE} + 4M_E + 12N_{AC} &= 24F \\ -5M_B + 11M_C + 6M_{DC} + 12N_{AC} &= 30F \\ M_{DC} + M_{DE} &= -2\eta F \end{aligned}$$

e

$$\text{às condições de plastificação} \begin{cases} |M_B| \leq 320{,}6 & |M_{DE}| \leq 320{,}6 \\ |M_C| \leq 320{,}6 & |M_E| \leq 320{,}6 \\ |M_{DC}| \leq 320{,}6 & \\ |N_{AC}| \leq 250 & \end{cases}$$

com M_k, $N_{AC} \in R$ e $F > 0$.

Observa-se que, para o tirante, a condição de plastificação poderia ter a forma $0 \leq N_{AC} \leq 250$. A opção adotada se justifica por proporcionar a utilização de propriedade que permite calcular a deformação axial virtual correspondente ao movimento do mecanismo de colapso com a verificação de $N_{AC} \geq 0$.

Forma Canônica do Problema de Programação Linear de Máximo

Considerando a mudança de variáveis definidas no Capítulo 8, estabelece-se diretamente a forma canônica do problema de programação linear de máximo:

Maximizar F

que satisfaça:

às equações de equilíbrio

$$(-5M_B^+ + 4M_{DE}^+ + 4M_E^+ + 12N_{AC}^+) - (-5M_B^- + 4M_{DE}^- + 4M_E^- + 12N_{AC}^-) = 24F$$

$$(-5M_B^+ + 11M_C^+ + 6M_{DC}^+ + 12N_{AC}^+) - (-5M_B^- + 11M_C^- + 6M_{DC}^- + 12N_{AC}^-) = 30F$$

$$(M_{DC}^+ + M_{DE}^+) - (M_{DC}^- + M_{DE}^-) = -2\eta F$$

e

às condições de plastificação

$$\begin{cases} M_B^+ + M_B^- + \Delta M_B = 320{,}6 & M_{DE}^+ + M_{DE}^- + \Delta M_{DE} = 320{,}6 \\ M_C^+ + M_C^- + \Delta M_C = 320{,}6 & M_E^+ + M_E^- + \Delta M_E = 320{,}6 \\ M_{DC}^+ + M_{DC}^- + \Delta M_{DC} = 320{,}6 & \\ N_{AC}^+ + N_{AC}^- + \Delta N_{AC} = 250 & \end{cases}$$

com $M_k^+, N_{AC}^+, M_k^-, N_{AC}^-, \Delta M_k, \Delta N_{AC} \geq 0$ e $F > 0$.

Forma geral do Problema de Programação Linear de Mínimo

Para estabelecer a forma geral do problema de programação linear de mínimo, adotam-se as relações cinemáticas (11.3), e, para bem caracterizá-las como as correspondentes a um mecanismo, os deslocamentos e as deformações são identificados como virtuais. Assim, pode-se escrever:

Minimizar

$$320{,}6\,(|\delta\theta_{BC}| + |\delta\theta_{CD}| + |\delta\theta_{DC}| + |\delta\theta_{DE}| + |\delta\theta_{ED}|) + 250\,|\delta\Delta\ell_{AC}|$$

que satisfaça:

à condição de normalização

$$-1{,}2\delta U_2 + 2\delta U_4 - 1{,}2\eta\delta U_9 = 1$$

e

às relações cinemáticas na condição de mecanismo

$$\begin{Bmatrix} \delta\Delta\ell_{AC} \\ \delta\theta_{AB} \\ \delta\theta_{BC} \\ \delta\theta_{CD} \\ \delta\theta_{DC} \\ \delta\theta_{DE} \\ \delta\theta_{ED} \end{Bmatrix} = \begin{bmatrix} -0{,}6 & 0{,}8 & 0 \\ -0{,}25 & 0 & 0 \\ 0{,}25 & -0{,}333 & 0 \\ 0 & 0{,}733 & 0 \\ 0 & 0{,}4 & 1 \\ -0{,}2 & 0 & 1 \\ -0{,}2 & 0 & 0 \end{bmatrix} \begin{Bmatrix} \delta U_2 \\ \delta U_4 \\ \delta U_9 \end{Bmatrix}$$

com $\delta\theta_k, \delta U_\ell, \delta\Delta\ell_{AC} \in R$.

Note-se novamente que, pela condição de tirante, $\delta\Delta\ell_{AC} \geq 0$. A opção feita se justifica por proporcionar a utilização de propriedade que permite calcular a força normal na iminência do colapso com a verificação de $\delta\Delta\ell_{AC} \geq 0$.

Forma Canônica do Problema de Programação Linear de Mínimo

Considerando as mudanças de variáveis definidas no Capítulo 9, pode-se escrever diretamente:

Minimizar

$$320{,}6\left(\delta\theta_{BC}^{+} + \delta\theta_{CD}^{+} + \delta\theta_{DC}^{+} + \delta\theta_{DE}^{+} + \delta\theta_{ED}^{+} + \delta\theta_{BC}^{-} + \delta\theta_{CD}^{-} + \delta\theta_{DC}^{-} + \delta\theta_{DE}^{-} + \delta\theta_{ED}^{-}\right) + 250\left(\delta\Delta\ell_{AC}^{+} + \delta\Delta\ell_{AC}^{-}\right)$$

que satisfaça:

à condição de normalização

$$\left(-1{,}2\delta U_2^{+} + 2\delta U_4^{+} - 1{,}2\eta\delta U_9^{+}\right) - \left(-1{,}2\delta U_2^{-} + 2\delta U_4^{-} - 1{,}2\eta\delta U_9^{-}\right) = 1$$

e

às relações cinemáticas na condição de mecanismo

$$\begin{Bmatrix} \delta\Delta\ell_{AC}^{+} - \delta\Delta\ell_{AC}^{-} \\ \delta\theta_{AB}^{+} - \delta\theta_{AB}^{-} \\ \delta\theta_{BC}^{+} - \delta\theta_{BC}^{-} \\ \delta\theta_{CD}^{+} - \delta\theta_{CD}^{-} \\ \delta\theta_{DC}^{+} - \delta\theta_{DC}^{-} \\ \delta\theta_{DE}^{+} - \delta\theta_{DE}^{-} \\ \delta\theta_{ED}^{+} - \delta\theta_{ED}^{-} \end{Bmatrix} = \begin{bmatrix} -0{,}6 & 0{,}8 & 0 \\ -0{,}25 & 0 & 0 \\ 0{,}25 & -0{,}333 & 0 \\ 0 & 0{,}733 & 0 \\ 0 & 0{,}4 & 1 \\ -0{,}2 & 0 & 1 \\ -0{,}2 & 0 & 0 \end{bmatrix} \begin{Bmatrix} \delta U_2^{+} - \delta U_2^{-} \\ \delta U_4^{+} - \delta U_4^{-} \\ \delta U_9^{+} - \delta U_9^{-} \end{Bmatrix}$$

com $\delta\theta_k^{+}, \delta\theta_k^{-}, \delta U_\ell^{+}, \delta U_\ell^{-}, \delta\Delta\ell_{AC}^{+}, \delta\Delta\ell_{AC}^{-} \geq 0$.

Estabelecidas as diversas formulações, é possível agora tratar numericamente os problemas apresentados.

Caso A: Momento externo em D aplicado no sentido horário

Problema de máximo – Análise pelo método simplex

Inicialmente, trata-se da definição de uma solução básica admissível inicial, que se obtém pela análise da viga em balanço, isostática fundamental resultante da eliminação da articulação fixa em A e do tirante, solicitada pelo carregamento com $F = 1$, conforme indicado na Figura 11.12, que conduz a:

$$M_{DC} = 5{,}0 \quad M_{DE} = -7{,}4 \quad M_E = 13{,}4 \quad N_{AC} = M_B = M_C = 0$$

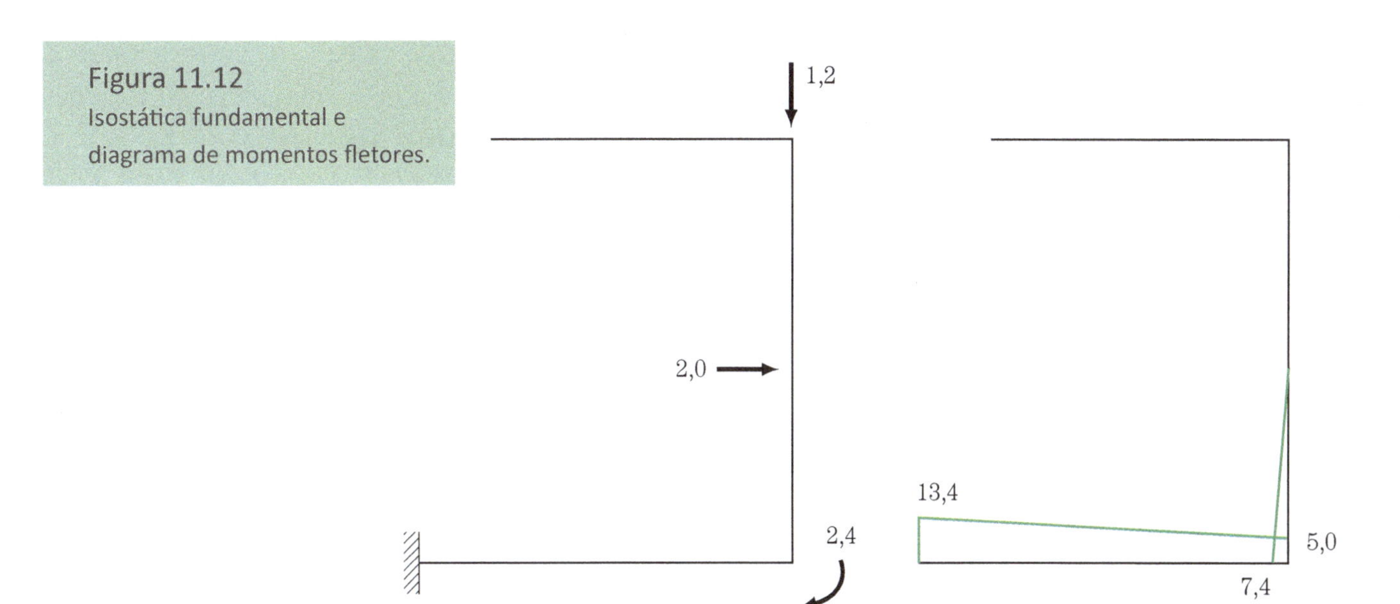

Figura 11.12
Isostática fundamental e diagrama de momentos fletores.

o que permite definir como variáveis básicas:

$$F,\ M_{DC}^{+},\ M_{DE}^{-},\ M_{E}^{+},\ \Delta M_{DC},\ \Delta M_{DE},\ \Delta M_{C},\ \Delta M_{B} \text{ e } \Delta N_{AC},$$

e, consequentemente, como variáveis não básicas:

$$M_{DC}^{-},\ M_{DE}^{+},\ M_{E}^{-},\ M_{B}^{+},\ M_{B}^{-},\ M_{C}^{+},\ M_{C}^{-},\ \Delta M_{E} \text{ e } N_{AC}.$$

Aplica-se, a seguir, o algoritmo para aplicação do método simplex, descrito no Anexo A, que conduz aos resultados apresentados nas tabelas da Tabela 11.4.

A Tabela 11.3 mostra a evolução das soluções estaticamente admissíveis em sete iterações com o valor de F aumentando e convergindo para $F_{II} = 210{,}917$ kN. A linha 7 define a distribuição dos momentos fletores, em kNm, e da força normal, em kN, na iminência do colapso.

Tabela 11.3 – Evolução das soluções estaticamente admissíveis

Tabela	F	M_B	M_C	M_{DC}	M_{DE}	M_E	N_{AC}
1	23,925	0	0	119,627	–177,048	320,6	0
2	94,294	0,000	0,000	94,294	–320,600	320,600	188,588
3	125,000	0,000	56,945	20,600	–320,600	320,600	250,000
4	127,452	0,000	74,870	0,000	–305,886	320,600	250,000
5	133,583	–41,200	72,864	0,000	–320,600	320,600	250,000
6	191,792	–320,600	180,814	–139,700	–320,600	320,600	250,000
7	210,917	–320,600	320,600	–300,350	–205,850	320,600	250,000

A propriedade que trata dos coeficientes da função objetivo na tabela simplex 7 da Tabela 11.4, correspondente à condição de colapso, permite obter as rotações e o alongamento virtuais que definem o mecanismo de colapso:

$$\delta\theta_{BC} = -0{,}311 \quad \delta\theta_{CD} = 0{,}274 \quad \delta\theta_{DC} = \delta\theta_{DE} = 0 \quad \delta\theta_{ED} = 0{,}149 \quad \delta\Delta\ell_{AC} = 0{,}746$$

Utilizando as relações deslocamentos-deformações (11.4), obtêm-se os deslocamentos virtuais:

$$\delta U_2 = -0{,}746 \quad \delta U_4 = 0{,}373 \quad \delta U_9 = -0{,}149$$

que permitem obter, com $F = 1$, $\delta T_e = 2{,}000$.

A distribuição dos esforços solicitantes, os elementos plastificados e o mecanismo de colapso estão apresentados na Figura 11.7, com $\delta\theta = \dfrac{1}{5{,}360}$.

Cabe agora calcular deslocamentos na iminência do colapso, o que se faz com os conceitos estabelecidos no Capítulo 10, ou seja, pela aplicação do teorema dos esforços virtuais, cuja expressão particularizada para este problema é dada por:

$$\delta E\,U = \underbrace{\int \frac{\delta M\,M}{EI} ds + \frac{\delta N_{AC} N_{AC}}{EA} \ell_{AC}}_{parcela\ elástica} + \underbrace{\delta M_B \theta_{BC}^p + \delta M_C \theta_{CD}^p + \delta M_{DC} \theta_{DC}^p + \delta N_{AC}\,\Delta\,\ell_{AC}^p}_{parcela\ elástica} . \qquad (11.7)$$

Esse cálculo é simples e sempre possível quando também se conhecem as deformações da parcela plástica, o que exige informações da análise incremental. Entretanto, ele se torna bem mais simples, sem informações da análise incremental, quando os esforços virtuais são nulos nos elementos plastificados, o que implica a necessidade de conhecer o último elemento plastificado.

Considere-se o cálculo dos deslocamentos U_1, U_2 e U_3, admitindo-se conhecida a informação de que o último elemento plastificado é a rótula na seção E. Assim, para definir os esforços virtuais, é conveniente escolher o pórtico triarticulado com articulações em A, B e C. A Figura 11.13 apresenta a distribuição dos esforços solicitantes na iminência do colapso e as distribuições dos momentos fletores virtuais, para o cálculo dos deslocamentos e com $\delta N = 0$ para os três casos.

Assim, com a aplicação desses resultados em (11.7), obtêm-se:

$$U_1 = \underbrace{\int \frac{\delta M_1\,M}{EI} ds}_{parcela\ elástica} = 9{,}947 \times 10^{-2}\ \text{m}$$

$$U_2 = \underbrace{\int \frac{\delta M_2\,M}{EI} ds}_{parcela\ elástica} + \underbrace{\delta M_{DC} \theta_{DC}^p}_{parcela\ elástica} = 6{,}570 \times 10^{-2} + \underbrace{2{,}5\ \theta_{DC}^p}_{parcela\ elástica}$$

$$U_3 = \underbrace{\int \frac{\delta M_3\,M}{EI} ds}_{parcela\ elástica} = 3{,}710 \times 10^{-2}\ \text{rad}$$

Figura 11.13
Momentos na iminência do colapso e esforços virtuais para o cálculo dos deslocamentos.

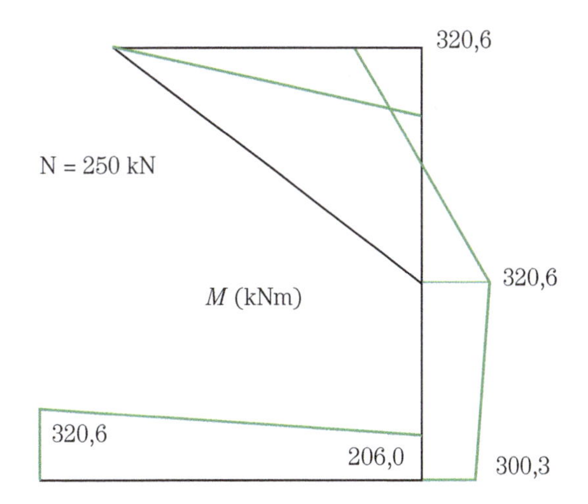

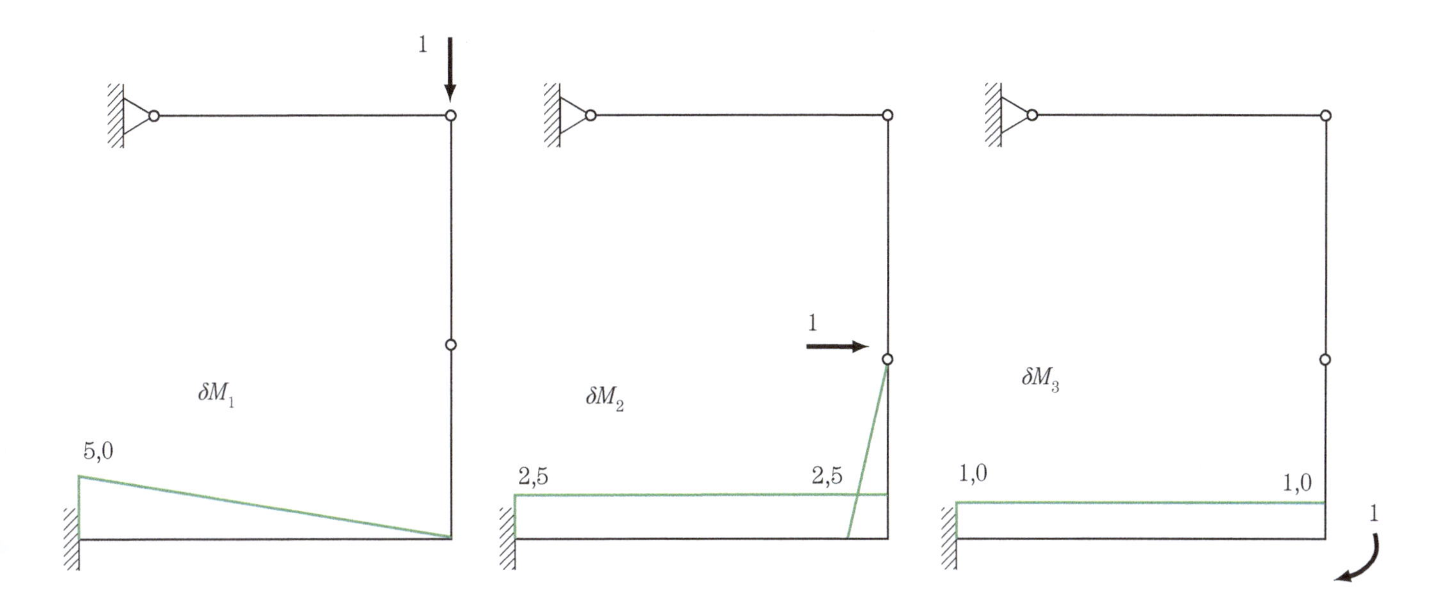

Note-se que o cálculo de U_1 e U_3 foi possível porque $\delta M_{DC} = 0$ nos dois casos, e esses valores coincidem com os obtidos pela análise incremental. Já o cálculo de U_2 exige o conhecimento do valor de θ^p_{DC}, que somente é fornecido pela análise incremental, visto que deixa de ocorrer aumento da rotação plástica na seção DC no último incremento de carregamento. Assim, ilustra-se a exigência dessa condição para o cálculo de deslocamentos na análise limite e mostra-se a importância da análise incremental quando se dedica especial atenção ao estado limite de utilização em deslocamentos. Observe-se que, se for considerado o valor de $\theta^p_{DC} = -1{,}124 \times 10^{-2}$ da análise incremental, obtém-se:

$$U_2 = \underbrace{\int \frac{\delta M_2\, M}{EI} ds}_{\textit{parcela elástica}} + \underbrace{\delta M_{DC}\theta^p_{DC}}_{\textit{parcela elástica}} = \underbrace{6{,}570 \times 10^{-2}}_{\textit{parcela elástica}} + \underbrace{2{,}5\left(-1{,}124 \times 10^{-2}\right)}_{\textit{parcela elástica}} = 3{,}760 \times 10^{-2}\ \text{m}\,.$$

Os valores obtidos apresentam diferenças numéricas inferiores a 0,1% em relação aos valores obtidos na análise incremental.

Tabela 11.4 – Tabelas simplex do PPL de máximo – Caso A

Tabela 0

Variáveis básicas	F	M_B^+	M_C^+	M_{DC}^+	M_{DE}^+	M_E^+	N_{AC}^+	M_B^-	M_C^-	M_{DC}^-
	1	0	0	0	0	0	0	0	0	0
F	–24,000	–5,000	0,000	0,000	4,000	4,000	12,000	5,000	0,000	0,000
M_{DC}^+	–30,000	–5,000	11,000	6,000	0,000	0,000	12,000	5,000	–11,000	–6,000
M_E^+	2,400	0,000	0,000	1,000	1,000	0,000	0,000	0,000	0,000	–1,000
M_{DE}^-	0,000	1,000	0,000	0,000	0,000	0,000	0,000	1,000	0,000	0,000
ΔM_B	0,000	0,000	1,000	0,000	0,000	0,000	0,000	0,000	1,000	0,000
ΔM_C	0,000	0,000	0,000	1,000	0,000	0,000	0,000	0,000	0,000	1,000
ΔM_{DC}	0,000	0,000	0,000	0,000	1,000	0,000	0,000	0,000	0,000	0,000
ΔM_{DE}	0,000	0,000	0,000	0,000	0,000	1,000	0,000	0,000	0,000	0,000
ΔN_{AC}	0,000	0,000	0,000	0,000	0,000	0,000	1,000	0,000	0,000	0,000

Tabela 1

Variáveis básicas	F	M_B^+	M_C^+	M_{DC}^+	M_{DE}^+	M_E^+	N_{AC}^+	M_B^-	M_C^-	M_{DC}^-
	0,000	–0,155	0,137	0,000	0,000	0,000	0,373	0,155	–0,137	0,000
F	1,000	0,155	–0,137	0,000	0,000	0,000	–0,373	–0,155	0,137	0,000
M_{DC}^+	0,000	–0,056	1,149	1,000	0,000	0,000	0,134	0,056	–1,149	–1,000
M_E^+	0,000	0,000	0,000	0,000	0,000	1,000	0,000	0,000	0,000	0,000
M_{DE}^-	0,000	0,317	0,821	0,000	–1,000	0,000	–0,761	–0,317	–0,821	0,000
ΔM_B	0,000	1,000	0,000	0,000	0,000	0,000	0,000	1,000	0,000	0,000
ΔM_C	0,000	0,000	1,000	0,000	0,000	0,000	0,000	0,000	1,000	0,000
ΔM_{DC}	0,000	0,056	–1,149	0,000	0,000	0,000	–0,134	–0,056	1,149	2,000
ΔM_{DE}	0,000	–0,317	–0,821	0,000	2,000	0,000	0,761	0,317	0,821	0,000
ΔN_{AC}	0,000	0,000	0,000	0,000	0,000	0,000	1,000	0,000	0,000	0,000

Solução é ótima?	Não	Porque há coeficientes das variáveis não básicas positivos
Quem entra?	N_{AC}^+	A variável com maior coeficiente positivo na função objetivo
Quem sai?	ΔM_{DE}	O de menor relação teste positiva

Tabela 0										
M^-_{DE}	M^-_E	N^-_{AC}	ΔM_B	ΔM_C	ΔM_{DC}	ΔM_{DE}	ΔM_E	ΔN_{AC}	Memb Direita	
0	0	0	0	0	0	0	0	0	0	
–4,000	–4,000	–12,000	0,000	0,000	0,000	0,000	0,000	0,000	0,000	
0,000	0,000	–12,000	0,000	0,000	0,000	0,000	0,000	0,000	0,000	
–1,000	0,000	0,000	0,000	0,000	0,000	0,000	0,000	0,000	0,000	
0,000	0,000	0,000	1,000	0,000	0,000	0,000	0,000	0,000	320,600	
0,000	0,000	0,000	0,000	1,000	0,000	0,000	0,000	0,000	320,600	
0,000	0,000	0,000	0,000	0,000	1,000	0,000	0,000	0,000	320,600	
1,000	0,000	0,000	0,000	0,000	0,000	1,000	0,000	0,000	320,600	
0,000	1,000	0,000	0,000	0,000	0,000	0,000	1,000	0,000	320,600	
0,000	0,000	1,000	0,000	0,000	0,000	0,000	0,000	1,000	250,000	

Tabela 1										
M^-_{DE}	M^-_E	N^-_{AC}	ΔM_B	ΔM_C	ΔM_{DC}	ΔM_{DE}	ΔM_E	ΔN_{AC}	Memb Direita	Relação teste
0,000	–0,149	–0,373	0,000	0,000	0,000	0,000	–0,075	0,000	–23,925	
0,000	0,149	0,373	0,000	0,000	0,000	0,000	0,075	0,000	23,925	
0,000	0,746	–0,134	0,000	0,000	0,000	0,000	0,373	0,000	119,627	890,556
0,000	1,000	0,000	0,000	0,000	0,000	0,000	1,000	0,000	320,600	
1,000	1,104	0,761	0,000	0,000	0,000	0,000	0,552	0,000	177,048	
0,000	0,000	0,000	1,000	0,000	0,000	0,000	0,000	0,000	320,600	
0,000	0,000	0,000	0,000	1,000	0,000	0,000	0,000	0,000	320,600	
0,000	–0,746	0,134	0,000	0,000	1,000	0,000	–0,373	0,000	200,973	
0,000	–1,104	–0,761	0,000	0,000	0,000	1,000	–0,552	0,000	143,552	188,588
0,000	0,000	1,000	0,000	0,000	0,000	0,000	0,000	1,000	250,000	250,000

F	M_B	M_C	M_{DC}	M_{DE}	M_E	N_{AC}
23,925	0,000	0,000	119,627	–177,048	320,600	0,000
Solução estaticamente admissível						

Tabela 2

Variáveis básicas	F	M_B^+	M_C^+	M_{DC}^+	M_{DE}^+	M_E^+	N_{AC}^+	M_B^-	M_C^-	M_{DC}^-
	0,000	0,000	0,539	0,000	–0,980	0,000	0,000	0,000	–0,539	0,000
F	1,000	0,000	–0,539	0,000	0,980	0,000	0,000	0,000	0,539	0,000
M_{DC}^+	0,000	0,000	1,294	1,000	–0,353	0,000	0,000	0,000	–1,294	–1,000
M_E^+	0,000	0,000	0,000	0,000	0,000	1,000	0,000	0,000	0,000	0,000
N_{AC}^+	0,000	–0,417	–1,078	0,000	2,627	0,000	1,000	0,417	1,078	0,000
M_{DE}^-	0,000	0,000	0,000	0,000	1,000	0,000	0,000	0,000	0,000	0,000
ΔM_B	0,000	1,000	0,000	0,000	0,000	0,000	0,000	1,000	0,000	0,000
ΔM_C	0,000	0,000	1,000	0,000	0,000	0,000	0,000	0,000	1,000	0,000
ΔM_{DC}	0,000	0,000	–1,294	0,000	0,353	0,000	0,000	0,000	1,294	2,000
ΔN_{AC}	0,000	0,417	1,078	0,000	–2,627	0,000	0,000	–0,417	–1,078	0,000

Solução é ótima?	Não	Porque há coeficientes das variáveis não básicas positivos
Quem entra?	M_C^+	A variável com maior coeficiente positivo na função objetivo
Quem sai?	ΔN_{AC}	O de menor relação teste positiva

Tabela 3

Variáveis básicas	F	M_B^+	M_C^+	M_{DC}^+	M_{DE}^+	M_E^+	N_{AC}^+	M_B^-	M_C^-	M_{DC}^-
	0,000	–0,208	0,000	0,000	0,333	0,000	0,000	0,208	0,000	0,000
F	1,000	0,208	0,000	0,000	–0,333	0,000	0,000	–0,208	0,000	0,000
M_C^+	0,000	0,386	1,000	0,000	–2,436	0,000	0,000	–0,386	–1,000	0,000
M_{DC}^+	0,000	–0,500	0,000	1,000	2,800	0,000	0,000	0,500	0,000	–1,000
M_E^+	0,000	0,000	0,000	0,000	0,000	1,000	0,000	0,000	0,000	0,000
N_{AC}^+	0,000	0,000	0,000	0,000	0,000	0,000	1,000	0,000	0,000	0,000
M_{DE}^-	0,000	0,000	0,000	0,000	1,000	0,000	0,000	0,000	0,000	0,000
ΔM_B	0,000	1,000	0,000	0,000	0,000	0,000	0,000	1,000	0,000	0,000
ΔM_C	0,000	–0,386	0,000	0,000	2,436	0,000	0,000	0,386	2,000	0,000
ΔM_{DC}	0,000	0,500	0,000	0,000	–2,800	0,000	0,000	–0,500	0,000	2,000

Solução é ótima?	Não	Porque há coeficientes das variáveis não básicas positivos
Quem entra?	M_{DE}^-	A variável com maior coeficiente positivo na função objetivo
Quem sai?	M_{DC}^+	O de menor relação teste positiva

Tabela 2										
M_{DE}^-	M_E^-	N_{AC}^-	ΔM_B	ΔM_C	ΔM_{DC}	ΔM_{DE}	ΔM_E	ΔN_{AC}	Memb Direita	Relação teste
0,000	0,392	0,000	0,000	0,000	0,000	−0,490	0,196	0,000	−94,294	
0,000	−0,392	0,000	0,000	0,000	0,000	0,490	−0,196	0,000	94,294	
0,000	0,941	0,000	0,000	0,000	0,000	−0,176	0,471	0,000	94,294	72,86
0,000	1,000	0,000	0,000	0,000	0,000	0,000	1,000	0,000	320,600	
0,000	−1,451	−1,000	0,000	0,000	0,000	1,314	−0,725	0,000	188,588	
1,000	0,000	0,000	0,000	0,000	0,000	1,000	0,000	0,000	320,600	
0,000	0,000	0,000	1,000	0,000	0,000	0,000	0,000	0,000	320,600	
0,000	0,000	0,000	0,000	1,000	0,000	0,000	0,000	0,000	320,600	320,60
0,000	−0,941	0,000	0,000	0,000	1,000	0,176	−0,471	0,000	226,306	
0,000	1,451	2,000	0,000	0,000	0,000	−1,314	0,725	1,000	61,412	56,95

F	M_B	M_C	M_{DC}	M_{DE}	M_E	N_{AC}
94,294	0	0	94,294	−320,600	320,600	188,588
Solução estaticamente admissível						

Tabela 3										
M_{DE}^-	M_E^-	N_{AC}^-	ΔM_B	ΔM_C	ΔM_{DC}	ΔM_{DE}	ΔM_E	ΔN_{AC}	Memb Direita	Relação teste
0,000	−0,333	−1,000	0,000	0,000	0,000	0,167	−0,167	−0,500	−125,000	
0,000	0,333	1,000	0,000	0,000	0,000	−0,167	0,167	0,500	125,000	
0,000	1,345	1,855	0,000	0,000	0,000	−1,218	0,673	0,927	56,945	
0,000	−0,800	−2,400	0,000	0,000	0,000	1,400	−0,400	−1,200	20,600	7,36
0,000	1,000	0,000	0,000	0,000	0,000	0,000	1,000	0,000	320,600	
0,000	0,000	1,000	0,000	0,000	0,000	0,000	0,000	1,000	250,000	
1,000	0,000	0,000	0,000	0,000	0,000	1,000	0,000	0,000	320,600	320,60
0,000	0,000	0,000	1,000	0,000	0,000	0,000	0,000	0,000	320,600	
0,000	−1,345	−1,855	0,000	1,000	0,000	1,218	−0,673	−0,927	263,655	108,22
0,000	0,800	2,400	0,000	0,000	1,000	−1,400	0,400	1,200	300,000	

F	M_B	M_C	M_{DC}	M_{DE}	M_E	N_{AC}
125,000	0	56,945	20,600	−320,600	320,600	250,000
Solução estaticamente admissível						

Tabela 4										
Variáveis básicas	F	M_B^+	M_C^+	M_{DC}^+	M_{DE}^+	M_E^+	N_{AC}^+	M_B^-	M_C^-	M_{DC}^-
	0,000	–0,149	0,000	–0,119	0,000	0,000	0,000	0,149	0,000	0,119
F	1,000	0,149	0,000	0,119	0,000	0,000	0,000	–0,149	0,000	–0,119
M_C^+	0,000	–0,049	1,000	0,870	0,000	0,000	0,000	0,049	–1,000	–0,870
M_{DE}^+	0,000	–0,179	0,000	0,357	1,000	0,000	0,000	0,179	0,000	–0,357
M_E^+	0,000	0,000	0,000	0,000	0,000	1,000	0,000	0,000	0,000	0,000
N_{AC}^+	0,000	0,000	0,000	0,000	0,000	0,000	1,000	0,000	0,000	0,000
M_{DE}^-	0,000	0,179	0,000	–0,357	0,000	0,000	0,000	–0,179	0,000	0,357
ΔM_B	0,000	1,000	0,000	0,000	0,000	0,000	0,000	1,000	0,000	0,000
ΔM_C	0,000	0,049	0,000	–0,870	0,000	0,000	0,000	–0,049	2,000	0,870
ΔM_{DC}	0,000	0,000	0,000	1,000	0,000	0,000	0,000	0,000	0,000	1,000

Solução é ótima?	Não	Porque há coeficientes das variáveis não básicas positivos
Quem entra?	M_B^-	A variável com maior coeficiente positivo na função objetivo
Quem sai?	M_{DE}^+	O de menor relação teste positiva

Tabela 5										
Variáveis básicas	F	M_B^+	M_C^+	M_{DC}^+	M_{DE}^+	M_E^+	N_{AC}^+	M_B^-	M_C^-	M_{DC}^-
	0,000	0,000	0,000	–0,417	–0,833	0,000	0,000	0,000	0,000	0,417
F	1,000	0,000	0,000	0,417	0,833	0,000	0,000	0,000	0,000	–0,417
M_C^+	0,000	0,000	1,000	0,773	–0,273	0,000	0,000	0,000	–1,000	–0,773
M_E^+	0,000	0,000	0,000	0,000	0,000	1,000	0,000	0,000	0,000	0,000
N_{AC}^+	0,000	0,000	0,000	0,000	0,000	0,000	1,000	0,000	0,000	0,000
M_B^-	0,000	–1,000	0,000	2,000	5,600	0,000	0,000	1,000	0,000	–2,000
M_{DE}^-	0,000	0,000	0,000	0,000	1,000	0,000	0,000	0,000	0,000	0,000
ΔM_B	0,000	2,000	0,000	–2,000	–5,600	0,000	0,000	0,000	0,000	2,000
ΔM_C	0,000	0,000	0,000	–0,773	0,273	0,000	0,000	0,000	2,000	0,773
ΔM_{DC}	0,000	0,000	0,000	1,000	0,000	0,000	0,000	0,000	0,000	1,000

Solução é ótima?	Não	Porque há coeficientes das variáveis não básicas positivos
Quem entra?	M_{DC}^-	A variável com maior coeficiente positivo na função objetivo
Quem sai?	ΔM_B	O de menor relação teste positiva

Tabela 4										
$\bar{M}_{DE}$	$\bar{M}_{E}$	$\bar{N}_{AC}$	ΔM_B	ΔM_C	ΔM_{DC}	ΔM_{DE}	ΔM_E	ΔN_{AC}	Memb Direita	Relação teste
0,000	–0,238	–0,714	0,000	0,000	0,000	0,000	–0,119	–0,357	-127,452	
0,000	0,238	0,714	0,000	0,000	0,000	0,000	0,119	0,357	127,452	
0,000	0,649	–0,234	0,000	0,000	0,000	0,000	0,325	–0,117	74,870	1537,33
0,000	–0,286	–0,857	0,000	0,000	0,000	0,500	–0,143	–0,429	7,357	41,20
0,000	1,000	0,000	0,000	0,000	0,000	0,000	1,000	0,000	320,600	
0,000	0,000	1,000	0,000	0,000	0,000	0,000	0,000	1,000	250,000	
1,000	0,286	0,857	0,000	0,000	0,000	0,500	0,143	0,429	313,243	
0,000	0,000	0,000	1,000	0,000	0,000	0,000	0,000	0,000	320,600	320,60
0,000	–0,649	0,234	0,000	1,000	0,000	0,000	–0,325	0,117	245,730	
0,000	0,000	0,000	0,000	0,000	1,000	0,000	0,000	0,000	320,600	

F	M_B	M_C	M_{DC}	M_{DE}	M_E	N_{AC}
127,452	0	74,870	0	–305,886	320,600	250,000
Solução estaticamente admissível						

Tabela 5										
$\bar{M}_{DE}$	$\bar{M}_{E}$	$\bar{N}_{AC}$	ΔM_B	ΔM_C	ΔM_{DC}	ΔM_{DE}	ΔM_E	ΔN_{AC}	Memb Direita	Relação teste
0,000	0,000	0,000	0,000	0,000	0,000	–0,417	0,000	0,000	-133,583	
0,000	0,000	0,000	0,000	0,000	0,000	0,417	0,000	0,000	133,583	
0,000	0,727	0,000	0,000	0,000	0,000	–0,136	0,364	0,000	72,864	
0,000	1,000	0,000	0,000	0,000	0,000	0,000	1,000	0,000	320,600	
0,000	0,000	1,000	0,000	0,000	0,000	0,000	0,000	1,000	250,000	
0,000	–1,600	–4,800	0,000	0,000	0,000	2,800	–0,800	–2,400	41,200	
1,000	0,000	0,000	0,000	0,000	0,000	1,000	0,000	0,000	320,600	
0,000	1,600	4,800	1,000	0,000	0,000	–2,800	0,800	2,400	279,400	139,7
0,000	–0,727	0,000	0,000	1,000	0,000	0,136	–0,364	0,000	247,736	320,6
0,000	0,000	0,000	0,000	0,000	1,000	0,000	0,000	0,000	320,600	320,6

F	M_B	M_C	M_{DC}	M_{DE}	M_E	N_{AC}
133,583	–41,200	72,864	0,000	–320,600	320,600	250,000
Solução estaticamente admissível						

Tabela 6

Variáveis básicas	F	M_B^+	M_C^+	M_{DC}^+	M_{DE}^+	M_E^+	N_{AC}^+	M_B^-	M_C^-	M_{DC}^-
	0,000	–0,417	0,000	0,000	0,333	0,000	0,000	0,000	0,000	0,000
F	1,000	0,417	0,000	0,000	–0,333	0,000	0,000	0,000	0,000	0,000
M_C^+	0,000	0,773	1,000	0,000	–2,436	0,000	0,000	0,000	–1,000	0,000
M_E^+	0,000	0,000	0,000	0,000	0,000	1,000	0,000	0,000	0,000	0,000
N_{AC}^+	0,000	0,000	0,000	0,000	0,000	0,000	1,000	0,000	0,000	0,000
M_B^-	0,000	1,000	0,000	0,000	0,000	0,000	0,000	1,000	0,000	0,000
M_{DC}^-	0,000	1,000	0,000	–1,000	–2,800	0,000	0,000	0,000	0,000	1,000
M_{DE}^-	0,000	0,000	0,000	0,000	1,000	0,000	0,000	0,000	0,000	0,000
ΔM_C	0,000	–0,773	0,000	0,000	2,436	0,000	0,000	0,000	2,000	0,000
ΔM_{DC}	0,000	–1,000	0,000	2,000	2,800	0,000	0,000	0,000	0,000	0,000

Solução é ótima?	Não	Porque há coeficientes das variáveis não básicas positivos
Quem entra?	M_{DE}^+	A variável com maior coeficiente positivo na função objetivo
Quem sai?	ΔM_C	O de menor relação teste positiva

Tabela 7

Variáveis básicas	F	M_B^+	M_C^+	M_{DC}^+	M_{DE}^+	M_E^+	N_{AC}^+	M_B^-	M_C^-	M_{DC}^-
	0,000	–0,311	0,000	0,000	0,000	0,000	0,000	0,000	–0,274	0,000
F	1,000	0,311	0,000	0,000	0,000	0,000	0,000	0,000	0,274	0,000
M_C^+	0,000	0,000	1,000	0,000	0,000	0,000	0,000	0,000	1,000	0,000
M_{DE}^+	0,000	–0,317	0,000	0,000	1,000	0,000	0,000	0,000	0,821	0,000
M_E^+	0,000	0,000	0,000	0,000	0,000	1,000	0,000	0,000	0,000	0,000
N_{AC}^+	0,000	0,000	0,000	0,000	0,000	0,000	1,000	0,000	0,000	0,000
M_B^-	0,000	1,000	0,000	0,000	0,000	0,000	0,000	1,000	0,000	0,000
M_{DC}^-	0,000	0,112	0,000	–1,000	0,000	0,000	0,000	0,000	2,299	1,000
M_{DE}^-	0,000	0,317	0,000	0,000	0,000	0,000	0,000	0,000	–0,821	0,000
ΔM_{DC}	0,000	–0,112	0,000	2,000	0,000	0,000	0,000	0,000	–2,299	0,000

Solução é ótima?	Sim	Porque todos os coeficientes das variáveis não básicas são não positivos

Tabela 6										
M_{DE}^{-}	M_{E}^{-}	N_{AC}^{-}	ΔM_B	ΔM_C	ΔM_{DC}	ΔM_{DE}	ΔM_E	ΔN_{AC}	Memb Direita	Relação teste
0,000	–0,333	–1,000	–0,208	0,000	0,000	0,167	–0,167	–0,500	–191,792	
0,000	0,333	1,000	0,208	0,000	0,000	–0,167	0,167	0,500	191,792	
0,000	1,345	1,855	0,386	0,000	0,000	–1,218	0,673	0,927	180,814	
0,000	1,000	0,000	0,000	0,000	0,000	0,000	1,000	0,000	320,600	
0,000	0,000	1,000	0,000	0,000	0,000	0,000	0,000	1,000	250,000	
0,000	0,000	0,000	1,000	0,000	0,000	0,000	0,000	0,000	320,600	
0,000	0,800	2,400	0,500	0,000	0,000	–1,400	0,400	1,200	139,700	
1,000	0,000	0,000	0,000	0,000	0,000	1,000	0,000	0,000	320,600	320,60
0,000	–1,345	–1,855	–0,386	1,000	0,000	1,218	–0,673	–0,927	139,786	57,38
0,000	–0,800	–2,400	–0,500	0,000	1,000	1,400	–0,400	–1,200	180,900	64,61
F	M_B	M_C	M_{DC}	M_{DE}	M_E	N_{AC}				
191,792	–320,600	180,814	–139,700	–320,600	320,600	250,000				
Solução estaticamente admissível										

Tabela 7										
M_{DE}^{-}	M_{E}^{-}	N_{AC}^{-}	ΔM_B	ΔM_C	ΔM_{DC}	ΔM_{DE}	ΔM_E	ΔN_{AC}	Memb Direita	Relação teste
0,000	–0,149	–0,746	–0,155	–0,137	0,000	0,000	–0,075	–0,373	–210,917	
0,000	0,149	0,746	0,155	0,137	0,000	0,000	0,075	0,373	210,917	
0,000	0,000	0,000	0,000	1,000	0,000	0,000	0,000	0,000	320,600	
0,000	–0,552	–0,761	–0,159	0,410	0,000	0,500	–0,276	–0,381	57,375	
0,000	1,000	0,000	0,000	0,000	0,000	0,000	1,000	0,000	320,600	
0,000	0,000	1,000	0,000	0,000	0,000	0,000	0,000	1,000	250,000	
0,000	0,000	0,000	1,000	0,000	0,000	0,000	0,000	0,000	320,600	
0,000	–0,746	0,269	0,056	1,149	0,000	0,000	–0,373	0,134	300,350	
1,000	0,552	0,761	0,159	–0,410	0,000	0,500	0,276	0,381	263,225	
0,000	0,746	–0,269	–0,056	–1,149	1,000	0,000	0,373	–0,134	20,250	
F	M_B	M_C	M_{DC}	M_{DE}	M_E	N_{AC}				
210,917	–320,600	320,600	–300,350	–205,850	320,600	250,000				
Solução ótima										

Problema de máximo – Análise pelo Lingo

A Figura 11.14 apresenta os comandos e os dados de entrada para o problema de máximo correspondente à análise limite do pórtico pelo Lingo. Note-se que se admitiu a condição de tirante $N_{AC} \geq 0$. As linhas executáveis são, praticamente, autoexplicativas.

Figura 11.14
Comandos e dados de entrada para o Lingo.

```
Lingo Model - Ativ 8 Caso A PPL Max
!   Pórtico plano atirantado - Caso A ;

data:
Mp = 320.6;
Np = 250;
enddata

MAX = F;

! Equações de equilíbrio;

-5*MB+4*MDE+4*ME+12*NAC=24*F;

-5*MB+11*MC+6*MDC+12*NAC=30*F;

MDC+MDE=-2.4*F ;


! Condições de plastificação;

@ABS(MB) <= Mp ;
@ABS(MC) <= Mp ;
@ABS(MDC) <= Mp ;
@ABS(MDE) <= Mp ;
@ABS(ME) <= Mp ;
NAC <= Np;

!Domínio das variáveis;

@FREE(MB) ; @FREE(MC) ; @FREE(MDC) ;
@FREE(MDE) ; @FREE(ME) ;

END
```

A Figura 11.15 apresenta parte dos resultados obtidos pelo Lingo. Note-se que se obtiveram para os momentos os mesmos resultados anteriores, ou seja:

$$M_B = -320{,}6 \text{ kNm} \quad M_C = 320{,}6 \text{ kNm} \quad M_{DC} = -300{,}35 \text{ kNm}$$
$$M_{DE} = -205{,}85 \text{ kNm} \quad M_E = 320{,}6 \text{ kNm} \quad N_{AC} = 250 \text{ kN}$$

Os resultados indicados pelas linhas 1 a 10 das duas últimas colunas têm correspondência com as dez linhas executáveis, sendo que as últimas seis linhas oferecem interesse. Aquelas da primeira coluna representam as reservas elásticas, ou seja:

$$\Delta M_B = 0 \quad \Delta M_C = 0 \quad \Delta M_{DC} = 20{,}25 \quad \Delta M_{DE} = 114{,}75 \quad \Delta M_E = 0 \quad \Delta N_{AC} = 0$$

Aquelas da segunda coluna representam os deslocamentos virtuais em módulo, que poderiam vir acompanhados dos sinais dos momentos, em vista das convenções de sinais adotadas para deformações e esforços solicitantes, ou seja:

$$\delta\theta_{BC} = -0{,}155 \quad \delta\theta_{CD} = 0{,}137 \quad \delta\theta_{DC} = 0 \quad \delta\theta_{DE} = 0 \quad \delta\theta_{ED} = 0{,}075 \quad \delta\Delta\ell_{AC} = 0{,}373$$

Note-se que esses deslocamentos virtuais são iguais à metade daqueles obtidos no método simplex. Esse resultado se explica pelo fato de a normalização, neste caso, ser definida por $\delta T_e = 1$. Para os problemas de máximo, essas colunas poderiam ser chamadas respectivamente de reservas elásticas e deformações virtuais.

Figura 11.15
Resultados do Lingo.

```
Solution Report - Atv 8 Caso A PPL Max
Global optimal solution found.
Objective value:                         210.9167
Objective bound:                         210.9167
Infeasibilities:                         0.000000
Extended solver steps:                          0
Total solver iterations:                        7
Elapsed runtime seconds:                     0.14

                           Variable         Value
                                 MP      320.6000
                                 NP      250.0000
                                  F      210.9167
                                 MB     -320.6000
                                MDE     -205.8500
                                 ME      320.6000
                                NAC      250.0000
                                 MC      320.6000
                                MDC     -300.3500

                                Row   Slack or Surplus      Dual Price
                                  1      210.9167           1.000000
                                  2      0.000000         -0.1865672E-01
                                  3      0.000000         -0.1243781E-01
                                  4      0.000000          0.7462687E-01
                                  5      0.000000          0.1554726
                                  6      0.000000          0.1368159
                                  7      20.25000          0.000000
                                  8      114.7500          0.000000
                                  9      0.000000          0.7462687E-01
                                 10      0.000000          0.3731343
```

Problema de mínimo – Análise pelo método simplex

Inicialmente, trata-se da definição de uma solução básica admissível inicial, que se obtém pela análise do mecanismo independente de tombamento da Figura 11.16. Note-se que se posicionou a rótula na seção DC, de modo que se inclua a parcela do trabalho virtual externo devido ao momento aplicado em D. Assim, definem-se como variáveis básicas:

$$\delta\theta_{BC}^{-} \; \delta\theta_{DC}^{-} \; \delta\theta_{ED}^{+} \; \delta\Delta\ell_{AC}^{+} \; \delta U_2^{-} \quad \delta U_4^{+} \quad \delta U_9^{-}$$

e as demais como variáveis não básicas.

Aplica-se, a seguir, o algoritmo para aplicação do método simplex, descrito no Anexo A, que conduz aos resultados apresentados nas tabelas da Tabela 11.5.

A tabela 1 da Tabela 11.5 indica que a solução não é ótima, que $F_{c1} = 213{,}327$ e fornece os seguintes resultados em deformações e deslocamentos virtuais:

$$\delta\theta_{BC} = -0{,}149 \quad \delta\theta_{CD} = 0 \quad \delta\theta_{DC} = -0{,}119 \quad \delta\theta_{DE} = 0 \quad \delta\theta_{ED} = 0{,}119$$
$$\delta\Delta\ell_{AC} = 0{,}357 \quad \delta U_2 = -0{,}595 \quad \delta U_4 = 0 \quad \delta U_9 = -0{,}119$$

que corresponde ao mecanismo da Figura 11.16. A distribuição de momentos fletores é obtida considerando a propriedade 3 apresentada no Capítulo 9, ou seja:

$$M_B = -320{,}6 \text{ kNm} \quad M_C = 338{,}52 \text{ kNm} \quad M_{DC} = -320{,}6 \text{ kNm}$$
$$M_{DE} = -191{,}39 \text{ kNm} \quad M_E = 320{,}6 \text{ kNm} \quad N_{AC} = 250 \text{ kN}$$

que permite constatar a violação da condição de plastificação na seção CD.

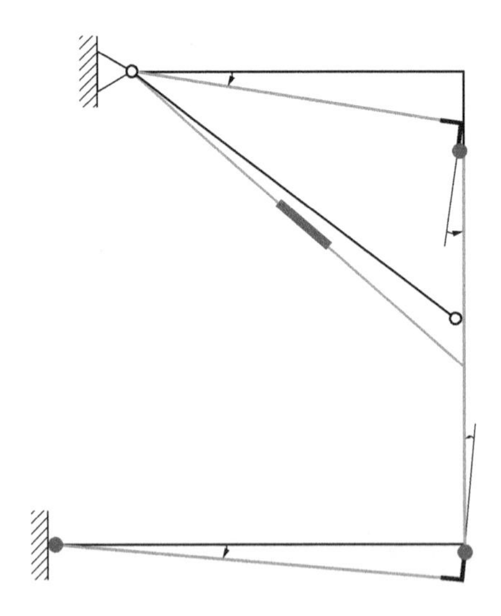

Figura 11.16
Mecanismo de tombamento com rótula em DC.

A tabela 2 da Tabela 11.5 indica que a solução é ótima, que $F_{c2} = F_{II} = 213{,}327$ e fornece os seguintes resultados em deformações e deslocamentos virtuais:

$$\delta\theta_{BC} = -0{,}155 \quad \delta\theta_{CD} = 0{,}137 \quad \delta\theta_{DC} = 0 \quad \delta\theta_{DE} = 0 \quad \delta\theta_{ED} = 0{,}075$$
$$\delta\Delta\ell_{AC} = 0{,}373 \quad \delta U_2 = -0{,}373 \quad \delta U_4 = 0{,}187 \quad \delta U_9 = -\,0{,}075$$

que corresponde ao mecanismo de colapso com condição de normalização $\delta T_e = 1$. A distribuição de momentos fletores na iminência do colapso é obtida considerando a propriedade 3 apresentada no Capítulo 9, ou seja:

$$M_B = -\ 320{,}6\ \text{kNm} \quad M_C = 320{,}6\ \text{kNm} \quad M_{DC} = -\ 300{,}02\ \text{kNm}$$
$$M_{DE} = -206{,}09\ \text{kNm} \quad M_E = 320{,}6\ \text{kNm} \quad N_{AC} = 250\ \text{kN}$$

que permite verificar a condição de plastificação no pórtico. A Figura 11.17 apresenta o mecanismo de colapso e a distribuição de esforços solicitantes na iminência do colapso.

Figura 11.17
Mecanismo de colapso e esforços solicitantes na iminência do colapso.

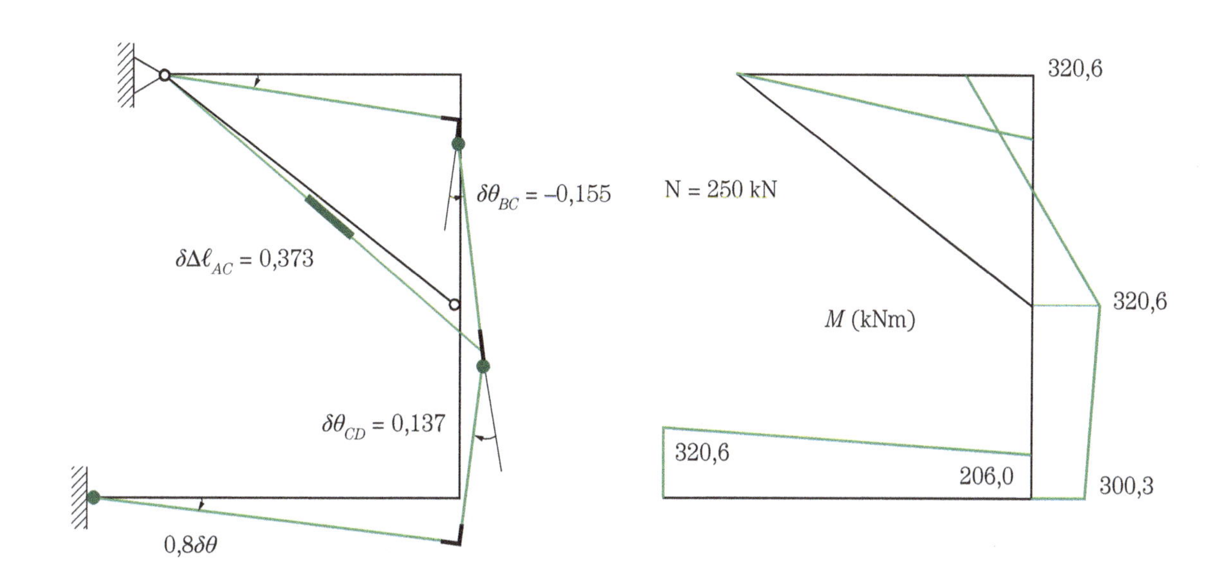

Tabela 11.5 – Tabelas simplex do PPL de mínimo – Caso A

Tabela 0

Variáveis básicas	$\delta\theta^+_{BC}$	$\delta\theta^+_{CD}$	$\delta\theta^+_{DC}$	$\delta\theta^+_{DE}$	$\delta\theta^+_{ED}$	$\delta\Delta\ell^+_{AC}$	δU^+_2	δU^+_4	δU^+_9
	320,6	320,6	320,6	320,6	320,6	250	0	0	0
$\delta\theta^+_{ED}$	0,000	0,000	0,000	0,000	0,000	0,000	–1,200	2,000	–2,400
$\delta\Delta\ell^+_{AC}$	1,000	0,000	0,000	0,000	0,000	0,000	–0,250	0,333	0,000
δU^+_4	0,000	1,000	0,000	0,000	0,000	0,000	0,000	–0,733	0,000
$\delta\theta^-_{BC}$	0,000	0,000	1,000	0,000	0,000	0,000	0,000	–0,400	–1,000
$\delta\theta^-_{DC}$	0,000	0,000	0,000	1,000	0,000	0,000	0,200	0,000	–1,000
δU^-_2	0,000	0,000	0,000	0,000	1,000	0,000	0,200	0,000	0,000
δU^-_9	0,000	0,000	0,000	0,000	0,000	1,000	0,600	–0,800	0,000

Tabela 1

Variáveis básicas	$\delta\theta^+_{BC}$	$\delta\theta^+_{CD}$	$\delta\theta^+_{DC}$	$\delta\theta^+_{DE}$	$\delta\theta^+_{ED}$	$\delta\Delta\ell^+_{AC}$	δU^+_2	δU^+_4	δU^+_9
	641,200	–17,920	641,200	511,986	0,000	0,000	0,000	0,000	0,000
$\delta\theta^+_{ED}$	0,000	0,325	0,000	–0,286	1,000	0,000	0,000	0,000	0,000
$\delta\Delta\ell^+_{AC}$	0,000	–0,117	0,000	–0,857	0,000	1,000	0,000	0,000	0,000
δU^+_4	0,000	–1,364	0,000	0,000	0,000	0,000	0,000	1,000	0,000
$\delta\theta^-_{BC}$	–1,000	–0,048	0,000	–0,357	0,000	0,000	0,000	0,000	0,000
$\delta\theta^-_{DC}$	0,000	0,871	–1,000	0,714	0,000	0,000	0,000	0,000	0,000
δU^-_2	0,000	1,624	0,000	–1,429	0,000	0,000	–1,000	0,000	0,000
δU^-_9	0,000	0,325	0,000	0,714	0,000	0,000	0,000	0,000	–1,000
Solução é ótima?		Não	Porque alguns coeficientes das variáveis não básicas são negativos						
Quem entra?		$\delta\theta^+_{CD}$	Variável não básica com menor coeficiente negativo						
Quem sai?		$\delta\theta^-_{DC}$	O de menor relação teste positiva						

Tabela 2

Variáveis básicas	$\delta\theta^+_{BC}$	$\delta\theta^+_{CD}$	$\delta\theta^+_{DC}$	$\delta\theta^+_{DE}$	$\delta\theta^+_{ED}$	$\delta\Delta\ell^+_{AC}$	δU^+_2	δU^+_4	δU^+_9
	641,200	0,000	620,615	526,689	0,000	0,000	0,000	0,000	0,000
$\delta\theta^+_{CD}$	0,000	1,000	–1,149	0,821	0,000	0,000	0,000	0,000	0,000
$\delta\theta^+_{ED}$	0,000	0,000	0,373	–0,552	1,000	0,000	0,000	0,000	0,000
$\delta\Delta\ell^+_{AC}$	0,000	0,000	–0,134	–0,761	0,000	1,000	0,000	0,000	0,000
δU^+_4	0,000	0,000	–1,567	1,119	0,000	0,000	0,000	1,000	0,000
$\delta\theta^-_{BC}$	–1,000	0,000	–0,055	–0,318	0,000	0,000	0,000	0,000	0,000
δU^-_2	0,000	0,000	1,866	–2,761	0,000	0,000	–1,000	0,000	0,000
δU^-_9	0,000	0,000	0,373	0,448	0,000	0,000	0,000	0,000	–1,000
Solução é ótima?		Sim	Porque todos os coeficientes das variáveis não básicas são não negativos						

Tabela 0										
$\delta\theta_{BC}^{-}$	$\delta\theta_{CD}^{-}$	$\delta\theta_{DC}^{-}$	$\delta\theta_{DE}^{-}$	$\delta\theta_{ED}^{-}$	$\delta\Delta\ell_{AC}^{-}$	δU_{2}^{-}	δU_{4}^{-}	δU_{9}^{-}	Memb Direita	
320,6	320,6	320,6	320,6	320,6	250	0	0	0	0	
0,000	0,000	0,000	0,000	0,000	0,000	1,200	–2,000	2,400	1	
–1,000	0,000	0,000	0,000	0,000	0,000	0,250	–0,333	0,000	0	
0,000	–1,000	0,000	0,000	0,000	0,000	0,000	0,733	0,000	0	
0,000	0,000	–1,000	0,000	0,000	0,000	0,000	0,400	1,000	0	
0,000	0,000	0,000	–1,000	0,000	0,000	–0,200	0,000	1,000	0	
0,000	0,000	0,000	0,000	–1,000	0,000	–0,200	0,000	0,000	0	
0,000	0,000	0,000	0,000	0,000	–1,000	–0,600	0,800	0,000	0	

Tabela 1										
$\delta\theta_{BC}^{-}$	$\delta\theta_{CD}^{-}$	$\delta\theta_{DC}^{-}$	$\delta\theta_{DE}^{-}$	$\delta\theta_{ED}^{-}$	$\delta\Delta\ell_{AC}^{-}$	δU_{2}^{-}	δU_{4}^{-}	δU_{9}^{-}	Memb Direita	Relação Teste
0,000	659,120	0,000	129,214	641,200	500,000	0,000	0,000	0,000	–213,327	
0,000	–0,325	0,000	0,286	–1,000	0,000	0,000	0,000	0,000	0,119	0,37
0,000	0,117	0,000	0,857	0,000	–1,000	0,000	0,000	0,000	0,357	
0,000	1,364	0,000	0,000	0,000	0,000	0,000	–1,000	0,000	0,000	
1,000	0,048	0,000	0,357	0,000	0,000	0,000	0,000	0,000	0,149	
0,000	–0,871	1,000	–0,714	0,000	0,000	0,000	0,000	0,000	0,119	0,14
0,000	–1,624	0,000	1,429	0,000	0,000	1,000	0,000	0,000	0,595	0,37
0,000	–0,325	0,000	–0,714	0,000	0,000	0,000	0,000	1,000	0,119	0,37

Tabela 2										
$\delta\theta_{BC}^{-}$	$\delta\theta_{CD}^{-}$	$\delta\theta_{DC}^{-}$	$\delta\theta_{DE}^{-}$	$\delta\theta_{ED}^{-}$	$\delta\Delta\ell_{AC}^{-}$	δU_{2}^{-}	δU_{4}^{-}	δU_{9}^{-}	Memb Direita	
0,000	641,200	20,585	114,511	641,200	500,000	0,000	0,000	0,000	–210,877	
0,000	–1,000	1,149	–0,821	0,000	0,000	0,000	0,000	0,000	0,137	
0,000	0,000	–0,373	0,552	–1,000	0,000	0,000	0,000	0,000	0,075	
0,000	0,000	0,134	0,761	0,000	–1,000	0,000	0,000	0,000	0,373	
0,000	0,000	1,567	–1,119	0,000	0,000	0,000	–1,000	0,000	0,187	
1,000	0,000	0,055	0,318	0,000	0,000	0,000	0,000	0,000	0,155	
0,000	0,000	–1,866	2,761	0,000	0,000	1,000	0,000	0,000	0,373	
0,000	0,000	–0,373	–0,448	0,000	0,000	0,000	0,000	1,000	0,075	

Problema de mínimo – Análise pelo Lingo

A Figura 11.18 apresenta os comandos e os dados de entrada para o problema de programação linear correspondente à análise limite do pórtico pelo Lingo. Note-se que se admitiu $\delta\Delta\ell_{AC} \geq 0$. As linhas executáveis são, praticamente, autoexplicativas.

Figura 11.18
Comandos e dados de entrada para o Lingo.

```
Lingo Model - Ativ 8 Caso A PPL Min Desloc e Def R1 e R2
!   Pórtico plano atirantado - Caso A;
!   Considerando-se como variáveis as deformações e os deslocamentos ;

data:
Mp=320.6;
Np=250;
enddata

MIN = Mp*( @ABS(TBC)+ @ABS(TCD)+ @ABS(TDC)+ @ABS(TDE)+ @ABS(TED))
      + Np*DL5;

! Equação de normalização;

-1.2*U2 + 2*U4 - 2.4*U9 =  1 ;

! Equações de compatibilidade;

DL5 = -0.6*U2 + 0.8*U4 ;

TAB = -0.25*U2 ;

TBC = 0.25*U2 - 0.333*U4 ;

TCD = 0.733*U4 ;

TDC = 0.4*U4 + U9 ;

TDE = -0.2*U2 + U9 ;

TED = -0.2*U2 ;

! Tipos de variáveis ;

@FREE(TAB) ; @FREE(TBC) ; @FREE(TCD) ;

@FREE(TDC) ; @FREE(TDE) ; @FREE(TED) ;

@FREE(U2) ; @FREE(U4) ; @FREE(U9) ;

END
```

A Figura 11.19 apresenta parte dos resultados obtidos pelo Lingo. Note-se que se obtiveram para as deformações e deslocamentos virtuais os mesmos resultados anteriores, ou seja:

$$\delta\theta_{BC} = -0{,}155 \quad \delta\theta_{CD} = 0{,}137 \quad \delta\theta_{DC} = 0 \quad \delta\theta_{DE} = 0 \quad \delta\theta_{ED} = 0{,}075$$

$$\delta\Delta\ell_{AC} = 0{,}373 \quad \delta U_2 = -0{,}373 \quad \delta U_4 = 0{,}187 \quad \delta U_9 = -0{,}075$$

Os resultados indicados pelas linhas 1 a 9 têm correspondência com as nove linhas executáveis, sendo que a últimas sete linhas oferecem interesse. Aquelas da primeira coluna serão sempre nulas, pois as restrições são igualdades; aquelas da segunda coluna representam os esforços solicitantes na iminência com os sinais trocados em vista das convenções de sinais adotadas para deformações e esforços solicitantes, ou seja:

$$M_B = -320{,}6\ \text{kNm} \quad M_C = 320{,}6\ \text{kNm} \quad M_{DC} = -300{,}02\ \text{kNm}$$
$$M_{DE} = -206{,}09\ \text{kNm} \quad M_E = 320{,}6\ \text{kNm} \quad N_{AC} = 250\ \text{kN}$$

Para os problemas de mínimo, a segunda coluna poderia ser nomeada esforços solicitantes na iminência do colapso.

Figura 11.19
Resultados do Lingo.

```
Solution Report - Ativ 8 Caso A PPL Min Desloc e Def R1 e R2
Global optimal solution found.
Objective value:                              210.8768
Objective bound:                              210.8768
Infeasibilities:                              0.7462687E-06
Extended solver steps:                               0
Total solver iterations:                            12
Elapsed runtime seconds:                          0.09

                       Variable           Value
                             MP        320.6000
                             NP        250.0000
                            TBC      -0.1554104
                            TCD       0.1367537
                            TDC        0.000000
                            TDE        0.000000
                            TED       0.7462687E-01
                            DL5       0.3731343
                             U2      -0.3731343
                             U4       0.1865672
                             U9      -0.7462687E-01
                            TAB       0.9328358E-01

                            Row    Slack or Surplus      Dual Price
                              1        210.8768           -1.000000
                              2        0.000000           -210.8768
                              3        0.000000           -250.0000
                              4        0.000000            0.000000
                              5        0.000000            320.6000
                              6        0.000000           -320.6000
                              7        0.000000            300.0150
                              8        0.000000            206.0893
                              9        0.000000           -320.6000
```

Caso B: Momento externo em D aplicado no sentido anti-horário

Problema de máximo – Análise pelo método simplex

Inicialmente, trata-se da definição de uma solução básica admissível inicial. Adota-se a mesma isostática fundamental, a viga em balanço, isostática, que, solicitada pelo carregamento com $F = 1$, conforme se indica na Figura 11.20, conduz a:

$$M_{DC} = 5{,}0 \quad M_{DE} = -2{,}6 \quad M_E = 8{,}6 \quad N_{AC} = M_B = M_C = 0$$

Figura 11.20
Isostática fundamental e diagrama de momentos fletores.

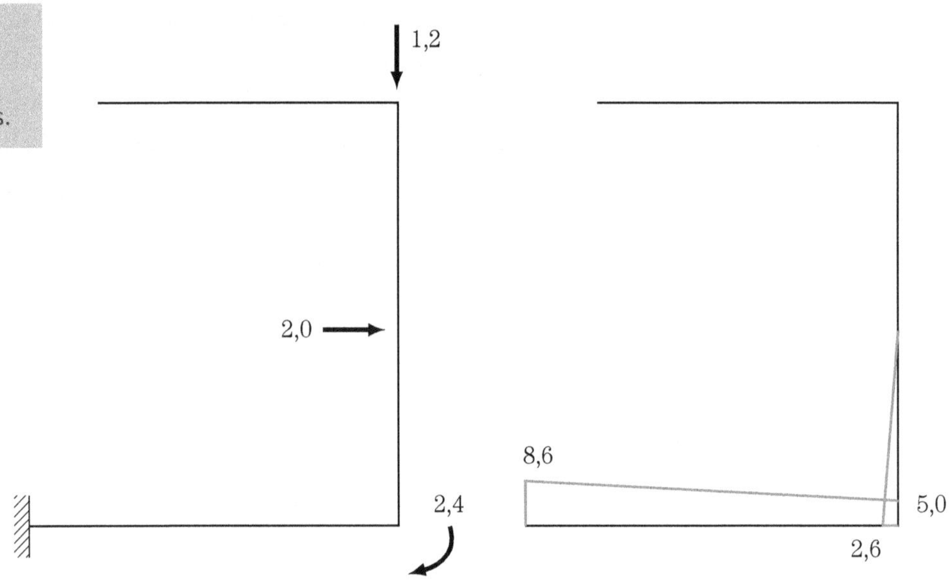

o que permite definir como variáveis básicas:

$$F,\ M_{DC}^{+},\ M_{DE}^{-},\ M_{E}^{+},\ \Delta M_{DC},\ \Delta M_{DE},\ \Delta M_{C},\ \Delta M_{B}\ \text{e}\ \Delta N_{AC},$$

e, consequentemente, como variáveis não básicas:

$$M_{DC}^{-},\ M_{DE}^{+},\ M_{E}^{-},\ M_{B}^{+},\ M_{B}^{-},\ M_{C}^{+},\ M_{C}^{-},\ \Delta M_{E}\ \text{e}\ N_{AC}.$$

Aplica-se, a seguir, o algoritmo para aplicação do método simplex, descrito no Anexo A, que conduz aos resultados apresentados nas tabelas da Tabela 11.7.

A propriedade que trata dos coeficientes da função objetivo na tabela simplex 6 da Tabela 11.7, correspondente à condição de colapso, permite obter as rotações e alongamento virtuais que definem o mecanismo de colapso:

$$\delta\theta_{BC}=0 \quad \delta\theta_{CD}=0 \quad \delta\theta_{DC}=\delta\theta_{DE}=0{,}833 \quad \delta\theta_{ED}=0 \quad \delta\Delta\ell_{AC}=0$$

Utilizando as relações deslocamentos-deformações (11.4), obtêm-se os deslocamentos virtuais:

$$\delta U_1=0 \quad \delta U_2=0 \quad \delta U_3=0{,}833$$

que permitem obter, com $F = 1$, $\delta T_e = 1{,}999$. Trata-se de um mecanismo local de rotação no nó E.

A Tabela 11.6 mostra a evolução das soluções estaticamente admissíveis em seis iterações com o valor de F aumentando e convergindo na linha seis para a solução ótima com $F_{II} = 267{,}167$ kN e com os valores indicados dos momentos fletores, em kNm, e da força normal, em kN. Quando se comparam esses resultados com aqueles obtidos pela análise incremental apresentados na configuração 3 da Figura 11.8, pode-se observar que o valor de F_{II} é o mesmo, mas não a distribuição dos esforços solicitantes. Isso se explica porque, na análise limite, o coeficiente estático máximo é único, mas não necessariamente a solução correspondente, que nesse caso é múltipla. Fisicamente, essa condição ocorre pelo fato de se ter um mecanismo de colapso local com o restante da estrutura hiperestática, do que resulta uma infinidade de soluções estaticamente admissíveis com $F_{II} = 267{,}167$ kN. Adicionalmente, o fato de não se ter disponível a distribuição de esforços solicitantes na iminência do colapso plástico, não permite calcular deslocamentos para essa condição. Essas são limitações que podem ocorrer na análise limite e que merecem especial atenção do analista. Entretanto, de um ponto de vista prático, essas limitações são de ocorrência rara ou são evitadas pelo fato de não ser aceitável, em desenvolvimento de projeto, o mecanismo de colapso corresponder a um mecanismo local.

Tabela 11.6 – Evolução das soluções estaticamente admissíveis

Tabela	F	M_B	M_C	M_{DC}	M_{DE}	M_E	N_{AC}
1	37,279	0,000	0,000	186,395	-96,926	320,600	0,000
2	123,308	0,000	0,000	320,600	-24,662	320,600	147,969
3	133,583	0,000	14,573	320,600	0,000	320,600	160,300
4	208,333	0,000	120,582	320,600	179,400	320,600	250,000
5	231,867	0,000	230,975	235,880	320,600	320,600	250,000
6	267,167	-169,440	204,018	320,600	320,600	320,600	250,000

Tabela 11.7 – Tabelas simplex do PPL de máximo – Caso B

Tabela 0

Variáveis básicas	F	M_B^+	M_C^+	M_{DC}^+	M_{DE}^+	M_E^+	N_{AC}^+	M_B^-	M_C^-	M_{DC}^-
	1	0	0	0	0	0	0	0	0	0
F	–24,000	–5,000	0,000	0,000	4,000	4,000	12,000	5,000	0,000	0,000
M_{DC}^+	–30,000	–5,000	11,000	6,000	0,000	0,000	12,000	5,000	–11,000	–6,000
M_E^+	–2,400	0,000	0,000	1,000	1,000	0,000	0,000	0,000	0,000	–1,000
M_{DE}^-	0,000	1,000	0,000	0,000	0,000	0,000	0,000	1,000	0,000	0,000
ΔM_B	0,000	0,000	1,000	0,000	0,000	0,000	0,000	0,000	1,000	0,000
ΔM_C	0,000	0,000	0,000	1,000	0,000	0,000	0,000	0,000	0,000	1,000
ΔM_{DC}	0,000	0,000	0,000	0,000	1,000	0,000	0,000	0,000	0,000	0,000
ΔM_{DE}	0,000	0,000	0,000	0,000	0,000	1,000	0,000	0,000	0,000	0,000
ΔN_{AC}	0,000	0,000	0,000	0,000	0,000	0,000	1,000	0,000	0,000	0,000

Tabela 1

Variáveis básicas	F	M_B^+	M_C^+	M_{DC}^+	M_{DE}^+	M_E^+	N_{AC}^+	M_B^-	M_C^-	M_{DC}^-
	0,000	–0,242	0,213	0,000	0,000	0,000	0,581	0,242	–0,213	0,000
F	1,000	0,242	–0,213	0,000	0,000	0,000	–0,581	–0,242	0,213	0,000
M_{DC}^+	0,000	0,378	0,767	1,000	0,000	0,000	–0,907	–0,378	–0,767	–1,000
M_E^+	0,000	0,000	0,000	0,000	0,000	1,000	0,000	0,000	0,000	0,000
M_{DE}^-	0,000	–0,203	1,279	0,000	–1,000	0,000	0,488	0,203	–1,279	0,000
ΔM_B	0,000	1,000	0,000	0,000	0,000	0,000	0,000	1,000	0,000	0,000
ΔM_C	0,000	0,000	1,000	0,000	0,000	0,000	0,000	0,000	1,000	0,000
ΔM_{DC}	0,000	–0,378	–0,767	0,000	0,000	0,000	0,907	0,378	0,767	2,000
ΔM_{DE}	0,000	0,203	–1,279	0,000	2,000	0,000	–0,488	–0,203	1,279	0,000
ΔN_{AC}	0,000	0,000	0,000	0,000	0,000	0,000	1,000	0,000	0,000	0,000

Solução é ótima?	Não	Porque há coeficientes das variáveis não básicas positivos
Quem entra?	N_{AC}^+	A variável com maior coeficiente positivo na função objetivo
Quem sai?	ΔM_{DC}	O de menor relação teste positiva

Tabela 0										
M_{DE}^{-}	M_{E}^{-}	N_{AC}^{-}	ΔM_B	ΔM_C	ΔM_{DC}	ΔM_{DE}	ΔM_E	ΔN_{AC}	Memb Direita	
0	0	0	0	0	0	0	0	0	0	
–4,000	–4,000	–12,000	0,000	0,000	0,000	0,000	0,000	0,000	0,000	
0,000	0,000	–12,000	0,000	0,000	0,000	0,000	0,000	0,000	0,000	
–1,000	0,000	0,000	0,000	0,000	0,000	0,000	0,000	0,000	0,000	
0,000	0,000	0,000	1,000	0,000	0,000	0,000	0,000	0,000	320,600	
0,000	0,000	0,000	0,000	1,000	0,000	0,000	0,000	0,000	320,600	
0,000	0,000	0,000	0,000	0,000	1,000	0,000	0,000	0,000	320,600	
1,000	0,000	0,000	0,000	0,000	0,000	1,000	0,000	0,000	320,600	
0,000	1,000	0,000	0,000	0,000	0,000	0,000	1,000	0,000	320,600	
0,000	0,000	1,000	0,000	0,000	0,000	0,000	0,000	1,000	250,000	

Tabela 1										
M_{DE}^{-}	M_{E}^{-}	N_{AC}^{-}	ΔM_B	ΔM_C	ΔM_{DC}	ΔM_{DE}	ΔM_E	ΔN_{AC}	Memb Direita	Relação teste
0,000	–0,233	–0,581	0,000	0,000	0,000	0,000	–0,116	0,000	–37,279	
0,000	0,233	0,581	0,000	0,000	0,000	0,000	0,116	0,000	37,279	
0,000	1,163	0,907	0,000	0,000	0,000	0,000	0,581	0,000	186,395	
0,000	1,000	0,000	0,000	0,000	0,000	0,000	1,000	0,000	320,600	
1,000	0,605	–0,488	0,000	0,000	0,000	0,000	0,302	0,000	96,926	198,47
0,000	0,000	0,000	1,000	0,000	0,000	0,000	0,000	0,000	320,600	
0,000	0,000	0,000	0,000	1,000	0,000	0,000	0,000	0,000	320,600	
0,000	–1,163	–0,907	0,000	0,000	1,000	0,000	–0,581	0,000	134,205	147,97
0,000	–0,605	0,488	0,000	0,000	0,000	1,000	–0,302	0,000	223,674	
0,000	0,000	1,000	0,000	0,000	0,000	0,000	0,000	1,000	250,000	250,00

F	M_B	M_C	M_{DC}	M_{DE}	M_E	N_{AC}
37,279	0,000	0,000	186,395	–96,926	320,600	0,000
Solução estaticamente admissível						

Tabela 2

Variáveis básicas	F	M_B^+	M_C^+	M_{DC}^+	M_{DE}^+	M_E^+	N_{AC}^+	M_B^-	M_C^-	M_{DC}^-
	0,00	0,00	0,71	0,00	0,00	0,00	0,00	0,00?	–0,71	–1,28
F	1,000	0,000	–0,705	0,000	0,000	0,000	0,000	0,000	0,705	1,282
M_{DC}^+	0,000	0,000	0,000	1,000	0,000	0,000	0,000	0,000	0,000	1,000
M_E^+	0,000	0,000	0,000	0,000	0,000	1,000	0,000	0,000	0,000	0,000
N_{AC}^+	0,000	–0,417	–0,846	0,000	0,000	0,000	1,000	0,417	0,846	2,205
M_{DE}^-	0,000	0,000	1,692	0,000	1,000	0,000	0,000	0,000	–1,692	–1,077
ΔM_B	0,000	1,000	0,000	0,000	0,000	0,000	0,000	1,000	0,000	0,000
ΔM_C	0,000	0,000	1,000	0,000	0,000	0,000	0,000	0,000	1,000	0,000
ΔM_{DE}	0,000	0,000	–1,692	0,000	2,000	0,000	0,000	0,000	1,692	1,077
ΔN_{AC}	0,000	0,417	0,846	0,000	0,000	0,000	0,000	–0,417	–0,846	–2,205

Solução é ótima?	Não	Porque há coeficientes das variáveis não básicas positivos
Quem entra?	M_C^+	A variável com maior coeficiente positivo na função objetivo
Quem sai?	M_{DE}^-	O de menor relação teste positiva

Tabela 3

Variáveis básicas	F	M_B^+	M_C^+	M_{DC}^+	M_{DE}^+	M_E^+	N_{AC}^+	M_B^-	M_C^-	M_{DC}^-
	0,000	0,000	0,000	0,000	0,417	0,000	0,000	0,000	0,000	–0,833
F	1,000	0,000	0,000	0,000	–0,417	0,000	0,000	0,000	0,000	0,833
M_C^+	0,000	0,000	1,000	0,000	–0,591	0,000	0,000	0,000	–1,000	–0,636
M_{DC}^+	0,000	0,000	0,000	1,000	0,000	0,000	0,000	0,000	0,000	1,000
M_E^+	0,000	0,000	0,000	0,000	0,000	1,000	0,000	0,000	0,000	0,000
N_{AC}^+	0,000	–0,417	0,000	0,000	–0,500	0,000	1,000	0,417	0,000	1,667
ΔM_B	0,000	1,000	0,000	0,000	0,000	0,000	0,000	1,000	0,000	0,000
ΔM_C	0,000	0,000	0,000	0,000	0,591	0,000	0,000	0,000	2,000	0,636
ΔM_{DE}	0,000	0,000	0,000	0,000	1,000	0,000	0,000	0,000	0,000	0,000
ΔN_{AC}	0,000	0,417	0,000	0,000	0,500	0,000	0,000	–0,417	0,000	–1,667

Solução é ótima?	Não	Porque há coeficientes das variáveis não básicas positivos
Quem entra?	M_{DE}^-	A variável com maior coeficiente positivo na função objetivo
Quem sai?	ΔN_{AC}	O de menor relação teste positiva

Tabela 2										
M^{-}_{DE}	M^{-}_{E}	N^{-}_{AC}	ΔM_B	ΔM_C	ΔM_{DC}	ΔM_{DE}	ΔM_E	ΔN_{AC}	Memb Direita	Relação teste
0,00	0,51	0,00	0,00	0,00	–0,64	0,000	0,26	0,00	–123,31	
0,000	–0,513	0,000	0,000	0,000	0,641	0,000	–0,256	0,000	123,308	
0,000	0,000	0,000	0,000	0,000	1,000	0,000	0,000	0,000	320,600	
0,000	1,000	0,000	0,000	0,000	0,000	0,000	1,000	0,000	320,600	
0,000	–1,282	–1,000	0,000	0,000	1,103	0,000	–0,641	0,000	147,969	
1,000	1,231	0,000	0,000	0,000	–0,538	0,000	0,615	0,000	24,662	14,57
0,000	0,000	0,000	1,000	0,000	0,000	0,000	0,000	0,000	320,600	
0,000	0,000	0,000	0,000	1,000	0,000	0,000	0,000	0,000	320,600	320,60
0,000	–1,231	0,000	0,000	0,000	0,538	1,000	–0,615	0,000	295,938	
0,000	1,282	2,000	0,000	0,000	–1,103	0,000	0,641	1,000	102,031	120,58
F	M_B	M_C	M_{DC}	M_{DE}	M_E	N_{AC}				
123,308	0	0	320,600	–24,662	320,600	147,969				
Solução estaticamentre admissível										

Tabela 3										
M^{-}_{DE}	M^{-}_{E}	N^{-}_{AC}	ΔM_B	ΔM_C	ΔM_{DC}	ΔM_{DE}	ΔM_E	ΔN_{AC}	Memb Direita	Relação teste
–0,417	0,000	0,000	0,000	0,000	–0,417	0,000	0,000	0,000	–133,583	
0,417	0,000	0,000	0,000	0,000	0,417	0,000	0,000	0,000	133,583	
0,591	0,727	0,000	0,000	0,000	–0,318	0,000	0,364	0,000	14,573	
0,000	0,000	0,000	0,000	0,000	1,000	0,000	0,000	0,000	320,600	
0,000	1,000	0,000	0,000	0,000	0,000	0,000	1,000	0,000	320,600	
0,500	–0,667	–1,000	0,000	0,000	0,833	0,000	–0,333	0,000	160,300	
0,000	0,000	0,000	1,000	0,000	0,000	0,000	0,000	0,000	320,600	
–0,591	–0,727	0,000	0,000	1,000	0,318	0,000	–0,364	0,000	306,027	517,89
1,000	0,000	0,000	0,000	0,000	0,000	1,000	0,000	0,000	320,600	320,60
–0,500	0,667	2,000	0,000	0,000	–0,833	0,000	0,333	1,000	89,700	179,40
F	M_B	M_C	M_{DC}	M_{DE}	M_E	N_{AC}				
133,583	0,000	14,573	320,600	0,000	320,600	160,300				
Solução estaticamente admissível										

Tabela 4

Variáveis básicas	F	M_B^+	M_C^+	M_{DC}^+	M_{DE}^+	M_E^+	N_{AC}^+	M_B^-	M_C^-	M_{DC}^-
	0,000	–0,347	0,000	0,000	0,000	0,000	0,000	0,347	0,000	0,556
F	1,000	0,347	0,000	0,000	0,000	0,000	0,000	–0,347	0,000	–0,556
M_C^+	0,000	0,492	1,000	0,000	0,000	0,000	0,000	–0,492	–1,000	–2,606
M_{DC}^+	0,000	0,000	0,000	1,000	0,000	0,000	0,000	0,000	0,000	1,000
M_{DE}^+	0,000	0,833	0,000	0,000	1,000	0,000	0,000	–0,833	0,000	–3,333
M_E^+	0,000	0,000	0,000	0,000	0,000	1,000	0,000	0,000	0,000	0,000
N_{AC}^+	0,000	0,000	0,000	0,000	0,000	0,000	1,000	0,000	0,000	0,000
ΔM_B	0,000	1,000	0,000	0,000	0,000	0,000	0,000	1,000	0,000	0,000
ΔM_C	0,000	–0,492	0,000	0,000	0,000	0,000	0,000	0,492	2,000	2,606
ΔM_{DE}	0,000	–0,833	0,000	0,000	0,000	0,000	0,000	0,833	0,000	3,333

Solução é ótima?	Não	Porque há coeficientes das variáveis não básicas positivos
Quem entra?	M_{DC}^-	A variável com maior coeficiente positivo na função objetivo
Quem sai?	ΔM_{DE}	O de menor relação teste positiva

Tabela 5

Variáveis básicas	F	M_B^+	M_C^+	M_{DC}^+	M_{DE}^+	M_E^+	N_{AC}^+	M_B^-	M_C^-	M_{DC}^-
	0,000	–0,208	0,000	0,000	0,000	0,000	0,000	0,208	0,000	0,000
F	1,000	0,208	0,000	0,000	0,000	0,000	0,000	–0,208	0,000	0,000
M_C^+	0,000	–0,159	1,000	0,000	0,000	0,000	0,000	0,159	–1,000	0,000
M_{DC}^+	0,000	0,250	0,000	1,000	0,000	0,000	0,000	–0,250	0,000	0,000
M_{DE}^+	0,000	0,000	0,000	0,000	1,000	0,000	0,000	0,000	0,000	0,000
M_E^+	0,000	0,000	0,000	0,000	0,000	1,000	0,000	0,000	0,000	0,000
N_{AC}^+	0,000	0,000	0,000	0,000	0,000	0,000	1,000	0,000	0,000	0,000
M_{DC}^-	0,000	–0,250	0,000	0,000	0,000	0,000	0,000	0,250	0,000	1,000
ΔM_B	0,000	1,000	0,000	0,000	0,000	0,000	0,000	1,000	0,000	0,000
ΔM_C	0,000	0,159	0,000	0,000	0,000	0,000	0,000	–0,159	2,000	0,000

Solução é ótima?	Não	Porque há coeficientes das variáveis não básicas positivos
Quem entra?	M_B^+	A variável com maior coeficiente positivo na função objetivo
Quem sai?	M_{DC}^-	O de menor relação teste positiva

Tabela 4

$M_{\bar{DE}}$	$M_{\bar{E}}$	$N_{\bar{AC}}$	ΔM_B	ΔM_C	ΔM_{DC}	ΔM_{DE}	ΔM_E	ΔN_{AC}	Memb Direita	Relação teste
0,000	–0,556	–1,667	0,000	0,000	0,278	0,000	–0,278	–0,833	–208,333	
0,000	0,556	1,667	0,000	0,000	–0,278	0,000	0,278	0,833	208,333	
0,000	1,515	2,364	0,000	0,000	–1,303	0,000	0,758	1,182	120,582	
0,000	0,000	0,000	0,000	0,000	1,000	0,000	0,000	0,000	320,600	320,60
–1,000	1,333	4,000	0,000	0,000	–1,667	0,000	0,667	2,000	179,400	
0,000	1,000	0,000	0,000	0,000	0,000	0,000	1,000	0,000	320,600	
0,000	0,000	1,000	0,000	0,000	0,000	0,000	0,000	1,000	250,000	
0,000	0,000	0,000	1,000	0,000	0,000	0,000	0,000	0,000	320,600	
0,000	–1,515	–2,364	0,000	1,000	1,303	0,000	–0,758	–1,182	200,018	76,75
2,000	–1,333	–4,000	0,000	0,000	1,667	1,000	–0,667	–2,000	141,200	42,36

F	M_B	M_C	M_{DC}	M_{DE}	M_E	N_{AC}
208,333	0	120,582	320,600	179,400	320,600	250,000
Solução estaticamente admissível						

Tabela 5

$M_{\bar{DE}}$	$M_{\bar{E}}$	$N_{\bar{AC}}$	ΔM_B	ΔM_C	ΔM_{DC}	ΔM_{DE}	ΔM_E	ΔN_{AC}	Memb Direita	Relação teste
–0,333	–0,333	–1,000	0,000	0,000	0,000	–0,167	–0,167	–0,500	–231,867	
0,333	0,333	1,000	0,000	0,000	0,000	0,167	0,167	0,500	231,867	
1,564	0,473	–0,764	0,000	0,000	0,500	0,782	0,236	–0,382	230,975	1451,84
–0,600	0,400	1,200	0,000	0,000	0,000	–0,300	0,200	0,600	278,240	
1,000	0,000	0,000	0,000	0,000	0,000	1,000	0,000	0,000	320,600	
0,000	1,000	0,000	0,000	0,000	0,000	0,000	1,000	0,000	320,600	
0,000	0,000	1,000	0,000	0,000	0,000	0,000	0,000	1,000	250,000	
0,600	–0,400	–1,200	0,000	0,000	0,500	0,300	–0,200	–0,600	42,360	169,44
0,000	0,000	0,000	1,000	0,000	0,000	0,000	0,000	0,000	320,600	320,60
–1,564	–0,473	0,764	0,000	1,000	0,000	–0,782	–0,236	0,382	89,625	

F	M_B	M_C	M_{DC}	M_{DE}	M_E	N_{AC}
231,867	0	230,975	235,880	320,600	320,600	250,000
Solução estaticamente admissível						

Tabela 6

Variáveis básicas	F	M_B^+	M_C^+	M_{DC}^+	M_{DE}^+	M_E^+	N_{AC}^+	M_B^-	M_C^-	M_{DC}^-
	0,000	0,000	0,000	0,000	0,000	0,000	0,000	0,000	0,000	–0,833
F	1,000	0,000	0,000	0,000	0,000	0,000	0,000	0,000	0,000	0,833
M_C^+	0,000	0,000	1,000	0,000	0,000	0,000	0,000	0,000	–1,000	–0,636
M_{DC}^+	0,000	0,000	0,000	1,000	0,000	0,000	0,000	0,000	0,000	1,000
M_{DE}^+	0,000	0,000	0,000	0,000	1,000	0,000	0,000	0,000	0,000	0,000
M_E^+	0,000	0,000	0,000	0,000	0,000	1,000	0,000	0,000	0,000	0,000
N_{AC}^+	0,000	0,000	0,000	0,000	0,000	0,000	1,000	0,000	0,000	0,000
M_B^-	0,000	–1,000	0,000	0,000	0,000	0,000	0,000	1,000	0,000	4,000
ΔM_B	0,000	2,000	0,000	0,000	0,000	0,000	0,000	0,000	0,000	–4,000
ΔM_C	0,000	0,000	0,000	0,000	0,000	0,000	0,000	0,000	2,000	0,636

Solução é ótima?	Sim	Porque todos os coeficientes das variáveis não básicas são não positivos

Tabela 6										
M^-_{DE}	M^-_E	N^-_{AC}	ΔM_B	ΔM_C	ΔM_{DC}	ΔM_{DE}	ΔM_E	ΔN_{AC}	Memb Direita	Relação teste
–0,833	0,000	0,000	0,000	0,000	–0,417	–0,417	0,000	0,000	–267,167	
0,833	0,000	0,000	0,000	0,000	0,417	0,417	0,000	0,000	267,167	
1,182	0,727	0,000	0,000	0,000	–0,318	0,591	0,364	0,000	204,018	
0,000	0,000	0,000	0,000	0,000	1,000	0,000	0,000	0,000	320,600	
1,000	0,000	0,000	0,000	0,000	0,000	1,000	0,000	0,000	320,600	
0,000	1,000	0,000	0,000	0,000	0,000	0,000	1,000	0,000	320,600	
0,000	0,000	1,000	0,000	0,000	0,000	0,000	0,000	1,000	250,000	
2,400	–1,600	–4,800	0,000	0,000	2,000	1,200	–0,800	–2,400	169,440	
–2,400	1,600	4,800	1,000	0,000	–2,000	–1,200	0,800	2,400	151,160	
–1,182	–0,727	0,000	0,000	1,000	0,318	–0,591	–0,364	0,000	116,582	
F	M_B	M_C	M_{DC}	M_{DE}	M_E	N_{AC}				
267,167	–169,440	204,018	320,600	320,600	320,600	250,000				
Solução ótima										

Problema de máximo – Análise pelo Lingo

A Figura 11.21 apresenta os comandos e os dados de entrada para o problema de programação linear de máximo correspondente à análise limite do pórtico pelo Lingo. Note-se que se admitiu $\delta\Delta\ell_{AC} \in R$. As linhas executáveis são, praticamente, autoexplicativas.

Figura 11.21
Comandos e dados de entrada para o Lingo.

```
Lingo Model - Ativ 8 Caso B PPL Max
!   Pórtico plano atirantado - Caso B;

data:
Mp = 320.6;
Np = 250;

enddata

MAX = F;

! Equações de equilíbrio;

-5*MB+4*MDE+4*ME+12*NAC=24*F;

-5*MB+11*MC+6*MDC+12*NAC=30*F;

MDC+MDE=2.4*F ;


! Condições de plastificação;

@ABS(MB) <= Mp ;
@ABS(MC) <= Mp ;
@ABS(MDC) <= Mp ;
@ABS(MDE) <= Mp ;
@ABS(ME) <= Mp ;
@ABS(NAC) <= Np;

!Domínio das variáveis;

@FREE(MB) ; @FREE(MC) ; @FREE(MDC) ;
@FREE(MDE) ; @FREE(ME) ; @FREE(NAC) ;

END
```

A Figura 11.22 apresenta parte dos resultados obtidos pelo Lingo. Note-se que se obtiveram os seguintes resultados em esforços solicitantes:

$$M_B = -\,320{,}6\ \text{kNm} \quad M_C = 204{,}0\ \text{kNm} \quad M_{DC} = 320{,}6\ \text{kNm}$$
$$M_{DE} = 320{,}6\ \text{kNm} \quad M_E = 320{,}6\ \text{kNm} \quad N_{AC} = 187{,}0\ \text{kN}$$

Conforme analisado anteriormente, as últimas seis linhas das duas colunas “slack” e “dual prices” fornecem os valores das reservas elásticas:

$$\Delta M_B = 0 \quad \Delta M_C = 116{,}6 \quad \Delta M_{DC} = 0 \quad \Delta M_{DE} = 0 \quad \Delta M_E = 0 \quad \Delta N_{AC} = 63{,}0$$

e dos deslocamentos virtuais:

$$\delta\theta_{BC} = 0 \quad \delta\theta_{CD} = 0 \quad \delta\theta_{DC} = 0{,}417 \quad \delta\theta_{DE} = 0{,}417 \quad \delta\theta_{ED} = 0 \quad \delta\Delta\ell_{AC} = 0$$

que são iguais à metade daqueles obtidos no método simplex, pelo fato de a normalização, neste caso, ser definida por $\delta T_e = 1$.

Cabem os mesmos comentários feitos na análise pelo método simplex: a carga de colapso plástico é $F_{II} = 267{,}167$ kN, o mecanismo de colapso plástico é o mecanismo local de rotação em D e os esforços obtidos são estaticamente admissíveis, mas não os da iminência de colapso. As demais observações são igualmente válidas.

Figura 11.22
Resultados do Lingo.

```
Solution Report - Ativ 8 Caso B PPL Max
Global optimal solution found.
Objective value:                              267.1667
Objective bound:                              267.1667
Infeasibilities:                              0.000000
Extended solver steps:                               0
Total solver iterations:                            11
Elapsed runtime seconds:                          0.12

                       Variable           Value
                             MP        320.6000
                             NP        250.0000
                              F        267.1667
                             MB       -320.6000
                            MDE        320.6000
                             ME        320.6000
                            NAC        187.0167
                             MC        204.0182
                            MDC        320.6000

                            Row    Slack or Surplus      Dual Price
                              1        267.1667           1.000000
                              2        0.000000           0.000000
                              3        0.000000           0.000000
                              4        0.000000         -0.4166667
                              5        0.000000           0.000000
                              6        116.5818           0.000000
                              7        0.000000          0.4166667
                              8        0.000000          0.4166667
                              9        0.000000           0.000000
                             10        62.98333           0.000000
```

Problema de mínimo – Análise pelo método simplex

Inicialmente, trata-se da definição de uma solução básica admissível inicial, que se obtém pela análise do mecanismo independente de tombamento, conforme mostrado na Figura 11.23. Note-se que se posicionou a rótula na seção DE, a fim de evitar que a parcela do trabalho virtual externo devido ao momento aplicado em D seja negativa. Assim, definem-se como variáveis básicas:

$$\delta\theta_{BC}^{-} \quad \delta\theta_{DE}^{+} \quad \delta\theta_{ED}^{+} \quad \delta\Delta\ell_{AC}^{+} \; \delta U_2^{-} \quad \delta U_4^{+} \quad \delta U_9^{+}$$

As duas últimas foram selecionadas arbitrariamente visto que $\delta U_4 = \delta U_9 = 0$; as demais são as variáveis não básicas.

Figura 11.23
Mecanismo de tombamento com rótula em DE.

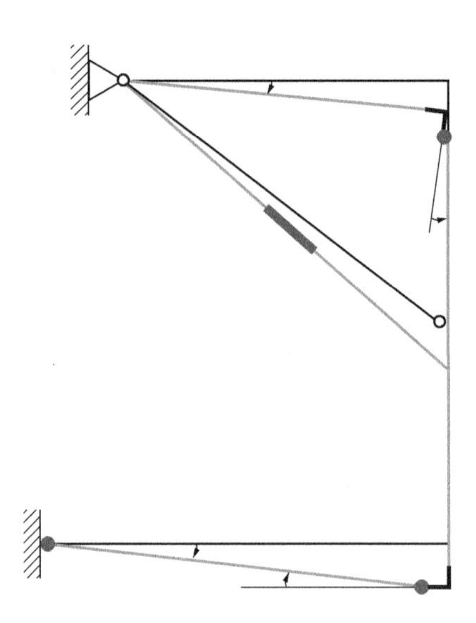

Utiliza-se, a seguir, o algoritmo para aplicação do método simplex, descrito no Anexo A, que conduz aos resultados apresentados, com análise daqueles referentes às tabelas 1 e 3 da Tabela 11.9.

A Figura 11.24 apresenta os mecanismos, com indicação dos valores não nulos de deslocamentos e deformações virtuais, sendo o último o de colapso.

Figura 11.24
Mecanismos das tabelas 1 e 3.

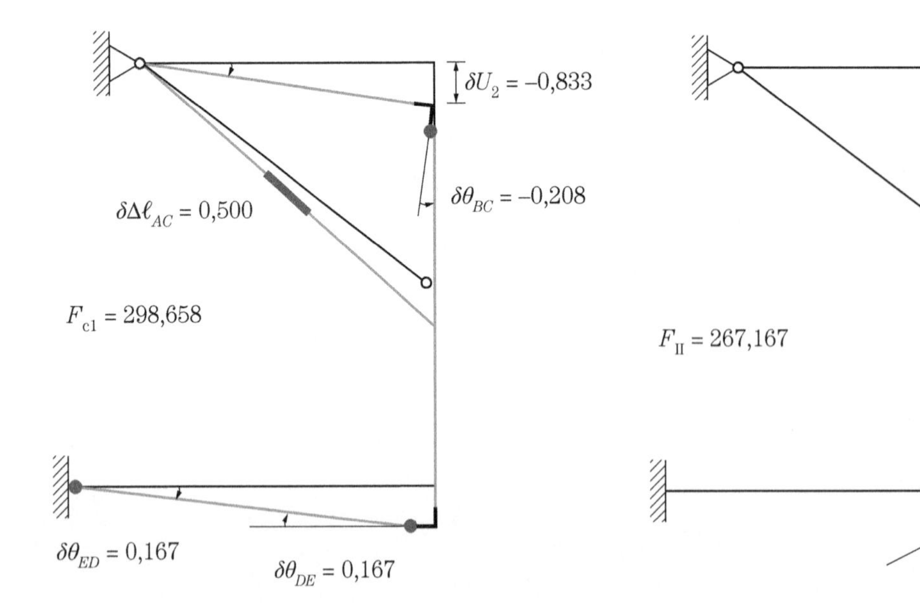

Considerando a propriedade 3 apresentada no Capítulo 9, obtêm-se os esforços solicitantes, em kN e kNm, referentes às tabelas 1 e 3 da Tabela 11.9, que se apresentam na Tabela 11.8.

Tabela 11.8 – Esforços correspondentes a soluções cinematicamente admissíveis

Tabela	F	M_{BC}	M_{CD}	M_{DC}	M_{DE}	M_{ED}	N_{AC}
1	298,658	–320,600	180,198	396,180	320,600	320,600	250,000
3	267,167	–169,440	204,188	320,600	320,600	320,600	250,000

Quando se comparam esses resultados com aqueles obtidos pela análise incremental apresentados na configuração 3 da Figura 11.8, pode-se observar que o valor de F_{II} e o mecanismo de colapso são os mesmos. Em relação aos esforços solicitantes apresentados na Tabela 11.8, observa-se que eles não satisfazem à segunda das equações de equilíbrio (11.6), o que se explica pelo fato de o mecanismo de viga não ter ocorrido em nenhuma das combinações de mecanismos correspondentes às tabelas simplex, ou seja, a distribuição de esforços na iminência do colapso não foi obtida. Novamente, o fato de não se ter disponível a distribuição de esforços solicitantes na iminência do colapso plástico, não permite o cálculo de deslocamentos para essa condição. Reitera-se que essas limitações resultantes da condição de mecanismos de colapso locais, de rotação em nó ou de viga, merecem especial atenção do analista, principalmente porque eles são indesejáveis em projetos, o que sugere modificações para melhorar o desempenho da estrutura.

Tabela 11.9 – Tabela simplex para problema de mínimo – Caso B

Tabela 0

Variáveis básicas	$\delta\theta^+_{BC}$	$\delta\theta^+_{CD}$	$\delta\theta^+_{DC}$	$\delta\theta^+_{DE}$	$\delta\theta^+_{ED}$	$\delta\Delta\ell^+_{AC}$	δU^+_2	δU^+_4	δU^+_9
	320,6	320,6	320,6	320,6	320,6	250	0	0	0
$\delta\theta^+_{DE}$	0,000	0,000	0,000	0,000	0,000	0,000	–1,200	2,000	2,400
$\delta\theta^+_{ED}$	1,000	0,000	0,000	0,000	0,000	0,000	–0,250	0,333	0,000
$\delta\Delta\ell^+_{AC}$	0,000	1,000	0,000	0,000	0,000	0,000	0,000	–0,733	0,000
δU^+_4	0,000	0,000	1,000	0,000	0,000	0,000	0,000	–0,400	–1,000
δU^+_9	0,000	0,000	0,000	1,000	0,000	0,000	0,200	0,000	–1,000
$\delta\theta^-_{BC}$	0,000	0,000	0,000	0,000	1,000	0,000	0,200	0,000	0,000
δU^-_2	0,000	0,000	0,000	0,000	0,000	1,000	0,600	–0,800	0,000

Tabela 1

Variáveis básicas	$\delta\theta^+_{BC}$	$\delta\theta^+_{CD}$	$\delta\theta^+_{DC}$	$\delta\theta^+_{DE}$	$\delta\theta^+_{ED}$	$\delta\Delta\ell^+_{AC}$	δU^+_2	δU^+_4	δU^+_9
	641,200	140,402	–75,580	0,000	0,000	0,000	0,000	0,000	0,000
$\delta\theta^+_{DE}$	0,000	0,782	–0,600	1,000	0,000	0,000	0,000	0,000	0,000
$\delta\theta^+_{ED}$	0,000	0,236	0,400	0,000	1,000	0,000	0,000	0,000	0,000
$\delta\Delta\ell^+_{AC}$	0,000	–0,382	1,200	0,000	0,000	1,000	0,000	0,000	0,000
δU^+_4	0,000	–1,364	0,000	0,000	0,000	0,000	0,000	1,000	0,000
δU^+_9	0,000	0,546	–1,000	0,000	0,000	0,000	0,000	0,000	1,000
$\delta\theta^-_{BC}$	–1,000	–0,159	0,500	0,000	0,000	0,000	0,000	0,000	0,000
δU^-_2	0,000	1,182	2,000	0,000	0,000	0,000	–1,000	0,000	0,000

Solução é ótima?	Não	Porque um coeficiente das variáveis não básicas é negativo
Quem entra?	$\delta\theta^+_{CD}$	Variável não básica com menor coeficiente negativo
Quem sai?	δU^-_2	Escolhido arbitrariamente entre os de menor relação teste positiva

Tabela 0										
$\delta\theta^{-}_{BC}$	$\delta\theta^{-}_{CD}$	$\delta\theta^{-}_{DC}$	$\delta\theta^{-}_{DE}$	$\delta\theta^{-}_{ED}$	$\delta\Delta\ell^{-}_{AC}$	δU^{-}_{2}	δU^{-}_{4}	δU^{-}_{9}	Memb Direita	
320,6	320,6	320,6	320,6	320,6	250	0	0	0	0	
0,000	0,000	0,000	0,000	0,000	0,000	1,200	–2,000	–2,400	1	
–1,000	0,000	0,000	0,000	0,000	0,000	0,250	–0,333	0,000	0	
0,000	–1,000	0,000	0,000	0,000	0,000	0,000	0,733	0,000	0	
0,000	0,000	–1,000	0,000	0,000	0,000	0,000	0,400	1,000	0	
0,000	0,000	0,000	–1,000	0,000	0,000	–0,200	0,000	1,000	0	
0,000	0,000	0,000	0,000	–1,000	0,000	–0,200	0,000	0,000	0	
0,000	0,000	0,000	0,000	0,000	–1,000	–0,600	0,800	0,000	0	

Tabela 1										
$\delta\theta^{-}_{BC}$	$\delta\theta^{-}_{CD}$	$\delta\theta^{-}_{DC}$	$\delta\theta^{-}_{DE}$	$\delta\theta^{-}_{ED}$	$\delta\Delta\ell^{-}_{AC}$	δU^{-}_{2}	δU^{-}_{4}	δU^{-}_{9}	Memb Direita	Relação teste
0,000	500,798	716,780	641,200	641,200	500,000	0,000	0,000	0,000	-298,658	
0,000	–0,782	0,600	–1,000	0,000	0,000	0,000	0,000	0,000	0,167	
0,000	–0,236	–0,400	0,000	–1,000	0,000	0,000	0,000	0,000	0,167	0,42
0,000	0,382	–1,200	0,000	0,000	–1,000	0,000	0,000	0,000	0,500	0,42
0,000	1,364	0,000	0,000	0,000	0,000	0,000	–1,000	0,000	0,000	
0,000	–0,546	1,000	0,000	0,000	0,000	0,000	0,000	–1,000	0,000	
1,000	0,159	–0,500	0,000	0,000	0,000	0,000	0,000	0,000	0,208	0,42
0,000	–1,182	–2,000	0,000	0,000	0,000	1,000	0,000	0,000	0,833	0,42

F	M_{BC}	M_{CD}	M_{DC}	M_{DE}	M_{ED}	N_{AC}				
298,658	-320,600	180,198	396,180	320,600	320,600	250,000				
$\delta\theta_{AB}$	$\delta\theta_{BC}$	$\delta\theta_{CD}$	$\delta\theta_{DC}$	$\delta\theta_{DE}$	$\delta\theta_{ED}$	$\delta\Delta\ell_{AC}$	δU_2	δU_4	δU_9	
0,208	-0,208	0,000	0,000	0,167	0,167	0,500	–0,833	0,000	0,000	

Tabela 2

Variáveis básicas	$\delta\theta^+_{BC}$	$\delta\theta^+_{CD}$	$\delta\theta^+_{DC}$	$\delta\theta^+_{DE}$	$\delta\theta^+_{ED}$	$\delta\Delta\ell^+_{AC}$	δU^+_2	δU^+_4	δU^+_9
	641,200	185,084	0,000	0,000	0,000	0,000	–37,790	0,000	0,000
$\delta\theta^+_{DC}$	0,000	0,591	1,000	0,000	0,000	0,000	–0,500	0,000	0,000
$\delta\theta^+_{DE}$	0,000	1,137	0,000	1,000	0,000	0,000	–0,300	0,000	0,000
$\delta\theta^+_{ED}$	0,000	0,000	0,000	0,000	1,000	0,000	0,200	0,000	0,000
$\delta\Delta\ell^+_{AC}$	0,000	–1,091	0,000	0,000	0,000	1,000	0,600	0,000	0,000
δU^+_4	0,000	–1,364	0,000	0,000	0,000	0,000	0,000	1,000	0,000
δU^+_9	0,000	1,137	0,000	0,000	0,000	0,000	–0,500	0,000	1,000
$\delta\theta^-_{BC}$	–1,000	–0,454	0,000	0,000	0,000	0,000	0,250	0,000	0,000

Solução é ótima?	Não	Porque um coeficiente das variáveis não básicas é negativo
Quem entra?	δU^+_2	Variável não básica com menor coeficiente negativo
Quem sai?	$\delta\theta^-_{BC}$	Escolhido arbitrariamente entre os valores relação teste nulos

Tabela 3

Variáveis básicas	$\delta\theta^+_{BC}$	$\delta\theta^+_{CD}$	$\delta\theta^+_{DC}$	$\delta\theta^+_{DE}$	$\delta\theta^+_{ED}$	$\delta\Delta\ell^+_{AC}$	δU^+_2	δU^+_4	δU^+_9
	490,040	116,412	0,000	0,000	0,000	0,000	0,000	0,000	0,000
$\delta\theta^+_{DC}$	–2,000	–0,317	1,000	0,000	0,000	0,000	0,000	0,000	0,000
$\delta\theta^+_{DE}$	–1,200	0,592	0,000	1,000	0,000	0,000	0,000	0,000	0,000
$\delta\theta^+_{ED}$	0,800	0,363	0,000	0,000	1,000	0,000	0,000	0,000	0,000
$\delta\Delta\ell^+_{AC}$	2,400	–0,001	0,000	0,000	0,000	1,000	0,000	0,000	0,000
δU^+_2	–4,000	–1,817	0,000	0,000	0,000	0,000	1,000	0,000	0,000
δU^+_4	0,000	–1,364	0,000	0,000	0,000	0,000	0,000	1,000	0,000
δU^+_9	–2,000	0,228	0,000	0,000	0,000	0,000	0,000	0,000	1,000

Solução é ótima?	Sim	Porque todos os coeficientes das variáveis não básicas são não negativos

Tabela 2										
$\delta\theta_{\bar{BC}}$	$\delta\theta_{\bar{CD}}$	$\delta\theta_{\bar{DC}}$	$\delta\theta_{\bar{DE}}$	$\delta\theta_{\bar{ED}}$	$\delta\Delta\ell_{\bar{AC}}$	$\delta U_{\bar{2}}$	$\delta U_{\bar{4}}$	$\delta U_{\bar{9}}$	Memb Direita	Relação teste
0,000	456,116	641,200	641,200	641,200	500,000	37,790	0,000	0,000	–267,167	
0,000	–0,591	–1,000	0,000	0,000	0,000	0,500	0,000	0,000	0,417	
0,000	–1,137	0,000	–1,000	0,000	0,000	0,300	0,000	0,000	0,417	
0,000	0,000	0,000	0,000	–1,000	0,000	–0,200	0,000	0,000	0,000	0,00
0,000	1,091	0,000	0,000	0,000	–1,000	–0,600	0,000	0,000	0,000	0,00
0,000	1,364	0,000	0,000	0,000	0,000	0,000	–1,000	0,000	0,000	
0,000	–1,137	0,000	0,000	0,000	0,000	0,500	0,000	–1,000	0,417	
1,000	0,454	0,000	0,000	0,000	0,000	–0,250	0,000	0,000	0,000	0,00
F	M_{BC}	M_{CD}	M_{DC}	M_{DE}	M_{ED}	N_{AC}				
267,167	-320,600	135,516	320,600	320,600	320,600	250,000				
$\delta\theta_{AB}$	$\delta\theta_{BC}$	$\delta\theta_{CD}$	$\delta\theta_{DC}$	$\delta\theta_{DE}$	$\delta\theta_{ED}$	$\delta\Delta\ell_{AC}$	δU_2	δU_4	δU_9	
0,000	0,000	0,000	0,417	0,417	0,000	0,000	0,000	0,000	0,417	

Tabela 3										
$\delta\theta_{\bar{BC}}$	$\delta\theta_{\bar{CD}}$	$\delta\theta_{\bar{DC}}$	$\delta\theta_{\bar{DE}}$	$\delta\theta_{\bar{ED}}$	$\delta\Delta\ell_{\bar{AC}}$	$\delta U_{\bar{2}}$	$\delta U_{\bar{4}}$	$\delta U_{\bar{9}}$	Memb Direita	Relação teste
151,160	524,788	641,200	641,200	641,200	500,000	0,000	0,000	0,000	-267,167	
2,000	0,317	–1,000	0,000	0,000	0,000	0,000	0,000	0,000	0,417	
1,200	–0,592	0,000	–1,000	0,000	0,000	0,000	0,000	0,000	0,417	
–0,800	–0,363	0,000	0,000	–1,000	0,000	0,000	0,000	0,000	0,000	
–2,400	0,001	0,000	0,000	0,000	–1,000	0,000	0,000	0,000	0,000	
4,000	1,817	0,000	0,000	0,000	0,000	–1,000	0,000	0,000	0,000	
0,000	1,364	0,000	0,000	0,000	0,000	0,000	–1,000	0,000	0,000	
2,000	-0,228	0,000	0,000	0,000	0,000	0,000	0,000	–1,000	0,417	
F	M_{BC}	M_{CD}	M_{DC}	M_{DE}	M_{ED}	N_{AC}				
267,167	–169,440	204,188	320,600	320,600	320,600	250,000				
$\delta\theta_{AB}$	$\delta\theta_{BC}$	$\delta\theta_{CD}$	$\delta\theta_{DC}$	$\delta\theta_{DE}$	$\delta\theta_{ED}$	$\delta\Delta\ell_{AC}$	δU_2	δU_4	δU_9	
0,000	0,000	0,000	0,417	0,417	0,000	0,000	0,000	0,000	0,417	

Problema de mínimo – Análise pelo Lingo

A Figura 11.25 apresenta os comandos e os dados de entrada para o problema de programação linear de mínimo correspondente à análise limite do pórtico pelo Lingo. Note-se que se admitiu $\delta\Delta\ell_{AC} \in R$. As linhas executáveis são, praticamente, autoexplicativas.

Figura 11.25
Comandos e dados de entrada para o Lingo.

```
Lingo Model - Atv 8 Caso B PPL Min Desloc e Def R1 e R2
!   Pórtico plano atirantado - Caso B ;
!   Considerando-se como variáveis os deslocamentos e a deformações;
!   Com restrições de inextensibilidade (R1) e rotações nulas (R2);

data:
Mp=320.6;
Np=250;
enddata

MIN = Mp*( @ABS(TBC)+ @ABS(TCD)+ @ABS(TDC)+ @ABS(TDE)+ @ABS(TED)) + Np*@ABS(DLAC) ;

! Equação de normalização;

-1.2*U2 + 2*U4 + 2.4*U9 =  1 ;

! Equações de compatibilidade;

DLAC = -0.6*U2 + 0.8*U4 ;

TAB = -0.25*U2 ;

TBC = 0.25*U2 - 0.333*U4 ;

TCD = 0.733*U4 ;

TDC = 0.4*U4 + U9 ;

TDE = -0.2*U2 + U9 ;

TED = -0.2*U2 ;

! Tipos de variávaeis ;

@FREE(TAB) ; @FREE(TBC) ; @FREE(TCD) ;  @FREE(TDC) ;

@FREE(TDE) ; @FREE(TED) ; @FREE(DLAC) ;

@FREE(U2) ; @FREE(U4) ; @FREE(U9) ;

END
```

A Figura 11.26 apresenta parte dos resultados obtidos pelo Lingo. Note-se que se obtiveram para as deformações e deslocamentos virtuais os mesmos resultados anteriores, ou seja:

$$\delta\theta_{BC} = 0 \quad \delta\theta_{CD} = 0 \quad \delta\theta_{DC} = 0{,}417 \quad \delta\theta_{DE} = 0{,}417 \quad \delta\theta_{ED} = 0 \quad \delta\Delta\ell_{AC} = 0$$
$$\delta U_2 = 0 \quad \delta U_4 = 0 \quad \delta U_9 = 0{,}417$$

Os resultados indicados pelas linhas 1 a 9 têm correspondência com as nove linhas executáveis, sendo que as últimas sete linhas oferecem interesse. Aquelas da primeira coluna serão sempre nulas, pois as restrições são igualdades; aquelas da segunda coluna representam a solução obtida em esforços solicitantes com os sinais trocados para os momentos fletores, em vista das convenções de sinais adotadas para deformações e esforços solicitantes, ou seja:

$$M_B = 0 \quad M_C = 826{,}9 \text{ kNm} \quad M_{DC} = 320{,}6 \text{ kNm}$$

$$M_{DE} = 320{,}6 \text{ kNm} \quad M_E = 2032{,}4 \text{ kNm} \quad N_{AC} = 250 \text{ kN}$$

que certamente não é a da iminência do colapso. Valem as mesmas observações feitas anteriormente na análise dos resultados pelo método simplex.

Figura 11.26
Resultados do Lingo.

```
Solution Report - Ativ 8 Caso B PPL Min Desloc e Def R1 e R2

Global optimal solution found.
Objective value:                          267.1667
Objective bound:                          267.1667
Infeasibilities:                          0.000000
Extended solver steps:                           0
Total solver iterations:                         8
Elapsed runtime seconds:                      0.15

                     Variable           Value
                           MP        320.6000
                           NP        250.0000
                          TBC        0.000000
                          TCD        0.000000
                          TDC       0.4166667
                          TDE       0.4166667
                          TED        0.000000
                         DLAC        0.000000
                           U2        0.000000
                           U4        0.000000
                           U9       0.4166667
                          TAB        0.000000

                          Row    Slack or Surplus      Dual Price
                            1        267.1667          -1.000000
                            2        0.000000          -267.1667
                            3        0.000000           250.0000
                            4        0.000000           0.000000
                            5        0.000000           0.000000
                            6        0.000000          -826.8668
                            7        0.000000          -320.6000
                            8        0.000000          -320.6000
                            9        0.000000          -2032.400
```

Observações relevantes

A análise incremental permite sempre obter resultados em esforços solicitantes, deslocamentos e deformações em cada passo e na iminência do colapso; indica as posições de rótulas e barras plastificadas na ordem de ocorrência, mas não as deformações e deslocamentos virtuais correspondentes ao mecanismo de colapso, que são simples de serem obtidos. Em cálculos manuais, há que verificar se a formação de rótulas e barras plastificadas em número superior a $g_h + 1$ leva realmente a um mecanismo de colapso, ou seja, que permita o desenvolvimento de movimento de corpo rígido. Portanto, é questionável afirmar que $g_h + 1$ é uma condição suficiente para a formação de um mecanismo.

A análise limite é de formulação simples nos problemas de máximo e de mínimo e de fácil aplicação. Os resultados em coeficiente multiplicador, deformações e deslocamentos virtuais do mecanismo de colapso plástico são sempre obtidos, o que não ocorre para os esforços solicitantes na iminência do colapso e, consequentemente, não torna possível o cálculo de deslocamentos para essa situação, que pode ocorrer principalmente com mecanismos de colapso locais, que, repete-se, são situações que merecem modificações de projeto que melhor utilizem os recursos estruturais. A análise limite também é utilizada para estabelecer extremos superior e inferior do coeficiente multiplicador.

Dispor desses dois procedimentos propicia uma análise mais rica dos problemas estruturais.

12 ELASTOPLASTICIDADE PERFEITA EM VIGAS DE CONCRETO ARMADO

12.1 Introdução

O dimensionamento de vigas de concreto armado no estado limite último (ELU) é previsto na norma nacional e nas internacionais. Este capítulo trata desse tema à luz da análise limite, válida para material elastoplástico perfeito, e adotam-se a notação, os dados e as informações da NBR 6118 (ABNT, 2014). Para o concreto, essa norma considera concretos de classes C20 a C90, sendo que neste estudo, por conveniência e sem prejuízo dos aspectos conceituais, serão utilizados apenas os dados limitados superiormente pelo de classe C50, ou seja, concretos com 20 MPa $\leq f_{ck} \leq$ 50 MPa.

Este capítulo foi escrito com a extensa colaboração do Professor Januário Pellegrino Neto, a quem os autores muito agradecem.

Inicialmente, apresentam-se as hipóteses para o cálculo de momento de plastificação em flexão normal simples. Em seguida apresentam-se exemplos de dimensionamento.

Hipóteses básicas

Consideram-se as seguintes hipóteses básicas:

a. hipótese de Navier – a seção transversal plana permanece plana e normal ao eixo da barra;
b. aderência perfeita entre aço e concreto, que estabelece uma condição de compatibilidade entre esses materiais;

c. o concreto é um material não resistente à tração, desprezam-se quaisquer contribuições do concreto tracionado (observa-se que se desprezam pequenas trações junto à região da linha neutra; elas diminuem, significativamente, no tempo em função do fenômeno de relaxação);
d. comportamento mecânico do aço e do concreto, definidos pelos diagramas tensão-deformação adotados pela NBR 6118 (ABNT, 2014).

Esse conjunto de hipóteses básicas permite estabelecer a distribuição das tensões normais na seção transversal e, eventualmente, utilizando hipóteses adicionais, calcular os referidos momentos de plastificação.

Diagramas tensão-deformação do concreto simples e do aço

Um diagrama típico tensão-deformação de ensaio à compressão de concreto simples é o que se apresenta na Figura 12.1(a). O comportamento inicial, para valores crescentes das tensões, é basicamente linear; é seguido de trecho não linear com relação $\frac{\sigma}{\varepsilon}$ decrescente até atingir o limite f_c, a partir do qual, em ensaio com deformação controlada, há um decréscimo da tensão com aumento da deformação até ε_u, quando ocorre a ruptura do tipo frágil. A Figura 12.1(b) apresenta o diagrama tensão-deformação idealizado pela NBR 6118 (ABNT, 2014), definido por:

$$\sigma_c = 0{,}85 f_{cd}\left[1 - \left(1 - \frac{\varepsilon_c}{\varepsilon_{c2}}\right)^2\right] \quad \text{para} \quad 0 \le \varepsilon_c \le \varepsilon_{c2}$$

$$\sigma_c = 0{,}85 f_{cd} \quad \text{para} \quad \varepsilon_{c2} \le \varepsilon_c \le \varepsilon_{cu}$$

Figura 12.1
Diagramas tensão-deformação de ensaio à compressão de concreto simples.

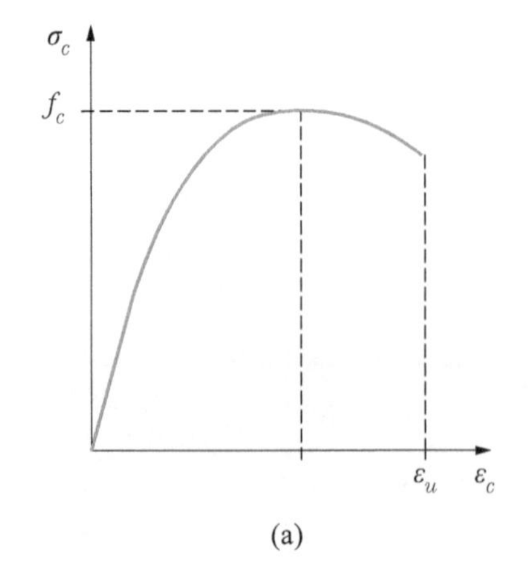

(a)

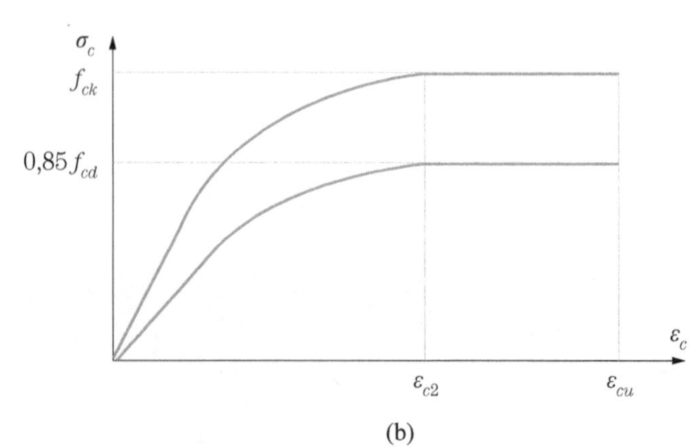

(b)

onde:

- f_{ck} é a resistência característica à compressão do concreto;
- $f_{cd} = \dfrac{f_{ck}}{\gamma_c}$ é a resistência de cálculo e $\gamma_c = 1{,}4$ é o coeficiente de ponderação da resistência do concreto;
- o fator de redução 0,85 introduz o efeito da queda da resistência do concreto sob o efeito de carga de longa duração e é conhecido como efeito Rüsch;
- $\varepsilon_{c2} = 2‰$ é o encurtamento último do concreto na compressão centrada;
- $\varepsilon_{cu} = 3{,}5‰$ é o encurtamento último do concreto em flexão na fibra mais comprimida.

Os ensaios físicos são realizados em corpo de prova cilíndrico com relação preferencial $\dfrac{altura}{diâmetro} = 2$, sendo usual a utilização de corpos de prova com 150 mm de diâmetro e 300 mm de altura, ou 100 mm de diâmetro e 200 mm de altura. O concreto tem baixa resistência à tração com limite f_t da ordem de 10% de f_c, sendo que o comportamento do concreto simples é o de um material frágil, com ruptura sem aviso prévio.

O diagrama típico tensão-deformação de um ensaio à tração de barra de aço, de alta ductilidade, para armadura passiva é mostrado na Figura 12.2(a). Ele é linear para baixos níveis de tensão; após atingir o limite de elasticidade, observa-se um comportamento dúctil que se caracteriza pela existência de patamar de escoamento ou pelo aumento do gradiente de deformação. Para cálculos de dimensionamento e verificação de peças de concreto com armadura passiva, a NBR 6118 (ABNT, 2014) considera o aço igualmente resistente à tração e à compressão, com resistência característica f_{yk}, e adota o diagrama tensão-deformação simplificado da Figura 12.2(b), onde:

- $f_{yd} = \dfrac{f_{yk}}{\gamma_s}$ é a resistência de cálculo do aço;
- $\gamma_s = 1{,}15$ é o coeficiente de ponderação da resistência do aço;
- $\varepsilon_{yd} = \dfrac{f_{yd}}{E_s}$ é a deformação de alongamento do aço no início do patamar de escoamento, com valor adotado para o módulo de elasticidade do aço $E_s = 210$ GPa;
- $\varepsilon_{su} = 10‰$ é o alongamento plástico excessivo, definido como a deformação última do aço, caracterizada pela fissuração na região tracionada do concreto de 1mm para cada 100 mm de comprimento de peça.

Figura 12.2
Diagramas tensão-deformação do aço.

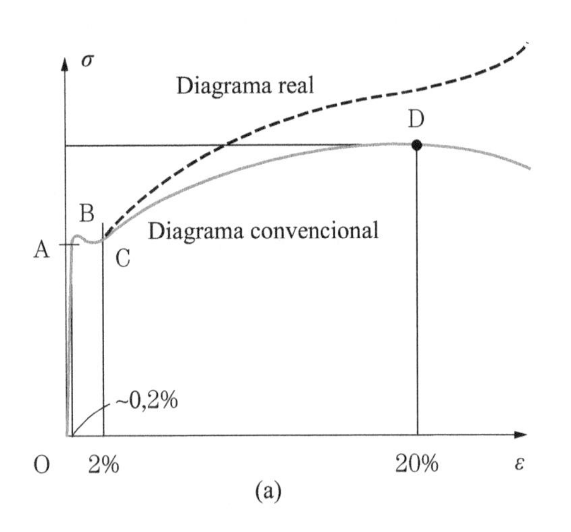

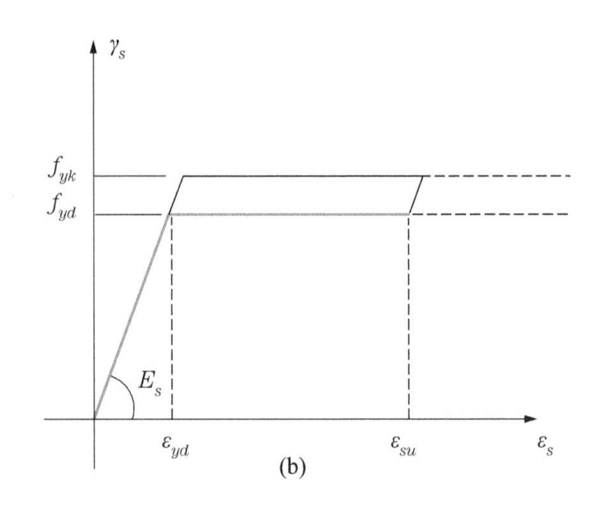

Momento de plastificação em seção de concreto subarmada

Ensaios de flexão pura em vigas de concreto armado apresentam dois comportamentos típicos – representados pelos diagramas momento-curvatura da Figura 12.3. Em um deles, a ruptura ocorre por esmagamento do concreto e não se utiliza toda a capacidade portante do aço; a ruptura é do tipo frágil e a seção está superarmada. No outro, a ruptura ocorre por escoamento do aço, que é utilizado em toda a sua capacidade; a ruptura é do tipo dúctil e a seção está subarmada, ou normalmente armada.

Figura 12.3
Diagramas típicos de ensaio de viga em flexão.

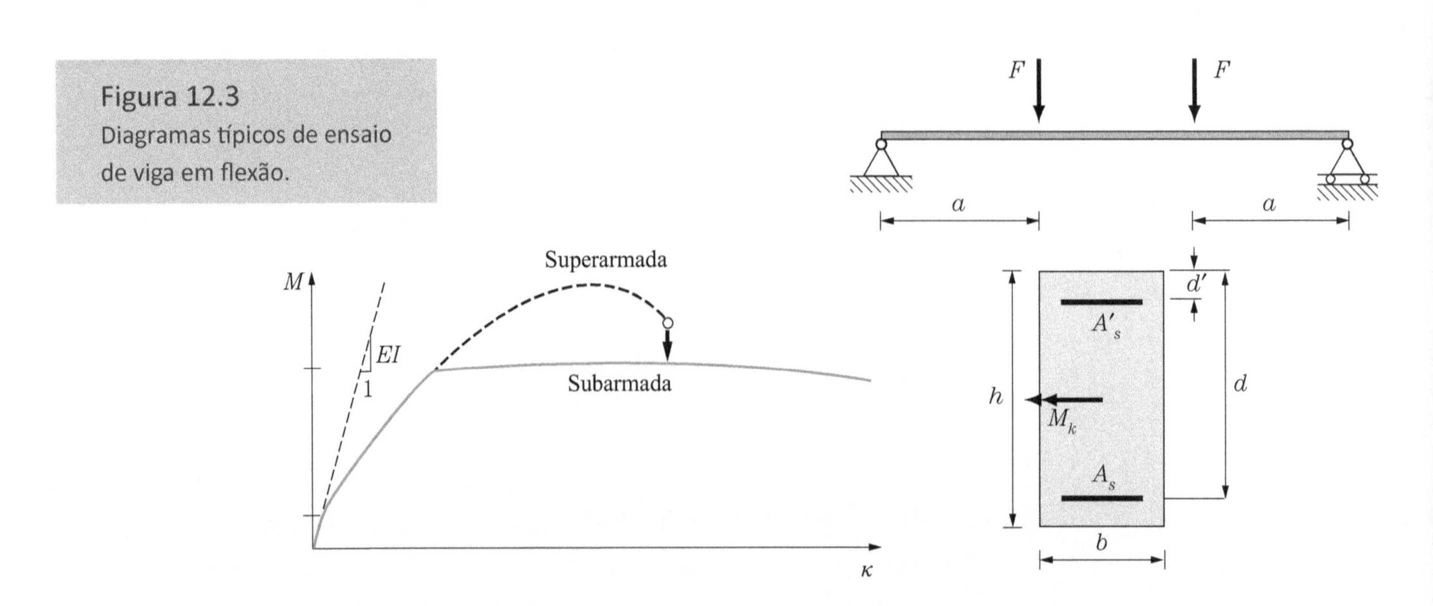

Em vigas em que as seções são solicitadas por flexão simples, as hipóteses básicas apresentadas permitem identificar os três domínios – apresentados na Figura 12.4 – que caracterizam a ruptura dúctil por plastificação do aço e a ruptura frágil pelo esmagamento do concreto por flexão:

- Domínio 2 $\varepsilon_{su} = 10‰$ $\varepsilon_c \leq \varepsilon_{cu} = 3{,}5‰$ peça subarmada
- Domínio 3 $\varepsilon_{yd} = \dfrac{f_{yd}}{E_s} \leq \varepsilon_s \leq \varepsilon_{su} = 10‰$ $\varepsilon_c = \varepsilon_{cu} = 3{,}5‰$ peça subarmada
- Domínio 4 $\varepsilon_s \leq \varepsilon_{yd}$ $\varepsilon_c = \varepsilon_{cu} = 3{,}5‰$ peça superarmada

Figura 12.4

Domínios 2, 3 e 4 nas distribuições lineares das deformações.

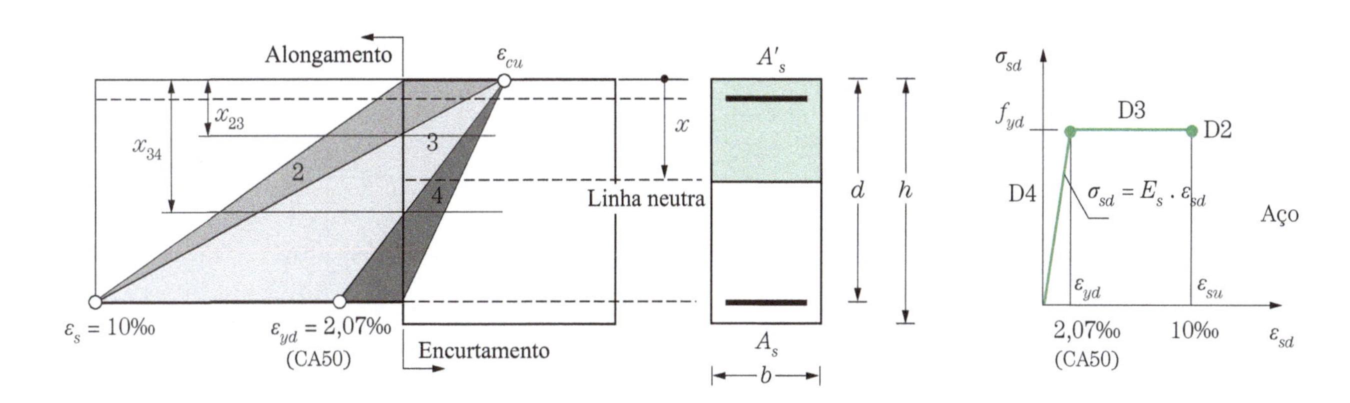

Assim, para garantir o comportamento dúctil da seção de concreto armado, é necessário observar a condição de peça subarmada, ou seja, que a peça esteja nos domínios 2 ou 3, onde se pode admitir os materiais como elastoplásticos perfeitos. Para melhor utilização do concreto é mais conveniente que o cálculo do momento de plastificação esteja no domínio 3, e, para que isso aconteça, a posição da linha neutra, x, deverá observar a restrição $x_{23} \leq x \leq x_{34}$, onde

$$x_{23} = \frac{3{,}5‰}{13{,}5‰}\, d = 0{,}259d \qquad x_{34} = \frac{3{,}5‰}{\varepsilon_{yd} + 3{,}5‰}\, d$$

são as posições da linha neutra para as condições ($\varepsilon_c = 3{,}5‰$ $\varepsilon_s = 10‰$) e ($\varepsilon_c = 3{,}5‰$ ε_{yd}), respectivamente, como mostra a Figura 12.4. Para os aços CA50 e CA25, obtêm-se:

$$aço\ CA\,50 \implies \varepsilon_{yd} = 2{,}070‰ \implies x_{34} = 0{,}628d$$

$$aço\ CA\,25 \implies \varepsilon_{yd} = 1{,}035‰ \implies x_{34} = 0{,}772d$$

Observa-se que, no domínio 3, a capacidade de rotação, dada por $\frac{\varepsilon_{cu}}{x}$, é tanto maior quanto menor for a relação $\frac{x}{d}$. Por causa dessa condição, a NBR 6118 (ABNT, 2014), em 14.6.4.3, estabelece que, "*para proporcionar o adequado comportamento dúctil em vigas e lajes, a linha neutra deve obedecer ao limite* $x \leq x_{lim} = 0{,}45d$ *para concreto com* $f_{ck} \leq 50$ MPa".

As curvaturas da seção de concreto armado nos domínios 2 e 3 são dadas por:

$$\kappa_2 = \frac{\varepsilon_c + 10‰}{d} \quad \text{com} \quad \varepsilon_c = \frac{x}{d-x}\,10‰$$

$$\kappa_3 = \frac{\varepsilon_s + 3{,}5‰}{d} \quad \text{com} \quad \varepsilon_s = \frac{d-x}{x}\,3{,}5‰$$

A Figura 12.5 mostra a distribuição das curvaturas nos domínios 2 e 3 para aço com $f_{yk} = 500$ MPa, que é qualitativamente a mesma para outros valores de f_{yk}.

Figura 12.5
Curvaturas nos domínios 2 e 3 para aço com $f_{yk} = 500$ MPa.

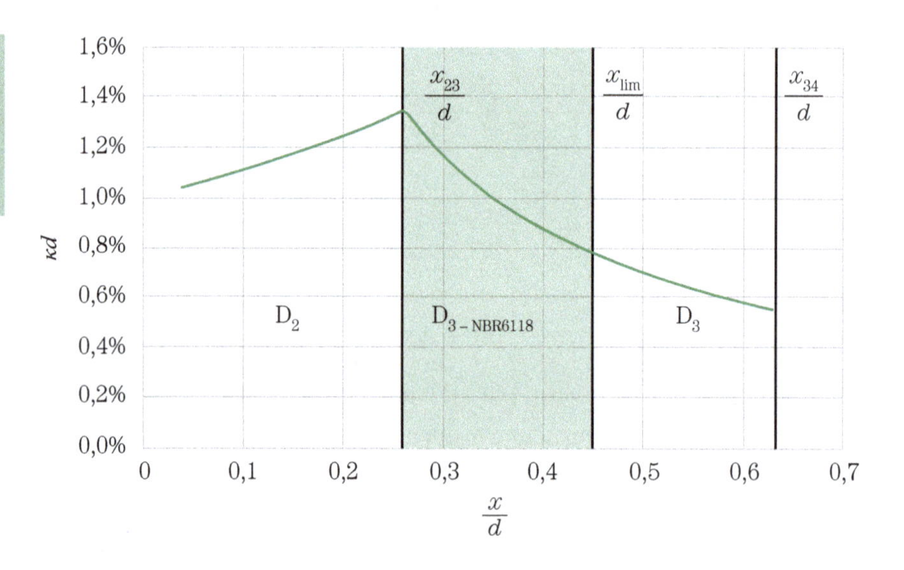

Trata-se a seguir, da análise em flexão normal simples de algumas seções de concreto armado no domínio 3, observando o adequado comportamento dúctil da peça como preconizado pela NBR 6118 (ABNT, 2014), ou seja, para $0{,}259d = x_{23} \leq x \leq x_{lim} = 0{,}45d$.

Seção retangular com armadura simples – flexão normal simples

Considera-se a seção retangular de largura b e altura h com armadura simples de área A_s, com as deformações distribuídas na seção transversal no domínio 3. Pelo diagrama tensão-deformação da Figura 12.1(b), a distribuição das tensões de compressão no concreto tem a forma de parábola-retângulo. A NBR 6118 indica substituí-la, para efeito de cálculo, por uma distribuição uniforme de tensões sobre uma extensão 0,8x, a partir da borda externa, com intensidade 0,85f_{cd} quando a largura da zona comprimida não diminui em relação à borda comprimida e 0,8f_{cd} em caso contrário. A Figura 12.6 indica a distribuição das deformações, das tensões com distribuições parábola-retângulo e uniforme, bem como dos esforços resultantes, R_{cd}, R_{sd} e M_{Rd}. É importante destacar que as normas fib Model Code (2010) e ACI 318 (2014) também adotam, com ligeiras diferenças, a distribuição uniforme das tensões de compressão no concreto. Esta hipótese é baseada em inúmeros ensaios experimentais. Por esse motivo, emprega-se, no que se segue, a distribuição uniforme de tensões de acordo com a NBR 6118.

Figura 12.6
Deformações e tensões na seção retangular.

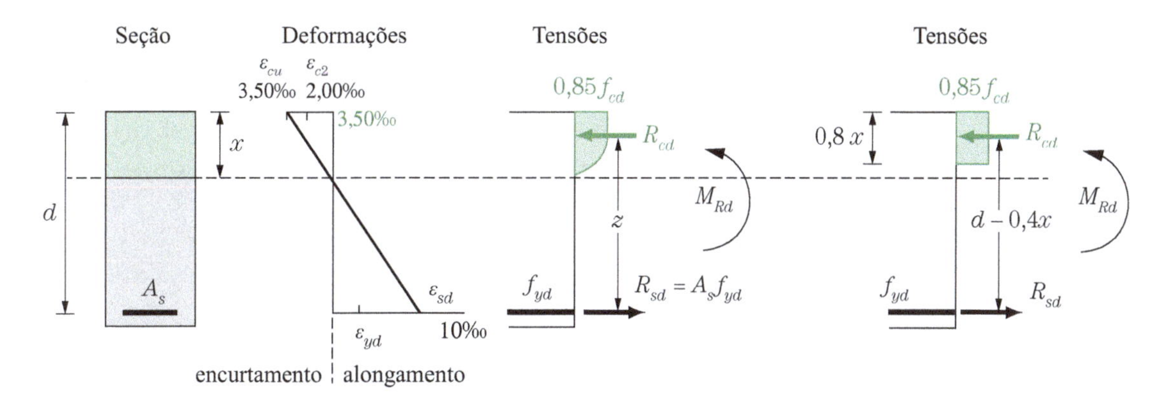

As equações básicas que permitem resolver os problemas de determinação do momento resistente M_{Rd}, de dimensionamento da armadura e de sua verificação, são:

as equações de equilíbrio:

$$R_{cd} = R_{sd} \quad \text{com} \quad \begin{cases} R_{cd} = 0{,}85 f_{cd}\, 0{,}8x\, b = 0{,}68 b x f_{cd} \\ R_{sd} = A_s f_{yd} \end{cases}$$

$$M_{Rd} = R_{cd}\left(d - 0{,}4x\right) = R_{sd}\left(d - 0{,}4x\right) \tag{12.1}$$

e a equação de compatibilidade

$$\frac{x}{d} = \frac{\varepsilon_c}{\varepsilon_c + \varepsilon_s}, \tag{12.2}$$

que, no domínio 3 e considerando o que estabelece a NBR 6118, deve observar as restrições

$$\frac{3{,}5‰}{\varepsilon_{su} + 3{,}5‰} \leq \frac{x}{d} = \frac{3{,}5‰}{\varepsilon_{sd} + 3{,}5‰} \leq 0{,}45 \qquad (12.3)$$

ou, de forma equivalente:

$$x_{23} = 0{,}259d \leq x \leq x_{lim} = 0{,}45d \quad \text{ou} \quad 4{,}278‰ \leq \varepsilon_{sd} = \frac{d-x}{x} 3{,}5‰ \leq 10‰ .$$

EXEMPLO 12.1

Considere-se uma seção transversal retangular (20 × 60) cm^2 de concreto de classe C20 e aço CA50. Nessas condições e admitindo que esteja no domínio 3 e observando a condição $x_{23} \leq x \leq x_{lim}$, estabelecem-se:

a) o maior momento resistente da seção e o correspondente valor da área de aço;

b) o menor momento resistente da seção e o correspondente valor da área de aço;

c) o dimensionamento da área de aço para um momento característico de solicitação M_{Sk} = 120 kNm;

d) o valor do momento resistente de cálculo, M_{Rd}, para a seção com áreas de aço A_s = 8,04 cm^2 e A_s = 12,06 cm^2.

Solução

Para o concreto de classe C20 e aço CA50, sabe-se que:

$$f_{ck} = 20 \text{ MPa} \qquad f_{yk} = 500 \text{ MPa}$$
$$\gamma_c = 1{,}4 \qquad \gamma_s = 1{,}15$$
$$f_{cd} = 14{,}29 \text{ MPa} \qquad f_{yd} = 434{,}78 \text{ MPa}$$

e, como $E_s = 210$ GPa, pode-se estabelecer:

$$\varepsilon_{yd} = \frac{f_{yd}}{E_s} = 2{,}07‰ \quad \text{e} \quad x_{34} = 0{,}628d;$$

portanto, com $d = 0{,}9h$, a posição da linha neutra deve verificar a condição

$$x_{23} = 14{,}00 \text{ cm} \leq x \leq x_{lim} = 0{,}45d = 24{,}30 \text{ cm} \leq x_{34} = 33{,}93 \text{ cm}.$$

Como $M_{Rd} = 0{,}68bxf_{cd}(d - 0{,}4x)$, o menor e o maior momentos resistentes, de acordo com a NBR 6118, serão obtidos com os valores extremos de x observada a restrição $x_{23} \leq x \leq x_{lim}$, ou seja:

$$x_{23} = 14{,}00 \text{ cm} \implies \begin{cases} M_{Rd,min} = 131{,}65 \text{ kNm} \\ A_s = 6{,}26 \text{ cm}^2 \end{cases}$$

$$x_{lim} = 24{,}30 \text{ cm} \implies \begin{cases} M_{Rd,max} = 209{,}05 \text{ kNm} \\ A_s = 10{,}86 \text{ cm}^2 \end{cases}$$

Note-se que:

$$x_{34} = 33{,}93 \text{ cm} \implies \begin{cases} M_{Rd,34} = 266{,}50 \text{ kNm} \\ A_s = 15{,}16 \text{ cm}^2 \end{cases}$$

A Figura 12.7 mostra as distribuições dos momentos resistentes e das respectivas áreas de aço em função da posição da linha neutra para o domínio 3 e indica as regiões que satisfazem à restrição da NBR 6118, $x_{23} = 14{,}00 \text{ cm} \leq x \leq 0{,}45d = 24{,}30$ cm, e aquela que não a satisfaz, $0{,}45d = 24{,}30 \text{ cm} < x \leq x_{34} = 33{,}93$ cm.

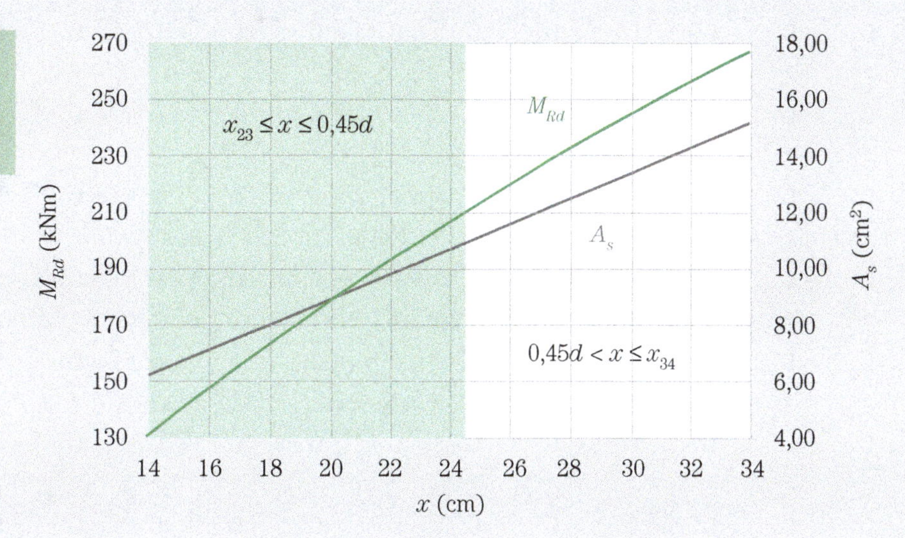

Figura 12.7
Momentos resistentes e áreas de aço no domínio 3.

No problema de dimensionamento, trata-se da determinação da área da seção de aço e da verificação da condição $x_{23} \leq x \leq x_{lim} = 0{,}45d$, ou seja, que a seção esteja no domínio 3 e de acordo com a recomendação da NBR 6118.

Considerando (12.1), pode-se estabelecer:

$$\begin{aligned} R_{cd} &= 0{,}85f_{cd}\,0{,}8x\,b = 0{,}68bxf_{cd} \\ M_{Rd} &= R_{cd}\left(d - 0{,}4x\right) \end{aligned} \quad \Longrightarrow \quad M_{Rd} = 0{,}68bxf_{cd}\left(d - 0{,}4x\right),$$

e, assim, definir a posição da linha neutra pela raiz:

$$x = 1{,}25d\left(1 - \sqrt{1 - \frac{M_{Rd}}{0{,}425bd^2f_{cd}}}\right), \tag{12.4}$$

que deve observar as restrições $x_{23} \leq x \leq x_{lim}$, e, em seguida, obter:

$$A_s = \frac{R_{sd}}{f_{yd}} \tag{12.5}$$

Para $M_{Sk} = 120$ kNm, tem-se $M_{Rd} = \gamma_f M_{Sk} = 168{,}00$ kNm, e junto com os valores de f_{cd}, b e d obtém-se, com as devidas transformações de unidades:

$$x = 18{,}57 \text{ cm},$$

que define a posição da linha neutra e satisfaz à condição:

$$x_{23} = 14{,}00 \text{ cm} \leq x = 18{,}57 \text{ cm} \leq x_{lim} = 24{,}30 \text{ cm},$$

o que permite obter os resultados desejados:

$$R_{sd} = R_{cd} = 360{,}72 \text{ kN} \qquad A_s = 8{,}30 \text{ cm}^2$$

As Figuras 12.8 e 12.9 apresentam os resultados obtidos com o programa FNS, desenvolvido por Pellegrino Neto e Couto (2019), para o dimensionamento de seções retangulares de concreto armado em flexão normal simples, de acordo com a NBR 6118 (ABNT, 2014), considerando os diagramas de tensões no concreto como retângulo simplificado e como parábola-retângulo. As diferenças relativas encontradas são inferiores a 1%, que dado o conjunto de hipóteses adotadas, ilustram a justificativa de uso do diagrama retangular de tensões no concreto.

Figura 12.8
Resultados com diagrama retângulo simplificado.

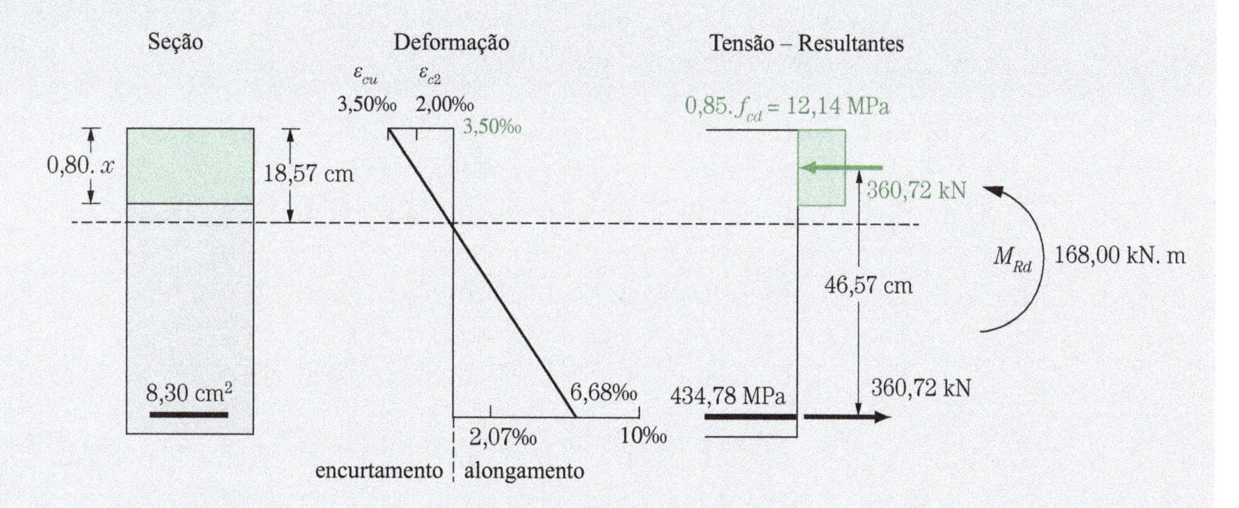

Figura 12.9
Resultados com diagrama parábola-retângulo.

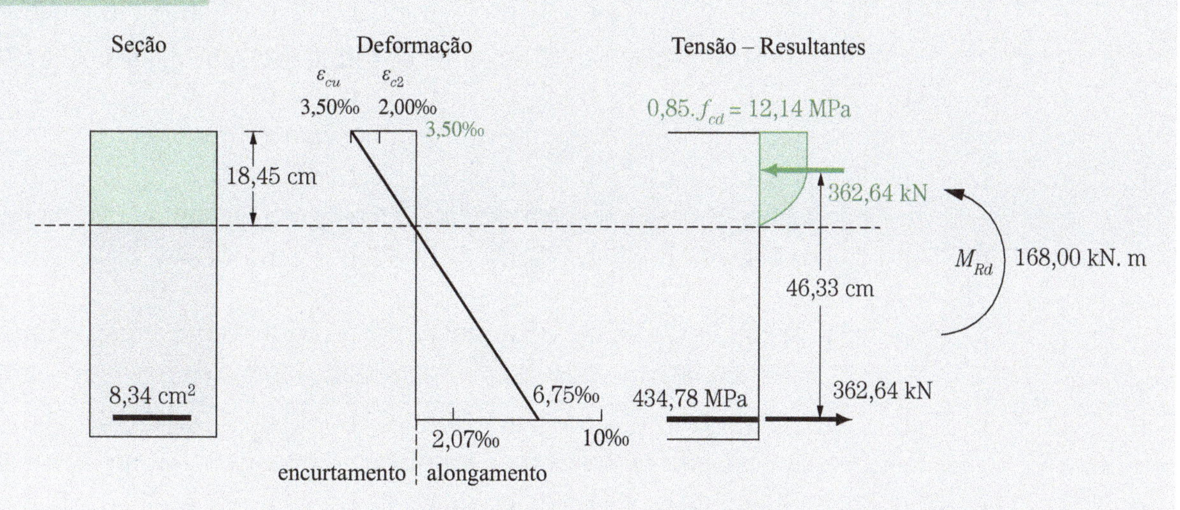

No problema de verificação trata-se de analisar se a seção está no domínio 3, com $x_{23} \leq x \leq x_{lim} = 0{,}45d$, e determinar o momento resistente de cálculo, que define o maior valor do momento solicitante de cálculo.

Considerando (12.1), pode-se determinar:

$$x = \frac{A_s f_{yd}}{0{,}68 b f_{cd}}, \tag{12.6}$$

visto que:

$$R_{sd} = A_s f_{yd} \qquad R_{sd} = R_{cd} = 0{,}68bxf_{cd}$$

e, em seguida, verificar se está no domínio 3. Em caso positivo, obtém-se o momento resistente de cálculo:

$$M_{Rd} = R_{cd}(d - 0{,}4x) = R_{sd}(d - 0{,}4x),$$

que define o limite superior para o momento solicitante de cálculo, $(M_{Sd})_{max} \leq M_{Rd}$.

No caso da seção, com $A_s = 8{,}04$ cm², obtêm-se:

$$x_{23} = 14{,}00 \text{ cm} \leq x = 17{,}99 \text{ cm} \leq 0{,}45d = 24{,}30 \text{ cm},$$

que está no domínio 3 e dentro dos limites estabelecidos pela NBR 6118, e

$$(M_{Sd})_{max} \leq M_{Rd} = 163{,}6 \text{ kNm}.$$

No caso da seção, com $A_s = 12{,}06$ cm², obtém-se:

$$x_{23} = 14{,}0 \text{ cm} \leq x_{lim} = 0{,}45d = 24{,}30 \text{ cm} < x = 26{,}99 \text{ cm} < x_{34} = 33{,}93 \text{ cm},$$

que está no domínio 3, mas fora dos limites estabelecidos pela NBR 6118, com:

$$M_{Rd} = 226{,}5 \text{ kNm}.$$

Todos os resultados apresentados poderiam ser obtidos diretamente do gráfico da Figura 12.7.

Na impossibilidade de dimensionar no domínio 3 uma certa seção transversal com determinadas características dos materiais, com a condição adicional $x_{23} \leq x \leq x_{lim}$, as alternativas podem envolver mudanças das características geométricas ou físicas, ou a utilização de armadura dupla. Essa última possibilidade será, a seguir, analisada.

Seção retangular com armadura dupla

Considera-se uma seção retangular de concreto solicitada por um momento solicitante de cálculo superior ao máximo momento resistente permitido no domínio 3 com $x_{23} \leq x \leq x_{lim}$ e com armadura simples, ou seja:

$$M_{Sd} > M_{Rd,max} = 0{,}68f_{cd}bx_{lim}(d - x_{lim}) = 0{,}168bd^2f_{cd}.$$

Para garantir o comportamento dúctil da seção, nas condições indicadas, adota-se a solução de utilizar armadura dupla na seção.

A Figura 12.10 apresenta as deformações, as tensões e os esforços resultantes na seção retangular com armadura dupla, com a substituição da distribuição parábola-retangular pela retangular aproximada.a

Figura 12.10
Deformações e tensões na seção retangular com armadura dupla.

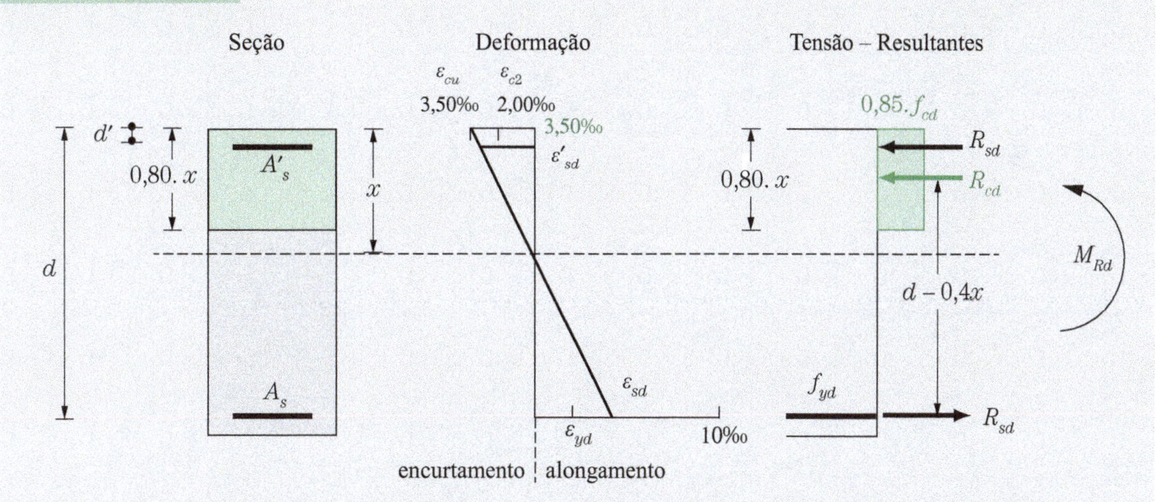

As equações básicas no domínio 3, que permitem resolver os problemas de determinação do momento resistente M_{Rd}, de dimensionamento da armadura e de sua verificação, são:

as equações de equilíbrio:

$$R_{cd} + R'_{sd} = R_{sd} \text{ com } \begin{cases} R_{cd} = 0{,}85 f_{cd}\, 0{,}8xb = 0{,}68bxf_{cd} \\ R'_{sd} = A'_s \sigma'_{sd} \\ \sigma'_{sd} = \text{mínimo}\ (f_{yd}, \varepsilon'_{sd} E_s) \\ R_{sd} = A_s f_{yd} \end{cases} \tag{12.7}$$

$$M_{Rd} = \underbrace{R_{cd}(d - 0{,}4x)}_{M_{Rd1}} + \underbrace{R'_{sd}(d - d')}_{M_{Rd2}}$$

e a equação de compatibilidade

$$\frac{x}{d} = \frac{\varepsilon_{cu}}{\varepsilon_{cu} + \varepsilon_{sd}} \implies \begin{cases} \varepsilon'_{sd} = \dfrac{x - d'}{x} 3{,}5‰ \\ \varepsilon_{sd} = \dfrac{d - x}{x} 3{,}5‰ \end{cases} \tag{12.8}$$

que deve observar as restrições $x_{23} \leq x \leq x_{lim}$ ou, de forma equivalente, $4{,}278‰ \leq \varepsilon_{sd} \leq 10‰$.

A Figura 12.11 mostra, de modo simples, que o momento resistente de uma seção de concreto com armadura dupla, nas condições indicadas, é o resultado da soma entre o máximo momento resistente com armadura simples, A_{s1}, e o momento resistente resultante das seções adicionais de aço, com áreas $A_{s2} = A_s - A_{s1}$ e $A'_s = A_{s2}$, no caso de $\varepsilon'_{sd} \geq \varepsilon_{yd}$.

Figura 12.11
Interpretação da resistência de seção com armadura dupla.

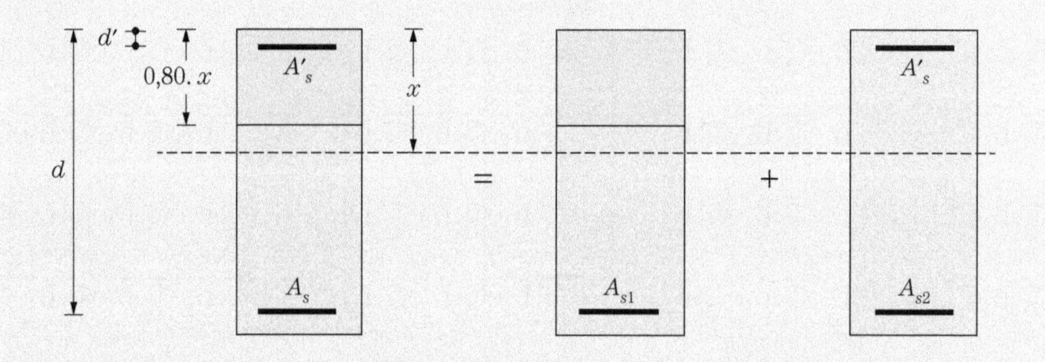

EXEMPLO 12.2

Considere-se a mesma seção transversal retangular (20×60) cm^2 de concreto de classe C20 e aço CA50. Admitindo que esteja no domínio 3 e respeitadas as condições $x_{23} \leq x \leq x_{lim}$ e $\varepsilon'_{sd} \geq \varepsilon_{yd}$, trata-se de:

a) dimensionar essa seção para momento característico de solicitação M_{Sk} = 180 kNm;

b) calcular os momentos resistentes de cálculo para a seção com armaduras $A_s = 14$ cm^2 e $A'_s = 2$ cm^2 e com $A_s = 10$ cm^2 e $A'_s = 2$ cm^2.

Solução

Parte a

Estabelece-se que o momento resistente de cálculo seja igual ao momento solicitante de cálculo:

$$M_{Rd} = M_{Sd} = \gamma_f M_{Sk} = 252 \text{ kNm}.$$

Considere-se inicialmente o problema de dimensionamento, que deve verificar as condições: $14{,}00 \text{ cm} \leq x \leq 24{,}30 \text{ cm}$ e $\varepsilon'_{sd} \geq 2{,}07‰$.

Para $x = x_{lim} = 24{,}30$ cm e utilizando as Expressões (12.7) e (12.8), efetua-se o dimensionamento da seção de concreto armado na sequência de cálculos apresentada:

$$R_{cd} = 472{,}11 \text{ kN} \qquad A_{s1} = 10{,}86 \text{ cm}^2 \qquad M_{Rd1} = 209{,}05 \text{ kNm}$$

$$\varepsilon'_{sd} = 2{,}64‰ \qquad \sigma'_{sd} = 434{,}78 \text{ MPa} \qquad M_{Rd2} = 42{,}95 \text{ kNm}$$

$$R'_{sd} = 89{,}47 \text{ kN} \qquad A'_s = A_{s2} = 2{,}06 \text{ cm}^2 \qquad A_s = 12{,}92 \text{ cm}^2$$

$$\varepsilon_{sd} = 4{,}28‰ \qquad R_{sd} = 561{,}59 \text{ kN} \qquad M_{Rd} = 252{,}00 \text{ kNm}$$

A Figura 12.12 apresenta os resultados obtidos com o FNS.

Figura 12.12
Resultados com $x = x_{lim} = 24{,}30$ cm.

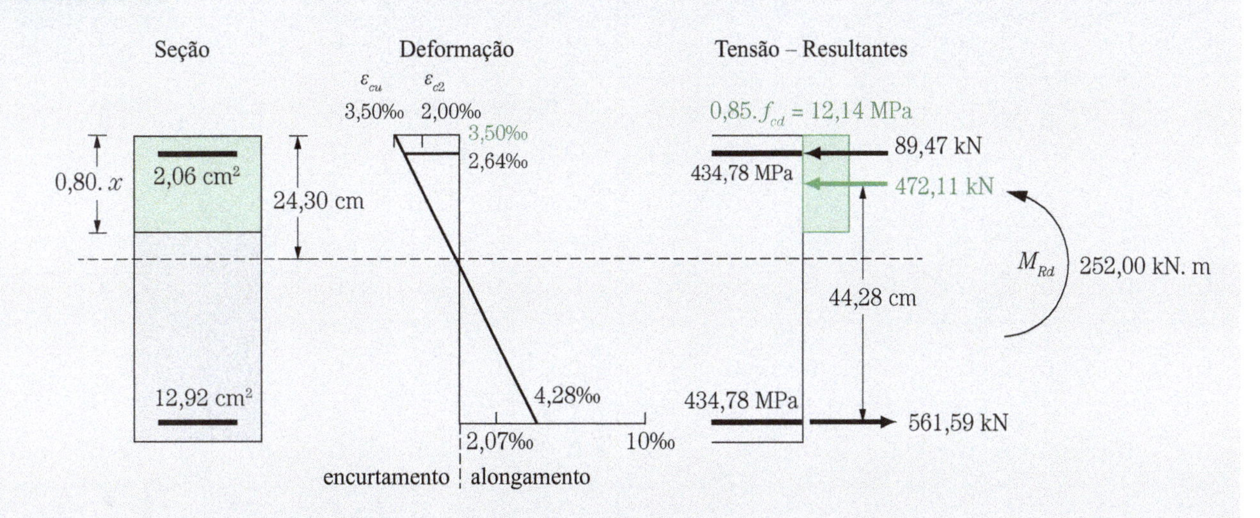

O menor valor da posição da linha neutra que satisfaz à condição $\varepsilon'_{sd} \geq \varepsilon_{yd}$ é $x = 14{,}7$ cm, que é o valor adotado, com o qual se obtêm os seguintes resultados:

$$R_{cd} = 285{,}60 \text{ kN} \qquad A_{s1} = 6{,}57 \text{ cm}^2 \qquad M_{Rd1} = 137{,}43 \text{ kNm}$$

$$\varepsilon'_{sd} = 2{,}07‰ \qquad \sigma'_{sd} = 434{,}78 \text{ MPa} \qquad M_{Rd2} = 114{,}57 \text{ kNm}$$

$$R'_{sd} = 238{,}69 \text{ kN} \qquad A'_s = A_{s2} = 5{,}49 \text{ cm}^2 \qquad A_s = 12{,}06 \text{ cm}^2$$

$$\varepsilon_{sd} = 9{,}36‰ \qquad R_{sd} = 524{,}29 \text{ kN} \qquad M_{Rd} = 252{,}00 \text{ kNm}$$

A Figura 12.13 apresenta os resultados obtidos com o FNS.

Figura 12.13
Resultados com $x = 14{,}70$ cm.

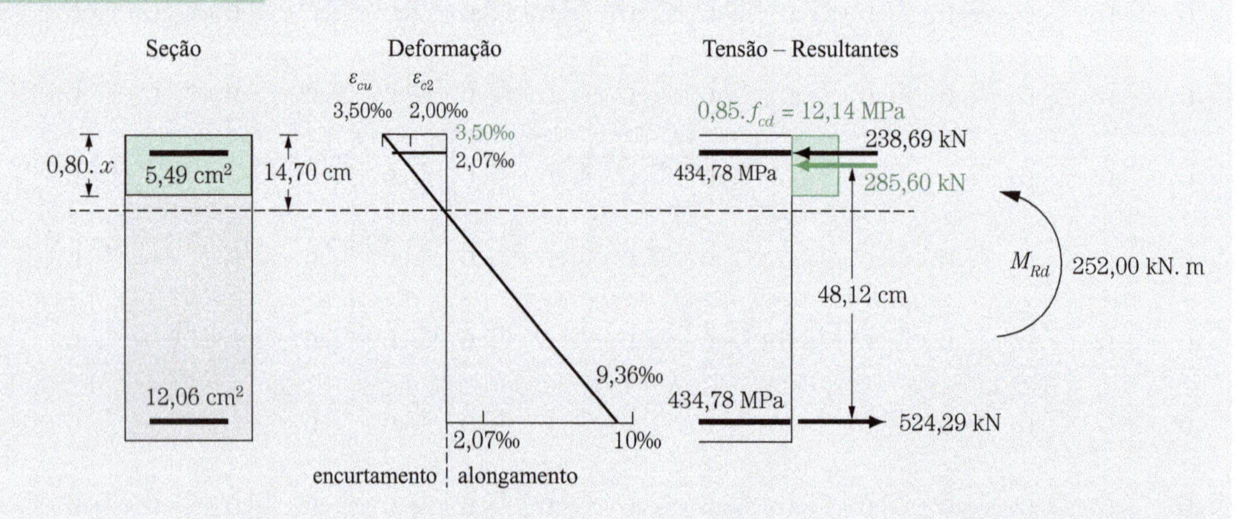

Parte b

Considere-se agora o cálculo do momento resistente de cálculo, M_{Rd}, da seção retangular em estudo com $A_s = 14$ cm^2 e $A'_s = 2$ cm^2.

Com a hipótese de que as barras de aço estejam plastificadas, o cálculo de M_{Rd} é feito utilizando as Expressões (12.7) e (12.8) na sequência de cálculos apresentada:

$$A_s = 14{,}00 \text{ cm}^2 \qquad A'_s = 2{,}00 \text{ cm}^2 \qquad R_{sd} = 608{,}70 \text{ kN}$$

$$R'_{sd} = 86{,}96 \text{ kN} \qquad R_{cd} = 521{,}74 \text{ kN} \qquad x = 26{,}85 \text{ cm}$$

$$\varepsilon'_{sd} = 2{,}72‰ \qquad \varepsilon_{sd} = 3{,}54‰ \qquad M_{Rd1} = 41{,}74 \text{ kNm}$$

$$M_{Rd2} = 225{,}70 \text{ kNm} \qquad M_{Rd} = 267{,}43 \text{ kNm} \qquad M_{Rk} = 191{,}02 \text{ kNm}$$

Nota-se que as barras de aço estão de fato plastificadas, pois

$$\varepsilon_{yd} = 2{,}07‰ < \varepsilon'_{sd} = 2{,}72‰ \qquad \varepsilon_{yd} = 2{,}07‰ < \varepsilon_{sd} = 3{,}54‰$$

Entretanto, apesar de essa solução estar no domínio 3, visto que

$$x_{23} = 14{,}00 \text{ cm} \leq x = 26{,}85 \text{ cm} \leq x_{34} = 33{,}93 \text{ cm},$$

ela viola a condição $x \leq x_{lim} = 24{,}30$ cm.

A Figura 12.14 apresenta os resultados obtidos com o FNS.

Figura 12.14
Resultados de verificação com $A_s = 14$ cm^2 e $A'_s = 2$ cm^2.

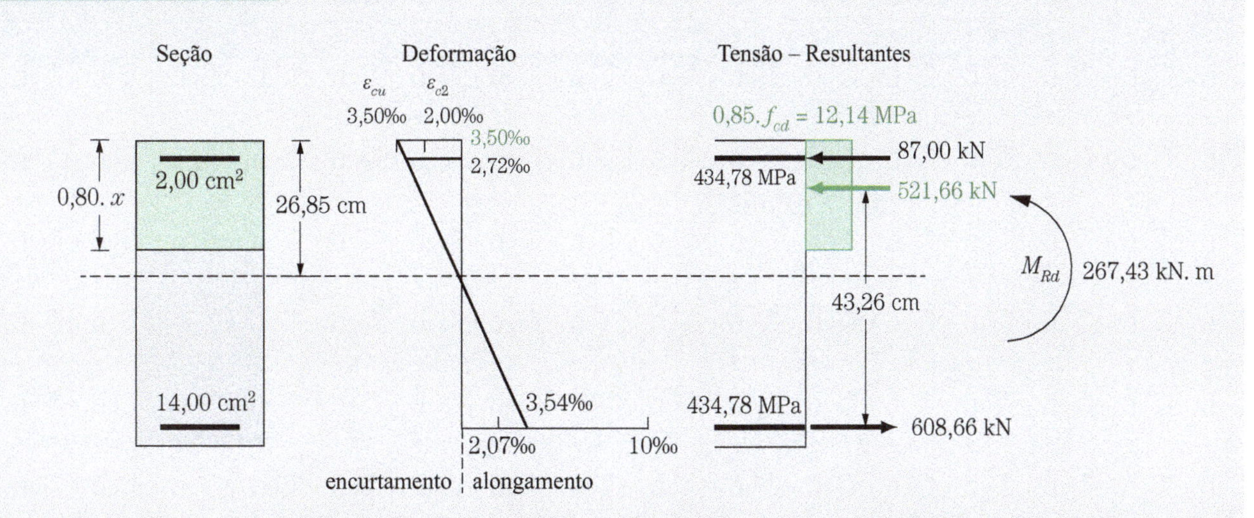

No caso dessa seção com $A_s = 10\ cm^2$ e $A'_s = 2\ cm^2$ e seguindo o que foi anteriormente realizado, obtêm-se os seguintes resultados:

$$A_s = 10{,}00\ cm^2 \qquad A'_s = 2{,}00\ cm^2 \qquad R_{sd} = 434{,}78\ kN$$

$$R'_{sd} = 86{,}96\ kN \qquad R_{cd} = 347{,}83\ kN \qquad x = 17{,}90\ cm$$

$$\varepsilon'_{sd} = 2{,}33‰ \qquad \varepsilon_{sd} = 7{,}06‰ \qquad M_{Rd1} = 41{,}74\ kNm$$

$$M_{Rd2} = 162{,}92\ kNm \qquad M_{Rd} = 204{,}66\ kNm \qquad M_{Rk} = 146{,}18\ kNm$$

que se apresentam na Figura 12.15. Observa-se que as restrições estabelecidas são verificadas, e, assim, o momento resistente de cálculo é dado por M_{Rd} = 204,66 kNm.

Figura 12.15
Resultados de verificação com $A_s = 10\ cm^2$ e $A'_s = 2\ cm^2$.

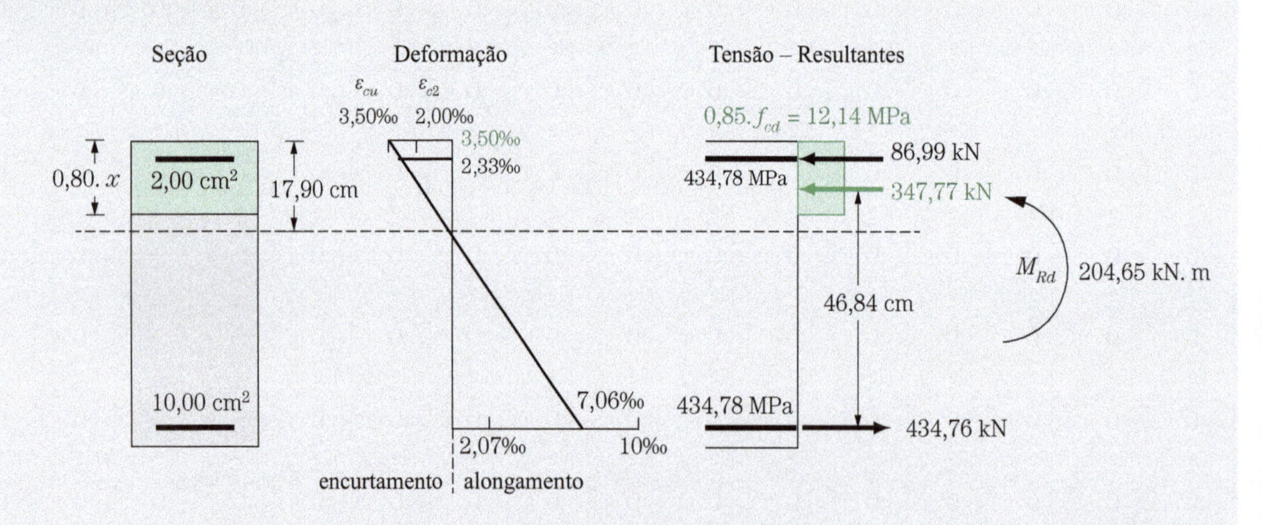

Observam-se pequeníssimas diferenças de valores na comparação com os obtidos com o FNS.

Seção T ou L

A análise de seções transversais em T ou L são simples extensões dos estudos da seção retangular. São dois os casos a serem considerados, conforme a região comprimida se localize na mesa ou na alma. Pelos motivos já expostos, admite-se a distribuição de tensões no concreto como uniforme.

No caso de a região comprimida estar na mesa, o que se caracteriza pela condição $0{,}8x \leq h_f$, a seção se comporta como uma seção retangular de largura b_f.

Figura 12.16
Seção T com região comprimida na mesa.

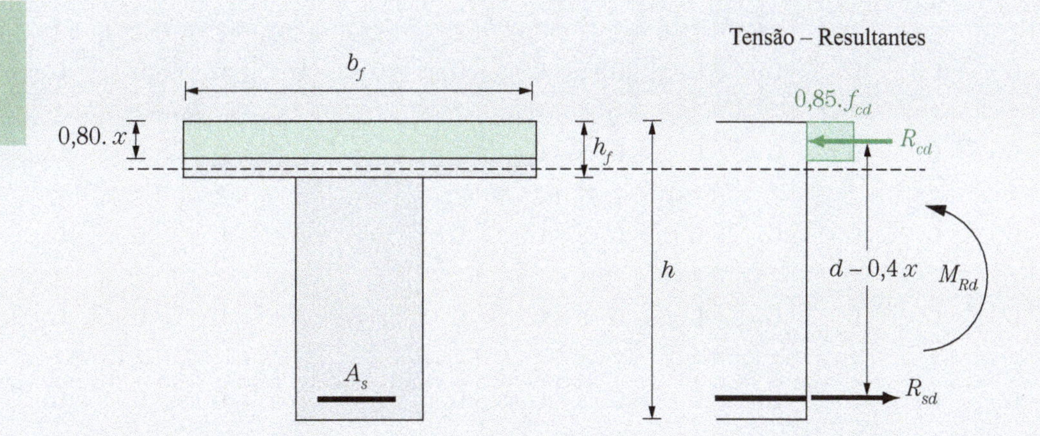

No caso de a região comprimida atingir a alma, o que se caracteriza pela condição $0{,}8x > h_f$, a seção pode ser analisada como a "soma" de duas seções retangulares: uma de largura $b_f - b_w$, altura h_f toda comprimida e com a posição da armadura A_{s1} definida pela distância d da borda superior, e a outra com largura b_w, altura h com região comprimida definida por $0{,}8x$ e com a posição da armadura A_{s1} definida pela distância d da borda superior.

Figura 12.17
Seção T com região comprimida fora da mesa.

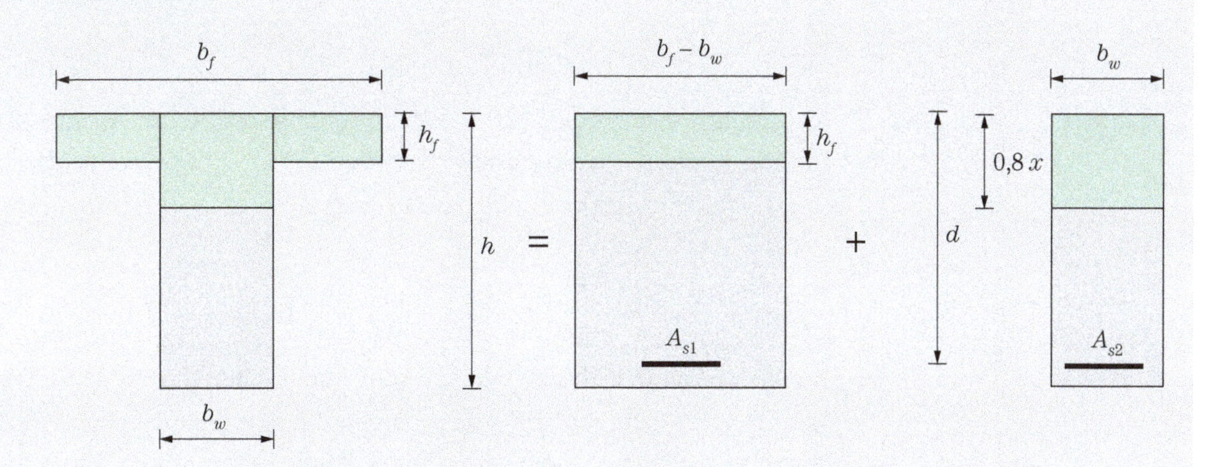

Nos dois casos aplicam-se as expressões estabelecidas para a seção retangular com armadura simples ou armadura dupla.

EXEMPLO 12.3

Dimensionamento de armadura longitudinal de viga contínua de concreto armado em estado limite último de flexão normal simples e o teorema estático

Com a finalidade de ilustrar a importância conceitual da aplicação do teorema estático no dimensionamento de vigas de concreto armado com comportamento em regime elastoplástico perfeito, apresenta-se a análise da armadura longitudinal resistente à flexão da viga V1 de um edifício submetida ao carregamento indicado na Figura 12.18.

Figura 12.18
Viga V1 de um edifício.

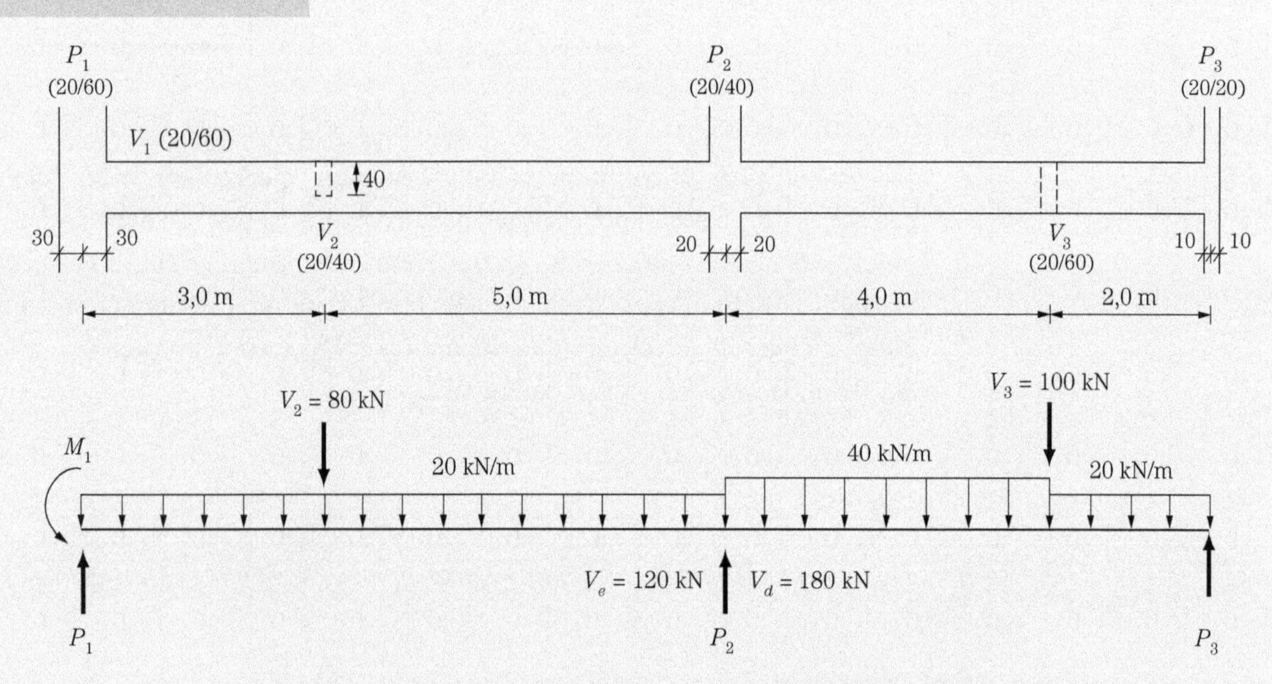

A seção transversal é de (20×60) cm^2 em um ambiente de agressividade II que conduz à escolha de concreto de classe C25, com $f_{ck} = 25$ MPa, e aço CA50 com $f_{yk} = 500$ MPa com cobertura $c = 3$ cm, que leva a uma altura útil da viga $d = h - c = 57$ cm.

Solução

Adota-se uma distribuição de esforços solicitantes que satisfaça às equações de equilíbrio. Usualmente, essa distribuição busca o balanceamento dos esforços solicitantes, utiliza resultados de análises elásticas lineares e *é lastreada em* critérios de ordem física, resultantes de experiência em projeto.

As seções transversais da viga de concreto armado correspondentes aos momentos fletores extremos são dimensionadas no domínio 3, observada a condição

$x_{23} \leq x \leq x_{lim}$, de modo que garanta que $M_{Sd} \leq M_{Rd}$ e que essas seções estejam em regime elastoplástico perfeito; as seções estarão subarmadas.

A distribuição da armadura longitudinal, observando as prescrições da NBR 6118 (ABNT, 2014) relativas à decalagem do diagrama de momentos fletores, ao seu arredondamento nos apoios e à consideração dos comprimentos de ancoragem, garante que o momento resistente seja sempre maior ou igual ao momento solicitante em todas as seções da viga contínua.

A viga contínua de concreto armado assim dimensionada corresponde a uma solução estaticamente admissível, que satisfaz à condição de equilíbrio e à condição de plastificação, e pelo teorema estático estabelece um limite inferior relativamente ao estado limite último de colapso plástico. Trata-se, pois, de uma solução segura.

Em consonância com o exposto, a NBR 6118 permite que a distribuição de momentos fletores obtida pela análise elástica linear possa ser modificada quando as seções possuírem ductilidade suficiente para permitir a redistribuição de momentos fletores.

Assim, um aspecto importante a destacar é o fato de ser possível efetuar o dimensionamento considerando várias distribuições de momentos fletores resultantes de soluções equilibradas, conforme se considerem o tipo de análise, a ligação nos apoios intermediários, os apoios extremos etc. Certamente, a escolha da solução equilibrada deve sempre estar embasada em experiência profissional que considera o objeto de uso da estrutura, o método construtivo e outros aspectos – trata-se efetivamente da arte de armar, que é estudada em textos próprios do tema.

Evidentemente, outras condições correspondentes a outros estados limites de serviço ou último estabelecerão restrições adicionais que devem ser observadas, mas que fogem ao escopo deste livro.

Solução equilibrada 1

Considera-se a viga engastada parcialmente no pilar P1 de modo que o momento fletor nessa extremidade seja 120 kNm, que o momento fletor no apoio do pilar P2 seja igual a 200 kNm e no apoio do pilar P3 seja nulo. Nessas condições, a distribuição de esforços solicitantes correspondentes a uma solução equilibrada é a que se apresenta na Figura 12.19, que leva a forças cortantes iguais a 120 kN em três das quatro seções. Note-se a liberdade na seleção das premissas estabelecidas para a determinação da distribuição dos esforços solicitantes, sob a condição de respeitar as equações de equilíbrio.

O dimensionamento – em estado limite último de flexão normal simples – da armadura longitudinal de flexão será feito nas seções do apoio e do vão, que recebem a carga de vigas transversais, e onde os momentos fletores são extremos. As duas com tração na parte superior são analisadas como seções retangulares; as outras duas com tração na parte inferior contam com a largura colaborante da laje, $b_f = 92$ cm, e serão analisadas como seções T.

Figura 12.19
Esforços solicitantes para a solução equilibrada 1.

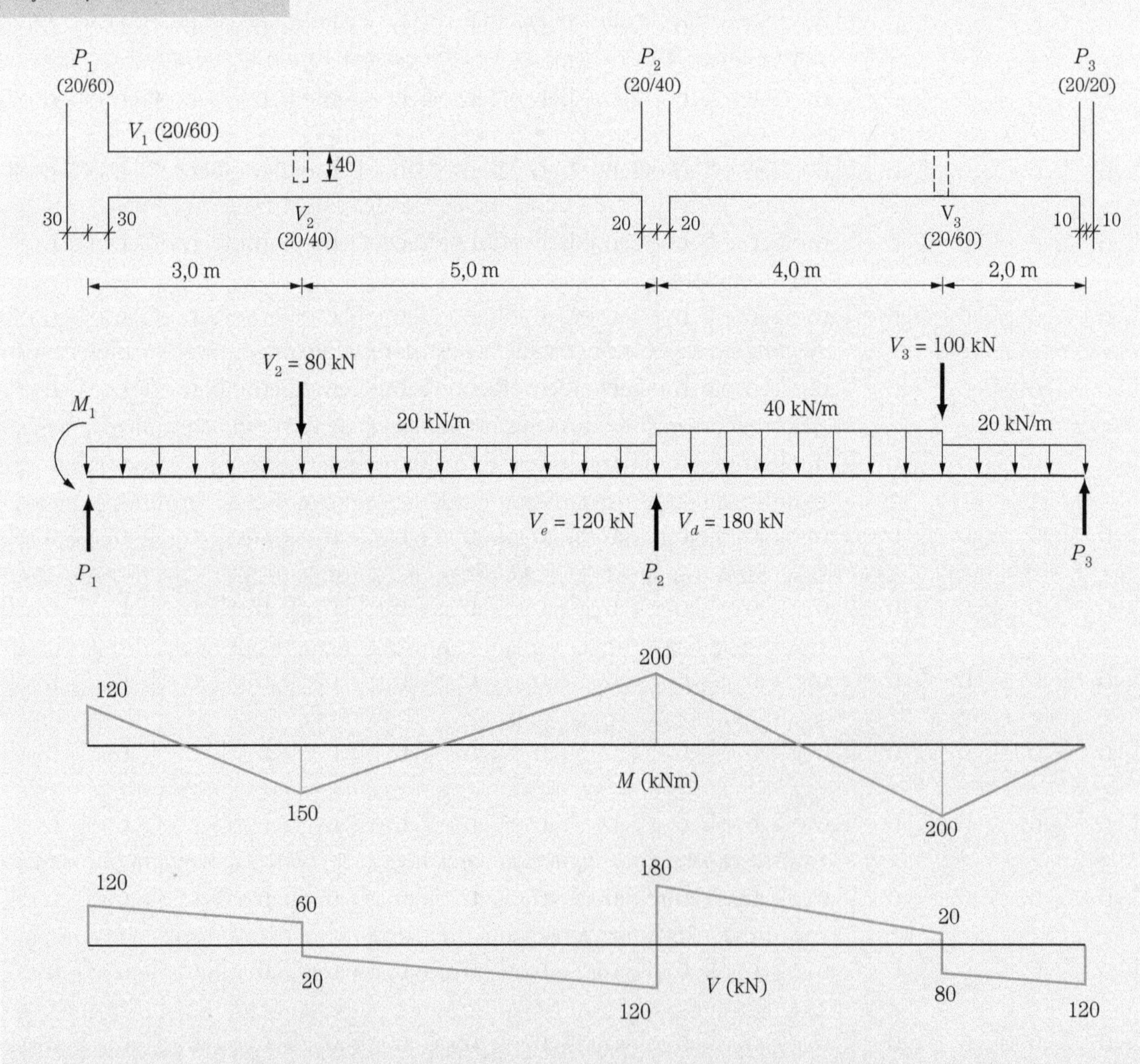

A Figura 12.20 apresenta o dimensionamento das seções selecionadas, feito com a utilização do FNS. Nota-se que, para a consideração de viga T, requer-se uma laje de altura $h \geq 7$ cm.

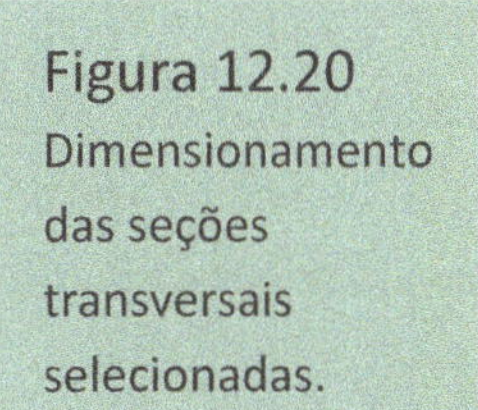
Figura 12.20 Dimensionamento das seções transversais selecionadas.

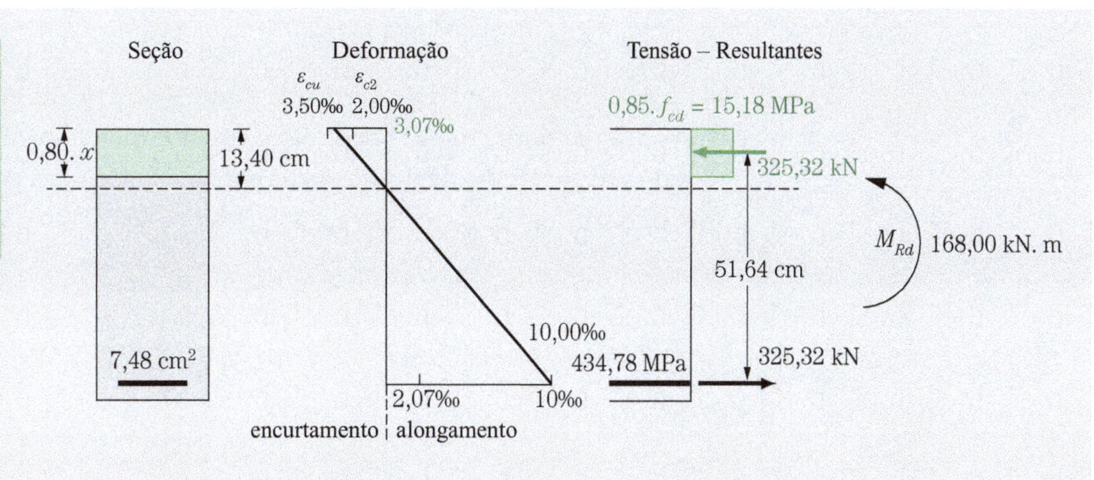

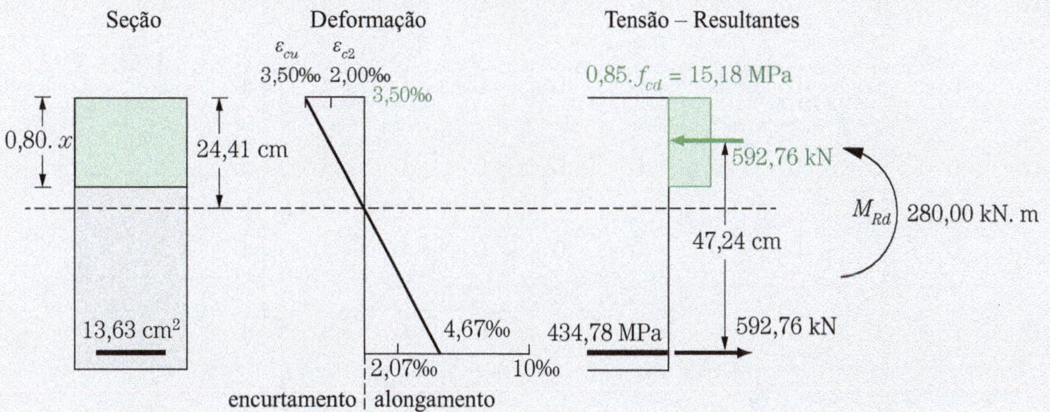

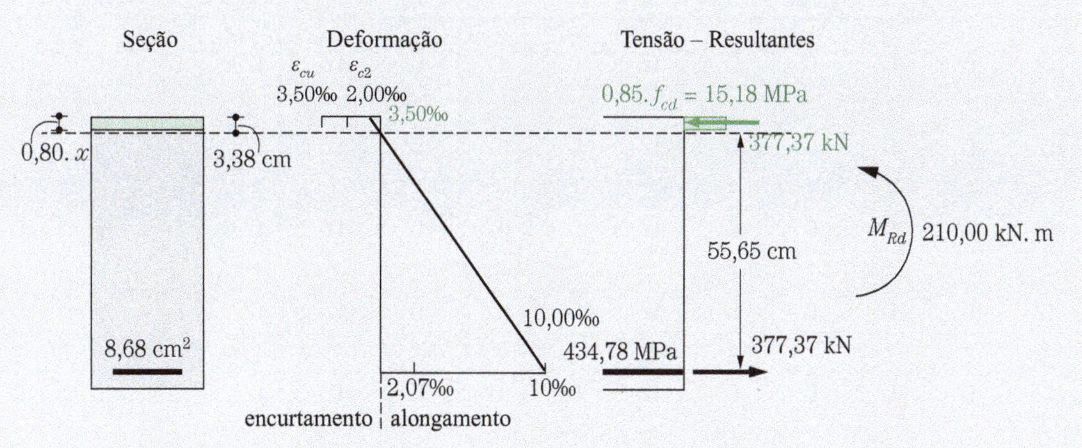

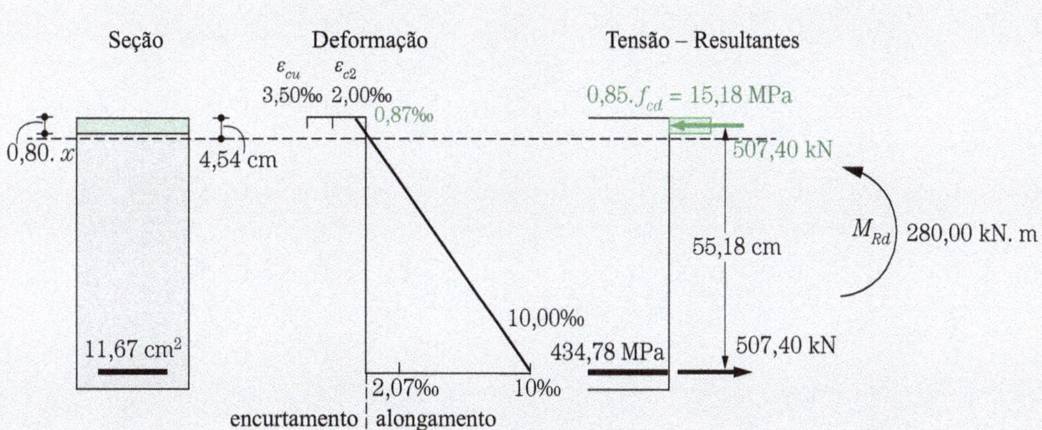

A Figura 12.21 apresenta as armaduras nas seções selecionadas e a sua posição na viga. A distribuição dessa armadura na viga de modo que garanta a condição $M_{sd} \leq M_{Rd}$ em todas as seções da viga é realizada tendo em vista as recomendações de decalagem do diagrama de momentos fletores e a consideração dos comprimentos de ancoragem observadas em normas.

Figura 12.21
Armaduras calculadas nas seções extremas para a solução equilibrada 1.

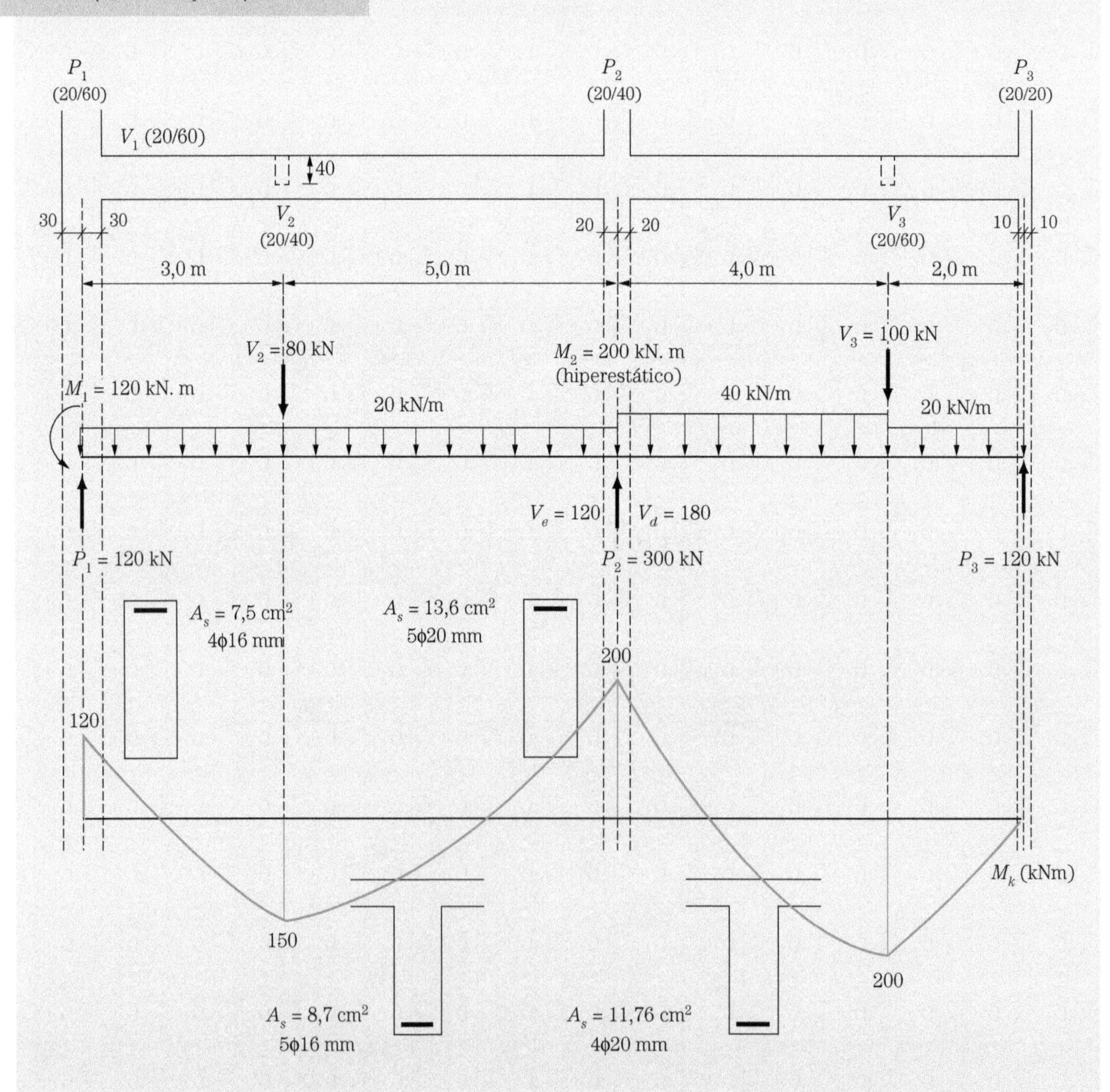

Segunda solução equilibrada

Uma segunda solução equilibrada é a que se obtém do resultado da análise linear considerando o comportamento de pórtico, conforme indicado na Figura 12.22. A Figura 12.23 apresenta o dimensionamento das seções selecionadas, e pode-se observar que os resultados obtidos em área de aço são praticamente os mesmos daqueles obtidos com a primeira solução equilibrada.

Figura 12.22
Esforços solicitantes para a solução equilibrada 2.

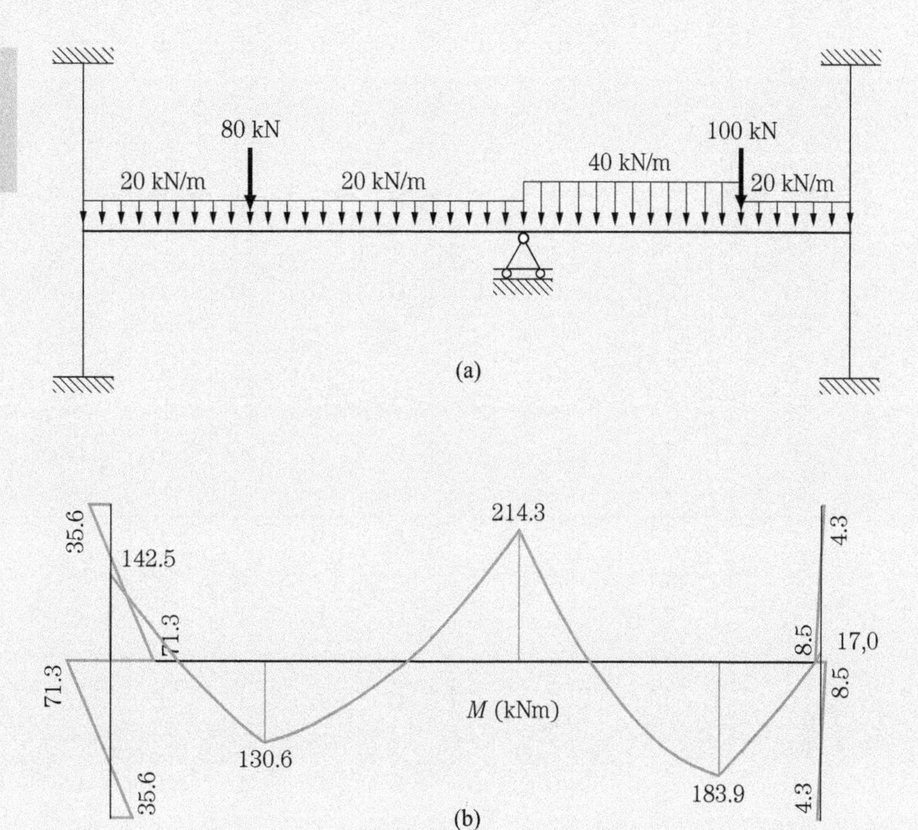

Figura 12.23
Armaduras calculadas nas seções extremas para a solução equilibrada 2.

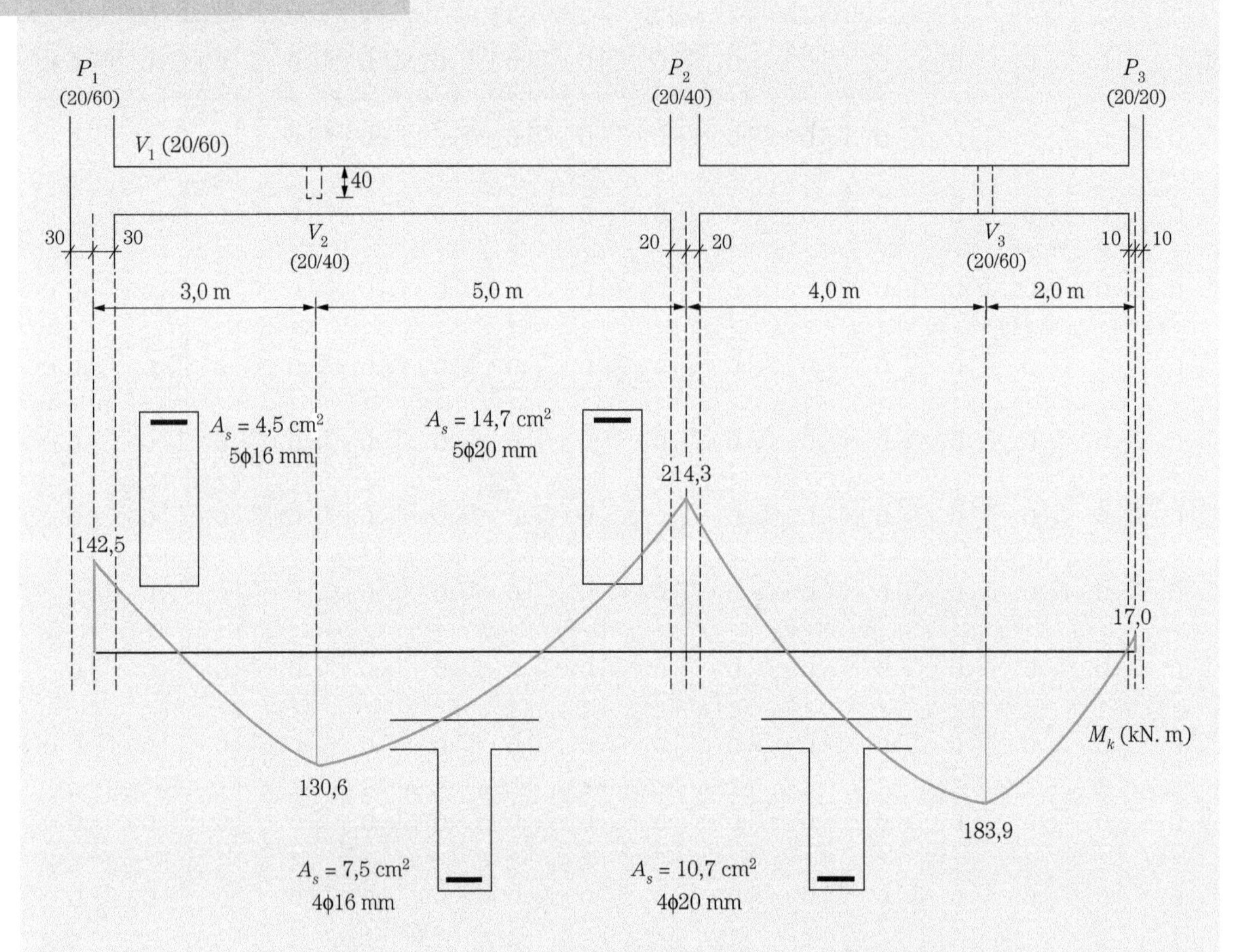

A arte de armar, que exige base conceitual e experiência profissional consolidada, tem tido sua importância esmaecida pela existência de ferramentas computacionais que apresentam os resultados finais de análise e dimensionamento detalhados em desenhos prontos. Nem sempre essa é a realidade com que se defronta o engenheiro, por exemplo, no estudo de caso de reforço de galeria apresentado no Capítulo 13. A arte e a utilização das ferramentas computacionais não se excluem. Pelo contrário, complementam-se para a melhor atuação profissional.

13 ESTUDO DE CASO: GALERIA SOB ATERRO DE RODOVIA

O estudo de caso de que trata esta seção refere-se a uma galeria em fundo de vale, situada sob aterro de rodovia. Este relato baseia-se em aula ministrada em 2003 pelo Professor Fernando Rebouças Stucchi, na disciplina PEF2503 "Estruturas danificadas: segurança e ações corretivas", da Escola Politécnica da Universidade de São Paulo, e por ele autorizado. Fica aqui registrado o agradecimento dos autores aos colegas Fernando Rebouças Stucchi, Kalil Skaf e Marcelo Waimberg, da EGT Engenharia.

Aborda-se aqui, brevemente, o diagnóstico da patologia estrutural que levou a galeria à iminência do colapso, bem como as análises que permitiram elaborar o projeto de sua recuperação. Este estudo de caso ilustra, belissimamente, como o teorema estático da análise limite respalda soluções seguras em Engenharia de Estruturas, em contextos de grandes incertezas. Como dizia o grande mestre e engenheiro José Carlos de Figueiredo Ferraz, "a engenharia é a arte de tomar decisões perante incertezas". A importância do respaldo fornecido pelo teorema estático ao projeto de estruturas – no sentido de que, se uma solução é equilibrada e não viola o critério de plastificação, então ela é segura – foi sempre enfatizada pelos grandes mestres e colegas que tivemos o prazer de conhecer, em especial John Ulic Burke Junior, Maurício Gertsenschtein, Lauro Modesto dos Santos e Decio Leal de Zagottis.

A Figura 13.1 é uma fotografia da referida galeria, com três células. Justamente na região situada sob um aterro rodoviário de 27 m de altura sobre a laje de cobertura, a galeria tripla recebe galeria lateral afluente, de uma única célula, conforme indica o layout da Figura 13.2.

Figura 13.1
Foto do local.

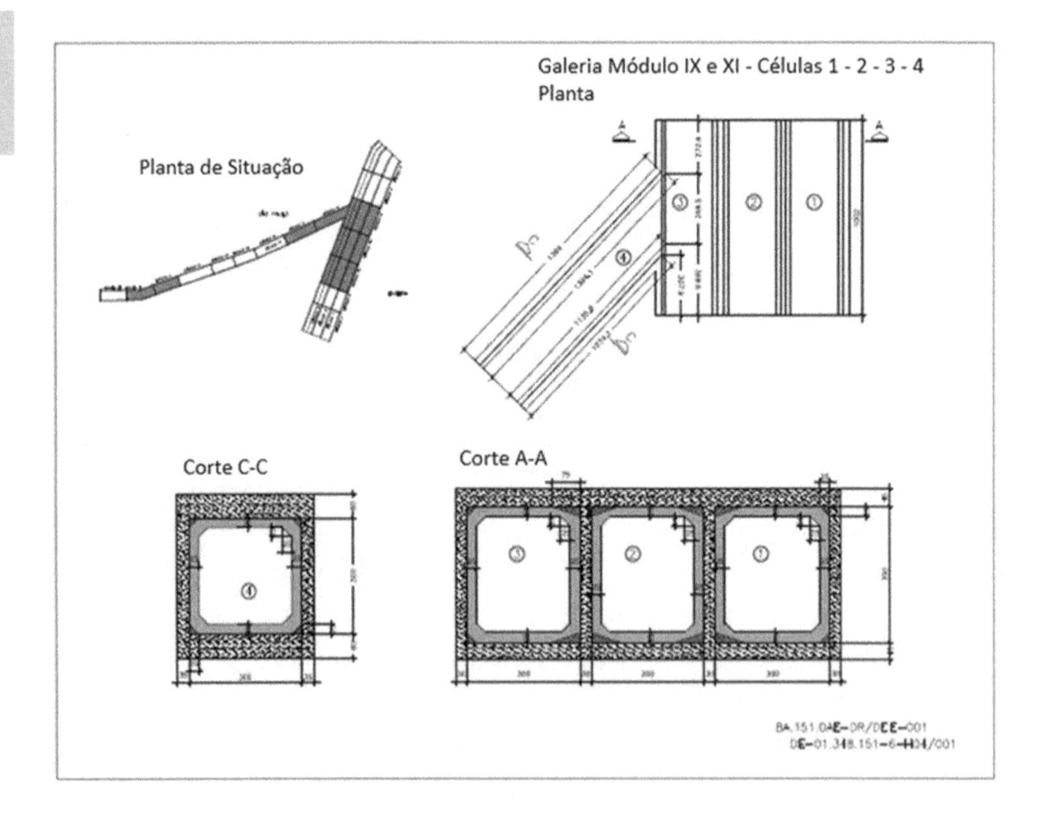

Figura 13.2
Layout da região de interesse da galeria.

O problema discutido neste estudo de caso refere-se, especificamente, a esta galeria lateral unicelular, que foi construída sem berço sob a laje de fundo, em terreno com afloramentos localizados de rocha. Recalques diferenciais sob as paredes laterais (Figura 13.3 à esquerda), em determinado segmento da galeria, aumentaram as tensões de compressão na base da parede não recalcada, porque situada em região de afloramento de rocha, levando a esmagamento do concreto (Figura 13.3 à direita).

Figura 13.3
Detalhe da parede do lado recalcado (esquerda) e não recalcado com esmagamento do concreto (direita).

O dano estrutural mais preocupante, entretanto, ocorreu exatamente no topo da parede do lado recalcado, porque colocou a estrutura em situação de iminência de colapso, o que teria ocorrido com a plastificação total de mais uma seção. De fato, se na situação do projeto original, sem considerar o recalque, nas seções de topo das paredes ocorria momento fletor negativo (ou seja, tracionando as fibras externas da laje superior e das paredes laterais), o recalque provocou a inversão da face tracionada pelo momento. Ora, nessa região não havia armadura positiva adequadamente ancorada, pela ausência de ganchos. A consequência foi que na seção de topo da parede recalcada formou-se uma "rótula plástica" (com o devido registro da liberdade de expressão para um material com ductilidade limitada, como é o caso do concreto armado), tipificada pelo aparecimento de linha de fissura de abertura importante ao longo da parede lateral, conforme mostra a Figura 13.4. Do mesmo modo, admitiu-se a formação de rótula plástica na parede oposta, junto à laje de fundo. As paredes originais tinham espessura de 35 cm e as lajes, de 60 cm.

Figura 13.4
Formação de "rótula plástica" na parte superior da parede recalcada.

A Figura 13.5 ilustra qualitativamente esse cenário, que poderia ser explicado com a simples superposição da situação anterior ao recalque diferencial entre as paredes, e a situação posterior, bastando que esse recalque fosse da ordem de 1,5 cm, compatível com o observado nas medições *in loco*. Ficou, assim, implícita a hipótese de formação de rótulas plásticas nas seções C (parede recalcada, junto à laje de cobertura) e D (parede não recalcada, junto à laje de fundo).

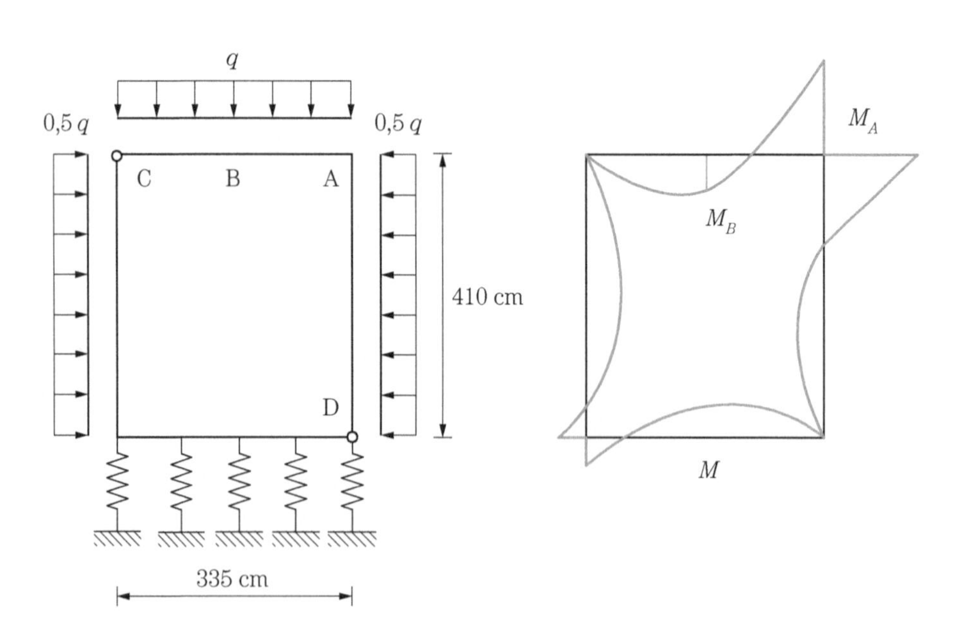

Figura 13.5
Hipótese de formação de rótulas plásticas em C e D.

Apresenta-se, a seguir, a metodologia utilizada para estimar os momentos resistentes na seção A da parede e na seção B da laje de cobertura, bem como os carregamentos sobre a laje de cobertura e paredes laterais, por meio de cálculo iterativo. A propósito, a estimativa do carregamento sobre a laje de cobertura demonstrou ser de especial importância para o diagnóstico da causa da patologia estrutural em tela e informação essencial para a realização do projeto de reforço. Assim se realizou o cálculo iterativo:

Passo 1: O efeito das forças normais foi inicialmente ignorado, por simplicidade. Nos passos seguintes, esse efeito foi incorporado. Conhecendo a armadura negativa de ϕ25 mm cada 20 cm na parede ($25\ \frac{cm^2}{m}$) e a armadura positiva de ϕ25 mm cada 13 cm na laje de cobertura ($39\ \frac{cm^2}{m}$), obtiveram-se os momentos resistentes em flexão simples nas seções A e B, respectivamente M_{AR} = 32,5 tfm e M_{BR} = 94,3 tfm. Portanto, pôde-se estimar a carga sobre a laje de cobertura $q = \left(\frac{32,5}{2} + 94,3\right)\frac{8}{(3,35)^2} = 78,8\ \frac{tf}{m^2}$, que incluía o efeito do peso próprio da laje (1,4 tf/m^2). Note-se que o carregamento do maciço de solo sobre a laje de cobertura, em condições normais, obtido pela simples multiplicação da altura h = 27 m de solo pelo seu peso específico $\gamma = 1,8\ \frac{tf}{m^3}$, ou seja, $\gamma h = 48,6\ \frac{tf}{m^2}$, seria bem menor. De fato, o carregamento estimado do solo neste passo ($78,8 - 1,4 = 77,4\ \frac{tf}{m^2}$) já se apresentou cerca de 59% maior do que γh. A busca por uma explicação para essa discrepância, ainda que apenas preliminarmente estimada, levantou a suspeita de estar relacionada ao efeito do arqueamento do solo situado sobre a galeria de três células, descarregando lateralmente sobre a galeria unicelular afluente, que estava, ao menos parcialmente, apoiada em rocha irrecalcável.

Passo 2: Com a carga $q = 78,8\ \frac{tf}{m^2}$ estimada no passo 1, e assumindo-se empuxos aproximadamente constantes e iguais a $0,5q = 39,4\ \frac{tf}{m^2}$ nas paredes laterais, estimaram-se as forças normais na seção A da parede e na seção B da laje de cobertura: $N_A = \frac{32,5}{3,35} + \frac{78,8 \times 3,35}{2} = 141,7\ \frac{tf}{m}$ e $N_B = \frac{32,5}{4,10} + \frac{39,4 \times 4,10}{2} = 88,7\ \frac{tf}{m}$. Portanto, considerando a flexo-compressão, a nova estimativa dos momentos resistentes nas seções A da parede e B da laje de cobertura passou a ser M_{AR} = 44,8 tfm e M_{BR} = 122,0 tfm. Recalculou-se a carga sobre a laje de cobertura $q = \left(\frac{44,8}{2} + 122\right)\frac{8}{(3,35)^2} = 102,9\ \frac{tf}{m^2}$. Descontado o peso da laje de cobertura, observou-se que o carregamento do maciço de solo montou, então, a um valor 109% maior do que γh, reforçando a hipótese de que decorrera efetivamente do arqueamento do solo sobre a galeria tripla, descarregando sobre a galeria singela.

Passo 3: Com a carga $q = 102{,}9\ \frac{\text{tf}}{\text{m}^2}$ estimada no passo 2, e assumindo-se empuxos aproximadamente constantes e iguais a $0{,}5q = 51{,}5\ \frac{\text{tf}}{\text{m}^2}$ nas paredes laterais, repetiram-se os cálculos apresentados no passo anterior, para obter os novos valores das forças normais e dos momentos fletores resistentes na seção A da parede e na seção B da laje de cobertura, bem como da própria carga sobre a laje de cobertura. E assim por diante...

Ao final deste procedimento iterativo, convergiu-se para o valor da carga sobre a laje de cobertura $q = 106{,}0\ \frac{\text{tf}}{\text{m}^2}$, que estaria atuando sobre ela na iminência do colapso. Note-se que esse valor correspondia a aproximadamente $2{,}2\gamma h$, mostrando a grande influência do acréscimo de carga sobre a galeria singela, decorrente, ao que tudo indicava, do arqueamento do solo situado sobre a laje de cobertura da galeria tripla.

O projeto do reforço estrutural – com engrossamento interno de 25 cm na parede e na laje de cobertura, em concreto armado, e acréscimo de armadura positiva na laje de ϕ25 mm cada 20 cm – especificou, em seu método construtivo, a forma como a estrutura deveria ser escorada e como o reparo deveria ser realizado em "cachimbo", por partes. Foram assumidas as seguintes hipóteses:

- boa capacidade de adaptação plástica da estrutura;
- retração diferencial desprezável do reforço em relação à parte preexistente;
- aumento da carga sobre a laje de cobertura, em decorrência do adensamento do solo; portanto, considerando os coeficientes de ponderação das ações $\gamma_{f1} = 1{,}1$ e $\gamma_{f2} = 1{,}2$, chegou-se a um coeficiente global $\gamma_f = \gamma_{f1} \times \gamma_{f2} \cong 1{,}3$ e a uma carga de projeto igual a $q_d = 1{,}3 \times 106\ \frac{\text{tf}}{\text{m}^2} \cong 138\ \frac{\text{tf}}{\text{m}^2}$;
- possibilidade de ocorrência de aumento do recalque diferencial.

Para a carga $q_d = 138\ \frac{\text{tf}}{\text{m}^2}$, o momento negativo resistente de projeto da seção A reforçada da parede em flexo-compressão passou a valer $M_{Ad} = 64\ \frac{\text{tfm}}{\text{m}}$, o que se considerou seguro. Por sua vez, na seção B de meio de vão da laje superior, aceitaram-se como satisfatórios o alongamento máximo da armadura positiva acrescentada (0,92%) e o encurtamento máximo final (preexistente + acréscimo) do concreto na zona comprimida ($0{,}12\% + 0{,}35\% = 0{,}47\% < 0{,}50\%$) na estimativa para o estado limite último. As ações de projeto utilizadas para o cálculo do reforço foram $N_{Bd} = 162\ \frac{\text{tf}}{\text{m}}$ e $M_{Bd} = 134\ \frac{\text{tfm}}{\text{m}}$. Este último valor mostrou-se inferior ao momento positivo resistente de projeto $M_{BRd} = 199\ \frac{\text{tfm}}{\text{m}}$ em flexo--compressão, portanto, garantindo a segurança estrutural.

Em síntese, este estudo de caso permite enfatizar que em todas as etapas da análise garantiu-se o equilíbrio, e, no caso específico do projeto do reforço, garantiu-se, adicionalmente, que fossem respeitados os critérios de plastificação. Portanto, caracterizando-se como uma *solução estaticamente admissível*, ela configurou-se como *segura*. É possível, consequentemente, afirmar que a capacidade de carga sobre a laje de cobertura passou a ser, no mínimo, de $p_d = 138\ \frac{\text{tf}}{\text{m}^2}$. A verificação experimental das hipóteses adotadas teria sido altamente recomendada, conforme expresso na oportunidade pelo Professor Fernando Rebouças Stucchi, embora não fosse viável, diante da urgência exigida para a recuperação estrutural.

TERCEIRA PARTE

14 FUNDAMENTOS

14.1 Conceitos preliminares

Antes de discutir o comportamento elastoplástico para condições tridimensionais, revisita-se o comportamento unidimensional considerando o comportamento elastoplástico com endurecimento, apresentado na Figura 14.1

Figura 14.1
Curva tensão-deformação para material elastoplástico com endurecimento.

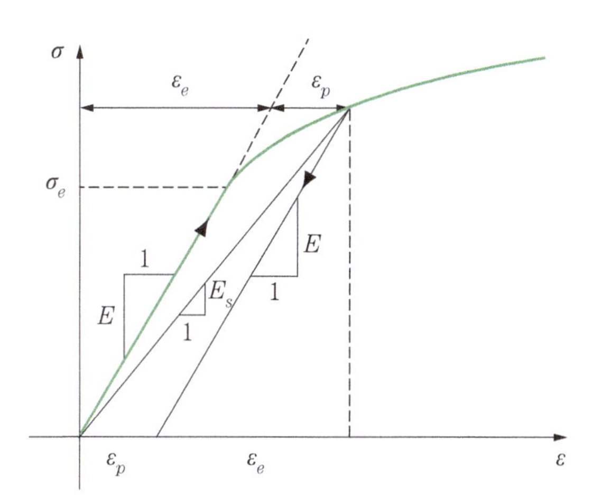

Até atingir a tensão de escoamento, σ_e, o comportamento do material é elástico. Pode-se introduzir o conceito de região elástica como a região no espaço das tensões para a qual as deformações resultantes só dependem do valor da tensão, e não do histórico de carregamento. Mostra-se essa região esquematicamente na Figura 14.2, considerando também tensões compressivas.

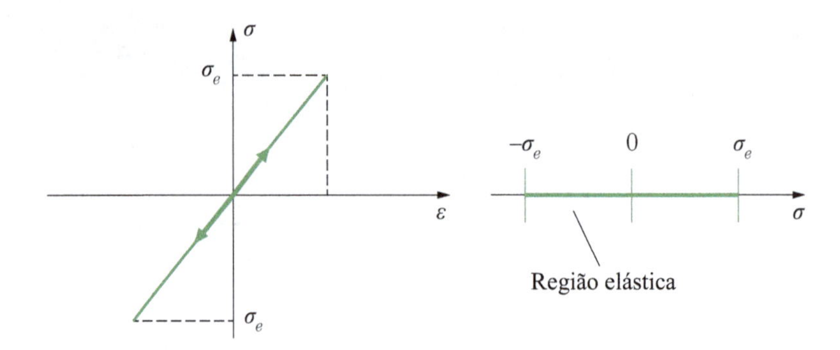

Figura 14.2
Região elástica.

Pode-se definir $\phi(\sigma) = |\sigma| - \sigma_e$ como função de plastificação e $\phi(\sigma) = 0$ como a superfície de plastificação, que nesse caso é dada pelos pontos $-\sigma_e$ e σ_e no espaço das tensões.

Essa terminologia é a mesma que será utilizada quando se considerarem estados multiaxiais de tensão, e, naqueles casos, ela é mais natural.

Define-se ainda o critério de plastificação, denominado também critério de resistência, por:

$\phi(\sigma) < 0$ estado elástico

$\phi(\sigma) = 0$ estado plástico

$\phi(\sigma) > 0$ estado não possível

Nota-se que, quando se tem endurecimento como mostrado na Figura 14.1, os conceitos acima devem ser generalizados, e, nesse caso, tem-se:

$$\phi(\sigma) = |\sigma| - \sigma_e(\varepsilon_p), \tag{14.1}$$

que define uma nova superfície de plastificação e uma nova região elástica associadas a um valor de deformação plástica. Como escrito em (14.1), tem-se o caso do endurecimento isotrópico, para o qual a nova região elástica é representada na Figura 14.3, correspondendo a uma expansão da região elástica original.

Figura 14.3
Região Elástica – Endurecimento Isotrópico.

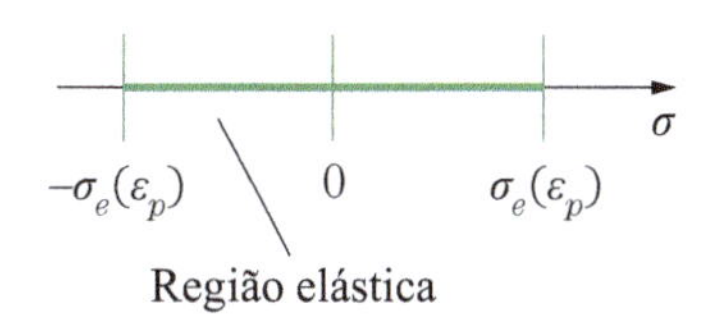

Pode-se ter, alternativamente, a situação na qual a região elástica é transladada de $\sigma_e(\varepsilon_p) - \sigma_e$, ou, graficamente, como mostrado na Figura 14.4.

Figura 14.4
Região Elástica – Endurecimento cinemático.

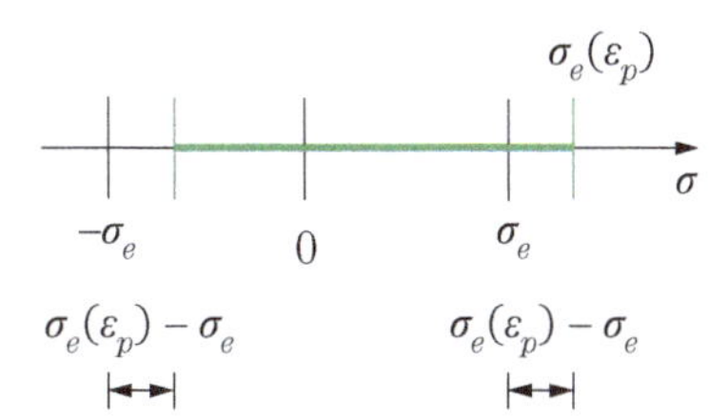

Essa situação é denominada endurecimento cinemático e retrata o chamado efeito Bauschinger, com função de plastificação

$$\begin{cases} \phi(\sigma) = \sigma - \sigma_e(\varepsilon_p) & \text{com} \quad \sigma > 0 \\ \phi(\sigma) = -\sigma - (\sigma_e(\varepsilon_p) - 2\sigma_e) & \text{com} \quad \sigma < 0 \end{cases}$$

que vale enquanto $\sigma_e(\varepsilon_p) < 2\sigma_e$.

Para o comportamento descrito na Figura 14.1, considere-se o estado (σ, ε) para o qual já ocorreram deformações plásticas, como indicado na Figura 14.5.

Figura 14.5
Curva tensão x deformação para material com endurecimento.

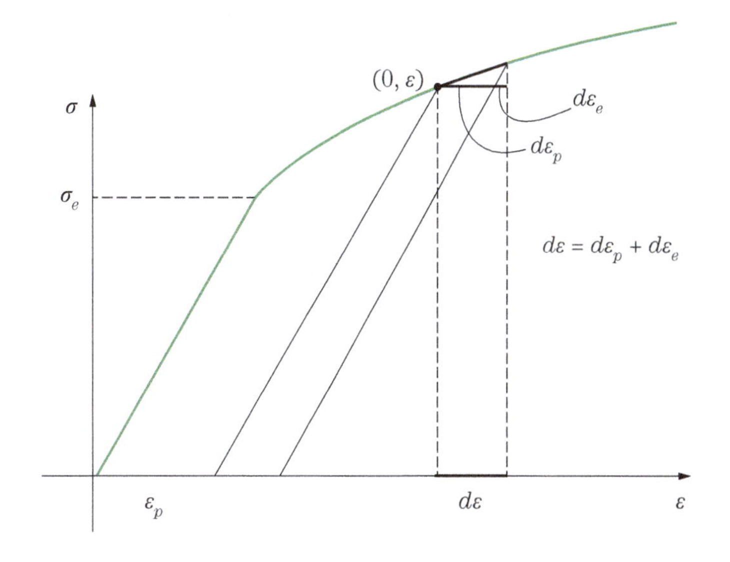

Seja o módulo tangente E_T tal que:

$$d\sigma = E_T d\varepsilon.$$

Como o incremento da deformação elástica é dado por:

$$d\varepsilon_e = \frac{d\sigma}{E},$$

tem-se:

$$d\varepsilon_p = d\varepsilon - d\varepsilon_e = \frac{d\sigma}{E_T} - \frac{d\sigma}{E},$$

ou

$$d\varepsilon_p = \left(\frac{1}{E_T} - \frac{1}{E}\right) d\sigma, \tag{14.2}$$

que permite calcular o incremento de deformação plástica produzido pelo incremento de tensão $d\sigma$. Pode-se, inclusive, definir o módulo plástico E_p como:

$$\frac{1}{E_p} = \frac{1}{E_T} - \frac{1}{E},$$

ou seja,

$$E_p = \frac{E_T E}{E - E_T},$$

tendo-se a seguinte relação:

$$d\varepsilon_p = \frac{d\sigma}{E_p}.$$

Note-se que, no caso unidimensional com endurecimento, o conhecimento da curva $\sigma(\varepsilon)$ permite calcular a parcela plástica (ε_p) da deformação total (ε), e, a partir de um dado (σ, ε), permite também calcular o incremento de deformação plástica $d\varepsilon_p$ associado ao incremento de tensão $d\sigma$.

Considera-se agora um sólido tridimensional, como mostrado na Figura 14.6, submetido a um campo de forças ativas de volume $\mathbf{f}^B$ definido no volume V e um campo de forças ativas de superfície $\mathbf{f}^s$ definido na parte da superfície do sólido representada por S_f. Na parte complementar da superfície do sólido S, denominada S_u, têm-se deslocamentos impostos.

Figura 14.6
Sólido tridimensional.

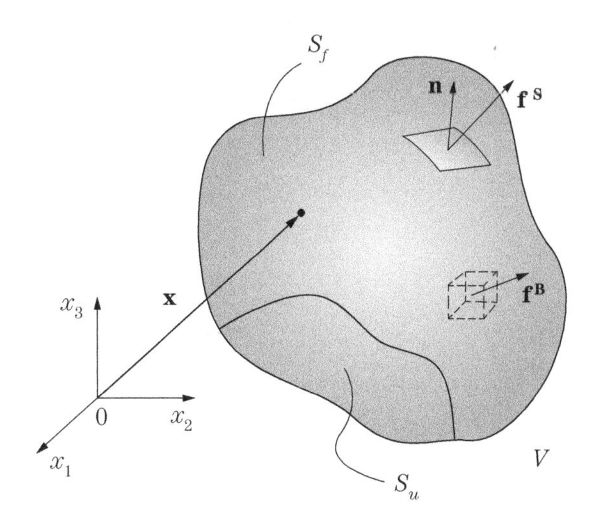

Considera-se que o material do sólido tem comportamento elastoplástico. Pretende-se discutir, na sequência, conceitos análogos àqueles discutidos para estados uniaxiais de tensão, agora para estados multiaxiais.

Considera-se o estado de tensão para um ponto do sólido que pode ser representado graficamente, por exemplo, por um ponto no espaço de suas tensões principais, onde em cada eixo de um sistema triortogonal se representa uma das tensões principais. Note-se que, como nosso estudo se restringe a materiais isótropos, que se comportam da mesma forma em qualquer direção, não é necessário considerar as direções principais.

Considerando um ponto material do sólido, pode-se definir região elástica associada a esse ponto, no espaço de suas tensões principais, como o lugar geométrico de todos os pontos $(\sigma_1, \sigma_2, \sigma_3)$, onde σ_1, σ_2 e σ_3 representam as tensões principais, para as quais o comportamento do material é elástico. Pode-se definir uma função de plastificação ϕ *(estado de tensão)*, por exemplo ϕ $(\sigma_1, \sigma_2, \sigma_3)$, e um critério de plastificação ou resistência, de tal forma que:

$\phi < 0$ estado elástico

$\phi = 0$ estado plástico

$\phi > 0$ estado não possível

A superfície de plastificação será definida por $\phi = 0$.

Dessa forma, considerando a aplicação do carregamento a partir de um estado em que o sólido está sem tensões e um ponto material genérico do sólido, enquanto o estado de tensão nesse ponto material verificar $\phi < 0$, o ponto geométrico no espaço das tensões que caracteriza o estado de tensão estará localizado na região elástica. Quando ocorrer $\phi = 0$, o estado será plástico e o ponto estará sobre a superfície de plastificação.

A partir dessa condição, variações no estado de tensão produzidas por alterações no carregamento poderão resultar em deformações plásticas ou não.

Na sequência, pretende-se examinar, em contextos simples, como modelar essa situação.

Inicia-se pelo estudo dos critérios de plastificação ou resistência clássicos.

14.2 Critérios de plastificação ou resistência

Tensores de Tensão e seus invariantes

Considere-se o estado de tensão em um ponto do sólido caracterizado pelo Tensor das Tensões de Cauchy **T**. Em um sistema cartesiano (x, y, z), **T** é representado por:

$$[\mathrm{T}] = \begin{bmatrix} \sigma_{xx} & \sigma_{xy} & \sigma_{xz} \\ \sigma_{xy} & \sigma_{yy} & \sigma_{yz} \\ \sigma_{xz} & \sigma_{yz} & \sigma_{zz} \end{bmatrix}$$

onde já se considerou que $\mathbf{T} = \mathbf{T}^{\mathrm{T}}$, ou seja, a simetria de **T**. Representam-se as tensões principais de **T** por $\sigma_1, \sigma_2, \sigma_3$, sendo $\sigma_1 \geq \sigma_2 \geq \sigma_3$.

As tensões principais são definidas pela condição

$$\mathbf{Tx} = l\mathbf{x},$$

com $\mathbf{x} \neq \mathbf{0}$, e $l \in R$, que permite escrever:

$$det\,(\mathbf{T} - l\mathbf{I}) = 0$$

ou

$$l^3 - I_1 l^2 + I_2 l - I_3 = 0, \tag{14.3}$$

onde:

$$I_1 = \sigma_{xx} + \sigma_{yy} + \sigma_{zz}$$

$$I_2 = \begin{vmatrix} \sigma_{yy} & \sigma_{yz} \\ \sigma_{yz} & \sigma_{zz} \end{vmatrix} + \begin{vmatrix} \sigma_{xx} & \sigma_{xz} \\ \sigma_{xz} & \sigma_{zz} \end{vmatrix} + \begin{vmatrix} \sigma_{xx} & \sigma_{xy} \\ \sigma_{xy} & \sigma_{yy} \end{vmatrix}$$

$$I_3 = \begin{vmatrix} \sigma_{xx} & \sigma_{xy} & \sigma_{xz} \\ \sigma_{xy} & \sigma_{yy} & \sigma_{yz} \\ \sigma_{xz} & \sigma_{yz} & \sigma_{zz} \end{vmatrix}$$

são os invariantes do estado de tensão em um ponto. As tensões principais são precisamente as raízes da Equação (14.3). Esses invariantes definidos em função das tensões principais apresentam-se na forma:

$$I_1 = \sigma_1 + \sigma_2 + \sigma_3$$

$$I_2 = (\sigma_1\sigma_2 + \sigma_2\sigma_3 + \sigma_3\sigma_1)$$

$$I_3 = \sigma_1\sigma_2\sigma_3$$

A tensão média é definida por:

$$\sigma_m = \frac{\sigma_{xx} + \sigma_{yy} + \sigma_{zz}}{3} = \frac{\sigma_1 + \sigma_2 + \sigma_3}{3} = \frac{I_1}{3}.$$

Define-se tensor esférico das tensões $\mathbf{T}^e$ por:

$$\mathbf{T}^e = \sigma_m \mathbf{I},$$

onde $\mathbf{I}$ é o operador identidade. O tensor antiesférico é definido por:

$$\mathbf{T}^a = \mathbf{T} - \mathbf{T}^e = \mathbf{T} - \sigma_m \mathbf{I}.$$

Dessa forma, fica implicitamente caracterizada a decomposição de $\mathbf{T}$ em suas partes esférica e antiesférica:

$$\mathbf{T} = \mathbf{T}^e + \mathbf{T}^a. \tag{14.4}$$

Pode-se representar o tensor antiesférico no sistema (x, y, z) por:

$$\left[\mathrm{T}^a\right] = \begin{bmatrix} S_{xx} & S_{xy} & S_{xz} \\ S_{xy} & S_{yy} & S_{yz} \\ S_{xz} & S_{yz} & S_{zz} \end{bmatrix}$$

que, pela decomposição em (14.4), resulta simétrico. As tensões principais de $\mathbf{T^a}$, representadas por S_1, S_2 e S_3, são as raízes de:

$$S^3 - J_1 S^2 - J_2 S - J_3 = 0,$$

onde J_1, J_2 e J_3 são os invariantes de $\mathbf{T^a}$. É imediato que

$$J_1 = 0,$$

já que

$$J_1 = S_{xx} + S_{yy} + S_{zz} = \sigma_{xx} - \sigma_m + \sigma_{yy} - \sigma_m + \sigma_{zz} - \sigma_m = 3\sigma_m - 3\sigma_m = 0.$$

As direções principais de $\mathbf{T^a}$ são idênticas às de $\mathbf{T}$. De fato, se $\mathbf{w}$ é um autovetor de $\mathbf{T}$,

$$\mathbf{T^a w} = \mathbf{Tw} - \mathbf{T^e w} = l\mathbf{w} - \sigma_m \mathbf{Iw} = (l - \sigma_m)\mathbf{w} \tag{14.5}$$

o que mostra que $\mathbf{w}$ também é um autovetor de $\mathbf{T^a}$. Na Equação (14.5), l é um autovalor de $\mathbf{T}$.

As tensões principais de $\mathbf{T}$, $\mathbf{T^e}$ e $\mathbf{T^a}$ estão relacionadas por:

$$\begin{Bmatrix} S_1 \\ S_2 \\ S_3 \end{Bmatrix} = \begin{Bmatrix} \sigma_1 \\ \sigma_2 \\ \sigma_3 \end{Bmatrix} - \begin{Bmatrix} \sigma_m \\ \sigma_m \\ \sigma_m \end{Bmatrix}.$$

O invariante J_2 desempenhará papel importante nos desenvolvimentos subsequentes. Exploram-se abaixo as várias formas de relacionar J_2 às tensões. Em notação indicial $x \equiv x_1$, $y \equiv x_2$, e $z \equiv x_3$ pode-se escrever

$$\begin{aligned} J_2 = &- \begin{vmatrix} S_{22} & S_{23} \\ S_{32} & S_{33} \end{vmatrix} - \begin{vmatrix} S_{11} & S_{13} \\ S_{31} & S_{33} \end{vmatrix} - \begin{vmatrix} S_{11} & S_{12} \\ S_{21} & S_{22} \end{vmatrix} \\ = &- S_{22}S_{33} + S_{32}S_{23} - S_{11}S_{33} + S_{31}S_{13} - S_{11}S_{22} + S_{21}S_{12}. \end{aligned}$$

Considerando que

$$S_{11} + S_{22} + S_{33} = 0,$$

obtém-se:

$$\begin{gathered} -S_{22}S_{33} - S_{11}S_{22} - S_{11}S_{33} = \\ -S_{22}(-S_{11} - S_{22}) - S_{11}(-S_{11} - S_{33}) - S_{33}(-S_{22} - S_{33}) = \\ S_{11}^2 + S_{22}^2 + S_{33}^2 + S_{11}S_{22} + S_{11}S_{33} + S_{33}S_{22}, \end{gathered}$$

que leva a

$$\frac{S_{11}^2}{2} + \frac{S_{22}^2}{2} + \frac{S_{33}^2}{2} = - S_{22}S_{33} - S_{11}S_{22} - S_{11}S_{33}\,, \tag{14.6}$$

ou seja,

$$J_2 = \frac{S_{11}^2}{2} + \frac{S_{22}^2}{2} + \frac{S_{33}^2}{2} + S_{32}S_{23} + S_{13}S_{31} + S_{12}S_{21} = \frac{1}{2}\sum_{i=1,3}\sum_{j=1,3} S_{ij}S_{ji}\,. \tag{14.7}$$

Como J_2 é dado por uma soma de termos ao quadrado, ele será sempre positivo.

Considere-se a seguinte identidade:

$$(S_{11} - S_{22})^2 + (S_{22} - S_{33})^2 + (S_{33} - S_{11})^2 =$$
$$2(S_{11}{}^2 + S_{22}{}^2 + S_{33}{}^2) - 2(S_{11}S_{22} + S_{22}S_{33} + S_{33}S_{11}).$$

Considerando (14.6), resulta

$$(S_{11} - S_{22})^2 + (S_{22} - S_{33})^2 + (S_{33} - S_{11})^2 = 3(S_{11}{}^2 + S_{22}{}^2 + S_{33}{}^2). \tag{14.8}$$

De (14.7) e (14.8), resulta:

$$J_2 = \frac{1}{6}\left[(S_{11} - S_{22})^2 + (S_{22} - S_{33})^2 + (S_{33} - S_{11})^2\right] + S_{12}{}^2 + S_{23}{}^2 + S_{31}{}^2, \tag{14.9}$$

que pode ser reescrita em termos das componentes do tensor das tensões de Cauchy como

$$J_2 = \frac{1}{6}\left[(\sigma_{11} - \sigma_{22})^2 + (\sigma_{22} - \sigma_{33})^2 + (\sigma_{33} - \sigma_{11})^2\right] + \sigma_{32}\sigma_{23} + \sigma_{13}\sigma_{31} + \sigma_{12}\sigma_{21}\,. \tag{14.10}$$

As Equações (14.9) e (14.10) podem ser reescritas em termos das tensões principais por:

$$J_2 = \frac{1}{2}(S_1{}^2 + S_2{}^2 + S_3{}^2) \tag{14.11}$$

e

$$J_2 = \frac{2}{3}\left[\left(\frac{\sigma_1 - \sigma_2}{2}\right)^2 + \left(\frac{\sigma_2 - \sigma_3}{2}\right)^2 + \left(\frac{\sigma_1 - \sigma_3}{2}\right)^2\right]. \tag{14.12}$$

Como será visto adiante, o início do comportamento plástico em metais pode ser caracterizado por valores limites das tensões de cisalhamento, e, em geral, é pouco sensível ao valor da tensão média. Pode-se ligar J_2 às tensões máximas de cisalhamento pela Equação (14.12) quando se reconhece que $\frac{\sigma_1 - \sigma_2}{2}$ é a tensão de cisalhamento máxima para planos que contêm a direção principal associada a σ_3. Analogamente, $\frac{\sigma_2 - \sigma_3}{2}$ é a tensão de cisalhamento máxima para planos que contêm a direção principal associada a σ_1, e $\frac{\sigma_1 - \sigma_3}{2}$ é a máxima tensão de cisalhamento para os planos que contêm a direção principal associada a σ_2 e será também a máxima tensão de cisalhamento no ponto considerado.

Considere-se o plano que faz ângulos iguais com as direções principais, e que fica bem definido pela normal

$$\mathbf{n_{oct}} = \frac{\sqrt{3}}{3}\left(\mathbf{h}_1 + \mathbf{h}_2 + \mathbf{h}_3\right),$$

onde $(\mathbf{h}_1, \mathbf{h}_2, \mathbf{h}_3)$ é uma base ortonormal de versores próprios de $\mathbf{T}$. Esse plano é chamado de plano octaédrico. A tensão $\boldsymbol{\rho}_{oct}$ é dada por:

$$\boldsymbol{\rho}_{oct} = \mathbf{T}\mathbf{n_{oct}} = \frac{1}{\sqrt{3}}\begin{Bmatrix} \sigma_1 \\ \sigma_2 \\ \sigma_3 \end{Bmatrix},$$

onde se utilizou a base de versores próprios de $\mathbf{T}$. A tensão normal ao plano octaédrico, σ_{oct}, é dada por:

$$\sigma_{oct} = \mathbf{T}\,\mathbf{n_{oct}} \bullet \mathbf{n_{oct}} = \sigma_m = \frac{1}{3}I_1 .$$

A tensão de cisalhamento neste plano, τ_{oct}, é dada por:

$$\tau_{oct}{}^2 = \left\|\boldsymbol{\rho}_{oct}\right\|^2 - \sigma_{oct}{}^2 = \frac{\sigma_1{}^2}{3} + \frac{\sigma_2{}^2}{3} + \frac{\sigma_3{}^2}{3} - \frac{1}{9}\left(\sigma_1 + \sigma_2 + \sigma_3\right)^2,$$

que leva a

$$\tau_{oct}{}^2 = \frac{1}{9}\left[\left(\sigma_1 - \sigma_2\right)^2 + \left(\sigma_2 - \sigma_3\right)^2 + \left(\sigma_1 - \sigma_3\right)^2\right];$$

considerando (14.12), resulta

$$\tau_{oct} = \sqrt{\frac{2}{3}J_2} . \qquad (14.13)$$

É interessante destacar que a energia de deformação elástica W por unidade de volume pode ser escrita como:

$$W = W_1 + W_2,$$

onde W_1 é a energia de deformação dilatacional, associada à variações de volume, e W_2 a energia de distorção, associada à variação de forma, e são dadas por:

$$W_1 = \frac{1-2\nu}{E} I_1^2 \qquad W_2 = \frac{1+\nu}{E} J_2$$

As expressões acima evidenciam que J_2 se relaciona às máximas tensões de cisalhamento em um ponto e à energia de distorção por unidade de volume, também definida para os pontos do sólido, e, como se verá na sequência, terá papel importante para caracterizar o início das deformações plásticas.

Representação geométrica do estado de tensão por meio das tensões principais

Considere-se um sistema cartesiano no qual os eixos representam as tensões principais conforme mostrado na Figura 14.7. Um ponto geométrico nesse sistema representa os valores das tensões principais (σ_1, σ_2, σ_3) de um dado estado de tensão em um ponto material do sólido. Obviamente, este ponto P representado na Figura 14.7 não é o ponto geométrico do sólido para o qual se estuda o estado de tensão.

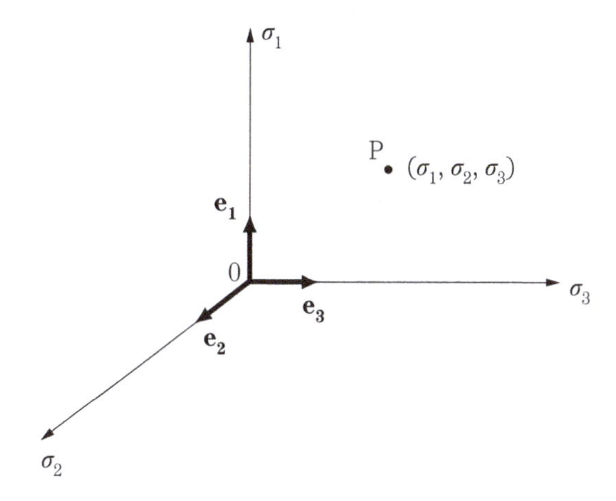

Figura 14.7
Representação geométrica das tensões principais.

Considere-se o eixo mostrado na Figura 14.8, que fica definido pelo versor

$$\mathbf{e_h} = \frac{\sqrt{3}}{3}\left(\mathbf{e}_1 + \mathbf{e}_2 + \mathbf{e}_3\right),$$

onde $\mathbf{e}_1$, $\mathbf{e}_2$ e $\mathbf{e}_3$ são os versores da base do sistema de referência mostrado na Figura 14.7.

Figura 14.8
Eixo hidrostático e plano antiesférico.

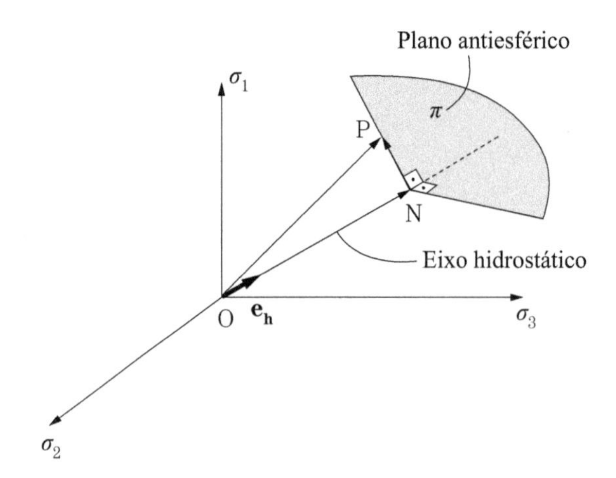

Esse eixo é denominado eixo hidrostático, pois sobre ele são representados os estados de tensão que observam a condição:

$$\sigma_1 = \sigma_2 = \sigma_3.$$

Pode-se definir **OP** como o vetor que caracteriza o estado de tensão representado pelo ponto P. Tem-se

$$\mathbf{OP} = \mathbf{ON} + \mathbf{NP}. \tag{14.14}$$

Seja ξ uma coordenada sobre o eixo hidrostático dada por:

$$\xi = \mathbf{OP} \bullet \mathbf{e_h} = \{\sigma_1 \quad \sigma_2 \quad \sigma_3\}\frac{\sqrt{3}}{3}\begin{Bmatrix} 1 \\ 1 \\ 1 \end{Bmatrix} = \frac{\sqrt{3}}{3}(\sigma_1 + \sigma_2 + \sigma_3) = \sqrt{3}\,\sigma_m$$

e

$$\mathbf{ON} = \xi\,\mathbf{e_h} = \sqrt{3}\,\sigma_m \frac{\sqrt{3}}{3}\begin{Bmatrix} 1 \\ 1 \\ 1 \end{Bmatrix} = \sigma_m \begin{Bmatrix} 1 \\ 1 \\ 1 \end{Bmatrix}$$

$$\mathbf{NP} = \mathbf{OP} - \mathbf{ON} = \begin{Bmatrix} \sigma_1 \\ \sigma_2 \\ \sigma_3 \end{Bmatrix} - \begin{Bmatrix} \sigma_m \\ \sigma_m \\ \sigma_m \end{Bmatrix} = \begin{Bmatrix} S_1 \\ S_2 \\ S_3 \end{Bmatrix}$$

Dessa forma, a decomposição indicada na Equação (14.14) pode ser interpretada como a decomposição geométrica do estado de tensão em sua parte esférica **ON** e sua parte antiesférica **NP**. O plano π, ortogonal ao eixo hidrostático que contém P ao qual **NP** também pertence é denominado plano antiesférico.

A distância de N a P que é medida no plano π é denominada r:

$$r = \|\mathbf{NP}\| = \sqrt{\left(S_1{}^2 + S_2{}^2 + S_3{}^2\right)} = \sqrt{2\,J_2}\,. \tag{14.15}$$

Pode-se projetar os eixos correspondentes a (σ_1, σ_2, σ_3) no plano antiesférico, como mostrado na Figura 14.9.

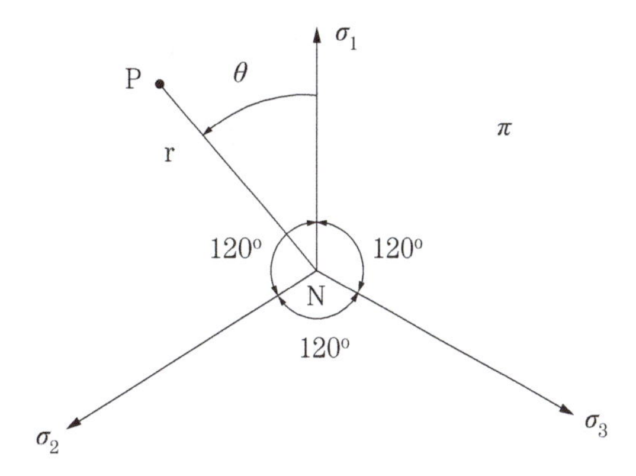

Figura 14.9
Projeção dos eixos das tensões principais no plano antiesférico.

É conveniente definir o ângulo θ mostrado na Figura 14.9, de modo que o ponto P dado por (σ_1, σ_2, σ_3) possa também ser caracterizado por (ξ, r, θ).

O vetor unitário $\mathbf{e_n}$ no plano antiesférico na direção da projeção do eixo correspondente a σ_1 é dado por:

$$\mathbf{e_n} = \frac{1}{\sqrt{6}}(2\mathbf{e}_1 - \mathbf{e}_2 - \mathbf{e}_3)$$

e

$$\mathbf{NP} \bullet \mathbf{e_n} = r\, cos\theta.$$

Usando (14.13), obtém-se

$$\{S_1 \;\; S_2 \;\; S_3\}\frac{1}{\sqrt{6}}\begin{Bmatrix} 2 \\ -1 \\ -1 \end{Bmatrix} = \sqrt{2\,J_2}\cos\theta;$$

então

$$\cos\theta = \frac{1}{2\sqrt{3J_2}}\left(2S_1 - S_2 - S_3\right);$$

considerando que $J_1 = 0$, resulta

$$\cos\theta = \frac{\sqrt{3}}{2}\frac{S_1}{\sqrt{J_2}} = \frac{2\sigma_1 - \sigma_2 - \sigma_3}{2\sqrt{3}\,\sqrt{J_2}}. \tag{14.16}$$

Como será visto na sequência, o sistema (ξ, r, θ) será bastante útil no estudo dos critérios de plastificação.

Pode-se ainda definir um vetor $\mathbf{e_t}$ no plano antiesférico de forma que ($\mathbf{e_h}$, $\mathbf{e_t}$, $\mathbf{e_n}$) seja uma base ortonormal. Nessas condições,

$$\mathbf{e_t} = \frac{\sqrt{2}}{2}\left(-\mathbf{e}_2 + \mathbf{e}_3\right),$$

e é possível mostrar novamente o plano antiesférico na Figura 14.10,

Figura 14.10
Plano antiesférico e base ($\mathbf{e_h}$, $\mathbf{e_t}$, $\mathbf{e_n}$).

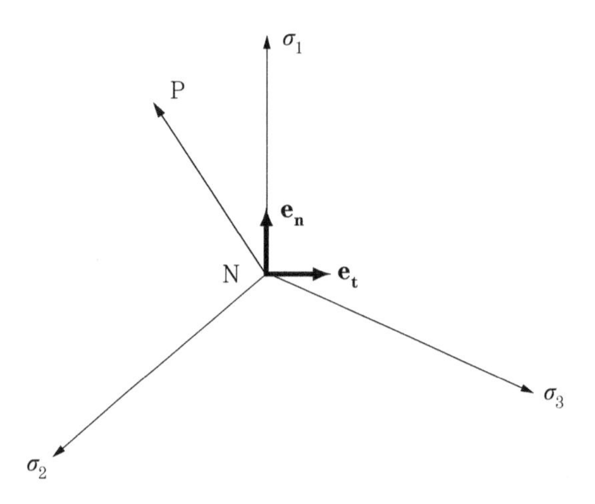

definindo as componentes do vetor **OP** nesta base:

$$\begin{aligned} \sigma_h &= \mathbf{OP} \bullet \mathbf{e_h} = \xi = \sqrt{3}\sigma_m \\ \sigma_t &= \mathbf{OP} \bullet \mathbf{e_t} = \frac{\sqrt{2}}{2}\left(-\sigma_2 + \sigma_3\right) \\ \sigma_n &= \mathbf{OP} \bullet \mathbf{e_n} = \frac{1}{\sqrt{6}}\left(2\sigma_1 - \sigma_2 - \sigma_3\right) \end{aligned} \tag{14.17}$$

tal que

$$\mathbf{OP} = \sigma_h\, \mathbf{e_h} + \sigma_t\, \mathbf{e_t} + \sigma_n\, \mathbf{e_n}.$$

Critério de Tresca

O critério de plastificação (ou de resistência) de Tresca foi apresentado em nível introdutório no contexto da elasticidade plana no Capítulo 3. Como no critério de von Mises, que será discutido adiante, o critério de Tresca relaciona o cisalhamento ao aparecimento de deformação plástica. Nesses critérios, não se considera o efeito da pressão hidrostática sobre o início da deformação plástica. Essa hipótese é adequada para materiais metálicos e para materiais como o concreto quando submetido a altas pressões hidrostáticas.

Sabe-se que a máxima tensão de cisalhamento é dada por:

$$\tau_{max} = \frac{\sigma_1 - \sigma_3}{2},$$

e, segundo o critério de Tresca, o início das deformações plásticas ocorrerá quando τ_{max} atingir um valor limite. Esse valor limite pode ser obtido a partir de um ensaio uniaxial de tração simples. Nesse caso, tem-se a situação descrita na Figura 14.11.

Figura 14.11
Círculos de Mohr para ensaio de tração simples.

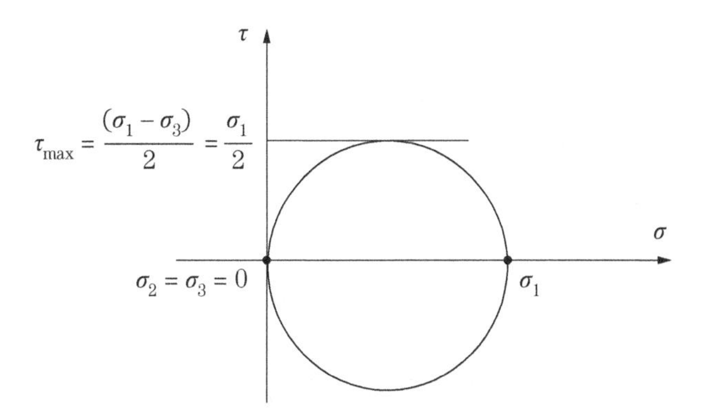

Como a plastificação tem início no ensaio de tração simples quando

$$\sigma = \sigma_e = \sigma_1,$$

o valor limite para τ_{max} será dado por:

$$\tau_{max} = \frac{\sigma_1}{2} = \frac{\sigma_e}{2}.$$

Fazendo $k = \frac{\sigma_e}{2}$, pode-se escrever o critério de plastificação como:

$$\phi = \tau_{max} - k = 0$$

ou

$$\frac{\sigma_1 - \sigma_3}{2} - k = 0. \tag{14.18}$$

Considerando as Equações (14.17) e (14.18), tem-se

$$-\sigma_t + \sqrt{3}\sigma_n = \sqrt{2}\left(\sigma_1 - \sigma_3\right) = 2\sqrt{2}k,$$

que leva a

$$\sigma_n = \frac{\sqrt{3}}{3}\sigma_t + 2\sqrt{\frac{2}{3}}k, \tag{14.19}$$

cuja representação no plano antiesférico é uma reta, como mostrado na Figura 14.12.

Figura 14.12
Trecho de reta no plano antiesférico.

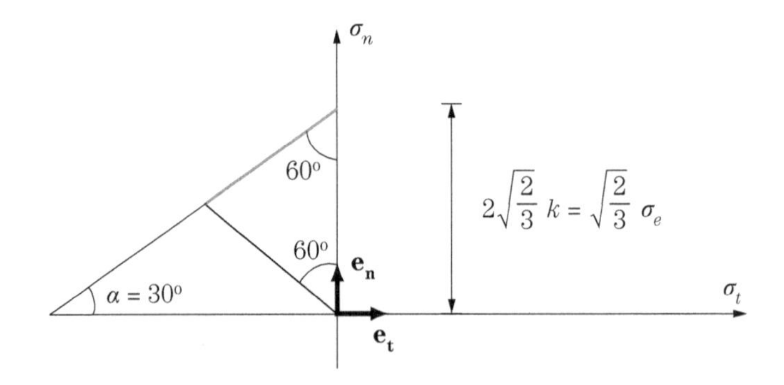

Note-se que, quando se representa a projeção dos eixos (σ_1, σ_2, σ_3) no plano antiesférico, a reta dada pela Equação (14.19) que define a intersecção da superfície de plastificação com o plano antiesférico, como demostrado acima, valerá para $0 \le \theta \le 60°$, já que por condições de simetria obtêm-se os demais segmentos de reta indicados na Figura 14.13, de forma que define a intersecção completa da superfície de plastificação com o plano antiesférico.

Figura 14.13
Intersecção da superfície de plastificação com o plano antiesférico para o critério de Tresca.

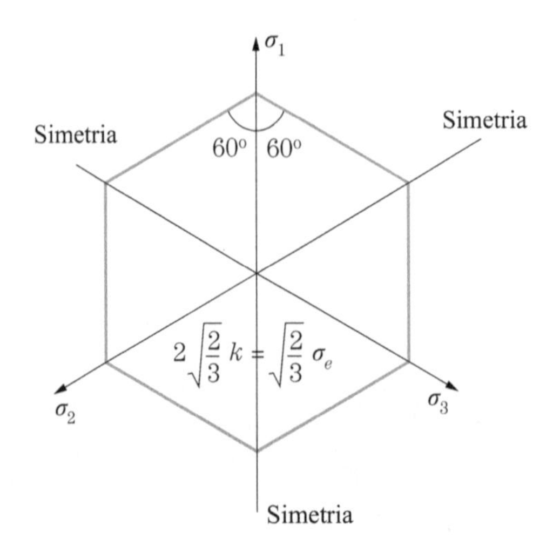

Resulta que essa intersecção é dada por um hexágono regular, como mostrado na Figura 14.13. As simetrias indicadas são consequência de, ao definir o sistema de referência (σ_1, σ_2, σ_3), ter considerado as tensões principais, σ_1, σ_2, σ_3, sem fazer nenhuma distinção entre elas. Obviamente, a superfície de plastificação é obtida pela extrusão desse hexágono a partir do eixo hidrostático.

Critério de von Mises

No critério de von Mises, o início da plastificação ocorre quando a tensão de cisalhamento no plano octaédrico atinge um valor limite.

Considerando (14.13) e que, para um ensaio de tração simples, têm-se $\sigma_1 = \sigma_e$, $\sigma_2 = 0$ e $\sigma_3 = 0$, resulta

$$J_2 = \frac{1}{6}\left[(\sigma_1 - \sigma_2)^2 + (\sigma_2 - \sigma_3)^2 + (\sigma_1 - \sigma_3)^2\right] = \frac{1}{6}\left[(\sigma_e)^2 + (\sigma_e)^2\right] = \frac{1}{3}(\sigma_e)^2;$$

portanto,

$$\tau_{oct} = \frac{\sqrt{2}}{3}\sigma_e$$

fornece o limite para τ_{oct}, e a função de plastificação pode ser posta na forma:

$$\phi = \tau_{oct} - \frac{\sqrt{2}}{3}\sigma_e = \tau_{oct} - \frac{2\sqrt{2}}{3}k \qquad (14.20)$$

ou, levando em conta (14.13), a função de plastificação pode ser expressa por:

$$\phi = \sqrt{3J_2} - \sigma_e = \sqrt{3J_2} - 2k, \qquad (14.21)$$

ou, considerando (14.11), a função de plastificação é expressa por:

$$\phi = r - \sqrt{\frac{2}{3}}\,\sigma_e = r - 2\sqrt{\frac{2}{3}}k = r - \sqrt{2J_2}. \qquad (14.22)$$

O critério de plastificação será dado por:

$$\phi = r - \sqrt{\frac{2}{3}}\,\sigma_e = 0$$

ou

$$\phi = r - 2\sqrt{\frac{2}{3}}\,k = 0.$$

Assim, a intersecção da superfície de plastificação com o plano antiesférico será dada por uma circunferência que circunscreve o hexágono do critério de Tresca, como mostra a Figura 14.14.

Figura 14.14
Intersecção da superfície de plastificação com o plano antiesférico para o Critério de von Mises.

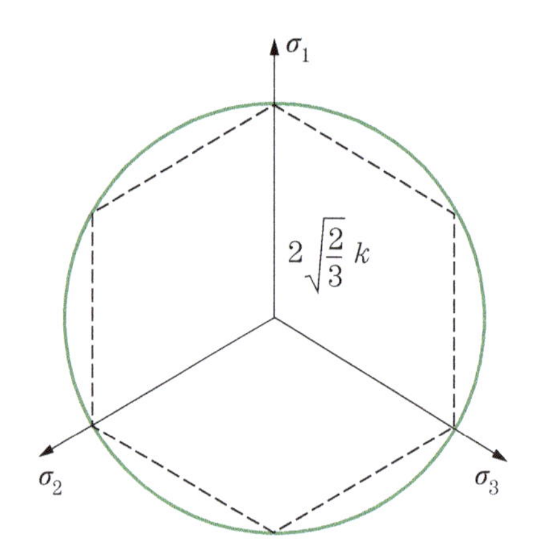

Critério de Mohr-Coulomb

No critério de Mohr-Coulomb, o início da plastificação dependerá tanto da tensão de cisalhamento quanto da tensão normal atuando no mesmo plano. A forma mais simples do critério é dada por:

$$\tau = c - \sigma \tan\varphi. \tag{14.23}$$

As constantes c, coesão, e φ, ângulo de atrito interno, são propriedades físicas do material, e o critério estabelece que, considerados todos os planos, em um dado ponto, o início da plastificação ocorrerá quando o par (σ, τ) satisfizer à Equação (14.23).

Considera-se inicialmente o caso em que $\varphi = 0$. Tem-se que

$$\tau = c,$$

ou seja, quando τ_{max} atingir o valor c ocorrerá plastificação, que é exatamente a condição dada pelo critério de Tresca. Dessa forma, tem-se

$$c = k = \frac{\sigma_e}{2},$$

isto é, a coesão c corresponde à tensão de cisalhamento de plastificação em um estado de cisalhamento puro, como mostra a Figura 14.15.

Figura 14.15
Círculo de Mohr para estado de cisalhamento puro.

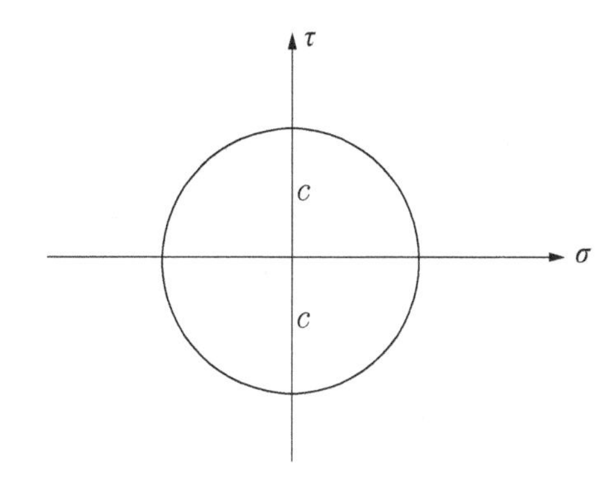

Quando $\varphi \neq 0$, a Equação (14.23) indica que tensões normais compressivas exigirão tensões de cisalhamento maiores para o início da plastificação.

Figura 14.16
Envoltória para Critério de Mohr-Coulomb.

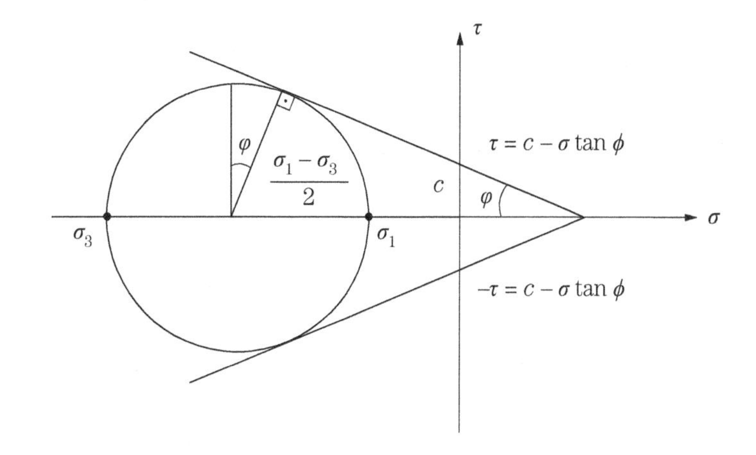

Considerando a Figura 14.16, pode-se escrever

$$\tau = \frac{1}{2}\left(\sigma_1 - \sigma_3\right)\cos\varphi$$

$$\sigma = \frac{1}{2}\left(\sigma_1 + \sigma_3\right) + \frac{1}{2}\left(\sigma_1 - \sigma_3\right)\text{sen}\varphi$$

que, substituídas em (14.23), resultam em

$$(1 + \text{sen}\varphi)\,\sigma_1 - (1 - \text{sen}\varphi)\sigma_3 = 2c\cos\varphi, \qquad (14.24)$$

que representa o critério dado em (14.23) em termos das tensões principais.

Nota-se que as retas dadas por $|\tau| = c - \sigma\tan\varphi$ indicadas na Figura 14.16 caracterizam uma envoltória que pode ser utilizada para determinar se se está em um estado elástico, enquanto os círculos de Mohr forem internos à envoltória, ou plásticos, quando tangenciarem a envoltória.

A função de plastificação será dada por:

$$\phi = |\tau| - c + \sigma \tan\varphi = 0.$$

Com o objetivo de obter a superfície de plastificação, considere-se a inversão das Equações (14.17):

$$\begin{aligned} \sigma_1 &= \frac{1}{\sqrt{3}}\sigma_h + \sqrt{\frac{2}{3}}\sigma_n \\ \sigma_2 &= \frac{1}{\sqrt{3}}\sigma_h - \frac{1}{\sqrt{2}}\sigma_t - \frac{1}{\sqrt{6}}\sigma_n \\ \sigma_3 &= \frac{1}{\sqrt{3}}\sigma_h + \frac{1}{\sqrt{2}}\sigma_t - \frac{1}{\sqrt{6}}\sigma_n \end{aligned} \tag{14.25}$$

Substituindo (14.25) em (14.24), obtém-se:

$$\sigma_n\left(3 + \text{sen}\varphi\right) - \sqrt{3}\sigma_t\left(1 - \text{sen}\varphi\right) = 2\sqrt{6}c\cos\varphi - 2\sqrt{2}\sigma_h\text{sen}\varphi,$$

que corresponde a uma reta no plano antiesférico que representa, para $\theta < 60°$, a intersecção com esse plano. Na Figura 14.17(a), mostra-se esse trecho de reta para $\sigma_h = 0$, e na Figura 14.17(b), a intersecção completa considerando as simetrias pertinentes.

Figura 14.17
Intersecção da superfície de plastificação com plano antiesférico. Critério de Mohr-Coulomb.

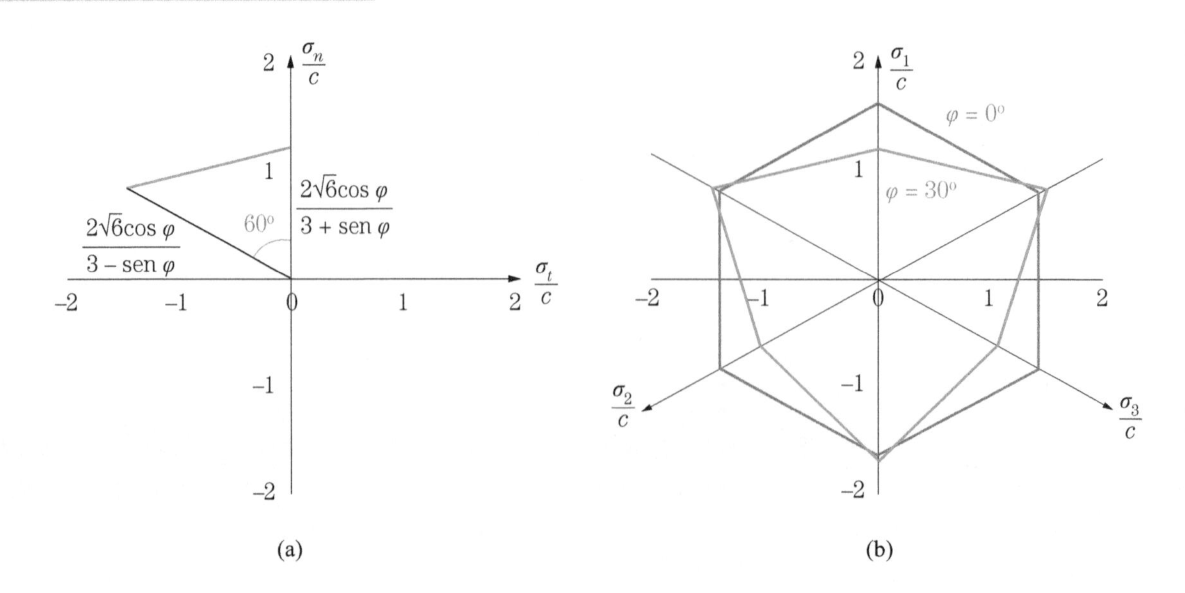

Quando se considera a intersecção da superfície de plastificação com um plano meridiano para $\theta = 0$, obtém-se o resultado mostrado na Figura 14.18.

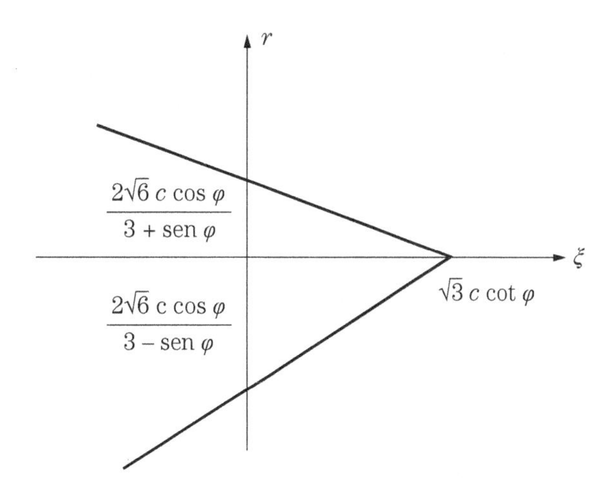

Figura 14.18
Intersecção da superfície de plastificação com plano meridiano $\theta = 0$. Critério de Mohr-Coulomb.

Nota-se que, quando $\varphi = 0$, a intersecção mostrada na Figura 14.17(b) resulta no hexágono do critério de Tresca.

14.3 Relações entre tensões e deformações plásticas para condições tridimensionais

Observações experimentais

Considera-se um sólido que tem a geometria de uma barra, como mostrado na Figura 14.19.

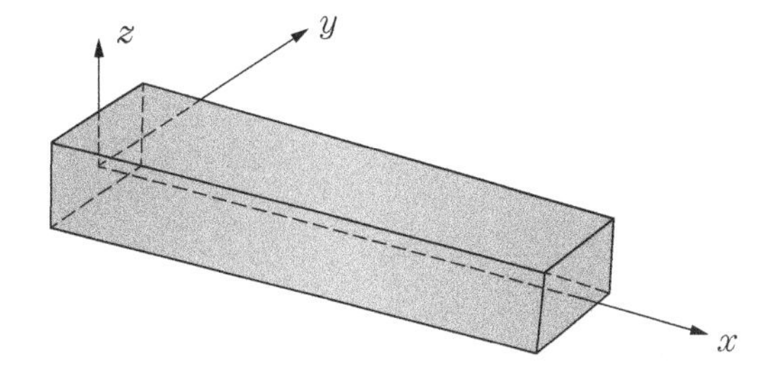

Figura 14.19
Representação de uma barra como sólido tridimensional.

O sólido é submetido a um estado uniaxial de tensão de tração $\sigma = \sigma_{xx}$, com as demais componentes de tensão nulas. Considere-se que a magnitude da tensão aplicada resulte em deformações plásticas. A deformação plástica na direção de x é dada por ε_{xx}^{p}. Observa-se experimentalmente que, para metais,

$$\varepsilon_{yy}^P = \varepsilon_{zz}^P = -\frac{1}{2}\varepsilon_{xx}^P.$$

Note-se que:

$$\varepsilon_{xx}^P + \varepsilon_{yy}^P + \varepsilon_{zz}^P = \varepsilon_{xx}^P + \left(-\frac{1}{2}\varepsilon_{xx}^P\right) + \left(-\frac{1}{2}\varepsilon_{xx}^P\right) = 0,$$

ou seja, as deformações plásticas neste caso ocorreram sem mudança de volume, respeitando uma condição de incompressibilidade. As componentes do tensor antiesférico das tensões são dadas por:

$$S_{xx} = \frac{2}{3}\sigma_{xx} \quad S_{yy} = -\frac{1}{3}\sigma_{xx} \quad S_{zz} = -\frac{1}{3}\sigma_{xx}$$

com as demais componentes nulas. Observa-se que:

$$S_{yy} = S_{zz} = -\frac{1}{2}S_{xx},$$

ou seja, neste caso, vale:

$$\frac{\varepsilon_{xx}^P}{S_{xx}} = \frac{\varepsilon_{yy}^P}{S_{yy}} = \frac{\varepsilon_{zz}^P}{S_{zz}} = \lambda,$$

onde λ é uma grandeza escalar positiva.

Quando se considera um experimento de cisalhamento puro, como mostrado na Figura 14.20, a magnitude de $\tau = \sigma_{xy}$ resulta em deformações plásticas $\gamma^P = \gamma_{xy}^P$ (que serão deformações residuais após a retirada da ação, ou seja, quando se faz $\tau = 0$). Resultados experimentais para metais evidenciam que vale a seguinte relação:

$$\varepsilon_{xy}^P = \frac{1}{2}\gamma_{xy}^P = \lambda\sigma_{xy},$$

e, como $\sigma_{xy} = S_{xy}$, tem-se que

$$\varepsilon_{xy}^P = \lambda S_{xy},$$

e, em solicitações análogas para as direções xz e yz,

$$\varepsilon_{yz}^P = \lambda S_{yz} \quad \varepsilon_{zx}^P = \lambda S_{zx}.$$

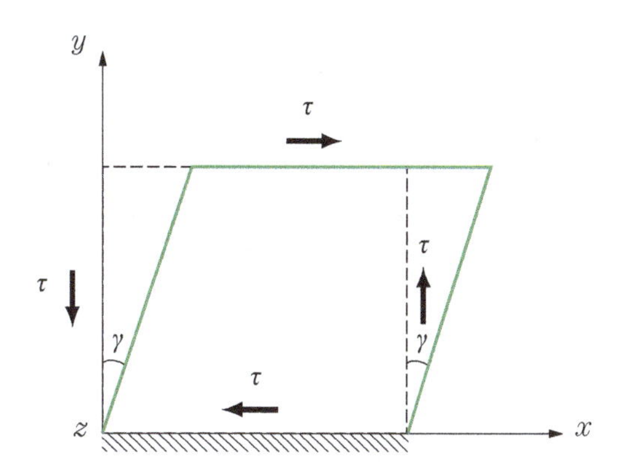

Figura 14.20
Experimento de cisalhamento puro.

Introdução às teorias da deformação e de fluxo da plasticidade

Tendo essas relações experimentais como motivação, a denominada teoria da deformação da plasticidade postula

$$\varepsilon_{ij}^{P} = \lambda S_{ij}.$$

Por essa teoria, a deformação plástica seria determinada pelo estado de tensão, não importando a história do carregamento. Sabe-se que isso não vale no caso geral. Por exemplo, considere-se a situação mostrada na Figura 14.21 para um ensaio de tração simples onde se pode constatar que para $\sigma = \sigma_B$ haverá dois valores de deformação, um valor para o carregamento e outro para o descarregamento.

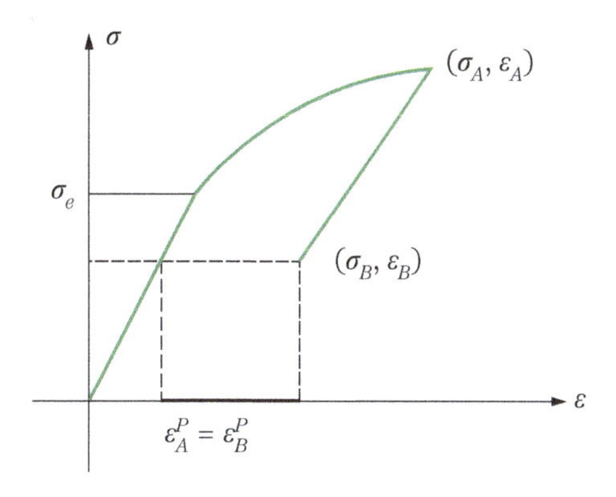

Figura 14.21
Ensaio de tração simples com descarregamento.

Dessa forma, é evidente que a teoria da deformação da plasticidade não vale para modelagem de qualquer caso. É, no entanto, adequada para modelagem em que o campo de tensões é incrementado a partir de um estado inicial de tensões. Matematicamente:

$$\sigma_{ij}(t) = f(t)\, \sigma_{ij}^{0} \quad \text{com} \quad \dot{f} > 0, \tag{14.26}$$

onde a variável tempo t estabelece apenas o nível de solicitação (não há efeitos dinâmicos). A notação $\dot{f}$ representa a taxa de variação no tempo da função $f(t)$.

No caso unidimensional da Figura 14.21 seria possível tomar σ^0 como qualquer valor na região elástica, e a condição acima implicaria que se tem sempre uma condição de carregamento.

Apesar de a teoria de deformação da plasticidade ser de interesse por oferecer a possibilidade de modelagem, de forma relativamente simples, de situações para as quais (14.26) se aplica, opta-se por discutir a teoria de fluxo da plasticidade, pois tem aplicabilidade mais geral.

Na teoria de fluxo, admite-se que, a partir de um estado de tensão e deformação, quando um incremento de tensão causar deformações plásticas, valerá a seguinte relação:

$$d\varepsilon_{ij}^{P} = d\lambda S_{ij} \,,$$

onde $d\varepsilon_{ij}^{P}$ são incrementos nas componentes do tensor das deformações associados à deformação plástica incremental.

Introdução à teoria de fluxo J_2

Buscando obter maior entendimento da teoria de fluxo da plasticidade, aborda-se na sequência a teoria de fluxo J_2, na qual se admite que $d\lambda$ depende unicamente do valor de J_2, ou seja,

$$d\lambda = F(J_2)\, dJ_2,$$

que resulta em

$$d\varepsilon_{ij}^{P} = F(J_2)\, dJ_2 S_{ij}.$$

É conveniente considerar que $\varepsilon_{ij}^{P} = \varepsilon_{ij}^{P}(t)$, onde a variável tempo t funciona como um indexador da evolução da deformação plástica, não considerando efeitos dinâmicos, e é assim que é utilizada no que se segue. Pode-se escrever

$$d\varepsilon_{ij}^{P} = \dot{\varepsilon}_{ij}^{P} dt \quad dJ_2 = \dot{J}_2 dt \tag{14.27}$$

e, portanto,

$$\dot{\varepsilon}_{ij}^{P} = F(J_2)\, \dot{J}_2 S_{ij}. \tag{14.28}$$

É necessário estabelecer um critério para que a Equação (14.28) seja usada quando há incremento da deformação plástica e não se esteja em uma condição de descarregamento. Assim,

$$\dot{\varepsilon}_{ij}^{P} = F(J_2)\,\dot{J}_2 S_{ij} \quad \text{quando} \quad J_2 = J_{máx} \text{ e } \dot{J}_2 > 0,$$

onde $J_{máx}$ é o maior valor de J_2 considerando todo histórico de tensão $\sigma_{ij}(t)$, e

$$\dot{\varepsilon}_{ij}^{P} = 0 \quad \text{quando} \quad J_2 < J_{máx} \quad \text{ou} \quad \dot{J}_2 < 0.$$

Considerando (14.21), é conveniente introduzir a tensão efetiva $\bar{\sigma} = \sqrt{3\,J_2}$ na Equação (14.28), que pode ser posta na forma

$$\dot{\varepsilon}_{ij}^{P} = \hat{F}(\bar{\sigma})\,S_{ij}\,\dot{\bar{\sigma}}. \tag{14.29}$$

Obviamente, as funções F e $\hat{F}$ são diferentes, mas tendo a forma específica de F é possível obter $\hat{F}$ e vice-versa.

Considera-se um estado multiaxial de tensão e deformação, cujo equacionamento vale também para um ensaio de tração simples. Verifica-se facilmente que, para o caso unidimensional, $\bar{\sigma} = \sigma_{xx}$, de forma que a Equação (14.29) resulta, nesse caso,

$$\dot{\varepsilon}_{xx}^{P} = \hat{F}(\sigma_{xx})\left(\frac{2}{3}\sigma_{xx}\right)\dot{\sigma}_{xx}. \tag{14.30}$$

Considerando um material com endurecimento, supõe-se conhecida a curva tensão-deformação para o ensaio de tração simples, conforme a representação esquemática da Figura 14.22(a).

Figura 14.22
Material com endurecimento.

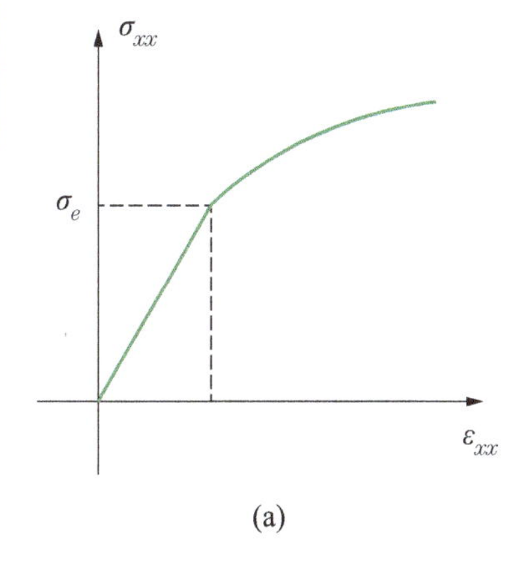

(a)

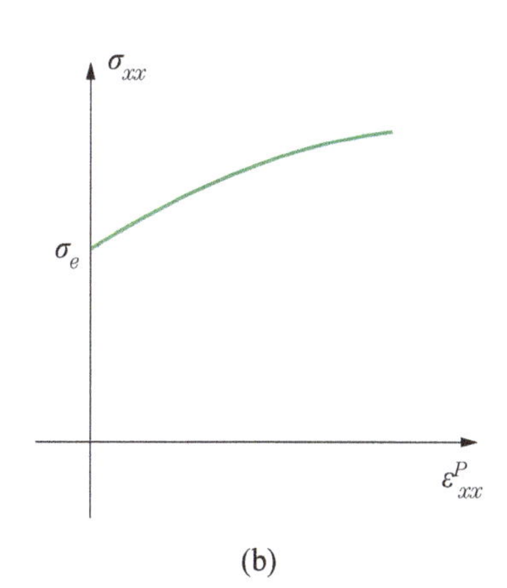

(b)

Conforme (14.2), tem-se:

$$d\varepsilon_{xx}^{P} = \left(\frac{1}{E_T} - \frac{1}{E}\right) d\sigma_{xx}$$

e, como

$$d\varepsilon_{xx}^{P} = \dot{\varepsilon}_{xx}^{P} dt \qquad d\sigma_{xx} = \dot{\sigma}_{xx}\, dt,$$

obtém-se:

$$\dot{\varepsilon}_{xx}^{P} = \left(\frac{1}{E_T(\sigma_{xx})} - \frac{1}{E}\right)\dot{\sigma}_{xx}. \tag{14.31}$$

Considerando as Equações (14.30) e (14.31), resulta

$$\hat{F}(\sigma_{xx}) = \frac{3}{2\sigma_{xx}}\left(\frac{1}{E_T(\sigma_{xx})} - \frac{1}{E}\right). \tag{14.32}$$

Note-se que, quando se conhece a curva tensão-deformação para o ensaio uniaxial de tração, $E_T(\sigma_{xx})$ é também conhecido, o que define a forma funcional de $\hat{F}$ e permite reescrever (14.29) como:

$$\dot{\varepsilon}_{ij}^{P} = \frac{3}{2}\left(\frac{1}{E_T(\bar{\sigma})} - \frac{1}{E}\right)\frac{\dot{\bar{\sigma}}}{\bar{\sigma}} S_{ij} \quad \text{quando} \quad \bar{\sigma} = \bar{\sigma}_{máx} \quad \text{e} \quad \dot{\bar{\sigma}} > 0$$

e

$$\dot{\varepsilon}_{ij}^{P} = 0 \quad \text{quando} \quad \bar{\sigma} < \bar{\sigma}_{máx} \quad \text{ou} \quad \dot{\bar{\sigma}} < 0.$$

Para pequenas deformações, tem-se a decomposição aditiva das deformações

$$\varepsilon_{ij} = \varepsilon_{ij}^{E} + \varepsilon_{ij}^{P},$$

onde ε_{ij}^{E} e ε_{ij}^{P} são respectivamente as partes elásticas e plásticas das componentes do tensor das deformações infinitesimais. A parte elástica da deformação pode ser obtida pela lei de Hooke generalizada e se refere a Bucalem e Bathe (2011) para sua discussão.

Para os objetivos presentes, considera-se

$$\varepsilon_{ij}^{E} = \frac{\sigma_m}{3K}\delta_{ij} + \frac{1}{2G}S_{ij}, \tag{14.33}$$

onde: $K = \dfrac{E}{3(1-2\nu)}$ é o módulo de compressibilidade, $G = \dfrac{E}{2(1+\nu)}$ é o módulo de elasticidade transversal, e δ_{ij} o símbolo de Kronecker ($\delta_{ij} = 0$ se $i \neq j$ e $\delta_{ij} = 1$ se $i = j$).

Como

$$\dot{\varepsilon}_{ij} = \dot{\varepsilon}_{ij}^{E} + \dot{\varepsilon}_{ij}^{P},$$

pode-se escrever:

$$\dot{\varepsilon}_{ij} = \frac{\sigma_m}{3K}\delta_{ij} + \frac{1}{2G}\dot{S}_{ij} + \frac{3}{2}\left(\frac{1}{E_T(\bar{\sigma})} - \frac{1}{E}\right)S_{ij}\frac{\dot{\bar{\sigma}}}{\bar{\sigma}} \quad \text{para } \bar{\sigma} = \bar{\sigma}_{máx} \text{ e } \dot{\bar{\sigma}} > 0, \tag{14.34}$$

$$\dot{\varepsilon}_{ij} = \frac{\sigma_m}{3K}\delta_{ij} + \frac{1}{2G}\dot{S}_{ij} \quad \text{para } \bar{\sigma} < \bar{\sigma}_{máx} \text{ ou } \dot{\bar{\sigma}} < 0. \tag{14.35}$$

A utilização da Equação (14.34) implica que, ou já ocorreram deformações plásticas, ou se está na iminência de que ocorram deformações plásticas. Em outras palavras, deve-se estar sobre uma superfície de plastificação.

Nota-se que as Equações (14.34) e (14.35) permitem obter em um ponto material as taxas de variação das componentes do tensor das deformações a partir do estado de tensão nesse ponto e das taxas de variação desse mesmo estado de tensão quando ele corresponde a um ponto geométrico sobre a superfície de plastificação.

Dessa forma, cumpriu-se o objetivo de dar mais entendimento sobre a teoria de fluxo da plasticidade por meio do estudo de uma formulação clássica, a teoria J_2.

Para que o equacionamento acima possa ser usado na solução incremental de problemas elastoplásticos da mecânica dos sólidos, outros condicionantes precisariam adicionalmente ser considerados. Por exemplo, equilíbrio e o modo como a superfície de plastificação evolui com a deformação plástica, já que se está considerando um material com endurecimento.

No que se segue, tem-se como objetivo apresentar em nível introdutório a formulação incremental do método dos elementos finitos para solução de problemas elastoplásticos, a fim de permitir a modelagem de problemas de interesse da engenharia de estruturas e geotécnica. Para tal, as relações entre tensões e deformações incrementais serão revisitadas em um contexto mais geral.

Postulado de Drucker, da Máxima Dissipação Plástica e consequências

Retorna-se à curva tensão-deformação para o caso unidimensional, e seja $\sigma(t)$, $\varepsilon(t)$ o histórico de tensão deformação, como representado na Figura 14.23.

Figura 14.23
Histórico tensão-deformação.

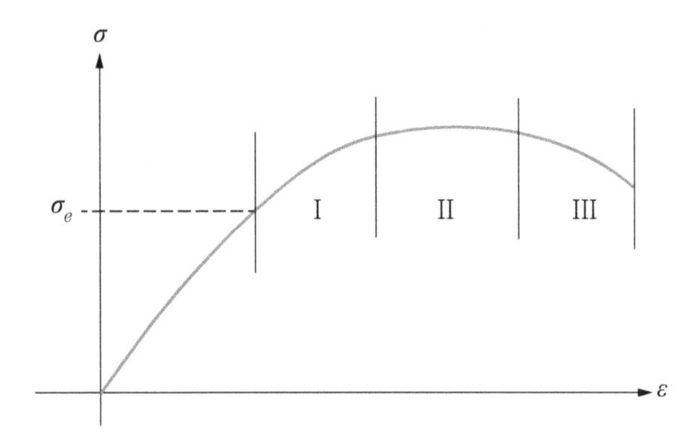

Drucker classifica as três regiões (I), (II) e (III) nas quais ocorrem deformações plásticas da seguinte forma:

Região I $\dot{\sigma}\dot{\varepsilon}^P > 0$ Material com endurecimento ou estável

Região II $\dot{\sigma}\dot{\varepsilon}^P = 0$ Material perfeitamente plástico ou neutralmente estável

Região III $\dot{\sigma}\dot{\varepsilon}^P < 0$ Material com amolecimento ou não estável

Os conceitos de endurecimento e comportamento perfeitamente plástico já foram discutidos anteriormente.

Como

$$\dot{\sigma}dt\,\dot{\varepsilon}^P dt = d\sigma\, d\varepsilon^P,$$

os mesmos conceitos podem ser escritos a partir do sinal de $d\sigma d\varepsilon^P$. Nota-se que $d\sigma d\varepsilon^P$ pode ser associado ao conceito de trabalho.

Pode-se generalizar esses conceitos para estados multiaxiais de tensão e deformação. Para tal, definem-se

$$\{\sigma\} = \begin{Bmatrix} \sigma_{11} \\ \sigma_{22} \\ \sigma_{33} \\ \sigma_{12} \\ \sigma_{13} \\ \sigma_{23} \end{Bmatrix} \quad \text{e} \quad \{\varepsilon\} = \begin{Bmatrix} \varepsilon_{11} \\ \varepsilon_{22} \\ \varepsilon_{33} \\ \gamma_{12} \\ \gamma_{13} \\ \gamma_{23} \end{Bmatrix}$$

e se consideram as expressões $\{\dot{\sigma}\}^T\{\dot{\varepsilon}^P\}$ e $\{d\sigma\}^T\left\{d\varepsilon^P\right\}$, que são análogas a $\dot{\sigma}\dot{\varepsilon}^P$ e $d\sigma d\varepsilon^P$.

O postulado de Drucker estabelece que, para um material com endurecimento ou estável quando uma entidade externa aplica um carregamento adicional a um sólido para o qual se havia estabelecido um estado de tensão e deformação, o trabalho realizado durante o carregamento é positivo e, durante um ciclo (carregamento e descarregamento), é não negativo. No caso do material neutralmente estável, o postulado de Drucker estabelece que o trabalho realizado durante o carregamento é não negativo e, no ciclo, como no caso do material estável, é não negativo.

Considere-se a aplicação do postulado de Drucker para a situação seguinte. Seja $\{\sigma^*\}$ o estado inicial de tensão, que é elástico e esquematicamente está representado na Figura 14.24.

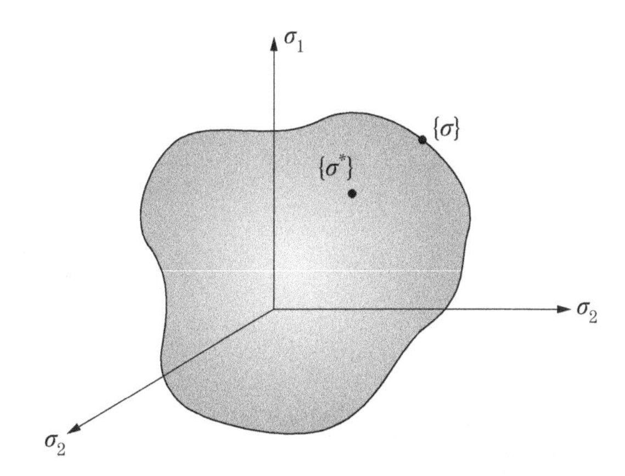

Figura 14.24
Estados de tensão considerados na definição do ciclo em relação à superfície de plastificação.

A ação externa é tal que leva o estado de tensão inicialmente para $\{\sigma\}$, na superfície de plastificação, e a partir daí se acrescenta $\{d\sigma\}$ que produz $\{d\varepsilon^P\}$. Então retorna-se a $\{\sigma^*\}$, completando-se o ciclo.

O trabalho total no ciclo será dado por:

$$\{\sigma\}^T\{d\varepsilon^P\} + \frac{1}{2}\{d\sigma\}^T\{d\varepsilon^P\},$$

já que no ciclo não há trabalho líquido para as deformações elásticas, portanto,

$$\left[\{\sigma\}^T - \{\sigma^*\}^T + \{\sigma^*\}^T\right]\{d\varepsilon^P\} + \frac{1}{2}\{d\sigma\}^T\{d\varepsilon^P\}.$$

Note-se que o trabalho realizado pelo agente externo é

$$\left[\{\sigma\}^T - \{\sigma^*\}^T\right]\left\{d\varepsilon^P\right\} + \frac{1}{2}\left\{d\sigma\right\}^T\left\{d\varepsilon^P\right\}.$$

Como o segundo termo acima pode ser desprezado em relação ao primeiro, do postulado de Drucker resulta que

$$\left(\{\sigma\}^T - \{\sigma^*\}^T\right)\left\{d\varepsilon^P\right\} \geq 0, \tag{14.36}$$

que é uma condição necessária para que o postulado de Drucker seja satisfeito, sendo este resultado aplicável igualmente para materiais estáveis e neutralmente estáveis.

A Equação (14.36) pode ser reescrita como

$$\left(\{\sigma\}^T - \{\sigma^*\}^T\right)\left\{\dot{\varepsilon}^P\right\} \geq 0. \tag{14.37}$$

Pode-se introduzir o conceito de máxima dissipação plástica D_p por:

$$D_p = \max_{\{\tilde{\sigma}\}} \{\tilde{\sigma}\}^T\left\{\dot{\varepsilon}^P\right\},$$

considerando todos $\{\tilde{\sigma}\}$ que estão na região elástica ou na superfície de plastificação atual.

Como pela relação (14.37) tem-se

$$\{\sigma\}^T\left\{\dot{\varepsilon}^P\right\} \geq \{\sigma^*\}^T\left\{\dot{\varepsilon}^P\right\}, \tag{14.38}$$

resulta que

$$D_p \geq \{\sigma^*\}^T\left\{\dot{\varepsilon}^P\right\}.$$

Então a Equação (14.37) ou, alternativamente, a (14.38) são denominadas postulado da máxima dissipação plástica e têm consequências importantes. Considere-se uma superfície de plastificação em um domínio bidimensional, como mostra a Figura 14.25.

Figura 14.25
Superfícies de plastificação em um domínio bidimensional.

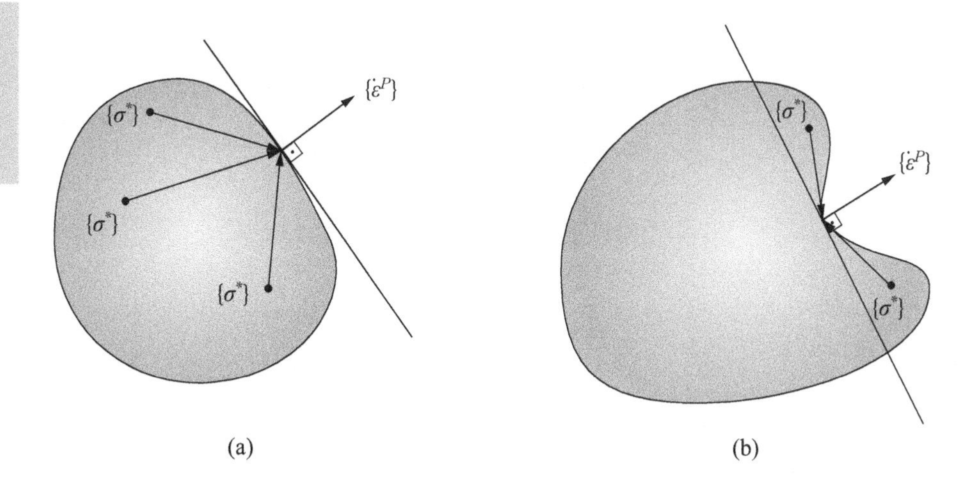

A Figura 14.25(a) mostra que (14.38) implica que $\{\dot{\varepsilon}^P\}$ deva ser normal à superfície de plastificação, e a Figura 14.25(b), que superfícies de plastificação não convexas violem (14.38). Pode-se mostrar que essas propriedades valem em condições mais gerais, quando se representa a superfície de plastificação como dependente das seis componentes independentes do Tensor das Tensões de Cauchy.

Sintetizando, as correspondências de (14.38) ou, equivalentemente, do postulado da máxima dissipação plástica são:

1. a deformação plástica incremental é normal à superfície de plastificação;
2. a superfície de plastificação é convexa.

Enfatiza-se que, como o postulado da máxima dissipação plástica vale tanto para materiais estáveis quanto para neutralmente estáveis, as condições 1 e 2 se aplicam para ambos. Para materiais estáveis têm-se adicionalmente que $\{d\sigma\}^T \{d\varepsilon^P\} > 0$, ou seja, o condicionante de endurecimento.

A partir da condição 1, pode-se escrever[1]

$$d\varepsilon_{ij}^P = d\lambda \frac{\partial \phi}{\partial \sigma_{ij}} \quad \text{ou} \quad \dot{\varepsilon}_{ij}^P = \dot{\lambda} \frac{\partial \phi}{\partial \sigma_{ij}}, \qquad (14.39)$$

onde ϕ é a função de plastificação, $\phi(\sigma_{ij})$. Observe-se que (14.39) é uma equação de fluxo ou escoamento determinada pela função de plastificação, e por essa razão é denominada lei de escoamento *associada*. Os materiais que obedecem à lei de escoamento associada são chamados materiais associativos.

1. Como a função de plastificação tem um valor constante sobre a superfície de plastificação (igual a zero), o gradiente de ϕ, dado por $\frac{d\phi}{d\sigma_{ij}}$, é ortogonal à superfície de plastificação.

Considere-se o critério de von Mises, onde a função de plastificação é a definida em (14.21):

$$\phi = \sqrt{3J_2} - \sigma_e = 0$$

Como J_2 é escrito diretamente a partir das componentes do tensor antiesférico das tensões, pode-se escrever

$$\dot{\varepsilon}_{ij}^{P} dt = d\lambda \frac{\partial \phi}{\partial J_2} \frac{\partial J_2}{\partial S_{ij}} \frac{\partial S_{ij}}{\partial \sigma_{ij}},$$

e, em virtude de (14.7), mostra-se que

$$\frac{\partial J_2}{\partial S_{ij}} \frac{\partial S_{ij}}{\partial \sigma_{ij}} = S_{ij},$$

que leva à

$$\frac{\partial \phi}{\partial \sigma_{ij}} = \frac{\sqrt{3}}{2} (J_2)^{-\frac{1}{2}} S_{ij};$$

portanto, tem-se

$$\dot{\varepsilon}_{ij}^{P} dt = d\lambda \frac{\sqrt{3}}{2} (J_2)^{-\frac{1}{2}} S_{ij}.$$

Como se fez anteriormente na teoria de fluxo da plasticidade J_2,

$$d\lambda = F(J_2) dJ_2 = F(J_2) \dot{J}_2 dt,$$

que leva a

$$\dot{\varepsilon}_{ij}^{P} = \frac{\sqrt{3}}{2} F(J_2) \dot{J}_2 J_2^{-\frac{1}{2}} S_{ij},$$

que permite escrever

$$\tilde{F}(J_2) = \frac{\sqrt{3}}{2} F(J_2) J_2^{-\frac{1}{2}},$$

e tem-se

$$\dot{\varepsilon}_{ij}^{P} = \tilde{F}(J_2) \dot{J}_2 S_{ij},$$

que é formalmente equivalente à Equação (14.27); portanto, os desenvolvimentos apresentados anteriormente para a teoria de fluxo da plasticidade J_2 são compatíveis com os condicionantes estabelecidos pelo postulado de Drucker.

14.4 Formulação incremental do método dos elementos finitos para sólidos elastoplásticos

Equação constitutiva elastoplástica tangente

A formulação incremental do método dos elementos finitos é abundantemente utilizada para obtenção de soluções de problemas da mecânica dos sólidos e das estruturas que envolvem comportamento elastoplástico dos materiais. Como será visto na seção 14.5, essa formulação incremental requer a obtenção do incremento das tensões a partir do incremento das deformações. A partir dessa motivação será examinado, na sequência, como obter para um ponto do sólido a evolução do estado de tensão, a partir da história do estado de deformação, no caso de comportamento elastoplástico.

Seja $[C_e]$ a matriz que representa a lei de Hooke generalizada, de forma que para um material elástico valha

$$\{\sigma\} = [C_e]\,\{\varepsilon\}.$$

No caso elastoplástico tem-se:

$$\{\sigma\} = [C_e]\,(\{\varepsilon\} - \{\varepsilon^P\}),$$

que pode ser escrita considerando as taxas temporais como

$$\{\dot{\sigma}\} = \left[C_e\right]\left(\{\dot{\varepsilon}\} - \left\{\dot{\varepsilon}^P\right\}\right), \tag{14.40}$$

onde $\{\varepsilon^P\}$ representa a parte plástica das deformações. De (14.39), tem-se:

$$\dot{\varepsilon}_{ij}^P = \dot{\lambda}\frac{\partial\phi}{\partial\sigma_{ij}} \quad \text{ou} \quad \left\{\dot{\varepsilon}^P\right\} = \dot{\lambda}\left\{\nabla\phi\right\}, \tag{14.41}$$

onde $\{\nabla\phi\}$ representa a matriz coluna que coleciona as componentes do gradiente de ϕ.

Material elastoplástico perfeito

Considera-se inicialmente um material de comportamento elastoplástico perfeito. É necessário distinguir as situações em que há comportamento puramente elástico daquelas em que deformações plásticas estão ocorrendo.

Quando ocorrem deformações plásticas, se está sobre a superfície de plastificação, ou seja, $\phi(\{\sigma\}) = 0$, que permanece nula durante o desenvolvimento da deformação plástica. Em outras palavras, significa que as tensões variam de forma que o estado de tensão sempre corresponda a um ponto na superfície de plastificação.

No comportamento puramente elástico, ou se está em um ponto no interior da superfície de plastificação, ou se está sobre a superfície de plastificação, e a variação das tensões leva a um estado de tensão que corresponde a um ponto no interior da superfície de plastificação, ou seja, $\phi < 0$.

Matematicamente, as condições acima podem ser escritas como:

$$\dot{\lambda} \geq 0 \qquad \phi(\{\sigma\}) \leq 0 \qquad \dot{\lambda}\phi(\{\sigma\}) = 0 . \tag{14.42}$$

Estado de tensão {σ} corresponde a um ponto no interior da superfície de plastificação, ou seja, no domínio elástico com $\phi(\{\sigma\}) < 0$.

Nessas condições, a terceira Equação de (14.42) implica que $\dot{\lambda} = 0$ e, por (14.40), não se têm deformações plásticas incrementais, resultando:

$$\{\dot{\sigma}\} = [C_e]\{\dot{\varepsilon}\} .$$

Estado de tensão {σ} corresponde a um ponto sobre a superfície de plastificação, ou seja, no domínio plástico com $\phi(\{\sigma\}) = 0$.

Nessas condições *é possível haver* deformações plásticas ou deformações puramente elásticas.

(i) Deformações puramente elásticas

Nesse caso, o estado de tensão que correspondia a um ponto na superfície de plastificação torna-se um estado de tensão que corresponde a um ponto no interior da superfície de plastificação. Tem-se, portanto, $\dot{\phi} < 0$, e, pela regra da cadeia, pode-se escrever:

$$\dot{\phi} = \{\nabla\phi\}^T \{\dot{\sigma}\}, \tag{14.43}$$

e, como se têm deformações puramente elásticas:

$$\dot{\phi} = \{\nabla\phi\}^T [C_e]\{\dot{\varepsilon}\}$$

e

$$\{\nabla\phi\}^T [C_e]\{\dot{\varepsilon}\} < 0$$

é a condição de descarregamento. Nesse caso, a variação de tensão será dada simplesmente por:

$$\{\dot{\sigma}\} = [C_e]\{\dot{\varepsilon}\}.$$

(ii) Deformações Plásticas

Nesse caso, as alterações no estado de tensão devem ser tais que os pontos correspondentes a esses estados permanecem na superfície de plastificação, o que significa

$$\dot{\phi} = 0.$$

De (14.40) e (14.41) obtém-se:

$$\{\dot{\sigma}\} = [C_e]\left(\{\dot{\varepsilon}\} - \{\dot{\varepsilon}^P\}\right) = [C_e]\left(\{\dot{\varepsilon}\} - \dot{\lambda}\{\nabla\phi\}\right), \qquad (14.44)$$

que, substituída em (14.43), leva a

$$\{\nabla\phi\}^T [C_e]\left(\{\dot{\varepsilon}\} - \dot{\lambda}\{\nabla\phi\}\right) = 0,$$

o que permite obter

$$\dot{\lambda} = \frac{\{\nabla\phi\}^T [C_e]\{\dot{\varepsilon}\}}{\{\nabla\phi\}^T [C_e]\{\nabla\phi\}}. \qquad (14.45)$$

Recorda-se que, como se admite conhecido o histórico de deformações, $\{\dot{\varepsilon}\}$ é conhecido. Como $\dot{\lambda} \geq 0$, tem-se:

$$\{\nabla\phi\}^T [C_e]\{\dot{\varepsilon}\} \geq 0, \qquad (14.46)$$

já que a matriz $[C_e]$ é positiva definida. A condição dada por (14.46) pode ser interpretada como uma condição de carregamento.

Quando (14.46) é estritamente positiva, deformações plásticas ocorrerão, já que $\dot{\lambda} > 0$. Quando (14.46) é nula, tem-se uma condição limite entre carregamento e descarregamento na qual a variação das tensões leva a um novo estado, cuja representação permanece na superfície de plastificação, mas sem a ocorrência de deformações plásticas.

Considerando a condição de carregamento, $\dot{\lambda} > 0$, $(\{\nabla\phi\}^T[C_e]\{\dot{\varepsilon}\} > 0)$, pode-se obter, substituindo (14.45) em (14.44):

$$\{\dot{\sigma}\} = [C_e]\left(\{\dot{\varepsilon}\} - \frac{\{\nabla\phi\}\{\nabla\phi\}^T[C_e]\{\dot{\varepsilon}\}}{\{\nabla\phi\}^T[C_e]\{\nabla\phi\}}\right)$$

$$\{\dot{\sigma}\} = [C_e]\left([I] - \frac{\{\nabla\phi\}\{\nabla\phi\}^T[C_e]}{\{\nabla\phi\}^T[C_e]\{\nabla\phi\}}\right)\{\dot{\varepsilon}\}$$

chegando a

$$[C_{ep}] = [C_e] - \frac{[C_e]\{\nabla\phi\}\{\nabla\phi\}^T[C_e]}{\{\nabla\phi\}^T[C_e]\{\nabla\phi\}}, \tag{14.47}$$

que é a matriz constitutiva elastoplástica tangente, já que

$$\{\dot{\sigma}\} = [C_{ep}]\{\dot{\varepsilon}\}$$

Material elastoplástico com endurecimento

Na sequência, considera-se o material com endurecimento isotrópico. Nesse caso, a função de plastificação pode ser escrita como:

$$\phi = F(\{\sigma\}) - \sigma_e,$$

onde a tensão de escoamento dependerá da deformação plástica por meio da equação:

$$\sigma_e = \xi(\{\varepsilon^P\})$$

De forma análoga à situação da elastoplasticidade perfeita, pode-se considerar

$$\dot{\phi} = 0 \quad \text{e} \quad \dot{\phi} = \{\nabla\phi\}^T\{\dot{\sigma}\} - \left\{\frac{\partial\xi}{\partial\varepsilon^P}\right\}^T\{\dot{\varepsilon}^P\}, \tag{14.48}$$

onde

$$\left\{\frac{\partial\xi}{\partial\varepsilon^P}\right\}^T = \left\{\frac{\partial\xi}{\partial\varepsilon^P_{xx}}\ \frac{\partial\xi}{\partial\varepsilon^P_{yy}}\ \frac{\partial\xi}{\partial\varepsilon^P_{zz}}\ \frac{\partial\xi}{\partial\gamma^P_{xy}}\ \frac{\partial\xi}{\partial\gamma^P_{yz}}\ \frac{\partial\xi}{\partial\gamma^P_{zx}}\right\}.$$

Introduzindo (14.40) e (14.41) em (14.48), obtém-se:

$$\{\nabla\phi\}^T\left(\left[C_e\right]\left(\{\dot{\varepsilon}\} - \dot{\lambda}\{\nabla\phi\}\right)\right) - \left\{\frac{\partial\xi}{\partial\varepsilon^P}\right\}^T \dot{\lambda}\{\nabla\phi\} = 0;$$

portanto,

$$\dot{\lambda} = \frac{\{\nabla\phi\}^T\left[C_e\right]\{\dot{\varepsilon}\}}{\{\nabla\phi\}^T\left[C_e\right]\{\nabla\phi\} + \left\{\frac{\partial\xi}{\partial\varepsilon^P}\right\}^T\{\nabla\phi\}}. \tag{14.49}$$

Assim, considerando (14.44) e (14.49), obtém-se:

$$\{\dot{\sigma}\} = \left[C_e\right]\left([I] - \frac{\{\nabla\phi\}\{\nabla\phi\}^T\left[C_e\right]}{\{\nabla\phi\}^T\left[C_e\right]\{\nabla\phi\} + \left\{\frac{\partial\xi}{\partial\varepsilon^P}\right\}^T\{\nabla\phi\}}\right)\{\dot{\varepsilon}\} = \left[C_{ep}\right]\{\dot{\varepsilon}\},$$

com a matriz constitutiva elastoplástica tangente dada por:

$$\left[C_{ep}\right] = \left[C_e\right] - \frac{\left[C_e\right]\{\nabla\phi\}\{\nabla\phi\}^T\left[C_e\right]}{\{\nabla\phi\}^T\left[C_e\right]\{\nabla\phi\} + \left\{\frac{\partial\xi}{\partial\varepsilon^P}\right\}^T\{\nabla\phi\}}.$$

Naturalmente, a $[C_{ep}]$ vale para $\dot{\lambda} \geq 0$, representando a situação de carregamento que provoca deformações plásticas. Analogamente ao que se detalhou para o material elastoplástico perfeito, pode-se considerar a situação de descarregamento elástico. Nesse caso,

$$\dot{\lambda} = 0 \qquad \{\dot{\sigma}\} = \left[C_e\right]\{\dot{\varepsilon}\} \qquad \left\{\dot{\varepsilon}^P\right\} = \{0\}$$

desde que:

$$\dot{\phi} = \{\nabla\phi\}^T\{\dot{\sigma}\} - \left\{\frac{\partial\xi}{\partial\varepsilon^P}\right\}^T\left\{\dot{\varepsilon}^P\right\} = \{\nabla\phi\}^T\left[C_e\right]\{\dot{\varepsilon}\} \leq 0$$

As equações constitutivas elastoplásticas definidas por $[C_{ep}]$, tanto para o material elastoplástico perfeito quanto para o material elastoplástico com endurecimento, são essenciais para a formulação de elementos finitos que se apresenta na sequência.

14.5 Formulação incremental do método dos elementos finitos para modelagem de problemas elastoplásticos

O método dos elementos finitos tem sido usado na prática da engenharia para modelagem de uma ampla gama de problemas da mecânica das estruturas e dos sólidos, propiciando soluções de interesse da engenharia de estruturas e da engenharia geotécnica, incluindo a modelagem de problemas cujo material apresenta comportamento elastoplástico.

Não caberia neste texto a apresentação do método dos elementos finitos em si. Parte-se da premissa de que se tem conhecimento do método para a solução de problemas da elasticidade linear, como apresentado, por exemplo, em Bucalem e Bathe (2011). Pretende-se no que se segue, apresentar de forma sucinta conceitos que permitam entender os ingredientes fundamentais da formulação incremental do método, a fim de permitir, sob a perspectiva de modelagem, o uso de um programa geral de elementos finitos para a solução de problemas elastoplásticos, no contexto de pequenos deslocamentos e deformações.

As referências básicas para a apresentação que se segue são Bucalem e Bathe (2011) e Bathe (2014).

A equação discreta de um modelo de elementos finitos pode ser escrita por:

$$\{F\} = \{R\},$$

onde $\{F\}$ é a matriz coluna que abriga as forças nodais correspondentes às tensões nos elementos, ou seja, as forças nodais internas e $\{R\}$ é a matriz coluna que coleciona as cargas nodais externas aplicadas. No contexto da análise linear, introduzindo as relações de compatibilidade e o comportamento constitutivo, obtém-se:

$$\{F\} = [K]\,\{U\}, \tag{14.50}$$

onde $[K]$ é a matriz de rigidez do modelo e $\{U\}$ a matriz coluna dos deslocamentos nodais, o que permite escrever:

$$[K]\{U\} = \{R\},$$

que é a equação básica de um modelo de elementos finitos e permite obter os deslocamentos nodais $\{U\}$, a partir dos quais se determina a solução de elementos finitos em termos de deslocamentos e tensões, para qualquer ponto material do modelo.

Em uma análise não linear, a Equação (14.50) deixa de ser válida pois as forças nodais $\{F\}$ dependem de forma *não linear* dos deslocamentos.

Na formulação incremental do método dos elementos finitos que se pretende considerar, admite-se que as forças nodais externas não dependem da magnitude dos deslocamentos nodais e são dadas por $\{^tR\}$, que representa o carregamento nodal externo na configuração dada no instante t. A variável tempo t será utilizada para caracterizar as várias configurações do sólido durante o processo de deformação, por exemplo, a configuração inicial $t = 0$, e as subsequentes: Δt, $2\Delta t$, ..., mas não serão considerados efeitos dinâmicos. Essa condição já foi apresentada antes.

As condições de equilíbrio no instante t podem ser escritas como:

$$\{^tF\} = \{^tR\} \tag{14.51}$$

onde $\{^tF\}$ são as forças nodais correspondentes às tensões nos elementos para o instante t, isto é,

$${}^tF_i = {}^tF_i\,(\{^tU\}) \qquad i = 1, n$$

onde

$$\{^tU\} = \{^tU_1, {}^tU_2, ..., {}^tU_n\}$$

é a matriz coluna dos deslocamentos nodais no instante t.

Em um problema não linear, os ${}^tF_i$ dependem de forma não linear dos deslocamentos ${}^tU_j$, com $j = 1, n$, e, em geral, não se consegue resolver diretamente (14.51).

Uma forma efetiva de solucionar (14.51) é por meio de um procedimento incremental. Nesse procedimento, a solução é supostamente conhecida para o instante t, e se desenvolve uma metodologia para obter a solução no instante $t + \Delta t$, onde Δt é um incremento finito de tempo, denominado passo. Assim, iniciando em $t = 0$ e aplicando repetidamente esse procedimento, pode-se obter a solução para qualquer instante t.

Para tal, pode-se escrever

$$\{^{t+\Delta t}F\} = \{^tF\} + \{F\},$$

onde $\{F\}$ são os incrementos, não conhecidos, das forças nodais internas, tais que

$$\{^{t+\Delta t}F\} = \{^{t+\Delta t}R\}.$$

Seja dF_i o incremento infinitesimal da força nodal interna para o grau de liberdade i dado por:

$$dF_i = \sum_{j=1}^{n} \frac{\partial\, ^tF_i}{\partial\, ^tU_j}\, dU_j, \tag{14.52}$$

onde dU_j são os incrementos infinitesimais dos deslocamentos a partir da configuração t.

Pode-se definir:

$$[^tK] = \begin{bmatrix} \dfrac{\partial\, ^tF_1}{\partial\, ^tU_1} & \cdots & \dfrac{\partial\, ^tF_1}{\partial\, ^tU_n} \\ \vdots & \ddots & \vdots \\ \dfrac{\partial\, ^tF_n}{\partial\, ^tU_1} & \cdots & \dfrac{\partial\, ^tF_n}{\partial\, ^tU_n} \end{bmatrix},$$

o que permite reescrever (14.52) como

$$\{dF\} = [^tK]\, \{dU\}, \tag{14.53}$$

onde $\{dF\}$ e $\{dU\}$ são matrizes colunas que colecionam os incrementos infinitesimais dF_i e dU_i.

A Equação (14.53) permite interpretar $[^tK]$ com a matriz de rigidez tangente no instante t, já que relaciona os incrementos de deslocamentos infinitesimais aos respectivos incrementos das forças internas infinitesimais.

Pode-se definir uma primeira estimativa $\{\Delta U^{(0)}\}$ do incremento dos deslocamentos entre o instante t e o instante $t + \Delta t$ por:

$$\{^tK\}\{\Delta U^{(1)}\} = \{^{t+\Delta t}R\} - \{^tF\},$$

onde se utiliza a matriz tangente para estimar o $\{\Delta U^{(1)}\}$, que não é infinitesimal, para incremento de carga $\{^{t+\Delta t}R\} - \{^tF\}$, que também não é infinitesimal. Note-se que o carregamento nodal externo é equilibrado pelas forças nodais internas no instante t, ou seja, $\{^tR\} = \{^tF\}$ e o incremento de carregamento $\{^{t+\Delta t}R\} - \{^tR\}$ produzirão o incremento de deslocamento de t para $t + \Delta t$ que se deseja calcular.

Pode-se calcular uma primeira estimativa dos deslocamentos nodais no instante $t + \Delta t$ por:

$$\{^{t+\Delta t}U^{(1)}\} = \{^{t}U\} + \{\Delta U^{(1)}\}$$

e

$$\{^{t+\Delta t}F^{(1)}\} = \{^{t+\Delta t}F(\{^{t+\Delta t}U^{(1)}\})\},$$

que define as forças nodais internas para os deslocamentos nodais $\{^{t+\Delta t}U^{(1)}\}$. É possível, então, calcular, para essa configuração intermediária, correspondente ao incremento de deslocamentos $\{\Delta U^{(1)}\}$, o desequilíbrio entre as forças nodais externas no instante $t + \Delta t$ e a primeira estimativa das forças nodais internas, ou seja, $\{^{t+\Delta t}R\} - \{^{t+\Delta t}F^{(1)}\}$.

Como, em geral, essa matriz coluna é não nula, ainda não se tem uma configuração em equilíbrio para o instante $t + \Delta t$. Dessa forma, pode-se calcular um novo incremento a partir da configuração intermediária definida por $\{^{t+\Delta t}U^{(1)}\}$ por:

$$\{^{t+\Delta t}K^{(1)}\}\{\Delta U^{(2)}\} = \{^{t+\Delta t}R\} - \{^{t+\Delta t}F^{(1)}\},$$

onde $\{^{t+\Delta t}K^{(1)}\}$ é a matriz de rigidez tangente para a configuração $\{^{t+\Delta t}U^{(1)}\}$, cujos elementos são dados por:

$$^{t+\Delta t}K_{ij}^{(1)} = \left.\frac{\partial\, ^{t+\Delta t}F_i}{\partial\, ^{t+\Delta t}U_j}\right|_{\{^{t+\Delta t}U^{(1)}\}}.$$

Esse procedimento é repetido até que, para a iteração (k), $\{^{t+\Delta t}R\} - \{^{t+\Delta t}F^{(k)}\}$ seja suficientemente pequeno. Um critério para avaliar se a matriz coluna que coleciona as forças nodais desequilibradas é suficientemente pequena precisa ser estabelecido. Refere-se a Bathe (2014) para uma discussão mais detalhada sobre esse critério de parada da iteração.

Quando a convergência ocorre pela satisfação do critério de parada, adota-se

$$\{^{t+\Delta t}U\} = \{^{t+\Delta t}U^{(k)}\},$$

e pode-se considerar a partir daí o próximo passo incremental.

Pode-se resumir o procedimento iterativo definido acima por:

$$[^{t+\Delta t}K^{(i-1)}]\{\Delta U^{(i)}\} = \{^{t+\Delta t}R\} - \{^{t+\Delta t}F^{(i-1)}\}$$
$$\{^{t+\Delta t}U^{(i)}\} = \{^{t+\Delta t}U^{(i-1)}\} + \{\Delta U^{(i)}\}$$

com condições iniciais

$$\{^{t+\Delta t}U^{(0)}\} = \{^{t}U\}$$
$$\{^{t+\Delta t}K^{(0)}\} = \{^{t}K\}$$
$$\{^{t+\Delta t}F^{(0)}\} = \{^{t}F\}$$

A formulação incremental descrita acima é bastante geral e aplicável a uma gama abrangente de problemas da mecânica dos sólidos e das estruturas (BUCALEM; BATHE, 2011; BATHE, 2014).

No que se segue, pretende-se detalhar sua aplicação a problemas da mecânica dos sólidos considerando o comportamento elastoplástico do material e deslocamentos infinitesimais.

Considere um sólido tridimensional, como mostrado na Figura 14.6, constituído por material elastoplástico, vinculado em S_u e sujeito a um carregamento externo $^{t}\mathbf{f}^{\mathbf{B}} = \mathbf{f}^{\mathbf{B}}\,(\mathbf{x}, t)$ em V e $^{t}\mathbf{f}^{\mathbf{S}} = \mathbf{f}^{\mathbf{S}}(\mathbf{x}, t)$ em S_f.

Considerando que será utilizado o processo incremental de solução, admite-se que a solução para o instante t tenha sido obtida, e consideram-se as equações de equilíbrio pelo teorema dos deslocamentos virtuais para o instante $t + \Delta t$

$$\int_V \{\delta\varepsilon\}^T \{^{t+\Delta t}\sigma\}^T dV = \int_V \{\delta u\}^t \{^{t+\Delta t}f^B\} dV + \int_{S_f} \{\delta u\}^T \{^{t+\Delta t}f^S\} ds, \tag{14.54}$$

onde $\{\delta\varepsilon\}$ é o campo de deformações virtuais; e, para concisão da notação, define-se o trabalho virtual dos esforços externos por:

$$^{t+\Delta t}\delta T_e = \int_V \{\delta u\}^t \{^{t+\Delta t}f^B\} dV + \int_{S_f} \{\delta u\}^T \{^{t+\Delta t}f^S\} ds.$$

Considere-se a seguinte relação:

$$\{^{t+\Delta t}\sigma\} = \{^{t}\sigma\} + \{\sigma\},$$

onde $\{^{t}\sigma\}$ é conhecido e $\{\sigma\}$ *é* o incremento nas componentes do tensor das tensões de t para $t + \Delta t$.

Pode-se reescrever (14.54) como

$$\int_V \{\delta\varepsilon\}^t \{\sigma\}\, dV = {}^{t+\Delta t}\delta T_e - \int_V \{\delta\varepsilon\}^t \{^{t}\sigma\}\, dV. \tag{14.55}$$

Considerando-se a matriz constitutiva elastoplástica tangente para o material sólido, pode-se utilizar

$$\{\sigma\} = [C_{ep}]\,\{\varepsilon\}, \qquad (14.56)$$

onde $\{\varepsilon\}$ corresponde ao incremento do tensor das deformações infinitesimais de t para $t + \Delta t$, ou seja,

$$\{\varepsilon\} = \{^{t+\Delta t}\varepsilon\} - \{^{t}\varepsilon\}. \qquad (14.57)$$

Introduzindo (14.56) e (14.57) em (14.55), resulta:

$$\int_V \{\delta\varepsilon\}^t\,[C_{ep}]\{\varepsilon\}\,dV = {}^{t+\Delta t}\delta T_e - \int_V \{\delta\varepsilon\}^t\,\{^{t}\sigma\}\,dV\,. \qquad (14.58)$$

A equação (14.58) é a base para a formulação de elementos finitos, baseada no método dos deslocamentos para problemas elastoplásticos. A introdução de aproximações de elementos finitos para o campo de deslocamentos resulta na seguinte equação discreta:

$$[^{t}K]\{\Delta U\} = \{^{t+\Delta t}R\} - \{^{t}F\},$$

havendo total compatibilidade com a matriz do método incremental discutido anteriormente, enfatizando que $\{^{t}F\}$ coleciona as forças nodais internas associadas às tensões nos elementos. Para a solução de cada passo incremental, o processo iterativo descrito anteriormente deve ser utilizado.

Note-se que, ao obter $[\Delta U^{(i\,-\,1)}]$, as deformações totais podem ser calculadas. A atualização do campo de tensões deve ser cuidadosa, para que $\{^{t+\Delta t}F^{(i-1)}\}$ e $[^{t+\Delta t}K^{(i-1)}]$ possam ser calculadas de forma precisa, bem como $\{^{t+\Delta t}\varepsilon^{P(i-1)}\}$.

Refere-se a Bathe (2014), para o detalhamento do cálculo dessas matrizes para um material com lei de escoamento associada ao critério de von Mises e com endurecimento isotrópico.

15 TEOREMAS DA ANÁLISE LIMITE EM ESTADO MULTIAXIAL DE TENSÃO

Apresentam-se neste capítulo os teoremas de análise limite para sólidos deformáveis em estado multiaxial de tensão em regime elastoplástico perfeito.

A apresentação e as demonstrações desses teoremas constituem uma extensão do que foi apresentado no Capítulo 6, e utilizam extensivamente o teorema dos deslocamentos virtuais. Nesse contexto, adotam-se como deformações virtuais aquelas derivadas da lei de fluxo:

$$\delta\varepsilon_{ij} = \delta\lambda \frac{\partial \phi}{\partial \sigma_{ij}}, \tag{15.1}$$

onde $\frac{\partial \phi}{\partial \sigma_{ij}}$ define a direção das deformações virtuais, normal à superfície de plastificação $\phi(\sigma_{ij}) = 0$ em σ_{ij}, e $\delta\lambda$, a sua grandeza. Assim, as deformações virtuais são equivalentes às taxas de deformações plásticas $\dot{\varepsilon}_{ij}$.

15.1 Conceitos básicos

Considere-se um sólido deformável que ocupa uma região V do espaço sujeito a carregamento proporcional monotonicamente crescente, caracterizado por forças de volume $\gamma \mathbf{f}^{\mathbf{B}}$, em V, e de superfície $\gamma \mathbf{f}^{\mathbf{S}}$, em uma parte S_f de sua superfície de contorno S. Na parte restante do contorno, S_u, são especificados os deslocamentos. Os esforços externos ativos $\mathbf{f}^{\mathbf{B}}$ e $\mathbf{f}^{\mathbf{S}}$ constituem o carregamento de referência e são ponderados por multiplicador (ou coeficiente de proporcionalidade, ou coeficiente de carregamento) γ.

A identificação das características dos campos de tensões, σ_{ij}, de deslocamentos virtuais, δu_i, de deformações virtuais, $\delta\varepsilon_{ij}$, de suas inter-relações e daquelas com os esforços externos, γf_i^B e γf_i^S, é a base para o estabelecimento dos teoremas da análise limite. Essa identificação é estabelecida por três condições: a condição de equilíbrio, a condição de plastificação e a condição de mecanismo.

A **condição de equilíbrio** exige que sejam satisfeitas as equações de equilíbrio:

$$\frac{\partial\sigma_{ij}}{\partial x_j} + \gamma f_i^B = 0 \text{ em } V$$
$$\sigma_{ij}n_j = \gamma f_i^S \text{ em } S_f$$

A **condição de plastificação** exige que o campo de tensões satisfaça a:

$$\phi\left(\sigma_{ij}\right) \leq 0. \tag{15.2}$$

A **condição de mecanismo** é satisfeita quando se formam regiões plastificadas de modo que transformem o sólido deformável em um mecanismo e:

$$\delta\varepsilon_{ij} = \frac{1}{2}\left(\frac{\partial\delta u_i}{\partial x_j} + \frac{\partial\delta u_j}{\partial x_i}\right) \text{ em } V$$
$$\delta u_i = 0 \text{ em } S_u \tag{15.3}$$
$$\delta T_e = \gamma\left(\int_V f_i^B\delta u_i dV + \int_{S_f} f_i^S\delta u_i dS\right) > 0$$

onde δT_e é o trabalho virtual externo realizado pelos esforços externos que atuam no sólido deformável quando submetidos aos deslocamentos virtuais que lhe são energeticamente conjugados. Note-se que esses deslocamentos virtuais, δu_i, ocorrem a partir da condição de mecanismo e geram o campo de deformações virtuais, $\delta\varepsilon_{ij}$. Assim, o trabalho virtual interno δT_i será o somatório dos trabalhos nas regiões plastificadas, visto que nas regiões restantes ele será nulo, ou seja:

$$\delta T_i = \int_V \sigma_{ij}\delta\varepsilon_{ij}dV. \tag{15.4}$$

Uma solução estaticamente admissível é aquela que satisfaz às condições de plastificação e de equilíbrio para esforços externos $\gamma_e\mathbf{f^B}$ e $\gamma_e\mathbf{f^S}$ e em que o multiplicador γ_e é referido como multiplicador estático.

Uma solução cinematicamente admissível é aquela que satisfaz às condições de mecanismo e de equilíbrio para esforços externos $\gamma_c \mathbf{f^B}$ e $\gamma_c \mathbf{f^S}$ e em que o multiplicador γ_c é referido como multiplicador cinemático. Assim, pelo teorema dos deslocamentos virtuais, o multiplicador γ_c é dado por:

$$\gamma_c = \frac{\int_V \sigma_{ij} \delta \varepsilon_{ij} dV}{\int_V f_i^B \delta u_i dV + \int_{S_f} f_i^S \delta u_i dS}. \tag{15.5}$$

A solução plástica limite ou de colapso plástico é estaticamente e cinematicamente admissível. Ela ocorre para esforços externos $\gamma_{II} \mathbf{f^B}$ e $\gamma_{II} \mathbf{f^S}$, chamados carregamento de colapso, a partir dos quais podem ocorrer deslocamentos adicionais sem o correspondente acréscimo de carga – o sólido deformável se transforma em um mecanismo; o multiplicador γ_{II} é denominado multiplicador de colapso.

Para as demonstrações dos teoremas de análise limite é necessário admitir o postulado da máxima dissipação plástica, em termos das deformações virtuais definidas em (15.1), expresso por:

$$\int_V \sigma_{ij}^* \delta \varepsilon_{ij} dV \leq \int_V \sigma_{ij} \delta \varepsilon_{ij} dV,$$

onde σ_{ij}^* é um campo de tensões que satisfaz à condição de plastificação e $\delta \varepsilon_{ij}$ é o campo de deformações virtuais associado ao campo de tensões σ_{ij}.

15.2 Teoremas da análise limite

Com as definições e conceitos estabelecidos, apresentam-se a seguir os principais teoremas da análise limite.

Teorema fundamental da análise limite

Para um sólido deformável em regime elastoplástico perfeito submetido a um carregamento proporcional monotonicamente crescente, o multiplicador γ_e correspondente a uma solução estaticamente admissível será sempre menor ou igual ao multiplicador γ_c correspondente a uma solução cinematicamente admissível, ou seja, $\gamma_e \leq \gamma_c$.

Demonstração

Considere-se uma solução estaticamente admissível definida por um campo de tensões σ_{ij}^{e} e pelos esforços externos $\gamma_e \mathbf{f^B}$ e $\gamma_e \mathbf{f^S}$ e uma solução cinematicamente admissível definida por δu_i, $\delta\varepsilon_{ij}$ e pelos esforços externos $\gamma_c \mathbf{f^B}$ e $\gamma_c \mathbf{f^S}$.

Como $\delta\varepsilon_{ij}$ é o campo de deformações virtuais associado ao campo de tensões σ_{ij}^{c}, resulta, pelo postulado da máxima dissipação plástica,

$$\int_V \sigma_{ij}^{e} \delta\varepsilon_{ij} dV \leq \int_V \sigma_{ij}^{c} \delta\varepsilon_{ij} dV. \tag{15.6}$$

Considerando que as duas soluções são equilibradas, o teorema dos deslocamentos virtuais permite escrever as igualdades:

$$\gamma_e \left(\int_V f_i^B \delta u_i dV + \int_{S_f} f_i^S \delta u_i dS \right) = \int_V \sigma_{ij}^{e} \delta\varepsilon_{ij} dV \tag{15.7}$$

e

$$\gamma_c \left(\int_V f_i^B \delta u_i dV + \int_{S_f} f_i^S \delta u_i dS \right) = \int_V \sigma_{ij}^{c} \delta\varepsilon_{ij} dV; \tag{15.8}$$

levando em conta (15.6) a (15.8), pode-se concluir:

$$\gamma_e \leq \gamma_c \, , \tag{15.9}$$

ou seja, o multiplicador estático correspondente a uma solução estaticamente admissível é menor ou igual ao multiplicador cinemático correspondente a uma solução cinematicamente admissível.

Do teorema fundamental decorrem os seguintes teoremas, que têm os mesmos enunciados daqueles apresentados no Capítulo 6 e serão a base para os estudos dos Capítulos 16 e 17.

Teorema estático

Para um sólido deformável em regime elastoplástico perfeito submetido a um carregamento proporcional monotonicamente crescente, o multiplicador γ_e correspondente a uma solução estaticamente admissível será sempre menor ou igual ao multiplicador γ_{II} correspondente ao colapso plástico desse sólido deformável, ou seja, $\gamma_e \leq \gamma_{II}$.

A demonstração desse teorema decorre imediatamente do teorema fundamental, visto que no colapso a solução é cinematicamente admissível. Do teorema estático, pode ainda ser enunciado o seguinte corolário.

Teorema do limite inferior do multiplicador de colapso

O multiplicador γ_e correspondente a uma solução estaticamente admissível é um limite inferior do multiplicador γ_{II}. Posto de outra forma, pode-se estabelecer que o máximo valor do multiplicador γ_e é igual ao multiplicador de colapso γ_{II}, ou seja, $max(\gamma_e) = \gamma_{II}$.

Teorema cinemático

Para um sólido deformável em regime elástoplástico perfeito submetido a um carregamento proporcional monotonicamente crescente, o multiplicador γ_c correspondente a uma solução cinematicamente admissível será sempre maior ou igual ao multiplicador γ_{II} correspondente ao colapso plástico desse sólido deformável, ou seja, $\gamma_{II} \leq \gamma_c$.

A demonstração desse teorema decorre imediatamente do teorema fundamental, visto que no colapso plástico a solução é estaticamente admissível. Do teorema cinemático, pode ainda ser enunciado o seguinte corolário.

Teorema do limite superior do multiplicador de colapso

O multiplicador γ_c correspondente a uma solução cinematicamente admissível é um limite superior do multiplicador γ_{II}. Posto de outra forma, pode-se estabelecer que o mínimo valor do multiplicador γ_c é igual ao multiplicador de colapso γ_{II}, ou seja, $min(\gamma_c) = \gamma_{II}$.

Decorre dos teoremas estático e cinemático que:

$$\gamma_e \leq \gamma_{II} \leq \gamma_c . \tag{15.10}$$

Teorema da unicidade do multiplicador de colapso

Para um sólido deformável em regime elastoplástico perfeito submetido a um carregamento proporcional monotonicamente crescente, o multiplicador γ correspondente a uma solução que seja ao mesmo tempo estaticamente e cinematicamente admissível é único e é o próprio multiplicador de colapso γ_{II}.

A demonstração decorre imediatamente dos teoremas dos limites inferior e superior do multiplicador de colapso, ou seja, para que sejam satisfeitas simultaneamente as condições $\gamma \leq \gamma_{II}$ e $\gamma \geq \gamma_{II}$, deve-se ter $\gamma = \gamma_{II}$.

Note-se que a unicidade se refere exclusivamente ao multiplicador e não ao mecanismo de colapso.

16 ANÁLISE LIMITE EM ESTADO PLANO DE TENSÃO

16.1 Introdução

Em estado plano, um sólido deformável ocupa uma região S de espessura e, sujeito a forças de volume $\mathbf{f}^{\mathbf{B}}$ em S e de superfície $\mathbf{f}^{\mathbf{S}}$ em uma parte L_f da superfície lateral de contorno L. Na parte restante do contorno, L_u, são especificados os deslocamentos.

Figura 16.1
Tensões em elemento de estado plano de sólido deformável.

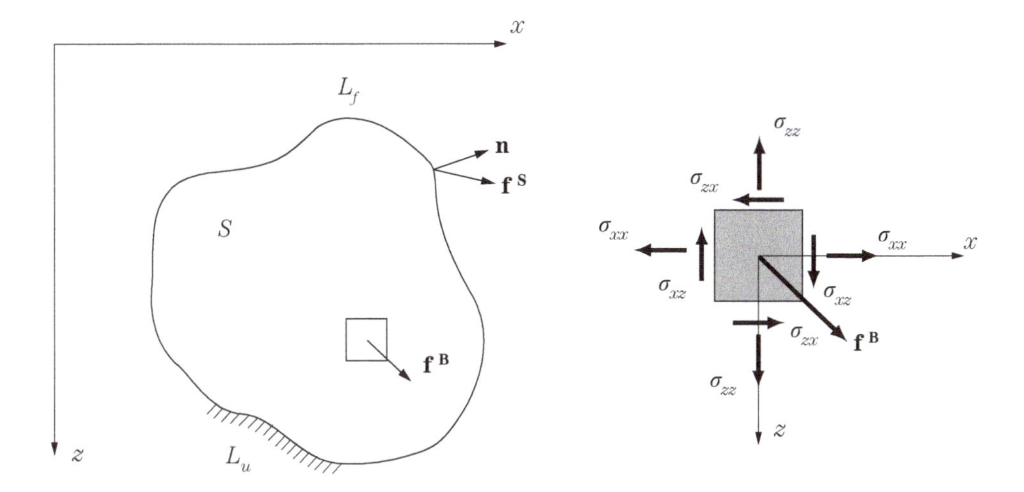

Na condição de estado plano de tensão, $\sigma_{xy} = \sigma_{yy} = \sigma_{zy} = 0; f_y^{\,B} = 0; f_y^{\,S} = 0$, e as equações de equilíbrio tomam a forma:

$$\left.\begin{aligned}\frac{\partial\sigma_{xx}}{\partial x}+\frac{\partial\sigma_{xz}}{\partial z}+f_x{}^B=0\\ \frac{\partial\sigma_{zx}}{\partial x}+\frac{\partial\sigma_{zz}}{\partial z}+f_z{}^B=0\end{aligned}\right\}\text{em } S$$
$$\left.\begin{aligned}\sigma_{xx}n_x+\sigma_{xz}n_z=f_x{}^S\\ \sigma_{zx}n_x+\sigma_{zz}n_z=f_z{}^S\end{aligned}\right\}\text{em } L_f \tag{16.1}$$

As funções de plastificação correspondentes aos critérios de plastificação de Tresca, $m=2$ e $n=4$, e de von Mises, $m=1$ e $n=3$, são dadas por:

$$\phi=\sqrt{\sigma_{xx}{}^2+\sigma_{zz}{}^2-m\sigma_{xx}\sigma_{zz}+n\sigma_{xz}{}^2}-\sigma_e, \tag{16.2}$$

e define-se tensão efetiva, σ_{ef}, no ponto como:

$$\sigma_{ef}=\sqrt{\sigma_{xx}{}^2+\sigma_{zz}{}^2-m\sigma_{xx}\sigma_{zz}+n\sigma_{xz}{}^2}, \tag{16.3}$$

de modo que $\phi=\sigma_{ef}-\sigma_e$.

A Expressão (16.2) e a regra de fluxo associada

$$\delta\varepsilon_{ij}=\delta\lambda\frac{\partial\phi}{\partial\sigma_{ij}}$$

permitem obter as deformações virtuais:

$$\begin{aligned}\delta\varepsilon_{xx}&=\delta\lambda\frac{\partial\phi}{\partial\sigma_{xx}}=\frac{\delta\lambda}{2}\frac{2\sigma_{xx}-\sigma_{zz}}{\sqrt{\sigma_{xx}{}^2+\sigma_{zz}{}^2-m\sigma_{xx}\sigma_{zz}+n\sigma_{xz}{}^2}}\\ \delta\varepsilon_{zz}&=\delta\lambda\frac{\partial\phi}{\partial\sigma_{zz}}=\frac{\delta\lambda}{2}\frac{2\sigma_{zz}-\sigma_{xx}}{\sqrt{\sigma_{xx}{}^2+\sigma_{zz}{}^2-\sigma_{xx}\sigma_{zz}+n\sigma_{xz}{}^2}}\\ \delta\gamma_{xz}&=\delta\lambda\frac{\partial\phi}{\partial\sigma_{xz}}=\frac{\delta\lambda}{2}\frac{2n\sigma_{xz}}{\sqrt{\sigma_{xx}{}^2+\sigma_{zz}{}^2-\sigma_{xx}\sigma_{zz}+n\sigma_{xz}{}^2}}\end{aligned} \tag{16.4}$$

onde: $\delta\varepsilon_{ij}$ é o deslocamento virtual plástico, $\frac{\partial\phi}{\delta\sigma_{ij}}$ define a direção de $\delta\varepsilon_{ij}$ (condição de normalidade em σ_{ij} na superfície de plastificação $\phi=0$) e $\delta\lambda$ é um escalar virtual que define a grandeza da deformação plástica.

Em um ponto do sólido em regime plástico, pode-se estabelecer a expressão do trabalho virtual interno na região plastificada por unidade de volume:

$$\sigma_{xx}\delta\varepsilon_{xx}+\sigma_{zz}\delta\varepsilon_{zz}+\sigma_{xz}\delta\gamma_{xz}. \tag{16.5}$$

As tensões devem satisfazer ao critério de plastificação

$$\phi = 0 \quad \Longrightarrow \quad \sqrt{\sigma_{xx}{}^2 + \sigma_{zz}{}^2 - m\sigma_{xx}\sigma_{zz} + n\sigma_{xz}{}^2} = \sigma_e, \qquad (16.6)$$

e as deformações virtuais, a (16.4). Assim, introduzindo (16.4) e (16.6) em (16.5), obtém-se, após algumas transformações, a expressão do trabalho virtual interno na região plastificada:

$$\delta T_i = \int_S \sigma_e \delta\lambda h dS .$$

Com essas equações e considerando os teoremas estático e cinemático, estabelecem-se envoltórias inferiores e superior, do tipo $\frac{|M|}{M_p} = f\left(\frac{|V|}{V_p}\right)$, onde Mp é o momento de plastificação na flexão pura e Vp é a força de plastificação em cisalhamento puro, em seções transversais de barras submetidas a flexão normal simples.

Apresentam-se dois exemplos de aplicação desses resultados, que incluem, no caso de viga em balanço, a obtenção de limites superiores pela aplicação do teorema cinemático e, em ambos, alguns resultados ilustrativos da aplicação do método dos elementos finitos com o programa Adina®, (ADINA, 2008). Ressalta-se a importância de utilização de modelos simples de análise junto com modelagens numéricas por sistemas computacionais cada vez mais poderosos, que levam a um melhor entendimento básico do problema e a eficácia e generalidade na análise de problemas mais complexos.

16.2 Envoltórias na flexão normal simples

Na flexão normal simples, o momento fletor vem acompanhado da força cortante, que tem o efeito de reduzir o momento de plastificação na seção transversal. Esse tema tem sido objeto de estudo de muitos autores com análises de barras modeladas como sólidos em estado plano de tensão e com diversas hipóteses simplificadoras; comum entre elas a de σ_{zz}=0.

Vários desses estudos estão relacionados com o estabelecimento de envoltórias inferiores e superiores do momento de plastificação na presença de força cortante, caracterizadas por curvas de plastificação na forma $\frac{|M|}{M_p} = f\left(\frac{|V|}{V_p}\right)$. Eles foram desenvolvidos, com diferentes estratégias, em barras prismáticas com seção retangular ou duplo T e com a condição de força cortante constante.

Apresentam-se algumas dessas envoltórias para barras com seção transversal retangular com largura b e altura h, considerando os critérios de plastificação de Tresca, e de von Mises e admitindo que as forças de volume e σ_{zz} sejam nulos. De acordo com esses critérios, o momento de plastificação na flexão pura, M_p, e a força cortante em cisalhamento puro, V_p, são dados por:

$$M_p = \frac{bh^2}{4}\sigma_e \qquad V_p = \frac{bh}{\sqrt{n}}\sigma_e \tag{16.7}$$

No caso das envoltórias inferiores da curva de plastificação, elas são obtidas com base no teorema do limite inferior da análise limite – o multiplicador correspondente a uma solução estaticamente admissível é um limite inferior do multiplicador de colapso. Basicamente, admite-se uma distribuição das tensões na seção transversal que satisfaça às Equações (16.1), de equilíbrio em S, e impõe-se um critério de plastificação. Como não são verificadas *a priori* as equações de equilíbrio em L_f, elas são adiante analisadas nos exemplos.

Envoltória inferior $\dfrac{|M|}{M_p} = f\left(\dfrac{|V|}{V_p}\right)$ *– com resultados da Resistência dos Materiais*

Admite-se a distribuição das tensões na seção transversal estabelecidas na Resistência dos Materiais:

$$\sigma_{xx} = \frac{M}{I}z = \frac{12M}{bh^3}z \qquad \sigma_{xz} = \frac{3}{2}\frac{V}{bh}\left[1 - \left(\frac{2z}{h}\right)^2\right] \qquad \sigma_{zz} = 0$$

que satisfazem *às Equações* (16.1), de equilíbrio em S.

Assim, a máxima tensão normal, $\sigma_{xx,max} = \dfrac{6M}{bh^2}$, e a máxima tensão de cisalhamento, $\sigma_{xz,max} = \dfrac{1{,}5V}{bh}$, na seção transversal devem satisfazer ao critério de plastificação, de Tresca ou de von Mises, o que conduz a:

$$|M| \leq \frac{bh^2}{6}\sigma_e \qquad |V| \leq \frac{2}{3}\frac{bh}{\sqrt{n}}\sigma_e \tag{16.8}$$

e, com (16.7) e observando a dupla simetria da seção retangular, pode-se estabelecer:

$$\frac{|M|}{M_p} \leq \frac{2}{3} \qquad \frac{|V|}{V_p} \leq \frac{2}{3}$$

Considerando que a curva de plastificação deve ser convexa, que na ausência de força cortante o momento de plastificação é o de flexão pura e admitindo que a máxima tensão de cisalhamento não atinja a condição de plastificação, $\dfrac{|V|}{V_p} \leq \dfrac{2}{3}$, o comportamento elástico linear permite estabelecer uma envoltória inferior para a curva de plastificação, a linha ABC da Figura 16.2.

Figura 16.2
Limite inferior da curva de plastificação – Resistência dos Materiais.

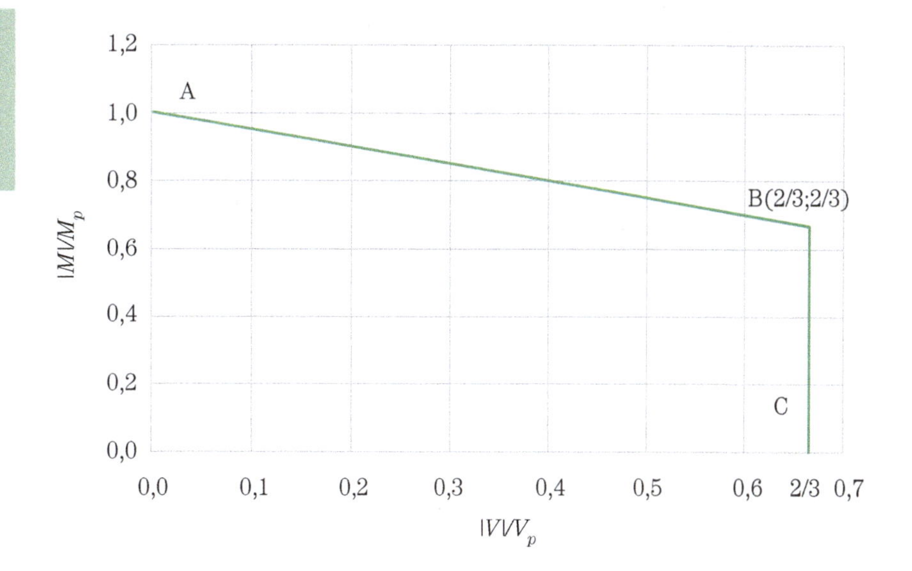

Envoltória inferior $\frac{|M|}{M_p} = f\left(\frac{|V|}{V_p}\right)$ *– Neal (1977), Bezenkhov (1939, apud Jirásek e Bazant, 2002)*

Admite-se que a seção esteja parcialmente plastificada e que as tensões se distribuam, em *S*, da seguinte forma:

$$\begin{aligned} ¶\ |z| \leq c \implies \sigma_{xx} = \frac{z}{c}\sigma_e \quad \sigma_{xz} = \frac{3}{4}\frac{V}{bc}\left[1 - \left(\frac{z}{c}\right)^2\right] \quad \sigma_{zz} = 0 \\ ¶\ |z| \geq c \implies \sigma_{xx} = \sigma_e \quad \sigma_{xz} = \sigma_{zz} = 0 \end{aligned} \tag{16.9}$$

onde a variável *c* define o limite entre as regiões elástica e plástica, conforme mostra a Figura 16.3, junto com essa distribuição de tensões, que satisfaz *às Equações* (16.1), de equilíbrio em S.

Figura 16.3
Distribuição das tensões na seção transversal.

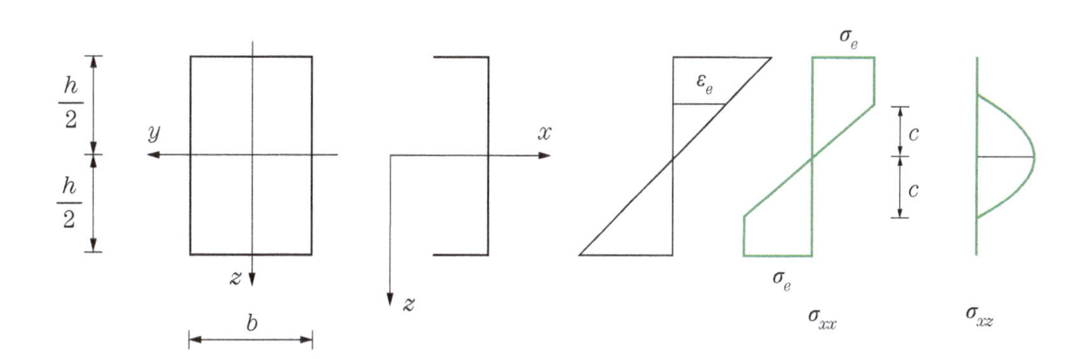

Na região definida por $|z| \geq c$, introduzindo (16.9) em (16.2) obtém-se $\phi = 0$, o que satisfaz à condição de plastificação, seja a de Tresca, seja a de von Mises, e a região está toda plastificada.

Para que a condição de plastificação seja observada na região com $|z| \leq c$, deve-se ter:

$$\left(\frac{z}{c}\sigma_e\right)^2 + n\left\{\frac{3}{4}\frac{V}{bc}\left[1-\left(\frac{z}{c}\right)^2\right]\right\}^2 \leq (\sigma_e)^2. \tag{16.10}$$

Como o membro da esquerda de (16.10) atinge seu valor máximo para $z = 0$, a condição de plastificação será observada em toda a seção se ela for verificada em $z = 0$, ou seja, enquanto:

$$n\frac{9}{16}\left(\frac{V}{bc}\right)^2 \leq (\sigma_e)^2 \quad \Longrightarrow \quad c^2 \geq \frac{9}{16}\left(\frac{V}{b\sigma_e}\right)^2. \tag{16.11}$$

Por outro lado, o momento fletor resultante na seção transversal é dado por:

$$M = \int_{-h/2}^{h/2} \sigma_{xx} z b dz = \frac{bh^2}{4}\sigma_e - \frac{bc^2}{3}\sigma_e \quad \Longrightarrow \quad c^2 = \left(\frac{bh^2}{4}\sigma_e - M\right)\frac{3}{b\sigma_e}. \tag{16.12}$$

Assim, considerando (16.11) e (16.12), pode-se estabelecer:

$$\left(\frac{bh^2}{4}\sigma_e - M\right)\frac{3}{b\sigma_e} \geq \frac{9}{16}\left(\frac{V}{b\sigma_e}\right)^2,$$

ou, considerando (16.8),

$$\frac{M}{M_p} + \frac{3}{4}\left(\frac{V}{V_p}\right)^2 \leq 1. \tag{16.13}$$

Com a distribuição das tensões (16.9) e admitindo que a máxima tensão de cisalhamento não atinja a condição de plastificação, $\frac{|V|}{V_p} \leq \frac{2}{3}$, estabelece-se uma envoltória inferior ABC

$$\frac{M}{M_p} + \frac{3}{4}\left(\frac{V}{V_p}\right)^2 = 1 \tag{16.14}$$

da curva de plastificação na flexão simples normal, apresentada na Figura 16.4.

Note-se que, pela condição da dupla simetria da seção retangular, a expressão da envoltória inferior poderia ser colocada na forma:

$$\frac{|M|}{M_p} + \frac{3}{4}\left(\frac{V}{V_p}\right)^2 = 1.$$

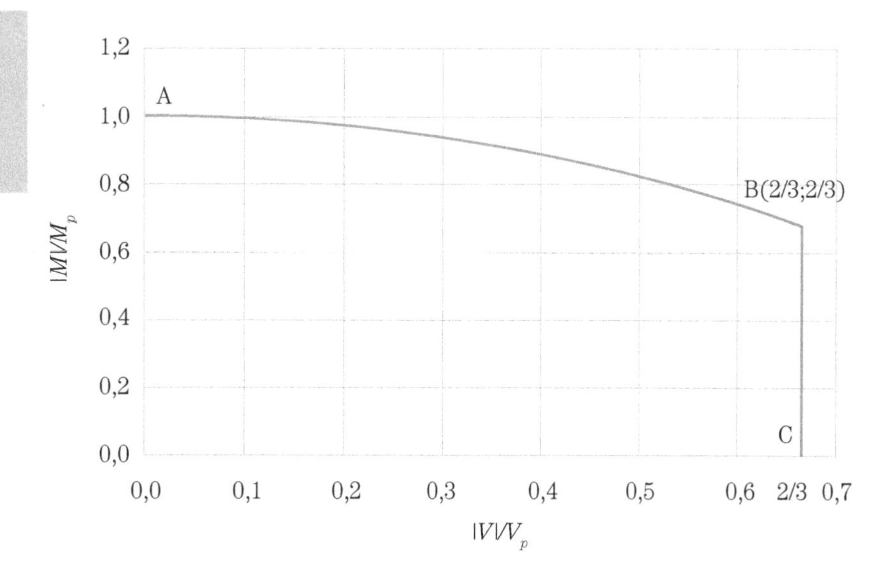

Figura 16.4
Envoltória inferior da curva de plastificação (Bezenkhov, 1938 *apud* Jirázek e Bazant, 2002).

Envoltória inferior $\frac{|M|}{M_p} = f\left(\frac{|V|}{V_p}\right)$ *– Soares (1970)*

O desenvolvimento que se apresenta a seguir é baseado no do Professor Carlos Alberto Soares (1970).

Admite-se que a distribuição das tensões na barra tenha a seguinte forma:

$$\begin{aligned} |z| \leq c \quad &\Longrightarrow \quad \sigma_{xx} = f(x)g'(z) \quad \sigma_{xz} = -f'(x)g(z) \quad \sigma_{zz} = 0 \\ |z| \geq c \quad &\Longrightarrow \quad \sigma_{xx} = \sigma_e \quad \sigma_{xz} = \sigma_{zz} = 0 \end{aligned} \tag{16.15}$$

sendo que $|z| \geq c$ define a região plastificada.

As equações de equilíbrio em S são imediatamente verificadas para $|z| \geq c$. Para $|z| \leq c$, a primeira Equação de (16.1) é identicamente satisfeita e a segunda exige que:

$$\frac{\partial \sigma_{zx}}{\partial x} = 0 \quad \Longrightarrow \quad f''(x)g(z) = 0 \quad \Longrightarrow \quad \begin{cases} f''(x) = 0 \\ f'(x) = a \\ f(x) = ax + b \end{cases} \tag{16.16}$$

e o correspondente diagrama de momentos fletores é linear.

Como se estudará uma particular seção de posição x, pode-se escrever a distribuição das tensões na forma:

$$\begin{aligned} |z| \leq c \quad &\Longrightarrow \quad \sigma_{xx} = c_1 g'(z)\sigma_e \quad \sigma_{xz} = c_2 g(z)\sigma_e \quad \sigma_{zz} = 0 \\ |z| \geq c \quad &\Longrightarrow \quad \sigma_{xx} = \sigma_e \quad \sigma_{xz} = \sigma_{zz} = 0 \end{aligned} \tag{16.17}$$

Na região definida por $|z| \geq c$, $\phi = 0$, ou seja, a condição de plastificação – a de Tresca ou a de von Mises – é satisfeita.

Para que a condição de plastificação seja observada na região por $|z| \leq c$, obtém-se, pela introdução de (16.17) em (16.2):

$$g(z) = \cos\left(\alpha \frac{z}{c}\right) \quad g'(z) = -\frac{\alpha}{c}\,\text{sen}\left(\alpha \frac{z}{c}\right) \quad c_1 = \pm\frac{c}{\alpha} \quad c_2 = \frac{1}{\sqrt{\text{n}}} \tag{16.18}$$

com alpha a ser determinado; e, portanto,

$$|z| \leq c \quad \Longrightarrow \quad \sigma_{xx} = \pm\,\text{sen}\left(\alpha \frac{z}{c}\right)\sigma_e \quad \sigma_{xz} = \frac{1}{\sqrt{\text{n}}}\cos\left(\alpha \frac{z}{c}\right)\sigma_e \quad \sigma_{zz} = 0 \tag{16.19}$$

Como, para $z = \pm\, c$ deve-se ter $\sigma_{xz} = 0$, resulta $\alpha = \dfrac{\pi}{2}$ e obtém-se a seguinte distribuição das tensões na seção transversal, que é equilibrada em S e satisfaz à condição de plastificação:

$$\begin{aligned} |z| \leq c \quad &\Longrightarrow \quad \sigma_{xx} = \pm\,\text{sen}\left(\frac{\pi z}{2c}\right)\sigma_e \quad \sigma_{xz} = \frac{1}{\sqrt{n}}\cos\left(\frac{\pi z}{2c}\right)\sigma_e \quad \sigma_{zz} = 0 \\ |z| \geq c \quad &\Longrightarrow \quad \sigma_{xx} = \sigma_e \quad \sigma_{xz} = \sigma_{zz} = 0 \end{aligned}$$

e é apresentada na Figura 16.5.

Figura 16.5
Distribuição das tensões na seção transversal.

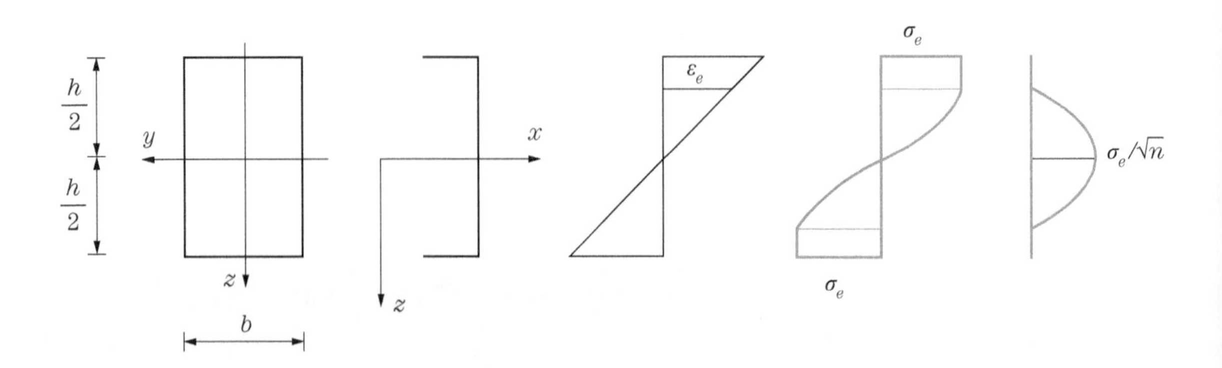

Agora é possível obter, na seção transversal, os esforços solicitantes, dados por:

$$V = \int_{-h/2}^{h/2} \sigma_{xz} b dz = \frac{4bc}{\pi} \frac{\sigma_e}{\sqrt{n}} \qquad M = \int_{-h/2}^{h/2} \sigma_{xx} bz dz = \frac{bh^2}{4}\sigma_e - \left(\frac{\pi^2 - 8}{\pi^2}\right) bc^2 \sigma_e. \tag{16.20}$$

Note-se que, extraindo o valor de c da Expressão (16.18), substituindo-o na expressão de M, levando em conta a dupla simetria da seção retangular e considerando (16.7), obtém-se após algumas transformações a envoltória inferior da função de plastificação:

$$\frac{|M|}{M_p} + \frac{\pi^2 - 8}{4}\left(\frac{V}{V_p}\right)^2 = 1, \tag{16.21}$$

apresentada na Figura 16.6, para $\frac{|V|}{V_p} \leq \frac{2}{3}$.

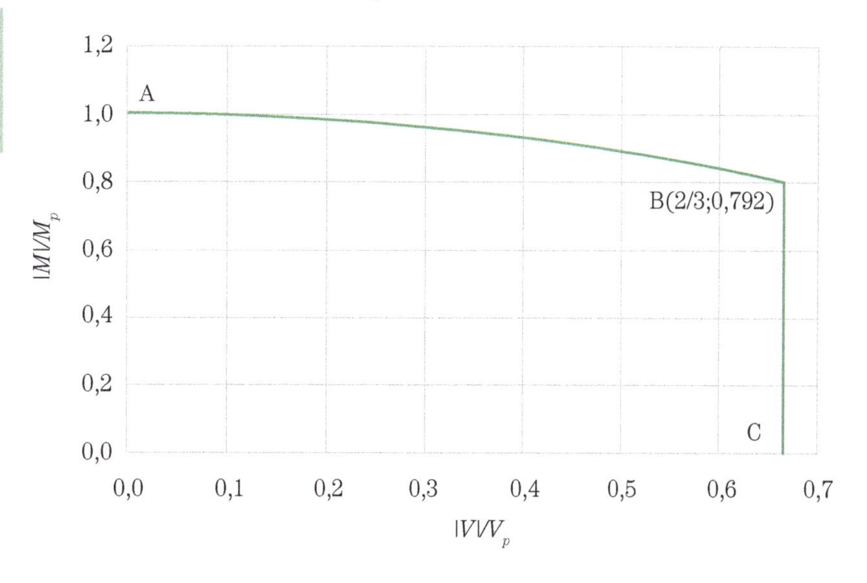

Figura 16.6
Envoltória inferior da curva de plastificação (SOARES, 1970).

Envoltória superior $\frac{|M|}{M_p} = f\left(\frac{|V|}{V_p}\right)$ *– Hodge (1957, apud Jirázek e Bazant, 2002)*

Um procedimento distinto e notável para estabelecer uma curva limite superior do efeito da força cortante no momento de plastificação – pela maximização de uma relação entre o momento fletor e a força cortante resultantes das tensões em uma seção transversal, que satisfazem a um critério de plastificação – foi apresentado por Hodge (1957) e reapresentado por Jirásek e Bazant (2002), que orientam o desenvolvimento que se segue.

Consideram-se todas as distribuições das tensões σ_{xx} e σ_{xz} na seção transversal que satisfazem a um certo critério de plastificação. As resultantes dessas distribuições, que caracterizam a condição de equilíbrio na seção transversal, serão um momento fletor e uma força cortante. O conjunto dessas distribuições de tensões contém aquela que é a de colapso e os correspondentes esforços solicitantes resultantes. Assim, o par (M, V) que maximiza uma certa relação entre o momento fletor e a força cortante resultante dessas distribuições de tensões será um limite superior para o momento de plastificação com o efeito da força cortante. Note-se que o momento fletor e a força cortante não atingem simultaneamente seus valores máximos para uma mesma distribuição de tensões.

Adota-se a relação $M + kV$ a ser maximizada, onde:

$$M = \int \sigma_{xx} z dS \qquad V = \int \sigma_{xz} dS \tag{16.22}$$

e k é um escalar com a dimensão de um comprimento.

Assim, a cada distribuição de tensões na seção transversal que satisfaça à função de plastificação $\phi(\sigma_{xx}, \sigma_{xz}, \sigma_e) = 0$ corresponde um escalar $\Upsilon(\sigma_{xx}, \sigma_{xz}) = M(\sigma_{xx}) + kV(\sigma_{xz})$, e o limite superior será dado por:

$$máximo \left[M(\sigma_{xx}) + kV(\sigma_{xz}) \right].$$

De forma simples, a correspondência que associa um escalar às funções σ_{xx} e σ_{xz}, com valores na seção transversal, é definida como funcional, e o extremo desse funcional será dado ao anular sua primeira variação.

Dessa forma obtém-se uma curva, paramétrica em k, que é a curva limite superior do momento de plastificação com o efeito da força cortante, cuja expressão é estabelecida para o caso de seção retangular considerando os critérios de plastificação de Tresca, com $n = 4$, e de von Mises, com $n = 3$, e com a hipótese de $\sigma_{zz} = 0$, ou seja:

$$\sigma_{xx}^2 + n\sigma_{xz}^2 = \sigma_e^2. \tag{16.23}$$

Nessas condições, considerando (16.22) e (16.23), o funcional Υ toma a forma:

$$\Upsilon(\sigma_{xx}) = \int_S \sigma_{xx} z dS + k \int_S \sqrt{\frac{\sigma_e^2 - \sigma_{xx}^2}{n}} dS,$$

que deve, agora, ser maximizado para todas as funções $\sigma_{xx}(z)$, o que se faz pela condição de ser nula sua primeira variação, ou seja:

$$\delta\Upsilon(\sigma_{xx}) = \int_S \left(z - \frac{k}{\sqrt{n}} \frac{\sigma_{xx}}{\sqrt{\sigma_e^2 - \sigma_{xx}^2}} \right) \delta\sigma_{xx} dS = 0,$$

qualquer que seja $\delta\sigma_{xx}$. Assim,

$$z = \frac{k}{\sqrt{n}} \frac{\sigma_{xx}}{\sqrt{\sigma_e^2 - \sigma_{xx}^2}} \implies \sigma_{xx} = \frac{z}{\sqrt{\frac{k^2}{n} + z^2}} \sigma_e, \tag{16.24}$$

e, considerando (16.23), chega-se a:

$$\sigma_{xz} = \frac{k}{n} \frac{1}{\sqrt{\frac{k^2}{n} + z^2}} \sigma_e \,. \tag{16.25}$$

Introduzindo os parâmetros adimensionais:

$$\eta = \frac{h\sqrt{n}}{2k} \qquad \xi = \frac{z}{h}$$

em (16.24) e (16.25), obtêm-se, após algumas transformações:

$$\sigma_{xx} = \frac{\xi}{\sqrt{\frac{1}{4\eta^2} + \xi^2}} \sigma_e \qquad \sigma_{xz} = \frac{1}{\eta\sqrt{n}} \frac{1}{\sqrt{\eta^2 + 4\xi^2}} \sigma_e \tag{16.26}$$

que definem as distribuições das tensões que satisfazem ao critério de plastificação e equilibram os esforços solicitantes na seção transversal, para cada valor do parâmetro η.

Substituindo (16.26) em (16.22), obtêm-se as expressões de M e V:

$$M = \frac{bh^2}{4} \sigma_e \int_{-0,5}^{0,5} \frac{4\xi^2}{\sqrt{\frac{1}{4\eta^2 + \xi^2}}} d\xi \quad \Longrightarrow \quad \frac{M}{M_p} = \int_{-0,5}^{0,5} \frac{4\xi^2}{\sqrt{\frac{1}{4\eta^2 + \xi^2}}} d\xi \tag{16.27}$$

$$V = \frac{bh}{\sqrt{n}} \sigma_e \frac{1}{2\eta} \int_{-0,5}^{0,5} \frac{1}{\sqrt{\frac{1}{4\eta^2 + \xi^2}}} d\xi \quad \Longrightarrow \quad \frac{V}{V_p} = \int_{-0,5}^{0,5} \frac{1}{\sqrt{\frac{1}{4\eta^2 + \xi^2}}} d\xi \tag{16.28}$$

Calculando as integrais em (16.27) e (16.28) e introduzindo $\zeta = \sqrt{\frac{1}{\eta^2} + 1}$, obtêm-se:

$$\begin{aligned} \frac{M}{M_p} &= \zeta + \frac{1}{2\eta^2} \ln(-1 + \zeta) - \frac{1}{2\eta^2} \ln(1 + \zeta) \\ \frac{V}{V_p} &= \frac{1}{2\eta} \left[\ln(1 + \zeta) - \ln(-1 + \zeta) \right] \end{aligned} \tag{16.29}$$

que permitem, atribuindo valores ao adimensional η, obter a envoltória superior da curva de plastificação, conforme mostra a Figura 16.7. Note-se que o parâmetro n, que identifica os critérios de Tresca e de von Mises, aparece nas variáveis

η, ζ e V_p; consequentemente, a curva da Figura 16.7 é válida para os dois critérios e é próxima de um arco de circunferência.

Figura 16.7
Limite superior da curva de plastificação (HODGE, 1957).

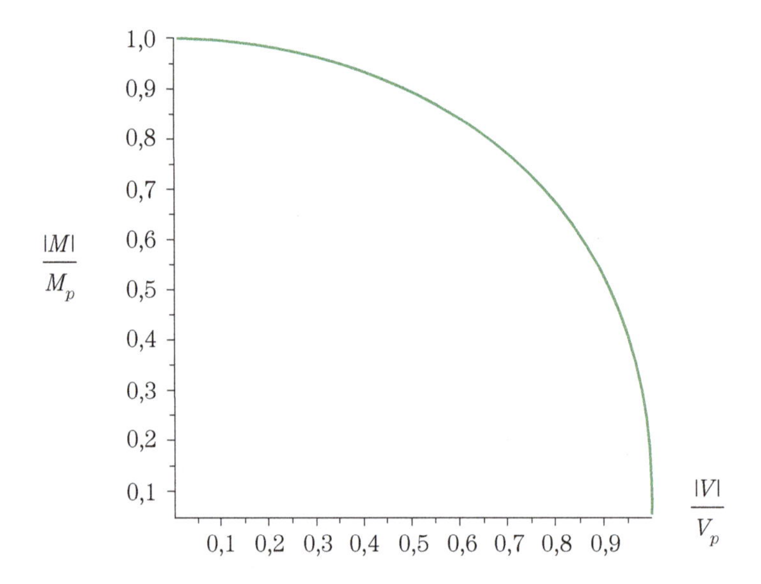

A Figura 16.8 mostra as diversas envoltórias, inferiores e superior, da curva de plastificação na flexão simples normal. Pode-se observar que as envoltórias de Hodge e Soares oferecem uma faixa estreita de variação possível do momento de plastificação com o efeito da força cortante. Por exemplo, para $\frac{|V|}{V_p} = 0{,}2$ tem-se $0{,}970 \leq \frac{|M|}{M_p} \leq 0{,}990$ (adotando a envoltória inferior de Bezenkhov), ou $0{,}981 \leq \frac{|M|}{M_p} \leq 0{,}990$ (adotando a envoltória de Soares). Verifica-se a razoabilidade da hipótese de adotar o momento de plastificação na flexão pura quando a relação $\frac{|V|}{V_p} \leq 0{,}2$.

Figura 16. 8
Envoltórias inferiores e superiores da curva de plastificação na flexão simples normal.

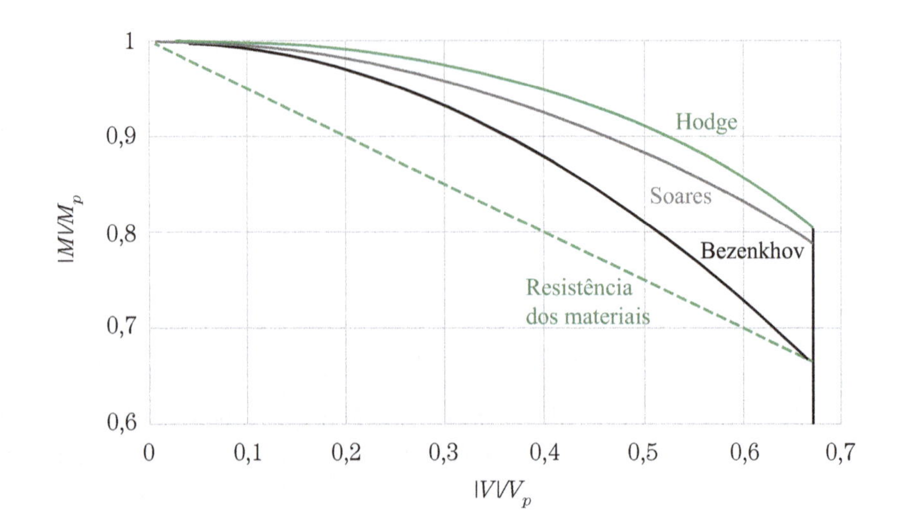

A envoltória superior pode ser aproximada com grande precisão por:

$$\frac{|M|}{M_p} + 0{,}5394\left(\frac{V}{V_p}\right)^2 - 0{,}0919\frac{|V|}{V_p} = 0{,}9964 \quad \text{para} \quad \frac{|V|}{V_p} \leq \frac{2}{3} \tag{16.30}$$

ou por:

$$\frac{|M|}{M_p} + 0{,}220\left(\frac{V}{V_p}\right)^2 = 1 \quad \text{para} \quad \frac{|V|}{V_p} \leq 0{,}2, \tag{16.31}$$

que se apresenta pelo fato de ser muito frequente a condição $\frac{|V|}{V_p} \leq 0{,}2$.

Apresentam-se a seguir, análises de vigas em condições de flexão normal simples, utilizando os resultados apresentados e novos resultados pela aplicação do teorema cinemático com a consideração de mecanismos de colapso e pela aplicação do método dos elementos finitos. Ao final do exemplo da viga biengastada, apresenta-se comentário em que se procura mostrar a importância dos estudos com modelos analíticos, mesmo os mais simples, em face das análises numéricas que utilizam ferramentas computacionais cada vez mais poderosas.

16.3 Viga em balanço com carga na extremidade

Seja a viga em balanço de seção retangular de material elastoplástico perfeito submetida a carga concentrada na sua extremidade livre. A análise que se segue explora vários procedimentos para o estabelecimento de limites superiores e inferiores e estimativa da carga de colapso plástico considerando a barra em estado plano de tensão e os critérios de plastificação de Tresca e de von Mises. Inicialmente, apresentam-se resultados que definem limites superior e inferior da carga de colapso utilizando as diversas envoltórias apresentadas. Em seguida, estabelecem-se limites superiores considerando mecanismos caracterizados por movimentos de blocos rígidos entre regiões ou camadas em regime elastoplástico perfeito. Finalmente, analisa-se uma particular condição da viga em balanço em que resultados numéricos são apresentados para os procedimentos expostos e por análise pelo método dos elementos finitos.

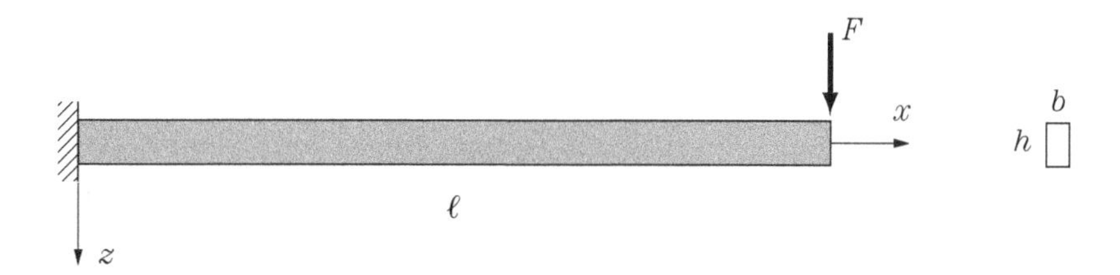

Figura 16.9
Viga em balanço com carga concentrada na extremidade livre.

Solução

A seção mais solicitada é a do engastamento onde $M = F\ell$ e $V = F$. Assim, o primeiro limite de plastificação é dado por:

$$F_I = \frac{bh^2}{6\ell}\sigma_e,$$

que é um primeiro limite inferior da carga de colapso plástico.

Em relação ao segundo limite de plastificação ou à carga de colapso plástico, não se tem uma resposta exata, pela presença da força cortante. Entretanto, é possível estabelecer limites inferiores e estimativa do limite superior para a carga de colapso plástico considerando as envoltórias na seção mais solicitada, a de engastamento. A estimativa do limite superior resulta da condição de não se observar a condição $\sigma_{xz} = 0$ nas faces superior e inferior da viga em balanço.

Para os critérios de plastificação de Tresca e de von Mises, verifica-se que:

$$\frac{V}{V_p} = \frac{\sqrt{n}}{4}\frac{h}{\ell} \leq 0{,}125 \quad \text{para} \quad \frac{\ell}{h} \geq 4.$$

Adotam-se todas as expressões das envoltórias na forma:

$$\frac{|M|}{M_p} + \alpha\left(\frac{V}{V_p}\right)^2 = 1, \tag{16.32}$$

o que permite estabelecer:

$$\frac{F\ell}{M_p} + \alpha\left(\frac{F}{V_p}\right)^2 = 1, \tag{16.33}$$

ou, multiplicando e dividindo todos os termos por $F_{II} = \sigma_e \dfrac{bh^2}{4\ell}$, que é a carga de colapso admitindo flexão pura, considerando (16.7) e introduzindo o adimensional $f = \dfrac{F}{F_{II}}$,

$$f + \alpha\frac{n}{16}\left(\frac{h}{\ell}\right)^2 f^2 - 1 = 0, \tag{16.34}$$

cuja solução é a raiz positiva de (16.34), dada por:

$$f = \frac{8}{\alpha n}\left(\frac{\ell}{h}\right)^2 \left\{\sqrt{1 + \frac{\alpha n}{4}\left(\frac{h}{\ell}\right)^2} - 1\right\}. \tag{16.35}$$

As expressões do parâmetro $f = \dfrac{F}{F_{II}}$ são dadas então por:

- para o critério de plastificação de Tresca, $n = 4$.

$$\alpha = \frac{3}{4} (Bezenkhov) \implies f_B = 2{,}667\left(\frac{\ell}{h}\right)^2 \left\{\sqrt{1 + 0{,}750\left(\frac{h}{\ell}\right)^2} - 1\right\}$$

$$\alpha = \frac{\pi^2 - 8}{4} (Soares) \implies f_S = 4{,}279\left(\frac{\ell}{h}\right)^2 \left\{\sqrt{1 + 0{,}467\left(\frac{h}{\ell}\right)^2} - 1\right\}$$

$$\alpha = 0{,}220\ (Hodge) \implies f_H = 9{,}091\left(\frac{\ell}{h}\right)^2 \left\{\sqrt{1 + 0{,}220\left(\frac{h}{\ell}\right)^2} - 1\right\}$$

(16.36)

- para o critério de plastificação de von Mises, $n = 3$.

$$\alpha = \frac{3}{4} (Bezenkhov) \implies f_B = 3{,}556\left(\frac{\ell}{h}\right)^2 \left\{\sqrt{1 + 0{,}563\left(\frac{h}{\ell}\right)^2} - 1\right\}$$

$$\alpha = \frac{\pi^2 - 8}{4} (Soares) \implies f_S = 5{,}705\left(\frac{\ell}{h}\right)^2 \left\{\sqrt{1 + 0{,}351\left(\frac{h}{\ell}\right)^2} - 1\right\}$$

$$\alpha = 0{,}220\ (Hodge) \implies f_H = 12{,}121\left(\frac{\ell}{h}\right)^2 \left\{\sqrt{1 + 0{,}165\left(\frac{h}{\ell}\right)^2} - 1\right\}$$

(16.37)

A Figura 16.10 mostra os valores das relações entre as cargas limites, superior e inferiores, de colapso plástico para relações $4 \leq \dfrac{\ell}{h} \leq 10$. Note-se que a carga de colapso plástico está entre a envoltória inferior de Soares e a superior de Hodge, e, nesse domínio, com diferença inferior a 0,2% em relação à F_p, o que reforça a hipótese de assumir como momento de plastificação na presença de força cortante o momento de plastificação na flexão pura. Para todos os valores obtidos de f se observa:

$$0{,}059 \leq \frac{V}{V_p} = f\frac{\sqrt{n}}{4}\frac{h}{\ell} \leq 0{,}125,$$

que verifica o domínio de validade das Expressões (16.36) e (16.37).

Figura 16.10

Relações $f = \dfrac{F}{F_{II}}$ para viga em balanço com carga na extremidade.

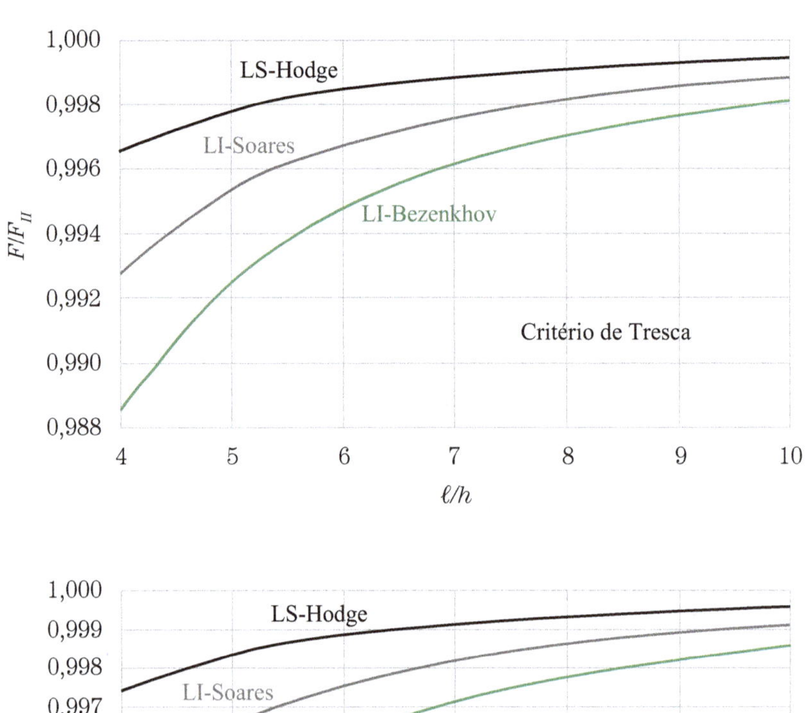

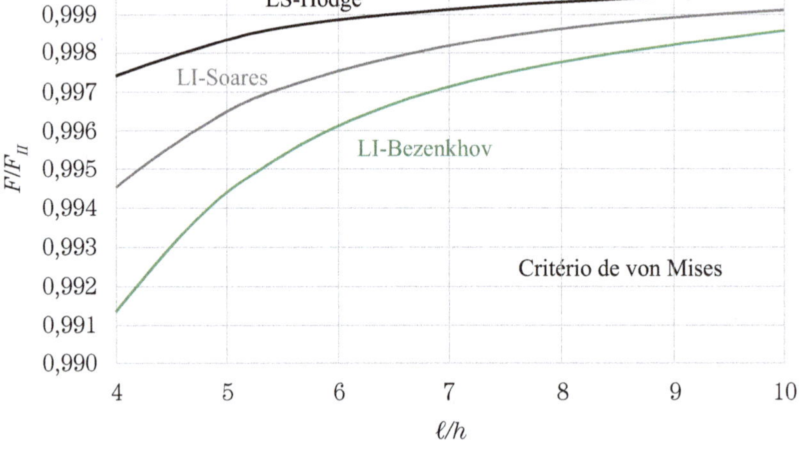

Apresenta interesse didático obter limites superiores da carga de colapso plástico com base no teorema do limite superior da análise limite – o multiplicador correspondente a uma solução cinematicamente admissível é um limite superior do multiplicador de colapso. Basicamente, define-se um mecanismo de colapso, para a barra caracterizada como um conjunto de blocos rígidos ligados por regiões ou camadas de material elastoplástico perfeito. A região plastificada e os deslocamentos virtuais, nela definidos, são selecionados de modo que se tenha uma rotação virtual em torno de determinado ponto. A equação de equilíbrio é estabelecida pelo teorema dos deslocamentos virtuais, considerando o carregamento real submetido aos deslocamentos e deformações virtuais associados a esse mecanismo, da qual resulta uma carga, que é um limite superior da carga de colapso plástico.

Um primeiro mecanismo é o apresentado por Drucker e Providence (1956), em que o mecanismo ocorre pela plastificação de uma camada, de espessura e, em forma de arco de circunferência, como mostra a Figura 16.11.

Figura 16.11
Mecanismo em arco de circunferência.

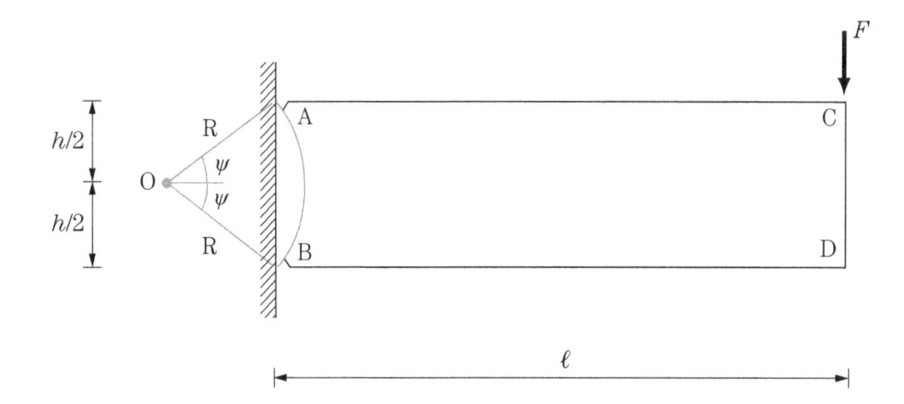

Os deslocamentos virtuais são caracterizados pelo ângulo $\delta\theta$ de rotação do bloco rígido ABCD em torno do ponto O, centro da circunferência de raio R, e pelo deslocamento na extremidade da barra $\delta U = (\ell + R\cos\psi)\,\delta\theta$. Para melhor percepção dessa rotação, introduziram-se duas pequenas cavidades junto de A e de B. A deformação na camada AB de espessura e é caracterizada pela distorção $\delta\gamma = \dfrac{R\delta\theta}{e}$.

Figura 16.12
Deslocamentos e deformações virtuais no mecanismo de arco de circunferência.

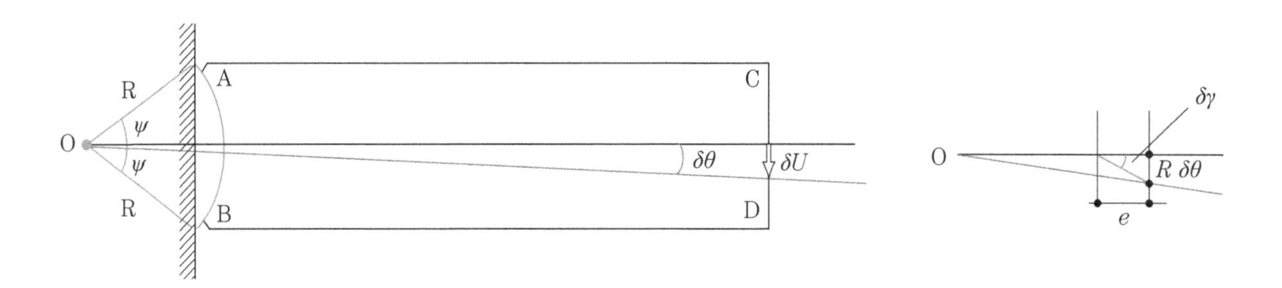

Trata-se agora de estabelecer a equação de equilíbrio. Considerando que $R = \dfrac{h}{2\,\text{sen}\psi}$, o trabalho virtual externo é dado por:

$$\delta T_e = F_{c1}(\ell + R\cos\psi)\delta\theta = F_{c1}(\ell + h\frac{\cos\psi}{2\text{sen}\psi})\delta\theta, \tag{16.38}$$

e, considerando $\tau_e = \dfrac{\sigma_e}{2}$,

$$\delta T_i = \int_V \tau_e \delta\gamma \, dV = \int_{-\psi}^{\psi} \tau_e \delta\gamma beR \, d\alpha = \tau_e beR^2 2\psi\delta\theta = \sigma_e be\psi \left(\frac{h}{2\text{sen}\psi} \right)^2 \delta\theta . \tag{16.39}$$

Assim, obtém-se o seguinte limite superior para a carga de colapso plástico:

$$\delta T_e = \delta T_i \ \forall \ \delta\theta \quad \Longrightarrow \quad F_{c1} = \sigma_e \frac{be\psi \left(\dfrac{h}{2\text{sen}\psi} \right)^2}{\ell + h \dfrac{\cos\psi}{2\text{sen}\psi}},$$

ou, após algumas transformações:

$$F_{c1} = \sigma_e \frac{bh^2}{4\ell} \left[\frac{\psi}{\text{sen}^2\psi} \frac{1}{1 + \dfrac{h}{\ell} \dfrac{\cos\psi}{2\text{sen}\psi}} \right] = F_{II} g(\psi) . \tag{16.40}$$

Para cada valor da relação $\dfrac{\ell}{h}$, minimiza-se a função $g(\psi)$, o que permite estabelecer o gráfico da Figura 16.13. Note-se que, para $\dfrac{\ell}{h} \geq 4$, tem-se $\dfrac{F_{c1}}{F_{II}} > 1{,}3$, resultado já esperado pela camada de plastificação adotada. Para relações $\dfrac{\ell}{h} < 4$, já não se pode considerar a hipótese de comportamento de barra, e os resultados obtidos caracterizam limites superiores da carga de colapso plástico com mecanismo típico de um console em estado plano de tensão.

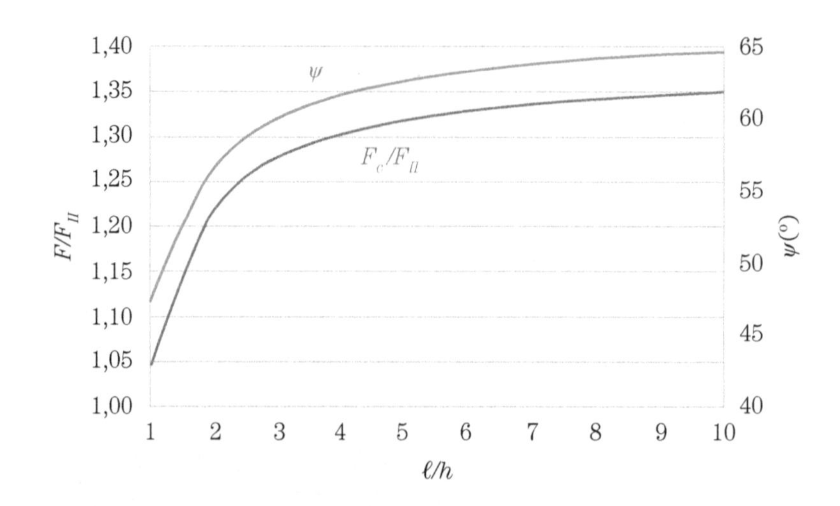

Figura 16.13
Limite superior da carga de colapso para mecanismo de arco de circunferência.

Um segundo mecanismo é o que considera uma região AOBMPN plastificada junto ao engastamento, como mostrado na Figura 16.14.

Figura 16.14
Mecanismo com região AOBMPN plastificada.

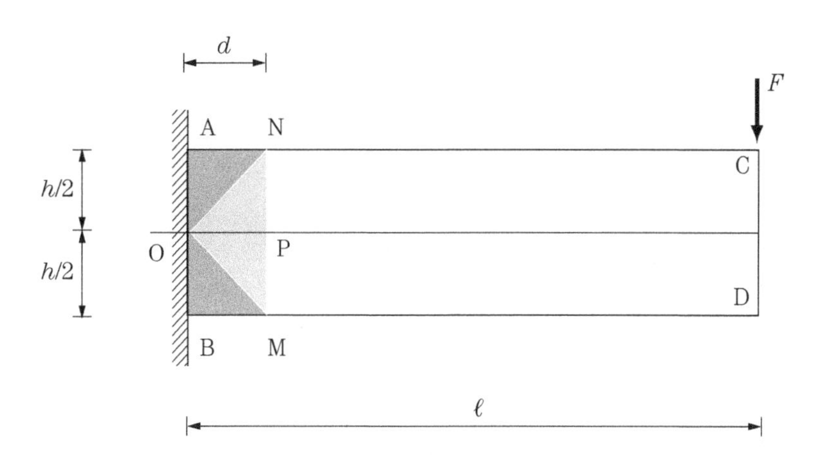

As deformações virtuais ocorrem nas regiões ONA, OBM, OPN e OMP da seguinte forma: os pontos A, O, B e P estão fixos e os pontos N e M são submetidos a um mesmo deslocamento virtual horizontal δu, de sentidos opostos, responsáveis pela rotação $\delta\theta$ do bloco rígido NPMDC em torno do ponto P, e pelo deslocamento na extremidade da barra $\delta U = (\ell - d)\delta\theta$, como mostra a Figura 16.15.

Figura 16.15
Deslocamentos virtuais no mecanismo com região OBMPNA plastificada.

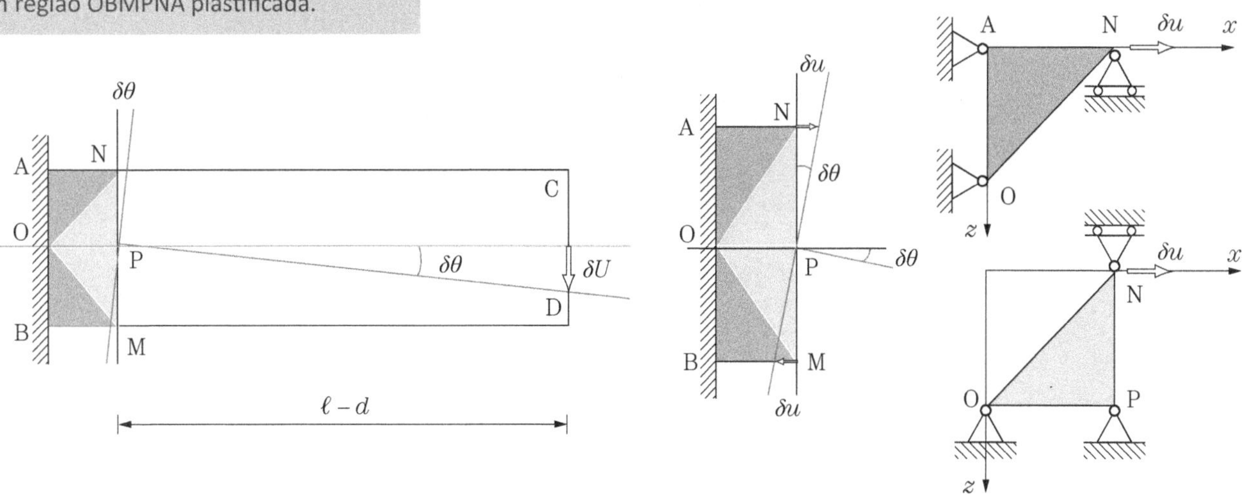

A equação de equilíbrio é estabelecida pelo teorema dos deslocamentos virtuais considerando o carregamento real submetido aos deslocamentos e deformações virtuais associados a esse mecanismo.

Admitindo que os deslocamentos se distribuem linearmente no elemento ONA, os campos de deslocamentos e deformações virtuais no seu interior são dados por:

$$\begin{aligned} \delta u(x,z) &= \frac{x}{d}\,\delta u \\ \delta w(x,z) &= 0 \end{aligned} \quad \Longrightarrow \quad \begin{aligned} \delta\varepsilon_{xx} &= \frac{1}{d}\,\delta u \\ \delta\varepsilon_{zz} &= 0 \\ \delta\gamma_{xz} &= 0 \end{aligned} \tag{16.41}$$

e, na condição de plastificação com $\sigma_{xx} = \sigma_e$, o trabalho interno desse elemento será dado por:

$$\delta T_{i,ONA} = \int_V \sigma_{xx}\delta\varepsilon_{xx}dV = \sigma_e\frac{bh}{4}\,\delta u, \tag{16.42}$$

e é imediato que $\delta T_{i,\mathrm{OBM}} = \delta T_{i,ONA}$.

Da mesma forma, admitindo que os deslocamentos se distribuem linearmente no elemento OPN, os campos de deslocamentos e de deformações virtuais no seu interior são dados por:

$$\begin{aligned} \delta u(x,z) &= \frac{h-2z}{h}\,\delta u \\ \delta w(x,z) &= 0 \end{aligned} \quad \Longrightarrow \quad \begin{aligned} \delta\varepsilon_{xx} &= 0 \\ \delta\varepsilon_{zz} &= 0 \\ \delta\gamma_{xz} &= -\frac{2}{h}\delta u \end{aligned} \tag{16.43}$$

e, na condição de plastificação $\sigma_{xz} = \dfrac{\sigma_e}{\sqrt{n}}$, o trabalho virtual interno desse elemento será dado por:

$$\delta T_{i,\mathrm{OPN}} = \int_V \sigma_{xz}\delta\gamma_{xz}dV = \sigma_e\frac{bh}{4}\frac{2}{\sqrt{n}}\frac{d}{h}\,\delta u, \tag{16.44}$$

e é imediato que $\delta T_{i,\mathrm{OMP}} = \delta T_{i,\mathrm{OPN}}$.

Assim, o trabalho virtual interno é dado por:

$$\delta T_i = \sigma_e\frac{bh}{4}\left(1 + \frac{2}{\sqrt{n}}\frac{d}{h}\right)2\delta u = \sigma_e\frac{bh^2}{4}\left(1 + \frac{2}{\sqrt{n}}\frac{d}{h}\right)\delta\theta. \tag{16.45}$$

Considerando que o trabalho virtual externo *é dado por:*

$$\delta T_e = F_{c2}\delta U = F_{c2}(\ell - d)\delta\theta = F_{c2}\ell\left(1 - \frac{d}{\ell}\right)\delta\theta, \tag{16.46}$$

o teorema dos deslocamentos virtuais permite estabelecer:

$$\delta T_e = \delta T_i \;\forall\; \delta\theta \quad \Longrightarrow \quad F_{c2} = \sigma_e\frac{bh^2}{4\ell}\frac{\left(1 + \frac{2}{\sqrt{n}}\frac{d}{h}\right)}{\left(1 - \frac{d}{\ell}\right)} = F_p\frac{\left(1 + \frac{2}{\sqrt{n}}\frac{d}{h}\right)}{\left(1 - \frac{d}{\ell}\right)}. \tag{16.47}$$

O valor mínimo de F_{c2} em (16.47) ocorre para $d = 0$ e, portanto, o limite superior obtido

$$F_{c2,min} = F_p = \sigma_e \frac{bh^2}{4\ell} \qquad (16.48)$$

é o mesmo da carga de colapso obtido na análise unidimensional com a hipótese de o momento de plastificação ser o da flexão pura.

Considere-se agora o caso particular da viga em balanço com as seguintes propriedades geométricas e físicas[1]:

$$\ell = 2{,}00 \text{ m} \quad h = 0{,}20 \text{ m} \quad b = 0{,}05 \text{ m}$$
$$E = 20 \times 10^8 \text{ kN/m}^2 \quad \sigma_e = 4 \times 10^5 \text{ kN/m}^2$$

Apresentam-se, inicialmente, os resultados obtidos pela aplicação dos tratamentos analíticos desenvolvidos.

O primeiro e o segundo limites de plastificação, obtidos admitindo-se flexão pura, são dados por:

$$F_I = 66{,}667 \text{ kN} \quad F_{II} = 100{,}000 \text{ kN}$$

Do ponto de vista da análise em estado plano de tensão, o primeiro limite *é um limite inferior da carga de colapso plástico;* já o segundo limite é uma boa estimativa da carga de colapso – e somente uma estimativa, pela presença da força cortante.

A utilização das envoltórias, em que se considera o efeito da força cortante, e dos mecanismos permite estabelecer os seguintes valores para limites superiores, F_c, e inferiores, F_e da carga de colapso:

Tabela 16.1 – Limites superiores e inferiores da carga de colapso

F_e (kN)				F_c (kN)		
	C. Tresca	C. von Mises			C. Tresca	C. von Mises
Bezenkhov	99,810	99,860		Hodge	99,950	99,960
Soares	99,880	99,910		Mecanismo 1	135,500	135,500
				Mecanismo 2	100,000	100,000

Assim, os domínios da carga de colapso plástico, definidos pelas envoltórias de Soares e de Hodge, para os critérios de Tresca e de von Mises:

1. Esses dados são de um material hipotético, adotados com o objeto de comparar os resultados derivados das expressões analíticas com os obtidos pelo método dos elementos finitos. Admite-se que haja vinculações, de modo a evitar a flambagem lateral da viga.

$$C.\ Tresca \implies 99{,}880\ \text{kN} \leq F_{colapso\ plástico} \leq 99{,}950\ \text{kN}$$

$$C.\ von\ Mises \implies 99{,}910\ \text{kN} \leq F_{colapso\ plástico} \leq 99{,}960\ \text{kN}$$

mostram uma faixa muito estreita em que se encontra o valor da carga de colapso, sendo que o valor estimado pela análise unidimensional com a hipótese de momento de plastificação dado pela flexão pura é uma excelente estimativa da carga de colapso plástico.

Com o intuito de ilustrar a análise em estado plano de tensão da viga em balanço utilizou-se o Adina® (ADINA, 2008) para a obtenção de resultados pelo método dos elementos finitos, considerando material elastoplástico perfeito e a condição de plastificação de von Mises. Foi aplicado o elemento isoparamétrico de 9 nós com 2 graus de liberdade por nó. A viga foi discretizada por malha com 200 elementos e 867 nós. Os nós do apoio, B, foram todos vinculados para não sofrerem deslocamentos lineares. A carga na extremidade da viga foi distribuída uniformemente na seção transversal.

A Figura 16.16 mostra a malha utilizada na configuração deformada.

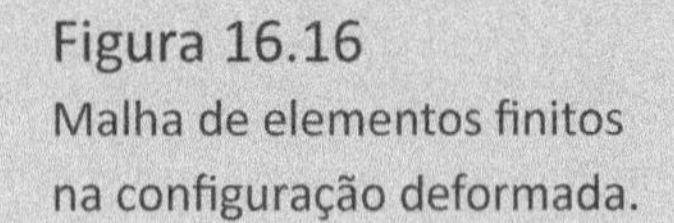

Figura 16.16
Malha de elementos finitos na configuração deformada.

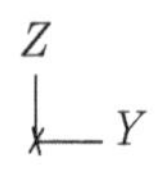

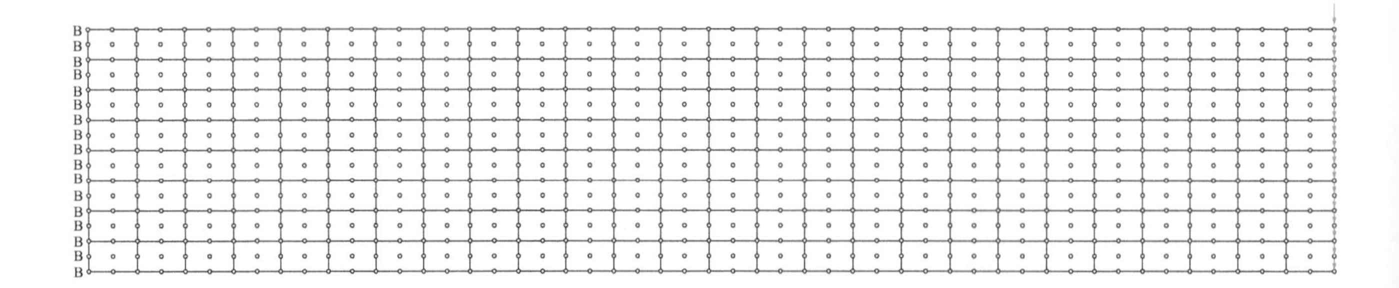

A Figura 16.17 apresenta a evolução dos deslocamentos na extremidade da viga, $w(\ell)$, para carregamento monotonicamente crescente. Observa-se que, a partir de $F = 80$ kN, a não linearidade física se manifesta com intensidade crescente, atingindo o valor de 0,05 m para $F = 100$ kN, contra 0,04 m que pode ser obtido da análise unidimensional. A partir de $F = 100$ kN, o deslocamento na extremidade da viga cresce muito intensamente, e a hipótese de linearidade geométrica deixa de ser válida.

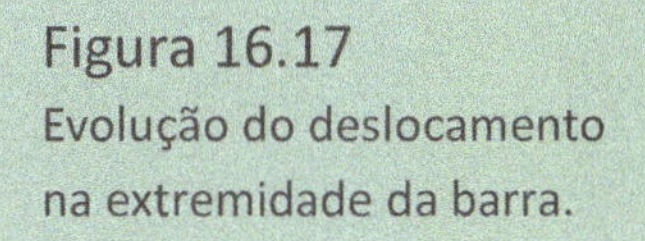
Figura 16.17
Evolução do deslocamento na extremidade da barra.

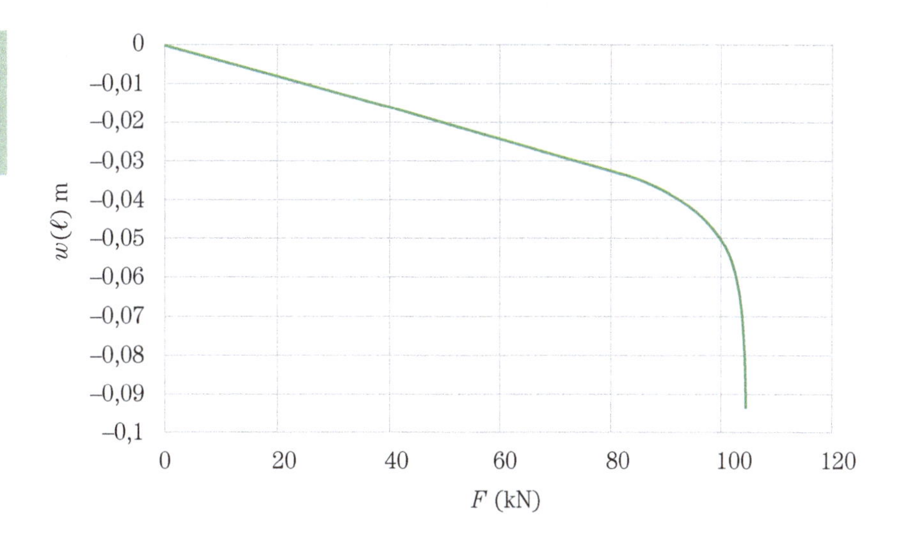

A Figura 16.18 mostra as distribuições suavizadas das tensões efetivas, das tensões normais e das tensões de cisalhamento na barra. Em uma região próxima do engastamento observa-se a perda da regularidade na distribuição das tensões, o chamado efeito de Saint-Venant, e a tendência de formação de rótula plástica um pouco antes do engastamento. De certa forma, esse efeito "diminui" o comprimento efetivo da viga, aumentando sua rigidez e, assim, aumentando ligeiramente a capacidade de carga até seu colapso plástico, conforme se constata nos resultados apresentados. Notem-se, ainda, a ocorrência de valores da tensão efetiva e da tensão normal que ultrapassam o valor de σ_e e algumas descontinuidades que podem decorrer da malha adotada, no limite da versão educacional, principalmente nas proximidades da região vinculada.

Os resultados obtidos por análise pelo método dos elementos finitos devem ser entendidos como uma estimativa da carga de colapso plástico e mostram compatibilidade com os anteriormente obtidos.

Figura 16.18
Distribuições suavizadas das tensões efetivas, normais e tangenciais na barra – Adina®.

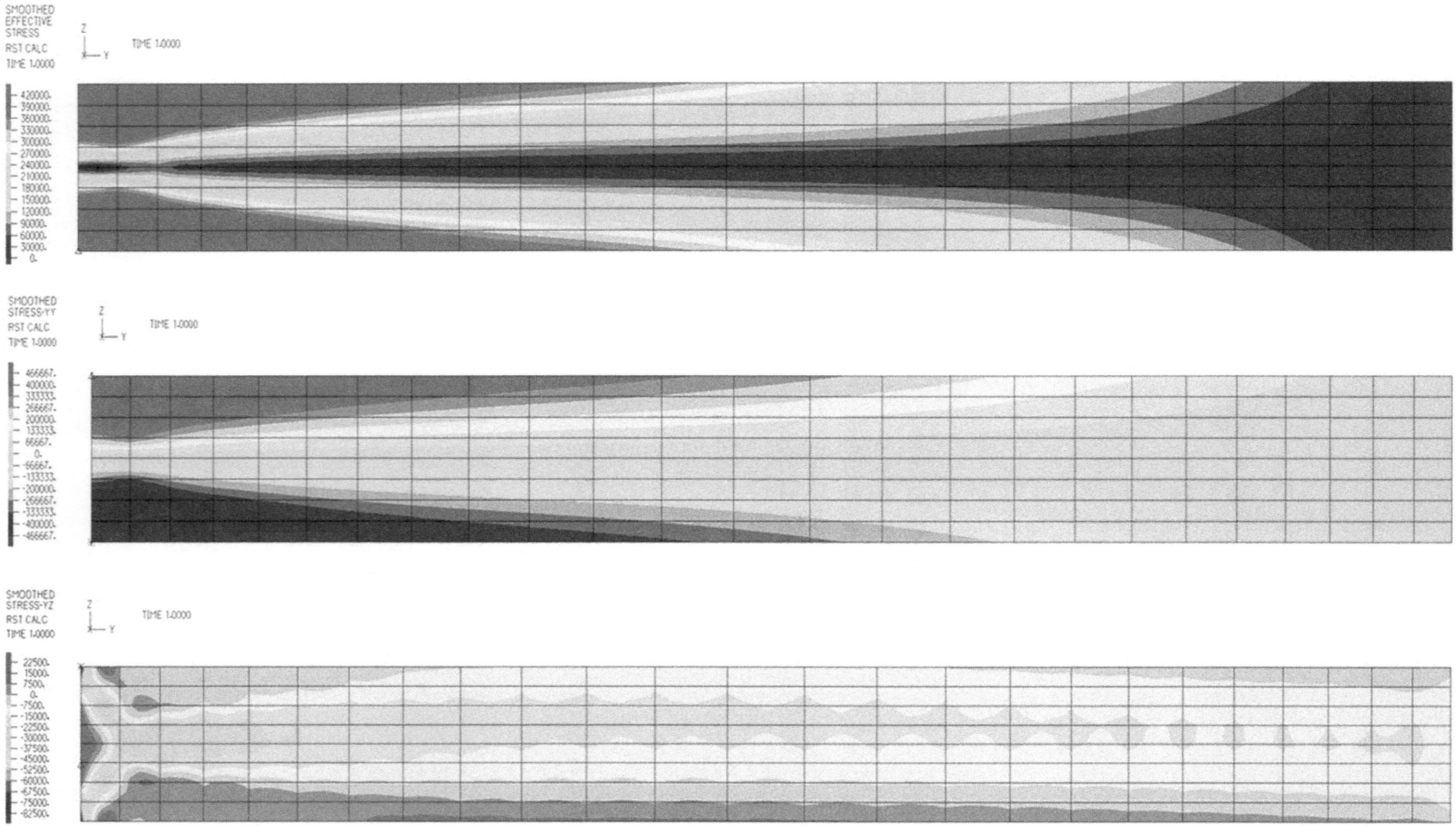

16.4 Viga biengastada com carga uniforme

Seja a viga biengastada de seção retangular de material elastoplástico perfeito submetida a carga uniformemente distribuída. Admitindo os critérios de plastificação de Tresca e de von Mises e as envoltórias de Soares e Hodge, estabelecem-se estimativas para os limites inferior e superior da carga de colapso plástico, que leva em conta o efeito da força cortante. Analisa-se também uma particular condição da viga biengastada em que resultados numéricos são apresentados, incluindo alguns obtidos pelo método dos elementos finitos considerando o critério de plastificação de von Mises.

Solução

Conforme se viu no Exemplo 3.7, formam-se três rótulas plásticas no colapso plástico, duas nas seções das extremidades e uma na seção do meio do vão da viga, com a distribuição de momentos fletores e forças cortantes, que se mostra na Figura 16.19, onde M_p e M_{pv} são, respectivamente, os momentos de plastificação na flexão pura e com o efeito da força cortante, e q_{IIv} é a carga de colapso considerando o efeito da força cortante.

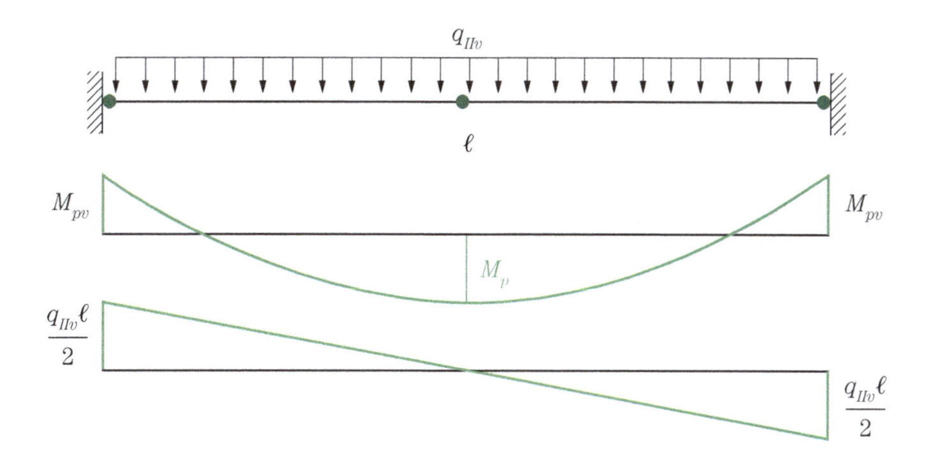

Figura 16.19
Esforços solicitantes e rótulas plásticas na condição de colapso.

Observando que as forças cortantes nas extremidades da viga são iguais a $\dfrac{q_{IIv}\ell}{2}$ e que a do meio do vão é nula, pode-se escrever a equação de equilíbrio:

$$\frac{q_{IIv}\ell^2}{8} = M_{pv} + M_p . \tag{16.49}$$

Novamente não se tem uma resposta direta de (16.49), pela presença de força cortante. Entretanto, é possível estabelecer estimativas dos limites inferior e superior para a carga de colapso plástico considerando as envoltórias de Soares e de Hodge no tratamento de (16.49).

Como, na condição de flexão pura, para os critérios de plastificação de Tresca e de von Mises, verifica-se:

$$0{,}346 \leq \frac{|V|}{V_p} = 2\sqrt{n}\frac{h}{\ell} \leq 0{,}667 \qquad \text{para} \qquad \frac{\ell}{h} \geq 6,$$

colocam-se as envoltórias na forma:

$$\frac{|M|}{M_p} + \alpha\left(\frac{V}{V_p}\right)^2 + \beta\frac{V}{V_p} = \gamma, \tag{16.50}$$

que são válidas para $\frac{|V|}{V_p} \leq \frac{2}{3}$, com ($\alpha = 0{,}4674 \quad \beta = 0 \quad \gamma = 1$), no caso da envoltória inferior, e ($\alpha = 0{,}5393 \quad \beta = -0{,}0919 \quad \gamma = 0{,}9964$), no caso da envoltória superior.

Nota-se ainda, que a hipótese, própria de análise unidimensional, $\sigma_{zz} = 0$ na face superior da viga biengastada com carga distribuída não é verificada, pois, para garantir o equilíbrio nessa face, deveria ser igual a $|\sigma_{xz}| = \frac{q}{b}$. Entretanto, no caso de colapso plástico, nas seções mais solicitadas e com a hipótese de flexão pura, verifica-se que $|\sigma_{zz}| = \frac{q_{II}}{b} = 4\sigma_e\left(\frac{h}{\ell}\right)^2 \ll \sigma_{xx} = \sigma_e$ para valores de $\frac{\ell}{h} \geq 6$, e, assim, é razoável assumir a solução como aproximadamente equilibrada e que os limites a serem obtidos serão boas estimativas, tanto melhores quanto maiores forem as relações $\frac{\ell}{h}$, dos limites inferior e superior.

Com essas observações, dá-se continuidade à obtenção dos limites superior e inferior de q_{IIv}, dividindo todos os termos de (16.49) por M_p, e, considerando (16.50), pode-se estabelecer:

$$\frac{q_{IIv}\ell^2}{8M_p} = -\,\alpha\left(\frac{V}{V_p}\right)^2 - \beta\frac{V}{V_p} + \gamma + 1\,. \tag{16.51}$$

Levando em conta que, na condição de colapso plástico em que se despreza o efeito da força cortante, se tem:

$$\frac{q_{II}\ell^2}{8} = 2M_p = \frac{bh^2}{2}\sigma_e,$$

pode-se escrever

$$\frac{V}{V_p} = \frac{\dfrac{q_{IIv}\ell}{2}}{\dfrac{\sigma_e bh}{\sqrt{n}}}\,\frac{q_{II}}{q_{II}} = 2\sqrt{n}\,\frac{h}{\ell}\,p \qquad \frac{q_{IIv}\ell^2}{8M_p}\,\frac{q_{II}}{q_{II}} = 2p \tag{16.52}$$

onde o adimensional

$$p = \frac{q_{IIv}}{q_{II}}$$

é a relação entre as cargas de colapso com e sem o efeito da força cortante.

Considerando (16.52), a Expressão (16.51) pode ser colocada na forma:

$$k_1 p^2 + k_2 p - k_3 = 0$$

$$k_1 = 4\alpha n\left(\frac{h}{\ell}\right)^2 \quad k_2 = 2 + 2\beta\sqrt{n}\left(\frac{h}{\ell}\right) \quad k_3 = 1 + \gamma \tag{16.53}$$

cuja solução é a sua raiz positiva:

$$p = \frac{k_2}{2k_1}\left[\sqrt{\left(\frac{1 + 4k_1k_3}{k_2{}^2}\right)} - 1\right].$$

A Figura 16.20 mostra os valores de p para relações $6 \leq \frac{\ell}{h} \leq 10$ e os correspondentes valores de $\frac{|V|}{V_p}$.

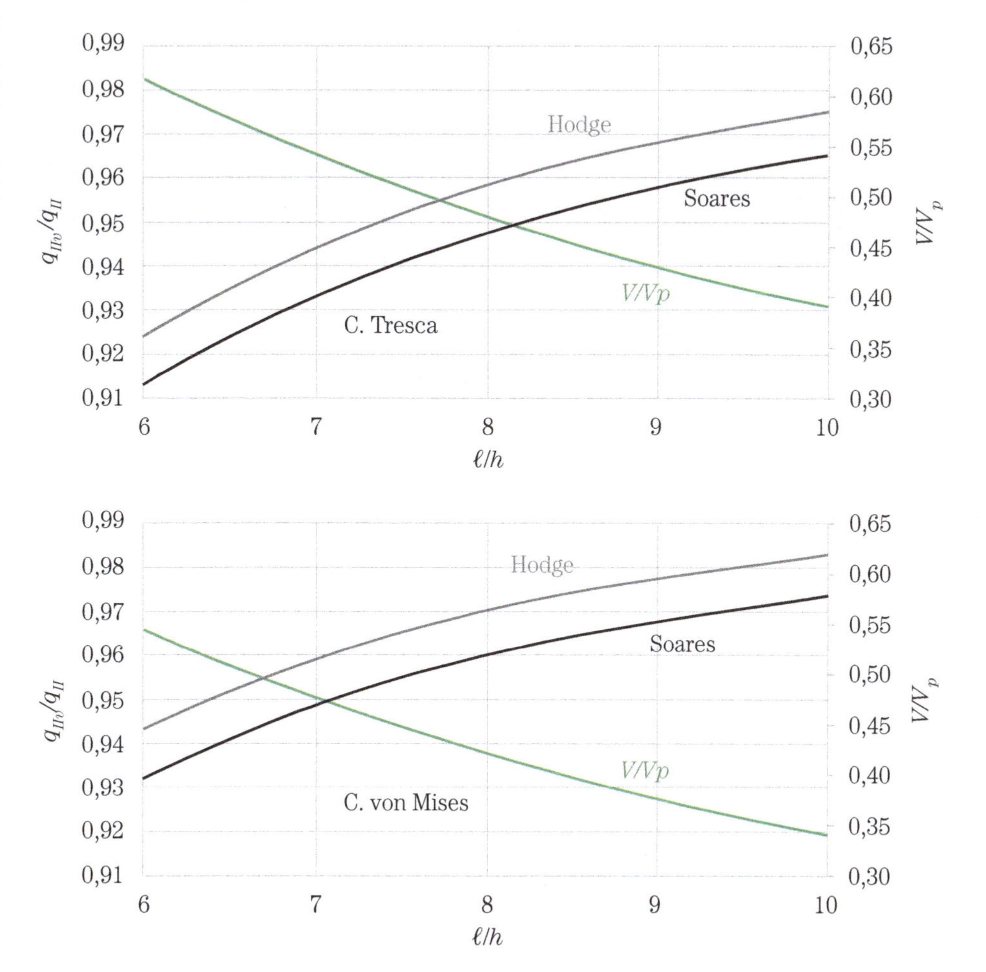

Figura 16.20
Relações $\frac{q_{IIv}}{q_{II}}$ e $\frac{|V|}{V_p}$ para viga biengastada com carga distribuída.

Observa-se que $0{,}39 \le \frac{|V|}{V_p} \le 0{,}62$, para o critério de Tresca, e $0{,}34 \le \frac{|V|}{V_p} \le 0{,}54$, para o critério de von Mises; ambos satisfazendo a condição admitida de $\frac{|V|}{V_p} \le \frac{2}{3}$.

No caso do critério de Tresca, obtêm-se:

$$\begin{array}{cc} \frac{h}{\ell} = \frac{1}{10} & \frac{h}{\ell} = \frac{1}{6} \\ 0{,}965 \le p \le 0{,}975 & 0{,}913 \le p \le 0{,}924 \\ 3{,}5\% \le 1 - p \le 2{,}5\% & 8{,}7\% \le 1 - p \le 7{,}6\% \end{array}$$

e, para o critério de Von Mises,

$$\begin{array}{cc} \frac{h}{\ell} = \frac{1}{10} & \frac{h}{\ell} = \frac{1}{6} \\ 0{,}973 \le p \le 0{,}983 & 0{,}932 \le p \le 0{,}943 \\ 2{,}7\% \le 1 - p \le 1{,}7\% & 6{,}8\% \le 1 - p \le 5{,}7\% \end{array}$$

Esses valores e os gráficos da Figura 16.20 permitem concluir que é razoável desprezar o efeito da força cortante para $\frac{\ell}{h} \ge 8$, pois os erros cometidos serão da ordem de até 5%, diminuindo conforme a relação $\frac{\ell}{h}$ aumenta. Entretanto, já se nota um erro da ordem de 8% para $\frac{\ell}{h} = 6$, e desprezar o efeito da força cortante deve ser devidamente avaliado. Note-se ainda, que todos os valores de p obtidos com o critério de von Mises são mais próximos de 1 do que aqueles obtidos com o critério de Tresca.

Considere-se agora o caso particular da viga biengastada com as seguintes propriedades geométricas e físicas[2]:

$$\ell = 2{,}00 \text{ m} \quad h = 0{,}20 \text{ m} \quad b = 0{,}05 \text{ m}$$
$$E = 20 \times 10^8 \frac{\text{kN}}{\text{m}^2} \quad \sigma_e = 4 \times 10^5 \frac{\text{kN}}{\text{m}^2}$$

Apresentam-se inicialmente os resultados obtidos pela aplicação dos tratamentos analíticos desenvolvidos.

O primeiro e o segundo limites de plastificação obtidos admitindo-se flexão pura são dados por:

$$q_I = 400 \frac{\text{kN}}{\text{m}} \quad q_{II} = 800 \frac{\text{kN}}{\text{m}}$$

2. Esses dados são de um material hipotético, adotados com o objeto de comparar os resultados derivados das expressões analíticas com os obtidos pelo método dos elementos finitos. Admite-se que haja vinculações, de modo a evitar a flambagem lateral da viga.

A utilização das envoltórias de Soares e de Hodge leva às seguintes estimativas dos limites inferiores e superiores da carga de colapso q_{IIv}:

- pelo critério de Tresca $\quad 772{,}741\,\frac{\text{kN}}{\text{m}} \leq q_{IIv} \leq 780{,}074\,\frac{\text{kN}}{\text{m}}$
- pelo critério de von Mises $\quad 778{,}741\,\frac{\text{kN}}{\text{m}} \leq q_{IIv} \leq 786{,}075\,\frac{\text{kN}}{\text{m}}$

mostrando uma faixa muito estreita em que se encontra o valor da carga de colapso e, ainda, que o valor estimado pela análise unidimensional com a hipótese de momento de plastificação dado pela flexão pura é uma excelente estimativa da carga de colapso plástico.

Com o intuito de ilustrar uma análise em estado plano de tensão da viga biengastada, novamente se utiliza o Adina® (ADINA, 2008) para a obtenção de resultados pelo método dos elementos finitos considerando material elastoplástico perfeito e a condição de plastificação de von Mises. Foi utilizado o mesmo elemento isoparamétrico de 9 nós com 2 graus de liberdade por nó. Foram consideradas as simetrias da estrutura e do carregamento, e metade da viga foi discretizada por malha com 200 elementos e 867 nós. Os nós do apoio foram todos vinculados para não sofrerem deslocamentos lineares, C, e os nós da seção do meio do vão, B, foram vinculados para não haver deslocamentos horizontais. A carga externa por unidade de comprimento na viga foi distribuída uniformemente sobre sua face superior.

A Figura 16.21 mostra o carregamento externo e a malha utilizada na configuração deformada.

Figura 16.21
Malha de elementos finitos para metade da viga biengastada.

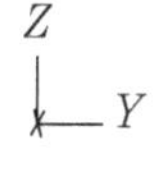

Time 8.000

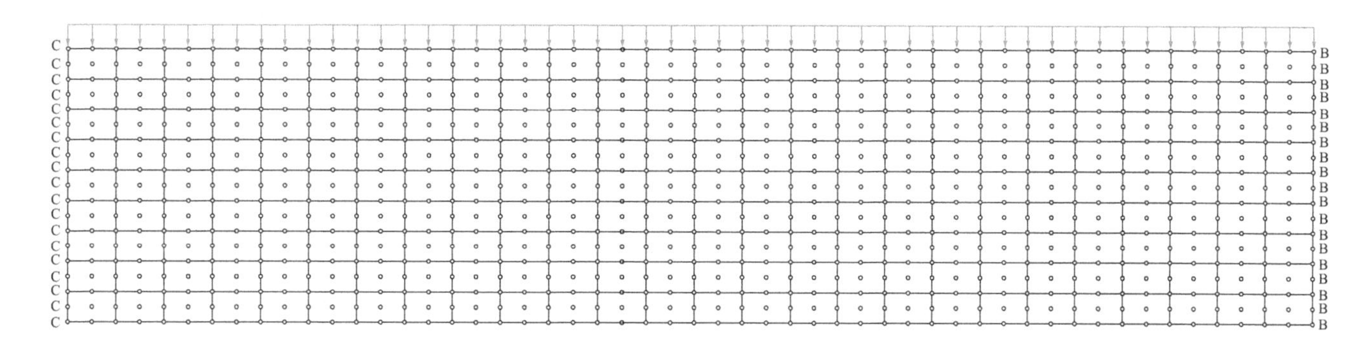

A Figura 16.22 apresenta a evolução dos deslocamentos para carregamento monotonicamente crescente. Observa-se que, a partir de $q = 600\,\dfrac{\text{kN}}{\text{m}}$, a não linearidade física se manifesta com o deslocamento no meio do vão atingindo o valor de 10,4 cm para $q = q_{II} = 800\,\dfrac{\text{kN}}{\text{m}}$ (na análise unidimensional foi encontrado o valor de 10 cm). A análise foi continuada até $q = 840\,\dfrac{\text{kN}}{\text{m}}$, mas sem resultado que possa ter significado físico, pois a condição de pequenos deslocamentos e pequenas deformações estava violada.

Figura 16.22
Evolução do deslocamento no centro da viga biengastada.

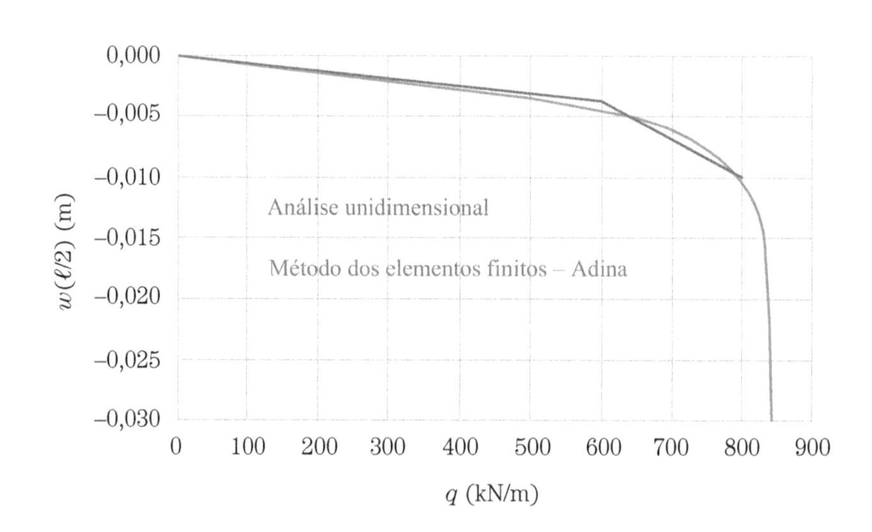

A Figura 16.23 mostra as distribuições suavizadas das tensões efetivas, das tensões normais nas seções transversais e das tensões de cisalhamento na metade esquerda da viga biengastada para $q = 800\,\dfrac{\text{kN}}{\text{m}}$. A análise pelo método dos elementos finitos mostra regiões próximas do engastamento e do meio do vão significativamente plastificadas. Essa situação sugere que a condição de colapso plástico já foi atingida. Entretanto, não é possível caracterizar precisamente o valor da carga de colapso como na análise unidimensional, ou seja, há um trabalho de interpretação cuidadoso a ser feito.

Observam-se, ainda, a ocorrência de valores da tensão efetiva e da tensão normal que ultrapassam o valor de σ_e e algumas descontinuidades que podem decorrer da malha adotada, no limite da versão educacional, ou até mesmo de eventuais aspectos numéricos. Notem-se, ainda, a importância da definição dos vínculos em deslocamentos e a necessidade de verificar a possível violação da condição de pequenos deslocamentos e pequenas deformações.

Os resultados obtidos por análise pelo métodos dos elementos finitos devem ser entendidos como uma estimativa da carga de colapso plástico e mostram compatibilidade com os anteriormente obtidos.

Mesmo para problemas simples como o apresentado, há vários aspectos na preparação e na análise de resultados que são desafiadores. É importante destacar que as inúmeras possibilidades de resolução de problemas por sistemas computacionais, cada vez mais poderosos, oferecem uma forma implícita de análise que exige uma sólida formação conceitual e experiência no uso dessas ferramentas. A resolução analítica de problemas simples de estruturas em regime elastoplástico perfeito é uma estratégia adotada para desenvolver, de forma explícita, a referida sólida base conceitual no assunto e, igualmente, propiciar a análise direta de certas classes de problemas, e por comparação de resultados, uma melhor compreensão no uso dessas ferramentas computacionais.

Esses aspectos realçam a importância da realização de análises com diferentes níveis de hierarquia – a importância de análises com modelos mais simples precederem análises mais complexas.

Figura 16.23
Distribuição suavizada das tensões efetivas, normais e tangenciais na barra.

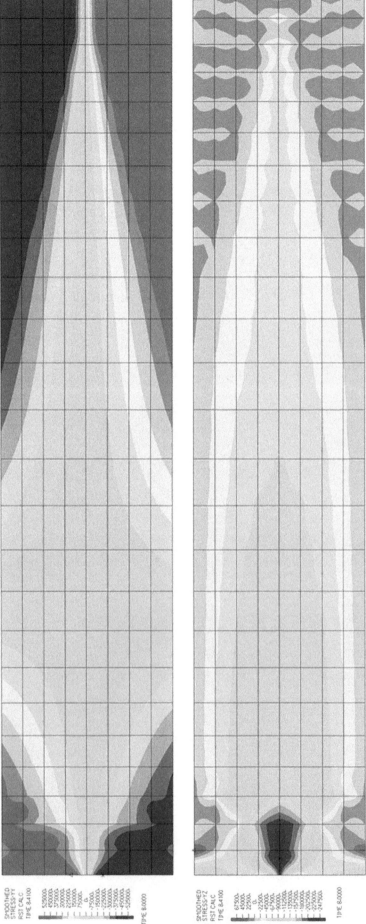

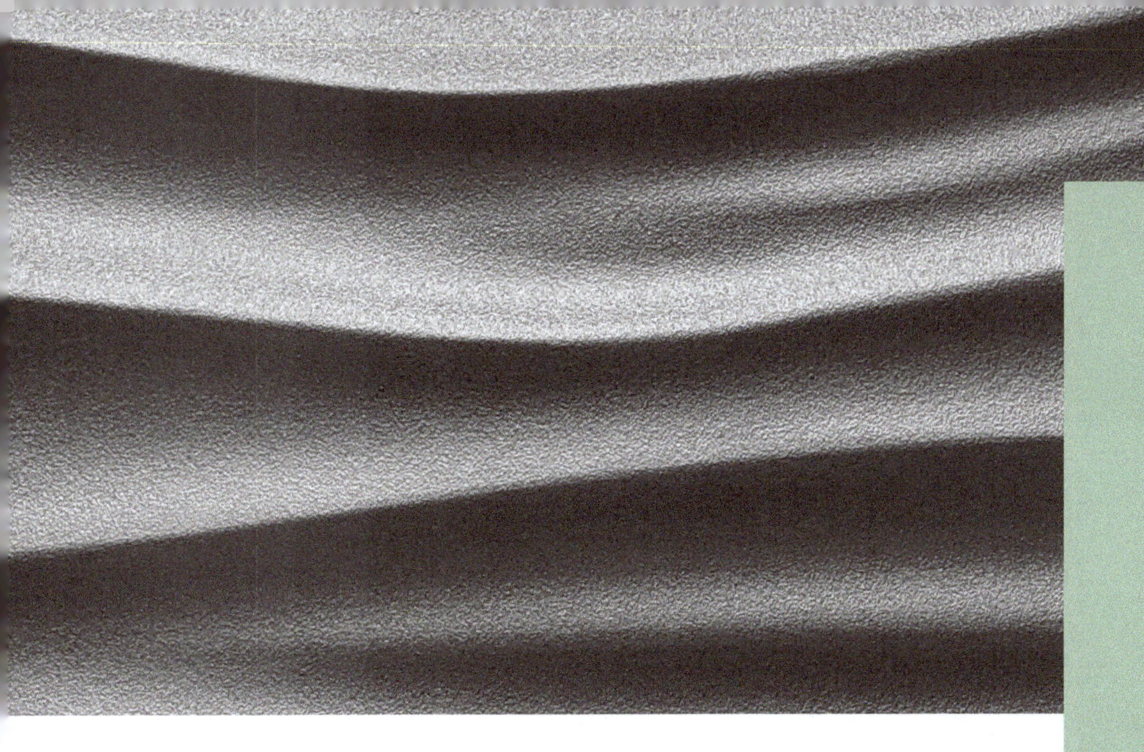

17 ANÁLISE LIMITE EM ESTADO PLANO DE DEFORMAÇÃO

17.1 Introdução

São raros os problemas de estado plano de deformação em regime elastoplástico perfeito que apresentam solução exata. Entretanto, para uma certa classe desses problemas é possível estabelecer limites superiores e inferiores para o estado limite último de colapso plástico pela aplicação dos teoremas cinemático e estático da análise limite. Ainda que limitada, fornece resultados de real interesse tecnológico e científico, e uma sólida base conceitual para o uso de ferramentas computacionais, cada vez mais elaboradas e eficazes, na sua utilização pela resolução numérica de problemas de referência ou mais complexos.

O cálculo de limites superiores se baseia no teorema cinemático e consiste em estabelecer soluções cinematicamente admissíveis, que satisfazem às condições de mecanismo e de equilíbrio.

O procedimento básico para a obtenção de soluções cinematicamente admissíveis consiste em subdividir o domínio do sólido deformável em blocos rígidos separados por camadas ou regiões plastificadas. A condição de equilíbrio é estabelecida pelo teorema dos deslocamentos virtuais, da qual resulta a carga cinemática, estimativa superior da carga de colapso, associada a esse mecanismo.

O cálculo de limites inferiores se baseia no teorema estático e consiste em estabelecer soluções estaticamente admissíveis, que satisfazem às condições de equilíbrio e de plastificação.

Para a obtenção de soluções estaticamente admissíveis, subdivide-se o domínio do sólido deformável em regiões com campo de tensões uniformes, naturalmente equilibrados nos subdomínios, que satisfazem à condição de plastificação $\phi = 0$. Da condição de continuidade das tensões entre as regiões obtém-se a carga estática, estimativa inferior da carga de colapso, associada a essa solução.

Procedimentos detalhados para o estabelecimento de limites superiores e inferiores serão apresentados em dois problemas clássicos de engenharia, matematicamente equivalentes, em que, por meio de uma peça rígida contínua, se aplica uma carga em um semiplano em regime elastoplástico perfeito.

No caso de engenharia metalúrgica, o problema é o da indentação de uma superfície metálica em que se considera o critério de plastificação de Tresca ou de von Mises.

No caso de engenharia geotécnica, é o caso de uma fundação direta de sapata corrida sobre solo em regime elastoplástico perfeito em que se consideram os critérios de plastificação de Tresca ou de von Mises e o de Mohr-Coulomb. Esse será o caso destacado nos estudos que se seguem.

17.2 Fundação direta em sapata corrida sobre meio elastoplástico perfeito com o critério de plastificação de Tresca ou de von Mises

Considere-se uma fundação direta em sapata corrida, admitida rígida, de largura b enterrada em profundidade d, suportando carga F, por unidade de comprimento, que se distribui uniformemente em solo elastoplástico perfeito com coesão c e com ângulo de atrito φ nulo. Considera-se o critério de plastificação de Tresca ou de von Mises com $\tau_e = \dfrac{\sigma_e}{\sqrt{n}} = c$ e estabelecem-se limites superiores e inferiores para a carga limite de colapso plástico, correspondente ao estado limite último de colapso plástico.

Figura 17.1
Fundação direta em sapata corrida. Ações sobre o semiplano.

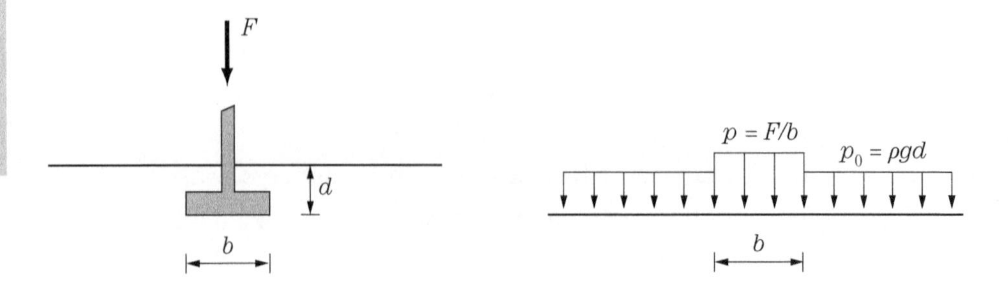

Limites superiores

Procedimento para determinar o limite superior associado a um mecanismo

Um domínio do plano é subdividido em blocos rígidos separados por superfícies de pequenas espessuras (camadas) plastificadas. A condição de mecanismo é caracterizada por deslocamentos virtuais dos blocos rígidos e por deformações virtuais que ocorrem exclusivamente nas camadas plastificadas. Os deslocamentos virtuais são os deslocamentos relativos entre os blocos i e j, δu_{ij}, os deslocamentos virtuais relativos entre o blocos k e o restante do domínio, δu_{0k}, e os deslocamentos virtuais absolutos, δu_{ℓ}, dos blocos ℓ junto à superfície – todos sem a ocorrência de sobreposições. As deformações virtuais ocorrem nas camadas em decorrência dos deslocamentos virtuais. Para permitir uma melhor visualização dos deslocamentos virtuais, consideram-se pequenos recortes no semiespaço rígido.

A condição de equilíbrio é estabelecida pelo teorema dos deslocamentos virtuais, que impõe a igualdade entre o trabalho virtual externo e o trabalho virtual interno, em que se consideram os esforços externos e as tensões nas camadas plastificadas que atuam no sólido deformável e os deslocamentos virtuais e as deformações virtuais associadas a um certo mecanismo e energeticamente conjugadas aos esforços externos e internos. Dessa igualdade, resulta uma carga, que é um limite superior da carga de colapso plástico.

Família de mecanismos

Inicialmente, estabelecem-se limites superiores para uma família de mecanismos, de escolha arbitrária – neste caso, inspirada por aquela adotada em Burland (2008) –, caracterizados por blocos rígidos triangulares, submetidos a deslocamentos virtuais sem rotações e sem ocorrência de sobreposições entre si e que serão calculados para cada um dos mecanismos apresentados na Figura 17.2. Observa-se que a escolha arbitrária permite adotar blocos rígidos distribuídos não simetricamente, bem mais conveniente no desenvolvimento dos cálculos que se seguem, e com os mesmos resultados que se obteriam com a distribuição simétrica dos blocos – afinal, os deslocamentos são virtuais.

Figura 17.2
Mecanismos possíveis de colapso.

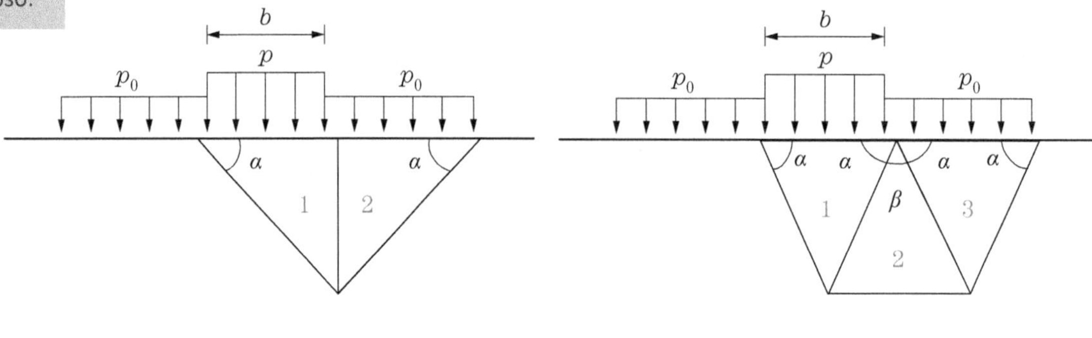

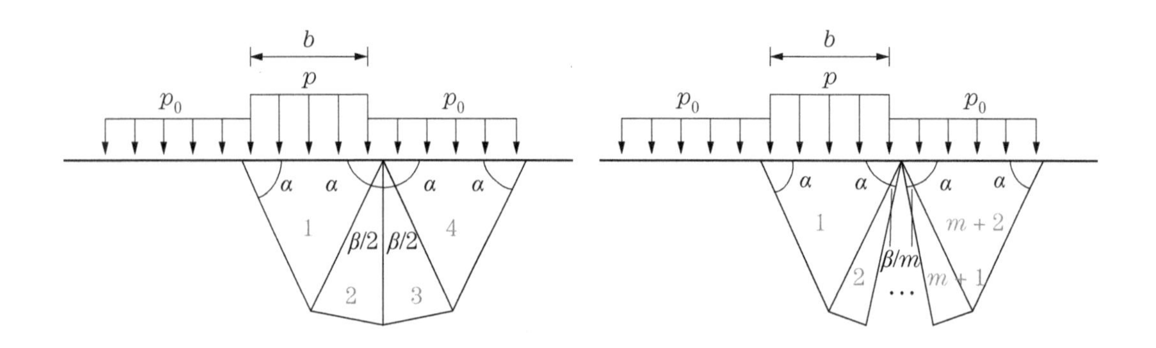

Qualquer que seja o mecanismo possível de colapso da Figura 17.2, o trabalho virtual externo será dado pela expressão:

$$\delta T_e = pb\delta u_1 - p_0 b\delta u_{m+2}, \tag{17.1}$$

onde δu_1 e δu_{m+2} são as componentes verticais dos deslocamentos virtuais dos blocos 1 e $m + 2$; a primeira com sentido para baixo, e a segunda com sentido para cima.

O trabalho virtual interno é calculado nas camadas plastificadas e é dado pelo somatório no número das camadas:

$$\begin{gathered}\delta T_i = \sum \tau_e \left|\delta\gamma_{jk}\right| h_{jk} \int_0^{\ell_{jk}} ds = \tau_e \sum \left|\delta\gamma_{jk}\right| h_{jk}\ell_{jk} = \tau_e \sum \frac{\left|\delta u_{jk}\right|}{h_{jk}} h_{jk}\ell_{jk} \\ \delta T_i = c \sum \left|\delta u_{jk}\right| \ell_{jk}\end{gathered} \tag{17.2}$$

onde h_{jk}, ℓ_{jk}, δu_{jk} e $\delta\gamma_{jk}$ são, respectivamente, a espessura, o comprimento, o deslocamento virtual relativo e a deformação virtual resultante na camada entre os blocos j e k. Note-se que $j = 0$ identifica o restante do maciço, que não sofre deslocamento virtual.

Assim, para cada mecanismo, obtém-se:

$$p_c = p_0 + c\frac{\sum \left|\delta u_{jk}\right| \ell_{jk}}{\left(\delta u_1 - \delta u_{m+2}\right)b},$$

e a obtenção do limite superior associado a cada mecanismo fica restrita ao cálculo dos comprimentos, ℓ_{jk}, das camadas e dos deslocamentos virtuais, δu_1, δu_{m+2} e δu_{jk}, o que se faz a seguir para os mecanismos da Figura 17.2.

Note-se que esses mecanismos têm um grau de liberdade; ou seja, fixado um deslocamento virtual, todos os demais ficam univocamente determinados pelo fato de terem suas direções definidas pelas direções das camadas. Adota-se δu_1 como variável independente.

Mecanismo com dois blocos rígidos

Considere-se um mecanismo com dois blocos rígidos, como mostra a Figura 17.3(a), que apresenta destaque da reentrância que permite visualizar os deslocamentos virtuais dos blocos rígidos no restante do domínio e todos os elementos geométricos que permitem a determinação dos comprimentos das diversas camadas e as direções dos diversos deslocamentos virtuais. A Figura 17.3(b) apresenta o diagrama de deslocamentos virtuais, onde:

- δu_1 e δu_2 são os deslocamentos virtuais dos blocos 1 e 2;
- δu_{01} e δu_{02} são os deslocamentos relativos entre o restante do maciço, representado pelo índice 0, e os blocos 1 e 2;
- δu_{12} é o deslocamento relativo entre os blocos 1 e 2.

Figura 17.3
Mecanismo com dois blocos rígidos.

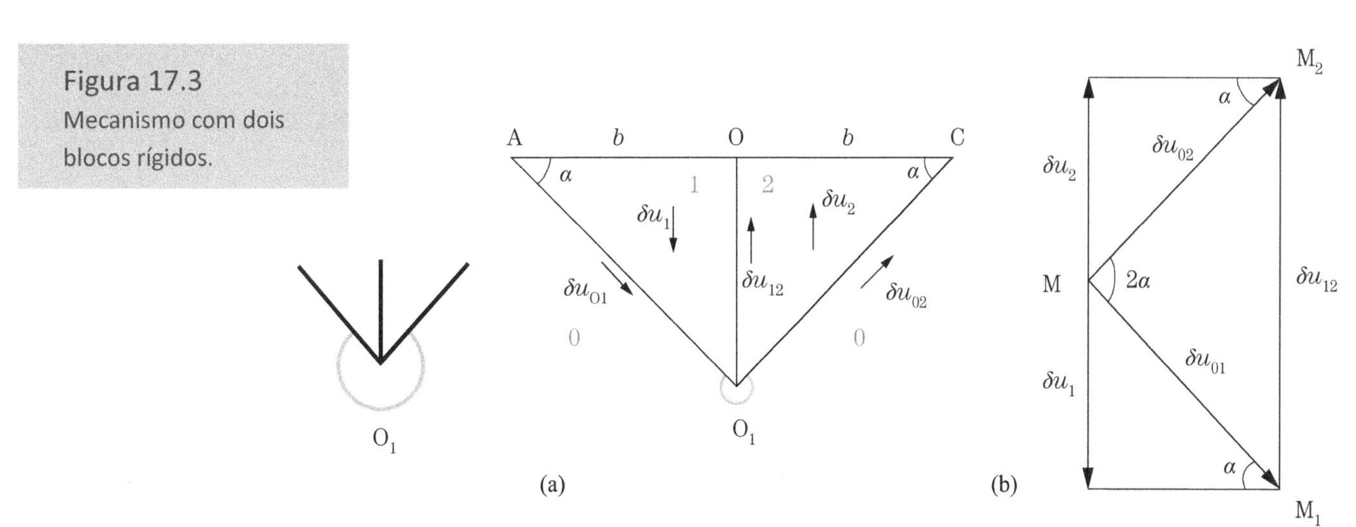

Os comprimentos das camadas podem ser obtidos diretamente da Figura 17.3(a):

$$\ell_{01} = \ell_{02} = \frac{b}{\cos\alpha} \ell_{12} = b\tan\alpha \tag{17.3}$$

onde ℓ_{01} e ℓ_{02} são os comprimentos das camadas entre os blocos 1 e 2 e o restante do maciço, e ℓ_{12} é o comprimento da camada entre os blocos 1 e 2.

Na construção do diagrama de deslocamentos virtuais, parte-se do deslocamento δu_1 do bloco 1, que implica o deslocamento $\delta u_{01} = \dfrac{\delta u_1}{\text{sen}\,\alpha}$ do bloco 1 em relação ao resto do maciço. Para não haver sobreposição, o bloco 2 é obrigado a se deslocar de δu_{02}, em relação ao resto do maciço, e δu_{12} em relação ao bloco 1; assim $\delta \mathbf{u}_{02} = \delta \mathbf{u}_{01} + \delta \mathbf{u}_{12}$, e, como suas direções são conhecidas, eles podem ser determinados, $\delta u_{02} = \delta u_{01}$ e $\delta u_{12} = 2\text{sen}\,\alpha\, \delta u_{01}$, como se deduz do triângulo MM_1M_2 da Figura 17.3(b). O deslocamento virtual δu_{02} exige que o bloco 2 tenha um deslocamento virtual $\delta u_2 = \delta u_{02}\text{sen}\,\alpha$. Note-se a visualização dos deslocamentos virtuais proporcionada pelo pequeno recorte do maciço de referência em O_1. Esse mesmo procedimento será aplicado aos mecanismos que adiante se apresentam. Os deslocamentos virtuais desse mecanismo são dados, então, por:

$$\delta u_2 = \delta u_1 \qquad \delta u_{01} = \delta u_{02} = \frac{1}{\text{sen}\alpha}\delta u_1 \qquad \delta u_{12} = 2\delta u_1 \tag{17.4}$$

Assim, considerando o teorema dos deslocamentos virtuais

$$p_{c2} b \delta u_1 - p_0 b \delta u_2 = c\left\{\delta u_{01}\ell_{01} + \delta u_{02}\ell_{02} + \delta u_{12}\ell_{12}\right\} \tag{17.5}$$

e introduzindo (17.3) e (17.4) em (17.5), resulta:

$$p_{c2} = p_0 + c\left[\frac{2}{\cos\alpha}\left(\frac{1}{\text{sen}\alpha} + \text{sen}\alpha\right)\right], \tag{17.6}$$

que fornece para cada valor de α no intervalo $\dfrac{\pi}{6} \le \alpha \le \dfrac{\pi}{2}$ um limite superior da carga de colapso plástico. Entre esses limites interessa aquela que minimiza o valor de p_{c2}, o que ocorre para:

$$\alpha = 0{,}616\ rad = 35{,}26^\circ \quad \Longrightarrow \quad p_{c2,minimo} = p_0 + 5{,}657c.$$

Mecanismo com três blocos rígidos

Considere-se um mecanismo com três blocos rígidos, conforme mostra a Figura 17.4(a), que apresenta todos os elementos geométricos para a determinação dos comprimentos das diversas camadas e as direções dos diversos deslocamentos virtuais. A Figura 17.4(b) apresenta o diagrama de deslocamentos virtuais. Na construção desse diagrama parte-se de δu_1 e obtém-se $\delta u_{01} = \dfrac{\delta u_1}{\text{sen}\,\alpha}$; a partir de δu_{01} e considerando as direções de δu_{12} e δu_{02}, obtêm-se os seus valores e sentidos e assim por diante.

Figura 17.4
Mecanismo com três blocos rígidos.

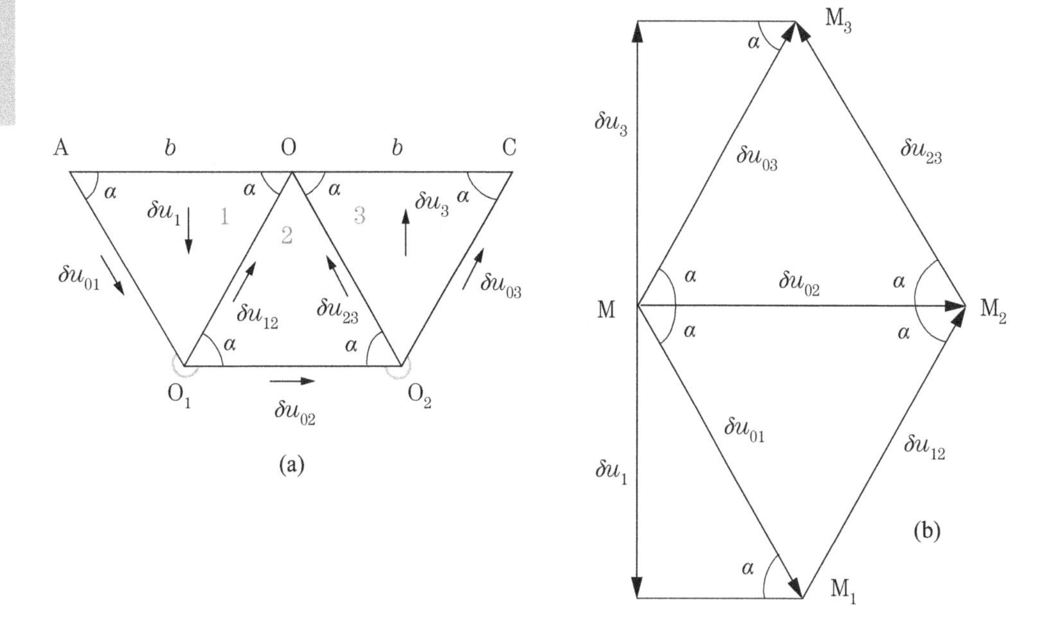

A interpretação geométrica da Figura 17.4(a) permite estabelecer:

$$\begin{aligned} \ell_{01} = \ell_{03} = \ell_{12} = \ell_{23} &= \frac{b}{2\cos\alpha}. \\ \ell_{02} &= b \end{aligned} \tag{17.7}$$

Igualmente, a leitura geométrica da Figura 17.4(b) conduz a:

$$\begin{aligned} \delta u_3 &= \delta u_1 \\ \delta u_{01} = \delta u_{03} = \delta u_{12} = \delta u_{23} &= \frac{1}{\text{sen}\alpha}\,\delta u_1 \\ \delta u_{02} &= \frac{2\cos\alpha}{\text{sen}\alpha}\,\delta u_1 \end{aligned} \tag{17.8}$$

Assim, considerando o teorema dos deslocamentos virtuais

$$p_{c3} b\,\delta u_1 - p_0 b\,\delta u_3 = c\left\{\delta u_{01}\,\ell_{01} + \delta u_{02}\,\ell_{02} + \delta u_{03}\,\ell_{03} + \delta u_{12}\,\ell_{12} + \delta u_{23}\,\ell_{23}\right\} \tag{17.9}$$

e introduzindo (17.7) e (17.8) em (17.9), resulta:

$$p_{c3} = p_0 + c\left[\frac{2}{\text{sen}\alpha}\left(\frac{1}{\cos\alpha} + \cos\alpha\right)\right], \tag{17.10}$$

que fornece para cada valor de α no intervalo $\frac{\pi}{6} \leq \alpha \leq \frac{\pi}{2}$ um limite superior da carga de colapso plástico. Entre esses limites interessa aquela que minimiza o valor de p_{c3}, o que ocorre para:

$$\alpha = 0{,}955 \text{ rad} = 54{,}74° \quad \Longrightarrow \quad p_{c3,\,minimo} = p_0 + 5{,}657c.$$

Note-se que o valor da carga cinemática desse mecanismo é igual ao do mecanismo anterior, mecanismos diferentes podem levar a uma mesma carga cinemática.

Mecanismo com quatro blocos rígidos

Considere-se agora um mecanismo com quatro blocos rígidos, construído a partir do mecanismo com três blocos rígidos em que o bloco central foi subdividido em dois blocos com perímetros definidos por triângulos isósceles, conforme mostra a Figura 17.5. Essa figura apresenta todos os elementos geométricos para a determinação dos comprimentos das diversas camadas e as direções dos diversos deslocamentos virtuais, bem como o diagrama de deslocamentos virtuais. Na construção desse diagrama parte-se de δu_1 e obtém-se $\delta u_{01} = \frac{\delta u_1}{\text{sen}\,\alpha}$; a partir de δu_{01} e considerando as direções de δu_{12} e δu_{02}, obtêm-se seus valores e sentidos e assim por diante, com o mesmo procedimento anterior.

Figura 17.5
Mecanismo com quatro blocos rígidos.

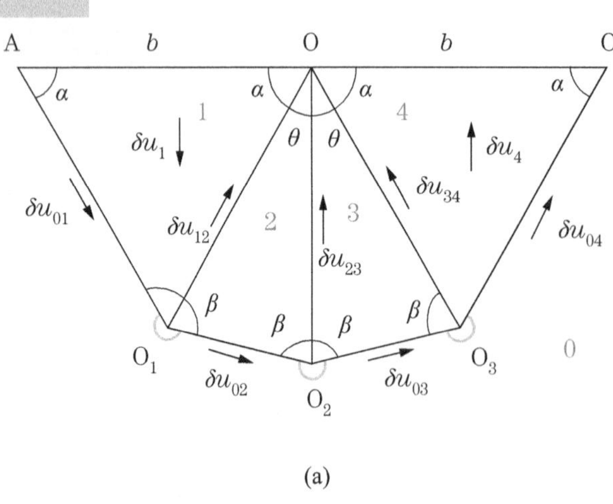

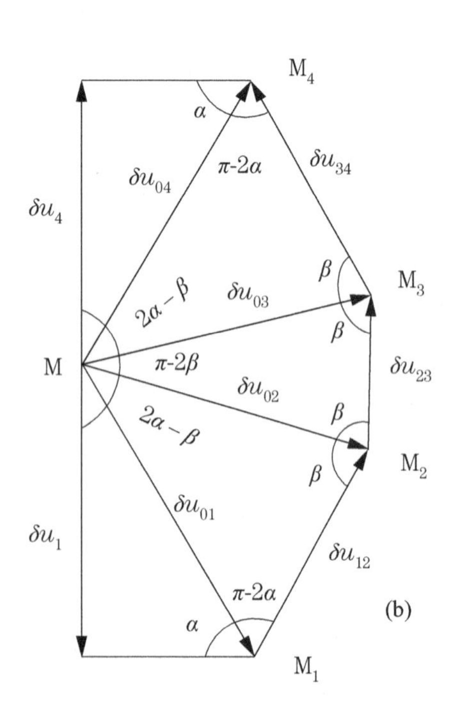

Assim, considerando que:

$$\theta = \frac{\pi - 2\alpha}{2} \qquad \beta = \frac{\pi}{4} + \frac{\alpha}{2} \tag{17.11}$$

e considerando a lei dos senos para os triângulos AOO_1 e OO_1O_2, obtêm-se os comprimentos das camadas:

$$\ell_{01} = \ell_{04} = \ell_{12} = \ell_{23} = \ell_{34} = \frac{b}{2\cos\alpha}$$
$$\ell_{02} = \ell_{03} = \frac{\text{sen}\theta}{\text{sen}\beta}\,\ell_{01} \tag{17.12}$$

O tratamento geométrico do diagrama da Figura 17.5(b) permite calcular todos os deslocamentos virtuais. É imediato observar que $\delta u_{01} = \dfrac{\delta u_1}{\text{sen}\,\alpha}$. Aplicando a lei dos senos aos triângulos MM_1M_2 e MM_2M_3, estabelecem-se:

$$\frac{\delta u_{02}}{\text{sen}(\pi - 2\alpha)} = \frac{\delta u_{12}}{\text{sen}(2\alpha - \beta)} = \frac{\delta u_{01}}{\text{sen}\beta} \implies \begin{cases} \delta u_{02} = \dfrac{\text{sen}(2\alpha)}{\text{sen}\beta}\,\delta u_{01} \\ \delta u_{12} = \dfrac{\text{sen}(2\alpha - \beta)}{\text{sen}\beta}\,\delta u_{01} \end{cases}$$

$$\frac{\delta u_{23}}{\text{sen}(\pi - 2\beta)} = \frac{\delta u_{02}}{\text{sen}\beta} \implies \delta u_{23} = \frac{\text{sen}(2\beta)}{\text{sen}\beta}\,\delta u_{02}$$

e os valores dos deslocamentos virtuais:

$$\delta u_4 = \delta u_1$$
$$\delta u_{01} = \delta u_{04} = \frac{1}{\text{sen}\alpha}\,\delta u_1$$
$$\delta u_{02} = \delta u_{03} = \frac{\text{sen}(2\alpha)}{\text{sen}\alpha\,\text{sen}\beta}\,\delta u_1 \tag{17.13}$$
$$\delta u_{12} = \delta u_{23} = \frac{\text{sen}\,(2\alpha - \beta)}{\text{sen}\alpha\,\text{sen}\beta}\,\delta u_1$$
$$\delta u_{23} = \frac{\text{sen}\,(2\beta)\,\text{sen}\,(2\alpha)}{\text{sen}\alpha\,\text{sen}^2\beta}\,\delta u_1$$

com todas as variáveis expressas em função de α.

Assim, considerando o teorema dos deslocamentos virtuais e introduzindo (17.12) e (17.13) em (17.1) e (17.2), resulta:

$$p_{c4} = p_0 + c\left\{\left(\frac{1}{2\cos\alpha}\right)\left[2\frac{1}{\text{sen}\alpha} + 2\frac{\text{sen}(2\alpha - \beta)}{\text{sen}\alpha\,\text{sen}\beta} + \frac{\text{sen}(2\beta)\,\text{sen}(2\alpha)}{\text{sen}\alpha\,\text{sen}^2\beta}\right] + \left(\frac{\text{sen}\theta}{\text{sen}\beta}\,\frac{1}{2\cos\alpha}\right)\left[2\frac{\text{sen}(2\alpha)}{\text{sen}\alpha\,\text{sen}\beta}\right]\right\} \tag{17.14}$$

ou, considerando (17.11),

$$p_{c4} = p_0 + c\left\{\frac{2\cos^2\left(\frac{\pi}{4}+\frac{\alpha}{2}\right) + 2\cos\left(\frac{\pi}{4}+\frac{3\alpha}{2}\right)\mathrm{sen}\left(\frac{\pi}{4}+\frac{\alpha}{2}\right) - 3\cos\alpha\sin(2\alpha) - 2}{\mathrm{sen}(2\alpha)\left[\cos^2\left(\frac{\pi}{4}+\frac{\alpha}{2}\right) - 1\right]}\right\}, \tag{17.15}$$

que fornece para cada valor de α no intervalo $\frac{\pi}{6} \leq \alpha \leq \frac{\pi}{2}$ um limite superior da carga de colapso plástico. Entre esses limites interessa aquela que minimiza o valor de p_{c4}, o que ocorre para:

$$\alpha = 0{,}848 \text{ rad} = 48{,}59° \quad \Longrightarrow \quad p_{c4,minimo} = p_0 + 5{,}292c.$$

Mecanismo com seis blocos rígidos

Considere-se agora o mecanismo com seis blocos, gerado do mecanismo anterior com a subdivisão de cada um dos blocos internos em dois blocos com perímetros definidos por triângulos isósceles, como mostra a Figura 17.6. Essa figura apresenta todos os elementos geométricos que permitem a determinação dos comprimentos das diversas camadas e as direções dos diversos deslocamentos virtuais, bem como o diagrama de deslocamentos virtuais. Note-se que os deslocamentos virtuais relativos são obtidos pela relação $\delta\mathbf{u}_{ij} = \delta\mathbf{u}_{0i} - \delta\mathbf{u}_{0j}$.

Figura 17.6
Mecanismo com seis blocos rígidos.

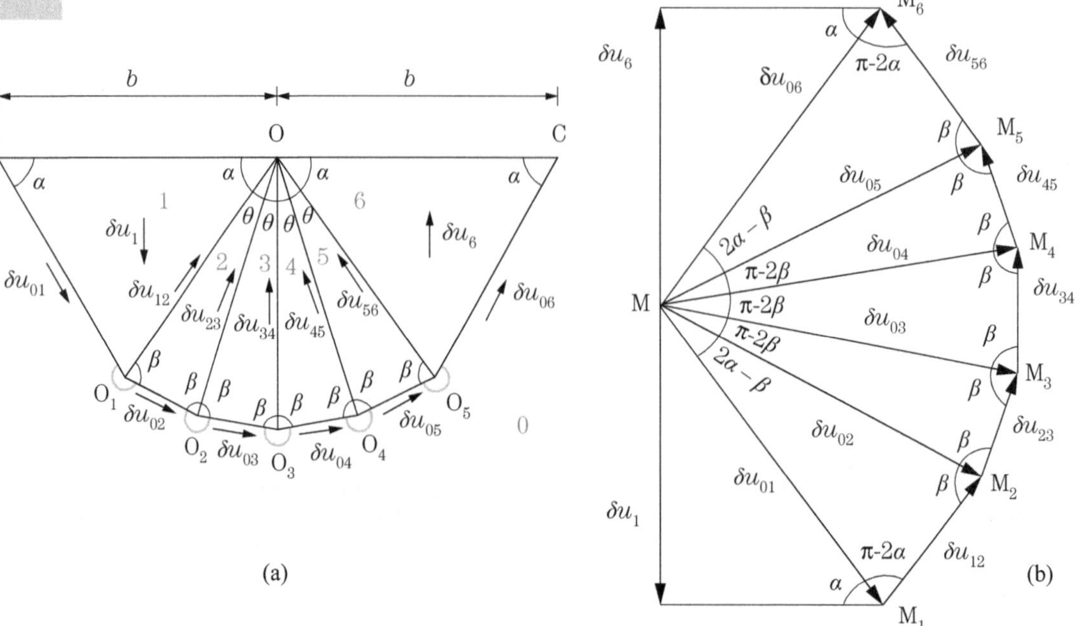

Da Figura 17.6(a) pode-se estabelecer:

$$\theta = \frac{\pi - 2\alpha}{4} \qquad \beta = \frac{\pi - \theta}{2} = \frac{3}{8}\pi + \frac{\alpha}{4} \tag{17.16}$$

e, considerando a lei dos senos para os triângulos AOO_1 e OO_1O_2, *é possível* obter todos os comprimentos das camadas em função de b e α,

$$\begin{aligned} \ell_{01} = \ell_{12} = \ell_{23} = \ell_{34} = \ell_{45} = \ell_{56} = \ell_{06} &= \frac{1}{2\cos\alpha} b \\ \ell_{02} = \ell_{03} = \ell_{04} = \ell_{05} &= \frac{\operatorname{sen}\theta}{\operatorname{sen}\beta} \ell_{01} \end{aligned} \tag{17.17}$$

O tratamento geométrico do diagrama da Figura 17.6(b) permite calcular todos os deslocamentos virtuais. É imediato observar que $\delta u_{01} = \dfrac{\delta u_1}{\operatorname{sen}\alpha}$. Aplicando a lei dos senos ao triângulo MM_1M_2, estabelece-se:

$$\frac{\delta u_{02}}{\operatorname{sen}(\pi - 2\alpha)} = \frac{\delta u_{12}}{\operatorname{sen}(2\alpha - \beta)} = \frac{\delta u_{01}}{\operatorname{sen}\beta} \quad \Longrightarrow \quad \begin{cases} \delta u_{02} = \dfrac{\operatorname{sen}(2\alpha)}{\operatorname{sen}\beta} \delta u_{01} \\ \delta u_{12} = \dfrac{\operatorname{sen}(2\alpha - \beta)}{\operatorname{sen}\beta} \delta u_{01} \end{cases}$$

e, aplicando a lei dos senos ao triângulo MM_2M_3 estabelece-se:

$$\frac{\delta u_{03}}{\operatorname{sen}\beta} = \frac{\delta u_{23}}{\operatorname{sen}(\pi - 2\beta)} = \frac{\delta u_{02}}{\operatorname{sen}\beta} \quad \Longrightarrow \quad \begin{cases} \delta u_{03} = \delta u_{02} \\ \delta u_{23} = \dfrac{\operatorname{sen}(2\beta)}{\operatorname{sen}\beta} \delta u_{02} \end{cases}$$

que permite obter todos os valores dos deslocamentos virtuais em função de δu_1 e α:

$$\begin{aligned} \delta u_6 &= \delta u_1 \\ \delta u_{01} = \delta u_{06} &= \frac{1}{\operatorname{sen}\alpha} \delta u_1 \\ \delta u_{02} = \delta u_{03} = \delta u_{04} = \delta u_{05} &= \frac{\operatorname{sen}(2\alpha)}{\operatorname{sen}\alpha \operatorname{sen}\beta} \delta u_1 \\ \delta u_{12} = \delta u_{56} &= \frac{\operatorname{sen}(2\alpha - \beta)}{\operatorname{sen}\alpha \operatorname{sen}\beta} \delta u_1 \\ \delta u_{23} = \delta u_{34} = \delta u_{45} &= \frac{\operatorname{sen}(2\beta)\operatorname{sen}(2\alpha)}{\operatorname{sen}\alpha \operatorname{sen}^2\beta} \delta u_1 \end{aligned} \tag{17.18}$$

Assim, considerando o teorema dos deslocamentos virtuais, pode-se estabelecer:

$$p_{c6} = p_0 + c\left\{\left(\frac{1}{2\cos\alpha}\right)\left[2\frac{1}{\operatorname{sen}\alpha} + 2\frac{\operatorname{sen}(2\alpha - \beta)}{\operatorname{sen}\alpha \operatorname{sen}\beta} + 3\frac{\operatorname{sen}(2\beta)\operatorname{sen}(2\alpha)}{\operatorname{sen}\alpha \operatorname{sen}^2\beta}\right] + \left(\frac{\operatorname{sen}\theta}{\operatorname{sen}\beta}\frac{1}{2\cos\alpha}\right)\left[4\frac{\operatorname{sen}(2\alpha)}{\operatorname{sen}\alpha \operatorname{sen}\beta}\right]\right\} \tag{17.19}$$

ou, considerando (17.15),

$$p_{c6} = p_0 + c\left\{\frac{2\cos^2\left(\frac{3\pi}{8}+\frac{\alpha}{4}\right)+2\cos\left(\frac{\pi}{8}+\frac{7\alpha}{4}\right)\mathrm{sen}\left(\frac{3\pi}{8}+\frac{\alpha}{4}\right)-7\cos\left(\frac{\pi}{4}+\frac{\alpha}{2}\right)\mathrm{sen}(2\alpha)-2}{\mathrm{sen}(2\alpha)\left[\cos^2\left(\frac{3\pi}{8}+\frac{\alpha}{4}\right)-1\right]}\right\},$$

que fornece para cada valor de α no intervalo $\frac{\pi}{6} \leq \alpha \leq \frac{\pi}{2}$ um limite superior da carga de colapso plástico. Entre esses limites interessa aquela que minimiza o valor de p_{c6}, o que ocorre para:

$$\alpha = 0{,}804\ rad = 46{,}04° \quad \Longrightarrow \quad p_{c6,minimo} = p_0 + 5{,}181c.$$

Mecanismo com m + 2 blocos rígidos

Considere-se agora o mecanismo com $m + 2$ blocos *rígidos, conforme mostra a* Figura 17.7, onde os m blocos centrais têm seus perímetros definidos por triângulos isósceles com:

$$\theta = \frac{\pi - 2\alpha}{m} \qquad \beta = \frac{\pi(m-1) - 2\alpha}{2m}$$

Figura 17.7
Mecanismo com m + 2 blocos rígidos.

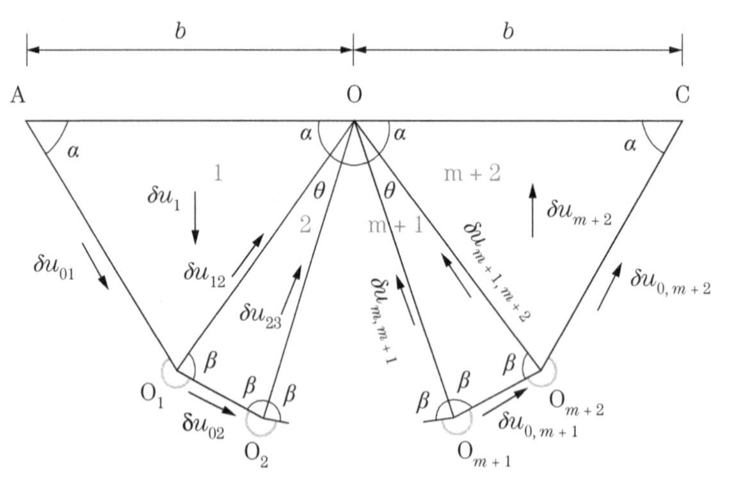

Da simples observação dos mecanismos das Figuras 17.5, 17.6 e 17.7 e das Expressões (17.14) e (17.19), conclui-se, por indução matemática, que o limite superior da carga de colapso para $m + 2$ blocos rígidos, é dada por:

$$p_{cm+2} = p_0 + c\left\{\left(\frac{1}{2\cos\alpha}\right)\left[2\frac{1}{\mathrm{sen}\alpha}+2\frac{\mathrm{sen}(2\alpha-\beta)}{\mathrm{sen}\alpha\sin\beta}+(m-1)\frac{\mathrm{sen}(2\beta)\mathrm{sen}(2\alpha)}{\mathrm{sen}\alpha\,\mathrm{sen}^2\beta}\right]\right.$$
$$\left.+\left(\frac{\mathrm{sen}\theta}{\mathrm{sen}\beta}\frac{1}{2\cos\alpha}\right)\left[2m\frac{\mathrm{sen}(2\alpha)}{\mathrm{sen}\alpha\sin\beta}\right]\right\}.$$

(17.20)

Note-se que essa expressão é válida também para o mecanismo com três blocos rígidos, $m = 1$.

A análise de (17.20), em que se atribuem valores a m pertence ao conjunto dos números naturais positivos e, em seguida, se obtém o mínimo da função resultante, $p_{cm+2}(\alpha)$, permite estabelecer o gráfico dos limites superiores da carga de colapso e o correspondente valor do ângulo α para os vários valores de m, conforme mostrado na Figura 17.8. Para valores de m crescentes, os valores de p_{cm} e α convergem para a solução de Prandtl para solos puramente coesivos $p_{II} = (2 + \pi)$ c = 5,142c e $\alpha = 45°$.

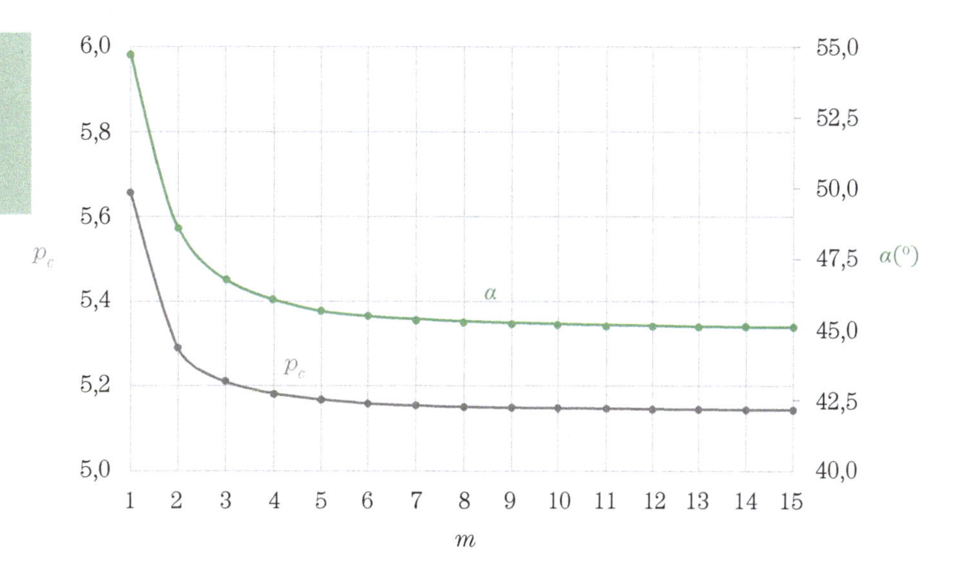

Figura 17.8
Limites superiores da carga de colapso plástico e valores de α em função de m.

Limites inferiores

Procedimento para determinar o limite inferior associado a uma solução estaticamente admissível

Inicialmente, apresenta-se um procedimento para a determinação de um limite inferior para o problema da fundação direta. Subdivide-se o domínio do semiplano deformável em regiões, convenientemente escolhidas e com contornos retos, de modo que a primeira tenha como fronteira a parte da superfície lateral, L_{fa}, onde estão especificados os esforços externos ativos com valores fixos, p_0, e a última tenha como fronteira a parte complementar da superfície lateral, L_{fb}, onde estão especificados os esforços externos, p, que, no caso, é a pressão aplicada pela sapata ao solo subjacente.

Para cada região, adota-se uma solução com campo de tensões uniforme e plastificado, ou seja, que observa $\phi = 0$. Na primeira região, o estado de tensão fica definido pela condição de equilíbrio em L_{fa} e por estar plastificado. O estado de tensão na segunda região, que faz fronteira com a primeira, fica determinado porque se conhece a tensão que atua no plano definido pela fronteira e por estar plastificado. Segue-se com esse procedimento até a última região, quando a tensão principal será igualada a p_e, que será um limite inferior da carga de colapso plástico. É central neste procedimento a obtenção do círculo de Mohr, a definição do polo e a interpretação geométrica da distância entre os centros de dois círculos de Mohr em duas regiões adjacentes, como se ilustra adiante.

Família de soluções estaticamente admissíveis selecionada

A Figura 17.9(a) apresenta as regiões dos três primeiros elementos dessa família, novamente inspirada em Burland (2008), em que a condição $\beta > 45°$ deve ser satisfeita para que se observe $p > p_0$. Em virtude da simetria geométrica e de carregamento, estabelecem-se os campos de tensões apenas para um dos subdomínios delimitados pelo plano de simetria. O primeiro elemento tem apenas uma fronteira com duas regiões $\left(m = 1 \Longrightarrow \beta = 45° + \dfrac{90°}{2}\right)$; o segundo tem duas fronteiras e três regiões $\left(m = 2 \Longrightarrow \beta = 45° + \dfrac{90°}{4}\right)$; o terceiro tem três fronteiras e quatro regiões $\left(m = 3 \Longrightarrow \beta = 45° + \dfrac{90°}{6}\right)$, como mostra a Figura 17.9(b). Para m fronteiras, $\beta = 45° + \dfrac{90°}{2m}$ e o ângulo $\left(\dfrac{90°}{m}\right)$ é o das regiões centrais.

Figura 17.9
Sub-regiões do semiplano.

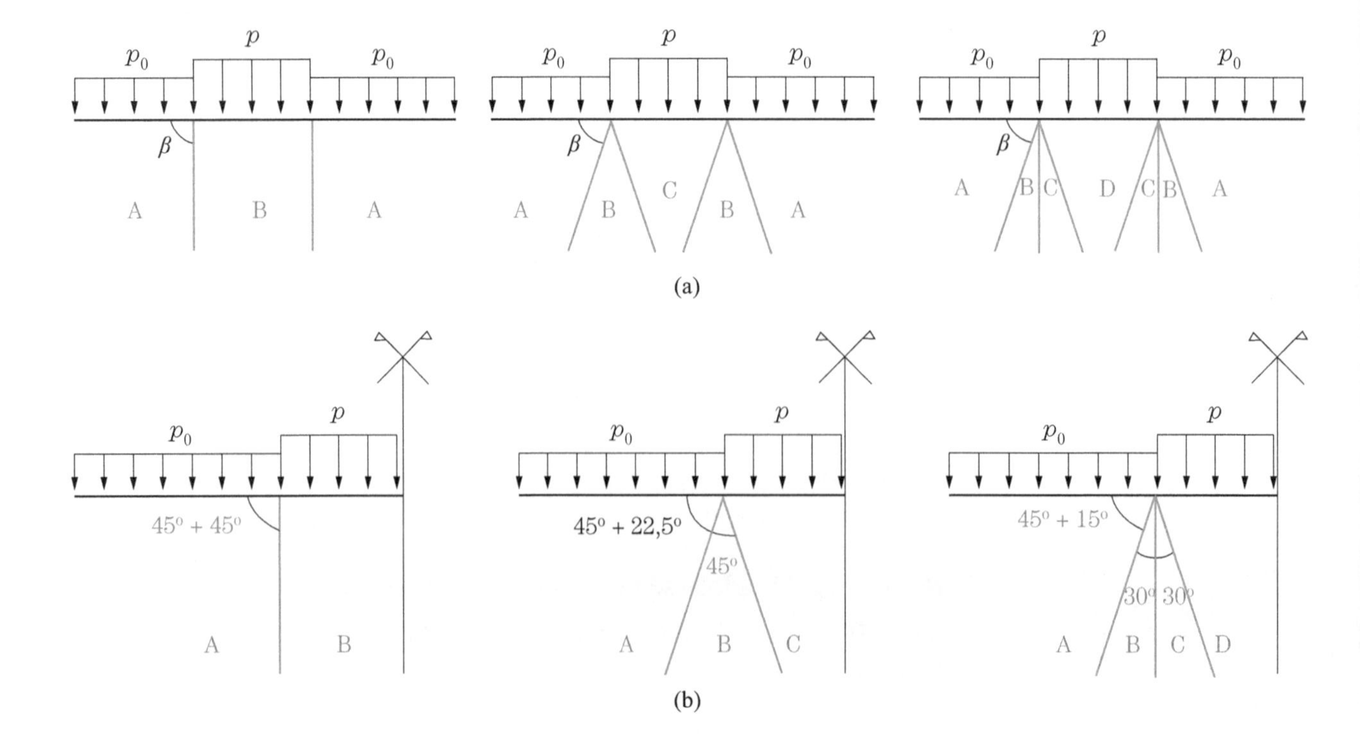

Domínio simétrico com duas regiões

Considere-se inicialmente o caso de domínio simétrico com duas regiões $\left(m = 1 \Longrightarrow \beta = 45° + \dfrac{90°}{2} = 90°\right)$.

Na região A, o campo uniforme de tensões apresenta tensão normal no plano horizontal dada por p_0, e, como ele deve estar plastificado, a tensão normal no plano vertical deve ser igual a $p_0 + 2c$. Na região B, para que haja continuidade na distribuição das tensões, a tensão no plano vertical deve ser igual a $p_0 + 2c$ e, para que esteja plastificado, a tensão normal no plano horizontal deve ser igual a $p_0 + 4c$, e, para satisfazer ao equilíbrio em L_{fb}, deve-se ter:

$$p_{e1} = p_0 + 4c. \tag{17.21}$$

A Figura 17.10 mostra os campos uniformes de tensão nas regiões A e B, e a Figura 17.11 representa geometricamente no plano de Mohr a situação descrita no parágrafo anterior; as circunferências A e B definem as tensões nas regiões A e B, respectivamente. Em todo o desenvolvimento deste capítulo, adota-se, como é usual em Mecânica do Solos, a convenção de que a tensão normal positiva é a de compressão.

Figura 17.10
Tensões no domínio com duas regiões.

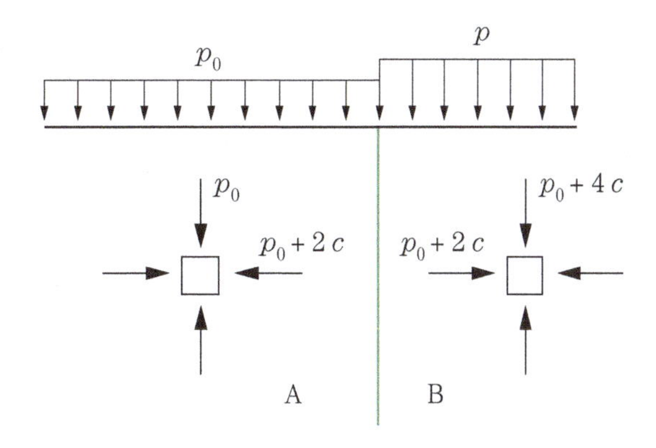

Figura 17.11
Representação dos estados de tensão no plano de Mohr.

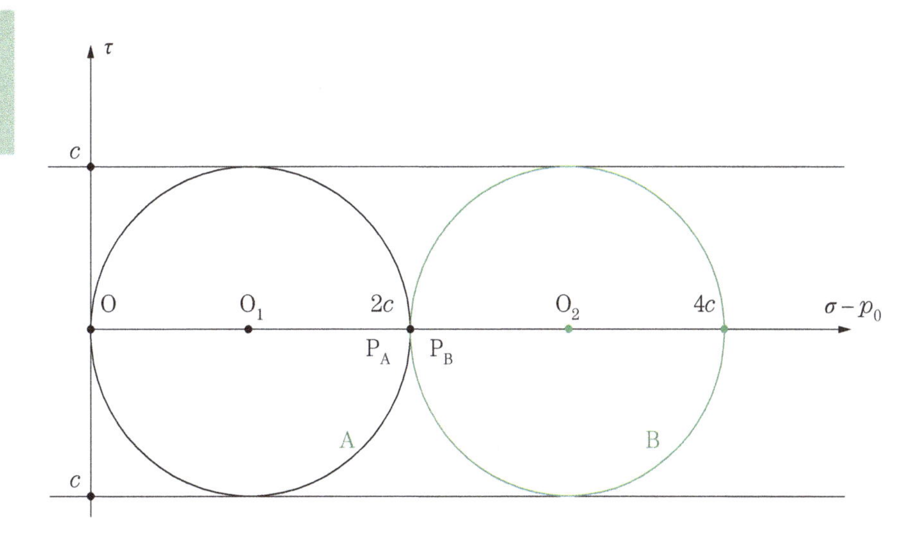

Domínio simétrico com três regiões

Considere-se o caso de domínio simétrico com três regiões $\left(m = 2 \Longrightarrow \beta = 45° + \dfrac{90°}{4} = 67{,}5°\right)$.

A Figura 17.12 apresenta os campos de tensões uniformes nas regiões A, B e C e a sua representação no plano de Mohr com todos os elementos para a determinação do valor de p_{e2}.

Figura 17.12
Tensões no domínio com três regiões ($m = 2$) e sua representação no plano de Mohr.

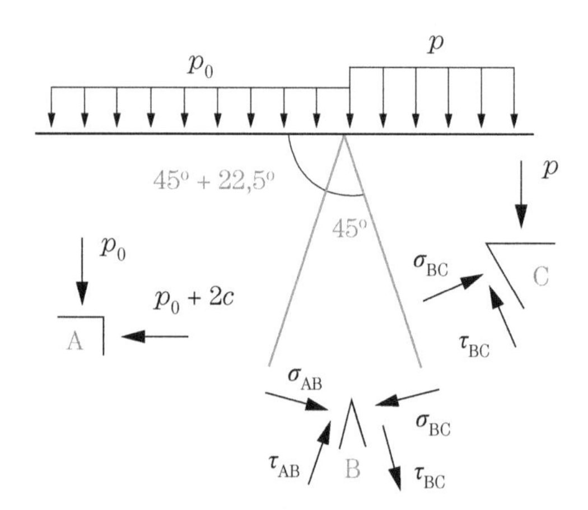

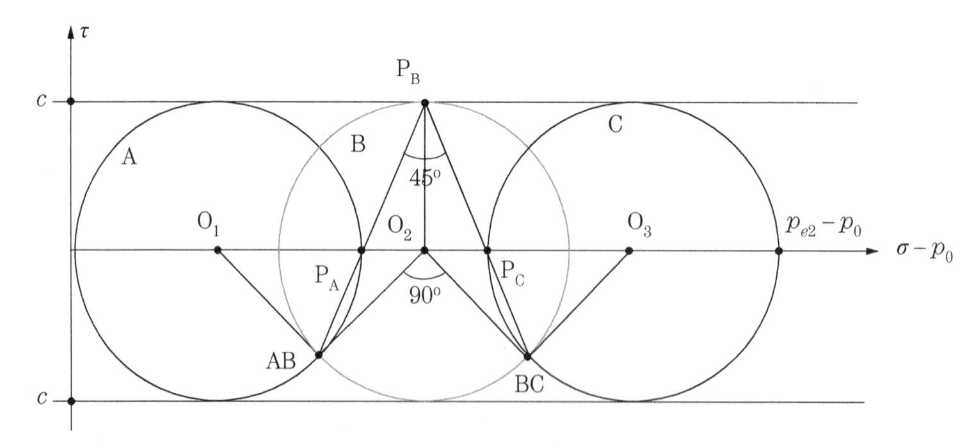

Na região A, o campo uniforme de tensões apresenta tensão normal no plano horizontal dada por p_0, e, como ele deve estar plastificado, a tensão normal no plano vertical deve ser igual a $p_0 + 2c$. O círculo de Mohr A tem centro O_1 e polo P_A, o que permite determinar as tensões σ_{AB}, τ_{AB}, em um ponto AB qualquer do plano da fronteira entre A e B. Como AB pertence à região B e essa região está plastificada, o lugar geométrico dos centros dos círculos de Mohr que passam por AB são as intersecções entre a circunferência de raio c e centro AB e o eixo de $\sigma - p_0$, que são os pontos O_1 e O_2. Note-se que, para que se observe a condição $p > p_0$, o ponto O_2 deve estar à direita de O_1, o que exige $\beta > 45°$.

Na região B, as tensões nos vários planos de um ponto qualquer são dadas pelo círculo de Mohr de raio c, de centro O_2 e polo P_B, o que permite determinar as tensões σ_{BC}, τ_{BC} em um ponto BC qualquer do plano da fronteira entre B e C. Como BC também pertence à região C e essa região está plastificada, o lugar geométrico dos centros dos círculos de Mohr que passam por BC são as intersecções entre a circunferência de raio c e centro BC e o eixo de $\sigma - p_0$, que são os pontos O_2 e O_3.

Na região C, as tensões nos vários planos de um ponto qualquer são dadas pelo círculo de Mohr de raio c, de centro O_3 e polo P_C, o que permite determinar as tensões $\sigma - p_0 = p_{e2}$, $\tau = 0$ no plano horizontal, ou seja, determinar o limite inferior p_{e2} correspondente a essa solução estaticamente admissível. Note-se que o polo P_C se localiza naturalmente no eixo $\sigma - p_0$.

A interpretação dos elementos geométricos no plano de Mohr da Figura 17.12 permite estabelecer que

$$p_{e2} - p_0 = c + \overline{O_1O_2} + \overline{O_2O_3} + c\,.$$

Como o ângulo $\widehat{ABP_BBC}$, de vértice na circunferência, é igual a 45°, o ângulo $\widehat{ABO_2BC}$, de vértice no centro da circunferência, será igual a 90° e, como os triângulos O_1O_2AB, O_2O_3BC e ABO_2BC são congruentes, é imediato estabelecer que:

$$\overline{O_1O_2} = \overline{O_2O_3} = 2c\,\text{sen}45°,$$

e portanto:

$$p_{e2} - p_0 = 2c + 2(2c\ \text{sen}45°) \implies p_{e2} = p_0 + 4{,}828c. \qquad (17.22)$$

Domínio simétrico com quatro regiões

Considere-se o caso de domínio simétrico com quatro regiões ($m = 3 \implies \beta = 45° + 90°/6 = 60°$).

A Figura 17.13 apresenta os campos de tensões uniformes nas regiões A, B, C e D e sua representação no plano de Mohr com todos os elementos para a determinação do valor de p_{e3}.

Figura 17.13
Tensões no domínio com quatro regiões ($m = 3$) e sua representação no plano de Mohr.

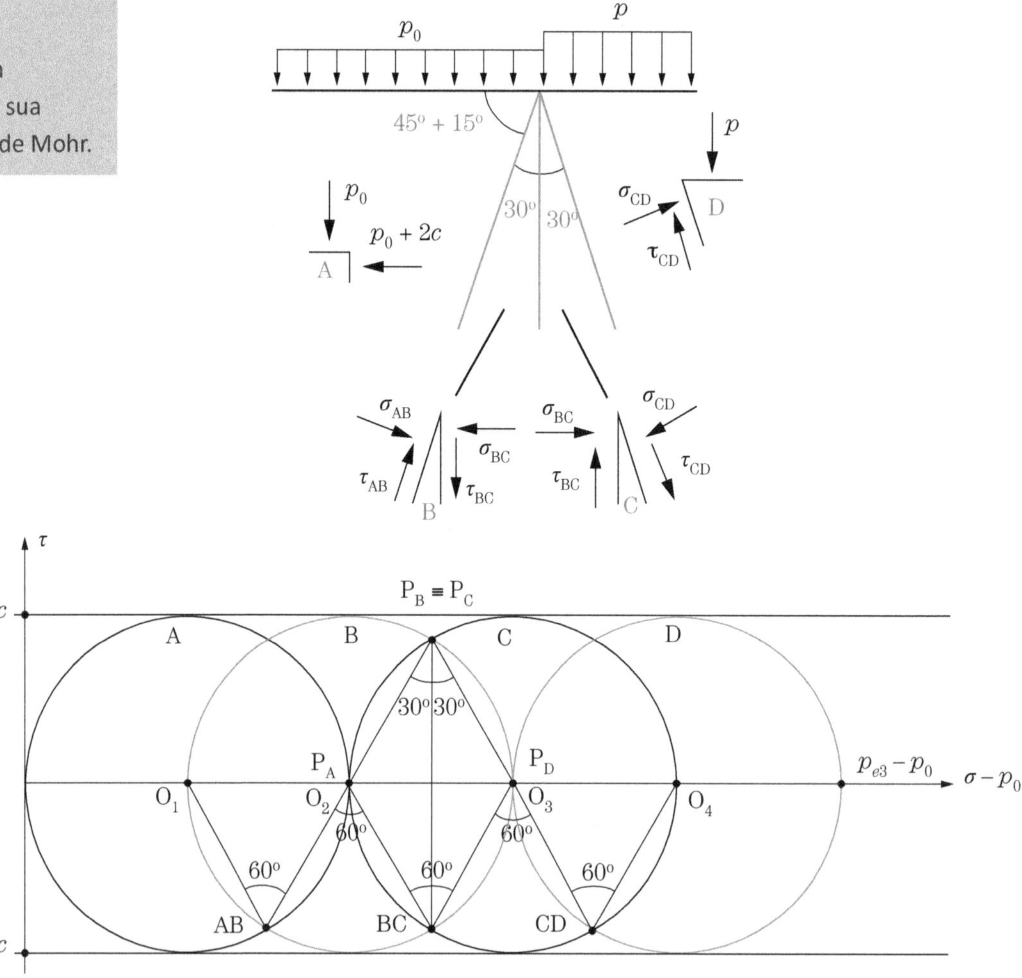

O método básico para obter o limite inferior p_{e3} consiste em aplicar sucessivamente o seguinte procedimento:

1. parte-se de uma região de que se conhece o estado uniforme de tensão plastificado;
2. obtém-se o ponto do círculo de Mohr correspondente ao par (σ, τ) que atua no plano da fronteira com a região seguinte;
3. determina-se o centro do círculo de Mohr e define-se o estado de tensão plastificado da região seguinte;
4. retorna-se a 1.

A interpretação dos elementos geométricos no plano de Mohr da Figura 17.13 permite estabelecer que

$$p - p_0 = c + \overline{O_1O_2} + \overline{O_2O_3} + \overline{O_3O_4} + c\,. \tag{17.23}$$

Como os ângulos $\widehat{\mathrm{ABP_BBC}} = \widehat{\mathrm{BCP_CCD}}$, de vértice na circunferência, são iguais a 30°, os ângulos $\widehat{\mathrm{ABO_2BC}} = \widehat{\mathrm{BCO_3CD}}$, com vértices nos centros da circunferência, serão iguais a 60°, e, como os triângulos O_1O_2AB, O_2O_3BC, O_3O_4CD, ABO_2BC e BCO_3CD são congruentes, é imediato estabelecer que:

$$\overline{O_1O_2} = \overline{O_2O_3} = \overline{O_3O_4} = 2c\,\text{sen}30°,$$

e portanto:

$$p_{e3} - p_0 = 2c + 3(2c\ \text{sen}30°) \Longrightarrow p_{e3} = p_0 + 5c. \qquad (17.24)$$

A Expressão (17.23) mostra que os centros dos círculos de Mohr estão transladados de um mesmo passo, no caso igual a $2c\text{sen}30° = c$, logo as tensões principais nas várias regiões observam o seguinte desenvolvimento:

região A	*região B*	*região C*	*região D*
$\sigma_1 = p_0 + 2c$	$\sigma_1 = p_0 + 3c$	$\sigma_1 = p_0 + 4c$	$\sigma_1 = p_0 + 5c$
$\sigma_3 = p_0$	$\sigma_3 = p_0 + c$	$\sigma_3 = p_0 + 2c$	$\sigma_3 = p_0 + 3c$

Ao considerar a simetria do problema em estudo, algumas regiões deixaram de ter seus campos de tensão analisados. A Figura 17.14 mostra as tensões principais nas diversas regiões, e a inspeção da Figura 17.13 permite definir os campos de tensões nas regiões E e F. O campo de tensões na região E é idêntico ao da região A, visto que os planos de fronteiras entre A e B e entre B e F têm a mesma inclinação. O campo de tensões na região F é um campo hidrostático de tensões definido pelo ponto O_2, intersecção dos círculos de Mohr das regiões A e C. Assim, pode-se concluir que o campo de tensões no semiplano é uma solução estaticamente admissível e o valor $p_{e3} = p_0 + 5c$ corresponde a um limite inferior da carga de colapso. Nas análises das próximas soluções estaticamente admissíveis, limita-se a análise à condição de simetria, pois a análise do conjunto conduz às mesmas conclusões.

Figura 17.14
Tensões principais no semiplano.

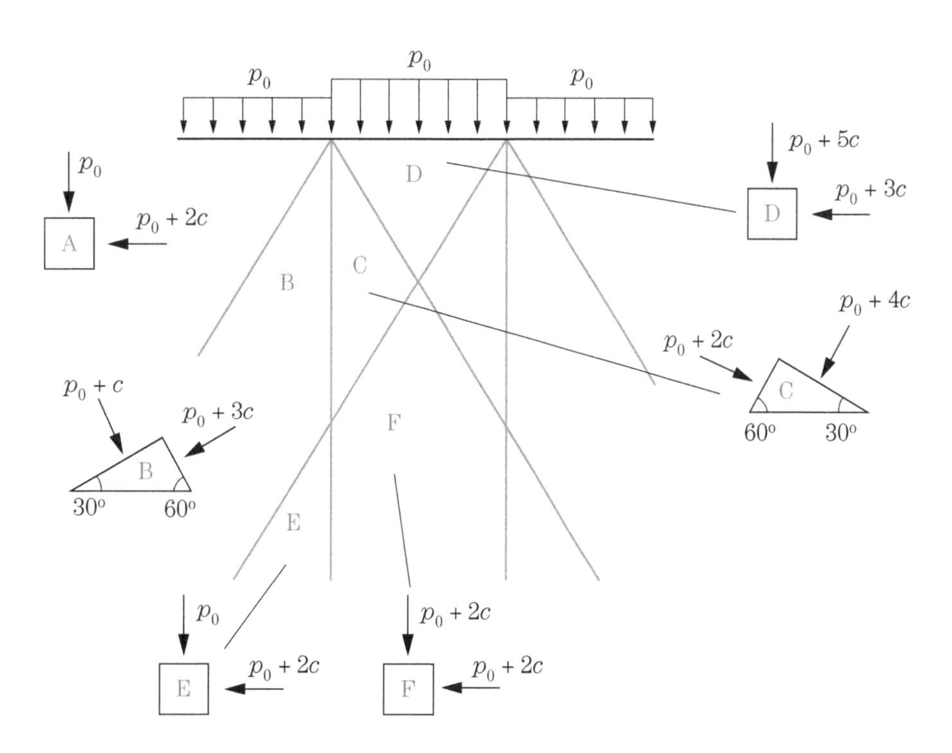

Domínio simétrico com cinco regiões

No caso de domínio simétrico com cinco regiões $\left(m = 4 \Longrightarrow \beta = 45° + \dfrac{90°}{8} = 56{,}25°\right)$, é imediato concluir, pela Figura 17.15 e pelo procedimento descrito, que:

$$p_{e4} - p_0 = 2c + 4(2c\ \text{sen}22{,}5°) \quad \Longrightarrow \quad p_{e4} = p_0 + 5{,}061c. \qquad (17.25)$$

Note-se que o passo que caracteriza a translação dos círculos de Mohr é dado por $2c\text{sen}22{,}5° = 0{,}765c$.

Figura 17.15
Representação das tensões no plano de Mohr para domínio com cinco regiões (m = 4).

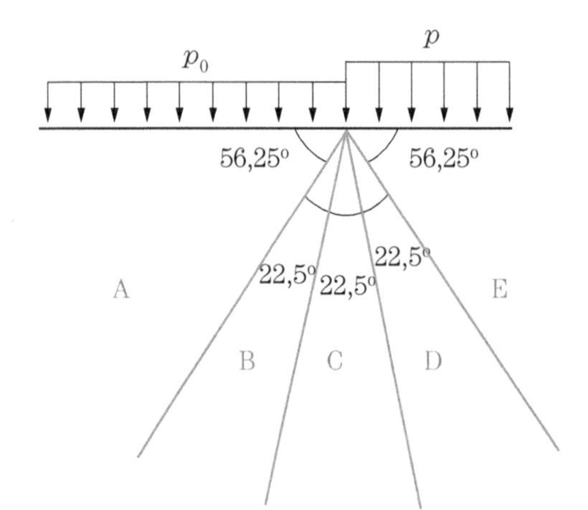

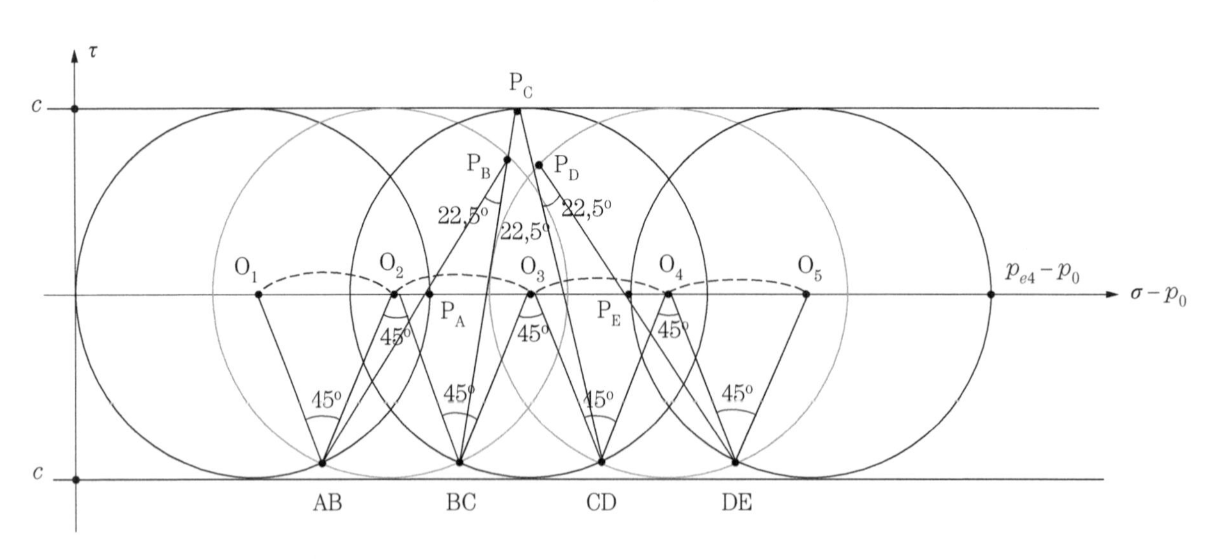

Domínio simétrico com seis regiões

No caso de domínio simétrico com seis regiões $\left(m = 5 \Longrightarrow \beta = 45° + \dfrac{90°}{10} = 54°\right)$ é imediato concluir, pela Figura 17.16 e pelo procedimento descrito, que:

$$p_{e5} - p_0 = 2c + 5(2c\text{sen}18°) \quad \Longrightarrow \quad p_{e5} = p_0 + 5{,}090c. \qquad (17.26)$$

Note-se que o passo que caracteriza a translação dos círculos de Mohr é dado por $2c\text{sen}18° = 0{,}618c$.

Figura 17.16
Representação das tensões no plano de Mohr para domínio com seis regiões (m = 5).

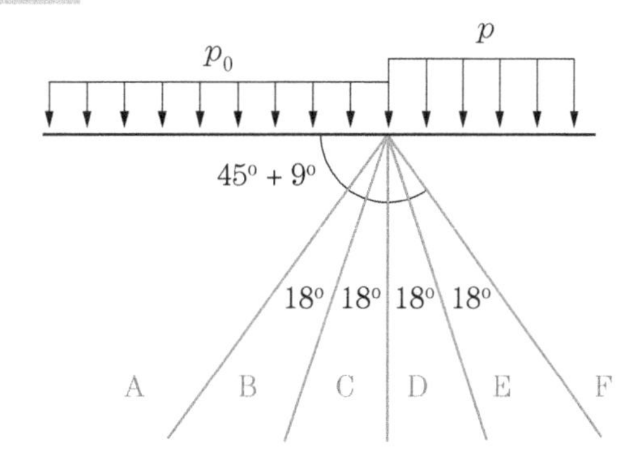

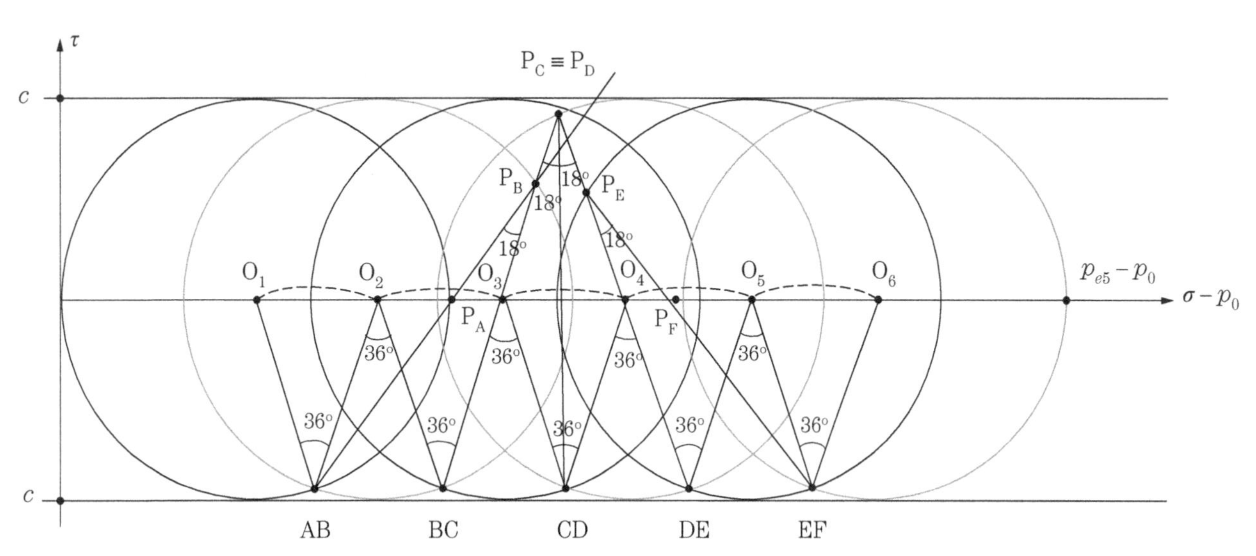

Adicionalmente, por indução matemática, pode-se estabelecer para $m + 1$ regiões, que:

$$\beta = 45° + \frac{90°}{2m} \qquad p_{em} = p_0 + 2c + m\left(2c\sin\frac{45°}{m}\right)$$

A Figura 17.17 apresenta os resultados dos limites superiores e inferiores com valores de m tomando valores entre 1 e 15 e mostrando a rápida convergência para a solução obtida por Ludwig Prandtl, $p_{II} = p_0 + (2 + \pi)c$. Note-se que, para $m = 3$, o erro relativo à carga de colapso estaria compreendido entre −2,75% e 1,35% e, para $m = 15$, estaria compreendido entre −0,11% e 0,06%.

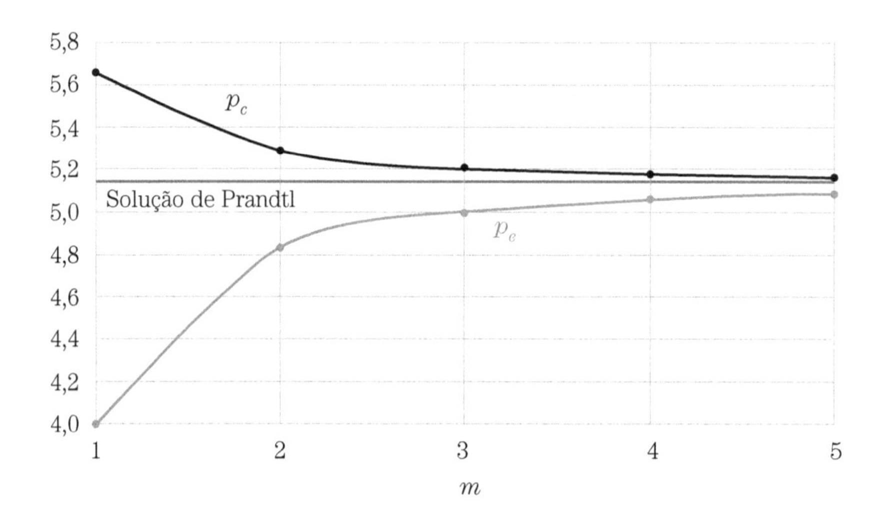

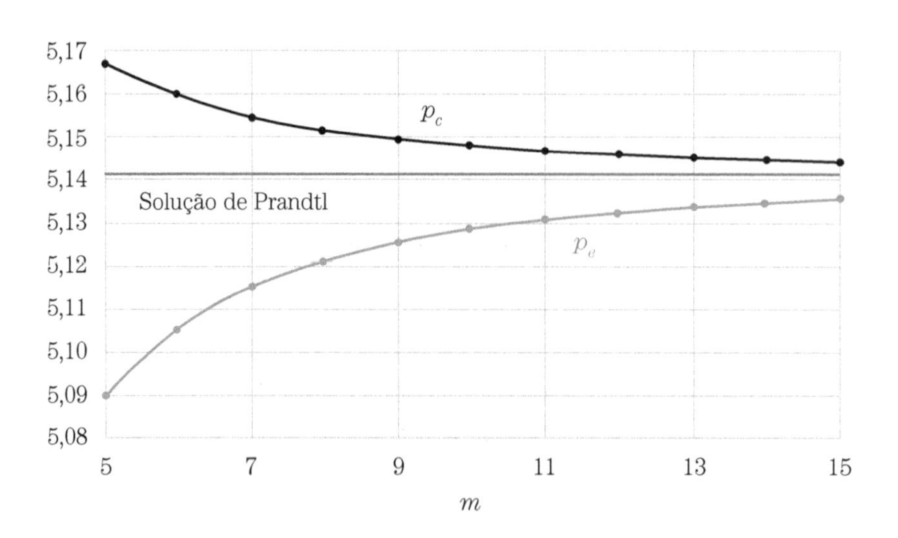

Figura 17.17
Limites superiores e inferiores da carga de colapso plástico.

17.3 Fundação direta em sapata corrida sobre meio elastoplástico perfeito com o critério de plastificação de Mohr-Coulomb

Considere-se agora a mesma fundação direta em sapata corrida do exemplo da seção 17.2, admitida rígida, de largura b enterrada em profundidade d, suportando carga F por unidade de comprimento (sendo a pressão $p = \dfrac{F}{b}$), em solo elastoplástico perfeito com coesão c e ângulo de atrito φ. Considera-se o critério de plastificação de Mohr-Coulomb e estabelecem-se limites superiores e inferiores para a carga limite de colapso plástico, correspondente ao estado limite último de colapso plástico.

Limites superiores

Procedimento para determinar o limite superior associado a um mecanismo

O procedimento para determinar o limite superior associado a um mecanismo é exatamente o mesmo daquele apresentado no exemplo da seção 17.2.

Considera-se praticamente a mesma família de mecanismos da Figura 17.2, caracterizada por blocos rígidos triangulares, submetidos a deslocamentos virtuais sem rotações e sem a ocorrência de superposições entre si. A única diferença é que os esforços externos estão agora distribuídos por um comprimento b_1 a ser definido, como ilustram os dois mecanismos possíveis de colapso da Figura 17.18.

Figura 17.18
Mecanismos possíveis de colapso.

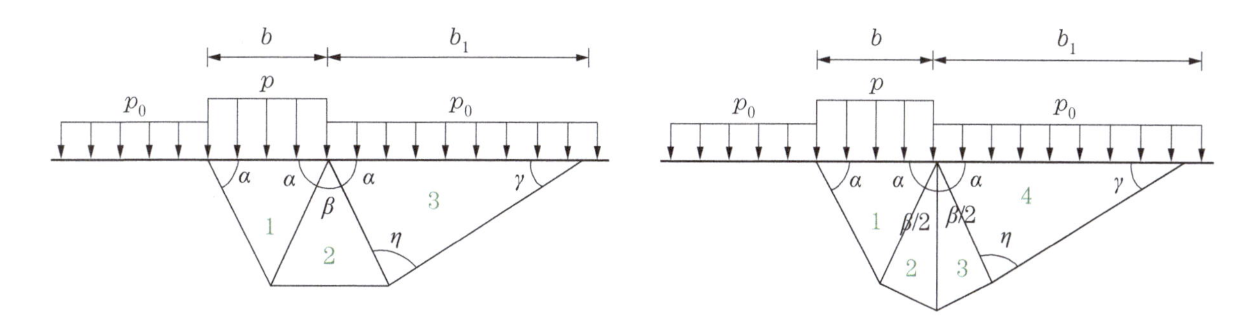

As deformações virtuais nas camadas ocorrem por sua plastificação, em decorrência dos deslocamentos virtuais entre os blocos. Neste caso, o material observa o critério de plastificação de Mohr-Coulomb, o que exige o estabelecimento de uma nova expressão de δT_i.

Qualquer que seja o mecanismo possível de colapso, o trabalho virtual externo será dado pela expressão:

$$\delta T_e = pb\delta u_1 - p_0 b_1 \delta u_{m+2}. \tag{17.27}$$

O trabalho virtual interno será dado pelo somatório de δT_i nas camadas. Assim, em certa camada jk, o critério de Mohr-Coulomb permite estabelecer:

$$\tau = c + \sigma \tan\varphi,$$

onde τ é a tensão de cisalhamento na camada e σ a tensão normal no plano que define a camada. Considerando a condição de normalidade, as deformações virtuais devem ser normais à superfície de plastificação, conforme mostra a Figura 17.19, do que resulta:

$$\delta\varepsilon = \delta\gamma \tan\varphi$$

Figura 17.19
Deformações virtuais na superfície de plastificação.

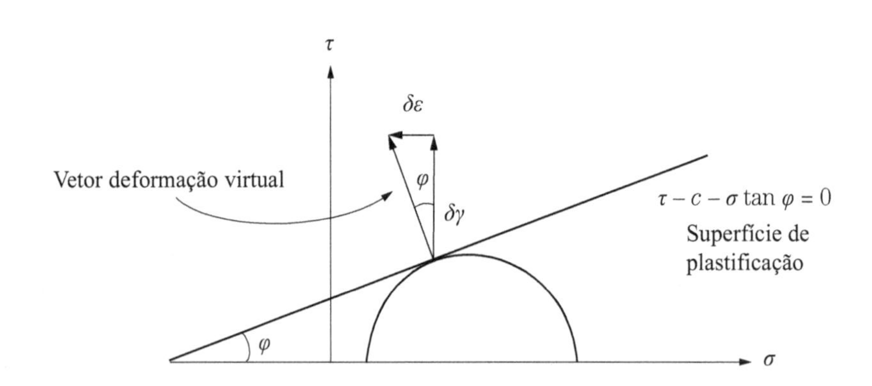

Assim, o trabalho virtual interno por unidade de volume de uma camada será dado por:

$$-\sigma\, \delta\varepsilon + \tau\, \delta\gamma. \tag{17.28}$$

Como as camadas são consideradas de pequena espessura, as deformações virtuais podem ser aproximadas por:

$$\delta\varepsilon = \frac{\delta u_n}{h_{jk}} \qquad \delta\gamma = \frac{\delta u_\ell}{h_{jk}} \tag{17.29}$$

onde δu_n e δu_ℓ são as componentes nas direções normal e longitudinal do deslocamento relativo virtual δu_{jk} entre os blocos rígidos j e k na camada de espessura h_{jk}, conforme mostra a Figura 17.20. Introduzindo (17.29) em (17.28), obtém-se:

$$-\sigma \frac{\delta u_{jk} \operatorname{sen}\varphi}{h_{jk}} + \tau \frac{\delta u_{jk} \cos\varphi}{h_{jk}} = \delta u_{jk} \cos\varphi \left(-\sigma \tan\varphi + \tau\right) \frac{1}{h_{jk}}.$$

Figura 17.20
Deslocamentos relativos entre os blocos *j* e *k*.

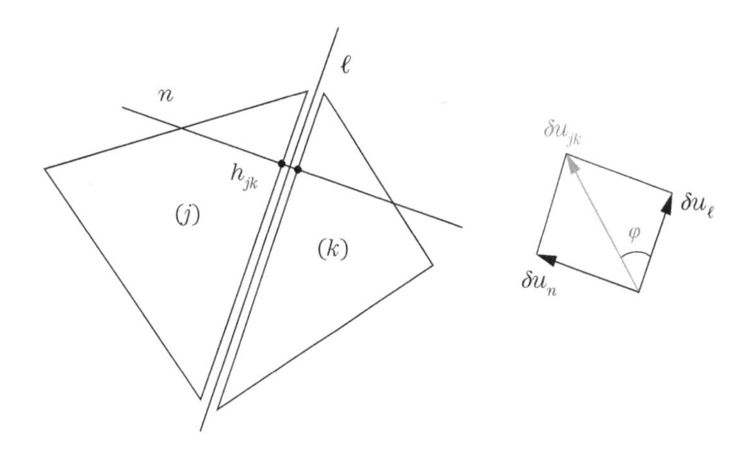

Como o estado de tensão na camada é admitido uniforme e todos os pontos estão plastificados, pode-se escrever:

$$\delta T_i = \sum \delta u_{jk} \cos\varphi\left(-\sigma \tan\varphi + \tau\right)\frac{1}{h_{jk}} h_{jk} \int_0^{\ell_{jk}} ds$$

ou

$$\delta T_i = c \cos\varphi \sum \ell_{jk} \delta u_{jk}. \tag{17.30}$$

Note-se que o índice $j = 0$ identifica o restante do maciço, que não sofre deslocamento virtual.

Assim para cada mecanismo, obtém-se:

$$p_c b\, \delta u_1 - p_0 b_1 \delta u_{m+2} = c \cos\varphi \sum \ell_{jk} \delta u_{jk},$$

e a obtenção do limite superior associado a cada mecanismo fica restrita ao cálculo dos comprimentos, ℓ_{jk}, das camadas e dos deslocamentos virtuais, δu_1, δu_{m+2} e δu_{jk}, o que se faz a seguir para os mecanismos selecionados.

Esses mecanismos têm um grau de liberdade; ou seja, fixado um deles, todos os demais ficam univocamente determinados pelo fato de terem suas direções definidas pelas direções das camadas; o deslocamento virtual δu_{jk} será obtido a partir dos deslocamentos δu_ℓ pela expressão $\delta u_{jk} = \dfrac{\delta u_\ell}{\cos\varphi.}$.

Mecanismo com três blocos rígidos

Considere-se um mecanismo com três blocos rígidos, conforme mostra a Figura 17.21, cuja geometria é definida pelos ângulos α e γ,

Figura 17.21
Mecanismo com três blocos: comprimentos dos lados.

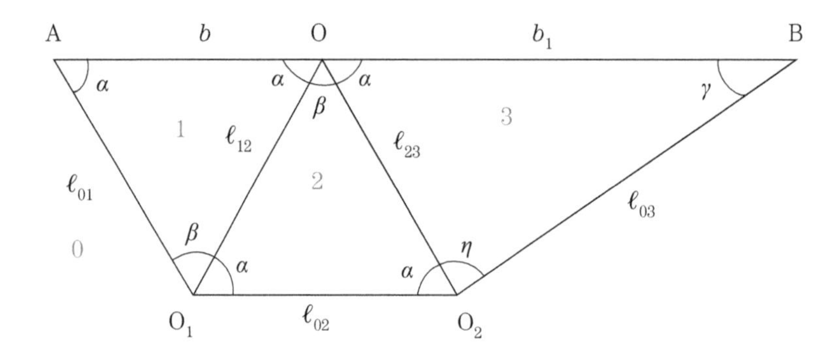

da qual decorre o comprimento dos lados:

$$\ell_{01} = \ell_{12} = \ell_{23} = \frac{b\text{sen}\,\alpha}{\text{sen}(2\alpha)} \qquad \ell_{03} = \frac{b\ \text{sen}^2\,\alpha}{\text{sen}(2\alpha)\text{sen}\gamma}$$
$$\ell_{02} = b \qquad b_1 = \frac{b\sin\alpha\ \ \sin(\alpha+\gamma)}{\text{sen}(2\alpha)\text{sen}\gamma} \tag{17.31}$$

A Figura 17.22(a) apresenta os deslocamentos virtuais δu_1, δu_3 e δu_{jk}. A projeção destes últimos, que correspondem aos deslocamentos virtuais para $\varphi = 0°$, permite obter suas componentes na direção das camadas, dadas por $\delta u_\ell = \delta u_{jk}\cos\varphi$. A Figura 17.22(b) apresenta o diagrama dos deslocamentos virtuais para $\varphi = 10°$, que mostra um aumento significativo de seus valores em relação àqueles obtidos com ângulo de atrito nulo, representado na figura isomórfica em tracejado. Esse aumento se amplia de forma intensa para valores crescentes de φ.

Figura 17.22
Mecanismo com três blocos rígidos: deslocamentos virtuais.

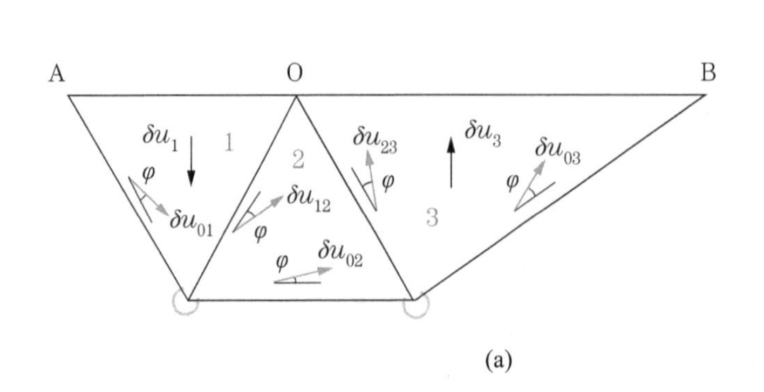

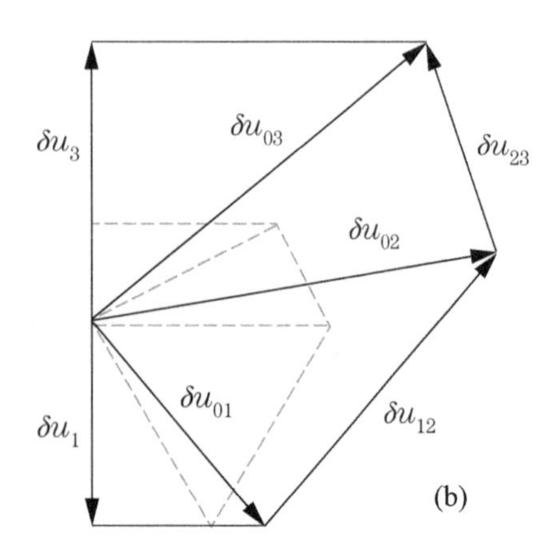

A interpretação geométrica da Figura 17.22(b), com δu_1 arbitrado igual à unidade, conduz a:

$$\delta u_{01} = \frac{1}{\text{sen}(\alpha - \varphi)} \qquad \delta u_{12} = \frac{\text{sen}\,\alpha}{\text{sen}(\alpha - 2\varphi)\text{sen}(\alpha - \varphi)}$$

$$\delta u_{02} = \frac{\text{sen}(2\alpha - 2\varphi)}{\text{sen}(\alpha - 2\varphi)\text{sen}(\alpha - \varphi)} \qquad \delta u_{23} = \frac{\text{sen}\gamma\,\text{sen}(2\alpha - 2\varphi)}{\text{sen}(\alpha + \gamma + 2\varphi)\text{sen}(\alpha - 2\varphi)\text{sen}(\alpha - \varphi)}$$

$$\delta u_{03} = \frac{\text{sen}(\alpha + 2\varphi)\text{sen}(2\alpha - 2\varphi)}{\text{sen}(\alpha + \gamma + 2\varphi)\text{sen}(\alpha - 2\varphi)\text{sen}(\alpha - \varphi)} \qquad \delta u_3 = \frac{\text{sen}(\gamma + \varphi)\text{sen}(\alpha + 2\varphi)\text{sen}(2\alpha - 2\varphi)}{\text{sen}(\alpha + \gamma + 2\varphi)\text{sen}(\alpha - 2\varphi)\text{sen}(\alpha - \varphi)}$$

(17.32)

Assim, considerando o teorema dos deslocamentos virtuais

$$p_{c1} b \delta u_1 - p_0 b_1 \delta u_3 = \text{c}\,\cos\varphi\,\left\{\delta u_{01}\ell_{01} + \delta u_{02}\ell_{02} + \delta u_{03}\ell_{03} + \delta u_{12}\ell_{12} + \delta u_{23}\ell_{23}\right\} \tag{17.33}$$

e introduzindo (17.31) e (17.32) em (17.33), resulta:

$$p_{c1} = p_0\, g(\alpha, \gamma, \varphi) + c f(\alpha, \gamma, \varphi)\,. \tag{17.34}$$

Para cada valor do *ângulo de atrito* φ e atribuindo valores ao par (α, γ) obtêm-se extremos superiores, p_{c1}, da carga de colapso. Entre esses valores de p_{c1}, adota-se aquele que minimiza, simultaneamente, os valores de $f(\alpha, \gamma, \varphi)$, e $g(\alpha, \gamma, \varphi)$, nos intervalos $\frac{\pi}{4} \leq \alpha \leq \frac{4\pi}{9}$ e $\frac{\pi}{9} \leq \gamma \leq \frac{5\pi}{18}$. Alguns desses resultados são a seguir apresentados:

$$\varphi = 10^\circ \implies \alpha = 61{,}54^\circ;\ \gamma = 37{,}04^\circ \implies p_{c1,minimo} = 2{,}663 p_0 + 9{,}432 c$$

$$\varphi = 20^\circ \implies \alpha = 67{,}34^\circ;\ \gamma = 28{,}97^\circ \implies p_{c1,minimo} = 8{,}193 p_0 + 19{,}762 c$$

(17.35)

Mecanismo com quatro blocos rígidos

Considere-se agora um mecanismo com quatro blocos rígidos, conforme mostra a Figura 17.23, identificando esse mecanismo pela variável $m = 2$, que caracteriza o número de blocos da região $OO_1O_2O_3$.

Figura 17.23
Mecanismo com quatro blocos; comprimentos dos lados.

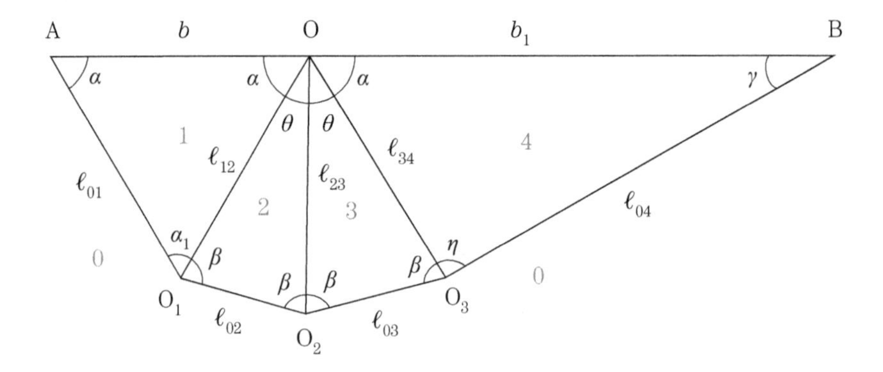

Considerando que os ângulos

$$\alpha_1 = \pi - 2\alpha \qquad \theta = \frac{\pi - 2\alpha}{m} \qquad \beta = \frac{\pi - \theta}{2} \qquad \eta = \pi - \alpha - \gamma$$

dependem exclusivamente de α e γ e aplicando a lei dos senos para os quatro triângulos, obtêm-se as expressões dos comprimentos dos lados:

$$\begin{aligned} \ell_{01} = \ell_{12} = \ell_{23} = \ell_{34} &= \frac{b}{2\cos\alpha} & \ell_{04} &= \frac{\text{sen}\alpha}{\text{sen}\gamma}\,\ell_{01} \\ \ell_{02} = \ell_{03} &= \frac{\text{sen}\theta}{\text{sen}\beta}\,\ell_{01} & b_1 &= \frac{\sin(\alpha+\gamma)}{\text{sen}\gamma}\,\ell_{01} \end{aligned} \tag{17.36}$$

A Figura 17.24(a) apresenta os deslocamentos virtuais δu_1, δu_4 e δu_{jk}. A projeção destes últimos na direção das camadas, que correspondem aos deslocamentos virtuais para $\varphi = 0°$, permite obter $\delta u_\ell = \delta u_{jk}\cos\varphi$. A Figura 17.24(b) apresenta o diagrama dos deslocamentos virtuais para $\varphi = 10°$, que mostra um aumento significativo de seus valores em relação àqueles obtidos com ângulo de atrito nulo, que se amplia de forma intensa para valores crescentes de φ.

Figura 17.24
Mecanismo com quatro blocos rígidos: deslocamentos virtuais.

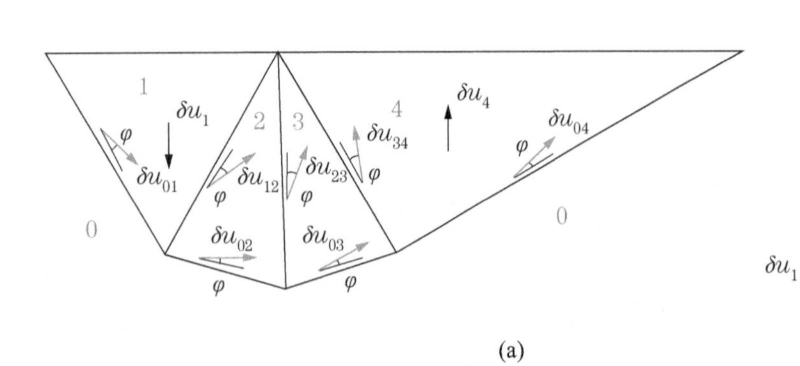

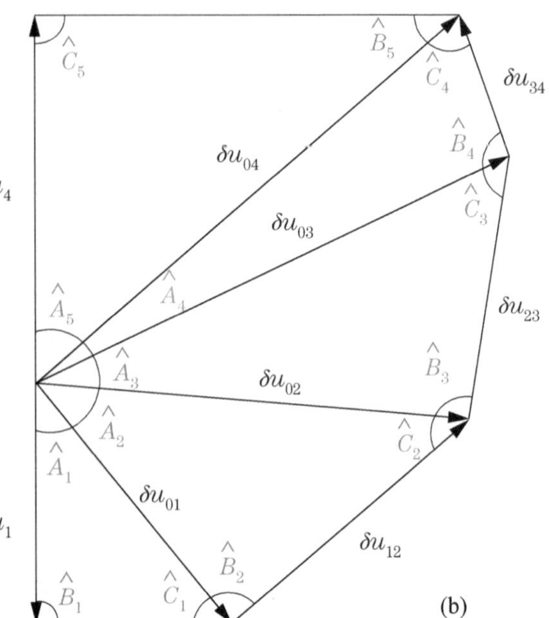

A interpretação geométrica da Figura 17.24(b) conduz aos ângulos internos:

$$\hat{A}_1 = \frac{\pi}{2} - \alpha - \varphi \quad \hat{A}_2 = -\frac{\pi}{4} + \frac{3\alpha}{2} \quad \hat{A}_3 = \frac{\pi}{2} - \alpha \quad \hat{A}_4 = -\frac{\pi}{4} + \frac{\alpha}{2} + \gamma \quad \hat{A}_5 = \frac{\pi}{2} - \gamma - \varphi$$

$$\hat{B}_1 = \frac{\pi}{2} \quad \hat{B}_2 = \pi - 2\alpha + 2\varphi \quad \hat{B}_3 = \frac{\pi}{4} + \frac{\alpha}{2} + 2\varphi \quad \hat{B}_4 = \frac{\pi}{4} + \frac{\alpha}{2} + 2\varphi \quad \hat{B}_5 = \gamma + \varphi$$

$$\hat{C}_1 = \alpha - \varphi \quad \hat{C}_2 = \frac{\pi}{4} + \frac{\alpha}{2} - 2\varphi \quad \hat{C}_3 = \frac{\pi}{4} + \frac{\alpha}{2} - 2\varphi \quad \hat{C}_4 = \pi - \alpha - \gamma - 2\varphi \quad \hat{C}_5 = \frac{\pi}{2}$$

e, aplicando a lei dos senos a cada um dos triângulos da Figura 17.24(b) e admitindo $\delta u_1 = 1$, obtêm-se os deslocamentos virtuais:

$$\delta u_{01} = \frac{1}{\cos\hat{A}_1}$$

$$\delta u_{12} = \frac{\text{sen}\hat{A}_2}{\text{sen}\hat{C}_2}\,\delta u_{01} \qquad \delta u_{02} = \frac{\text{sen}\hat{B}_2}{\text{sen}\hat{C}_2}\,\delta u_{01}$$

$$\delta u_{23} = \frac{\text{sen}\hat{A}_3}{\text{sen}\hat{C}_3}\,\delta u_{02} \qquad \delta u_{03} = \frac{\text{sen}\hat{B}_3}{\text{sen}\hat{C}_3}\,\delta u_{02}$$

$$\delta u_{34} = \frac{\text{sen}\hat{A}_4}{\text{sen}\hat{C}_4}\,\delta u_{03} \qquad \delta u_{04} = \frac{\text{sen}\hat{B}_4}{\text{sen}\hat{C}_4}\,\delta u_{03}$$

$$\delta u_4 = \cos\hat{A}_5 \delta u_{04} \tag{17.37}$$

Assim, considerando o teorema dos deslocamentos virtuais

$$p_{c2} b \delta u_1 - p_0 b_1 \delta u_4 =$$
$$c\cos\varphi \left\{ \delta u_{01}\ell_{01} + \delta u_{02}\ell_{02} + \delta u_{03}\ell_{03} + \delta u_{04}\ell_{04} + \delta u_{12}\ell_{12} + \delta u_{23}\ell_{23} + \delta u_{34}\ell_{34} \right\} \tag{17.38}$$

e introduzindo (17.36) e (17.37) em (17.38), resulta:

$$p_{c2} = p_0\, g(\alpha,\gamma,\varphi) + c f(\alpha,\gamma,\varphi)\,. \tag{17.39}$$

Para cada valor do ângulo de atrito φ e atribuindo valores ao par (α, γ) obtêm-se extremos superiores, p_{c2}, da carga de colapso. Entre esses valores de p_{c2}, adota-se aquele que minimiza, simultaneamente, os valores de $f(\alpha, \gamma, \varphi)$ e $g(\alpha, \gamma, \varphi)$, nos intervalos $\frac{\pi}{4} \leq \alpha \leq \frac{4\pi}{9}$ e $\frac{\pi}{9} \leq \gamma \leq \frac{5\pi}{18}$. Alguns desses resultados são a seguir apresentados:

$$\varphi = 10° \implies \alpha = 55{,}36°;\ \gamma = 38{,}62° \implies p_{c2,minimo} = 2{,}560 p_0 + 8{,}846c$$
$$\varphi = 20° \implies \alpha = 62{,}11°;\ \gamma = 30{,}47° \implies p_{c2,minimo} = 7{,}625 p_0 + 18{,}202c \tag{17.40}$$

Mecanismo com seis blocos rígidos

Considere-se agora um mecanismo com seis blocos rígidos, conforme mostra a Figura 17.25, identificando esse mecanismo pela variável $m = 4$, que caracteriza o número de blocos da região $OO_1O_2O_3O_4O_5$.

Figura 17.25
Mecanismo com quatro blocos: comprimentos dos lados.

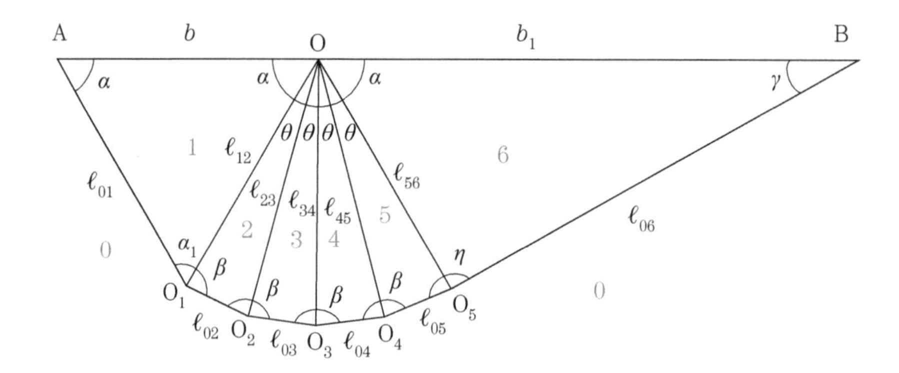

Considerando que os ângulos

$$\alpha_1 = \pi - 2\alpha \qquad \theta = \frac{\pi - 2\alpha}{m} \qquad \beta = \frac{\pi - \theta}{2} \qquad \eta = \pi - \alpha - \gamma$$

dependem exclusivamente de α e γ e aplicando a lei dos senos para os seis triângulos, obtêm-se as expressões dos comprimentos dos lados:

$$\begin{aligned} &\ell_{01} = \ell_{12} = \ell_{23} = \ell_{34} = \ell_{45} = \ell_{56} = \frac{b}{2\cos\alpha} \qquad && \ell_{06} = \frac{\operatorname{sen}\alpha}{\operatorname{sen}\gamma}\,\ell_{01} \\ &\ell_{02} = \ell_{03} = \ell_{04} = \ell_{05} = \frac{\operatorname{sen}\theta}{\operatorname{sen}\beta}\,\ell_{01} && b_1 = \frac{\operatorname{sen}(\alpha+\gamma)}{\operatorname{sen}\gamma}\,\ell_{01} \end{aligned} \tag{17.41}$$

Note-se que apenas os ângulos θ e β dependem de m.

A Figura 17.26(a) apresenta os deslocamentos virtuais δu_1, δu_4 e δu_{jk}. A projeção destes últimos na direção das camadas, que correspondem aos deslocamentos virtuais para $\varphi = 0°$, permite obter $\delta u_\ell = \delta u_{jk}\cos\varphi$. A Figura 17.26(b) apresenta o diagrama dos deslocamentos virtuais para $\varphi = 10°$, que mostra um aumento significativo de seus valores em relação àqueles obtidos com ângulo de atrito nulo, que se amplia de forma intensa para valores crescentes de φ.

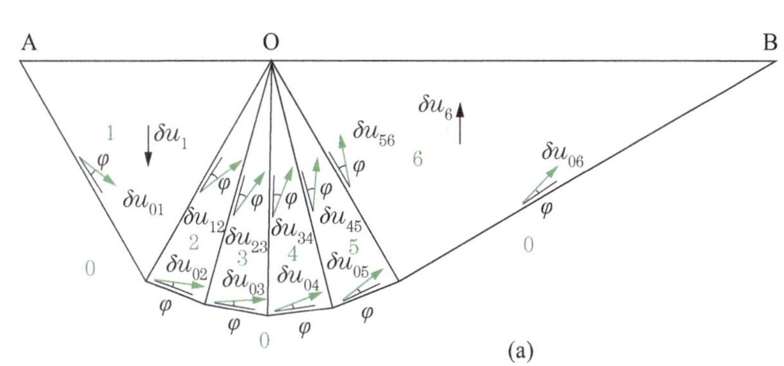

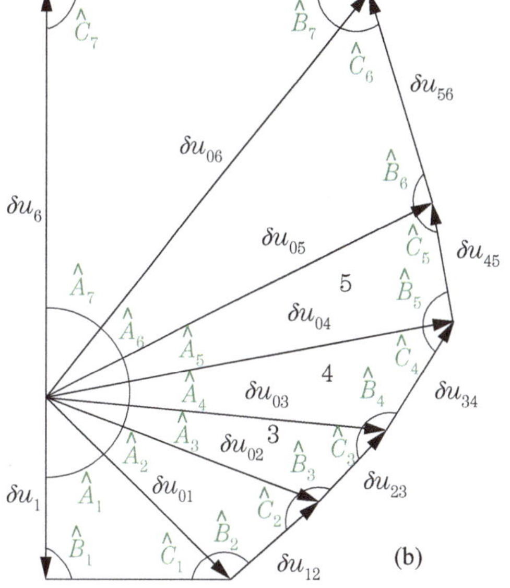

Figura 17.26
Mecanismo com seis blocos rígidos: deslocamentos virtuais.

A interpretação geométrica da Figura 17.26(b) conduz aos ângulos internos:

$$\hat{A}_1 = \frac{\pi}{2} - \alpha + \varphi \qquad \hat{A}_2 = 2\alpha - \beta \qquad \hat{A}_6 = \alpha + \gamma - \beta \qquad \hat{A}_7 = \frac{\pi}{2} - \gamma - \varphi$$

$$\hat{B}_1 = \frac{\pi}{2} \qquad \hat{B}_2 = \pi - 2\alpha + 2\varphi \qquad \hat{B}_6 = \beta + 2\varphi \qquad \hat{B}_7 = \gamma + \varphi$$

$$\hat{C}_1 = \alpha - \varphi \qquad \hat{C}_2 = \beta - 2\varphi \qquad \hat{C}_6 = \pi - \alpha - \gamma - 2\varphi \qquad \hat{C}_7 = \frac{\pi}{2}$$

$$\hat{A} = \hat{A}_3 = \hat{A}_4 = \hat{A}_5 = \pi - 2\beta$$

$$\hat{B} = \hat{B}_3 = \hat{B}_4 = \hat{B}_5 = \beta + 2\varphi$$

$$\hat{C} = \hat{C}_3 = \hat{C}_4 = \hat{C}_5 = \beta - 2\varphi$$

e, aplicando a lei dos senos a cada um dos triângulos da Figura 17.26(b) e admitindo-se $\delta u_1 = 1$, obtêm-se os deslocamentos virtuais:

$$\delta u_{01} = \frac{1}{\cos\hat{A}_1}$$

$$\delta u_{12} = \frac{\mathrm{sen}\hat{A}_2}{\mathrm{sen}\hat{C}_2}\,\delta u_{01} \qquad \delta u_{02} = \frac{\mathrm{sen}\hat{B}_2}{\mathrm{sen}\hat{C}_2}\,\delta u_{01}$$

$$\delta u_{23} = \frac{\mathrm{sen}\hat{A}}{\mathrm{sen}\hat{C}}\,\delta u_{02} = k_1\delta u_{02} \qquad \delta u_{03} = \frac{\mathrm{sen}\hat{B}}{\mathrm{sen}\hat{C}}\,\delta u_{02} = k_2\delta u_{02}$$

$$\delta u_{34} = \frac{\mathrm{sen}\hat{A}}{\mathrm{sen}\hat{C}}\,\delta u_{03} = k_1\delta u_{03} = k_1k_2\delta u_{02} \qquad \delta u_{04} = \frac{\mathrm{sen}\hat{B}}{\mathrm{sen}\hat{C}}\,\delta u_{03} = k_2{}^2\delta u_{02}$$

$$\delta u_{45} = \frac{\mathrm{sen}\hat{A}}{\mathrm{sen}\hat{C}}\,\delta u_{03} = k_1\delta u_{04} = k_1k_2{}^2\delta u_{02} \qquad \delta u_{05} = \frac{\mathrm{sen}\hat{B}}{\mathrm{sen}\hat{C}}\,\delta u_{04} = k_2\delta u_{04} = k_2{}^3\delta u_{02}$$

$$\delta u_{34} = \frac{\mathrm{sen}\hat{A}_4}{\mathrm{sen}\hat{C}_4}\,\delta u_{03} \qquad \delta u_{04} = \frac{\mathrm{sen}\hat{B}_4}{\mathrm{sen}\hat{C}_4}\,\delta u_{03}$$

$$\delta u_6 = \cos\hat{A}_7\delta u_{06} \tag{17.42}$$

Nota-se que os triângulos 3 a 5 são homotéticos de razão $k_2 = \dfrac{\text{sen}\hat{B}}{\text{sen}\hat{C}}$ em (17.42), e, portanto, os correspondentes deslocamentos virtuais estão em uma progressão geométrica de razão k_2.

Assim, considerando o teorema dos deslocamentos virtuais

$$\begin{gathered} p_{c4} b \delta u_1 - p_0 b_1 \delta u_6 = \\ c \cos\varphi \left\{ \delta u_{01} \ell_{01} + \delta u_{02} \ell_{02} + \left[\delta u_{03} \ell_{03} + \delta u_{04} \ell_{04} + \delta u_{05} \ell_{05} \right] + \delta u_{06} \ell_{06} \right\} \\ c \cos\varphi \left\{ \delta u_{12} \ell_{12} + \left[\delta u_{23} \ell_{23} + \delta u_{34} \ell_{34} + \delta u_{45} \ell_{45} \right] + \delta u_{56} \ell_{56} \right\} \end{gathered} \tag{17.43}$$

ou considerando (17.41):

$$\begin{gathered} p_{c4} b \delta u_1 - p_0 b_1 \delta u_6 = \\ c \cos\varphi \left\{ \delta u_{01} \ell_{01} + \delta u_{02} \ell_{02} + \left[\delta u_{03} + \delta u_{04} + \delta u_{05} \right] \ell_{02} + \delta u_{06} \ell_{06} \right\} \\ c \cos\varphi \left\{ \delta u_{12} \ell_{01} + \left[\delta u_{23} + \delta u_{34} + \delta u_{45} \right] \ell_{01} + \delta u_{56} \ell_{01} \right\} \end{gathered}$$

e, como os termos entre colchetes estão em uma progressão geométrica de razão k_2, as somas desses termos, no caso com $m = 4$, são dadas por:

$$\begin{gathered} \delta u_{03} + \delta u_{04} + \delta u_{05} = k_2 \delta u_{02} S \\ \delta u_{23} + \delta u_{34} + \delta u_{45} = k_1 \delta u_{02} S \end{gathered}$$

com

$$\begin{aligned} S &= \frac{(k_2)^{m-1} - 1}{k_2 - 1} \qquad \text{se} \quad k_2 \neq 1 \\ S &= m - 1 \qquad\qquad \text{se} \quad k_2 = 1 \end{aligned}$$

e a Expressão (17.43) toma a seguinte forma:

$$\begin{gathered} p_{c4} b \delta u_1 - p_0 b_1 \delta u_6 = \\ c \cos\varphi \left\{ \delta u_{01} \ell_{01} + \delta u_{02} \ell_{02} + k_2 \delta u_{02} S \ell_{02} + \delta u_{06} \ell_{06} \right\} \\ c \cos\varphi \left\{ \delta u_{12} \ell_{01} + k_1 \delta u_{02} S \ell_{01} + \delta u_{56} \ell_{01} \right\} \end{gathered} \tag{17.44}$$

e, introduzindo (17.41) e (17.42) em (17.44), resulta:

$$p_{c4} = p_0\, g(\alpha, \gamma, \varphi) + c\, f(\alpha, \gamma, \varphi) \tag{17.45}$$

Para cada valor do *ângulo de atrito* φ e atribuindo valores ao par (α, γ) obtêm-se extremos superiores, p_{c4}, da carga de colapso. Entre esses valores de p_{c4}, adota-se aquele que minimiza, simultaneamente, os valores de $f(\alpha, \gamma, \varphi)$ e $g(\alpha, \gamma, \varphi)$, nos intervalos $\frac{\pi}{4} \leq \alpha \leq \frac{4\pi}{9}$ e $\frac{\pi}{9} \leq \gamma \leq \frac{5\pi}{18}$. Alguns desses resultados são a seguir apresentados:

$$\begin{aligned} \varphi = 10^\circ &\implies \alpha = 52{,}29^\circ;\ \gamma = 38{,}90^\circ \implies p_{c4,minimo} = 2{,}525 p_0 + 8{,}650 c \\ \varphi = 20^\circ &\implies \alpha = 59{,}68^\circ;\ \gamma = 31{,}14^\circ \implies p_{c4,minimo} = 7{,}438 p_0 + 17{,}689 c \end{aligned} \tag{17.46}$$

Mecanismo com m + 2 blocos rígidos

Considere-se agora o mecanismo com $m + 2$ blocos rígidos, conforme mostra a Figura 17.27, onde os m blocos centrais têm seus perímetros definidos por triângulo isósceles com:

$$\alpha_1 = \pi - 2\alpha \qquad \theta = \frac{\pi - 2\alpha}{m} \qquad \beta = \frac{\pi - \theta}{2} \qquad \eta = \pi - \alpha - \gamma$$

Figura 17.27
Mecanismo com m + 2 blocos rígidos.

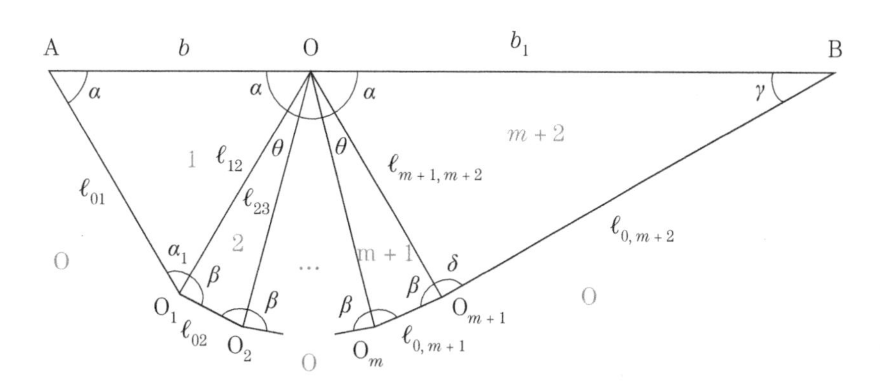

Da simples observação da Expressão (17.44) e do seu desenvolvimento, conclui-se, por indução matemática, que o limite superior da carga de colapso para m + 2 blocos rígidos é dada por:

$$\begin{aligned} p_{c,m+2} b \delta u_1 - p_0 b_1 \delta u_{m+2} = \\ c \cos\varphi \left\{ \delta u_{01} \ell_{01} + \delta u_{02} \ell_{02} + k_2 \delta u_{02} S \ell_{02} + \delta u_{0,m+2} \ell_{0,m+2} \right\} \\ c \cos\varphi \left\{ \delta u_{12} \ell_{01} + k_1 \delta u_{02} S \ell_{01} + \delta u_{m+1,m+2} \ell_{01} \right\} \end{aligned} \tag{17.47}$$

Note-se que essa expressão é válida também para o mecanismo com três blocos rígidos, $m = 1$.

A análise desta família de limites superiores é feita atribuindo valores a m pertencente ao conjunto dos números naturais positivos e, em seguida, obtendo o *mínimo da função resultante*, $p_{c,m+2}(\alpha, \gamma)$. A Tabela 17.1 apresenta os valores desses limites superiores, bem como os valores correspondentes de b_1, α e γ. Pode-se observar que os valores dos coeficientes n_q de p_0 e n_c de c são convergentes para determinados valores, que se afastam dos coeficientes N_q e N_c, da fórmula de Terzaghi, conforme aumenta o valor do ângulo de atrito φ.

A fórmula de Terzaghi, que define a capacidade limite da carga p de suporte de uma fundação rasa por sapata direta é dada por:

$$p = N_q\, p_0 + N_c\, c + \rho g \frac{b}{2} N_\gamma$$

com

$$N = \frac{1 + \text{sen}\varphi}{1 - \text{sen}\varphi} \quad N_q = N e^{\pi \tan\varphi} \quad N_c = \left(N_q - 1\right)\cot\varphi \quad N_\gamma = 1{,}8\left(N_q - 1\right)\tan\varphi$$

Tabela 17.1 – Resultados da análise de limites superiores

$\varphi = 0°$					
m	n_q	n_c	b_1	$\alpha(°)$	$\gamma\,(°)$
1	1,000	5,561	1,325	57,739	43,845
2	1,000	5,278	1,116	50,694	44,743
3	1,000	5,207	1,059	48,097	44,921
4	1,000	5,180	1,035	46,908	44,969
5	1,000	5,166	1,023	46,282	44,986
6	1,000	5,159	1,102	45,915	44,992
100	1,000	5,142	1,000	45,000	45,000
	N_q	N_c			
Terzaghi	1,000	5,142			

$\varphi = 10°$					
m	n_q	n_c	b_1	$\alpha(°)$	$\gamma\,(°)$
1	2,663	9,432	1,722	61,544	37,040
2	2,560	8,846	1,414	55,360	38,620
3	2,535	8,704	1,334	53,226	38,747
4	2,525	8,650	1,301	52,294	38,902
5	2,521	8,623	1,286	51,817	38,979
6	2,518	8,609	1,277	51,543	39,022
100	2,512	8,575	1,256	50,880	39,122
	N_q	N_c			
Terzaghi	2,471	8,345			

$\varphi = 20°$					
m	n_q	n_c	b_1	$\alpha(°)$	$\gamma\,(°)$
1	8,193	19,762	2,664	67,341	28,967
2	7,625	18,202	2,108	62,105	30,471
3	7,489	17,830	1,969	60,415	30,943
4	7,438	17,689	1,915	59,675	31,139
5	7,413	17,620	1,888	59,301	31,237
6	7,400	17,583	1,874	59,088	31,292
100	7,368	17,497	1,840	58,577	31,424
	N_q	N_c			
Terzaghi	6,399	14,835			

$\varphi = 25°$					
m	n_q	n_c	b_1	$\alpha(°)$	$\gamma\,(°)$
1	16,445	33,122	3,698	70,942	24,348
2	15,042	30,113	2,857	66,343	25,842
3	14,709	29,399	2,648	64,806	26,322
4	14,583	29,127	2,568	64,151	26,523
5	14,522	28,998	2,529	63,822	26,623
6	14,488	28,926	2,507	63,634	26,681
100	14,411	28,760	2,457	63,185	26,817
	N_q	N_c			
Terzagui	10,662	20,721			

Limites inferiores

Procedimento para determinar o limite inferior associado a uma solução estaticamente admissível

O procedimento adotado para a determinação de um limite inferior da carga de colapso plástico no caso de adoção do critério de plastificação de Mohr-Coulomb é praticamente o mesmo daquele adotado quando se considera o critério de plastificação de Tresca ou von Mises. Entretanto, dificuldades de ordem geométrica e de convergência revelam aspectos que merecem destaque e o distinguem do procedimento anterior.

Divide-se o domínio do semiplano deformável em regiões, convenientemente escolhidas e com contornos retos, de modo que a primeira tenha como fronteira a parte da superfície lateral, L_{fa}, onde estão especificados os esforços externos ativos com valores fixos, p_0, e a última região tenha como fronteira a parte complementar da superfície lateral, L_{fb}, onde estão especificados os esforços externos, p, que, no caso, é a pressão aplicada pela sapata ao solo.

Para cada região, adota-se uma solução com campo de tensão uniforme e plastificado, ou seja, que observa $\phi = \tau - c - \sigma\tan\varphi = 0$. Na primeira região, o estado de tensão fica definido pela condição de equilíbrio em L_{fa} e por estar plastificado. O estado de tensão na segunda região, que faz fronteira com a primeira, fica determinado por se conhecer a tensão que atua no plano definido pela fronteira e por estar plastificado. Segue-se com esse procedimento até a última região, quando a tensão principal será igualada a p_e, que será um limite inferior da carga de colapso plástico, desde que o polo desse círculo de Mohr coincida com o ponto da tensão principal mínima, para que no plano horizontal não atue tensão de cisalhamento e a tensão máxima seja igual a p_e. Para que essa condição ocorra, a circunferência correspondente ao último círculo de Mohr deve observar:

- o centro da circunferência está definido;
- a circunferência passa por um ponto determinado;
- o polo do círculo de Mohr associado a essa circunferência deve estar na posição de tensão normal mínima.

Como o círculo fica definido por duas dessas três condições, a solução não é direta, como ocorre na utilização do critério de plastificação de Tresca, quando a última condição era naturalmente satisfeita. Para superar essa dificuldade, resolve-se o problema em função do ângulo β e impõe-se que a tensão de cisalhamento no polo do círculo de Mohr da última região seja nula. Para o caso do domínio subdividido em duas regiões com $\beta = 90°$, a condição de o polo da segunda região estar no eixo dos σ é naturalmente satisfeita.

A Figura 17.28 apresenta as regiões dos cinco elementos da família selecionada de regiões que serão objeto de análise. A condição $\beta > 45°$ deve ser satisfeita para que se tenha $p > p_0$. Em virtude da simetria geométrica e de carregamento, estabelecem-se os campos de tensões apenas para uma das partes e a variável m identifica o número de fronteiras.

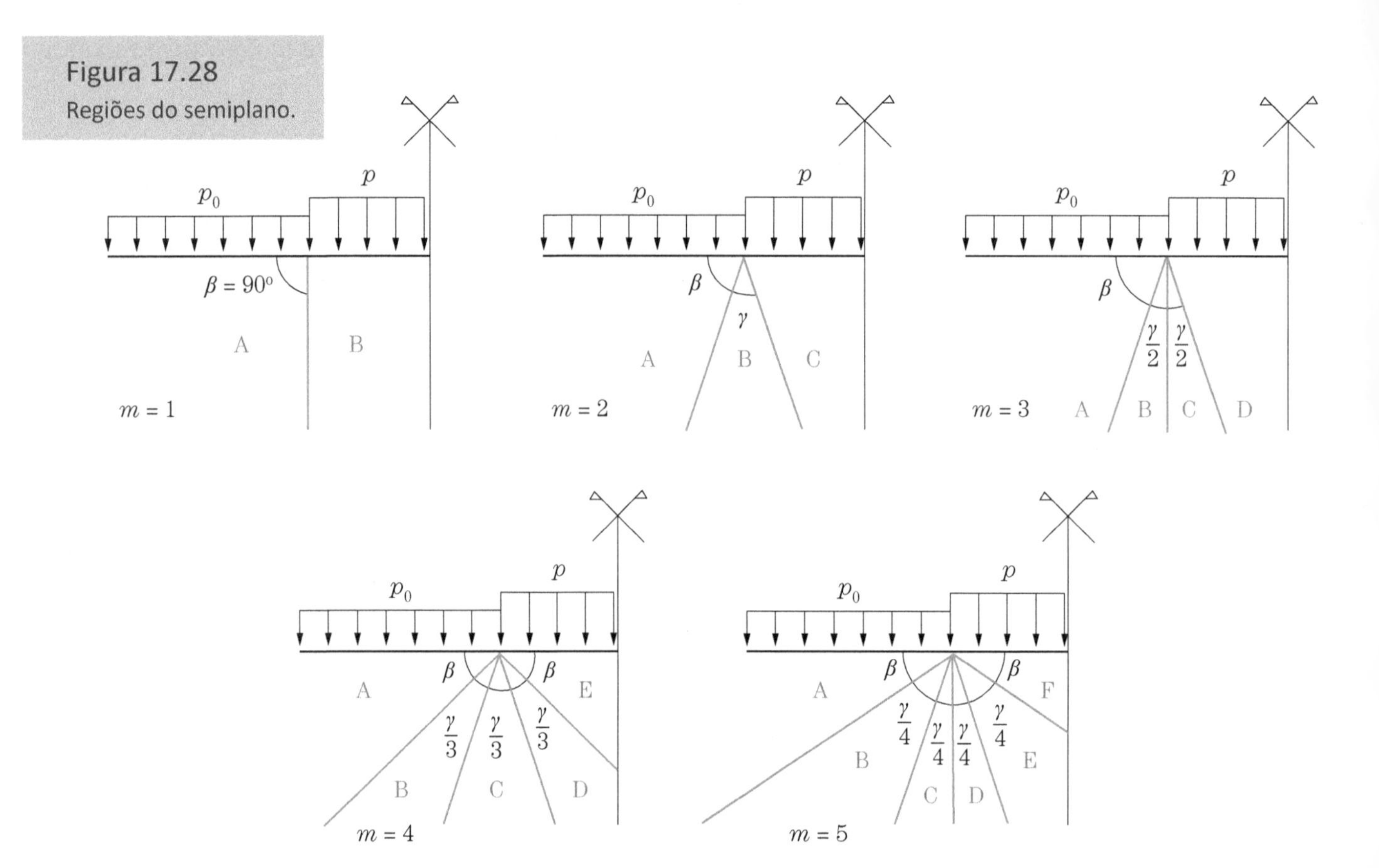

Figura 17.28
Regiões do semiplano.

O desenvolvimento do procedimento adotado necessita da aplicação recorrente de dois problemas de geometria.

O primeiro consiste em determinar a ordenada x do centro da circunferência $O \equiv (x, 0)$ que passa por um ponto $Q \equiv (\sigma_Q, \tau_Q)$ e é tangente à reta, $\tau - c - \sigma\tan\varphi = 0$, correspondente à superfície de plastificação, como mostra a Figura 17.29. Considerando que a distância de O até a reta é igual ao raio R e é dada por

$$R = \frac{|x\tan\varphi + c|}{\sqrt{\tan^2\varphi + 1}} \quad \Longrightarrow \quad R = x\operatorname{sen}\varphi + c\cos\varphi,$$

pois $0 < \varphi < 90°$, e que a equação dessa circunferência é:

$$(x - \sigma)^2 + \tau^2 = R^2,$$

pode-se estabelecer a equação do segundo grau:

$$(1 - \operatorname{sen}^2\varphi)x^2 + (-2c\operatorname{sen}\varphi\cos\varphi - 2\sigma_P)x + \left[\sigma_P{}^2 + \tau_P{}^2 - (c\cos\varphi)^2\right] = 0, \tag{17.48}$$

cujas raízes constituem as duas soluções do problema.

Assim, introduzindo as variáveis auxiliares:

$$d = \frac{1}{\cos^2\varphi} \sqrt{\sigma_Q(1 - \cos\varphi)^2 - (\tau_Q\cos\varphi)^2 + 2\text{sen}\varphi\cos\varphi\ \sigma_P c + (\cos\varphi\ c)^2}$$

$$e = \frac{\sigma_Q}{\cos^2\varphi} + \tan\varphi\ c$$

obtêm-se as raízes de (17.48), que são as ordenadas dos centros de duas circunferências e que permitem ainda estabelecer os raios dessas circunferências:

$$x_2 = d + e \implies R_2 = x_2\text{sen}\,\varphi + c\cos\varphi$$

$$x_1 = d - e \implies R_1 = x_1\text{sen}\,\varphi + c\cos\varphi$$

a distância entre os dois centros:

$$passo = x_2 - x_1 = 2d$$

e os valores máximo e mínimo de σ para cada circunferência:

$$\sigma_1 = x + R \quad \sigma_2 = x - R$$

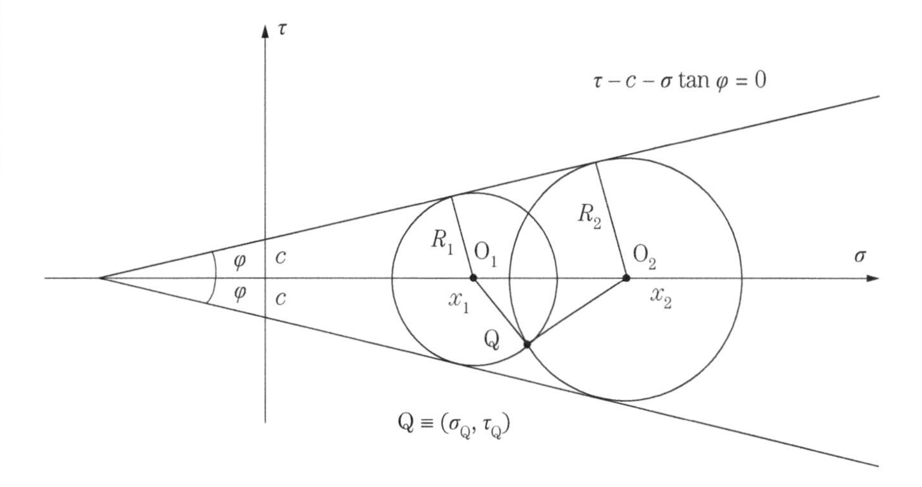

Figura 17.29
Circunferência pelo ponto Q e tangente a $\tau - c - \sigma\tan\phi = 0$.

O segundo problema consiste em determinar a intersecção $M \equiv (\sigma_M, \tau_M)$ de uma reta inclinada de ψ em relação à horizontal e que passa por um ponto $P \equiv (\sigma_P, \tau_P)$ com a circunferência de centro $O \equiv (x, 0)$ e raio R, conforme mostra a Figura 17.30. A circunferência define o círculo de Mohr de polo P, correspondente ao estado uniforme de tensão de uma certa região plastificada, e a reta define o plano de que se deseja conhecer a tensão.

Figura 17.30
Interseção entre reta pelo ponto P e circunferência.

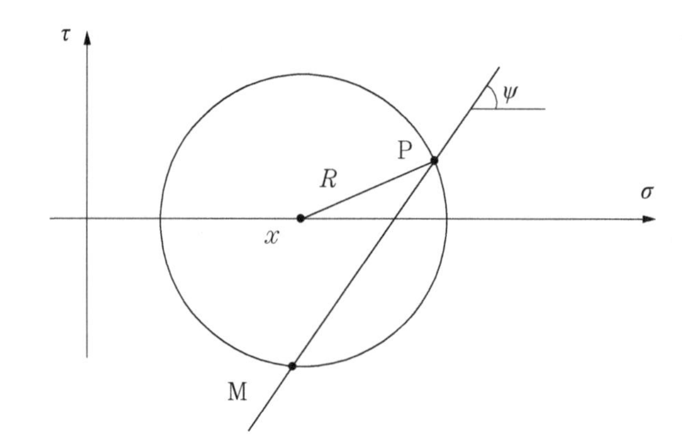

Como as equações da circunferência e da reta são dadas por:

$$(x-\sigma)^2+\tau^2=R^2 \quad \tau=\tan\psi\sigma+\left[\tau_P-\tan\psi\sigma_P\right]=a\sigma+b \qquad (17.49)$$

a tensão normal no ponto M será uma das raízes de:

$$\left(a^2+1\right)\sigma^2+\left(2ab-2x\right)\sigma+\left(b^2+a^2-R^2\right)=0, \qquad (17.50)$$

onde:

$$a=\tan\psi \quad b=\tau_p-\tan\psi\sigma_P$$

Assim, introduzindo as variáveis auxiliares:

$$f=\sqrt{a^2\left(R^2-x^2\right)-2abx+R^2-b^2}$$
$$g=\frac{x-ab}{a^2+1}$$

obtêm-se as raízes de (17.50), e, considerando a expressão de τ em (17.49), resulta:

$$\sigma_M=f\pm g \qquad \sigma_P=f\mp g$$
$$\tau_M=a\sigma_M+b \qquad \tau_P=a\sigma_P+b$$

Note-se que uma das soluções é o próprio ponto $P\equiv(\sigma_P,\tau_P)$ e a outra é a solução buscada $M\equiv(\sigma_M,\tau_M)$ pelo problema.

Trata-se agora de obter, com o auxílio das soluções desses dois problemas, os vários limites inferiores para a carga de colapso plástico, considerando as soluções estaticamente admissíveis definidas nas divisões do domínio apresentadas na Figura 17.28.

Domínio simétrico com duas regiões

Considere-se, inicialmente, o caso de domínio simétrico com duas regiões, $m = 1$ e $\beta = 90°$.

Na região A, o campo uniforme de tensões apresenta tensão normal no plano horizontal dada por p_0, e, como ele deve estar plastificado, o círculo de Mohr que define o estado de tensão nessa região é o que passa pelo ponto $(p_0, 0)$ e tangencia a reta $\tau = c + \sigma \tan\varphi$. Assim, de acordo com a solução do problema 1, pode-se estabelecer, após algumas transformações, que a ordenada x_1 do centro O_1, o raio R_1 e a tensão $\sigma_1{}^A$ nessa região são dados por:

$$x_1 = \frac{1}{1 - \text{sen}\varphi} p_0 + \frac{1 + \text{sen}\varphi}{\cos\varphi} c = \frac{N+1}{2} p_0 + \sqrt{N}\, c$$

$$R_1 = \frac{\text{sen}\varphi}{1 - \text{sen}\varphi} p_0 + \frac{1 + \text{sen}\varphi}{\cos\varphi} c = \frac{N-1}{2} p_0 + \sqrt{N}\, c \tag{17.51}$$

$$\sigma_1{}^A = N p_0 + 2\sqrt{N}\, c$$

onde $N = \dfrac{1 + \text{sen}\varphi}{1 - \text{sen}\varphi}$.

Na região B, para garantir o equilíbrio na fronteira das regiões A e B (equivalente à continuidade dos campos de tensões), o campo uniforme de tensões apresenta tensão normal no plano vertical dada por $\sigma_1{}^A$ e, como ele deve estar plastificado, o círculo de Mohr que define o estado de tensão nessa região é o que passa pelo ponto $(\sigma_1{}^A, 0)$ e tangencia a reta $\tau = c + \sigma \tan\varphi$. O problema 1 oferece duas soluções: a que define o círculo de Mohr da região A, já conhecida, e a que define o círculo de Mohr da região B que se deseja conhecer. Assim, após algumas transformações, obtêm-se a abcissa $x_2 > x_1$ do centro O_2, o raio R_2 e a tensão principal máxima $\sigma_1{}^B$ nessa região:

$$x_2 = \frac{N(N+1)}{2} p_0 + \sqrt{N}\,(2 + N)c$$

$$R_2 = \frac{N(N-1)}{2} p_0 + \sqrt{N}\,(N)c \tag{17.52}$$

$$\sigma_1{}^B = N^2 p_0 + 2\sqrt{N}\,(1 + N)c$$

A Figura 17.31 apresenta os campos de tensões nas regiões A e B e os círculos de Mohr no plano (σ, τ) correspondentes a essa solução estaticamente admissível que estabelece o limite inferior da carga de colapso:

$$p_{e1} = N^2 p_0 + 2\sqrt{N}\,(1 + N)c\,. \tag{17.53}$$

Figura 17.31
Tensões no domínio com duas regiões e sua representação no plano de Mohr.

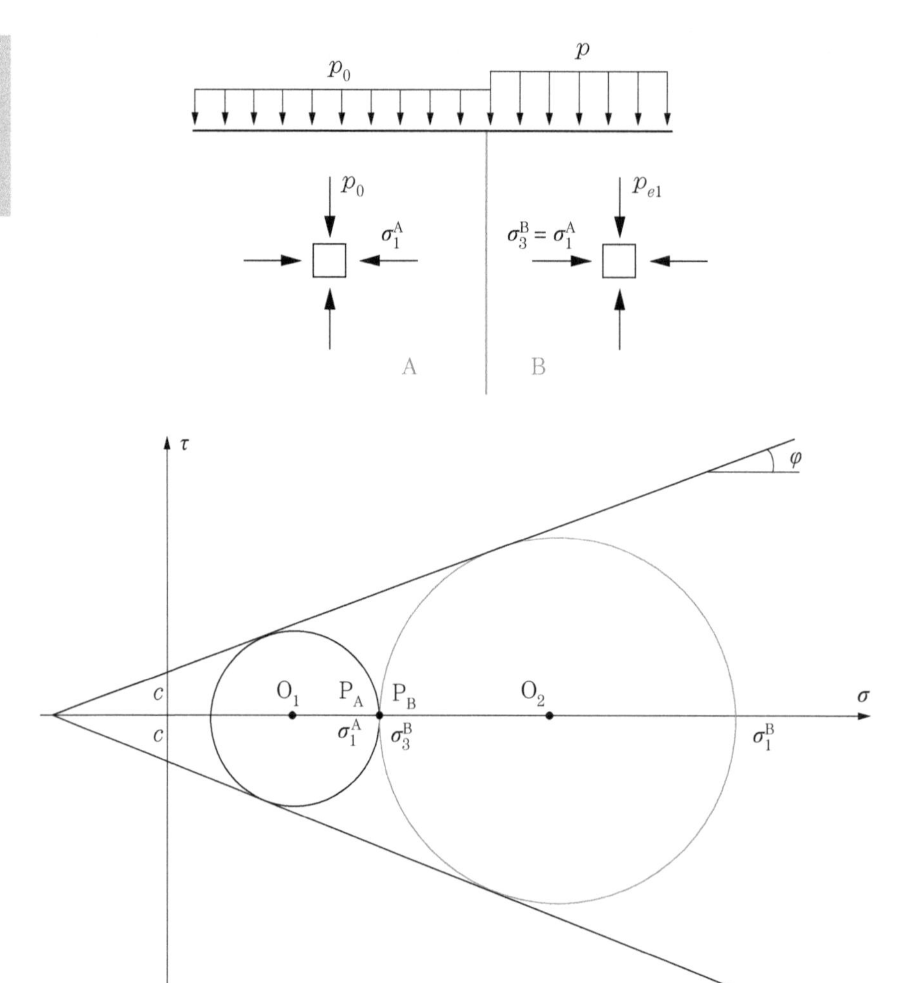

No caso em análise, uma maneira mais simples de estabelecer p_{e1}, sem recorrer à geometria, consiste em aplicar diretamente a expressão da função de plastificação expressa em termos das tensões principais:

$$\sigma_1(1 - \text{sen}\varphi) - \sigma_3(1 + \text{sen}\varphi) = 2c\cos\varphi$$

ou

$$\sigma_1 - \sigma_3 N = 2c\sqrt{N}.$$

Assim, para a região A com $\sigma_3 = p_0$, obtém-se:

$$\sigma_1{}^{\text{A}} = Np_0 + 2\sqrt{N}\, c,$$

e para a região B, com $\sigma_3{}^{\text{B}} = \sigma_1{}^{\text{A}}$, resulta:

$$\sigma_1{}^{\text{B}} = N^2 p_0 + 2\sqrt{N}\,(1 + N)c,$$

de onde se obtém $p_{e1} = \sigma_1{}^{\text{B}}$.

Domínio simétrico com três regiões

Considere-se o caso de domínio simétrico com três regiões, $m = 2$. Neste caso, o campo de tensões no domínio ficará definido pela construção de três círculos de Mohr, que definem estados de tensão uniforme e plastificados em cada uma das regiões, sendo que a tensão principal máxima do último deles levará a um limite inferior da carga de colapso plástico desde que a tensão de cisalhamento no seu polo seja nula, ou, de outra forma, que seu polo seja coincidente com sua mínima tensão principal.

Esses círculos de Mohr serão construídos, para dados valores de p_0, c e φ, por um processo sequencial, para a obtenção da tensão principal máxima no terceiro círculo de Mohr, e iterativo, para que se garanta que seu polo coincida com a tensão principal mínima. Esse procedimento é descrito no Quadro 1 e ilustrado para $p_0 = c = 1$ e $\varphi = 20°$; a Figura 17.32 mostra a solução gráfica.

Quadro 17.1

Procedimento para determinação de p_{e3}

1. Adota-se um valor para $45° < \beta < 90°$;
   - $\beta = 65°$
2. Constrói-se o primeiro círculo de Mohr, que passa pelo ponto (p_0, 0) e é tangente à reta $\tau = c + \sigma \tan\varphi$ (problema 1);
   - $x_1 = 2{,}948$ $R_1 = 1{,}948$ $\sigma_3^A = 1$ $\sigma_1^A = 4{,}896$
3. O polo desse primeiro círculo coincide com o de máxima tensão normal, $\sigma_1{}^A = Np_0 + 2\sqrt{N}\,c$, e é definido por $P_A \equiv (\sigma_1^A; 0)$;
   - $P_A \equiv (4{,}896; 0)$
4. Obtêm-se as tensões (σ_{AB}; τ_{AB}) do ponto AB, intersecção do primeiro círculo de Mohr com a reta que passa por P_A e tem a direção do traço do plano que define a fronteira entre as regiões A e B do domínio (problema 2);
   - AB $\equiv$ ($\sigma_{AB} = 4{,}200$; $\tau_{AB} = -1{,}492$)
5. Constrói-se o segundo círculo de Mohr, que passa pelo ponto AB e é tangente à reta $\tau = c + \sigma \tan\varphi$ (problema 1);
   - $x_2 = 7{,}293$ $R_2 = 3{,}434$ $\sigma_3^B = 3{,}859$ $\sigma_1^B = 10{,}727$
6. Obtém-se o polo do segundo círculo, $P_B = (\sigma_p^B; \tau_p^B)$, dado pela intersecção do segundo círculo de Mohr com a reta que passa por AB e tem a direção do traço do plano que define a fronteira entre as regiões A e B do domínio (problema 2);
   - $P_B \equiv (6{,}488; 3{,}328)$

7. Obtêm-se as tensões (σ_{BC}, τ_{BC}) do ponto BC, intersecção do segundo círculo de Mohr com a reta que passa por P_B e tem a direção do traço do plano que define a fronteira entre as regiões B e C do domínio (problema 2);

   - BC ≡ (σ_{BC} = 9,300; τ_{BC} = − 2,787)

8. Constrói-se o terceiro círculo de Mohr, que passa pelo ponto BC e é tangente à reta $\tau = c + \sigma\tan\varphi$ (problema 1);

   - x_3 = 14,498 R_3 = 5,898 σ_3^C = 8,600 σ_1^C = 20,386

9. Obtém-se o polo do terceiro círculo, $P_C = (\sigma_p^C, \tau_p^C)$, dado pela intersecção do terceiro círculo de Mohr com a reta que passa por BC e tem a direção do traço do plano que define a fronteira entre as regiões B e C do domínio (problema 2);

   - P_C ≡ (9,022; − 2,787)

10. Se $\tau_p^C = 0$, a máxima tensão normal definida no terceiro círculo de Mohr será um limite inferior; se $\tau_p^C \neq 0$, retorna-se ao item 1.

   - Como $\tau_p^C = -2{,}787 \neq 0$, retorna-se ao item 1 (note-se que o plano onde atua a tensão principal σ_1^C não é horizontal).

O procedimento descrito, incluindo o processo iterativo, é de programação simples e pode ser desenvolvido com o auxílio dos mais diversos programas.

Figura 17. 32
Representação gráfica do procedimento descrito com $p_0 = c = 1$ e $\beta = 65°$.

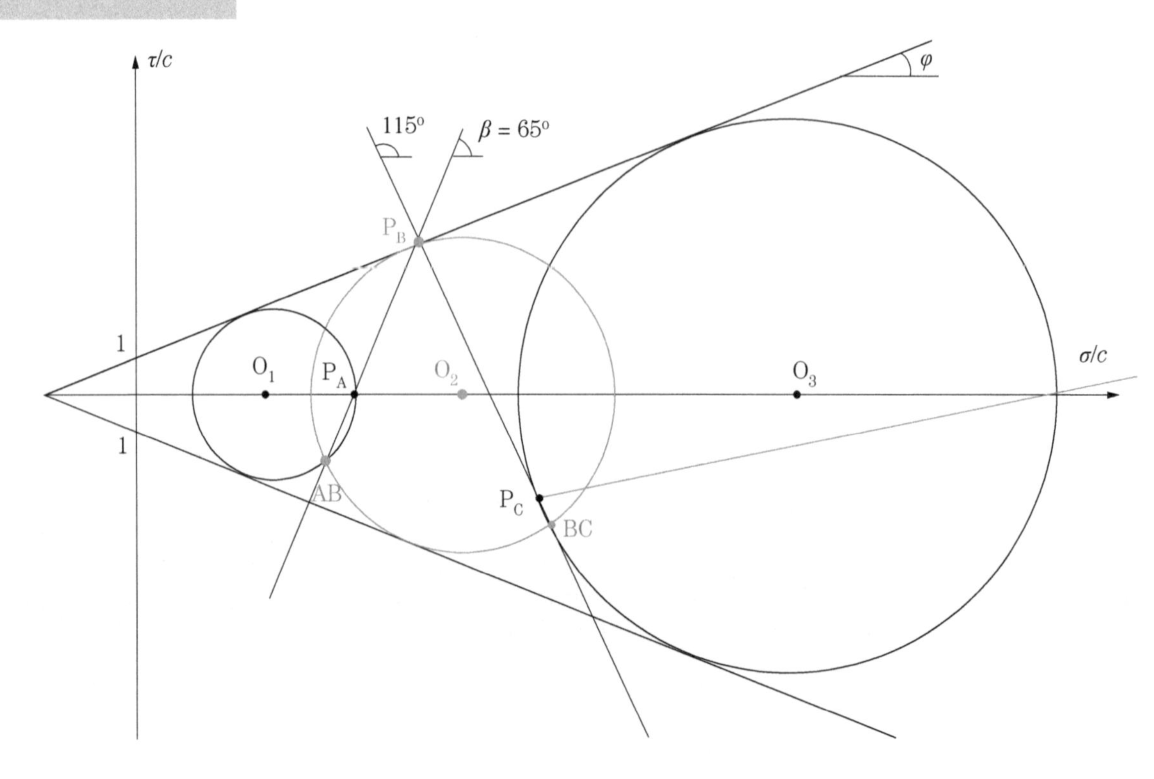

Há vários métodos iterativos para chegar ao valor (ou aos valores) de β_i que levam a $\tau_p{}^C = 0$. Um procedimento simples consiste em visualizar essas raízes no gráfico $\tau_p{}^C(\beta)$, construído pela aplicação do procedimento descrito para valores de β compreendidos entre $45° < \beta < 90°$, e, por aproximações sucessivas, obter o valor de β_i com a precisão desejada. A Figura 17.33 mostra três raízes: uma próxima de 55°, a segunda próxima de 69° e a terceira em 90°. Esta última corresponde à solução em que o domínio é subdividido em duas regiões e apresenta os resultados já obtidos. As duas outras, obtidas por aproximações sucessivas até que se obtenha $\tau_p = 0{,}000$, são dadas por: $\beta_1 = 54{,}605°$ e $\beta_2 = 69{,}180°$.

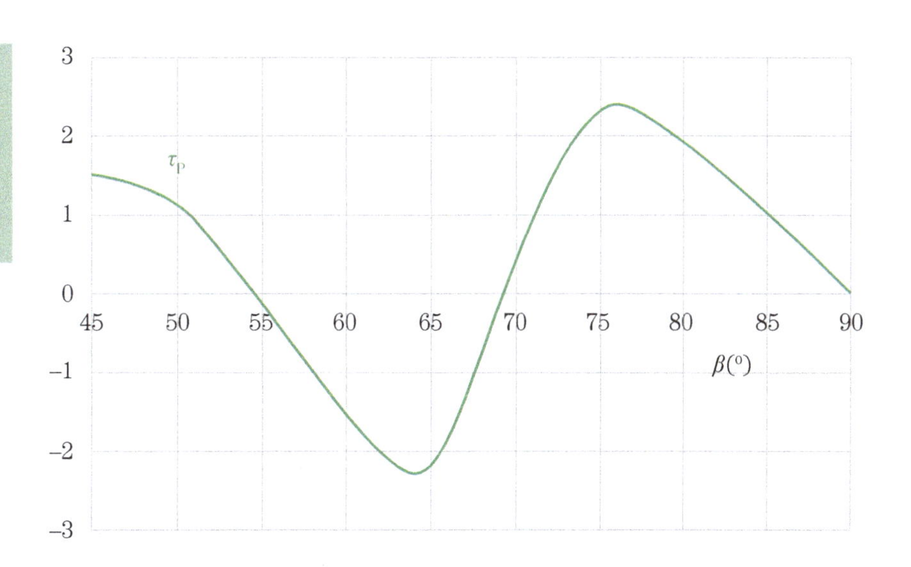

Figura 17.33
Variação da tensão de cisalhamento no polo do círculo de Mohr da região C em função de β para $m = 2$.

Apresentam-se a seguir, os valores obtidos para os três valores de β_i com $p_0 = c = 1$ e $\varphi = 20°$:

$$\beta_1 = 54{,}605° \implies \begin{cases} x_3 = 14{,}908 \\ R_3 = 6{,}038 \\ \sigma_3{}^C = \sigma_p{}^C = 8{,}896;\ \tau_p{}^C = 0 \\ \sigma_1{}^C = 20{,}946 \end{cases} \implies p_{e21} = 20{,}946$$

$$\beta_2 = 69{,}180° \implies \begin{cases} x_3 = 12{,}560 \\ R_3 = 5{,}235 \\ \sigma_3{}^C = \sigma_p{}^C = 7{,}325;\ \tau_p{}^C = 0 \\ \sigma_1{}^C = 17{,}795 \end{cases} \implies p_{e22} = 17{,}795$$

$$\beta_3 = 90° \implies \begin{cases} x_3 = 8{,}869 \\ R_3 = 3{,}973 \\ \sigma_3{}^C = \sigma_p{}^C = 4{,}896;\ \tau_p{}^C = 0 \\ \sigma_1{}^C = 12{,}482 \end{cases} \implies p_{e23} = 12{,}482$$

Assim, o valor a ser adotado para limite inferior da carga de colapso plástico é o máximo desses três valores, ou seja:

$$p_{e3} = 20{,}946 < p_{II}.$$

A Figura 17.34 apresenta a construção gráfica correspondente a essa solução. Observa-se que as soluções anteriores foram todas obtidas por análises numéricas, em vista das dificuldades de precisão na obtenção de solução gráfica.

Figura 17.34
Representação gráfica do procedimento descrito com $p_0 = c = 1$ e $\beta = 54{,}605°$.

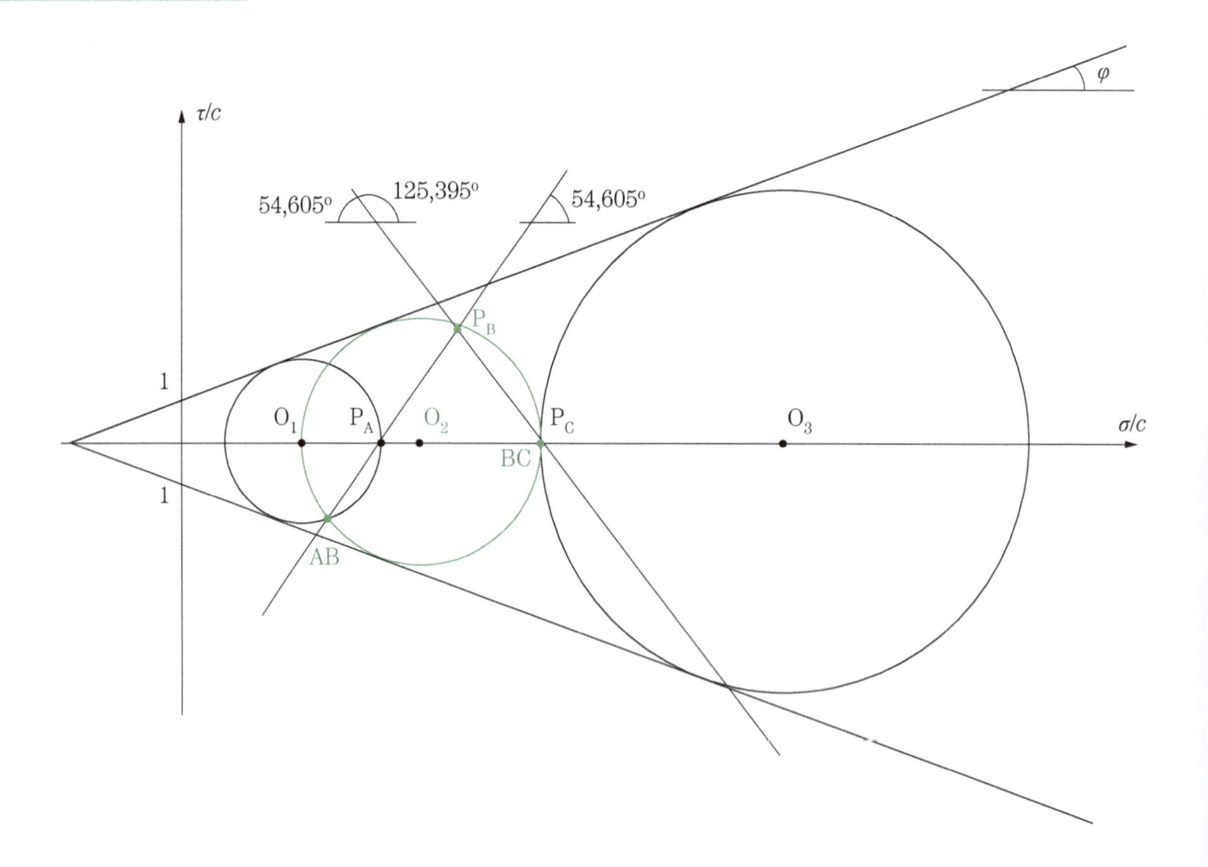

O valor de β que leva ao máximo de p_e independe dos valores atribuídos a p_0 e c. Assim, os coeficientes de p_0 e c são obtidos com as soluções estabelecidas com $\beta = 54{,}605°$ e com os pares ($p_0 = 1$; $c = 0$) e ($p_0 = 0$; $c = 1$), o que permite estabelecer:

$$p_{e2} = 6{,}323p_0 + 14{,}623c.$$

Domínio simétrico com quatro, cinco e seis regiões

A obtenção de limites inferiores para os demais domínios dessa família de divisões, indicada na Figura 17.28, segue o mesmo procedimento descrito no Quadro 1, com os mesmos passos iniciais 1 a 3 e os demais repetidos para cada uma das regiões até que se atinja a última. Os valores das raízes de $\tau_P(\beta) = 0$ são obtidos da mesma forma descrita. Note-se que $\beta = 90°$ é solução, qualquer que seja o número de divisões adotado, e a resposta é a da região com uma divisão apenas.

Apresentam-se, nas Figuras 17.35 a 17.37, os resultados obtidos com o domínio subdividido por até seis divisões para ângulos de atrito $\varphi = (10° \quad 20° \quad 30°)$ para $45° \leq \beta < 90°$. Inicialmente, apresentam-se os gráficos $\tau_P(\beta)$ que permitem determinar as raízes β_i, e, em seguida, são apresentados os valores correspondentes de p_{ei} na forma:

$$p_{ei} = n_q p_0 + n_c c,$$

o que permite comparar os resultados com a fórmula de Terzaghi.

Adicionalmente, essas figuras contêm as tabelas com os resultados numéricos obtidos com o procedimento adotado. Observa-se que não foi incluído nesse exemplo o efeito do peso próprio do solo.

Note-se que somente no caso de duas divisões foram obtidas mais de uma raiz para $\tau_P(\beta)$ no intervalo $45° \leq \beta < 90°$ e que uma dessas raízes levou aos resultados de n_q e n_c mais próximos de N_q e N_c. Esse resultado ressalta que o aumento do número de divisões não implica convergência para a solução exata, como ocorre no caso de solo apenas coesivo, e que há até mesmo uma oscilação dos valores de n_q e n_c, conforme se pode observar nas tabelas e gráficos apresentados. Certamente, os esforços estaticamente admissíveis considerados não apresentam necessariamente proximidade com os esforços na condição de colapso, mas são muito convenientes na obtenção de limites inferiores para a carga de colapso plástico, e, assim, devem ser vistos.

Figura 17.35

Gráficos $\tau_P(\beta) = 0$ e limites inferiores para N_q e N_c da fómula de Terzaghi para $\varphi = 10°$.

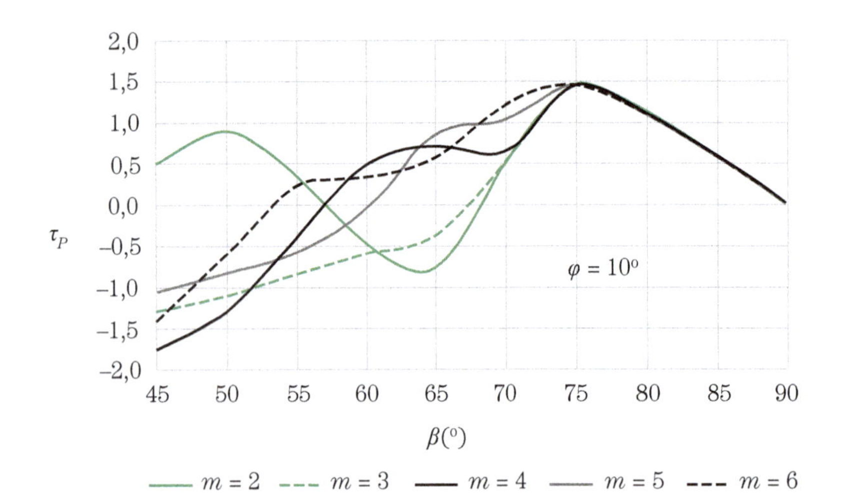

$\varphi = 10°$			
m	$\beta(°)$	n_q	n_c
1	90	2,017	5,789
2	54,605	2,441	8,172
2	69,18	2,327	7,525
3	45,840	2,327	7,525
4	59,604	2,419	8,048
5	60,495	2,412	8,008
6	63,315	2,437	8,148
		N_q	N_c
Terzaghi		2,471	8,345

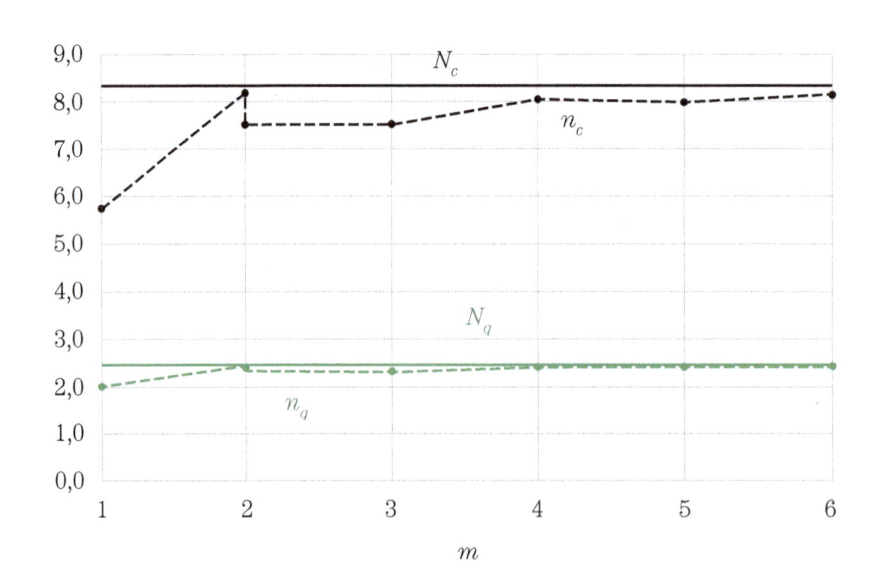

Figura 17.36
Gráficos $\tau_P(\beta) = 0$ e limites inferiores para N_q e N_c da fómula de Terzaghi para $\varphi = 20°$.

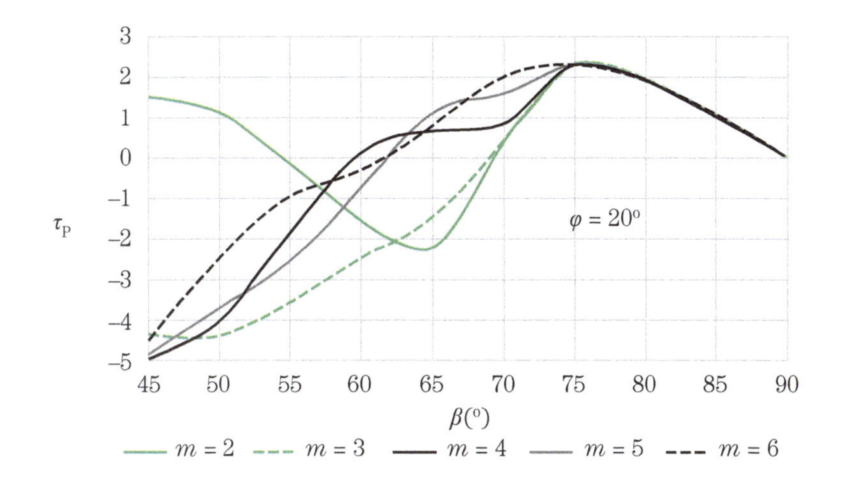

$\varphi = 20°$			
m	$\beta(°)$	n_q	n_c
1	90	4,160	8,682
2	54,605	6,323	14,623
2	69,18	5,482	12,314
3	45,840	5,541	12,476
4	59,604	5,872	13,384
5	60,495	5,963	13,636
6	63,315	5,839	13,296
		N_q	N_c
Terzaghi		6,399	14,835

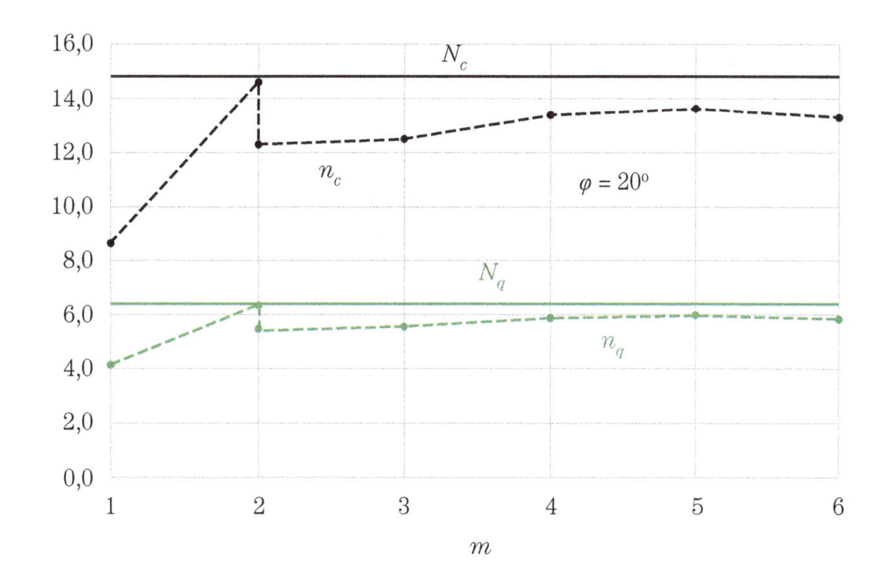

Figura 17.37
Gráficos $\tau_P(\beta) = 0$ e limites inferiores para N_q e N_c da fómula de Terzaghi para $\varphi = 30°$.

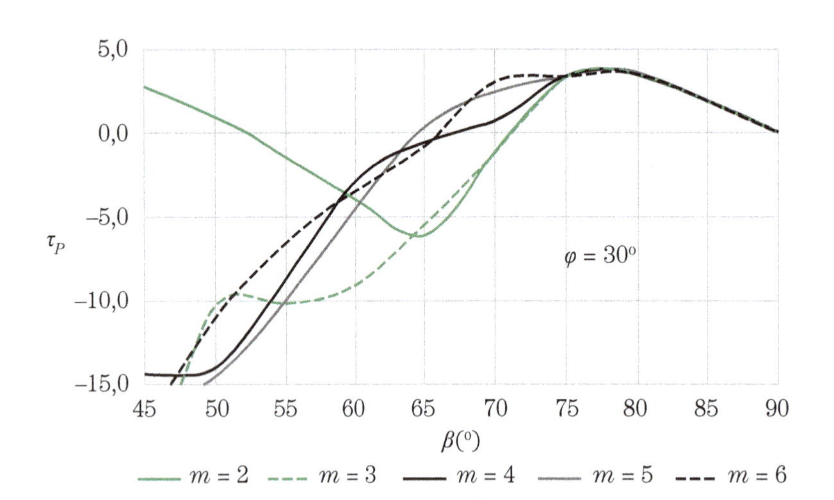

$\varphi = 30°$			
m	β(°)	n_q	n_c
1	90	9,000	13,856
2	52,258	18,000	29,444
2	71,119	13,325	21,347
3	71,119	13,325	21,347
4	66,698	14,455	23,305
5	65,877	14,926	24,121
6		14,690	23,711
		N_q	N_c
Terzaghi		18,401	30,140

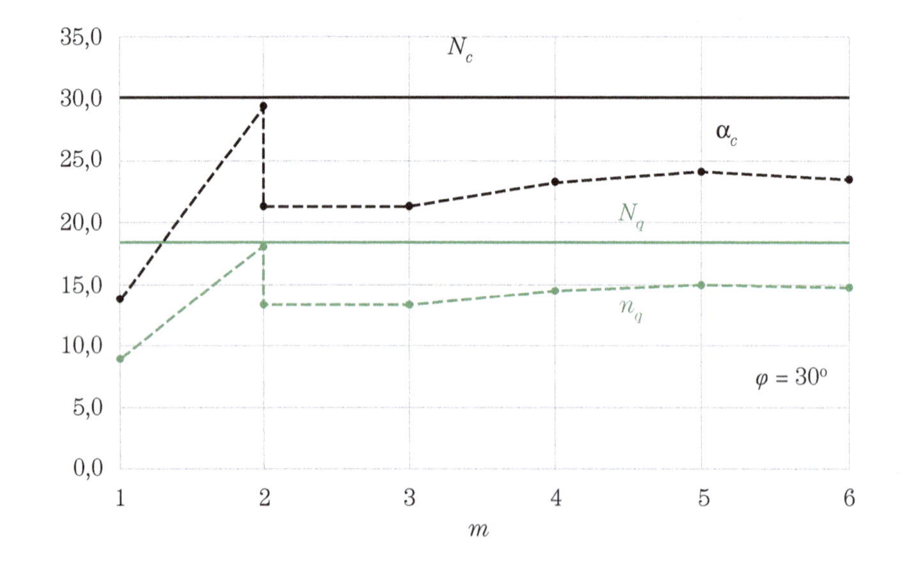

A Figura 17.38 contém gráficos que apresentam os limites superior e inferior de N_q e N_c e os coeficientes apresentados por Terzaghi para vários valores do ângulo de atrito φ.

Observa-se que os limites superiores são convergentes para determinados valores com m crescente, que não são os valores da fórmula de Terzaghi. Constata-se ainda, que a distância entre eles cresce com o aumento do ângulo de atrito φ.

Em relação aos limites inferiores, verifica-se que oscilam com a variável m. Os resultados mais próximos daqueles da fórmula de Terzaghi foram encontrados com $m = 2$.

Esses resultados são muito distintos daqueles obtidos quando se considera o critério de plastificação de Tresca ou de von Mises.

De um ponto de vista prático, para a análise de fundação direta em sapata corrida nas condições estudadas, o mais conveniente é utilizar diretamente a fórmula de Terzaghi. Entretanto, em situações em que essa expressão ou outras não se apliquem, como uma fundação direta nas proximidades de um declive, a utilização da análise limite pode ser de interesse, principalmente na utilização dos limites inferiores que fornecerão uma solução segura em relação à situação de colapso plástico. O limite superior será útil para perceber o domínio da solução exata e um indicativo de quão econômica é essa solução segura – quanto mais estreito o domínio, mais próxima de uma solução econômica estará a solução segura.

Figura 17.38
Limites superiores e inferiores para para N_c e N_q.

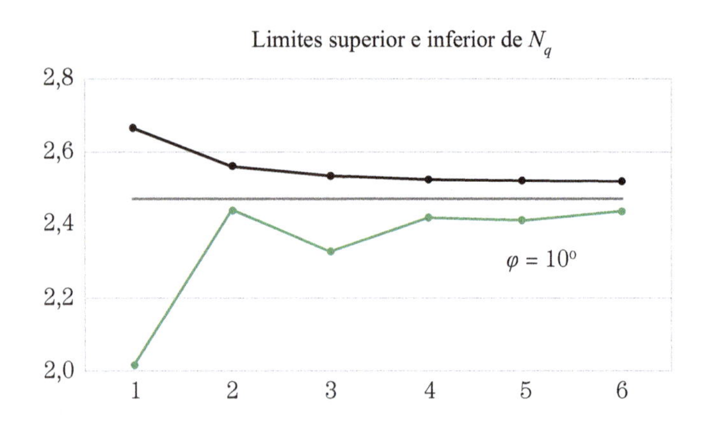

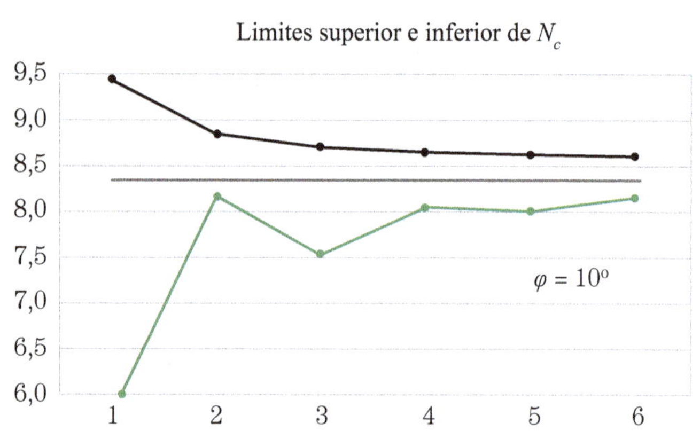

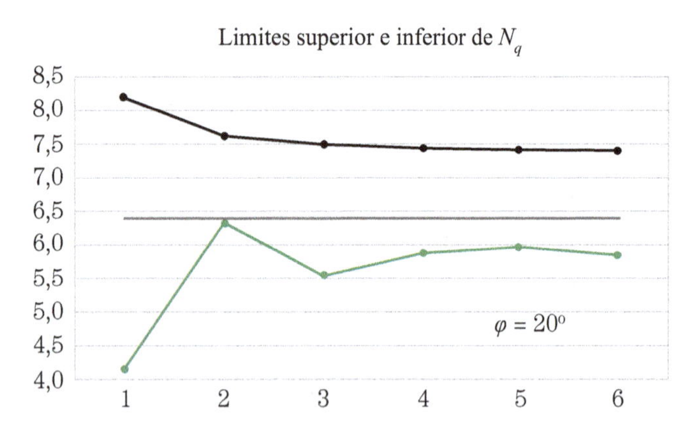

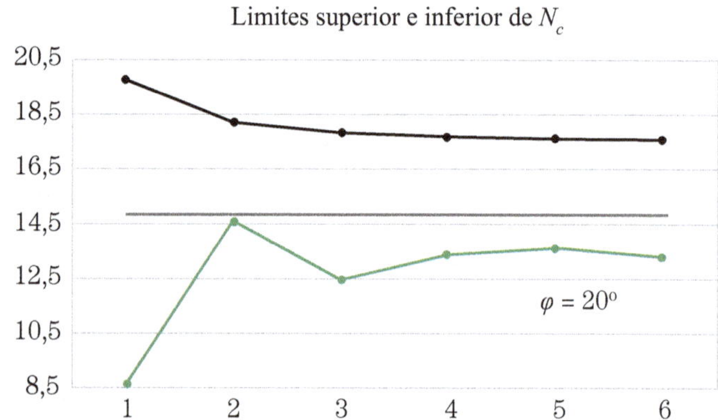

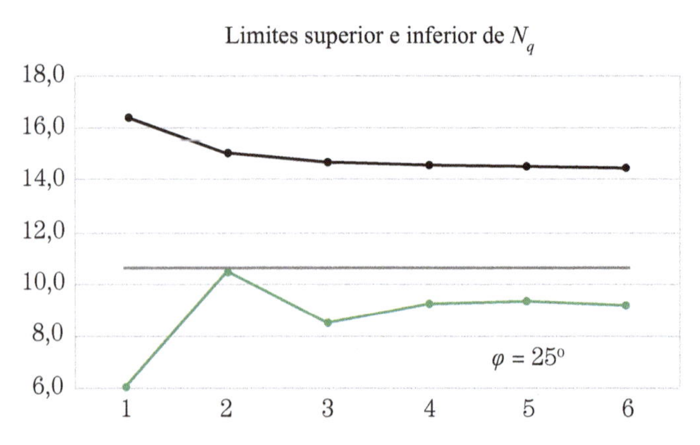

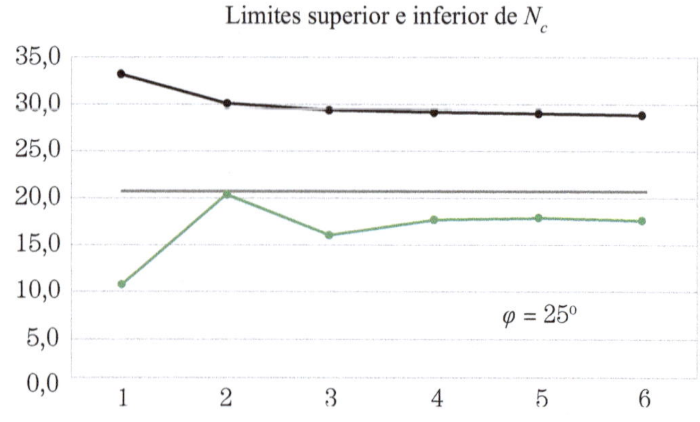

ANEXO A – PROGRAMAÇÃO LINEAR PELO MÉTODO SIMPLEX

A.1 Introdução

A Programação Linear é o ramo da matemática que trata da otimização de função linear sujeita a restrições lineares, caracterizadas por equações e inequações lineares.

Um problema típico de programação linear se apresenta, usualmente, na seguinte forma geral:

Determinar o conjunto das variáveis (x_1, ..., x_n) que maximiza (ou minimiza) a função linear

$$f(x_1, x_2 \cdots, x_n) = c_1x_1 + c_2x_2 + \cdots + c_nx_n$$

$$\text{ou} \quad f(\mathbf{x}) = \sum_i c_ix_i \quad _{(i=1,n)}$$

(A.1)

sujeitas às restrições lineares:

$$\begin{aligned} A_{11}x_1 + A_{12}x_2 + \cdots + A_{1n}x_n &= b_1 \quad \text{ou} \quad A_{1i}x_i = b_1 \quad {\scriptstyle (i=1,n)} \\ A_{21}x_1 + A_{22}x_2 + \cdots + A_{2n}x_n &\leq b_2 \quad \text{ou} \quad A_{2i}x_i \leq b_2 \quad {\scriptstyle (i=1,n)} \\ &\vdots \\ A_{m1}x_1 + A_{m2}x_2 + \cdots + A_{mn}x_n &\geq b_m \quad \text{ou} \quad A_{mi}x_i \geq b_m \quad {\scriptstyle (i=1,n)} \end{aligned} \tag{A.2}$$

e com especificação do tipo de cada variável, por exemplo:

$$x_1 \geq 0,\ x_2 \leq 0,\ x_3 \text{ sem restrição de sinal (srs), ...} \tag{A.3}$$

onde A_{ji}, b_j e c_i $(i = 1,n), (j = 1,m)$ são constantes conhecidas.

Note-se a utilização da notação indicial nas Expressões (A.1) a (A.3), onde a repetição de um índice indica um somatório no domínio indicado.

A função $f(\mathbf{x})$ é denominada função objetivo. Um conjunto de variáveis $\mathbf{x} = (x_1, x_2, ..., x_n)$ que satisfaça às restrições (A.2) e (A.3) e a região onde pode ocorrer são chamados, respectivamente, solução admissível e região admissível. A solução admissível que maximiza (ou minimiza) a função objetivo é a solução ótima.

A.2 Interpretação geométrica

Apresentam-se alguns exemplos bem simples cuja interpretação geométrica propicia o reconhecimento de algumas propriedades características da programação linear.

EXEMPLO A.1

Maximizar a função,

$$f = x_1 + 2x_2 \tag{A.4}$$

sujeita às condições:

$$\begin{gathered} x_1 \leq 4 \\ x_2 \leq 3 \\ 5x_1 + 6x_2 - 30 \leq 0 \\ x_1, x_2 \geq 0 \end{gathered} \tag{A.5}$$

Solução

A Figura A.1 apresenta a região admissível definida pelas condições (A.5) e a posição da reta $x_1 + 2x_2 = 0$. A simples interpretação geométrica dessa figura permite algumas observações importantes que conduzem à solução do problema posto:

1. a região admissível é limitada por um polígono convexo ABCDE;
2. os extremos da função objetivo estarão necessariamente em um dos vértices desse polígono, visto que as suas variações entre dois pontos quaisquer do contorno e entre dois vértices quaisquer são lineares;
3. conforme se pode mostrar da geometria analítica, o máximo valor de f na região admissível ocorre para o vértice mais distante da origem, no sentido crescente de f definido pelo vetor $grad(f) = (1,2)$, no primeiro quadrante, $x_1 \geq 0$, $x_2 \geq 0$. Nesse caso, o máximo valor de f ocorrerá no vértice C, o mais distante da origem, e seu valor é dado pela expressão $f = x_1 + 2x_2$ avaliada nas coordenadas (2,4; 3) e assume o valor $f_{max} = 8,4$;
4. as variáveis definidas por ($x_1 = 2,4$; $x_2 = 3$) definem a solução ótima desse problema, que é única.

Figura A.1
Região admissível definida pelas restrições (A.5) e posições das retas $x_1 + 2x_2 = 0$ e $x_1 + 2x_2 - 8,4 = 0$.

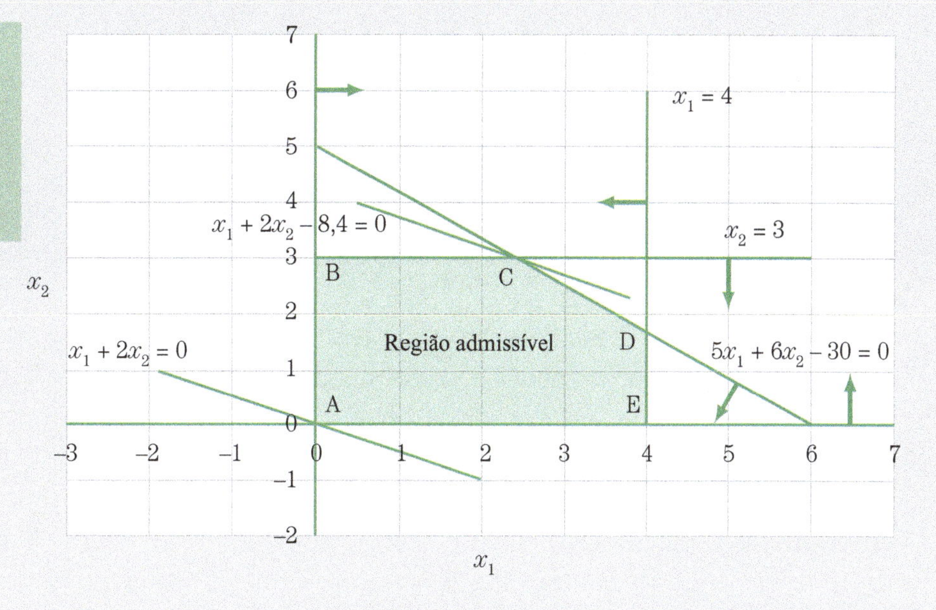

Considere-se, agora, o caso em que se tenha, para função objetivo,

$$g = 5x_1 + 6x_2 \tag{A.6}$$

e sujeita às mesmas *restrições* (A.5). A Figura A.2 mostra a região admissível e a posição da reta $5x_1 + 6x_2 = 0$, que é paralela à reta que passa pelos vértices C e D. Valem as observações anteriores 1. e 2., acrescidas de:

3. o máximo valor de g na região admissível ocorrerá em quaisquer pontos do segmento CD, igualmente mais distantes da origem, no sentido definido pelo $grad(g) = (5,6)$, e seu valor é dado pela expressão $g = 5x_1 + 6x_2$ avaliada em qualquer ponto do segmento CD e assume o valor $g_{max} = 30$;
4. existem múltiplas soluções ótimas do problema.

Figura A.2
Região admissível definida pelas restrições (A.5) e posição da reta $5x_1 + 6x_2 = 0$.

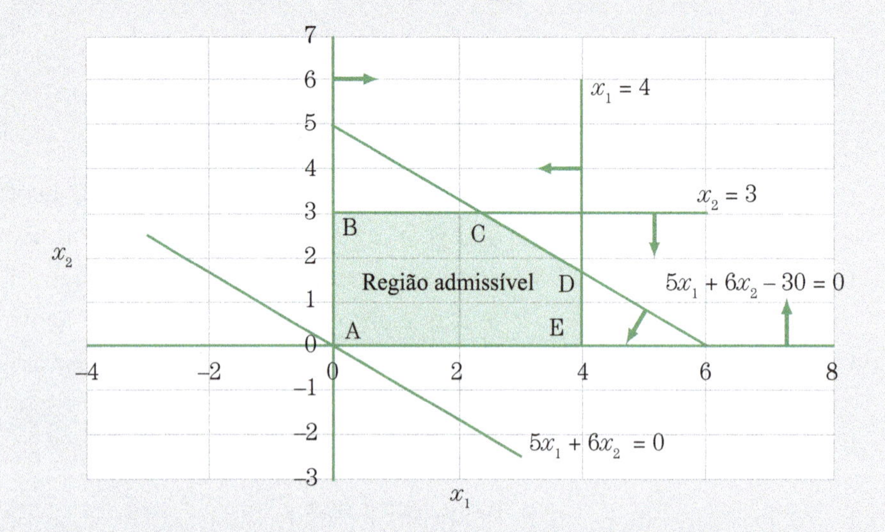

Considere-se agora, que se deseje maximizar a função $f = x_1 + 2x_2$, sujeita às novas restrições:

$$\begin{gathered} x_1 \geq 4 \\ x_2 \geq 3 \\ 5x_1 + 6x_2 - 30 \geq 0 \\ x_1, x_2 \geq 0 \end{gathered} \tag{A.7}$$

A simples inspeção visual da Figura A.3 permite observar que a região admissível é ilimitada, e consequentemente a função objetivo também é ilimitada.

Figura A.3
Região admissível ilimitada.

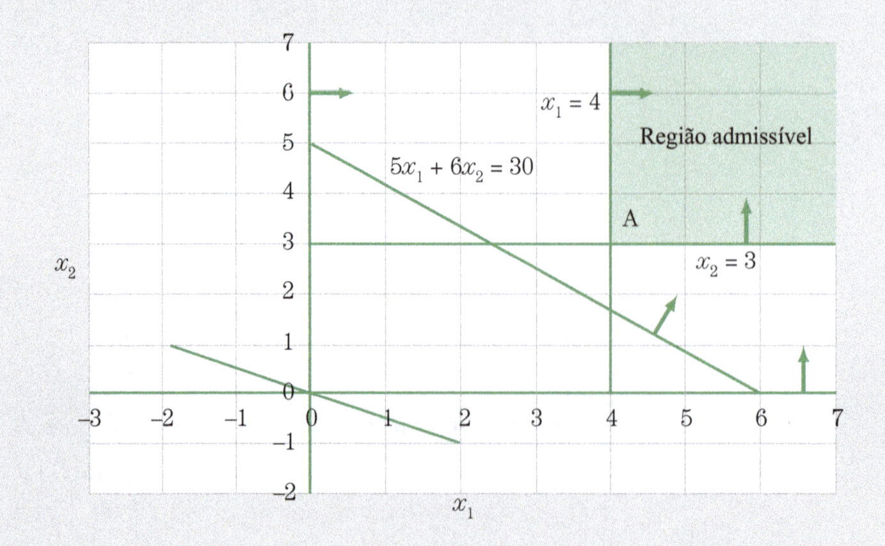

Finalmente, considere-se o caso em que se deseje maximizar a função $f = x_1 + 2x_2$, sujeita às restrições:

$$\begin{aligned} x_1 &\leq 4 \\ x_2 &\leq 3 \\ 5x_1 + 6x_2 - 45 &\geq 0 \\ x_1, x_2 &\geq 0 \end{aligned} \qquad \text{(A.8)}$$

A simples inspeção visual da Figura A.4 permite observar que a região admissível, intersecção das regiões indicadas 1 e 2, é vazia, ou seja, não existe solução admissível.

Figura A.4
Região admissível vazia.

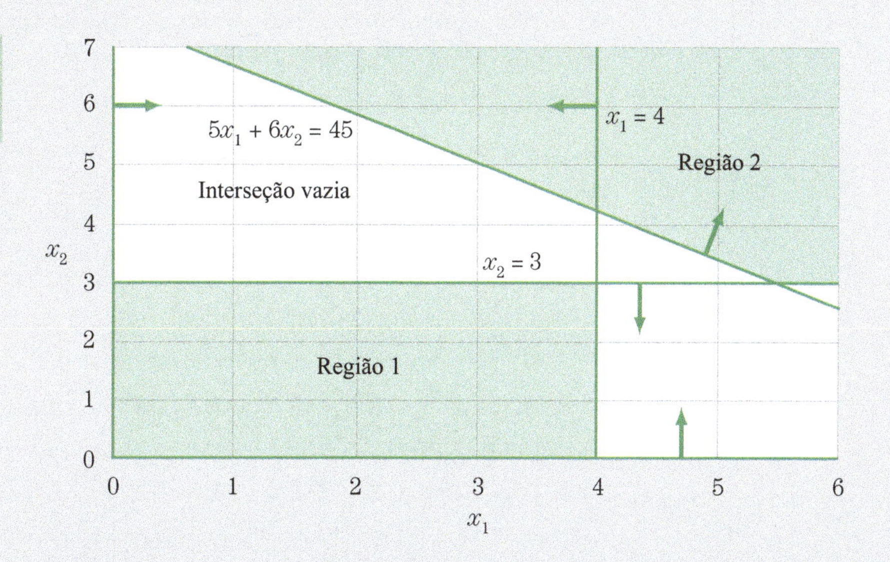

O estudo desses casos simples, por interpretação geométrica, permite apresentar as possíveis situações encontradas na solução de problemas de programação linear, que podem ser generalizadas para problemas mais complexos:

- apresentar solução ótima única;
- apresentar múltiplas soluções ótimas;
- apresentar região admissível ilimitada, e, consequentemente, função objetivo e soluções também ilimitadas;
- apresentar região admissível vazia e, consequentemente, não existe solução admissível;
- quando a solução ótima existe, ela está em um dos vértices do polígono, e nesse caso é única, ou nos pontos do segmento que une dois desses vértices, quando então é múltipla;
- o polígono que limita a região admissível é convexo.

A.3 Método simplex

A classe de problemas da mecânica das estruturas em que se empregará a programação linear, análise limite de estruturas reticuladas planas em regime elastoplástico perfeito, garante sempre a existência de solução ótima, que na grande maioria dos casos será única e em alguns casos especiais apresentará múltiplas soluções ótimas.

A interpretação geométrica, com inspeção visual excelente para a conceituação do problema e de sua resolução, não é prática para usos sistemáticos e não se aplica a problemas com mais de três variáveis, o que torna necessário desenvolver ou selecionar um método matemático que seja eficaz na resolução de problemas de programação linear. Para a classe de problemas de programação linear tratados neste livro, opta-se por adotar o método desenvolvido por George Dantzig, o método simplex – clássico, eficaz e de ampla utilização nos meios acadêmicos, econômicos, industriais e militares.

De acordo com Dantzig (1963), as raízes matemáticas de programação linear estão apoiadas nos trabalhos em inequações lineares de Fourier, de 1826; de 1826 até 1947 são esparsas as contribuições ao tema, como as de Motzkin, em 1936, e de Kantorovich, em 1939; a partir de 1947, impulsionada pelo esforço industrial da Segunda Guerra Mundial, ocorre uma notável expansão na programação linear. Destaca-se que 1947 é o ano em que Dantzig apresenta o método simplex. Para uma leitura detalhada das origens da programação linear, e do método simplex e aspectos relacionados recomenda-se Dantzig (1963).

Apresentam-se a seguir alguns conceitos básicos necessários para a aplicação do método simplex na resolução da classe de problemas da mecânica das estruturas indicada.

A.4 Forma canônica do problema de programação linear – PPL

Considere-se o PPL na seguinte forma: determinar o conjunto de n variáveis (x_1, x_2, ..., x_n) que maximiza (ou minimiza) a função linear

$$f(x_i) = 0x_1 + 0x_2 + ... + 0x_m + c_{m+1}x_{m+1} + ... + c_n x_n + f_0 \qquad \text{(A.9)}$$

e que satisfaz às $m < n$ restrições lineares, linearmente independentes:

$$\begin{aligned} x_1 + 0x_2 + \cdots + 0x_m + A_{1,m+1}x_{m+1} + \cdots + A_{1n}x_n &= b_1 \\ 0x_1 + x_2 + \cdots + 0x_m + A_{2,m+1}x_{m+1} + \cdots + A_{2n}x_n &= b_2 \\ &\vdots \\ 0x_1 + 0x_2 + \cdots + x_m + A_{m,m+1}x_{m+1} + \cdots + A_{mn}x_n &= b_m \end{aligned} \quad \text{(A.10)}$$

onde A_{jk}, b_j e c_k, com ($j = 1,m$) e ($k = m+1,n$), são constantes conhecidas.

Essa é a forma canônica de um PPL, caso sejam satisfeitas as seguintes condições:

1. as variáveis x_i são não negativas, $x_i \geq 0$;
2. as restrições lineares são igualdades, exceto as de não negatividade de x_i; (A.11)
3. as constantes b_j são não negativas, $b_j \geq 0$;
4. as restrições de igualdade têm a forma $\mathbf{Ix_B} + \mathbf{A_N x_N} = \mathbf{b}$.

Os elementos de $\mathbf{x}_\mathbf{B}^\mathrm{T} = (x_1 \;\; x_2 \ldots x_m)$ são denominados variáveis básicas, e os de $\mathbf{x}_\mathbf{N}^\mathrm{T} = (x_{m+1} \;\; x_{m+2} \ldots x_n)$, variáveis não básicas. O conjunto das variáveis básicas, $(x_1 \;\; x_2 \ldots x_m)$, é chamado de base.

Nessas condições, pode-se estabelecer imediatamente uma solução com todas as variáveis não básicas iguais a zero e as variáveis básicas, x_i iguais a b_i, ou seja:

$$(x_1 = b_1 \quad x_2 = b_2 \;\ldots\; x_\mathrm{m} = b_\mathrm{m} \quad x_{m+1} = 0 \;\ldots\; x_n = 0) \quad \text{(A.12)}$$
$$\mathbf{x_B} = \mathbf{b} \quad \mathbf{x_N} = \mathbf{0}$$

que satisfaz a todas as restrições do PPL na forma canônica, e conduz ao seguinte valor da função objetivo:

$$f = f_0.$$

Esse particular tipo de solução admissível, caracterizada por (A.12), é denominada solução básica admissível e desempenha papel fundamental no método simplex; a função objetivo assume para essa solução o valor f_0.

A forma canônica de um PPL pode parecer à primeira vista extremamente restritiva, mas a transformação de um PPL de sua forma geral para a forma canônica é feita com simplicidade, como se mostrará mais adiante. A importância da forma canônica é o fato de ela propiciar, por análise simples da solução básica admissível e da expressão da função objetivo, que se verifique se a solução é ótima, única ou múltipla, se é ilimitada ou se precisa ser melhorada, conforme se mostra nos exemplos simples que se seguem, todos eles de maximização. Note-se que tratar da minimização da função objetivo f é equivalente a tratar da maximização da função objetivo $-f$.

EXEMPLO A.2

Maximizar

$$f = 0x_1 + 0x_2 - 4x_3 - 5x_4 + 10 \tag{A.13}$$

sujeita às restrições:

$$\begin{aligned} x_1 + 0x_2 + A_{13}x_3 + A_{14}x_4 &= 8 \\ 0x_1 + x_2 + A_{23}x_3 + A_{24}x_4 &= 10 \end{aligned} \tag{A.14}$$

com $x_1, x_2, x_3, x_4 \geq 0$

Solução

De imediato se reconhece que o PPL está na forma canônica. Assim, da análise das equações de restrição resulta imediatamente a solução básica admissível $\mathbf{x}^T = (8 \quad 10 \quad 0 \quad 0)$. Como os coeficientes das variáveis não básicas são negativos na função objetivo, resulta imediatamente que essa solução é a solução ótima única e a função objetivo tem seu valor máximo igual a 10. Justifica-se essa conclusão pois, para quaisquer outros valores de x_3 e x_4, necessariamente positivos, haverá uma redução do valor da função objetivo.

No caso de a função objetivo ser dada por

$$f = 0x_1 + 0x_2 - 4x_3 + 0x_4 + 10 \tag{A.15}$$

submetida às mesmas restrições, conclui-se que a solução básica admissível $(8 \quad 10 \quad 0 \quad 0)$ é uma solução ótima, mas não é única, pois x_4 poderá assumir outros valores positivos e o valor máximo da função objetivo continuará sendo igual a 10.

A análise da forma canônica de um PPL, com a ilustração do Exemplo A.2, demonstra a aplicação de critério de otimalidade.

Critério de otimalidade: Se os coeficientes das variáveis não básicas na função objetivo são negativos ou nulos, então a solução básica admissível obtida com $\mathbf{x_B} = \mathbf{b}$ e $\mathbf{x_N} = \mathbf{0}$ é uma solução ótima e $f_{max} = f_0$. No caso de esses coeficientes serem todos negativos, a solução ótima será única.

EXEMPLO A.3

Maximizar

$$f = 0x_1 + 0x_2 + 4x_3 - 5x_4 + 10 \quad \text{(A.16)}$$

sujeita às restrições:

$$\begin{aligned} x_1 + 0x_2 - 3x_3 + A_{14}x_4 &= 8 \\ 0x_1 + x_2 - 2x_3 + A_{24}x_4 &= 10 \end{aligned} \quad \text{(A.17)}$$

com $x_1, x_2, x_3, x_4 \geq 0$

Solução

O PPL está na forma canônica. Da análise das equações de restrição resulta imediatamente a solução básica admissível $x^T = (8 \quad 10 \quad 0 \quad 0)$. Observa-se que, para qualquer outro valor de $x_4 \geq 0$, a função objetivo sofrerá redução no seu valor. Assim, admitindo $x_4 = 0$, resulta

$$x_1 = 8 + 3x_3 \quad x_2 = 10 + 2x_3 \quad f = 10 + 4x_3$$

e, como $x_3 \geq 0$, sempre serão satisfeitas as condições $x_1 \geq 0$ e $x_2 \geq 0$, o que permite constatar que $f = 10 + 4x_3$ cresce ilimitadamente com $x_3 \geq 0$ crescente, ou seja, a função objetivo é ilimitada.

A análise da forma canônica de PPL, com a ilustração do Exemplo A.3, demonstra a aplicação de critério de ilimitabilidade.

Critério de ilimitabilidade: Se pelo menos um dos coeficientes das variáveis não básicas na função objetiva é positivo e os seus coeficientes nas igualdades das restrições forem todos negativos ou nulos, então a função objetiva é ilimitada na região admissível.

EXEMPLO A.4

Maximizar

$$f = 0x_1 + 0x_2 + 4x_3 - 5x_4 + 10 \tag{A.18}$$

sujeita às restrições:

$$\begin{aligned} x_1 + 0x_2 + 4x_3 - 2x_4 &= 8 \\ 0x_1 + x_2 + 2x_3 + 2x_4 &= 10 \end{aligned} \tag{A.19}$$

com $x_1, x_2, x_3, x_4 \geq 0$

Solução

O PPL está na forma canônica. Da análise das equações de restrição resulta imediatamente a solução básica admissível $\mathbf{x}_1^T = (8 \quad 10 \quad 0 \quad 0)$. Observa-se que para $x_4 \geq 0$ crescente a função objetivo f decresce, e para $x_3 \geq 0$ crescente a função objetivo f também cresce; assim, a solução básica admissível $\mathbf{x}_1$ não é uma solução ótima. Deve-se, pois, efetuar uma mudança de base de $(x_1 \quad x_2)$ para $(x_1 \quad x_3)$ ou para $(x_2 \quad x_3)$. Em outras palavras, buscar uma nova solução básica admissível para a qual x_3 seja uma variável básica, o que exigirá que ou x_1 ou x_2 deixe de ser variável básica. Essa escolha se faz admitindo $x_4 = 0$ (pois, para qualquer que seja o valor da variável $x_4 \geq 0$, a função objetivo terá valor inferior a 10) na análise da função objetivo e das restrições e considerando que $x_1, x_2 \geq 0$, ou seja:

$$\begin{aligned} f &= 10 + 4x_3 \\ x_1 &= 8 - 4x_3 \geq 0 \quad \Longrightarrow \quad x_3 \leq 2 \\ x_2 &= 10 - 2x_3 \geq 0 \quad \Longrightarrow \quad x_3 \leq 5 \end{aligned} \tag{A.20}$$

Para x_3 crescente, a condição $x_1 \geq 0$ é mais restritiva, pois caracteriza o máximo valor que x_3 pode assumir, $x_3 = 2$, que ainda satisfaz às restrições e conduz a $x_1 = 0$, $x_2 = 6$ e $f = 18$. Assim, a variável x_1 deve deixar de ser uma variável básica e a variável x_3 deve passar a ser básica; a base $(x_1 \quad x_2)$ deve ser substituída pela nova base $(x_2 \quad x_3)$. Em (A.20), os resultados das relações $\frac{8}{4} = 2$ e $\frac{10}{2} = 5$, são nomeados relações teste e o seu menor valor positivo identifica a variável que deixa a base.

Trata-se agora de estabelecer as expressões da função objetivo e das restrições na nova base. Inicia-se por reescrever as equações das restrições iniciais na forma:

$$\begin{bmatrix} 0 & 4 \\ 1 & 2 \end{bmatrix} \begin{bmatrix} x_2 \\ x_3 \end{bmatrix} + \begin{bmatrix} 1 & -2 \\ 0 & 2 \end{bmatrix} \begin{bmatrix} x_1 \\ x_4 \end{bmatrix} = \begin{bmatrix} 8 \\ 10 \end{bmatrix} \tag{A.21}$$

Para obter essas equações de restrição na nova base, basta multiplicar à esquerda todos os termos pela inversa da matriz $\begin{bmatrix} 0 & 4 \\ 1 & 2 \end{bmatrix}$, ou seja, por $\begin{bmatrix} -0{,}5 & 1 \\ 0{,}25 & 0 \end{bmatrix}$, o que conduz a:

$$\begin{bmatrix} 1 & 0 \\ 0 & 1 \end{bmatrix} \begin{bmatrix} x_2 \\ x_3 \end{bmatrix} + \begin{bmatrix} -0{,}5 & 3 \\ 0{,}25 & -0{,}5 \end{bmatrix} \begin{bmatrix} x_1 \\ x_4 \end{bmatrix} = \begin{bmatrix} 6 \\ 2 \end{bmatrix} \tag{A.22}$$

ou, na forma estendida,

$$\begin{aligned} x_2 + 0x_3 - 0{,}5x_1 + 3x_4 = 6 \\ 0x_2 + x_3 + 0{,}25x_1 - 0{,}5x_4 = 2 \end{aligned} \tag{A 23}$$

A função objetivo será escrita na nova base introduzindo a expressão de $x_3 = 2 - 0{,}25x_1 + 0{,}5x_4$, obtida da segunda equação de restrição (A.23) que leva à eliminação da variável x_1 na função objetivo, ou seja:

$$f = -\,x_1 + 0x_2 + 0x_3 - 3x_4 + 18,$$

ou, de forma equivalente, subtraindo da função objetivo (A.18), posta na forma

$$-f + 0x_1 + 0x_2 + 4x_3 - 5x_4 = -10,$$

a segunda equação de (A.23) multiplicada pelo coeficiente de x_3 da função objetivo (A.18), o que conduz a:

$$-f - x_1 + 0x_2 + 0x_3 - 3x_4 = -\,18.$$

Assim, o PPL na sua forma canônica na nova base (x_2 x_3) é definido por:

Maximizar

$$f = -x_1 + 0x_2 + 0x_3 - 3x_4 + 18 \tag{A.24}$$

sujeita às restrições:

$$\begin{aligned} x_2 + 0x_3 - 0{,}5x_1 + 3x_4 = 6 \\ 0x_2 + x_3 + 0{,}25x_1 - 0{,}5x_4 = 2 \end{aligned} \tag{A.25}$$

com $x_i \geq 0$ $\quad (i = 1{,}4)$

As duas formas canônicas do PPL, uma na base (x_1 x_2) e a outra na base (x_2 x_3), são equivalentes. A nova solução básica admissível $x_2^T = (0 \quad 6 \quad 2 \quad 0)$ é a solução ótima única de acordo com o critério de otimalidade, pois os coeficientes das variáveis não básicas em f são negativos, e seu valor máximo é dado por $f_{max} = 18$.

O desenvolvimento efetuado pode ser resumido nas duas tabelas que se seguem:

Tabela A.1 – Forma canônica 1 inicial – na base (x_1, x_2)

Linha			Relação teste
L_0^1	$-f + 0x_1 + 0x_2 + 4x_3 - 5x_4 = -10$	$f = 10$	
L_1^1	$x_1 + 0x_2 + 4x_3 - 2x_4 = 8$	$x_1 = 8$	2
L_2^1	$0x_1 + x_2 + 2x_3 + 2x_4 = 10$	$x_2 = 10$	5

Tabela A.2 – Forma canônica 2 – na base (x_2, x_3)

Linha		
$L_0^2 = L_0^1 - 4L_1^2$	$-f - x_1 + 0x_2 + 0x_3 - 3x_4 = -18$	$f = 18$
$L_1^2 = \dfrac{L_1^1}{4}$	$0{,}25x_1 + 0x_2 + x_3 - 0{,}5x_4 = 2$	$x_3 = 2$
$L_2^2 = L_2^1 - 2L_1^2$	$-0{,}5x_1 + x_2 + 0x_3 + 3x_4 = 6$	$x_2 = 6$

Alternativamente, a segunda forma canônica poderia ser obtida aplicando a técnica da eliminação de Gauss pela combinação linear das diversas equações, convenientemente estabelecida para a mudança de base de (x_1 x_2) para (x_2 x_3); essas combinações estão relacionadas na primeira coluna das Tabelas A.1 e A.2. Observa-se que esse procedimento pode ser conveniente para programação, mas não será utilizado nos exemplos do livro; optou-se, por conveniência didática e por praticidade, pelo tratamento matricial.

O procedimento pode ainda ser simplificado pela construção, com o auxílio do Excel, das tabelas simplex correspondentes.

Tabela A.3 – Tabela Simplex 1 – Forma canônica inicial na base (x_1, x_2)

Variáveis básicas	x_1	x_2	x_3	x_4	Membro direita		Relação teste
	0,00	0,00	4,00	–5,00	–10,00	$f = 10$	
x_1	1,00	0,00	4,00	–2,00	8,00	$x_1 = 8$	← 2
x_2	0,00	1,00	2,00	2,00	10,00	$x_2 = 10$	5
			↑				

A Tabela A.3 contém as mesmas informações da Tabela A.1, mas numa forma conveniente para a aplicação do método simplex, daí o nome Tabela Simplex (no original *Simplex Tableau*). A solução básica admissível é dada $x_1^T = (8 \quad 10 \quad 0 \quad 0)$ e $f = 10$. Repete-se a análise dessa solução pela interpretação direta dos termos da Tabela A.3, o que se faz por meio das respostas às três perguntas seguintes:

1. A solução é ótima?	Não; porque o coeficiente de x_3 é positivo.
2. Qual variável entra?	Entra a variável não básica x_3 com maior coeficiente positivo.
3. Qual variável sai?	Sai a variável x_1 de menor relação positiva, conforme ilustra (A.20).

Assim, a solução básica admissível $x_1^T = (8 \quad 10 \quad 0 \quad 0)$ não é ótima e deve ser aprimorada, com a mudança de base de $(x_1 \; x_2)$ para $(x_2 \; x_3)$ e com a alteração da expressão da função objetivo de modo que anule os coeficientes das novas variáveis básicas, o que se faz considerando as operações matriciais anteriormente realizadas, cujo resultado se apresenta na Tabela A.4.

Tabela A.4 – Tabela Simplex 2 – Forma canônica na base (x_2, x_3)

Variáveis básicas	x_1	x_2	x_3	x_4	Membro direita		
	–1	0	0	–3	–18	$f = 18$	
x_3	0,25	0,00	1,00	–0,50	2,00	$x_3 = 2$	
x_2	–0,5	1	0	3	6	$x_2 = 6$	

A solução básica admissível $x_2^T = (0 \quad 6 \quad 2 \quad 0)$ é ótima e única e $f_{max} = 18$, pois os valores dos coeficientes das variáveis não básicas são todos negativos.

No Exemplo A.4 apresentado, reconheceu-se que a solução básica admissível inicial não era a solução ótima e, também, não era ilimitada, o que indicou a busca de uma nova solução básica admissível, realizada por meio da transformação de uma variável não básica em básica e vice-versa, chamada de solução básica admissível adjacente, que gera uma base adjacente. Note-se, ainda, que o PPL que estava inicialmente referido a uma certa base, à qual corresponde uma solução básica admissível, mas não ótima, foi referido a uma nova base, que é objeto de análise pelos critérios de otimalidade e de ilimitabilidade. Esse processo se repete até que um dos dois critérios seja verificado com a existência de solução ótima ou de região admissível ilimitada, e é a seguir generalizado numa forma matricial – extremamente conveniente para sua operacionalização e para a interpretação dos seus diversos termos.

Considere-se o PPL numa base que corresponde a uma solução básica admissível que não seja a solução ótima definido por:

$$\begin{aligned} -f(\mathbf{x_B}, \mathbf{x_N}) + \mathbf{C_B^T x_B} + \mathbf{C_N^T x_N} &= -f_0 \\ \mathbf{B x_B} + \mathbf{N x_N} &= \mathbf{b} \end{aligned} \tag{A.26}$$

onde $\mathbf{x_B}$ é o vetor das novas variáveis básicas. O PPL na forma canônica para a nova base pode ser obtido multiplicando à esquerda a segunda equação de (A.26) por $\mathbf{B}^{-1}$, o que conduz a

$$\mathbf{B^{-1} B x_B} + \mathbf{B^{-1} N x_N} = \mathbf{B^{-1} b}, \tag{A.27}$$

e subtraindo da primeira expressão de (A.26) a expressão (A.27) multiplicada à esquerda por $\mathbf{C_B^T}$, que conduz a:

$$-f(\mathbf{x_B}, \mathbf{x_N}) + \mathbf{0 x_B} + \left(\mathbf{C_N^T} - \mathbf{C_B^T B^{-1} N}\right)\mathbf{x_N} = -f_0 - \mathbf{C_B^T B^{-1} b}\,. \tag{A.28}$$

Assim, o PPL na sua forma canônica na nova base será definido por (A.27) e (A.28), ou seja:

$$\begin{aligned} -f(\mathbf{x_B}, \mathbf{x_N}) + \mathbf{0 x_B} + \left(\mathbf{C_N^T} - \mathbf{C_B^T B^{-1} N}\right)\mathbf{x_N} &= -f_0 - \mathbf{C_B^T B^{-1} b} \\ \mathbf{I x_B} + \mathbf{B^{-1} N x_N} &= \mathbf{B^{-1} b} \end{aligned} \tag{A.29}$$

A transformação do PPL de uma base para uma nova base adjacente, caracterizada pelas Expressões (A.26) e (A.29), é procedimento central no método simplex e propicia importantes interpretações de seus termos.

Caso os coeficientes de $\mathbf{x_N}$ sejam todos negativos ou não positivos na função objetivo, a solução será, respectivamente, ótima (de máximo) e única ou múltipla. Caso pelo menos um deles seja positivo, a solução não será ótima, e repete-se o procedimento que conduz de (A.26) a (A.29) trocando apenas um elemento dessa base, sendo que o elemento que entra é a variável não básica de $\mathbf{x_N}$ com maior coeficiente positivo e a variável que sai é a variável básica de $\mathbf{x_B}$ indicada pela menor relação positiva entre os termos de $\mathbf{B^{-1} b}$ e os termos dos coeficientes da variável que entra, conforme mostrado no Exemplo A.4. Esse procedimento se repete até que se encontre a solução ótima, ressaltando que, na classe de problemas objeto de análise neste livro, sempre ocorrerá uma solução ótima.

Introduziram-se dois tipos de tabelas mais propícios para a sistematização da análise, a primeira de mais simples leitura e a segunda, que é a Tabela Simplex, mais conveniente para cálculos que serão realizados com o auxílio do Excel. No que se segue utilizam-se apenas as Tabelas Simplex.

EXEMPLO A.5

Maximizar

$$f = 0x_1 + 0x_2 + 4x_3 + 5x_4 + 10 \tag{A.30}$$

sujeita às restrições:

$$\begin{aligned} x_1 + 0x_2 + 4x_3 - 2x_4 &= 8 \\ 0x_1 + x_2 + 2x_3 + 2x_4 &= 10 \end{aligned} \tag{A.31}$$

com $x_1, x_2, x_3, x_4 \geq 0$

Solução

Reconhece-se de imediato que o PPL está na forma canônica, e, da análise das equações de restrição, resulta que a solução básica admissível é matriz $\mathbf{x}_1^T = (8 \quad 10 \quad 0 \quad 0)$, o que conduz a $f = 10$. Essa solução básica admissível não é ótima, visto que os coeficientes de x_3 e x_4 na função objetivo são positivos. Deve-se, pois, efetuar uma mudança de base para uma base adjacente com o ingresso de x_3 ou x_4.

Como critério geral para definir a variável de entrada, seleciona-se, entre as várias variáveis não básicas com coeficientes positivos na função objetivo, aquela que apresenta o maior valor, ou seja, o maior gradiente de crescimento de f. No caso, seleciona-se a variável x_4.

Deve-se agora selecionar a variável que sai da base, que implica escolher entre x_1 e x_2, o que se faz analisando a função objetivo e as equações de restrição para $x_3 = 0$.

$$\begin{aligned} f &= 10 + 5x_4 \\ x_1 - 2x_4 = 8 \quad &\Longrightarrow \quad x_1 = 8 + 2x_4 \geq 0 \\ x_2 + 2x_4 = 10 \quad &\Longrightarrow \quad x_2 = 10 - 2x_4 \geq 0 \quad \Longrightarrow \quad x_4 \leq 5 \end{aligned} \tag{A.32}$$

Nessas condições, observa-se que a primeira restrição e a condição $x_1 \geq 0$ são sempre verificadas, pois $x_4 \geq 0$; a segunda restrição e a condição $x_2 \geq 0$ exigem que $x_4 \leq 5$, e, portanto, o valor máximo de f que satisfaz a todas as restrições ocorre para $x_2 = 0$; a variável que sai é x_2. Como critério geral, uma vez escolhida a variável x_k que entra, a variável que sai é aquela para a qual é mínima a relação positiva $\dfrac{b_j}{A_{jk}}$.

Todas as operações descritas (identificação da solução básica admissível, valor da função objetivo, escolha da variável que entra e da variável que sai) podem ser resumidas na Tabela Simplex 1 da forma canônica inicial na Tabela A.5. Note-se que a função objetivo foi colocada na forma $-f + 0x_1 + 0x_2 + 4x_3 + 5x_4 = -10$.

Tabela A.5 – Tabela Simplex 1 – Forma canônica inicial na base (x_1, x_2)

Variáveis básicas	x_1	x_2	x_3	x_4	Membro direita		Relação teste
	0,00	0,00	4,00	5,00	–10,00	$f = 10$	
x_1	1,00	0,00	4,00	–2,00	8,00	$x_1 = 8$	–4
x_2	0,00	1,00	2,00	2,00	10,00	$x_2 = 10$	← 5
				↑			

As operações de mudança de base, (x_1 x_2) para a base adjacente (x_1 x_4) e para eliminar a parcela de x_4 da função objetivo são realizadas efetuando as operações matriciais indicadas em (A.29), com os resultados que se apresentam na Tabela Simplex 2 da Tabela A.6.

Tabela A.6 – Tabela Simplex 2 na base (x_1, x_4)

Variáveis básicas	x_1	x_2	x_3	x_4	Membro direita		
	0	–2,5	–1	0	–35	$f = 35$	
x_1	1	1	6	0	18	$x_1 = 18$	
x_4	0	0,5	1	1	5	$x_4 = 5$	

A análise dos resultados da Tabela A.6 mostra que a solução básica admissível matriz $\mathbf{x}_2^T = (18 \quad 0 \quad 0 \quad 5)$ é a solução ótima única (os coeficientes das variáveis não básicas na função objetivo são negativos) e o valor máximo da função objetivo é $f = 35$.

Esses mesmos resultados podem ser obtidos utilizando o Solver do Excel, conforme mostra a Tabela A.7, ou utilizando o programa Lingo, como mostra a Figura A.5.

Tabela A.7 – Resultados pelo Solver do Excel

	Variáveis						
	x_1	x_2	x_3	x_4	constante		
Coef. Função Objetivo	0	0	4	5	10		
Valor das variáveis	18,000	0,000	0,000	5,000			
Função Objetivo	35,000						
Restrições	x_1	x_2	x_3	x_4	Esquerda	Operador	Direita
1	1	0	4	–2	8	=	8
2	0	1	2	2	10	=	10

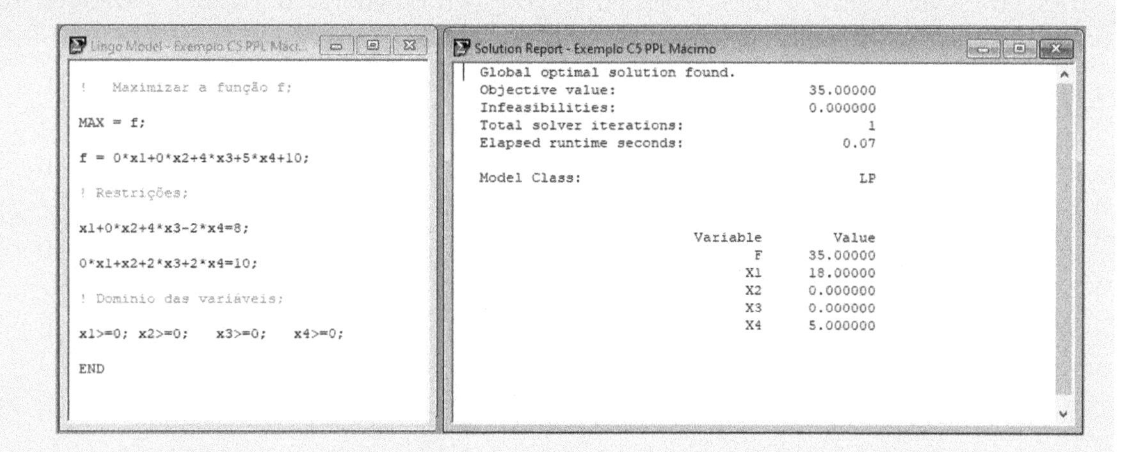

Figura A.5
Parte dos resultados obtidos pela aplicação do Lingo.

Nos estudos que se seguem, os diversos exemplos serão resolvidos com a utilização direta das Tabelas Simplex com o uso do Excel. Em alguns casos serão também apresentados os resultados obtidos com o programa Lingo e com o Solver do Excel.

A.5 Transformação de um PPL da forma geral para a forma canônica

A transformação de um PPL de sua forma geral, caracterizada pelas Expressões (A.1) a (A.3), para sua forma canônica (A.9) a (A.11) exige até três intervenções. A primeira consiste em transformar as restrições por inequações lineares em restrições por equações lineares; a segunda, em transformar as variáveis de decisão, negativas ou sem restrição de sinais (*srs*), em novas variáveis de decisão que sejam não negativas; e a terceira, em obter uma solução básica admissível inicial.

A transformação das restrições por inequações lineares em restrições por equações lineares se faz pela introdução de variáveis de folga, Δx, por exemplo:

$$A_{2i}x_i \leq b_2 \quad \Longrightarrow \quad A_{2i}x_i + \Delta x_2 = b_2 \quad \text{com} \quad \Delta x_2 \geq 0 \quad {\scriptstyle (i=1,n)}$$
$$A_{mi}x_i \geq b_m \quad \Longrightarrow \quad A_{mi}x_i - \Delta x_m = b_m \quad \text{com} \quad \Delta x_m \geq 0 \quad {\scriptstyle (i=1,n)} \qquad \text{(A.33)}$$

Para transformar as variáveis de decisão em variáveis não negativas há que considerar dois casos:

- quando $x_k \leq 0$, basta introduzir a nova variável $y_k = -x_k$;
- quando não houver restrição de sinal de x_k, substitui-se essa variável pela soma de duas variáveis não negativas definidas por:

$$x_k^+ = \frac{|x_k| + x_k}{2} \qquad x_k^- = \frac{|x_k| - x_k}{2} \tag{A.34}$$

que observam as seguintes relações:

$$x_k = x_k^+ - x_k^- \qquad |x_k| = x_k^+ + x_k^- \tag{A.35}$$

Assim:

se $x_k \geq 0$, obtém-se: $x_k^+ = x_k$, $\quad x_k^- = 0$, $\quad |x_k| = x_k$; e

se $x_k \leq 0$, obtém-se: $x_k^+ = 0$, $\quad x_k^- = -x_k$, $\quad |x_k| = -x_k$.

Essa última transformação será extensivamente utilizada na classe de problemas que será objeto de estudo: análise limite pelos procedimentos estático e cinemático, conforme se ilustra com os dois exemplos seguintes.

EXEMPLO A.6

Estabelecer a forma canônica do PPL típico da análise limite pelo teorema estático (Exemplo 8.1), definido por:

Maximizar

$$F \tag{A.36}$$

sujeita às restrições:

$$-F + 0{,}707x_1 + 0{,}5x_2 - 0{,}866x_3 = 0$$
$$-2F + 0{,}707x_1 + 0{,}866x_2 + 0{,}5x_3 = 0$$

$$\begin{aligned} |x_1| &\leq 142 \\ |x_2| &\leq 71 \\ |x_3| &\leq 142 \end{aligned} \tag{A.37}$$

com $F \geq 0$, x_1, x_2, x_3 *srs*

Solução

Introduzindo as transformações (A.33) a (A.35) em (A.37), obtém-se a forma canônica do PPL proposto:

Maximizar

$$F \tag{A.38}$$

sujeita às restrições:

$$-F + 0{,}707\left(x_1^+ - x_1^-\right) + 0{,}5\left(x_2^+ - x_2^-\right) - 0{,}866\left(x_3^+ - x_3^-\right) = 0$$
$$-2F + 0{,}707\left(x_1^+ - x_1^-\right) + 0{,}866\left(x_2^+ - x_2^-\right) + 0{,}5\left(x_3^+ - x_3^-\right) = 0$$

$$\begin{aligned} x_1^+ + x_1^- + \Delta x_1 &= 142 \\ x_2^+ + x_2^- + \Delta x_2 &= 71 \\ x_3^+ + x_3^- + \Delta x_3 &= 142 \end{aligned} \tag{A.39}$$

com $F \geq 0, x_i^+ \geq 0, x_i^- \geq 0, \Delta x_i \geq 0 \quad {\scriptstyle i=1,2,3}$

onde as variáveis Δx_i são as variáveis de folga.

A solução desse PPL é dada por:

$$F = 93{,}25 \quad x_1 = 142 \quad x_2 = 71 \quad x_3 = 49{,}24 \quad \Delta x_1 = 0 \quad \Delta x_2 = 0 \quad \Delta x_3 = 92{,}76$$

EXEMPLO A.7

Estabelecer a forma canônica do PPL típico da análise limite pelo teorema cinemático (Exemplo 9.1) definido por:

Minimizar

$$F = 142|y_1| + 71|y_2| + 142|y_3| \tag{A.40}$$

sujeita às restrições:

$$\begin{aligned} 2{,}232y_2 + 0{,}134y_3 &= 1 \\ y_1 - 0{,}966y_2 + 0{,}259y_3 &= 0 \end{aligned} \tag{A.41}$$

com $F \geq 0,\ y_i\ srs \quad _{i=1,2,3}$

Solução

Introduzindo as transformações (A.33) a (A.35) em (A.40) e (A.41), obtém-se a forma canônica do PPL proposto:

Maximizar

$$F = 142(y_1^+ + y_1^-) + 71(y_2^+ + y_2^-) + 142(y_3^+ + y_3^-) \tag{A.42}$$

sujeita às restrições:

$$\begin{aligned} 2{,}232(y_2^+ - y_2^-) + 0{,}134(y_3^+ - y_3^-) &= 1 \\ (y_1^+ - y_1^-) - 0{,}966(y_2^+ - y_2^-) + 0{,}259(y_3^+ - y_3^-) &= 0 \end{aligned} \tag{A.43}$$

com $F \geq 0,\ y_i^+ \geq 0,\ y_i^- \geq 0 \quad _{i=1,2,3}$

A solução desse PPL é dada por:

$$F = 93{,}25 \quad y_1 = 0{,}433 \quad y_2 = 0{,}448 \quad y_3 = 0.$$

A obtenção de uma solução básica admissível inicial é uma tarefa que apresenta, no caso geral, algumas dificuldades.

Um primeiro modo de obtê-la consiste em escolher, arbitrariamente, as candidatas a variáveis básicas, $\mathbf{x_B}$, para o PPL na forma:

$$\begin{aligned} -f(\mathbf{x_B}, \mathbf{x_N}) + \mathbf{C_B^T x_B} + \mathbf{C_N^T x_N} &= -f_0 \\ \mathbf{B x_B} + \mathbf{N x_N} &= \mathbf{b} \end{aligned} \tag{A.44}$$

e colocá-lo como a possível forma canônica

$$\begin{aligned} -f(\mathbf{x_B}, \mathbf{x_N}) + 0\mathbf{x_B} + \left(\mathbf{C_N^T} - \mathbf{C_B^T B^{-1} N}\right)\mathbf{x_N} &= -f_0 - \mathbf{C_B^T B^{-1} b} \\ \mathbf{I x_B} + \mathbf{B^{-1} N x_N} &= \mathbf{B^{-1} b} \end{aligned} \tag{A.45}$$

o que se consegue multiplicando à esquerda a segunda equação de (A.44) por $\mathbf{B^{-1}}$, para estabelecer a segunda equação de (A.45), e subtraindo da primeira expressão de (A.44) a segunda expressão (A.44) multiplicada à esquerda por $\mathbf{C_B^T}$, para estabelecer a primeira equação de (A.45). Para que $\mathbf{x_B}$ seja o vetor das variáveis básicas é necessário que a matriz $\mathbf{B}$ seja inversível e que $\mathbf{B^{-1} b} \geq \mathbf{0}$. Se essas duas condições não ocorrerem, pode-se escolher novas candidatas a variáveis básicas, $\mathbf{x_B}$, e repetir o processo até que as duas condições sejam satisfeitas, e, então aplicar o método simplex. Esse processo de tentativa e erro pode conduzir a elevado número de tentativas, portanto, não é recomendado.

Usualmente, utilizam-se o método das duas fases e o método do "*Big M*" para a determinação da solução básica inicial, com apresentações detalhadas que podem ser encontradas em Winston (2004), Bradley, Hax e Magnanti (1977) e outros textos clássicos de programação matemática.

Para os PPL de análise limite pelos teoremas estático e cinemático, a solução básica admissível inicial poderá ser obtida diretamente por considerações de ordem física, e não são necessárias as aplicações dos dois métodos citados.

A.6 Convergência e degenerescência

A cada forma canônica de um PPL está associada uma solução básica admissível única, caracterizada por uma base e por um valor da função objetivo.

A resolução de um PPL pelo método simplex consiste em estabelecer um processo iterativo em que uma nova base é estabelecida pela mudança de uma única variável básica em relação à anterior. Assim, estabelece-se uma nova forma canônica do PPL com nova solução básica admissível e novo valor para a função objetivo.

Esse processo se encerra em um número finito de iterações, limitado a $\frac{n!}{m!(n-m)!}$, quando se pode verificar que se encontra uma solução ótima (a região admissível é limitada), ou que a solução é ilimitada (a região admissível é ilimitada), ou, ainda, que não há solução básica admissível (não há região admissível).

Um PPL é denominado não degenerado quando, nesse processo iterativo, todos os termos b_i das formas canônicas forem positivos. Nessas condições, para um problema de máximo com região admissível limitada, a cada iteração a função objetivo cresce e converge para uma solução ótima,

$$SBA_1 \implies f_1; \quad SBA_2 \implies f_2 > f_1; \quad \cdots; \quad SBA_i \implies f_i > f_{i-1}; \quad \cdots;$$
$$SBA_k = SO \implies f_k > f_{k-1}$$

Um PPL é denominado degenerado quando, nesse processo iterativo, pelo menos um termo b_i for nulo. Nessas condições, para um problema de máximo com região admissível limitada, pode ocorrer que, em um conjunto de iterações com bases distintas, a função objetivo continue com o mesmo valor e, depois, convirja para uma solução ótima,

$$SBA_1 \implies f_1; \quad \cdots; \quad SBA_i \implies f_i = f_{i-1}; \quad SBA_{i+1} \implies f_{i+1} = f_i \cdots;$$
$$SBA_k = SO \implies f_k > f_{k-1}$$

ou que, em um conjunto de iterações com mesmo valor de função objetivo, a última base seja igual à primeira e o processo permaneça em ciclo infinito.

$$\cdots; \; SBA_i \implies f_i = f_{i-1}; \quad SBA_{i+1} \implies f_{i+1} = f_i; \quad \cdots;$$
$$SBA_k = SBA_i \implies f_k = f_i; \cdots$$

Felizmente, esses casos de ciclo infinito são raros e há procedimentos já estabelecidos na aplicação do método simplex que permitem superar essas questões. Apresentações mais detalhadas podem ser encontradas em Winston (2004), Bradley, Hax e Magnanti (1977) e outros textos clássicos de programação matemática.

A.7 Algoritmo para o método simplex em PPL não degenerados

Considerando a maximização da função objetivo.

1. Transformar um PPL de sua forma geral para a forma

$$-f(\mathbf{x_B}, \mathbf{x_N}) + \mathbf{C_B^T x_B} + \mathbf{C_N^T x_N} = -f_0$$
$$\mathbf{B x_B} + \mathbf{N x_N} = \mathbf{b}$$

com as condições $x_{Bi} \geq 0$ e $x_{Nk} \geq 0$, com $(i = 1, m)$ e $(k = m + 1, n)$, ainda sem a definição de uma solução básica admissível.

2. Selecionar uma solução básica admissível inicial.
3. Obter a forma canônica correspondente à solução básica admissível inicial, pela transformação

$$-f(\mathbf{x_B}, \mathbf{x_N}) + 0\mathbf{x_B} + (\mathbf{C_N^T} - \mathbf{C_B^T B^{-1} N})\mathbf{x_N} = -f_0 - \mathbf{C_B^T B^{-1} b}$$
$$\mathbf{I x_B} + \mathbf{B^{-1} N x_N} = \mathbf{B^{-1} b}$$

4. Aplicar o critério de otimalidade.

4.1 Se o critério de otimalidade for atendido, encontrou-se a solução ótima, o valor da função objetivo correspondente, e o processo está encerrado.

4.2 Se o critério de otimalidade não for atendido.

4.2.1 Selecionar a nova solução básica admissível, adjacente à anterior pela substituição de uma variável básica por uma variável não básica.

- Quem entra? Entra como nova variável básica a variável não básica, x_k, com maior coeficiente positivo na função objetivo.
- Quem sai? Sai da condição de variável básica aquela que apresentar a menor relação positiva $\frac{b_j}{A_{jk}}$ para $j = 1,m$.

4.2.2 Obter a nova forma canônica correspondente à nova solução básica admissível, pela transformação de

$$\begin{aligned} -f(\mathbf{x_B}, \mathbf{x_N}) + \mathbf{C_B^T x_B} + \mathbf{C_N^T x_N} &= -f_0 \\ \mathbf{B x_B} + \mathbf{N x_N} &= \mathbf{b} \end{aligned} \tag{A.46}$$

para

$$\begin{aligned} -f(\mathbf{x_B}, \mathbf{x_N}) + 0\mathbf{x_B} + (\mathbf{C_N^T} - \mathbf{C_B^T B^{-1} N})\mathbf{x_N} &= -f_0 - \mathbf{C_B^T B^{-1} b} \\ \mathbf{I x_B} + \mathbf{B^{-1} N x_N} &= \mathbf{B^{-1} b} \end{aligned} \tag{A.47}$$

4.2.3 Voltar para 4

ANEXO B – RELAÇÕES CINEMÁTICAS EM BARRAS

B.1 Introdução

O conhecimento do campo de deslocamentos de uma estrutura define o campo de deformações. Na hipótese de pequenas deformações e deslocamentos essa relação tem a forma $\{E\} = [B]\{U\}$, onde $\{E\}$ é o vetor das deformações, $\{U\}$ é o vetor dos deslocamentos, definidos em cada ponto do corpo, e $[B]$ é um operador diferencial linear.

No caso de vigas, treliças e pórticos planos, esses campos ficam definidos por deslocamentos nos nós dessas estruturas, chamados deslocamentos generalizados, e pelas deformações nas extremidades das barras que a compõem, chamadas deformações generalizadas. Nesses casos, os elementos do vetor $\{E\}$ são as deformações generalizadas nas extremidades das barras, os elementos de $\{U\}$ são os deslocamentos generalizados e os elementos de $[B]$ são números reais. As deformações generalizadas não são independentes entre si e estão relacionadas por equações chamadas de compatibilidade.

Trata-se neste anexo de estabelecer as relações deformações-deslocamentos generalizados e as equações de compatibilidade para treliças, vigas e pórticos planos. Admite-se, por conveniência, que os esforços externos sejam esforços concentrados e que seus pontos de aplicação também sejam definidos como nós da estrutura, o que permite caracterizar um conjunto de barras que compõem a estrutura com esforços aplicados exclusivamente em seus nós.

Inicialmente, estabelecem-se as relações deformações-deslocamentos generalizados para os diversos tipos de barras, identificadas por $\{e\} = [b]\{u\}$, e, posteriormente, por colocação dessas barras em cada particular estrutura, estabelecem-se as relações deformações-deslocamentos generalizados da estrutura, $\{E\} = [B]\{U\}$. Como o número de elementos de $\{E\}$ é maior do que o número de elementos de $\{U\}$, é conveniente efetuar a seguinte partição:

$$\{E_1\} = [B_1]\{U\} \quad \text{e} \quad \{E_2\} = [B_2]\{U\}, \tag{B.1}$$

onde os elementos de $\{E_1\}$ são escolhidos arbitrariamente em número igual aos deslocamentos generalizados e tais que $[B_1]$ seja inversível. Assim, pode-se estabelecer:

$$\{U\} = [B_1]^{-1}\{E_1\} \quad \text{e} \quad \{E_2\} = [B_2][B_1]^{-1}\{E_1\}, \tag{B.2}$$

que são, respectivamente, as equivalentes relações deslocamentos-deformações generalizados e as equações de compatibilidade da estrutura.

B.2 Relações deformações-deslocamentos generalizados em barra de treliça

Considere-se a barra prismática de treliça plana com os deslocamentos nas suas extremidades e referidos a um sistema local de referência, como indicado na Figura B.1.

Figura B.1
Barra de treliça plana no sistema local.

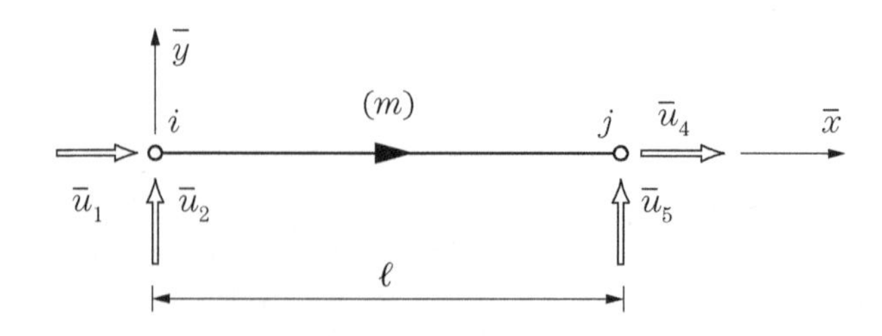

A deformação dessa barra é caracterizada pelo seu alongamento,

$$\Delta \ell_m = \bar{u}_4 - \bar{u}_1 . \tag{B.3}$$

A Figura B.2 apresenta essa barra de treliça agora com os deslocamentos nas suas extremidades referidas a um sistema global.

Figura B.2
Barra de treliça plana no sistema local.

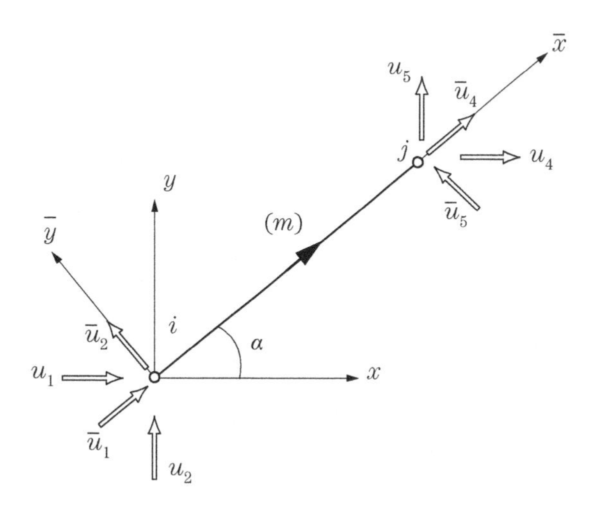

Considerando a transformação de coordenadas

$$\begin{aligned} \begin{Bmatrix} \bar{u}_1 \\ \bar{u}_2 \end{Bmatrix} &= \begin{bmatrix} \cos\alpha & \operatorname{sen}\alpha \\ -\operatorname{sen}\alpha & \cos\alpha \end{bmatrix} \begin{Bmatrix} u_1 \\ u_2 \end{Bmatrix} \\ \begin{Bmatrix} \bar{u}_4 \\ \bar{u}_5 \end{Bmatrix} &= \begin{bmatrix} \cos\alpha & \operatorname{sen}\alpha \\ -\operatorname{sen}\alpha & \cos\alpha \end{bmatrix} \begin{Bmatrix} u_4 \\ u_5 \end{Bmatrix} \end{aligned} \tag{B.4}$$

pode-se estabelecer:

$$\{\Delta \ell_m\} = \bar{u}_4 - \bar{u}_1 = \{-\cos\alpha \quad -\operatorname{sen}\alpha \quad \cos\alpha \quad \operatorname{sen}\alpha\} \begin{Bmatrix} u_1 \\ u_2 \\ u_4 \\ u_5 \end{Bmatrix}, \tag{B.5}$$

que é a relação deformação-deslocamentos generalizados em uma barra de treliça plana no sistema global.

B.3 Relações deformações-deslocamentos generalizados em barra biengastada de viga

Considere-se a barra de viga biengastada com os deslocamentos nas suas extremidades referidos a um sistema local de referência como indicado na Figura B.3.

Figura B.3
Barra biengastada de viga no sistema local.

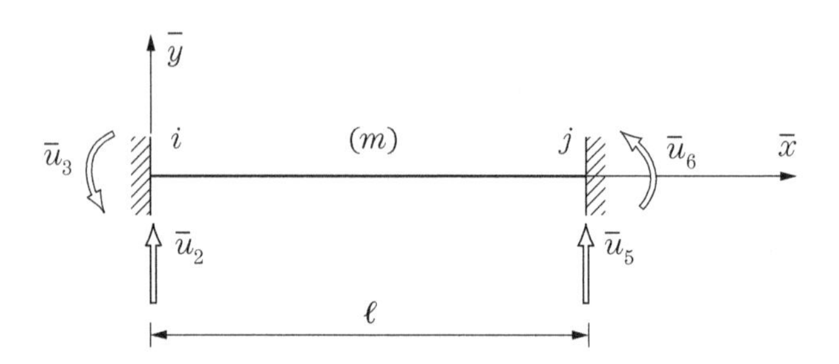

As rotações $\bar{u}_3$ e $\bar{u}_6$ podem ser interpretadas com as resultantes de um movimento de corpo rígido devido a $\bar{u}_2$ e $\bar{u}_5$ com a deformação na barra devida às rotações θ_{ij} e θ_{ji}, como mostra a Figura B.4.

Figura B.4
Decomposição das rotações $\bar{u}_3$ e $\bar{u}_6$.

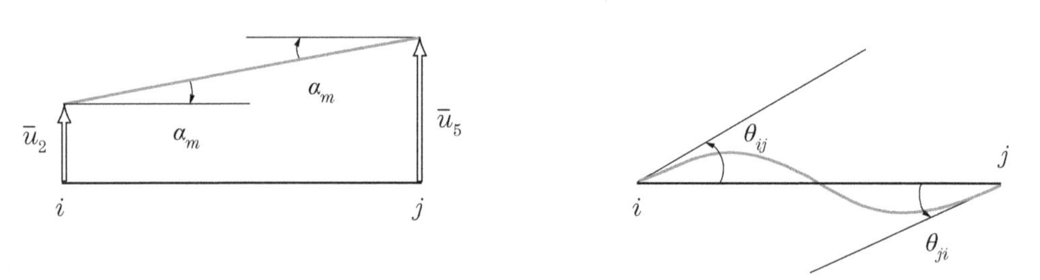

o que permite escrever:

$$\bar{u}_3 = \theta_{ij} + \frac{\bar{u}_5 - \bar{u}_2}{\ell} \quad \text{e} \quad \bar{u}_6 = \theta_{ji} + \frac{\bar{u}_5 - \bar{u}_2}{\ell}. \tag{B.6}$$

Como para as vigas é natural e conveniente fazer os sistemas local e global coincidirem, resulta $u_i = \bar{u}_i$, e, assim, as relações deformações-deslocamentos generalizados da barra de viga biengastada são dadas por:

$$\theta_{ij} = u_3 + \frac{u_2 - u_5}{\ell} \qquad \theta_{ji} = u_6 + \frac{u_2 - u_5}{\ell} \tag{B.7}$$

ou, na forma matricial:

$$\begin{Bmatrix} \theta_{ij} \\ \theta_{ji} \end{Bmatrix} = \begin{bmatrix} \frac{1}{\ell} & 1 & -\frac{1}{\ell} & 0 \\ \frac{1}{\ell} & 0 & -\frac{1}{\ell} & 1 \end{bmatrix} \begin{Bmatrix} u_2 \\ u_3 \\ u_5 \\ u_6 \end{Bmatrix} \tag{B.8}$$

No caso de barra de viga engastada-articulada, $\theta_{ji} = 0$ e as Relações (B.8) se reduzem a:

$$\theta_{ij} = \begin{bmatrix} \frac{1}{\ell} & 1 & -\frac{1}{\ell} \end{bmatrix} \begin{Bmatrix} u_2 \\ u_3 \\ u_5 \end{Bmatrix}$$
$$u_6 = \begin{bmatrix} -\frac{1}{\ell} & 0 & \frac{1}{\ell} \end{bmatrix} \begin{Bmatrix} u_2 \\ u_3 \\ u_5 \end{Bmatrix} \tag{B.9}$$

pois o deslocamento u_6 não é variável independente, por causa da articulação em j.

Para o caso de barra de viga articulada-engastada, $\theta_{ij} = 0$ e as Relações (B.8) se reduzem a:

$$\theta_{ji} = \begin{bmatrix} \frac{1}{\ell} & -\frac{1}{\ell} & 1 \end{bmatrix} \begin{Bmatrix} u_2 \\ u_5 \\ u_6 \end{Bmatrix}$$
$$u_3 = \begin{bmatrix} -\frac{1}{\ell} & \frac{1}{\ell} & 0 \end{bmatrix} \begin{Bmatrix} u_2 \\ u_5 \\ u_6 \end{Bmatrix} \tag{B.10}$$

pois o deslocamento u_3 não é variável independente, por causa da articulação em i.

B.4 Relações deformações-deslocamentos generalizados em barra biengastada de pórtico plano

Considere-se a barra de pórtico plano biengastada com os deslocamentos nas suas extremidades referidos a um sistema local de referência como indicado na Figura B.5.

Figura B.5
Barra biengastada de pórtico plano no sistema local.

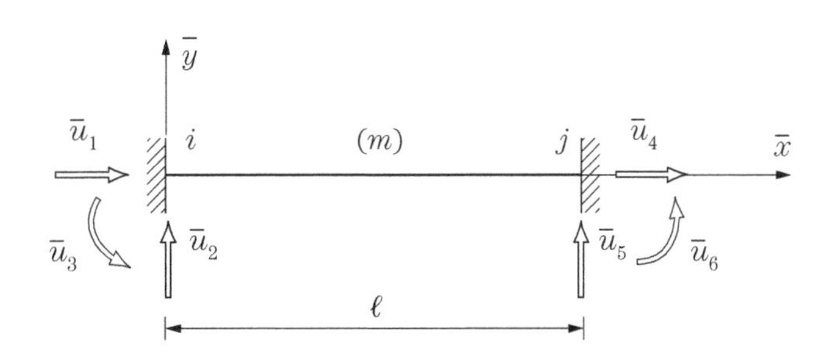

As deformações nessa barra são caracterizadas pelo alongamento $\Delta\ell_m$ e pelas rotações θ_{ij} e θ_{ji} e, visto que as deformações e deslocamentos são pequenos, elas podem ser consideradas o resultado da superposição dos efeitos das deformações em uma barra de treliça e em uma barra de viga, o que permite estabelecer diretamente:

$$\begin{Bmatrix} \Delta\ell_m \\ \theta_{ij} \\ \theta_{ji} \end{Bmatrix} = \begin{bmatrix} -1 & 0 & 0 & 1 & 0 & 0 \\ 0 & \frac{1}{\ell} & 1 & 0 & -\frac{1}{\ell} & 0 \\ 0 & \frac{1}{\ell} & 0 & 0 & -\frac{1}{\ell} & 1 \end{bmatrix} \begin{Bmatrix} \bar{u}_1 \\ \bar{u}_2 \\ \bar{u}_3 \\ \bar{u}_4 \\ \bar{u}_5 \\ \bar{u}_6 \end{Bmatrix} \qquad \text{(B.11)}$$

que são as relações deformações-deslocamentos generalizados em uma barra de pórtico plano biengastado no sistema local.

A Figura B.6 apresenta a barra de pórtico plano com os deslocamentos nas suas extremidades referidas a um sistema global.

Figura B.6
Barra biengastada de pórtico plano no sistema global.

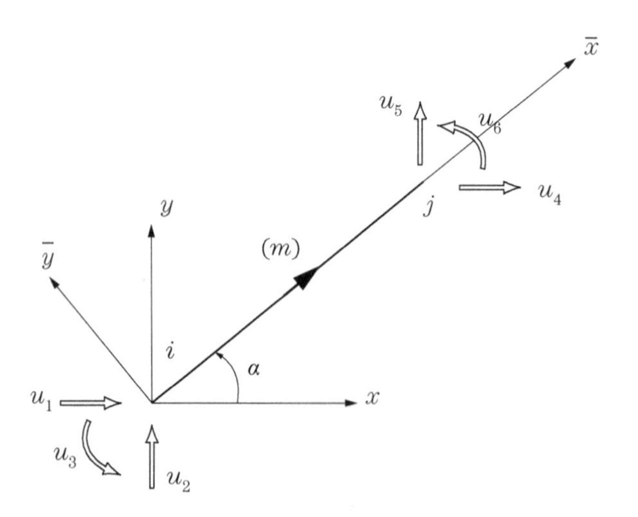

Considerando a transformação de coordenadas

$$\begin{Bmatrix} \bar{u}_1 \\ \bar{u}_2 \\ \bar{u}_3 \end{Bmatrix} = \begin{bmatrix} \cos\alpha & \operatorname{sen}\alpha & 0 \\ -\operatorname{sen}\alpha & \cos\alpha & 0 \\ 0 & 0 & 1 \end{bmatrix} \begin{Bmatrix} u_1 \\ u_2 \\ u_3 \end{Bmatrix}$$

$$\begin{Bmatrix} \bar{u}_4 \\ \bar{u}_5 \\ \bar{u}_6 \end{Bmatrix} = \begin{bmatrix} \cos\alpha & \operatorname{sen}\alpha & 0 \\ -\operatorname{sen}\alpha & \cos\alpha & 0 \\ 0 & 0 & 1 \end{bmatrix} \begin{Bmatrix} u_4 \\ u_5 \\ u_6 \end{Bmatrix} \qquad \text{(B.12)}$$

pode-se estabelecer:

$$\begin{Bmatrix} \Delta\ell_m \\ \theta_{ij} \\ \theta_{ji} \end{Bmatrix} = \begin{bmatrix} -\cos\alpha & -\operatorname{sen}\alpha & 0 & \cos\alpha & \operatorname{sen}\alpha & 0 \\ -\frac{\operatorname{sen}\alpha}{\ell} & \frac{\cos\alpha}{\ell} & 1 & \frac{\operatorname{sen}\alpha}{\ell} & -\frac{\cos\alpha}{\ell} & 0 \\ -\frac{\operatorname{sen}\alpha}{\ell} & \frac{\cos\alpha}{\ell} & 0 & \frac{\operatorname{sen}\alpha}{\ell} & -\frac{\cos\alpha}{\ell} & 1 \end{bmatrix} \begin{Bmatrix} u_1 \\ u_2 \\ u_3 \\ u_4 \\ u_5 \\ u_6 \end{Bmatrix}, \qquad \text{(B.13)}$$

que são as relações deformações-deslocamentos generalizados em uma barra de pórtico plano no sistema global.

No caso de barra de pórtico plano engastada-articulada, $\theta_{ji} = 0$ e as relações deformações-deslocamentos generalizados se reduzem a:

$$\begin{Bmatrix} \Delta\ell_m \\ \theta_{ij} \end{Bmatrix} = \begin{bmatrix} -\cos\alpha & -\operatorname{sen}\alpha & 0 & \cos\alpha & \operatorname{sen}\alpha \\ -\frac{\operatorname{sen}\alpha}{\ell} & \frac{\cos\alpha}{\ell} & 1 & \frac{\operatorname{sen}\alpha}{\ell} & -\frac{\cos\alpha}{\ell} \end{bmatrix} \begin{Bmatrix} u_1 \\ u_2 \\ u_3 \\ u_4 \\ u_5 \end{Bmatrix}$$

$$\{u_6\} = \begin{bmatrix} \frac{\operatorname{sen}\alpha}{\ell} & -\frac{\cos\alpha}{\ell} & 0 & -\frac{\operatorname{sen}\alpha}{\ell} & \frac{\cos\alpha}{\ell} \end{bmatrix} \begin{Bmatrix} u_1 \\ u_2 \\ u_3 \\ u_4 \\ u_5 \end{Bmatrix} \qquad \text{(B.14)}$$

pois o deslocamento u_6 não é uma variável independente, por causa da articulação em j.

Para o caso de barra articulada-engastada, $\theta_{ij} = 0$ e as relações deformações-deslocamentos generalizados se reduzem a:

$$\begin{Bmatrix} \Delta\ell_m \\ \theta_{ji} \end{Bmatrix} = \begin{bmatrix} -\cos\alpha & -\operatorname{sen}\alpha & \cos\alpha & \operatorname{sen}\alpha & 0 \\ -\frac{\operatorname{sen}\alpha}{\ell} & \frac{\cos\alpha}{\ell} & \frac{\operatorname{sen}\alpha}{\ell} & -\frac{\cos\alpha}{\ell} & 1 \end{bmatrix} \begin{Bmatrix} u_1 \\ u_2 \\ u_4 \\ u_5 \\ u_6 \end{Bmatrix}$$

$$\{u_3\} = \begin{bmatrix} \frac{\operatorname{sen}\alpha}{\ell} & -\frac{\cos\alpha}{\ell} & -\frac{\operatorname{sen}\alpha}{\ell} & \frac{\cos\alpha}{\ell} & 0 \end{bmatrix} \begin{Bmatrix} u_1 \\ u_2 \\ u_4 \\ u_5 \\ u_6 \end{Bmatrix} \qquad \text{(B.15)}$$

pois o deslocamento u_3 não é uma variável independente, por causa da articulação em i.

B.5 Relações deformações-deslocamentos generalizados e equações de compatibilidade em estrutura

Com as relações deformações-deslocamentos generalizados estabelecidas para os vários tipos de barras de treliças planas, vigas e pórticos planos, estabelecem-se as relações deformações-deslocamentos generalizados para a estrutura, bem como as equivalentes relações deslocamentos-deformações generalizados e equações de compatibilidade, conforme procedimento apresentado na introdução deste Anexo e ilustrado no Exemplo B.1.

No caso de as relações cinemáticas serem estabelecidas para a condição de mecanismo, as deformações adicionais ocorrerão apenas nas rótulas e nas barras plastificadas, e portanto, a condição de inextensibilidade se aplica às diversas barras de pórtico ou viga e às barras não plastificadas de treliça. Essa é a condição de especial interesse na análise limite das estruturas reticuladas planas com carregamento no plano e que se ilustra no Exemplo B.1.

EXEMPLO B.1

Considere-se o problema de estabelecer as relações deformações-deslocamentos generalizados e as equivalentes relações deslocamentos-deformações generalizados e as equações de compatibilidade, que ocorrem na condição de mecanismo do pórtico da Figura B.7.

Figura B.7
Pórtico plano atirantado.

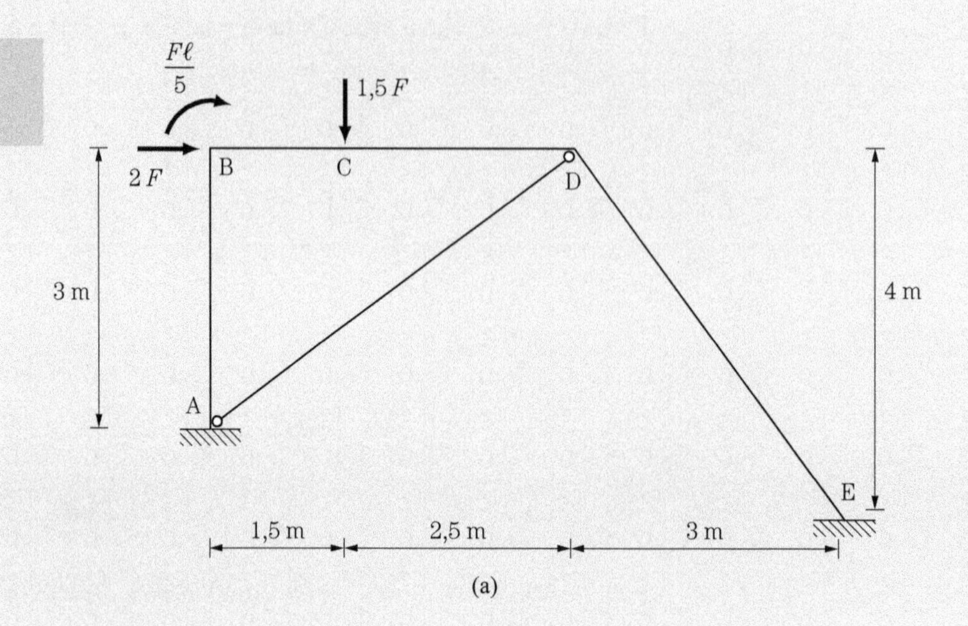

Inicialmente, identificam-se os deslocamentos nodais incógnitos da estrutura, as barras e o sentido positivo dos seus eixos, conforme mostra a Figura B.8.

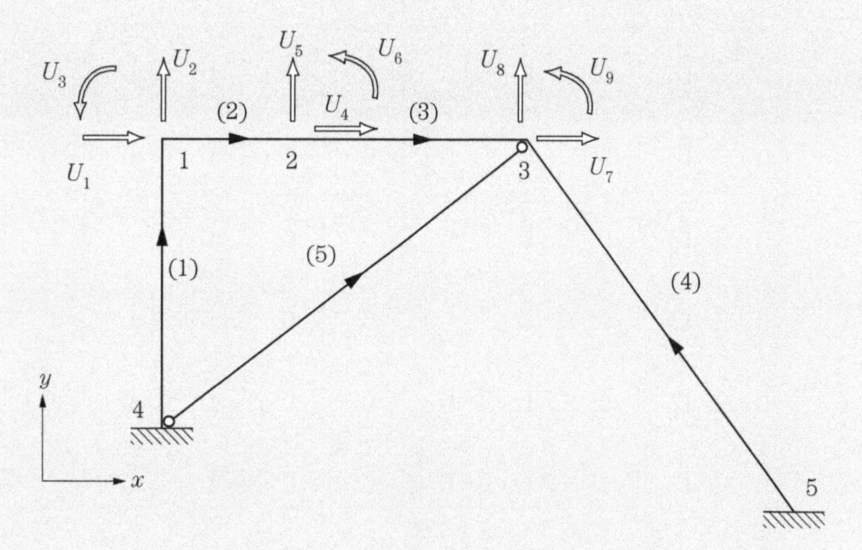

Figura B.8
Deslocamentos nodais e orientação das barras.

Note-se que esses deslocamentos e deformações generalizados imediatamente após o colapso correspondem a um mecanismo e são, convenientemente, admitidos como pequenos e podem ser interpretados como deslocamentos virtuais na condição de mecanismo, ou taxas de deslocamentos (velocidades), ou, mesmo, como deslocamentos adicionais imediatamente após o colapso.

Trata-se agora de estabelecer $\{E\} = [B]\{U\}$, o que se faz de acordo com o seguinte procedimento:

para cada barra:

- ler dados da barra: ℓ, α, tipo da barra e vetor que estabelece a correspondência entre os deslocamentos nas extremidades das barras e os deslocamentos da estrutura;
- calcular $[b]$;
- efetuar a colocação de $[b]$ em $[B]$.

Tabela B.1 – Cálculo de [b] e colocação em [B]

barra 1									
$\ell = 3$ m	$\alpha = 90°$								
	U_1	U_2	U_3	U_4	U_5	U_6	U_7	U_8	U_9
	u_4	u_5	u_6						
$\Delta\ell_1$	0,000	1,000	0,000	0	0	0	0	0	0
θ_{41}	0,333	0,000	0,000	0	0	0	0	0	0
θ_{14}	0,333	0,000	1,000	0	0	0	0	0	0
barra 2									
$\ell = 1{,}5$ m	$\alpha = 0°$								
	U_1	U_2	U_3	U_4	U_5	U_6	U_7	U_8	U_9
	u_1	u_2	u_3	u_4	u_5	u_6			
$\Delta\ell_2$	–1,000	0,000	0,000	1,000	0,0000	0,000	0	0	0
θ_{12}	0,000	0,667	1,000	0,000	–0,667	0,000	0	0	0
θ_{21}	0,000	0,667	0,000	0,000	–0,667	1,000	0	0	0
barra 3									
$\ell = 2{,}5$ m	$\alpha = 0°$								
	U_1	U_2	U_3	U_4	U_5	U_6	U_7	U_8	U_9
				u_1	u_2	u_3	u_4	u_5	u_6
$\Delta\ell_3$	0	0	0	–1,000	0,000	0,000	1,000	0,000	0,000
θ_{23}	0	0	0	0,000	0,400	1,000	0,000	–0,400	0,000
θ_{32}	0	0	0	0,000	0,400	0,000	0,000	–0,400	1,000
barra 4									
$\ell = 5$ m	$\alpha = 126{,}87°$								
	U_1	U_2	U_3	U_4	U_5	U_6	U_7	U_8	U_9
							u_4	u_5	u_6
$\Delta\ell_4$	0	0	0	0	0	0	–0,600	0,800	0,000
θ_{53}	0	0	0	0	0	0	0,160	0,120	0,000
θ_{35}	0	0	0	0	0	0	0,160	0,120	1,000
barra 5									
$\ell = 5$ m	$\alpha = 36{,}87°$								
	U_1	U_2	U_3	U_4	U_5	U_6	U_7	U_8	U_9
							u_4	u_5	u_6
$\Delta\ell_5$	0	0	0	0	0	0	0,800	0,000	0,000

A Tabela B.1 mostra o resultado dessas operações, que permitem estabelecer as relações deformações-deslocamentos $\{E\} = [B]\{U\}$, ou seja:

$$\begin{Bmatrix} \Delta\ell_1 \\ \theta_{41} \\ \theta_{14} \\ \Delta\ell_2 \\ \theta_{12} \\ \theta_{21} \\ \Delta\ell_3 \\ \theta_{23} \\ \theta_{32} \\ \Delta\ell_4 \\ \theta_{53} \\ \theta_{35} \\ \Delta\ell_5 \end{Bmatrix} = \begin{bmatrix} 0{,}000 & 1{,}000 & 0{,}000 & 0{,}000 & 0{,}000 & 0{,}000 & 0{,}000 & 0{,}000 & 0{,}000 \\ 0{,}333 & 0{,}000 & 0{,}000 & 0{,}000 & 0{,}000 & 0{,}000 & 0{,}000 & 0{,}000 & 0{,}000 \\ 0{,}333 & 0{,}000 & 1{,}000 & 0{,}000 & 0{,}000 & 0{,}000 & 0{,}000 & 0{,}000 & 0{,}000 \\ -1{,}000 & 0{,}000 & 0{,}000 & 1{,}000 & 0{,}000 & 0{,}000 & 0{,}000 & 0{,}000 & 0{,}000 \\ 0{,}000 & 0{,}667 & 1{,}000 & 0{,}000 & -0{,}667 & 0{,}000 & 0{,}000 & 0{,}000 & 0{,}000 \\ 0{,}000 & 0{,}667 & 0{,}000 & 0{,}000 & -0{,}667 & 1{,}000 & 0{,}000 & 0{,}000 & 0{,}000 \\ 0{,}000 & 0{,}000 & 0{,}000 & -1{,}000 & 0{,}000 & 0{,}000 & 1{,}000 & 0{,}000 & 0{,}000 \\ 0{,}000 & 0{,}000 & 0{,}000 & 0{,}000 & 0{,}400 & 1{,}000 & 0{,}000 & -0{,}400 & 0{,}000 \\ 0{,}000 & 0{,}000 & 0{,}000 & 0{,}000 & 0{,}400 & 0{,}000 & 0{,}000 & -0{,}400 & 1{,}000 \\ 0 & 0 & 0 & 0 & 0 & 0 & -0{,}600 & 0{,}800 & 0 \\ 0 & 0 & 0 & 0 & 0 & 0 & 0{,}160 & 0{,}120 & 0 \\ 0 & 0 & 0 & 0 & 0 & 0 & 0{,}160 & 0{,}120 & 1 \\ 0 & 0 & 0 & 0 & 0 & 0 & 0{,}800 & 0{,}600 & 0 \end{bmatrix} \begin{Bmatrix} U_1 \\ U_2 \\ U_3 \\ U_4 \\ U_5 \\ U_6 \\ U_7 \\ U_8 \\ U_9 \end{Bmatrix} \tag{B.16}$$

Escolhendo os nove primeiros elementos do vetor $\{E\}$, verifica-se que a matriz $[B_1]$ é inversível e estabelecem-se as relações deslocamentos-deformações generalizados $\{U\} = [B_1]^{-1}\{E_1\}$, ou seja:

$$\begin{Bmatrix} U_1 \\ U_2 \\ U_3 \\ U_4 \\ U_5 \\ U_6 \\ U_7 \\ U_8 \\ U_9 \end{Bmatrix} = \begin{bmatrix} 0{,}000 & 3{,}000 & 0{,}000 & 0{,}000 & 0{,}000 & 0{,}000 & 0{,}000 & 0{,}000 & 0{,}000 \\ 1{,}000 & 0{,}000 & 0{,}000 & 0{,}000 & 0{,}000 & 0{,}000 & 0{,}000 & 0{,}000 & 0{,}000 \\ 0{,}000 & -1{,}000 & 1{,}000 & 0{,}000 & 0{,}000 & 0{,}000 & 0{,}000 & 0{,}000 & 0{,}000 \\ 0{,}000 & 3{,}000 & 0{,}000 & 1{,}000 & 0{,}000 & 0{,}000 & 0{,}000 & 0{,}000 & 0{,}000 \\ 1{,}000 & -1{,}500 & 1{,}500 & 0{,}000 & -1{,}500 & 0{,}000 & 0{,}000 & 0{,}000 & 0{,}000 \\ 0{,}000 & -1{,}000 & 1{,}000 & 0{,}000 & -1{,}000 & 1{,}000 & 0{,}000 & 0{,}000 & 0{,}000 \\ 0{,}000 & 3{,}000 & 0{,}000 & 1{,}000 & 0{,}000 & 0{,}000 & 1{,}000 & 0{,}000 & 0{,}000 \\ 1{,}000 & -4{,}000 & 4{,}000 & 0{,}000 & -4{,}000 & 2{,}500 & 0{,}000 & -2{,}500 & 0{,}000 \\ 0{,}000 & -1{,}000 & 1{,}000 & 0{,}000 & -1{,}000 & 1{,}000 & 0{,}000 & -1{,}000 & 1{,}000 \end{bmatrix} \begin{Bmatrix} \Delta\ell_1 \\ \theta_{41} \\ \theta_{14} \\ \Delta\ell_2 \\ \theta_{12} \\ \theta_{21} \\ \Delta\ell_3 \\ \theta_{23} \\ \theta_{32} \end{Bmatrix} \tag{B.17}$$

e as equações de compatibilidade $\{E_2\} = [B_2][B_1]^{-1}\{E_1\}$, dadas por:

$$\begin{Bmatrix} \Delta\ell_4 \\ \theta_{53} \\ \theta_{35} \\ \Delta\ell_5 \end{Bmatrix} = \begin{bmatrix} 0{,}800 & -5{,}000 & 3{,}200 & -0{,}600 & -3{,}200 & 2{,}000 & -0{,}600 & -2{,}000 & 0{,}000 \\ 0{,}120 & 0{,}000 & 0{,}480 & 0{,}160 & -0{,}480 & 0{,}300 & 0{,}160 & -0{,}300 & 0{,}000 \\ 0{,}120 & -1{,}000 & 1{,}480 & 0{,}160 & -1{,}480 & 1{,}300 & 0{,}160 & -1{,}300 & 1{,}000 \\ 0{,}600 & 0{,}000 & 2{,}400 & 0{,}800 & -2{,}400 & 1{,}500 & 0{,}800 & -1{,}500 & 0{,}000 \end{bmatrix} \begin{Bmatrix} \Delta\ell_1 \\ \theta_{41} \\ \theta_{14} \\ \Delta\ell_2 \\ \theta_{12} \\ \theta_{21} \\ \Delta\ell_3 \\ \theta_{23} \\ \theta_{32} \end{Bmatrix} \tag{B.18}$$

Note-se que, se for feita outra escolha para os elementos de $\{E_1\}$, essas equações se apresentarão de outra forma e serão combinações lineares das obtidas.

Na condição de mecanismo, as barras AB, BC, CD e DE são inextensíveis, ou seja,

$$\Delta\ell_1 = \Delta\ell_2 = \Delta\ell_3 = \Delta\ell_4 = 0, \tag{B.19}$$

e as Equações (B.18) tomam a forma:

$$\begin{Bmatrix} U_1 \\ U_2 \\ U_3 \\ U_4 \\ U_5 \\ U_6 \\ U_7 \\ U_8 \\ U_9 \end{Bmatrix} = \begin{bmatrix} 3{,}000 & 0{,}000 & 0{,}000 & 0{,}000 & 0{,}000 & 0{,}000 \\ 0{,}000 & 0{,}000 & 0{,}000 & 0{,}000 & 0{,}000 & 0{,}000 \\ -1{,}000 & 1{,}000 & 0{,}000 & 0{,}000 & 0{,}000 & 0{,}000 \\ 3{,}000 & 0{,}000 & 0{,}000 & 0{,}000 & 0{,}000 & 0{,}000 \\ -1{,}500 & 1{,}500 & -1{,}500 & 0{,}000 & 0{,}000 & 0{,}000 \\ -1{,}000 & 1{,}000 & -1{,}000 & 1{,}000 & 0{,}000 & 0{,}000 \\ 3{,}000 & 0{,}000 & 0{,}000 & 0{,}000 & 0{,}000 & 0{,}000 \\ -4{,}000 & 4{,}000 & -4{,}000 & 2{,}500 & -2{,}500 & 0{,}000 \\ -1{,}000 & 1{,}000 & -1{,}000 & 1{,}000 & -1{,}000 & 1{,}000 \end{bmatrix} \begin{Bmatrix} \theta_{41} \\ \theta_{14} \\ \theta_{12} \\ \theta_{21} \\ \theta_{23} \\ \theta_{32} \end{Bmatrix} \tag{B.20}$$

e

$$\begin{Bmatrix} 0 \\ \theta_{53} \\ \theta_{35} \\ \Delta\ell_5 \end{Bmatrix} = \begin{bmatrix} -5{,}000 & 3{,}200 & -3{,}200 & 2{,}000 & -2{,}000 & 0{,}000 \\ 0{,}000 & 0{,}480 & -0{,}480 & 0{,}300 & -0{,}300 & 0{,}000 \\ -1{,}000 & 1{,}480 & -1{,}480 & 1{,}300 & -1{,}300 & 1{,}000 \\ 0{,}000 & 2{,}400 & -2{,}400 & 1{,}500 & -1{,}500 & 0{,}000 \end{bmatrix} \begin{Bmatrix} \theta_{41} \\ \theta_{14} \\ \theta_{12} \\ \theta_{21} \\ \theta_{23} \\ \theta_{32} \end{Bmatrix} \tag{B.21}$$

Uma forma alternativa de estabelecer as relações deformações-deslocamentos e as equações de compatibilidade com a hipótese de as barras fletidas serem inextensíveis consiste em introduzir as condições de inextensibilidade, (B.19), diretamente em (B.16), o que conduz às seguintes relações entre os deslocamentos generalizados:

$$U_2 = 0;\ U_7 = U_4 = U_1;\ U_8 = 0{,}75U_1, \tag{B.22}$$

e os deslocamentos independentes se reduzem a U_1, U_3, U_5, U_6 e U_9, como mostra a Figura B.9.

Figura B.9
Deslocamentos nodais.

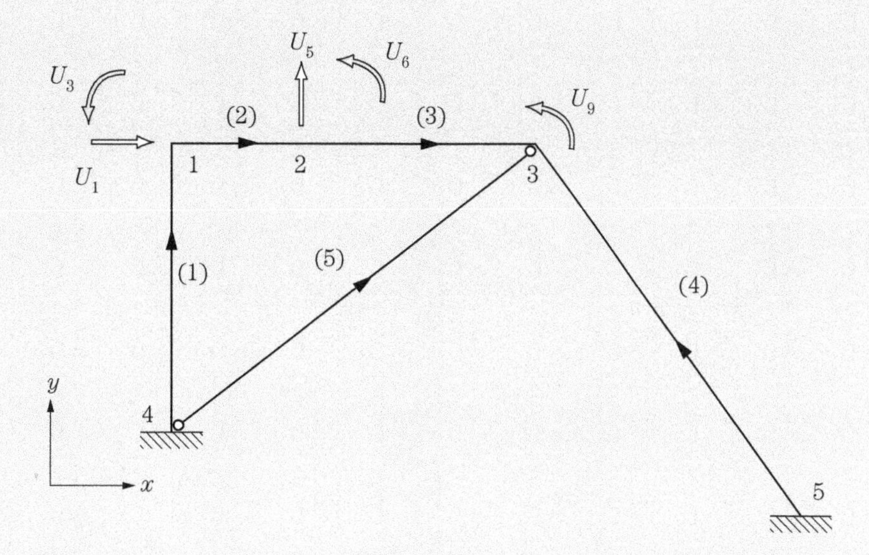

Introduzindo (B.22) em (B.16), obtêm-se as relações deformações-deslocamentos generalizados

$$\begin{Bmatrix} \theta_{41} \\ \theta_{14} \\ \theta_{12} \\ \theta_{21} \\ \theta_{23} \\ \theta_{32} \\ \theta_{53} \\ \theta_{35} \\ \Delta\ell_5 \end{Bmatrix} = \begin{bmatrix} 0{,}333 & 0{,}000 & 0{,}000 & 0{,}000 & 0{,}000 \\ 0{,}333 & 1{,}000 & 0{,}000 & 0{,}000 & 0{,}000 \\ 0{,}000 & 1{,}000 & -0{,}667 & 0{,}000 & 0{,}000 \\ 0{,}000 & 0{,}000 & -0{,}667 & 1{,}000 & 0{,}000 \\ -0{,}300 & 0{,}000 & 0{,}400 & 1{,}000 & 0{,}000 \\ -0{,}300 & 0{,}000 & 0{,}400 & 0{,}000 & 1{,}000 \\ 0{,}250 & 0{,}000 & 0{,}000 & 0{,}000 & 0{,}000 \\ 0{,}250 & 0{,}000 & 0{,}000 & 0{,}000 & 1{,}000 \\ 1{,}250 & 0{,}000 & 0{,}000 & 0{,}000 & 0{,}000 \end{bmatrix} \begin{Bmatrix} U_1 \\ U_3 \\ U_5 \\ U_6 \\ U_9 \end{Bmatrix} \tag{B.23}$$

e, elegendo:

$$\{E_1\}^t = \{\theta_{41} \;\; \theta_{14} \;\; \theta_{12} \;\; \theta_{21} \;\; \Delta\ell_5\},$$

que observa a condição de $[\mathbf{B}_1]$ ser inversível, estabelecem-se as relações deslocamentos-deformações generalizados

$$\begin{Bmatrix} U_1 \\ U_3 \\ U_5 \\ U_6 \\ U_9 \end{Bmatrix} = \begin{bmatrix} 3{,}000 & 0{,}000 & 0{,}000 & 0{,}000 & 0{,}000 \\ -1{,}000 & 1{,}000 & 0{,}000 & 0{,}000 & 0{,}000 \\ -1{,}500 & 1{,}500 & -1{,}500 & 0{,}000 & 0{,}000 \\ -1{,}000 & 1{,}000 & -1{,}000 & 1{,}000 & 0{,}000 \\ -0{,}750 & 0{,}000 & 0{,}000 & 0{,}000 & 1{,}000 \end{bmatrix} \begin{Bmatrix} \theta_{41} \\ \theta_{14} \\ \theta_{12} \\ \theta_{21} \\ \theta_{35} \end{Bmatrix} \tag{B.24}$$

e as equações de compatibilidade

$$\begin{Bmatrix} \theta_{23} \\ \theta_{32} \\ \theta_{53} \\ \Delta\ell_5 \end{Bmatrix} = \begin{bmatrix} -2{,}500 & 1{,}600 & -1{,}600 & 1{,}000 & 0{,}000 \\ -2{,}250 & 0{,}600 & -0{,}600 & 0{,}000 & 1{,}000 \\ 0{,}750 & 0{,}000 & 0{,}000 & 0{,}000 & 0{,}000 \\ 3{,}750 & 0{,}000 & 0{,}000 & 0{,}000 & 0{,}000 \end{bmatrix} \begin{Bmatrix} \theta_{41} \\ \theta_{14} \\ \theta_{12} \\ \theta_{21} \\ \theta_{35} \end{Bmatrix} \tag{B.25}$$

Note-se que o conjunto de Equações (B.24) e (B.25) é equivalente ao conjunto (B.20) e (B.21), ou, de outra forma, a combinação linear das equações de um conjunto conduz às mesmas equações do outro. A primeira forma é mais conveniente para cálculo automático, enquanto a segunda o é para cálculo manual, visto que ela mostra os deslocamentos generalizados que são independentes, $\{U_1\ U_3\ U_5\ U_6\ U_9\}$.

Uma redução no número de deslocamentos incógnitos pode ser obtida quando se considera que, em nós em que concorrem apenas duas barras que possam sofrer flexão e não solicitados por momento externo, a rótula plástica ocorrerá em uma das duas seções adjacentes e, assim, na outra a rotação plástica será nula. É o que ocorre nos nós C, com θ_{21} e θ_{23}, e D, com θ_{32} e θ_{35}, do pórtico atirantado. Como os limites de plastificação são os mesmos para as duas seções, selecionam-se, arbitrariamente, $\theta_{21} = 0$ e $\theta_{35} = 0$ e elegem-se U_1 e U_5 como deslocamentos independentes, o que permite obter:

$$\theta_{21} = -0{,}667U_5 + U_6 = 0 \implies U_6 = 0{,}667U_5$$
$$\theta_{35} = 0{,}25U_1 + U_9 = 0 \implies U_9 = -0{,}25U_1$$

Os deslocamentos generalizados independentes se reduzem a $\{U_1\ U_3\ U_5\}$, e são apresentados na Figura B.10.

Figura B.10
Deslocamentos nodais independentes com $\theta_{21} = 0$ e $\theta_{23} = 0$.

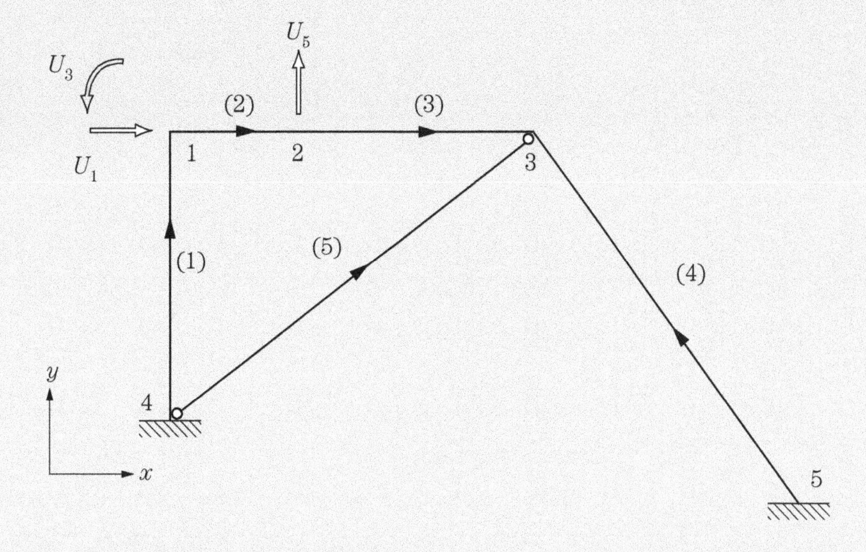

Nessas condições, as relações deformações-deslocamentos generalizados são dadas por:

$$\begin{Bmatrix} \theta_{41} \\ \theta_{14} \\ \theta_{12} \\ \theta_{23} \\ \theta_{32} \\ \theta_{53} \\ \Delta\ell_5 \end{Bmatrix} = \begin{bmatrix} 0{,}333 & 0{,}000 & 0{,}000 \\ 0{,}333 & 1{,}000 & 0{,}000 \\ 0{,}000 & 1{,}000 & -0{,}667 \\ -0{,}300 & 0{,}000 & 1{,}067 \\ -0{,}550 & 0{,}000 & 0{,}400 \\ 0{,}250 & 0{,}000 & 0{,}000 \\ 1{,}250 & 0{,}000 & 0{,}000 \end{bmatrix} \begin{Bmatrix} U_1 \\ U_3 \\ U_5 \end{Bmatrix} \tag{B.26}$$

que permitem estabelecer as relações deslocamentos-deformações generalizados

$$\begin{Bmatrix} U_1 \\ U_3 \\ U_5 \end{Bmatrix} = \begin{bmatrix} 3{,}000 & 0{,}000 & 0{,}000 \\ -1{,}000 & 1{,}000 & 0{,}000 \\ -1{,}500 & 1{,}500 & -1{,}500 \end{bmatrix} \begin{Bmatrix} \theta_{41} \\ \theta_{14} \\ \theta_{12} \end{Bmatrix} \tag{B.27}$$

e as equações de compatibilidade:

$$\begin{Bmatrix} \theta_{23} \\ \theta_{32} \\ \theta_{53} \\ \Delta\ell_5 \end{Bmatrix} = \begin{bmatrix} -2{,}501 & 1{,}601 & -1{,}601 \\ -2{,}250 & 0{,}600 & -0{,}600 \\ 0{,}750 & 0{,}000 & 0{,}000 \\ 3{,}750 & 0{,}000 & 0{,}000 \end{bmatrix} \begin{Bmatrix} \theta_{41} \\ \theta_{14} \\ \theta_{12} \end{Bmatrix} \tag{B.28}$$

Essas duas condições poderiam ter sido introduzidas junto com as condições de inextensibilidade das barras, o que permitiria obter diretamente as Expressões (B.26) a (B.28).

Note-se que as deformações virtuais, $\delta\theta_k$ e $\delta\Delta\ell_j$, que definem os possíveis mecanismos de colapso somente ocorrem nas rótulas plásticas ou nas barras plastificadas, e, assim, os demais elementos sofrem apenas movimento de corpo rígido. Essas condições devem ser levadas em consideração no estabelecimento das relações cinemáticas para a análise dos possíveis mecanismos de colapso, que no caso do pórtico plano atirantado significa observar as relações

$$\delta\Delta\ell_1 = \delta\Delta\ell_2 = \delta\Delta\ell_3 = \delta\Delta\ell_4 = 0 \ \text{ e } \ \delta\theta_{21} = \delta\theta_{23} = 0$$

e, consequentemente, as Equações (B.26) a (B.28).

REFERÊNCIAS

A bibliografia que se apresenta contém documentos que estão citados ou não no texto, mas todos eles foram importantes no desenvolvimento deste livro.

ABCP (ASSOCIAÇÃO BRASILEIRA DE CIMENTO PORTLAND). *Vocabulário de Teoria das Estruturas*. São Paulo: ABCP, 1967.

ABNT (ASSOCIAÇÃO BRASILEIRA DE NORMAS TÉCNICAS). *NBR 6118.* Projeto de estruturas de concreto. Rio de Janeiro: ABNT, 2004.

ACI (AMERICAN CONCRETE INSTITUTE). *Building code requirements for structural concrete - ACI 318R-14*. Farmington Hills: ACI, 2014.

ANDRÉ, J. C. *et. al.*, *Lições em Mecânica das Estruturas*: Trabalhos Virtuais e Energia. São Paulo: Oficina de Textos, 2011.

BAKER, J. F.; HEYMAN, J.; HORNE, M. R. *The steel skeleton. Vol. 2: Plastic behaviour and design*. Cambridge: Cambridge University Press, 1956.

BATHE, K-J. *Finite element procedures*. Englewood Cliffs: Prentice Hall, 2014.

BLEICH F. Calculation of statically indeterminate systems based on the Theory of Plasticity. *In: IABSE Congress Report*. Berlin: IABSE, 1936. v. 2, p. 131-144.

BRADLEY, S. P.; HAX, A. C.; MAGNANTI, T. L. *Applied Mathematical Programming.* Reading, Mass.: Addison Wesley, 1977.

BUCALEM, M. L.; BATHE, K-J. *The mechanics of solids and structures – Hierarchical modeling and the finite element solution*. Berlin: Springer, 2011.

BURLAND, J. B. Personal reflections on the teaching of soil mechanic. *In:* MANOLIU, I.; RADULESCU, N. (eds). *Education and Training in Geo-Engineerings Sciences*. London: Taylor and Francis, 2008. p. 35-48.

CHARNES, A.; LEMKE, C. E.; ZIENKIEWICZ, O. C. Virtual work, linear programming and plastic limit analysis. *Proceedings of the Royal Society of London*. Series A, Mathematical and Physical Sciences. V. 251, n. 1264, May 12, 1959, p. 110-116.

CHEN, W.-F. *Limit analysis and soil plasticity*. Ft. Lauderdale, FL: J. Ross, 2007.

CHEN, W.-F. *Plasticity in reinforced concrete*. Ft. Lauderdale, FL: J. Ross Publishing, 2007.

DANTZIG, G. B. *Linear programming and extensions*. Princeton: Princeton University Press, 1963.

DAVIS, R. O.; SELVADURAI, A. P. S. *Plasticity and geomechanics*. Cambridge: Cambridge University Press, 2002.

DRUCKER, D. C. The effect of shear on the plastic bending of beams. *Technical Report 7, US Army Ordnance Corpts*, 1955.

DRUCKER, D. C.; PROVIDENCE, R. I. The effect of shear on the plastic bending of beams. J. *Appl Mech*, 23, p. 509-551, 1956.

FIB. *fib Model Code for Concrete Structures*. Lausanne: fib, 2010.

FUSCO, P. B. *Fundamentos do projeto estrutural*. São Paulo: Edusp/McGraw Hill, 1976.

GALILEI, G. *Dialogues concerning to two new sciences*. Disponível em: https://oll.libertyfund.org/title/galilei-dialogues-concerning-two-new-sciences. Acesso em: 9 mar. 2021.

GALILEI, G. *Dialogues concerning to two new sciences*, Online Library oh Liberty, p.100.

GREEN, A. P. A theory of the plastic yielding due to bending of cantilevers and fixed-ended beams, Part I. *Jounal of the Mechanics and Physics of Solids*, v. 8, 1954. p. 1-15.

GREEN, A. P. A theory of the plastic yielding due to bending of cantilevers and beams, Part II. *Jounal of the Mechanics and Physics of Solids*, v. 8, 1954, p. 148-155.

GREENBERG, H. J.; PRAGER, W. Limit design of beams and frames. *American Society of Civil Engineers*, Paper 2501, 1951. p. 447-484.

GVOZDEV, A. A. Determination of the value of failure load for statically indeterminate systems subject to plastic deformation (in Russian). *In:* GALERKIN, B. G. (ed.). *Conference on Plastic Deformation 1936*. Moscow/Lenigrad: Akademia Nauk SSSR, 1938. p. 19-38.

GVOZDEV, A. A. The determination of the value of the collapse load for statically indeterminate systems undergoing plastic deformation. Tradução: R. M. Haythornthwaite. *International Journal of Mechanical Sciences* 1, 1960. p. 322-335.

HEYMAN, J. Automatic analysis of steel-framed structures under fixed and varying loads. *The Institution of Civil Engineers*, v. 12, Paper 6312, 1959. p. 39-56.

HEYMAN, J. Bending moment distributions in collapsing frames. *In:* HEYMAN, J.; LECKIE, F. A. (eds.). *Engineering Plasticity*. Cambridge: Cambridge University Press, 1968. p. 219-235.

HEYMAN, J. *Structural analysis – A historical approach*. Cambridge: Cambridge University Press, 1998.

HODGE, P. G. Interaction curves for shear and bending of plastic beams. *Journal of Applied Mechanics*, ASME, 24, 1957. p. 453-456.

HODGE, P. G. *Plastic analysis of structures*. New York: McGraw-Hill, 1959.

HORNE, M. R. Fundamental propositions in the plastic theory of structures. *Journal of the Institute Civil Engineers*, London, 34, Paper 5761, 1949. p. 174-177.

HORNE, M. R. The plastic theory of bending of mild steel beams with particular reference to the effect o shear forces. *Proceedings of the Royal Society of London*, series A, v. 207, 1951. p. 216-228.

JIRÁSEK, M.; BAZANT, P. Z. *Inelastic analysis of structures*. Chichester: John Wiley & Sons, 2002.

JORGE, R. M. N. *Análise elasto-plástica de estruturas reticuladas*. Porto: Faculdade de Engenharia, Universidade do Porto, 2000.

JORGE, R. M. N.; DINIS, L. M. J. S. *Análise elasto-plástica de estruturas reticuladas:* Porto: Faculdade de Engenharia, Universidade do Porto, 2004.

KALISZKY, S. et al. Gábor Kazinczy and his legacy in structural engineering. *Periodica Polytechnica Civil Engineering*, 2015. p. 3-7.

KOJIC, M.; BATHE, K-J. *Inelastic analysis of solids and structures*. Berlin: Springer, 2005.

LANGENDONCK, T. *Inequações lineares e sua aplicação à programação linear e ao cálculo de estruturas hiperestáticas pelo método das rótulas plásticas*. São Paulo: ABCP, 1959.

LIMA, V. M. S. Cálculo de estruturas em regime elasto-plástico. *In: 2ª Jornadas Luso-Brasileiras de Engenharia Civil*, 1967.

LINGO The modelling language and optimizer. Lindo Systems Inc, 2020.

LÓPEZ, G. M. La stabilida de la cúpula de S. Pedro: el informe de los tres matemáticos. *In: II Congreso nacional de historia de la construction*, Universida da Coruña, 1998.

LÓPEZ, G. M. Poleni´s manuscripts about the dome of Saint Peter's. *In: Second International Congress nos Construction History*, Cambridge University, 2006.

LUBLINER, J. *Plasticity theory*. New York: MacMillan, 1990.

MAIER-LEIBNITZ, H. Test results, their interpretation and application. *In: IABSE Congress Report*. Berlin: IABSE, 1936. v. 2, p. 97-130.

MAPLESOFT. *Maple user manual*. Waterloo, ON: Maplesoft, 2014.

MARTHA, L. F. *Ftool – Um programa gráfico-interativo para ensino de comportamento de estruturas*. Rio de Janeiro: Tecgraf/PUC-Rio, 2018.

MASE, G. E. *Mecanica del medio continuo*. México: McGraw Hill, 1977.

MAZZILLI, C. E. N.; ANDRÉ, J. C.; BUCALEM, M. L.; CIFÚ, S. *Lições em Mecânica das Estruturas*: Dinâmica. São Paulo: Blucher, 2016.

MELCHERS, R. E.; BECK, A. T. *Structural reliability analysis and prediction*. Third edition. Hoboken, NJ: John Wiley & Sons, 2018.

NEAL, B. G. *Structural theorems and their applications*. Oxford: Pergamon Press, 1964.

NEAL, B. G. *The plastic methods os structural analysis*. London/New York: Chapman and Hall, 1977.

NEAL, B. G.; SYMONDS, P. S. The calculation of collapse loads for framed structures. *Journal of the Institution of Civil Engineers*, 1950. p. 21-40.

NEAL, B. G.; SYMONDS, P. S. The rapid calculation of the plastic collapse load for a framed structure. *The Institution of Civil Engineers*, Part II, v. 1, 1951. p. 58-100.

NEAL, B. G.; SYMONDS, P. S. The calculation of plastic collapse loads for plane frames. *In: IABSE Congress Report*, v. 4, 1952. p. 75-94.

NOWAK, A. S.; COLLINS, K. R. *Reliability of Structures*. Second edition. Boca Raton: CRC Press, 2013.

OMAT, E. T.; PRAGER, W. The influence of axial forces on tje collapse loads of frames. *Office of Naval Research*, mar. 1953. p. 1-10.

PELLEGRINO NETO, J.; COUTO, L. F. M. Programa de dimensionamento de flexão normal simples, 2019.

POLENI, G. *Memorie istoriche della gran cupola del templo vaticano*. Padova: nella stamperia del Seminario, 1748.

POPOV, E. P. *Introduction to mechanics of solids*. Englewood Cliffs, N.J.: Prentice-Hall, 1968.

PRAGER, W. *An introduction to plasticity*. Reading, Mass: Addison-Wesley, 1959.

SOARES, C. A. *Resistência dos Materiais – Barra de material plástico ideal, Noções de teoria da plasticidade*. São Paulo: Departamento de Engenharia de Estruturas e Fundações, Escola Politécnica, Universidade de São Paulo, 1970.

STRANG, G. *Introduction to Applied Mechanics*. Wellesley, MA: Wellesley--Cambridge Press, 1986.

TIMOSHENKO, S. P. *History of strength of materials*. New York: Dover, 1983.

TIMOSHENKO, S. P.; GOODIER, J. N. *Theory of elasticity*. New York: Mc Graw Hill, 1951.

WINSTON, W. L. *Operations research*. London: Brooks Cole/Thomson, 2004.

ZAGOTTIS, D. L. O modelo de Roscoe. *In: 1º Seminário Brasileiro sobre aplicação do método dos elementos finitos à mecânica dos solos*, COPPE, UFRJ, 1974.

ZAGOTTIS, D. L. *Pontes e Grandes Estruturas*: Introdução da segurança no projeto estrutural. São Paulo: Departamento de Engenharia de Estruturas e Fundações, Escola Politécnica, Universidade de São Paulo, 1978.

CRÉDITO DAS IMAGENS

Dedicatória:
Edifício Paula Souza
Prédio da Engenharia Civil – Escola Politécnica da USP
Cidade Universitária – São Paulo
Créditos: Lygia Fong 2021

Abertura das partes e capítulos: Unsplash

Capítulo 1

Figura 1.1
Link: https://upload.wikimedia.org/wikipedia/commons/thumb/2/24/BeamGalileiDiscorsi.png/800px-BeamGalileiDiscorsi.png
Créditos: Galileo Galilei (domínio público) via Wikimedia Commons.

Figura 1.2
Link: https://www.e-rara.ch/zut/wihibe/content/structure/4079847
Memorie istoriche della gran cupola del tempio vaticano, e de'danni di essa, e de'ristoramenti loro, divise in libri cinque ... Padova : Stamperia del Seminario, 1748
PDF 97-98 [75]Libro secondo.
PDF 333-334 [194]Libro quarto.
Tavola II após as páginas 147-148 do LIBRO SECONDO
Tavola K após as páginas 415-416 do LIBRO QUARTO

Figura 1.3

Fonte: Foto retirada da página 6 da seguinte referência bibliográfica

Kaliszky, S., Sajtos, I., Lógó, B.A. e Szabó,Z.	2015	Gábor Kazinczy and his legacy in structural engineering, Periodica Polytechnica Civil Engineering, pp. 3-7

que, por sua vez, retirou essas fotos do artigo original

Kazinczy G, *Kísérletek befalazott tartókkal.* (Experiments with clamped end beams.)

Figuras 1.5, 1.6, 1.7 (parte superior) e 1.8

Fonte: Retiradas do artigo

Maier-Leibnitz, H.	1936	Test results, their interpretation and application, IABSE Congress Report, Vol.2, pp. 97 – 130

Figura 1.9

Fonte: Retirada do artigo

Bleich F.	1936	Calculation of statically indeterminate systegms based on the Theory of Plasticity, IABSE Congress Report, Vol.2 , pp.131 – 144

Figura 1.10

Link 1: https://pbs.twimg.com/media/DygbUoUXgAA_pLz.jpg

Link 2: https://upload.wikimedia.org/wikipedia/commons/thumb/3/37/Morrison_Shelter_on_Trial-_Testing_the_New_Indoor_Shelter%2C_1941_D2294.jpg/120px-Morrison_Shelter_on_Trial-_Testing_the_New_Indoor_Shelter%2C_1941_D2294.jpg

esta última Via Wikimedia Commons.

Fotogramas selecionados no vídeo, URL: https://youtu.be/eWm55P1IWDU

URL aproximado do primeiro fotograma: https://youtu.be/eWm55P1IWDU?t=16

URL aproximado do segundo fotograma: https://youtu.be/eWm55P1IWDU?t=50

Capítulo 13

Figuras 13.1, 13.2, 13.3, e 13.4

Fornecidas pelo Eng. Fernando Stucchi

Autorização: Eng. Luiz Felipe Alves, Diretor da CCR Engelog

Créditos: Galeria do Graminha

SOBRE OS AUTORES

João Cyro André é Engenheiro Civil, Mestre, Doutor e Livre-Docente pela USP. É Professor Titular da Escola Politécnica da USP desde 1996. Foi pesquisador no Laboratório Nacional de Engenharia Civil de Lisboa (Portugal), Professor Titular na Universidade Estadual Paulista (UNESP) e Professor Visitante na Universidade do Porto (Portugal) e no Rensselaer Polytechnic Institute (EUA). Atuou profissionalmente no Escritório Técnico J.C. Figueiredo Ferraz e Promon Engenharia.

Carlos Eduardo Nigro Mazzilli é Engenheiro Civil, Mestre e Livre-Docente pela USP e Doutor em Engenharia pela London University (Inglaterra). É Professor Titular da Escola Politécnica da USP desde 1992. Foi Professor Visitante no Karlsruher Institut für Technologie (Alemanha), na Michigan State University (EUA), na University of Aberdeen (Escócia) e na Università Politecnica delle Marche (Itália). Atuou profissionalmente na Promon Engenharia.

Miguel Luiz Bucalem é Engenheiro Civil, Mestre e Livre-Docente pela USP e Doutor em Engenharia pelo Massachussets Institute of Technology (EUA). É Professor Titular da Escola Politécnica da USP desde 1997. De 2009 a 2012, foi Secretário Municipal de Desenvolvimento Urbano da Cidade de São Paulo. Desde 2013, atua na Universidade de São Paulo tanto na área de Engenharia de Estruturas quanto na área de Planejamento e Gestão de Cidades. Coordena o Núcleo de Apoio à Pesquisa da Universidade de São Paulo denominado USP Cidades e o Curso de Especialização em Planejamento e Gestão de Cidades pelo PECE – Programa de Educação Continuada em Engenharia da EPUSP.

Sergio Cifú é Engenheiro Civil e Mestre pela USP. Foi professor de 1976 a 2006, das disciplinas de Teoria das Estruturas do curso de Engenharia Civil da Escola Politécnica da USP. Atuou em diversas empresas de consultoria, em especial, na Themag Engenharia como Gerente de Área Técnica, no desenvolvimento de projetos estruturais de obras de grande porte, tais como, usinas hidrelétricas e obras metroviárias. Atualmente exerce o cargo de Consultor Técnico na Engecorps Engenharia SA.